MATEMÁTICA DISCRETA
Uma introdução

Tradução da 3ª edição norte-americana

Dados Internacionais de Catalogação na Publicação (CIP)
(Câmara Brasileira do Livro, SP, Brasil)

Scheinerman, Edward R.
    Matemática discreta : uma introdução / Edward
R. Scheinerman ; tradução Noveritis ; revisão
técnica Flávio Soares Corrêa da Silva. –
São Paulo : Cengage Learning, 2023.

    3. reimpr. da 3. ed. brasileira de 2016.
    Título original: Mathematics: a discrete introduction.
    3. ed. norte-americana
    ISBN 978-85-221-2534-0

    1. Ciência dos computadores - Matemática
2. Matemática I. Silva, Flávio Soares Corrêa da.
II. Título.

16-01923   CDD-510

Índice para catálogo sistemático:

1. Matemática discreta 510

MATEMÁTICA DISCRETA
Uma introdução

Tradução da 3ª edição norte-americana

EDWARD R. SCHEINERMAN
Departamento de matemática aplicada e estatística
The Johns Hopkins University

Tradução
Noveritis do Brasil

Revisão técnica
Flávio Soares Corrêa da Silva
PhD em Inteligência Artificial pela Edinburgh University, livre-docente e professor associado do Departamento de Ciência da Computação no Instituto de Matemática e Estatística da Universidade de São Paulo (IME-USP)

Austrália • Brasil • México • Cingapura • Reino Unido • Estados Unidos

Matemática discreta: Uma introdução
Tradução da 3ª edição norte-americana
3ª edição brasileira
Edward Scheinerman

Gerente editorial: Noelma Brocanelli
Editora de desenvolvimento: Salete Del Guerra
Editora de aquisição: Guacira Simonelli
Supervisora de produção gráfica: Fabiana Alencar Albuquerque
Especialista em direitos autorais: Jenis Oh
Tradução: All Tastes (2ª edição)
Noveritis do Brasil (3ª edição – trechos novos)
Revisões: Lucas Torrisi, Marileide Gomes, Pamela Andrade e Vero Verbo
Diagramação: Triall Composição Editorial
Capa: Buono Disegno
Imagem da capa: Shutterstock/Patricie Malkova
Imagem das aberturas de capítulo: Shutterstock/Patricie Malkova

© 2017 Cengage Learning Edições Ltda.

Todos os direitos reservados. Nenhuma parte deste livro poderá ser reproduzida, sejam quais forem os meios empregados, sem a permissão, por escrito, da Editora. Aos infratores aplicam-se as sanções previstas nos artigos 102, 104, 106 e 107 da Lei nº 9.610, de 19 de fevereiro de 1998.

Esta editora empenhou-se em contatar os responsáveis pelos direitos autorais de todas as imagens e de outros materiais utilizados neste livro. Se porventura for constatada a omissão involuntária na identificação de algum deles, dispomo-nos a efetuar, futuramente, os possíveis acertos.

A editora não se responsabiliza pelo funcionamento dos links contidos neste livro que possam estar suspensos.

Para informações sobre nossos produtos, entre em contato pelo telefone **+55 11 3665-9900**.

Para permissão de uso de material desta obra, envie pedido para **direitosautorais@cengage.com**.

ISBN 13: 978-85-221-2534-0
ISBN 10: 85-221-2534-1

Cengage
WeWork
Rua Cerro Corá, 2175 – Alto da Lapa
São Paulo – SP – CEP 05061-450
Tel.: (11) +55 11 3665-9900

Para suas soluções de curso e aprendizado, visite
www.cengage.com.br.

Impresso no Brasil
Printed in Brazil
3. reimpr. – 2023

A Leora e Danny.

Sumário

Ao estudante xvii
Como ler um livro de matemática xviii
Público leitor e pré-requisitos xxi

Ao professor xxi
Tópicos cobertos; percorrendo as seções xxii
Plano de cursos típicos xxii
Características especiais xxiii

O que há de novo nesta terceira edição xxv

Agradecimentos xxvii
Esta nova edição xxvii
Da segunda edição xxvii
Da primeira edição xxviii

CAPÍTULO 1	Fundamentos 1
1	Alegria 1
	Por quê? 1
2	Falando (e escrevendo) sobre matemática 2
	Precisamente! 2
	Um pouco de ajuda 3
	Exercícios 4
3	Definição 5
	Recapitulando 8
	Exercícios 8
4	Teorema 10
	A natureza da verdade 11
	Se-então 12
	Se e somente se 14
	E, ou e não 15
	Designações para um teorema 16
	Afirmação verdadeira por vacuidade 17

        Recapitulando 18
        Exercícios 18
   5 Prova 20
        Uma prova mais complexa 25
        Prova de teoremas do tipo "se-e-somente-se" 27
        Provando equações e desigualdades 29
        Recapitulando 30
        Exercícios 30
   6 Contraexemplo 31
        Recapitulando 33
        Exercícios 33
   7 Álgebra de Boole 34
        Mais operações 37
        Recapitulando 38
        Exercícios 38

CAPÍTULO 2   **Coleções** 45
   8 Listas 45
        Contagem de listas de dois elementos 46
        Listas mais longas 48
        Recapitulando 52
        Exercícios 52
   9 Fatorial 54
        Muito barulho em torno de 0! 54
        Notação de produto 56
        Recapitulando 57
        Exercícios 57
  10 Conjuntos I: introdução, subconjuntos 59
        Igualdade de conjuntos 60
        Subconjunto 62
        Contagem de subconjuntos 65
        Conjunto potência 66
        Recapitulando 67
        Exercícios 67
  11 Quantificadores 68
        Existe 68
        Para todo 70
        Negação de afirmações quantificadas 71
        Combinação de quantificadores 72
        Recapitulando 73
        Exercícios 73

12 Conjuntos II: operações 75
    União e intersecção 75
    Tamanho de uma união 77
    Diferença e diferença simétrica 80
    Produto cartesiano 85
    Recapitulando 85
    Exercícios 86

13 Prova combinatória: dois exemplos 89
    Recapitulando 92
    Exercícios 92

CAPÍTULO 3 — Contagem e relações 97

14 Relações 97
    Propriedades de relações 100
    Recapitulando 101
    Exercícios 102

15 Relações de equivalência 104
    Recapitulando 111
    Exercícios 111

16 Partições 114
    Contagem de classes/partes 116
    Recapitulando 119
    Exercícios 119

17 Coeficientes binomiais 121
    Cálculo de $\binom{n}{k}$ 125
    O triângulo de Pascal 126
    Uma Fórmula para $\binom{n}{k}$ 129
    Contando caminhos reticulados 131
    Recapitulando 132
    Exercícios 132

18 Contagem de multiconjuntos 136
    Multiconjuntos 137
    Fórmulas para $\left(\binom{n}{k}\right)$ 139
    Estendendo o Teorema Binomial para potências negativas 142
    Recapitulando 145
    Exercícios 146

19 Inclusão-exclusão 148
    Como utilizar a inclusão-exclusão 151
    Desordenações 154
    Uma fórmula extensa 157
    Recapitulando 157
    Exercícios 158

CAPÍTULO 4 — Mais provas 163

20 Contradição 163
Prova pela contrapositiva 163
Reductio ad absurdum 165
Prova por contradição e *sudoku* 169
Uma questão de estilo 170
Recapitulando 170
Exercícios 170

21 Contraexemplo mínimo 172
Boa ordenação 177
Recapitulando 183
Exercícios 183
E, por fim 184

22 Indução 185
A máquina da indução 185
Fundamentos teóricos 187
Prova por indução 188
Prova de equações e desigualdades 190
Outros exemplos 192
Indução forte 194
Um exemplo mais complicado 196
Uma questão de estilo 199
Recapitulando 199
Exercícios 200

23 Relações de recorrência 205
Relações de recorrência de primeira ordem 205
Relações de recorrência de segunda ordem 209
O caso da raiz repetida 213
Sequências geradas por polinômios 215
Recapitulando 222
Exercícios 223

CAPÍTULO 5 — Funções 229

24 Funções 229
Domínio e imagem 231
Gráficos de funções 233
Contagem de funções 235
Funções inversas 236
Novamente, contagem de funções 240
Recapitulando 242
Exercícios 242

25 O princípio da casa do pombo 245
    Teorema de Cantor 249
    Recapitulando 251
    Exercícios 251

26 Composição 253
    A função identidade 257
    Recapitulando 258
    Exercícios 258

27 Permutações 260
    Notação em ciclos 261
    Cálculos com permutações 264
    Transposições 266
    Uma abordagem gráfica 272
    Recapitulando 274
    Exercícios 274

28 Simetria 277
    Simetrias de um quadrado 278
    Simetrias como permutações 279
    Combinação de simetrias 280
    Definição formal de simetria 282
    Recapitulando 283
    Exercícios 283

29 Tipos de notação 284
    Ω e Θ 287
    "O" Pequeno 288
    Solo e teto 288
    f, $f(x)$, e $f(\cdot)$ 289
    Recapitulando 290
    Exercícios 290

CAPÍTULO 6   Probabilidade 295

30 Espaço amostral 296
    Recapitulando 299
    Exercícios 299

31 Eventos 301
    Combinação de eventos 303
    O problema dos aniversários 306
    Recapitulando 307
    Exercícios 307

32 Probabilidade condicional e independência 309
    Independência 312

    Provas repetidas independentes 314
    O problema de Monty Hall 315
    Recapitulando 317
    Exercícios 317
  33 Variáveis aleatórias 321
    Variáveis aleatórias como eventos 322
    Variáveis aleatórias independentes 323
    Recapitulando 324
    Exercícios 325
  34 Valor esperado 327
    Linearidade do valor esperado 331
    Produto de variáveis aleatórias 335
    Valor esperado como medida de centralidade 338
    Variância 339
    Recapitulando 343
    Exercícios 343

CAPÍTULO 7	Teoria dos números 349

  35 Divisão 349
    Div e Mod 352
    Recapitulando 354
    Exercícios 354
  36 Máximo divisor comum 355
    Cálculo do mdc 356
    Correção 358
    Quão rápido? 359
    Um teorema importante 361
    Recapitulando 364
    Exercícios 364
  37 Aritmética modular 366
    Um novo contexto para operações básicas 366
    Adição e multiplicação modulares 367
    Subtração modular 368
    Divisão modular 370
    Uma observação sobre a notação 375
    Recapitulando 375
    Exercícios 376
  38 O teorema do resto chinês 378
    Resolução de uma equação 378
    Resolução de duas equações 380
    Recapitulando 382
    Exercícios 382

39 Fatoração 383
    Infinitos números primos 385
    Uma fórmula para o máximo divisor comum 386
    Irracionalidade de $\sqrt{2}$ 387
    Apenas por diversão 389
    Recapitulando 389
    Exercícios 390

CAPÍTULO 8   **Álgebra** 395

40 Grupos 395
    Operações 395
    Propriedades de operações 396
    Grupos 399
    Exemplos 401
    Recapitulando 404
    Exercícios 404

41 Isomorfismo de grupos 407
    O mesmo? 407
    Grupos cíclicos 409
    Recapitulando 412
    Exercícios 412

42 Subgrupos 414
    O teorema de Lagrange 417
    Recapitulando 421
    Exercícios 421

43 O pequeno teorema de Fermat 424
    Primeira prova 424
    Segunda prova 425
    Terceira prova 428
    O teorema de Euler 429
    Teste de primalidade 430
    Recapitulando 431
    Exercícios 431

44 Criptografia de chave pública I: introdução 432
    O problema: comunicação privada em público 432
    Fatoração 433
    De palavras para números 434
    A criptografia e a lei 436
    Recapitulando 436
    Exercícios 436

45 Criptografia de chave pública II: o método de Rabin 437
　Raízes quadradas módulo **n** 437
　Os processos de criptografia e decifração 442
　Recapitulando..442
　Exercícios..443

46 Criptografia de chave pública III: RSA 444
　As funções RSA de codificação e decodificação 445
　Segurança 447
　Recapitulando..448
　Exercícios..448

CAPÍTULO 9 Grafos 453

46 Fundamentos da teoria dos grafos 453
　Coloração de mapas 453
　Três serviços 455
　O problema das sete pontes 456
　O que é um grafo? 457
　Adjacência...458
　Uma questão de grau..459
　Notação e vocabulário adicionais 461
　Recapitulando..463
　Exercícios..463

48 Subgrafos 465
　Subgrafos induzidos e geradores 466
　Cliques e conjuntos independentes 468
　Complementos 470
　Recapitulando..471
　Exercícios..472

49 Conexão.. 474
　Passeios..474
　Caminhos 476
　Desconexão 480
　Recapitulando..481
　Exercícios..481

50 Árvores.. 483
　Ciclos 483
　Florestas e árvores..484
　Propriedades das árvores..485
　Folhas 487
　Árvores geradoras 489
　Recapitulando..490
　Exercícios..490

51 Grafos eulerianos 493
    Condições necessárias 493
    Teoremas fundamentais 495
    Negócio inacabado 497
    Recapitulando 498
    Exercícios 498

52 Coloração 499
    Conceitos fundamentais 500
    Grafos bipartidos 502
    A facilidade de colorir com duas cores e a dificuldade de colorir com três cores 506
    Recapitulando 507
    Exercícios 507

53 Grafos planares 509
    Curvas perigosas 509
    Inclusão 511
    Fórmula de Euler 511
    Grafos não planares 515
    Coloração de grafos planares 516
    Recapitulando 520
    Exercícios 520

CAPÍTULO 10 Conjuntos parcialmente ordenados 525

54 Fundamentos dos conjuntos parcialmente ordenados 525
    O que é um conjunto PO? 525
    Notação e linguagem 528
    Recapitulando 530
    Exercícios 530

55 Max e min 532
    Recapitulando 534
    Exercícios 534

56 Ordens lineares 535
    Recapitulando 538
    Exercícios 538

57 Extensões lineares 539
    Ordenação 543
    Extensões lineares de conjuntos PO infinitos 545
    Recapitulando 546
    Exercícios 546

58 Dimensão 547
    Caracterizadores 547

   Dimensão 550
   Imersão 552
   Recapitulando 555
   Exercícios 555
 59 Reticulados 556
   Inf e sup 556
   Reticulados 559
   Recapitulando 561
   Exercícios 561

Glossário 567
Índice remissivo 577

Ao estudante

Bem-vindo!

Este livro é uma introdução à *matemática*, em especial, à matemática *discreta*. O que significam os termos "discreta" e "matemática"?

Matemática contínua *versus* matemática discreta.

O mundo da matemática pode ser dividido em dois reinos: o *contínuo* e o *discreto*. A diferença pode ser ilustrada pelos relógios de pulso. A matemática contínua corresponde aos relógios analógicos – o tipo que separa os ponteiros das horas, dos minutos e dos segundos. Os ponteiros se movem suavemente ao longo do tempo. No relógio analógico, entre 12h02min e 12h03min há um número infinito de tempos diferentes possíveis, à medida que o ponteiro dos segundos percorre o mostrador. A matemática contínua estuda conceitos infinitos, em que um objeto pode combinar-se suavemente com o próximo. O sistema dos números reais está no cerne da matemática contínua e – da mesma forma que no relógio – entre dois números reais quaisquer há uma infinidade de números reais. A matemática contínua oferece excelentes modelos e instrumentos para analisar fenômenos do mundo real que se modificam suavemente ao longo do tempo, inclusive o movimento dos planetas ao redor do Sol e o fluxo do sangue pelo corpo.

Por outro lado, a matemática discreta é comparável a um relógio digital, em que há apenas um número *finito* possível de tempos diferentes entre 12h02min pela manhã e 12h03min à tarde. Um relógio digital não reconhece frações de segundos! Não há tempo algum entre 12h02min03 pela manhã e 12h02min04 à tarde. O relógio salta de um instante para o próximo. Um relógio digital só pode mostrar um número finito de tempos diferentes, e a transição de um tempo para o próximo é bem definida e sem ambiguidade. Assim como o sistema de números reais representa um papel central na matemática contínua, os *inteiros* são o instrumento principal da matemática discreta. A matemática discreta oferece excelentes modelos e ferramentas para analisar fenômenos do mundo real que podem modificar-se de forma abrupta e que estão claramente em um estado ou em outro. A matemática discreta é o instrumento de escolha em uma diversidade de aplicações, dos computadores ao planejamento de chamadas telefônicas, e das atribuições de pessoal à genética.

> O que é matemática? Uma resposta mais elaborada seria: o estudo de conjuntos, funções e conceitos construídos com base nestas noções fundamentais.

Voltemos a uma questão mais difícil: o que é matemática? Uma resposta razoável seria: o estudo dos números e das formas. Uma palavra em particular nessas respostas chama a atenção e vamos esclarecer: *estudo*. Como os matemáticos abordam seu trabalho?

Todo campo de trabalho tem seus próprios critérios de sucesso. Na medicina, o sucesso consiste na cura e no alívio do sofrimento. Na ciência, o sucesso de uma teoria é determinado pelo experimento. Na arte, o sucesso é a criação do belo. O advogado tem sucesso quando apresenta um caso perante o júri e convence os jurados de que seu cliente está com a razão. Os esportistas profissionais são julgados se ganham ou perdem. E o sucesso no negócio é o lucro.

O que é matemática bem-sucedida? Muitos misturam matemática com ciência – o que não deixa de ser plausível, uma vez que a matemática é incrivelmente útil para a ciência. Mas, dos vários campos que acabamos de descrever, a matemática está menos relacionada com ciência do que com lei e arte!

O sucesso na matemática é avaliado por meio de *prova*. Uma *prova* é um ensaio em que se mostra que uma asserção como "há infinitos números primos" é incontestavelmente correta. As afirmações e provas matemáticas são, antes de qualquer coisa, avaliadas em termos de sua correção. Outros critérios, secundários, também são importantes. Os matemáticos preocupam-se em criar bela matemática. E a matemática muitas vezes é julgada com base em sua utilidade; os conceitos e as técnicas matemáticas têm enorme utilidade na resolução de problemas do mundo real.

> Redação de provas.

Um dos principais objetivos deste livro é ensinar ao estudante como redigir provas (demonstrações). Muito tempo depois de ter completado este curso sobre matemática discreta, o leitor verá que não precisa saber quantos subconjuntos de k elementos um conjunto de n elementos contêm, ou como o pequeno teorema de Fermat pode ser usado como teste de primalidade. Entretanto, a elaboração de provas sempre será muito útil, pois nos ensina a pensar de forma mais clara e a apresentar nosso caso de maneira lógica.

Muitos estudantes acham a formulação de provas assustadora e difícil. Sentem-se perdidos ao escrever a palavra *prova* no papel. O antídoto para essa fobia por provas pode ser encontrado nas páginas deste livro! Procuramos desmistificar o processo de redação de provas, decifrando as idiossincrasias do "matematiquês" e oferecendo *esquemas de provas*. Esses esquemas, dispersos por todo o livro, dão a estrutura (e a linguagem) para as variedades mais comuns de provas matemáticas. O leitor deseja provar que dois conjuntos são iguais? Veja o Esquema de Prova 5! Deseja mostrar que uma função é biunívoca? Consulte o Esquema 20!

Como ler um livro de matemática

A leitura de um livro de matemática é um processo ativo. Tenha um bloco de papel e lápis à mão, resolva os exemplos e também crie os seus próprios.

Antes de ler as demonstrações dos teoremas apresentadas neste livro, procure elaborar suas próprias demonstrações. Se não for possível, então leia a demonstração no livro.

Uma das características admiráveis da matemática é que o leitor não precisa (e talvez não deva!) confiar no autor. Se um livro de física se refere a um resultado experimental, pode ser difícil ou proibitivamente dispendioso para o leitor fazer ele próprio o experimento. Se um livro de história descreve alguns eventos, pode ser impraticável consultar as fontes originais (que podem estar em um idioma desconhecido do leitor). Com a matemática, entretanto, tudo está diante de nós para ser verificado. Adote uma atitude crítica em relação ao material apresentado. A matemática se preocupa mais com a maneira como as verdades são estabelecidas do que as verdades propriamente ditas.

Seja um participante ativo no processo. Uma forma de fazer isso é fazendo as centenas de exercícios apresentados neste livro. Se tiver dificuldade, as inúmeras sugestões e respostas apresentadas no Apêndice A (disponível no site) podem ajudá-lo. Espero, entretanto, que o leitor não encare este livro apenas como um compêndio de problemas com alguma matéria introduzida para agradar o editor. Esforcei-me ao máximo para tornar a exposição clara e útil para o estudante.

Os apêndices desta obra estão disponíveis no site do livro, em http://www.cengage.com.br, na página do livro.

Espero que tire bom proveito do livro.

Exercícios

1. Em um relógio digital, há apenas um número finito de horas que pode ser apresentado. Quantas horas diferentes podem ser exibidas em um relógio digital que mostra horas, minutos e segundos entre a manhã e a tarde?
2. Uma sorveteria vende dez sabores diferentes de sorvete. Você pede um sundae com duas bolas. Quantas maneiras há para escolher os sabores de um *sundae* se as duas bolas forem de sabores diferentes?

Ao professor

Por que ensinar matemática discreta? Na minha opinião, há duas boas razões. A primeira é porque a matemática discreta é útil, especialmente para os estudantes cujo interesse está centrado na ciência da computação e na engenharia, assim como para os que planejam estudar probabilidade, estatística, pesquisa operacional e outras áreas da matemática aplicada moderna. Acredito, entretanto, que há uma segunda razão, mais importante que a primeira, para ensinar a matemática discreta: a matemática discreta é uma motivação excelente para ensinar o estudante a redigir provas.

Assim, este livro tem dois objetivos principais:

- ensinar ao estudante os conceitos fundamentais da matemática discreta (da contagem à criptografia básica à teoria dos grafos); e
- ensinar ao estudante os recursos para redigir provas.

Público leitor e pré-requisitos

Este livro foi planejado para um curso de nível introdutório de matemática discreta. O objetivo é introduzir o estudante no mundo da matemática por meio das ideias e dos tópicos da matemática discreta.

> Direcionado a estudantes de ciência da computação/engenharia.

Para utilizar este livro como base para um curso, não é necessário que se tenha estudado mais do que a matemática fundamental do curso secundário: álgebra e geometria. Não se pressupõe (nem é necessário) o cálculo em qualquer nível.

Os cursos de matemática discreta são feitos por quase todos os estudantes de ciência e engenharia de computação. Consequentemente, alguns cursos de matemática discreta enfocam tópicos como circuitos lógicos, autômatos de estado finito, máquinas de Turing, algoritmos etc. Embora os tópicos tratados neste livro sejam interessantes e importantes, há outros que um cientista da computação ou engenheiro deve saber. Adotamos uma abordagem mais ampla. Todo material neste livro é diretamente aplicável à ciência da computação e à engenharia, porém, apresentado de uma perspectiva matemática. Como professores de faculdade, nosso objetivo é educar os estudantes, não apenas treiná-los. Os estudantes de engenharia e de ciência da computação são privilegiados pela apresentação de uma abordagem mais ampla, expondo-lhes diferentes ideias e perspectivas e, sobretudo, ajudando-o a pensar e escrever com clareza. Na verdade, o leitor encontrará neste livro algoritmos e respectivas análises, mas a ênfase é sobre a matemática.

Tópicos cobertos; percorrendo as seções

Os tópicos cobertos por este livro incluem:

- natureza da matemática (definição, teorema, prova e contraexemplo);
- lógica básica;
- listas e conjuntos;
- relações e partições;
- técnicas avançadas de prova;
- relações de recorrência;
- funções e suas propriedades;
- permutações e simetria;
- teoria da probabilidade discreta;
- teoria dos números;
- teoria dos grupos;
- criptografia;
- teoria dos grafos; e
- conjuntos parcialmente ordenados.

Além disso, a enumeração (contagem) e a elaboração de provas são desenvolvidas ao longo do texto.

Cada seção deste livro corresponde (aproximadamente) a uma aula. Algumas seções não exigem tanta atenção, já outras exigem duas aulas.

O material deste livro é suficiente para um curso de um ano de matemática discreta. Se o leitor estiver lecionando uma sequência com duração de um ano, poderá abordar todas as seções.

Um curso com a duração de um semestre, baseado neste texto, pode ser dividido em duas partes – a primeira abrangeria os conceitos fundamentais, que estão nas Seções 2 a 23 (omitindo-se opcionalmente as Seções 17 e 18).

A partir daí, a escolha de tópicos vai depender das necessidades e dos interesses dos estudantes.

Plano de cursos típicos

Graças à grande variedade de tópicos, este livro pode servir para diversos cursos de matemática discreta. Os seguintes planos dão algumas ideias sobre como estruturar um curso baseado neste livro.

- **Enfoque sobre ciência da computação/engenharia:** Abrange as Seções 1-17, 20-24, 29, 30-34, 35-37, 47-50 e 52. Este plano abrange o material fundamental, a notação especial da ciência da computação, a probabilidade discreta, o essencial da teoria dos números e a teoria dos grafos.
- **Enfoque sobre álgebra abstrata:** Abrange as Seções 1-17, 20-28 e 35-46. Este planejamento abrange o material fundamental, as permutações e simetria, teoria dos números, teoria dos grupos e criptografia.

- **Enfoque sobre estruturas discretas:** Abrange as Seções 1-27, 47-57 e 59. Este planejamento inclui o material básico, a inclusão-exclusão, os multiconjuntos, as permutações, a teoria dos grafos e os conjuntos parcialmente ordenados.
- **Enfoque amplo:** Abrange as Seções 1-17, 20-24, 26-27, 35-39, 43-46 e 47-53. Este planejamento abrange o material básico, as permutações, a teoria dos números, a criptografia e a teoria dos grafos.

Características especiais

- **Esquemas de provas:** Muitos estudantes acham difícil redigir uma prova, ou demonstração. Quando devem mostrar, por exemplo, que dois conjuntos são iguais, eles se preocupam ao estruturar sua prova, e não sabem o que devem escrever primeiro. (Veja Esquema de Prova 5.) Os esquemas de prova que aparecem ao longo deste livro dão aos estudantes o arcabouço básico da prova assim como a linguagem adequada. Veja a lista de esquemas de provas no final do livro.
- **Elaborando provas:** Os matemáticos experientes são capazes de elaborar provas sentença por sentença, na ordem adequada, porque, antes de começar, podem visualizar toda a prova em suas mentes. Isso em geral não acontece com os matemáticos novatos (nossos alunos). É difícil para um estudante aprender a formular uma prova simplesmente estudando exemplos completos. Aconselho sempre que comecem as provas escrevendo primeiro a primeira sentença, e, em seguida, a última sentença. Fazemos, então, a prova a partir de ambas as extremidades (idealmente) até chegarmos (preferencialmente) ao meio.

    Esta abordagem é apresentada no texto por meio de provas cada vez mais desenvolvidas, em que as novas sentenças aparecem em cinza. Veja, por exemplo, a prova da Proposição 12.11.
- **Linguagem matemática:** Os matemáticos escrevem bem. Preocupa-nos expressar nossas ideias com clareza e precisão. Todavia, modificamos o significado de algumas palavras (por exemplo, "injeção" e "grupo") por uma questão de adaptação às nossas necessidades. Criamos novas palavras, como "conjunto PO" *e* "bijeção", e modificamos o significado de outras; usamos o substantivo "máximo" e a preposição *"onto"* (igual a sobre) como adjetivos. Em boxes intitulados Linguagem matemática estão apresentados alguns termos e muitas idiossincrasias do "matematiquês".
- **Sugestões:** O Apêndice A* contém extensa coleção de sugestões (e algumas respostas). Em geral não é fácil dar sugestões que indiquem ao estudante o caminho correto sem revelar toda a resposta. Algumas sugestões podem indicar demais, outras podem ser pouco claras, mas, no conjunto, os estudantes encontrarão ajuda nesta seção. Deve ser consultado somente após preparar uma primeira abordagem substancial dos problemas.
- **Autoavaliações:** Todo capítulo termina com uma autoavaliação para os estudantes. As respostas completas estão apresentadas no Apêndice B*. Esses problemas são de graus variáveis de dificuldade, e os professores podem especificar quais problemas os estudantes devem tentar solucionar, caso nem todas as seções de um capítulo tenham sido abordadas em aula.

---

* Os apêndices deste livro estão disponíveis no site da Cengage, na página do livro.

O que há de novo nesta terceira edição

Problemas, problemas, problemas e mais problemas. Esta nova edição tem centenas de novos problemas incluídos ao longo das seções de exercícios e de capítulos de autoavaliação. Alguns desses novos problemas estão interrelacionados para desenvolvimento de ideias entre os capítulos. Por exemplo, o número de divisores positivos de um número inteiro positivo é estranho se e somente se o número inteiro é um quadrado perfeito. Os alunos são indiretamente levados a conjecturar isso e a provar (Exercício 4.12e) novamente por uma enumeração explícita dos divisores (Problema 16 de Autoteste 7).

Outros pequenos tópicos são desenvolvidos como a extensão do teorema binário negativo expoente, contando caminhos de treliça, usando *sudoku* como prova por contradição e desigualdades de Bonferroni para aproximar a inclusão-exclusão, e assim por diante. Em muitos casos, esses novos tópicos são apresentados exclusivamente por meio de exercícios.

Uma nova seção introdutória sobre a escrita na matemática foi adicionada ao Capítulo 1.

Obrigado a todos que escreveram reportando erros, pois assim conseguimos acertá-los nesta nova edição.

Agradecimentos

Esta nova edição

A edição anterior deste livro teve várias incorreções que foi possível sanar graças as seguintes pessoas que me contataram. Obrigado a: Laura Beaulieu, Kevin Byrnes, Collette Coullard, Chris Czyzewicz, Samuel Eisenberg, Donniell Fishkind, Glen Granzow, Eric Harley, Harold Hausman, Pam Howard, Marie Jameson, Yan Jiao, Otis Kenny, Alexa Narzikul, Franz Niederl, Woojung Park, Benjamin Pierce, Danny Extrator, Jeff Schwarz, Fred Torcaso, Agustin Torres, Michael Vitale, Carol Wood, e Benjamin Yospe.

Ao meu editor Molly Taylor e seus colegas da Cengage por sua ajuda e apoio no desenvolvimento desta nova edição.

Finalmente, tenho o prazer de agradecer a meu filho Jonas pela maravilhosa pintura que estampou a capa da edição norte-americana.

Da segunda edição

Estes agradecimentos figuraram a segunda edição deste livro; ainda devo minha gratidão a todos os mencionados a seguir.

Agradeço a muitas pessoas por sua ajuda na preparação desta segunda edição.

Meus colegas no Harvey Mudd College, professores Arthur Benjamin e Andrew Bernoff, que utilizaram esboços preliminares desta segunda edição em suas aulas e forneceram valioso *feedback*.

Alguns estudantes enviaram comentários e sugestões: muito obrigado a Jon Azose, Alan Davidson, Rachel Harris, Christopher Kain, John McCullough e Hadley Watson.

Durante alguns anos, meus colegas na Johns Hopkins University têm ensinado nosso curso de matemática discreta utilizando este livro. Gostaria de agradecer especialmente a Donniel Fishkind e Fred Torcaso por seus proveitosos comentários e encorajamento.

Tem sido um prazer trabalhar com Bob Pirtle, meu editor na Brooks/Cole. Agradeço imensamente por seu apoio, encorajamento, paciência e flexibilidade.

A Brooks/Cole providenciou que revisores independentes fornecessem *feedback* sobre esta revisão. Seus comentários foram valiosos e ajudaram a aperfeiçoar esta nova edição.

Muito obrigado a Mike Daven (Mount Saint Mary College), Przemo Kranz (University of Mississippi), Jeff Johannes (The State University of New York Geneseo) e Michael Sullivan (San Diego State University).

Agradeço muito pelo *feedback* de vários estudantes e professores ao chamarem minha atenção para alguns erros apresentados na edição anterior. Em particular, agradeço a Seema Aggarwal, Ben Babcock, Richard Belshoff, Kent Donnelly, Usit Duongsaa, Donniell Fishkind, George Huang, Sandi Klavzar, Peter Landweber, George Mackiw, Ryan Manstield, Gary Morris, Evan O'Dea, Levi Ortiz, Russ Rutledge, Rachel Scheinerman, Karen Seyffarth, Douglas Shier e Kimberly Tucker.

Da primeira edição

Estes agradecimentos apareceram na primeira edição deste livro; ainda devo minha gratidão a todos os mencionados a seguir.

Durante o ano acadêmico de 1998-1999, os estudantes de Harvey Mudd College, Loyola College, em Maryland, e da Johns Hopkins University utilizaram uma versão preliminar deste livro. Agradeço a George Mackiw (Loyola) e Greg Levin (Harvey Mudd) por terem realizado um teste piloto do livro, fazendo muitos comentários úteis, correções e sugestões.

Agradeço especialmente aos muitos estudantes dessas várias instituições que leram as primeiras provas, oferecendo muitas sugestões valiosas que contribuíram para melhorar o texto. Em particular, cito:

Harvey Mudd: Jesse Abrams, Rob Adams, Gillian Allen, Mart Brubeck, Zeke Burgess, Nate Chessin, Jocelyn Chew, Brandon Duncan, Adam Fischer, Brad Forrest, Jon Erickson, Cecilia Giddings, Joshdan Griffin, David Herman, Doug Honma, Erich Huang, Keith Ito, Masashi Ito, Leslie Joe, Mike Lauzon, Colin Little, Dale Lovell, Steven Matthews, Laura Mecurio, Elizabeth Millan, Joel Miller, Greg Mulert, Brico Nichols, Lizz Norton, Jordan Parker, Niccole Parker, Jane Oratt, Katie Ray, Star Roth, Mike Schubmehl, Roy Shea, Josh Smallman, Virginia Stoll, Alex Teoh, Jay Trautman, Richard Trinh, Kim Wallmark, Zach Walters, Titus Winters, Kevin Wong, Matthew Wong, Nigel Wright, Andrew Yamashita, Steve Yan e Jason Yelinek.

Loyola: Richard Barley e Deborah Kunder.

Johns Hopkins: Adam Cannon, William Chang, Lara Diamond, Elias Fenton, Eric Hecht, Jacqueline Huang, Brian Iacoviello, Mark Schwager, David Tucker, Aaron Whittier e Hani Yasmin.

Art Benjamin (Harvey Mudd College) contribuiu com uma coleção de problemas que ele utiliza quando ensina matemática discreta; muitos desses problemas aparecem neste livro. Há muitos anos, Art foi meu assistente quando ensinei matemática discreta pela primeira vez. Sua ajuda quando ministrei aquele curso sem dúvida se reflete neste livro.

Meus agradecimentos a Ran Liebeskind-Hadas (também de Harvey Mudd), por contribuir com sua coleção de problemas.

Mantive muitas discussões filosóficas agradáveis com Mike Bridgland (Centro de Ciência da Computação) e Paul Tanenbaum (Laboratório de Pesquisas do Exército), que me mantiveram logicamente honesto e deram ótimos conselhos sobre como estruturar minha abordagem. Paul leu cuidadosamente todo o rascunho do livro e faz muitas sugestões valiosas.

A Brooks/Cole conseguiu que uma versão anterior deste livro fosse revista por vários matemáticos. Agradeço aos seguintes por suas valiosas sugestões e comentários: Douglas Burke

(University of Nevada – Las Vegas), Joseph Gallian (University of Minnesota), John Gimbel (University of Alaska – Fairbanks), Henry Gould (West Virginia University), Arthur Hobbs (Texas A&M University) e George Mackiw (Loyola College em Maryland).

Lara Diamond cuidadosamente leu todo o livro, frase por frase, detectando numerosos erros matemáticos; muito aprecio esta incalculável ajuda. Obrigado, Lara.

Seria de esperar que, com tantas pessoas cooperando, todos os erros tivessem sido detectados, mas isto é ridículo. Estou certo de que haverá muitos outros erros. Cabe a você, meu leitor, encontrá-los, informando-me. (Envie por *e-mail* para ers@jhu.edu.)

Tenho sorte de trabalhar com admiráveis colegas e estudantes graduados do Departamento de Ciências Matemáticas e Estatísticas da Johns Hopkins. De uma forma ou de outra, todos eles exerceram sua influência sobre mim e sobre meu processo de ensino, contribuindo, assim, para este livro. Agradeço a todos eles, com uma menção especial a Bob Serfling, que era chefe de departamento quando cheguei a Johns Hopkins, e que me encarregou de elaborar o currículo de matemática discreta para o departamento. Durante mais de uma década venho recebendo incalculável apoio, encorajamento e conselhos de meu atual chefe de departamento, John Wierman. E Leonore Cowen não só contribuiu com seu entusiasmo, mas também leu várias partes do texto, fazendo valiosas sugestões.

Meus agradecimentos também a Gary Ostedt, Carol Benedict e seus colegas de Brooks/Cole. Foi um prazer trabalhar com eles. O entusiasmo de Gary por este projeto excedeu meu próprio entusiasmo. Carol foi meu ponto de contato principal com Brooks/Cole – sempre cooperando, confiável e alegre.

Por fim, agradeço (com carinho e beijos) a minha esposa Amy e a nossos filhos, Rachel, Danny, Naomi e Jonah, por sua paciência, apoio e amor durante o preparo deste livro.

Edward Scheinerman

CAPÍTULO 1

Fundamentos

As pedras angulares da matemática são a definição, o teorema e a prova. As *definições* especificam com precisão os conceitos em que estamos interessados, os *teoremas* afirmam exatamente o que é verdadeiro sobre esses conceitos, e as *provas* demonstram, de maneira irrefutável, a verdade dessas asserções.

No entanto, antes de iniciarmos, façamos uma pergunta: por quê?

■ 1 Alegria

Por quê?

> Leia também o prefácio "Ao estudante", no qual abordamos brevemente as questões sobre o que é matemática e o que significa matemática discreta. Também fornecemos uma orientação importante sobre como ler um livro de matemática.

Antes de arregaçarmos as mangas e começarmos a trabalhar a sério, gostaria de dividir com você algumas considerações sobre a questão: por que estudar matemática?

A matemática é incrivelmente útil. A matemática é de importância vital para cada faceta da tecnologia moderna: a descoberta de novos medicamentos, escalonamento de linhas aéreas, confiabilidade da comunicação, codificação de músicas e filmes em CDs e DVDs, eficiência dos motores de automóveis e assim por diante. Ela alcança limites muito além das ciências técnicas. A matemática também é fundamental para todas as ciências sociais, desde a compreensão das flutuações da economia até a modelagem de redes sociais em escolas ou empresas. Cada ramo das belas artes – incluindo literatura, música, escultura, pintura e teatro – também se beneficiou da matemática (ou foi por ela inspirado).

Como a matemática é tanto flexível (novos elementos em matemática são inventados diariamente) quanto rigorosa (podemos provar, sem controvérsias, que nossas asserções estão corretas), ela é a melhor ferramenta analítica que a humanidade desenvolveu.

O sucesso sem paralelos da matemática como ferramenta para resolução de problemas em ciência, engenharia, sociedade e artes é razão suficiente para estudar esta maravilhosa matéria. Nós, matemáticos, somos imensamente orgulhosos das conquistas que são impulsionadas pela análise matemática. Entretanto, para muitos de nós, essa não é a principal motivação para o estudo da matemática.

A agonia e o êxtase

Por que os matemáticos devotam suas vidas ao estudo da matemática? Para a maioria de nós, é por causa da alegria que sentimos ao trabalhar com a matemática.

A matemática é difícil para todo mundo. Não importa que nível de realizações ou conhecimentos você (ou seu professor) tenha desta matéria, há sempre um problema mais difícil e frustrante esperando adiante. Desencorajador? Dificilmente! Quanto maior o desafio, maior a nossa sensação de realização quando o vencemos. A melhor parte da matemática é a alegria que vivenciamos ao praticar esta arte.

A maioria das formas de arte pode ser desfrutada por espectadores. Posso deleitar-me com um concerto realizado por músicos talentosos, ficar boquiaberto diante de uma bela pintura, ou profundamente comovido pela literatura. A matemática, porém, libera essa carga emocional somente sobre aqueles que realmente trabalham com ela.

Quero que você sinta essa alegria também. Desse modo, no final desta breve seção, há um único problema a ser solucionado. Para que você experimente essa alegria, **não deixe, sob hipótese alguma, que ninguém o ajude a resolver este problema**. Espero que, ao observar o problema pela primeira vez, você não veja sua solução imediatamente, mas, em vez disso, quebre a cabeça um pouco. Não se sinta mal: mostrei este problema para matemáticos extremamente talentosos que não encontraram uma solução imediatamente. Trabalhe e pense continuamente – a solução aparecerá. Espero que, ao solucionar este quebra-cabeça, você sorria diante da resolução. Aqui está o quebra-cabeça:

1 Exercícios

1.1 Simplifique a seguinte expressão algébrica:

$$(x-a)(x-b)(x-c)...(x-z)$$

Por outro lado, caso você tenha solucionado este problema, não ofereça ajuda aos outros: você não vai querer estragar a diversão deles.

■ 2 Falando (e escrevendo) sobre matemática

Precisamente!

Gostemos ou não de matemática, todos admiramos uma de suas características únicas: há respostas definitivas. Poucos outros empreendimentos, da economia à análise literária e da história à psicologia, podem contar com essa vantagem. Além disso, em matemática podemos falar (e escrever) com extrema precisão. Enquanto os livros, canções e poemas foram escritos sobre o amor, é muito mais fácil fazer afirmações precisas (e verificar sua verdade) sobre a matemática do que sobre as relações humanas.

Linguagem precisa é vital para o estudo da matemática. Infelizmente, os alunos às vezes veem a matemática como uma série interminável de cálculos numéricos e algébricos em que as letras são usadas somente para nomear variáveis. Na verdade, para se comunicar com clareza e precisão matemática precisamos de muito mais do que números, variáveis, operações e símbolos; precisamos de palavras compostas em sentenças significativas que transmitam exatamente o significado que pretendemos. Sentenças matemáticas muitas vezes incluem a notação técnica, mas as regras da gramática aplicam-se a elas plenamente. Indiscutivelmente, até que alguém exprima ideias em uma frase coerente, elas estão apenas pela metade.

Além disso, o esforço mental para converter ideias matemáticas em linguagem é vital para apreender esses conceitos. Aproveite o tempo para expressar suas ideias com clareza tanto verbalmente como por escrito. Aprender matemática requer envolvimento de todas as rotas até o seu cérebro: suas mãos, olhos, boca e ouvidos, todos precisam entrar em ação. Diga as ideias em voz alta e anote-as. Você aprenderá a se expressar de forma mais clara e apreenderá melhor os conceitos.

> Certifique-se de verificar com seu instrutor quais tipos de colaboração são permitidas em suas tarefas e trabalhos.

Um pouco de ajuda

Escrever é difícil. A melhor maneira de aprender é praticar, especialmente com a ajuda de um parceiro. A maioria das pessoas acha difícil editar sua própria escrita; nosso cérebro sabe o que queremos dizer e nos faz acreditar que o que colocamos no papel é exatamente o que pretendíamos. Se você diz "bom, você entendeu o que eu quis dizer", então precisa tentar novamente.

Nesta breve seção fornecemos algumas dicas e avisos sobre alguns erros comuns.

- *Uma linguagem própria.* Por todo o livro, você encontrará as notas *Linguagem matemática!* que explicam algumas formas idiossincráticas em que os matemáticos usam palavras comuns. Palavras comuns (tais como *função* ou *primo*) são usadas de forma diferente na matemática. A boa notícia é que quando nós cooptamos palavras a serviço da matemática, os significados que lhes damos são precisos como um fio de navalha (veja a próxima seção deste livro para saber mais sobre isso).
- *Sentenças completas.* Esta é a regra mais básica da gramática e aplica-se à matemática tanto quanto a qualquer disciplina. Notação matemática deve ser parte de uma sentença.
  Ruim: $3x + 5$.
  Isso não é uma sentença! O que significa $3x + 5$? O que o escritor está tentando dizer?
  Boa: Quando substituímos $x = -5/3$ por $3x + 5$ o resultado é 0.
- *Incompatibilidade de categorias.* Esse é um dos erros mais comuns que as pessoas cometem ao escrever e falar de matemática. Um segmento de linha não é um número, uma função não é uma equação, um conjunto não é uma operação, e assim por diante. Considere esta frase:
  O Air Force One é o presidente dos Estados Unidos.
  Isso naturalmente é um disparate. Nenhum "bom, você entendeu o que eu quis dizer" ou "você entendeu a ideia geral" pode desfazer o erro de escrever que um avião é um ser humano. No entanto, este é exatamente o tipo de erro que os escritores de matemática novatos cometem com frequência.
  Assim, não escreva "a função é igual a 3" quando você quer dizer "quando a função é avaliada em $x = 5$, o resultado é 3". Note que nós não precisamos ser prolixos. Não escreva "$f = 3$", mas "$f(5) = 3$."
  Ruim: Se os lados de um triângulo retângulo T têm comprimentos 5 e 12, então $T = 30$.
  Boa: Se os lados de um triângulo retângulo T têm comprimentos 5 e 12, então a área de T é 30.
- *Evite pronomes.* É fácil escrever uma frase cheia dos pronomes que você – o escritor – entende, mas que é incompreensível para qualquer outra pessoa.

Ruim: Se movermos tudo, então fica mais simples, e essa é a nossa resposta.

Dê nomes ao que você está escrevendo (tais como letras individuais para números, e números de linha para equações).

Boa: Quando movemos todos os termos que envolvem x à esquerda na equação (12), descobrimos que esses termos se cancelam, e isso nos permite determinar o valor de y.

- *Reescreva.* É quase impossível escrever bem em um primeiro esboço. Além do mais, alguns problemas matemáticos podem ser resolvidos corretamente com mais rapidez. Infelizmente, alguns estudantes (não você, é claro) começam a resolver um problema, riscar erros, desenhar setas nas novas partes da solução, e, em seguida, enviam essa terrível bagunça como um produto acabado. Credo! Tal como acontece com todas as outras formas de escrita, elabore um primeiro esboço, edite-o e, em seguida, reescreva-o.

- *Aprenda a usar o* LaTeX. O processo de edição e reescrita é feito de forma muito mais fácil por processadores de texto. Infelizmente, é muito mais difícil digitar matemática do que prosa comum. Alguns dos programas de processamento o que-você-vê-é-o-que-você-consegue [WYSIWYG], como o Microsoft Word, incluem um editor de equações que permite digitar e inserir fórmulas matemáticas em documentos. Realmente, muitos cientistas e engenheiros usam o Word para escrever trabalhos técnicos repletos de fórmulas complexas.

> A palavra LaTeX está escrita com letras de vários tamanhos em níveis diferentes, em parte para distingui-la de látex, um tipo de borracha. Inicialmente, este livro foi composto usando LaTeX.

No entanto, o padrão para a digitação matemática é o LaTeX. Aprender a escrever documentos no LaTeX exige um investimento de tempo inicial significativo, mas nenhum investimento em dinheiro, pois há muitas implementações do LaTeX que são gratuitas e funcionam na maioria dos computadores (Windows, MacOS, Linux). Os documentos produzidos no LaTeX são visualmente mais atraentes do que os de sistemas WYSIWIG e mais fáceis de editar. No LaTeX basta digitar comandos especiais para produzir notação matemática. Por exemplo, para escrever a fórmula quadrática

$$x = \frac{-b \pm \sqrt{b^2 - 4ac}}{2a},$$

é só digitar: `x = \frac{-b \pm \sqrt{b^2-4ac}}{2a}`

Há muitos guias e livros disponíveis para aprender a usar o LaTeX, incluindo alguns disponíveis gratuitamente na *web*.

2 Exercícios

2.1 As seis peças abaixo podem ser dispostas de modo a formar um quadrado de 3×3, com o quadrado do meio de 1×1 vazio (como na figura à esquerda).

Determine como resolver esse quebra-cabeça e, em seguida, escreva instruções claras (sem diagramas!) para que outra pessoa as possa ler corretamente e encaixar as peças para chegar à solução.

Você pode baixar uma versão para imprimir as peças do quebra-cabeça (assim pode cortá-las) em medidas maiores no *site* do autor:

www.ams.jhu.edu/ers/wp-content/uploads/sites/2/2016/01/puzzle.pdf

■ 3 Definição

A matemática existe apenas nas mentes das pessoas. Não existe tal "coisa" como o número 6. Podemos desenhar o símbolo para o número 6 em um pedaço de papel, mas não podemos fisicamente segurar um 6 em nossas mãos. Os números, assim como todos os outros objetos matemáticos, são puramente conceituais.

Os objetos matemáticos adquirem existência por definições. Por exemplo, um número é chamado *primo* ou *par* desde que satisfaça condições precisas, sem ambiguidade. Essas condições altamente específicas constituem a definição do conceito. Dessa forma, estamos atuando como legisladores que definem critérios específicos, tais como qualificação para um programa de governo. A diferença é que as leis podem permitir certa ambiguidade, enquanto uma definição matemática deve ser absolutamente clara.

Consideremos um exemplo.

Em uma definição, as palavras sendo definidas são, em geral, destacadas em itálico.

● DEFINIÇÃO 3.1

(Par) Um inteiro é chamado *par* se for divisível por 2.

Claro? Não totalmente. O problema é que essa definição contém termos que ainda não foram definidos; em particular, *inteiro* e *divisível*. Se quisermos ser extremamente detalhistas, podemos alegar que ainda não definimos o termo 2. Cada um desses termos – *inteiro*, *divisível* e *2* – pode ser definido em termos de conceitos mais simples, mas esse é um jogo que não podemos ganhar inteiramente. Se cada termo for definido em termos mais simples, estaremos continuamente em busca de definições. Deve chegar um momento em que digamos: "Este termo não está definido, mas cremos entender o que ele significa".

A situação é como a da construção de uma casa. Cada parte da casa é construída a partir das partes anteriores. Antes do telhado e das paredes, devemos construir a estrutura. Antes de erigirmos a estrutura, deve haver um alicerce. Como construtores da casa, consideramos a construção do alicerce como o primeiro passo – mas esse não é, na verdade, o primeiro passo. Precisamos ter o terreno, ligar a água e a eletricidade na propriedade. Para que haja água, deve haver poços e encanamentos no solo. PARE! Chegamos a um nível do processo que realmente pouco tem a ver com a construção da casa. Os recursos são vitais para a construção, mas não é nossa função, como construtores, nos preocuparmos com o tipo de transformadores usados na subestação elétrica!

Voltemos à matemática e à Definição 3.1. É possível definirmos as palavras *inteiro*, *2* e *divisível* em conceitos mais básicos. Exige grande trabalho definirmos inteiros, multiplicação etc. em conceitos mais simples. O que devemos fazer? Idealmente, deveríamos começar do objeto matemático mais básico – o *conjunto* – e percorrer nosso caminho até os inteiros. Embora se trate de um procedimento plenamente justificável, neste livro vamos construir nosso edifício matemático supondo já formado o alicerce.

Por onde devemos começar? O que podemos supor? Neste livro, consideramos os inteiros como nosso ponto de partida. Os *inteiros* são os números inteiros positivos, os inteiros negativos e o zero. Ou seja, o conjunto dos inteiros, denotado pela letra $\mathbb{Z}$, é

$$\mathbb{Z} = \{..., -3, -2, -1, 0, 1, 2, 3,...\}$$

> O símbolo $\mathbb{Z}$ é usado para inteiros e é fácil de traçar, mas frequentemente as pessoas não conseguem. Por quê? Elas caem na seguinte armadilha. Primeiro traçam um Z e em seguida procuram acrescentar um traço adicional. Isso não funciona! Deve-se traçar um 7 e então outro 7 entrelaçado, de cabeça para baixo, para se obter um $\mathbb{Z}$.

Admitiremos também que sabemos somar, subtrair e multiplicar; não precisamos provar fatos básicos sobre os números, tais como $3 \times 2 = 6$. Admitiremos as propriedades algébricas básicas de adição, subtração e multiplicação e fatos básicos sobre relações de ordem ($<$, $\leq$, $>$ e $\geq$). Consulte o Apêndice D, disponível no site da Cengage Learning, para mais dados que quiser utilizar.

Assim, na Definição 3.1, não precisamos definir *inteiro* nem *2*. Todavia, ainda devemos definir o que queremos dizer por divisível. Para salientar o fato que ainda não tornamos claro esse ponto, consideremos a questão: 3 é divisível por 2? Pretendemos dizer que a resposta a essa pergunta é *não*, mas talvez ela possa ser *sim*, pois $3 \div 2 = 1\frac{1}{2}$. Assim, se admitirmos frações, é possível dividir 3 por 2. Note-se ainda que, no parágrafo anterior, garantiram-se propriedades básicas da adição, subtração e multiplicação, mas *não* – e evidente por sua ausência – da divisão. Necessitamos, assim, de uma definição cuidadosa de *divisível*.

● **DEFINIÇÃO 3.2**

(**Divisível**) Sejam a e b inteiros. Dizemos que a é *divisível* por b se existir um inteiro c, de modo que $bc = a$. Dizemos também que b *divide* a, ou que b é um *fator* de a, ou que b é um *divisor* de a. A notação correspondente é $b|a$.

Esta definição introduz vários termos (*divisível, fator, divisor* e *divide*), assim como a notação $b|a$. Consideremos um exemplo.

◆ **EXEMPLO 3.3**

Vejamos: 12 é divisível por 4? Para responder a essa pergunta, examinemos a definição, que diz que $a = 12$ é divisível por $b = 4$ se existir um inteiro c tal que $4c = 12$. Obviamente, esse inteiro existe, e é $c = 3$.

Nessas condições, dizemos também que 4 divide 12, ou, equivalentemente, que 4 é um fator de 12, ou, ainda, que 4 é um divisor de 12.

Expressa-se esse fato pela notação $4|12$.

No entanto, 12 não é divisível por 5, porque não há inteiro x para o qual $5x = 12$; assim, $5|12$ é falso.

Agora a Definição 3.1 está pronta para uso. O número 12 é par porque 2|12, e sabemos que 2|12 porque $2 \times 6 = 12$. Entretanto, 13 não é par porque 13 não é divisível por 2 – não há inteiro x para o qual $2x = 13$. Note que não dissemos que 13 é ímpar, pois ainda precisamos definir o termo *ímpar*. Naturalmente, sabemos que 13 é um número ímpar, mas simplesmente ainda não "criamos" os números ímpares mediante especificação de uma definição para eles. Tudo o que podemos dizer, a esta altura, é que 13 não é par. Assim, vamos definir o termo *ímpar*.

● DEFINIÇÃO 3.4

(Ímpar) Um inteiro a é chamado *ímpar* desde que haja um inteiro x de modo que $a = 2x + 1$.

Assim, 13 é ímpar porque podemos escolher $x = 6$ na definição, obtendo $13 = 2 \times 6 + 1$. Note-se que a definição fornece um critério claro, sem ambiguidade, para determinar se um inteiro é ímpar.

Por favor, observe o que a definição de *ímpar* não diz: ela não afirma que um inteiro é ímpar desde que não seja par. Isso, naturalmente, é verdadeiro, conforme provaremos em um capítulo subsequente. Que "todo inteiro é ímpar ou par, mas não ambos" é um fato que *provamos*.

Eis uma definição para outro conceito familiar.

● DEFINIÇÃO 3.5

(Primo) Um inteiro p é *primo* se $p > 1$ e se os únicos divisores positivos de p são 1 e p.

Por exemplo, 11 é primo porque satisfaz ambas as condições da definição: primeiro, 11 é maior que 1, e, segundo, os únicos divisores positivos de 11 são 1 e 11.

Entretanto, 12 não é primo porque tem um divisor positivo diferente de 1 e ele mesmo; por exemplo, 3|12, $3 \neq 1$ e $3 \neq 12$.

O número 1 é primo? Não. Para saber o porquê, tomemos $p = 1$ e vejamos se p satisfaz a definição de primo. Há duas condições. Primeiro, devemos ter $p > 1$ e, segundo, os únicos divisores positivos de p são 1 e p. A segunda condição é satisfeita. Os únicos divisores de 1 são 1 e ele próprio. Mas $p = 1$ não satisfaz a primeira condição, porque $1 > 1$ é falsa. Portanto, 1 não é primo.

Respondemos a pergunta: 1 é primo? A razão pela qual 1 não é primo é que a definição foi elaborada especificamente para tornar 1 não primo! Todavia, a pergunta real que gostaríamos de responder é: por que formulamos a Definição 3.5 de forma a excluir 1?

Procurarei responder a essa pergunta em um momento, mas há um ponto filosófico que deve ser salientado. A decisão de excluir o número 1 na definição foi deliberada e consciente. Com efeito, a razão de 1 não ser primo é "porque eu assim disse"! Em princípio, poderíamos definir a palavra *primo* de uma forma diferente, permitindo que o número 1 fosse primo. O problema principal com a utilização de uma definição diferente para primo é que o conceito de *número primo* está bem firmado na comunidade matemática. Se lhe fosse útil admitir 1 como primo em seu trabalho, você deveria escolher um termo diferente para seu conceito, tal como *primo relaxado* ou *primo alternativo*.

Abordemos agora a questão: por que formulamos a Definição 3.5 de modo a excluir 1? A ideia é que os números primos constituem os "blocos de sustentação" da multiplicação. Mais à frente, provaremos que todo inteiro positivo pode ser decomposto de maneira única em fatores primos. Por exemplo, 12 pode ser fatorado como $12 = 2 \times 2 \times 3$. Não há outra maneira de decompor 12 em fatores primos (a não ser trocando a ordem dos fatores). Os fatores primos de 12 são precisamente 2, 2 e 3. Se fôssemos admitir 1 como número primo, então poderíamos decompor 12 em fatores "primos" como $12 = 1 \times 2 \times 2 \times 3$, uma fatoração diferente.

Assim como definimos números primos, é apropriado definirmos também números compostos.

● **DEFINIÇÃO 3.6**

(**Composto**) Um número positivo a é chamado *composto* se existe um inteiro b de modo que $1 < b < a$ e $b|a$.

Por exemplo, o número 25 é composto porque se verifica a condição da definição: há um número b com $1 < b < 25$ e $b|25$; na verdade, $b = 5$ é esse número (único).

Da mesma forma, o número 360 é composto. Nesse caso há vários números b tais que $1 < b < 360$ e $b|360$.

Os números primos não são compostos. Se p é primo, então, por definição, não pode haver divisor de p entre 1 e p (leia atentamente a Definição 3.5).

Além disso, o número 1 não é composto. (Obviamente, não existe um número b com $1 < b < 1$). Pobre número 1! O número 1 não é primo nem composto (há, entretanto, um termo especial que se aplica ao número 1, ele é chamado *unidade*)!

Recapitulando

Nesta seção, introduzimos o conceito de definição matemática. As definições, tipicamente, têm a forma: "Um objeto X é chamado *o termo a ser definido* desde que satisfaça *condições específicas*". Apresentamos o conjunto dos inteiros $\mathbb{Z}$ e definimos os termos *divisíveis*, *ímpares*, *pares*, *primos* e *compostos*.

▼ **3 Exercícios**

3.1. Determine quais das asserções seguintes são verdadeiras, e quais são falsas. Utilize a Definição 3.2 para explicar suas respostas.
   a. $3|100$
   b. $3|99$
   c. $-3|3$
   d. $-5|-5$
   e. $-2|-7$
   f. $0|4$
   g. $4|0$
   h. $0|0$

3.2. Eis uma alternativa possível para a Definição 3.2. Dizemos que a é *divisível* por b se $\frac{a}{b}$ for inteiro. Explique por que essa definição alternativa é diferente da Definição 3.2.

Aqui, *diferente* significa que a Definição 3.2 e a definição alternativa especificam *conceitos diferentes*. Assim, para responder a essa questão, devemos encontrar inteiros a e b tais que a seja divisível por b de acordo com uma definição, mas a não seja divisível por b de acordo com a outra definição.

3.3. Nenhum dos números seguintes é primo. Explique por que eles não satisfazem a Definição 3.5. Quais desses números são compostos?
   a. 21.
   b. 0.
   c. π.
   d. $\frac{1}{2}$.
   e. -2.
   f. -1.

3.4. Os *números naturais* são os inteiros não negativos; isto é,

$$\mathbb{N} = \{0, 1, 2, 3,...\}$$

> O símbolo $\mathbb{N}$ é usado para números naturais.

Aplique o conceito de números naturais para criar definições para as seguintes relações de inteiros: *menor que* ($<$), *menor que ou igual a* ($\leq$), *maior que* ($>$), e *maior que ou igual a* ($\geq$).

Nota: Muitos autores definem os números naturais apenas como os inteiros positivos; para eles, zero não é um número natural. Para mim, isso não parece natural ☺. Os conceitos *inteiros positivos* e *inteiros não negativos* não têm ambiguidade e são reconhecidos universalmente entre os matemáticos. Já o termo *número natural* não é 100% padronizado.

3.5. Um *número racional* é um número formado pela divisão de dois inteiros a/b, com $b \neq 0$. O conjunto de todos os racionais é denotado por $\mathbb{Q}$.

Explique por que todo inteiro é um número racional, mas nem todos os racionais são inteiros.

> O símbolo $\mathbb{Q}$ é usado para números racionais.

3.6. Defina o que significa um inteiro ser um *quadrado perfeito*. Por exemplo, os inteiros 0, 1, 4, 9 e 16 são quadrados perfeitos. Sua definição deve começar:

Um inteiro x é chamado *quadrado perfeito* desde que...

3.7. Defina o que significa um número ser a *raiz quadrada* de outro.

3.8. Defina o *perímetro* de um polígono.

3.9. Suponha já definido o conceito de distância entre dois pontos de um plano. Formule cuidadosamente a condição para que um ponto esteja *entre* outros dois pontos. Sua definição deve começar:

Suponhamos que A, B, C sejam pontos do plano. Dizemos que C está *entre* A e B desde que...

Observação: como você está elaborando essa definição, você tem certa flexibilidade. Considere a possibilidade de o ponto C ser o mesmo que o ponto A ou o ponto B, ou ainda que A e B possam ser o mesmo ponto. Pessoalmente, se A e C fossem o mesmo ponto, eu diria que C está entre A e B (independentemente de onde B possa estar), mas você pode escolher planejar sua definição de modo a excluir essa possibilidade. Qualquer que seja sua decisão, ela é boa, mas certifique-se de que sua definição atenda ao que tem em vista.

Outra observação: Não é necessário o conceito de colinearidade para definir a noção *entre*. Uma vez definido *entre*, use a noção para definir o que significa três pontos serem colineares. Sua definição deve começar:

Sejam A, B e C pontos do plano. Dizemos que eles são colineares desde que...

Mais uma observação: agora, se A e B são o mesmo ponto, o leitor certamente deseja que sua definição implique que, A, B e C são colineares.

3.10. Defina o *ponto médio* de um segmento de linha.

3.11. Algumas palavras são difíceis de definir com precisão matemática (por exemplo, *amor*), mas algumas podem ser bem definidas. Tente escrever definições para estas:
  a. adolescente.
  b. avó.
  c. ano bissexto.
  d. dez centavos.
  e. palíndromo.
  f. homófono.

Você pode assumir que os conceitos mais básicos (como *moeda* ou *pronúncia*) já estejam definidos.

3.12. Os matemáticos discretos gostam especialmente de *problemas de contagem*: problemas que questionam *quantos*? Vamos considerar a questão: quantos divisores positivos um número tem? Por exemplo, 6 tem quatro divisores positivos: 1, 2, 3 e 6.

Quantos divisores positivos têm cada um dos números seguintes?
  a. 8
  b. 32
  c. 2^n, em que n é um inteiro positivo.
  d. 10
  e. 100
  f. 1.000.000
  g. 10^n, em que n é um inteiro positivo.
  h. $30 = 2 \times 3 \times 5$
  i. $42 = 2 \times 3 \times 7$ (Por que 30 e 42 têm o mesmo número de divisores positivos?)
  j. $2310 = 2 \times 3 \times 5 \times 7 \times 11$
  k. $1 \times 2 \times 3 \times 4 \times 5 \times 6 \times 7 \times 8$
  l. 0

3.13. Um inteiro n é chamado *perfeito* se for igual à soma de todos os seus divisores que são simultaneamente positivos e inferiores a n. Por exemplo, 28 é perfeito porque os divisores positivos de 28 são 1, 2, 4, 7, 14 e 28. Note que $1 + 2 + 4 + 7 + 14 = 28$.
  a. Há um número perfeito inferior a 28. Ache-o.
  b. Escreva um programa de computador para achar o número perfeito imediatamente superior a 28.

3.14. *Em um jogo da Liga Infantil, há três juízes. Um é engenheiro, o outro é físico e o terceiro, matemático. Há uma jogada próxima à base, e os três juízes concordam que o corredor está fora.*

Furioso, o pai do corredor grita para os juízes: "Por que vocês dizem que ele está fora?"

O engenheiro responde: "Ele está fora porque eu digo como ele está".

O físico responde: "Ela está fora porque é como eu o vejo".

E o matemático responde: "Ela está fora porque eu digo que está".

Explique o ponto de vista do matemático.

■ 4 Teorema

Um *teorema* é uma afirmação declarativa sobre matemática para a qual existe uma *prova*.

A noção de prova é o assunto da próxima seção – na verdade, é um tema central deste livro. Basta dizermos, por ora, que uma *prova* é uma dissertação que mostra, de maneira irrefutável, que uma afirmação é verdadeira.

Nesta seção, enfocamos a noção de teorema. Reiterando, um *teorema* é uma afirmação declarativa sobre matemática para a qual existe uma prova.

O que é uma afirmação declarativa? Na linguagem cotidiana, expressamos muitos tipos de sentença. Algumas delas são perguntas. Onde está o jornal? Outras sentenças são ordens: pare. E talvez o tipo mais comum de sentença seja uma *afirmação declarativa* – uma sentença que expressa uma ideia sobre a natureza ou estado de alguma, como: vai chover amanhã, ou os Yankees ganharam na noite passada.

Os praticantes de toda disciplina fazem afirmações declarativas sobre sua atividade. O economista diz: "se a oferta de um produto cai, então seu preço aumenta". O físico afirma: "quando deixamos cair um objeto perto da superfície da Terra, ele acelera à razão de 9,8 m/s^2".

Os matemáticos também fazem afirmações – que acreditamos serem verdadeiras – sobre matemática. Tais afirmações se enquadram em três categorias:

- afirmações que sabemos serem verdadeiras porque podemos prová-las, o que chamamos *teoremas*;
- afirmações cuja veracidade não podemos garantir, o que denominamos *conjecturas*;
- afirmações falsas, o que as chamamos *erros*.

Há mais uma categoria de afirmações matemáticas. Consideremos a sentença "a raiz quadrada de um triângulo é um círculo". Como a operação de extração de uma raiz quadrada se aplica a números, e não a figuras geométricas, a sentença não tem sentido! Tais afirmações são *absurdas*!

> Sempre verifique seus próprios trabalhos quanto a sentenças sem sentido. Esse tipo de erro é muito comum. Considere cada palavra e símbolo que escrever. Pergunte-se a respeito do significado de cada termo, e se as expressões à esquerda e à direita em suas equações representam objetos de mesmo tipo.

A natureza da verdade

Dizer que uma afirmação é *verdadeira* assevera que a afirmação é correta e merece confiança. Mas a natureza da verdade é muito mais rígida na matemática do que em qualquer outra disciplina. Consideremos, por exemplo, o seguinte fato meteorológico bem conhecido, "em julho, o tempo em Baltimore é quente e úmido". Posso assegurar, pela minha experiência pessoal, que essa afirmação é verdadeira! Isso significa que todo dia em todo mês de julho é quente e úmido? Obviamente, não. Não é razoável esperarmos interpretação tão rígida de uma afirmação geral sobre o tempo.

Consideremos a afirmação do físico que acabamos de apresentar: "Quando deixamos cair um objeto próximo à superfície da Terra, ele acelera à razão de 9,8 m/s^2". Essa afirmação também é verdadeira e é expressa com maior precisão do que nossa asserção sobre o clima em Baltimore. Mas essa *lei* física não é absolutamente correta. Primeiro, o valor 9,8 é aproximado. Segundo, o termo *próximo* é vago. De uma perspectiva galáctica, a lua está "próxima" da Terra, mas este não é o significado de *proximidade* que temos em vista. Podemos admitir que *próximo* signifique "a menos de 100 metros da superfície da terra", mas isso nos deixa com um problema. Mesmo a uma altitude de 100 metros, a gravidade é ligeiramente inferior à gravidade na superfície. Pior ainda, a gravidade na superfície da terra não é constante; a atração gravitacional no cume do Monte Everest é ligeiramente menor que ao nível do mar!

A despeito dessas várias objeções e qualificações, a afirmação de que os objetos liberados próximo à superfície da terra aceleram à razão de 9,8 m/s^2 é verdadeira. Como estudiosos do clima ou físicos, conhecemos as limitações de nossa noção de verdade. Quase todas as afirmações são limitadas em seu objetivo, e sabemos que sua verdade não pode ser considerada como absoluta e universal.

Todavia, em matemática, a palavra *verdadeiro* deve ser considerada absoluta, incondicional e sem exceção.

Consideremos um exemplo. Talvez o mais célebre teorema da geometria seja o seguinte resultado clássico de Pitágoras:

❖ TEOREMA 4.1

(**Pitagórico**) Se a e b são os comprimentos dos catetos de um triângulo retângulo, e c é o comprimento da hipotenusa, então

$$a^2 + b^2 = c^2.$$

A relação $a^2 + b^2 = c^2$ vale para os catetos e a hipotenusa de todo triângulo retângulo, de maneira absoluta e sem exceção! Sabemos isso porque podemos provar esse teorema (falaremos mais sobre provas adiante).

O teorema de Pitágoras é, na verdade, absolutamente verdadeiro? Poderíamos cogitar: se traçássemos um triângulo retângulo em um pedaço de papel e medíssemos os comprimentos dos lados a menos de um bilionésimo de uma polegada, teríamos exatamente $a^2 + b^2 = c^2$? Provavelmente não, porque o traçado de um triângulo retângulo não é um triângulo retângulo! Um desenho, ou traçado, é uma ajuda visual para entendermos um conceito matemático, mas um desenho é apenas tinta no papel. Um triângulo retângulo "real" existe apenas em nossas mentes.

Em contrapartida, consideremos o seguinte enunciado: "Os números primos são ímpares". Ela é verdadeira? Não. O número 2 é primo, mas não é ímpar. Portanto, a afirmação é falsa. Poderíamos dizer que ela é quase verdadeira, pois todos os números primos, exceto 2, são ímpares. Na realidade, há muito mais exceções à regra "os dias de julho em Baltimore são quentes e úmidos" (uma sentença tida como verdadeira), do que à afirmação "os números primos são ímpares".

Os matemáticos adotaram a convenção de que uma afirmação é *verdadeira* desde que ela seja absolutamente verdadeira, sem exceção. Uma afirmação que não é absolutamente verdadeira nesse sentido estrito é chamada *falsa*.

Um engenheiro, um físico e um matemático estão fazendo um passeio de trem pela Escócia, e observam umas ovelhas negras em uma colina.

"Olhe", diz o engenheiro, "as ovelhas nesta parte da Escócia são negras!"

"Na verdade", responde o físico, "você não deve tirar conclusões precipitadas. Tudo o que podemos dizer é que, nesta parte da Escócia, há algumas ovelhas negras"

"Bem, ao menos de um lado", diz o matemático.

Se-então

Os matemáticos usam a linguagem cotidiana de maneira ligeiramente diferente das pessoas em geral. Atribuímos a certas palavras significados especiais diferentes do uso padrão. Os matemáticos tomam as palavras do idioma e usam-nas como termos técnicos. Atribuímos novo sentido a palavras como *conjunto, grupo* e *grafo*. Também criamos nossas próprias palavras, como *bijeção* e *parcialmente ordenado* (todas essas palavras serão definidas mais à frente).

> Considere o uso matemático e comum da palavra primo. Quando um economista diz que a taxa de juros prima é agora de 8%, não estamos preocupados se 8 não é um número primo!

Nós, matemáticos, não apenas tomamos nomes e adjetivos e atribuímos a eles novo significado, mas também modificamos sutilmente o sentido de palavras comuns, como *ou*, para atender aos nossos propósitos específicos. Embora possamos ser culpados de violar o uso padrão, somos plenamente consistentes na maneira como o fazemos. Chamamos *linguagem matemática* (matematiquês) esse uso alterado da linguagem-padrão, e o exemplo mais importante disto é a construção se-então.

A grande maioria dos teoremas pode ser expressa na forma "se A, então B". Por exemplo, o teorema "a soma de dois números inteiros pares é par" pode ser reformulado como "se x e y são inteiros pares, então $x + y$ também é par".

> Na afirmação "se A, então B", A é chamado *hipótese*, e B, *conclusão*.

Na conversação cotidiana, uma afirmação do tipo "se-então" pode ter várias interpretações. Por exemplo, posso dizer à minha filha, "se você cortar a grama, então eu lhe pagarei $ 10". Se ela fizer o trabalho, naturalmente esperará o pagamento. Certamente, ela não discordaria se eu lhe desse $ 10, mesmo que ela não fizesse o trabalho, mas certamente não o esperaria. Apenas uma consequência é assegurada.

Todavia, se digo a meu filho "se não comer seu feijão, você não terá sobremesa", ele entende que, a menos que ele coma todos os vegetais, não haverá doce. Mas ele também entende que, se ele comer todos os vegetais, terá a sobremesa. Nesse caso, prometem-se duas consequências: uma no caso de ele comer todos os vegetais, e outra em caso negativo.

O emprego matemático de "se-então" é equivalente ao de "se você cortar a grama, eu lhe pagarei $ 10". A afirmação "Se A, então B" significa: sempre que a condição A for verdadeira, a condição B também o será. Consideremos a sentença "se x e y são pares, então $x + y$ é par". Tudo o que essa sentença assegura é que, quando x e y são ambos pares, $x + y$ também o é par (a sentença não exclui a possibilidade de $x + y$ ser par a despeito de x ou y não o serem; na verdade, se x e y são ambos ímpares, sabemos que $x + y$ também é par).

Na afirmação "se A, então B", podemos ter a condição A verdadeira ou falsa, e a condição B verdadeira ou falsa. Resumamos esses fatos em um quadro. Se a afirmação "se A, então B" é verdadeira, temos o seguinte:

Condição A	Condição B	
Verdadeira	Verdadeira	Possível
Verdadeira	Falsa	Impossível
Falsa	Verdadeira	Possível
Falsa	Falsa	Possível

Tudo o que se afirma é que, sempre que A for verdadeira, B deve sê-la também. Se A não é verdadeira, então nenhuma alegação sobre B é sustentada por "se A, então B".

Eis um exemplo. Imagine que eu seja um político concorrendo a um cargo eletivo, e anuncie em público, "se for eleito, diminuirei os impostos". Em que condições posso ser considerado um mentiroso?

- Suponha que eu seja eleito e reduza os impostos. Certamente não serei chamado de mentiroso – mantive minha promessa.
- Suponha que eu seja eleito e não reduza os impostos. O cidadão terá todo direito de chamar-me mentiroso – não cumpri minha promessa.
- Suponha, agora, que eu não seja eleito, mas, mediante um *lobby*, consiga fazer que os impostos sejam reduzidos. O povo certamente não me chamará de mentiroso – não quebrei minha promessa.

- Por fim, suponha que eu não seja eleito e os impostos não sejam reduzidos. Novamente eu não poderia ser acusado de mentir – prometi reduzir os impostos apenas se eu fosse eleito.

A única circunstância em que "se for eleito (A), então (B) baixarei os impostos" não é verdadeira é se A for verdadeira e B falsa.

Em resumo, a afirmação "se A, então B" assegura que a condição B é verdadeira sempre que A o for, mas não faz qualquer referência a B quando A for falsa.

Fraseados alternativos para "se A, então B".

As afirmações do tipo "se-então" permeiam toda a matemática. Seria cansativo empregar as mesmas frases repetidamente na escrita matemática. Consequentemente, há uma diversidade de maneiras alternativas para expressar "se A, então B". Todas as frases que seguem expressam exatamente a mesma afirmação que "se A, então B".

- "A implica B". Na voz passiva, pode expressar-se como "B é implicado por A".
- "Sempre que A, temos B". Também: "B, sempre que A".
- "A é suficiente para B". Também: "A é condição suficiente para B".
  Este é um exemplo de linguagem matemática. A palavra *suficiente* pode ter, na linguagem corrente, a conotação de "apenas suficiente". Aqui, não se admite tal conotação. O significado é "desde que A seja verdadeiro, então B também deve sê-lo".
- "Para que B seja verdadeiro, é suficiente que tenhamos A".
- "B é necessário para A".
  Este é outro exemplo de linguagem matemática. A maneira como devemos entender esse fraseado é: para que A seja verdadeiro, é *necessário* que B também seja verdadeiro.
- "A, somente se B."
  O significado é que A pode ocorrer *somente se* B também ocorrer.
- "$A \Rightarrow B$."
  O símbolo especial $\Rightarrow$ lê-se "implica".
- "$B \Leftarrow A$."
  O símbolo $\Leftarrow$ lê-se "é implicado por".

Se e somente se

A grande maioria dos teoremas é ou pode ser facilmente expressa na forma se-então. Alguns teoremas vão um passo adiante; são da forma "se A então B, e se B então A". Por exemplo, sabemos que é verdadeira a afirmação:

Se um inteiro x é par, então $x + 1$ é ímpar, e se $x + 1$ é ímpar, então x é par.

Essa afirmação é prolixa. Há maneiras concisas de expressar afirmações da forma "A implica B, e B implica A" nas quais não precisamos escrever as condições A e B duas vezes cada uma. A expressão-chave é *se e somente se*. A afirmação "se A então B, e se B então A" pode reescrever-se como "A se e somente se B". O exemplo dado se escreve mais adequadamente como segue:

Um inteiro x é par *se e somente se* $x + 1$ for ímpar.

O que significa uma afirmação do tipo "se-e-somente-se"? Consideremos a afirmação "A se e somente se B". As condições A e B podem ser, cada uma delas, verdadeira ou falsa, havendo, assim, quatro possibilidades que podemos resumir em um quadro. Se a afirmação "*A* se e somente se *B*" é verdadeira, temos o seguinte:

Condição *A*	**Condição *B***	
Verdadeira	Verdadeira	Possível
Verdadeira	Falsa	Impossível
Falsa	Verdadeira	Impossível
Falsa	Falsa	Possível

É impossível a condição *A* ser verdadeira quando *B* é falsa, porque $A \Rightarrow B$. Da mesma forma, é impossível a condição *B* ser verdadeira quando *A* é falsa, porque $B \Rightarrow A$. Assim, as duas condições *A* e *B* devem ser ambas verdadeiras ou ambas falsas.

Voltemos à afirmação:

Um inteiro x é par se e somente x + 1 for ímpar.

A condição *A* é "*x* é par" e a condição *B* é "*x* + 1 é ímpar". Para alguns inteiros (por exemplo, *x* = 6) *A* e *B* são ambas verdadeiras (6 é par e 7 é ímpar), mas, para outros inteiros (por exemplo, *x* = 9), ambas as condições são falsas (9 não é par e 10 não é ímpar).

Fraseados alternativos para "A se e somente se B".

Assim como há várias maneiras de expressar uma afirmação do tipo "se-então", há também várias formas de expressar uma afirmação do tipo "se-e-somente-se".

- "*A* sse *B*".
  Como a expressão "se e somente se" ocorre com frequência, a abreviatura "sse" é bastante usada.
- "*A* é necessário e suficiente para *B*".
- "*A* é equivalente a *B*."
  A razão para o emprego da palavra *equivalente* é que a condição *A* é válida exatamente nas mesmas circunstâncias sob as quais em que a condição *B* se mantém.
- "A é verdade exatamente quando B é verdade".
  O termo *exatamente* significa que as circunstâncias para que a condição *A* seja verdade são precisamente as mesmas circunstâncias para que a condição *B* seja verdade.
- "$A \Leftrightarrow B$".
  O símbolo $\Leftrightarrow$ é um amálgama dos símbolos $\Leftarrow$ e $\Rightarrow$.

E, ou e não

Uso matemático de *e*.

Os matemáticos utilizam as palavras *e*, *ou* e *não* em sentidos muito precisos. O uso matemático de *e* e *não* é essencialmente o mesmo que na linguagem cotidiana. O emprego de *ou* é mais idiossincrático.

Uso matemático de *não*.

A afirmação "*A* e *B*" significa que ambas as afirmações *A* e *B* são verdadeiras. Por exemplo, "Todo inteiro cujo algarismo das unidades é 0 é divisível por 2 *e* por 5". Isso significa que um número que termina em zero, tal como 230, é divisível tanto por 2 como por 5. O emprego de *e* pode ser resumido na tabela a seguir.

A	*B*	*A* e *B*
Verdadeira	Verdadeira	Verdadeira
Verdadeira	Falsa	Falsa
Falsa	Verdadeira	Falsa
Falsa	Falsa	Falsa

A afirmação "não *A*" é verdadeira se e somente se *A* é falsa. Por exemplo, a afirmação "Todos os primos são ímpares" é falsa. Assim, a afirmação "Nem todos os primos são ímpares" é verdadeira. Novamente, podemos resumir o uso de *não* em uma tabela.

A	*não A*
Verdadeira	Falsa
Falsa	Verdadeira

Uso matemático de *ou*.

Consequentemente, o uso matemático de *e* e *não* corresponde muito aproximadamente ao uso corrente. O mesmo não acontece com o uso de *ou*. Na linguagem padrão, *ou* em geral sugere escolha de uma opção ou outra, mas não de ambas. Consideremos a pergunta, "hoje, quando sairmos para jantar, gostaria de pizza ou comida chinesa?" A implicação é comeremos um ou outro prato, mas não ambos.

Em contraposição, o *ou* matemático admite a possibilidade de *ambos*. A afirmação "*A* ou *B*" significa que *A* é verdadeiro, ou *B* é verdadeiro, ou ambos, *A* e *B*, são verdadeiros. Por exemplo, consideremos o seguinte:

Suponhamos x e y inteiros com a propriedade $x|y$ e $y|x$. Então $x = y$ ou $x = -y$.

A conclusão desse resultado nos diz que podemos ter um dos seguintes casos:

- $x = y$, mas não $x = -y$ (por exemplo, $x = 3$ e $y = 3$).
- $x = -y$, mas não $x = y$ (por exemplo, $x = -5$ e $y = 5$).
- $x = y$ e $x = -y$, o que é possível apenas se $x = 0$ e $y = 0$.

Eis uma tabela para afirmações *ou*:

A	*B*	*A* ou *B*
Verdadeira	Verdadeira	Verdadeira
Verdadeira	Falsa	Verdadeira
Falsa	Verdadeira	Verdadeira
Falsa	Falsa	Falsa

Designações para um teorema

Alguns teoremas são mais importantes ou mais interessantes que outros. Há designações alternativas que os matemáticos usam em lugar de *teorema*. Cada uma tem uma conotação ligeiramente diferente. A palavra *teorema* tem a conotação de importância e generalidade. O teorema de Pitágoras certamente merece ser chamado um *teorema*. A afirmação "o quadrado de um inteiro par também é par" também é um teorema, mas talvez não mereça uma designação tão profunda. E a afirmação "6 + 3 = 9" é, tecnicamente, um teorema, mas não justifica uma designação tão prestigiosa.

> A palavra *teorema* não deve ser confundida com teoria. Um *teorema* é uma afirmação específica que pode ser provada. Uma *teoria* é um conjunto mais amplo de ideias sobre um problema em particular.

A seguir, listamos palavras que constituem alternativas a *teorema* e oferecemos uma orientação para seu uso.

Resultado. Uma expressão modesta, genérica para um teorema. Há um ar de humildade ao chamarmos um teorema simplesmente de "resultado". Tanto teoremas importantes como teoremas sem importância podem ser chamados resultados.

Fato. Um teorema de importância bastante limitada. A afirmação "6 + 3 = 9" é um fato.

Proposição. Um teorema de importância secundária. Uma proposição é mais importante ou mais geral do que um fato, mas não tem tanto prestígio quanto um teorema.

Lema. Um teorema cujo objetivo principal é ajudar a provar outro teorema mais importante. Alguns teoremas exigem demonstrações complicadas. Frequentemente, podemos decompor em partes menores o trabalho de provar um teorema complicado. Os lemas são as partes, ou instrumentos, usados para elaborar uma prova mais complicada.

Corolário. Resultado com uma prova rápida cujo passo principal é o uso de outro teorema provado anteriormente.

Alegação. Análogo a lema. Uma alegação é um teorema cuja afirmação em geral aparece na prova de um teorema. O objetivo de uma alegação é ajudar a organizar os passos-chave de uma prova. Também a formulação de uma alegação pode envolver termos que têm sentido apenas no contexto da prova.

Afirmação verdadeira por vacuidade

O que devemos pensar de uma afirmação do tipo "se-então" em que a hipótese é impossível? Consideremos o seguinte:

> **AFIRMAÇÃO 4.2**
>
> **(Vazia)** Se um inteiro é simultaneamente um quadrado perfeito e primo, então é negativo.

Esta afirmação é verdadeira ou falsa?

A afirmação não é sem sentido. Os termos *quadrado perfeito* (consulte o Exercício 3.6), *primo* e *negativo* aplicam-se adequadamente a inteiros.

Poderíamos ser tentados a dizer que a afirmação é falsa porque os números quadrados e os números primos não podem ser negativos. Entretanto, para que uma afirmação da forma "se A, então B" seja declarada *falsa*, devemos encontrar uma situação em que a cláusula A seja verdadeira, e a cláusula B seja falsa. No caso da Afirmação 4.2, a condição A é impossível, não há número que seja simultaneamente um quadrado perfeito e primo. Assim, nunca poderemos achar um inteiro que torne a condição A verdadeira e a condição B falsa. Por conseguinte, a Afirmação 4.2 é verdadeira!

Afirmações da forma "se A então B", em que a condição A é impossível, são chamadas *vazias*, e os matemáticos consideram verdadeiras tais afirmações porque elas não admitem exceções.

Recapitulando

Nesta seção foi introduzida a noção de *teorema*: uma afirmação declarativa sobre matemática que admite uma prova. Discutimos a natureza absoluta da palavra *verdadeiro* em matemática. Discutimos extensamente as formas "se-então" e "se-e-somente-se" de teoremas, assim como uma linguagem alternativa para expressar tais resultados. Explicamos a maneira como os matemáticos utilizam as palavras *e*, *ou* e *não*. Apresentamos vários sinônimos de *teorema* e explicamos suas conotações. Por fim, discutimos afirmações "se-então" vazias e notamos que os matemáticos consideram tais afirmações verdadeiras.

4 Exercícios

4.1. Cada uma das afirmações seguintes pode ser formulada na forma "se-então". Reescreva cada uma das sentenças seguintes na forma "se A, então B".
  a. O produto de um inteiro ímpar e um inteiro par é par.
  b. O quadrado de um inteiro ímpar é ímpar.
  c. O quadrado de um número primo não é primo.
  d. O produto de dois inteiros negativos é negativo. (Naturalmente, isso é falso.)
  e. As diagonais de um losango são perpendiculares.
  f. Triângulos congruentes têm a mesma área.
  g. A soma de três inteiros consecutivos é divisível por três.

4.2. Abaixo você encontrará pares de afirmações A e B. Para cada par indique quais das três frases seguintes são verdadeiras, e quais são falsas:

- Se A, então B.
- Se B, então A.
- A se e somente se B.

Nota: Você não precisa provar suas afirmações.
  a. A: O polígono PQRS é um retângulo. B: O polígono PQRS é um quadrado.
  b. A: O polígono PQRS é um retângulo. B: O polígono PQRS é um paralelogramo.
  c. A: Joe é avô. B: Joe é do sexo masculino.
  d. A: Ellen reside em Los Angeles. B: Ellen reside na Califórnia.
  e. A: Este ano é divisível por 4. B: Este é um ano bissexto.
  f. A: As linhas ℓ_1 e ℓ_2 são paralelas. B: As linhas ℓ_1 e ℓ_2 são perpendiculares.

Para os demais itens, x e y referem-se a números reais.
  g. $A: x > 0. B: x^2 > 0.$
  h. $A: x < 0. B: x^3 < 0.$
  i. $A: xy = 0. B: x = 0$ ou $y = 0.$
  j. $A: xy = 0. B: x = 0$ e $y = 0.$
  k. $A: x + y = 0. B: x = 0$ e $y = 0.$

A afirmação "se B, então A" é dita *inversa* da afirmação "se A, então B".

4.3. É um erro comum confundir as duas afirmações seguintes:
  a. Se A, então B.
  b. Se B, então A.

  Encontre duas condições A e B de modo que a afirmação (a) seja verdadeira, mas a afirmação (b) seja falsa.

4.4. Considere as duas afirmações:
  a. Se A, então B.
  b. (não A) ou B.

  Em que circunstância essas afirmações são verdadeiras? Em que circunstâncias elas são falsas? Explique por que essas afirmações são, em essência, idênticas.

4.5. Considere as duas afirmações:
  a. Se A, então B.
  b. Se (não B), então (não A).

> A afirmação "se (não B), então (não A)" é dita *contrapositiva* à afirmação "Se A, então B".

  Em que circunstâncias essas afirmações são verdadeiras? Quando são falsas? Explique por que essas afirmações são, em essência, idênticas.

4.6. Considere as duas afirmações:
  a. A se e somente se B.
  b. (não A) se e somente se (não B).

  Sob que circunstâncias essas afirmações são verdadeiras? Quando são falsas? Explique por que essas afirmações são, essencialmente, idênticas.

4.7. Considere um triângulo equilátero cujos lados têm comprimentos $a = b = c = 1$. Note que, nesse caso, $a^2 + b^2 \neq c^2$. Explique por que isso não constitui uma violação do teorema de Pitágoras.

4.8. Explique como traçar, na superfície de uma esfera, um triângulo que tenha três ângulos retos. Os catetos e a hipotenusa de determinado triângulo satisfazem a condição $a^2 + b^2 = c^2$? Explique por que não se trata de uma violação do teorema de Pitágoras.

> Um lado de um triângulo esférico é um arco de um círculo da esfera sobre a qual ele está desenhado.

4.9. Considere a frase "uma linha é a distância mais curta entre dois pontos". Falando estritamente, essa frase não faz sentido.

  Encontre dois erros nessa frase e a reescreva apropriadamente.

4.10. Considere a seguinte afirmação um tanto quanto estranha: "se um porquinho-da-índia for pego pelo rabo, seus olhos saltarão para fora". Isso é verdade?

4.11. Mais sobre conjecturas. De onde vêm os novos teoremas? Eles são criações de matemáticos começaram como conjecturas: declarações matemáticas cuja verdade ainda se deve estabelecer. Em outras palavras, conjecturas são suposições (geralmente, palpites). Ao olhar para muitos exemplos e procurar por padrões, os matemáticos expressam suas observações como declarações que esperam provar.

  Os seguintes itens são projetados para levar você através do processo de fazer conjecturas. Em cada caso, testar vários exemplos e tentar formular suas observações como um teorema a ser provado. Você não tem que provar essas afirmações; por ora queremos simplesmente que você expresse o que encontrar em linguagem matemática.

  a. O que você pode dizer sobre a soma de números ímpares consecutivos começando com 1? Ou seja, avalie 1, $1 + 3$, $1 + 3 + 5$, $1 + 3 + 5 + 7$, e assim por diante, e formule uma conjectura.

b. O que você pode dizer sobre a soma dos cubos perfeitos consecutivos, começando com 1. Isto é, o que você pode dizer sobre 1^3, $1^3 + 3^3$, $1^3 + 3^3 + 5^3$, $1^3 + 3^3 + 5^3 + 7^3$, e assim por diante.

c. Seja n um inteiro positivo. Desenhe n linhas (duas das quais são paralelas) no plano.
Quantas regiões são formadas?

d. Coloque n pontos uniformemente em torno de um círculo. A partir de um ponto, desenhe um caminho para todos os outros ao redor do círculo até voltar ao começo. Em alguns casos, cada ponto é visitado, e, em outros, alguns são perdidos. Em quais circunstâncias todos os pontos são visitados (como na figura com $n = 9$)?

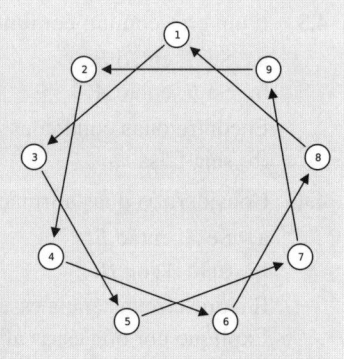

Suponha que em vez de saltar para cada segundo ponto, saltemos para cada terceiro ponto. Para quais valores de n o caminho toca cada ponto?

Finalmente, suponha que visitemos todos os k-ésimos pontos (em que k está entre 1 e n). Quando o caminho toca cada ponto?

e. Uma escola tem um longo corredor de armários numerados 1, 2, 3, e assim por diante até 1.000. Neste problema, referiremo-nos a virar um armário significando abrir um que esteja fechado ou fechar um que esteja aberto. Ou seja, virar um armário é mudar seu estado fechado/aberto.

- Estudante nº1 caminha pelo corredor e fecha todos os armários.
- Estudante nº2 caminha pelo corredor e vira todos os armários com números pares. Portanto, agora os armários ímpares estão fechados, e os armários pares estão abertos.
- Estudante nº3 caminha pelo corredor e vira todos os armários que são divisíveis por 3.
- Estudante nº4 caminha pelo corredor e vira todos os armários que são divisíveis por quatro.
- Da mesma forma os alunos 5, 6, 7, e assim por diante, caminham pelo corredor, cada um virando os armários divisíveis por seu próprio número, até que finalmente o estudante 1000 vira o (primeiro e único) armário divisível por 1000 (o último armário).

Quais armários estão abertos, e quais estão fechados? Generalize para qualquer número de armários. Nota: pedimos que você prove sua conjectura mais tarde; veja Exercício 24.19.

■ 5 Prova

Criamos conceitos matemáticos por meio de definições. Postulamos, então, asserções sobre noções matemáticas e, em seguida, procuramos provar que nossas ideias são corretas.

O que é uma *prova*?

Em ciência, a verdade surge da experimentação. Na lei, a verdade é avaliada por um julgamento e decidida por um juiz ou um júri. No esporte, a verdade é a decisão dos juízes consequente de sua capacidade. Em matemática, temos a *prova*.

A verdade em matemática não é demonstrada mediante um experimento. Isso não quer dizer que o experimento não tenha importância para a matemática – muito pelo contrário! Testando nossas ideias e exemplos, podemos formular afirmações que cremos serem verdadeiras (conjecturas); procuramos, em seguida, provar essas afirmações (convertendo, assim, conjecturas em teoremas).

Por exemplo, recorde a afirmação "todos os números primos são ímpares". Se partirmos do número 3, encontramos centenas de milhares de números primos que são todos ímpares! Isso significa que todos os números primos sejam ímpares? Naturalmente, não! O fato é que, simplesmente, omitimos o número 2.

Consideremos um exemplo bem menos óbvio.

CONJECTURA 5.1

(Goldbach) Todo inteiro par maior do que 2 é a soma de dois primos.

Verifiquemos que essa afirmação é válida para os primeiros números pares. Temos:

$$4 = 2 + 2 \qquad 6 = 3 + 3 \qquad 8 = 3 + 5 \qquad 10 = 3 + 7$$
$$12 = 5 + 7 \qquad 14 = 7 + 7 \qquad 16 = 11 + 5 \qquad 18 = 11 + 7.$$

Poderíamos escrever um programa de computador para confirmar que os primeiros bilhões de números pares (a começar de 4) são, cada um, a soma de dois primos. Isso implica que a conjectura de Goldbach seja verdadeira? Não! A evidência numérica torna a conjectura admissível, mas não prova que seja verdadeira. Até hoje, não se conseguiu uma prova da conjectura de Goldbach e, assim, simplesmente não sabemos se ela é verdadeira ou falsa.

> **Linguagem matemática!**
> Uma prova é frequentemente chamada de *argumento*. Na linguagem usual, a palavra *argumento* tem uma conotação de desacordo ou controvérsia. Não devemos associar tal conotação negativa a um argumento matemático. Na verdade, os matemáticos sentem-se honrados quando suas provas são chamadas "belos argumentos".

Uma prova é uma argumentação que mostra, de maneira indiscutível, que uma afirmação é verdadeira. As provas matemáticas são estruturadas cuidadosamente e escritas em uma forma assaz estilizada. Certas frases-chave e construções lógicas aparecem com frequência nas provas. Nesta seção e em seções subsequentes, mostramos como as provas são redigidas.

Os teoremas que vamos provar nesta seção são todos bastante simples. Na verdade, não iremos aprender quaisquer fatos sobre números que não sejam de nosso pleno conhecimento. O objetivo desta seção não é obter novas informações sobre números, e sim aprender a redigir provas. Assim, sem mais delongas, vamos começar a redigir provas!

Vamos provar o seguinte.

▶ PROPOSIÇÃO 5.2

A soma de dois inteiros pares é par.

Vamos escrever aqui a prova completa e, a seguir, discutiremos como essa prova foi criada. Nessa prova, numeramos cada sentença, de modo que possamos examiná-la passo a passo. Normalmente, escreveríamos essa breve prova em um único parágrafo sem numerar as sentenças.

Prova (da Proposição 5.2):

1. Vamos mostrar que, se x e y são inteiros pares, então $x + y$ é um inteiro par.
2. Sejam x e y inteiros pares.
3. Como x é par, sabemos, pela Definição 3.1, que x é divisível por 2 (isto é, $2|x$).
4. Analogamente, como y é par, $2|y$.

5. Como $2|x$, sabemos, pela Definição 3.2, que há um inteiro a tal que $x = 2a$.
6. Analogamente, como $2|y$, existe um inteiro b de modo que $y = 2b$.
7. Observe que $x + y = 2a + 2b = 2(a + b)$.
8. Portanto, existe um inteiro c (a saber, $a + b$) de modo que $x + y = 2c$.
9. Por conseguinte (Definição 3.2), $2|(x + y)$.
10. Portanto (Definição 3.1), $x + y$ é par.

Conversão para a forma se-então.

Examinemos detidamente como esta prova foi redigida.

- O primeiro passo é converter a afirmação contida na proposição para a forma "se--então".

    A afirmação passa a ser: "a soma de dois inteiros pares é par".
    Escrevemos a afirmação na forma "se-então" como segue:
    "Se x e y são inteiros pares, então $x + y$ é um inteiro par".
    Note que introduzimos letras (x e y) para representar os dois inteiros pares.
    Essas letras se adaptam bem na prova.
    Observe que a primeira sentença da prova apresenta a proposição na forma "se--então".
    A sentença 1 indica a estrutura dessa prova. A hipótese (a parte "se") informa o leitor de que admitiremos que x e y são inteiros pares, e a conclusão (a parte "então") nos diz que estamos tentando provar que $x + y$ é par.
    A sentença 1 pode ser considerada um preâmbulo da prova. A prova começa, de fato, na sentença 2.

Escrita da primeira e da última sentenças utilizando as hipóteses e conclusão da declaração.

- O próximo passo consiste em escrever o começo exato e o *fim* exato da prova.

    A hipótese da sentença 1 indica o que escrever a seguir. Afirma "... se x e y são inteiros pares...", de forma que escrevemos simplesmente, "Sejam x e y inteiros pares" (Sentença 2).
    Imediatamente após escrevermos a primeira sentença, escrevemos a *última* sentença da prova, que é outra maneira de escrever a conclusão da forma "se-então" da afirmação.
    "Portanto, $x + y$ é par". (Sentença 10)
    O arcabouço da prova está construído. Sabemos onde começar (x e y são pares) e sabemos para onde nos dirigirmos ($x + y$ é par).

Expansão das definições.

- O próximo passo é expandir as definições, o que fazemos em ambas as extremidades da prova.

    A sentença 2 afirma que x é par. O que significa isso? Para verificá-lo, conferimos (ou recordamos) a definição da palavra *par*. (Dê uma rápida olhada na Definição 3.1). Ela afirma que um inteiro é par desde que seja divisível por 2. Sabemos, assim, que x é divisível por 2, o que podemos escrever como $2|x$; isso nos dá a sentença 3.

A sentença 4 desempenha o mesmo papel que a sentença 3. Como o raciocínio da sentença 4 é análogo ao da sentença 3, usamos a expressão *da mesma forma* para rotular essa construção paralela.

Vamos agora expandir a definição de *divisível*. Consultando a Definição 3.2, vemos que $2|x$ significa que existe um inteiro (precisamos dar um nome a esse inteiro, e o denominamos a) de modo que $x = 2a$. Assim, a sentença 5 apenas desenreda a sentença 3. Da mesma forma (*analogamente*!) a sentença 6 desenreda o fato que $2|y$ (sentença 4), e sabemos que existe um inteiro b de modo que $y = 2b$.

A essa altura, vemo-nos sem saída. Desenredamos todas as definições no começo da prova, e voltamos agora ao fim da prova, passando a trabalhar em sentido inverso!

Estamos ainda na fase da elaboração de uma prova que consiste em "desenredar definições". A última sentença da prova diz "portanto, $x + y$ é par". Como provamos que um inteiro é par? Voltamos à definição de *par*, e vemos que precisamos provar que $x + y$ é divisível por 2. Sabemos, assim, que a penúltima sentença (número 9) deve afirmar que $x + y$ é divisível por 2.

Como chegamos à sentença 9? Para mostrar que um inteiro (a saber, $x + y$) é divisível por 2, devemos mostrar que existe um inteiro – o denominamos c – de modo que $(x + y) = 2c$. Isso nos dá a sentença 8.

Agora que expandimos definições a partir de ambas as extremidades da prova, façamos uma pausa para ver o que realmente temos. A prova (escrita de maneira mais concisa) é:

Vamos mostrar que, se x e y são inteiros pares, então $x + y$ é um inteiro par.

Sejam x e y inteiros pares. Pela definição de *par*, sabemos que $2|x$ e $2|y$. Pela definição de *divisibilidade*, sabemos que existem inteiros a e b de modo que $x = 2a$ e $y = 2b$.

$$\vdots$$

Portanto, existe um inteiro c de modo que $x + y = 2c$; logo, $2|(x + y)$ e, assim, $x + y$ é par.

O que sabemos? De que necessitamos? Faça que os extremos se toquem.

- O próximo passo é pensar. O que sabemos e de que necessitamos?

Sabemos que $x = 2a$ e $y = 2b$. Precisamos de um inteiro c tal que $x + y = 2c$. Assim, nesse caso, é fácil ver que podemos tomar $c = a + b$, porque a soma de dois inteiros é um inteiro. Preenchemos o meio da prova com a sentença 7 e terminamos! Como forma de celebrar e registrar o final de uma prova, acrescentamos, ao final da prova, o símbolo de fim de prova:

Esse passo intermediário – bastante fácil – é, na verdade, a parte mais difícil da prova. A tradução da afirmação contida na proposição em forma "se-então", e o desenredamento de definições são questões de rotina; uma vez redigidas várias provas, veremos que esses passos são obtidos facilmente. A parte difícil vem ao procurar fazer os extremos se encontrarem!

A prova da Proposição 5.2 é o tipo mais fundamental de prova; ela é chamada prova *direta*. Os estágios da formulação de uma prova direta de um teorema do tipo "se-então" são apresentados no Esquema de prova 1.

> **Esquema de prova 1** — A prova direta de um teorema "se-então".
> - Escrever a(s) primeira(s) sentença(s) da prova, apresentando de novo a hipótese de resultado. Criar uma notação adequada (por exemplo, atribuir letras para representar variáveis).
> - Escrever a(s) última(s) sentença(s) da prova, apresentando de novo a conclusão do resultado.
> - Expandir as definições, trabalhando progressivamente, a partir do começo da prova, e regressivamente, a partir do fim da prova.
> - Avaliar o que já se sabe e o que se necessita. Procurar estabelecer um elo entre as duas metades de seu argumento.

Vamos aplicar a técnica da prova direta para provar outro resultado.

▶ **PROPOSIÇÃO 5.3**

Sejam a, b e c inteiros. Se $a|b$ e $b|c$, então $a|c$.

O primeiro passo na elaboração de uma prova dessa proposição consiste em escrever a primeira e a última sentenças com base na hipótese e na conclusão. Como segue:

Sejam a, b e c inteiros, com $a|b$ e $b|c$.

...

Portanto, $a|c$.

Em seguida, expandimos a definição de divisibilidade.

Suponhamos a, b e c inteiros com $a|b$ e $b|c$. Como $a|b$, existe um inteiro x de modo que $b = ax$. Da mesma forma, existe um inteiro y de modo que $c = by$.

...

Portanto, existe um inteiro z de modo que $c = az$. Portanto, $a|c$.

Agora que expandimos as definições, consideremos o que temos e o que precisamos.

Temos a, b, c, x e y, tais que: $b = ax$ e $c = by$.
Queremos achar z, tal que: $c = az$.

Dessa vez, é preciso pensar, mas felizmente o problema não é difícil. Como $b = ax$, podemos substituir b por ax em $c = by$, obtendo $c = axy$. Assim, o z de que necessitamos é $z = xy$. Com isso, podemos terminar a prova da Proposição 4.3.

Suponhamos que a, b e c sejam inteiros, com $a|b$ e $b|c$. Como $a|b$, existe um inteiro x de modo que $b = ax$. Da mesma forma, existe um inteiro y de modo que $c = by$. Seja $z = xy$. Então $az = a(xy) = by = c$.

Portanto, existe um inteiro z, de modo que $c = az$. Assim, $a|c$.

Uma prova mais complexa

As Proposições 5.2 e 5.3 são um tanto simples e não são particularmente interessantes. Aqui desenvolvemos uma proposição mais interessante e sua prova.

Um dos tópicos mais intrigantes e difíceis da matemática é o padrão dos números primos e compostos. Aqui vai um padrão para você considerar. Escolha um inteiro positivo, eleve-o ao cubo e então some 1. Alguns exemplos:

$$3^3 + 1 = 27 + 1 = 28$$
$$4^3 + 1 = 64 + 1 = 65$$
$$5^3 + 1 = 125 + 1 = 126 \text{ e}$$
$$6^3 + 1 = 216 + 1 = 217$$

Observe que os resultados são todos números compostos (repare que $217 = 7 \times 31$). Tente fazer mais alguns exemplos sozinho.

Tentemos converter essa observação em uma proposição para a provarmos. Aqui vai um primeiro (mas, incorreto) esboço: "Se x é um inteiro, então $x^3 + 1$ é composto". Esse é um bom começo, mas, ao examinarmos a Definição 3.6, observamos que o termo *composto* se aplica apenas a números inteiros positivos. Se x for negativo, então $x^3 + 1$ não é negativo nem nulo.

Felizmente, é fácil consertar o enunciado de esboço; aqui vai uma segunda versão: "se x é um inteiro positivo, então $x^3 + 1$ é composto". Isso parece melhor, mas já encontramos problemas quando $x = 1$, porque, nesse caso, $x^3 + 1 = 1^3 + 1 = 2$, que é um número primo. Isso nos deixa preocupados com todo o conceito, mas observamos que, quando $x = 2$, $x^3 + 1 = 2^3 + 1 = 9$, que é um composto, e podemos tentar muitos outros exemplos com $x > 1$, sempre obtendo sucesso. O caso $x = 1$ acaba sendo a única exceção e nos leva a uma terceira (e correta) versão da proposição que desejamos provar.

▶ **PROPOSIÇÃO 5.4**

Seja x um número inteiro. Se $x > 1$, então $x^3 + 1$ é um composto.

Vamos escrever o esquema básico da prova.

> Seja x um número inteiro, e suponha que $x > 1$.
>
> ...
>
> Portanto $x^3 + 1$ é um composto.

Para chegar à conclusão de que $x^3 + 1$ é um número composto, precisamos encontrar um fator de $x^3 + 1$ que esteja estritamente entre 1 e $x^3 + 1$. Por sorte, a palavra *fator* nos faz pensar em fatorar o polinômio $x^3 + 1$ como um polinômio. Lembre-se, a partir da álgebra básica, de que

$$x^3 + 1 = (x + 1)(x^2 - x + 1)$$

> Você deve ter a seguinte preocupação: "esqueci que $x^3 + 1$ pode ser fatorado. Como eu poderia, de alguma forma, conceber essa prova?" Uma ideia é procurar padrões nos fatores. Vimos que $6^3 + 1 = 7 \times 31$, portanto $6^3 + 1$ é divisível por 7. Ao tentar mais exemplos, pode-se notar que $7^3 + 1$ é divisível por 8, $8^3 + 1$ é divisível por 9, $9^3 + 1$ é divisível por 10, e assim por diante. Com sorte, isso lhe ajudará a perceber que $x^3 + 1$ é divisível por $x + 1$ e, então, você pode completar a fatoração $x^3 + 1 = (x + 1) \times$?

Esta é a percepção "aha!" de que precisamos. Tanto $x + 1$ como $x^2 - x + 1$ são fatores de $x^3 + 1$. Por exemplo, quando $x = 6$, os fatores $x + 1$ e $x^2 - x + 1$ são avaliados para 7 e 31, respectivamente. Adicionemos essa percepção à nossa prova.

Seja x um inteiro e suponha que $x > 1$. Observe que $x^3 + 1 = (x + 1)(x^2 - x + 1)$.

...

Como $x + 1$ é divisor de $x^3 + 1$, notamos que $x^3 + 1$ é um composto.

Para afirmar corretamente que $x + 1$ é um divisor de $x^3 + 1$, precisamos da prova de que $x + 1$ e $x^2 - x + 1$ são inteiros. Isso é evidente, porque o próprio x é um inteiro. Vamo-nos certificar de incluir esse detalhe na nossa prova.

Seja x um inteiro e suponhamos que $x > 1$. Observe que $x^3 + 1 = (x + 1)(x^2 - x + 1)$. Como x é um inteiro, ambos $x + 1$ e $x^2 + 1$ são inteiros. Portanto, $(x + 1) \mid (x^3 + 1)$.

...

Como $x + 1$ é divisor de $x^3 + 1$, notamos que $x^3 + 1$ é um composto.

A prova ainda não acabou. Consulte a Definição 3.6; precisamos que o divisor esteja estritamente entre 1 e $x^3 + 1$, e ainda não provamos isso. Então vamos imaginar o que precisamos fazer. Precisamos provar

$$1 < x + 1 < x^3 + 1$$

A primeira parte é fácil. Como $x > 1$, somar 1 aos dois lados resulta em

$$x + 1 > 1 + 1 = 2 > 1$$

Mostrar que $x + 1 < x^3 + 1$ é um pouco mais difícil. Trabalhando de frente para trás para demonstrar que $x + 1 < x^3 + 1$ será suficiente se pudermos provar que $x < x^3$. Observe que, como $x > 1$, multiplicar ambos os lados por x resulta em $x^2 > x$, e como $x > 1$, temos $x^2 > 1$. Multiplicar ambos os lados por x resulta em $x^3 > x$. Vamos adotar esses conceitos e incluí-los na prova.

Seja x um inteiro e suponha que $x > 1$. Observe que $x^3 + 1 = (x + 1)(x^2 - x + 1)$. Como x é um inteiro, tanto $x + 1$ quanto $x^2 - x + 1$ são inteiros. Portanto, $(x + 1) \mid (x^3 + 1)$.

Como $x > 1$, temos $x + 1 > 1 + 1 = 2 > 1$.

> Além disso, $x > 1$ significa que $x^2 > x$, e como $x > 1$, temos $x^2 > 1$. Multiplicar ambos os lados por x novamente resulta em $x^3 > x$. Somar 1 a ambos os lados resulta em $x^3 + 1 > x + 1$.
> Com isso, $x + 1$ é um inteiro com $1 < x + 1 < x^3 + 1$.
> Como $x + 1$ é um divisor de $x^3 + 1$ e $1 < x + 1 < x^3 + 1$, concluímos que $x^3 + 1$ é um composto.

Prova de teoremas do tipo "se-e-somente-se"

A técnica básica para provar uma afirmação da forma "A se e somente se B" consiste em provar duas afirmações da forma "se-então". Provamos que, "se A, então B", e também que "se B, então A". Eis um exemplo.

▶ PROPOSIÇÃO 5.5

Seja x um inteiro. Então, x é par se e somente se $x + 1$ for ímpar.

O arcabouço da prova é o seguinte:

> Seja x um inteiro.
> ($\Rightarrow$) Suponhamos x par... Portanto, $x + 1$ é ímpar.
> ($\Leftarrow$) Suponhamos $x + 1$ ímpar... Portanto, x é par.

Note que assinalamos as duas seções da prova com os símbolos ($\Rightarrow$) e ($\Leftarrow$). Isso permite ao leitor identificar a seção da prova.

Agora, expandimos as definições na frente de cada parte da prova (recorde-se da definição de *ímpar*; ver Definição 3.4).

> Seja x um inteiro.
> ($\Rightarrow$) Suponhamos x par. Isso significa que $2|x$. Logo, há um inteiro a de modo que $x = 2a$... Portanto, $x + 1$ é ímpar.
> ($\Leftarrow$) Suponhamos $x + 1$ ímpar. Então, existe um inteiro b de modo que $x + 1 = 2b + 1$... Portanto, x é par.

Os próximos passos são claros. Na primeira parte da prova, temos $x = 2a$, e queremos provar que $x + 1$ é ímpar. Basta somarmos 1 a cada um dos membros de $x = 2a$, para obter $x + 1 = 2a + 1$, e isso mostra que $x + 1$ é ímpar.

Na segunda parte da prova, sabemos que $x + 1 = 2b + 1$; queremos provar que x é par. Subtraímos 1 de cada um dos membros e terminamos.

> Seja x um inteiro.
>
> ($\Rightarrow$) Suponhamos x par. Isso significa que $2|x$. Logo, existe um inteiro a de modo que $x = 2a$. Adicionando 1 a ambos os membros, obtemos $x + 1 = 2a + 1$. Pela definição de ímpar, $x + 1$ é ímpar.
>
> ($\Leftarrow$) Suponhamos $x + 1$ é ímpar. Então, existe um inteiro b de modo que $x + 1 = 2b + 1$. Subtraindo 1 de ambos os membros, obtemos $x = 2b$. Isso mostra que $2|x$ e, portanto, x é par.

O Esquema de prova 2 mostra o método básico para provar um teorema do tipo "se-e--somente-se".

Esquema de prova 2 — Prova direta de um teorema do tipo "se-e-somente-se".

Para provar uma afirmação da forma "A se e somente se B":

- ($\Rightarrow$) Prove que "se A, então B".
- ($\Leftarrow$) Prove que "se B, então A".

Quando os passos podem ser omitidos?

À medida que o leitor vai-se sentindo mais à vontade para redigir provas, pode achar maçante escrever repetidamente os mesmos passos. Já vimos várias vezes a sequência (1) x é par, e assim (2) x é divisível por 2, e assim (3) existe um inteiro a de modo que $x = 2a$. O leitor pode sentir-se tentado a omitir o passo (2) e escrever apenas "x é par, e assim existe um inteiro a de modo que $x = 2a$". A decisão de omitir passos exige um julgamento cuidadoso, mas eis algumas diretrizes.

- Seria fácil (e talvez maçante) para o leitor preencher os passos faltantes? Os passos faltantes são óbvios? Se a resposta for *sim*, omita-os.
- A mesma sequência de passos aparece repetidamente em sua(s) prova(s), mas não é muito fácil de reconstituir? Nesse caso, o leitor tem duas escolhas:
  - Escrever a sequência de passos uma vez, e na próxima vez que a mesma sequência aparecer, utilizar uma expressão como "da mesma forma", "como vimos anteriormente".
  - Alternativamente, se a consequência da sequência de passos puder ser descrita como uma afirmação, prove primeiro essa afirmação, chamando-a *lema*. Apele, então, para o lema sempre que precisar repetir aqueles passos.
- Quando estiver em dúvida, escreva por extenso.

Vamos ilustrar a ideia explicitamente, destacando uma parte de uma prova para servir como lema. Consideremos a afirmação seguinte.

▶ PROPOSIÇÃO 5.6

Sejam a, b, c e d inteiros. Se $a|b$, $b|c$ e $c|d$, então $a|d$.

Eis a prova, conforme sugerida pelo Esquema de prova 1.

> Sejam a, b, c e d inteiros de modo que $a|b$, $b|c$ e $c|d$.
> Como $a|b$, existe um inteiro x, de modo que $ax = b$.
> Como $b|c$, existe um inteiro y, de modo que $by = c$.
> Como $c|d$, existe um inteiro z, de modo que $cz = d$.
> Note que $a(xyz) = (ax)(yz) = b(yz) = (by)z = cz = d$.
> Por conseguinte, existe um inteiro $w = xyz$, de modo que $aw = d$.
> Portanto, $a|d$.

Não há nada de errado nessa prova, mas há uma maneira mais simples, menos prolixa, de apresentá-la. Já mostramos que $a|b$, $b|c \Rightarrow a|c$ na Proposição 5.3. Utilizemos essa proposição para provar a Proposição 5.6.

Eis a prova alternativa.

> Sejam a, b, c e d inteiros, tais que $a|b$, $b|c$ e $c|d$.
> Como $a|b$ e $b|c$, pela Proposição 5.3 temos $a|c$.
> Ora, como $a|c$ e $c|d$, novamente pela Proposição 5.3, $a|d$.

A ideia-chave foi usar a Proposição 5.3 duas vezes. Uma vez, aplicamo-la a a, b e c para obter $a|c$. Obtido $a|c$, utilizamos novamente a Proposição 5.3 sobre os inteiros a, c e d para terminar a prova.

A Proposição 5.3 atua como um lema na prova da Proposição 5.6.

Provando equações e desigualdades

As manipulações algébricas básicas que você já conhece são passos válidos em uma prova. Não é necessário provar que $x + x = 2x$ ou que $x^2 - y^2 = (x - y)(x + y)$. Em suas provas, sinta-se à vontade para utilizar os passos algébricos usuais sem comentários detalhados.

Entretanto, mesmo esses simples fatos podem ser provados por meio do uso de propriedades fundamentais de números e operações (consulte o Apêndice D no site da Cengage Learning, na página do livro). Demonstramos aqui, simplesmente para ilustrar, como as manipulações algébricas podem ser justificadas em princípios mais básicos.

Para $x + x = 2x$:

$x + x = 1 \cdot x + 1 \cdot x$ 1 é o elemento identidade para a propriedade
$ = (1 + 1)x$ distributiva de multiplicação
$ = 2x$ porque $1 + 1 = 2$.

Para $(x - y)(x + y) = x^2 - y^2$:

$(x - y)(x + y) = x(x + y) - y(x + y)$ propriedade distributiva
$ = x^2 + xy - yx - y^2$ propriedade distributiva
$ = x^2 + xy - xy - y^2$ propriedade comutativa para multiplicação
$ = x^2 + 1xy - 1xy - y^2$ 1 é o elemento identidade para a multiplicação

$$= x^2 + (1-1)xy - y^2 \quad \text{propriedade distributiva}$$
$$= x^2 + 0xy - y^2 \quad \text{porque } 1 - 1 = 0$$
$$= x^2 + 0 - y^2 \quad \text{porque qualquer elemento multiplicado por 0 é igual a 0}$$
$$x^2 - y^2 \quad \text{0 é o elemento identidade para a soma.}$$

Trabalhar com desigualdades pode ser menos familiar, mas os passos básicos são os mesmos. Por exemplo, suponha que você precise demonstrar a seguinte afirmação: se $x > 2$, então $x^2 > x + 1$. Aqui vai uma prova:

Precisamos comentar que x é positivo, porque multiplicar ambos os lados de uma desigualdade por um número negativo reverte a desigualdade.

Prova. Sabemos que $x > 2$. Como x é positivo, multiplicar ambos os lados por x resulta em $x^2 > 2x$. Portanto, temos:

$$x^2 > 2x$$
$$= x + x$$
$$> x + 2 \quad \text{porque } x > 2$$
$$> x + 1 \quad \text{porque } 2 > 1.$$

Portanto, por transitividade, $x^2 > x + 1$.

Veja a discussão sobre ordenação no Apêndice D para uma revisão sobre transitividade.

Recapitulando

Introduzimos o conceito de prova e apresentamos a técnica básica de elaboração de uma prova direta para uma afirmação do tipo "se-então". Para afirmações do tipo "se--e-somente-se", aplicamos duas vezes essa técnica básica a implicações no sentido progressivo ($\Rightarrow$) e regressivo ($\Leftarrow$).

5 Exercícios

5.1. Prove que a soma de dois inteiros ímpares é par.

5.2. Prove que a soma de um inteiro ímpar e um inteiro par é ímpar.

5.3. Prove que se n é um número inteiro ímpar, então $-n$ também é ímpar.

5.4. Prove que o produto de dois inteiros pares é par.

5.5. Prove que o produto de um inteiro par e um inteiro ímpar é par.

5.6. Prove que o produto de dois inteiros ímpares é ímpar.

5.7. Prove que o quadrado de um inteiro ímpar é ímpar.

5.8. Prove que o cubo de um inteiro ímpar é ímpar.

5.9. Suponha que a, b e c sejam números inteiros. Prove que, se $a|b$ e $a|c$, então, $a|(b + c)$.

5.10. Suponha a, b e c sejam inteiros. Prove que, se $a|b$, então $a|(bc)$.

5.11. Suponha que a, b, d, x e y sejam inteiros. Prove que, se $d|a$ um $d|b$, então $d|(ax + by)$.

5.12. Suponha que a, b, c e d sejam inteiros. Prove que, se $a|b$ e $c|d$, então $(ac)|(bd)$.

> Note que o Exercício 5.14 fornece uma alternativa para a Definição 3.4. Para mostrar que um número x é ímpar, podemos olhar para um número inteiro de modo que $x = 2a + 1$ (usando a definição) ou podemos olhar para um número inteiro b de modo que $x = 2b - 1$ (usando o resultado que você provar aqui).

5.13. Seja x um número inteiro. Prove que x é ímpar se e somente se $x + 1$ for par.

5.14. Seja x um número inteiro. Prove que x é ímpar se e somente se existe um número inteiro b de modo que $x = 2b - 1$.

5.15. Seja x um número inteiro. Prove que $0|x$ se e somente se $x = 0$.

5.16. Sejam a e b inteiros. Prove que $a < b$ se e somente se $a \leq b - 1$.

5.17. Seja a um número com $a > 1$. Prove que um número x está estritamente entre 1 e $\sqrt{a}$ se e somente se a/x está estritamente entre as raízes $\sqrt{a}$ e a.

Você pode assumir que $1 < \sqrt{a} < a$ (pedimos que você prove isso mais tarde; veja o Exercício 20.10).

> Por quadrados perfeitos consecutivos queremos dizer números como 3^2 e 4^2 ou 12^2 e 13^2.

5.18. Prove que a diferença entre quadrados perfeitos consecutivos é ímpar.

5.19. Seja a um quadrado perfeito. Prove que a é o quadrado de um inteiro não negativo.

5.20. Para números reais a e b, provar que se $0 < a < b$, então $a^2 < b^2$.

5.21. Prove que a diferença entre quadrados perfeitos distintos e não consecutivos é composta.

5.22. Prove que um número inteiro é ímpar se e somente se ele for a soma de dois inteiros consecutivos.

5.23. Suponha que lhe seja pedido para provar uma afirmação do tipo "se A ou B, então C". Explique por que você precisa provar (a) "se A, então C" e também (b) "se B, então C". Por que não é suficiente provar apenas (a) ou (b)?

5.24. Suponha lhe seja pedido para provar uma afirmação do tipo "A se B". O método padrão é provar ambos $A \Rightarrow B$ e $B \Rightarrow A$.

Considere a seguinte estratégia alternativa de prova: Prove ambos $A \Rightarrow B$ e (não A) $\Rightarrow$ (não B). Explique por que isso seria uma prova válida.

■ 6 Contraexemplo

Na seção anterior, desenvolvemos a noção de prova: uma técnica para mostrar, de maneira irrefutável, que uma afirmação é verdadeira. Nem todas as afirmações sobre matemática são verdadeiras! Dada uma afirmação, como podemos mostrar que ela é falsa? Refutar afirmações falsas é, em geral, mais simples do que provar teoremas. A maneira típica de refutar uma afirmação "se-então" é criar um *contraexemplo*. Considere a afirmação "se A, então B". Um contraexemplo de tal afirmação seria uma instância em que A é verdadeira, mas B é falsa.

Por exemplo, consideremos a afirmação "Se x é primo, então x é ímpar". Essa afirmação é falsa. Para prová-lo, basta darmos um exemplo de um inteiro que seja primo, mas não seja ímpar. O inteiro 2 goza dessas propriedades.

Consideremos outra afirmação falsa.

▶ **AFIRMAÇÃO 6.1**

(**Falsa**) Sejam a e b inteiros. Se $a|b$ e $b|a$, então $a = b$.

Essa afirmação se afigura plausível. Parece que, se $a|b$, então $a \le b$ e se $b|a$, então $b \le a$, então $a = b$. Mas este raciocínio é incorreto.

Para refutar a Afirmação 6.1, precisamos achar inteiros a e b, tais que, de um lado, verifiquem $a|b$ e $b|a$, mas, do outro, não verifiquem $a = b$.

Eis um contraexemplo. Tomemos $a = 5$ e $b = -5$. Para verificar que se trata de um contraexemplo, basta notarmos que, de um lado, $5|-5$ e $-5|5$, mas, do outro, $5 \ne -5$.

> **Esquema de prova 3** Como refutar uma afirmação do tipo "se-então" falsa por meio de um contraexemplo.
>
> Para refutar uma afirmação da forma "Se A, então B":
> Achar uma situação em que A é verdadeira, mas B é falsa.

Refutar afirmações falsas é, em geral, mais fácil que provar afirmações verdadeiras. Todavia, achar contraexemplos pode ser trabalhoso. Para criar um contraexemplo, recomendo criar várias instâncias em que a hipótese da afirmação é verdadeira, e verificar cada uma a fim de ver se a conclusão é válida ou não. Tudo o que é preciso para refutar uma afirmação é um contraexemplo.

Infelizmente, é fácil embaraçarmo-nos com um pensamento rotineiro. No caso da Afirmação 6.1, poderíamos considerar $3|3$, $4|4$ e $5|5$, sem jamais cogitarmos tomar um número positivo e o outro negativo.

Tente livrar-se de tal situação criando exemplos estranhos. Não esqueça o número 0 (que atua de maneira estranha) e os números negativos. Naturalmente, seguindo esse conselho, poderíamos ainda ver-nos diante de casos como $0|0$, $-1|-1$, $-2|-2$ e assim por diante.

Uma estratégia para encontrar contraexemplos.

Eis uma estratégia para achar contraexemplos. Começamos procurando provar a afirmação; quando encontrar dificuldade, procure determinar em que consiste o problema e construa um contraexemplo.

Apliquemos essa técnica à Afirmação 6.1. Comecemos, como de costume, convertendo a hipótese e a conclusão da afirmação no começo e no fim da prova.

> Sejam a e b inteiros com $a|b$ e $b|a$. ... Portanto, $a = b$.

Vamos expandir, agora, as definições.

> Sejam a e b inteiros com $a|b$ e $b|a$. Como $a|b$, existe um inteiro x de modo que $b = ax$. E, como $b|a$, existe um inteiro y de modo que $a = by$. ... Portanto, $a = b$.

Perguntamos agora. O que sabemos? De que precisamos? Sabemos que:

$$b = ax \quad \text{e} \quad a = by$$

e queremos mostrar que $a = b$. Para chegarmos lá, podemos procurar mostrar que $x = y = 1$. Procuremos resolver em relação a x ou a y.

Como temos duas expressões em termos de a e b, podemos tentar levar uma delas na outra. Usamos o fato de que $b = ax$ para eliminar b de $a = by$. Obtemos:

$$a = by \quad \Rightarrow \quad a = (ax)y \quad \Rightarrow \quad a = (xy)a$$

É tentador dividirmos por a ambos os membros da última equação, mas não podemos esquecer a possibilidade de ser $a = 0$. Ignoremos, por um momento, esta possibilidade e prossigamos escrevendo $xy = 1$. Temos dois inteiros cujo produto é 1 e, a esta altura, vemos que há duas maneiras como isso pode ocorrer: Ou $1 = 1 \times 1$ ou $1 = -1 \times -1$. Assim, embora saibamos que $xy = 1$, não podemos concluir que $x = y = 1$ e dar por encerrada a prova. Estamos impedidos de prosseguir, e consideramos a possibilidade de a Afirmação 5.1 ser falsa. Perguntamos: o que acontece se $x = y = -1$? Vemos que isso implicaria $a = -b$; por exemplo, $a = 5$ e $b = -5$, o que acarretaria $a|b$ e $b|a$, mas $a \neq b$. Agora que encontramos um contraexemplo, precisamos voltar à nossa preocupação com a possibilidade de $a = 0$? Não! Refutamos a afirmação com nosso contraexemplo. A prova tentada serviu apenas para ajudar-nos a achar um contraexemplo.

Recapitulando

Nesta seção, mostramos como refutar uma afirmação do tipo "se-então", obtendo um exemplo que satisfaz a hipótese da afirmação, mas não a conclusão.

6 Exercícios

6.1. Refutar: se a e b são inteiros com $a|b$, então $a \leq b$.

6.2. Refutar: se a e b são inteiros não negativos com $a|b$, então $a \leq b$.

Nota: um contraexemplo a essa afirmação também seria um contraexemplo para o problema anterior, mas não necessariamente vice-versa.

6.3. Refutar: se a, b e c são números inteiros positivos com $a|(bc)$, então $a|b$ ou $a|c$.

6.4. Refutar: se a, b e c são números inteiros positivos, então $a^{(b^c)} = (a^b)^c$.

6.5. Refutar: se p e q são primos, então $p + q$ é composto.

6.6. Refutar: se p é primo, então $2^p - 1$ também é primo.

6.7. Refutar: se n é um inteiro não negativo, então $2^{(2^n)} + 1$ é primo.

6.8. Um inteiro é um palíndromo se a ordem de seus algarismos for igual se lida para frente ou para trás quando expressos na base 10. Por exemplo, 1331 é um palíndromo.

Refute: todos os palíndromos com dois ou mais dígitos são divisível por 11.

6.9. Considere o polinômio $n^2 + n + 41$.

(a) Calcule o valor deste polinômio para $n = 1, 2, 3, \ldots, 10$.

Observe que todos os números computados são primos.

(b) Refutar: Se n é um inteiro positivo, então $n^2 + n + 41$ é primo.

6.10. O que significa para uma afirmação se-e-somente-se ser falsa? Quais as propriedades de um contraexemplo para uma afirmação se-e-somente-se?

6.11. Refutar: um inteiro x é positivo se e somente se $x + 1$ é positivo.

6.12. Refutar: dois triângulos retângulos têm a mesma área se e somente se os comprimentos de suas hipotenusas forem os mesmos.

6.13. Refutar: um inteiro positivo é composto se e somente se tiver dois fatores primos diferentes.

7 Álgebra de Boole

A álgebra é útil para raciocinarmos sobre *números*. Uma relação algébrica tal como $x^2 - y^2 = (x-y)(x+y)$ descreve uma relação geral que é válida para quaisquer números x e y.

De maneira análoga, a álgebra booleana fornece uma estrutura para lidarmos com *afirmações*. Começamos com afirmações básicas, como "x é primo", e as combinamos por meio de conectivos, tais como "*se-então*", *e*, *ou*, *não* etc.

Por exemplo, na Seção 4, pedimos ao leitor (ver Exercício 4.4) que explicasse por que as afirmações "se A, então B" e "(não A) ou B" significam essencialmente a mesma coisa. Nesta seção, vamos apresentar um método simples para mostrar que tais sentenças tenham o mesmo significado.

Em uma expressão algébrica ordinária como $3x - 4$, as letras representam números, e as operações são as operações familiares de adição, subtração, multiplicação e assim por diante. O valor da expressão $3x - 4$ depende do número x. Quando $x = 1$, o valor da expressão é -1, enquanto se $x = 10$, seu valor será 26.

> **As variáveis representam verdadeiro e falso.**

A álgebra de Boole também tem expressões contendo letras e operações. As letras (variáveis) em uma expressão booleana não representam números; em vez disso, representam os valores verdadeiro e falso. Assim, em uma expressão algébrica booleana, as letras podem ter apenas dois valores!

Há várias operações que podemos efetuar sobre os valores verdadeiro e falso. As operações mais fundamentais são chamadas *e* (símbolo: $\wedge$), *ou* (símbolo: $\vee$) e *não* (símbolo: $\neg$).

> **As operações básicas da álgebra booleana são $\wedge$, $\vee$ e $\neg$. Essas operações estão presentes, também, em muitas linguagens de computador. Como os teclados de computador tipicamente não têm esses símbolos, é costume utilizar os símbolos & (para $\wedge$), | (para $\vee$) e ~ (para $\neg$).**

Começamos com $\wedge$. Para definir $\wedge$, precisamos definir o valor de $x \wedge y$ para todos os valores possíveis de x e y. Como há apenas dois valores possíveis para cada um, o problema é simples. Sem mais delongas, eis a definição da operação $\wedge$:

$$\text{VERDADEIRO} \wedge \text{VERDADEIRO} = \text{VERDADEIRO}$$
$$\text{VERDADEIRO} \wedge \text{FALSO} = \text{FALSO}$$
$$\text{FALSO} \wedge \text{VERDADEIRO} = \text{FALSO}$$
$$\text{FALSO} \wedge \text{FALSO} = \text{FALSO}$$

Em outras palavras, o valor da expressão, $x \wedge y$, é verdadeira quando ambos x e y o são, e é falsa em qualquer outra hipótese. Uma forma conveniente de condensar tudo isso é em uma *tabela verdade*, ou seja, um quadro que mostra o valor de uma expressão booleana que depende dos valores das variáveis. Eis uma tabela verdade para a operação $\wedge$.

x	y	$x \wedge y$
Verdadeiro	Verdadeiro	Verdadeiro
Verdadeiro	Falso	Falso
Falso	Verdadeiro	Falso
Falso	Falso	Falso

A definição da operação ∧ visa a refletir exatamente o uso matemático da palavra *e*. Da mesma forma, a operação booleana ∨ é desenvolvida para refletir exatamente o uso matemático da palavra *ou*. Eis a definição de ∨:

$$\text{VERDADEIRO} \lor \text{VERDADEIRO} = \text{VERDADEIRO}$$
$$\text{VERDADEIRO} \lor \text{FALSO} = \text{VERDADEIRO}$$
$$\text{FALSO} \lor \text{VERDADEIRO} = \text{VERDADEIRO}$$
$$\text{FALSO} \lor \text{FALSO} = \text{FALSO}$$

Em outras palavras, o valor da expressão $x \lor y$ é verdadeiro em todos os casos, exceto quando x e y são ambos falsos. Resumimos esses fatos em uma tabela verdade:

x	y	$x \lor y$
Verdadeiro	Verdadeiro	Verdadeiro
Verdadeiro	Falso	Verdadeiro
Falso	Verdadeiro	Verdadeiro
Falso	Falso	Falso

A terceira operação ¬ tem por objetivo reproduzir o uso matemático da palavra *não*:

$$\neg \text{Verdadeiro} = \text{Falso}$$
$$\neg \text{Falso} = \text{Verdadeiro}$$

Sob a forma de uma tabela verdade, ¬ funciona como segue:

x	$\neg x$
Verdadeiro	Falso
Falso	Verdadeiro

As operações algébricas ordinárias (por exemplo, $3 \times 2 - 4$) podem combinar várias operações. Da mesma forma, podemos combinar as operações booleanas. Consideremos, por exemplo,

$$\text{Verdadeiro} \land ((\neg \text{Falso}) \lor \text{Falso})$$

Calculemos o valor desta expressão passo a passo:

$$\begin{aligned}\text{Verdadeiro} \land ((\neg \text{Falso}) \lor \text{Falso}) &= \text{Verdadeiro} \land (\text{Verdadeiro} \lor \text{Falso}) \\ &= \text{Verdadeiro} \land \text{Verdadeiro} \\ &= \text{Verdadeiro}\end{aligned}$$

Na álgebra, vimos como manipular fórmulas de modo a deduzir identidades como

$$(x + y)^2 = x^2 + 2xy + y^2$$

Na álgebra de Boole, interessa-nos a dedução de identidades semelhantes. Comecemos com um exemplo simples:

$$x \land y = y \land x$$

O que significa isso? A identidade algébrica ordinária $(x + y)^2 = x^2 + 2xy + y^2$ significa que, uma vez escolhidos valores (numéricos) para x e y, as duas expressões $(x + y)^2$

e $x^2 + 2xy + y^2$ devem ser iguais. Da mesma forma, a identidade $x \wedge y = y \wedge x$ significa que, uma vez escolhidos valores (verdade) para x e y, os resultados $x \wedge y$ e $y \wedge x$ devem ser os mesmos.

Ora, seria ridículo tentar provar uma identidade como $(x + y)^2 = x^2 + 2xy + y^2$ tentando substituir todos os valores possíveis de x e y – há uma infinidade de possibilidades! Mas não é difícil tentar todas as possibilidades para provar uma identidade algébrica booleana. No caso de $x \wedge y = y \wedge x$ há apenas quatro possibilidades, que resumimos em uma tabela-verdade.

x	y	$x \wedge y$	$y \wedge x$
Verdadeiro	Verdadeiro	Verdadeiro	Verdadeiro
Verdadeiro	Falso	Falso	Falso
Falso	Verdadeiro	Falso	Falso
Falso	Falso	Falso	Falso

Percorrendo todas as combinações possíveis de valores de x e de y, temos uma *prova* de que $x \wedge y = y \wedge x$.

Equivalência lógica.

Quando duas expressões booleanas, tais como $x \wedge y$ e $y \wedge x$, são iguais para todos os valores possíveis de suas variáveis, dizemos que essas expressões são *logicamente equivalentes*. O método mais simples para mostrar que duas expressões booleanas são logicamente equivalentes consiste em percorrer todos os valores possíveis das variáveis nas duas expressões e constatar que os resultados sejam os mesmos em todos os casos.

Consideremos um exemplo mais interessante.

▶ **PROPOSIÇÃO 7.1**

As expressões booleanas $\neg(x \wedge y)$ e $(\neg x) \vee (\neg y)$ são logicamente equivalentes.

Prova. Para provar que a proposição é verdadeira, construímos uma tabela verdade para ambas as expressões. Para economizar espaço, representamos verdadeiro por **V** e falso por **F**.

x	y	$x \wedge y$	$\neg(x \wedge y)$	$\neg x$	$\neg y$	$(\neg x) \vee (\neg y)$
V	V	V	F	F	F	F
V	F	F	V	F	V	V
F	V	F	V	V	F	V
F	F	F	V	V	V	V

O ponto importante a ressaltar é que as colunas $\neg(x \wedge y)$ e $(\neg x) \vee (\neg y)$ são exatamente as mesmas. Portanto, quaisquer que sejam os valores que escolhamos para x e y, as expressões $\neg(x \wedge y)$ e $(\neg x) \vee (\neg y)$ conduzem ao mesmo valor verdade. Portanto, as expressões $\neg(x \wedge y)$ e $(\neg x) \vee (\neg y)$ são logicamente equivalentes.

Esquema de prova 4	Prova da equivalência lógica pela tabela-verdade
	Para mostrar que duas expressões booleanas são logicamente equivalentes: Construímos uma tabela-verdade mostrando os valores das duas expressões para todos os valores possíveis das variáveis. Fazemos uma verificação para constatar que as duas expressões booleanas têm sempre o mesmo valor.

Provas efetuadas com base em tabelas verdade são simples mas extensas. Os resultados apresentados a seguir sintetizam as propriedades algébricas básicas das operações $\wedge$, $\vee$ e $\neg$. Em muitos casos, essas propriedades recebem nomes específicos.

❖ TEOREMA 7.2

- $x \wedge y = y \wedge x$ e $x \vee y = y \vee x$ (Propriedades comutativas)
- $(x \wedge y) \wedge z = x \wedge (y \wedge z)$ e $(x \vee y) \vee z = x \vee (y \vee z)$ (Propriedades associativas).
- $x \wedge$ verdadeiro $= x$ e $x \vee$ Falso $= x$ (Elementos identidades)
- $\neg(\neg x) = x$
- $x \wedge x = x$ e $x \vee x = x$
- $x \wedge (y \vee z) = (x \wedge y) \vee (x \wedge z)$ e $x \vee (y \wedge z) = (x \vee y) \wedge (x \vee z)$ (Propriedades distributivas).
- $x \wedge (\neg x) =$ Falso e $x \vee (\neg x) =$ Verdadeiro.
- $\neg(x \wedge y) = (\neg x) \vee (\neg y)$ e $\neg(x \vee y) = (\neg x) \wedge (\neg y)$ (Leis de DeMorgan).

Todas essas equivalências lógicas são facilmente demonstradas por tabelas-verdade. Em algumas dessas identidades, há apenas uma variável (por exemplo, $x \wedge \neg x =$ Falso); nesse caso, haveria apenas duas linhas na tabela-verdade (uma para $x =$ Verdadeiro e uma para $x =$ Falso). Nos casos em que há três variáveis, há oito linhas na tabela verdade, na medida em que (x, y, z) tomam os valores possíveis (V, V, V), (V, V, F), (V, F, V), (V, F, F), (F, V, V), (F, V, F), (F, F, V) e (F, F, F).

Mais operações

As operações $\wedge$, $\vee$ e $\neg$ foram criadas para reproduzir o uso, conforme empregado pelos matemáticos, das palavras *e*, *ou* e *não*. Vamos introduzir agora mais duas operações, $\rightarrow$ e $\leftrightarrow$, criadas para modelar afirmações do tipo "se A, então B", e "A se e somente se B", respectivamente. A maneira mais simples de defini-las é por meio das tabelas-verdade.

x	y	$x \rightarrow y$
Verdadeiro	Verdadeiro	Verdadeiro
Verdadeiro	Falso	Falso
Falso	Verdadeiro	Verdadeiro
Falso	Falso	Verdadeiro

e

x	y	$x \leftrightarrow y$
Verdadeiro	Verdadeiro	Verdadeiro
Verdadeiro	Falso	Falso
Falso	Verdadeiro	Falso
Falso	Falso	Verdadeiro

A expressão $x \rightarrow y$ serve de modelo para uma afirmação do tipo "se-então". Temos $x \rightarrow y =$ Verdadeiro, exceto quando $x =$ Verdadeiro e $y =$ Falso. Da mesma forma, a afirmação "se A, então B" é verdadeira, a menos que haja uma instância em que A é verdadeira, mas B é falsa. Na realidade, a seta $\rightarrow$ nos traz à mente a seta de implicação $\Rightarrow$.

Analogamente, a expressão $x \leftrightarrow y$ modela a afirmação "*A* se e somente se *B*". A expressão $x \leftrightarrow y$ é verdadeira, desde que x e y sejam ambos verdadeiros ou ambos falsos. Da mesma forma, a afirmação "$A \Leftrightarrow B$" é verdadeira, desde que, em qualquer instância, *A* e *B* sejam ambos verdadeiros ou ambos falsos.

Voltemos ao problema de que as afirmações "Se *A*, então *B*" e "(não *A*) ou *B*" têm o mesmo significado (ver Exercício 3.3).

▶ **PROPOSIÇÃO 7.3**

As expressões $x \to y$ e $(\neg x) \vee y$ são logicamente equivalentes.

Prova. Construímos uma tabela-verdade para ambas as expressões.

x	y	$x \to y$	$\neg x$	y	$(\neg x) \vee y$
Verdadeiro	Verdadeiro	Verdadeiro	Falso	Verdadeiro	Verdadeiro
Verdadeiro	Falso	Falso	Falso	Falso	Falso
Falso	Verdadeiro	Verdadeiro	Verdadeiro	Verdadeiro	Verdadeiro
Falso	Falso	Verdadeiro	Verdadeiro	Falso	Verdadeiro

Como as colunas de $x \to y$ e $(\neg x) \vee y$ são as mesmas, essas expressões são logicamente equivalentes.

A Proposição 7.3 mostra como a operação $\to$ pode ser expressa apenas em termos das operações básicas $\vee$ e $\neg$. Analogamente, a operação $\leftrightarrow$ também pode ser expressa em termos das operações básicas $\wedge$, $\vee$ e $\neg$ (ver Exercício 7.15).

Recapitulando

Nesta seção, apresentamos a álgebra de Boole como uma "aritmética" com os valores verdadeiro e falso. As operações básicas são $\wedge$, $\vee$ e $\neg$. Duas expressões booleanas são logicamente equivalentes desde que sempre deem os mesmos valores quando substituímos suas variáveis pelos mesmos valores. Podemos provar a equivalência lógica de expressões booleanas utilizando tabelas-verdade. Concluímos esta seção definindo as operações $\to$ e $\leftrightarrow$.

7 Exercícios

7.1. Faça os seguintes cálculos:
  a. Verdadeiro $\wedge$ Verdadeiro $\wedge$ Verdadeiro $\wedge$ Verdadeiro $\wedge$ Falso.
  b. ($\neg$Verdadeiro) $\vee$ Verdadeiro.
  c. $\neg$(Verdadeiro $\vee$ Verdadeiro).
  d. (Verdadeiro $\vee$ Verdadeiro) $\wedge$ Falso.
  e. Verdadeiro $\vee$ (Verdadeiro $\wedge$ Falso).

Nos quatro últimos exercícios, a ordem em que efetuamos as operações tem importância! Compare as expressões em (b)–(c) e em (d)–(e) e observe que elas são as mesmas exceto no que se refere à colocação dos parênteses.

Repense sua resposta a (a). Essa resposta depende da ordem em que fazemos as operações?

7.2. Com o auxílio de tabelas-verdade, prove tantas partes do Teorema 7.2 quantas puder.

7.3. Prove: $(x \wedge y) \vee (x \wedge \neg y)$ é logicamente equivalente a x.

7.4. Prove: $x \to y$ é logicamente equivalente a $(\neg y) \to (\neg x)$.

> O Exercício 7.4 mostra que uma afirmação do tipo "se-então" é logicamente equivalente à sua contrapositiva.

7.5. Prove: $x \leftrightarrow y$ é logicamente equivalente a $(\neg x) \leftrightarrow (\neg y)$.

7.6. Prove: $x \leftrightarrow y$ é logicamente equivalente a $(x \to y) \wedge (y \to x)$.

7.7. Prove: $x \leftrightarrow y$ é logicamente equivalente a $(x \to y) \wedge ((\neg x) \to (\neg y))$.

7.8. Prove: $(x \vee y) \to z$ é logicamente equivalente a $(x \to z) \wedge (y \to z)$.

7.9. Suponha que tenhamos duas expressões booleanas que envolvam dez variáveis. Para provar que essas duas expressões são logicamente equivalentes, construímos uma tabela-verdade. Quantas linhas (além da linha de cabeçalho) essa tabela teria?

> Uma afirmação do tipo "se-então" não é logicamente equivalente à sua inversa.

7.10. Como refutaria uma equivalência lógica? Mostre que:
   a. $x \to y$ não é logicamente equivalente a $y \to x$.
   b. $x \to y$ não é logicamente equivalente a $x \leftrightarrow y$.
   c. $x \vee y$ não é logicamente equivalente a $(x \wedge \neg y) \vee ((\neg x) \wedge y)$.

7.11. *Tautologia* é uma expressão booleana que avalia sempre como VERDADEIRO todos os valores possíveis de suas variáveis. Por exemplo, a expressão $x \vee \neg x$ é verdadeira tanto quando $x =$ Verdadeiro como quando $x =$ Falso. $x \vee \neg x$ é, pois, uma tautologia.

Explique como utilizar uma tabela-verdade para provar que uma expressão booleana é uma tautologia, e prove que as expressões seguintes são tautológicas:
   a. $(x \vee y) \vee (x \vee \neg y)$
   b. $(x \wedge (x \to y)) \to y$
   c. $(\neg(\neg x)) \leftrightarrow x$
   d. $x \to x$
   e. $((x \to y) \wedge (y \to z)) \to (x \to z)$
   f. Falso $\to x$
   g. $(x \to$ Falso$) \to \neg x$.
   h. $((x \to y) \wedge (x \to \neg y)) \to \neg x$

7.12. No problema anterior você provou que certas fórmulas booleanas são tautológicas criando tabelas de verdade. Outro método é usar as propriedades listadas no Teorema 7.2, juntamente com o fato que $x \to y$ é equivalente $(\neg x) \vee y$ (Proposição 7.3).

Por exemplo, a parte (b) pede para você estabelecer que a fórmula $(x \wedge (x \to y)) \to y$ seja uma tautologia. Aqui está e uma derivação desse fato:

$$\begin{aligned}
x \wedge (x \to y)) \to y &= [x \wedge (\neg x \vee y)] \to y &&\text{traduz} \to \\
&= [(x \wedge \neg x) \vee (x \wedge y)] \to y &&\text{distributivo} \\
&= [\text{FALSO} \vee (x \wedge y)] \to y \\
&= (x \wedge y) \to y &&\text{elemento de identidade} \\
&= (\neg(x \wedge y))] \vee y &&\text{traduz} \to \\
&= (\neg x \vee \neg y) \vee y &&\text{De Morgan} \\
&= \neg x \vee (\neg y \vee y) &&\text{associativo} \\
&= \neg x \vee \text{Verdade} \\
&= \text{Verdade} &&\text{identidade:}
\end{aligned}$$

Use esta técnica para provar que as outras fórmulas no Exercício 7.11 são tautológicas.

Você pode substituir $x \leftarrow y$ por $y \rightarrow x$ (que, por sua vez, é equivalente a $\neg y \vee x$) e você pode substituir $x \leftrightarrow y$ por $(x \rightarrow y) \wedge (y \rightarrow x)$.

7.13. Uma *contradição* é uma expressão booleana que avalia como falso todos os valores possíveis de suas variáveis. Por exemplo, $x \wedge \neg x$ é uma contradição.

Prove que as expressões seguintes são contraditórias:
- **a.** $(x \vee y) \wedge (x \vee \neg y) \wedge \neg x$
- **b.** $x \wedge (x \rightarrow y) \wedge (\neg y)$
- **c.** $(x \rightarrow y) \wedge ((\neg x) \rightarrow y) \wedge \neg y$

7.14. Sejam A e B expressões booleanas, isto é, A e B são fórmulas que envolvem variáveis (x, y, z etc.) e operações booleanas ($\wedge, \vee, \neg$ etc.).

Prove: A é logicamente equivalente a B se e somente se $A \leftrightarrow B$ é uma tautologia.

7.15. As expressões $x \rightarrow y$ podem ser reescritas apenas em termos das operações básicas $\wedge, \vee$ e $\neg$; isto é, $x \rightarrow y = (\neg x) \vee y$.

Ache uma expressão logicamente equivalente a $x \leftrightarrow y$ que utilize apenas as operações básicas $\wedge, \vee$ e $\neg$ (e prove que ela é correta).

> A frase *ou exclusivo* é, às vezes, escrita como xor.

7.16. Eis outra operação booleana chamada *ou exclusivo*, denotada pelo símbolo $\underline{\vee}$ e definida pela tabela seguinte:

x	y	$x \underline{\vee} y$
Verdadeiro	Verdadeiro	Falso
Verdadeiro	Falso	Verdadeiro
Falso	Verdadeiro	Verdadeiro
Falso	Falso	Falso

Faça o seguinte:
- **a.** Prove que $\underline{\vee}$ verifica as propriedades comutativa e associativa; isto é, prove as equivalências lógicas $x \underline{\vee} y = y \underline{\vee} x$ e $(x \underline{\vee} y) \underline{\vee} z = x \underline{\vee} (y \underline{\vee} z)$.
- **b.** Prove que $x \underline{\vee} y$ é logicamente equivalente a $(x \wedge \neg y) \vee ((\neg x) \wedge y)$ (assim, $\underline{\vee}$ pode expressar-se em termos das operações básicas $\wedge, \vee$ e $\neg$).
- **c.** Prove que $x \underline{\vee} y$ é logicamente equivalente a $(x \vee y) \wedge (\neg(x \wedge y))$ (trata-se de outra maneira de expressar $\underline{\vee}$ em termos de $\wedge, \vee$ e $\neg$).
- **d.** Explique por que a operação $\underline{\vee}$ é chamada *ou exclusivo*.

7.17. Discutimos várias operações booleanas binárias: $\wedge, \vee, \rightarrow, \leftrightarrow$ e (no problema anterior) $\underline{\vee}$. Quantas operações booleanas binárias diferentes pode haver? Em outras palavras, de quantas maneiras diferentes podemos completar a tabela seguinte?

x	y	$x * y$
Verdadeiro	Verdadeiro	?
Verdadeiro	Falso	?
Falso	Verdadeiro	?
Falso	Falso	?

> Uma operação binária é uma operação que combina dois valores. A operação ¬ não é binária, porque atua apenas sobre um valor de cada vez; poderíamos chamá-la *unária*.

Não há muitas possibilidades e, na pior das hipóteses, podemos tentar escrevê-las todas. Organize sua lista, tendo o cuidado para não omitir nenhuma ou, acidentalmente, relacionar duas vezes a mesma operação.

7.18. Vimos que as operações $\rightarrow$, $\leftrightarrow$ e $\underline{\vee}$ podem ser reexpressas em termos das operações básicas $\wedge$, $\vee$ e $\neg$. Mostre que todas as operações booleanas binárias (ver problema anterior) podem ser expressas em termos dessas três operações básicas.

7.19. Prove que $x \vee y$ pode expressar-se em termos de apenas $\wedge$ e $\neg$, de forma que todas as operações booleanas binárias possam reduzir-se a apenas duas operações básicas.

> A operação booleana *nand*.

7.20. Eis mais uma operação booleana chamada *nand*, denotada pelo símbolo $\overline{\wedge}$. Definimos $x \overline{\wedge} y$ como $\neg(x \wedge y)$.

Faça o seguinte:
a. Construa uma tabela verdade para $\overline{\wedge}$.
b. A operação $\overline{\wedge}$ é comutativa? Associativa?
c. Mostre como as operações $(x \wedge y)$ e $\neg x$ podem ser reexpressas apenas em termos de $\overline{\wedge}$.
d. Conclua que todas as operações booleanas binárias possam ser expressas apenas em termos de $\overline{\wedge}$.

Autoteste

> Não se sabe se cada número perfeito é par, mas presume-se que não existam números perfeitos ímpares.

1. Verdadeiro ou falso: todo inteiro positivo é primo ou composto. Explique sua resposta.
2. Encontre todos os inteiros x para os quais $x|(x+2)$. Não é preciso provar sua resposta.
3. Seja a e b inteiros positivos. Explique por que a notação $a|b+1$ pode ser interpretada apenas como $a|(b+1)$ e não como $(a|b)+1$.
4. Escreva o seguinte enunciado na forma se-então: "todo inteiro perfeito é par".
5. Qual é o inverso do enunciado: "se você me ama, então se casará comigo".
6. Determine qual dos seguintes enunciados são verdadeiros e quais são falsos. Você deve basear sua resposta em seu conhecimento comum de matemática; não é necessário provar suas respostas.
   a. Todo inteiro é positivo ou negativo.
   b. Todo inteiro é par e ímpar.
   c. Se x é um inteiro e $x > 2$ e x é primo, então x é ímpar.
   d. Sejam x e y inteiros. Temos $x^2 = y^2$ se e somente se $x = y$.
   e. Os lados de um triângulo são todos congruentes uns com os outros se e somente se seus três ângulos forem todos 60°.
   f. Se um inteiro x satisfaz $x = x + 1$, então $x = 6$.
7. Considere o seguinte enunciado (o qual não se espera que você compreenda):

   "Se um matroide for gráfico, então é representável".

   Escreva as primeiras e últimas linhas de uma prova direta desse enunciado. É comum utilizar a letra M para representar um matroide.

8. O seguinte enunciado é falso: Se x, y e z são inteiros e $x > y$, então $xz > yz$. Faça o seguinte:
   a. Encontre um contraexemplo.
   b. Modifique a hipótese do enunciado adicionando uma condição relacionada a z, de modo que o enunciado editado seja verdadeiro.
9. Prove ou refute: os seguintes enunciados:
   a. Sejam a, b e c inteiros. Se $a|c$ e $b|c$, então $(a+b)|c$.
   b. Sejam a, b e c inteiros. Se $a|b$, então $(ac)|(bc)$.
10. Considere a seguinte proposição. Sejam N um número de dois dígitos e M o número formado a partir de N ao reverter os dígitos de N. Agora compare N^2 e M^2. Os dígitos de M^2 são precisamente os mesmos de N^2, mas em ordem inversa. Por exemplo:

$$10^2 = 100 \qquad 01^2 = 001$$
$$11^2 = 121 \qquad 11^2 = 121$$
$$12^2 = 144 \qquad 21^2 = 441$$
$$13^2 = 169 \qquad 31^2 = 961$$

e assim por diante.

Aqui está uma prova da proposição:

Prova. Como N é um número com dois dígitos, podemos escrever $N = 10a + b$, onde a e b são os dígitos de N. Como M é formado a partir de N ao se reverter os dígitos, $M = 10b + a$.

Observe que $N^2 = (10a + b)^2 = 100a^2 + 20ab + b^2 = (a^2) \times 100 + (2ab) \times 10 + (b^2) \times 1$, de forma que os dígitos de N^2 sejam, na ordem, a^2, $2ab$, b^2.

Do mesmo modo, $M^2 = (10b + a)^2 = (b^2) \times 100 + (2ab) \times 10 + (a^2) \times 1$, de forma que os dígitos de M^2 sejam, na ordem, b^2, $2ab$, a^2, exatamente o reverso de N^2.

Sua tarefa: mostre que a proposição é falsa e explique por que a prova é inválida.

11. Suponha que devamos provar a seguinte identidade:

$$x(x + y - 1) - y(x + 1) = x(x - 1) - y$$

A identidade é verdadeira (isto é, a equação é válida para todos os números reais x e y).

A seguinte "prova" é incorreta. Explique por quê.

Prova. Começamos com:

$$x(x + y - 1) - y(x + 1) = x(x - 1) - y$$

e expandimos os termos (utilizando a propriedade distributiva):

$$x^2 + xy - x - yx - y = x^2 - x - y$$

cancelamos os termos x^2, $-x$ e $-y$ dos dois lados para resultar em:

$$xy - yx = 0$$

e, por fim, xy e $-yx$ para obter:

$$0 = 0$$

o que está correto.

12. As expressões booleanas $x \to \neg y$ e $\neg(x \to y)$ são logicamente equivalentes? Justifique sua resposta.

13. A expressão booleana $(x \rightarrow y) \vee (x \rightarrow \neg y)$ é uma tautologia? Justifique sua resposta.

14. Prove que a soma de quaisquer três inteiros consecutivos é divisível por três.

15. No problema anterior, você precisou provar que a soma de quaisquer três inteiros consecutivos é divisível por três. No entanto, observe que a soma de quaisquer quatro inteiros consecutivos nunca é divisível por quatro. Por exemplo, $10 + 11 + 12 + 13 = 46$, que não é divisível por quatro.

Para quais inteiros positivos a a soma de a inteiros consecutivos é divisível por a? Isto é, complete a seguinte sentença para fornecer um enunciado verdadeiro:

Seja a um inteiro positivo. A soma de a inteiros consecutivos é divisível por a se e somente se...

É necessário que você prove sua conjectura.

16. Seja a um inteiro. Prove: se $a \geq 3$, então $a^2 > 2a + 1$.

17. Suponha que a seja um quadrado perfeito e $a \geq 9$. Prove que $a - 1$ é composto.

18. Considere a seguinte definição:

> Consulte o Exercício 3.6 e sua solução para a definição de *quadrado perfeito*.

Um par de inteiros positivos, x e y, são chamados *amigos quadrados* se sua soma, $x + y$, for um quadrado perfeito (o conceito de amigos quadrados foi elaborado apenas para este teste, Problemas 18 a 20).

Por exemplo, 4 e 5 são amigos quadrados, porque $4 + 5 = 9 = 3^2$. Do mesmo modo, 8 e 8 são amigos quadrados, pois $8 + 8 = 16 = 4^2$. No entanto, 3 e 8 não são amigos quadrados.

Explique por que 10 e –1 não são amigos quadrados.

19. Seja x um inteiro positivo. Prove que existe um inteiro y maior que x de forma que x e y sejam amigos quadrados.

20. Prove que, se x é um inteiro e $x \geq 5$, então x tem um amigo quadrado y com $y < x$.

Você pode utilizar o seguinte fato em sua prova. Se x é um inteiro positivo, então x fica entre dois quadrados perfeitos consecutivos; ou seja, há um inteiro positivo $a^2 \leq x < (a + 1)^2$.

CAPÍTULO 2

Coleções

Neste capítulo vamos abordar dois tipos de coleção: as ordenadas (listas) e as não ordenadas (conjuntos).

■ 8 Listas

Uma *lista* é uma sequência ordenada de objetos. Escrevemos uma lista abrindo um parêntese, seguindo pelos elementos da lista separados por vírgulas, e fechando o parêntese. Por exemplo, $(1, 2, \mathbb{Z})$ é uma lista cujo primeiro elemento é o número 1, o segundo elemento é o número 2, e o terceiro elemento é o conjunto dos inteiros.

A ordem em que os elementos figuram na lista é significativa. A lista (1, 2, 3) não é a mesma que a lista (3, 2, 1).

Uma lista pode conter elementos repetidos, como (3, 3, 2).

O número de elementos em uma lista é chamado de *comprimento*. Por exemplo, a lista (1, 1, 2, 1) tem comprimento quatro.

Uma lista de comprimento dois tem um nome especial: ela é denominada *par ordenado*.

Uma lista de comprimento zero é chamada *lista vazia* e se denota por ( ).

O que significa duas listas serem iguais.

Duas listas são *iguais* se tiverem o mesmo comprimento e se os elementos nas posições correspondentes nas duas listas forem iguais. As listas (a, b, c) e (x, y, z) são iguais se e somente se $a = x$, $b = y$ e $c = z$.

Linguagem matemática!
Outra expressão que os matemáticos usam para listas é *upla*. Uma lista de *n* elementos é conhecida como uma *n*-upla (ênupla).

As listas estão presentes em toda a matemática e além dela. Um ponto no plano costuma ser especificado por um par ordenado de números reais (x, y). Um número natural, quando escrito em notação-padrão, é uma lista de algarismos; podemos encarar o número 172 como a lista (1, 7, 2). Uma palavra é uma lista de letras. Um identificador em um programa de computador é uma lista de letras e algarismos (em que o primeiro elemento da lista é uma letra).

Contagem de listas de dois elementos

Nesta seção, vamos abordar questões do tipo: "quantas listas podemos formar?"

◆ EXEMPLO 8.1

Suponha que queiramos fazer uma lista de dois elementos, na qual os valores da lista podem ser quaisquer dos quatro algarismos 1, 2, 3 e 4. Quantas listas são possíveis?

A abordagem mais direta para responder a essa pergunta consiste em escrever todas as possibilidades.

$$
\begin{array}{llll}
(1,1) & (1,2) & (1,3) & (1,4) \\
(2,1) & (2,2) & (2,3) & (2,4) \\
(3,1) & (3,2) & (3,3) & (3,4) \\
(4,1) & (4,2) & (4,3) & (4,4)
\end{array}
$$

Há 16 listas.

Organizamos as listas de um modo que garanta não repetirmos nem omitirmos nenhuma lista. A primeira linha da tabela contém todas as listas possíveis que começam com 1; a segunda linha, as que começam com 2; e assim por diante. Assim, há $4 \times 4 = 16$ listas de comprimento dois cujos elementos são quaisquer algarismos de 1 a 4.

Generalizemos um pouco mais esse exemplo. Suponhamos que desejamos saber o número de listas de dois elementos em que há n escolhas possíveis para cada valor da lista. Podemos admitir que os elementos possíveis sejam os inteiros de 1 a n. Como anteriormente, organizamos todas as listas possíveis em uma tabela, ou quadro.

$$
\begin{array}{cccc}
(1,1) & (1,2) & \cdots & (1,n) \\
(2,1) & (2,2) & \cdots & (2,n) \\
\vdots & \vdots & \ddots & \vdots \\
(n,1) & (n,2) & \cdots & (n,n)
\end{array}
$$

A primeira linha contém todas as listas que começam com 1; a segunda linha, as que começam com 2; e assim por diante. Há n linhas ao todo. Cada linha tem exatamente n listas. Há, pois, $n \times n = n^2$ listas possíveis.

> **Linguagem matemática!**
> O uso matemático da palavra *escolha* pode parecer estranho. Se um restaurante tem um cardápio com apenas uma entrada, o matemático diria que esse cardápio oferece uma escolha. As demais pessoas diriam que o cardápio não oferece escolha! O uso matemático da palavra *escolha* é análogo ao da palavra *opção*.

Quando uma lista é formada, as opções para a segunda posição podem ser diferentes das opções para a primeira posição. Imagine uma refeição como uma lista de dois elementos consistindo em uma entrada e uma sobremesa. O número possível de entradas pode ser diferente do número de sobremesas.

Perguntemos então: quantas listas de dois elementos são possíveis quando há n escolhas para o primeiro elemento e m escolhas para o segundo elemento? Suponha que os elementos possíveis na primeira posição da lista sejam os inteiros 1 a n, e que os elementos possíveis na segunda posição sejam os inteiros 1 a m.

Construímos uma tabela de todas as possibilidades como anteriormente:

$$\begin{array}{cccc} (1,1) & (1,2) & \cdots & (1,m) \\ (2,1) & (2,2) & \cdots & (2,m) \\ \vdots & \vdots & \ddots & \vdots \\ (n,1) & (n,2) & \cdots & (n,m) \end{array}$$

Há n linhas (para cada primeira escolha possível), e cada linha contém m valores. Assim, o número possível de tais listas é

$$\underbrace{m + m + \cdots + m}_{n \text{ vezes}} = m \times n.$$

Às vezes, os elementos de uma lista apresentam propriedades especiais. Em particular, a escolha do segundo elemento pode depender de qual seja o primeiro elemento. Suponha, por exemplo, que queiramos contar o número de listas diferentes de dois elementos que podemos formar com os inteiros 1 a 5, em que os dois números da lista devem ser diferentes. Por hipótese, contaremos (3, 2) e (2, 5), mas não (4, 4). Construímos uma tabela de todas as listas possíveis:

$$\begin{array}{ccccc} - & (1,2) & (1,3) & (1,4) & (1,5) \\ (2,1) & - & (2,3) & (2,4) & (2,5) \\ (3,1) & (3,2) & - & (3,4) & (3,5) \\ (4,1) & (4,2) & (4,3) & - & (4,5) \\ (5,1) & (5,2) & (5,3) & (5,4) & - \end{array}$$

Como anteriormente, a primeira linha contém todas as listas possíveis que começam com 1; a segunda linha, as listas que começam com 2; e assim por diante, de modo que haja cinco linhas. Há, pois, cinco linhas. Note que cada *linha* contém exatamente 5 – 1 = 4 listas. Assim, o número de listas é $5 \times 4 = 20$.

Resumamos e generalizemos em um princípio geral o que aprendemos.

❖ TEOREMA 8.2

(Princípio da Multiplicação) Consideremos listas de dois elementos em que há n escolhas para o primeiro elemento, e, para cada uma dessas escolhas, há m escolhas do segundo elemento. Então o número de tais listas é nm.

Prova. Consideremos uma tabela de todas as listas possíveis. Cada linha desta tabela contém todas as listas de dois elementos que começam com determinado elemento. Como há n escolhas para o primeiro elemento, há n linhas na tabela. E, como para cada escolha do primeiro elemento há m escolhas para o segundo elemento, sabemos que cada linha da tabela tem m valores. Por conseguinte, o número de listas é:

$$\underbrace{m + m + \cdots + m}_{n \text{ vezes}} = n \times m.$$

Consideremos alguns exemplos.

◆ EXEMPLO 8.3

As iniciais de uma pessoa constituem uma lista formada pelas iniciais de seu primeiro e seu último nome. Por exemplo, as iniciais do autor são ES. De quantas maneiras podemos dispor as iniciais do nome de uma pessoa? De quantas maneiras podemos dispor essas iniciais de maneira que as letras sejam diferentes?

A primeira questão pede o número de listas de dois elementos em que há 26 escolhas para cada elemento. Há 26^2 listas.

A segunda questão pede o número de listas de dois elementos em que há 26 escolhas para o primeiro elemento e, para cada uma dessas escolhas, 25 escolhas do segundo elemento. Há, pois, 26×25 de tais listas.

Outra maneira de responder à segunda questão no Exemplo 7.3 é a seguinte: Há 26^2 maneiras de compor as iniciais (admitidas as repetições). Destas, há 26 conjuntos "maus" de iniciais em que há uma repetição, a saber, AA, BB, CC, ..., ZZ. As listas restantes são as que desejamos contar, havendo, assim, $26^2 - 26$ possibilidades. Como $26 \times 25 = 26 \times (26 - 1) = 26^2 - 26$, as duas respostas concordam.

Note que escrevemos as respostas a essas questões como 26^2 e 26×25, e não como 676 e 650. Embora as duas respostas sejam corretas, as respostas 26^2 e 26×25 são preferíveis, porque retêm a essência do raciocínio usado para sua dedução. Além disso, a conversão de 26^2 e 26×25 para 676 e 650, respectivamente, não é interessante e pode ser feita facilmente por qualquer pessoa com uma calculadora.

◆ EXEMPLO 8.4

Um clube tem dez membros que desejam eleger um presidente e outra pessoa como vice-presidente. De quantas maneiras é possível preencher os dois postos?

Reformulamos essa questão como um problema de contagem de lista. Quantas listas de duas pessoas podemos formar, nas quais as duas pessoas na lista são escolhidas de uma coleção de dez candidatos, e a mesma pessoa não pode ser escolhida duas vezes?

Há dez escolhas para o primeiro elemento da lista. Para cada escolha do primeiro elemento (para cada presidente), há nove escolhas possíveis para o segundo elemento da lista (vice-presidente). Pelo princípio da multiplicação, há 10×9 possibilidades.

Listas mais longas

Vejamos as possibilidades de como usar o Princípio da Multiplicação para contar listas mais longas.

Consideremos o problema seguinte. Quantas listas de três elementos podemos formar com os algarismos 1, 2, 3, 4 e 5? Escrevamos todas as possibilidades. Eis uma forma de organizar nosso trabalho:

(1,1,1)	(1,1,2)	(1,1,3)	(1,1,4)	(1,1,5)
(1,2,1)	(1,2,2)	(1,2,3)	(1,2,4)	(1,2,5)
(1,3,1)	(1,3,2)	(1,3,3)	(1,3,4)	(1,3,5)
(1,4,1)	(1,4,2)	(1,4,3)	(1,4,4)	(1,4,5)
(1,5,1)	(1,5,2)	(1,5,3)	(1,5,4)	(1,5,5)
(2,1,1)	(2,1,2)	(2,1,3)	(2,1,4)	(2,1,5)
(2,2,1)	(2,2,2)	(2,2,3)	(2,2,4)	(2,2,5)

e assim por diante até

| (5,5,1) | (5,5,2) | (5,5,3) | (5,5,4) | (5,5,5) |

A primeira linha dessa tabela contém todas as listas que começam por (1, 1, ...). A segunda linha consta de todas as listas que começam por (1, 2, ...) e assim por diante. Obviamente, cada linha tem cinco listas. A questão é:

Quantas linhas há nessa tabela?

Trata-se de um problema que já resolvemos! Note que cada linha da tabela começa, efetivamente, com uma lista diferente de dois elementos; o número de listas de dois elementos, em que cada elemento é um dos cinco valores possíveis, é 5×5, de modo que essa tabela tem 5×5 linhas. Portanto, como cada linha da tabela tem cinco elementos, o número de listas de três elementos é $(5 \times 5) \times 5 = 5^3$.

> Sejam as listas *A* e *B*. Sua *concatenação* é a nova lista formada listando primeiro os elementos de *A*, seguidos pelos elementos de *B*. A concatenação das listas (1, 2, 1) e (1, 3, 5) é (1, 2, 1, 1, 3, 5).

Podemos encarar uma lista de três elementos como a concatenação de uma lista de dois elementos e uma lista de um elemento. Nesse problema, há 25 listas de dois elementos possíveis para ocupar a posição dianteira de lista de três elementos e, para cada escolha da parte dianteira, há cinco escolhas da parte traseira.

Em seguida, contemos listas de três elementos cujos membros são os inteiros de 1 a 5, sem repetição. Como anteriormente, fazemos uma tabela:

(1,2,3)	(1,2,4)	(1,2,5)
(1,3,2)	(1,3,4)	(1,3,5)
(1,4,2)	(1,4,3)	(1,4,5)
(1,5,2)	(1,5,3)	(1,5,4)
(2,1,3)	(2,1,4)	(2,1,5)

e assim por diante até

| (5,4,1) | (5,4,2) | (5,4,3) |

A primeira linha da tabela contém todas as listas que começam com (1, 2, ...) (não pode haver linhas que comecem com (1, 1, ...), porque não se permitem repetições). A segunda linha contém todas as listas que começam com (1, 3, ...), e assim por diante. Cada linha da tabela contém apenas três listas; uma vez escolhidos o primeiro e o segundo elementos da lista (de um universo de apenas cinco escolhas), há exatamente três maneiras de terminar a lista. Assim, como anteriormente, a questão se torna: quantas linhas há nesta tabela? E, como antes, esse é um problema que já resolvemos!

Os dois primeiros elementos da lista formam, por eles mesmos, uma lista de dois elementos com cada elemento escolhido de uma lista de cinco objetos possíveis, sem repetição. Assim, pela regra da multiplicação, há 5 × 4 linhas na tabela. Como cada linha tem três elementos, há, ao todo, um total de 5 × 4 × 3 listas possíveis.

Essas listas de três elementos são uma concatenação de uma lista de dois elementos (20 escolhas) e, para cada lista de dois elementos, uma lista de um elemento (3 escolhas), o que dá um total de 20 × 3 listas.

Ampliamos o Princípio da Multiplicação para contar listas mais longas. Consideremos uma lista de comprimento três. Suponha que tenhamos a escolhas para o primeiro elemento da lista e, para cada escolha do primeiro elemento, haja b escolhas para o segundo elemento e c escolhas para o terceiro elemento. Portanto, ao todo, há abc listas possíveis. Para ver por que, imaginemos que a lista de três elementos consista em duas partes: os dois elementos iniciais e o elemento final. Há ab maneiras de escolher os dois primeiros elementos (pelo Princípio da Multiplicação!) e c maneiras de completar o último elemento, uma vez especificados os dois primeiros. Assim, novamente pelo Princípio da Multiplicação, há $(ab)c$ maneiras de completar as listas. A extensão dessas ideias a listas de comprimento quatro ou mais é análoga.

Uma forma útil de abordar problemas de contagem de listas consiste em fazer um diagrama com caixas. Cada caixa representa uma posição na lista, de modo que, se o comprimento da lista for quatro, haverá quatro caixas na lista. Escrevemos o número de valores possíveis em cada caixa. Calcula-se o número de listas possíveis multiplicando entre si esses números.

◆ EXEMPLO 8.5

Voltemos ao Exemplo 8.4. Temos um clube com dez membros e desejamos eleger uma diretoria composta por um presidente, um vice-presidente, um secretário e um tesoureiro. De quantas maneiras podemos fazer essa escolha (admitindo que nenhum membro do clube possa preencher dois cargos)? Tracemos o diagrama a seguir:

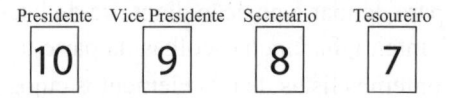

Presidente	Vice Presidente	Secretário	Tesoureiro
10	9	8	7

Isso nos mostra que há dez escolhas para presidente. Escolhido esse, há nove escolhas para o vice-presidente, havendo, pois, 10 × 9 maneiras de preencher os dois primeiros postos. Preenchidos esses, há oito maneiras de preencher o próximo posto (secretário), havendo (10 × 9) × 8 maneiras de preencher os três primeiros postos. Por fim, preenchidos os três postos, há sete maneiras de escolher o tesoureiro; há, pois (10 × 9 × 8) × 7 maneira de selecionar a chapa de dirigentes.

Dois problemas particulares ocorrem com frequência na elaboração de listas, e merecem atenção especial. Esses problemas envolvem a elaboração de uma lista de comprimento k, em que cada elemento da lista é selecionado entre n possibilidades. No primeiro problema, contamos todas essas listas; no segundo problema, contamos as listas sem elementos repetidos.

Quando se admitem repetições, temos n escolhas para o primeiro elemento da lista, n escolhas para o segundo elemento da lista e assim por diante, até n escolhas para o último elemento da lista. Ao todo, há:

$$\underbrace{n \times n \times \cdots \times n}_{k \text{ vezes}} = n^k \tag{1}$$

listas possíveis.

> Número de listas de comprimento *k* em que há *n* valores possíveis em cada posição da lista, admitindo-se repetições.

Suponha agora que preenchamos a lista de comprimento k com n valores possíveis, não se admitindo, agora, repetições. Há n maneiras de selecionar o primeiro elemento da lista. Feito isto, há $n-1$ escolhas para o segundo elemento da lista; $n-2$ maneiras de preencher a terceira posição; $n-3$ maneiras de preencher a quarta posição; e assim por diante; e, por último, $n-(k-1) = n-k+1$ maneiras de preencher a posição k. Portanto, o número de maneiras de compor uma lista de comprimento k em que os elementos são escolhidos de um universo de n possibilidades, *não* se admitindo dois elementos iguais na lista, é:

$$n \times [n-1] \times [n-2] \times \cdots \times [n-(k-1)] \qquad (2)$$

> As listas sem repetições por vezes são chamadas *permutações*. Neste livro, entretanto, a palavra *permutação* tem outro significado, descrito adiante.

> O número de listas de comprimento *k* cujos elementos são escolhidos em um universo de *n* possibilidades, e não há dois elementos iguais.

Essa fórmula está correta, mas há uma ligeira falha em nosso raciocínio! Quantas listas de comprimento seis podemos formar, nas quais cada elemento da lista é um dos algarismos 1, 2, 3 ou 4 e a repetição não é permitida? A resposta óbvia é zero; não podemos formar uma lista de comprimento seis utilizando apenas quatro elementos sem repetir nenhum deles! O que nos diz a fórmula? A equação (2) afirma que o número dessas listas é:

$$4 \times 3 \times 2 \times 1 \times 0 \times -1$$

que é igual a 0. Entretanto, o raciocínio na base da fórmula falha. Embora seja verdade que há 4, 3, 2, 1 e 0 escolhas para as posições um a cinco, não há sentido dizermos que há -1 escolhas para a última posição! A Fórmula (2) dá a resposta correta, mas o raciocínio utilizado para chegarmos a ela precisa ser revisto.

> No próximo parágrafo utilizamos o Exercício 5.16: se $a, b \in \mathbb{Z}$, então $a < b \Leftrightarrow a \leq b-1$.

> Listas de comprimento zero.

Se o número de elementos entre os quais escolhemos nossos valores da lista, n, for inferior ao comprimento da lista, k, não será possível construirmos uma lista sem repetições. Mas, como $n < k$, sabemos que $n - k < 0$ e, assim, $n - k + 1 < 1$. Como $n - k + 1$ é inteiro, sabemos que $n - k + 1 \leq 0$. Portanto, no produto $n \times (n-1) \times ... \times (n-k+1)$, sabemos que ao menos um dos fatores é zero. Assim, a expressão toda é igual a zero, que é o que queríamos!

Em contrapartida, se $n \geq k$, nosso raciocínio tem sentido (todos os números são positivos) e a Fórmula (2) dá a resposta correta.

Um caso merece menção especial: $k = 0$. Perguntamos: Quantas listas de comprimento zero podemos formar de um conjunto de n elementos? A resposta é um desde que a lista vazia (uma lista sem elementos) seja legítima.

Como a expressão $n(n-1)(n-2) ... (n-k+1)$ ocorre com bastante frequência, há uma notação especial para ela, a saber:

$$(n)_k = n(n-1)(n-2) ... (n-k+1)$$

A notação especial para $n(n-1) \ldots (n-k+1)$ é $(n)_k$. Uma notação alternativa, ainda em uso em algumas calculadoras, é $_nP_k$.

Essa notação é chamada *fatorial incompleto*. Resumimos nossos resultados sobre listas, com ou sem repetição, utilizando concisamente essa notação.

❖ TEOREMA 8.6

O número de listas de comprimento k cujos elementos são escolhidos de um conjunto de n elementos possíveis, é:

$$= \begin{cases} n^k & \text{caso permitam repetições} \\ (n)_k & \text{caso não permitam repetições} \end{cases}$$

Não recomendo memorizar esse resultado, porque é muito fácil confundirmos os significados de n e k. Ao contrário, o leitor deve rededuzi-lo em sua mente quando necessário. Imagine o leitor as k caixas desenhadas diante de si, coloque os números apropriados nas caixas, e multiplique.

Recapitulando

Esta seção aborda a contagem de listas de objetos. O instrumento central é o princípio da multiplicação. Uma fórmula geral é desenvolvida para a contagem de listas de comprimento k de elementos selecionados de um universo de n elementos com ou sem repetição.

8 Exercícios

8.1. Escreva todas as "palavras" possíveis com duas letras que se pode formar usando apenas as vogais A, E, I, O e U. Elas serão na sua maioria palavras sem sentido, de "AA" a "UU".

Quantas não têm letras repetidas?

8.2. Aeroportos têm nomes, mas também têm códigos de três letras. Por exemplo, o aeroporto que serve Baltimore é BWI, e o código YYY é para o aeroporto de Mont Joli, Quebec, Canadá. Quantos códigos de aeroportos diferentes são possíveis?

8.3. Uma cadeia de *bits* é uma lista de 0 e 1. Quantas cadeias de bit de comprimento k podem ser feitas?

8.4. Um sistema de ventilação de um carro tem vários controles. O controle do ventilador tem quatro configurações: desligado, baixo, médio e alto. O fluxo de ar pode ser programado para sair no chão, através das aberturas ou através do desembaçador. O botão do ar-condicionado pode ser ligado ou desligado. O controle de temperatura pode ser ajustado para frio, fresco, morno ou quente. E, finalmente, o botão de recirculação pode ser ligado ou desligado.

De quantas maneiras diferentes esses vários controles podem ser definidos?

Nota: várias dessas configurações tem o mesmo resultado, já que nada acontece se o controle do ventilador estiver desligado. No entanto, o problema pede o número de configurações diferentes dos controles, e não o número de diferentes efeitos possíveis na ventilação.

8.5. Eu quero criar duas listas no meu *MP3 player* com a minha coleção de 500 músicas. Uma lista é intitulada "Exercício", para ouvir na academia, e a outra, "Relaxante", para momentos de lazer em casa. Quero 20 músicas diferentes em cada uma dessas listas.

De quantas maneiras posso carregar as músicas para o meu MP3 player se permitir que uma canção esteja em ambas as listas?

E de quantas maneiras posso carregar as músicas se quiser que as duas listas não tenham duplicações?

8.6. Quantas listas de 3 elementos podem ser formadas em que as entradas sejam provenientes de um conjunto de n elementos possíveis se exigirmos que a primeira e a última entrada da lista sejam as mesmas?

Quantas dessas listas podem ser formadas se exigirmos que as primeiras e últimas entradas sejam diferentes?

(Em ambos os casos, não existe qualquer restrição na entrada do meio na lista).

8.7. Eu tenho 30 fotos para postar no meu *site*. Estou planejando postá-las em duas páginas da *web*, uma marcada como "Amigos", e outra como "Família". Nenhuma foto pode ir para ambas as páginas, mas cada foto ficará em uma ou outra. É concebível que uma das páginas possa estar vazia.

Responda a estas duas perguntas:

a. De quantas maneiras posso postar essas fotos nas páginas da *web* se a ordem em que as elas aparecem nessas páginas importar?

b. De quantas maneiras posso postar essas fotos nas páginas se a ordem em que elas aparecem nessas páginas não importar?

8.8. Você possui três anéis diferentes. Você usa todos os três, mas dois deles não estão no mesmo dedo, e nenhum deles está em seus polegares. De quantas maneiras você pode usar seus anéis? (Suponha que qualquer anel caberá em qualquer dedo.)

8.9. De quantas maneiras uma torre preta e uma torre branca podem ser colocadas em diferentes quadrados de um tabuleiro de xadrez de tal forma que nenhuma esteja atacando a outra (em outras palavras, elas não podem estar na mesma linha ou na mesma coluna do tabuleiro de xadrez, e um tabuleiro de xadrez padrão tem 8×8)?

8.10. Placas de carro em um determinado estado consistem de seis caracteres: os três primeiros são letras maiúsculas (A-Z), e os três últimos são dígitos (0-9).

a. Quantas placas são possíveis?

b. Quantas placas são possíveis se nenhum caractere puder ser repetido na mesma placa?

A palavra *caractere* significa uma letra ou um dígito.

8.11. Um número de telefone (nos Estados Unidos e Canadá) tem dez dígitos, e o primeiro não pode ser 0 ou 1. Quantos números de telefone são possíveis?

8.12. Um número de Seguridade Social dos EUA tem nove dígitos. O(s) primeiro(s) dígito(s) pode(m) ser 0.

a. Quantos números de Seguridade Social estão disponíveis?

b. Quantos deles são pares?

c. Quantos têm todos os seus dígitos pares?

d. Quantos são iguais se lidos de trás para frente (por exemplo, 122979221)?

e. Quantos têm nenhum de seus dígitos igual a 8?

f. Quantos têm pelo menos um dígito igual a 8?

g. Quantos têm exatamente um 8?

8.13. Seja n um inteiro positivo. Prove que $n^2 = (n)_2 + n$ de duas maneiras diferentes.

Primeiro (e de forma mais simples) mostre que essa equação é algebricamente verdadeira.

Em seguida (e mais interessante), interprete os termos n^2, $(n)_2$ e n no contexto da lista de contagem e use isso para argumentar por que a equação deve ser verdadeira.

8.14. Um sistema operacional de computador permite que arquivos sejam nomeados usando qualquer combinação de letras maiúsculas (A-Z) e números (0-9), mas o número de caracteres no nome do arquivo é de no máximo oito (e tem que haver pelo menos um caractere no nome do arquivo). Por exemplo, X23, W, 4AA, e ABCD1234 são nomes de arquivos válidos, mas W-23 e MARAVILHOSO não são válidos (o primeiro tem um caráter inadequado, e o segundo é muito longo).

Quantos nomes de arquivos diferentes são possíveis nesse sistema?

8.15. Quantos números de cinco dígitos existem que não entram dois dígitos consecutivos iguais? Por exemplo, você contaria 12104 e 12397, mas não 6321 (não tem cinco dígitos) ou 43356 (ele tem dois 3 consecutivos).

Nota: o primeiro dígito não pode ser um zero.

8.16. Um cadeado tem os dígitos de 0 a 9 dispostos em um círculo na sua frente. Uma combinação para esse cadeado tem quatro dígitos. Por causa dos mecanismos internos da fechadura, nenhum par de números consecutivos na combinação pode ser o mesmo ou adjacentes na frente. Por exemplo 0-2-7-1 é uma combinação válida, mas nem 0-4-4-7 (dígito repetido 4) nem 3-0-9-5 (dígitos adjacentes 0-9) são permitidos.

Quantas combinações são possíveis?

8.17. Uma estante contém 20 livros. Em quantas ordens diferentes esses livros podem ser arranjados na prateleira?

8.18. Uma classe contém dez meninos e dez meninas. De quantas maneiras diferentes eles podem ficar em uma linha alternando-se o gênero (dois meninos e duas meninas não podem ficar próximos um do outro)?

8.19. Quatro cartas são retiradas de um baralho de 52 cartas. De quantas maneiras isso pode ser feito se as cartas são todas de valores diferentes (por exemplo, não há dois 5 ou dois valetes) e todos de naipes diferentes (para este problema, a ordem em que as cartas são tiradas importa, de modo que A♠-K♥-3♦-6♣ não é o mesmo que 6♣-K♥-3♦-A♠, mesmo que as mesmas sejam selecionadas)?

■ 9 Fatorial

Na Seção 8, contamos listas de elementos de vários comprimentos, em que éramos proibidos ou tínhamos permissão de repetir elementos. Um caso especial desse problema é a contagem do número de listas de comprimento n de elementos extraídos de um universo de n objetos, em que não se permitem repetições. Em outras palavras, desejamos dispor n objetos em uma lista usando cada objeto exatamente uma vez. Pelo Teorema 8.6, o número de tais listas é:

$$(n)_n = n(n-1)(n-2) \ldots (n-n+1) = n(n-1)(n-2) \ldots \quad (1)$$

A expressão $(n)_n$ ocorre com frequência em matemática e tem um nome e um símbolo especiais; é chamada *fatorial de n* e se simboliza por $n!$ Por exemplo, $5! = 5 \times 4 \times 3 \times 2 \times 1 = 120$.

Merecem atenção dois casos especiais da função fatorial.

Consideremos, em primeiro lugar, $1!$. É o resultado da multiplicação de todos os inteiros a partir de 1 até 1. A resposta é 1. Se isso não é bastante claro, voltemos à aplicação da contagem de listas. De quantas maneiras podemos fazer uma lista de comprimento 1, em que há apenas um elemento possível para preencher a primeira (e única!) posição? Obviamente, há apenas uma lista possível. Assim, $1! = 1$.

Outro caso especial é $0!$

Muito barulho em torno de 0!

$0!$ é 1. A reação típica dos estudantes a essa afirmação varia de "Não tem sentido" a "Está errado!". Parece haver uma tendência irresistível para calcular $0!$ como 0.

Por causa dessa confusão, devo ao leitor uma explanação clara e sem ambiguidade da razão por que $0! = 1$. Ei-la: porque eu disse!

Mas não se trata de uma resposta plenamente satisfatória e, em um momento, procurarei fazer um trabalho melhor, mas o simples fato é que os matemáticos definiram $0!$ como 1, e estamos todos de acordo nesse ponto. Assim como declaramos (por meio de nossa definição) que o número 1 não é primo, podemos também definir $0! = 1$. A matemática é uma invenção humana, e, desde que mantenhamos a consistência, podemos ajustar as coisas em grande parte ao nosso gosto.

Assim, recai sobre meus ombros o ônus de explicar por que é uma boa ideia fazer 0! = 1, mas não igual a 0, a $\sqrt{17}$ ou a qualquer outro valor.

Para começar, repensemos o problema da contagem de uma lista. O número 0! deve ser a resposta do problema seguinte:

De quantas maneiras podemos formar uma lista de comprimento 0 cujos elementos provenham de um universo de 0 elementos, sem repetição?

É tentador responder que essa lista é impossível, mas isso não é exato. Há uma lista cujo comprimento é zero: é a lista vazia ( ). A lista vazia tem comprimento zero, e (por vacuidade!) seus elementos satisfazem as condições do problema. Assim, a resposta do problema é 0! = 1.

Eis outra explanação de por que 0! = 1. Consideremos a equação:

$$n! = n \times (n-1)! \qquad (3)$$

Por exemplo, 5! = 5 × (4 × 3 × 2 × 1) = 5 × 4! A Equação (3) tem sentido para $n = 2$, pois 2! = 2 × 1! = 2 × 1. A questão se torna: a Equação (3) tem sentido para $n = 1$? Se quisermos que a Equação (3) também funcione quando $n = 1$, precisaremos de 1! = 1 × 0!, o que nos força a escolher 0! = 1.

Eis outra explanação de por que 0! = 1. Podemos cogitar de $n!$ como o resultado da multiplicação de n números uns pelos outros. Por exemplo, 5! é o resultado da multiplicação dos números da lista (5, 4, 3, 2, 1). O que significaria multiplicar os números da lista vazia ( )? Procurarei convencer o leitor de que a resposta sensata é 1. Começamos considerando o que significa somar os números de uma lista vazia.

Alice e Bob trabalham em uma fábrica de números e recebem uma lista de números para somar. Ambos são hábeis em somar números e, assim, decidem separar a lista em duas partes; Alice soma todos os seus números, Bob faz o mesmo e, ao final, eles somarão os resultados obtendo a resposta final. Trata-se de um processo sensato, e pedem a Carlos que divida a lista em duas para eles.

> Alice e Bob devem somar os números da lista (2, 3, 3, 5, 4). A resposta deve ser 17.

Carlos, maliciosamente, decide dar a Alice todos os números, e a Bob, nenhum. Alice recebe a lista completa, e Bob a lista vazia. Alice soma seus números na forma usual, mas o que Bob vai reportar como soma dos números de sua lista? Se Bob der qualquer resposta diferente de 0, a resposta final do problema estará incorreta. A única coisa sensata que Bob pode dizer é que sua lista – a lista vazia – tem soma 0.

A soma dos números na lista vazia é 0.

> Carlos dá a Alice a lista (2, 3, 3, 5, 4) e a Bob a lista ( ). Alice soma seus números, obtendo 17. O que diria Bob?

Agora, os três receberam uma promoção e estão trabalhando na multiplicação. Seu processo de multiplicação é o mesmo que o processo de adição. Pede-se-lhes que multipliquem listas de números. Ao receberem uma lista, pedem a Carlos que a divida em duas partes. Alice multiplica os números de sua lista, e Bob faz o mesmo com a sua. Multiplicam então os dois resultados individuais para obter a resposta final.

> Alice e Bob devem multiplicar os números da lista (2, 3, 3, 5, 4). A resposta deve ser 360.

Mas Carlos resolve se divertir um pouco, e dá todos os números a Bob; a Alice, ele dá a lista vazia. Bob reporta o produto de seus números da maneira usual. O que diria Alice? Qual é o produto dos números em ( )? Se ela diz 0, então, quando sua resposta for multiplicada pela de Bob, o resultado final será 0, e isso provavelmente é uma resposta errada. Na verdade, a única resposta razoável que Alice pode dar é 1.

> Carlos dá a Alice a lista ( ) e a Bob, a lista (2, 3, 3, 5, 4). Bob multiplica seus números e obtém 360. O que dirá Alice?

O produto dos números da lista vazia é 1. Como 0! "pede" que multipliquemos uma lista que não contém números, a resposta cabível é 1.

Esse raciocínio é análogo ao que nos faz definir $2^0 = 1$.

A razão final pela qual definimos 0! = 1 é que, na medida em que prosseguimos, outras fórmulas funcionam melhor com 0! = 1. Se não fizéssemos 0! = 1, nesses outros resultados 0 teria de ser tratado como um caso especial, diferente dos outros números naturais.

Notação de produto

Eis outra maneira de escrever $n!$:

$$n! = \prod_{k=1}^{n} k.$$

Que significa isso? O símbolo Π é a forma maiúscula da letra grega pi (π) e simboliza *produto* (isto é, multiplicação). Essa notação é semelhante ao Σ usado para o somatório.

A letra k é chamada *variável de referência*; serve para preencher lugar e varia do valor mais baixo (escrito abaixo do símbolo Π) ao valor superior (escrito acima daquele símbolo). A variável k toma os valores 1, 2, ..., n.

À direita do símbolo Π estão os valores que multiplicamos. Nesse caso é simples: apenas multiplicamos os valores de k quando k varia de 1 a n; isto é, multiplicamos

$$1 \times 2 \times ... \times n.$$

A expressão à direita do símbolo Π pode ser mais complexa. Por exemplo, consideremos o produto:

$$\prod_{k=1}^{5}(2k+3).$$

Isso especifica que multipliquemos os valores de $(2k + 3)$ para $k = 1, 2, 3, 4, 5$. Em outras palavras,

$$\prod_{k=1}^{5}(2k+3) = 5 \times 7 \times 9 \times 11 \times 13.$$

A expressão à direita de Π pode ser mais simples. Por exemplo,

$$\prod_{k=1}^{n} 2$$

é uma forma sofisticada de escrevermos 2^n.

Consideremos a seguinte representação de 0!:

$$\prod_{k=1}^{0} k.$$

Isso significa que k começa em 1 e vai até 0. Como não há valores possíveis de k com $1 \leq k \leq 0$, não existem termos a serem multiplicados. Por conseguinte, o produto é vazio e atribuímos-lhe o valor 1.

Recapitulando

Nesta seção, introduzimos o fatorial, discutimos por que 0! = 1, e apresentamos a notação de produto.

9 Exercícios

9.1. Resolva a equação $n! = 720$ para n.

9.2. Há seis livros em francês diferentes, oito livros em russo diferentes e cinco livros em espanhol diferentes.
   a. De quantas maneiras diferentes esses livros podem ser ordenados em uma estante?
   b. De quantas maneiras diferentes esses livros podem ser ordenados em uma estante, se os livros de mesma língua devem ficar juntos?

9.3. Formule uma discussão do tipo Alice e Bob sobre o que significa somar (e multiplicar) uma lista de números que contém apenas um número.

9.4. Consideremos a fórmula:

$$(n)_k = \frac{n!}{(n-k)!}.$$

Essa fórmula é quase sempre correta. Para que valores de n e k isso ocorre? Prove que a fórmula é correta sob uma hipótese adequada; isto é, esse problema pede que formulemos e provemos um teorema da forma "se (condições sobre n e k), então $(n)_k = n! / (n-k)!$".

9.5. Calcule $\frac{100!}{98!}$ sem calcular diretamente 100! nem 98!.

9.6. Ordene os inteiros seguintes, do menor para o maior: 2^{100}, 100^2, 100^{100}, $100!$, 10^{10}.

9.7. O matemático escocês, James Stirling, encontrou uma fórmula de aproximação para $n!$:

$$n! \approx \sqrt{2\pi n}\, n^n e^{-n}$$

em que $\pi = 3{,}14159\ldots$ e $e = 2{,}71828\ldots$ (As calculadoras científicas têm uma tecla que calcula e^x; esta tecla pode ser chamada $\boxed{\exp x}$.)

Calcule $n!$ e a correspondente aproximação de Stirling para $n = 10, 20, 30, 40, 50$. Qual é o erro relativo nas aproximações?

9.8. Calcule os produtos seguintes:
   a. $\prod_{k=1}^{4}(2k+1)$.
   b. $\prod_{k=-3}^{4} k$.
   c. $\prod_{k=1}^{n} \frac{k+1}{k}$, em que n é um inteiro positivo.
   d. $\prod_{k=1}^{n} \frac{1}{k}$, em que n é um inteiro positivo.

9.9. Por favor, calcule o seguinte:
   a. $1 \times 1!$.

b. $1 \times 1! + 2 \times 2!$.
c. $1 \times 1! + 2 \times 2! + 3 \times 3!$.
d. $1 \times 1! + 2 \times 2! + 3 \times 3! + 4 \times 4!$.
e. $1 \times 1! + 2 \times 2! + 3 \times 3! + 4 \times 4! + 5 \times 5!$.

Agora, faça uma conjectura. Ou seja, imagine o valor de:

$$\sum_{k=1}^{n} k \cdot k!.$$

Você não tem que provar sua resposta.

9.10. Quando 100! é escrito por extenso, é igual a

$$100! = 9332621 \ldots 000000.$$

Sem usar um computador, determine o número de algarismos 0 no final desse número.

9.11. Prove que todos os números seguintes são compostos: $1000! + 2$, $1000! + 3$, $1000! + 4$, ..., $1000! + 1002$.

O objetivo desse problema é apresentar uma longa lista de números consecutivos, todos compostos.

9.12. Um fatorador é um inteiro positivo com a seguinte propriedades. Quando escrito na base 10 comum, ele é igual à soma dos fatoriais de seus dígitos.

Por exemplo, 145 é um fatorador porque:

$$1! + 4! + 5! = 1 + 24 + 120 = 145:$$

Os números 1 e 2 são também fatoradores (porque $1! = 1$ e $2! = 2$). Existe apenas um outro fatorador; encontre-o!

Não conhecemos nenhuma solução fácil para esse problema. É melhor você resolver isso com a ajuda de um programa de computador.

9.13. Fatorial pode ser estendido para inteiros negativos? Com base na equação (3), qual valor deveria ser dado a $(-1)!$?

9.14. Avalie: 0^0.

9.15. O *duplo fatorial* $n!!$ é definido para inteiros positivos ímpares n; que é o produto de todos os números ímpares de 1 a n inclusive. Por exemplo, $7!! = 1 \times 3 \times 5 \times 7 = 105$. Por favor, responda os seguintes.
a. Avalie $9!!$.
b. Para um número inteiro ímpar n, $n!!$ e $(n!)!$ são iguais?
c. Escreva uma expressão para $n!!$ usando a notação de produto.
d. Explique por que essa fórmula funciona:

$$(2k - 1)!! = \frac{(2k)!}{k! 2^k}.$$

Os exercícios restantes nesta seção exigem cálculo.

9.16. Seja n um inteiro positivo. Qual é a *enésima* derivada de x^n?

9.17. A seguinte fórmula aparece no *Elementos de Cálculo Diferencial e Integral* de W. A. Granville (revisado), publicado em 1911:

$$f(x) = f(a) + \frac{(x-a)}{\underline{1}} f'(a) + \frac{(x-a)^2}{\underline{2}} f''(a) + \frac{(x-a)^3}{\underline{3}} f'''(a) + \cdots$$

Explique a notação usada nos denominadores.

9.18. Calcule a integral seguinte para $n = 0, 1, 2, 3, 4$:

$$\int_0^\infty x^n e^{-x}\, dx.$$

Nota: o caso $n = 0$ é o mais fácil. Calcule a integral para valores ordenados de n (primeiro 1, em seguida 2 etc.) e utilize a integração por partes.

Qual é o valor dessa integral para um número natural arbitrário n?

Extra para os mais avançados: calcule a integral para $n = \frac{1}{2}$

■ 10 Conjuntos I: introdução, subconjuntos

Um conjunto é uma coleção de objetos, sem repetição e não ordenada. Determinado objeto é, ou não é, elemento de um conjunto – um objeto não pode figurar em um conjunto "mais de uma vez". Não há ordem para os elementos de um conjunto. A maneira mais simples de especificar um conjunto consiste em listar seus elementos entre chaves. Por exemplo, $\{2, 3, \frac{1}{2}\}$ é um conjunto com exatamente três elementos, ou membros: os inteiros 2 e 3 e o racional $\frac{1}{2}$. Nenhum outro objeto está no conjunto. Todos os conjuntos a seguir são o mesmo conjunto:

$$\{2, 3, \tfrac{1}{2}\} \quad \{3, \tfrac{1}{2}, 2\} \quad \{2, 2, 3, \tfrac{1}{2}\}$$

Não interessa a ordem em que listamos os elementos nem se repetimos um elemento. Tudo o que importa é: quais objetos são elementos do conjunto, e quais não o são. Nesse exemplo, exatamente três objetos são elementos do conjunto; nenhum outro objeto é.

Anteriormente, introduzimos três conjuntos especiais de números: o conjunto $\mathbb{Z}$ (os inteiros), o conjunto $\mathbb{N}$ (os números naturais) e o conjunto $\mathbb{Q}$ (os números racionais).

Um objeto pertencente a um conjunto é chamado *elemento* do conjunto.

A pertinência a um conjunto é denotada pelo símbolo $\in$. A notação $x \in A$ significa que o objeto x é elemento do conjunto A. Por exemplo, $2 \in \{2, 3, \frac{1}{2}\}$ é verdadeiro, mas $5 \in \{2, 3, \frac{1}{2}\}$ é falso. Na última hipótese, podemos escrever $5 \notin \{2, 3, \frac{1}{2}\}$; a notação $x \notin A$ significa que x não é elemento de A.

Lido em voz alta, $\in$ se pronuncia "é membro de", ou "é elemento de", ou "está em", "pertence a". Os matemáticos costumam escrever "se $x \in \mathbb{Z}$, então...". Isso significa exatamente o mesmo que "se x é um inteiro, então...".

Todavia, o símbolo $\in$ pode também representar "ser um elemento de" ou "estar em". Por exemplo, se escrevemos "Seja $x \in \mathbb{Z}$", queremos dizer "Seja x um elemento de $\mathbb{Z}$", ou, mais prosaicamente, "Seja x um inteiro".

> As barras de valor absoluto em torno de um conjunto representam a *cardinalidade* ou *tamanho* do conjunto (isto é, o número de elementos do conjunto). Uma notação alternativa para a cardinalidade de um conjunto é #A.

O número de elementos em um conjunto A se denota por $|A|$. A *cardinalidade* de A nada mais é que o número de objetos no conjunto. A cardinalidade do conjunto $\{2, 3, \frac{1}{2}\}$ é 3. A cardinalidade de $\mathbb{Z}$ é infinita. Dizemos também que $|A|$ é o *tamanho* do conjunto A.

Diz-se que um conjunto é *finito* se sua cardinalidade for um inteiro (isto é, é finita). Caso contrário, dizemos que o conjunto é *infinito*.

O *conjunto vazio* é o conjunto desprovido de elementos. O conjunto vazio pode ser denotado por { }, mas é preferível utilizarmos o símbolo especial ∅. A afirmação

"$x \in \emptyset$" é falsa, qualquer que seja o objeto que x possa representar. A cardinalidade do conjunto vazio é zero (isto é, $|\emptyset| = 0$).

> O conjunto vazio também é conhecido como conjunto *nulo*.

É importante notar que o símbolo $\emptyset$ não é a mesma coisa que a letra grega *phi*: ϕ ou Φ.

Notação de conjunto

Há duas maneiras principais de especificarmos um conjunto. A maneira mais direta consiste em listar, entre chaves, os elementos do conjunto, como em $\{3, 4, 9\}$. Essa notação é apropriada para pequenos conjuntos. Mais frequentemente, utiliza-se a *notação de conjunto*, cuja forma é:

$$\{\text{variável de referência: condições}\}$$

Consideremos, por exemplo,

$$\{x : x \in \mathbb{Z}, x \geq 0\}$$

Esse é o conjunto de todos os objetos x que satisfazem duas condições: (1) $x \in \mathbb{Z}$ (isto é, x deve ser inteiro) e (2) $x \geq 0$ (isto é, x é não negativo). Em outras palavras, esse conjunto é $\mathbb{N}$, os números naturais.

Uma forma alternativa de escrever a notação de conjunto é:

$$\{\text{variável de referência} \in \text{conjunto: condições}\}$$

Esse é o conjunto de todos os objetos extraídos do conjunto mencionado e sujeitos às condições especificadas. Por exemplo,

$$\{x \in \mathbb{Z} : 2|x\}$$

é o conjunto de todos os inteiros divisíveis por 2 (isto é, o conjunto dos inteiros pares).

> **Esquema de prova 5** — Provar que dois conjuntos são iguais.
>
> Sejam A e B os conjuntos. Para provar que $A = B$, temos o seguinte esquema:
>
> - Suponhamos que $x \in A$... Portanto, $x \in B$.
> - Suponhamos que $x \in B$... Portanto, $x \in A$.
>
> Portanto, $A = B$.

Pode-se cogitar escrever um conjunto estabelecendo um padrão para os seus elementos e utilizando pontos (...) para indicar que o padrão continua. Por exemplo, poderíamos representar o conjunto dos inteiros de 1 a 100, inclusive, como $\{1, 2, 3, ..., 100\}$. Nesse caso, a notação é clara, mas seria preferível escrevermos $\{x \in \mathbb{Z} : 1 \leq x \leq 100\}$.

Eis outro exemplo, não tão claro: $\{3, 5, 7, ...\}$. O que é que se pretende? Temos de supor se trata do conjunto dos inteiros ímpares maiores que 1 ou do conjunto de inteiros primos. Use a notação "..." com parcimônia e somente quando não houver qualquer possibilidade de confusão.

Igualdade de conjuntos

O que significa dois conjuntos serem *iguais*? Significa que os dois conjuntos têm exatamente os mesmos elementos. Para provar que dois conjuntos A e B são iguais, mostramos que todo elemento de A é também elemento de B, e vice-versa.

Ilustremos o uso do Esquema de prova 5 em um enunciado simples.

▶ PROPOSIÇÃO 10.1

Os dois conjuntos a seguir são iguais:
$E = \{x \in \mathbb{Z} : x \text{ é par}\}$ e
$F = \{z \in \mathbb{Z} : z = a + b, \text{ em que } a \text{ e } b \text{ são ímpares}\}$

Em outras palavras, o conjunto F é o conjunto de todos os inteiros que podem ser escritos como a soma de dois números ímpares. Utilizando o esquema, a prova se assemelha a isto:

Seja $E = \{x \in \mathbb{Z} : x \text{ é par}\}$ e $F = \{x \in \mathbb{Z} : z = a + b, \text{ em que } a \text{ e } b \text{ são ímpares}\}$.
Buscamos provar que $E = F$.
  Suponha que $x \in E$ .... Portanto, $x \in F$.
  Suponha que $x \in F$ .... Portanto, $x \in E$.

Comece com a primeira metade solucionando as definições.

Seja $E = \{x \in \mathbb{Z} : x \text{ é par}\}$ e $F = \{x \in \mathbb{Z} : z = a + b, \text{ em que } a \text{ e } b \text{ são ímpares}\}$.
Buscamos provar que $E = F$.
  Suponha que $x \in E$. Portanto, x é par e, desse modo, divisível por 2, de forma que $x = 2y$ para algum inteiro y. ...**Portanto,** x é a soma de dois números ímpares e, portanto, $x \in F$.
  Suponha que $x \in F$. ...Portanto, $x \in E$.

Sabemos que $x = 2y$, e queremos x como a soma de dois números ímpares. Eis uma forma simples para fazer isso: $2y + 1$ é impar (veja a Definição 3.4) e, portanto, é -1 (porque $-1 = 2 \times (-1) + 1$). Desse modo, podemos escrever:

$$x = 2y = (2y + 1) + (-1)$$

Vamos envolver esses conceitos em uma prova.

Seja $E = \{x \in \mathbb{Z} : x \text{ é par}\}$ e $F = \{z \in \mathbb{Z} : z = a + b, \text{ em que } a \text{ e } b \text{ são ímpares}\}$.
Buscamos provar que $E = F$.
  Suponha que $x \in E$. Portanto, x é par e, desse modo, divisível por 2, de forma que $x = 2y$ para algum inteiro y. Observe que $2y + 1$ e -1 são ímpares e, como $x = 2y = (2y + 1) + (-1)$, constatamos que x é a soma de dois números ímpares. Portanto, $x \in F$.
  Suponha que $x \in F$. ...Portanto, $x \in E$.

A segunda parte da prova já foi levada em conta no Exercício 5.1 (e a solução para esse exercício pode ser encontrada no Apêndice A). Dessa maneira, simplesmente consultamos esse problema trabalhado anteriormente para completar a prova.

Seja $E = \{x \in \mathbb{Z} : x$ é par$\}$ e $F = \{z \in \mathbb{Z} : z = a + b$, em que a e b são ímpares$\}$. Buscamos provar que $E = F$.

Suponha que $x \in E$. Portanto, x é par e, desse modo, divisível por 2, de forma que $x = 2y$ para algum inteiro y. Observe que $2y + 1$ e -1 são ímpares e, como $x = 2y = (2y + 1) + (-1)$, constatamos que x é a soma de dois números ímpares. Portanto, $x \in F$.

Suponha que $x \in F$. Portanto, x é a soma de dois números ímpares. Conforme mostramos no Exercício 5.1, x deve ser par e, desse modo, $x \in E$.

Observe que a Proposição 9.1 pode ser reescrita da seguinte maneira: *um inteiro é par se e somente se puder ser expresso com a soma de dois números ímpares*.

Subconjunto

A seguir, definimos um *subconjunto*.

● **DEFINIÇÃO 10.2**

(Subconjunto) Sejam os conjuntos A e B. Dizemos que A é *subconjunto* de B se e somente se todo elemento de A também por elemento de B. A notação $A \subseteq B$ significa que A é subconjunto de B.

Por exemplo, $\{1, 2, 3\}$ é subconjunto de $\{1, 2, 3, 4\}$. Para qualquer conjunto A, temos $A \subseteq A$ porque todo elemento de A está (obviamente) em A.

Além disso, para qualquer conjunto A, temos $\emptyset \subseteq A$. Isso porque todo elemento de $\emptyset$ está em A – como não há elementos em $\emptyset$, não há elementos de $\emptyset$ que não estejam em A. Este é um exemplo de afirmação vazia, porém útil.

O símbolo $\subset$ também costuma ser usado para subconjunto, mas não o utilizaremos neste livro. Preferimos $\subseteq$ porque se assemelha mais a $\leq$, e desejamos enfatizar que um conjunto é sempre subconjunto de si mesmo (o símbolo $\subseteq$ é um hibridismo dos símbolos $\subset$ e $=$). Se quisermos eliminar a igualdade dos dois conjuntos, poderemos dizer que A é um subconjunto *estrito* ou *próprio* de B; isso significa que $A \subseteq B$ e $A \neq B$. Poderíamos ser levados a denotar por $\subset$ um subconjunto próprio (porque o símbolo se assemelha a $<$), mas o emprego de $\subset$ para representar um subconjunto ordinário ainda não saiu completamente de moda na comunidade matemática. Para evitar controvérsia, não utilizamos o símbolo $\subset$.

> $\subseteq$ e $\in$ têm significados relacionados, porém diferentes. Não podem ser permutados!

É importante distinguir entre $\in$ e $\subseteq$. A notação $x \in A$ significa que x é um elemento (ou membro) de A. A notação $A \subseteq B$ significa que todo elemento de A é também elemento de B. Assim, $\emptyset \subseteq \{1, 2, 3\}$ é verdadeiro, mas $\emptyset \in \{1, 2, 3\}$ é falso.

A diferença entre $\in$ e $\subset$ é análoga à diferença entre x e $\{x\}$. O símbolo x se refere a um objeto (um número ou o que seja), e a notação $\{x\}$ significa o conjunto cujo único elemento é x. É sempre correto escrever $x \in \{x\}$, mas não é correto escrever $x = \{x\}$ ou $x \subseteq \{x\}$ (bem, *em geral* não é correto escrever $x \subseteq \{x\}$; cf. Exercício 10.14).

Para provar que um conjunto é subconjunto de outro, devemos mostrar que todo elemento do primeiro conjunto é também elemento do outro conjunto.

▶ **PROPOSIÇÃO 10.3**

Seja x um objeto arbitrário e seja A um conjunto; então $x \in A$ se e somente se $\{x\} \subseteq A$.

Prova. Seja x um objeto arbitrário e A um conjunto.

($\Rightarrow$) Suponhamos que $x \in A$. Pretendemos mostrar que $\{x\} \subseteq A$. Para tanto, devemos mostrar que todo elemento de $\{x\}$ é também elemento de A. Mas o único elemento de $\{x\}$ é x, e sabemos que $x \in A$. Portanto, $\{x\} \subseteq A$.

($\Leftarrow$) Suponhamos que $\{x\} \subseteq A$. Isso significa que todo elemento do primeiro conjunto ($\{x\}$) é também membro do segundo conjunto (A). Mas o único elemento do conjunto $\{x\}$ é certamente x; assim, $x \in A$.

O Esquema de prova 6 dá o método geral para mostrar que um conjunto é subconjunto de outro.

Esquema de prova 6 — Provar que um conjunto é subconjunto de outro.

Mostrar que $A \subseteq B$:
Seja $x \in A$. ... Portanto, $x \in B$ e, assim, $A \subseteq B$.

Ilustramos o uso do Esquema de prova 6 utilizando o seguinte conceito.

● **DEFINIÇÃO 10.4**

(**Terno Pitagórico**) Uma lista de três inteiros (a, b, c) é chamada *terno pitagórico*, contanto que $a^2 + b^2 = c^2$.

Por exemplo, $(3, 4, 5)$ é um terno pitagórico porque $3^2 + 4^2 = 5^2$. Os ternos pitagóricos são chamados assim por serem os comprimentos dos lados de um triângulo retângulo.

Observe que $(\sqrt{2}, \sqrt{3}, \sqrt{5})$ não representa um terno pitagórico porque os números na lista não são inteiros; o termo *terno pitagórico* aplica-se apenas a listas de inteiros.

▶ **PROPOSIÇÃO 10.5**

Seja P o conjunto de ternos pitagóricos; ou seja,

$$P = \{(a, b, c) : a, b, c \in \mathbb{Z} \text{ e } a^2 + b^2 = c^2\}$$

e seja T o conjunto:

$$T = \{(p, q, r) : p = x^2 - y^2, q = 2xy \text{ e } r = x^2 + y^2, \text{ em que } x, y \in \mathbb{Z}\}$$

Então, $T \subseteq P$.

Por exemplo, se $x = 3$ e $y = 2$, e calcularmos:

$p = x^2 - y^2 = 9 - 4 = 5,$ $\qquad q = 2xy = 12,$ $\qquad r = x^2 + y^2 = 9 + 4 = 13$

descobrimos que $(5, 12, 13) \in T$. A Proposição 10.5 afirma que $T \subseteq P$, o que significa que $(5, 12, 13) \in T$. De fato, isso está correto, desde que:

$$5^2 + 12^2 = 25 + 144 = 169 = 13^2$$

Desenvolvemos agora a prova da Proposição 10.5 utilizando o Esquema de prova 6.

Seja P e T, conforme o enunciado da Proposição 10.5.
  Seja $(p, q, r) \in T$. ...Portanto, $(p, q, r) \in P$.

Descubra o significado de $(p, q, r) \in T$.

Seja P e T, conforme o enunciado da Proposição 10.5.
  Seja $(p, q, r) \in T$. Portanto, há inteiros x e y, de forma que $p = x^2 - y^2$, $q = 2xy$ e $r = x^2 + y^2$. ... Portanto, $(p, q, r) \in P$.

A fim de constatar se $(p, q, r) \in P$, precisamos simplesmente verificar se os três são inteiros (o que é evidente) e que $p^2 + q^2 = r^2$. Podemos escrever p, q e r em termos de x e y, de forma que o problema seja reduzido a um cálculo algébrico. Terminamos a prova.

Seja P e T, conforme o enunciado da Proposição 10.5
  Seja $(p, q, r) \in T$. Portanto, há inteiros x e y, de modo que $p = x^2 - y^2$, $q = 2xy$ e $r = x^2 + y^2$. Observe que p, q e r são inteiros porque x e y são inteiros. Calculamos.

$$\begin{aligned} p^2 + q^2 &= (x^2 - y^2)^2 + (2xy)^2 \\ &= (x^4 - 2x^2y^2 + y^4) + 4x^2y^2 \\ &= x^4 + 2x^2y^2 + y^4 \\ &= (x^2 + y^2)^2 = r^2 \end{aligned}$$

Portanto, (p, q, r) é um terno pitagórico e, desse modo, $(p, q, r) \in P$.

Os símbolos ∈ e ⊆ podem ser escritos ao contrário: ∋ e ⊇. A notação $A \ni x$ significa exatamente a mesma coisa que $x \in A$. O símbolo ∋ pode ser lido "contém o elemento". E a notação $B \supseteq A$ significa precisamente o mesmo que $A \subseteq B$. Dizemos que B é *superconjunto* de A.

(Dizemos também que B contém A e A está contido em B, mas a expressão *contém* pode ser um tanto ambígua. Se dizemos "B contém A", geralmente queremos dizer $B \supseteq A$, mas pode significar também $B \ni A$. Evitaremos essa expressão, a menos que seja absolutamente clara pelo contexto.)

Contagem de subconjuntos

Quantos subconjuntos tem um conjunto? Consideremos um exemplo.

◆ EXEMPLO 10.6

Quantos subconjuntos tem o conjunto $A = \{1, 2, 3\}$?

A maneira mais fácil de resolver o problema é listar todas as possibilidades. Como $|A| = 3$, qualquer subconjunto de A pode ter de zero a três elementos. Organizemos todas as possibilidades como segue:

Nº de Elementos	Subconjuntos	Número
0	∅	1
1	$\{1\}, \{2\}, \{3\}$	3
2	$\{1, 2\}, \{1, 3\}, \{2, 3\}$	3
3	$\{1, 2, 3\}$	1
	Total:	8

Portanto, $\{1, 2, 3\}$ tem oito subconjuntos.

Há outra maneira de analisar esse problema. Cada elemento do conjunto $\{1, 2, 3\}$ é, ou não é, membro de um subconjunto. Observemos o diagrama a seguir:

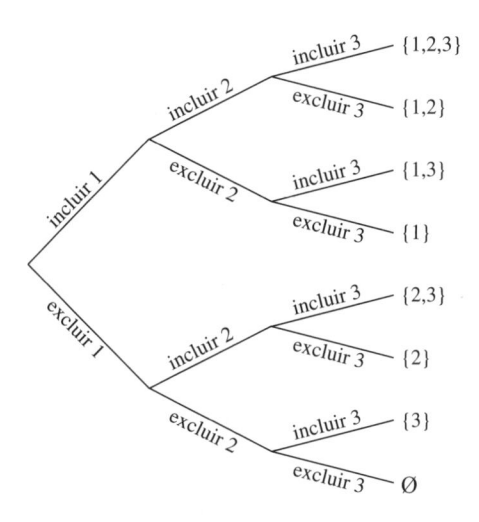

Para cada elemento, temos duas escolhas: incluir ou não incluir aquele elemento. Poderíamos "perguntar" a cada elemento se ele "deseja" estar no subconjunto. Assim, se perguntamos a cada um dos elementos 1, 2 e 3 se eles estão no subconjunto, e se as respostas recebidas são (sim, sim, não), então o subconjunto é $\{1, 2\}$.

O problema de contar subconjuntos de $\{1, 2, 3\}$ se reduz ao problema de contar listas – e já sabemos como contá-las! O número de listas de comprimento três, em que cada elemento da lista é "sim" ou "não", é $2 \times 2 \times 2 = 8$.

O método de contagem de listas nos dá a solução do problema geral a seguir.

❖ TEOREMA 10.7

Seja A um conjunto finito. O número de subconjuntos de A é $2^{|A|}$.

Prova. Seja A um conjunto finito e seja $n = |A|$. Sejam $a_1, a_2, ..., a_n$ os n elementos de A. A cada subconjunto B de A podemos associar uma lista de comprimento n; cada elemento da lista é uma das palavras "sim" ou "não". O $k_{-ésimo}$ elemento da lista é "sim" precisamente quando $a_k \in B$. Isso estabelece uma correspondência entre listas sim-não de comprimento n e subconjuntos de A. Observe que cada subconjunto de A dá uma lista sim-não, e cada lista sim-não determina um subconjunto diferente de A. Portanto, o número de subconjuntos de A é exatamente o mesmo que o número de listas sim-não de comprimento n. O número de tais listas é 2^n, e assim o número de subconjuntos de A é 2^n, em que $n = |A|$.

Esse estilo de prova é chamado prova *bijetiva*. Para mostrar que dois problemas de contagem têm a mesma resposta, estabelecemos uma correspondência biunívoca entre os dois conjuntos que desejamos contar. Se conhecermos a resposta de um dos problemas de contagem, sabemos também a resposta do outro.

Conjunto potência

Um conjunto pode ser elemento de outro conjunto. Por exemplo, $\{1, 2, \{3, 4\}\}$ é um conjunto com três elementos: o número 1, o número 2 e o conjunto $\{3, 4\}$. Exemplo especial desse caso é o chamado *conjunto potência* de um conjunto.

● DEFINIÇÃO 10.8

(**Conjunto potência**) Seja A um conjunto. O *conjunto potência* de A é o conjunto de todos os subconjuntos de A.

Por exemplo, o conjunto potência de $\{1, 2, 3\}$ é o conjunto:

$$\{\emptyset, \{1\}, \{2\}, \{3\}, \{1, 2\}, \{1, 3\}, \{2, 3\}, \{1, 2, 3\}\}$$

O conjunto potência de A se denota por 2^A. No entanto, alguns autores também utilizam a notação $\mathcal{P}(A)$.

O Teorema 10.7 afirma que, se um conjunto A tem n elementos, seu conjunto potência contém 2^n elementos (os subconjuntos de A). Como lembrete, a notação para o conjunto potência de A é 2^A. Trata-se de uma notação especial; não tem sentido elevar um número a uma potência que é um conjunto. O único caso em que isso faz sentido é escrever o conjunto como um expoente do número 2; o significado da notação é o conjunto potência de A. Essa notação foi criada para que obtivéssemos o seguinte:

$$|2^A| = 2^{|A|}$$

para qualquer conjunto finito A. O membro esquerdo dessa equação é a cardinalidade do conjunto potência de A; o membro direito é 2 elevado à cardinalidade de A. À esquerda, o expoente de 2 é um conjunto, de modo que a notação significa conjunto potência; à direita, o expoente de 2 é um número, de modo que a notação significa exponenciação ordinária.

Recapitulando

Nesta seção, introduzimos o conceito de conjunto e a notação $x \in A$. Apresentamos a notação representativa de um conjunto $\{x \in A: ...\}$. Discutimos os conceitos de conjunto vazio ($\emptyset$), subconjunto ($\subseteq$) e superconjunto ($\supseteq$). Fizemos uma distinção entre conjunto finito e conjunto infinito, e apresentamos a notação $|A|$ para a cardinalidade de A. Consideramos o problema da contagem do número de subconjuntos de um conjunto finito e definimos o conjunto potência de um conjunto, 2^A.

10 Exercícios

10.1. Escreva os seguintes conjuntos relacionando seus elementos entre chaves.
  a. $\{x \in \mathbb{N}\ x \leq 10 \text{ e } 3\ |x\}$
  b. $\{x \in \mathbb{Z}: x \text{ é primo e } 2\ |x\}$
  c. $x \in \mathbb{Z}: x^2 = 4$
  d. $\{x \in \mathbb{Z}: x^2 = 5\}$
  e. $2^\emptyset$
  f. $\{x \in \mathbb{Z}: 10\ |\ x \text{ e } x\ |100\}$
  g. $\{x : x \subseteq \{1, 2, 3, 4, 5\} \text{ e } |x| \leq 1\}$

10.2. Para cada um dos seguintes conjuntos, encontre uma maneira de reescrever o conjunto usando a notação de construção do conjunto (em vez de listar seus elementos).
  a. $\{1, 2, 3, 4, 5, 6, 7, 8, 9, 10\}$.
  b. $\{-8, -6, -4, -2, 0, 2, 4, 6, 8\}$.
  c. $\{1, 3, 5, 7, 9, 11, 13, ...\}$
  d. $\{1, 4, 9, 16, 25, 36, 64, 81, 100\}$.

10.3. Determine a cardinalidade dos seguintes conjuntos:
  a. $\{x \in \mathbb{Z}: |x| \leq 10\}$.
  b. $\{x \in \mathbb{Z}: 1 \leq x^2 \leq 2\}$.
  c. $\{x \in \mathbb{Z}: x \in \emptyset\}$.
  d. $\{x \in \mathbb{Z}: \emptyset \in x\}$.
  e. $\{x \in \mathbb{Z}: \emptyset \subseteq \{x\}\}$.
  f. $2^{2^{\{1,2,3\}}}$.
  g. $\{x \in 2^{\{1,2,3,4\}}: |x| = 1\}$.
  h. $\{\{1, 2\}, \{3, 4, 5\}\}$.

10.4. Complete cada expressão a seguir escrevendo $\in$ ou $\subseteq$ em lugar de $\bigcirc$.
  a. $2 \bigcirc \{1, 2, 3\}$.
  b. $\{2\} \bigcirc \{1, 2, 3\}$.
  c. $\{2\} \bigcirc \{\{1\}, \{2\}, \{3\}\}$.
  d. $\emptyset \bigcirc \{1, 2, 3\}$.

e. $\mathbb{N} \bigcirc \mathbb{Z}$.
f. $\{2\} \bigcirc \mathbb{Z}$.
g. $\{2\} \bigcirc 2^{\mathbb{Z}}$.

10.5. Em cada parte deste exercício, encontre três conjuntos e/ou números diferentes A, B e C para tornar a afirmação verdadeira:
a. $A \subseteq B \subseteq C$.
b. $A \in B \subseteq C$.
c. $A \in B \in C$.
d. $A \subseteq B \in C$.

10.6. Em cada parte deste exercício, encontre um conjunto A que torna a sentença verdadeira ou explique por que nenhuma solução pode ser encontrada.
a. $\emptyset \subseteq A$.
b. $\emptyset \in A$.
c. $A \subseteq \emptyset$.
d. $A \in \emptyset$.

10.7. Para cada uma das seguintes afirmações sobre conjuntos A, B e C, prove que a afirmação é verdadeira ou dê um contraexemplo para mostrar que ela é falsa.
a. Se $A \subseteq B$ e $B \subseteq C$, então $A \subseteq C$.
b. Se $A \in B$ e $B \subseteq C$, então $A \subseteq C$.
c. Se $A \in B$ e $B \subseteq C$, então $A \in C$.
d. Se $A \in B$ e $B \in C$, então $A \in C$.

10.8. Sejam os conjuntos A e B. Prove que $A = B$ se e somente se $A \subseteq B$ e $B \subseteq A$.

(Isso nos dá uma estratégia ligeiramente diferente de prova para mostrar que dois conjuntos são iguais; compare com o Esquema de prova 5.)

10.9. Sejam A, B e C conjuntos e suponha $A \subseteq B$, $B \subseteq C$ e $C \subseteq A$. Prove que $A = C$.

10.10. Sejam $A = \{x \in \mathbb{Z}: 4 \mid x\}$ e $B = \{x \in \mathbb{Z}: 2 \mid x\}$. Prove que $A \subseteq B$.

10.11. Generalize o problema anterior. Sejam a e b inteiros, e seja $A = \{x \in \mathbb{Z}: a \mid x\}$ e $B = \{x \in \mathbb{Z}: b|x\}$. Encontre e prove uma condição necessária e suficiente para que $A \subseteq B$. Em outras palavras, dada a notação desenvolvida, ache e prove um teorema da forma $A \subseteq B$ se e somente se *alguma condição envolvendo a e b*.

10.12. Sejam $C = \{x \in \mathbb{Z}: x \mid 12\}$ e $D = \{x \in \mathbb{Z}: x \mid 36\}$. Prove que $C \subseteq D$.

10.13. Generalize o problema anterior. Sejam c e d e seja $C = \{x \in \mathbb{Z}: x \mid c\}$ e $D = \{x \in \mathbb{Z}: x \mid d\}$.

Ache e prove uma condição necessária e suficiente para que $C \subseteq D$.

10.14. Dê exemplo de um objeto x que torne verdadeira a sentença $x \subseteq \{x\}$.

10.15. Consulte a Proposição 10.5, em que provamos que $T \subseteq P$. Demonstre que $T \ne P$.

■ 11 Quantificadores

Há certas frases que figuram com frequência em teoremas; o objetivo desta seção é esclarecê-las e formalizá-las. À primeira vista, tais frases são simples, mas procuraremos por todos os modos torná-las complicadas. As expressões são *há* e *todo*.

Existe

Considere uma sentença como:

Existe um número natural que é primo e par.

A forma geral dessa sentença é "existe um objeto x, elemento do conjunto A, que goza das seguintes propriedades". A sentença exemplo pode ser reescrita como segue, de modo a se aproximar mais estritamente dessa forma:

Existe um x, membro de $\mathbb{N}$, de modo que x é primo e par.

Esperamos que o significado da sentença esteja claro. Ela afirma que ao menos um elemento em N tem as propriedades desejadas. Nesse caso, há apenas um x possível (o número 2), mas a expressão "existe" não elimina a possibilidade de haver mais de um objeto com as propriedades desejadas.

A palavra *existe* é sinônimo de *há*.

Como a palavra "existe" aparece com tanta frequência, os matemáticos criaram uma notação formal para afirmações da forma "existe um x no conjunto A tal que...". Escrevemos um E maiúsculo invertido ($\exists$), que se lê *há*, ou *existe*. A forma geral de uso dessa notação é:

$$\exists x \in A, \text{ afirmações sobre } x.$$

Lê-se: "existe um x, elemento do conjunto A, para o qual as afirmações são válidas". A sentença "existe um número natural que é primo e par" seria escrita da seguinte forma:

$$\exists x \in \mathbb{N}, x \text{ é primo e par}.$$

A letra x é uma variável de referência – apenas preenche um lugar. É análoga ao índice de somatório na notação Σ.

Às vezes, abreviamos a afirmação "$\exists x \in A$, afirmações sobre x", para "$\exists x$, afirmações sobre x" quando o contexto deixa claro que tipo de objeto x deve ser.

O símbolo E invertido é chamado *quantificador existencial*.

Para provar uma afirmação da forma "$\exists x \in A$, afirmações sobre x", devemos mostrar que algum elemento de A satisfaz as afirmações. A forma geral dessa prova é dada no Esquema de prova 7.

Esquema de prova 7 — Prova de afirmações existenciais.

Provar que $\exists x \in A$, afirmações sobre x:
Seja x (dar um exemplo explícito). ... (Mostrar que x satisfaz as afirmações...) Portanto, x satisfaz as afirmações requeridas.

Provar uma afirmação existencial é análogo a achar um contraexemplo. Basta achar um objeto com as propriedades requeridas.

◆ EXEMPLO 11.1

Eis uma prova (muito rápida!) de que existe um inteiro que é par e primo.

Afirmação: $\exists x \in \mathbb{Z}, x$ é par e x é primo.

Prova. Consideremos o inteiro 2. Obviamente 2 é par e 2 é primo.

Para todo

A outra expressão que vamos considerar nesta seção é *todo* como em "todo inteiro é par ou ímpar". Há expressões alternativas que usamos em lugar de *todo*, inclusive *todos*, *cada* e *qualquer*. Todas as sentenças a seguir significam a mesma coisa:

- *Todo* inteiro é ou par ou ímpar.
- *Todos os* inteiros são ou pares ou ímpares.
- *Cada* inteiro é ou par ou ímpar.
- Seja x um inteiro *qualquer*. Então x é par ou ímpar.

Em todos os casos, queremos dizer que a condição se aplica a todos os inteiros, sem exceção.

Há uma notação simbólica para esses tipos de sentença. Assim como usamos o ∃ (E invertido) para *há*, ou *existe*, utilizamos um A invertido (∀) com a significação de *para todo*, ou *qualquer que seja*. A forma geral para essa notação é:

$$\forall x \in A, \text{ afirmações sobre } x.$$

Isso significa que todos os elementos do conjunto A satisfazem as afirmações, como em:

$$\forall x \in \mathbb{Z}, x \text{ é ímpar ou } x \text{ é par.}$$

Quando o contexto não deixa dúvida sobre que tipo de objeto x é, a notação pode ser abreviada para "$\forall x$, afirmações sobre x".

O A invertido é chamado *quantificador universal*.

Para provar um teorema do tipo "todo", devemos mostrar que todo elemento do conjunto satisfaz as afirmações requeridas. A forma geral desse tipo de prova é dada no Esquema de prova 8.

Esquema de prova 8 | Prova de afirmações universais

Provar $\forall x \in A$, afirmações sobre x:

Seja x um elemento qualquer de A. ... (Mostre que x satisfaz as afirmações lançando mão apenas do fato de $x \in A$, e não de quaisquer outras suposições sobre x.) ... Portanto, x verifica as afirmações exigidas.

◆ EXEMPLO 11.2

Provar: todo inteiro divisível por 6 é par.

Mais formalmente: seja $A = \{x \in \mathbb{Z}: 6 \mid x\}$. Então, a afirmação que desejamos provar é:

$$\forall x \in A, x \text{ é par.}$$

Prova. Seja $x \in A$; isto é, x é um inteiro divisível por 6. Isso significa que existe um inteiro y, de modo que $x = 6y$, que se pode escrever como $x = (2 \cdot 3)y = 2(3y)$. Assim, x é divisível por 2 e, portanto, é par.

Note que essa prova não difere realmente da prova de um teorema comum do tipo "se-
-então", "se x é divisível por 6, então x é par". O ponto que procuramos salientar é que,
na prova, admitimos que x seja um elemento arbitrário de A, e então passamos a mostrar
que x satisfaz a condição.

Linguagem matemática!
Os matemáticos usam a palavra *arbitrário* em uma forma ligeiramente diferente do padrão.
Quando dizemos que x é um elemento arbitrário de um conjunto A, queremos dizer que x pode
ser qualquer elemento de A; não devemos fazer qualquer outra suposição sobre x além de que
x é um elemento de A. Dizer que x é um número par arbitrário significa que x é par, mas não
fazemos qualquer outra suposição sobre x.

Negação de afirmações quantificadas

Consideremos as afirmações:

- Não existe inteiro que seja simultaneamente par e ímpar.
- Nem todos os inteiros são primos.

Simbolicamente, essas afirmações podem escrever-se:

- $\neg\,(\exists x \in \mathbb{Z}, x$ é par e x é ímpar$)$.
- $\neg\,(\forall x \in \mathbb{Z}, x$ é primo$)$.

Em ambos os casos, negamos uma afirmação quantificada. O que essas negações significam?
Consideremos primeiro uma afirmação da forma:

$$\neg\,(\exists x \in A, \text{afirmações sobre } x).$$

Isso significa que nenhum dos elementos de A satisfaz as afirmações, e isso equivale a
dizer que *todos* os elementos de A deixam de satisfazer as afirmações. Em outras palavras, as duas sentenças a seguir se equivalem:

$$\neg\,(\exists x \in A, \text{afirmações sobre } x).$$

$$\forall x \in A, \neg\,(\text{afirmações sobre } x).$$

Por exemplo, a afirmação "não há inteiro que seja ao mesmo tempo par e ímpar" diz a
mesma coisa que "nenhum inteiro é simultaneamente par e ímpar".

Consideremos agora a negação de afirmações universais. Seja uma afirmação da
forma:

$$\neg(\forall x \in A, \text{afirmações sobre } x).$$

Isso significa que nem todos os elementos de x verificam as afirmações requeridas (isto
é, alguns elementos não o fazem). Assim, as duas afirmações seguintes são equivalentes:

$$\neg(\forall x \in A, \text{afirmações sobre } x).$$

$$\exists x \in A, \neg\,(\text{afirmações sobre } x).$$

Por exemplo, a afirmação "nem todos os inteiros são primos" é equivalente à afirmação
"existe um inteiro que não é primo".

A memorização que utilizo para lembrar essas equivalências é

$$\neg \forall \ldots = \exists \neg \ldots \qquad \text{e} \qquad \neg \exists \ldots = \forall \neg \ldots$$

Quando o sinal ¬ "se move" dentro do quantificador, ele troca os quantificadores ∀ e ∃, um pelo outro.

Combinação de quantificadores

As afirmações quantificadas podem tornar-se difíceis e confusas quando há dois (ou mais!) quantificadores na mesma afirmação. Consideremos, por exemplo, as seguintes afirmações sobre inteiros:

- Para todo x, existe um y de modo que $x + y = 0$.
- Existe um y, de modo que, para todo x, temos $x + y = 0$.

Em símbolos, essas afirmações se escrevem:

- $\forall x, \exists y, x + y = 0$
- $\exists y, \forall x, x + y = 0$

O que significam essas expressões?

A primeira sentença faz uma afirmação sobre um inteiro arbitrário x. Afirma que, qualquer que seja x, algo é verdadeiro, isto é, podemos achar um inteiro y de modo que $x + y = 0$. Seja $x = 12$. Poderemos achar um y de modo que $x + y = 0$? Sem dúvida! Basta tomarmos $y = -12$. Seja $x = -53$. É possível acharmos um y de modo que $x + y = 0$? Sim! Basta tomarmos $y = 53$. Note que o y que satisfaz $x = 12$ é diferente do y que satisfaz $y = -53$. A afirmação exige apenas que, qualquer que seja a forma como escolhamos x ($\forall x$), podemos achar um y ($\exists y$) de modo que $x + y = 0$. E esta é uma afirmação verdadeira. Eis a prova:

Seja x um inteiro arbitrário, e seja y o inteiro $-x$. Então, $x + y = x + (-x) = 0$.

Como a afirmação global começa com $\forall x$, começamos a prova considerando um inteiro arbitrário x. Temos agora que provar algo a respeito desse número x, a saber, podemos achar um número y de modo que $x + y = 0$. A escolha de y é óbvia, basta tomarmos $y = -x$. A afirmação $\forall x, \exists y, x + y = 0$ é verdadeira.

Examinemos agora a afirmação análoga:

$$\exists y, \forall x, x + y = 0$$

Essa sentença é semelhante à sentença anterior; a única diferença é a ordem dos quantificadores. Essa sentença alega que existe um inteiro y com certa propriedade, a saber, qualquer que seja o número que somemos a y ($\forall x$), obtemos 0 ($x + y = 0$). Essa sentença é visivelmente falsa! Não existe tal inteiro y. Qualquer que seja o inteiro y que imaginemos, podemos sempre achar um inteiro x de modo que $x + y$ não seja zero.

As afirmações $\forall x, \exists y, x + y = 0$ e $\exists y, \forall x, x + y = 0$ ficam um pouco mais claras com o uso de parênteses. Elas podem ser reformuladas como segue:

$$\forall x, (\exists y, x + y = 0)$$

$$\exists y, (\forall x, x + y = 0)$$

Esses parênteses adicionais não são estritamente necessários, mas se contribuem para tornar as afirmações mais claras, podem ser livremente usados.

Em geral, as duas sentenças:

$$\forall x, \exists y, \text{afirmações sobre } x \text{ e } y$$

$$\exists y, \forall x, \text{afirmações sobre } x \text{ e } y$$

não são mutuamente equivalentes.

Recapitulando

Analisamos afirmações da forma "para todo..." e "existe..." e introduzimos a notação de quantificador formal para eles. Apresentamos esquemas básicos de prova para tais sentenças. Examinamos a negação de sentenças quantificadas, e estudamos afirmações com mais de um quantificador.

11 Exercícios

11.1. Escreva as sentenças seguintes utilizando a notação de quantificador (isto é, use os símbolos $\exists$ e/ou $\forall$). *Nota*: como não garantimos que essas afirmações sejam verdadeiras, não procure prová-las!
   a. Todo inteiro é primo.
   b. Há um inteiro que não é primo nem composto.
   c. Existe um inteiro cujo quadrado é 2.
   d. Todos os inteiros são divisíveis por 5.
   e. Algum inteiro é divisível por 7.
   f. O quadrado de qualquer inteiro é não negativo.
   g. Para todo inteiro x, existe um inteiro y de modo que $xy = 1$.
   h. Existem dois inteiros x e y de modo que $x / y = 10$.
   i. Existe um inteiro que, quando multiplicado por qualquer inteiro, sempre dá o resultado 0.
   j. Qualquer que seja o inteiro que escolhamos, existe sempre outro inteiro maior que ele.
   k. Todos amam alguém alguma vez.

11.2. Escreva a negação de cada uma das sentenças do problema anterior. O leitor deve "mover" a negação dentro dos quantificadores. Dê sua resposta em português e simbolicamente. Por exemplo, a negação da parte (a) seria "existe um inteiro que não é primo" (português) e "$\exists x \in \mathbb{Z}, x$ é não primo" (símbolos).

11.3. O que significa a sentença "todo o mundo não foi convidado para minha reunião"? Presumivelmente, o sentido dessa sentença não é o que a pessoa tinha em vista. Reformule a sentença de modo a atribuir-lhe o sentido desejado.

11.4. *Verdadeiro ou falso*: assinale como verdadeira ou falsa cada uma das sentenças seguintes sobre inteiros (não é preciso provar suas afirmações).
   a. $\forall x, \forall y, x + y = 0$
   b. $\forall x, \exists y, x + y = 0$
   c. $\exists x, \forall y, x + y = 0$
   d. $\exists x, \exists y, x + y = 0$
   e. $\forall x, \forall y, xy = 0$
   f. $\forall x, \exists y, xy = 0$
   g. $\exists x, \forall y, xy = 0$
   h. $\exists x, \exists y, xy = 0$

11.5. Para cada uma das sentenças seguintes escreva a negação correspondente colocando o símbolo ¬ o mais à direita possível. Reescreva, então, a negação em português.

Por exemplo, para a sentença:

$$\forall x \in \mathbb{Z}, x \text{ é ímpar}$$

a negação seria:

$$\exists x \in \mathbb{Z}, \neg(x \text{ é ímpar})$$

que, em português, é "há um inteiro que não é ímpar".

a. $\forall x \in \mathbb{Z}, x < 0$
b. $\exists x \in \mathbb{Z}, x = x + 1$
c. $\exists x \in \mathbb{N}, x > 10$
d. $\forall x \in \mathbb{N}, x + x = 2x$
e. $\exists x \in \mathbb{Z}, \forall y \in \mathbb{Z}, x > y$
f. $\forall x \in \mathbb{Z}, \forall y \in \mathbb{Z}, x = y$
g. $\forall x \in \mathbb{Z}, \exists y \in \mathbb{Z}, x + y = 0$

11.6. As duas afirmações seguintes significam a mesma coisa?

$$\forall x, \forall y, \text{ afirmações sobre } x \text{ e } y.$$

$$\forall y, \forall x, \text{ afirmações sobre } x \text{ e } y.$$

Explique.

E, quanto às duas afirmações a seguir, elas significam a mesma coisa?

$$\exists x, \exists y, \text{ afirmações sobre } x \text{ e } y.$$

$$\exists y, \exists x, \text{ afirmações sobre } x \text{ e } y.$$

Explique.

11.7. A notação $\exists!$ é, às vezes, usada para indicar que existe exatamente um objeto que satisfaça a condição. Por exemplo, $\exists!x \in \mathbb{N}; x^2 = 1$ significa que há um número x natural cujo quadrado é igual a 1 *e há apenas um x assim*. Claro que, no domínio dos inteiros, existem dois números cujos quadrados são iguais a 1, então a afirmação $\exists!x \in \mathbb{Z}, x^2 = 1$ é falsa.

A notação $\exists!$ pode ser pronunciada "existe um único".

Qual das seguintes afirmações são verdadeiras? Justifique sua resposta com uma breve explicação.

a. $\exists!x \in \mathbb{N}, x^2 = 4$.
b. $\exists!x \in \mathbb{Z}, x^2 = 4$.
c. $\exists!x \in \mathbb{N}, x^2 = 3$.
d. $\exists!x \in; \mathbb{Z}, \forall y \in \mathbb{Z}, xy = x$.
e. $\exists!x \in \mathbb{Z}, \forall y \in \mathbb{Z}, xy = y$.

11.8. Um subconjunto do plano é chamado de *região convexa* desde que, dados quaisquer dois pontos na região, cada ponto no segmento de linha também esteja naquela região.

a. Reescreva a definição de *região convexa* usando quantificadores. Sugerimos que você use a letra R para representar a região e a notação $L(a, b)$ para representar o segmento de linha cujos pontos finais são a e b. Sua resposta deve usar três quantificadores $\forall$.
b. Usando a notação quantificador, escreva o que significa para uma região não ser convexa. Sua resposta deve usar três quantificadores $\exists$.
c. Reescreva sua resposta em (b) em português e sem usar notação (no início deste exercício definimos o que significa uma região convexa apenas com palavras; aqui, você deve explicar o que significa uma região *não* ser convexa apenas com palavras.)
d. Ilustre a sua resposta em (b) [e] (c) com um diagrama convenientemente anotado.

12 Conjuntos II: operações

Assim como os números podem ser somados ou multiplicados, e os valores verdade podem ser combinados com ∧ e ∨, há várias operações que podemos fazer com conjuntos. Nesta seção, vamos abordar várias dessas operações.

União e intersecção

As operações mais fundamentais com conjuntos são a *união* e a *intersecção*.

● DEFINIÇÃO 12.1

(**União e intersecção**) Sejam os conjuntos A e B.
A *união* de A e B é o conjunto de todos os elementos que estão em A ou em B. Denota-se por $A \cup B$.
A *intersecção* de A e B é o conjunto de todos os elementos que estão tanto em A como em B. Denota-se por $A \cap B$.

Em símbolos, podemos escrever:

$$A \cup B = \{x : x \in A \text{ ou } x \in B\} \text{ e}$$
$$A \cap B = \{x : x \in A \text{ e } x \in B\}.$$

◆ EXEMPLO 12.2

Sejam os conjuntos $A = \{1, 2, 3, 4\}$ e $B = \{3, 4, 5, 6\}$. Então, $A \cup B = \{1, 2, 3, 4, 5, 6\}$ e $A \cap B = \{3, 4\}$.

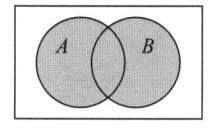

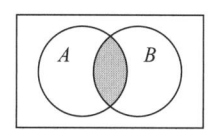

É interessante termos uma imagem mental da união e da intersecção. Um *diagrama de Venn* representa os conjuntos como círculos ou outras formas. Na figura, a região sombreada no diagrama à esquerda é $A \cup B$ e a região sombreada no diagrama à direita é $A \cap B$.

As operações de $\cup$ e $\cap$ verificam diversas propriedades algébricas, das quais relacionamos algumas.

❖ TEOREMA 12.3

Sejam os conjuntos A, B e C. Valem as seguintes propriedades:

- $A \cup B = B \cup A$ e $A \cap B = B \cap A$. (Propriedades comutativas)
- $A \cup (B \cup C) = (A \cup B) \cup C$ e $A \cap (B \cap C) = (A \cap B) \cap C$. (Propriedades associativas)
- $A \cup \emptyset = A$ e $A \cap \emptyset = \emptyset$.
- $A \cup (B \cap C) = (A \cup B) \cap (A \cup C)$ e $A \cap (B \cup C) = (A \cap B) \cup (A \cap C)$. (Propriedades distributivas)

Prova. Deixamos a maior parte da prova como o Exercício 12.5. O Teorema 7.2 é extremamente útil para provar esse resultado.

Aqui, vamos demonstrar a propriedade associativa para a união. Essa demonstração pode servir de padrão para provar as outras partes desse teorema.

Sejam os conjuntos A, B e C. Temos:

$$\begin{aligned}
A \cup (B \cup C) &= \{x: (x \in A) \vee (x \in B \cup C)\} & &\text{definição de união} \\
&= \{x: (x \in A) \vee ((x \in B) \vee (x \in C))\} & &\text{definição de união} \\
&= \{x: ((x \in A) \vee (x \in B)) \vee (x \in C)\} & &\text{propriedade associativa de } \vee \\
&= \{x: (x \in A \cup B) \vee (x \in C)\} & &\text{definição de união} \\
&= (A \cup B) \cup C & &\text{definição de união}
\end{aligned}$$

Como formulamos essa prova? Utilizamos a técnica de escrever o começo e o fim da prova, e trabalhar em direção ao meio. Imagine uma folha comprida de papel. À esquerda, escrevemos $A \cup (B \cup C) = \ldots$; à direita escrevemos $\ldots = (A \cup B) \cup C$. À esquerda, desdobramos a definição de $\cup$ para o primeiro $\cup$, obtendo $A \cup (B \cup C) = \{x: (x \in A) \vee (x \in B \cup C)\}$. Desdobramos a definição de $\cup$ novamente (agora sobre $B \cup C$) para transformar o conjunto em:

$$\{x: (x \in A) \vee ((x \in B) \vee (x \in C))\}.$$

Façamos, em seguida, a mesma coisa à direita. Desdobramos o segundo $\cup$ em $(A \cup B) \cup C$ para obter $\{x: (x \in A \cup B) \vee (x \in C)\}$ e, em seguida, desdobramos $A \cup B$ para obter $\{x: ((x \in A) \vee (x \in B)) \vee (x \in C)\}$.

Perguntamos agora: o que temos e o que desejamos? À esquerda, temos:

$$\{x: (x \in A) \vee (x \in B) \vee (x \in C)\}$$

e, à direita, necessitamos de:

$$\{x: ((x \in A) \vee (x \in B)) \vee (x \in C)\}.$$

Por fim, atentando para esses dois conjuntos, constatamos que as condições após os dois pontos são logicamente equivalentes (pelo Teorema 7.2), portanto temos a prova desejada.

Os diagramas de Venn também são úteis para visualizarmos por que essas propriedades se verificam. Por exemplo, os diagramas seguintes ilustram a propriedade distributiva $A \cup (B \cap C) = (A \cup B) \cap (A \cup C)$.

Examinemos primeiro a linha superior de figuras. À esquerda, o conjunto A é assinalado; no centro, a região sombreada é $B \cap C$; e, por último, à direita, mostramos $A \cup (B \cap C)$.

Em seguida, examinemos a linha inferior. As figuras da esquerda e do centro mostram $A \cup B$ e $A \cup C$, destacadas respectivamente. A figura mais à direita é uma superposição das duas primeiras, e a região sombreada corresponde a $(A \cup B) \cap (A \cup C)$.

Note que exatamente as duas mesmas formas nos painéis da direita (acima e abaixo) aparecem sombreadas, ilustrando o fato de que $A \cup (B \cap C) = (A \cup B) \cap (A \cup C)$.

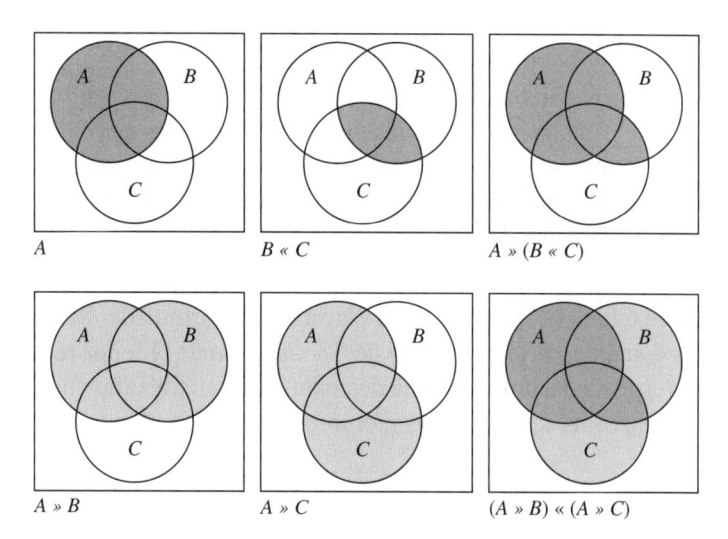

Tamanho de uma união

Suponhamos A e B conjuntos finitos. Há uma relação simples entre as grandezas $|A|$, $|B|$, $|A \cup B|$, e $|A \cap B|$.

▶ **PROPOSIÇÃO 12.4**

Sejam A e B conjuntos finitos. Então:

$$|A| + |B| = |A \cup B| + |A \cap B|$$

Prova. Suponha que atribuamos rótulos a todos os objetos. Afixamos um rótulo A aos objetos do conjunto A e um rótulo B aos objetos de B.

Pergunta-se: quantos rótulos afixamos?

De um lado, a reposta a essa pergunta é $|A| + |B|$, porque atribuímos $|A|$ rótulos aos objetos em A e $|B|$ rótulos aos objetos em B.

Do outro lado, atribuímos ao menos um rótulo aos elementos em $|A \cup B|$. Assim, $|A \cup B|$ conta o número de objetos que recebem ao menos um rótulo. Os elementos em $A \cap B$ recebem dois rótulos. Assim, $|A \cup B| + |A \cap B|$ conta todos os elementos que recebem um rótulo e, em dobro, os elementos que recebem dois rótulos. Isso nos dá o número de rótulos.

Como essas duas grandezas, $|A| + |B|$ e $|A \cup B| + |A \cap B|$ respondem à mesma pergunta, elas devem ser iguais.

Essa prova é um exemplo de *prova combinatória*. Tipicamente, uma prova combinatória é usada para demonstrar que uma equação (tal como a da Proposição 12.4) é válida. Para tanto, criamos uma questão e mostramos que ambos os membros da equação dão uma resposta correta para a questão. Segue-se então – ambos os membros são respostas corretas – que os dois membros da equação alegada devem ser iguais. Resumimos essa técnica no Esquema de prova 9.

> **Esquema de prova 9** — Prova de afirmações universais
>
> Para provar uma equação da forma LHS = RHS:
> Coloque uma pergunta da forma "de quantas maneiras...?"
> Por um lado, argumente por que LHS é uma resposta correta para a pergunta. Por outro lado, argumente por que RHS é uma resposta correta.
> Portanto, LHS = RHS.

Nem sempre é fácil achar a pergunta correta a ser formulada. Redigir demonstrações combinatórias é análogo a jogar o jogo de TV *Jeopardy*![1] O leitor recebe a resposta (na verdade, duas respostas) a um problema de contagem; seu trabalho consiste em achar uma pergunta cujas respostas sejam os dois membros da equação que se está tentando provar.

Inclusão-exclusão básica.

Daremos mais provas combinatórias, mas, por ora, voltemos à Proposição 12.4. Uma forma útil de reformulação desse resultado é a seguinte:

$$|A \cup B| = |A| + |B| - |A \cap B| \qquad (4)$$

Trata-se de um caso especial de um método de contagem, chamado *inclusão-exclusão*, que pode ser interpretado como segue. Suponha que queiramos contar o número de objetos que tenham uma ou outra propriedade. Imagine que o conjunto A contenha os objetos que têm uma das propriedades, e que o conjunto B contenha os objetos que têm a outra propriedade. Então, o conjunto $A \cup B$ contém os objetos que têm uma propriedade, ou a outra; podemos contar esses objetos calculando $|A| + |B| - |A \cap B|$. Essa fórmula é útil quando o cálculo de $|A|$, $|B|$ e $|A \cap B|$ é mais fácil que o cálculo de $|A \cup B|$. Na Seção 19 desenvolvemos mais extensamente o conceito de inclusão-exclusão.

◆ EXEMPLO 12.5

Quantos inteiros do intervalo 1 a 1.000 (inclusive) são divisíveis por 2 ou por 5?

Sejam:

$$A = \{x \in \mathbb{Z}: 1 \leq x \leq 1.000 \text{ e } 2|x\} \text{ e}$$
$$B = \{x \in \mathbb{Z}: 1 \leq x \leq 1.000 \text{ e } 5|x\}.$$

O problema pede $|A \cup B|$.

Não é difícil ver que $|A| = 500$ e $|B| = 200$. Mas $A \cap B$ consiste nos números (no intervalo de 1 a 1.000) que são divisíveis tanto por 2 como por 5. Ora, um inteiro é divisível simultaneamente por 2 e por 5 se e somente se for divisível por 10 (o que se pode demonstrar rigorosamente utilizando ideias desenvolvidas na Seção 39; ver Exercício 39.3) e, assim,

$$A \cap B = \{x \in \mathbb{Z}: 1 \leq x \leq 1.000 \text{ e } 10|x\}$$

do qual decorre que $|A \cap B| = 100$. Por fim, temos:

$$|A \cup B| = |A| + |B| - |A \cap B| = 500 + 200 - 100 = 600.$$

Há 600 inteiros no intervalo de 1 a 1.000 que são divisíveis por 2 ou por 5.

---

[1] Programa de televisão dos Estados Unidos, cuja atração é um jogo de perguntas e respostas de temas diversos. (N. E.)

No caso de $A \cap B = \emptyset$, a Equação (4) se simplifica para $|A \cup B| = |A| + |B|$. Em palavras, se dois conjuntos não têm qualquer elemento em comum, o tamanho de sua união é igual à soma de seus tamanhos. Há uma designação especial para conjuntos que não têm elementos em comum.

● DEFINIÇÃO 12.6

(**Disjunto, disjuntos aos pares**) Sejam os conjuntos A e B. Dizemos que A e B são *disjuntos* se $A \cap B = \emptyset$.

Seja $A_1, A_2, ..., A_n$ uma coleção de conjuntos. Esses conjuntos se dizem *disjuntos aos pares* se $A_i \cap A_j = \emptyset$ para todo $i \neq j$. Em outras palavras, eles são disjuntos aos pares se não há dois deles que tenham um elemento em comum.

◆ EXEMPLO 12.7

Sejam $A = \{1, 2, 3\}$, $B = \{4, 5, 6\}$ e $C = \{7, 8, 9\}$. Esses conjuntos são disjuntos dois a dois, ou aos pares, porque $A \cap B = A \cap C = B \cap C = \emptyset$.

Entretanto, sejam $X = \{1, 2, 3\}$, $Y = \{4, 5, 6, 7\}$ e $Z = \{7, 8, 9, 10\}$. Esses conjuntos não são disjuntos dois a dois porque $Y \cap Z \neq \emptyset$ (todas as outras intersecções tomadas duas a duas são vazias).

▶ COROLÁRIO 12.8

(**Princípio da adição**) Sejam A e B conjuntos finitos. Se A e B são disjuntos, então $|A \cup B| = |A| + |B|$.

O Corolário 12.8 decorre imediatamente da Proposição 12.4. Há uma extensão do princípio da adição a mais de dois conjuntos.

Se $A_1, A_2, ..., A_n$ são disjuntos dois a dois, então:

$$|A_1 \cup A_2 \cup ... \cup A_n| = |A_1| + |A_2| + ... + |A_n|.$$

Esse fato pode ser mostrado formalmente utilizando-se os métodos da Seção 21 (ver Exercício 21.11).

Uma maneira elegante de escrever a igualdade anterior é:

$$\left| \bigcup_{k=1}^{n} A_k \right| = \sum_{k=1}^{n} |A_k|.$$

O símbolo $\cup$ é análogo aos símbolos $\sum$ e Π. Significa que, quando k varia de 1 a n (os valores inferior e superior), devemos tomar a união da expressão à direita (nesse caso, A_k). Assim, o símbolo $\cup$ nada mais é que uma abreviatura para $A_1 \cup A_2 \cup ... \cup A_n$. Nós o colocamos entre barras verticais, porque desejamos o tamanho do conjunto. À direita, vemos um símbolo ordinário de somatória, que indica que devemos somar todas as cardinalidades de $A_1, A_2, ..., A_n$.

Diferença e diferença simétrica

DEFINIÇÃO 12.9

(Diferença de conjuntos) Sejam A e B dois conjuntos. A *diferença* $A - B$ é o conjunto de todos os elementos de A que não estão em B:

$$A - B = \{x : x \in A \text{ e } x \notin B\}.$$

A *diferença simétrica* de A e B, denotada por $A \triangle B$, é o conjunto de todos os elementos que estão em A, mas não em B, ou que estão em B, porém não em A. Isto é,

$$A \triangle B = (A - B) \cup (B - A).$$

EXEMPLO 12.10

Sejam os conjuntos $A = \{1, 2, 3, 4\}$ e $B = \{3, 4, 5, 6\}$. Então, $A - B = \{1, 2\}$, $B - A = \{5, 6\}$ e $A \triangle B = \{1, 2, 5, 6\}$.

As figuras exibem diagramas de Venn para essas operações.

Em geral, os conjuntos $A - B$ e $B - A$ são diferentes (ver, porém, o Exercício 11.14). Eis outra maneira de expressar a diferença simétrica.

PROPOSIÇÃO 12.11

Sejam os conjuntos A e B. Então:

$$A \triangle B = (A \cup B) - (A \cap B)$$

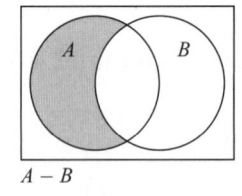

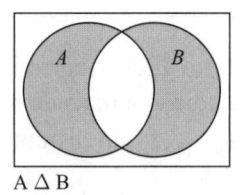

Vamos ilustrar as diversas técnicas de prova desenvolvendo a prova da Proposição 12.11 passo a passo. A proposição pede que provemos que dois conjuntos são iguais, a saber, $A \triangle B$ e $(A \cup B) - (A \cap B)$. Utilizamos o Esquema de prova 5 para formar o arcabouço da demonstração.

Sejam os conjuntos A e B.
 (1) Suponhamos que $x \in A \triangle B$. ... Portanto, $x \in (A \cup B) - (A \cap B)$.
 (2) Suponhamos que $x \in (A \cup B) - (A \cap B)$. ... Portanto, $x \in A \triangle B$.
Portanto, $A \triangle B = (A \cup B) - (A \cap B)$.

Começamos com a parte (1) da prova. Desdobramos as definições a partir de ambas as extremidades. Sabemos que $x \in A \triangle B$. Pela definição de $\triangle$, isso significa que $x \in (A - B) \cup (B - A)$. A prova agora se apresenta como segue.

Sejam os conjuntos A e B.
  (1) Suponhamos $x \in A \triangle B$. Assim $x \in (A - B) \cup (B - A)$. ... Portanto, $x \in (A \cup B) - (A \cap B)$.
  (2) Suponhamos $x \in (A \cup B) - (A \cap B)$. ... Portanto, $x \in A \triangle B$.
  Logo, $A \triangle B = (A \cup B) - (A \cap B)$.

Agora, sabemos que $x \in (A - B) \cup (B - A)$. O que significa isso? Pela definição de união, significa que $x \in (A - B)$ ou $x \in (B - A)$. Devemos considerar ambas as possibilidades, pois não sabemos em qual desses conjuntos x está. Isso significa que a parte (1) da prova se decompõe em dois casos, conforme $x \in A - B$ ou $x \in B - A$. Em ambos os casos, devemos mostrar que $x \in (A \cup B) - (A \cap B)$.

Sejam os conjuntos A e B.
  (1) Suponhamos que $x \in A \triangle B$. Assim, $x \in (A - B) \cup (B - A)$. Isso significa que, ou $x \in A - B$ ou $x \in B - A$. Consideraremos ambos os casos.
  • Seja $x \in A - B$. ... Portanto, $x \in (A \cup B) - (A \cap B)$.
  • Seja $x \in B - A$. ... Portanto, $x \in (A \cup B) - (A \cap B)$.
  Assim, $x \in (A \cup B) - (A \cap B)$.
  (2) Suponhamos $x \in (A \cup B) - (A \cap B)$. ... Portanto, $x \in A \triangle B$.
  Assim, $A \triangle B = (A \cup B) - (A \cap B)$.

Enfatizaremos agora o primeiro caso, em que $x \in A - B$. Isso significa que $x \in A$ e $x \notin B$. Vamos incluir esse fato.

Sejam os conjuntos A e B.
  (1) Suponhamos $x \in A \triangle B$. Assim, $x \in (A - B) \cup (B - A)$. Isso significa que, ou $x \in A - B$, ou $x \in B - A$. Consideraremos ambos os casos.
  • Seja $x \in A - B$. Assim, $x \in A$ e $x \notin B$. ... Portanto, $x \in (A \cup B) - (A \cap B)$.
  • Seja $x \in B - A$. ... Portanto, $x \in (A \cup B) - (A \cap B)$.
  ... Portanto, $x \in (A \cup B) - (A \cap B)$.
  (2) Seja $x \in (A \cup B) - (A \cap B)$. ... Portanto, $x \in A \triangle B$.
  Assim, $A \triangle B = (A \cup B) - (A \cap B)$.

Parece que estamos emperrados. Desenvolvemos as definições até $x \in A$ e $x \notin B$. Para continuar, trabalharemos a partir de nosso objetivo; desejamos mostrar que $x \in (A \cup B) - (A \cap B)$. Para isso, precisamos mostrar que $x \in A \cup B$ e $x \notin A \cap B$. Vamos acrescentar isso à prova.

> Sejam os conjuntos A e B.
>
> **(1)** Suponhamos $x \in A \triangle B$. Assim, $x \in (A - B) \cup (B - A)$. Isso significa que, ou $x \in A - B$, ou $x \in B - A$. Consideraremos ambos os casos.
> - Seja $x \in A - B$. Assim, $x \in A$ e $x \notin B$. ...
>   Assim, $x \in A \cup B$, mas $x \notin A \cap B$. Portanto, $x \in (A \cup B) - (A \cap B)$.
> - Seja $x \in B - A$. ... Portanto, $x \in (A \cup B) - (A \cap B)$.
>
> ... Portanto, $x \in (A \cup B) - (A \cap B)$.
>
> **(2)** Seja $x \in (A \cup B) - (A \cap B)$. ... Portanto, $x \in A \triangle B$.
>
> Assim, $A \triangle B = (A \cup B) - (A \cap B)$.

Agora, as duas partes da prova estão-se aproximando. Recordemos o que sabemos e o que queremos.

Sabemos: $x \in A$ e $x \notin B$.

Queremos: $x \in A \cup B$ e $x \notin A \cap B$.

Agora, a lacuna é fácil de ser preenchida! Como sabemos que $x \in A$, certamente x está em A ou B (apenas dissemos que está em A!), de modo que $x \in A \cup B$. Como $x \notin B$, x não está em ambos, A e B (apenas dissemos que não está em B!), de modo que $x \notin A \cap B$. Acrescentemos isso à prova.

> Sejam os conjuntos A e B.
>
> **(1)** Suponhamos $x \in A \triangle B$. Assim, $x \in (A - B) \cup (B - A)$. Isso significa que, ou $x \in A - B$ ou $x \in B - A$. Consideraremos ambos os casos.
> - Seja $x \in A - B$. Assim, $x \in A$ e $x \notin B$.
>   Como $x \in A$, temos que $x \in A \cup B$. Como $x \notin B$, temos que $x \notin A \cap B$.
>   Assim, $x \in A \cup B$, mas $x \notin A \cap B$. Logo, $x \in (A \cup B) - (A \cap B)$.
> - Seja $x \in B - A$. ... Portanto, $x \in (A \cup B) - (A \cap B)$.
>
> ... Portanto, $x \in (A \cup B) - (A \cap B)$.
>
> **(2)** Seja $x \in (A \cup B) - (A \cap B)$. ... Portanto, $x \in A \triangle B$.
>
> Assim, $A \triangle B = (A \cup B) - (A \cap B)$.

Podemos, agora, voltar ao segundo caso da parte (1) da prova: "seja $x \in B - A$. ... Portanto, $x \in (A \cup B) - (A \cap B)$". Boas novas! Esse caso se parece com o caso anterior, exceto pelo fato de que A e B trocaram de posição. O argumento seguirá exatamente como antes. Como os passos são (essencialmente) os mesmos, não vamos realmente escrevê-los (se o leitor não está 100% seguro de que os passos são exatamente os mesmos anteriores, aconselho-o a escrever essa parte da prova, usando o caso anterior como guia.) Vamos completar a parte (1) da prova.

Sejam os conjuntos A e B.
  (1) Suponhamos $x \in A \triangle B$. Assim, $x \in (A-B) \cup (B-A)$. Isso significa que, ou $x \in A - B$, ou $x \in B - A$. Consideraremos ambos os casos.
- Seja $x \in A - B$. Assim, $x \in A$ e $x \notin B$. Como $x \in A$, temos que $x \in A \cup B$. Como $x \notin B$, temos que $x \notin A \cap B$. Assim, $x \in A \cup B$, mas $x \notin A \cap B$. Logo, $x \in (A \cup B) - (A \cap B)$.
- Seja $x \in B - A$. Pelo mesmo argumento anterior, temos que $x \in (A \cup B) - (A \cap B)$.

Portanto, $x \in (A \cup B) - (A \cap B)$.
  (2) Seja $x \in (A \cup B) - (A \cap B)$. ... Logo, $x \in A \triangle B$.
  Portanto, $A \triangle B = (A \cup B) - (A \cap B)$.

Estamos, agora, prontos para trabalhar na parte (2). Começamos desenvolvendo $x \in (A \cup B) - (A \cap B)$. Isso significa que $x \in A \cup B$, mas $x \notin A \cap B$ (pela definição de diferença de conjunto).

Sejam os conjuntos A e B.
  (1) Suponhamos $x \in A \triangle B$. Assim, $x \in (A - B) \cup (B - A)$. Isso significa que, ou $x \in A - B$, ou $x \in B - A$. Consideraremos ambos os casos.
- Seja $x \in A - B$. Assim, $x \in A$ e $x \notin B$. Como $x \in A$, temos que $x \in A \cup B$. Como $x \notin B$, temos que $x \notin A \cap B$. Assim, $x \in A \cup B$, mas $x \notin A \cap B$. Logo, $x \in (A \cup B) - (A \cap B)$.
- Seja $x \in B - A$. Pelo mesmo argumento anterior, temos que $x \in (A \cup B) - (A \cap B)$.

Portanto, $x \in (A \cup B) - (A \cap B)$.

  (2) Seja $x \in (A \cup B) - (A \cap B)$. Assim, $x \in A \cup B$ e $x \notin A \cap B$. ... Portanto, $x \in A \triangle B$.

  Portanto, $A \triangle B = (A \cup B) - (A \cap B)$.

Vamos trabalhar de trás para a frente a partir do final da parte (2). Queremos mostrar que $x \in A \triangle B$, de modo que precisamos mostrar que $x \in (A - B) \cup (B - A)$.

Sejam os conjuntos A e B.
  (1) Suponhamos $x \in A \triangle B$. Assim, $x \in (A - B) \cup (B - A)$. Isso significa que, ou $x \in A - B$, ou $x \in B - A$. Consideraremos ambos os casos.
  - Seja $x \in A - B$. Assim, $x \in A$ e $x \notin B$. Como $x \in A$, temos que $x \in A \cup B$. Como $x \notin B$, temos que $x \notin A \cap B$. Assim, $x \in A \cup B$, mas $x \notin A \cap B$. Logo, $x \in (A \cup B) - (A \cap B)$.
  - Seja $x \in B - A$. Pelo mesmo argumento anterior, temos que $x \in (A \cup B) - (A \cap B)$.

Portanto, $x \in (A \cup B) - (A \cap B)$.

  (2) Seja $x \in (A \cup B) - (A \cap B)$. Dessa forma, $x \in A \cup B$ e $x \notin A \cap B$. ... Assim, $x \in (A - B) \cup (B - A)$. Portanto, $x \in A \triangle B$.

Portanto, $A \triangle B = (A \cup B) - (A \cap B)$.

Para mostrar que $x \in (A - B) \cup (B - A)$, devemos mostrar que ou $x \in A - B$, ou $x \in B - A$. Façamos uma pausa e anotemos o que já sabemos e o que desejamos.

Já sabemos: $x \in A \cup B$ e $x \notin A \cap B$

Queremos mostrar: $x \in A - B$ ou $x \in B - A$

O que sabemos nos diz: x está em A ou em B, mas não em ambos. Em outras palavras, ou x está em A e não está em B, ou x está em B e não está em A. Em outras palavras, $x \in A - B$ ou $x \in B - A$, que é o que queríamos mostrar! Levemos esse resultado à prova.

Sejam os conjuntos A e B.
  (1) Suponhamos $x \in A \triangle B$. Assim, $x \in (A - B) \cup (B - A)$. Isso significa que, ou $x \in A - B$, ou $x \in B - A$. Consideraremos ambos os casos.
  - Seja $x \in A - B$. Assim, $x \in A$ e $x \notin B$. Como $x \in A$, temos que $x \in A \cup B$. Como $x \notin B$, temos que $x \notin A \cap B$. Assim, $x \in A \cup B$, mas $x \notin A \cap B$. Logo, $x \in (A \cup B) - (A \cap B)$.
  - Seja $x \in B - A$. Pelo mesmo argumento anterior, temos que $x \in (A \cup B) - (A \cap B)$.

Portanto, $x \in (A \cup B) - (A \cap B)$.

  (2) Seja $x \in (A \cup B) - (A \cap B)$. Assim, $x \in A \cup B$ e $x \notin A \cap B$. Isso significa que x está em A ou em B, mas não em ambos. Assim, ou x está em A, mas não em B; ou x está em B, porém não em A. Isto é, ou $x \in A - B$ ou $x \in B - A$. Assim, $x \in (A - B) \cup (B - A)$. Portanto, $x \in A \triangle B$.

Portanto, $A \triangle B = (A \cup B) - (A \cap B)$.

Isso completa a prova.

Outras propriedades da diferença e da diferença simétrica são desenvolvidas nos exercício. Um resultado particularmente digno de nota, entretanto, é o seguinte.

▶ **PROPOSIÇÃO 12.12**

(**Leis de DeMorgan**) Sejam os conjuntos A, B e C. Então,

$$A - (B \cup C) = (A - B) \cap (A - C) \quad \text{e} \quad A - (B \cap C) = (A - B) \cup (A - C)$$

A prova é deixada ao leitor (Exercício 12.19).

Produto cartesiano

Encerramos esta seção com mais uma operação de conjuntos.

● **DEFINIÇÃO 12.13**

(**Produto cartesiano**) Sejam os conjuntos A e B. O *produto cartesiano* de A e B, denotado por $A \times B$, é o conjunto de todos os pares ordenados (listas de dois elementos) formados tomando-se um elemento de A juntamente com um elemento de B de todas as maneiras possíveis. Ou seja,

$$A \times B = \{(a, b): a \in A, b \in B\}$$

◆ **EXEMPLO 12.14**

Suponhamos $A = \{1, 2, 3\}$ e $B = \{3, 4, 5\}$. Então,

$A \times B = \{(1, 3), (1, 4), (1, 5), (2, 3), (2, 4), (2, 5), (3, 3), (3, 4), (3, 5)\}$ e
$B \times A = \{(3, 1), (3, 2), (3, 3), (4, 1), (4, 2), (4, 3), (5, 1), (5, 2), (5, 3)\}$

Note-se que, para os conjuntos no Exemplo 12.14, temos $A \times B \neq B \times A$: o produto cartesiano de conjuntos não é uma operação comutativa.

Em que sentido o produto cartesiano "multiplica" os conjuntos? Por que usamos o sinal de multiplicação $\times$ para denotar essa operação? Observe, no exemplo, que os dois conjuntos tinham cada um três elementos, e seu produto continha $3 \times 3 = 9$ elementos. De modo geral, temos o seguinte.

▶ **PROPOSIÇÃO 12.15**

Sejam A e B conjuntos finitos. Então, $|A \times B| = |A| \times |B|$.

A prova é deixada para o Exercício 12.29.

Recapitulando

Nesta seção, discutimos as seguintes operações com conjuntos:

- União: $A \cup B$ é o conjunto de todos os elementos que estão em A, ou em B (ou em ambos).

- **Intersecção:** $A \cap B$ é o conjunto de todos os elementos que estão simultaneamente em A e em B.
- **Diferença de conjuntos:** $A - B$ é o conjunto de todos os elementos que estão em A, mas não em B.
- **Diferença simétrica:** $A \triangle B$ é o conjunto de todos os elementos que estão em A, ou em B, mas não em ambos.
- **Produto cartesiano:** $A \times B$ é o conjunto de todos os pares ordenados da forma (a, b) em que $a \in A$ e $b \in B$.

12 Exercícios

12.1. Para os conjuntos $A = \{1, 2, 3, 4, 5\}$ e $B = \{4, 5, 6, 7\}$, calcule:
  a. $A \cup B$
  b. $A \cap B$
  c. $A - B$
  d. $B - A$
  e. $A \triangle B$
  f. $A \times B$
  g. $B \times A$

12.2. Sejam A e B conjuntos com $|A| = 10$ e $|B| = 7$. Calcule $|A \cap B| + |A \cup B|$ e justifique sua resposta.

12.3. Sejam A e B conjuntos com $|A| = 10$ e $|B| = 7$. O que podemos dizer sobre $|A \cup B|$?

Em particular, encontre dois números x e y dos quais podemos ter certeza de que $x \leq |A \cup B| \leq y$ e, em seguida, encontre conjuntos específicos A e B de modo que $|A \cup B| = x$ e um outro par de conjuntos de modo que $|A \cup B| = y$.

Finalmente, responda à mesma pergunta sobre $|A \cap B|$ (encontre limites superiores e inferiores, bem como exemplos para mostrar que seus limites são apertados).

12.4. a. Uma linha no plano é um conjunto de pontos. Se ℓ_1 e ℓ_2 são duas linhas diferentes, o que podemos dizer sobre $|\ell_1 \cap \ell_2|$? Em particular, encontre todos os valores possíveis de $|\ell_1 \cap \ell_2|$ e interprete-os geometricamente.

b. Um círculo no plano também é um conjunto de pontos. Se C_1 e C_2 são dois círculos diferentes, o que podemos dizer sobre $|C_1 \cap C_2|$? Mais uma vez, interprete sua resposta geometricamente.

12.5. Prove o Teorema 12.3.

12.6. Sejam A e B conjuntos. Explique por que $A \cap B$ e $A \triangle B$ são disjuntos.

12.7. Anteriormente apresentamos uma ilustração do diagrama de Venn da propriedade distributiva $A \cup (B \cap C) = (A \cup B) \cap (A \cup C)$. Construa uma ilustração do diagrama de Venn da outra propriedade distributiva: $A \cap (B \cup C) = (A \cap B) \cup (A \cap C)$.

12.8. A ilustração de um diagrama de Venn é uma prova? (Esta é uma questão filosófica.)

12.9. Sejam A, B e C conjuntos, com $A \cap B \cap C = \emptyset$. Prove ou refute: $|A \cup B \cup C| = |A| + |B| + |C|$.

12.10. Suponha A, B e C conjuntos disjuntos dois a dois. Prove ou refute: $|A \cup B \cup C| = |A| + |B| + |C|$.

12.11. Para os conjuntos A e B, prove ou refute: $A \cup B = A \cap B$ se e somente se $A = B$.

12.12. Para os conjuntos A e B, prove ou refute: $|A \triangle B| = |A| + |B| - |A \cap B|$.

12.13. Para os conjuntos A e B, prove ou refute: $|A \triangle B| = |A - B| + |B - A|$.

12.14. Seja A um conjunto. Prove: $A - \emptyset = A$ e $\emptyset - A = \emptyset$.

12.15. Seja A um conjunto. Prove: $A \triangle A = \emptyset$ e $A \triangle \emptyset = A$.

12.16. Prove que $A \subseteq B$ se somente se $A - B = \emptyset$.

12.17. Sejam A e B conjuntos não vazios. Prove que $A \times B = B \times A$ se e somente se $A = B$. Por que é necessária a condição de A e B serem não vazios?

12.18. Formule e prove condições necessárias e suficientes para que $A - B = B - A$. Em outras palavras, estabeleça um teorema da forma "sejam os conjuntos A e B. Temos $A - B = B - A$ se e somente se (uma condição sobre A e B)". Prove, então, seu resultado.

12.19. Dê uma prova padrão da Proposição 12.12 e ilustre-a com um diagrama de Venn.

12.20. No Exercício 11.8 definimos o que significa uma região no plano ser convexa, ou seja, uma região R é convexa, fornecidos quaisquer dois pontos em R, se o segmento de linha que une esses pontos está inteiramente contido em R.

Prove ou refute as seguintes afirmações:

a. A união das duas regiões convexas é convexa.

b. A interseção de duas regiões convexas é convexa.

12.21. *Verdadeiro ou falso*. Para cada uma das afirmações a seguir, determine se é verdadeira ou falsa e prove sua afirmação. Isto é, para cada afirmação verdadeira, apresente uma prova, e, para cada afirmação falsa, dê um contraexemplo (com explanação).

No que segue, A, B e C denotam conjuntos.

a. $A - (B - C) = (A - B) - C$
b. $(A - B) - C = (A - C) - B$
c. $(A \cup B) - C = (A - C) \cap (B - C)$
d. Se $A = B - C$, então $B = A \cup C$
e. Se $B = A \cup C$, então $A = B - C$
f. $|A - B| = |A| - |B|$
g. $(A - B) \cup B = A$
h. $(A \cup B) - B = A$

Complemento de um conjunto.

12.22. Seja A um conjunto. O *complemento* de A, denotado por $\overline{A}$, é o conjunto de todos os objetos que não estão em A. ATENÇÃO! Essa definição exige alguns reparos. Tomada literalmente, o complemento do conjunto $\{1, 2, 3\}$ inclui o número -5, o par ordenado $(3, 4)$ e o sol, a lua, as estrelas! Afinal de contas, a definição diz "... *todos os objetos* que não estão em A". Não é isto precisamente o que se tem em vista.

Quando os matemáticos falam de complementos de conjuntos, eles em geral têm em mente um conjunto global, abrangente. Por exemplo, no decorrer de uma prova ou discussão sobre os inteiros, se A é um conjunto que contém apenas números inteiros, $\overline{A}$ corresponde ao conjunto de todos os inteiros que não estão em A.

Se U (de "universo") é o conjunto de todos os objetos em consideração e $A \subseteq U$, então o complemento de A é o conjunto de todos os objetos de U que não estão em A. Em outras palavras, $\overline{A} = U - A$. Assim, $\overline{\emptyset} = U$.

Prove o que segue sobre complementos de conjuntos. Aqui, as letras A, B e C denotam subconjuntos de um conjunto universo U.

a. $A = B$ se e somente se $\overline{A} = \overline{B}$.

b. $\overline{\overline{A}} = A$.

c. $\overline{A \cup B \cup C} = \overline{A} \cap \overline{B} \cap \overline{C}$.

A notação $\overline{A}$ é cômoda, mas pode ser ambígua. A menos que fique perfeitamente claro qual deva ser o conjunto "universo" U, é melhor utilizar a notação de diferença de conjuntos do que a notação de complemento.

A notação $U - A$ é muito mais clara do que $\overline{A}$.

12.23. Desenhe um diagrama de Venn para quatro conjuntos. Note que o diagrama de Venn de três conjuntos que temos utilizado tem oito regiões (inclusive a região que circunda os quatro círculos), correspondentes aos oito modos possíveis de associação que um objeto pode ter. Um objeto pode estar ou não estar em A, estar ou não em B, e estar ou não estar em C.

Explique por que essa situação origina oito possibilidades.

Seu diagrama de Venn deve mostrar quatro conjuntos, A, B, C e D. Quantas regiões ele terá?

No seu diagrama, sombreie o conjunto $A \triangle B \triangle C \triangle D$.

Nota: seu diagrama não precisa usar círculos para demarcar os conjuntos. Na verdade, é impossível criar um diagrama de Venn para quatro conjuntos utilizando círculos! O leitor deve utilizar outras formas.

12.24. Sejam os conjuntos A, B e C. Prove que:

$$|A \cup B \cup C| = |A| + |B| + |C|$$
$$- |A \cap B| - |A \cap C| - |B \cap C|$$
$$+ |A \cap B \cap C|$$

Uma versão ampliada da inclusão-exclusão.

12.25. Há uma relação íntima entre os conceitos da teoria dos conjuntos e os conceitos da álgebra booleana. Os símbolos $\wedge$ e $\vee$ são versões de $\cup$ e de $\cap$, respectivamente. Isso é mais do que uma coincidência. Consideremos:

$$x \in A \cap B \quad \Leftrightarrow \quad (x \in A) \wedge (x \in B)$$
$$x \in A \cup B \quad \Leftrightarrow \quad (x \in A) \vee (x \in B)$$

Estabeleça relações análogas entre as noções $\subseteq$ e $\triangle$ da teoria dos conjuntos e noções da álgebra booleana.

A conexão entre operações com conjuntos e a álgebra booleana.

12.26. Prove que a diferença simétrica é uma operação comutativa; ou seja, para conjuntos A e B, verifica-se $A \triangle B = B \triangle A$.

12.27. Prove que a diferença simétrica é uma operação associativa; isto é, para quaisquer conjuntos A, B e C, temos $A \triangle (B \triangle C) = (A \triangle B) \triangle C$.

12.28. Ilustre $A \triangle (B \triangle C) = (A \triangle B) \triangle C$ com um diagrama de Venn.

12.29. Prove a Proposição 12.15.

12.30. Sejam os conjuntos A, B e C. Prove:
   a. $A \times (B \cup C) = (A \times B) \cup (A \times C)$
   b. $A \times (B \cap C) = (A \times B) \cap (A \times C)$
   c. $A \times (B - C) = (A \times B) - (A \times C)$
   d. $A \times (B \triangle C) = (A \times B) \triangle (A \times C)$

13 Prova combinatória: dois exemplos

Na Seção 12, apresentamos o conceito de prova combinatória de equações. Essa técnica funciona mostrando que os lados de uma equação são respostas para uma pergunta comum. Esse método foi utilizado para provar a Proposição 12.4 (para os conjuntos finitos A e B temos $|A| + |B| = |A \cup B| + |A \cap B|$). Consulte o Esquema de prova 9.

Nesta seção, fornecemos dois exemplos que ilustram ainda mais essa técnica. Um deles baseia-se no problema de contagem de conjuntos, e o outro, no problema de contagem de listas.

▶ **PROPOSIÇÃO 13.1**

Seja n um inteiro positivo. Então,

$$2^0 + 2^1 + \ldots + 2^{n-1} = 2^n - 1.$$

Por exemplo, $2^0 + 2^1 + 2^2 + 2^3 + 2^4 = 1 + 2 + 4 + 8 + 16 = 31 = 2^5 - 1$.

Buscamos uma pergunta para a qual ambos os lados da equação forneçam uma resposta correta.

O lado direito é mais simples, portanto vamos começar daí. O termo 2^n responde à pergunta: "quantos subconjuntos um conjunto de n elementos tem?". Entretanto, o termo é $2^n - 1$, e não 2^n. Podemos modificar a pergunta para excluir todos, exceto um dos subconjuntos. Qual subconjunto deveria ser ignorado? Uma escolha natural é omitir o conjunto vazio. A pergunta reformulada é "quantos subconjuntos não vazios um conjunto de n elementos tem?" Agora, é evidente que o lado direito da equação, $2^n - 1$, é a resposta correta. Mas e quanto ao lado esquerdo?

O lado esquerdo é uma soma longa, com cada termo da forma 2^j. Isso é uma pista de que estamos considerando vários problemas de contagem de subconjuntos. De algum modo, a pergunta sobre quantos subconjuntos não vazios um conjunto de n elementos tem deve ser dividida em casos desconexos (cada problema de contagem de subconjuntos para si próprio) e, em seguida, combinada para fornecer a resposta completa.

Sabemos que estamos contando conjuntos não vazios de um conjunto de n elementos. Para fins de especificidade, suponha que o conjunto seja $\{1, 2, \ldots, n\}$. Comecemos escrevendo os subconjuntos não vazios desse conjunto. É natural iniciar com $\{1\}$. Em seguida, escrevemos $\{1, 2\}$ e $\{2\}$ – esses são os conjuntos cujo maior elemento é 2. Após isso, escrevemos os conjuntos cujo maior elemento seja 3. Vamos organizar isso em um quadro.

Maior elemento	Subconjuntos de $\{1, 2, \ldots, \boldsymbol{n}\}$
1	$\{1\}$
2	$\{2\}, \{1, 2\}$
3	$\{3\}, \{1, 3\} \{2, 3\}, \{1, 2, 3\}$
4	$\{4\}, \{1, 4\} \{2, 4\}, \{1, 2, 4\}, \{1, 2, 3, 4\}$
⋮	⋮
n	$\{n\}, \{1, n\}, \{2, n\} \{1, 2, n\} \{1, 2, 3, \ldots, n\}$

Deixamos de escrever todos os subconjuntos na linha 4 do quadro. Quantos há? Os conjuntos nessa linha devem conter 4 (desde que esse seja o maior elemento). Os outros elementos desses conjuntos são escolhidos entre 1, 2 e 3. Como há $2^3 = 8$ formas possíveis de constituir um subconjunto de $\{1, 2, 3\}$, deve haver 8 conjuntos nessa linha. Reserve um momento para averiguar isso sozinho completando a linha 4 do quadro.

Agora, vá para a última linha do quadro. Quantos subconjuntos de $\{1, 2, ..., n\}$ têm o maior elemento n? Devemos incluir n juntamente com qualquer subconjunto de $\{1, 2, ..., n-1\}$ para um total de 2^{n-1} escolhas.

Observe que cada conjunto não vazio de $\{1, 2, ..., n\}$ deve aparecer exatamente uma vez no quadro. A totalização das dimensões da linha fornece:

$$1 + 2 + 4 + 8 + ... + 2^{n-1}.$$

Aha! Esse é precisamente o lado esquerdo da equação que buscamos provar.

Valendo-nos dessas percepções, estamos prontos para escrever a prova.

Prova (da Proposição 13.1)

Seja n um inteiro positivo, e seja $N = \{1, 2, ..., n\}$. Quantos subconjuntos não vazios N tem?

Resposta 1: como N tem 2^n subconjuntos, ao desconsiderarmos o conjunto vazio, constatamos que N tem 2^n-1 subconjuntos não vazios.

Resposta 2: consideramos o número de subconjuntos de N cujo maior elemento seja j, em que $1 \leq j \leq n$. Esses subconjuntos devem ser da forma $\{..., j\}$, em que os outros elementos são escolhidos a partir de $\{1, ..., j-1\}$. Como esse último conjunto tem 2^{j-1} subconjuntos, N tem 2^{j-1} subconjuntos cujo maior elemento é j. A soma dessas respostas sobre todos os j fornece:

$$2^0 + 2^1 + 2^2 + ... + 2^{n-1}.$$

subconjuntos não vazios de N.

Como as respostas 1 e 2 são soluções corretas para o mesmo problema de contagem, temos:

$$2^0 + 2^1 + 2^2 + ... + 2^{n-1} = 2^n - 1.$$

Agora mudamos para um segundo exemplo (uma equação que você foi guiado a descobrir no Exercício 9.9).

▶ **PROPOSIÇÃO 13.2**

Seja n um inteiro positivo. Então:

$$1 \cdot 1! + 2 \cdot 2! + ... + n \cdot n! = (n+1)! - 1$$

Por exemplo, com $n = 4$, observe que:

$$1 \cdot 1! + 2 \cdot 2! + 3 \cdot 3! + 4 \cdot 4! = 1 \cdot 1 + 2 \cdot 2 + 3 \cdot 6 + 4 \cdot 24$$
$$= 1 + 4 + 18 + 96$$
$$= 119 = 120 - 1 = 5! - 1$$

O segredo para provar a Proposição 13.2 é encontrar a pergunta para a qual ambos os lados da equação forneçam a resposta correta. Assim como no primeiro exemplo, o lado direito é mais simples, portanto começaremos daí.

O termo $(n + 1)!$ nos lembra das listas de contagem sem substituição. Especificamente, ele responde à pergunta "quantas listas podemos formar utilizando os elementos de $\{1, 2, ..., n + 1\}$, em que cada elemento é utilizado exatamente uma vez?" Como o lado direito também inclui um termo -1, precisamos descartar uma dessas listas. Qual? Uma escolha natural é omitir a lista $(1, 2, 3, ..., n + 1)$; essa é a única lista em que cada elemento j não está na j-ésima posição na lista. Por outro lado, a lista descartada é a única em que os elementos aparecem em ordem crescente.

Portanto, consideramos a pergunta "quantas listas podemos formar utilizando os elementos de $\{1, 2, ..., n + 1\}$ em que cada elemento aparece exatamente uma vez e em que os elementos não aparecem em ordem crescente?"

Evidentemente $(n + 1)! - 1$ é uma solução para esse problema, precisamos demonstrar que o lado esquerdo também é uma resposta correta. Se os elementos na lista não estão em ordem crescente, então algum elemento, digamos k, não estará na posição k. Podemos organizar esse problema de contagem considerando onde ele acontece pela primeira vez.

Consideremos o caso $n = 4$. Podemos formar um quadro contendo todas as listas sem repetição de comprimento 5 que pudermos formar a partir dos elementos de $\{1, 2, 3, 4, 5\}$ que não estejam em ordem crescente. Organizamos o quadro considerando a primeira vez que a posição k não é o elemento k. Por exemplo, quando $k = 3$, as listas são 12$\underline{4}$35, 12$\underline{4}$53, 12$\underline{5}$34 e 12$\underline{5}$43, desde que os valores nas posições 1 e 2 sejam os elementos 1 e 2, respectivamente, mas o valor 3 não seja 3. (Omitimos as vírgulas e parênteses para fins de clareza.)

Ver o quadro para $n = 4$ a seguir.

k	primeiro elemento "fora do lugar" na posição k	
1	21345 21354 21435 21453 21534 21543	23145 23154 23415 23514 23514 23541
	24135 24153 24315 24351 24513 24531	25134 25143 25314 25341 25413 25431
	31245 31254 31425 31452 31524 31542	32145 32154 32415 32451 32514 32541
	34125 34152 34215 34251 34512 34521	35124 35142 35214 35241 35412 35421
	41235 41253 41325 41352 41523 41532	42135 42153 42315 42351 42513 42531
	43125 43152 43215 43251 43512 43521	45123 45132 45213 45231 45312 45321
	51234 51243 51324 51342 51423 51432	52134 52143 52314 52341 52413 52431
	53124 53142 53214 53241 53412 53421	54123 54132 54213 54231 54312 54321
2	13245 13254 13425 13452 13524 13542	
	14235 14253 14325 14352 14523 14532	
	15234 15243 15324 15342 15423 15432	
3	12435 12453 12534 12543	
4	12354	
5	-	

Observe que a linha 5 do quadro está vazia. Por quê? Essa linha deveria conter todas as listas sem repetições em que a primeira posição k que não contenha o elemento k seja $k = 5$. Essa lista deve ser da forma $(1, 2, 3, 4, ?)$, mas, nesse caso, não há uma maneira válida de preencher a última posição.

Em seguida, conte o número de listas em cada posição do quadro. Trabalhando a partir da parte inferior, há $1 + 4 + 18 + 96 = 119$ listas (todas $5! = 120$, com exceção da lista (1, 2, 3, 4, 5)). A soma de 1 + 4 + 18 + 96 deve ser familiar; é precisamente 1 · 1! + 2 · 2! + 3 · 3! + 4 · 4!. Obviamente, isso não é nenhuma coincidência. Considere a primeira linha do quadro. As listas nessa linha não devem iniciar com 1, mas podem iniciar com qualquer elemento de {2, 3, 4, 5}; há quatro escolhas para o primeiro elemento. Assim que o primeiro elemento for escolhido, os quatro elementos restantes na lista podem ser escolhidos de qualquer maneira que nos for conveniente. Desde que haja 4 elementos restantes (após a seleção do primeiro), esses 4 elementos podem ser dispostos de 4! maneiras. Com isso, por meio do Princípio da Multiplicação, há 4 · 4! Listas em que o primeiro elemento não é 1.

A mesma análise se aplica à segunda linha. As listas nesta linha devem começar com 1, desse modo, o segundo elemento não pode ser 2. Há 3 opções para o segundo elemento, porque devemos escolhê-lo de {3, 4, 5}. Uma vez que o segundo elemento é selecionado, os três elementos restantes podem ser dispostos de qualquer maneira que desejarmos, e há 3! maneiras de fazer isso. Com isso, a segunda linha do quadro contém 3 · 3! = 18 listas.

Estamos prontos para completar a prova.

Prova (da Proposição 13.2).

Seja n um inteiro positivo. Perguntamo-nos "quantas listas sem repetição podemos formar utilizando todos os elementos em $\{1, 2, ..., n + 1\}$ em que os elementos não apareçam na ordem crescente?"

Resposta 1: há $(n + 1)!$ listas sem repetição e apenas em uma dessas listas os elementos aparecem em ordem, a saber $(1, 2, ..., n, n + 1)$. Desse modo, a resposta para a pergunta é $(n + 1)! - 1$.

Resposta 2: seja j um inteiro entre 1 e n, de forma inclusiva. Consideremos aquelas listas em que os primeiros elementos $j - 1$ são $1, 2, ..., j - 1$, respectivamente, mas para as quais o j-ésimo elemento não é j. Quantas listas desse tipo existem? Para o elemento j, há $n + 1 - j$ escolhas, porque os elementos de 1 a $j - 1$ já foram escolhidos, e não podemos utilizar o elemento j. Os elementos $n + 1 - j$ restantes podem preencher as posições restantes na lista em qualquer ordem, fornecendo $(n + 1 - j)!$ possibilidades. Pelo Princípio da Multiplicação, há $(n + 1 - j) \cdot (n + 1 - j)!$ listas desse tipo. Somando $j = 1, 2, ..., n$ fornece,

$$n \cdot n! + (n-1) \cdot (n-1)! + ... + 3 \cdot 3! + 2 \cdot 2! + 1 \cdot 1!$$

Como as respostas 1 e 2 são soluções corretas para o mesmo problema de contagem, temos:

$$1 \cdot 1! + 2 \cdot 2! + ... + n \cdot n! = (n + 1)! - 1.$$

Recapitulando

Nesta seção, ilustramos o conceito de prova combinatória por meio da aplicação da técnica para demonstração das duas identidades.

13 Exercícios

13.1. Forneça uma prova alternativa da Proposição 13.1 em que utilize a contagem de lista em vez da contagem de subconjuntos.

13.2. Seja n um inteiro positivo. Utilize a álgebra para simplificar a seguinte expressão:

$$(x-1)(1 + x + x^2 + \ldots + x^{n-1})$$

Utilize isso para fornecer outra prova da Proposição 12.1.

13.3. A substituição de $x = 3$ em sua expressão no problema anterior resulta em:

$$2 \cdot 3^0 + 2 \cdot 3^1 + 2 \cdot 3^2 + \ldots + 2 \cdot 3^{n-1} = 3^n - 1$$

Prove essa equação combinatoriamente.

Em seguida, substitua $x = 10$ e ilustre o resultado utilizando números de base 10 comuns.

13.4. Sejam a e b inteiros positivos com $a > b$. Forneça uma prova combinatória da identidade $(a + b)(a - b) = a^2 - b^2$.

13.5. Seja n um inteiro positivo. Forneça a prova combinatória de que $n^2 = n(n-1) + n$.

13.6. Neste problema queremos calcular o número de listas de dois elementos (a, b) que podemos formar usando os números $0, 1, \ldots, n$ com $a < b$.
   a. Mostre que a resposta é $(n + 1) n = / 2$ considerando o número de listas de dois elementos (a, b) em que $a < b$ ou $a > b$.
   b. Mostre que a resposta também é $1 + 2 + \cdots + n$.

Juntando (a) e (b) prove a fórmula:

$$\sum_{k=1}^{n} k = \frac{(n+1)n}{2}.$$

13.7. Quantas listas de dois elementos podemos formar usando os números inteiros de 1 a n em que o maior elemento na lista é a (e a é algum número inteiro entre 1 e n)?

Use a sua resposta para mostrar:

$$1 + 3 + 5 + \cdots + (2n - 1) = n^2.$$

Autoteste

1. O indicativo de chamada para uma estação de rádio nos Estados Unidos é uma lista de três ou quatro letras, como WJHU ou WJZ. A primeira letra deve ser W ou K e não há restrições quanto às outras letras. De quantas maneiras o indicativo de chamada de uma estação de rádio pode ser formado?

2. De quantas maneiras podemos fazer uma lista de três números inteiros (a, b, c) em que $0 \leq a, b, c \leq 9$ e $a + b + c$ é par?

3. De quantas maneiras podemos fazer uma lista de três números inteiros (a, b, c) em que $0 \leq a, b, c \leq 9$ e abc é par?

4. Sem o uso de qualquer auxílio computacional, simplifique a seguinte expressão:

$$\frac{20!}{17! \cdot 3!}$$

5. De quantas maneiras podemos organizar um conjunto-padrão de 52 cartas, de forma que todas as cartas em determinado naipe apareçam contiguamente (por exemplo, primeiro aparecem todas as espadas; a seguir, todos os ouros; então, todas as copas; e, em seguida, todos os naipes de paus)?

6. Dez casais estão esperando em uma fila para entrar em um restaurante. Os maridos e as esposas ficam próximos uns dos outros, mas qualquer um deles pode estar à frente do outro. Quantas disposições desse tipo são possíveis?

7. Avalie o seguinte:
$$\prod_{k=0}^{100} \frac{k^2}{k+1}.$$

8. Seja $A = \{x \in \mathbb{Z} : |x| < 10\}$. Avalie $|A|$.

9. Seja $A = \{1, 2, \{3, 4\}\}$. Quais das seguintes alternativas são verdadeiras e quais são falsas? Não é necessária nenhuma prova.
   a. $1 \in A$
   b. $\{1\} \in A$
   c. $3 \in A$
   d. $\{3\} \in A$
   e. $\{3\} \subseteq A$

10. Sejam A e B conjuntos finitos. Determine se os seguintes enunciados são verdadeiros ou falsos. Justifique sua resposta com uma prova e um contraexemplo, conforme apropriado.
    a. $2^{A \cap B} = 2^A \cap 2^B$
    b. $2^{A \cup B} = 2^A \cup 2^B$
    c. $2^{A \Delta B} = 2^A \Delta 2^B$

11. Seja A um conjunto. Quais das seguintes alternativas são verdadeiras e quais são falsas?
    a. $x \in A$ sse $x \in 2^A$
    b. $T \subseteq A$ sse $T \in 2^A$
    c. $x \in A$ sse $\{x\} \in 2^A$
    d. $\{x\} \in A$ sse $\{\{x\}\} \in 2^A$

12. Quais das seguintes afirmações são verdadeiras e quais são falsas? Nenhuma prova é necessária.
    a. $\forall x \in \mathbb{Z}, x^2 \geq x$
    b. $\exists x \in \mathbb{Z}, x^3 = x$
    c. $\forall x \in \mathbb{Z}, 2x \geq x$
    d. $\exists x \in \mathbb{Z}, x^2 + x + 1 = 0$

13. Quais das seguintes afirmações são verdadeiras e quais são falsas? Nenhuma prova é necessária.
    a. $\forall x \in \mathbb{Z}, \forall y \in \mathbb{Z}, x \leq y$.
    b. $\exists x \in \mathbb{Z}, \forall y \in \mathbb{Z}, x \leq y$.
    c. $\forall x \in \mathbb{Z}, \exists y \in \mathbb{Z}, x \leq y$.
    d. $\exists x \in \mathbb{Z}, \exists y \in \mathbb{Z}, x \leq y$.
    e. $\forall x \in \mathbb{N}, \forall y \in \mathbb{N}, x \leq y$.
    f. $\exists x \in \mathbb{N}, \forall y \in \mathbb{N}, x \leq y$.
    g. $\forall x \in \mathbb{N}, \exists y \in \mathbb{N}, x \leq y$.
    h. $\exists x \in \mathbb{N}, \exists y \in \mathbb{N}, x \leq y$.

14. Seja $p(x, y)$ uma sentença sobre dois inteiros, x e y. Por exemplo, $p(x, y)$ poderia significar "$x - y$ é um quadrado perfeito".

    Suponha que o enunciado $\forall x, \exists y, p(x, y)$ seja verdadeiro. Qual dos seguintes enunciados sobre inteiros também deve ser verdadeiro?
    a. $\forall x, \exists y, \neg p(x, y)$
    b. $\neg(\exists x, \forall y, \neg p(x, y))$
    c. $\exists x, \exists y, \neg p(x, y)$.

15. Sejam A e B conjuntos e suponha que $A \times B = \{(1, 2), (1, 3), (2, 2), (2, 3)\}$. Encontre $A \cup B$, $A \cap B$ e $A - B$.

16. Que A, B e C denotem conjuntos. Prove que $(A \cup B) - C = (A - C) \cup (B - C)$ e forneça uma ilustração do diagrama de Venn.

17. Considere o seguinte argumento: *todos os gatos são mamíferos. Eu sou um mamífero. Logo, eu sou um gato.* Mostre que isso é falacioso usando a linguagem da teoria dos conjuntos. Ilustre a falácia com um diagrama de Venn.

18. Suponha que A e B sejam conjuntos finitos. Dado que $|A| = 10$, $|A \cup B| = 15$ e $|A \cap B| = 3$, determine $|B|$.

19. Sejam A e B conjuntos. Crie uma expressão que seja estimada para $A \cap B$ e utilize apenas a união de operações e diferença de conjuntos. Ou seja, encontre a fórmula que utilize apenas os símbolos A, B, $\cup$, $-$ e parênteses; essa fórmula deve ser igual a $A \cap B$ para todos os conjuntos A e B.

20. Seja n um inteiro positivo. Forneça uma prova combinatória da identidade:

$$n^3 = n(n-1)(n-2) + 3n(n-1) + n.$$

CAPÍTULO 3

Contagem e relações

■ 14 Relações

As relações permeiam toda a matemática. Intuitivamente, uma relação é uma comparação entre dois objetos. Os dois objetos estão, ou não, relacionados de acordo com alguma regra. Por exemplo, menor que ($<$) é uma relação definida dos inteiros. Alguns pares de números, como (2, 8), satisfazem a relação menor que (pois $2 < 8$), mas outros pares de números não a satisfazem, como (10, 3), pois $10 \not< 3$.

Há outras relações definidas dos inteiros, como divisibilidade, maior que, igualdade etc. Além disso, há relações sobre outros tipos de objetos. Podemos, por exemplo, perguntar se um par de conjuntos satisfaz a relação $\subseteq$ ou se um par de triângulos verifica a relação "é congruente com".

Normalmente, utilizamos relações para estudar objetos. Por exemplo, a relação é congruente com é um instrumento central na geometria para o estudo de triângulos. Nesta seção, adotamos um ponto de vista diferente. Nosso objetivo é estudar as relações em si mesmas.

O que é uma relação? A definição precisa vem a seguir. Mas cuidado! À primeira vista, pode parecer desconcertante e apresentar pouca semelhança com o que entendemos que devam ser relações, como $\leq$. Esteja certo, entretanto, de que vamos explicar detalhadamente essa definição.

● DEFINIÇÃO 14.1

(**Relação**) Uma *relação* é um conjunto de pares ordenados.

Um conjunto de pares ordenados??? Sim, queremos dizer um conjunto de listas de dois elementos. Por exemplo, $R = \{(1, 2), (1, 3), (3, 0)\}$ é uma relação, apesar de não ser particularmente interessante. Isso parece não ter muito a ver com relações familiares como $<$, $\subseteq$ e $|$.

Na verdade, quando nós, matemáticos, cogitamos sobre relações, raramente as encaramos como conjuntos de pares ordenados. Pensamos em uma relação R como um "teste". Se x e y estão relacionados por R – se eles passam no teste –, então escrevemos

$x\,R\,y$. Caso contrário, se eles não estão relacionados por R, colocamos um traço inclinado sobre o símbolo da relação, como em $x \ne y$, ou $A \not\subseteq B$ (A não é um subconjunto de B).

Como podemos entender a Definição 14.1 dessa maneira? O conjunto de pares ordenados é uma listagem completa de todos os pares de objetos que "satisfazem" a relação.

Voltemos ao exemplo $R = \{(1, 2), (1, 3), (3, 0)\}$. Essa relação nos diz que, para a relação R, 1 está relacionado com 2, 1 está relacionado com 3, e 3 está relacionado com 0, e, para quaisquer outros objetos, x e y, x não está relacionado com y. Podemos escrever:

$$(1, 2) \in R, \qquad (1, 3) \in R, \qquad (3, 0) \in R, \qquad (5, 6) \notin R$$

isso significa que $(1, 2)$, $(1, 3)$ e $(3, 0)$ estão relacionados por R, mas $(5, 6)$ não está. Embora se trate de uma maneira formalmente correta de expressar esses fatos, não é como os matemáticos costumam escrever. Escreveríamos, preferencialmente,

$$1\,R\,2, \qquad 1\,R\,3, \qquad 3\,R\,0, \qquad 5\,\not R\,6.$$

Em outras palavras, os símbolos $x\,R\,y$ significam $(x, y) \in R$. Ou seja, "x está relacionado com y pela R", ou, se todos sabem qual relação está em jogo no momento, podemos dizer simplesmente que "x está relacionado com y".

$x\,R\,y \Leftrightarrow (x, y) \in R.$

As relações familiares da matemática podem ser encaradas nesses termos. Por exemplo, a relação menor que ou igual a no conjunto dos inteiros pode ser escrita como segue:

$$\{(x, y): x, y \in \mathbb{Z} \text{ e } y - x \in \mathbb{N}\}.$$

Isso nos diz que (x, y) está na relação desde que $y - x \in \mathbb{N}$; isto é, desde que $y - x$ seja um inteiro não negativo, o que, por seu turno, é equivalente a $x \le y$.

Reiteremos os dois pontos importantes:

- Uma relação R é um conjunto de pares ordenados (x, y); incluímos um par ordenado em R apenas quando (x, y) "satisfaz" a relação R. Qualquer conjunto de pares ordenados constitui uma relação, e uma relação não precisa ser especificada por uma "regra" ou por um princípio especial.
- Mesmo que as relações sejam conjuntos de pares ordenados, em geral não escrevemos $(x, y) \in R$. Escrevemos, preferencialmente, $x\,R\,y$ e afirmamos que "x está relacionado com y pela relação R".

A seguir, vamos ampliar um pouco a Definição 14.1.

● DEFINIÇÃO 14.2

(Relação sobre entre conjuntos) Seja R uma relação e sejam os conjuntos A e B. Dizemos que R é uma *relação sobre* A desde que $R \subseteq A \times A$; e dizemos que R é uma *relação de* A para B se $R \subseteq A \times B$.

◆ **EXEMPLO 14.3**

Sejam $A = \{1, 2, 3, 4\}$ e $B = \{4, 5, 6, 7\}$. Sejam

$$R = \{(1, 1), (2, 2), (3, 3), 4, 4)\},$$
$$S = \{(1, 2), (3, 2)\},$$
$$T = \{(1, 4), (1, 5), (4, 7)\},$$
$$U = \{(4, 4), (5, 2), (6, 2), (7, 3)\}, e$$
$$V = \{(1, 7), (7, 1)\}.$$

Todos esses conjuntos são relações.
- R é uma relação sobre A. Note que é a relação de igualdade em A.
- S é uma relação sobre A. Note que o elemento 4 nunca é mencionado.
- T é uma relação de A para B. Note que os elementos $2, 3 \in A$ e $6 \in B$ nunca são mencionados.
- U é uma relação de B para A. Observe que $1 \in A$ nunca é mencionado.
- V é uma relação, mas não é uma relação de A para B nem uma relação de B para A.

Como, formalmente, uma relação é um conjunto, todas as operações sobre conjuntos se aplicam às relações. Por exemplo, se R é uma relação e A é um conjunto, então $R \cap (A \times A)$ é a relação R *restrita* ao conjunto A. [Poderíamos, também, considerar $R \cap (A \times B)$, quando, então, teríamos restringido R a ser uma relação de A para B.]

Eis outra operação que podemos fazer sobre relações.

● **DEFINIÇÃO 14.4**

(**Relação inversa**) Seja R uma relação. A *inversa* de R, denotada por R^{-1}, é a relação formada invertendo-se a ordem de todos os pares ordenados em R.

Simbolicamente,

$$R^{-1} = \{(x, y) : (y, x) \in R\}.$$

◆ **EXEMPLO 14.5**

Seja:

$$R = \{1, 5), (2, 6) (3, 7) (3, 8)\}.$$

Então,

$$R^{-1} \{(5, 1), (6, 2), (7, 3), (8, 3)\}.$$

Se R é uma relação em A, então R^{-1} também o é. Se R é uma relação de A para B, então R^{-1} é uma relação de B para A.

Note que não tem sentido escrevermos $1/R$. Para formar o inverso de uma relação, simplesmente invertemos a ordem de todos os seus pares ordenados; não tem nada a ver com divisão. O expoente −1 é apenas uma notação conveniente. Não definimos uma operação geral de elevar uma relação a uma potência.

Como a operação inversa reverte os pares ordenados em uma relação, fica evidente que $(R^{-1})^{-1} = R$. Eis um enunciado formal e uma prova.

▶ **PROPOSIÇÃO 14.6**

Seja R uma relação. Então $(R^{-1})^{-1} = R$.

Observe que R, R^{-1} e $(R^{-1})^{-1}$ são todos os conjuntos. Com isso, para provar que $(R^{-1})^{-1} = R$, utilizamos o Esquema de prova 5.

Prova. Suponhamos que $(x, y) \in R$. Então $(x, y) \in R^{-1}$ e, desse modo, $(x, y) \in (R^{-1})^{-1}$.
Agora suponha que $(x, y) \in (R^{-1})^{-1}$. Então $(y, x) \in R^{-1}$ e, portanto, $(x, y) \in R$.
Demonstramos que $(x, y) \in R \Leftrightarrow (x, y) \in (R^{-1})^{-1}$; portanto, $R = (R^{-1})^{-1}$.

Propriedades de relações

Vamos introduzir termos especiais para descrever relações.

● **DEFINIÇÃO 14.7**

(Propriedades de relações) Seja R uma relação definida em um conjunto A.
- Se, para todo $x \in A$, temos $x \, R \, x$, dizemos que R é *reflexiva*.
- Se, para todo $x \in A$, temos $x \, \not R \, x$, dizemos que R é *antirreflexiva*.
- Se, para todo $x, y \in A$, temos $x \, R \, y \Rightarrow y \, R \, x$, dizemos que R é *simétrica*.
- Se, para todo $x, y \in A$, temos $(x \, R \, y \wedge y \, R \, x) \Rightarrow x = y$, dizemos que R é *antissimétrica*.
- Se, para todo $x, y, z \in A$, temos $(x \, R \, y \wedge y \, R \, z) \Rightarrow x \, R \, z$, dizemos que R é *transitiva*.

Apresentamos alguns exemplos para ilustrar esse vocabulário.

◆ **EXEMPLO 14.8**

Consideremos a relação = (igualdade) sobre os inteiros. Ela é reflexiva (qualquer inteiro é igual a si mesmo), simétrica (se $x = y$, então $y = x$) e transitiva (se $x = y$ e $y = z$, então devemos ter $x = z$).

A relação = é antissimétrica, mas esse não é um exemplo interessante de antissimetria. Ver os exemplos subsequentes.

Todavia, a relação = não é antirreflexiva (o que acarretaria $x \ne x$ para todo $x \in \mathbb{Z}$).

◆ **EXEMPLO 14.9**

Consideremos a relação ≤ (menor que ou igual a) sobre os inteiros. Note que ≤ é reflexiva porque, para qualquer inteiro x, é verdade que $x \le x$. É também transitiva, pois $x \le y$ e $y \le z$ implicam $x \le z$. A relação ≤ não é simétrica, pois isso implicaria $x \le y \Rightarrow y \le x$. E isso é falso; por exemplo, $3 \le 9$ mas $9 \nleq 3$.

Todavia, ≤ é antissimétrica: se sabemos que $x \leq y$ e $y \leq x$, deve ser $x = y$.

Por último, ≤ não é antirreflexiva; por exemplo, $5 \leq 5$.

◆ EXEMPLO 14.10

Consideremos a relação < (estritamente menor que) sobre os inteiros. Note que < não é reflexiva, porque, por exemplo, $3 < 3$ é falso. Além disso, < é antirreflexiva, pois $x < x$ nunca se verifica.

A relação < não é simétrica, porque $x < y$ não implica $y < x$; por exemplo, $0 < 5$ mas $5 \not< 0$.

A relação < é antissimétrica, mas verifica a condição por vacuidade. A condição afirma:

$$(x < y \text{ e } y < x) \Rightarrow x = y$$

Todavia, é impossível termos simultaneamente $x < y$ e $y < x$, de modo que a hipótese dessa afirmação se-então nunca pode ser satisfeita. Portanto, ela é verdadeira.

Por fim, < é transitiva.

◆ EXEMPLO 14.11

Consideremos a relação | (divide) sobre os números naturais. Note que | é antissimétrica porque, se x e y são números naturais com $x|y$ e $y|x$, então $x = y$.

Todavia, a relação | sobre os inteiros não é antissimétrica. Por exemplo, $3|-3$ e $-3|3$, mas $3 \neq -3$.

Note também que | não é simétrica (por exemplo, $3|9$, mas 9 não divide 3).

As propriedades na Definição 14.7 dependem do contexto da relação. A relação | (divide) sobre os inteiros é diferente da relação | quando restrita aos números naturais.

Esse exemplo também mostra que uma relação pode não ser nem simétrica nem antissimétrica.

Os termos na Definição 14.7, tais como *reflexiva*, são atributos de uma relação R definida em um conjunto A. Consideremos a relação $R = \{(1, 1),(1, 2),(2, 2),(2, 3),(3, 3)\}$. Perguntamos: R é reflexiva? Essa pergunta não comporta uma resposta definitiva. Se encararmos R como uma relação no conjunto $\{1, 2, 3\}$, então a resposta é sim. Entretanto, podemos também considerar R uma relação sobre todo o $\mathbb{Z}$; nesse contexto, a resposta é não. Pode-se apenas dizer que uma relação R é reflexiva se nos for dado o conjunto A sobre o qual R é uma relação. Na maioria dos casos, o conjunto A ou será mencionado explicitamente ou será óbvio pelo contexto.

Recapitulando

Introduzimos a noção de relação, tanto no sentido intuitivo de uma "condição" como no sentido formal de conjunto de pares ordenados. Apresentamos o conceito de relação inversa e definimos as seguintes propriedades das relações: reflexiva, antirreflexiva, simétrica, antissimétrica e transitiva.

14 Exercícios

14.1. Escreva as seguintes relações no conjunto $\{1, 2, 3, 4, 5\}$ como conjuntos de pares ordenados.
  a. Relação é-menor-que.
  b. Relação é-divisível-pela.
  c. Relação é-igual-a.
  d. Relação tem-a-mesmo-paridade-que.

> Quando dizemos que dois número têm a mesma equivalência, queremos dizer que ambos são pares ou ímpares.

14.2. Cada uma das seguintes relações está definida no conjunto $\{1, 2, 3, 4, 5\}$. Expresse essas relações em palavras.
  a. $\{(1, 2), (2, 3), (3, 4), (4, 5)\}$
  b. $\{(1, 1), (2, 1), (2, 2), (3, 1), (3, 2), (3, 3), (4, 1), (4, 2), (4, 3), (4, 4), (5, 1), (5, 2), (5, 3), (5, 4), (5, 5)\}$
  c. $\{(1, 5), (2, 4), (3, 3), (4, 2), (5, 1)\}$
  d. $\{(1, 1), (1, 2), (1, 4), (1, 5), (2, 2), (2, 4), (3, 3), (4, 4), (5, 5)\}$

14.3. Para cada uma das seguintes relações definidas no conjunto $\{1, 2, 3, 4, 5\}$, determine se a relação é reflexiva, antirreflexiva, antissimétrica e/ou transitiva.
  a. $R = \{(1, 1), (2, 2), (3, 3), (4, 4), (5, 5)\}$
  b. $R = \{(1, 2), (2, 3), (3, 4), (4, 5)\}$
  c. $R = \{(1, 1), (1, 2), (1, 3), (1, 4), (1, 5)\}$
  d. $R = \{(1, 1), (1, 2), (2, 1), (3, 4), (4, 3)\}$
  e. $R = \{1, 2, 3, 4, 5\} \times \{1, 2, 3, 4, 5\}$

14.4. Para cada uma das seguintes relações definidas no conjunto dos seres humanos, determine se ela é reflexiva, irreflexiva, simétrica, antissimétrica e/ou transitiva.
  a. tem-o-mesmo-sobrenome-que.
  b. é-filho-de.
  c. tem-os-mesmos-pais-que (ou seja, mesma mãe e pai)
  d. tem-um-parente-comum-com (ou seja, a mesma mãe ou pai).
  e. é-casado-com.
  f. é-antepassado-de.

14.5. Prove que a relação de igualdade no conjunto de inteiros é antissimétrica.

14.6. Digamos que dois inteiros estejam próximos um do outro se sua diferença for no máximo 2. (isto é, os números estão a uma distância de no máximo 2). Por exemplo, 3 está próximo de 5, 10 está próximo de 9, mas 8 não está próximo de 4. Representemos por R essa relação estar próximo de.
  a. Escreva R como um conjunto de pares ordenados. Sua resposta deve apresentar-se como segue:
  $$R = \{(x, y) : \ldots\}$$
  b. Prove ou refute: R é reflexiva.
  c. Prove ou refute: R é antirreflexiva.
  d. Prove ou refute: R é simétrica.
  e. Prove ou refute: R é antissimétrica.
  f. Prove ou refute: R é transitiva.

14.7. Determine R^{-1} para cada uma das seguintes relações:
  a. $R = \{(1, 2), (2, 3), (3, 4)\}$
  b. $R = \{(1, 1), (2, 2), (3, 3)\}$.
  c. $R = \{(x, y) : x, y \in \mathbb{Z}, x - y = 1\}$

d. $R = \{(x, y) : x, y \in \mathbb{N}, x|y\}$

e. $R = \{(x, y) : x, y \in \mathbb{Z}, xy > 0\}$

14.8. Suponhamos que R e S sejam relações e $R = S^{-1}$. Prove que $S = R^{-1}$.

14.9. Seja R uma relação sobre um conjunto A. Prove ou refute: se R é antissimétrica, então R é antirreflexiva.

14.10. Seja R a relação "tem o mesmo tamanho que" definida sobre todos os subconjuntos finitos de $\mathbb{Z}$ (isto é, $A\ R\ B$ se e somente se $|A| = |B|$). Quais das cinco propriedades (reflexiva, antirreflexiva, simétrica, antissimétrica e transitiva) R possui? Prove suas respostas.

14.11. Considere a relação $\subseteq$ em $2^{\mathbb{Z}}$ (isto é, a relação "é um subconjunto de" definida em todos os conjuntos de inteiros). Que propriedades da Definição 13.7 $\subseteq$ possui? Prove suas respostas.

14.12. O que é $\leq^{-1}$?

14.13. A propriedade *antirreflexiva* não é a mesma que a não reflexiva. Para ilustrar, faça o seguinte:

a. Dê um exemplo de relação em um conjunto que não seja nem reflexiva nem antirreflexiva.

b. Dê um exemplo de relação em um conjunto que seja ao mesmo tempo reflexiva e antirreflexiva.

c. A parte (a) não é muito difícil, mas, para (b), o leitor deverá criar um exemplo assaz estranho.

14.14. Uma forma interessante de dizer que R é simétrica é $R = R^{-1}$. Prove isso (isto é, prove que uma relação R é simétrica se e somente se $R = R^{-1}$).

14.15. Prove: uma relação R em um conjunto A é antissimétrica se e somente se:

$$R \cap R^{-1} \subseteq \{(a, a) : a \in A\}$$

14.16. Dê um exemplo de uma relação que seja simétrica e transitiva, mas não reflexiva.

Explique o que está errado na seguinte "prova".

Afirmação: se R é simétrica e transitiva, então R é reflexiva.

"Prova": suponhamos que R seja simétrica e transitiva. Simétrica quer dizer que $x\ R\ y$ implica $y\ R\ x$. Aplicamos a transitividade a $x\ R\ y$ e a $y\ R\ x$, obtendo $x\ R\ x$. Portanto, R é reflexiva.

14.17. *Ilustração de relações*. As figuras de objetos matemáticos constituem valiosos auxílios para a compreensão de conceitos. Há uma maneira assaz interessante de traçar a imagem de uma relação em um conjunto ou uma relação de um conjunto para outro.

Para traçar uma imagem de uma relação R em um conjunto A, fazemos um diagrama em que cada elemento de A é representado por um ponto. Se $a\ R\ b$, traçamos uma seta do ponto a para o ponto b. Se acontece que b também esteja relacionado com a, traçamos outra seta de b para a. E, se $a\ R\ a$, traçamos uma seta em laço de a para si mesmo.

Por exemplo, sejam $A = \{1, 2, 3, 4, 5\}$ e $R = \{(1, 1), (1, 2), (1, 3), (4, 3), (3, 1)\}$. A primeira figura a seguir é uma ilustração da relação R em A.

Para traçar uma imagem de uma relação de A para B, traçamos dois conjuntos de pontos. O primeiro conjunto de pontos corresponde aos elementos em A; colocamos esses pontos à esquerda da figura. Os pontos correspondentes a B aparecem à direita. Traçamos, então, uma seta de $a \in A$ para $b \in B$ sempre que (a, b) estiver na relação.

Por exemplo, sejam $A = \{1, 2, 3, 4, 5\}$ e $R = \{4, 5, 6, 7\}$, e S a relação $\{(1, 4), (1, 5), (2, 5), (3, 6)\}$. A segunda figura ilustra a relação S.

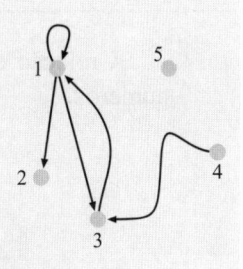

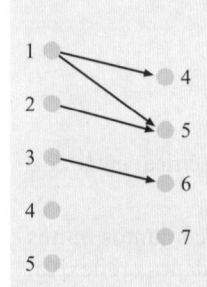

Trace ilustrações das seguintes relações:

a. Seja $A = \{a \in \mathbb{N} : a|10\}$ e seja R a relação $|$ (divide) restrita a A.
b. Seja $A = \{1, 2, 3, 4, 5\}$ e seja R a relação menor que restrita a A.
c. Seja $A = \{1, 2, 3, 4, 5\}$ e seja R a relação = (igual) restrita a A.
d. Seja $A = \{1, 2, 3, 4, 5\}$ e seja $B = \{2, 3, 4, 5\}$. Consideremos a relação $\geq$ (maior que ou igual a) de A para B.
e. Sejam $A = \{-1, -2, -3, -4, -5\}$ e $B = \{1, 2, 3, 4, 5\}$ e seja $R = \{(a, b): a \in A, b \in B, a|b\}$.

■ 15 Relações de equivalência

À medida que prosseguirmos com nosso estudo da matemática discreta, vamos encontrar várias relações. Certas relações apresentam forte semelhança com a relação de *igualdade*. Um bom exemplo (da geometria) é a relação "é congruente com" (em geral denotada por $\cong$) no conjunto dos triângulos. Falando aproximadamente, triângulos são congruentes se têm exatamente a mesma forma. Os triângulos congruentes não são iguais (por exemplo, podem estar em partes diferentes do plano), mas, em certo sentido, funcionam como triângulos iguais. Por quê? O que há de especial com $\cong$, que faz que atue como igualdade?

Das cinco propriedades listadas na Definição 14.7, $\cong$ é reflexiva, simétrica e transitiva (mas não é antirreflexiva nem antissimétrica). As relações com essas três propriedades são aparentadas com a igualdade e recebem um nome especial.

● DEFINIÇÃO 15.1

(**Relação de equivalência**) Seja R uma relação em um conjunto A. Dizemos que R é uma *relação de equivalência* se R é reflexiva, simétrica e transitiva.

◆ EXEMPLO 15.2

Consideremos a relação que tem o mesmo tamanho que sobre conjuntos finitos (ver Exercício 14.10). Para conjuntos finitos de inteiros A e B, $A\ R\ B$ se e somente se $|A| = |B|$. Note que R é reflexiva, simétrica e transitiva e, assim, é uma relação de equivalência.

Não é o caso de dois conjuntos de mesmo tamanho serem o mesmo. Por exemplo, $\{1, 2, 3\}\ R\ \{2, 3, 4\}$, mas $\{1, 2, 3\} \neq \{2, 3, 4\}$. Não obstante, os conjuntos relacionados por R são "parecidos" uns com os outros pelo fato de compartilharem uma propriedade: seu tamanho.

A relação de equivalência a seguir desempenha papel fundamental na teoria dos números.

DEFINIÇÃO 15.3

(**Congruência módulo *n***) Seja n um inteiro positivo. Dizemos que os inteiros x e y são *congruentes módulo n* e escrevemos:

$$x \equiv y \ (\text{mód. } n)$$

se $n|(x-y)$.

Em outras palavras, $x \equiv y$ (mód. n) se e somente se x e y diferem por um múltiplo de n.

EXEMPLO 15.4

$3 \equiv 13$ (mód. 5)   porque $3 - 13 = -10$ é múltiplo de 5.

$4 \equiv 4$ (mód. 5)   porque $4 - 4 = 0$ é múltiplo de 5.

$16 \not\equiv 3$ (mód. 5)   porque $16 - 3 = 13$ não é múltiplo de 5.

Em geral, abreviamos para mód. a palavra módulo. Se o inteiro n é conhecido e permanece inalterado durante a discussão, podemos omitir o (mód. n) à direita. Costuma-se também abreviar (mód. n) para apenas (n).

A congruência de números (módulo n) é diferente da congruência de figuras geométricas. Ambas são relações de equivalência. Infelizmente, os matemáticos empregam a mesma palavra com sentidos diferentes. Procuramos, não obstante, estar certos de que o sentido é sempre claro pelo contexto.

O caso mais simples dessa definição ocorre quando $n = 1$. Nesse caso, temos $x \equiv y$ se e somente se o inteiro $x - y$ é divisível por 1. Mas todos os inteiros são divisíveis por 1, de modo que dois inteiros quaisquer são congruentes módulo 1. Esse caso não tem interesse.

O próximo caso se refere a $n = 2$. Dois números são congruentes mód. 2 se sua diferença é divisível por 2 (isto é, eles diferem por um número par). Por exemplo:

$$3 \equiv 15 \ (\text{mód. } 2), \quad 0 \equiv -14 \ (\text{mód. } 2) \quad \text{e} \quad 3 \equiv 3 \ (\text{mód. } 2)$$

Mas:

$$3 \not\equiv 12 \ (\text{mód. } 2) \quad \text{e} \quad -1 \not\equiv 0 \ (\text{mód. } 2)$$

Note que dois números são congruentes módulo 2 se e somente se ambos são pares ou ambos são ímpares (provaremos isso mais tarde).

Diz-se que dois números que são ambos pares ou ambos ímpares têm a mesma *paridade*.

❖ TEOREMA 15.5

Seja n um inteiro positivo. A relação é congruente com mód. n é uma relação de equivalência no conjunto dos inteiros.

A demonstração desse resultado não é difícil, se utilizarmos as técnicas de prova já desenvolvidas. Nosso objetivo é provar que uma relação é uma relação de equivalência. Isso significa que a prova deve apresentar-se como segue.

Seja n um inteiro positivo e denotemos por $\equiv$ a congruência mód. n. Devemos mostrar que $\equiv$ é reflexiva, simétrica e transitiva.
- Asserção: $\equiv$ é reflexiva... Assim, $\equiv$ é reflexiva.
- Asserção: $\equiv$ é simétrica... Assim, $\equiv$ é simétrica.
- Asserção: $\equiv$ é transitiva... Assim, $\equiv$ é transitiva.

Portanto, $\equiv$ é uma relação de equivalência.

Observe que a demonstração se decompõe em três partes correspondentes às três condições da Definição 15.1. Cada seção é anunciada com a palavra *asserção*. *Asserção* é uma afirmação que pretendemos provar no decorrer de uma prova. Isso ajuda o leitor a saber o que está por vir e por quê.

Podemos agora começar a detalhar cada parte da prova. Por exemplo, para mostrar que $\equiv$ é reflexiva, devemos mostrar que $\forall x \in \mathbb{Z}, x \equiv x$ (ver Definição 14.7). Levemos isso à prova.

Seja n um inteiro positivo e denotemos por $\equiv$ a congruência mód. n. Devemos mostrar que $\equiv$ é reflexiva, simétrica e transitiva.
- Asserção: $\equiv$ é reflexiva. Seja x um inteiro arbitrário ... Portanto, $x \equiv x$. Assim, $\equiv$ é reflexiva.
- Asserção: $\equiv$ é simétrica... Assim, $\equiv$ é simétrica.
- Asserção: $\equiv$ é transitiva... Assim, $\equiv$ é transitiva.

Por conseguinte, $\equiv$ é uma relação de equivalência.

Devemos agora provar que $x \equiv x$. O que significa isso? Significa que $n|(x - x)$, ou seja, que $n|0$, o que é óbvio! É claro que 0 é um múltiplo de n, pois $n \cdot 0 = 0$. Vamos acrescentar isso à prova:

Seja n um inteiro positivo e denotemos por $\equiv$ a congruência mód. n. Devemos provar que $\equiv$ é reflexiva, simétrica e transitiva.
- Asserção: $\equiv$ é reflexiva. Seja x um inteiro arbitrário. Como $0 \cdot n = 0$, temos que $n|0$, que podemos reescrever como $n|(x - x)$. Portanto, $x \equiv x$. Assim, $\equiv$ é reflexiva.
- Asserção: $\equiv$ é simétrica... Assim, $\equiv$ é simétrica.
- Asserção: $\equiv$ é transitiva... Assim, $\equiv$ é transitiva.

Portanto, $\equiv$ é uma relação de equivalência.

Agora lidamos com a simetria de $\equiv$. Para demonstrar simetria, consultamos a Definição 14.7 para constatar que precisamos provar $x \equiv y \Rightarrow y \equiv x$. Essa é uma afirmação do tipo "se-então", portanto escrevemos:

Seja n um inteiro positivo e denotemos por $\equiv$ a congruência mód. n. Devemos mostrar que $\equiv$ é reflexiva, simétrica e transitiva.
- Asserção: $\equiv$ é reflexiva. Seja x um inteiro arbitrário. Como $0 \cdot n = 0$, temos que $n|0$, o que pode ser escrito como $n|(x-x)$. Portanto, $x \equiv x$. Assim, $\equiv$ é reflexiva.
- Asserção: $\equiv$ é simétrica. Sejam x e y inteiros e suponhamos $x \equiv y$ ... Portanto, $y \equiv x$. Assim, $\equiv$ é simétrica.
- Asserção: $\equiv$ é transitiva... Assim, $\equiv$ é transitiva.

Portanto, $\equiv$ é uma relação de equivalência.

A seguir, detalhamos as definições.

Seja n um inteiro positivo e denotemos por $\equiv$ a congruência mód. n. Devemos mostrar que $\equiv$ é reflexiva, simétrica e transitiva.
- Asserção: $\equiv$ é reflexiva. Seja x um inteiro arbitrário. Como $0 \cdot n = 0$, temos que $n|0$, o que pode ser escrito como $n|(x-x)$. Portanto, $x \equiv x$. Assim, $\equiv$ é reflexiva.
- Asserção: $\equiv$ é simétrica. Sejam x e y inteiros e suponhamos $x \equiv y$. Isso significa que $n|(x-y)$ ... E assim, $n|(y-x)$. Portanto, $y \equiv x$. Assim, $\equiv$ é simétrica.
- Asserção: $\equiv$ é transitiva... Assim, $\equiv$ é transitiva.

Portanto, $\equiv$ é uma relação de equivalência.

Nosso trabalho está quase completo. Sabemos que $n|(x-y)$. Desejamos $n|(x-y)$. Podemos desdobrar a definição de divisibilidade e completar essa parte da prova (alternativamente, podemos usar o Exercício 5.10).

Seja n um inteiro positivo e denotemos por $\equiv$ a congruência mód. n. Devemos mostrar que $\equiv$ é reflexiva, simétrica e transitiva.
- Asserção: $\equiv$ é reflexiva. Seja x um inteiro arbitrário. Como $0 \cdot n = 0$, temos que $n|0$, que se pode escrever como $n|(x-x)$. Portanto, $x \equiv x$. Assim, $\equiv$ é reflexiva.
- Asserção: $\equiv$ é simétrica. Sejam x e y inteiros e suponhamos $x \equiv y$. Isso significa que $n|(x-y)$. Assim, há um inteiro k tal que $(x-y) = kn$. Mas então $(y-x) = (-k)n$. E assim $n|(y-x)$. Portanto, $y \equiv x$. Assim, $\equiv$ é simétrica.
- Asserção: $\equiv$ é transitiva... Assim, $\equiv$ é transitiva.

Portanto, $\equiv$ é uma relação de equivalência.

A prova da terceira parte quase que se escreve por si mesma; nós a deixamos a cargo do leitor (Exercício 15.6).

Classes de equivalência

Já vimos anteriormente que dois números são congruentes mód. 2 se são ou (1) ambos ímpares ou (2) ambos pares (ainda não provamos esse fato, mas vamos fazê-lo; consulte o Corolário 35.5).

Temos duas classes de números: ímpares e pares. Dois números ímpares quaisquer são congruentes módulo 2 (isso pode ser provado) e dois números pares quaisquer são também congruentes módulo 2. As duas classes são disjuntas (não têm elemento comum) e, tomadas em conjunto, contêm todos os inteiros.

Da mesma forma, denotemos por R a relação que tem o mesmo tamanho que nos subconjuntos finitos de $\mathbb{Z}$. Já vimos que R é uma relação de equivalência. Note que podemos categorizar os subconjuntos finitos de $\mathbb{Z}$ de acordo com sua cardinalidade. Há apenas um subconjunto finito de $\mathbb{Z}$ que tem cardinalidade zero, a saber, o conjunto vazio. O único conjunto relacionado com $\emptyset$ pela R é o próprio $\emptyset$. Em seguida, vêm os subconjuntos de tamanho 1:

$$\ldots, \{-2\}, \{-1\}, \{0\}, \{1\}, \{2\}, \ldots$$

Esses subconjuntos estão todos relacionados uns com os outros pela R, mas não estão relacionados com outros conjuntos. Há também a classe de todos os subconjuntos de $\mathbb{Z}$ de tamanho 2 que, igualmente, estão relacionados uns com os outros, mas não com quaisquer outros conjuntos.

A decomposição de um conjunto por uma relação de equivalência é uma ideia importante, que passamos a formalizar.

● DEFINIÇÃO 15.6

(**Classe de equivalência**) Seja R uma relação de equivalência em um conjunto A e seja $a \in A$. A *classe de equivalência de a*, denotada por $[a]$, é o conjunto de todos os elementos de A relacionados com a (pela R); isto é,

$$[a] = \{x \in A : x \, R \, a\}.$$

◆ EXEMPLO 15.7

Consideremos a relação de equivalência congruência mód. 2. O que é $[1]$? Por definição,

$$[1] = \{x \in \mathbb{Z} : x \equiv 1 \,(\text{mód. } 2)\}.$$

Esse é o conjunto de todos os inteiros x, de modo que $2|(x-1)$, isto é, $x - 1 = 2k$ para algum k, de modo que $x = 2k + 1$, isto é, x é ímpar! O conjunto $[1]$ é o conjunto dos números ímpares.

Não é difícil ver (prove-o) que $[0]$ é o conjunto dos números pares.

Consideremos $[3]$. O leitor deve provar que $[3]$ é o conjunto dos números ímpares, de modo que $[1] = [3]$ (ver o Exercício 15.9.).

A relação de equivalência congruência mód. 2 tem apenas duas classes de equivalência: o conjunto dos inteiros ímpares $[1]$ e o conjunto dos inteiros pares $[0]$.

◆ **EXEMPLO 15.8**

Seja R a relação que tem o mesmo tamanho que definida no conjunto de subconjuntos finitos de $\mathbb{Z}$. Que é $[\emptyset]$? Por definição,

$$[\emptyset] = \{A \subseteq \mathbb{Z}: |A| = 0\} = \{\emptyset\}$$

pois $\emptyset$ é o único conjunto com cardinalidade zero.

O que é $[\{2, 4, 6, 8\}]$? O conjunto de todos os subconjuntos finitos de $\mathbb{Z}$ relacionados com $\{2, 4, 6, 8\}$ consiste exatamente nos de tamanho 4:

$$[\{2, 4, 6, 8\}] = \{A \subseteq \mathbb{Z}: |A| = 4\}.$$

A relação R separa o conjunto de subconjuntos finitos de $\mathbb{Z}$ em um número infinito de classes de equivalência (uma para cada elemento de $\mathbb{N}$). Toda classe contém conjuntos que estão relacionados uns com os outros, mas não com qualquer elemento que não esteja naquela classe.

Passamos a apresentar várias proposições que descrevem as características importantes das classes de equivalência.

▶ **PROPOSIÇÃO 15.9**

Seja R uma relação de equivalência em um conjunto A e seja $a \in A$. Então $a \in [a]$.

Prova. Note que $[a] = \{x \in A : x \, R \, a\}$. Para mostrar que $a \in [a]$, basta mostrarmos que $a \, R \, a$, o que é verdade, por definição (R é reflexiva).

Uma consequência da Proposição 15.9 é que as classes de equivalência não são vazias. Uma segunda consequência é que a união de todas as classes de equivalência é o próprio A (ver Exercício 15.10).

▶ **PROPOSIÇÃO 15.10**

Seja R uma relação de equivalência em um conjunto A, e sejam $a, b \in A$. Então, $a \, R \, b$ se e somente se $[a] = [b]$.

Prova. ($\Rightarrow$) Suponhamos $a \, R \, b$. Devemos mostrar que os conjuntos $[a] = [b]$ são o mesmo (ver Esquema de prova 5).

Suponhamos $x \in [a]$. Isso significa que $x \, R \, a$. Como $a \, R \, b$, temos (por transitividade) $x \, R \, b$. Portanto, $x \in [b]$.

Por outro lado, suponhamos que $y \in [b]$. Isso significa que $y \, R \, b$. Temos que $a \, R \, b$, e isso implica $b \, R \, a$ (simetria). Por transitividade (aplicada a $y \, R \, b$ e $b \, R \, a$), temos $y \, R \, a$.

Portanto, $y \in [a]$.

Logo, $[a] = [b]$.

($\Leftarrow$) Suponhamos que $[a] = [b]$. Sabemos (Proposição 14.9) que $a \in [a]$. Mas $[a] = [b]$; assim, $a \in [b]$. Portanto, $a \, R \, b$.

▶ **PROPOSIÇÃO 15.11**

Seja R uma relação de equivalência em um conjunto A e sejam $a, x, y \in A$. Se $x, y \in [a]$, então $x\,R\,y$.

No Exercício 15.11, pede-se ao leitor que prove a Proposição 15.12.

▶ **PROPOSIÇÃO 15.12**

Seja R uma relação de equivalência em A e suponhamos $[a] \cap [b] \neq \emptyset$. Então, $[a] = [b]$.

Antes de abordarmos a prova desse resultado, procuremos entender claramente o que ele nos diz. Ele afirma que ou duas classes de equivalência não têm nenhum elemento em comum, ou então que, se têm um elemento comum, elas são idênticas. Em outras palavras, as classes de equivalência devem ser duas a duas disjuntas.

Passamos agora a desenvolver a prova da Proposição 15.12. Essa proposição pede que provemos que dois conjuntos ($[a]$ e $[b]$) sejam o mesmo conjunto. Poderíamos utilizar o Esquema de prova 5, e a prova não seria demasiadamente difícil (o leitor pode tentá-lo por si mesmo).

Todavia, note que a Proposição 15.10 dá uma condição necessária e suficiente para provar que duas classes de equivalência são a mesma. Para mostrar que $[a] = [b]$, basta mostrar que $a\,R\,b$. O esquema da prova é o seguinte:

Seja R uma relação de equivalência em A e suponhamos que $[a]$ e $[b]$ sejam classes de equivalência com $[a] \cap [b] \neq \emptyset$. ... Assim, $a\,R\,b$. Pela Proposição 15.10 temos, pois, $[a] = [b]$.

Devemos agora detalhar o fato de que $[a] \cap [b] \neq \emptyset$. O fato de dois conjuntos terem intersecção não vazia significa que há algum elemento que está em ambos.

Seja R uma relação de equivalência em A e suponhamos que $[a]$ e $[b]$ sejam classes de equivalência com $[a] \cap [b] \neq \emptyset$. Então existe um $x \in [a] \cap [b]$; isto é, um elemento com $x \in [a]$ e $x \in [b]$. ... Portanto, $a\,R\,b$. Pela Proposição 15.10, temos, pois, $[a] = [b]$.

Podemos agora detalhar os fatos $x \in [a]$ e $x \in [b]$ para obtermos $x\,R\,a$ e $x\,R\,b$ (pela Definição 15.6).

Seja R uma relação equivalente em A e suponha $[a]$ e $[b]$ sejam classes equivalentes com $[a] \cap [b] \neq \emptyset$. Então existe um $x \in [a] \cap [b]$; — ou seja, um elemento x com $x \in [a]$ e $x \in [b]$. Portanto, $x\,R\,a$ e $x\,R\,b$... Então, $a\,R\,b$. Pela Proposição 15.10, temos $[a] = [b]$.

Estamos quase terminando.

Sabemos: $x R a$ e $x R b$
Queremos: $a R b$

Podemos trocar $x R a$ por $a R x$ (por simetria) e aplicar, então, a transitividade a $a R x$ e $x R b$ para obter $a R b$, completando a demonstração.

> Seja R uma relação de equivalência em A e suponhamos que $[a]$ e $[b]$ sejam classes de equivalência com $[a] \cap [b] \neq \emptyset$. Logo, existe um $x \in [a] \cap [b]$; isto é, um elemento x com $x \in [a]$ e $x \in [b]$. Assim, $x R a$ e $x R b$. Como $x R a$, temos $a R x$ (simetria), e como $a R x$ e $x R b$, temos (por transitividade), $a R b$. Portanto, pela Proposição 15.10, temos $[a] = [b]$.

A prova está terminada.
Reiteremos, a seguir, algo do que aprendemos.

▶ COROLÁRIO 15.13

Seja R uma relação de equivalência em um conjunto A. As classes de equivalência de R são subconjuntos disjuntos de A não vazios, disjuntos dois a dois, cuja união é A.

Recapitulando

Uma relação de equivalência é uma relação em um conjunto, a qual é reflexiva, simétrica e transitiva. Discutimos uma relação de equivalência importante – a congruência módulo em n em $\mathbb{Z}$. Desenvolvemos a noção de classes de equivalência e discutimos várias propriedades das classes de equivalência.

15 Exercícios

15.1. Para cada uma das seguintes congruências, encontre todos os números inteiros N, com $N > 1$, que tornam a congruência verdade.
   a. $23 \equiv 13$ (mód. N).
   b. $10 \equiv 5$ (mód. N).
   c. $6 \equiv 60$ (mód. N).
   d. $23 \equiv 22$ (mód. N).

15.2. Sejam a e b inteiros distintos (ou seja, desiguais). Qual é o maior inteiro N de modo que $a \equiv b$ (mód. N)? Explique.

15.3. Quais dos seguintes conjuntos são relações de equivalência?
   a. $R = \{(1, 1), (1, 2), (2, 1), (2, 2), (3, 3)\}$ no conjunto $\{1, 2, 3\}$.
   b. $R = \{(1, 2), (2, 3), (3, 1)\}$ no conjunto $\{1, 2, 3\}$.
   c. $|$ em $\mathbb{Z}$.
   d. $\leq$ em $\mathbb{Z}$.
   e. $\{1, 2, 3\} \times \{1, 2, 3\}$ no conjunto $\{1, 2, 3\}$.

f. $\{1, 2, 3\} \times \{1, 2, 3\}$ no conjunto $\{1, 2, 3, 4\}$.

g. É-um-anagrama-de no conjunto das palavras inglesas (por exemplo, STOP é um anagrama de POTS, porque podemos formar uma palavra a partir da outra mediante uma simples redisposição das letras).

15.4. Prove que, se x e y são ambos ímpares, então $x \equiv y$ (mód. 2).

Prove que, se x e y são ambos pares, então $x \equiv y$ (mód. 2).

15.5. Prove: se a é um inteiro, então $a \equiv -a$ (mód. 2).

15.6. Complete a prova do Teorema 14.5; isto é, prove que a congruência módulo n é transitiva.

15.7. Para cada relação de equivalência, ache a classe de equivalência pedida.

a. $R = \{(1, 1), (1, 2), (2, 1), (2, 2), (3, 3), (4, 4)\}$ em $\{1, 2, 3, 4\}$. Ache [1].

b. $R = \{(1, 1), (1, 2), (2, 1), (2, 2), (3, 3), (4, 4)\}$ em $\{1, 2, 3, 4\}$. Ache [4].

c. R é tem-o-mesmo-algarismo-das-dezenas no conjunto $\{x \in \mathbb{Z} : 100 < x < 200\}$. Determine [123].

d. R é tem-os-mesmos-pais-que no conjunto de todos os seres humanos. Ache [você].

e. R é tem-a-mesma-data-de-aniversário-que no conjunto de todos os seres humanos. Ache [você].

f. R é tem o mesmo tamanho que em $2^{\{1,2,3,4,5\}}$. Ache $[\{1, 3\}]$.

15.8. Para cada uma das seguintes relações de equivalência, determine o número de classes de equivalência da relação.

a. Congruência módulo 10 (para números inteiros).

b. Tem-a-mesma-data-de-aniversário-que (para os seres humanos). (Nota: aqui, mesmo aniversário significa mesmo mês e dia de nascimento, mas não necessariamente mesmo ano).

c. Tem-o-mesmo-tipo-sanguíneo-que (para seres humanos). (Nota: considere ambos os fatores ABO e Rh).

d. Vive-no-mesmo-estado-que (para residentes dos Estados Unidos).

15.9. Consulte o Exemplo 14.7, em que discutimos a relação da congruência módulo 2 nos inteiros. Para essa relação, prove que $[1] = [3]$.

15.10. Seja R uma relação de equivalência em um conjunto A. Prove que a união de todas as classes de equivalência de R é A.

Em símbolos, temos:

$$\bigcup_{a \in A} [a] = A.$$

A notação $\bigcup$ à esquerda merece um comentário. É semelhante à notação desenvolvida na Seção 9. Ali, entretanto, tínhamos um índice que variava entre dois inteiros, como em:

$$\bigcup_{k=1}^{n} (\text{conjuntos dependentes de } k).$$

A variável de apoio é k, e tomamos uma união de conjuntos que dependem de k quando k percorre os inteiros $1, 2, ..., n$.

A situação aqui é ligeiramente diferente. A variável mudar não é necessariamente um inteiro. A notação é da forma:

$$\bigcup_{a \in A} (\text{conjuntos que dependem de } a).$$

Isso significa que tomamos a união sobre todos os (conjuntos dependentes de a) possíveis, à medida que a percorre os vários membros de A.

Note que, nesse problema, a união pode ser redundante. É possível que $[a] = [a']$, onde a e a' são membros diferentes de A. Por exemplo, se R é congruência mód. 2 e $A = \mathbb{Z}$, então:

$$\bigcup_{a \in \mathbb{Z}} [a] = \cdots \cup [-2] \cup [-1] \cup [0] \cup [1] \cup [2] \cup \cdots = [0] \cup [1] = \mathbb{Z}$$

porque $\ldots [-2] = [0] = [2] = \ldots$ e $\ldots = [-3] = [-1] = [1] = [3] = \ldots$

15.11. Seja R uma relação de equivalência em um conjunto A e suponhamos $a, b \in A$.

Prove: $a \in [b] \Leftrightarrow b \in [a]$.

15.12. Prove a Proposição 14.11.

15.13. Sejam R e S relações de equivalência em um conjunto A. Prove que $R = S$ se e somente se as classes de equivalência de R são as mesmas que as de S.

15.14. Com referência ao Exercício 13.13 relativo ao traçado de ilustrações de relações. Seja $A = \{1, 2, 3, \ldots, 10\}$. Faça o seguinte:

a. Trace três ilustrações de diferentes relações de equivalência em A.

b. Para cada relação de equivalência, liste todas as suas classes de equivalência.

c. Descreva com que "se parecem" as relações de equivalência.

15.15. Eis outra maneira de traçar a ilustração de uma relação de equivalência: trace as classes de equivalência. Por exemplo, considere a seguinte relação de equivalência em $A = \{1, 2, 3, 4, 5, 6\}$:

$R = \{(1, 1), (1, 2)\,(2, 1)\,(2, 2), (3, 3),$

$(4, 4), (4, 5), (4, 6), (5, 4), (5, 5), (5, 6), (6, 4), (6, 5), (6, 6)\}$.

As classes de equivalência dessa relação em A são:

$[1] = [2] = \{1, 2\}, [3] = \{3\}$, e $[4] = [5] = [6] = \{4, 5, 6\}$.

A ilustração da relação R, em vez de exibir setas de relação, simplesmente mostra as classes de equivalência de A. Os elementos de A estão encerrados em um círculo, que subdividimos em regiões para mostrar as classes de equivalência. Pelo Corolário 14.13, sabemos que as classes de equivalência de R são não vazias, disjuntas duas a duas e contêm todos os elementos de A. Assim, na figura, as regiões não se superpõem e todo elemento de A acaba situando-se em exatamente uma região.

Para cada uma das relações de equivalência achadas no problema anterior, trace um diagrama das classes de equivalência.

15.16. Há apenas uma relação de equivalência possível em um conjunto de um elemento: se $A = \{1\}$, então $R = \{(1, 1)\}$ é a única relação de equivalência possível.

Há exatamente duas relações de equivalência possíveis em um conjunto de dois elementos: se $A = \{1, 2\}$, então $R_1 = \{(1, 1), (2, 2)\}$ e $R_2 = \{(1, 1), (1, 2), (2, 1), (2, 2)\}$ são as únicas relações de equivalência em A.

Quantas relações de equivalência diferentes são possíveis em um conjunto de três elementos? E em um conjunto de quatro elementos?

15.17. Descreva as classes de equivalência da relação é semelhante a no conjunto de todos os triângulos.

16 Partições

Terminamos a seção anterior com o Corolário 15.13. Vamos repetir aqui aquele resultado.

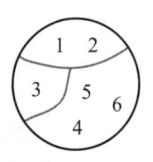

Seja R uma relação de equivalência em um conjunto A. As classes de equivalência de R são subconjuntos não vazios, disjuntos dois a dois, de A cuja união é A.

Esse corolário é plenamente ilustrado pelos diagramas traçados no Exercício 15.13. As classes de equivalência de R são traçadas como regiões separadas no interior de um círculo que contém os elementos de A.

A linguagem técnica para essa propriedade é que as classes de equivalência de R determinam uma *partição* de A.

● **DEFINIÇÃO 16.1**

(Partição) Seja A um conjunto. Uma *partição de* (ou *sobre*) A é um conjunto de conjuntos não vazios, disjuntos dois a dois, cuja união é A.

Há quatro pontos-chave nessa definição que vamos examinar atentamente em um exemplo. Os quatro pontos são:

- Uma partição é um conjunto de conjuntos; cada membro de uma partição é um subconjunto de A. Os membros da partição são chamados *partes*.
- As partes de uma partição são não vazias. O conjunto vazio nunca é parte de uma partição.
- As partes de uma partição são disjuntas duas a duas. Duas partes de uma partição nunca podem ter um elemento em comum.
- A união das partes é o conjunto original.

As partes de uma partição são chamadas *blocos*.

◆ **EXEMPLO 16.2**

Seja $A = \{1, 2, 3, 4, 5, 6\}$ e seja:

$$\mathcal{P} = \{\{1, 2\}, \{3\}, \{4, 5, 6\}\}.$$

Essa é uma partição de A em três partes. Essas partes são $\{1, 2\}$, $\{3\}$ e $\{4, 5, 6\}$. Esses três conjuntos são (1) não vazios, (2) disjuntos dois a dois e (3) sua união é A.

Em geral, utilizamos uma letra rebuscada $\mathcal{P}$ para denotar uma partição. Fazemos isso porque $\mathcal{P}$ é um conjunto de conjuntos. Essa hierarquia de letras – minúscula, maiúscula e rebuscada – é uma convenção útil para distinguir elementos, conjuntos e conjuntos de conjuntos, respectivamente.

A partição $\{(1, 2), (3), (4, 5, 6)\}$ não é a única partição de $A = \{1, 2, 3, 4, 5\}$. Eis mais duas partições dignas de nota:

$$\{\{1, 2, 3, 4, 5, 6\}\} \quad \text{e} \quad \{\{1\}, \{2\}, \{3\}, \{4\}, \{5\}, \{6\}\}.$$

A primeira é uma partição de A em apenas uma parte contendo todos os elementos de A, e a segunda é uma partição de A em seis partes, cada uma contendo apenas um elemento.

O Corolário 15.13 pode ser reformulado como segue:

Seja R uma relação de equivalência em um conjunto A. As classes de equivalência de R formam uma partição do conjunto A.

Dada uma relação de equivalência em um conjunto, as classes de equivalência dessa relação geram uma partição do conjunto. Começamos com uma relação de equivalência e formamos uma partição. Podemos também seguir o caminho inverso; dada uma partição, há uma maneira natural de construir uma relação de equivalência.

Formando uma relação de equivalência de uma divisão.

Seja $\mathcal{P}$ uma partição de um conjunto A. Usamos $\mathcal{P}$ para formar uma relação em A. Chamamos essa relação a relação está na mesma parte que e a denotamos por $\stackrel{\mathcal{P}}{\equiv}$. Define-se como segue. Sejam $a, b \in A$. Então:

$$a \stackrel{\mathcal{P}}{\equiv} b \Longleftrightarrow \exists\, P \in \mathcal{P}, a, b \in P.$$

Em palavras, a e b estão relacionadas por $\stackrel{\mathcal{P}}{\equiv}$ desde que haja uma parte da partição $\mathcal{P}$ que contenha ambos a e b.

▶ PROPOSIÇÃO 16.3

Seja A um conjunto, e $\mathcal{P}$ uma partição em A. A relação $\stackrel{\mathcal{P}}{\equiv}$ é uma relação de equivalência em A.

Prova. Para mostrar que $\stackrel{\mathcal{P}}{\equiv}$ é uma relação de equivalência, devemos mostrar que é (1) reflexiva, (2) simétrica e (3) transitiva.

- $\stackrel{\mathcal{P}}{\equiv}$ é reflexiva.

    Seja a um elemento arbitrário de A. Como $\mathcal{P}$ é uma partição, deve haver uma parte $P \in \mathcal{P}$ que contenha a (a união das partes é A). Temos $a \stackrel{\mathcal{P}}{\equiv} a$, pois $a, a \in P \in \mathcal{P}$.

- $\stackrel{\mathcal{P}}{\equiv}$ é simétrica.

    Suponhamos $a \stackrel{\mathcal{P}}{\equiv} b$ para $a, b \in A$. Isso significa que há um $P \in \mathcal{P}$ tal que $a, b \in P$. Como a e b estão na mesma parte de $\mathcal{P}$, temos $b \stackrel{\mathcal{P}}{\equiv} a$.

- $\stackrel{\mathcal{P}}{\equiv}$ é transitiva (esse passo é mais interessante).

    Sejam $a, b, c \in A$ e suponhamos $a \stackrel{\mathcal{P}}{\equiv} b$ e $b \stackrel{\mathcal{P}}{\equiv} c$. Como $a \stackrel{\mathcal{P}}{\equiv} b$, há uma parte $P \in \mathcal{P}$ que contém ambos a e b. Como $b \stackrel{\mathcal{P}}{\equiv} c$, há uma parte $Q \in \mathcal{P}$ com $b, c \in Q$. Note que b está tanto em P como em Q. Assim, as partes P e Q têm um elemento comum. Como as partes de uma partição devem ser disjuntas duas a duas, deve ser $P = Q$. Portanto, todos os três a, b, c estão conjuntamente na mesma parte de $\mathcal{P}$. E como a, c estão em uma parte comum de $\mathcal{P}$, temos $a \stackrel{\mathcal{P}}{\equiv} c$.

Confirmamos que $\stackrel{\mathcal{P}}{\equiv}$ é uma relação de equivalência. Quais são suas classes de equivalência?

PROPOSIÇÃO 16.4

Seja $\mathcal{P}$ uma partição em um conjunto A, e seja $\stackrel{\mathcal{P}}{\equiv}$ a relação está na mesma parte que. As classes de equivalência de $\stackrel{\mathcal{P}}{\equiv}$ são precisamente as partes de $\mathcal{P}$.

Deixamos a demonstração a cargo do leitor (Exercício 16.5).

O ponto a salientar aqui é que as relações de equivalência e as partições são lados da mesma moeda matemática. Dada uma partição, podemos formar a relação de equivalência na mesma parte que. E, dada uma relação de equivalência, podemos formar a partição em classes de equivalência.

Contagem de classes/partes

Na matemática discreta, encontramos frequentemente problemas do tipo "de quantas maneiras diferentes podemos...". A palavra que desejamos enfocar é *diferente*.

Por exemplo, de quantas maneiras diferentes podem ser dispostas as letras da palavra HELLO? A parte difícil desse problema é o L repetido. Comecemos, por isso, com uma palavra mais fácil.

◆ EXEMPLO 16.5

De quantas maneiras podemos dispor as letras da palavra WORD? Uma palavra nada mais é que uma lista de letras. Temos uma lista de quatro letras possíveis e desejamos contar listas usando cada uma delas exatamente uma vez. Trata-se de um problema que já resolvemos (ver Seções 6 e 7). A resposta é 4! = 24. Ei-las:

WORD	WODR	WROD	WRDO	WDOR	WDRO
OWRD	OWDR	ORWD	ORDW	ODWR	ODRW
RWOD	RWDO	ROWD	RODW	RDWO	RDOW
DWOR	DWRO	DOWR	DORW	DRWO	DROW

Voltemos ao problema da contagem do número de maneiras como podemos dispor as letras da palavra HELLO. Se não houvesse letras repetidas, a resposta seria 5! = 120. Imaginemos, por um momento, que os dois Ls sejam letras diferentes. Escrevamos uma delas maior que a outra: HEL**L**O. Se fôssemos escrever todas as 120 maneiras de dispor as letras em HEL**L**O, teríamos uma tabela como a que segue:

HEL**L**O	HE**L**OL	HE**L**LO	HELO**L**	HEO**L**L	HEO**L**L
H**L**ELO	H**L**EOL	H**L**LEO	H**L**LOE	H**L**OLE	H**L**OEL
		várias linhas omitidas			
LLHEO	**L**LHOE	**L**LEHO	**L**LEOH	**L**LOHE	**L**LOEH
L**L**HEO	L**L**HOE	L**L**EHO	L**L**EOH	L**L**OHE	L**L**OEH

Anagramas de HELLO.

Reduzamos agora os **L**s grandes ao seu tamanho original. Uma vez feito isso, não podemos mais distinguir entre HEL**L**O e HE**L**LO, ou entre **L**EH**L**O e **L**EH**L**O.

Espero que, a esta altura, tenha ficado claro que a resposta do problema de contagem é 60: há 120 valores na tabela (de HELLO a LLOEH), e cada rearranjo de HELLO aparece exatamente duas vezes na tabela.

Encaremos esse caso utilizando relações de equivalência e partições. O conjunto A é o conjunto de todos os 120 rearranjos de HELLO. Suponha que a e b sejam elementos de A (anagramas de HELLO). Definamos uma relação R com $a\,R\,b$, desde que a e b deem o mesmo arranjo de HELLO quando reduzimos o L grande a um L pequeno. Por exemplo, (HELO**L**) R (HE**L**OL).

R é uma relação de equivalência? É claro que R é reflexiva, simétrica e transitiva e, assim, R é, de fato, uma relação de equivalência. As classes de equivalência de R são todas as maneiras diferentes de reagrupar HELLO que se afiguram a mesma quando diminuímos o L grande. Por exemplo,

$$[\text{H}\textbf{L}\text{EOL}] = \{\text{H}\textbf{L}\text{EOL}, \text{HLEO}\textbf{L}\}$$

pois tanto H**L**EOL como HLEO**L** dão HLEOL quando reduzimos o tamanho do L grande.

Eis o ponto importante: o número de maneiras como podemos reagrupar as letras em HELLO é exatamente o mesmo que o número de classes de equivalência de R.

Passemos agora aos cálculos: há 120 maneiras de reagrupar as letras em HELLO (isto é, $|A| = 120$). A relação R particiona o conjunto A em certo número de classes de equivalência. Cada classe de equivalência tem exatamente dois elementos nela. Assim, ao todo, há $120 \div 2 = 60$ classes de equivalência diferentes. Logo, há 60 maneiras diferentes de rearranjar HELLO.

Anagramas de AARDVARK.

Consideremos outro exemplo. De quantas maneiras diferentes podemos dispor as letras da palavra AARDVARK? A palavra de oito letras contém dois Rs e três As. Vamos usar dois tipos de R (digamos R e **R**) e três tipos de A (a, A e **A**) de forma que a palavra fica **A**ARDVa**R**K.

Seja X o conjunto de todos os arranjos de **A**ARDVa**R**K. Consideraremos duas grafias relacionadas por R se elas são idênticas quando suas letras são restituídas ao tamanho normal. Obviamente, R é uma relação de equivalência em X; queremos contar o número de classes de equivalência.

O problema se torna: de que tamanho são as classes de equivalência? Consideremos o tamanho da classe de equivalência [**R**A**D**aKRAV]. Esses são todos os arranjos que se transformam em RADAKRAV quando suas letras são todas do mesmo tipo. Quantos há? Trata-se de um problema de contagem de lista! Desejamos contar o número de listas nas quais os elementos satisfazem as seguintes restrições:

- Os elementos 3, 5 e 8 da lista devem ser D, K e V.
- Os elementos 1 e 6 devem ser um de cada um dos dois tipos diferentes de R.
- Os elementos 2, 4 e 7 devem ser um de cada um dos três tipos diferentes de A.

Veja a figura a seguir.

$$\boxed{\stackrel{1}{R}}\boxed{\stackrel{2}{A}}\boxed{\stackrel{3}{D}}\boxed{\stackrel{4}{A}}\boxed{\stackrel{5}{K}}\boxed{\stackrel{6}{R}}\boxed{\stackrel{7}{A}}\boxed{\stackrel{8}{V}}$$

$$2 \times 3 \times 1 \times 2 \times 1 \times 1 \times 1 \times 1$$

— 2! escolhas para Rs   — 3! escolhas para As

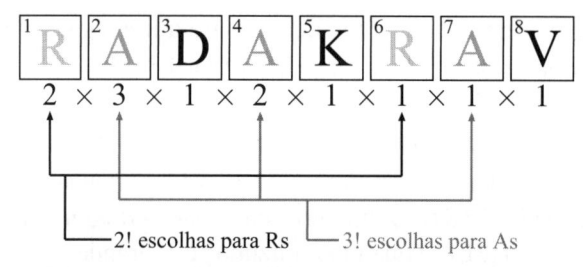

As letras R e A na figura aparecem obscurecidas para mostrar que sua forma final deve ser determinada.

Contemos agora de quantas maneiras podemos construir essa lista. Há duas escolhas para a primeira posição (podemos usar qualquer R). Há três escolhas para a segunda posição (podemos usar qualquer A). Há apenas uma escolha para a posição 3 (deve ser D). Agora, consideradas essas escolhas, há apenas duas escolhas para a posição 4 (como o primeiro A já foi selecionado, restam-nos apenas duas escolhas de A a essa altura). Para cada uma das posições restantes, há apenas uma única escolha (o K e o V são predeterminados, e estamos com apenas uma escolha para cada um dos restantes elementos A e R).

Portanto, o número de rearranjos de **A**ARD**V**a**R**K em [RADaKRAV] é $2 \times 3 \times 1 \times 2 \times 1 \times 1 \times 1 \times 1 = 3! \times 2! = 12$.

Agora um comentário crítico: todas as classes de equivalência têm o mesmo tamanho! Não importa como disponhamos as letras em **A**ARD**V**a**R**K, a análise que acabamos de fazer permanece a mesma. Independentemente de onde os As possam situar-se, haverá exatamente 3! maneiras de preencher seus lugares, e independentemente de onde os Rs estejam, há 2! maneiras de escolher seus estilos. E há apenas uma escolha para o estilo de cada um entre D, K e V. Assim, todas as classes de equivalência têm tamanho 12.

Portanto, o número de arranjos de AARDVARK é:

$$\frac{8!}{3!2!} = \frac{40320}{12} = 3360.$$

Vale resumir a ideia central dessa técnica de contagem em uma afirmação oficial.

❖ **TEOREMA 16.6**

(**Contagem de classes de equivalência**) Seja R uma relação de equivalência em um conjunto finito A. Se todas as classes de equivalência de R têm o mesmo tamanho, m, então o número de classes de equivalência é $|A|/m$.

Há uma hipótese importante nesse resultado. As classes de equivalência devem todas ter o mesmo tamanho. E isso nem sempre ocorre.

◆ **EXEMPLO 16.7**

Seja $A = 2^{\{1,2,3,4\}}$, isto é, o conjunto de todos os subconjuntos de $\{1, 2, 3, 4\}$. Seja R a relação tem o mesmo tamanho que. Essa relação particiona A em cinco partes (subconjuntos de tamanhos 0 a 4). Os tamanhos dessas classes de equivalência não são todos o mesmo. Por exemplo, [∅] contém apenas ∅, de modo que essa classe tem tamanho 1. Entretanto, [{1}] = {{1}, {2}, {3}, {4}}, e assim contém quatro membros de A. Eis a seguir a tabela completa:

Tamanho da classe	Classe de equivalência
[∅]	1
[{1}]	4
[{1, 2}]	6
[{1, 2, 3}]	4
[{1, 2, 3, 4}]	1

Recapitulando

Uma partição de um conjunto A é um conjunto de subconjuntos de A, não vazios, disjuntos dois a dois, cuja união é A. Exploramos a conexão entre partições e relações de equivalência. Aplicamos essas ideias a problemas de contagem, procurando contar o número de classes de equivalência quando todas elas têm o mesmo tamanho.

16 Exercícios

16.1. Há apenas duas partições possíveis do conjunto {1, 2}. São {{1}, {2}} e {{1, 2}}. Ache todas as partições possíveis de {1, 2, 3} e de {1, 2, 3, 4}.

16.2. Quantos anagramas diferentes (inclusive "palavras" sem sentido) podem ser formados com cada uma das seguintes palavras?
   a. STAPLE
   b. DISCRETE
   c. MATHEMATICS
   d. SUCCESS
   e. MISSISSIPI

16.3. Quantos anagramas diferentes (inclusive "palavras" sem sentido) podem ser formados com a palavra SUCCESS, se a primeira e a última letras devem ser ambas S?

16.4. Quantos anagramas diferentes (inclusive "palavras" sem sentido) podem ser formados com a palavra FACETIOUSLY dado que todas as seis vogais devem permanecer em ordem alfabética (mas não necessariamente contíguas umas às outras)?

16.5. Prove a Proposição 16.4.

16.6. Prove o Teorema 16.6. O leitor pode admitir o princípio da soma generalizada (ver logo após o Corolário 12.8).

16.7. Doze pessoas se dão as mãos para uma dança em círculo. De quantas maneiras podem fazê-lo?

16.8. *Continuação do problema anterior.* Suponha que seis das pessoas sejam homens, e as outras seis sejam mulheres. De quantas maneiras elas se podem dar as mãos em um círculo, supondo-se que os sexos devam alternar-se?

16.9. De quantas maneiras é possível fazer um colar com 20 contas diferentes?

16.10. Dispõem-se os inteiros de 1 a 25 em um quadro 5 × 5 (cada número é usado exatamente uma vez). O que importa são os números que figuram em cada coluna e como eles aí se dispõem. A ordem em que as colunas figuram não interessa (ver figura a seguir; os dois quadros ali exibidos devem ser considerados o mesmo).

Quantos quadros diferentes podem ser formados?

22	4	5	20	23
16	3	8	7	14
21	1	25	9	15
6	12	11	2	24
19	10	17	13	18

20	4	5	22	23
7	3	8	16	14
9	1	25	21	15
2	12	11	6	24
13	10	17	19	18

16.11. De quantas maneiras podemos dividir vinte pessoas em dois times com dez jogadores cada?

> Um quarteto de cordas normalmente tem dois violinos, uma viola e um violoncelo. Para este problema, consideremos os quartetos com um de cada um dos quatro tipos de instrumentos de cordas, mas você pode tentar pensar sobre a situação na qual há 20 violinistas, 10 violetistas e 10 violoncelistas que são divididos em quartetos de cordas tradicionais.

16.12. Um clube de tênis tem 40 membros. Uma tarde, eles se reuniram para jogar partidas individuais (competições um contra um). Todos os membros do clube jogaram um contra outro membro, assim vinte partidas foram realizadas. De quantas maneiras isso pode ser arranjado?

Na tarde seguinte, os membros do clube decidiram jogar partidas em duplas (equipes de dois contra dois). Os jogadores formaram 20 equipes, e essas equipes jogaram uma partida contra outra equipe (com um total de dez partidas). De quantas maneiras isso pode ser feito?

16.13. Cem pessoas são divididas em dez grupos de discussão com dez pessoas em cada um. De quantas maneiras isso pode ser feito?

16.14. Uma certa escola de música tem 40 alunos, com 10 cada estudando violino, viola, violoncelo e baixo de corda. O diretor da escola quer dividir a sala em 10 quartetos de cordas; os quatro alunos de cada quarteto estudam quatro instrumentos diferentes.

De quantas maneiras isso pode ser feito?

16.15. Quantas partições diferentes com exatamente duas partes podemos fazer no conjunto $\{1, 2, 3, 4\}$?

Responda à mesma pergunta para o conjunto $\{1, 2, 3, ..., 100\}$.

16.16. Quantas partições do conjunto $\{1, 2, 3, ..., 100\}$ existem de forma que (a) tenham exatamente três partes, e (b) os elementos 1, 2 e 3 estão em diferentes partes?

16.17. Seja A um conjunto de 100 elementos. Qual é maior: o número de partições de A em 20 partes de tamanho 5 ou o número de partições de A em 5 partes de tamanho 20?

16.18. Duas moedas diferentes são colocadas em casas de um tabuleiro padrão de xadrez 8×8; elas podem ser colocadas ambas na mesma casa.

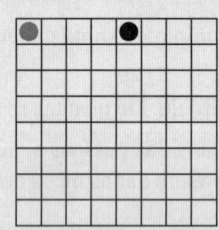

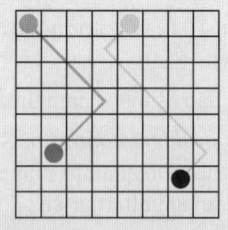

Chamemos equivalentes dois arranjos dessas moedas no tabuleiro se pudermos mover as moedas diagonalmente para passar de um arranjo para outro. Por exemplo, as duas posições mostradas nos dois tabuleiros na figura anterior são equivalentes.

De quantas maneiras diferentes (não equivalentes) as moedas podem ser colocadas no tabuleiro?

16.19. Refaça o problema anterior, admitindo que as moedas sejam idênticas.

16.20. Seja A um conjunto e seja $\mathcal{P}$ uma partição de A. É possível termos $A = \mathcal{P}$?

■ 17 Coeficientes binomiais

Terminamos a seção anterior com o Exemplo 16.7, em que contamos o número de classes de equivalência da relação tem o mesmo tamanho que no conjunto de subconjuntos de $\{1, 2, 3, 4\}$. Encontramos cinco classes de equivalência diferentes (correspondentes aos cinco inteiros de 0 a 4), e essas classes de equivalência têm diversos tamanhos. Seus tamanhos são, pela ordem, 1, 4, 6, 4 e 1. Esses números já devem ser conhecidos do leitor. Observe:

$$(x+y)^4 = 1x^4 + 4x^3y + 6x^2y^2 + 4xy^3 + 1y^4$$

Esses números são os coeficientes de $(x+y)^4$ após desenvolvimento. O leitor pode também reconhecer esses números como a quarta linha do triângulo de Pascal. Nesta seção, vamos explorar minuciosamente esses números.

> A notação $\binom{n}{k}$ se lê "n k a k". Outra forma dessa notação, ainda em uso em algumas calculadoras, é $_nC_k$. Ocasionalmente, escreve-se $C(n, k)$. Como forma alternativa de expressar $\binom{n}{k}$ é como o número de "combinações" de n objetos tomados k de cada vez. A palavra *combinatória* (um termo que se refere a problemas de contagem em matemática discreta) provém de "combinações". Não aprecio o uso da palavra "combinações" e creio ser mais claro dizer que $\binom{n}{k}$ representa o número de subconjuntos de k elementos de um conjunto de n elementos.

O problema central que vamos considerar nesta seção é o seguinte:

Quantos subconjuntos de tamanho k tem um conjunto de n elementos?

Há uma notação especial para a resposta a essa questão: $\binom{n}{k}$.

● DEFINIÇÃO 17.1

(Coeficiente binomial) Sejam $n, k \in \mathbb{N}$. O símbolo $\binom{n}{k}$ denota o número de subconjuntos de k elementos de um conjunto de n elementos.

O número $\binom{n}{k}$ é chamado *coeficiente binomial*. A razão dessa designação é que os números $\binom{n}{k}$ são os coeficientes do desenvolvimento de $(x+y)^n$. Esse ponto será explicado adiante com mais detalhe.

◆ EXEMPLO 17.2

Calcule $\binom{5}{0}$.

Solução: devemos contar o número de subconjuntos de zero elementos de um conjunto de cinco elementos. O único conjunto possível é $\emptyset$, de modo que a resposta é $\binom{5}{0} = 1$.

É claro que não há nada de especial quanto ao número 5 nesse exemplo. O número de subconjuntos com zero elementos em qualquer conjunto é sempre 1. Temos, pois, para todo $n \in \mathbb{N}$,

$$\binom{n}{0} = 1.$$

◆ EXEMPLO 17.3

Calcule $\binom{5}{1}$.

Solução: o problema pede o número de subconjuntos de um elemento de um conjunto de cinco elementos. Consideremos, por exemplo, o conjunto de cinco elementos {1, 2, 3, 4, 5}. Os subconjuntos de um elemento são {1}, {2}, {3}, {4} e {5}, assim, $\binom{5}{1}$ = 5. O número de subconjuntos de um elemento de um conjunto de n elementos é exatamente n:

$$\binom{n}{1} = n.$$

◆ EXEMPLO 17.4

Calcule $\binom{5}{2}$.

Solução: o símbolo $\binom{5}{2}$ representa o número de subconjuntos de dois elementos de um conjunto de cinco elementos. O mais simples a fazer é listar todas as possibilidades.

{1, 2}	{1, 3}	{1, 4}	{1, 5}
{2, 3}	{2, 4}	{2, 5}	
{3, 4}	{3, 5}		
{4, 5}			

Há, portanto, dez subconjuntos de dois elementos em um conjunto de cinco elementos, de forma que $\binom{5}{2}$ = 4 + 3 + 2 + 1 = 10.

Há um padrão interessante no Exemplo 17.4. Procuremos generalizá-lo. Suponha que queiramos saber o número de subconjuntos de dois elementos de um conjunto de n elementos. Seja {1, 2, 3, ..., n} o conjunto de n elementos. Podemos fazer um quadro como no exemplo. A primeira linha do quadro relaciona os subconjuntos de dois elementos cujo menor elemento é 1. A segunda linha relaciona os subconjuntos de dois elementos cujo menor elemento é 2 e assim por diante; e a última linha da tabela relaciona o (único) subconjunto de dois elementos cujo menor elemento é $n - 1$ (isto é, {$n - 1, n$}).

Note que nosso quadro esgota todas as possibilidades (o menor elemento deve ser um dos números de 1 a $n - 1$), não ocorrendo nenhuma duplicação (os subconjuntos em linhas diferentes da tabela têm menores elementos diferentes).

O número de conjuntos na primeira linha dessa tabela hipotética é $n - 1$, porque, uma vez que decidamos que o menor elemento é 1, o subconjunto se apresenta assim: {1, __}. O segundo elemento deve ser maior que 1, sendo, pois, escolhido em {2, ..., n}; há $n - 1$ maneiras de completar o conjunto {1, __}.

O número de conjuntos da segunda linha dessa tabela é $n - 2$. Todos os subconjuntos nessa linha se apresentam assim: {2, __}. O segundo elemento deve ser escolhido entre os números 3 a n, de modo que há $n - 2$ maneiras de completar esse conjunto.

De modo geral, o número de conjuntos na linha k dessa tabela hipotética é $n - k$. Os subconjuntos nessa linha se apresentam assim: {k, __} e o segundo elemento do conjunto deve ser um inteiro de $k + 1$ a n, havendo $n - k$ possibilidades.

Essa discussão constitui a prova do seguinte resultado.

▶ **PROPOSIÇÃO 17.5**

Seja n um inteiro com $n \geq 2$. Então:

$$\binom{n}{2} = 1 + 2 + 3 + \cdots + (n-1) = \sum_{k=1}^{n-1} k.$$

Até agora calculamos $\binom{5}{0}$, $\binom{5}{1}$ e $\binom{5}{2}$. Prossigamos com essa exploração.

◆ **EXEMPLO 17.6**

Calcule $\binom{5}{3}$.

Solução: simplesmente listamos os subconjuntos de três elementos de $\{1, 2, 3, 4, 5\}$.

| $\{1, 2, 3\}$ | $\{1, 2, 4\}$ | $\{1, 2, 5\}$ | $\{1, 3, 4\}$ | $\{1, 3, 5\}$ |
| $\{1, 4, 5\}$ | $\{2, 3, 4\}$ | $\{2, 3, 5\}$ | $\{2, 4, 5\}$ | $\{3, 4, 5\}$ |

Há dez desses conjuntos; assim, $\binom{5}{3} = 10$.

Note que $\binom{5}{2} = \binom{5}{3} = 10$. Essa igualdade não é uma coincidência. Vejamos por que esses números são iguais. A ideia é achar uma maneira natural de emparelhar os dois subconjuntos de $\{1, 2, 3, 4, 5\}$ com os subconjuntos de três elementos. Queremos uma correspondência biunívoca entre esses dois tipos de conjunto. Naturalmente poderíamos apenas listá-los em duas colunas de uma tabela, mas isso não é necessariamente "natural". A ideia é tomar o complemento (consulte o Exercício 12.22) de um subconjunto de dois elementos para formar um subconjunto de três elementos, ou vice-versa. É o que vamos fazer aqui:

A	$\overline{A}$	A	$\overline{A}$
$\{1, 2\}$	$\{3, 4, 5\}$	$\{2, 4\}$	$\{1, 3, 5\}$
$\{1, 3\}$	$\{2, 4, 5\}$	$\{2, 5\}$	$\{1, 3, 4\}$
$\{1, 4\}$	$\{2, 3, 5\}$	$\{3, 4\}$	$\{1, 2, 5\}$
$\{1, 5\}$	$\{2, 3, 4\}$	$\{3, 5\}$	$\{1, 2, 4\}$
$\{2, 3\}$	$\{1, 4, 5\}$	$\{4, 5\}$	$\{1, 2, 3\}$

Este é um exemplo de prova *bijetiva*.
O conceito de *complemento de um conjunto* é desenvolvido no Exercício 12.22.

Cada subconjunto de dois elementos A é emparelhado com $\{1, 2, 3, 4, 5\} - A$ (que denotamos por $\overline{A}$, pois $\{1, 2, 3, 4, 5\}$ é o "universo" que estamos considerando no momento).

Esse emparelhamento $A \leftrightarrow \overline{A}$ é uma correspondência biunívoca entre os subconjuntos de dois e de três elementos de $\{1, 2, 3, 4, 5\}$. Se A_1 e A_2 são dois subconjuntos diferentes de dois elementos, então $\overline{A_1}$ e $\overline{A_2}$ são dois subconjuntos diferentes de três elementos. Todo subconjunto de dois elementos é emparelhado com exatamente um subconjunto de três elementos, e nenhum conjunto fica fora do emparelhamento. Isso explica de modo cabal por que $\binom{5}{2} = \binom{5}{3}$ e nos abre o caminho para a generalização.

Poderíamos supor $\binom{n}{2}=\binom{n}{3}$, mas isso não seria correto. Apliquemos nossa análise do complemento a $\binom{n}{2}$ e vejamos o que aprendemos. Seja A um subconjunto de dois elementos de $\{1, 2, ..., n\}$. Nesse contexto, $\overline{A}$ significa $\{1, 2, ..., n\} - A$. O emparelhamento $A \leftrightarrow \overline{A}$ não estabelece correspondência entre subconjuntos de dois e de três elementos. O complemento de um conjunto de dois elementos seria um subconjunto de $(n-2)$ elementos de $\{1, 2, ..., n\}$. Temos agora o resultado correto: $\binom{n}{2} = \binom{n}{n-2}$.

Podemos avançar mais com essa análise. Em lugar de formar o complemento dos subconjuntos de dois elementos de $\{1, 2, ..., n\}$, podemos formar os complementos de subconjuntos de outros tamanhos. Quais são os complementos dos subconjuntos de k elementos de $\{1, 2, ..., n\}$? São precisamente os subconjuntos de $(n-k)$ elementos. Além disso, a correspondência $A \leftrightarrow \overline{A}$ dá um emparelhamento um a um dos subconjuntos de k e $(n-k)$ elementos de $\{1, 2, ..., n\}$. Isso implica que o número de subconjuntos de k e $(n-k)$ elementos de um conjunto de n elementos deve ser o mesmo. O que acabamos de mostrar é o que segue.

▶ **PROPOSIÇÃO 17.7**

Sejam $n, k \in \mathbb{N}$ com $0 \le k \le n$. Então:

$$\binom{n}{k} = \binom{n}{n-k}$$

Eis outra maneira de considerar esse resultado. Imagine uma turma com n crianças. O professor tem k barras de chocolate idênticas para dar a exatamente k crianças. De quantas maneiras as barras de chocolate podem ser distribuídas? A resposta é $\binom{n}{k}$, porque estamos selecionando um conjunto de k crianças para ganhar a barra de chocolate. Mas a visão pessimista também é interessante. Podemos pensar em selecionar as crianças sem sorte que não receberão o chocolate. Há $n-k$ crianças nessas condições, e podemos selecionar esse subconjunto da classe de $\binom{n}{n-k}$ maneiras. Como os dois problemas de contagem obviamente coincidem, devemos ter $\binom{n}{k} = \binom{n}{n-k}$.

Calculamos até agora $\binom{5}{0}, \binom{5}{1}, \binom{5}{2}$ e $\binom{5}{3}$. Prossigamos. Podemos utilizar a Proposição 16.7 para calcular $\binom{5}{4}$; a proposição afirma que:

$$\binom{5}{4} = \binom{5}{5-4} = \binom{5}{1}$$

e já sabemos que $\binom{5}{1} = 5$. Assim, $\binom{5}{4} = 5$.

Em seguida, vem $\binom{5}{5}$. Podemos utilizar a Proposição 16.7 e raciocinar $\binom{5}{5} = \binom{5}{5-5} = \binom{5}{0} = 1$, ou podemos entender que só pode haver um subconjunto de cinco elementos em um conjunto de cinco elementos, a saber, o conjunto total!

Em seguida, vem $\binom{5}{6}$. Podemos tentar usar a Proposição 16.7, mas nos deparamos com um empecilho. Escrevemos:

$$\binom{5}{6} = \binom{5}{5-6} = \binom{5}{-1}$$

mas não sabemos o que é $\binom{5}{-1}$. Na realidade, a situação é pior: $\binom{5}{-1}$ não tem sentido. Não faz sentido pedir o número de subconjuntos, de um conjunto de cinco elementos, que tenham -1 elementos; não tem sentido considerar conjuntos com um número negativo de elementos (esta é a razão pela qual incluímos a hipótese $0 \le k \le n$ na formulação da Proposição 17.7)!

Entretanto, um conjunto *pode* ter seis elementos, de modo que $\binom{5}{6}$ não deixa de ter sentido; é simplesmente zero. Um conjunto de cinco elementos não pode ter nenhum subconjunto de seis elementos, de forma que $\binom{5}{6} = 0$. Analogamente, $\binom{5}{7} = \binom{5}{8} = \ldots = 0$.

Resumamos o que aprendemos até agora:

- Calculamos $\binom{5}{k}$ para todos os números naturais k. Os valores são 1, 5, 10, 10, 5, 1, 0, 0, ..., para $k = 0, 1, 2, \ldots$, respectivamente.
- Temos $\binom{n}{0} = 1$ e $\binom{n}{1} = n$.
- Temos $\binom{n}{2} = 1 + 2 + \ldots + (n-1)$.
- Temos $\binom{n}{k} = \binom{n}{n-k}$.
- Se $k > n$, $\binom{n}{k} = 0$.

Cálculo de $\binom{n}{k}$

Até agora calculamos diversos valores de $\binom{n}{k}$, mas nosso trabalho tem sido específico. Não temos um método geral para obter esses valores. Constatamos que os valores não nulos de $\binom{5}{k}$ são:

$$1, 5, 10, 10, 5, 1.$$

Desenvolvendo $(x + y)^5$, obtemos:

$$(x+y)^5 = 1x^5 + 5x^4y + 10x^3y^2 + 10x^2y^3 + 5xy^4 + 1y^5$$
$$= \binom{5}{0}x^5 + \binom{5}{1}x^4y + \binom{5}{2}x^3y^2 + \binom{5}{3}x^2y^3 + \binom{5}{4}xy^4 + \binom{5}{5}y^5$$

Isso sugere uma forma para calcular $\binom{n}{k}$: desenvolver $(x+y)^n$ e $\binom{n}{k}$ é o coeficiente de $x^{n-k}y^k$. Isso é realmente maravilhoso! Vamos prová-lo.

❖ TEOREMA 17.8

(**Binomial**) Seja $n \in \mathbb{N}$. Então:

$$(x+y)^n = \sum_{k=0}^{n} \binom{n}{k} x^{n-k} y^k.$$

Esse resultado explica por que $\binom{n}{k}$ é chamado *coeficiente binomial*. Os números $\binom{n}{k}$ são os coeficientes que aparecem no desenvolvimento de $(x+y)^n$.

Prova. A chave para a prova do teorema binomial consiste em pensarmos como multiplicamos polinômios. Quando multiplicamos $(x+y)^2$, fazemos o seguinte cálculo:

$$(x+y)^2 = (x+y)(x+y) = xx + xy + yx + yy$$

e agrupamos os termos semelhantes, obtendo $x^2 + 2xy + y^2$.

O processo para $(x+y)^n$ é precisamente o mesmo. Escrevemos n fatores $(x+y)$:

$$\underbrace{(x+y)}_{1}\underbrace{(x+y)}_{2}\underbrace{(x+y)}_{3}\cdots\underbrace{(x+y)}_{n}.$$

Formamos, então, todos os termos possíveis tomando um x ou um y dos fatores 1, 2, 3, ..., n. Isso equivale a fazer listas (ver Seção 8). Estamos formando todas as listas de n elementos possíveis em que cada elemento é um x ou um y. Por exemplo,

$$(x+y)(x+y)(x+y) = xxx + xxy + xyx + xyy + yxx + yxy + yyx + yyy.$$

O próximo passo consiste em grupar os termos semelhantes. No exemplo $(x+y)^3$, há um termo com três x e nenhum y, três termos com dois x e um y, três termos com um x e dois y, e um termo com nenhum x e três y. Isso nos dá:

$$(x+y)^3 = 1x^3 + 3x^2y + 3xy^2 + 1y^3$$

A questão torna-se, então: quantos termos de $(x+y)^n$ têm precisamente k y e $(n-k)$ x? Encararemos esse problema como uma questão de contagem de lista. Desejamos contar o número de listas de n elementos com precisamente $(n-k)$ x e k y. E sabemos qual deve ser a resposta: $\binom{n}{k}$. Devemos justificar essa resposta.

Podemos especificar todas as listas com os k y (e $n-k$ x) fixando as posições dos y (e os x ocuparão as posições restantes). Por exemplo, se $n = 10$ e dizemos que o conjunto de posições de y é $\{2, 3, 7\}$, então sabemos que estamos falando do termo (lista) $xyyxxxyxxx$. Poderíamos fazer uma tabela: à esquerda da tabela ficariam todas as listas com k y e $n-k$ x, e à direita escreveríamos o conjunto de posições de y para cada lista. A coluna da direita da tabela consistiria simplesmente nos subconjuntos de k elementos de $\{1, 2, ..., n\}$. Mas o número de listas com k y e $n-k$ x é exatamente o mesmo que o número de subconjuntos de k elementos de $\{1, 2, ..., n\}$. Portanto, o número $x^{n-k}y^k$ de termos que agrupamos é $\binom{n}{k}$. E isso completa a prova!

◆ **EXEMPLO 17.9**

Desenvolver $(x+y)^5$ e achar todos os termos com dois y e três x. Emparelhar esses termos com os subconjuntos de dois elementos de $\{1, 2, 3, 4, 5\}$.

Solução:

$yyxxx \leftrightarrow \{1, 2\}$ $xyxyx \leftrightarrow \{2, 4\}$

$yxyxx \leftrightarrow \{1, 3\}$ $xyxxy \leftrightarrow \{2, 5\}$

$yxxyx \leftrightarrow \{1, 4\}$ $xxyyx \leftrightarrow \{3, 4\}$

$yxxxy \leftrightarrow \{1, 5\}$ $xxyxy \leftrightarrow \{3, 5\}$

$xyyxx \leftrightarrow \{2, 3\}$ $xxxyy \leftrightarrow \{4, 5\}$

Temos agora um processo para calcular, digamos, $\binom{20}{10}$. Tudo o que devemos fazer é desenvolver $(x+y)^{20}$ e achar o coeficiente de $x^{10}y^{10}$. Para tanto, escrevemos todos os termos de $xxx \ldots xx$ a $yyy \ldots yy$ e agrupamos os termos semelhantes. Há "apenas" 2^{20} = 1.048.576 termos. Parece divertido!

Não? O leitor tem razão. Essa não é uma boa maneira de calcular $\binom{20}{10}$. Não é melhor do que escrever todos os subconjuntos de dez elementos possíveis de $\{1, 2, ..., 20\}$. E há um grande número deles. Quantos? Não sabemos! É o que estamos procurando determinar. Necessitamos de outro método (ver também o Exercício 17.34).

O triângulo de Pascal

O leitor deve estar lembrado, por causa do seu curso de álgebra, que os coeficientes de $(x+y)^n$ formam a n-ésima linha do triângulo de Pascal. A figura na próxima página mostra o triângulo de Pascal. O valor registrado na linha $n = 4$ e diagonal $k = 2$ é $\binom{4}{2} = 6$, conforme mostrado (contamos as linhas e as diagonais a partir de 0).

Como é gerado o triângulo de Pascal? Eis uma descrição completa:

- A linha zero do triângulo de Pascal contém apenas o número 1.
- Cada linha sucessiva contém mais um número do que a anterior.
- O primeiro e o último números em cada linha são 1.
- Um número intermediário em qualquer linha é formado pela adição dos dois números exatamente à sua direita e à sua esquerda na linha anterior. Por exemplo, o primeiro 10 na linha $n = 5$ (e diagonal $k = 2$) é formado adicionando-se o 4 à sua esquerda superior (em $n = 4$, $k = 1$) e o 6 à sua direita superior (em $n = 4$, $k = 2$, envolvido por um círculo na figura).

$$\begin{array}{c}
n=0 \quad 1 \\
n=1 \quad 1 \quad 1 \\
n=2 \quad 1 \quad 2 \quad 1 \\
n=3 \quad 1 \quad 3 \quad 3 \quad 1 \\
n=4 \quad 1 \quad 4 \quad \textcircled{6} \quad 4 \quad 1 \\
n=5 \quad 1 \quad 5 \quad 10 \quad 10 \quad 5 \quad 1
\end{array}$$

Como sabemos que o triângulo de Pascal gera os coeficientes binomiais? Como sabemos que o elemento na linha n e coluna k é $\binom{n}{k}$?

Para vermos por que isso funciona, devemos mostrar que os coeficientes binomiais seguem as mesmas quatro regras que acabamos de citar.

Em outras palavras, formamos um triângulo contendo $\binom{0}{0}$ na linha zero, $\binom{1}{0}$, $\binom{1}{1}$ na primeira linha, $\binom{2}{0}$, $\binom{2}{1}$, $\binom{2}{2}$ na segunda linha e assim por diante. Devemos, então, provar que esse triângulo de coeficientes binomiais é gerado exatamente pelas mesmas regras que o triângulo de Pascal! Há nisso três quartos de facilidade e um quarto de estratagema. Prossigamos.

- *A linha zero do triângulo de coeficientes binomiais contém o único número 1.*

  Isso é fácil: a linha zero do triângulo de coeficientes binomiais é $\binom{0}{0} = 1$.

- *Cada linha sucessiva contém um número a mais que a linha antecedente.*

  Isso é fácil de ver: a linha n do triângulo de coeficientes binomiais contém exatamente $n + 1$ números: $\binom{n}{0}, \binom{n}{1}, \ldots, \binom{n}{n}$.

- *O primeiro e o último números em cada linha é 1.*

  Isso é fácil: o primeiro e o último número na linha n do triângulo de coeficientes binomiais é $\binom{n}{0} = \binom{n}{n} = 1$.

- *O número intermediário em qualquer linha é formado pela adição dos dois números imediatamente à sua direita e imediatamente à sua esquerda na linha anterior.*

  Isso é ardiloso! A primeira coisa a fazer é definir cuidadosamente o que precisamos provar sobre os coeficientes binomiais. Precisamos de *um número intermediário em qualquer linha*. Isso significa que não precisamos preocupar-nos com $\binom{n}{0}$ ou $\binom{n}{n}$. Já sabemos que ambos são 1. Um número intermediário em qualquer linha n seria $\binom{n}{k}$, com $0 < k < n$.

  Quais são os números logo acima de $\binom{n}{k}$? Para acharmos o vizinho superior esquerdo, caminhamos para cima até a linha $n - 1$ e até a diagonal $k - 1$. Assim, o número à esquerda superior é $\binom{n-1}{k-1}$. Para acharmos o vizinho superior direito, caminhamos para cima até a linha $n - 1$, mas permanecemos na diagonal k. Assim, o número à direita superior é $\binom{n-1}{k}$.

$$\binom{n-1}{k-1} + \binom{n-1}{k}$$
$$\searrow \swarrow$$
$$\binom{n}{k}$$

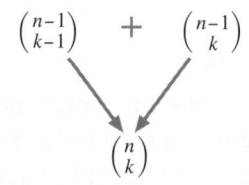

Devemos provar o seguinte:

❖ TEOREMA 17.10

(Identidade de Pascal) Sejam n e k inteiros, com $0 < k < n$. Então:

$$\binom{n}{k} = \binom{n-1}{k-1} + \binom{n-1}{k}.$$

Como podemos provar isso? Não dispomos de uma fórmula para $\binom{n}{k}$. A ideia é utilizar a prova combinatória (ver Esquema de prova 9). Devemos formular uma pergunta e então provar que os membros esquerdo e direito da equação do Teorema 17.10 dão ambos respostas corretas a essa pergunta. Que pergunta admite tais respostas? Há uma pergunta óbvia à qual o membro esquerdo dá uma resposta. A pergunta é: quantos subconjuntos de k elementos têm um conjunto de n elementos?

Prova. Para provar que $\binom{n}{k} = \binom{n-1}{k-1} + \binom{n-1}{k}$, consideramos a pergunta: Quantos subconjuntos de k elementos tem o conjunto $\{1, 2, 3, \ldots, n\}$?

- Resposta 1: $\binom{n}{k}$, por definição.

Mas precisamos de outra resposta. O membro direito da equação nos dá algumas sugestões: contém os números $n - 1$, $k - 1$, e k, e nos diz que escolhamos ou $k - 1$ ou k elementos de um conjunto de $(n - 1)$ elementos. Mas temos cogitado um conjunto de n elementos, e, assim, desprezemos um dos elementos; digamos que o elemento n é um "estranho". O membro direito nos diz que escolhamos $k - 1$ ou k elementos entre os elementos normais $1, 2, \ldots, n - 1$. Se escolhemos apenas $k - 1$ elementos, não perfazemos um conjunto completo de k elementos – nesse caso, podemos acrescentar o elemento *estranho* ao subconjunto de $(k - 1)$ elementos. Ou, então, selecionamos k elementos entre os elementos normais. Temos agora um subconjunto completo de k elementos, não havendo mais lugar para o elemento *estranho*.

Temos agora todas as ideias em seus lugares; expressemo-las com clareza.

Seja n o elemento "estranho" de $\{1, 2, \ldots, n\}$ e chamemos "normais" os outros elementos. Quando formamos um subconjunto de k elementos de $\{1, 2, \ldots, n\}$, há duas possibilidades. Ou temos um subconjunto que inclui o elemento estranho, ou temos um subconjunto que não o inclui – essas possibilidades mutuamente excludentes abrangem todos os casos.

Se incluímos o elemento estranho no subconjunto, então temos $\binom{n-1}{k-1}$ escolhas para completar o subconjunto, porque devemos escolher $k - 1$ elementos de $\{1, 2, \ldots, n - 1\}$.

Se não colocamos o elemento estranho no subconjunto, então temos $\binom{n-1}{k}$ maneiras de formar o subconjunto, porque devemos escolher todos os k elementos de $\{1, 2, \ldots, n - 1\}$.

Temos, assim, outra resposta.

- Resposta 2: $\binom{n-1}{k-1} + \binom{n-1}{k}$.

Como as respostas 1 e 2 são ambas respostas corretas do mesmo problema, elas devem ser iguais, e terminamos.

EXEMPLO 17.11

Mostraremos que $\binom{6}{2} = \binom{5}{1} + \binom{5}{2}$ listando todos os subconjuntos de dois elementos de $\{1, 2, 3, 4, 5, 6\}$.

Há $\binom{5}{1} = 5$ subconjuntos de dois elementos que incluem o estranho 6:

$$\{1, 6\} \ \{2, 6\} \ \{3, 6\} \ \{4, 6\} \ \{5, 6\},$$

e há $\binom{5}{2} = 10$ subconjuntos de dois elementos que não incluem 6:

$$\{1, 2\} \ \{1, 3\} \ \{1, 4\} \ \{1, 5\} \ \{2, 3\}$$
$$\{2, 4\} \ \{2, 5\} \ \{3, 4\} \ \{3, 5\} \ \{4, 5\}$$

Desejamos agora calcular $\binom{20}{10}$. A técnica que poderíamos seguir consiste em gerar o triângulo de Pascal até a 20ª linha e procurar o valor na diagonal 10. Quanto trabalho exigiria isso? A 20ª linha do triângulo de Pascal contém 21 números. A linha precedente contém 20, e a linha antes dela tem 19. Há apenas $1 + 2 + 3 + \ldots + 21 = 231$ números. Obtemos a maior parte deles por simples adição, necessitando de cerca de 200 adições (podemos ser mais eficientes; ver o Exercício 17.36). Se fôssemos implementar esse processo em um computador, não precisaríamos salvar todos os 210 números. Deveríamos salvar apenas 40. Uma vez calculada uma linha do triângulo de Pascal, podemos ignorar a linha anterior. Assim, em qualquer instante, basta conservarmos a linha anterior e a linha corrente. E, se o operador for arguto, poderá até economizar mais memória.

Em qualquer caso, seguindo esse procedimento, o leitor verificará que $\binom{20}{10} = 184.756$.

Uma fórmula para $\binom{n}{k}$

O procedimento de gerar um triângulo de Pascal para calcular coeficientes binomiais é uma boa técnica. Podemos calcular $\binom{20}{10}$ resolvendo cerca de 200 problemas de adição em vez de peneirar um milhão de termos em um polinômio (ver também Exercício 17.34).

Há algo não muito satisfatório nessa resposta. Gostamos de fórmulas! E desejamos uma maneira elegante de expressar $\binom{n}{k}$ em uma forma simples utilizando operações familiares. Temos uma expressão para $\binom{n}{2}$: a Proposição 17.5 afirma que:

$$\binom{n}{2} = 1 + 2 + 3 + \cdots + (n-1).$$

Isso não é nada mau, mas sugere que ainda precisamos fazer uma boa quantidade de adições para obtermos a resposta. Há, entretanto, um interessante artifício para simplificar essa soma. Escrevamos os inteiros de 1 a $n-1$ em ordem crescente e em ordem decrescente e somemos:

$$\begin{array}{rcccccccccc}
\binom{n}{2} = & 1 & + & 2 & + & 3 & + \cdots + & n-2 & + & n-1 \\
+\binom{n}{2} = & n-1 & + & n-2 & + & n-3 & + \cdots + & 2 & + & 1 \\
\hline
2\binom{n}{2} = & n & + & n & + & n & + \cdots + & n & + & n & = n(n-1)
\end{array}$$

assim,

$$\binom{n}{2} = \frac{n(n-1)}{2}.$$

Essa equação é um caso especial de um resultado mais geral. Eis outra maneira de contar subconjuntos de k elementos de um conjunto com n elementos.

Comecemos contando todas as listas de k elementos, sem repetição, cujos elementos são extraídos de um conjunto de n elementos. Trata-se de um problema que já resolvemos (ver Seção 8)! O número de tais listas é $(n)_k$.

Por exemplo, há $(5)_3 = 5 \cdot 4 \cdot 3 = 60$ listas de três elementos sem repetição que podemos formar com os elementos de $\{1, 2, 3, 4, 5\}$. Ei-las:

123	132	213	231	312	321
124	142	214	241	412	421
125	152	215	251	512	521

e assim por diante, até

| 345 | 354 | 435 | 453 | 534 | 543 |

> Todos os valores de determinada linha dessa tabela expressam o mesmo subconjunto de três elementos de seis maneiras diferentes. Como essa tabela tem 60 valores, o número de subconjuntos de três elementos de $\{1, 2, 3, 4, 5\}$ é $60 \div 6 = 10$.

Note como organizamos nossa tabela. Todas as listas da mesma linha contêm precisamente os mesmos elementos, apenas em ordens diferentes. Definamos uma relação R sobre essas listas. A relação é "tem os mesmos elementos que" – duas listas estão relacionadas pela R quando seus elementos são precisamente os mesmos (embora suas ordens possam ser diferentes). Obviamente, R é uma relação de equivalência. Cada linha da tabela representa uma classe de equivalência. Interessa-nos contar as classes de equivalência. Há 60 elementos do conjunto (todos são listas de três elementos). Cada classe de equivalência contém seis listas. Portanto, o número de classes de equivalência é $\frac{60}{6} = 10 = \binom{5}{3}$ pelo Teorema 16.6.

Refaçamos essa análise para o problema geral. Desejamos contar o número de subconjuntos de k elementos de $\{1, 2, ..., n\}$. Em lugar disso, consideramos as listas de k elementos, sem repetição, que podemos formar com $\{1, 2, ..., n\}$. Definimos duas dessas listas como equivalentes se elas contêm os mesmos elementos. Por fim, calculamos o número de classes de equivalência para calcular $\binom{n}{k}$.

O número de listas de k elementos, sem repetição, que podemos formar a partir de $\{1, 2, ..., n\}$ é um problema que já resolvemos (Teorema 8.6); há $(n)_k$ dessas listas.

Portanto, o número de classes de equivalência é $(n)_k/k! = \binom{n}{k}$. Podemos reescrever $(n)_k$ como $n!/(n-k)!$ (desde que $k \leq n$), e temos o resultado a seguir.

> A razão por que cada lista é equivalente a $(k)_k = k!$ decorre também do Teorema 7.6; desejamos saber quantas listas de tamanho k, sem repetição, podemos formar utilizando k elementos.

❖ TEOREMA 17.12

(Fórmula para $\binom{n}{k}$) Sejam n e k inteiros, com $0 \leq k \leq n$. Então,

$$\binom{n}{k} = \frac{n!}{k!(n-k)!}.$$

Encontramos uma "fórmula" para $\binom{n}{k}$. Estamos satisfeitos? Talvez. Se desejamos calcular $\binom{20}{10}$, o que é que esse teorema nos manda fazer? Ele determina que calculemos:

$$\binom{20}{10} = \frac{20 \times 19 \times 18 \times \cdots \times 3 \times 2 \times 1}{10 \times 9 \times 8 \times \cdots \times 2 \times 1 \times 10 \times 9 \times 8 \times \cdots \times 2 \times 1}.$$

Isso exige cerca de 40 multiplicações e 1 divisão. Os resultados intermediários (o numerador e o denominador) também são extremamente grandes (mais algarismos que a maior parte das calculadoras comporta).

Naturalmente, podemos cancelar alguns termos no numerador e no denominador a fim de abreviar os cálculos. Os últimos dez termos do numerador são $10 \times \ldots \times 1$, o que cancela um dos $10!$ do denominador. Assim, o problema se reduz a:

$$\binom{20}{10} = \frac{20 \times 19 \times 18 \times \cdots \times 11}{10 \times 9 \times 8 \times \cdots \times 1}.$$

Podemos procurar mais cancelamentos, mas isso nos leva a considerar os números envolvidos. O cancelamento de um $10!$ no denominador foi trivial; poderíamos tê-lo introduzido facilmente em um programa de computador. Outros cancelamentos podem ser complicados para achar. Se estamos trabalhando em um computador, podemos perfeitamente fazer as multiplicações restantes e a divisão final, o que seria:

$$\frac{670442572800}{3628800} = 184756.$$

Contando caminhos reticulados

Encerramos esta seção com uma interessante aplicação dos coeficientes binomiais em um problema de contagem. Considere uma grade como a mostrada na figura. Queremos contar o número de caminhos do canto inferior esquerdo ao canto superior direito, em que cada passo do caminho ou vai uma unidade para a direita ou uma unidade verticalmente.

A grade na figura consiste em 10 linhas verticais e 10 linhas horizontais. Portanto, a restrição de que cada passo seja para a direita ou para cima significa que todo o caminho tem 18 passos de comprimento. Além disso, o caminho deve conter exatamente nove passos horizontais (da esquerda para a direita) e 9 passos verticais para percorrer do canto inferior esquerdo ao canto superior direito.

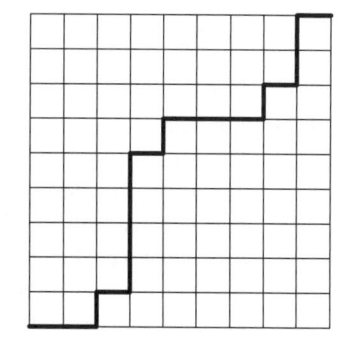

Para contar esses caminhos, criamos uma notação simples. Escrevemos uma lista de 18 letras; cada letra ou é um R para um passo a direita ou um C para um passo para cima. Para o caminho na figura, a notação seria a seguinte:

RRC RCC CCR CRR RCR CCR

(Inserimos alguns espaços apenas para ser mais fácil de ler). Observe que há exatamente 9 R e 9 C. O problema de contar os caminhos reticulados é transformado nesta pergunta: quantas listas de 9 R e 9 C podemos fazer?

E podemos transformar essa questão em uma questão de contagem de subconjuntos! Em vez de escrever uma lista de 18 letras, podemos simplesmente especificar quais 9 das 18 posições estão ocupadas por R (e, em seguida, sabemos as outras posições ocupadas por C). Para a lista anterior, o conjunto seria $\{1, 2, 4, 9, 11, 12, 13, 15, 18\}$. Assim, a questão da contagem do caminho reticulado que transformamos em uma pergunta de contagem de lista é agora uma questão de contagem de subconjunto: Quantos subconjuntos de 9 elementos podemos formar a partir do conjunto $\{1, 2, \ldots, 18\}$. E, é claro, a resposta é $\binom{18}{9}$.

Recapitulando

Nesta seção, lidamos exclusivamente com o coeficiente binomial $\binom{n}{k}$, o número de subconjuntos de k elementos de um conjunto com n elementos. Provamos o teorema binomial, mostramos que os coeficientes binomiais são os elementos do triângulo de Pascal e estabelecemos uma fórmula para expressar $\binom{n}{k}$ em termos de fatoriais.

17 Exercícios

17.1. Avalie o seguinte sem usar a fórmula do Teorema 17.12. Na verdade, tente encontrar a resposta sem qualquer escrita ou aritmética.

a. $\binom{9}{0}$.
b. $\binom{9}{9}$.
c. $\binom{9}{1}$.
d. $\binom{9}{8}$.
e. $\binom{9}{6} - \binom{9}{3}$.
f. $\binom{0}{0}$.
g. $\binom{2}{0}$.
h. $\binom{0}{2}$.

17.2. Escreva todos os subconjuntos de 3 elementos de $\{2, 3, 4, 5, 6\}$ para verificar que $\binom{6}{3} = 20$.

17.3. Encontre o coeficiente! Responda as seguintes perguntas com a ajuda do Teorema Binomial (Teorema 17.8):

a. Qual é o coeficiente de x^3 em $(1+x)^6$?
b. Qual é o coeficiente de x^3 em $(2x-3)^6$?
c. Qual é o coeficiente de x^3 em $(x+1)^{20} + (x-1)^{20}$?
d. Qual é o coeficiente de $x^3 y^3$ em $(x+y)^6$?
e. Qual é o coeficiente de $x^3 y^3$ em $(x+y)^7$?

17.4. Marcelo Mistura Meias tem uma gaveta com 30 meias diferentes (não há duas iguais). Ele apanha duas meias ao acaso. De quantas maneiras pode fazê-lo? Em seguida, ele as calça em seus pés (presumivelmente, uma no pé direito, outra no esquerdo). De quantas maneiras pode fazer isso?

17.5. Vinte pessoas estão em uma reunião. Se cada uma aperta a mão de todas as outras exatamente uma vez, quantos apertos de mão se verificam?

17.6. a. Quantas sequências binárias (0, 1) de n algarismos contêm exatamente os k 1?

b. Quantas sequências ternárias (0, 1, 2) de n algarismos contêm exatamente os k 1?

17.7. Quantas listas de 12 comprimentos podemos formar que contenham exatamente quatro de cada uma das letras A, B e C?

Para tornar este problema possível, assuma que não há empates.

17.8. Cinquenta corredores competem em uma corrida de 10 quilômetros. Quantos resultados diferentes são possíveis?

A resposta dessa questão depende do que estamos julgando. Ache diferentes respostas para essa questão, dependendo do contexto.
  a. Queremos saber em que lugar cada corredor terminou a corrida.
  b. A corrida é uma prova de qualificação, e desejamos apenas saber quais são os dez corredores mais rápidos.
  c. A corrida é um evento olímpico final e só nos interessa quem ganha as medalhas de ouro, de prata e de bronze.

17.9. Escreva todos os subconjuntos de três e de quatro elementos de $\{1, 2, 3, 4, 5, 6, 7\}$ em duas colunas. Emparelhe cada subconjunto de três elementos com seu complemento. Sua tabela deve ter 35 linhas.

17.10. Um tipo especial de fechadura tem um painel com cinco botões rotulados com os algarismos de 1 a 5. A fechadura se abre mediante uma sequência de três ações. Cada ação consiste em apertar um dos botões ou apertar simultaneamente dois deles.

Por exemplo, 12-4-3 é uma combinação possível. A combinação 12-4-3 é a mesma que 21-4-3 porque 12 ou 21 simplesmente significam que devemos apertar simultaneamente os botões 1 e 2.
  a. Quantas são as combinações possíveis?
  b. Quantas são as combinações possíveis, se nenhum algarismo é repetido na combinação?

17.11. De quantas maneiras diferentes podemos fazer uma partição de um conjunto de n elementos em duas partes, se uma das partes deve ter quatro elementos e a outra parte deve ter todos os elementos restantes?

17.12. Atente para a coluna do meio de um triângulo de Pascal. Note que, à exceção do 1 do topo, todos esses números são pares. Por quê?

17.13. Aplique o Teorema 17.12 para provar a Proposição 17.7.

17.14. Prove que a soma dos números da n-ésima linha do triângulo de Pascal é 2^n.

Uma maneira fácil de resolver isso consiste em fazer $x = y = 1$ no teorema binomial (Teorema 17.8).

O leitor deve, entretanto, dar uma prova combinatória, ou seja, provar que:

$$2^n = \sum_{k=0}^{n} \binom{n}{k}$$

encontrando uma pergunta que seja respondida corretamente por ambos os membros dessa equação.

17.15. Aplique o teorema binomial (Teorema 16.8) para provar que:

$$\binom{n}{0} - \binom{n}{1} + \binom{n}{2} - \binom{n}{3} + \cdots \pm \binom{n}{n} = 0$$

desde que $n > 0$.

Transfira todos os termos negativos para o membro direito, o que dá:

$$\binom{n}{0} + \binom{n}{2} + \binom{n}{4} + \cdots = \binom{n}{1} + \binom{n}{3} + \binom{n}{5} + \cdots.$$

Dê uma descrição combinatória do que isso significa e transforme-a em uma prova combinatória. Aplique o método do "elemento estranho".

17.16. Considere a fórmula a seguir:

$$k\binom{n}{k} = n\binom{n-1}{k-1}.$$

Dê duas demonstrações diferentes: uma delas deve utilizar a fórmula fatorial para $\binom{n}{k}$ (Teorema 17.12); a outra deve ser do tipo combinatório. Elabore uma questão que possa ser respondida por ambos os membros da equação.

17.17. Sejam $n \geq k \geq m \geq 0$ inteiros. Considere a seguinte fórmula:

$$\binom{n}{k}\binom{k}{m} = \binom{n}{m}\binom{n-m}{k-m}.$$

Dê duas demonstrações diferentes. Uma delas deve utilizar a fórmula fatorial para $\binom{n}{k}$ (Teorema 17.12); a outra deve ser combinatória. Procure elaborar uma questão que seja respondida por ambos os membros da equação.

17.18. Quantos retângulos podemos formar com um tabuleiro de xadrez de $m \times n$ casas? Por exemplo, com um tabuleiro 2×2, há nove retângulos possíveis.

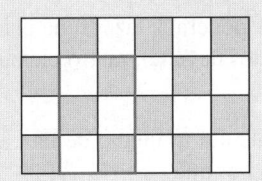

17.19. Seja n um número natural. Dê uma prova combinatória da expressão:

$$\binom{2n+2}{n+1} = \binom{2n}{n+1} + 2\binom{2n}{n} + \binom{2n}{n-1}.$$

17.20. Seja n um número inteiro positivo. Prove que $n - \binom{n}{2}$.

17.21. Aplique a fórmula de Stirling (ver Exercício 9.7) para obter uma fórmula de aproximação para $\binom{2n}{n}$. Sem utilizar a fórmula de Stirling, prove diretamente por que $\binom{2n}{n} \leq 4^n$.

17.22. Aplique a fórmula do fatorial para $\binom{n}{k}$ (Teorema 17.12) para provar a identidade de Pascal (Teorema 17.10).

17.23. Prove:

$$\binom{n}{3} = \binom{2}{2} + \binom{3}{2} + \binom{4}{2} + \cdots + \binom{n-1}{2}.$$

Sugestão: imite o argumento da Proposição 17.5.

17.24. *Continuação do problema anterior.* A Proposição 17.5 afirma que $\binom{n}{2} = 1 + 2 + \ldots + (n-1)$. Faça uma grande cópia do triângulo de Pascal e assinale os números $\binom{7}{2}$, 6, 5, 4, 3, 2 e 1. O leitor tem várias escolhas. Faça a escolha "correta". Qual é o padrão?

O exercício anterior pede que provemos $\binom{n}{3} = \binom{2}{2} + \binom{3}{2} + \binom{4}{2} + \ldots + \binom{n-1}{2}$. Em uma grande cópia do triângulo de Pascal, assinale os números $\binom{7}{3}$, $\binom{6}{2}$, $\binom{5}{2}$, $\binom{4}{2}$, $\binom{3}{2}$ e $\binom{2}{2}$. Qual é o padrão?

Generalize, agora, essas fórmulas e prove sua asserção.

17.25. Dê uma demonstração geométrica e uma demonstração algébrica de que:

$$1 + 2 + 3 + \ldots + (n-1) + n + (n-1) + (n-2) + \ldots + 2 + 1 = n^2.$$

17.26. Prove: $\binom{n}{0}\binom{n}{n} + \binom{n}{1}\binom{n}{n-1} + \binom{n}{2}\binom{n}{n-2} + \cdots + \binom{n}{n-1}\binom{n}{1} + \binom{n}{n}\binom{n}{0} = \binom{2n}{n}$.

17.27. Quantos números do Seguro Social (ver Exercício 8.12) têm seus nove algarismos dispostos em ordem estritamente crescente?

Nos problemas seguintes, introduzimos o conceito de *coeficientes multinomiais*.

17.28. O coeficiente binomial $\binom{n}{k}$ é o número de subconjuntos de k elementos de um conjunto de n elementos. Eis outra maneira de encarar $\binom{n}{k}$. Suponha A um conjunto de n elementos e que tenhamos à nossa disposição um grupo de rótulos; temos k rótulos marcados como "bons" e $n - k$ rótulos marcados como "maus". De quantas maneiras podemos afixar exatamente um rótulo em cada elemento de A?

17.29. Seja A um conjunto de n elementos. Suponha que tenhamos três tipos de rótulo para afixar nos elementos de A. Podemos classificar esses rótulos como "bons", "maus" e "feios", ou, então, dar-lhes nomes menos interessantes como "Tipo 1", "Tipo 2" e "Tipo 3".

Sejam $a, b, c \in \mathbb{N}$. Definamos o símbolo $\binom{n}{a\ b\ c}$ como o número de maneiras como podemos rotular os elementos de um conjunto de n elementos com três tipos de rótulo, em que atribuímos rótulos Tipo 1 a exatamente a elementos, rótulos Tipo 2 a b elementos e rótulos Tipo 3 a c elementos.

Com base nos primeiros princípios, calcule:

a. $\binom{3}{1\ 1\ 1}$.
b. $\binom{10}{1\ 2\ 5}$.
c. $\binom{5}{0\ 5\ 0}$.
d. $\binom{10}{7\ 3\ 0}$.
e. $\binom{10}{5\ 2\ 3} - \binom{10}{2\ 3\ 5}$.

17.30. Sejam $n, a, b, c \in \mathbb{N}$, com $a + b + c = n$. Prove:

a. $\binom{n}{a\ b\ c} = \binom{n}{a}\binom{n-a}{b}$.
b. $\binom{n}{a\ b\ c} = \frac{n!}{a!b!c!}$.
c. Se $a + b + c \neq n$, então $\binom{n}{a\ b\ c} = 0$.

17.31. Seja $n \in \mathbb{N}$. Prove:

$$(x + y + z)^n = \sum_{a+b+c=n} \binom{n}{a\ b\ c} x^a y^b z^c$$

em que o somatório se estende por todos os números naturais a, b, c, com $a + b + c = n$.

17.32. Uma mão de pôquer consiste em cinco cartas escolhidas de um baralho padrão de 52 cartas. Quantas mãos de pôquer diferentes são possíveis?

> Se dividirmos as respostas desse problema por $\binom{52}{5}$ (a resposta do problema anterior), teremos a *probabilidade* de uma mão de pôquer selecionada aleatoriamente ser do tipo descrito. O conceito de probabilidade está estabelecido na Parte 6.

17.33. *Pôquer – continuação.* Há diversas mãos especiais que um jogador pode receber no pôquer. Para cada tipo a seguir, conte o número de mãos que têm aquele tipo.

  a. Quadra: A mão contém quatro cartas do mesmo valor numérico (por exemplo, quatro valetes) e outra carta.
  b. Trinca: a mão contém três cartas do mesmo valor numérico e duas outras cartas com outros valores numéricos.
  c. *Flush*: a mão contém cinco cartas todas do mesmo naipe.
  d. *Full house*: a mão contém três cartas de um valor e duas cartas de outro valor.
  e. *Straight*: as cinco cartas têm valores numéricos consecutivos, como 7-8-9-10-valete. Considere o ás acima do rei, mas não abaixo do 2. Os naipes não interessam.
  f. *Straight flush*: a mão é um *straight* e um *flush*.

17.34. Não tem sentido calcular $(x + y)^{20}$ desenvolvendo a expressão com seus inúmeros termos e grupando os termos semelhantes. Uma forma muito melhor é calcularmos $(x + y)^2$ e grupar os termos semelhantes. Multiplica-se, então, o resultado por $(x + y)$ e grupam-se os termos semelhantes, obtendo-se $(x + y)^3$. Multiplicamos novamente por $(x + y)$, e assim por diante, até atingirmos $(x + y)^{20}$. Compare esse método com o método de geração de todo o triângulo de Pascal até a 20ª linha.

17.35. Primeiro, verifique $\binom{n}{4} = n(n-1)(n-2)(n-3)/4!$.

Podemos pensar nisso como uma expressão polinomial e substituir $n = -1/2$ na representação polinomial de $\binom{n}{4}$ (mesmo que isso não faça sentido com a definição do coeficiente binomial) para obter:

$$\binom{\frac{-1}{2}}{4} = \frac{\left(\frac{-1}{2}\right)\left(\frac{-3}{2}\right)\left(\frac{-5}{2}\right)\left(\frac{-7}{2}\right)}{4!} = \frac{105/16}{24} = \frac{35}{128}.$$

Encontre uma fórmula para $\binom{-1/2}{k}$ que seja um inteiro não negativo.

17.36. Para calcular $\binom{n}{k}$ gerando o triângulo de Pascal, não é necessário gerar todo o triângulo até a linha n; você precisa apenas da parte do triângulo em uma cunha de 90° acima de $\binom{n}{k}$.

Calcule quantos problemas de adição você precisa realizar para calcular $\binom{100}{30}$ por este método. Quantos problemas de adição você precisa realizar se fosse calcular todo o triângulo de Pascal abaixo da linha 30?

17.37. Use um computador para imprimir uma cópia muito grande do triângulo de Pascal, mas com uma modificação. Em lugar de imprimir o número, imprima um ponto se o número for ímpar, e deixe o lugar em branco se o número for par. Imprima ao menos 64 linhas.

Note que o computador não precisa efetivamente calcular todos os valores no triângulo de Pascal; deve calcular apenas sua paridade. Explique: o que é que o leitor vê?

■ 18 Contagem de multiconjuntos

Consideramos, até agora, dois tipos de problemas de contagem: contamos listas e conjuntos. O problema da contagem de listas (ver Seção 8) se apresenta em dois aspectos: ou permitimos ou não permitimos repetições dos elementos das listas. O número de listas de tamanho k cujos elementos são extraídos de um conjunto de n elementos é n^k (se as repetições forem permitidas) ou $(n)_k$ (se as repetições não forem permitidas).

> Subconjuntos como listas não ordenadas.

Os conjuntos podem ser encarados como listas não ordenadas (isto é, listas de elementos em que a ordem dos membros não importa). Conforme estudamos na Seção 16, o número de listas não ordenadas de tamanho k cujos membros são extraídos sem repetição de um conjunto de n elementos é $\binom{n}{k}$. Trata-se de um problema de contagem de conjuntos. Há algum problema de contagem de conjuntos em que se permita repetição dos elementos?

O objetivo desta seção é o de contar o número de listas não ordenadas de tamanho k cujos elementos são extraídos de um conjunto de n elementos, admitindo-se repetições. É difícil, entretanto, expressar essa ideia na linguagem dos conjuntos. Necessitamos do conceito mais geral de *multiconjunto*.

Multiconjuntos

Determinado objeto está ou não está em um conjunto. Um elemento não pode figurar "duas vezes" em um conjunto. Os conjuntos a seguir são todos idênticos:

$$\{1, 2, 3\} = \{3, 1, 2\} = \{1, 1, 2, 2, 3, 3\} = \{1, 2, 3, 1, 2, 3, 1, 1, 1, 1\}$$

Um *multiconjunto* é uma generalização de um conjunto. Um multiconjunto é, como um conjunto, uma coleção não ordenada de elementos. Todavia, um objeto pode ser considerado figurando no multiconjunto mais de uma vez.

> Não existe notação padrão para multiconjuntos. Nossa notação 〈...〉 não é muito usada. Os delimitadores 〈 e 〉 são chamados *colchetes em ângulo* e não devem ser confundidos com os símbolos *menor que* < e *maior que* >. Alguns matemáticos simplesmente utilizam chaves {...} tanto para conjuntos como para multiconjuntos.

Neste livro, escrevemos um multiconjunto como segue: 〈 1, 2, 3, 3 〉. Esse multiconjunto contém quatro elementos: o elemento 1, o elemento 2 e o elemento 3 contado duas vezes. Dizemos que o elemento 3 tem *multiplicidade* 2 no multiconjunto 〈 1, 2, 3, 3 〉. A *multiplicidade* de um elemento é o número de vezes que ele figura como membro do multiconjunto.

Dois multiconjuntos são o mesmo desde que contenham os mesmos elementos com as mesmas multiplicidades. Por exemplo, 〈 1, 2, 3, 3 〉 = 〈 3, 1, 3, 2 〉, mas 〈 1, 2, 3, 3 〉 ≠ 〈 1, 2, 3, 3, 3 〉.

A *cardinalidade* de um multiconjunto é a soma das multiplicidades de seus elementos. Em outras palavras, é o número de elementos no multiconjunto, levando em conta o número de vezes que cada elemento comparece. A notação é a mesma que a notação para conjuntos. Se M é um multiconjunto, então $|M|$ denota sua cardinalidade. Por exemplo, |〈 1, 2, 3, 3 〉| = 4.

O problema de contagem que consideramos é: quantos multiconjuntos de k elementos podemos formar com os elementos de um conjunto de n elementos? Em outras palavras, quantas listas não ordenadas de tamanho k podemos formar utilizando os elementos $\{1, 2, ..., n\}$, admitindo-se repetições?

Assim como definimos $\binom{n}{k}$ para representar a resposta de um problema de contagem de conjuntos, temos uma notação especial para a resposta desse problema de contagem de multiconjuntos.

A notação $\left(\binom{n}{k}\right)$ se lê "n multiescolha k". O duplo parêntese lembra-nos que podemos incluir elementos mais de uma vez.

● DEFINIÇÃO 18.1

Sejam $n, k \in \mathbb{N}$. O símbolo $\left(\binom{n}{k}\right)$ denota o número de multiconjuntos com cardinalidade igual a k cujos elementos pertencem a um conjunto de n elementos tal como $\{1, 2, ..., n\}$.

◆ EXEMPLO 18.2

Seja n um inteiro positivo. Calcule $\left(\binom{n}{1}\right)$.

Solução: o problema pede o número de multiconjuntos de um elemento cujos elementos sejam extraídos de $\{1, 2, ..., n\}$. Os multiconjuntos são:

$$\langle 1 \rangle, \langle 2 \rangle, ..., \langle n \rangle$$

e, assim, $\left(\binom{n}{1}\right) = n$.

◆ EXEMPLO 18.3

Seja k um inteiro positivo. Calcule $\left(\binom{1}{k}\right)$.

Solução: o problema pede o número de multiconjuntos de k elementos cujos elementos são extraídos de $\{1\}$. Como só há um elemento possível do multiconjunto, e o multiconjunto tem cardinalidade k, a única possibilidade é:

$$\langle 1, 1, ..., 1 \rangle$$

e, assim, $\left(\binom{1}{k}\right) = 1$.

◆ EXEMPLO 18.4

Calcule $\left(\binom{2}{2}\right)$.

Solução: devemos contar o número de multiconjuntos de dois elementos cujos elementos são extraídos do conjunto $\{1, 2\}$. Basta listar todas as possibilidades, que são:

$$\langle 1, 1 \rangle, \langle 1, 2 \rangle \text{ e } \langle 2, 2 \rangle.$$

Portanto, $\left(\binom{2}{2}\right) = 3$.

De modo geral, consideremos $\left(\binom{2}{k}\right)$. Devemos formar um multiconjunto de k elementos utilizando apenas os elementos 1 ou 2. Podemos decidir quantos 1 vão figurar no multiconjunto (algo de 0 a k, o que dá $k + 1$ possibilidades); então, os elementos restantes do multiconjunto devem ser 2. Portanto, $\left(\binom{2}{k}\right) = k + 1$.

◆ EXEMPLO 18.5

Calcule $\left(\binom{3}{3}\right)$.

Capítulo 3 Contagem e relações

Solução: Devemos contar o número de multiconjuntos de três elementos cujos elementos são escolhidos no conjunto $\{1, 2, 3\}$. Vamos listar todas as possibilidades, que são:

⟨1, 1, 1⟩   ⟨1, 1, 2⟩   ⟨1, 1, 3⟩   ⟨1, 2, 2⟩   ⟨1, 2, 3⟩
⟨1, 3, 3⟩   ⟨2, 2, 2⟩   ⟨2, 2, 3⟩   ⟨2, 3, 2⟩   ⟨3, 3, 3⟩

Portanto, $\left(\!\binom{3}{3}\!\right) = 10$.

Fórmulas para $\left(\!\binom{n}{k}\!\right)$

Nos exemplos precedentes, calculamos $\left(\!\binom{n}{k}\!\right)$ listando explicitamente todos os multiconjuntos possíveis. Isso, obviamente, não é prático, no caso de querermos calcular $\left(\!\binom{n}{k}\!\right)$ para grandes valores de n e k. Precisamos dispor de uma forma melhor para fazer esse cálculo.

Para os coeficientes binomiais ordinários, temos dois métodos para calcular $\left(\!\binom{n}{k}\!\right)$. Podemos gerar o triângulo de Pascal utilizando a relação $\binom{n}{k} = \binom{n-1}{k} + \binom{n-1}{k-1}$, ou então podemos aplicar a fórmula $\binom{n}{k} = \frac{n!}{k!(n-k)!}$.

Procuremos padrões nos valores de $\left(\!\binom{n}{k}\!\right)$. Eis uma tabela de valores de $\left(\!\binom{n}{k}\!\right)$ para $0 \leq n, k \leq 6$.

		\.0	1	2	3	4	5	6
	0	1	0	0	0	0	0	0
	1	1	1	1	1	1	1	1
	2	1	2	3	4	5	6	7
n	3	1	3	6	10	15	21	28
	4	1	4	10	20	35	56	84
	5	1	5	15	35	70	126	210
	6	1	6	21	56	126	252	462

No triângulo de Pascal, vimos que o valor de $\binom{n}{k}$ pode ser calculado adicionando-se dois valores da linha anterior. Vale aqui uma relação análoga?

Consideremos o valor 56 na linha $n = 6$ e na coluna $k = 3$. O número logo acima de 56 é 35. Pergunta-se: 21 está próximo de 35 de modo que possamos obter 56 somando-se 21 e 35? Não há nenhum 21 na linha 5, mas logo à esquerda do 56 na linha 6 há um 21.

Examinemos outros números nessa tabela. Cada um é a soma dos números logo acima e logo à esquerda dele. O número à esquerda de $\left(\!\binom{n}{k}\!\right)$ é $\left(\!\binom{n}{k-1}\!\right)$ e o número acima é $\left(\!\binom{n-1}{k}\!\right)$.

Observamos o seguinte:

▶ **PROPOSIÇÃO 18.6**

Sejam n, k inteiros positivos. Então:

$$\left(\!\binom{n}{k}\!\right) = \left(\!\binom{n-1}{k}\!\right) + \left(\!\binom{n}{k-1}\!\right).$$

A prova desse resultado é análoga à do Teorema 17.10. Recomendo a releitura daquela prova agora. A ideia essencial daquela prova e da que vamos apresentar agora é considerar um elemento estranho. Contamos os (multi) conjuntos de tamanho k que ou incluem ou excluem o elemento estranho.

Prova. Utilizamos uma prova combinatória para demonstrar esse resultado (ver Esquema de prova 9). Formulamos uma pergunta que esperamos seja respondida por ambos os membros da equação: quantos multiconjuntos de tamanho k podemos formar com os elementos $\{1, 2, ..., n\}$?

Uma resposta simples a essa pergunta é $\left(\!\binom{n}{k}\!\right)$.

Para uma segunda resposta, analisamos os significados de $\left(\!\binom{n-1}{k}\!\right)$ e de $\left(\!\binom{n}{k-1}\!\right)$.

A primeira admite uma interpretação fácil. O número $\left(\!\binom{n-1}{k}\!\right)$ é o número de multiconjuntos de k elementos obtidos com os números de $\{1, 2; ..., n\}$ em que nunca entra o elemento n.

Como interpretarmos $\left(\!\binom{n}{k-1}\!\right)$? O que queremos dizer é que isso representa o número de multiconjuntos de k elementos obtidos com os elementos de $\{1, 2, ..., n\}$ em que devemos introduzir o elemento n. Para vermos por que isso é verdadeiro, suponha que devamos utilizar o elemento n ao formarmos um multiconjunto de k elementos. Assim, introduzimos o elemento n no multiconjunto. Agora estamos livres para completar esse multiconjunto da maneira que nos aprouver. Devemos extrair mais $k - 1$ elementos de $\{1, 2, ..., n\}$; e o número de maneiras como podemos fazer isso é precisamente $\left(\!\binom{n}{k-1}\!\right)$.

Como o elemento n ou está ou não está no multiconjunto, temos $\left(\!\binom{n}{k}\!\right) = \left(\!\binom{n-1}{k}\!\right) + \left(\!\binom{n}{k-1}\!\right)$.

◆ **EXEMPLO 18.7**

Ilustramos a demonstração da Proposição 18.6, considerando-se $\left(\!\binom{3}{4}\!\right) = \left(\!\binom{2}{4}\!\right) + \left(\!\binom{3}{3}\!\right)$.

Listamos todos os multiconjuntos de tamanho 4 que podemos formar com os elementos $\{1, 2, 3\}$.

Primeiro, listamos todos os multiconjuntos de tamanho 4 que podemos formar com os elementos de $\{1, 2, 3\}$ que não contêm o elemento 3. Em outras palavras, queremos todos os multiconjuntos de tamanho 4 que podemos formar, contendo apenas os elementos $\{1, 2\}$. Há $\left(\!\binom{2}{4}\!\right) = 5$ deles. São:

⟨ 1, 1, 1, 1 ⟩ ⟨ 1, 1, 1, 2 ⟩ ⟨ 1, 1, 2, 2 ⟩ ⟨ 1, 2, 2, 2 ⟩ ⟨ 2, 2, 2, 2 ⟩

Em seguida, listamos todos os multiconjuntos de tamanho 4 que incluem o elemento 3 (ao menos uma vez). São:

⟨ 1, 1, 1, **3** ⟩ ⟨ 1, 1, 2, **3** ⟩ ⟨ 1, 1, **3**, 3 ⟩ ⟨ 1, 2, 2, **3** ⟩ ⟨ 1, 2, **3**, 3 ⟩
⟨ 1, **3**, 3, 3 ⟩ ⟨ 2, 2, 2, **3** ⟩ ⟨ 2, 2, **3**, 3 ⟩ ⟨ 2, **3**, 3, 3 ⟩ ⟨ **3**, 3, 3, 3 ⟩

Note que, se desprezamos o 3 obrigatório (em destaque), listamos todos os multiconjuntos de três elementos que podemos formar com os elementos de $\{1, 2, 3\}$. Há $\left(\!\binom{3}{3}\!\right) = 10$ deles.

Esse resultado, $\left(\!\binom{n}{k}\!\right) = \left(\!\binom{n-1}{k}\!\right) + \left(\!\binom{n}{k-1}\!\right)$ e sua demonstração são bastante semelhantes ao Teorema 16.10 $\binom{n}{k} = \binom{n-1}{k-1} + \binom{n-1}{k}$. A tabela de valores de $\left(\!\binom{n}{k}\!\right)$ é análoga ao triângulo de Pascal, de outra maneira. Lendo a tabela de valores de $\left(\!\binom{n}{k}\!\right)$ diagonalmente do canto esquerdo inferior para o canto direito superior, temos os valores:

1 5 10 10 5 1,

que é precisamente a 5ª linha do triângulo de Pascal. Isso pode ser escrito como segue:

$$
\begin{array}{cccccc}
1 & 5 & 10 & 10 & 5 & 1 \\
\updownarrow & \updownarrow & \updownarrow & \updownarrow & \updownarrow & \updownarrow \\
\left(\binom{6}{0}\right) & \left(\binom{5}{1}\right) & \left(\binom{4}{2}\right) & \left(\binom{3}{3}\right) & \left(\binom{2}{4}\right) & \left(\binom{1}{5}\right) \\
\updownarrow & \updownarrow & \updownarrow & \updownarrow & \updownarrow & \updownarrow \\
\binom{5}{0} & \binom{5}{1} & \binom{5}{2} & \binom{5}{3} & \binom{5}{4} & \binom{5}{5}
\end{array}
$$

Observe que $\left(\binom{n}{k}\right) = \binom{?}{k}$. Que número deve ser escrito em lugar do ponto de interrogação? Com um pouco de atenção, vemos que ? = $n + k - 1$ se ajusta ao padrão observado. Por exemplo, $\left(\binom{4}{2}\right) = \binom{5}{2} = \binom{4+2-1}{2}$.

Afirmamos o seguinte:

❖ TEOREMA 18.8

Sejam $n, k \in \mathbb{N}$. Então:

$$\left(\binom{n}{k}\right) = \binom{n+k-1}{k}.$$

Prova. A ideia dessa demonstração é elaborar uma forma de codificar multiconjuntos e então contar suas codificações. Para achar $\left(\binom{n}{k}\right)$, listamos explicitamente todos os multiconjuntos de k elementos que podemos formar com os inteiros 1 a n. Eis como funciona a codificação. Antes de apresentarmos o esquema de codificação, precisamos lidar com o caso especial $n = 0$.

Se tanto $n = 0$ com $k = 0$, então $\left(\binom{0}{0}\right) = 1$ (o multiconjunto vazio). Entretanto, a fórmula resulta em $\binom{0+0-1}{0} = \binom{-1}{0}$. Embora isso seja absurdo (não é possível ter um conjunto com −1 elementos), é possível estender a definição de $\binom{n}{k}$ para permitir que o índice superior, n, seja qualquer número real; ver o Exercício 18.17. Na definição estendida, $\binom{-1}{0} = 1$, conforme desejado.

Se $n = 0$ e $k > 0$, então $\left(\binom{n}{k}\right) = 0$ (não há nenhum multiconjunto de cardinalidade k cujos elementos sejam escolhidos a partir do conjunto vazio). Nesse caso, $\binom{n+k-1}{k} = \binom{k-1}{k} = 0$, conforme necessário.

Consequentemente, a partir desse ponto de vista, supomos que n seja um inteiro positivo. Agora apresentamos o esquema para codificar multiconjuntos como listas.

Suponhamos, por um momento, que $n = 5$ e que o multiconjunto seja $M = \langle 1, 1, 1, 2, 3, 3, 5 \rangle$. Codificamos esse multiconjunto com uma sequência de asteriscos (*) e barras (|). Temos um asterisco para cada elemento e uma barra para formar compartimentos separados para os elementos. Para esse multiconjunto, a codificação asterisco e barras é a seguinte:

$$\langle 1, 1, 1, 2, 3, 3, 5 \rangle \longleftrightarrow ***|*|**||*$$

Os três primeiros *s representam os três 1 em M. Segue-se então uma barra | para assinalar o fim da seção dos 1. Em seguida vem um único * para denotar o único 2 em M, e outra | para assinalar o fim dos 2. Seguem mais dois *s para os dois 3 no multiconjunto. Note que temos então duas | em uma linha. Como não há 4 em M, não há *s nesse compartimento. Por fim, o último * representa o único 5 em M.

No caso geral, seja M um multiconjunto de k elementos formado com os inteiros 1 a n. Sua notação estrelas e barras contém exatamente k *s (um para cada elemento de M) e exatamente $n-1|$ (para separar n compartimentos diferentes).

Note que, dada uma sequência arbitrária de k *s e $n-1|$, podemos recuperar um multiconjunto único de cardinalidade k cujos elementos são escolhidos entre os inteiros 1 a n. Assim, há uma correspondência um a um entre multiconjuntos de k elementos escolhidos em $\{1, 2, ..., n\}$ e listas de asteriscos e barras com k *s e $n-1|$. A boa notícia é que não é difícil contar o número de tais listas de estrelas e barras.

> Esse emparelhamento um a um de multiconjuntos e codificações asteriscos e barras constitui um exemplo de uma prova bijetiva.

Cada lista de estrelas e barras contém exatamente $n + k - 1$ símbolos, dos quais exatamente k são *s. O número de tais listas é $\binom{n+k-1}{k}$ porque podemos escolher exatamente k posições na lista de tamanho $(n + k - 1)$ para serem *s. Em outras palavras, há $n + k - 1$ posições nessa lista. Queremos selecionar, de todas as maneiras possíveis, um subconjunto de k elementos entre essas $n + k - 1$ posições. Podemos fazê-lo de $\binom{n+k-1}{k}$ maneiras. Portanto, $\left(\binom{n}{k}\right) = \binom{n+k-1}{k}$.

◆ EXEMPLO 18.9

No Exemplo 18.5, listamos explicitamente todos os multiconjuntos de tamanho três possíveis, formados com os inteiros 1, 2 e 3. Listamo-los aqui com a correspondente notação de asteriscos e barras.

Multiconjunto	Estrelas e barras	Subconjunto
⟨1, 1, 1⟩	***||	{1, 2, 3}
⟨1, 1, 2⟩	**|*|	{1, 2, 4}
⟨1, 1, 3⟩	**||*	{1, 2, 5}
⟨1, 2, 2⟩	*|**|	{1, 3, 4}
⟨1, 2, 3⟩	*|*|*	{1, 3, 5}
⟨1, 3, 3⟩	*||**	{1, 4, 5}
⟨2, 2, 2⟩	|***|	{2, 3, 4}
⟨2, 2, 3⟩	|**|*	{2, 3, 5}
⟨2, 3, 3⟩	|*|**	{2, 4, 5}
⟨3, 3, 3⟩	||***	{3, 4, 5}

A coluna intitulada *subconjunto* mostra quais das cinco posições na codificação asteriscos e barras são ocupadas por *s. Note que os $\left(\binom{3}{3}\right)$ multiconjuntos correspondem aos $\binom{5}{3}$ subconjuntos. Assim, $\left(\binom{3}{3}\right) = \binom{3+3-1}{3} = \binom{5}{3}$.

Estendendo o Teorema Binomial para potências negativas

O Teorema Binomial (Teorema 17.8) pode ser expresso da seguinte forma levemente alterada:

$$(1+x)^n = \sum_{k=0}^{\infty} \binom{n}{k} x^k.$$

Pode parecer incomum escrever a soma com infinitamente muitos termos, mas como $\binom{n}{k} = 0$ uma vez que $k > n$, todos exceto o primeiro grupo são iguais a zero. Por exemplo,

$$(1+x)^5 = \sum_{k=0}^{\infty} \binom{5}{k} x^k = 1 + 5x + 10x^2 + 10x^3 + 5x^4 + 1x^5 + 0x^6 + 0x^7 + 0x^8 + \cdots.$$

O que acontece quando substituímos $\binom{n}{k}$ por $\left(\!\binom{n}{k}\!\right)$? Algo maravilhoso!
Para ser mais específico, analisaremos a soma:

$$\sum_{k=0}^{\infty} \left(\!\binom{n}{k}\!\right) x^k = \left(\!\binom{n}{0}\!\right) + \left(\!\binom{n}{1}\!\right) x + \left(\!\binom{n}{2}\!\right) x^2 + \cdots.$$

Essa é realmente uma soma infinita já os coeficientes $\left(\!\binom{n}{k}\!\right)$ são não zero mesmo para $k > n$. Assim, para ser completamente rigoroso, é preciso prestar atenção a questões de convergência, mas esse é um assunto de cálculo além do âmbito deste livro. No entanto, podemos proceder de uma maneira puramente algébrica para derivar uma fórmula para $\sum_k \left(\!\binom{n}{k}\!\right) x^k$.

> Veja o Exercício 18.10 para entender o tipo de dificuldades que podem causar as somas infinitas.

Para começar, vamos pegar o caso $n = 1$. Observe que $\left(\!\binom{1}{k}\!\right) = 1$ para todos os inteiros não negativos k porque o único multiconjunto com k elementos que podemos formar usando os elementos de $\{1\}$ é $\langle 1, 1, 1, \ldots, 1 \rangle$ com os k (ver Exemplo 18.3). Portanto,

$$\sum_{k=0}^{\infty} \left(\!\binom{1}{k}\!\right) x^k = 1 + x + x^2 + x^3 + x^4 + \cdots$$

e essa é uma série geométrica cuja soma é de $1/(1-x)$.

Nós agora demonstramos que:

$$\sum_{k=0}^{\infty} \left(\!\binom{2}{k}\!\right) = \frac{1}{(1-x)^2}.$$

Observe que $\left(\!\binom{2}{k}\!\right) = k + 1$ (veja o Exercício 18.6). Portanto,

$$\sum_{k=0}^{\infty} \left(\!\binom{2}{k}\!\right) = 1 + 2x + 3x^2 + 4x^3 + 5x^4 + \cdots.$$

Considere agora que $1/(1-x)^2$. Ampliando isso em duas séries geométricas, temos:

$$\frac{1}{(1-x)^2} = [1 + x + x^2 + x^3 + \cdots][1 + x + x^2 + x^3 + \cdots] \quad (5)$$

e perguntamos: qual é o coeficiente de x^5 para a expressão da direita? Para multiplicar as duas séries infinitas à direita, multiplicamos cada termo no primeiro fator por cada termo no fator à direita, e depois reunimos os termos semelhantes. Para descobrir o coeficiente de x^5, acabamos coletando os seguintes termos: $1 \cdot x^5, x \cdot x^4, x^2 \cdot x^3, x^3 \cdot x^2, x^4 \cdot x$ e $x^5 \cdot 1$ – seis termos ao todo. Então, o coeficiente de x^5 é 6, que é igual a $\left(\!\binom{2}{5}\!\right)$.

Em geral, o que é o coeficiente de x^k na Equação (5)? Quando as duas séries são multiplicadas, e os termos semelhantes são coletados, os que contribuem para x^k são estes: $1 \cdot x^k, x \cdot x^{k-1}, x^2 \cdot x^{k-2}$, e assim até $x^k \cdot 1$, para um total de $k+1$ termos. Portanto,

$$\frac{1}{(1-x)^2} = \left[1 + x + x^2 + x^3 + \cdots\right]\left[1 + x + x^2 + x^3 + \cdots\right]$$

$$= 1 + 2x + 3x^2 + 4x^3 + 5x^4 + \cdots = \sum_{k=0}^{\infty} \left(\!\binom{2}{k}\!\right).$$

Dado que $\sum \left(\!\binom{1}{n}\!\right) = (1-x)^{-1}$ e $\sum \left(\!\binom{2}{n}\!\right) = (1-x)^{-2}$ não é razoável supor que $\sum \left(\!\binom{3}{n}\!\right) = (1-x)^{-3}$, e assim por diante.

❖ TEOREMA 18.10

(**Binomial negativo**) Seja n um inteiro não negativo. Então,

$$\sum_{k=0}^{\infty} \left(\!\binom{n}{k}\!\right) x^k = (1-x)^{-n}.$$

A prova desse resultado é uma generalização do argumento que demos para demonstrar que $\sum \left(\!\binom{2}{k}\!\right) = (1-x)^{-2}$. Nesse argumento, estamos ignorando questões importantes de convergência necessárias para tornar essa discussão completamente rigorosa. Na verdade, falta na declaração do teorema a suposição de que $|x| < 1$.

A ideia central da prova é escrever $(1-x)^{-n}$ como um produto de n dobra da série geométrica $1 + x + x^2 + \cdots$ e, em seguida, coletar termos semelhantes. Isso pode ser um pouco confuso, por isso oferecemos o seguinte passo intermediário para tornar a discussão mais clara.

❖ LEMA 18.11

Seja n um inteiro positivo e seja k um inteiro não negativo. A equação:

$$e_1 + e_2 + \cdots + e_n = k$$

tem $\left(\!\binom{n}{k}\!\right)$ soluções das quais $e_1, e_2, \ldots$, são inteiros não negativos.

Por exemplo, considere a equação $e_1 + e_2 + e_3 = 6$, e pedimos todas as soluções das quais e_1, e_2, e_3 sejam inteiros não negativos. Afirmamos que há $\left(\!\binom{3}{6}\!\right)$ 28 soluções. Aqui estão elas:

0 + 0 + 6	0 + 1 + 5	0 + 2 + 4	0 + 3 + 3	0 + 4 + 2	0 + 5 + 1	0 + 6 + 0
1 + 0 + 5	1 + 1 + 4	1 + 2 + 3	1 + 3 + 2	1 + 4 + 1	1 + 5 + 0	2 + 0 + 4
2 + 1 + 3	2 + 2 + 2	2 + 3 + 1	2 + 4 + 0	3 + 0 + 3	3 + 1 + 2	3 + 2 + 1
3 + 3 + 0	4 + 0 + 2	4 + 1 + 1	4 + 2 + 0	5 + 0 + 1	5 + 1 + 0	6 + 0 + 0

Como as 28 soluções para a equação $e_1 + e_2 + e_3 = 6$ referem-se aos 28 multiconjuntos de tamanho 6 formados a partir de $\{1, 2, 3\}$? Nós podemos emparelhar cada triplo $e_1 + e_2 + e_3$ com um multiconjunto com um e_1, dois e_2 e três e_3 três. Por exemplo, o triplo de $2 + 3 + 1$ corresponde ao multiconjunto $\langle 1, 1, 2, 2, 3 \rangle$.

Prova (do Lema 18.11)

Existe uma correspondência de um para um entre as soluções para a equação $e_1 + e_2 + \cdots + e_n = k$ e multiconjuntos de tamanho k (com elementos desenhados a partir de $\{1, 2, \cdots, n\}$): dados os números $e_1, e_2, \ldots, e_n$ fazemos um multiconjunto com e e_1, 1s, e_2 2s, e assim por diante; reciprocamente, dado um multiconjunto de tamanho k, podemos criar uma solução para $e_1 + e_2 + \cdots + e_n = k$ em que e 1 é o número de vezes que i aparece no conjunto. Isto pode ser representado da seguinte forma:

$$e_1 + e_2 + \cdots + e_n = k \quad \longleftrightarrow \quad \langle \underbrace{1, \ldots, 1}_{e_1}, \underbrace{2, \ldots, 2}_{e_2}, \ldots\ldots, \underbrace{n, \ldots, n}_{e_n} \rangle.$$

Assim, o número de soluções para a equação $e_1 + e_2 + \cdots + e_n = k$ é $\left(\!\binom{n}{k}\!\right)$.

Agora amarramos nosso argumento para o Teorema 18.10.

Para $n = 0$, a expressão $\sum \left(\!\binom{n}{k}\!\right) x^k$ tem apenas um termo não zero: $\left(\!\binom{0}{0}\!\right) x^0$ que é igual a 1; todos os outros termos são zero (porque para $k > 0$, $\left(\!\binom{0}{k}\!\right) = 0$). Assim $\sum \left(\!\binom{0}{k}\!\right) x^k = 1 = (1-x)^0$.

Para $n > 0$, escreva $(1-x)^{-1}$ como um produto com n-dobras das séries geométricas:

$$\left(\frac{1}{1-x}\right)^n = \left[1 + x + x^2 + x^3 + \cdots\right]^n.$$

Quando expandimos o lado direito desta equação e coletamos os termos parecidos, todos os termos x^k estão na forma de $x^{e_1} x^{e_2} \cdots x^{e_n}$ em que os exponentes somados a k e x^{e_j} vêm do fator j^{th} a direita. Como (pelo Lema 18.11) o número de tais termos é $\left(\!\binom{n}{k}\!\right)$, ou seja, o coeficiente de x^k. Portanto

$$\sum_{k=0}^{\infty} \left(\!\binom{n}{k}\!\right) x^k = (1-x)^{-n}.$$

Recapitulando

Nesta seção, consideramos o seguinte problema de contagem: quantos multiconjuntos de k *elementos* podemos formar com elementos selecionados de $\{1, 2, \ldots, n\}$? Denotamos a resposta por $\left(\!\binom{n}{k}\!\right)$. Provamos várias propriedades de $\left(\!\binom{n}{k}\!\right)$, das quais a mais importante é:

$$\left(\!\binom{n}{k}\!\right) = \binom{n+k-1}{k}.$$

Também mostramos como substituir $\binom{n}{k}$ por $\left(\!\binom{n}{k}\!\right)$ no Teorema Binomial para dar essas identidades:

$$(1+x)^n = \sum_k \binom{n}{k} x^k \quad \text{e} \quad (1-x)^{-n} = \sum_k \left(\!\binom{n}{k}\!\right) x^k.$$

Estudamos quatro problemas de contagem: contagem de listas (com ou sem repetição), contagem de subconjuntos e contagem de multiconjuntos. As respostas desses quatro problemas de contagem podem ser resumidas no quadro a seguir:

Contagem de coleções

	Repetição permitida	Repetição proibida
Ordenado	n^k	$(n)^k$
Não ordenado	$\left(\!\binom{n}{k}\!\right)$	$\left(\!\binom{n}{k}\!\right)$

Tamanho da coleção: k
Tamanho do universo: n

18 Exercícios

18.1. Calcule $\left(\!\binom{3}{2}\!\right)$ e $\left(\!\binom{2}{3}\!\right)$ listando explicitamente todos os multiconjuntos possíveis do tamanho apropriado. Certifique-se de que sua resposta concorda com a fórmula do Teorema 18.8.

18.2. Dê uma representação do tipo estrelas e barras para todos os conjuntos encontrados no exemplo anterior.

18.3. Seja n um inteiro positivo. Calcule o seguinte, a partir dos primeiros princípios (isto é, não utilize a Proposição 18.6).

a. $\left(\!\binom{0}{n}\!\right)$.
b. $\left(\!\binom{n}{0}\!\right)$.
c. $\left(\!\binom{0}{0}\!\right)$.

Explique suas respostas.

18.4. Seja n um número inteiro positivo. Há 2^n conjuntos possíveis que se pode formar usando os elementos em $\{1, 2, \cdots n\}$. Quantos multiconjuntos podem ser formados utilizando esses elementos?

18.5. Que multiconjunto é codificado pela notação "asteriscos e barras" *|||*** ?

18.6. Avalie dos primeiros princípios $\left(\!\binom{2}{k}\!\right)$ (em que k é um inteiro não negativo).

18.7. Por favor, calcule $\left(\!\binom{8}{4}\!\right)$ e $\left(\!\binom{4}{8}\!\right)$. Observa-se alguma coisa interessante? Faça uma conjectura.

18.8. Expresse $\left(\!\binom{n}{k}\!\right)$ em notação fatorial.

18.9. Seja n um inteiro positivo. Qual é maior: $\binom{2n}{n}$ ou $\left(\!\binom{n}{n}\!\right)$? Justifique sua resposta.

Mostre que a razão entre $\binom{2n}{n}$ e $\left(\!\binom{n}{n}\!\right)$ é a mesma para todos os inteiros positivos n.

18.10. Substitua $x = 2$ em ambos os lados:

$$1 + x + x^2 + x^3 + x^4 + \cdots = \frac{1}{1-x}.$$

O que acontece?

Substitua também $x = x = \frac{1}{10}$. Melhor?

18.11. No Exercício 18.7 você calculou $\left(\!\binom{8}{4}\!\right)$ e $\left(\!\binom{4}{8}\!\right)$ e esperamos que você tenha notado que o primeiro é duas vezes maior que o segundo. Prove isso em geral. Ou seja: seja a um inteiro positivo, mostre que $\left(\!\binom{2a}{a}\!\right)$ a é duas maior que $\left(\!\binom{a}{2a}\!\right)$.

18.12. O Teorema 18.8 dá uma fórmula para $\left(\!\binom{n}{k}\!\right)$ n da forma $\binom{?}{?}$. Derive uma fórmula para $\binom{a}{b}$ da forma $\left(\!\binom{?}{?}\!\right)$ em que as entradas superiores e inferiores são expressões que envolvem os inteiros a e b em que $a \geq b \geq 0$.

18.13. Prove:

$$\left(\!\binom{n}{k}\!\right) = \left(\!\binom{k+1}{n-1}\!\right).$$

18.14. Denotemos por $\left(\!\binom{n}{k}\!\right)$ o número de multiconjuntos de cardinalidade k que podemos formar escolhendo os elementos em $\{1, 2, 3, ..., n\}$, com a condição adicional de utilizarmos cada um desses n elementos ao menos uma vez no multiconjunto.

  a. Calcule $\left[\!\left[\begin{smallmatrix}n\\n\end{smallmatrix}\right]\!\right]$ pelos primeiros princípios.
  b. Prove: $\left[\!\left[\begin{smallmatrix}n\\k\end{smallmatrix}\right]\!\right] = \left(\!\binom{n}{k-n}\!\right)$.

18.15. Sejam n, k inteiros positivos. Prove:

$$\left(\!\binom{n}{k}\!\right) = \left(\!\binom{n-1}{0}\!\right) + \left(\!\binom{n-1}{1}\!\right) + \left(\!\binom{n-1}{2}\!\right) + \cdots + \left(\!\binom{n-1}{k}\!\right).$$

18.16. Sejam n, k inteiros positivos. Prove:

$$\left(\!\binom{n}{k}\!\right) = \left(\!\binom{1}{k-1}\!\right) + \left(\!\binom{2}{k-1}\!\right) + \cdots + \left(\!\binom{n}{k-1}\!\right).$$

18.17. No Exercício 17.35 vimos que $\binom{n}{k}$ pode ser expresso como um polinômio em n; por exemplo, $\binom{n}{4} = n(n-1)(n-2)(n-3)/4!$. Neste exercício, vamos explorar a mesma ideia para $\left(\!\binom{n}{k}\!\right)$.

  a. Mostre que para um número inteiro positivo n, $\left(\!\binom{n}{4}\!\right) = n(n+1)(n+2)(n+3)/4!$.
  b. Multiplique a expressão da parte (a) e compare-a com a expressão análoga para $\binom{n}{4}$.
  c. Formule (e prove) uma conjectura relacionando as expressões $\binom{-x}{k}$ e $\left(\!\binom{x}{k}\!\right)$ em que k é um inteiro não negativo.
  d. Derive uma fórmula para $\left(\!\binom{1/2}{k}\!\right)$.

18.18. Use a parte (c) do problema anterior para dar uma derivação alternativa do Teorema 18.10 substituindo-o no Teorema Binomial (Teorema 17.8). Ou seja, você pode assumir (sem justificativa) que a fórmula:

$$(1+x)^n = \sum_{k=0}^{\infty} \binom{n}{k} x^k$$

funciona mesmo se usarmos um inteiro negativo para n.

18.19. Assuma que o teorema binomial negativo (Teorema 18.10) estende-se para qualquer número real negativo para desenvolver uma série infinita para:

$$\frac{1}{\sqrt{1-x}}.$$

Em seguida, substitua $x = \frac{1}{2}$ em sua fórmula no termo x^5 para calcular uma aproximação com $\sqrt{2}$. Quão boa é essa aproximação?

■ 19 Inclusão-exclusão

Na Seção 12, vimos que, para conjuntos finitos A e B, temos $|A| + |B| = |A \cup B| + |A \cap B|$, o que pode ser reescrito como:

$$|A \cup B| = |A| + |B| - |A \cap B|$$

(ver Proposição 12.4 e Equação (4)). A equação expressa o tamanho de uma união de dois conjuntos em termos dos tamanhos dos conjuntos individuais e de sua intersecção. No Exercício 12.24, pedimos ao leitor para estender esse resultado a três conjuntos A, B e C, ou seja, provar que:

$$\begin{aligned}|A \cup B \cup C| =\ & |A| + |B| + |C| \\ & - |A \cap B| - |A \cap C| - |B \cap C| \\ & + |A \cap B \cap C|\end{aligned}$$

Novamente, o tamanho da união é expresso em termos dos tamanhos dos conjuntos individuais e de suas várias intersecções. Essas equações são chamadas fórmulas de *inclusão-exclusão*.

Provamos, a seguir, uma fórmula geral de inclusão-exclusão.

❖ TEOREMA 19.1

(**Inclusão-exclusão**) Sejam $A_1, A_2, \ldots, A_n$ conjuntos finitos. Então:

$$\begin{aligned}|A_1 \cup A_2 \cup \ldots \cup A_n| =\ & |A_1| + |A_2| + \ldots + |A_n| \\ & - |A_1 \cap A_2| - |A_1 \cap A_3| - \ldots - |A_{n-1} \cap A_n| \\ & + |A_1 \cap A_2 \cap A_3| + |A_1 \cap A_2 \cap A_4| + \ldots \\ & + |A_{n-2} \cap A_{n-1} \cap A_n| - \ldots + \ldots \ldots \ldots \\ & \pm |A_1 \cap A_2 \cap \ldots \cap A_n|\end{aligned}$$

Para achar o tamanho de uma união, somamos os tamanhos dos conjuntos individuais (inclusão), subtraímos os tamanhos de todas as intersecções duas a duas (exclusão), somamos os tamanhos de todas as interseções três a três (inclusão), e assim por diante.

A ideia é que, quando somamos todos os tamanhos dos conjuntos individuais, somamos demais, porque alguns elementos podem estar em mais de um conjunto. Assim, para compensar, subtraímos os tamanhos das intersecções duas a duas; mas então estamos subtraindo em demasia. Corrigimos somando os tamanhos das intersecções triplas, mas isso causa um excesso, o que nos obriga a subtrair novamente. Surpreendentemente, no final, tudo está perfeitamente equilibrado (conforme logo provaremos).

O uso repetido de reticências na fórmula não é muito feliz, mas é difícil expressar essa fórmula com as notações que desenvolvemos até agora. Para quatro conjuntos (A a D) a fórmula é:

$$\begin{aligned}|A \cup B \cup C \cup D| = & |A| + |B| + |C| + |D| \\ & - |A \cap B| - |A \cap C| - |A \cap D| - |B \cap C| \\ & - |B \cap D| - |C \cap D| \\ & + |A \cap B \cap C| + |A \cap B \cap D| + |A \cap C \cap D| \\ & + |B \cap C \cap D| \\ & - |A \cap B \cap C \cap D|\end{aligned}$$

◆ EXEMPLO 19.2

Em uma academia de arte, há 43 alunos de cerâmica, 57 alunos de pintura e 29 de escultura. Há 10 alunos matriculados em cerâmica e pintura, 5 em pintura e escultura, cinco em cerâmica e escultura e 2 matriculados nos três cursos. Quantos alunos estão fazendo ao menos um curso na academia de arte?

Solução: denotemos por C, P e E os conjuntos de estudantes que fazem cerâmica, pintura e escultura, respectivamente. Queremos calcular $|C \cup P \cup E|$. Aplicando a inclusão-exclusão, temos:

$$\begin{aligned}|C \cup P \cup E| & = |C| + |P| + |E| - |C \cap P| - |C \cap E| - |P \cap E| + |C \cap P \cap E| \\ & = 43 + 57 + 29 - 10 - 5 - 5 + 2 = 111\end{aligned}$$

Prova (do Teorema 19.1).

Sejam $A_1, A_2, \ldots, A_n$ os n conjuntos e designemos por $x_1, x_2, \ldots, x_m$ os elementos de sua união. Construímos uma grande tabela, cujas linhas são rotuladas pelos elementos x_1 a x_m. A tabela tem $2^n - 1$ colunas que correspondem a todos os termos no membro direito da fórmula de inclusão-exclusão. As n primeiras colunas são rotuladas A_1 a A_n. As próximas $\binom{n}{2}$ colunas são rotuladas por todas as intersecções possíveis de $A_1 \cap A_2$ a $A_{n-1} \cap A_n$. As próximas $\binom{n}{3}$ colunas são rotuladas pelas intersecções triplas, e assim por diante.

As entradas nessa tabela ou estão em branco ou contêm um sinal + ou um sinal –. As entradas dependem do rótulo da linha (elemento) e do rótulo da coluna (conjunto). Se o elemento não está no conjunto, a entrada naquela posição aparece em branco. Se o elemento é membro do conjunto, colocamos um sinal + quando o rótulo da coluna é intersecção de um número ímpar de conjuntos, ou um sinal – quando o rótulo da coluna é intersecção de um número par de conjuntos. Para os três conjuntos do diagrama de Venn e seus elementos, a tabela se apresentaria como segue:

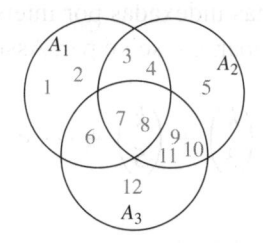

Elemento	A_1	A_2	A_3	$A_1 \cap A_2$	$A_1 \cap A_3$	$A_2 \cap A_3$	$A_1 \cap A_2 \cap A_3$
1	+						
2	+						
3	+	+		−			
4	+	+		−			
5		+					
6	+		+		−		
7	+	+	+	−	−	−	+
8	+	+	+	−	−	−	+
9		+	+			−	
10		+	+			−	
11		+	+			−	
12			+				

Há três observações a fazer sobre essa tabela.

- Primeiro, o número de marcas em cada coluna é a cardinalidade do conjunto daquela coluna; fazemos uma marca em uma coluna precisamente para os elementos daquele conjunto. No exemplo, há cinco marcas na coluna $A_2 \cap A_3$ (correspondentes aos elementos 7, 8, 9, 10 e 11).
- Segundo, o sinal na tabela (+ ou −) corresponde ao fato de estarmos somando ou subtraindo a cardinalidade daquele conjunto na fórmula de inclusão-exclusão. Assim, se somamos 1 para cada sinal + na tabela e subtraímos 1 para cada sinal, obtemos precisamente o membro direto da fórmula de inclusão-exclusão.
- Terceiro, atentemos para os números dos + e − em cada linha. No exemplo, note que há sempre mais um sinal + do que −. Se conseguirmos provar que isso sempre funciona, teremos terminado, porque então o efeito líquido de todos os + e todos os − é contar 1 para cada elemento na união dos conjuntos $A_1 \cup A_2 \cup \ldots \cup A_n$. Dessa forma, se conseguirmos provar que isso funciona de modo geral, teremos completado a prova.

O problema se reduz agora a provar que cada linha tem exatamente a mais um sinal + do que −.

Seja x um elemento de $A_1 \cup A_2 \cup \ldots \cup A_n$. Ele está em alguns (talvez mesmo em todos) dos A_i. Digamos que esteja em exatamente k deles (com $1 \leq k \leq n$). Calculemos quantos os + e quantos − há na linha dos x.

Nas colunas indexadas por conjuntos isolados, haverá os k +; escrevamos $\binom{k}{1}$ em lugar de k (já veremos por quê).

Nas colunas indexadas por interseções emparelhadas, haverá os $\binom{k}{2}$ −s. Isso porque x está em k dos A_i, e o número de pares de conjuntos aos quais x pertence é $\binom{k}{2}$.

Nas colunas indexadas por intersecções tríplices, haverá os $\binom{k}{3}$ +s.

De modo geral, nas colunas indexadas por intersecções de ordem j, haverá $\binom{k}{j}$ marcas. As marcas são + se j é ímpar, e − se j é par. Assim,

$$\text{o número dos + é } \binom{k}{1} + \binom{k}{3} + \binom{k}{5} + \cdots, \text{ e}$$

o número dos $-$ é $\binom{k}{2} + \binom{k}{4} + \binom{k}{6} + \cdots$.

Note que essas somas não se prolongam indefinidamente; elas incluem apenas os coeficientes binomiais cujo índice inferior não excede k. Note também que o termo $\binom{k}{0}$ está ausente.

No Exercício 17.15, provamos que:

$$\binom{k}{0} - \binom{k}{1} + \binom{k}{2} - \cdots \pm \binom{k}{k} = 0$$

ou, equivalentemente, que:

$$\binom{k}{0} + \underbrace{\binom{k}{2} + \binom{k}{4} + \binom{k}{6} + \cdots}_{\text{número de sinais } -} = \underbrace{\binom{k}{1} + \binom{k}{3} + \binom{k}{5} + \cdots}_{\text{número de sinais } +}.$$

Vemos, assim, que o número dos $+$ é exatamente $\binom{k}{0} = 1$ mais que o número dos $-$ na linha dos x. ∎

Como utilizar a inclusão-exclusão

A inclusão-exclusão toma um problema de contagem (quantos elementos há em $A_1 \cup \ldots \cup A_n$?, e o substitui por $2^n - 1$ novos problemas de contagem (quantos elementos há nas diversas intersecções?). Não obstante, a inclusão-exclusão torna mais fáceis certos problemas de contagem. Eis um exemplo.

◆ EXEMPLO 19.3

(Um problema de contagem de listas) O número de listas de tamanho k cujos elementos são escolhidos no conjunto $\{1, 2, \ldots, n\}$ é n^k. Quantas dessas listas usam todos os elementos de $\{1, 2, \ldots, n\}$ ao menos uma vez?

Por exemplo, para $n = 3$ e $k = 3$, há $3^3 = 27$ listas de comprimento 3 que utilizam os elementos de $\{1, 2, 3\}$. Dessas, as seis listas seguintes utilizam todos os elementos 1, 2 e 3:

$$123 \quad 132 \quad 213 \quad 231 \quad 312 \quad 321.$$

Eis como aplicar a inclusão-exclusão para resolver esse problema. Começamos designando por U (de universo) o conjunto de todas as listas de comprimento k cujos elementos são escolhidos em $\{1, 2, \ldots, n\}$. Então $|U| = n^k$. Chamamos "boas" algumas dessas listas – as que contêm todos os elementos de $\{1, 2, \ldots, n\}$; "más" àquelas em que estão omissos um ou mais elementos de $\{1, 2, \ldots, n\}$. Se pudermos contar o número de listas más, estará resolvido o problema, porque:

$$\text{\# de listas boas} = n^k - \text{\# de listas más} \tag{5}$$

É prático usar # para abreviar "quantidade de".

Ora, uma lista pode ser má porque não contém o número 1, ou porque não contém o número 2, e assim por diante. Há n elementos diferentes em $\{1, 2, ..., n\}$, e n maneiras distintas de como uma lista pode ser má. Seja B_1 o conjunto de todas as listas em U que não contêm o elemento 1, B_2 o conjunto de todas as listas em U que não contêm o elemento 2, ..., e B_n o conjunto de todas as listas em U que não contêm o elemento n. O conjunto:

$$B_1 \cup B_1 \cup \ldots \cup B_n$$

contém precisamente todas as listas más; o que desejamos é calcular o tamanho dessa união. Trata-se de um trabalho de inclusão-exclusão! Para calcularmos o tamanho dessa união precisamos calcular os tamanhos de cada um dos conjuntos B_i e de todas as intersecções possíveis, e recorrer então ao Teorema 19.1.

B_1 = {222, 223, 232, 233, 322, 323, 332, 333}.

Para começar, calculamos o tamanho de B_1, que é o número de listas de tamanho k cujos elementos são escolhidos em $\{1, 2, ..., n\}$ com a condição adicional de que o elemento 1 nunca é usado. Isso pode ser dito de outra maneira: $|B_1|$ é o número de listas de comprimento k cujos elementos são escolhidos de $\{2, 3, ..., n\}$ (note que omitimos o elemento 1). Temos, assim, $n - 1$ escolhas para cada posição na lista, de modo que $|B_1| = (n-1)^k$.

B_2 = {111, 113, 131, 133, 311, 313, 331, 333}.

E quanto a $|B_2|$? A análise é exatamente a mesma que para $|B_1|$. O número de listas de tamanho k que não contêm o elemento 2 é o número de listas de tamanho k cujos elementos são escolhidos em $\{1, 3, 4, ..., n\}$ (omitimos o 2). Assim, $|B_2| = (n-1)^k$.

De fato, para todo j, $|B_j| = (n-1)^k$. A primeira parte da fórmula de inclusão-exclusão nos dá agora:

$$|B_1 \cup \ldots \cup B_n| = |B_1| + \ldots + |B_n| - \ldots \ldots$$
$$= n(n-1)^k - \ldots \ldots$$

$B_1 \cap B_2$ = {333}.

Passamos agora à segunda linha de termos no Teorema 18.1. São todos os termos da forma $|B_i \cap B_j|$. Começamos com $|B_1 \cap B_2|$. Esse é o número de listas que (1) não incluem o elemento 1, e (2) não incluem o elemento 2. Em outras palavras, $|B_1 \cap B_2|$ é igual ao número de listas de comprimento k cujos elementos são escolhidos no conjunto $\{3, 4, ..., n\}$. O número dessas listas é $|B_1 \cap B_2| = (n-2)^k$.

$B_1 \cap B_3$ = {222}.

E quanto a $|B_1 \cap B_3|$? A análise é exatamente a mesma que anteriormente. Essas listas evitam os elementos 1 e 3, sendo, portanto, extraídas de um conjunto de $(n - 2)$

elementos. Assim, $|B_1 \cap B_3| = (n-2)^k$. Na verdade, todos os termos na segunda linha da fórmula de inclusão-exclusão dão $(n-2)^k$.

A questão que permanece é: quantos termos há na segunda linha? Desejamos tomar todos os pares possíveis de conjuntos, de B_1 a B_n; há $\binom{n}{2}$ desses pares. Até aqui, temos:

$$|B_1 \cup \cdots \cup B_n| = |B_1| + \cdots + |B_n| - |B_1 \cap B_2| - \cdots + \cdots$$
$$= n(n-1)^k - \binom{n}{2}(n-2)^k + \cdots.$$

Cogitemos agora das intersecções tríplices antes de passarmos ao caso geral. Quantas listas há em $B_1 \cap B_2 \cap B_3$? Esse é o número de listas de comprimento k que evitam os três elementos 1, 2 e 3. Em outras palavras, essas são as listas de comprimento k cujos elementos são extraídos de $\{4, ..., n\}$. O número de tais listas é $(n-3)^k$. Naturalmente, a análise se aplica a qualquer intersecção tríplice. E quantas intersecções tríplices há? Há $\binom{n}{3}$. Temos, então:

$$|B_1 \cup \cdots \cup B_n| = n(n-1)^k - \binom{n}{2}(n-2)^k + \binom{n}{3}(n-3)^k - \cdots.$$

O padrão já está aparecendo. Para dar-lhe uma aparência melhor, vamos substituir o primeiro n por $\binom{n}{1}$ na equação anterior. É de se esperar que o próximo termo seja $-\binom{n}{4}(n-4)^k$.

Para certificarmo-nos de que o padrão que vemos é correto, pensemos no tamanho de uma intersecção de ordem j dos conjuntos B. Quantos elementos há em $B_1 \cap B_2 \cap \ldots \cap B_j$? Eles são as listas de comprimento k que evitam todos os elementos de 1 a j; isto é, seus elementos são extraídos de $\{j+1, \ldots, n\}$ (um conjunto de tamanho $n-j$). Assim, $|B_1 \cap B_2 \cap \ldots \cap B_j| = (n-j)^k$. Naturalmente, todas as intersecções de ordem j funcionam dessa maneira. Quantas intersecções de ordem j há? Elas são em número de $\binom{n}{j}$. Assim, o j-ésimo termo na inclusão-exclusão é $\pm \binom{n}{j}(n-j)^k$. O sinal é positivo quando j for ímpar, e negativo quando j for par.

> O último termo no exemplo é $B_1 \cap B_2 \cap B_3 = \emptyset$.

A título de verificação, certifiquemo-nos de que essa fórmula se aplica a $|B_1 \cap \ldots \cap B_n|$, o último termo na inclusão-exclusão. Esse é o número de listas de comprimento k que não contêm nenhum dos elementos 1 a n. Se não podemos usar nenhum dos elementos, certamente não podemos fazer nenhuma lista. O tamanho desse conjunto é zero. Nossa fórmula para esse termo é $\pm \binom{n}{0}(n-n)^k$ que, naturalmente, é 0.

Temos, agora,

$$|B_1 \cup \cdots \cup B_n| = \binom{n}{1}(n-1)^k - \binom{n}{2}(n-2)^k + \binom{n}{3}(n-3)^k - \cdots \pm \binom{n}{n}(n-n)^k$$

que se pode escrever em notação de Σ como:

$$|B_1 \cup \cdots \cup B_n| = \sum_{j=1}^{n}(-1)^{j+1}\binom{n}{j}(n-j)^k.$$

O termo $(-1)^{j+1}$ é um dispositivo para atribuir um sinal *mais* quando j é ímpar e um sinal *menos* quando j é par.

A questão do Exemplo 19.3 já está quase respondida. O conjunto $B_1 \cup \ldots \cup B_n$ conta o número de listas más; como queremos o número de listas boas, basta substituirmos na Equação (5) para obter:

de listas boas = nk – # listas más

$$= n^k - \left[\binom{n}{1}(n-1)^k - \binom{n}{2}(n-2)^k \right.$$
$$\left. + \binom{n}{3}(n-3)^k - \cdots \pm \binom{n}{n}(n-n)^k \right]$$
$$= n^k - \binom{n}{1}(n-1)^k + \binom{n}{2}(n-2)^k$$
$$- \binom{n}{3}(n-3)^k + \cdots \mp \binom{n}{n}(n-n)^k$$
$$\Rightarrow \binom{n}{0}n^k - \binom{n}{1}(n-1)^k + \binom{n}{2}(n-2)^k$$
$$- \binom{n}{3}(n-3)^k + \cdots \mp \binom{n}{n}(n-n)^k$$
$$= \sum_{j=0}^{n}(-1)^j \binom{n}{j}(n-j)^k$$

o que responde à pergunta do Exercício 19.3.

> O Exemplo 19.4 é conhecido como *problema da verificação dos chapéus*. A história relata que n pessoas vão a um teatro e deixam seus chapéus com um porteiro descuidado. O porteiro devolve os chapéus aos donos de maneira aleatória. O problema é: qual é a probabilidade de nenhuma das pessoas receber de volta seu próprio chapéu? A resposta dessa questão de probabilidade é a resposta do Exemplo 19.4 dividida por $n!$.

Desordenações

Ilustramos o método do Esquema de prova 10 com o seguinte problema clássico.

◆ EXEMPLO 19.4

(Desordenações de contagem) Há $n!$ maneiras de criar listas de comprimento n utilizando os elementos de $\{1, 2, \ldots, n\}$ sem repetição. Essa lista é chamada *desordenação* se o número j não ocupar a posição j da lista para qualquer $j = 1, 2, \ldots, n$. Quantas desordenações existem?

Por exemplo, se $n = 8$, as listas (8, 7, 6, 5, 4, 3, 2, 1) e (6, 5, 7, 8, 1, 2, 3, 4) são desordenações, mas (3, 5, 1, 4, 8, 6, 7) e (2, 1, 4, 3, 8, 6, 7, 5) não o são.

| Esquema de prova 10 | Utilizando inclusão-exclusão. |

Contagem com inclusão-exclusão:

- Classificar os objetos como "bons" (os que deseja contar) ou "maus" (os que não deseja contar).
- Decidir se deseja contar diretamente os objetos bons ou os maus e subtrair seu número do total.
- Colocar o problema de contagem como o tamanho de uma união de conjuntos. Cada conjunto descreve uma forma como os objetos podem ser "bons" ou "maus".
- Aplicar a inclusão-exclusão (Teorema 19.1).

◆ EXEMPLO 19.5

As desordenações de $\{1, 2, 3, 4\}$ são:

2143	2341	2413
3142	3412	3421
4223	4312	4321

Há $n!$ listas em consideração. As listas "boas" são as desordenações. As listas "más" são as listas em que ao menos um elemento j de $\{1, 2, ..., n\}$ aparece na posição j da lista.

Contamos o número de listas más e o subtraímos de $n!$ para contar o número de listas boas.

Contamos o número de listas más, contando uma união. Há n maneiras como uma lista pode ser má: 1 pode estar na posição 1, 2 pode estar na posição 2, ..., e n pode estar na posição n. Definimos assim os seguintes conjuntos:

$$B_1 = \{\text{listas com 1 na posição 1}\}$$
$$B_2 = \{\text{listas com 2 na posição 2}\}$$
$$\vdots$$
$$B_n = \{\text{listas com } n \text{ na posição } n\}.$$

Nosso objetivo é contar $|B_1 \cup \ldots \cup B_n|$ e, por fim, subtrair de $n!$. Para calcular o tamanho de uma união, aplicamos a inclusão-exclusão.

$B_1 = \{1234, 1243, 1324, 1342, 1423, 1432\}$.

Calculamos primeiro $|B_1|$. Esse é o número de listas com 1 na posição 1; os outros $n - 1$ elementos podem ocupar posições arbitrárias. Há $(n - 1)!$ dessas listas. Da mesma forma, $|B_2| = (n - 1)!$, porque o elemento 2 deve estar na posição 2, mas os outros $n - 1$ elementos podem dispor-se aleatoriamente. Temos:

$$|B_1 \cup \cdots \cup B_n| = |B_1| + \cdots + |B_n| - \cdots\cdots$$
$$= n(n-1)! - \cdots\cdots.$$

$B_1 \cap B_2 = \{1234, 1243\}$.

Consideremos em seguida $|B_1 \cap B_2|$: são as listas em que 1 deve estar na posição 1, 2 deve estar na posição 2, e os $n - 2$ elementos restantes podem ocupar quaisquer posições. Há $(n - 2)!$ dessas listas. Na verdade, para quaisquer $i \neq j$, temos $|B_i \cap B_j| = (n - 2)!$, pois o elemento i ocupa a posição i, o elemento j ocupa a posição j, e os $n - 2$ elementos restantes ocupam posições arbitrárias. Há $\binom{n}{2}$ pares de intersecções, e todas elas têm tamanho $(n - 2)!$, o que dá:

$$|B_1 \cup \cdots \cup B_n| = |B_1| + \cdots + |B_n| - |B_1 \cap B_2| - \cdots + \cdots$$
$$= n(n-1)! - \binom{n}{2}(n-2)! + \cdots.$$

As $\binom{n}{3}$ intersecções tríplices funcionam todas da mesma maneira. O tamanho de $B_1 \cap B_2 \cap B_3$ é $(n-3)!$, porque os elementos 1, 2 e 3 devem ocupar suas respectivas posições, enquanto os elementos restantes ocupam posições arbitrárias. Até agora temos:

$$|B_1 \cup \cdots \cup B_n| = n(n-1)! - \binom{n}{2}(n-2)! + \binom{n}{3}(n-3)! - \cdots.$$

Escrevendo o primeiro n como $\binom{n}{1}$, temos:

$$|B_1 \cup \cdots \cup B_n| = \binom{n}{1}(n-1)! - \binom{n}{2}(n-2)! + \binom{n}{3}(n-3)! - \cdots.$$

O padrão vai tornando-se visível. Para confirmar que isso realmente funciona, consideremos as intersecções de ordem k tais como $|B_1 \cap B_2 \cap \ldots B_k|$. Há $\binom{n}{k}$ termos dessa forma, e cada um deles corresponde a $(n-k)!$, porque k dos elementos/posições na lista são determinados, e os $n - k$ elementos restantes podem ocupar posições arbitrárias. Temos, assim,

$$|B_1 \cup \cdots \cup B_n| = \binom{n}{1}(n-1)! - \binom{n}{2}(n-2)! + \binom{n}{3}(n-3)! - \cdots \pm \binom{n}{n}(n-n)!.$$

$B_1 \cap B_2 \cap B_3 \cap B_4 = \{1234\}$.

Note que o último termo é $\binom{n}{n} 0! = 1$. Para certificarmo-nos de que isso é correto, notemos que é o tamanho de $B_1 \cap \ldots \cap B_n$. Esse é o conjunto de listas em que 1 deve estar na posição 1, 2 deve estar na posição 2, e assim por diante, e n deve estar na posição n. Há exatamente uma dessas listas, a saber, $(1, 2, 3, \ldots, n)$.

Por último, subtraímos $|B_1 \cap \ldots \cap B_n|$ de $n!$, obtendo o número de desordenações, que é:

$$n! - \left[\binom{n}{1}(n-1)! - \binom{n}{2}(n-2)! + \binom{n}{3}(n-3)! - \cdots \pm \binom{n}{n}(n-n)! \right]$$

e que é igual a:

$$\binom{n}{0}n! - \binom{n}{1}(n-1)! + \binom{n}{2}(n-2)! - \binom{n}{3}(n-3)! + \cdots \mp \binom{n}{n}(n-n)!$$

ou, em notação de somatório Σ,

$$\# \text{ de desordenações} = \sum_{k=0}^{n}(-1)^k \binom{n}{k}(n-k)!.$$

Podemos simplificar essa resposta. Lembremo-nos de que:

$$\binom{n}{k} = \frac{n!}{k!(n-k)!}$$

(ver Teorema 17.12). Portanto:

$$\neq \text{ de desordenações} = \sum_{k=0}^{n}(-1)^k \binom{n}{k}(n-k)! = \sum_{k=0}^{n}(-1)^k \frac{n!}{k!(n-k)!}(n-k)!$$

$$= \sum_{k=0}^{n}(-1)^k \frac{n!}{k!}.$$

Por fim, podemos fatorar $n!$ de todos os termos, obtendo:

$$\# \text{ de desordenações} = n! \sum_{k=0}^{n} \frac{(-1)^k}{k!}.$$

Uma fórmula extensa

A fórmula de inclusão-exclusão é:

$$\begin{aligned}
|A_1 \cup A_2 \cup \cdots \cup A_n| = &|A_1| + |A_2| + \cdots + |A_n| \\
& - |A_1 \cap A_2| - |A_1 \cap A_3| - \cdots - |A_{n-1} \cap A_n| \\
& + |A_1 \cap A_2 \cap A_3| + |A_1 \cap A_2 \cap A_4| + \cdots \\
& + |A_{n-2} \cap A_{n-1} \cap A_n| \\
& - \cdots + \cdots\cdots\cdots \\
& \pm |A_1 \cap A_2 \cap \cdots \cap A_n|.
\end{aligned}$$

Essa expressão poderá ser escrita sem apelarmos para o uso de reticências? Aqui, nós a reduzimos a uma única reticência. O leitor decidirá se é melhor.

$$\left| \bigcup_{k=1}^{n} A_k \right| = \sum_{k=1}^{n}(-1)^{k+1} \sum_{1 \leq a_1 < \cdots < a_k \leq n} \left| \bigcap_{j=1}^{k} A_{a_j} \right|.$$

Pode o leitor criar uma notação que não exija qualquer reticência?

Recapitulando

Estendemos a fórmula simples $|A \cup B| = |A| + |B| - |A \cap B|$ para dar conta do tamanho da união de vários conjuntos em termos dos tamanhos de suas diversas intersecções. Mostramos então como aplicar a inclusão-exclusão a alguns problemas complicados de contagem.

19 Exercícios

19.1. Há quatro grandes grupos de pessoas, cada um com mil membros. Dois quaisquer desses grupos têm cem membros em comum. Três quaisquer desses grupos têm dez membros em comum. E há uma pessoa em todos os quatro grupos. Conjuntamente, quantas pessoas há nesses grupos?

19.2. Nos números inteiros entre 1 e 100 (inclusive) quantos são divisível por 2 ou por 5?

19.3. Nos números inteiros entre 1 e 1.000.000 (inclusive) quantos não são divisíveis por 2, 3 ou 5?

19.4. Sejam A, B e C conjuntos finitos. Prove ou refute: Se $|A \cup B \cup C| = |A| + |B| + |C|$, então A, B e C devem ser disjuntos dois a dois.

19.5. Quantas "palavras" de cinco letras podemos formar sem duas letras consecutivas iguais? Uma "palavra" pode ser qualquer lista das 26 letras-padrão, de modo que WENJW seja uma palavra que deva ser contada, mas NUTTY não o seja.

Eis uma solução fácil: pelos métodos de contagem de listas da Seção 7, a resposta é $26 \times 25 \times 25 \times 25 \times 25 = 26 \times 25^4$.

Dê uma solução complicada incluindo inclusão-exclusão e mostre que as duas soluções coincidem.

19.6. Nesse problema, o leitor deve dar duas provas para

$$9^n = \sum_{k=0}^{n} (-1)^k \binom{n}{k} 10^{n-k}.$$

a. Na primeira prova deve ser usado o teorema binomial (ver Teorema 16.8).
b. A segunda prova deve ser combinatória, utilizando a inclusão-exclusão.

19.7. Quantos números de seis algarismos não têm três algarismos consecutivos iguais?

(Nesse problema, podemos considerar números de seis algarismos cujos algarismos iniciais sejam 0. Assim, devem ser contados 012345 e 001122, mas não 000987 ou 122234.)

19.8. Quantos caminhos reticulados estão lá na grade da figura que evitam os locais A e B? Esses caminhos devem consistir de exatamente 18 passos: nove retos e nove para cima. Um dos caminhos é mostrado.

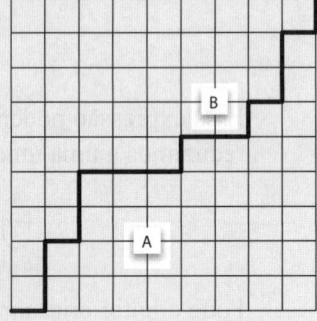

19.9. Note o seguinte: $|A \cap B| = |A| + |B| - |A \cup B|$. Obtenha uma fórmula geral para o tamanho da intersecção de vários conjuntos finitos em termos dos tamanhos de suas uniões

19.10. Sejam $A_1, A_2, \ldots, A_n$ conjuntos finitos e seja $A = A_1 \cup A_2 \cup \cdots \cup A_n$. Por favor, prove estas desigualdades:

a.

$$|A| \leq \sum_{i=1}^{n} |A_i|.$$

b.

$$|A| \geq \sum_{i=1}^{n} |A_i| - \sum_{1 \leq i < j \leq n} |A_i \cap A_j|.$$

Estas são conhecidas como desigualdades de *Bonferroni*.

19.11. Este problema refina a parte (a) do exercício anterior. Mais uma vez, sejam $A_1, A_2, \ldots, A_n$ conjuntos finitos e seja $A = A_1 \cup A_2 \cup A_n$. Por favor, prove:

$$|A| \leq \sum_{i=1}^{n} |A_i| - (n-1)|A_1 \cap A_2 \cap \cdots \cap A_n|.$$

Mostre que o fator $(n-1)$ na desigualdade não pode ser substituído por n em uma tentativa de dar uma desigualdade ainda mais apertada.

19.12. *Este exercício é para aqueles que estudaram cálculo.* Nesta seção, mostramos que o número de desarranjos dos números de 1 a n é

$$n! \sum_{k=0}^{n} \frac{(-1)^k}{k!}.$$

Se dividirmos isso por $n!$ obtemos a probabilidade p_n que ninguém recebe seu próprio chapéu de volta do balcão desorganizado da chapelaria.

Avalie:

$$\lim_{n \to \infty} p_n = \sum_{k=0}^{\infty} \frac{(-1)^k}{k!}.$$

Autoteste

1. Sejam R e S relações em um conjunto A. Suponha que nos é dito que $R \subseteq S$. Expresse esse fato sob a forma de uma declaração se-então sobre R, S e elementos de A.

2. Seja R a relação no conjunto de todos os seres humanos (não apenas os que fazem parte de sua família) definido por $x\, R\, y$, se e somente se x for um dos pais de y.
   a. Se x for você, descreva o conjunto de pessoas $\{y : x\, R\, y\}$.
   b. Se y for você, descreva o conjunto de pessoas $\{y : x\, R\, y\}$.
   c. Determine qual das seguintes propriedades é satisfeita por R: reflexiva, irreflexiva, simétrica, assimétrica, transitiva.
   d. Descreva R^{-1}.

3. Qual das seguintes relações de R definidas no conjunto de todos os seres humanos (não apenas os que fazem parte de sua família) são relações de equivalência?
   a. $x\, R\, y$, contanto que x e y sejam filhos da mesma mãe.
   b. $x\, R\, y$, contanto que x e y sejam filhos da mesma mãe e do mesmo pai.
   c. $x\, R\, y$, contanto que x e y tenham pelo menos um dos pais em comum.

4. Seja $A = \{1, 2, 3, 4\}$. Quantas relações diferentes em A existem?

5. Seja x e y números inteiros. Suponha que $x \equiv y \pmod{10}$ e $x \equiv y \pmod{11}$. Esses significam que $x = y$?

6. Seja $R \equiv \{(x, y) : x, y \in \mathbb{Z}\, [x] = [y]\}$.
   a. Prove que R é uma relação de equivalência nos inteiros.
   b. Encontre as classes de equivalência $[5]$, $[-2]$ e $[0]$.

7. Seja $A = \{1, 2, 3\}$, $B = \{4, 5\}$ e $R = \{A \times A\} \cup \{B \times B\}$. Observe que R é uma relação de equivalência em $A \cup B$. Encontre todas as classes de equivalência de R.

8. Seja $A = \{1, 2, 3, 4, 5\}$; defina uma relação de equivalência R em 2^A por $X \, R \, Y$, se e somente se $[X] = [Y]$. Quantas classes de equivalência R apresenta?

9. Seja $\mathcal{P} = \{N, \mathbb{Z}, P\}$ uma partição dos inteiros, $\mathbb{Z}$ definido por
    * $N = \{x \in \mathbb{Z} : x < 0\}$
    * $Z = \{0\}$ e
    * $P = \{x \in \mathbb{Z} : x > 0\}$.

    Descreva a relação de equivalência $\overset{\mathcal{P}}{\equiv}$. Sua resposta deve ser da seguinte forma: "suponha que x e y sejam inteiros. Então $x \overset{\mathcal{P}}{\equiv} y$ se e somente se ...".

10. Dez casais estão sentados em volta de uma grande mesa circular. De quantas maneiras diferentes eles podem sentar-se, supondo que os maridos e as esposas se sentem próximos uns dos outros? Observe que, se todos se deslocarem em um (ou mais) lugares para a esquerda, a disposição não é considerada diferente.

11. As letras na palavra ELECTRICITY são misturadas para compor duas palavras, provavelmente sem sentido (por exemplo, TIREEL CICTY). Quantos anagramas desse tipo são possíveis?

12. Duas crianças estão brincando de jogo da velha. De quantas maneiras os dois primeiros movimentos podem ser realizados?

    Uma possível resposta é $9 \times 8 = 72$, visto que há 9 locais para que o primeiro jogador marque X e, para cada opção desse tipo, 8 locais para o segundo jogador marcar 0.

    Contudo, por causa da simetria, alguns desses pares de abertura de movimento são os mesmos. Por exemplo, o primeiro jogador escolhe um quadrado da ponta e o segundo escolhe o central, na realidade não importa nada qual canto o primeiro jogador escolhe.

    Levando isso em consideração, de quantas formas distintas os dois primeiros movimentos podem ser realizados?

13. Há 21 alunos em uma aula de química. Os alunos devem formar pares para trabalhar como parceiros de laboratório, mas, obviamente, um aluno sobrará para trabalhar sozinho. De quantas maneiras os alunos podem formar pares?

14. Seja $A = \{1, 2, 3, ..., 100\}$. Quantos subconjuntos de 10 elementos de A consistem de apenas números ímpares?

15. A expressão $(x + 2)^{50}$ é expandida. Qual é o coeficiente de x^{17}?

16. Seja n um inteiro positivo. Simplifique a seguinte expressão:
    $$n + (n + 1) + (n + 2) + ... + (2n).$$

17. Em uma escola de 200 crianças, 15 alunos são escolhidos para fazer parte da equipe de matemática da escola, e, desses, 2 alunos são escolhidos como cocapitães. De quantas maneiras isso pode ser feito?

18. Seja n e k inteiros positivos com $k + 2 \le n$. Prove a identidade:
    $$\binom{n+2}{k+2} = \binom{n}{k} + 2\binom{n}{k+1} + \binom{n}{k+2}.$$

    Seguindo os dois métodos a seguir: combinatoriamente ou utilizando a Identidade de Pascal (Teorema 16.10).

19. Sejam n e k inteiros positivos. Considere esta equação:

$$x_1 + x_2 + \cdots + x_n = k.$$

   a. Quantas soluções existem se as variáveis x_i forem inteiros não negativos?
   b. Quantas soluções existem se as variáveis x_i forem inteiros positivos?
   c. Quantas soluções existem se as variáveis x_i só podem ter os valores 0 ou 1?

20. Uma pizzaria oferece dez tipos diferentes de recheios. Ao pedir uma pizza de quatro sabores, você pode escolher quatro recheios para a sua pizza.

   a. Quantas pizzas de quatro sabores diferentes podem ser feitas se for obrigatório que os quatro recheios sejam diferentes?
   b. Quantas pizzas de quatro sabores diferentes podem ser feitas se os recheios puderem ser repetidos (por exemplo, cebolas, azeitonas e dois cogumelos, ou três anchovas e alho).

21. Seja n um inteiro positivo. Quantos multiconjuntos diferentes podem ser criados utilizando os números de 1 a n, em que cada um é utilizado por, no máximo, três vezes? Certifique-se de justificar sua resposta.

   Por exemplo, se $n = 5$, então contaríamos $\{1, 2, 2, 3\}$ e $\{1, 2, 3, 4, 4, 4, 5\}$, mas não contaríamos $\{1, 2, 4, 4, 4, 4, 4, 4, 4\}$ (quatros demais) ou $\{3, 4, 6\}$ (6 não está na faixa de 1 a n).

22. Os quadrados de um tabuleiro 4×4 são coloridos em preto e branco. Utilize a inclusão-exclusão para encontrar o número de maneiras em que o tabuleiro pode ser colorido, de forma que nenhuma fileira seja inteiramente de uma única cor.

   Explique por que sua expressão é simplificada para 14^4.

CAPÍTULO 4

Mais provas

Até aqui, temos utilizado principalmente uma técnica de prova conhecida como prova *direta*. Nesse método, trabalhamos da hipótese para a conclusão, mostrando como cada afirmação decorre de afirmações prévias. A ideia central é desenredar definições e preencher a lacuna entre o que temos e o que desejamos.

Estamos agora prontos para métodos mais sofisticados de prova – e precisamos deles. Neste capítulo, vamos apresentar dois métodos poderosos: a *prova por contradição* e a *prova por indução* (e sua variante *prova por contraexemplo mínimo*).

■ 20 Contradição

A maioria dos teoremas pode expressar-se na forma "se-então". A maneira usual de provar "se A, então B" consiste em supor as condições relacionadas em A e procurar provar as condições em B (ver Esquema de prova 1). Nesta seção, vamos apresentar duas alternativas para esse método direto de prova.

Prova pela contrapositiva

A afirmação "Se A, então B" é logicamente equivalente à afirmação "Se (não B), então (não A)". A afirmação "Se (não B), então (não A)" é chamada *contrapositiva* de "se A, então B".

Por que uma afirmação e sua contrapositiva são logicamente equivalentes? Com efeito, para que "se A, então B" seja verdadeira, deve ocorrer que, sempre que A for verdadeiro, B também deverá sê-lo. Se B for falso, A deveria ser falso também. Em outras palavras, se B for falso, então A deverá ser falso. Temos, assim, "se (não B), então (não A)".

Eis outra explanação. Sabemos que "se A, então B" é logicamente equivalente a "(não A) ou B" (ver Exercício 4.4). Pelo mesmo raciocínio, "se (não B), então (não A)" é equivalente a "(não (não B)) ou (não A)"; mas "(não (não B))" é o mesmo que B", e assim a expressão se reduz a "B ou (não A)", que é equivalente a "(não A) ou B". Em símbolos:

$$a \to b \;=\; (\neg a) \vee b \;=\; (\neg(\neg b)) \vee (\neg a) \;=\; (\neg b) \to (\neg a)$$

Se essas explanações são difíceis de acompanhar, eis uma forma mecânica de proceder. Construímos uma tabela-verdade para $a \to b$ e para $(\neg b) \to (\neg a)$ e observamos os mesmos resultados.

a	b	$a \to b$	$\neg b$	$\neg a$	$(\neg b) \to (\neg a)$
V	V	V	F	F	V
V	F	F	V	F	F
F	V	V	F	V	V
F	F	V	V	V	V

A linha da base é: "para provar que "Se A, então B", é aceitável provar "Se (não B), então (não A)", conforme esboçado no Esquema de prova 11.

Esquema de prova 11 — Prova pela contrapositiva

Provar que "se A, então B": supor (não B) e tentar provar (não A).

Vamos trabalhar com um exemplo.

▶ **PROPOSIÇÃO 20.1**

Seja R uma relação de equivalência em um conjunto A, e sejam $a, b \in A$. Se $a \not R b$, então $[a] \cap [b] = \emptyset$.

Essencialmente, isso já foi provado (ver Proposição 15.12). Nosso objetivo aqui é ilustrar a prova pela contrapositiva. Nós o faremos utilizando o Esquema de prova 11.

> Seja R uma relação de equivalência em um conjunto A, e sejam $a, b \in A$. Vamos provar a contrapositiva da afirmação.
> Suponhamos $[a] \cap [b] \neq \emptyset$ ... Portanto, $a R b$.

O ponto-chave a observar é que supomos o oposto da conclusão (não $[a] \cap [b] = \emptyset$) e procuramos provar o oposto da hipótese (não $a \not R b$; isto é, $a R b$).

Note que você foi alertado para o fato de que não estamos utilizando a prova direta, anunciando que vamos provar a contrapositiva.

Para prosseguir a prova, observamos que $[a] \cap [b] \neq \emptyset$ significa que existe um elemento simultaneamente em $[a]$ e em $[b]$. Introduzamos esse fato na prova.

> Seja R uma relação de equivalência em um conjunto A, e sejam $a, b \in A$. Vamos provar a contrapositiva da afirmação.
> Suponhamos $[a] \cap [b] \neq \emptyset$. Então, existe um $x \in [a] \cap [b]$, isto é, $x \in [a]$ e $x \in [b]$. Portanto, $a R b$.

Para concluir, vamos usar a definição de classe de equivalência.

> Seja R uma relação de equivalência em um conjunto A, e sejam $a, b \in A$. Vamos provar a contrapositiva da afirmação.
> Suponhamos $[a] \cap [b] \neq \emptyset$. Então, existe um $x \in [a] \cap [b]$, isto é, $x \in [a]$ e $x \in [b]$. Logo, $x\,R\,a$ e $x\,R\,b$. Por simetria, $a\,R\,x$, e, como $x\,R\,b$, por transitividade, temos $a\,R\,b$.

Há alguma vantagem na prova pela contrapositiva? Sim. Tente provar a Proposição 20.1 diretamente. Suporíamos $a\,\not R\,b$ e procuraríamos mostrar que $[a] \cap [b] \neq \emptyset$. Como desenredaríamos a hipótese $a\,\not R\,b$? Como mostraríamos que dois conjuntos não têm qualquer elemento em comum? Não temos uma forma razoável para levar a cabo essas tarefas; uma prova direta aqui seria bastante difícil. Apelando para a contrapositiva, temos melhores condições.

Reductio ad absurdum

A prova pela contrapositiva é a alternativa para o método direto. Se não pudermos achar uma prova direta, tentemos provar pela contrapositiva. Não seria interessante se existisse uma técnica de prova que combinasse a prova direta e a prova pela contrapositiva? De fato, ela existe! É a chamada *prova por contradição* ou, em latim, *reductio ad absurdum*. Eis como funciona.

> A prova por contradição é também chamada *prova indireta*.

> Um erro! Eis outra maneira de encarar a prova por contradição. Supomos A e (não B) e prosseguimos com um raciocínio válido até chegarmos a uma situação impossível. Isso significa que deve haver um erro. Se todo nosso raciocínio é válido, e como podemos supor A, o erro deve ter sido em supor (não B). Como (não B) é o erro, devemos ter B.

Pretendemos provar que "se A, então B". Para tanto, mostramos que é impossível A ser verdadeiro quando B é falso. Em outras palavras, queremos mostrar que "A e (não B)" é impossível.

Como provamos que algo é impossível? Admitimos que a coisa impossível seja verdadeira, e provamos que essa suposição conduz a uma conclusão absurda. Se uma afirmação implica algo claramente errado, então a afirmação deve ser falsa!

Para provar "se A, então B", fazemos duas suposições. Admitimos a hipótese A e supomos o oposto da conclusão; isto é, admitimos (não B). A partir dessas duas suposições, procuramos chegar a uma afirmação claramente falsa. O esboço geral é dado no Esquema de prova 12.

| Esquema de prova 12 | Prova por contradição |

Provar que "se A, então B":
  Supomos as condições em A.
  Por contradição, supomos não B.
  Argumentamos até chegar a uma contradição.
  $\Rightarrow \Leftarrow$

(O símbolo $\Rightarrow \Leftarrow$ é uma abreviatura do seguinte: assim, chegamos a uma contradição. Portanto, a suposição (não B) deve ser falsa. Logo, B é verdadeira.)

Vamos apresentar uma descrição formal de uma prova por contradição e, em seguida, dar um exemplo.

Pretendemos provar uma afirmação da forma "se A, então B". Para isso, admitimos A e (não B) e mostramos que isso implica algo falso. Simbolicamente, queremos mostrar que $a \to b$. Para tanto, provamos que $(a \wedge \neg b) \to$ Falso. Essas duas proposições são logicamente equivalentes.

▶ **PROPOSIÇÃO 20.2**

As fórmulas booleanas $a \to b$ e $(a \wedge \neg b) \to$ Falso são logicamente equivalentes.

Prova. Para confirmar que as duas expressões se equivalem logicamente, construímos uma tabela-verdade.

a	b	$a \to b$	$\neg b$	$(a \wedge \neg b) \to$ Falso
V	V	V	F	V
V	F	F	V	F
F	V	V	F	V
F	F	V	F	V

Portanto, $a \to b = (a \wedge \neg b) \to$ Falso.

Apliquemos esse método para provar o seguinte:

▶ **PROPOSIÇÃO 20.3**

Nenhum inteiro é ao mesmo tempo par e ímpar.

Reexpressa na forma "se-então", a Proposição 20.3 é "se x é um inteiro, então x não pode ser simultaneamente par e ímpar".

Formulemos uma prova por contradição.

> Seja x um inteiro.
> Suponhamos, por contradição, que x seja ao mesmo tempo par e ímpar.
> ...
> Isso é impossível. Chegamos, assim, a uma contradição, e nossa suposição (de que x seja ao mesmo tempo par e ímpar) é falsa. Portanto, x não é simultaneamente par e ímpar, e a proposição está provada.

Cabem aqui vários comentários.

- A primeira sentença dá a hipótese (seja x um inteiro).
- A segunda sentença atende a dois propósitos.

Primeiro, anuncia a você que se trata de uma prova por contradição pela locução "por contradição".

Segundo, supõe o oposto da conclusão. A suposição é que x seja simultaneamente par e ímpar.

- A próxima sentença afirma: "isso é impossível". Não sabemos qual é o antecedente de "isso"! O que é impossível? Ainda não sabemos! À medida que a prova se desenvolve, esperamos chegar a uma contradição.
- Dado que chegamos a uma contradição, eis como concluímos a prova. Afirmamos que a suposição é impossível porque leva a uma afirmação absurda. Portanto, a suposição (não B) deve ser falsa. Logo, a conclusão (B) deve ser verdadeira.

As últimas poucas sentenças de uma prova por contradição são quase sempre as mesmas. Os matemáticos usam um símbolo especial para abreviar um grupo de palavras. O símbolo é: $\Rightarrow\Leftarrow$. A imagem é a de que duas implicações estão colidindo uma com a outra.

O símbolo $\Rightarrow\Leftarrow$ é uma abreviatura para "chegamos assim a uma contradição; por conseguinte, a suposição é falsa".

A suposição é aquilo que admitimos, isto é, "(não B)".

Não sabemos (ainda) a qual contradição podemos chegar. Vamos continuar trabalhando com o que temos. Sabemos que x é ao mesmo tempo par e ímpar, e, dessa forma, procuremos desenredar.

> Seja x um inteiro.
> Suponhamos, por contradição, que x seja ao mesmo tempo par e ímpar.
> Como x é par, sabemos que $2|x$; isto é, existe um inteiro a de modo que $x = 2a$.
> Como x é ímpar, sabemos que existe um inteiro b de modo que $x = 2b + 1$.
> ...
> $\Rightarrow\Leftarrow$ Portanto, x não pode ser simultaneamente par e ímpar, e a proposição está provada.

Até agora, nenhuma contradição. As definições estão completamente desenredadas. Devemos trabalhar com $x = 2a = 2b + 1$, em que a e b são inteiros. De alguma forma, devemos manipular esses elementos a fim de chegar a algo falso. Tentemos dividir a equação $x = 2a = 2b + 1$ por 2, obtendo $\frac{x}{2} = a = b + \frac{1}{2}$, o que nos diz que um inteiro é apenas $\frac{1}{2}$ maior que o outro (isto é, $a - b = \frac{1}{2}$). Mas $a - b$ é um inteiro, e $\frac{1}{2}$ não o é! Um número $(a - b)$ não pode ser ao mesmo tempo inteiro e não inteiro! É uma contradição. Hurra!! Vamos introduzi-la na prova (note que não utilizamos $\frac{x}{2}$ na contradição, o que nos permite simplificar bastante).

Seja x um inteiro.
  Suponhamos, por contradição, que x seja par e ímpar.
  Como x é par, sabemos que $2|x$; isto é, existe um inteiro a de modo que $x = 2a$.
  Como x é ímpar, sabemos que existe um inteiro b de modo que $x = 2b + 1$.
  Portanto, $2a = 2b + 1$. Dividindo ambos os membros por 2, obtemos $a = b + \frac{1}{2}$, de forma que $a - b = \frac{1}{2}$. Note que $a - b$ é um inteiro (pois a e b o são), mas $\frac{1}{2}$ não é inteiro.
⇒⇐ Logo, x *não* é ao mesmo tempo par e ímpar, e a proposição está provada.

Isso completa a prova. Quando começamos essa prova, não sabíamos que a contradição a que chegaríamos seria a de que $\frac{1}{2}$ é um inteiro. Isso é típico em uma prova por contradição; começamos com A e (não B) e vemos aonde a implicação conduz.

A Proposição 20.3 também pode expressar-se como segue. Sejam:

$$X = \{x \in \mathbb{Z} : x \text{ é par}\} \text{ e}$$
$$Y = \{x \in \mathbb{Z} : x \text{ é ímpar}\}$$

Então $X \cap Y = \emptyset$.

A prova por contradição é, em geral, a melhor técnica para mostrar que um conjunto é vazio. Ela justifica a codificação em um esquema de prova.

Esquema de prova 13 — Provar que um conjunto é vazio

Para provar que um conjunto é vazio:
  Suponha que o conjunto é não vazio e argumente de forma a chegar a uma contradição.

O Esquema de prova 13 é apropriado para provar afirmações da forma: "não há objeto que satisfaça às condições".

A contradição é também a técnica de prova escolhida quando devemos provar afirmações de *unicidade*. Tais afirmações asseguram que só pode haver um objeto que satisfaça às condições dadas.

> **Linguagem matemática!**
> Você poderia esperar que, acima de todas as pessoas, os matemáticos empregassem a palavra *dois* corretamente. Pode surpreender que, pois, quando um matemático diz "dois", ele eventualmente quer dizer "um ou dois". Eis um exemplo. Consideremos a seguinte afirmação: "todo inteiro positivo par é a soma de dois inteiros positivos ímpares". Os matemáticos consideram verdadeira essa afirmação, a despeito do fato de só haver uma maneira de escrever 2 como soma de dois inteiros positivos ímpares, a saber, 2 = 1 + 1. Ocorre que apenas os dois números são o mesmo. A frase "sejam *x* e *y* dois inteiros..." permite que os inteiros *x* e *y* sejam o mesmo. Essa é a convenção, embora um tanto perigosa. Seria melhor escrever simplesmente "Sejam *x* e *y* inteiros...".
> Ocasionalmente, interessa-nos eliminar a possibilidade *x* = *y*. Nesse caso, escrevemos "sejam *x* e *y* dois inteiros diferentes..." ou "sejam *x* e *y* dois inteiros distintos...".

Esquema de prova 14 | Prova da unicidade

Para provar que há, no máximo, um objeto que satisfaz determinadas condições:
  Suponhamos que haja dois objetos diferentes, x e y, que verificam as condições.
  Argumente de modo a chegar a uma contradição.

Com frequência, a contradição em uma prova de unicidade é que os dois objetos alegadamente diferentes são, na verdade, o mesmo. Eis um exemplo simples.

▶ **PROPOSIÇÃO 20.4**

Sejam a e b números com $a \neq 0$. Existe no máximo um número x com $ax + b = 0$.

Prova. Suponhamos que haja dois números diferentes x e y de modo que $ax + b = 0$ e $ay + b = 0$. Isso nos dá $ax + b = ay + b$. Subtraindo b de ambos os membros, temos $ax = ay$. Como $a \neq 0$, podemos dividir ambos os membros por a, obtendo $x = y$. $\Rightarrow\Leftarrow$

Prova por contradição e *sudoku*

Se você resolve enigmas *sudoku*, sem dúvida já usou o raciocínio de prova por contradição (para aqueles que ainda não ficaram viciados nesse jogo, podem aprender como jogar na *web*).

Por exemplo, suponha que o diagrama a seguir mostre as três principais linhas de cima de um *sudoku*.

			4		9			8
						3	1	
5	6	7		2	8			

Perguntamos: a qual quadrado pertence o número 1 no quadrado de 3×3 do meio (tire alguns minutos para tentar resolver isso antes de continuar a ler)?

Afirmamos que o 1 do quadrado do meio deve ir à esquerda do 2 na linha de baixo. Aqui está a prova.

Suponha que o 1 vá na linha de cima, entre o 4 e o 9. Então, o 1 do quadrado da esquerda não pode estar na linha superior (por causa do 1 do quadrado do meio entre o 4 e o 9), não pode estar na linha do meio (por causa do 1 no quadrado da direita), e não pode estar na linha inferior (porque não há nenhuma célula livre disponível na terceira fila do quadrado da esquerda). ⇒⇐ Portanto, o 1 não pode ficar entre o 4 e o 9.

Suponhamos que o 1 vai para a linha do meio (em uma das duas células à esquerda do 3). Então teríamos dois 1 na segunda linha do quebra-cabeça. ⇒⇐ Portanto, o 1 do quadrado do meio não pode ficar na segunda linha.

Portanto, o 1 do quadrado do meio deve ficar na terceira linha, e há apenas uma célula aberta naquela linha do lado esquerdo do 2.

Uma questão de estilo

A prova por contradição de "se A, então B" em geral é mais fácil do que a prova direta, porque oferece mais condições. Em vez de começarmos com a única condição A e procurarmos demonstrar a condição B, começamos com A e (não B) conjuntamente e procuramos uma contradição. Isso nos dá mais material para trabalhar.

Às vezes, quando optamos por uma prova por contradição, podemos descobrir que tal prova realmente não era exigida, sendo possível um tipo mais simples de prova. Uma prova é uma prova, e você deve dar-se por feliz se conseguir chegar a uma prova correta. Não obstante, é sempre preferível uma forma mais simples de apresentar seu argumento. Eis como dizer se é possível simplificar uma prova do tipo "se A, então B".

- Você supôs A e (não B). Utilizou apenas a hipótese A, e a contradição a que chegou foi B e (não B).

    Nesse caso, temos realmente uma prova direta, e podemos remover o aparato estranho da prova por contradição.

- Supusemos A e não B. Usamos apenas a suposição (não B), e a contradição a que chegamos foi A e (não A).

    Nesse caso, temos realmente uma prova pela contrapositiva. Reescreva-a nessa forma.

Recapitulando

Introduzimos duas novas técnicas de prova para afirmações da forma "se A, então B". Em uma prova pela contrapositiva, supomos (não B) e procuramos provar (não A). Em uma prova por contradição, supomos A e (não B) e procuramos chegar a uma contradição.

20 Exercícios

20.1. Formule a contrapositiva de cada uma das seguintes afirmações:
  a. Se x é ímpar, então x^2 é ímpar.
  b. Se p é primo, então $2^p - 2$ é divisível por p.
  c. Se x é diferente de zero, então x^2 é positivo.
  d. Se as diagonais de um paralelogramo são perpendiculares, então o paralelogramo é um losango.
  e. Se a bateria está carregada, o carro dará a partida.
  f. Se A ou B, então C.

20.2. Qual é a contrapositiva da contrapositiva de uma afirmação do tipo "se-então"?

20.3. Uma afirmação da forma "A se e somente se B" costuma ser provada em duas partes: em uma delas mostramos que $A \Rightarrow B$ e, na outra, que $B \Rightarrow A$.

Explique por que também é aceitável a seguinte estrutura para uma prova. Primeiro, provamos que $A \Rightarrow B$ e, em seguida, provamos que $\neg A \Rightarrow \neg B$.

20.4. Para cada uma das afirmações seguintes, escreva as primeiras sentenças de uma prova por contradição (você não deve tentar completar as provas). Utilize a frase "por contradição".

  a. Se $A \subseteq B$ e $B \subseteq C$, então $A \subseteq C$.
  b. A soma de dois inteiros negativos é um inteiro negativo.
  c. Se o quadrado de um número racional é um inteiro, então o número racional deve ser também um inteiro.
  d. Se a soma de dois primos é um primo, então um dos primos deve ser 2.
  e. Uma reta não pode interceptar os três lados de um triângulo.
  f. Círculos distintos interceptam-se no máximo em dois pontos.
  g. Há um número infinito de números primos.

20.5. Prove, por contradição, que inteiros consecutivos não podem ser ambos pares.

20.6. Prove, por contradição, que inteiros consecutivos não podem ser ambos ímpares.

20.7. Prove, por contradição: se a soma de dois primos é um número primo, então um dos primos deve ser 2.

Você pode supor que todo inteiro seja ou par ou ímpar, mas nunca ambos.

20.8. Prove por contradição: se x é um número real, então x^2 não é negativo.

20.9. Prove por contradição: se a e b são números reais e $ab = 0$, então $a = 0$ ou $b = 0$.

20.10. Seja a um número com $a > 1$. Prove que $\sqrt{a}$ está estritamente entre 1 e a.

20.11. Prove por contradição: suponha que n seja um número inteiro divisível por quatro. Então, $n + 2$ não é divisível por quatro.

20.12. Prove por contradição: um inteiro positivo é divisível por 10 se e somente se seu último dígito (quando escrito na base dez) é um zero.

Você pode assumir que cada inteiro positivo N pode ser expresso como se segue:

$$N = d_k 10^k + d_{k-1} 10^{k-1} + \cdots + d_1 10 + d_0$$

em que os números d_0 a d_k estão no conjunto $\{0, 1, \ldots, 9\}$ e $d_k \neq 0$. Nessa notação, d_0 é o dígito de N com representação de base dez.

20.13. Sejam os conjuntos A e B. Prove, por contradição, que $(A - B) \cap (B - A) = \emptyset$.

20.14. Sejam os conjuntos A e B. Prove que $A \cap B = \emptyset$ se e somente se $(A \times B) \cap (B \times A) = \emptyset$.

20.15. Prove a recíproca do princípio da adição (Corolário 12.8). A *recíproca* de uma afirmação "se A, então B" é a afirmação "se B, então A". Em outras palavras, você deve provar o seguinte:

Sejam A e B conjuntos finitos. Se $|A \cup B| = |A| + |B|$, então $A \cap B = \emptyset$.

20.16. Seja A um subconjunto dos inteiros.
  a. Formule uma definição cuidadosa de *elemento mínimo* de A.
  b. Seja E o conjunto dos inteiros pares, isto é, $E = \{x \in \mathbb{Z} : 2 | x\}$. Prove, por contradição, que E não tem elemento mínimo.
  c. Prove que, se $A \subseteq \mathbb{Z}$ tem um elemento mínimo, então esse elemento é único.

21 Contraexemplo mínimo

Na Seção 20, desenvolvemos o método da prova por contradição. Eis outra maneira de encarar essa técnica.

> Prova por contradição como prova por falta de contraexemplo.

Queremos provar um resultado da forma "se A, então B". Suponhamos que o resultado fosse falso. Nesse caso, haveria um *contraexemplo* da afirmação. Isto é, haveria uma situação em que A é verdadeiro e B é falso. Analisamos, então, o contraexemplo alegado e geramos uma contradição. Como a suposição de que haja um contraexemplo conduz a uma situação absurda (uma contradição), tal suposição deve estar errada; não existe contraexemplo. E, como não há contraexemplo, o resultado deve ser verdadeiro.

Por exemplo, mostramos que nenhum inteiro pode ser simultaneamente par e ímpar. Podemos reformular o argumento como segue.

Suponhamos que seja falsa a afirmação "nenhum inteiro pode ser simultaneamente par e ímpar". Então haveria um contraexemplo; digamos que x fosse esse inteiro (isto é, x é ao mesmo tempo par e ímpar). Como x é par, existe um inteiro a de modo que $x = 2a$. E, como x é ímpar, existe um inteiro b de modo que $x = 2b + 1$. Assim, $2a = 2b + 1$, o que implica $a - b = \frac{1}{2}$. Como a e b são inteiros, também o é $a - b$, $\Rightarrow\Leftarrow$ ($\frac{1}{2}$ não é um inteiro).

Nesta seção, vamos ampliar essa ideia considerando contraexemplos *mínimos*. É uma pequena ideia que tem enorme poder. A essência da ideia é que não somente consideramos um contraexemplo alegado de um resultado "se-então", mas consideramos um contraexemplo mínimo. Isso deve ser feito cuidadosamente; vamos explorar amplamente essa ideia.

Ainda não provamos um fato bem conhecido: todo inteiro ou é par ou é ímpar. Mostramos que nenhum inteiro pode ser simultaneamente par e ímpar, mas ainda não eliminamos a possibilidade de um inteiro não ser par nem ímpar. É razoável tentar provar isso por contradição. Estruturaríamos a prova como segue.

Suponhamos, por contradição, que houvesse um inteiro x que não fosse par nem ímpar.... $\Rightarrow\Leftarrow$ Portanto, todo inteiro ou é par ou é ímpar.

Em seguida, podemos desdobrar definições como segue.

Suponhamos, por contradição, que haja um inteiro x que não seja par nem ímpar. Não existe, então, qualquer inteiro a com $x = 2a$ nem qualquer inteiro b com $x = 2b + 1$... $\Rightarrow\Leftarrow$ Portanto, todo inteiro ou é par ou é ímpar.

Estamos agora impedidos de prosseguir. O que fazer em seguida? Precisamos de uma ideia nova. Essa nova ideia consiste em considerar um *contraexemplo mínimo*. Começaremos com uma versão restrita do que estamos tentando provar.

▶ PROPOSIÇÃO 21.1

Todo número natural ou é par ou é ímpar.

Começamos a prova usando a ideia de contraexemplo mínimo.

> Suponhamos, por contradição, que nem todos os números naturais sejam pares ou ímpares. Então, há um número natural mínimo, x, que não é nem par nem ímpar. ... $\Rightarrow\Leftarrow$

> Por que restringimos o objetivo da Proposição 21.1 aos números naturais? Se estivéssemos tentando provar que todo inteiro ou é par ou é ímpar, não poderíamos descartar a possibilidade de existirem infinitos contraexemplos, até $-\infty$. Então, não seria razoável falar de um contraexemplo mínimo. Seria o mesmo que falarmos do menor inteiro ímpar; não existe tal coisa! Os números ímpares decrescem continuamente, -3, -5, -7, ...; não existe um número ímpar mínimo.
>
> Por outro lado, os números naturais não decrescem continuamente; eles "param" no zero. Tem sentido, pois, falarmos do menor número natural ímpar, a saber, 1.
>
> Essa é a razão pela qual provamos a Proposição 21.1 somente para números naturais. Estenderemos esse resultado a todos os inteiros após completarmos a prova.

Voltemos à prova, à qual acrescentamos a próxima sentença, e advertimos: a próxima sentença tem um erro! Leia-a cuidadosamente e procure detectá-lo.

> Suponhamos, por contradição, que nem todos os números naturais sejam pares ou ímpares. Então, existe um número natural mínimo, x, que não é nem par nem ímpar. Como $x - 1 < x$, vemos que $x - 1$ é um número natural menor, não sendo, portanto, um contraexemplo para a Proposição 21.1.
>   ... $\Rightarrow\Leftarrow$

Você reconhece o problema? É sutil. Vamos dissecar a nova sentença.
- Como $x - 1 < x$... **Nenhum problema.** É óbvio que $x - 1 < x$.
- ... $x - 1$... não é um contraexemplo para a Proposição 21.1. **Nenhum problema aqui também.** Sabemos que x é o menor contraexemplo. Como $x - 1$ é menor que x, não é um contraexemplo para a Proposição 21.1.

    Onde está o problema?
- ... número natural... Como sabemos que $x - 1$ é um número natural? **Eis o erro.** Não sabemos se $x - 1$ é um número natural porque não descartamos a possibilidade de ser $x = 0$.

Agora, não é difícil eliminarmos $x = 0$; apenas ainda não o fizemos. Vamos abordar um ponto aparentemente sem importância.

Suponhamos, por contradição, que nem todo número natural seja par ou ímpar. Então, existe um número natural mínimo, x, que não é par nem ímpar.

Sabemos que $x \neq 0$ porque 0 é par. Portanto, $x \geq 1$.

Como $0 \leq x - 1 < x$, vemos que $x - 1$ é um número natural menor, não sendo, portanto, um contraexemplo da Proposição 21.1.

... ⇒⇐

Podemos agora prosseguir com a prova. Sabemos que $x - 1 \in \mathbb{N}$, e que $x - 1$ não é um contraexemplo da proposição. O que significa isso? Significa que, como $x - 1$ é um número natural, deve ser par ou ímpar. Como não sabemos qual é o caso, consideramos ambas as possibilidades.

Suponhamos, por contradição, que nem todo número natural seja par ou ímpar. Então, existe um número natural mínimo, x, que não é par nem ímpar.

Sabemos que $x \neq 0$ porque 0 é par. Portanto, $x \geq 1$.

Como $0 \leq x - 1 < x$, vemos que $x - 1$ é um número natural menor, não sendo, portanto, um contraexemplo para a Proposição 21.1.

Portanto, $x - 1$ ou é par ou é ímpar. Vamos considerar ambas as possibilidades.

(1) Suponhamos que $x - 1$ seja ímpar...
(2) Suponhamos que $x - 1$ seja par...

... ⇒⇐

Agora, desenredamos as definições. No caso (1), $x - 1$ é ímpar e, assim, $x - 1 = 2a + 1$ para algum inteiro a. No caso (2), $x - 1$ é par, de modo que $x - 1 = 2b$ para algum inteiro b.

Suponhamos, por contradição, que nem todos os números naturais sejam pares ou ímpares. Então, existe um número natural mínimo, x, que não é par nem ímpar.

Sabemos que $x \neq 0$ porque 0 é par. Portanto, $x \geq 1$.

Como $0 \leq x - 1 < x$, vemos que $x - 1$ é um número natural menor, não sendo, portanto, um contraexemplo para a Proposição 21.1.

Portanto, $x - 1$ ou é par ou é ímpar. Vamos considerar ambas as possibilidades.

(1) Seja $x - 1$ ímpar. Portanto, $x - 1 = 2a + 1$ para algum inteiro a...
(2) Seja $x - 1$ par. Então, $x - 1 = 2b$ para algum inteiro b...

... ⇒⇐

No caso (1), temos $x - 1 = 2a + 1$ e, assim, $x = 2a + 2 = 2(a + 1)$, e x é par; isto é uma contradição ao fato de que x não é par nem ímpar. No caso (2), chegamos a uma contradição análoga.

Suponhamos, por contradição, que nem todos os números naturais sejam pares ou ímpares. Então, existe um número natural mínimo, x, que não é nem par nem ímpar.

Sabemos que $x \neq 0$, porque 0 é par. Portanto, $x \geq 1$.

Como $0 \leq x - 1 < x$, vemos que $x - 1$ é um número natural menor, não sendo, portanto, um contraexemplo para a Proposição 21.1.

Portanto, $x - 1$ ou é par ou é ímpar. Vamos considerar ambas as possibilidades.

(1) Seja $x - 1$ ímpar. Então, $x - 1 = 2a + 1$ para algum inteiro a. Assim, $x = 2a + 2 = 2(a + 1)$, de modo que x é par $\Rightarrow\Leftarrow$ (x não é par nem ímpar).

(2) Suponhamos $x - 1$ par. Portanto, $x - 1 = 2b$ para algum inteiro b. Assim, $x = 2b + 1$; logo, x é ímpar $\Rightarrow\Leftarrow$ (x não é par nem ímpar).

Em qualquer caso, temos uma contradição, de modo que a suposição é falsa e a proposição está provada.

Vamos resumir os principais pontos dessa prova.
- É uma prova por contradição.
- Consideramos um contraexemplo mínimo do resultado.
- Devemos tratar como um caso especial a possibilidade mínima *extrema*.
- Descemos até um caso menor para o qual o teorema é verdadeiro, e passamos a trabalhar de volta.

Antes de passarmos a outro exemplo, terminemos a tarefa a que nos propusemos.

COROLÁRIO 21.2

Todo inteiro é ou par ou ímpar.

A ideia-chave é que ou $x \geq 0$ (quando estamos resolvidos, pela Proposição 20.1), ou $x < 0$ (caso em que $-x \in \mathbb{N}$ e podemos novamente utilizar a Proposição 21.1).

Prova. Seja x um inteiro arbitrário.

Se $x \geq 0$, então $x \in \mathbb{N}$ e, pela Proposição 21.1, x ou é par ou é ímpar.

Caso contrário, $x < 0$, e $-x > 0$, e $-x$ ou é par, ou é ímpar.
- Se $-x$ é par, então $-x = 2a$ para algum inteiro a. Mas, então, $x = -2a$ para algum inteiro a. Então, $x = -2a = 2(-a)$, de modo que x é par.
- Se $-x$ é ímpar, então $-x = 2b + 1$ para algum inteiro b. Daí, temos $x = -2b - 1 = 2(-b - 1) + 1$; x é, pois, ímpar.

Em qualquer caso, x ou é par, ou é ímpar.

O Esquema de prova 15 dá a forma geral dessa técnica.

Esquema de prova 15 — Prova por contraexemplo mínimo

Primeiro, seja x um contraexemplo mínimo do resultado que estamos procurando provar. Deve ser claro que pode existir tal x.

Segundo, descarte o fato de x ser a possibilidade mínima. Esse passo (em geral fácil) é chamado passo *básico*.

Terceiro, considere uma instância x' do resultado que seja "apenas" menor que x. Utilize o fato de que o resultado é verdadeiro para x', mas falso para x para chegar a uma contradição $\Rightarrow\Leftarrow$.

Conclua que o resultado é verdadeiro.

Eis outra proposição que provamos utilizando o método do contraexemplo mínimo.

▶ **PROPOSIÇÃO 21.3**

Seja n um inteiro positivo. A soma dos n primeiros números naturais ímpares é n^2.

Os n primeiros números naturais ímpares são $1, 3, 5, \ldots, 2n-1$. A proposição afirma que:

$$1 + 3 + 5 + \ldots + (2n-1) = n^2$$

ou, em notação de $\sum$,

$$\sum_{k=1}^{n}(2k-1) = n^2.$$

Por exemplo, para $n = 5$, temos $1 + 3 + 5 + 7 + 9 = 25 = 5^2$

Prova. Suponhamos que a Proposição 21.3 seja falsa. Isso significa que existe um inteiro positivo mínimo x para o qual a afirmação é falsa (isto é, a soma dos x primeiros números ímpares não é x^2), isto é,

$$1 + 3 + 5 + \ldots + (2x-1) \neq x^2. \tag{6}$$

Note que $x \neq 1$, porque a soma do primeiro número ímpar é $1 = 1^2$ (este é o passo básico).

Assim, $x > 1$. Como x é o menor número para o qual a Proposição 21.3 falha, e como $x > 1$, a soma dos primeiros $x - 1$ números ímpares deve ser igual a $(x-1)^2$; isto é:

$$1 + 3 + 5 + \ldots + [2(x-1)-1] = (x-1)^2 \tag{7}$$

(Até aqui, essa prova caminha no "piloto automático". Estamos simplesmente usando o Esquema de prova 15).

Note que o membro esquerdo da Equação (7) tem um termo a menos do que a soma dos primeiros x números ímpares. Acrescentamos mais um termo a ambos os membros dessa equação, obtendo

$$1 + 3 + 5 + \ldots + [2(x-1)-1] + (2x-1) = (x-1)^2 + (2x-1)$$

O membro direito pode ser desenvolvido algebricamente; assim:

$$\begin{aligned}1 + 3 + 5 + \ldots + [2(x-1)-1] + (2x-1) &= (x-1)^2 + (2x-1)\\ &= (x^2 - 2x + 1) + (2x-1)\\ &= x^2\end{aligned}$$

o que contradiz a Equação (7). ⇒⇐

A importância absoluta do passo básico.

Nas duas provas consideradas até aqui, há um passo básico. Na prova de que todos os números naturais ou são pares ou ímpares, primeiro verificamos que 0 não era um contraexemplo. Na prova de que a soma dos n primeiros números ímpares é n^2, primeiro verificamos que 1 não era um contraexemplo. Esses passos são importantes. Mostram que o caso menor imediato do resultado ainda tem sentido. Talvez a melhor maneira de convencermo-nos de que esse passo básico é absolutamente essencial seja mostrar como podemos provar um resultado errôneo se o omitirmos.

▶ **AFIRMAÇÃO 21.4**

(**Falsa**) Todo número natural é ao mesmo tempo par e ímpar.

Obviamente, a Afirmação 21.4 é falsa! Damos, a seguir, uma prova fictícia utilizando o método do contraexemplo mínimo, mas omitindo a etapa básica.

Prova. Suponhamos que a Proposição 21.4 seja falsa. Então, existe um número natural mínimo x que não é simultaneamente par e ímpar. Consideremos $x - 1$. Como $x - 1 < x$, $x - 1$ não é um contraexemplo para a Proposição 21.4. Portanto, $x - 1$ é simultaneamente par e ímpar.

Como $x - 1$ é par, $x - 1 = 2a$ para algum inteiro a, e assim $x = 2a + 1$, de modo que x é ímpar.

Como $x - 1$ é ímpar, $x - 1 = 2b + 1$ para algum inteiro b, e assim $x = 2b + 2 = 2(b + 1)$, de modo que x é par.

Assim, x é simultaneamente par e ímpar, mas x não é simultaneamente par e ímpar. ⇒⇐

A prova está 99% correta. Onde está o erro? O erro reside na sentença "portanto, $x - 1$ é simultaneamente par e ímpar". É certo que $x - 1$ não é um contraexemplo, mas não sabemos que $x - 1$ é um número natural, porque não descartamos a possibilidade de ser $x - 1 = -1$ (isto é, $x = 0$). Naturalmente, nenhum número natural é simultaneamente par e ímpar. Assim, o menor número natural que não é ao mesmo tempo par e ímpar é 0 (o caso exato do problema!).

Boa ordenação

Atentemos melhor para a técnica da *prova pelo contraexemplo mínimo*. Vimos que era apropriado aplicar essa técnica para mostrar que todos os números naturais são ou pares ou ímpares, mas o método não é válido para inteiros. A diferença é que os inteiros contêm uma sequência infinitamente descendente de números negativos. Todavia, consideremos a seguinte afirmativa e sua prova fictícia.

▶ **AFIRMAÇÃO 21.5**

(**Falsa**) Todo número racional não negativo é um inteiro.

Lembremos que um *número racional* é qualquer número que possa ser expresso como uma fração a/b, com $a, b \in \mathbb{Z}$ e $b \neq 0$. Por essa afirmação, números como $\frac{1}{4}$ são inteiros. Ridículo! Observe, entretanto, que a afirmação é restrita a números racionais não negativos; isto é análogo à Proposição 21.1, que foi restrita a inteiros não negativos.

Atentemos para a "prova".

Prova. Suponhamos que a Afirmação 21.5 fosse falsa. Seja x um contraexemplo mínimo.

Note que $x = 0$ não é um contraexemplo, porque 0 é um inteiro (essa é a etapa básica).

Como x é um racional não negativo, $x/2$ também o é. Além disso, como $x \neq 0$, sabemos que $x/2 < x$, de forma que $x/2$ seja menor que o contraexemplo mínimo, x. Portanto, $x/2$ não é um contraexemplo, de forma que $x/2$ seja um inteiro. Mas $x = 2(x/2)$, e 2 vezes um inteiro é um inteiro; portanto, x é um inteiro. $\Rightarrow\Leftarrow$

O que está errado com essa prova? É como se tivéssemos seguido o Esquema de prova 15, não esquecendo de uma etapa básica (consideramos $x = 0$).

O problema reside na sentença "seja x um contraexemplo mínimo". Há infinitos contraexemplos da Afirmação 21.5, inclusive $\frac{1}{2}, \frac{1}{3}, \frac{1}{4}, \frac{1}{5}, ...$, que constituem uma sequência decrescente infinita de contraexemplos, não podendo, assim, haver um contraexemplo mínimo!

Devemos ter cuidado em não cometer erros sutis, como a "prova" da Afirmação 21.5, quando utilizamos a técnica da *prova por contraexemplo mínimo*. O problema central é: quando podemos ter certeza de achar um contraexemplo mínimo?

O princípio orientador é o seguinte.

> **AFIRMAÇÃO 21.6**
>
> **(O princípio da boa ordenação)** Todo conjunto não vazio de números naturais contém um elemento mínimo.

> **EXEMPLO 21.7**
>
> Seja $P = \{x \in \mathbb{N} : x \text{ é primo}\}$. Esse conjunto é um subconjunto não vazio dos números naturais. Pelo princípio da boa ordenação, P contém um elemento mínimo. Naturalmente, o elemento mínimo em P é 2.

> **EXEMPLO 21.8**
>
> Consideremos o conjunto:
>
> $$X = \{x \in \mathbb{N} : x \text{ é par e ímpar}\}.$$
>
> Sabemos que esse conjunto é vazio, porque já mostramos que nenhum natural é simultaneamente par e ímpar (Proposição 21.1). Mas, por contradição, suponhamos $X \neq \emptyset$; então, pelo princípio da boa ordenação, X conteria um elemento mínimo. Essa é a ideia central na prova da Proposição 21.1.

A expressão *bem ordenado* se aplica a um conjunto ordenado (isto é, um conjunto X com uma relação <). O conjunto X se chama *bem ordenado* se todo subconjunto não vazio de X contém um elemento mínimo.

◆ EXEMPLO 21.9

Em contraposição, consideremos o conjunto:

$$Y = \{y \in \mathbb{Q} : y \geq 0, y \notin \mathbb{Z}\}$$

Na prova fictícia da Afirmação 21.5, procuramos um elemento mínimo de Y. Subsequentemente, constatamos que Y não tem elemento mínimo e que havia um erro em nossa "prova". O princípio da boa ordenação se aplica a $\mathbb{N}$, mas não a $\mathbb{Q}$.

Note que chamamos o princípio da boa ordenação de *afirmação*; não o denominamos *teorema*. Por quê? A razão remonta ao começo deste livro. Poderíamos (mas não o fizemos) definir exatamente o que são os inteiros. Se enveredássemos pela difícil tarefa de dar uma definição cuidadosa dos inteiros, começaríamos definindo os números naturais. Os números naturais são definidos como um conjunto de "objetos" que satisfazem certas condições; essas condições definidoras são chamadas *axiomas*. Um desses axiomas definidores é o princípio da boa ordenação. Assim, os números naturais obedecem, por definição, ao princípio da boa ordenação. Há outras maneiras de definir números inteiros e naturais, e, nesses contextos, podemos provar o princípio da boa ordenação. Se você estiver intrigado sobre como se faz tudo isso, recomendo-lhe um curso de fundamentos da matemática (tal curso poderia ser chamado Lógica e Teoria dos Conjuntos).

O princípio da boa ordenação é um *axioma* dos números naturais.

Em qualquer caso, nossa abordagem tem sido a de supor propriedades fundamentais dos inteiros; consideramos uma dessas propriedades o princípio da boa ordenação.

O princípio da boa ordenação explica por que a técnica do contraexemplo mínimo funciona para provar que os números naturais não podem ser simultaneamente pares e ímpares, mas não funciona para provar que os racionais não negativos são inteiros.

O Esquema de prova 16 é uma alternativa ao Esquema de prova 15, utiliza explicitamente o princípio da boa ordenação.

Esquema de prova 16 Prova pelo princípio da boa ordenação

Para provar uma afirmação sobre números naturais:
Prova. Suponhamos, por contradição, que a afirmação seja falsa. Seja $X \subseteq \mathbb{N}$ o conjunto de contraexemplos da afirmação (prefiro a letra X para eXceções). Como supusemos, a afirmação falsa é $X \neq \emptyset$. Pelo princípio da boa ordenação, X contém um elemento mínimo, x.

(Etapa básica) Sabemos que $x \neq 0$, porque *mostrar que o resultado vale para 0; isto em geral é fácil.*

Consideremos $x - 1$. Como $x > 0$, sabemos que $x - 1 \in \mathbb{N}$, e a afirmação é verdadeira para $x - 1$ (porque $x - 1 < x$). *A partir daqui, argumentamos para chegar a uma contradição – em geral, que* x *é e não é um contraexemplo da afirmação.* ⇒⇐

Eis um exemplo de como utilizar o Esquema de prova 16.

▶ **PROPOSIÇÃO 21.10**

Suponhamos que $n \in \mathbb{N}$. Se $a \neq 0$ e $a \neq 1$, então:

$$a^0 + a^1 + a^2 + \cdots + a^n = \frac{a^{n+1} - 1}{a - 1}. \tag{9}$$

Em notação abreviada, queremos provar:

$$\sum_{k=0}^{n} a^k = \frac{a^{n+1} - 1}{a - 1}.$$

Eliminamos $a = 1$, porque o membro direito se tornaria $\binom{0}{0}$. Excluímos, também, $a = 0$, para evitar 0^0. Se tomarmos $0^0 = 1$, então a fórmula ainda funciona.

Prova. Vamos provar a Proposição 21.10 utilizando o princípio da boa ordenação.

Suponhamos, por contradição, que a Proposição 21.10 fosse falsa. Seja X o conjunto de contraexemplos; isto é, os inteiros n para os quais a Equação (8) não é válida. Então,

$$X = \left\{ n \in \mathbb{N} : \sum_{k=0}^{n} a^k \neq \frac{a^{n+1} - 1}{a - 1} \right\}.$$

Como supusemos que a proposição é falsa, deve haver um contraexemplo, de modo que $X \neq \emptyset$.

Como X é um subconjunto não vazio de $\mathbb{N}$, pelo princípio da boa ordenação, contém um elemento mínimo x.

Note que, para $n = 0$, a Equação (9) se reduz a:

$$1 = \frac{a^1 - 1}{a - 1}$$

o que é verdadeiro. Isso significa que $n = 0$ não é um contraexemplo da proposição. Assim, $x \neq 0$ (esta é a etapa básica).

Portanto, $x > 0$. Mas $x - 1 \in \mathbb{N}$ e $x - 1 \notin X$ porque $x - 1$ é menor que o elemento mínimo de X. Portanto, a proposição é válida para $n = x - 1$, e temos:

$$a^0 + a^1 + a^2 + \cdots + a^{x-1} = \frac{a^x - 1}{a - 1}.$$

Somando a^x a ambos os membros dessa equação, temos:

$$a^0 + a^1 + a^2 + \cdots + a^{x-1} + a^x = \frac{a^x - 1}{a - 1} + a^x.$$

Colocando o membro direito da Equação (10) sobre um denominador comum, temos:

$$\frac{a^x-1}{a-1} + a^x = \frac{a^x-1}{a-1} + a^x\left(\frac{a-1}{a-1}\right)$$

$$= \frac{a^x - 1 + a^{x+1} - a^x}{a-1}$$

$$= \frac{a^{x+1} - 1}{a-1}$$

e, assim,

$$a^0 + a^1 + a^2 + \cdots + a^x = \frac{a^{x+1}-1}{a-1}.$$

Isso mostra que x satisfaz a proposição, não sendo, portanto, um contraexemplo, o que contradiz $x \in X$. $\Rightarrow\Leftarrow$

O Esquema de prova 16 é especificado de modo mais rígido do que o Esquema de prova 15. Frequentemente, precisamos modificar o Esquema de prova 16 para atender a uma situação particular. Consideremos, por exemplo, o seguinte.

▶ **PROPOSIÇÃO 21.11**

Para todo inteiro $n \geq 5$, temos $2^n > n^2$.

Note que a desigualdade $2^n > n^2$ só não é verdadeira para uns poucos valores pequenos de n:

n	0	1	2	3	4	5
2^n	1	2	4	8	16	32
n^2	0	1	4	9	16	25

Assim, a Proposição 21.11 não se aplica a todos os valores de $\mathbb{N}$. Devemos modificar ligeiramente o Esquema de prova 16. Eis a prova da Proposição 21.11.

Prova. Suponhamos, por contradição, que a Proposição 21.11 fosse falsa. Seja X o conjunto de contraexemplos; isto é,

$$X = \{n \in \mathbb{Z} : n \geq 5,\ 2^n \not> n^2\}$$

Como nossa suposição é de que a proposição seja falsa, temos $X \neq \emptyset$. Pelo princípio da boa ordenação, X contém um elemento mínimo x.

Afirmamos que $x \neq 5$. Note que $2^5 = 32 > 25 = 5^2$, de modo que 5 não seja um contraexemplo da proposição (isto é, $x \notin X$); logo, $x \neq 5$. Assim, $x \geq 6$.

Consideremos, agora, $x - 1$. Como $x \geq 6$, temos $x - 1 \geq 5$. E, como x é o elemento mínimo de X, sabemos que a proposição é verdadeira para $n = x - 1$; isto é:

$$2^{x-1} > (x-1)^2 \qquad (11)$$

Sabemos que $2^{x-1} = \frac{1}{2} \cdot 2^x$ e $(x-1)^2 = x^2 - 2x + 1$, de modo que a Equação (10) possa ser colocada sob a forma:

$$\frac{1}{2} \cdot 2x > x^2 - 2x + 1.$$

Multiplicando ambos os membros por 2, vem:

$$2^x > 2x^2 - 4x + 2 \qquad (12)$$

Teremos terminado, desde que provemos

$$2x^2 - 4x + 2 \geq x^2 \qquad (13)$$

Para provar a Equação (18), basta provarmos que

$$x^2 - 4x + 4 \geq 2 \qquad (14)$$

Obtivemos a Equação (14) da Equação (13) somando $2 - x^2$ a ambos os membros. Note que a Equação (14) pode ser escrita na forma:

$$(x-2)^2 \geq 2 \qquad (15)$$

Reduzimos, assim, o problema para provar a Equação (15) e, para tanto, certamente basta provar que:

$$x - 2 \geq 2 \qquad (16)$$

o que é verdade, porque $x \geq 6$ (precisamos apenas de $x \geq 4$). ∎

A única modificação no Esquema de prova 16 é de que o caso básico é $x = 5$ em lugar de $x = 0$.

Apresentamos outro exemplo, em que devemos modificar ligeiramente o método do princípio da boa ordenação. Esse exemplo envolve a célebre sequência de números a seguir.

● DEFINIÇÃO 21.12

(**Números de Fibonacci**) Os *números de Fibonacci* são a lista de inteiros $(1, 1, 2, 3, 5, 8, ...)$ $= (F_0, F_1, F_2, ...)$ em que:

$$F_0 = 1,$$
$$F_1 = 1, \text{ e}$$
$$F_n = F_{n-1} + F_{n-2}, \text{ para } n \geq 2.$$

Em palavras, os números de Fibonacci são a sequência que começa com 1, 1, 2, 3, 5, 8, ... e em que cada termo sucessivo é obtido pela soma dos dois termos imediatamente anteriores. Representamos esses números por F_n (começando com F_0).

▶ PROPOSIÇÃO 21.13

Para todo $n \in \mathbb{N}$ temos $F_n \leq 1,7^n$.

Prova. Suponhamos, por contradição, que a Proposição 21.13 fosse falsa. Seja X o conjunto de contraexemplos; isto é:

$$X = \{n \in \mathbb{N}: F_n \not\leq 1{,}7^n\}$$

Como supusemos que a proposição fosse falsa, sabemos que $X \neq \emptyset$. Assim, pelo princípio da boa ordenação, X contém um elemento mínimo x.

Observe que $x \neq 0$, porque $F_0 = 1 = 1{,}7^0$ e $x \neq 1$, pois $F_1 = 1 \leq 1{,}7^1$.

Note que consideramos dois casos básicos: $x \neq 0$ e $x \neq 1$. Por quê? Vamos explicá-lo em um momento.

Assim, $x \geq 2$. Agora, sabemos que:

$$F_x = F_{x-1} + F_{x-2} \tag{17}$$

e, como $x - 1$ e $x - 2$ são números naturais inferiores a x, sabemos também que:

$$F_{x-2} \leq 1{,}7^{x-2} \quad \text{e} \quad F_{x-1} \leq 1{,}7^{x-1} \tag{18}$$

Eis por quê! Queremos utilizar, na prova, o fato de que a proposição é verdadeira para $x - 1$ e $x - 2$. Não podemos fazê-lo a menos que tenhamos a certeza de que $x - 1$ e $x - 2$ sejam números naturais; por isso é que devemos eliminar tanto $x = 0$ como $x = 1$.

Combinando as equações (16) e (17), temos:

$$\begin{aligned}
F_x &= F_{x-1} + F_{x-2} \\
&\leq 1{,}7^{x-1} + 1{,}7^{x-2} \\
&= 1{,}7^{x-2}(1{,}7 + 1) \\
&= 1{,}7^{x-2}(2{,}7) \\
&< 1{,}7^{x-2}(2{,}89) \\
&= 1{,}7^{x-2}(1{,}7^2) \\
&= 1{,}7^x
\end{aligned}$$

(O truque consistiu em reconhecer que $2{,}7 < 2{,}89 = 1{,}7^2$.)

Portanto, a Proposição 21.13 é verdadeira para $n = x$, contradizendo $x \in X$. $\Rightarrow\Leftarrow$ ■

Recapitulando

Neste capítulo, estendemos o método da prova por contradição à prova por contraexemplo mínimo. Refinamos esse método com o uso explícito do princípio da boa ordenação. Embora de vital importância, não enfatizamos o caso básico (geralmente fácil).

21 Exercícios

21.1. Qual é o menor número real positivo?

21.2. Prove, pelas técnicas desta seção, que $1 + 2 + 3 + \ldots + n = \frac{1}{2}(n)(n+1)$ para todos os inteiros positivos n.

21.3. Prove, pelas técnicas desta seção, que $n < 2^n$ para todo $n \in \mathbb{N}$.

21.4. Prove, pelas técnicas desta seção, que $n! \leq n^n$ para todos os inteiros positivos n.

21.5. Prove, pelas técnicas desta seção, que $\binom{2n}{n} \leq 4^n$ para todos os números naturais n.

21.6. Lembre-se da Proposição 13.2 que para todos os inteiros positivos n temos:

$$1 \cdot 1! + 2 \cdot 2! + \cdots + n \cdot n! = (n+1)! - 1.$$

Prove isso utilizando as técnicas desta seção.

21.7. A desigualdade $F_n > 1,6^n$ é verdadeira para n suficientemente grande. Mediante alguns cálculos, determine para quais valores de n essa desigualdade é válida. Prove sua asserção.

21.8. Calcule a soma dos n primeiros números de Fibonacci para $n = 0, 1, 2, \ldots, 5$. Em outras palavras, calcule:

$$F_0 + F_1 + \ldots + F_n$$

para diversos valores de n.

Formule uma conjectura sobre essas somas e prove-a.

21.9. Critique a afirmação e a prova a seguir:

Afirmação. Todos os números naturais são divisíveis por 3.

Prova. Suponhamos, por contradição, que a afirmação seja falsa. Seja X o conjunto de contraexemplos (isto é, $X = \{x \in \mathbb{N} : x \text{ não é divisível por } 3\}$). A suposição de que a afirmação seja falsa significa que $X \neq \emptyset$. Como X é um conjunto não vazio de números naturais, contém um elemento mínimo x.

Note que $0 \notin X$, porque 0 é divisível por 3. Logo, $x \neq 3$.

Consideremos agora $x - 3$. Como $x - 3 < x$, não é um contraexemplo da afirmação. Portanto, $x - 3$ é divisível por 3; isto é, existe um inteiro a de modo que $x - 3 = 3a$. Assim, $x = 3a + 3 = 3(a+1)$ e x é divisível por 3, contradizendo $x \in X$. $\Rightarrow\Leftarrow$

21.10. Na Seção 17, mostramos que o triângulo de Pascal e o triângulo dos coeficientes binomiais são idênticos e explicamos por quê. Reformule aquela discussão como uma prova cuidadosa utilizando o método do contraexemplo mínimo. Sua prova deve conter uma sentença análoga a "consideremos a primeira linha em que o triângulo de Pascal e o triângulo dos coeficientes binomiais não são os mesmos".

21.11. Prove o princípio generalizado da adição utilizando o método da boa ordenação. Ou seja, prove o seguinte:

Suponha que $A_1, A_2, \ldots, A_n$ sejam conjuntos finitos disjuntos dois a dois. Então:

$$|A_1 \cup A_2 \cup \ldots \cup A_n| = |A_1| + |A_2| + \ldots + |A_n|.$$

E, por fim...

❖ TEOREMA 21.14

(**Interessante**) Todo número natural é interessante.

Prova. Suponhamos, por contradição, que o Teorema 21.14 seja falso. Seja X o conjunto de contraexemplos (isto é, X é o conjunto dos números naturais que *não* são interessantes). Como supusemos falso o teorema, temos $X \neq \emptyset$. Pelo princípio da boa ordenação, seja x o elemento mínimo de X.

Naturalmente, 0 é um número interessante: é o elemento identidade para a adição, é o primeiro número natural e qualquer número multiplicado por 0 é 0, e assim por diante. Então, $x \neq 0$. Da mesma forma, $x \neq 1$, porque 1 é a única unidade em $\mathbb{N}$, é o elemento identidade para a multiplicação, e assim por diante. E $x \neq 2$, porque 2 é o único número par primo. Esses são números interessantes!

O que é x? É o primeiro número natural que não é interessante. E isso o torna realmente interessante! $\Rightarrow\Leftarrow$

■ 22 Indução

Nesta seção, vamos apresentar a alternativa da prova por contraexemplo mínimo. Esse método é chamado *indução matemática* ou, abreviadamente, *indução*.

Linguagem matemática!
Na linguagem usual, a palavra *indução* se refere à extração de conclusões gerais do exame de vários fatos particulares. Por exemplo, o princípio geral de que o Sol sempre se levanta no Leste decorre, por indução, do fato de que todo nascer do sol sempre ocorreu no Leste. Isso, naturalmente, não *prova* que o Sol se levantará no Leste amanhã, mas mesmo um matemático não se colocaria contra o fato! O emprego, pelo matemático, da palavra *indução* é muito diferente e é explicado nesta seção.

É uma ótima dose de divertimento colocar de pé um monte de dominó enfileirados e, em seguida, desencadear uma reação para derrubá-los todos. Quais condições precisam ser atendidas para que todos os dominós caiam? Precisamos de duas coisas: primeiro, precisamos ser capazes de tombar o primeiro dominó na fila. Segundo, precisamos ter certeza que sempre que um dominó cair, ele derruba o próximo na fila. Se estes dois critérios forem cumpridos, então todos os dominós cairão! Tenha isso em mente e continue lendo...

A máquina da indução

Imagine isto: à sua frente, há uma afirmação a ser provada. Em vez de prová-la sozinho, suponhamos que você pudesse construir uma máquina para prová-la para você. Embora os cientistas da computação tenham feito algum progresso quanto à criação de programas para provar teoremas, o sonho de um robô de prova de teoremas pessoal ainda faz parte de ficção científica.

Contudo, algumas afirmações podem ser provadas por uma máquina de prova de teoremas imaginária. Ilustraremos isso com um exemplo.

▶ **PROPOSIÇÃO 22.1**

Seja n um inteiro positivo. A soma dos primeiros n números ímpares naturais é igual a n^2.

Esta é a Proposição 21.3, repetida aqui para nossa reconsideração.

Podemos pensar a respeito da Proposição 22.1 como uma asserção de que infinitamente muitas equações são verdadeiras:

$$1 = 1^2$$
$$1 + 3 = 2^2$$
$$1 + 3 + 5 = 3^2$$
$$1 + 3 + 5 + 7 = 4^2$$
$$\vdots$$

Não é difícil nem particularmente interessante verificar nenhuma dessas equações; apenas precisamos somar alguns números e constatar que obtivemos a resposta esperada.

Poderíamos codificar um programa de computação para conferir essas equações, mas não podemos esperar que o programa execute eternamente para verificar a lista inteira. Em vez disso, construiremos um tipo de máquina diferente. Apresentamos aqui como funciona a máquina.

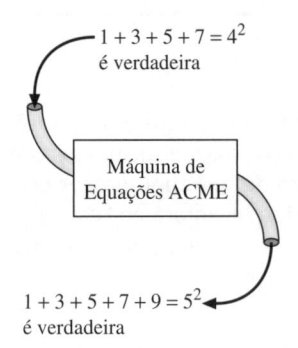

$1 + 3 + 5 + 7 = 4^2$ é verdadeira

Máquina de Equações ACME

$1 + 3 + 5 + 7 + 9 = 5^2$ é verdadeira

Fornecemos à máquina uma das equações que já foram provadas, por exemplo, $1 + 3 + 5 = 3^2$. A máquina pega essa equação e a utiliza para provar a próxima equação na lista, por exemplo, $1 + 3 + 5 + 7 = 4^2$. Isso é tudo o que a máquina faz. Quando fornecemos uma equação para a máquina, ela utiliza essa equação para provar a próxima equação na lista.

Suponhamos que uma máquina assim fosse construída e já esteja funcionando. Digitamos $1 + 3 + 5 + 7 = 4^2$ e surge $1 + 3 + 5 + 7 + 9 = 5^2$. Então, inserimos $1 + 3 + 5 + 7 + 9 = 5^2$ e aparece $1 + 3 + 5 + 7 + 9 + 11 = 6^2$! Incrível! Mas torna-se cansativo alimentar a máquina com essas equações, então conectaremos uma tubulação a partir do tubo de "saída" da máquina até o tubo de "entrada" da máquina. À medida que as equações verificadas saem da máquina, elas são imediatamente transferidas para a entrada da máquina para produzir a próxima equação, e o ciclo todo se repete *ad infinitum*.

Nossa máquina está completamente pronta para trabalhar. Para dar início a ela, inserimos a primeira equação, $1 = 1^2$, ligamos a máquina e a deixamos funcionar. Aparece $1 + 3 = 2^2$ e, em seguida, $1 + 3 + 5 = 3^2$, e assim por diante. Maravilhoso!

Uma máquina assim seria capaz de provar a Proposição 22.1? Não precisaríamos esperar para sempre para que a máquina provasse todas as equações? Certamente é divertido assistir ao funcionamento da máquina, mas quem tem toda a eternidade para esperar?

Precisamos de mais uma ideia. Suponhamos que pudéssemos provar que a máquina seja 100% confiável. Sempre que uma equação na lista seja alimentada na máquina, recebemos garantia absoluta de que a máquina verificará a próxima equação na lista. Se tivéssemos tal garantia, então saberíamos que toda equação na lista será, no final das contas, provada; portanto, todas elas devem estar corretas.

Vejamos como isso seria possível. A máquina pega uma equação que já foi provada, por exemplo, $1 + 3 + 5 + 7 = 4^2$. A máquina é, então, solicitada a provar que $1 + 3 + 5 + 7 + 9 = 5^2$. A máquina poderia simplesmente somar 1, 3, 5, 7 e 9 para obter 25 e, em seguida, averiguar que $25 = 5^2$. Porém isso é um tanto ineficiente. A máquina já sabe que $1 + 3 + 5 + 7 = 4^2$, então é mais rápido e mais simples somar 9 aos dois lados da equação: $1 + 3 + 5 + 7 + 9 = 4^2 + 9$. Agora a máquina precisa apenas calcular $4^2 + 9 = 16 + 9 = 25 = 5^2$.

Eis os modelos para as máquinas:

---

1. A máquina recebe uma equação da forma:

$$1 + 3 + 5 + \ldots + (2k - 1) = k^2$$

pelo seu tubo de chegada.

Observação: Temos permissão de inserir apenas equações que já foram provadas, então acreditamos que essa equação particular está correta.

2. O próximo número ímpar depois de $2k - 1$ é $(2k - 1) + 2 = 2k + 1$. A máquina soma $2k + 1$ a ambos os lados da equação. A equação agora se assemelha a isso:

$$1 + 3 + 5 + \ldots + (2k - 1) + (2k + 1) = k^2 + (2k + 1)$$

3. A máquina calcula $k^2 + (2k + 1)$ e verifica se é igual a $(k + 1)^2$. Em caso afirmativo, ela fica satisfeita e ejeta a equação recentemente provada:

$$1 + 3 + 5 + \ldots + (2k - 1) + (2k + 1) = (k + 1)^2$$

pelo seu tubo de saída.

Para se certificar de que a máquina é confiável, precisamos verificar que, sempre que alimentarmos a máquina com uma equação válida, a máquina vai sempre averiguar que a próxima equação na lista seja válida.

À medida que examinamos as operações internas da máquina cuidadosamente, o único ponto em que as engrenagens da máquina podem emperrar é quando ela verifica se $k^2 + (2k + 1)$ é igual a $(k + 1)^2$. Se pudermos ter certeza de que esse passo sempre funcione, então podemos ter plena confiança na máquina. Obviamente, sabemos pela álgebra básica que $k^2 + 2k + 1 = (k + 1)^2$ e, portanto, sabemos com plena certeza que essa máquina desempenhará sua função perfeitamente!

A prova se reduz a isso. É fácil verificar a primeira equação; $1 = 1^2$. Agora imaginamos essa equação sendo inserida na máquina (a qual provamos ser perfeita), e a máquina provará todas as equações na lista. Não precisamos que a máquina execute eternamente; sabemos que cada equação na lista será provada. Portanto, a Proposição 22.1 deve ser verdadeira.

Fundamentos teóricos

A essência da prova por indução matemática está integrada na metáfora da máquina de prova de equações. O método está incorporado no seguinte teorema.

❖ TEOREMA 22.2

(Princípio da indução matemática) Seja A um conjunto de números naturais. Se:

- $0 \in A$ e
- $\forall k \in \mathbb{N}, k \in A \Rightarrow k + 1 \in A$,

então $A = \mathbb{N}$

As duas condições afirmam que (1) 0 está no conjunto A e (2) sempre que um número natural k estiver em A, $k+1$ também estará em A. A única maneira como essas duas condições podem ser satisfeitas é A sendo todo o conjunto dos números naturais.

Primeiro, vamos provar esse resultado; em seguida, explicaremos a forma de utilizá-lo como instrumento básico de uma técnica de prova.

Prova. Suponhamos, por contradição, que $A \neq \mathbb{N}$. Seja $x = \mathbb{N} - A$ (isto é, X é o conjunto dos números naturais que não estão em A). Nossa suposição de que $A \neq \mathbb{N}$ significa que existe um número natural não em A (isto é, $X \neq \emptyset$).

Como X é um conjunto não vazio de números naturais, sabemos que X contém um elemento mínimo x (Princípio da Boa Ordenação). Assim, x é o menor número natural fora de A.

Note que $x \neq 0$, porque sabemos que $0 \in A$, de forma que $0 \notin X$. Portanto, $x \geq 1$. Assim, $x - 1 \geq 0$, de modo que $x - 1 \in \mathbb{N}$. Além disso, como x é o menor elemento fora de A, temos que $x - 1 \in A$.

Quanto à segunda condição do teorema, ela afirma que, sempre que um número natural está em A, o número natural imediatamente superior também está. Como $x - 1 \in A$, sabemos que $(x - 1) + 1 = x$ também está em A. Mas $x \notin A$. $\Rightarrow\Leftarrow$

Prova por indução

Podemos utilizar o Teorema 22.2 como uma técnica de prova. O tipo geral de afirmação que provamos por indução pode expressar-se na forma: todo número natural tem certa propriedade. Por exemplo, consideremos o seguinte.

▶ **PROPOSIÇÃO 22.3**

Seja n um número natural. Então:

$$0^2 + 1^2 + 2^2 + \cdots + n^2 = \frac{(2n+1)(n+1)(n)}{6}. \tag{19}$$

O esboço global da prova está resumido no Esquema de prova 17. Usamos esse método para provar a Proposição 22.3.

Esquema de prova 17 — Prova por indução.

Para provar que todo número natural tem *determinada propriedade*:
Prova.
- Seja A o conjunto dos números naturais para os quais o resultado é verdadeiro.
- Prove que $0 \in A$. Isso constitui a chamada *etapa básica*. Em geral é fácil.
- Prove que, se $k \in A$, então $k + 1 \in A$. É a chamada *etapa indutiva*. Para tanto:
  — Supomos que o resultado seja verdadeiro para $n = k$. É a chamada *hipótese da indução*.
  — Use a hipótese da indução para provar que o resultado é verdadeiro para $n = k + 1$.
- Invocamos o Teorema 22.2 para concluir que $A = \mathbb{N}$.
- Portanto, o resultado é verdadeiro para todos os números naturais.

Prova (da Proposição 22.3).

Provamos esse resultado por indução. Seja A o conjunto dos números naturais para os quais a Proposição 22.3 é verdadeira; isto é, os valores de n para os quais a Equação (19) se verifica.

- **Etapa básica:** note que o teorema é verdadeiro para $n = 0$, porque ambos os membros da Equação (19) se reduzem a 0.
- **Hipótese de indução:** suponha que o resultado seja verdadeiro para $n = k$; isto é, podemos supor:

$$0^2 + 1^2 + 2^2 + \cdots + k^2 = \frac{(2k+1)(k+1)(k)}{6}. \tag{20}$$

- Devemos, agora, provar que a Equação (19) é válida para $n = k + 1$; isto é, devemos provar que:

$$0^2 + 1^2 + 2^2 + \cdots + k^2 + (k+1)^2 = \frac{[2(k+1)+1][(k+1)+1][k+1]}{6}. \tag{21}$$

- Para provar a Equação (21) com base na Equação (20), adicionamos $(k+1)^2$ a ambos os membros da Equação (20):

$$0^2 + 1^2 + 2^2 + \cdots + k^2 + (k+1)^2 = \frac{(2k+1)(k+1)(k)}{6} + (k+1)^2. \tag{22}$$

- Para completar a prova, devemos mostrar que o membro direito da Equação (21) é igual ao membro direito da Equação (22); isto é, devemos provar que:

$$\frac{(2k+1)(k+1)(k)}{6} + (k+1)^2 = \frac{[2(k+1)+1][(k+1)+1][k+1]}{6}. \tag{23}$$

A verificação da Equação (23) constitui um exercício simples (embora trabalhoso) de álgebra, que deixamos a seu cargo (Exercício 22.3).

- Mostramos que $0 \in A$ e $k \in A \Rightarrow (k+1) \in A$. Portanto, por indução (Teorema 22.2) sabemos que $A = \mathbb{N}$; isto é, a proposição é verdadeira para todos os números naturais.

Essa prova pode ser descrita utilizando a metáfora da máquina. Queremos provar todas as seguintes equações:

$$0^2 = \frac{(2 \cdot 0 + 1)(0+1)(0)}{6}$$

$$0^2 + 1^2 = \frac{(2 \cdot 1 + 1)(1+1)(1)}{6}$$

$$0^2 + 1^2 + 2^2 = \frac{(2 \cdot 2 + 1)(2+1)(2)}{6}$$

$$0^2 + 1^2 + 2^2 + 3^2 = \frac{(2 \cdot 3 + 1)(3+1)(3)}{6}$$

$$0^2 + 1^2 + 2^2 + 3^2 + 4^2 = \frac{(2 \cdot 4 + 1)(4+1)(4)}{6}$$

$$\vdots$$

Desse modo, construímos uma máquina que aceita uma dessas equações em seu tubo de entrada; supõe-se que a equação inserida na máquina já tenha sido provada. Então, a máquina utiliza essa equação conhecida para verificar a próxima equação na lista. Suponhamos que saibamos que essa máquina é totalmente confiável, e, sempre que uma equação é inserida na máquina, a próxima equação na lista surgirá na máquina, conforme verificado.

Portanto, se pudermos provar que a máquina é completamente confiável, tudo o que precisamos fazer é inserir a primeira equação na lista e deixar que a máquina trabalhe ativamente pelo restante do tempo. Nosso trabalho se reduz a isso: prove a primeira equação (que é fácil), projete a máquina e prove que ela funciona.

O projeto da máquina não é particularmente difícil. Ela simplesmente soma o último termo na grande soma, em ambos os lados da equação, e verifica a igualdade.

A parte desafiadora é averiguar se a máquina funcionará sempre. Para isso, devemos verificar uma identidade algébrica, a saber:

$$\frac{(2k+1)(k+1)(k)}{6} + (k+1)^2 = \frac{[2(k+1)+1][(k+1)+1][k+1]}{6}.$$

Na prova da Proposição 22.3, referimo-nos explicitamente ao conjunto A de todos os números naturais para os quais o resultado é verdadeiro. À medida que você se sentir mais à vontade com as provas por indução, poderá omitir a menção explícita desse conjunto. As etapas importantes em uma prova por indução são:

- Provar o caso básico, isto é, provar que o resultado se verifica para $n = 0$.
- Admitir a hipótese da indução; isto é, admitir o resultado válido para $n = k$.
- Aplicar a hipótese da indução para provar o caso seguinte (isto é, para $n = k + 1$).

Note que, ao provar o caso $n = k + 1$, devemos utilizar o fato de que o resultado é verdadeiro para o caso $n = k$. Se não aplicarmos a hipótese da indução, então (1) ou é possível formular uma prova mais simples do resultado sem indução, ou (2) cometemos um erro.

O caso básico é sempre essencial e, felizmente, em geral é fácil. Se o resultado que desejamos provar não abrange todos os números naturais – digamos, apenas os inteiros positivos –, então a etapa básica pode começar em um valor diferente de 0.

A hipótese de indução é um instrumento aparentemente mágico que facilita a demonstração de teoremas. Para provar o caso $n = k + 1$, podemos não só admitir a hipótese do teorema, como também podemos supor a hipótese da indução; isso amplia nosso campo de trabalho.

Prova de equações e desigualdades

A prova por indução requer prática. Uma aplicação comum dessa técnica é estudar as equações e desigualdades. Apresentamos aqui alguns exemplos para seu estudo. Você achará que as linhas gerais das provas são as mesmas; a única diferença está em parte da álgebra. Os dois primeiros exemplos são resultados também provados na Seção 13 pelo método combinatório (ver proposições 13.1 e 13.2).

▶ **PROPOSIÇÃO 22.4**

Seja n um inteiro positivo. Então,

$$2^0 + 2^1 + \ldots + 2^{n-1} = 2^n - 1$$

> Note que essa prova por indução inicia com $n = 1$, porque a Proposição é expressa para inteiros positivos.

Prova. Provamos isso pela indução em n.

Passo básico: o caso $n = 1$ é verdadeiro porque ambos os lados da equação, 2^0 e $2^1 - 1$, é estimado para 1.

Hipótese de indução: suponhamos que o resultado seja verdadeiro quando $n = k$; ou seja, supomos que:

$$2^0 + 2^1 + \ldots + 2^{k-1} = 2^k - 1 \tag{24}$$

Devemos provar que a Proposição é verdadeira quando $n = k + 1$; ou seja, precisamos utilizar a Equação (24) para provar que:

$$2^0 + 2^1 + \ldots + 2^{(k+1)-1} = 2^{k+1} - 1 \tag{25}$$

Observe que o lado esquerdo da Equação (25) pode ser formado a partir do lado esquerdo da Equação (24), somando-se o termo 2^k. Então, somamos 2^k a ambos os lados da Equação (24) para obter:

$$2^0 + 2^1 + \ldots + 2^{k-1} + 2^k = 2^k - 1 + 2^k \tag{26}$$

Precisamos demonstrar que o lado direito da Equação (26) iguala-se ao lado direito da Equação (25). Felizmente, isso é fácil:

$$2^k - 1 + 2^k = 2 \cdot 2^k - 1 = 2^{k+1} - 1 \tag{27}$$

Utilizando as equações (25) e (27), resulta em:

$$2^0 + 2^1 + \ldots + 2^{(k+1)-1} = 2^{k+1} - 1$$

o que representa aquilo que precisávamos demonstrar.

À medida que nos sentimos mais confortáveis e confiantes para escrever provas por indução, podemos sintetizar um pouco mais. A prova a seguir é escrita de forma mais compacta.

▶ **PROPOSIÇÃO 22.5**

Seja n um inteiro positivo. Então:

$$1 \cdot 1! + 2 \cdot 2! + \ldots + n \cdot n! = (n + 1)! - 1$$

Prova. Provamos o resultado por indução em n.

Caso básico: a Proposição é verdadeira no caso $n = 1$, porque ambos os lados da equação, $1! \cdot 1$ e $2! - 1$, são estimados para 1.

Hipótese de indução: suponhamos que a Proposição seja verdadeira no caso $n = k$; ou seja, constatamos que:

$$1 \cdot 1! + 2 \cdot 2! + \ldots + k \cdot k! = (k + 1)! - 1 \tag{28}$$

Precisamos provar a Proposição para o caso $n = k + 1$. Para essa finalidade, somamos $(k + 1) \cdot (k + 1)!$ a ambos os lados da Equação (28) para obter:

$$1 \cdot 1! + 2 \cdot 2! + \ldots + k \cdot k! + (k+1) \cdot (k+1)! = (k+1)! - 1 + (k+1) \cdot (k+1)!. \quad (29)$$

O lado direito da Equação (29) pode ser manipulado da seguinte maneira:

$$\begin{aligned}(k+1)! - 1 + (k+1) \cdot (k+1)! &= (1 + k + 1) \cdot (k+1)! - 1 \\ &= (k+2) \cdot (k+1)! - 1 \\ &= (k+2)! - 1 = [((k+1) + 1]! - 1\end{aligned}$$

A substituição pela Equação (29) resulta em:

$$1 \cdot 1! + 2 \cdot 2! + \cdots + k \cdot k! + (k+1) \cdot (k+1)! = [(k+1) + 1]! - 1$$

As desigualdades também podem ser provadas por indução. Eis um exemplo simples cuja prova é ainda um pouco mais sintetizada.

▶ **PROPOSIÇÃO 22.6**

Seja n um número natural. Então:

$$10^0 + 10^1 + \cdots + 10^n < 10^{n+1}$$

Prova. A prova é por indução em n. O caso básico, quando $n = 0$, é evidente, pois $10^0 < 10^1$. Suponhamos (hipótese de indução) que o resultado seja válido para $n = k$; ou seja, temos:

$$10^0 + 10^1 + \cdots + 10^k < 10^{k+1}$$

Para demonstrar que a Proposição é verdadeira quando $n = k + 1$, somamos 10^{k+1} a ambos os lados e encontramos:

$$\begin{aligned}10^0 + 10^1 + \ldots + 10^k + 10^{k+1} &< 10^{k+1} + 10^{k+1} \\ &= 2 \cdot 10^k < 10 \cdot 10^k = 10^{k+1}\end{aligned}$$

Portanto, o resultado é válido quando $n = k + 1$.

Outros exemplos

Com um pouco de prática, provar equações e desigualdades por indução se tornará rotineiro. Geralmente, manipulamos ambos os lados de dada equação (suposta pela hipótese de indução, $n - k$) para demonstrar a próxima equação ($n = k + 1$). Contudo, outros tipos de resultados podem ser provados por indução. Por exemplo, considere o seguinte:

▶ **PROPOSIÇÃO 22.7**

Seja n um número natural. Então $4^n - 1$ é divisível por 3.

Prova. A prova acontece por indução em n. O caso básico, $n = 0$, é evidente, contanto que $4^0 - 1 = 1 - 1 = 0$ seja divisível por 3.

Suponhamos (hipótese de indução) que a Proposição seja verdadeira para $n = k$; ou seja, $4^k - 1$ é divisível por 3. Devemos demonstrar que $4^{k+1} - 1$ também é divisível por 3.

Note que $4^{k+1} - 1 = 4 \cdot 4^k - 1 = 4(4^k - 1) + 4 - 1 = 4(4^k - 1) + 3$. Como $4^k - 1$ e 3 são divisíveis por 3, consequentemente, $4(4^k - 1) + 3$ é divisível por 3. Desse modo, $4^{k+1} - 1$ é divisível por 3.

O exemplo a seguir envolve um pouco de geometria. Desejamos cobrir um tabuleiro de xadrez com ladrilhos especiais chamados *triominós em formato de L*, ou, resumidamente, *triominós em L*. Estes são ladrilhos formados por quadrados 1×1, conectados em suas bordas para formar um L.

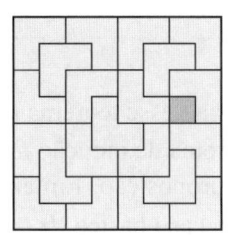

Não é possível cobrir de ladrilhos um tabuleiro de xadrez padrão 8×8 com triominós, porque há 64 quadrados no tabuleiro e 64 não é divisível por 3. Contudo, é possível cobrir todos, com exceção de um quadrado do tabuleiro de xadrez, e tal cobertura de ladrilhos é apresentada na figura.

É possível cobrir tabuleiros de xadrez maiores? Um tabuleiro de xadrez de $2^n \times 2^n$ tem 4^n quadrados, portanto, aplicando a Proposição 22.7, sabemos que $4^n - 1$ é divisível por 3. Com isso, esperamos conseguir cobrir todos os quadrados, com exceção de um.

▶ **PROPOSIÇÃO 22.8**

Seja n um inteiro positivo. Para cada quadrado em um tabuleiro de xadrez $2^n \times 2^n$, há uma cobertura de ladrilhos por triominós em L dos $4^n - 1$ quadrados restantes.

Prova. A prova é por indução em n. O caso básico, $n = 1$, é óbvio, desde que a colocação de um triominó em L em um tabuleiro de xadrez 2×2 cubra todos os quadrados, com exceção de um deles, e, ao girar o triominó, possamos selecionar qual quadrado está faltando.

Suponhamos (hipótese de indução) que a Proposição foi provada para $n = k$.

Recebemos um tabuleiro de xadrez de $2^{k+1} \times 2^{k+1}$ com um quadrado selecionado. Divida o tabuleiro em quatro subtabuleiros de $2^n \times 2^n$ (conforme demonstrado); o quadrado selecionado deve estar em um desses subtabuleiros. Coloque um triominó em L sobrepondo três ângulos dos subtabuleiros restantes, como apresentado no diagrama.

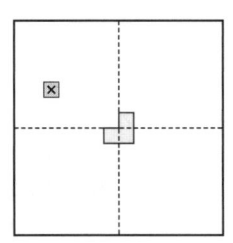

Agora, temos $2^k \times 2^k$ subtabuleiros, cada um deles com um quadrado que não precisa ser coberto. Por indução, os quadrados restantes nos subtabuleiros podem ser cobertos com ladrilhos pelos triominós em L.

Indução forte

Eis uma variante do Teorema 22.2.

❖ TEOREMA 22.9

(Princípio da indução matemática – versão forte) Seja A um conjunto de números naturais. Se:
- $0 \in A$ e
- Para todo $k \in \mathbb{N}$, se $0, 1, 2, \ldots, k \in A$, $k + 1 \in A$

então $A = \mathbb{N}$

Deixamos a seu cargo a prova desse teorema (ver Exercício 22.23).

Por que chamamos esse teorema de indução *forte*? Suponha que estejamos utilizando a indução para provar uma proposição. Em ambos os casos de indução – padrão e forte – começamos mostrando o caso básico ($0 \in A$). Na indução-padrão, admitimos a hipótese da indução ($k \in A$; isto é, a proposição é verdadeira para $n = k$) e a aplicamos, então, para provar que $k + 1 \in A$ (isto é, a proposição é válida para $n = k + 1$). A indução forte nos dá uma hipótese mais forte de indução. Na indução forte, podemos supor $0, 1, 2, \ldots, k \in A$ (a proposição é verdadeira para todo n de 0 a k) e utilizar o fato para provar que $k + 1 \in A$ (a proposição é verdadeira para $n = k + 1$).

Esse método está esboçado no Esquema de prova 18.

Esquema de prova 18 | **Prova por indução forte**

Provar que todo número natural tem *alguma propriedade*:
Prova.
- Seja A o conjunto dos números naturais para os quais o resultado é verdadeiro.
- Prove que $0 \in A$. Essa é a chamada *etapa básica*. Em geral é fácil.
- Prove que, se $0, 1, 2, \ldots, k \in A$, então $k + 1 \in A$. Essa é a chamada *etapa indutiva*. Para tanto,
  —Suponha o resultado verdadeiro para $n = 0, 1, 2, \ldots, k$. É a hipótese de *indução forte*.
  —Aplique a hipótese de indução forte para provar que o resultado é verdadeiro para $n = k + 1$.
- Invoque o Teorema 22.9 para concluir que $A = \mathbb{N}$.
- Portanto, o resultado é verdadeiro para todos os números naturais.

Vejamos como usar a indução forte e por que ela nos dá maior flexibilidade do que a indução-padrão. Ilustramos a prova por indução forte em um problema de geometria.

Seja P um polígono no plano. *Triangular* um polígono é traçar diagonais pelo interior do polígono de modo que (1) as diagonais não se cruzem e (2) cada região criada seja um triângulo (ver figura). Note que sombreamos dois dos triângulos. Esses triângulos são chamados triângulos *exteriores*, pois dois de seus três lados situam-se no exterior do polígono original.

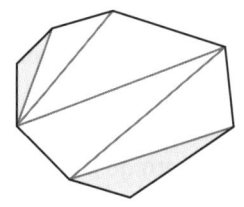

Provaremos o resultado seguinte usando a indução forte.

▶ **PROPOSIÇÃO 22.10**

Se um polígono com quatro ou mais lados for triangulado, então ao menos dois dos triângulos formados são exteriores.

Prova. Seja n o número de lados do polígono. Provaremos a Proposição 22.10 por indução forte sobre n.

Caso básico: como esse resultado faz sentido apenas para $n \geq 4$, o caso-base é $n = 4$. A única maneira de triangular um quadrilátero é traçar uma das duas diagonais possíveis. Em qualquer hipótese, os dois triângulos formados devem ser exteriores.

Hipótese da indução forte: suponhamos que a Proposição 22.10 tenha sido provada para todos os polígonos com $n = 4, 5, \ldots, k$ lados.

Seja P um polígono arbitrário triangulado com $k + 1$ lados. Devemos provar que ao menos dois de seus triângulos são exteriores.

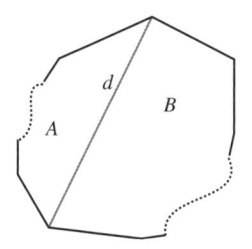

Seja d uma das diagonais. Essa diagonal separa P em dois polígonos A e B, em que (este é o comentário-chave) A e B são polígonos triangulados com menor número de lados do que P. É possível que A, ou B, ou ambas sejam, eles próprios, triângulos. Consideramos os casos em que nenhum, apenas um, ou ambos, A e B, são triângulos.

- *Se A não for um triângulo.* Então, como A tem ao menos quatro, mas, no máximo, k lados, sabemos, pela indução forte, que dois ou mais dos triângulos de A são exteriores. Agora temos motivo para preocupação: os triângulos exteriores de A são realmente triângulos exteriores de P? Não necessariamente. Se um dos triângulos exteriores de A utiliza d como diagonal, então não é um triângulo exterior de P. Não obstante, o outro triângulo exterior de A também não pode utilizar a diagonal d, e, assim, ao menos um triângulo exterior de A é também triângulo exterior de P.
- *Se B não for um triângulo.* Tal como no caso anterior, B contribui com ao menos um triângulo exterior para P.
- *Se A for um triângulo.* Então A é um triângulo exterior de P.
- *Se B for um triângulo.* Então B é um triângulo exterior de P.

Em qualquer caso, tanto A como B contribuem com ao menos um triângulo exterior para P, e assim P tem ao menos dois triângulos exteriores.

A indução forte prestou-nos enorme auxílio nessa prova. Quando consideramos a diagonal d, não conhecíamos o número de lados dos dois polígonos A e B. Tudo quanto sabíamos ao certo é que eles tinham menor número de lados do que P. Para aplicar a indução ordinária, deveríamos ter escolhido uma diagonal de forma que A tivesse k lados, e B três; em outras palavras, teríamos de escolher B como um triângulo exterior. O problema é que ainda não tínhamos provado que um polígono triangulado tem um triângulo exterior!

> Curiosamente, é mais difícil provar que um polígono triangulado tem um triângulo exterior do que provar que um polígono triangulado tem dois triângulos exteriores! Ver Exercício 22.21.

A indução forte proporciona maior flexibilidade do que a indução-padrão porque a hipótese da indução permite supormos mais. Provavelmente, o melhor é não redigir sua prova no estilo da indução forte quando a indução-padrão se revela suficiente. Nos casos em que devemos usar a indução forte, temos também, como alternativa, a prova por contraexemplo mínimo.

Um exemplo mais complicado

Provaremos o resultado a seguir por indução forte. A parte difícil deste exemplo está em manter controle dos muitos coeficientes binomiais. A estrutura global da prova não é diferente da prova da Proposição 22.10. Seguimos o Esquema de prova 18.

> Os números de Fibonacci foram introduzidos na Definição 21.12. Lembre-se que $F_0 = F_1 = 1$ e $F_n = F_{n-1} + F_{n-2}$, para todos $n \geq 2$.

▶ **PROPOSIÇÃO 22.11**

Seja $n \in \mathbb{Z}$ e denotemos por F_n o n-ésimo número de Fibonacci. Então:

$$\binom{n}{0} + \binom{n-1}{1} + \binom{n-2}{2} + \cdots + \binom{0}{n} = F_n. \tag{30}$$

Note que vários dos últimos termos da soma são zero. A partir de certo ponto, o índice inferior no coeficiente binomial excederá o índice superior e, então, todos os termos serão zero. Por exemplo,

$$\binom{7}{0} + \binom{6}{1} + \binom{5}{2} + \binom{4}{3} + \binom{3}{4} + \binom{2}{5} + \binom{1}{6} + \binom{0}{7} = 1 + 6 + 10 + 4 + 0 + 0 + 0 + 0$$
$$= 21 = F_7.$$

Em notação de somatório,

$$\sum_{j=0}^{n} \binom{n-j}{j} = F_n.$$

Antes de apresentarmos a prova formal da Proposição 22.11, vejamos por que isso deve ser verdadeiro e por que necessitamos da indução forte.

Em geral, para provar que uma expressão dá um número de Fibonacci, levamos em conta que $F_n = F_{n-1} + F_{n-2}$. Se sabemos que a expressão é válida para F_{n-1} e F_{n-2}, então podemos adicionar as expressões apropriadas para ver se obtemos F_n. Na indução padrão, podemos apenas supor o caso menor imediato do resultado; aqui, necessitamos dos dois valores prévios, o que a indução forte nos permite fazer.

Vejamos como podemos aplicar isto à Proposição 22.11, examinando o caso $n = 8$. Desejamos provar:

$$F_8 = \binom{8}{0} + \binom{7}{1} + \cdots + \binom{4}{4}.$$

Para tanto, supomos:

$$F_6 = \binom{6}{0} + \binom{5}{1} + \binom{4}{2} + \binom{3}{3} \quad \text{e}$$

$$F_7 = \binom{7}{0} + \binom{6}{1} + \binom{5}{2} + \binom{4}{3}.$$

Pretendemos somar essas equações porque $F_8 = F_7 + F_6$. A ideia é intercalar os termos das duas expressões:

$$F_7 + F_6 = \binom{7}{0} + \binom{6}{0} + \binom{6}{1} + \binom{5}{1} + \binom{5}{2} + \binom{4}{2} + \binom{4}{3} + \binom{3}{3}$$

Podemos, agora, aplicar a identidade de Pascal (Teorema 17.10) para combinar pares de termos:

$$\binom{6}{0} + \binom{6}{1} = \binom{7}{1} \qquad \binom{5}{1} + \binom{5}{2} = \binom{6}{2} \qquad \binom{4}{2} + \binom{4}{3} = \binom{5}{3}$$

Combinando os termos dois a dois, obtemos:

$$F_7 + F_6 = \binom{7}{0} + \left[\binom{6}{0} + \binom{6}{1}\right] + \left[\binom{5}{1} + \binom{5}{2}\right] + \left[\binom{4}{2} + \binom{4}{3}\right] + \binom{3}{3}$$
$$= \binom{7}{0} + \binom{7}{1} + \binom{6}{2} + \binom{5}{3} + \binom{3}{3}.$$

Estamos quase no fim. Note que o termo $\binom{7}{0}$ deve ser $\binom{8}{0}$, e o termo $\binom{3}{3}$ deve ser $\binom{4}{4}$. A boa notícia é que esses termos são ambos iguais a 1, de forma que podemos substituir o que temos pelo que desejamos para encerrar esse exemplo:

$$F_7 + F_6 = \binom{7}{0} + \binom{6}{0} + \binom{6}{1} + \binom{5}{1} + \binom{5}{2} + \binom{4}{2} + \binom{4}{3} + \binom{3}{3}$$
$$= \binom{7}{0} + \binom{7}{1} + \binom{6}{2} + \binom{5}{3} + \binom{3}{3}$$
$$= \binom{8}{0} + \binom{7}{1} + \binom{6}{2} + \binom{5}{3} + \binom{4}{4}.$$

O caso $F_9 = F_8 + F_7$ é análogo, embora haja algumas diferenças de menor importância. Você mesmo deve escrever as etapas desse caso antes de ler a prova, certificando-se de que reconhece as diferenças entre esses dois casos.

Prova (da Proposição 22.11).

Aplicamos a indução forte.

Caso básico: o resultado é verdadeiro para $n = 0$; a Equação (30) se reduz a $\binom{0}{0} = 1 = F_1$, o que é verdadeiro. Observe que o resultado também é válido para $n = 1$, pois $\binom{1}{0} + \binom{0}{1} = 1 + 0 = 1 = F_1$.

Hipótese da indução forte: a Proposição 22.11 é verdadeira para todos os valores de n de 0 a k (podemos também supor $k \geq 1$, pois já provamos o resultado para $n = 0$ e $n = 1$).

Procuremos provar a Equação (30) no caso $n = k + 1$; isto é, queremos provar que:

$$F_{k+1} = \binom{k+1}{0} + \binom{k}{1} + \binom{k-1}{2} + \cdots.$$

Pela hipótese da indução forte, sabemos que as duas equações seguintes são verdadeiras:

$$F_{k-1} = \binom{k-1}{0} + \binom{k-2}{1} + \binom{k-3}{2} + \cdots$$

$$F_k = \binom{k}{0} + \binom{k-1}{1} + \binom{k-2}{2} + \cdots.$$

Somando essas duas linhas, obtemos:

$$F_{k+1} = F_k + F_{k-1}$$

$$= \binom{k}{0} + \binom{k-1}{0} + \binom{k-1}{1} + \binom{k-2}{1} + \binom{k-2}{2} + \binom{k-3}{2} + \cdots.$$

A próxima etapa consiste em combinar termos que tenham o mesmo índice superior utilizando a identidade de Pascal (Teorema 17.10). Vejamos, primeiro, onde essa longa soma termina.

Caso k seja par, ela termina como:

$$F_{k+1} = \cdots + \binom{\frac{k}{2}+1}{\frac{k}{2}-2} + \binom{\frac{k}{2}+1}{\frac{k}{2}-1} + \binom{\frac{k}{2}}{\frac{k}{2}-1} + \binom{\frac{k}{2}}{\frac{k}{2}}$$

e, caso k seja ímpar, termina como:

$$F_{k+1} = \cdots + \binom{\frac{1}{2}(k-1)+1}{\frac{1}{2}(k-1)-1} + \binom{\frac{1}{2}(k-1)+1}{\frac{1}{2}(k-1)} + \binom{\frac{1}{2}(k-1)}{\frac{1}{2}(k-1)}.$$

Aplicamos, agora, a identidade de Pascal, combinando os pares de termos com o mesmo valor superior (cada termo em claro e o termo em negrito que segue).

Caso k seja par, temos:

$$F_{k+1} = \binom{k}{0} + \left[\binom{k}{1} + \binom{k-1}{2} + \cdots + \binom{\frac{k}{2}+2}{\frac{k}{2}-1} + \binom{\frac{k}{2}+1}{\frac{k}{2}}\right]$$

$$= \binom{k+1}{0} + \left[\binom{k}{1} + \binom{k-1}{2} + \cdots + \binom{\frac{k}{2}+2}{\frac{k}{2}-1} + \binom{\frac{k}{2}+1}{\frac{k}{2}}\right]$$

e, caso de k ímpar, obtemos:

$$F_{k+1} = \binom{k}{0} + \left[\binom{k}{1} + \binom{k-1}{2} + \cdots + \binom{\frac{1}{2}(k-1)+2}{\frac{1}{2}(k-1)}\right] + \binom{\frac{1}{2}(k-1)}{\frac{1}{2}(k-1)}$$

$$= \binom{k+1}{0} + \left[\binom{k}{1} + \binom{k-1}{2} + \cdots + \binom{\frac{1}{2}(k-1)+2}{\frac{1}{2}(k-1)}\right] + \binom{\frac{1}{2}(k+1)}{\frac{1}{2}(k+1)}.$$

Em ambos os casos, verificamos a Equação (30) com $n = k + 1$, completando a prova.

A parte mais difícil dessa prova foi lidar com os índices superiores e inferiores dos coeficientes binomiais.

Uma questão de estilo

A prova por indução e a prova pelo mínimo contraexemplo são normalmente intercaláveis. No entanto, prefiro a prova pelo mínimo contraexemplo. Esta é, na maioria das vezes, uma preferência estilística, mas existe uma razão matemática para preferir a técnica do mínimo contraexemplo. Quando os matemáticos tentam provar afirmações, podem crer que a afirmação seja verdadeira, mas eles não *sabem* – até obter uma prova – se a afirmação é verdadeira ou não. Frequentemente nos alternamos entre tentar provar a afirmação e tentar encontrar um contraexemplo. Uma forma de realizar as duas atividades simultaneamente é tentar deduzir que propriedades um mínimo contraexemplo poderia ter. Desse modo, chegamos a uma contradição (e, então, obtemos uma prova da afirmação), ou aprendemos suficientemente sobre como o contraexemplo deveria comportar-se para construir tal contraexemplo.

Recapitulando

A prova por indução é um método alternativo com relação à prova pelo contraexemplo mínimo. O primeiro passo da prova por indução consiste em provar um caso básico (frequentemente, que o resultado que desejamos provar é verdadeiro para $n = 0$). Na indução-padrão, fazemos uma hipótese de indução (a proposição é verdadeira quando $n = k$) e a aplicamos para provar o caso seguinte (a proposição é verdadeira quando $n = k + 1$). A indução forte é análoga, mas a hipótese de indução forte é que a proposição é verdadeira para $n = 0, 1, 2, ..., k$.

Qualquer resultado que provemos por indução (padrão ou forte) pode ser provado igualmente utilizando o método de contraexemplo mínimo. As provas por indução são mais populares.

22 Exercícios

22.1. A indução costuma ser comparada à subida de uma escada. Se o leitor puder dominar as duas habilidades seguintes, então poderá subir uma escada: (1) ponha o pé no primeiro degrau e (2) avance de um degrau para o próximo.

Explique por que ambas as partes (1) e (2) são necessárias, e o que isso tem a ver com a indução.

22.2. Dê uma "prova matemática" de que você pode derrubar uma linha inteira de dominós se (a) você tombar o primeiro dominó na linha e, (b) sempre que um dominó cair, ele derrubar o próximo dominó.

22.3. Prove a Equação (23).

22.4. Prove as igualdades a seguir por indução. Em cada caso, n é um inteiro positivo.

a. $1 + 4 + 7 + \cdots + (3n - 2) = \frac{n(3n-1)}{2}$.

b. $1^3 + 2^3 + \cdots + n^3 = \frac{n^2(n+1)^2}{4}$.

c. $9 + 9 \times 10 + 9 \times 100 + \cdots + 9 \times 10^{n-1} = 10^n - 1$.

d. $\frac{1}{1\cdot 2} + \frac{1}{2\cdot 3} + \cdots + \frac{1}{n(n+1)} = 1 - \frac{1}{n+1}$.

e. $1 + x + x^2 + x^3 + \cdots + x^n = (1 - x^{n+1})/(1 - x)$. Você deve assumir $x \neq 1$. Qual é o lado correto direito quando $x = 1$?

As próximas partes são para aqueles que estudaram cálculo.

f. $$\lim_{x \to \infty} \frac{x^n}{e^x} = 0.$$

g. $$n! = \int_0^\infty x^n e^{-x}\, dx.$$

h. O n° derivativo de x^n é $n!$; ou seja:
$$\frac{d^n}{dx^n} x^n = n!.$$

22.5. Prove as igualdades a seguir por indução. Em cada caso, n é um inteiro positivo.

a. $2^n \leq 2^{n+1} - 2^{n-1} - 1$

b. $(1 - \frac{1}{2})(1 - \frac{1}{4})(1 - \frac{1}{8}) \cdots (1 - \frac{1}{2^n}) \geq \frac{1}{4} + \frac{1}{2^{n+1}}$.

c. $1 + \frac{1}{2} + \frac{1}{3} + \frac{1}{4} + \cdots + \frac{1}{2^n} \geq 1 + \frac{n}{2}$.

d. $\binom{2n}{n} < 4^n$.

e. $n! \leq n^n$

f. $1 + 2 + 3 + 4 \ldots + n \leq n^2$.

22.6. F_k denota o k° número de Fibonacci (ver Definição 21.12). Encontre uma fórmula para:

$$\sum_{k=0}^n (-1)^k F_k$$

e prove por indução que sua fórmula é correta para todo $n > 0$.

22.7. Este problema é motivado pela soma infinita:

$$\frac{1}{1^2} + \frac{1}{2^2} + \frac{1}{3^2} + \frac{1}{4^2} + \cdots.$$

Você deverá mostrar que o valor dessa soma está entre 1 e 2 com a ajuda do Exercício 22.4 d. Essa soma é conhecida como $\zeta(2)$ (em que ζ é a letra grega zeta e representa a *função zeta de Riemann*).

Para o primeiro passo, por favor, prove (por indução) que a seguinte desigualdade é válida para todos os inteiros positivos n:

$$\frac{1}{1^2} + \frac{1}{2^2} + \cdots + \frac{1}{n^2} > \frac{1}{1 \cdot 2} + \frac{1}{2 \cdot 3} + \cdots + \frac{1}{n(n+1)}. \quad (*)$$

Para o segundo passo, prove (por indução) que esta variação de (*) é verdadeira para todos os inteiros positivos n:

$$\frac{1}{1^2} + \frac{1}{2^2} + \cdots + \frac{1}{n^2} \leq 1 + \frac{1}{1 \cdot 2} + \frac{1}{2 \cdot 3} + \cdots + \frac{1}{(n-1)n}. \quad (**)$$

Finalmente, use (*), (**) e Exercício 22.4 (d) para mostrar que $1 \leq \zeta(2) \leq 2$.

22.8. Seja A a matriz:

$$A = \begin{bmatrix} 2 & 2 \\ -1 & 5 \end{bmatrix}$$

Prove, por indução, que, por um número inteiro positivo n, temos:

$$A^n = \begin{bmatrix} 2 \cdot 3^n - 4^n & 2 \cdot 4^n - 2 \cdot 3^n \\ 3^n - 4^n & 2 \cdot 4^n - 3^n \end{bmatrix} = 4^n \begin{bmatrix} -1 & 2 \\ -1 & 2 \end{bmatrix} + 3^n \begin{bmatrix} 2 & -2 \\ 1 & -1 \end{bmatrix}.$$

> Esse problema requer multiplicações de matrizes. A^n indica a matriz A multiplicada por ela mesma n vezes. Para matrizes 2 × 2, temos que $\begin{bmatrix} a & b \\ c & d \end{bmatrix}\begin{bmatrix} w & x \\ y & z \end{bmatrix} = \begin{bmatrix} aw+by & ax+bz \\ cw+dy & cx+dz \end{bmatrix}$. Assim, para a matriz nesse problema, $A^2 = \begin{bmatrix} 2 & 14 \\ -7 & 23 \end{bmatrix}$.

22.9. Um grupo de pessoas está em uma fila para comprar entradas para um cinema. A primeira pessoa na fila é uma mulher, e a última é um homem. Aplique a prova por indução para mostrar que, em algum ponto da fila, uma mulher está diretamente na frente de um homem.

22.10. Prove, por indução, que a soma dos ângulos de um n-ágono convexo (com $n \geq 3$) é $180(n-2)$ graus, ou seja, $\pi(n-2)$ radianos.

22.11. Prove o teorema binomial (Teorema 17.8) por indução:

$$(x+y)^n = \sum_{k=0}^{n} \binom{n}{k} x^{n-k} y^k.$$

22.12. A *Torre de Hanói* é um jogo que consiste em um tabuleiro com três espigões e uma coleção de n discos de tamanhos (raios) diferentes. Os discos têm orifícios perfurados em seus centros, de modo a poderem adaptar-se aos espigões no tabuleiro. Inicialmente, todos os discos estão no primeiro espigão, dispostos por tamanho (do maior, na base, para o menor, no topo).

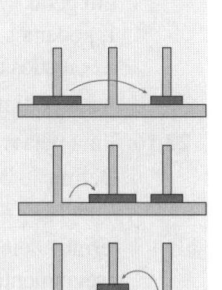

O objetivo é transferir todos os discos para outro espigão com o menor número possível de movimentos. Cada movimento consiste em tirar o disco de cima de um dos espigões e colocá-lo em outro espigão, com a condição de não se colocar um disco maior em cima de um disco menor. A figura mostra como resolver o problema da Torre de Hanói em três movimentos quando $n = 2$.

Prove: Para todo inteiro positivo n, o jogo da Torre de Hanói (com n discos) pode ser resolvido com $2^n - 1$ movimentos.

22.13. Provamos o princípio da indução matemática (Teorema 22.2), invocando o princípio da boa ordenação (Afirmação 21.6). Neste problema, consideramos o raciocínio oposto: provamos o princípio da boa ordenação por indução. Nós consideramos a seguinte "prova":

Prova. Temos que mostrar que cada subconjunto não vazio X de $\mathbb{N}$ tem um elemento menor. A prova é por indução sobre o tamanho do X.

Base: $|X| = 1$. Neste caso X é constituído por um único elemento, e, portanto, esse único elemento é o menor elemento de X.

Hipótese de indução: suponha que o princípio da boa ordenação foi mostrado para subconjuntos de $\mathbb{N}$ de tamanho k.

Seja X um subconjunto de $\mathbb{N}$ de tamanho $k + 1$. Assim, $X = \{x_1, x_2, \ldots, x_k, x_{k+1}\}$. Seja Y o conjunto $\{x_1, \ldots, x_k\}$. Como $|Y| = k$, ele tem um elemento menor a.

Se $a < x_{k+1}$, então a é o menor elemento de X. Mas se $a > x_{k+1}$, então x_{k+1} é o menor elemento de X. Em ambos os casos, X tem o elemento menor a.

a. A "prova" dada acima está errada. Qual é o erro?
b. Dê uma prova correta por indução do princípio da boa ordenação.

22.14. Sejam $A_1, A_2, \ldots, A_n$ conjuntos (com $n \geq 2$). Suponha que, para dois conjuntos quaisquer A_i e A_j, ou $A_i \subseteq A_j$ ou $A_j \subseteq A_i$.

Prove, por indução, que um desses n conjuntos é um subconjunto de todos eles.

A estreita relação entre definição por recorrência e prova por indução.

22.15. No final da Seção 17 (ver página 97) examinamos o problema da contagem de caminhos através de uma grade. Suponha que criamos uma estrutura com linhas horizontais e verticais. Procuramos determinar o número de caminhos do canto inferior esquerdo ao canto superior direito que usem apenas passos para a direita ou para cima (passos para a esquerda e para baixo não são permitidos). Para o caso em que existam 10 linhas horizontais e 10 verticais na grade (como na figura), o caminho deve consistir de 9 passos para a direita e 9 para cima. Descobrimos que existem $\binom{18}{9}$ de tais caminhos.

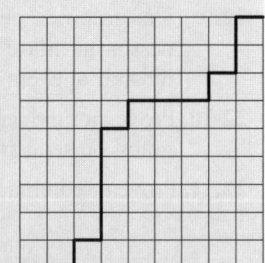

Em geral, se a grade possui linhas verticais $a + 1$ e linhas horizontais $b + 1$, podemos argumentar como na Seção 17 que existem $\binom{a+b}{a}$ caminhos reticulados do canto inferior esquerdo para o canto superior direito.

Aqui pedimos que você prove essa fórmula por indução forte.

22.16. Uma palavra pode ser usada em sua própria definição? Em geral, a resposta é não. Todavia, na Definição 21.12, definimos os números de Fibonacci como a sequência $F_0, F_1, F_2, \ldots$, fazendo $F_0 = 1, F_1 = 1$ e, para $n \geq 2$, $F_n = F_{n-1} + F_{n-2}$. Note que definimos os números de Fibonacci em termos deles próprios! Isso funciona porque definimos F_n em termos de números de Fibonacci previamente definidos. Esse tipo de definição é chamado definição *por recorrência*.

As definições por recorrência guardam forte semelhança com as provas por indução. Elas são tipicamente alguns casos básicos, e o resto da definição se reporta a casos menores (à semelhança com a etapa indutiva de uma prova por indução).

A indução é a técnica de prova de escolha para provar afirmações sobre conceitos definidos por recorrência.

As seguintes sequências de números são definidas por recorrência. Responda às questões formuladas.

a. Seja $a_0 = 1$ e, para $n > 0$, seja $a_n = 2a_{n-1} + 1$. Os primeiros termos da sequência, $a_0, a_1, a_2, a_3 \ldots$ são 1, 3, 7, 15, ...
b. Quais são os próximos três termos?
c. Prove: $a_n = 2_{n+1} - 1$.
d. Seja $b_0 = 1$ e, para $n > 0$, seja $b_n = 3b_{n-1} - 1$.
e. Quais são os cinco primeiros termos da sequência $b_0, b_1, b_2, \ldots$?
f. Prove: $b_n = \frac{3^n + 1}{2}$.
g. Seja $c_0 = 3$ e, para $n > 0$, $c_n = c_{n-1} + n$.
h. Quais são os cinco primeiros termos da sequência $c_0, c_1, c_2, \ldots$?
i. Prove: $c_n = \frac{n^2 + n + 6}{2}$.
j. Seja $d_0 = 2$, $d_1 = 5$ e, para $n > 1$, seja $d_n = 5d_{n-1} - 6d_{n-2}$.
k. Por que damos duas definições-base?
l. Quais são os cinco primeiros termos da sequência $d_0, d_1, d_2, \ldots$?
m. Prove que $d_n = 2_n + 3_n$.
n. Seja $e_0 = 1$, $e_1 = 4$ e, para $n > 1$, $e_n = 4(e_{n-1} - e_{n-2})$.
o. Quais são os cinco primeiros termos da sequência $e_0, e_1, e_2, \ldots$?
p. Prove que $e_n = (n + 1)2^n$.
q. Denote por F_n o n-ésimo número de Finonacci. Prove:

$$F_n = \frac{\left(\frac{1+\sqrt{5}}{2}\right)^{n+1} - \left(\frac{1-\sqrt{5}}{2}\right)^{n+1}}{\sqrt{5}}.$$

22.17. Um mastro tem n pés de altura. Nesse mastro, exibimos bandeiras dos seguintes tipos: bandeiras vermelhas com 1 pé de altura, bandeiras azuis com 2 pés de altura e bandeiras verdes com 2 pés de altura. A soma das alturas das bandeiras é exatamente n pés.

Prove que há $\frac{2}{3}2^n + \frac{1}{3}(-1)^n$ maneiras de dispor as bandeiras.

22.18. Prove que todo inteiro positivo pode ser expresso como a soma de números de Fibonacci distintos.

Por exemplo, $20 = 2 + 5 + 13$, onde 2, 5, 13 são, obviamente, números de Fibonacci. Embora possamos escrever $20 = 2 + 5 + 5 + 8$, isso não ilustra o resultado, porque utilizamos 5 duas vezes.

22.19. Consideremos o seguinte programa de computador:

```
function findMax(array, first, last) {
    if (first == last) return array[first];
    mid = first + (last-first)/2;
    a = findMax (array, first, mid);
    b = findMax (array, mid+1, last);
    if (a<b) return b;
    return a;
}
```

Aqui, array é uma fileira de inteiros. Todas as outras variáveis são inteiros. Supomos que first e last estejam entre 1 e o número de elementos da fileira e que first ≤ last.

O objetivo desse programa é achar o maior valor na fileira entre dois índices; isto é, o programa deve dar o maior valor de array[first], array[first + 1], ..., array[last].

Seu trabalho: provar que esse programa desempenha sua tarefa.

[*Nota técnica*: Se last-first é ímpar, então (last-first)/2 é arredondado para o inteiro inferior mais próximo. Por exemplo, se first é 7, e last é 20, então (last-first)/2 = 6.]

22.20. Considere o seguinte programa de computador:

```
function lookUp (array, first, last, key) {
  mid = first + (last-first)/2;
  if (array [mid] == key) return mid;
  if (array [mid] > key) return lookUp (array, first, mid-1, key);
  return lookUp (array, mid+1, last, key);
}
```

Aqui, array é uma fileira de inteiros; todas as outras variáveis representam inteiros. Os valores armazenados em array são escolhidos; isto é, sabemos que

$$\text{array } [1] < \text{array } [2] < \text{array } [3] < \ldots$$

Sabemos também que 1 ≤ first ≤ last e que há um índice *j* entre first e last para o qual o array [*j*] é igual a key.

Prove que esse programa acha aquele índice *j*.

22.21. Procure provar, utilizando a indução forte ou a indução-padrão, que um polígono triangulado tem ao menos um triângulo exterior.

O que acontece de errado quando procuramos elaborar nossa própria prova?

O teorema mais difícil ("... tem ao menos dois triângulos exteriores") é mais fácil de provar do que o teorema mais fácil ("... tem ao menos um triângulo exterior"). Esse fenômeno é conhecido como carga de indução.

> Note que, para *n* = 2, essas identidades são equivalentes às conhecidas fórmulas de ângulos duplicados.
>
> $$\cos 2\theta = \cos^2 \theta - \sin^2 \theta$$
> $$\sin 2\theta = 2 \sin \theta \cos \theta.$$

22.22. Prove, por indução, as seguintes identidades trigonométricas:

$$\cos n\theta = \binom{n}{0} \cos^n \theta - \binom{n}{2} \cos^{n-2} \theta \sin^2 \theta + \binom{n}{4} \cos^{n-4} \theta \sin^4 \theta - \cdots$$

$$\sin n\theta = \binom{n}{1} \cos^{n-1} \theta \sin \theta - \binom{n}{3} \cos^{n-3} \theta \sin^3 \theta + \binom{n}{5} \cos^{n-5} \theta \sin^5 \theta - \cdots$$

em que *n* é um número inteiro positivo. Nota: essas são somas finitas. Elas acabam assim que o menor índice do coeficiente binomial atinge *n*.

22.23. Prove o Teorema 22.9.

22.24. Utilizando a indução forte, prove que todo número natural pode ser expresso como a soma de potências distintas de 2. Por exemplo, $2^1 = 2^4 + 2^2 + 2^0$.

■ 23 Relações de recorrência

A Proposição 22.3 fornece uma fórmula para a soma dos quadrados dos números naturais até n:

$$0^2 + 1^2 + 2^2 + \cdots + n^2 = \frac{(2n+1)(n+1)(n)}{6}.$$

Como produzimos essa fórmula?

No Exercício 22.16d, fomos informados de que uma sequência de números, $d_0, d_1, d_2, d_3, \ldots$ satisfaz as condições $d_0 = 2$, $d_1 = 5$ e $d_n = 5d_{n-1} - 6d_{n-2}$; além disso, foi solicitado a você que provasse que $d_n = 2^n + 3^n$. De forma mais drástica, no mesmo problema, pediu-se que você provasse a seguinte expressão complicada para o n-ésimo número de Fibonacci:

$$F_n = \frac{\left(\frac{1+\sqrt{5}}{2}\right)^{n+1} - \left(\frac{1-\sqrt{5}}{2}\right)^{n+1}}{\sqrt{5}}.$$

Como criamos essas fórmulas?

Nesta seção, apresentamos métodos para solucionar a *relação de recorrência*: uma fórmula que especifica como cada termo de uma sequência é produzido a partir dos termos anteriores.

Por exemplo, considere uma sequência $a_0, a_1, a_2, \ldots$ definida por:

$$a_n = 3a_{n-1} + 4a_{n-2}, \quad a_0 = 3, \quad a_1 = 2$$

Podemos calcular agora a_2 em termos de a_0 e a_1, e, em seguida, a_3 em termos de a_2 e a_1, e assim por diante:

$$a_2 = 3a_1 + 4a_0 = 3 \times 2 + 4 \times 3 = 18$$
$$a_3 = 3a_2 + 4a_1 = 3 \times 18 + 4 \times 2 = 62$$
$$a_4 = 3a_3 + 4a_2 = 3 \times 62 + 4 \times 18 = 258$$

Nosso objetivo é obter um método simples de converter a relação de recorrência em uma fórmula explícita para o n-ésimo termo da sequência. Nesse caso, $a_n = 4^n + 2 \cdot (-1)^n$.

Relações de recorrência de primeira ordem

A relação de recorrência mais simples é $a_n = a_{n-1}$. Cada termo é exatamente igual ao que se encontra antes, de forma que cada termo seja igual ao termo inicial, a_0.

As relações de recorrência com as quais iniciamos são denominadas *primeira ordem*, porque a_n pode ser expresso apenas em termo do elemento imediatamente anterior da sequência, a_{n-1}. Como o primeiro termo da sequência é a_0, não é significativo falar a respeito do termo a_{-1}. Portanto, a relação de recorrência permanece apenas para $n \geq 1$. O valor de a_0 deve ser fornecido separadamente.

Tentemos algo apenas um pouco mais difícil. Considere as relações de recorrência $a_n = 2a_{n-1}$. Nesse ponto, cada termo apresenta duas vezes o tamanho do termo anterior. Também precisamos fornecer o termo inicial – por exemplo, $a_0 = 5$. Então, a sequência é 5, 10, 20, 40, 80, 160, ... É fácil escrever a fórmula para o n-ésimo termo dessa sequência: $a_n = 5 \times 2^n$.

De forma mais geral, se a relação de recorrência for:

$$a_n = sa_{n-1}$$

então, cada termo será apenas s vezes o termo anterior. Dado a_0, então o n-ésimo termo dessa sequência é:

$$a_n = a_0 s^n.$$

Consideremos um exemplo mais complicado. Suponhamos que definamos uma sequência por:

$$a_n = 2a_{n-1} + 3, \quad a_0 = 1$$

Quando calculamos os primeiros diversos termos dessa sequência, encontramos os seguintes valores:

1,   5,   13,   29,   61,   125,   253,   509,   ...

Como a relação de recorrência envolve dobrar cada termo, poderíamos suspeitar que as potências de 2 estão presentes na fórmula. Tendo isso em mente, se atentarmos para a sequência de valores, poderíamos perceber que cada termo é 3 menos a potência de 2. Podemos reescrever a sequência do seguinte modo:

4 – 3,   8 – 3,   16 – 3,   32 – 3,   64 – 3,   128 – 3,   256 – 3,   512 – 3,   ...

Com isso, obtemos $a_n = 4 \times 2^n - 3$.

Infelizmente, "atente e espere reconhecer" não se trata de um procedimento garantido.

Tentaremos analisar essa relação de recorrência novamente de modo mais sistemático.

Começamos com a recorrência $a_n = 2a_{n-1} + 3$, mas deixe o termo inicial a_0 sem especificação durante um momento. Produzimos uma expressão para a_1, em termos de a_0, utilizando a relação de recorrência:

$$a_1 = 2a_0 + 3$$

Em seguida, encontraremos uma expressão para a_2. Sabemos que, $a_2 = 2a_1 + 3$, e temos uma expressão para a_1 em termos de a_0. Combinando isso, obtemos:

$$a_2 = 2a_1 + 3 = 2(2a_0 + 3) + 3 = 4a_0 + 9$$

Agora que conseguimos a_2, desenvolvemos uma expressão para a_3 em termos de a_0:

$$a_3 = 2a_2 + 3 = 2(4a_0 + 9) + 3 = 16a_0 + 21$$

Aqui estão alguns dos primeiros termos:

$$a_0 = a_0$$
$$a_1 = 2a_0 + 3$$
$$a_2 = 4a_0 + 9$$
$$a_3 = 8a_0 + 21$$
$$a_4 = 16a_0 + 45$$
$$a_5 = 32a_0 + 45$$
$$a_6 = 64a_0 + 189$$

Uma parte desse padrão é óbvia: a_n pode ser escrito como $2^n a_0$ mais alguma coisa. É o "algo a mais" que ainda representa um mistério. Podemos tentar atentar para os termos adicionais 0, 3, 9, 21, 45, 93, 189, ... na esperança de encontrar um padrão, mas não desejamos recorrer a isso. Em vez disso, delinearemos como o termo +189 foi criado em a_6. Calculamos a_6 a partir de a_5:

$$a_6 = 2a_5 + 3 = 2(32a_0 + 93) + 3$$

portanto, o termo +189 se origina de $2 \times 93 + 3$. De onde se originou o termo 93? Investigaremos esses termos desde o início:

$$\begin{aligned}
189 &= 2 \times 93 + 3 \\
&= 2 \times (2 \times 45 + 3) + 3 \\
&= 2 \times (2 \times (2 \times 21 + 3) + 3) + 3 \\
&= 2 \times (2 \times (2 \times (2 \times 9 + 3) + 3) + 3) + 3 \\
&= 2 \times (2 \times (2 \times (2 \times (2 \times 3 + 3) + 3) + 3) + 3) + 3
\end{aligned}$$

Agora, reescreveremos o último termo da seguinte forma:

$$\begin{aligned}
&2 \times (2 \times (2 \times (2 \times (2 \times 3 + 3) + 3) + 3) + 3) + 3 \\
&= 2^5 \times 3 + 2^4 \times 3 + 2^3 \times 3 + 2^2 \times 3 + 2^1 \times 3 + 2^0 \times 3 \\
&= (2^5 + 2^4 + 2^3 + 2^2 + 2^1 + 2^0) \times 3 \\
&= (2^6 - 1) \times 3 = 63 \times 3 = 189
\end{aligned}$$

Com base no que aprendemos, prevemos que a_7 seja:

$$a_7 = 128a_0 + (2^7 - 1) \times 3 = 2^7(a_0 + 3) - 3 = 128a_0 + 381$$

e isso está correto.

Agora, estamos prontos para presumir que a solução para a relação de recorrência $a_n = 2a_{n-1} + 3$. Esta é

$$a_n = (a_0 + 3)2^n - 3$$

Uma vez com a fórmula em mãos, é fácil provar que está correto utilizar a indução. No entanto, não queremos percorrer todo o trabalho a cada vez que precisarmos solucionar uma relação de recorrência; queremos um método muito mais simples. Buscamos uma resposta pronta para a relação de recorrência da forma:

$$a_n = sa_{n-1} + t$$

em que s e t são números dados. Com base em nossa experiência com a recorrência $a_n = 2a_{n-1} + 3$, estamos em uma posição de fazer uma conjectura de que a fórmula para a_n será da seguinte forma:

$$a_n = (\text{número } a) \times s^n + (\text{número } a)$$

Constataremos que isso está correto encontrando a_1, a_2 etc., em termos de a_0:

$$a_0 = a_0$$
$$a_1 = sa_0 + t$$
$$a_2 = sa_1 + t = s(sa_0 + t) + t = s^2 a_0 + (s+1)t$$
$$a_3 = sa_2 + t = s(s^2 a_0 + (s+1)t) + t = s^3 a_0 + (s^2 + s + 1)t$$
$$a_4 = sa_3 + t = s(s^3 a_0 + (s^2 + s + 1)t) = s^4 a_0 + (s^3 + s^2 + s + 1)t$$

Continuando com esse modelo, averiguamos que:

$$a_n = s^n a_0 + (s^{n-1} + s^{n-2} + \ldots + s + 1)t$$

Podemos simplificar isso observando que $s^{n-1} + s^{n-2} + \ldots + s + 1$ é uma série geométrica cuja soma é:

$$\frac{s^n - 1}{s - 1}.$$

contanto que $s \neq 1$ (caso com o qual lidaremos separadamente). Podemos escrever agora:

$$a_n = a_0 s^n + \left(\frac{s^n - 1}{s - 1}\right) t$$

ou, coletando os termos s^n, obtemos:

$$a_n = \left(a_0 + \frac{t}{s-1}\right) s^n - \frac{t}{s-1}. \tag{31}$$

Apesar da natureza precisa da Equação (31), prefiro expressar a resposta conforme o seguinte resultado, porque é mais fácil de lembrar e útil da mesma maneira.

▶ **PROPOSIÇÃO 23.1**

Todas as soluções para a relação de recorrência $a_n = sa_{n-1} + t$, em que $s \neq 1$, apresentam a forma:

$$a_n = c_1 s^n - c_2$$

em que c_1 e c_2 são números específicos.

Vejamos como aplicar a Proposição 23.1.

◆ **EXEMPLO 23.2**

Resolva a recorrência $a_n = 5a_{n-1} + 3$, em que $a_0 = 1$.
Solução: temos $a_n = c_1 5^n + c_2$. Precisamos encontrar c_1 e c_2. Note que:

$$a_0 = 1 = c_1 + c_2$$
$$a_1 = 8 = 5c_1 + c_2$$

Solucionando essas equações, encontramos $c_1 = \frac{7}{4}$ e $c_2 = -\frac{3}{4}$, e, desse modo:

$$a_n = \frac{7}{4} \cdot 5^n - \frac{3}{4}.$$

Temos um pequeno trabalho ainda inacabado: o caso $s = 1$. Felizmente, esse caso é fácil. A relação de recorrência é da forma:

$$a_n = a_{n-1} + t$$

em que t é algum número. É fácil escrever os primeiros termos dessa sequência e visualizar o resultado:

$$a_0 = a_0$$
$$a_1 = a_0 + t$$
$$a_2 = a_1 + t = (a_0 + t) + t = a_0 + 2t$$
$$a_3 = a_2 + t = (a_0 + 2t) + t = a_0 + 3t$$
$$a_4 = a_3 + t = (a_0 + 3t) + t = a_0 + 4t$$

Consegue enxergar o modelo? Em contrapartida, é bastante óbvio.

▶ **PROPOSIÇÃO 23.3**

A solução para a relação de recorrência $a_n = a_{n-1} + t$ é

$$a_n = a_0 + nt$$

Relações de recorrência de segunda ordem

Em uma relação de recorrência de segunda ordem, a_n é especificado em termos de a_{n-1} e a_{n-2}. Como a sequência inicia com a_0, a relação de recorrência é válida para $n \geq 2$. Os valores de a_0 e a_1 devem ser fornecidos separadamente.

A relação de recorrência de segunda ordem fornece cada termo de uma sequência em termos dos dois termos anteriores. Considere, por exemplo, a recorrência:

$$a_n = 5a_{n-1} - 6a_{n-2} \qquad (31)$$

Esta é a recorrência do Exercício 22.16d. Ignoremos o fato de que já conhecemos a solução para essa recorrência e façamos um trabalho de conjectura criativo. Uma recorrência de primeira ordem, $a_n = sa_{n-1}$ tem uma solução que apresenta apenas potências de s. Talvez, tal solução esteja disponível para a Equação (32). Podemos tentar $a_n = 5^n$ ou, possivelmente, $a_n = 6^n$, mas façamos nossas apostas para adivinhar uma solução da forma $a_n = r^n$ para algum número r. Substituiremos isso na Equação (32) e esperaremos pelo melhor. Vamos lá:

$$a_n = 5a_{n-1} - 6a_{n-2} \quad \Rightarrow \quad r^n = 5r^{n-1} - 6r^{n-2} \qquad (32)$$

Dividir isso por r^{n-2} resulta em:

$$r^2 = 5r - 6$$

uma equação quadrática simples. Podemos resolver isso da seguinte maneira:

$$r^2 = 5r - 6 \quad \Rightarrow \quad 0 = r^2 - 5r + 6 = (r-2)(r-3) \quad \Rightarrow \quad r = 2, 3.$$

Isso sugere que tanto 2^n como 3^n são soluções para a Equação (32). Para constatar se isso está correto, simplesmente temos de verificar se 2^n (ou 3^n) funciona na recorrência. Ou seja, precisamos verificar se $2^n = 5 \cdot 2^{n-1} - 6 \cdot 2^{n-2}$ (e do mesmo modo para 3^n). Aqui estão as provas:

$$\begin{aligned} 5 \cdot 2^{n-1} - 6 \cdot 2^{n-2} &= 5 \cdot 2^{n-1} - 3 \cdot 2 \cdot 2^{n-2} \\ &= 5 \cdot 2^{n-1} - 3 \cdot 2^{n-1} \\ &= (5-3) \cdot 2^{n-1} = 2^n \end{aligned}$$

$$\begin{aligned} 5 \cdot 3^{n-1} - 6 \cdot 3^{n-2} &= 5 \cdot 3^{n-1} - 2 \cdot 3 \cdot 3^{n-2} \\ &= 5 \cdot 3^{n-1} - 2 \cdot 3^{n-1} \\ &= (5-2) \cdot 3^{n-1} = 3^n \end{aligned}$$

Demonstramos que 2^n e 3^n são soluções para a Equação (32). Existem outras soluções? Aqui vão duas observações interessantes.

Em primeiro lugar, se a_n é uma solução para a Equação (32), do mesmo modo é ca_n, em que c é qualquer número específico. Para verificar por que, calculamos:

$$ca_n = c(5a_{n-1} - 6a_{n-2}) = 5(ca_{n-1}) - 6(ca_{n-2})$$

Como 2^n é uma solução para a Equação (32), do mesmo modo é $5 \cdot 2^n$.

Em segundo lugar, se a_n e a'_n são soluções para a Equação (32), do mesmo modo é $a_n + a'_n$. Para constatar por que, calculamos:

$$a_n + a'_n = (5a_{n-1} - 6a_{n-2}) + (5a'_{n-1} - 6a'_{n-2}) = 5(a_{n-1} - a'_{n-1}) - 6(a_{n-2} - a'_{n-2})$$

Como 2^n e 3^n são soluções para a Equação (31), do mesmo modo é $2^n + 3^n$.

Com base nessa análise, qualquer expressão da forma $c_1 2^n + c_2 3^n$ é uma solução para a Equação (32). Existem quaisquer outros? A resposta é não; vejamos por quê.

Somos informados de que $a_n = 5a_{n-1} - 6a_{n-2}$. Assim que tivermos estabelecido os valores específicos para a_0 e quando $a_1, a_2, a_3, a_4, \ldots$ forem todos determinados, se obtivermos os valores de a_0 e a_1, poderemos montar as equações:

$$\begin{aligned} a_0 &= c_1 2^0 + c_2 3^0 = c_1 + c_2 \\ a_1 &= c_1 2^1 + c_2 3^1 = 2c_1 + 3c_2 \end{aligned}$$

e resolver estas para c_1 e c_2 para obter:

$$\begin{aligned} c_1 &= 3a_0 - a_1 \\ c_2 &= -2a_0 + a_1 \end{aligned}$$

Com isso, qualquer solução para a Equação (32) pode ser expressa como:

$$a_n = (3a_0 - a_1)2^n + (-2a_0 + a_1)3^n$$

Encorajados por esse sucesso, estamos preparados para lidar com o problema geral:

$$a_n = s_1 a_{n-1} + s2 a_{n-2} \qquad (33)$$

em que s_1 e s_2 são os números fornecidos.

Adivinhamos uma solução da forma $a_n = r^n$, substituímos na Equação (33) e esperamos pelo melhor:

$$a_n = s_1 a_{n-1} + s2 a_{n-2}$$
$$r^n = s_1 r_{n-1} + s2 r_{n-2}$$
$$\Rightarrow r^2 = s_1 r + s_2$$

> Existe uma imperfeição nesse cálculo: como estamos dividindo por r^{n-2}, essa análise é falha no caso $r = 0$. Entretanto, esse não é um problema, porque verificamos nosso trabalho em dado momento, por meio de um método diferente.

portanto, o r pelo qual procuramos é uma raiz da equação quadrática $x^2 - s_1 x - s_2 = 0$. Lembremo-nos de que se trata de uma proposição.

▶ **PROPOSIÇÃO 23.4**

Seja s_1, s_2 os números dados e suponhamos que r seja a raiz da equação quadrática $x^2 - s_1 x - s_2 = 0$. Então, $a_n = r^n$ é uma solução para a relação de recorrência $a_n = s_1 a_{n-1} + s_2 a_{n-2}$.

Prova. Seja r uma raiz de $x^2 - s_1 x - s_2 = 0$ e observe que:

$$\begin{aligned} s_1 r^{n-1} + s_2 r^{n-2} &= r^{n-2}(s_1 r + s_2) \\ &= r^{n-2} r^2 \quad \text{porque } r^2 = s_1 r + s_2 \\ &= r^n \end{aligned}$$

Portanto, r^n satisfaz a recorrência $a_n = s_1 a_{n-1} + s_2 a_{n-2}$.

Estamos agora em uma boa posição para produzir a solução geral para a Equação (33). Conforme verificamos com a Equação (32), se a_n é uma solução para (33), então, do mesmo modo, é qualquer múltiplo constante de a_n – ou seja, ca_n. Além disso, se a_n e a'_n são duas soluções para (33), então, do mesmo modo, é sua soma $a_n + a'_n$.

Portanto, se r_1 e r_2 são raízes do polinômio $x^2 - s_1 x - s_2 = 0$, então:

$$a_n = c_1 r_1^n + c_2 r_2^n$$

é uma solução para a Equação (33).

Essas são todas as soluções possíveis? A resposta é sim, na maioria dos casos. Vejamos o que funciona e em que ponto caímos em algum problema.

A expressão $c_1 r_1^n + c_2 r_2^n$ fornece todas as soluções para (33), contanto que produza a_0 e a_1; se pudermos escolher c_1 e c_2, de forma que:

$$a_0 = c_1 r_1^0 + c_2 r_2^0 = c_1 + c_2$$
$$a_1 = c_1 r_1^1 + c_2 r_2^1 = r_1 c_1 + r_2 c_2$$

então, toda sequência possível que satisfaça (32) é da forma $c_1 r_1^n + c_2 r_2^n$. Desse modo, tudo o que temos a fazer é solucionar essas equações para c_1 e c_2. Ao fazermos isso, obtemos o seguinte:

$$c_1 = \frac{a_1 - a_0 r_2}{r_1 - r_2} \quad \text{e} \quad c_2 = \frac{-a_1 + a_0 r_1}{r_1 - r_2}.$$

Tudo está bem, exceto $r_1 = r_2$; lidaremos com essa dificuldade em um instante. Primeiro, vamos escrever o que sabemos até este ponto.

❖ TEOREMA 23.5

Seja s_1, s_2 números e seja r_1, r_2 raízes da equação $x^2 - s_1 x - s_2 = 0$. Se $r_1 \neq r_2$, então toda solução para a recorrência:

$$a_n = s_1 a_{n-1} + s_2 a_{n-2}$$

é da forma:

$$a_n = c_1 r_1^n + c_2 r_2^n$$

◆ EXEMPLO 23.6

Encontre a solução para a relação de recorrência:

$$a_n = 3a_{n-1} + 4a_{n-2}, a_0 = 3, a_1 = 2$$

Solução: utilizando o Teorema 23.5, encontramos as raízes da equação quadrática $x^2 - 3x - 4 = 0$. Esses polinômios são fatorados para $x^2 - 3x - 4 = (x - 4)(x + 1)$, de modo que as raízes da equação sejam $r_1 = 4$ e $r_2 = -1$. Portanto, a_n apresenta a forma $a_n = c_1 4^n + c_2(-1)^n$.

Para encontrar c_1 e c_2, observamos que:

$$a_0 = c_1 4^0 + c_2(-1)^0 \Rightarrow 3 = c_1 + c_2$$
$$a_0 = c_1 4^1 + c_2(-1)^1 \Rightarrow 2 = 4c_1 - c_2.$$

A solução disso resulta em:

$$c_1 = 1 \quad \text{e} \quad c_2 = 2$$

Portanto, $a_n = 4^n + 2 \cdot (-1)^n$.

◆ EXEMPLO 23.7

Os números de Fibonacci são definidos pela relação de recorrência $F_n = F_{n-1} + F_{n-2}$. Utilizando o Teorema 23.5, solucionamos as equações quadráticas $x^2 - x - 1 = 0$ cujas raízes são $(1 \pm \sqrt{5})/2$. Portanto, há uma fórmula para F_n, da forma:

$$F_n = c_1 \left(\frac{1 + \sqrt{5}}{2} \right)^n + c_2 \left(\frac{1 - \sqrt{5}}{2} \right)^n.$$

Podemos trabalhar esses valores de c_1 e c_2 com base nos valores dados de F_0 e F_1.

Capítulo 4   Mais provas   213

◆ EXEMPLO 23.8

Solucione a relação de recorrência:

$$a_n = 2a_{n-1} - 2a_{n-2} \qquad \text{em que, } a_0 = 1 \text{ e } a_1 = 3$$

Solução: a equação quadrática associada é $x^2 - 2x + 2 = 0$, que, de acordo com a fórmula quadrática, apresenta duas raízes complexas: $1 \pm i$. Não entre em pânico. Não há nada no trabalho que desenvolvemos que exigisse que os números envolvidos fossem reais. Agora, buscamos apenas uma fórmula da forma $a_n = c_1(1 + i)^n + c_2(1 - i)^n$. Ao examinar a_0 e a_1, obtemos:

$$a_0 = 1 = c_1 + c_2$$
$$a_1 = 3 = (1 + i)c_1 + (1 - i)c_2$$

Isso resulta em $c_1 = \frac{1}{2} - i$ e $c_2 = \frac{1}{2} + i$. Portanto, $a_n = (\frac{1}{2} - i)(1 + i)^n = ((\frac{1}{2} + i)(1 - i)^n$.

O caso da raiz repetida

Agora, consideramos as relações de recorrência em que o polinômio associado $x^2 - s_1 x - s_2$ possua apenas uma raiz. Começamos com a seguinte relação de recorrência:

$$a_n = 4a_{n-1} - 4a_{n-2} \tag{34}$$

com $a_0 = 1$ e $a_1 = 3$. Os primeiros valores de a_n são 1, 3, 8, 20, 48, 112, 256 e 576.

A equação quadrática associada a essa relação de recorrência é $x^2 - 4x + 4 = 0$, que é fatorada para $(x - 2)(x - 2)$. Portanto, a única raiz é $r = 2$. Poderíamos esperar que a fórmula para a_n tomasse a forma $a_n = c2^n$, mas isso está incorreto. Considere os dois primeiros termos:

$$a_0 = 1 = c2^0 \text{ e } a_1 = 3 = c2^1$$

A primeira equação significa que $c = 1$ e a segunda significa que $c = \frac{3}{2}$.

Precisamos ter uma nova ideia. Esperamos que 2^n esteja envolvido na fórmula, então tentamos uma abordagem diferente. Façamos a conjectura de uma fórmula da seguinte maneira:

$$a_n = c(n)2^n$$

em que podemos pensar a respeito de $c(n)$ como um coeficiente de "mudança". Vamos trabalhar os primeiros valores de $c(n)$ com base nos valores de a_n que já calculamos:

$$a_0 = 1 = c(0)2^0 \quad \Rightarrow \quad c(0) = 1$$
$$a_1 = 3 = c(1)2^1 \quad \Rightarrow \quad c(1) = \frac{3}{2}$$
$$a_2 = 8 = c(2)2^2 \quad \Rightarrow \quad c(2) = 2$$
$$a_3 = 20 = c(3)2^3 \quad \Rightarrow \quad c(3) = \frac{5}{2}$$
$$a_4 = 48 = c(4)2^4 \quad \Rightarrow \quad c(4) = 4$$
$$a_5 = 112 = c(5)2^5 \quad \Rightarrow \quad c(5) = \frac{7}{2}$$

O coeficiente de "mudança" $c(n)$ funciona para algo simples: $c(n) = 1 + \frac{1}{2}n$. Portanto, fazemos uma conjectura de que $a_n = (1 + \frac{1}{2}n)2^n$.

Observe que a solução apresenta a seguinte forma: $a_n = c_1 2^n + c_2 n 2^n$. Demonstremos que todas as sequências dessa forma satisfazem a relação de recorrência em (34).

$$\begin{aligned} 4a_{n-1} - 4a_{n-2} &= 4(c_1 2^{n-1} + c_2(n-1)2^{n-1}) - 4(c_1 2^{n-2} + c_2(n-2)2^{n-2}) \\ &= [2c_1 2^n - c_1 2^n] + [2c_2 n 2^n - c_2 n 2^n] + [-4 \cdot 2^{n-1} + 8 \cdot 2^{n-2}] \\ &= c_1 2^n + c_2 n 2^n + 0 = a_n \end{aligned}$$

Portanto, cada sequência da forma $a_n = c_1 2^n + c_2 n 2^n$ é uma solução para a Equação (35). Encontramos todas as soluções? Sim, encontramos, porque podemos escolher c_1 e c_2 para corresponder a quaisquer condições iniciais a_0 e a_1; eis como a solucionamos:

$$a_0 = c_1 2^0 + c_2 \cdot 0 \cdot 2^0$$
$$a_1 = c_1 2^1 + c_2 \cdot 1 \cdot 2^1$$

que resulta em:

$$c_1 = a_0 \text{ e } c_2 = -a_0 + \frac{1}{2}a_1$$

Como a fórmula $a_n = 2^n + \frac{1}{2}n 2^n$ é da forma $c_1 2^n + c_2 n 2^n$, sabemos que ela satisfaz a recorrência (34). Substituir $n = 0$ e $n = 1$ na fórmula resulta nos valores corretos de a_0 e a_1 (a saber, 1 e 3), e, em seguida, encontramos a solução para a Equação (34).

Inspirados por esse sucesso, declaramos e provamos a seguinte afirmação. Observe a exigência de que $r \neq 0$; trataremos o caso $r = 0$ como um caso especial.

❖ TEOREMA 23.9

Seja s_1, s_2 números de forma que a equação quadrática $x^2 - s_1 x - s_2 = 0$ tenha exatamente uma raiz, $r \neq 0$. Então, toda solução para a relação de recorrência:

$$a_n = s_1 a_{n-1} + s_2 a_{n-2}$$

é da forma:

$$a_n = c_1 r^n + c_2 n r^n$$

Prova. Como a equação quadrática tem uma única (repetida) raiz, deve ser da forma $(x - r)(x - r) = x^2 - 2rx + r^2$. Com isso, a recorrência deve ser $a_n = 2r a_{n-1} - r^2 a_{n-2}$.

Para provar o resultado, demonstramos que a_n satisfaz a recorrência e que c_1, c_2 podem ser escolhidos a fim de produzir todos os a_0, a_1 possíveis.

Para constatar se a_n satisfaz a recorrência, calculamos da seguinte maneira:

$$\begin{aligned} 2r a_{n-1} - r^2 a_{n-2} &= 2r(c_1 r^{n-1} + c_2(n-1)r^{n-1}) - r^2(c_1 r^{n-2} + c_2(n-2)r^{n-2}) \\ &= 2r(c_1 r^n - c_1 r^n) + (2c_2(n-1)r^n - c_2(n-2)r^n) \\ &= c_1 r^n + c_2 n r^n = a_n \end{aligned}$$

Para averiguar se podemos escolher c_1, c_2 para produzir todos os a_0, a_1 possíveis, simplesmente solucionamos:

$$a_0 = c_1 r^0 + c_2 \cdot 0 \cdot r^0 = c_1$$
$$a_1 = c_1 r^1 + c_2 \cdot 1 \cdot r = r(c_1 + c_2)$$

Portanto, contanto que $r \neq 0$, podemos solucionar esses termos. Eles resultam em:

$$c_1 = a_0 \quad \text{e} \quad c_2 = \frac{a_0 r - a_1}{r}.$$

Por fim, caso $r = 0$, a recorrência é simplesmente $a_n = 0$, o que significa que todos os termos são zero.

Sequências geradas por polinômios

Começamos esta seção relembrando a Proposição 22.3, que resulta em uma fórmula para a soma de quadrados de números naturais até n:

$$0^2 + 1^2 + 2^2 + \cdots + n^2 = \frac{(2n+1)(n+1)(n)}{6}.$$

Observe que a fórmula para a soma dos primeiros n quadrados é uma expressão polinomial. No Exercício 22.4b foi solicitado que você demonstre que a soma dos primeiros n cúbicos é $n^2(n+1)^2/4$ – outra expressão polinomial. A prova destes por meio da indução é relativamente rotineira, mas como podemos descobrir as fórmulas no primeiro momento?

Boas notícias: desenvolveremos agora um método simples para detectar se uma sequência de números é gerada por uma expressão polinomial e, em caso afirmativo, para determinar o polinômio que originou os números.

O segredo é o *operador de diferença*. Seja $a_0, a_1, a_2, \ldots$ uma sequência de números. A partir dessa sequência, formamos uma nova sequência.

$$a_1 - a_0, a_2 - a_1, a_3 - a_2, \ldots$$

em que cada termo é a diferença de dois termos consecutivos da sequência original. Denotamos essa nova sequência como Δa. Ou seja, Δa é a sequência cujo n-ésimo termo é $\Delta a_n = a_{n+1} - a_n$. Denominamos Δ como o *operador de diferença*.

> O operador de diferença Δ não deve ser confundido com a operação de diferença simétrica, também denotada por Δ. O operador de diferença converte uma sequência de números em uma nova sequência de números, ao passo que a operação de diferença simétrica adota um par de conjuntos e retribui outro conjunto.

◆ EXEMPLO 23.10

Seja a a sequência 0, 2, 7, 15, 26, 40, 57, ... A sequência Δa é 2, 5, 8, 11, 14, 17. Isso é mais fácil de verificar se escrevermos a sequência a em uma linha e Δa em uma segunda linha com Δa_n escrito entre a_n e a_{n+1}.

a:	0		2		7		15		26		40		57
Δa:		2		5		8		11		14		17	

Se a sequência a_n for fornecida por uma expressão polinomial, então podemos utilizar essa expressão para encontrar uma fórmula para Δa. Por exemplo, se $a_n = n^3 - 5n + 1$, então:

$$\begin{aligned}
\Delta a_n &= a_{n+1} - a_n \\
&= [(n+1)^3 - 5(n+1) + 1] - [n^3 - 5n + 1] \\
&= n^3 + 3n^2 + 3n + 1 - 5n - 5 + 1 - n^3 + 5n - 1 \\
&= 3n^2 + 3n - 4
\end{aligned}$$

Observe que o operador de diferença converteu uma fórmula polinomial de 3º grau, $n^3 - 5n + 1$, em um polinômio de 2º grau.

> O *grau* de uma expressão polinomial é o maior expoente que aparece na expressão. Por exemplo, $3n^5 - n^2 + 10$ é um polinômio de 5º grau em n.

▶ **PROPOSIÇÃO 23.11**

Seja a uma sequência de números em que a_n é fornecido por um polinômio de grau n, em que $d \geq 1$. Então Δa é uma sequência fornecida por um polinômio de grau $d - 1$.

Prova. Suponhamos que a_n seja dado por um polinômio de grau d. Ou seja, podemos escrever:

$$a_n = c_d n^d + c_{d-1} n^{d-1} + \ldots + c_1 n + c_0$$

em que $c_d \neq 0$ e $d \geq 1$. Agora, calculamos Δa_n:

$$\begin{aligned}
\Delta a_n &= a_{n+1} - a_n \\
&= [c_d (n+1)^d + c_{d-1}(n+1)^{d-1} + \ldots + c_1(n+1) + c_0] \\
&\quad - [c_d n^d + c_{d-1} n^{d-1} + \ldots + c_1 n + c_0] \\
&= [c_d(n+1)^d - c_d n^d] + [c_{d-1}(n+1)^{d-1} - c_{d-1} n_{d-1}] \\
&\quad + \ldots + [c_1(n+1) - c_1 n] + [c_0 - c_0]
\end{aligned}$$

Cada termo na última linha é da forma $c_j(n+1)^j - c_j n^j$. Expandimos o termo $(n+1)^j$ utilizando o teorema binomial (Teorema 17.8) a fim de obter:

$$\begin{aligned}
c_j(n+1)^j - c_j n^j &= c_j \left[n^j + \binom{j}{1} n^{j-1} + \binom{j}{2} n^{j-2} + \cdots + \binom{j}{j} n^0 \right] - c_j n^j \\
&= c_j \left[\binom{j}{1} n^{j-1} + \binom{j}{2} n^{j-2} + \cdots + \binom{j}{j} \right].
\end{aligned}$$

Observe que $c_j(n+1)^j - c_j n^j$ é um polinômio de grau $j - 1$. Por isso, se observarmos toda a expressão para Δa_n, notamos que o primeiro termo $c_d(n+1)^d - c_d n^d$ é um polinômio de grau $d - 1$ (porque $c_d \neq 0$), e nenhum dos termos subsequentes pode cancelar o termo n^{d-1}, porque todos apresentam grau inferior a $d - 1$. Portanto, Δa_n é fornecido por um polinômio de grau $d - 1$.

Capítulo 4   Mais provas

Se a é dado por um polinômio de grau d, então Δa é fornecido por um polinômio de grau $d - 1$. Isso significa que $\Delta(\Delta a)$ é fornecido por um polinômio de grau $d - 2$, e assim por diante. Em vez de $\Delta(\Delta a)$, escrevemos $\Delta^2 a$. Em geral, $\Delta^k a$ é $\Delta(\Delta^{k-1} a)$ e $\Delta^1 a$ é apenas Δa.

O que acontece se aplicarmos Δ repetidamente a uma sequência gerada polinomialmente? Cada sequência subsequente é um polinômio de um grau inferior até que alcancemos um polinômio de grau zero – o que é apenas uma constante. Se aplicarmos Δ mais uma vez, chegamos à sequência completamente nula!

▶ **COROLÁRIO 23.12**

Se uma sequência a é gerada por um polinômio de grau d, então $\Delta^{d+1} a$ é a sequência completamente nula.

◆ **EXEMPLO 23.13**

A sequência 0, 2, 7, 15, 26, 40, 57, ... do Exemplo 23.10 é gerada por um polinômio. Aplicar repetidamente Δ a essa sequência resulta nisto:

a:	0		2		7		15		26		40		57
Δa:		2		5		8		11		14		17	
$\Delta^2 a$:			3		3		3		3		3		
$\Delta^3 a$:				0		0		0		0			

O Corolário 23.12 nos diz que, se a_n é dado por uma expressão polinomial, então aplicações repetidas de Δ reduzirão essa sequência completamente nula. Agora, buscamos provar o contrário; ou seja, se houver um inteiro positivo k, de modo que $\Delta^k a_n$ seja a sequência completamente nula, então a_n é fornecido por uma fórmula polinomial. Além disso, desenvolvemos um método simples para produzir o polinômio que gere a_n.

Nossa primeira ferramenta é a seguinte proposição simples.

▶ **PROPOSIÇÃO 23.14**

Sejam a, b e c sequências de números, e seja s um número.
(1) Se, para todo n, $c_n = a_n + b_n$, então $\Delta c_n = \Delta a_n + \Delta b_n$
(2) Se, para todo n, $b_n = sa_n$, então, $\Delta b_n = s\Delta a_n$

Essa proposição pode ser escrita de maneira mais sucinta da seguinte forma: $\Delta(a_n + b_n) = \Delta a_n + \Delta b_n$ e $\Delta(sa_n) = s\Delta a_n$

Para quem estudou álgebra linear. Se pensarmos sobre uma sequência como um vetor (com infinitamente muitos componentes), então a Proposição 23.14 afirma que Δ é uma transformação linear.

Prova. Suponhamos primeiro que para todo n, $c_n = a_n + b_n$. Então:

$$\begin{aligned} \Delta c_n &= c_{n+1} - c_n \\ &= (a_{n+1} + b_{n+1}) - (a_n + b_n) \\ &= (a_{n+1} - a_n) + (b_{n+1} - b_n) \\ &= \Delta a_n + \Delta b_n \end{aligned}$$

Em seguida, suponhamos que $b_n = sa_n$. Então:

$$\Delta b_n = b_{n+1} - b_n = sa_{n+1} - sa_n = s(a_{n+1} - a_n) = s\Delta a_n$$

O próximo passo é entender como Δ trata de algumas sequências de polinômios particulares. Iniciamos com um exemplo específico.

Seja a a sequência cujo n-ésimo termo é $a_n = \binom{n}{3}$. Por exemplo, $a_5 = \binom{5}{3} = 10$. Pelo Teorema 16.12, podemos escrever:

$$a_n = \binom{n}{3} = \frac{n!}{(n-3)!3!}$$

$$= \frac{n(n-1)(n-2)(n-3)(n-4)\cdots(2)(1)}{(n-3)(n-4)\cdots(2)(1)\cdot 3!}$$

$$= \frac{1}{6}n(n-1)(n-2)$$

que é um polinômio. Essa fórmula está correta, mas existe um pequeno erro. A fórmula $\binom{n}{k} = \frac{n!}{(n-k)!k!}$ é aplicada apenas quando $0 \leq k \leq n$. Os primeiros poucos termos da sequência, a_0, a_1, a_2 são $\binom{0}{3}, \binom{1}{3}$ e $\binom{2}{3}$. Todos esses são estimados para zero, mas o Teorema 17.12 não se aplica a eles. Felizmente, a expressão polinomial $\frac{1}{6}n(n-1)(n-2)$ também é estimada para zero para $n = 0, 1, 2$, de forma que a fórmula $a_n = \frac{1}{6}n(n-1)(n-2)$ está correta para todos os valores de n.

> $\binom{n}{3}$ não apenas pode ser expresso com um polinômio em n, mas o mesmo é verdadeiro para todos os $\binom{n}{k}$ em que k é um inteiro positivo). Utilizando o Teorema 17.12, quando $n \geq k$, escreva $\binom{n}{k}$ como $\frac{n(n-1)(n-2)(n-3)\cdots(n-k+1)}{k!}$. Para o caso $0 \leq n < k$, observe que $\binom{n}{k}$ e o polinômio são estimados para zero. Desse modo, para todo inteiro positivo k, $\binom{n}{k}$ pode ser escrito como um polinômio de grau k.

Calculemos agora Δa_n, $\Delta^2 a_n$ e assim por diante até alcançarmos a sequência completamente nula (que, de acordo com o Corolário 22.12, deve ser por $\Delta^4 a_n$).

a_n:	0	0	0	1	4	10	20	35	56
Δa_n:		0	0	1	3	6	10	15	21
$\Delta^2 a_n$:			0	1	2	3	4	5	6
$\Delta^3 a_n$:				1	1	1	1	1	1
$\Delta^4 a_n$:					0	0	0	0	0

Observe que cada linha dessa tabela inicia com um zero, exceto linha $\Delta^3 a_n$, que inicia com 1.

Como $a_n = \binom{n}{3}$ é um polinômio de 3º grau, sabemos que Δa_n é um polinômio de 2º grau. Vamos solucionar isso algebricamente:

$$\Delta a_n = \Delta \binom{n}{3} = \binom{n+1}{3} - \binom{n}{3}$$

$$= \frac{1}{6}(n+1)(n)(n-1) - \frac{1}{6}n(n-1)(n-2)$$

$$= \frac{(n^3 - n) - (n^3 - 3n^2 + 2n)}{6} = \frac{3n^2 - 3n}{6}$$

$$= \frac{1}{2}n(n-1) = \binom{n}{2}.$$

Ao descobrir que $\Delta\binom{n}{3} = \Delta\binom{n}{2}$, perguntamo-nos se há uma forma mais fácil de provar isso (e há), e se isso é generalizado (e é).

Buscamos uma forma rápida de provar que $\Delta\binom{n}{3} = \Delta\binom{n}{2}$. Isso pode ser reescrito $\binom{n+1}{3} - \binom{n}{3} = \binom{n}{2}$, o que pode ser reorganizado como $\binom{n}{2} + \binom{n}{3} = \binom{n+1}{3}$. Isso se origina diretamente da identidade de Pascal (Teorema 17.10).

Ao constatar que $\Delta\binom{n}{3} = \binom{n}{2}$, não é um salto ousado considerar que $\Delta\binom{n}{4} = \binom{n}{3}$, ou em geral $\Delta\binom{n}{k} = \binom{n}{k-1}$. A prova é essencialmente uma aplicação direta da identidade de Pascal (com um pouco de cautela no caso $n < k$).

▶ PROPOSIÇÃO 23.15

Seja k um inteiro positivo e seja $a_n = \binom{n}{k}$ para todos os $n \geq 0$. Então $\Delta a_n = \binom{n}{k-1}$.

Prova. Precisamos demonstrar que $\Delta\binom{n}{k} = \binom{n}{k-1}$ para todos os $n \geq 0$. Isso equivale a $\binom{n+1}{k} - \binom{n}{k} = \binom{n}{k-1}$, que, por sua vez, é o mesmo que:

$$\binom{n+1}{k} = \binom{n}{k} + \binom{n}{k-1}. \tag{35}$$

De acordo com a identidade de Pascal (Teorema 17.10), a Equação (35) é válida sempre que $0 < k < n+1$, portanto, precisamos nos preocupar apenas com o caso $n + 1 \leq k$ (ou seja, $n \leq k - 1$).

No caso $n < k - 1$, todos os três termos, $\binom{n+1}{k}$, $\binom{n}{k}$ e $\binom{n}{k-1}$, são iguais a zero, portanto a Equação (34) é válida.

No caso $n = k - 1$, temos $\binom{n+1}{k} = \binom{k}{k} = 1$, $\binom{n}{k} = \binom{k-1}{k} = 0$ e $\binom{n}{k-1} = \binom{k-1}{k-1} = 1$, e a Equação (35) reduz-se a $1 = 0 + 1$.

Anteriormente, observamos que, para $a_n = \binom{n}{3}$, temos $\Delta^j a_0 = 0$ para todos os j, exceto $j = 3$ e $\Delta^3 a_0 = 1$. Isso se torna generalizado. Seja k um inteiro positivo e seja $a_n = \binom{n}{k}$. Como a_n pode ser expresso como um polinômio de grau k, $\Delta^{k+1} a_n = 0$ para todos os n. Utilizando a Proposição 23.15, constatamos que $a_0 = \Delta a_0 = \Delta^2 a_0 = \ldots = \Delta^{k-1} a_0 = 0$, mas $\Delta^k a_k = 1$; ver Exercício 23.5.

Consequentemente, para a sequência $a_n = \binom{n}{k}$, sabemos (1) que $\Delta^{k+1} a_n = 0$ para todos os n, (2) o valor de a_0, e (3) o valor de $\Delta^j a_0$ para $1 \leq j < k$. Alegamos que esses três fatos determinam exclusivamente a sequência a_n. Eis uma afirmação cuidadosa sobre essa asserção.

▶ PROPOSIÇÃO 23.16

Sejam a e b sequências de números e seja k um inteiro positivo. Suponhamos que:

- $\Delta^k a_n$ e $\Delta^k b_n$ sejam nulos para todos os n,
- $a_0 = b_0$ e
- $\Delta^j a_0 = \Delta^j b_0$ para todo $1 \leq j < k$

Então, $a_n = b_n$ para todo n.

Prova. A prova é por indução em k.

O caso básico é quando $k = 1$. Nesse caso, somos informados de que $\Delta a_n = \Delta b_n = 0$ para todos os n. Isso significa que $a_{n+1} - a_n = 0$ para todos os n, o que implica que $a_{n+1} = a_n$ para todos os n. Em outras palavras, todos os termos em a_n são idênticos. Da mesma maneira que para b_n. Como também sabemos que $a_0 = b_0$, as duas sequências são as mesmas.

Suponhamos agora (hipótese da indução) que a proposição tenha sido provada para o caso $k = \ell$. Buscamos provar o resultado no caso $k = \ell + 1$. Para essa finalidade, sejam a e b sequências, de modo que:

- $\Delta^{\ell+1}a_n = \Delta^{\ell+1}b_n = 0$ para todo n
- $a_0 = b_0$ e
- $\Delta^j a = \Delta^j b_0$ para todo $1 \leq j < \ell + 1$

Considere as sequências $a'_n = \Delta a_n$ e $b'_n = \Delta b_n$. De acordo com nossa hipótese, constatamos que $\Delta^\ell a'_n = \Delta^\ell b'_n = 0$ para todo n, $a'_0 = b'_0$, e $\Delta^j a'_0 = \Delta^j b'_0$ para todo $1 \leq j < \ell$. Portanto, por indução, a' e b' são idênticos (por exemplo, $a'_n = b'_n$ para todo n).

Provamos agora que $a_n = b_n$ para todo n. Suponha, levando-se em conta a contradição, que a e b fossem sequências diferentes. Escolha m como menor subscrito, de forma que $a_m \neq b_m$. Observe que $m \neq 0$, porque temos $a_0 = b_0$; portanto, $m > 0$. Com isso, sabemos que $a_{m-1} = b_{m-1}$. Sabemos também que $a'_{m-1} = b'_{m-1}$; eis o por quê:

$$\begin{aligned} a'_{m-1} = \Delta_{am-1} &= a_m - a_{m-1} \\ = b'_{m-1} = \Delta b_{m-1} &= b_m - b_{m-1} \\ a_m - a_{m-1} &= b_m - b_{m-1} \\ a_m - b_m &= a_{m-1} - b_{m-1} = 0 \\ \therefore a_m &= b_m \Rightarrow \Leftarrow \end{aligned}$$

Com isso, $a_n = b_n$ para todo n.

Estamos prontos agora para apresentar nosso principal resultado sobre sequências geradas por expressões polinomiais.

❖ TEOREMA 23.17

Sejam $a_0, a_1, a_2, \ldots$ uma sequência de números. Os termos a_n podem ser expressos como expressões polinomiais em n se e somente se houver um inteiro k não negativo, de forma que, para todo $n \geq 0$, tenhamos $\Delta^{k+1}a_n = 0$. Nesse caso,

$$a_n = a_0 \binom{n}{0} + (\Delta a_0)\binom{n}{1} + (\Delta^2 a_0)\binom{n}{2} + \cdots + (\Delta^k a_0)\binom{n}{k}.$$

Prova. Metade da afirmação se e somente se já foi provada: se a_n é dado por um polinômio de grau d, então $\Delta^{d+1}a_n = 0$ para todos os n (Corolário 23.12).

Suponhamos agora que a seja uma sequência de números e que haja um número natural k, de modo que, para todos os n, $\Delta^{k+1}a_n = 0$. Provamos que a_n é fornecido por uma expressão polinomial demonstrando que a_n é igual a:

$$b_n = a_0 \binom{n}{0} + (\Delta a_0)\binom{n}{1} + (\Delta^2 a_0)\binom{n}{2} + \cdots + (\Delta^k a_0)\binom{n}{k}.$$

Para demonstrar que $a_n = b_n$ para todos os n, aplicamos a Proposição 23.16; ou seja, precisamos provar

(1) $\Delta^{k+1}a_n = \Delta^{k+1}b_n = 0$ para todos os n
(2) $a_0 = b_0$ e
(3) $\Delta^j a_0 = \Delta^j b_0$ para todos os $1 \leq j \leq k$

Lidamos com cada um deles por vez.

Para demonstrar (1), observe que $\Delta^{k+1}a_n = 0$ para todos os n, por hipótese. Note que b_n é um polinômio de grau k e, dessa maneira, $\Delta^{k+1}b_n = 0$ para todos os n também (de acordo com o Corolário 23.12).

É fácil verificar (2) substituindo $n = 0$ na expressão para b_n; cada termo, com exceção do primeiro, é estimado para zero, e o primeiro termo é $a_0\binom{0}{0} = a_0$.

Por último, precisamos provar (3). A notação pode tornar-se confusa à medida que calculamos $\Delta^j b_n$ – haverá muitos Δ distribuídos por toda a página! Para tornar nosso trabalho mais fácil de ser lido, permitimos que:

$$c_0 = a_0, \ c_1 = \Delta a_0, \ c_2 = \Delta^2 a_0, \ldots, \ c_k = \Delta^k a_0$$

e, dessa maneira, podemos reescrever b_n como:

$$b_n = c_0\binom{n}{0} + c_1\binom{n}{1} + c_2\binom{n}{2} + \cdots + c_k\binom{n}{k}.$$

Agora, para calcularmos $\Delta^j b_n$, aplicamos a Proposição 23.14, Proposição 23.15 e o Corolário 23.12:

$$\Delta^j b_n = \Delta^j \left[c_0\binom{n}{0} + c_1\binom{n}{1} + c_2\binom{n}{2} + \cdots + c_k\binom{n}{k} \right]$$

$$= c_0 \Delta^j \binom{n}{0} + c_1 \Delta^j \binom{n}{1} + c_2 \Delta^j \binom{n}{2} + \cdots + c_k \Delta^j \binom{n}{k}$$

$$= 0 + \cdots + 0 + c_j \Delta^j \binom{n}{j} + c_{j+1} \Delta^j \binom{n}{j+1} + \cdots + c_k \Delta^j \binom{n}{k}$$

$$= c_j \binom{n}{0} + c_{j+1}\binom{n}{1} + \cdots + c_k \binom{n}{k-j}.$$

Substituímos $n = 0$, o que resulta em:

$$\Delta^j b_0 = c_j + 0 + \ldots + 0 = \Delta^j a_0$$

e isso completa a prova.

◆ EXEMPLO 23.18

Retornamos para a sequência apresentada nos Exemplos 23.10 e 23.13: 0, 2, 7, 15, 26, 40, 57, ... Calculamos diferenças sucessivas e encontramos isto:

a:	0		2		7		15		26		40		57
Δa:		2		5		8		11		14		17	
$\Delta^2 a$:			3		3		3		3		3		
$\Delta^3 a$:				0		0		0		0			

De acordo com o Teorema 23.17,

$$a_n = 0\binom{n}{0} + 2\binom{n}{1} + 3\binom{n}{2} = 0 + 2 \cdot n + 3 \cdot \frac{n(n-1)}{2} = \frac{n(3n+1)}{2}.$$

◆ EXEMPLO 23.19

Produzamos a seguinte fórmula a partir da Proposição 22.3:

$$0^2 + 1^2 + 2^2 + \cdots + n^2 = \frac{(2n+1)(n+1)(n)}{6}.$$

Seja $a_n = 0^2 + 1^2 + 2^2 + \ldots + n^2$. Ao calcular as diferenças sucessivas, obtemos:

a:	0	1	5	14	30	55	91	140
Δa_n:		1	4	9	16	25	36	49
$\Delta^2 a_n$:			3	5	7	9	11	13
$\Delta^3 a_n$:				2	2	2	2	2
$\Delta^4 a_n$:					0	0	0	0

Portanto:

$$\begin{aligned} a_n &= 0\binom{n}{0} + 1\binom{n}{1} + 3\binom{n}{2} + 2\binom{n}{3} \\ &= 0 + n + \frac{3}{2}n(n-1) + \frac{2}{6}n(n-1)(n-2) \\ &= \frac{2n^3 + 3n^2 + n}{6} = \frac{(2n+1)(n+1)(n)}{6}. \end{aligned}$$

Recapitulando

Uma relação de recorrência para uma sequência de números é uma equação que expressa um elemento da sequência em termos dos elementos anteriores. Analisamos as relações de recorrência de primeira ordem da forma $a_n = sa_{n-1} + t$ e as relações de recorrência de segunda ordem da forma $a_n = s_1 a_{n-1} + s_2 a_{n-2}$:

- A recorrência $a_n = sa_{n-1} + t$ apresenta a seguinte solução: se $s \neq 1$, então $a_n = c_1 s^t + c_2$, onde c_1, c_2 são números específicos.
- A solução para a recorrência $a_n = s_1 a_{n-1} + s_2 a_{n-2}$ depende das raízes r_1, r_2 da equação quadrática $x_2 - s_1 x - s_2 = 0$. Se $r_1 \neq r_2$, então $a_n = c_1 r_1^n + c_2 r_2^n$, mas, se $r_1 = r_2$, então $a_n = c_1 r^n + c_2 n r^n$.

Introduzimos o operador de diferença, $\Delta a_n = a_{n+1} - a_n$. A sequência de números a_n é gerada por uma expressão polinomial de grau d, se e somente se $\Delta^{d+1} a_n$ for nulo para todos os n. Nesse caso, podemos escrever $a_n = a_0\binom{n}{0} + (\Delta a_0)\binom{n}{1} + (\Delta^2 a_0)\binom{n}{2} + \cdots + (\Delta^d a_0)\binom{n}{d}$.

23 Exercícios

23.1. Para cada uma das seguintes relações de recorrência, calcule os primeiros seis termos da sequência (ou seja, de a_0 a a_5). Não é necessário encontrar a fórmula para a_n.
   a. $a_n = 2a_{n-1} + 2, a_0 = 1$
   b. $a_n = a_{n-1} + 3, a_0 = 5$
   c. $a_n = a_{n-1} + 2a_{n-2}, a_0 = 0, a_1 = 1$
   d. $a_n = 3a_{n-1} + 5a_{n-2}, a_0 = 0, a_2 = 0$
   e. $a_n = a_{n-1} + a_{n-2} + 1, a_0 = a_1 = 1$
   f. $a_n = a_{n-1} + n, a_0 = 1$

23.2. Resolva cada uma das seguintes relações de recorrência fornecendo uma fórmula explícita para a_n. Para cada uma, calcule a_9.
   a. $a_n = \frac{2}{3}a_{n-1}, a_0 = 4$
   b. $a_n = 10a_{n-1}, a_0 = 3$
   c. $a_n = -a_{n-1}, a_0 = 5$
   d. $a_n = 1{,}2a_{n-1}, a_0 = 0$
   e. $a_n = 3a_{n-1} - 1, a_0 = 10$
   f. $a_n = 4 - 2a_{n-1}, a_0 = 0$
   g. $a_n = a_{n-1} + 3, a_0 = 0$
   h. $a_n = 2a_{n-1} + 2, a_0 = 0$
   i. $a_n = 8a_{n-1} - 15a_{n-2}, a_0 = 1, a_1 = 4$
   j. $a_n = a_{n-1} + 6a_{n-2}, a_0 = 4, a_1 = 4$
   k. $a_n = 4a_{n-1} - 3a_{n-2}, a_0 = 1, a_1 = 2$
   l. $a_n = -6a_{n-1} - 9a_{n-2}, a_0 = 3, a_3 = 6$
   m. $a_n = 2a_{n-1} - a_{n-2}, a_0 = 5, a_1 = 1$
   n. $a_n = -2a_{n-1} - a_{n-2}, a_0 = 5, a_1 = 1$
   o. $a_n = 2a_{n-1} + 2a_n, a_0 = 3, a_1 = 3$
   p. $a_n = 2a_{n-1} - 5a_{n-2}, a_0 = 2, a_1 = 3$

23.3. Cada uma das seguintes sentenças é gerada por uma expressão polinomial. Para cada uma delas, encontre a expressão polinomial que fornece a_n.
   a. 1, 6, 17, 34, 57, 86, 121, 162, 209, 262,...
   b. 6, 5, 6, 9, 14, 21, 30, 41, 54, 69, ...
   c. 4, 4, 10, 28, 64, 124, 214, 340, 508, 724,...
   d. 5, 16, 41, 116, 301, 680, 1361, 2476, 4181, 6656,...

23.4. Explique por que a notação Δa_n tem parênteses implicitamente $(\Delta a)_n$ e por que $\Delta(a_n)$ está incorreto.

23.5. Seja k um inteiro positivo e seja $a_n = \binom{n}{k}$. Prove que $a_0 = \Delta a_0 = \Delta^2 a_0 = \ldots = \Delta^{k-1} a_0 = 0$ e que $\Delta^k a_0 = 1$.

23.6. Suponhamos que a sequência a satisfaça a recorrência $a_n = a_{n-1} + 12a_{n-2}$ e que $a_0 = 6$ e $a_5 = 4877$. Encontre uma expressão para a_n.

23.7. Encontre uma fórmula polinomial para $1^4 + 2^4 + 3^4 + \ldots + n^4$

23.8. Seja t um inteiro positivo. Prove que $1^t + 2^t + 3^t + \ldots + n^t$ pode ser escrito como uma expressão polinomial.

23.9. Alguns dos chamados testes de inteligência frequentemente incluem problemas em que uma série de números é apresentada e o indivíduo é solicitado a encontrar o próximo termo da sequência. Por exemplo, a sequência poderia começar com 1, 2, 4, 8. Não restam dúvidas de que o examinador está esperando por 16 como o próximo termo.

Demonstre como "superar" o teste de inteligência encontrando uma expressão polinomial (de 3º grau) para a_n, de forma que $a_0 = 1$, $a_1 = 2$, $a_2 = 4$, $a_3 = 8$, mas $a_4 \neq 15$.

23.10. Seja s um número real com $s \neq 0$. Encontre uma sequência a, de modo que $a_n = s\Delta a_n$ e $a_0 = 1$.

23.11. Dado um número natural n, o cubo n é uma figura criada seguindo essa receita: O cubo 0 é apenas um ponto. Para $n > 0$, nós construímos um cubo n, pegando duas cópias disjuntas de um cubo $(n-1)$ e, em seguida, juntamos os pontos correspondentes nos dois cubos por segmentos de linha. Assim, um cubo 1 é simplesmente um segmento de linha e um cubo 2 é um quadrilátero. A figura mostra a construção de um cubo 4 a partir de duas cópias de um cubo 3. Note que um cubo n tem duas vezes o número de pontos que um cubo $(n-1)$; portanto, um cubo n possui 2^n pontos. A questão é quantos segmentos de linha um cubo n tem? Esteja a_n denotando o número de segmentos de linha em um cubo n. Nós temos $a_0 = 0$, $a_1 = 1$, $a_2 = 4$, $a_3 = 12$, e $a_4 = 32$.
  a. Calcule a_5.
  b. Encontre uma fórmula para a_n em termos de a_{n-1}.
  c. Encontre uma fórmula para a_n apenas em termos de n (e não em termos de a_{n-1}) e utilize a parte (b) para provar que sua fórmula esteja correta.

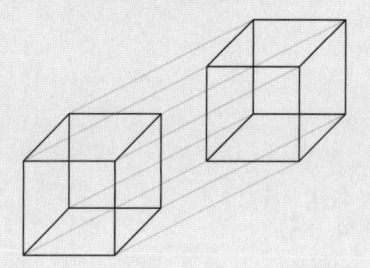

23.12. Resolva a equação $\Delta^2 a_n = -a_n$, com $a_0 = a_1 = 2$

23.13. Encontre duas sequências diferentes a e b para as quais $\Delta a_n = \Delta b_n$ para todos os n.

23.14. As relações de recorrência de segunda ordem que resolvemos são da forma $a_n = s_1 a_{n-1} + s_2 a_{n-2}$. Nesse problema, estendemos isso para relações da forma $a_n = s_1 a_{n-1} + s_2 a_{n-2} + t$. Tipicamente (mas não sempre), a solução para esse tipo de relação é da forma $a_n = c_1 r_1^n + c_2 r_2^n + c_3$, em que c_1, c_2, c_3 são números específicos, e r_1, r_2 são raízes da equação quadrática associada $x^2 - s_1 x - s_2 = 0$. Entretanto, se uma dessas raízes for 1, ou se as raízes forem iguais umas às outras, é necessária outra forma de solução.

Resolva as seguintes relações de recorrência. Nos casos em que a forma-padrão não se aplicar, tente desenvolver uma forma alternativa apropriada, mas, caso não encontre a solução, consulte as Dicas (Apêndice A).
  a. $a_n = 5a_{n-1} - 6a_{n-2} + 2, a_0 = 1, a_1 = 2$
  b. $a_n = 4a_{n-1} + 5a_{n-2} + 4, a_0 = 2, a_1 = 3$
  c. $a_n = 2a_{n-1} + 4a_{n-2} + 6, a_0 = a_1 = 4$
  d. $a_n = 3a_{n-1} - 2a_{n-2} + 5, a_0 = a_1 = 3$
  e. $a_n = 6a_{n-1} - 9a_{n-2} + 2, a_0 = -1, a_1 = 4$
  f. $a_n = 2a_{n-1} - a_{n-2} + 2, a_0 = 4, a_1 = 2$

23.15. Faça uma inferência a partir dos Teoremas 23.5 e 23.9 para solucionar as relações de recorrência de terceiro grau a seguir:
  a. $a_n = 4a_{n-1} - a_{n-2} - 6a_{n-3} + a_0 = 8, a_1 = 3$ e $a_2 = 27$
  b. $a_n = 2a_{n-1} + 2a_{n-2} - 4a_{n-3} + a_0 = 11, a_1 = 10$ e $a_2 = 32$
  c. $a_n = -a_{n-1} + 8a_{n-2} + 12a_{n-3} + a_0 = 6, a_1 = 19$ e $a_2 = 25$
  d. $a_n = 6a_{n-1} - 12a_{n-2} + 8a_{n-3} + a_0 = 3, a_1 = 2$ e $a_2 = 36$

23.16. Suponhamos que você deseje gerar elementos de uma relação de recorrência utilizando um programa de computação. É tentador elaborar um programa desses de maneira recorrente.

Por exemplo, considere a recorrência $a_n = 3a_{n-1} - 2a_{n-2}$, $a_0 = 1$, $a_1 = 5$. Eis um programa para calcular os valores a_n:

```
procedure get_term(n)
if (n < 0)
    print 'Illegal argument'
      exit
  end
  if (n == 0)
return 1
  end

  if (n == 1)
      return 5
  end
  return 3*get_term (n-1) - 2*get_term(n-2)
end
```

Embora esse programa seja de fácil compreensão, é extremamente ineficiente. Explique o porquê.

Em particular, seja b_n o número de vezes que essa rotina é chamada ao calcular a_n. Encontre uma recorrência – e solucione-a! – para b_n.

23.17. Há muitos tipos de relações de recorrência que são de formas diferentes das apresentadas nesta seção. Experimente encontrar uma fórmula para a_n para as expressões a seguir:

a. $a_n = na_{n-1}$, $a_0 = 1$
b. $a_n = a_{n-1}^2$, $a_0 = 2$
c. $a_n = a_0 + a_1 + a_2 \ldots + a_{n-1}$, $a_0 = 1$
d. $a_n = na_0 + (n-1)a_1 + (n-2)a_2 + \ldots + 2a_{n-2} + 1a_{n-1}$, $a_0 = 1$
e. $a_n = 3{,}9a_{n-1}(1 - a_{n-1})$, $a_0 = \frac{1}{2}$

23.18. Os números de Catalan são uma sequência definida pela seguinte relação de recorrência:

$$c_0 = 1 \quad \text{and} \quad c_{n+1} = \sum_{k=0}^{n} c_k c_{n-k}.$$

Faça o seguinte:
a. Calcule os primeiros números de Catalan até, digamos, c_8.
b. Encontre a fórmula para c_n.

A parte (b) é difícil, por isso, aqui vai um pouco de mágica para levá-lo a uma resposta. A *Enciclopédia On-Line de Sequências de Inteiros* é uma ferramenta na qual você pode digitar uma lista de números inteiros para determinar se a sequência foi estudada e o que se sabe sobre ela. Ele está disponível em: http://oeis.org/

c. Use o Teorema 23.17 para encontrar uma fórmula para essa sequência de números: 0, 1, 5, 12, 22, 35, 51, 70, 92, 117, 145, 176, 210. Por favor, simplifique sua resposta.
d. Use a Enciclopédia On-Line *de Sequências de Inteiros* para encontrar o nome da sequência da parte (c).
e. Finalmente (apenas por diversão) considere esta sequência: 1, 2, 3, 4, 5, 6, 7, 8, 9, 10, 11, 12, 14, 15, 16, 17, 18, 19, 20, 21, 22, 23, 24 ... Tente identificá-la por conta própria antes de consultar a *Enciclopédia On-Line* para resposta.

Autoteste

1. Prove que a equação $x^2 + 1 = 0$ não tem nenhuma solução real.
2. Prove que não existe um número inteiro x tal que $x^2 = 2$.
3. Prove que a soma de quaisquer inteiros consecutivos não é divisível por 4.
4. Sejam a e b inteiros positivos. Prove: Se $a|b$ e $b|a$, então $a = b$.
5. Quais dos seguintes conjuntos são bem ordenados?
   a. O conjunto de todos os inteiros pares.
   b. O conjunto de todos os números primos.
   c. $\{-100, -99, -98, ..., 98. 99, 100\}$
   d. $\emptyset$
   e. Os inteiros negativos.
   f. $\{\pi, \pi^2, \pi^3, \pi^4, ...\}$ em que π é o número real familiar 3,14159...
6. Seja n o inteiro positivo. Prove que:

$$1 + 4 + 7 + \cdots + (3n - 2) = \frac{3n^2 - n}{2}.$$

7. Seja n um número natural. Prove que:

$$0! + 1! + 2! + ... + n! \leq (n + 1)!$$

8. Suponhamos que $a_0 = 1$ e $a_n = 4a_{n-1} - 1$, quando $n \geq 1$. Prove que, para todos os números naturais n, temos $a_n = (2 \cdot 4^n + 1)/3$.
9. Prove por indução: se $n \in \mathbb{N}$, então $n < 2^n$.
10. Considere a seguinte proposição.

    Seja P um conjunto finito de (três ou mais) pontos no plano e suponhamos que quaisquer três pontos em P sejam colineares. Então, todos os três pontos em P devem estar em uma linha comum.

    Prove isso de duas maneiras: por contradição e por indução.
11. Seja n um inteiro positivo. Prove que:

$$\sqrt{1} + \sqrt{2} + \cdots + \sqrt{n} \leq n\sqrt{n}.$$

12. Seja n um inteiro positivo e suponhamos que n linhas distintas sejam desenhadas em um plano. Não existem duas dessas linhas que sejam paralelas, e não existem três dessas linhas que se interceptem em um ponto comum. Prove que essas linhas dividem o plano nas regiões $\binom{n}{0} + \binom{n}{1} + \binom{n}{2}$.
13. Considere que F_n denote o n-ésimo número de Fibonacci (ver a Definição 21.12). Prove que, para todos os números naturais n, temos):

$$F_n + 2F_{n+1} = F_{n+4} - F_{n+2}$$

14. Considere que F_n denote o n-ésimo número de Fibonacci. Se n é um número natural, então 1 é o único divisor positivo de F_n e F_{n+1} (por exemplo, se $d > 0$, $d|F_n$ e $d|F_{n+1}$, então $d = 1$).
15. Considere que F_n denote o n-ésimo número de Fibonacci. Prove que, para todos os números naturais n, temos:

$$F_0^2 + F_1^2 + \cdots + F_n^2 = F_n F_{n+1}.$$

16. Uma faixa horizontal será coberta de ladrilhos. Os ladrilhos são de dois formatos: retângulos de 1×1 e retângulos de 1×2. Os ladrilhos de 1×1 estão disponíveis em duas cores (branco e cinza), e os ladrilhos de 1×2 estão disponíveis em três cores (branco, cinza claro e cinza). Para um inteiro

positivo n, que a_n denote o número de formas diferentes de cobrir uma faixa de comprimento n utilizando esses de ladrilhos. A figura mostra uma possível cobertura com ladrilhos, com $n = 11$.

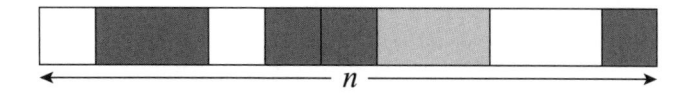

a. Demonstre que, para $n \geq 2$, $a_n = 2a_{n-1} + 3a_{n-2}$
b. Prove que $a_n = (3^{n+1} + (-1)^n)/4$

17. Seja n um inteiro positivo. Prove que há um único par de inteiros não negativos a, b, de forma que $n = 2^a b$ e b seja ímpar.

18. No Exercício 22.24 foi pedido que você provasse que cada número natural pudesse ser escrito como a soma de poderes distintos de 2. Prove que tal representação é única; isto é, dado um número natural n, só há uma maneira de escrever n como a soma dos poderes distintos de 2.

    Nota: Para este problema, reorganizar a ordem das somatórias não constitui uma nova forma de expressar um número como a soma dos poderes distintos de 2; isto é, $21 = 2^4 + 2^2 + 2^0$ não é diferente de $21 = 2^0 + 2^4 + 2^2$.

19. Seja A um conjunto finito não vazio de inteiros positivos. Suponhamos que, para quaisquer dois elementos $r, s \in A$, temos $r|s$ ou $s|r$. (em símbolos, $\forall r \in A, \forall s \in A, (r|s$ ou $s|r))$.

    a. Prove que A contém um elemento t com a propriedade que, para todos os $a \in A$, $a|t$ (em símbolos, $\exists t \in A, \forall a \in A, a|t$).
    b. Além disso, prove que t é exclusivo (por exemplo, há apenas um elemento de A que é múltiplo de todos os elementos de A).
    c. Por fim, dê um exemplo para demonstrar que a exclusividade não é válida se não presumirmos que todos os elementos de A sejam positivos.

20. Encontre uma fórmula para o n-ésimo termo, a_n, para cada uma das seguintes relações de recorrência.

    a. $a_n = 2a_{n-1} + 15a_{n-2}, a_0 = 4, a_1 = 0$
    b. $a_n = 12a_n 1 - 36a_{n-2}, a_0 = 1, a_1 = 2$.
    c. $a_n = a_{n-1} + 3, a_0 = 1$.
    d. $a_n = 3a_{n-1} + 1, a_0 = 1$.

21. A seguinte sequência de números é gerada pela expressão polinomial. Encontre o polinômio (o primeiro termo é a_0; é preciso encontrar uma expressão polinomial para a_n).

    A sequência é:

    5, 26, 67, 146, 281, 490, 791, 1202, 1741, 2426, 3275,....

CAPÍTULO 5

Funções

O conceito de *função* é central em matemática. Intuitivamente, uma função pode ser encarada como uma máquina. Introduz-se um número na máquina, aperta-se um botão, e sai uma resposta. Uma propriedade-chave do fato de ser uma função é a consistência. Toda vez que introduzimos um número específico – digamos 4 – na máquina, aparece sempre a mesma resposta. A figura ao lado ilustra esse fato. Ali, a função recebe um inteiro *x* como entrada e devolve o valor $3x^2 - 1$. Assim, toda vez que o número 4 é introduzido na máquina, surge a resposta 47.

Note que a função da figura opera sobre números. Não teria sentido introduzir um triângulo no alimentador dessa máquina! Não obstante, podemos criar uma função cujas entradas sejam triângulos, e cujas saídas sejam números. Por exemplo, podemos definir *f* como a função cujas entradas são triângulos, e, para cada triângulo introduzido na função, a saída é a área do triângulo.

O "mecanismo" na "máquina" da função não precisa ser ditado por uma fórmula algébrica. Tudo quanto se exige é que se especifiquem cuidadosamente as entradas permitidas e, para cada entrada, a saída correspondente. Em geral, isso se faz por meio de uma expressão algébrica, embora haja outros meios de especificar uma função.

Neste capítulo, faremos um estudo cuidadoso das funções, começando com uma definição precisa.

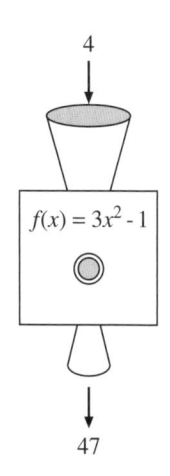

■ 24 Funções

Intuitivamente, uma função é uma "regra" ou um "mecanismo" que transforma uma quantidade em outra. Por exemplo, a função $f(x) = x^2 + 4$ toma um inteiro *x* e o transforma no inteiro $x^2 + 4$. A função $g(x) = |x|$ toma o inteiro *x* e retorna *x*, se $x \geq 0$ e $-x$, se $x < 0$.

Nesta seção, vamos desenvolver uma visão mais abstrata e rigorosa das funções.

As funções são tipos especiais de relações (reveja a Seção 14).

Recorde-se de que uma *relação* nada mais é que um conjunto de pares ordenados. Assim como essa definição de relação foi, em princípio, contrária à intuição, também a definição precisa de uma função pode parecer estranha, inicialmente.

● DEFINIÇÃO 24.1

(**Função**) Uma relação f é chamada *função* desde que $(a, b) \in f$ e $(a, c) \in f$ impliquem $b = c$.

Enunciada de forma negativa, uma relação f não é uma função se existem a, b, c com $(a, b) \in f$ e $(a, c) \in f$, e $b \neq c$.

◆ EXEMPLO 24.2

Sejam:

$$f = \{(1, 2), (2, 3), (3, 1), (4, 7)\} \quad \text{e}$$
$$g = \{(1, 2), (1, 3), (4, 7)\}$$

A relação f é uma função, mas a relação g não o é porque $(1, 2), (1, 3) \in g$ e $2 \neq 3$.

Quando expressas como conjuntos de pares ordenados, as funções não se parecem com regras para transformar um objeto em outro, mas vamos observar melhor. Os pares ordenados em f associam valores de "entrada" (os primeiros elementos nas listas em f) a valores de "saída" (os segundos elementos nas listas). No Exemplo 24.2, a função f associa o valor de entrada 1 ao valor de saída 2, pois $(1, 2) \in f$. A razão por que g não é uma função é que, para o valor de entrada 1, há dois valores de saída diferentes: 2 e 3. O que torna f uma função é o fato de que, para cada entrada, só pode haver no máximo uma saída.

Os matemáticos raramente utilizam a notação $(1, 2) \in f$, embora isso seja formalmente correto. Eles preferem a notação $f(\cdot)$.

● DEFINIÇÃO 24.3

(**Notação de função**) Seja f uma função e seja a um objeto. A notação $f(a)$ é definida desde que exista um objeto b de modo que $(a, b) \in f$. Nesse caso, $f(a) = b$. Caso contrário (não exista par ordenado da forma $(a, \_) \in f$), a notação $f(a)$ não está definida. O símbolo $f(a)$ se lê "f de a".

Linguagem matemática!
Os matemáticos costumam usar a palavra *aplicação* como sinônimo de *função*. Além de dizer "f de 1 é igual a 2", também se referem a "f aplica 1 em 2". E há uma notação para isto: escrevemos $1 \mapsto 2$. A seta especial $\mapsto$ significa $f(1) = 2$. A função f não é explicitamente mencionada na notação $1 \mapsto 2$; quando usamos a notação $\mapsto$, devemos ter a certeza de que o leitor sabe que função está sendo discutida.

Para a função f do Exemplo 24.2, temos:

$$f(1) = 2, \quad f(2) = 3, \quad f(3) = 1, \quad f(4) = 7$$

mas, para qualquer outro objeto x, $f(x)$ permanece indefinida. A razão por que não chamamos g uma função se torna mais clara. Quanto é $g(1)$? Uma vez que, tanto $(1, 2)$ como $(1, 3) \in g$, a notação $g(1)$ não especifica um valor único.

◆ EXEMPLO 24.4

Problema: expresse a função $f(x) = x^2$, definida no conjunto dos inteiros, como um conjunto de pares ordenados.

Solução: poderíamos escrever isto utilizando reticências:

$$f = \{..., (-3, 9), (-2, 4), (-1, 1), (0, 0), (1, 1), (2, 4), (3, 9), ...\}$$

mas é muito mais claro se empregarmos a notação de definição de conjuntos:

$$f = \{(x, y): x, y \in \mathbb{Z}, y = x^2\}$$

Em geral, é mais claro escrevermos "Seja f a função definida para um inteiro x por $f(x) = x^2$", do que escrevermos f como um conjunto de pares ordenados, como no exemplo.

Linguagem matemática!

A notação de conjunto de pares ordenados para uma função equivale a escrevermos uma função como uma tabela:

x	f(x)
...	...
−3	9
−2	4
−1	1
0	0
1	1
2	4
3	9
...	...

Domínio e imagem

O conjunto de entradas permitidas e de saídas possíveis de uma função têm nomes especiais.

● DEFINIÇÃO 24.5

(Domínio, imagem) Seja f uma função. O conjunto de todos os primeiros elementos possíveis dos pares ordenados de f é chamado *domínio de f* e se denota por dom f. O conjunto de todos os segundos elementos possíveis dos pares ordenados de f se chama *imagem* de f e se denota por im f.

Em outra notação,

$$\mathrm{dom}\, f = \{a : \exists b, (a, b) \in f\} \quad \text{e} \quad \mathrm{im}\, f = \{b : \exists a, (a, b) \in f\}$$

De forma alternativa, podemos escrever:

$$\mathrm{dom}\, f = \{a : f(a) \text{ está definido}\} \quad \text{e} \quad \mathrm{im}\, f = \{b : b = f(a) \text{ para algum } a\}$$

Evitamos usar intervalo de respostas. Muitas vezes é ensinado aos alunos que ele significa a mesma coisa que a nossa palavra *imagem*. O uso matemático desse termo é diferente daquele comumente ensinado na escola. Evitamos a confusão simplesmente não usando esse termo.

◆ **EXEMPLO 24.6**

Seja $f = \{(1, 2), (2, 3), (3, 1), (4, 7)\}$. (Esta é a função do Exemplo 24.2.) Então,

$$\mathrm{dom}\, f = \{1, 2, 3, 4\} \quad \text{e} \quad \mathrm{im}\, f = \{1, 2, 3, 7\}$$

◆ **EXEMPLO 24.7**

Seja f a função do Exemplo 24.4, isto é,

$$f = \{(x, y): x, y \in \mathbb{Z}, y = x^2\}$$

O domínio de f é o conjunto de todos os inteiros e a imagem de f é o conjunto de todos os quadrados perfeitos.

Introduzimos, a seguir, uma notação especial para funções.

● **DEFINIÇÃO 24.8**

($f: \mathbf{A} \to \mathbf{B}$) Seja f uma função e sejam os conjuntos A e B. Dizemos que "f é uma *função de A para B*" se $\mathrm{dom}\, f = A$ e $\mathrm{im}\, f \subseteq B$. Nesse caso, escrevemos $f: A \to B$. Dizemos também que "f é uma *aplicação* de A em B".

A notação $f: A \to B$ se lê "f é uma função de A para B". A notação $f: A \to B$ sugere três coisas: primeira, f é uma função; segunda, $\mathrm{dom}\, f = A$; terceira, $\mathrm{im}\, f \subseteq B$.

Linguagem matemática!
A notação $f: A \to B$ pode ser toda uma sentença, uma cláusula independente ou uma frase. Em um teorema, poderíamos escrever "Se $f: A \to B$, então...". Nesse caso, devemos ler os símbolos como "Se f é uma função de A para B..." Não obstante, podemos também escrever "Seja $f: A \to B$...". Nesse caso, deveríamos ler "Seja f uma função de A para B...".

EXEMPLO 24.9

Consideremos a função seno. Essa função é definida para todo número real e tem um valor real. O domínio da função seno consiste em todos os números reais, e a imagem é o conjunto $[-1, 1] = \{x \in \mathbb{R} : -1 \leq x \leq 1\}$. Podemos escrever sen $: \mathbb{R} \to \mathbb{R}$ porque dom sen $= \mathbb{R}$ e im sen $\subseteq \mathbb{R}$. Seria correto também escrevermos sen $: \mathbb{R} \to [-1, 1]$.

Para provar que $f: A \to B$ (isto é, para provarmos que f é uma função de A para B), usaremos o Esquema de prova 19.

Esquema de prova 19	Mostrar que $f: A \to B$
	Provar que f é uma função de um conjunto A para um conjunto B: • Prove que f é uma função. • Prove que dom $f = A$. • Prove que im $f \subseteq B$.

Gráficos de funções

Os gráficos constituem uma forma excelente de visualizarmos funções cujas entradas e saídas sejam números reais. Por exemplo, a figura a seguir mostra o gráfico da função $f(x) = \text{sen } x \cos 3x$. Para traçar o gráfico de uma função, marcamos um ponto no plano das coordenadas $(x, f(x))$ para todo $x \in \text{dom } f$.

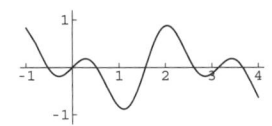

Linguagem matemática!
A palavra gráfico, neste livro, se refere especificamente ao diagrama usado para descrever a relação entre uma quantidade (x) e outra (y = f(x)).

Formalmente, o *gráfico* de uma função é o conjunto $\{(x, y) : y = f(x)\}$. O interessante é que esse conjunto é a função! A função f é o conjunto de todos os pares ordenados (x, y) para os quais $y = f(x)$. Por isso, falar do "gráfico de uma função" é redundante! Isso não é ruim. Ao utilizarmos a palavra *gráfico* nesse contexto, estamos formulando uma visão geométrica da função.

Os gráficos são instrumentos poderosos para entender funções definidas nos reais. Para verificar se uma ilustração representa uma função, podemos aplicar o *teste da reta vertical*. Qualquer reta vertical no plano só pode interceptar o gráfico de uma função no máximo em 1 (um) ponto. Uma reta vertical não pode cortar o gráfico duas vezes, porque então teríamos dois pontos diferentes (x, y_1) e (x, y_2), ambos no gráfico da função. Isso significaria que tanto (x, y_1) como $(x, y_2) \in f$, com $y_1 \neq y_2$. E isso está em desacordo com a definição de função.

Na matemática discreta, estamos especialmente interessados em funções para e de conjuntos finitos (ou $\mathbb{N}$ ou $\mathbb{Z}$). Em tais casos, os gráficos tradicionais de funções podem ou não ajudar, ou mesmo não ter sentido. Por exemplo, seja A um conjunto finito. Podemos considerar a função $f: 2^A \to \mathbb{N}$ definida por $f(x) = |x|$ (alerta: as barras verticais nesse contexto não significam valor absoluto!). A cada subconjunto x de A, a função f faz corresponder ao seu tamanho. Não há maneira prática de representar esse fato como um gráfico em eixos coordenados.

Temos uma forma alternativa para traçar gráficos de funções $f: A \to B$, em que A e B são conjuntos finitos. Sejam $A = \{1, 2, 3, 4, 5, 6\}$ e $B = \{1, 2, 3, 4, 5\}$ e consideremos a função $f: A \to B$ definida por:

$$f = \{(1, 2), (2, 1), (3, 2), (4, 4), (5, 5), (6, 2)\}.$$

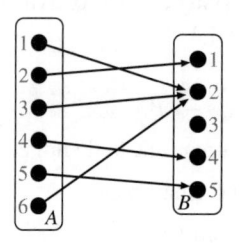

Obtém-se uma ilustração de f traçando-se dois conjuntos de pontos: um para A, à esquerda, e um para B, à direita. Traça-se uma seta de um ponto $a \in A$ a um ponto $b \in B$ precisamente quando $(a, b) \in f$, isto é, quando $f(a) = b$. Pela figura, é fácil vermos que im $f = \{1, 2, 4, 5\}$.

Consideremos agora g definida por:

$$g = \{(1, 3), (2, 1), (2, 4)\, (3, 2), (4, 4), (5, 5)\}.$$

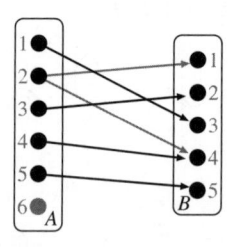

Temos que g é uma função de $A = \{1, 2, 3, 4, 5, 6\}$ para $B = \{1, 2, 3, 4, 5\}$? Há duas razões pelas quais $g: A \to B$ é falsa.

Primeiro, $6 \in A$, mas $6 \notin$ dom g. Assim, dom $g \neq A$, como se pode ver na figura: não há setas partindo do elemento 6.

Segundo, g não é uma função (de um conjunto arbitrário para outro). Note que $(2, 1)$, $(2, 4) \in g$, o que viola a Definição 24.1. A figura também ilustra esse fato: há duas setas partindo do elemento 2.

Se f é uma função de A para B ($f: A \to B$), sua figura deve satisfazer o seguinte: todo ponto à esquerda (em A) tem exatamente uma seta partindo dele e terminando à direita (em B).

De maneira inversa, podemos contar tabelas. De quantas maneiras diferentes podemos substituir os pontos de interrogação na tabela seguinte com elementos de B?

x	f(x)
1	?
2	?
...	...
a	?

A coluna da direita é uma lista de tamanho a de elementos escolhidos do conjunto de b elementos B. Existem b^a maneiras de completar a tabela.

Contagem de funções

Sejam A e B conjuntos finitos. Quantas funções há de A para B? Sem perda de generalidade, podemos escolher A como o conjunto $\{1, 2, ..., a\}$ e B como o conjunto $\{1, 2, ..., b\}$. Toda função $f: A \to B$ pode escrever-se como:

$$f = \{(1, ?), (2, ?), (3, ?), ..., (a, ?)\}.$$

Em que os pontos de interrogação (?) são elementos de B. De quantas maneiras podemos substituir os pontos de interrogação (?) com elementos de B? Há b escolhas para o elemento ? em $(1, ?)$, e para cada uma dessas escolhas há b escolhas para ? em $(2, ?)$ etc., e, por fim, b escolhas para o elemento ? em $(a, ?)$, consideradas todas as escolhas anteriores. Assim, ao todo, há b^a escolhas. Acabamos de mostrar o seguinte:

▶ **PROPOSIÇÃO 24.10**

Sejam A e B conjuntos finitos com $|A| = a$ e $|B| = b$. O número de funções de A para B é b^a.

◆ **EXEMPLO 24.11**

Sejam $A = \{1, 2, 3\}$ e $B = \{4, 5\}$. Determine todas as funções $f: A \to B$.
Solução: a Proposição 23.10 afirma que há $2^3 = 8$ dessas funções. São:

$\{(1, 4), (2, 4), (3, 4)\}$ $\{(1, 5), (2, 4), (3, 4)\}$
$\{(1, 4), (2, 4), (3, 5)\}$ $\{(1, 5), (2, 4), (3, 5)\}$
$\{(1, 4), (2, 5), (3, 4)\}$ $\{(1, 5), (2, 5), (3, 4)\}$
$\{(1, 4), (2, 5), (3, 5)\}$ $\{(1, 5), (2, 5), (3, 5)\}$

Na Seção 10, introduzimos a notação 2^A para o conjunto de todos os subconjuntos de A. Essa notação é um artifício mnemônico para lembrar que o número de subconjuntos de um conjunto de a elementos é 2^a. De forma análoga, há uma notação especial para o conjunto de todas as funções de A para B. A notação é B^A. Trata-se também de um processo mnemônico para a Proposição 23.10, pois podemos escrever:

$$|B^A| = |B|^{|A|}$$

Neste livro não empregamos essa notação. Além disso, as pessoas acham-na confusa. É tentador pronunciar o símbolo B^A como "B elevado a A", quando, na realidade, a notação significa o conjunto de funções de A para B.

> A notação B^A representa o conjunto de todas as funções $f: A \to B$.

Funções inversas

Uma função é um tipo especial de relação. Lembre-se de que, na Seção 14, definimos a inversa de uma relação R, denotada por R^{-1}, como a relação formada a partir de R mediante inversão de todos os seus pares ordenados.

Como uma função f é uma relação, podemos também considerar f^{-1}. O problema que suscitamos aqui é: se f é uma função de A para B, f^{-1} seria uma função de B para A?

◆ **EXEMPLO 24.12**

Sejam $A = \{0, 1, 2, 3, 4\}$ e $B = \{5, 6, 7, 8, 9\}$. Seja $f: A \to B$ definida por:

$$f = \{(0, 5), (1, 7), (2, 8), (3, 9), (4, 7)\}$$

de forma que:

$$f^{-1} = \{(5, 0), (7, 1), (8, 2), (9, 3), (7, 4)\}$$

f^{-1} será uma função de B para A? A resposta é *não*, por duas razões. Primeira, f^{-1} não é uma função. Note que tanto $(7, 1)$ como $(7, 4)$ estão em f^{-1}; segunda, dom $f^{-1} = \{5, 7, 8, 9\}$, $\neq B$. Veja a figura.

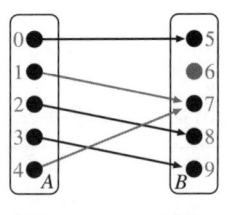

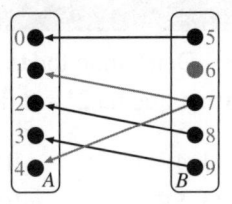

No exemplo, f^{-1} não é uma função. Vejamos por quê. Consultando a Definição 24.1, notamos que, para que f^{-1} seja uma função, deve, primeiro, ser uma relação. Isso não constitui problema; como f é uma relação, também o é f^{-1}. Segundo, sempre que $(a, b), (a, c) \in f^{-1}$, devemos ter $b = c$. Reformulando em termos de f, sempre que $(b, a), (c, a) \in f$, devemos ter $b = c$. Isso é o que estava errado no Exemplo 24.12; tínhamos $(1, 7), (4, 7) \in f$, mas $1 \neq 4$.

Pictoricamente, f^{-1} não é uma função porque há duas setas f atingindo o elemento 7 à direita.

Vamos formalizar essa condição como uma definição.

● DEFINIÇÃO 24.13

(Um para um) Uma função f é chamada *um para um* se, sempre que $(x, b), (y, b) \in f$, devemos ter $x = y$. Em outras palavras, se $x \neq y$, então $f(x) \neq f(y)$.

Linguagem matemática!
A expressão *um para um* costuma também ser escrita como 1:1. Outra designação para uma função um para um é injeção ou função *injetiva*.

A função do Exemplo 24.12 não é um para um, porque $f(1) = f(4)$, mas $1 \neq 4$. Compare detalhadamente as Definições 24.13 (um para um) e 24.1 (função). As condições são bastante semelhantes.

▶ PROPOSIÇÃO 24.14

Seja f uma função. A relação inversa f^{-1} é uma função se e somente se f for um para um.

Deixamos a prova como exercício (Exercício 24.15). Enquanto trabalha nela, prove também o seguinte.

▶ PROPOSIÇÃO 24.15

Seja f uma função e suponhamos que f^{-1} também seja uma função. Então $\text{dom } f = \text{im } f^{-1}$ e $\text{im } f = \text{dom } f^{-1}$.

Frequentemente, queremos provar que uma função é um para um. O Esquema de prova 20 apresenta a estratégia para provar que uma função é um para um.

Esquema de prova 20	Provar que uma função é um para um.
	Mostrar que f é um para um:
	Método direto: suponhamos $f(x) = f(y)$. ... Portanto, $x = y$ e, assim, f é um para um.
	Método pela contrapositiva: suponhamos $x \neq y$.... Portanto, $f(x) \neq f(y)$ e, assim, f é um para um.
	Método da contradição: suponhamos $f(x) = f(y)$, mas $x \neq y$. ... $\Rightarrow\Leftarrow$. Portanto, f é um para um.

◆ EXEMPLO 24.16

Seja $f: \mathbb{Z} \to \mathbb{Z}$ definida por $f(x) = 3x + 4$. Prove que f é um para um.

Prova. Suponhamos $f(x) = f(y)$. Então $3x + 4 = 3y + 4$. Subtraindo 4 de ambos os membros, vem $3x = 3y$. Dividindo ambos os membros por 3, obtemos $x = y$. Portanto, f é um para um.

Em contrapartida, para provar que uma função não é um para um, devemos tipicamente apresentar um contraexemplo, isto é, um par de objetos x e y com $x \neq y$, mas $f(x) = f(y)$.

◆ **EXEMPLO 24.17**

Seja $f: \mathbb{Z} \to \mathbb{Z}$ definida por $f(x) = x^2$. Prove que f não é um para um.

Prova. Note que $f(3) = f(-3) = 9$, mas $3 \neq -3$. Portanto, f não é um para um.

Linguagem matemática!
Na linguagem usual, a palavra *sobre* é uma preposição. Na linguagem matemática, emprega-se *sobre* como um adjetivo. Outra designação para função *sobre* é *sobrejeção*.

Para que a inversa de uma função também seja uma função, é necessário e suficiente que a função seja um para um. Consideremos, agora, uma questão mais focalizada. Seja $f: A \to B$. Interessa-nos saber quando f^{-1} é uma função de B para A. Recordemo-nos de que tivemos duas dificuldades no Exemplo 24.12. Superamos a primeira dificuldade: f^{-1} deve ser uma função. A segunda dificuldade era que havia um elemento em B que não tinha seta de chegada.

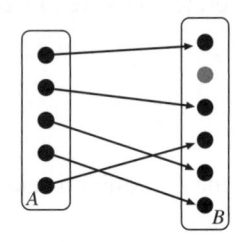

Consideremos a função $f: A \to B$ exibida na figura. Obviamente, f é um para um, de modo que f^{-1} é uma função. Entretanto, f^{-1} não é uma função de B para A, porque há um elemento $b \in B$ para o qual $f^{-1}1(b)$ não é definida. Para $f^{-1}: B \to A$, deve haver uma seta f apontando para cada elemento de B. Eis uma forma cuidadosa de enunciar esse fato.

● **DEFINIÇÃO 24.18**

(Sobre) Seja $f: A \to B$. Dizemos que f é *sobre* B, desde que, para todo $b \in B$, exista um $a \in A$ de modo $f(a) = b$. Em outras palavras, im $f = B$.

A sentença "$f: A \to B$ é sobre" é uma garantia da validade do seguinte: primeiro, f é uma função; segundo, dom $f = A$ e terceiro, im $f = B$ (ver o Exercício 24.12).

◆ **EXEMPLO 24.19**

Sejam $A = \{1, 2, 3, 4, 5, 6\}$ e $B = \{7, 8, 9, 10\}$, e sejam:

$$f = \{(1, 7), (2, 7), (3, 8), (4, 9), (5, 9), (6, 10)\}, \text{ e}$$
$$g = \{(1, 7), (2, 7), (3, 7), (4, 9), (5, 9), (6, 10)\}.$$

Note que $f: A \to B$ é sobre porque, para cada elemento b de B, podemos achar um ou mais elementos $a \in A$ de modo $f(a) = b$. É fácil ver também que im $f = B$.

Entretanto, $g : A \to B$ não é sobre. Note que $8 \in B$, mas não há $a \in A$ com $g(a) = 8$. Também, im $g = \{7, 9, 10\} \neq B$.

A condição de $f : A \to B$ ser sobre se expressa com auxílio dos quantificadores $\exists$ e $\forall$ como:

$$\forall b \in B, \exists a \in A, f(a) = b$$

A condição de f não ser sobre se expressa como:

$$\exists b \in B, \forall a \in A, f(a) \neq b$$

Essas maneiras de encarar as funções *sobre* são formalizadas no Esquema de prova 21.

Esquema de prova 21	Provar que uma função é sobre.
	Mostrar que $f : A \to B$ é sobre:
	Método direto: seja b um elemento arbitrário de B. Explique como achar/construir um elemento $a \in A$ de modo que $f(a) = b$. Portanto, f é sobre.
	Método dos conjuntos: mostre que os conjuntos B e im f são iguais.

◆ EXEMPLO 24.20

Seja $f: \mathbb{Q} \to \mathbb{Q}$ dada por $f(x) = 3x + 4$. Prove que f é sobre $\mathbb{Q}$.

Prova. Seja $b \in \mathbb{Q}$ arbitrário. Procuramos um $a \in \mathbb{Q}$ de modo $f(a) = b$. Seja $a = \frac{1}{3}(b-4)$. (Como b é um número racional, também o é a). Note que:

$$f(a) = 3\left[\tfrac{1}{3}(b-4)\right] + 4 = (b-4) + 4 = b$$

Portanto, $f : \mathbb{Q} \to \mathbb{Q}$ é sobre.

> Tenha em mente que $\mathbb{Q}$ representa o conjunto dos números racionais.

Como conseguimos "adivinhar" que deveríamos tomar $a = \frac{1}{3}(b-4)$? Na realidade, não supusemos. Trabalhamos em sentido contrário!

Seja $f : A \to B$. Para que f^{-1} seja uma função, é necessário e suficiente que f seja um a um. Dado isso, para que $f^{-1}: B \to A$, é necessário que f seja sobre B. Caso contrário, se f não é sobre B, podemos achar um $b \in B$ de modo $f^{-1}(b)$ não esteja definida.

❖ TEOREMA 24.21

Sejam os conjuntos A e B e $f : A \to B$. A relação inversa f^{-1} é uma função de B para A se e somente se f for um para um e sobre B.

Prova. Seja $f : A \to B$.

($\Rightarrow$) Suponhamos que f seja um para um e sobre B. Devemos provar que $f^{-1}: B \to A$. Vamos utilizar o Esquema de prova 19.

- Como f é um para um, sabemos, pela Proposição 24.14, que f^{-1} é uma função.
- Como f é sobre B, im $f = B$, pela Proposição 24.15, dom $f^{-1} = B$.
- Como o domínio de f é A, pela Proposição 24.15, im $f^{-1} = A$.

Portanto, $f^{-1}: B \to A$.

($\Leftarrow$) Suponhamos $f: A \to B$ e $f^{-1}: B \to A$. Como f^{-1} é uma função, f é um para um (Proposição 24.14). Como im f = dom $f^{-1} = B$, vemos que f é sobre B.

Uma função que é ao mesmo tempo um para um e sobre tem um nome especial.

Uma função $f: A \to B$ que é ao mesmo tempo uma injeção e uma "sobrejeção" é chamada *bijeção*.

• DEFINIÇÃO 24.22

(Bijeção) Seja $f: A \to B$. f é chamada uma *bijeção* se é ao mesmo tempo um para um e sobre.

◆ EXEMPLO 24.23

Sejam A o conjunto dos inteiros pares e B o conjunto dos inteiros ímpares. A função $f: A \to B$ definida por $f(x) = x + 1$ é uma bijeção.

Prova. Devemos provar que f é um para um e sobre. Para vermos que f é um para um, suponhamos $f(x) = f(y)$, em que x e y são inteiros pares. Assim,

$$f(x) = f(y) \Rightarrow x + 1 = y + 1 \Rightarrow x = y$$

Logo, f é um para um.

Para vermos que f é sobre B, seja $b \in B$ (isto é, b é um inteiro ímpar). Por definição, $b = 2k + 1$, para algum inteiro k. Seja $a = 2k$; obviamente, a é par. Então $f(a) = a + 1 = 2k + 1 = b$, de forma que f é sobre. Como f é um para um e sobre, f é uma bijeção.

Novamente, contagem de funções

Sejam A e B conjuntos finitos com $|A| = a$ e $|B| = b$. Quantas funções $f: A \to B$ são um para um? Quantas são sobre?

Consideremos dois casos especiais fáceis. Se $|A| > |B|$, então f não pode ser um para um. Por quê? Consideremos a função $f: A \to B$, que esperamos que seja um para um. Como f é um para um, para elementos distintos $x, y \in A$, $f(x)$ e $f(y)$ são elementos distintos de B. Assim, os primeiros b elementos de A são levados pela f em b elementos diferentes de B. Após isso, não há outros elementos em B aos quais podemos aplicar elementos de A!

No entanto, se $|A| < |B|$, então f não pode ser sobre. Por quê? Não há elementos suficientes em A para "cobrir" todos os elementos em B!

Resumamos esses comentários.

▶ **PROPOSIÇÃO 24.24**

(**princípio da casa do pombo**) Sejam A e B conjuntos finitos e seja $f: A \to B$. Se $|A| > |B|$, então f não é um para um. Se $|A| < |B|$, então f não é sobre.

Explicamos por que chamamos esta proposição de princípio da casa do pombo na próxima seção.

Reformulada na forma contrapositiva, se $f: A \to B$ é um para um, então $|A| \leq |B|$, e se $f: A \to B$ é sobre, então $|A| \geq |B|$. Se f for ambas as coisas, temos o seguinte:

▶ **PROPOSIÇÃO 24.25**

Sejam A e B conjuntos finitos e seja $f: A \to B$. Se f é uma bijeção, então $|A| = |B|$.

Contando funções um para um.

Voltemos ao problema da contagem das funções de um conjunto de a elementos para um conjunto de b elementos que são um para um, e das funções que são sobre.

Conte as funções uma a uma.

A boa notícia é: já resolvemos esses problemas em seções anteriores deste livro!

Consideremos o problema de contagem de funções um para um. Sem perda de generalidade, suponhamos $A = \{1, 2, ..., a\}$ e $B = \{1, 2, ..., b\}$. Uma função um para um de A para B tem a forma:

$$f = \{(1, ?), (2, ?). (3, ?), ..., (a, ?)\}$$

em que os pontos de interrogação (?) são substituídos por elementos de B sem repetição. Trata-se de um problema de contagem de listas já resolvido na Seção 8.

Consideremos, agora, o problema da contagem de funções sobre. Aqui devemos substituir os pontos de interrogação (?) por elementos de B de forma que cada elemento seja usado ao menos uma vez. Na Seção 19, resolvemos o problema do número de listas de tamanho a cujos elementos provêm de B e que utilizam todos os elementos de B ao menos uma vez.

Vamos resumir no resultado seguinte o que aprendemos naquelas seções.

❖ **TEOREMA 24.26**

Sejam A e B conjuntos finitos com $|A| = a$ e $|B| = b$.

(1) O número de funções de A para B é b^a.

(2) Se $a \leq b$, o número de funções um para um $f: A \to B$ é

$$(b)_a = b(b-1)\cdots(b-a+1) = \frac{b!}{(b-a)!}.$$

Se $a > b$, o número de tais funções é zero.

(3) Se $a \geq b$, o número de funções sobre $f: A \to B$ é

$$\sum_{j=0}^{b}(-1)^j \binom{b}{j}(b-j)^a.$$

Se $a < b$, o número dessas funções é zero.

(4) Se $a = b$, o número de bijeções $f: A \to B$ é $a!$. Se $a \neq b$, o número dessas funções é zero.

Recapitulando

Introduzimos o conceito de função e a notação $f: A \to B$. Investigamos quando a relação inversa de uma função é, ela própria, uma função. Estudamos as propriedades um para um e sobre. Contamos funções entre conjuntos finitos.

24 Exercícios

24.1. Para cada uma das relações seguintes, responda:

(1) É uma função? Se não for, explique por que e pare. Caso contrário, continue com as questões restantes.

(2) Quais são seus domínio e imagem?

(3) A função é um para um? Se não for, explique por que e pare. Caso contrário, responda à questão seguinte.

(4) Qual é sua função inversa?

a. $\{1, 2), (3, 4)\}$
b. $\{(x, y) : x, y \in \mathbb{Z}, y = 2x\}$
c. $\{(x, y) : x, y \in \mathbb{Z}, x + y = 0\}$
d. $\{(x, y) : x, y \in \mathbb{Z}, xy = 0\}$
e. $\{(x, y) : x, y \in \mathbb{Z}, y = x^2\}$
f. $\emptyset$
g. $\{(x, y) : x, y \in \mathbb{Q}, x^2 + y^2 = 1\}$
h. $\{(x, y) : x, y \in \mathbb{Z}, x|y\}$
i. $\{(x, y) : x, y \in \mathbb{N}, x|y \text{ e } y|x\}$
j. $\{(x, y) : x, y \in \mathbb{N}, \binom{x}{y} = 1\}$

24.2. Sejam $A = \{1, 2, 3\}$ e $B = \{4, 5\}$. Escreva todas as funções $f: A \to B$. Indique quais são um para um e quais são sobre B.

24.3. Sejam $A = \{1, 2\}$ e $B = \{3, 4, 5\}$. Escreva todas as funções $f: A \to B$. Indique quais são um para um e quais são sobre B.

24.4. Sejam $A = \{1, 2\}$ e $B = \{3, 4\}$. Escreva todas as funções $f: A \to B$. Indique quais são um para um e quais são sobre B.

24.5. Determine $f(2)$ para cada uma das funções seguintes.

a. $f = \{(x, y) : x, y \in \mathbb{Z}, x + y = 0\}$
b. $f = \{(1, 2), (2, 3), (3, 2)\}$
c. $f: \mathbb{N} \to \mathbb{N}$ por $f(x) = (x + 1)^{(x+1)}$
d. $f = \{1, 2, 3, 4, 5\} \times \{1\}$
e. $f: \mathbb{N} \to \mathbb{N}$ por $f(x) = n!$.

24.6. Para cada uma das seguintes funções, f, localize a imagem da função, im f.

a. $f: \mathbb{Z} \to \mathbb{Z}$ definida por $f(x) = 2x + 1$.
b. $f: \mathbb{Z} \to \mathbb{Z}$ definida por $f(x) = |x|$.

c. $f: \mathbb{Z} \to \mathbb{Z}$ definida por $f(x) = 1 - x$.
d. $f: \mathbb{R} \to \mathbb{R}$ definida por $f(x) = 1/(1 + x^2)$.
e. $f: \mathbb{R} \to \mathbb{R}$ definida por $f(x) = x^2$.
f. $f: [-1, 1] \to \mathbb{R}$ definida por $f(x) = \sqrt{1 - x^2}$.

> A notação [−1; 1] representa o intervalo fechado de −1 a 1; ou seja [−1, 1] = {$x \in \mathbb{R}$: −1 ≤ x ≤ 1}

24.7. Considere uma função $f: A \to B$:
  a. Como provar que f não é um para um?
  b. Como provar que f não é sobre?

24.8. Sejam $A = \{1, 2, 3, 4\}$ e $B = \{5, 6, 7\}$. Seja f a relação:
$$f = \{(1, 5), (2, 5), (3, 6), (?, ?)\}$$
em que as duas interrogações devem ser determinadas por você. Seu trabalho final consiste em achar substitutos para (?, ?) de modo que as proposições seguintes sejam verdadeiras (esperam-se três respostas diferentes para cada um dos itens (a), (b) e (c). O par ordenado (?, ?) deve pertencer a $A \times B$).
  a. A relação f não é uma função.
  b. A relação f é uma função de A para B mas não sobre B.
  c. A relação f é uma função de A para B e é sobre B.

24.9. Considere uma função $f: \mathbb{R} \to \mathbb{R}$ e seu gráfico desenhado no plano. As propriedades *um para um* e *sobre* podem estar relacionadas com as propriedades geométricas desse gráfico. Especificamente, complete as duas frases seguintes (e forneça uma prova da sua declaração):
  a. A função f é um para um se e somente cada linha horizontal...
  b. A função f é sobre $\mathbb{R}$ se e somente se cada linha horizontal...

24.10. Sejam a e b números reais e considere a função $f: \mathbb{R} \to \mathbb{R}$ definida por $f(x) = ax + b$. Para quais valores de a e b, f é um para um? ... sobre $\mathbb{R}$?

24.11. Sejam a, b e c números reais e considere a função $f: \mathbb{R} \to \mathbb{R}$ definida por $f(x) = ax^2 + bx + c$. Para quais valores de a, b e c, f é um para um? ... sobre $\mathbb{R}$?

> A despeito do fato de a frase "f é sobre" não ter sentido isoladamente, os matemáticos utilizam-na frequentemente. Ela tem sentido se temos em vista determinado par de conjuntos A e B com $f: A \to B$. Nesse contexto, "f é sobre" significa "f é sobre B".

24.12. Considere as duas sentenças seguintes sobre um função f:
  a. f é sobre.
  b. $f: A \to B$ é sobre.

  Explique por que (a) não faz sentido, mas (b) faz.

24.13. A função seno é uma função para os números reais e dos números reais; isto é, sen : $\mathbb{R} \to \mathbb{R}$. A função seno não é nem um para um nem sobre. Não obstante, a função arcsen, sen^{-1}, é conhecida como sua função inversa.

  Explique.

24.14. Para cada caso a seguir, determine se a função é um para um, sobre, ou ambos. Prove suas afirmações.
  a. $f: \mathbb{Z} \to \mathbb{Z}$ definida por $f(x) = 2x$.
  b. $f: \mathbb{Z} \to \mathbb{Z}$ definida por $f(x) = 10 + x$.

c. $f: \mathbb{N} \to \mathbb{N}$ definida por $f(x) = 10 + x$.
d. $f: \mathbb{Z} \to \mathbb{Z}$ definida por

$$f(x) = \begin{cases} \frac{x}{2} & \text{se x é ímpar} \\ \frac{x-1}{2} & \text{se x é par.} \end{cases}$$

e. $f: \mathbb{Q} \to \mathbb{Q}$ definida por $f(x) = x^2$.

24.15. Prove as Proposições 24.14 e 24.15.

24.16. Sejam A e B conjuntos finitos e $f: A \to B$. Prove que quaisquer das duas afirmações seguintes acarretam a terceira.

  a. f é um para um.
  b. f é sobre.
  c. $|A| = |B|$

24.17. Dê um exemplo de um conjunto A e uma função $f: A \to A$, em que f é sobre, mas não um para um.

  Dê um exemplo em que f é um para um, mas não sobre.

  Seus exemplos contradizem o exercício anterior?

24.18. Suponha que $f: A \to B$ seja uma bijeção. Prove que $f^{-1}: B \to A$ também é uma bijeção.

24.19. Seja n um inteiro positivo. Seja A_n o conjunto de divisores positivos de n que são menores que $\sqrt{n}$ e seja B_n o conjunto de divisores positivos de n que são maiores que $\sqrt{n}$. Ou seja:

$$A_n = \{d \in \mathbb{N} : d\,|\,n,\ d < \sqrt{n}\} \quad \text{e} \quad B_n = \{d \in \mathbb{N} : d\,|\,n,\ d > \sqrt{n}\}.$$

Por exemplo, se $n = 24$, então $\sqrt{24} \approx 4{:}899$ e por isso, $A_{24} = \{1; 2; 3; 4\}$ e $B_{24} = \{6; 8; 12; 24\}$.

  a. Encontre uma bijeção $f: A_n \to B_n$. Isto implica $|A_n| = |B_n|$.
  b. Prove que um número inteiro positivo tem um número ímpar de divisores positivos se e somente se n for um quadrado perfeito.
  c. Prove a conjectura que você fez para o Exercício 4.12e.

Nota: O caso $n = 1$ é trivial já que $A_1 = B_1 = \emptyset$. Além disso, 1 é um quadrado perfeito e tem um número ímpar de divisores positivos (apenas ele mesmo).

24.20. Seja A um conjunto de n elementos e seja $k \in \mathbb{N}$. Quantas funções $f: A \to \{0, 1\}$ existem, para as quais há exatamente k elementos a em A com $f(a) = 1$?

24.21. Seja f uma função. Dizemos que f é *dois para um* fornecida para cada $b \in \text{im } f$ há exatamente dois elementos de $a_1; a_2 \in \text{dom } f$ de modo que $f(a_1) = f(a_2) = b$.

  Para um número inteiro positivo n, seja A um conjunto de $2n$ elemento e B um conjunto de n elementos. Quantas funções $f: A \to B$ são dois para um?

24.22. Seja A um conjunto de n elementos e sejam $i, j, k \in \mathbb{N}$ com $i + j + k = n$. Quantas funções $f: A \to \{0, 1, 2\}$ existem para as quais há exatamente i elementos $a \in A$ com $f(a) = 0$, exatamente j elementos $a \in A$ com $f(a) = 1$ e exatamente k elementos $a \in A$ com $f(a) = 2$?

24.23. Seja $f: A \to B$ uma função. A notação $f(.)$ só é definida quando o objeto entre parênteses é um elemento do conjunto A. No entanto, muitas vezes é útil estender (abusar?) essa notação e colocar um subconjunto de A dentro dos parênteses. Se $X \subseteq A$, então $f(X)$ representa o conjunto que todos os valores de f assumem quando aplicados a elementos de X; ou seja:

$$f(X) = \{f(x) : x \in X\}$$

Por exemplo, suponha que $f: \mathbb{Z} \to \mathbb{Z}$ seja definido por $f(x) = x^2$. Seja $X = \{1; 3; 5\}$. Então $f(X) = \{f(1), f(3), f(5)\} = \{1, 9, 25\}$.

Por favor, faça:

a. Seja $f: \mathbb{Z} \to \mathbb{Z}$ por $f(x) = |x|$. Se $X = \{-1, 0, 1, 2\}$ encontre $f(X)$.
b. Seja $f: \mathbb{R} \to \mathbb{R}$ por $f(x) = $ seno x. Se $X = [0, \pi]$, encontre $f(X)$.
c. Seja $f: \mathbb{R} \to \mathbb{R}$ por $f(x) = 2^x$. Se $X = [-1, 1]$, encontre $f(X)$.
d. Seja $f: \mathbb{Z} \to \mathbb{Z}$ por $f(x) = 3x - 1$. E se $f(\{1\})$? É o mesmo que $f(1)$?
e. Seja $f: A \to B$ uma função. E se $f(A)$?

Chamamos $f(X)$ a imagem de X por f.

24.24. Seja f uma função. A notação $f^{-1}(.)$ Só deve ser utilizada (a) se f for uma função invertível e (b) o objeto entre os parênteses é um elemento da imagem de f. No entanto, no mesmo espírito do Exercício 24.23, podemos estender essa notação.

Suponha que $f: A \to B$ seja uma função e Y seja um conjunto. Então, $f^{-1}(Y)$ é o conjunto de todos os elementos A que são mapeados para um valor em Y. Ou seja,

$$f^{-1}(Y) = \{x \in A : f(x) \in Y\}.$$

Por exemplo, suponha $f: \mathbb{Z} \to \mathbb{Z}$ por $f(x) = x^2$ e seja $Y = \{4, 9\}$. Então $f^{-1}(Y) = \{-3, -2, 2, 3\}$.

Note que nesse exemplo f não é um para um, e, portanto, não invertível. Ainda, a notação f^{-1} é permitida nesse contexto.

Por favor faça:

a. Seja $f: \mathbb{Z} \to \mathbb{Z}$ por $f(x) = |x|$. Se $Y = \{1, 2, 3\}$ encontre $f^{-1}(Y)$.
b. Seja $f: \mathbb{R} \to \mathbb{R}$ por $f(x) = x^2$. Se $Y = [1, 2]$, encontre $f^{-1}(Y)$.
c. Seja $f: \mathbb{R} \to \mathbb{R}$ por $f(x) = 1/(1 + x^2)$. Encontre $(\{\frac{1}{2}\})$.
d. Seja $f: \mathbb{R} \to \mathbb{R}$ por $f(x) = 1/(1 + x^2)$. Encontre $f^{-1}(\{-\frac{1}{2}\})$.

Chamamos $f^{-1}(Y)$ de uma pré-imagem de Y por f. Em caso de Y ser apenas um valor único, $Y = \{y\}$, então, alguns autores escreverão $f^{-1}(y)$ para representar o conjunto $\{x \in A : f(x) = a\}$. Isso é terrivelmente abusivo; é muito melhor escrever $f^{-1}(\{y\})$.

25 O princípio da casa do pombo

A Proposição 24.24 é chamada *princípio da casa do pombo*. Ela afirma que, se A e B são conjuntos finitos, e se $|A| > |B|$, então não pode haver qualquer função um para um $f: A \to B$. A razão é óbvia: há demasiados elementos em A. Mas poderíamos perguntar o que tem esse resultado a ver com os *pombos*?

Imagine que tenhamos um bando de pombos, e que eles vivam em uma gaiola dividida em compartimentos separados chamados *celas* nas quais os pombos se aninham.

Suponha que tenhamos p pombos, e que nossa gaiola tenha h celas. Se $p \leq h$, então a gaiola tem tamanho suficiente para que os pombos não tenham de compartilhar celas. Entretanto, se $p > h$, então não há celas suficientes para que cada pombo tenha um alojamento particular; alguns pombos terão de compartilhar celas.

Há vários problemas matemáticos interessantes que podem ser resolvidos pelo princípio da casa do pombo. Apresentamos aqui alguns exemplos.

▶ **PROPOSIÇÃO 25.1**

Seja $n \in \mathbb{N}$. Então, existem inteiros positivos a e b, com $a \neq b$, de modo que $n^a - n^b$ seja divisível por 10.

Por exemplo, se $n = 17$, podemos subtrair

$$\begin{array}{rcr} 17^6 & = & 24.137.569 \\ -\quad 17^2 & = & 289 \\ \hline & & 24.137.280 \end{array}$$

que é divisível por 10.

Para provarmos esse resultado, recorremos ao fato bem conhecido de que um número é divisível por 10 se e somente se seu último algarismo for zero. Uma abordagem mais cuidadosa utilizaria ideias da Seção 35.

Prova. Consideremos os 11 números naturais:

$$n^1 \quad n^2 \quad n^3 \quad \ldots \quad n^{11}$$

Os algarismos das unidades desses números tomam valores no conjunto $\{0, 1, 2, \ldots, 9\}$. Como há apenas dez algarismos das unidades possíveis, e como temos 11 números diferentes, dois desses números (digamos, n^a e n^b) devem ter o mesmo algarismo das unidades. Portanto, $n^a - n^b$ é divisível por 10.

O próximo problema provém da geometria. Todo ponto do plano pode expressar-se em termos de suas coordenadas x e y. Um ponto cujas coordenadas são ambas números inteiros é chamado ponto *reticulado*. Por exemplo, os pontos $(1, 2)$, $(-3, 8)$ e a origem são pontos reticulados, mas $(1,3; 0)$ não o é.

▶ **PROPOSIÇÃO 25.2**

Dados cinco pontos reticulados distintos no plano, ao menos um dos segmentos definidos por esses pontos tem um ponto reticulado como seu ponto médio.

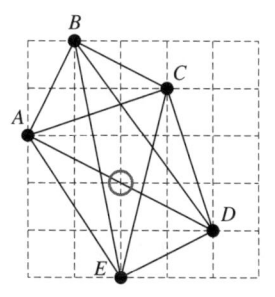

Em outras palavras, suponhamos que A, B, C, D e E sejam pontos reticulados distintos. Podemos formar $\binom{5}{2} = 10$ segmentos retilíneos diferentes cujos pontos extremos estão no conjunto $\{A, B, C, D, E\}$. A Proposição 25.2 afirma que o ponto médio de um (ou mais) desses segmentos deve ser um ponto reticulado. Consideremos, por exemplo, os cinco pontos da figura anterior. O ponto médio do segmento AD é um ponto reticulado.

A fim de provar esse resultado, lembremo-nos da fórmula do ponto médio da geometria analítica. Sejam (a, b) e (c, d) dois pontos no plano (não necessariamente pontos de um reticulado). Podemos achar o ponto médio do segmento retilíneo determinado por esses pontos aplicando a fórmula a seguir:

$$\left(\frac{a+c}{2}, \frac{b+d}{2}\right).$$

Prova (da Proposição 25.2)

Dão-se cinco pontos reticulados distintos no plano. As diversas coordenadas são números inteiros e, consequentemente, são pares ou ímpares. Dadas as coordenadas de um ponto reticulado, podemos classificá-lo como um dos tipos seguintes:

(par, par) (par, ímpar) (ímpar, par) (ímpar, ímpar)

dependendo da paridade das coordenadas. Note que temos cinco pontos reticulados, mas apenas quatro categorias de paridade. Portanto (pelo princípio da casa do pombo), dois desses pontos devem ter o mesmo tipo de paridade. Suponhamos que esses pontos tenham coordenadas (a, b) e (c, d). O ponto médio desse segmento tem coordenadas $\left(\frac{a+c}{2}, \frac{b+d}{2}\right)$. Como a e c têm a mesma paridade, $a + c$ é par e, assim $\frac{a+c}{2}$, é um inteiro. De forma similar $\frac{b+d}{2}$, é um inteiro. Isso prova que o ponto médio é um ponto reticulado.

O terceiro exemplo diz respeito a sequências de inteiros. Uma *sequência* nada mais é que uma lista. Dada uma sequência de inteiros, uma *subsequência* é uma lista formada eliminando-se alguns elementos da lista original e mantendo-se os restantes na mesma ordem em que figuravam originalmente.

Por exemplo, a sequência:

1 9 10 8 3 7 5 2 6 4

contém a subsequência:

9 8 6 4

Note que os quatro números na subsequência estão em ordem decrescente; por isso, nós a chamamos uma subsequência *decrescente*. De forma análoga, uma subsequência cujos elementos figuram em ordem crescente é denominada uma subsequência *crescente*.

Afirmamos que toda sequência de dez inteiros distintos contém uma subsequência de quatro elementos que é crescente ou decrescente. A sequência precedente tem uma subsequência decrescente de tamanho quatro e também uma subsequência crescente de tamanho quatro (ache-a). A sequência:

$$10 \quad 9 \quad 8 \quad 7 \quad 6 \quad 5 \quad 4 \quad 3 \quad 1 \quad 2$$

tem diversas subsequências decrescentes de tamanho quatro, mas nenhuma subsequência crescente de tamanho quatro.

Uma sequência que é ou crescente ou decrescente é chamada *monotônica*. Nossa afirmação é que toda sequência de dez inteiros distintos deve contar uma subsequência monotônica de tamanho quatro. Essa afirmação é um caso especial de um resultado mais geral.

❖ TEOREMA 25.3

(Erdös-Szekeres) Seja n um inteiro positivo. Toda sequência de $n^2 + 1$ inteiros distintos deve conter uma subsequência monotônica de tamanho $n + 1$.

Nosso exemplo (sequências de tamanho dez) é o caso $n = 3$ do teorema de Erdös-Szekeres.

Prova. Seja n um inteiro positivo e suponhamos, por contradição, que haja uma sequência S de $n^2 + 1$ inteiros distintos que não contenha uma subsequência monotônica de tamanho $n + 1$. Em outras palavras, todas as subsequências monotônicas de S têm tamanho n, no máximo.

Seja x um elemento da sequência S. Rotulamos x com um par de inteiros (u_x, d_x). O inteiro u_x (u do inglês *up* = para cima) é o comprimento da maior subsequência crescente de S que começa em x. Da mesma forma, d_x (d do inglês *down* = para baixo) é o comprimento da maior subsequência decrescente de S que começa em x.

Por exemplo, a sequência:

$$1 \quad 9 \quad 10 \quad 8 \quad 3 \quad 7 \quad 5 \quad 2 \quad 6 \quad 4$$

seria rotulada como segue:

1	9	10	8	3	7	5	2	6	4
(4, 1)	(2, 5)	(1, 5)	(1, 4)	(3, 2)	(1, 3)	(2, 2)	(2, 1)	(1, 2)	(1, 1)

O elemento 4 é o último elemento da sequência e, assim, recebe o rótulo (1, 1) – as únicas sequências começando em 4 têm comprimento um. O elemento 9 recebe o rótulo (2, 5) porque o comprimento de uma subsequência crescente máxima começando em 9 é dois: (9, 10). O comprimento de uma subsequência decrescente mais longa começando em 9 é cinco: (9, 8, 7, 5, 4) ou (9, 8, 7, 6, 4).

Voltando à prova, fazemos as observações a seguir.

- Como não há subsequências monotônicas de tamanho $n + 1$ (ou mais longas), *os rótulos na sequência S utilizam apenas os inteiros de 1 a n*.

  Logo, utilizamos no máximo n^2 rótulos – de (1, 1) a (n, n).

- Afirmamos que *dois elementos distintos da sequência não podem ter o mesmo rótulo*.

Para vermos por que, suponhamos que x e y sejam elementos distintos da sequência com x aparecendo antes de y. Seus rótulos são (u_x, d_x) e (u_y, d_y). Como os números na lista são distintos, ou $x < y$ ou $x > y$.

Se $x < y$, afirmamos que $u_x > u_y$: sabemos que há uma subsequência crescente de comprimento u_y começando em y. Se inserirmos x no começo dessa subsequência, obtemos uma subsequência crescente de comprimento $u_y + 1$. Assim, $u_x \geq u_y + 1$ ou, equivalentemente, $u_x > u_y$. Assim, x e y têm rótulos diferentes.

Da mesma maneira, se $x > y$, então temos $d_x > d_y$, e novamente concluímos que x e y têm rótulos diferentes.

Entretanto, essas duas observações levam a uma contradição. Há apenas n^2 rótulos diferentes, e S tem $n^2 + 1$ elementos. Pelo princípio da casa do pombo, dois dos elementos devem ter o mesmo rótulo. Entretanto, isso contradiz a segunda observação de que dois elementos quaisquer não podem ter o mesmo rótulo. $\Rightarrow\Leftarrow$ Portanto, S deve ter uma subsequência monotônica de comprimento $n + 1$.

Teorema de Cantor

O princípio da casa do pombo assegura que, se $|A| > |B|$, não pode haver qualquer função um para um $f: A \to B$. O outro lado dessa moeda é que, se $|A| < |B|$, não pode haver qualquer função sobre $f: A \to B$. Portanto, se $f: A \to B$ é simultaneamente um para um e sobre, então $|A| = |B|$.

Essas afirmações só têm sentido se A e B são conjuntos finitos. Naturalmente, é possível achar bijeções entre conjuntos infinitos. Por exemplo, eis uma bijeção de $\mathbb{N}$ sobre $\mathbb{Z}$. Definamos $f: \mathbb{N} \to \mathbb{Z}$ por:

$$f(n) = \begin{cases} -n/2 & \text{se } n \text{ é par e} \\ (n+1)/2 & \text{se } n \text{ é ímpar.} \end{cases}$$

É um tanto estranho ver que f é uma bijeção de $\mathbb{N}$ sobre $\mathbb{Z}$ apenas atentando para essas fórmulas. Todavia, se calcularmos uns poucos valores de f (para alguns valores pequenos de n), a configuração se define.

n	0	1	2	3	4	5	6	7	8	9
$f(n)$	0	1	–1	2	–2	3	–3	4	–4	5

Obviamente, f é uma função um para um (cada inteiro aparece no máximo uma vez na linha inferior da tabela) e é sobre $\mathbb{Z}$ (cada inteiro aparece em algum lugar na linha inferior). Ver o Exercício 25.16.

Como existe uma bijeção de $\mathbb{N}$ para $\mathbb{Z}$, tem algum sentido escrevermos $|\mathbb{N}| = |\mathbb{Z}|$. Isso significa que $\mathbb{N}$ e $\mathbb{Z}$ são "igualmente infinitos", o que não raro choca as pessoas como contrário à intuição, porque $\mathbb{Z}$ deveria ser "duas vezes mais infinito" do que $\mathbb{N}$. Entretanto, a bijeção mostra que podemos fazer corresponder — da maneira um para um — os elementos dos dois conjuntos.

Você poderia ser tentado a reconciliar esse fato em sua mente dizendo que $|\mathbb{Z}| = |\mathbb{N}|$, pois ambos são infinitos. Isso não é correto. Não se deve escrever $|\mathbb{Z}| = |\mathbb{N}|$, porque os conjuntos são infinitos; todavia, o significado que estamos procurando transmitir é que existe uma bijeção entre $\mathbb{N}$ e $\mathbb{Z}$. Nesse sentido, os dois conjuntos infinitos têm o mesmo tamanho, a despeito do fato de $\mathbb{Z}$ superficialmente parecer ser "duas vezes maior" que $\mathbb{N}$.

É possível dois conjuntos infinitos não terem o mesmo "tamanho"? À primeira vista, isso parece uma questão sem sentido. Se dois conjuntos são ambos infinitos, então eles são ambos infinitos – e fim da história! Mas isso não responde adequadamente à questão.

É razoável dizermos que dois conjuntos têm o mesmo tamanho se existir uma bijeção entre eles. Nesse sentido, $\mathbb{N}$ e $\mathbb{Z}$ têm o mesmo tamanho. Todos os conjuntos infinitos terão o mesmo tamanho? A resposta surpreendente a essa pergunta é – não.

Provamos que $\mathbb{Z}$ e $2^{\mathbb{Z}}$ (o conjunto dos inteiros e o conjunto de todos os subconjuntos dos inteiros) não têm o mesmo tamanho. Eis o resultado geral.

❖ TEOREMA 25.4

(Cantor) Seja A um conjunto. Se $f: A \to 2^A$, então f não é sobre.

Se A é um conjunto finito, esse resultado é fácil. Se $|A| = a$, então $|2^A| = 2^a$ e sabemos que $a < 2^a$ (ver Exercício 21.3). Como 2^A é um conjunto maior, não pode haver qualquer função sobre $f: A \to 2^A$. Esse argumento, entretanto, só se aplica a conjuntos finitos. O teorema de Cantor se aplica a todos os conjuntos.

Prova. Seja A um conjunto e seja $f: A \to 2^A$. Para mostrar que f não é sobre, devemos achar um $B \in 2^A$ (isto é, $B \subseteq A$) para o qual não existe $a \in A$ com $f(a) = B$. Em outras palavras, B é um conjunto que f "perde". Para esse fim, seja:

$$B = \{x \in A : x \notin f(x)\}$$

Afirmamos que não existe nenhum $a \in A$ com $f(a) = B$.

Como $f(x)$ é um conjunto – na verdade, um subconjunto de A –, a condição $x \notin f(x)$ tem sentido.

Suponhamos, por contradição, que exista um $a \in A$ de modo $f(a) = B$. Ponderamos: $a \in B$?

- Se $a \in B$, então, como $B = f(a)$, temos $a \in f(a)$. Assim, pela definição de B, $a \notin f(a)$; isto é, $a \notin B$. $\Rightarrow\Leftarrow$
- Se $a \notin B = f(a)$, então, pela definição de B, $a \in B$. $\Rightarrow\Leftarrow$

Tanto $a \in B$ como $a \notin B$ levam a contradições; daí, nossa suposição (existe um $a \in A$ com $f(a) = B$) é falsa e, assim, f não é sobre.

◆ EXEMPLO 25.5

Vamos ilustrar a prova do Teorema 25.4 com um exemplo específico. Sejam $A = \{1, 2, 3\}$ e $f: A \to 2^A$ conforme definida na tabela a seguir.

a	$f(a)$	$a \in f(a)$?
1	$\{1, 2\}$	sim
2	$\{3\}$	não
3	$\emptyset$	não

Ora, $B = \{x \in A : x \notin f(x)\}$. Como $1 \in f(1)$, mas $2 \notin f(2)$ e $3 \notin f(3)$, temos $B = \{2, 3\}$. Note que não há $a \in A$ com $f(a) = B$.

A implicação do teorema de Cantor é que $|\mathbb{Z}| \neq |2^\mathbb{Z}|$. Em um sentido correto, $2^\mathbb{Z}$ é mais infinito do que $\mathbb{Z}$. Cantor desenvolveu essas noções criando um novo conjunto de números "além" dos números naturais; chamou esses números de *cardinais transfinitos*. Cantor provou que os menores conjuntos infinitos têm o mesmo tamanho que $\mathbb{N}$. O tamanho de $\mathbb{N}$ é denotado pelo número transfinito chamado $\aleph 0$ (alef zero).

Recapitulando

Não pode haver qualquer função um para um de um conjunto para um conjunto menor; esse fato é conhecido como princípio da casa do pombo. Já ilustramos como ele pode ser utilizado em provas. Sabemos, também, que não pode haver uma função de um conjunto sobre um conjunto maior. Mostramos que, para qualquer conjunto A, o conjunto 2^A é maior, mesmo para conjuntos infinitos A.

25 Exercícios

25.1. Seja N um inteiro positivo. Explique por que se N é pelo menos dez bilhões, então, dois dos seus dígitos devem ser o mesmo.

A propósito: qual é o maior inteiro que não tem um dígito repetido?

25.2. Que tamanho de um grupo de pessoas precisamos considerar para termos certeza de que dois membros dele têm a mesma data de nascimento (mês e dia)?

25.3. Que tamanho de um grupo de pessoas precisamos considerar para ter certeza que *três* membros dele têm as mesmas iniciais (primeira, meio, última)?

25.4. Em qualquer cidade grande típica, existem (pelo menos) duas mulheres com exatamente o mesmo número de cabelos em suas cabeças. Explique por quê.

> Por *cidade grande* queremos dizer com meio milhão de habitantes ou mais.

25.5. Seja $(a_1, a_2, a_3, a_4, a_5)$ uma sequência de cinco inteiros distintos. Chamamos isso de sequência crescente se $a_1 < a_2 < a_3 < a_4 < a_5$ e decrescente se $a_1 > a_2 > a_3 > a_4 > a_5$. Outras sequências podem ter um padrão diferente de <s e >s. Para a sequência $(1, 5, 2, 3, 4)$ temos $1 < 5 > 2 < 3 < 4$. Sequências diferentes podem ter o mesmo padrão de <s e >s entre seus elementos. Por exemplo, $(1, 5, 2, 3, 4)$ e $(0, 6, 1, 3, 7)$ têm o mesmo padrão de <s e >s como ilustrado aqui:

$$1 < 5 > 2 < 3 < 4$$
$$\updownarrow \quad \updownarrow \quad \updownarrow \quad \updownarrow$$
$$0 < 6 > 1 < 3 < 7$$

Dada um conjunto de 17 sequências de cinco inteiros distintos, prove que dois deles têm o mesmo padrão de <s e >s.

25.6. Dois números de segurança social (ver Exercício 8.12) têm *zeros correspondentes*, se um dígito de um número é zero, o dígito correspondente do outro também é zero. Em outras palavras, os zeros nos dois números aparecem exatamente nas mesmas posições. Por exemplo, os números de segurança social 120-90-1109 e 430-20-5402 têm zeros correspondentes.

Prove: dado um conjunto de 513 números de segurança social, deve haver dois com zeros correspondentes.

25.7. Dado um conjunto de sete inteiros positivos distintos, prove que existe um par cuja soma ou diferença seja um múltiplo de 10.

Você pode usar o fato de que, se um dígito de um inteiro for 0, então, aquele inteiro é múltiplo de 10.

25.8. Os quadrados de um tabuleiro de xadrez de 8 × 8 são de cor preta ou branca. Para este problema, uma *região L* é um conjunto de 5 quadrados na forma de um L maiúsculo. Tal região inclui um quadrado (no canto do L), juntamente com os dois quadrados acima e os dois à direita. Duas regiões L são mostradas na figura.

Prove que não importa como colorimos o tabuleiro de xadrez, deve haver duas regiões L coloridas de forma idêntica (como ilustrado pelas duas regiões L na figura).

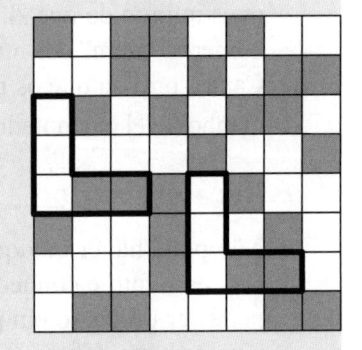

25.9. Considere um quadrado cujo lado tenha comprimento um. Suponha que nós selecionamos cinco pontos desse quadrado. Prove que existem dois pontos cuja distância é de no máximo $\sqrt{2}/2$.

25.10. Mostre que a Proposição 25.2 é a melhor possível para encontrar quatro caminhos reticulados no plano de modo que nenhum de seus pontos médios sejam caminhos reticulados.

25.11. Encontre e prove uma generalização da Proposição 25.2 para três dimensões.

25.12. Localize uma sequência de nove inteiros distintos que não contenha uma subsequência monótona de comprimento quatro.

Generalize sua construção mostrando como construir (para cada inteiro positivo n) uma sequência de n^2 inteiros distintos que não contenha uma subsequência monótona de comprimento $n + 1$.

25.13. Seja $a_1, a_2, a_3, \ldots, a_{1001}$ uma sequência de números inteiros. Prove que ela deve conter uma subsequência de comprimento 11 que esteja (a) aumentando, (b) diminuindo, ou (c) seja constante. Em outras palavras, podemos encontrar índices $i_1 < i_2 < \ldots < i_{11}$ de forma que uma das seguintes opções seja verdadeira:

$$a_{i_1} < a_{i_2} < a_{i_3} < \cdots < a_{i_{11}}$$
$$a_{i_1} > a_{i_2} > a_{i_3} > \cdots > a_{i_{11}}$$
$$a_{i_1} = a_{i_2} = a_{i_3} = \cdots = a_{i_{11}}$$

Em seguida, crie uma sequência de apenas 1.000 inteiros que não contenha uma subsequência que esteja aumentando, diminuindo ou seja constante.

25.14. Escreva um programa de computador que aceite como entrada uma sequência de números inteiros distintos e retorne como saída o comprimento de uma subsequência monótona maior.

25.15. Dez pontos são colocados no plano sem que estejam dois na mesma linha horizontal e dois na mesma linha vertical. Prove que deve haver quatro pontos que podem ser unidos para resultar em um trajetória ascendente (como visto da esquerda para a direita) ou quatro pontos que se podem juntar para resultar numa trajetória descendente. Veja a figura.

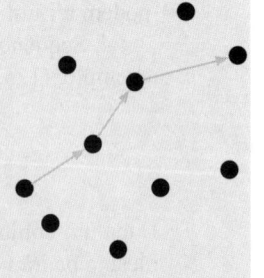

25.16. Seja $f: \mathbb{N} \rightarrow \mathbb{Z}$ por:

$$f(n) = \begin{cases} -n/2 & \text{se } n \text{ é par e} \\ (n+1)/2 & \text{se } n \text{ é ímpar.} \end{cases}$$

Prove que f é uma bijeção.

25.17. Denote E o conjunto de inteiros pares. Encontre uma bijeção entre E e $\mathbb{Z}$.

25.18. Seja A um conjunto não vazio. Prove que, se $f: 2^A \to A$, então f não é um para um.

25.19. Neste problema, mostre que existem "mais" números reais do que números naturais. Para começar, vamos definir uma função f a partir de subconjuntos de $\mathbb{N}$ a $\mathbb{R}$; isso é, $f: 2^\mathbb{N} \to \mathbb{R}$. Seja A um subconjunto de $\mathbb{N}$. Colocamos:

$$f(A) = \sum_{a \in A} 10^{-a}.$$

Por exemplo, se $A = \{1, 2, 4\}$, então:

$$f(A) = 10^{-1} + 10^{-2} + 10^{-4}$$

que equivale a 0,1101 em notação decimal.

a. Suponha que A seja o conjunto dos números naturais ímpares. E se $f(A)$? Expresse sua resposta como um decimal e como uma fração simples.
b. Mostre que f é um para um.

Do Teorema de Cantor (Teorema 25.4) sabemos que há "menos" números naturais do que subconjuntos de números naturais, e com este problema há "pelo menos tantos" números reais quanto subconjuntos de $\mathbb{N}$. Em símbolos:

$$|\mathbb{N}| < |2^\mathbb{N}| \leq |\mathbb{R}|$$

e portanto, há "menos" números naturais do que números reais. Na verdade, pode-se mostrar que há uma bijeção entre $2^\mathbb{N}$ e $\mathbb{R}$, de modo que o $\leq$ acima pode ser substituído por um $=$.

26 Composição

Assim como há operações (por exemplo, $+$ e $\times$) para combinar inteiros e operações para combinar conjuntos (por exemplo, $\cup$ e $\cap$), há uma operação natural para combinar funções.

DEFINIÇÃO 26.1

(Composição de funções) Sejam os conjuntos A, B e C e sejam $f: A \to B$ e $g: B \to C$. Então, a função $g \circ f$ é uma função de A para C definida por

$$(g \circ f)(a) = g[f(a)]$$

em que $a \in A$. A função $g \circ f$ é chamada *composição* de g e f.

EXEMPLO 26.2

Sejam $A = \{1, 2, 3, 4, 5\}$, $B = \{6, 7, 8, 9\}$ e $C = \{10, 11, 12, 13, 14\}$. Sejam $f: A \to B$ e $g: B \to C$ definidas por:

$$f = \{(1, 6), (2, 6), (3, 9), (4, 7), (5, 7)\}, \quad \text{e } g = \{(6, 10), (7, 11), (8, 12), (9, 13)\}.$$

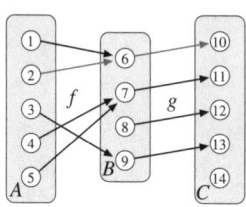

Então, $g \circ f$ é a função:

$$(g \circ f) = \{(1, 10), (2, 10), (3, 13) (4, 11), (5, 11)\}$$

Por exemplo,

$$(g \circ f)(2) = g[f(2)] = g[6] = 10$$

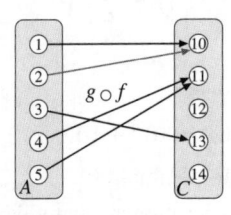

Assim, $(2, 10) \in g \circ f$; isto é, $(g \circ f)(2) = 10$.

EXEMPLO 26.3

Seja $f: \mathbb{Z} \to \mathbb{Z}$ dada por $f(x) = x^2 + 1$ e $g: \mathbb{Z} \to \mathbb{Z}$ dada por $g(x) = 2x - 3$. Quanto é $(g \circ f)(4)$?
Calculamos $(g \circ f)(4) = g[f(4)] = g(4^2 + 1) = g(17) = 2 \times 17 - 3 = 31$ (ver a figura).

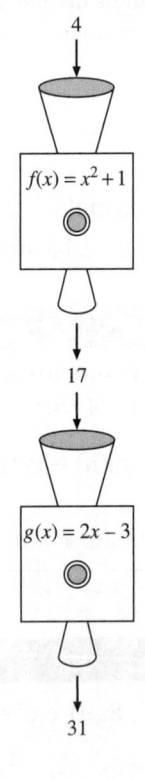

De modo geral,

$$\begin{aligned}(g \circ f)(x) &= g[f(x)] \\ &= g(x^2 + 1) \\ &= 2(x^2 + 1) - 3 \\ &= 2x^2 + 2 - 3 \\ &= 2x^2 - 1\end{aligned}$$

Alguns comentários:

- Anotação $g \circ f$ significa que, primeiro, aplicamos f e, em seguida, g. Pode parecer estranho que, embora calculemos f primeiro, escrevamos seu símbolo g depois. Por quê? Quando aplicamos a função $(g \circ f)$ a um elemento a, como em

$$(g \circ f)(a)$$

a letra f está mais próxima de a e "atinge" a primeiro:

$$(g \circ f)(a) \to g\,[f(a)].$$

- O domínio de $g \circ f$ é o mesmo que o de f:

$$\mathrm{dom}(g \circ f) = \mathrm{dom}\,f.$$

- Para que $g \circ f$ tenha sentido, toda saída de f deve ser uma entrada aceitável para g. Propriamente dito, devemos ter $\mathrm{im}\,f \subseteq \mathrm{dom}\,g$. As exigências $f: A \to B$ e $g: B \to C$ asseguram que as funções se adaptam quando formamos $g \circ f$.

  Para as funções do Exemplo 26.2, $f \circ g$ não é definida porque $g(6) = 10$, mas $10 \notin \mathrm{dom}\,f$.
- É possível que ambas $g \circ f$ e $f \circ g$ tenham sentido (sejam definidas). Em tal situação, pode ocorrer que $f \circ g \neq g \circ f$ (sejam funções diferentes).

◆ EXEMPLO 26.4

$(g \circ f \neq f \circ g)$ Seja $A = \{1, 2, 3, 4, 5, 6\}$ e sejam $f: A \to A$ e $g: A \to A$ definidas por:

$$\begin{aligned}f &= \{(1,1),(2,1),(3,1),(4,1),(5,1)\}, &\text{e}\\ g &= \{(1,5),(2,4),(3,3),(4,2),(5,1)\}.\end{aligned}$$

Então, $g \circ f$ e $f \circ g$ são:

$$\begin{aligned}g \circ f &= \{(1,5),(2,5),(3,5),(4,5),(5,5)\} &\text{e}\\ f \circ g &= \{(1,1),(2,1),(3,1),(4,1),(5,1)\}.\end{aligned}$$

Assim, $g \circ f \neq f \circ g$.

◆ EXEMPLO 26.5

Recordemos as funções f e g do Exemplo 26.3: $f(x) = x^2 + 1$ e $g(x) = 2x - 3$. Para essas funções, temos:

$$\begin{aligned}(g \circ f)(4) &= g[f(4)] = g(17) = 31 \quad \text{e}\\ (f \circ g)(4) &= f[g(4)] = f(5) = 26\end{aligned}$$

Portanto, $(g \circ f) \neq (f \circ g)$.

Mais geralmente,

$$\begin{aligned}(g \circ f)(x) &= g[f(x)] = g[x^2 + 1]\\ &= 2[x^2 + 1] - 3 = 2x^2 - 1 \quad \text{e}\end{aligned}$$

$$(f \circ g)(x) = f[g(x)] = f[2x - 3]$$
$$= [2x - 3]^2 + 1$$
$$= 4x^2 - 12x + 10$$

Portanto, $g \circ f \neq f \circ g$.

Assim, a composição de funções não satisfaz a propriedade comutativa. Verifica-se, entretanto, a propriedade associativa.

▶ **PROPOSIÇÃO 26.6**

Sejam os conjuntos A, B, C e D e sejam $f : A \to B$, $g : B \to C$ e $h : C \to D$. Então,

$$h \circ (g \circ f) = (h \circ g) \circ f.$$

Essa proposição afirma que duas funções $h \circ (g \circ f)$ e $(h \circ g) \circ f$ são a mesma função. Antes de começarmos a prova, façamos uma pausa. Como provamos que duas funções são a mesma função? Podemos voltar aos fundamentos e recordar que funções são relações, e, por sua vez, relações são conjuntos de pares ordenados. Podemos, então, seguir o Esquema de prova 5 para mostrar que os conjuntos são iguais.

Entretanto, é mais simples mostrarmos que as duas funções têm o mesmo domínio e que, para cada elemento em seu domínio comum, geram o mesmo valor. Isso implica que os dois conjuntos sejam o mesmo (ver Exercício 26.2). Esses fatos estão resumidos no Esquema de prova 22.

Esquema de prova 22 Provar que duas funções são iguais.

Sejam as funções f e g. Para provar que $f = g$, devemos fazer o seguinte:
- Provar que dom f = dom g.
- Provar que, para todo x em seu domínio comum, $f(x) = g(x)$.

Passamos agora à prova da Proposição 26.6.

Prova. Sejam $f : A \to B$, $g : B \to C$ e $h : C \to D$. Pretendemos provar que $h \circ (g \circ f) = (h \circ g) \circ f$.

Em primeiro lugar, verificamos que os domínios de $h \circ (g \circ f)$ e de $(h \circ g) \circ f$ coincidem. Já havíamos notado que dom $(g \circ f)$ = dom f. Aplicando esse fato à situação em curso, temos:

$$\text{dom}[h \circ (g \circ f)] = \text{dom}(g \circ f) = \text{dom} f = A, \quad \text{e}$$
$$\text{dom}[(h \circ g) \circ f] = \text{dom} f = A$$

assim, ambas as funções têm o mesmo domínio, A.

Em segundo lugar, verificamos que, para qualquer $a \in A$, as duas funções geram o mesmo. Seja $a \in A$ arbitrário. Calculamos:

$$[h \circ (g \circ f)(a) = h[(g \circ f)(a)]$$
$$= h[g[f(a)]]$$

$$e \quad [(h \circ g) \circ f](a) = (h \circ g)[f(a)]$$
$$= h[g[f(a)]].$$

Logo, $h \circ (g \circ f) = (h \circ g) \circ f$.

A função identidade

O inteiro 1 é o elemento identidade para a multiplicação, e $\emptyset$ é o elemento identidade para a união. Qual é o elemento identidade para a composição? Não existe um elemento único; ao contrário, há diversos.

● DEFINIÇÃO 26.7

(**Função identidade**) Seja A um conjunto. A *função identidade em A* é a função id_A, cujo domínio é A e para todo $a \in A$, $\text{id}_A(a) = a$. Em outras palavras,

$$\text{id}_A = \{(a, a): a \in A\}.$$

A razão por que chamamos id_A função identidade é a seguinte.

▶ PROPOSIÇÃO 26.8

Sejam os conjuntos A e B e consideremos a função $f: A \to B$. Então

$$f \circ \text{id}_A = \text{id}_B \circ f = f$$

Prova. Devemos mostrar que as funções $f \circ \text{id}_A$, $\text{id}_B \circ f$ e f são todas a mesma função. Recorremos ao Esquema de prova 22.

Consideremos $f \circ \text{id}_A$ e f. Temos:

$$\text{dom}(f \circ \text{id}_A) = \text{dom id}_A = A = \text{dom } f$$

assim, elas têm o mesmo domínio. Seja $a \in A$. Calculamos:

$$(f \circ \text{id}_A)(a) = f(\text{id}_A(a)) = f(a)$$

de forma que $f \circ \text{id}_A$ e f dão o mesmo valor qualquer que seja $a \in A$. Portanto, $f \circ \text{id}_A = f$. O argumento que $\text{id}_B \circ f = f$ é praticamente o mesmo (ver Exercício 26.5).

Tal como a multiplicação de um número racional por seu inverso dá 1, a composição de uma função com sua inversa dá uma função identidade.

▶ PROPOSIÇÃO 26.9

Sejam os conjuntos A e B e suponhamos que $f: A \to B$ seja um para um e sobre. Então:

$$f \circ f^{-1} = \text{id}_B \text{ e } f^{-1} \circ f = \text{id}_A.$$

Prove essa proposição (Exercício 26.6).

Recapitulando

Nesta seção, vamos estudar a composição de funções e as funções identidade.

26 Exercícios

26.1. Listamos a seguir vários pares de funções f e g. Para cada par:

Determine qual das duas é definida, $g \circ f$ ou $f \circ g$.

Se uma ou ambas forem definidas, ache a(s) função(ões) resultante(s).

Se ambas forem definidas, determine se $g \circ f = f \circ g$ ou não.

a. $f = \{(1, 2), (2, 3), (3, 4)\}$ e $g = \{(2, 1), (3, 1), (4, 1)\}$
b. $f = \{(1, 2), (2, 3), (3, 4)\}$ e $g = \{(2, 1), (3, 2), (4, 3)\}$
c. $f = \{(1, 2), (2, 3), (3, 4)\}$ e $g = \{(1, 2), (2, 0), (3, 5), (4, 3)\}$
d. $f = \{(1, 4), (2, 4), (3, 3), (4, 1)\}$ e $g = \{(1, 1), (2, 1), (3, 4), (4, 4)\}$
e. $f = \{(1, 2), (2, 3), (3, 4), (4, 5), (5, 1)\}$ e $g = \{(1, 3), (2, 4), (3, 5), (4, 1), (5, 2)\}$
f. $f(x) = x^2 - 1$ e $g(x) = x^2 + 1$ (ambos para todo $x \in \mathbb{Z}$)
g. $f(x) = x + 3$ e $g(x) = x - 7$ (ambos para todo $x \in \mathbb{Z}$)
h. $f(x) = 1 - x$ e $g(x) = 2 - x$ (ambos para todo $x \in \mathbb{Q}$)
i. $f(x) = \frac{1}{x}$ para $x \in \mathbb{Q}$, exceto $x = 0$ e $g(x) = x + 1$ para todo $x \in \mathbb{Q}$
j. $f = \text{id}_A$ e $g = \text{id}_B$, quando $A \subseteq B$ mas $A \neq B$

26.2. Considere as funções f e g. Prove que $f = g$ (como conjuntos) se e somente se $\text{dom } f = \text{dom } g$ e, para todo x em seu domínio comum, $f(x) = g(x)$. Isso justifica o Esquema de prova 22.

26.3. Dados os conjuntos A e B, prove que $A = B$ se e somente se $\text{id}_A = \text{id}_B$.

26.4. Qual é a diferença entre a função identidade definida em um conjunto A e a relação "é igual a" definida em A?

26.5. Complete a prova da Proposição 26.8.

26.6. Prove a Proposição 26.9.

26.7. Sejam A e B conjuntos e f e g funções com $f: A \to B$ e $g: B \to A$.

Prove: se $g \circ f = \text{id}_A$ e $f \circ g = \text{id}_B$, então f é invertível e $g = f^{-1}$.

Nota: esse resultado é uma recíproca da Proposição 26.9.

26.8. Seja $f: A \to B$ uma bijeção. Explique por que as seguintes igualdades são *incorretas*:

$$f \circ f^{-1} = \text{id}_A \quad \text{e} \quad f^{-1} \circ f = \text{id}_B$$

26.9. Sejam os conjuntos A, B e C e $f: A \to B$ e $g: B \to C$. Prove:

a. Se f e g são um para um, também o é $g \circ f$.
b. Se f e g são sobre, $g \circ f$ também é sobre.
c. Se f e g são bijeções, também o é $g \circ f$.

26.10. Determine um par de funções f e g, do conjunto A para si mesmo, de modo que $f \circ g = g \circ f$.

Qualquer um dos casos a seguir serve:

- Escolha f e g como a mesma função.
- Escolha f ou g como id_A.
- Escolha $g = f^{-1}$.

Esses são muito fáceis. Ache outro exemplo.

26.11. Sejam A um conjunto e f uma função com $f: A \to A$.

a. Suponha que f seja um para um. Deve f ser sobre?
b. Suponha que f seja sobre. Deve f ser um para um?

Justifique sua resposta.

26.12. Suponha que $f: A \to A$ e $g: A \to A$ sejam ambas bijeções. Prove ou refute:
   a. $g \circ f$ é uma bijeção de A para si mesmo.
   b. $(g \circ f)^{-1} = g^{-1} \circ f^{-1}$
   c. $(g \circ f)^{-1} = f^{-1} \circ g^{-1}$.

26.13. Seja A um conjunto e $f: A \to A$. Então, $f \circ f$ é também uma função de A para si mesmo; também o é $f \circ f \circ f$.

Representemos por $f^{(n)}$ a composição de ordem n de f consigo mesma; isto é:

$$f^{(n)} = \underbrace{f \circ f \circ \cdots \circ f}_{n \text{ vezes}}.$$

Naturalmente, $f^{(1)} = f$.
   a. Estabeleça um significado aceitável para $f^{(0)}$.
   b. Se $f, g: A \to A$, devemos ter $(g \circ f)^{(2)} = g^{(2)} \circ f^{(2)}$? Prove ou refute.
   c. Se f é invertível, deve ser $(f^{-1})^{(n)} = (f^{(n)})^{-1}$? Prove ou refute.

A melhor maneira de responder às questões a seguir é com o auxílio de um computador.

   d. Seja $f: \mathbb{R} \to \mathbb{R}$ definida por $f(x) = 2{,}8x(1-x)$. Considere a sequência de valores:

$$f(\tfrac{1}{2}), f^{(2)}(\tfrac{1}{2}), f^{(3)}(\tfrac{1}{2}), f^{(4)}(\tfrac{1}{2}), \ldots.$$

Descreva o comportamento a longo prazo desses números.

   e. Seja $f: \mathbb{R} \to \mathbb{R}$ definida por $f(x) = 3{,}1x(1-x)$. Considere a sequência de valores:

$$f(\tfrac{1}{2}), f^{(2)}(\tfrac{1}{2}), f^{(3)}(\tfrac{1}{2}), f^{(4)}(\tfrac{1}{2}), \ldots.$$

Descreva o comportamento a longo prazo desses números.

   f. Seja $f: \mathbb{R} \to \mathbb{R}$ definida por $f(x) = 3{,}9x(1-x)$. Considere a sequência de valores:

$$f(\tfrac{1}{2}), f^{(2)}(\tfrac{1}{2}), f^{(3)}(\tfrac{1}{2}), f^{(4)}(\tfrac{1}{2}), \ldots.$$

Descreva o comportamento em longo prazo desses números.

> Note que $f^{(n)}(x)$ não significa $[f(x)]^n$. Por exemplo, se $f(x) = \frac{1}{2}x + 1$, então $f^{(2)}(x) = f[f(x)] = \frac{1}{2}[\frac{1}{2}x + 1] + 1 = \frac{1}{4}x + \frac{3}{2}$. Isso não é o mesmo que $[f(x)]^2 = (\frac{1}{2}x + 1)^2 = \frac{1}{4}x^2 + x + 1$.

26.14. Para cada uma das sequências seguintes, encontre uma fórmula para a n-ésimo iteração da função f com o valor inicial dado de x_0. Ou seja, encontre o n-ésimo termo de:

$$f(x_0), f^{(1)}(x_0), f^{(2)}(x_0), \ldots.$$

   a. $f(x) = 2x + 1$ e $x_0 = 1$.
   b. $f(x) = 2x + 1$ e $x_0 = -1$.
   c. $f(x) = x + 2$ e $x_0 = 1$.
   d. $f(x) = x^2$ e $x_0 = 2$.
   e. $f(x) = 1/x$ e x_0 2.

26.15. A notação padrão para a aplicação de uma função f para um valor a é $f(a)$. No entanto, uma alternativa obscura é escrever f como um expoente acima de a, assim: a^f. Se alguém segue essa convenção, torna-se natural expressar a composição das funções, como a multiplicação:

$$\left(a^f\right)^g = a^{(fg)}$$

> Qual é a diferença entre essa notação para composição e da notação ∘ que desenvolvemos nesta seção? Qual vantagem essa notação alternativa poderia ter?
>
> Aqui usamos a notação do Exercício 26.13.

27 Permutações

Informalmente, uma *permutação* é uma ordenação de objetos. O significado preciso de permutação é o seguinte.

● **DEFINIÇÃO 27.1**

(**Permutação**) Seja A um conjunto. Uma *permutação* sobre A é uma bijeção de A em si mesmo.

◆ **EXEMPLO 27.2**

Sejam $A = \{1, 2, 3, 4, 5\}$ e $f: A \to A$ definida por:

$$f = \{(1, 2), (2, 4), (3, 1), (4, 3), (5, 5)\}$$

Como f é uma função um para um e sobre (isto é, uma bijeção) de A para A, é uma permutação.

Note que, como f é uma bijeção, a lista $f(1), f(2), f(3), f(4), f(5) = (2, 4, 1, 3, 5)$ nada mais é que uma reordenação de $(1, 2, 3, 4, 5)$.

É costume utilizarmos minúsculas gregas (especialmente π, σ, e τ) para representar permutações. Note que, nesse contexto, π não representa o número real 3,14159...

O conjunto de todas as permutações de $\{1, 2, ..., n\}$ tem uma notação especial.

> Os matemáticos adotam a notação S_n para denotar o conjunto de todas as permutações sobre qualquer conjunto de n elementos.

● **DEFINIÇÃO 27.3**

(S_n) Denota-se por S_n o conjunto de todas as permutações sobre o conjunto $\{1, 2, ..., n\}$.

Em seções posteriores, S_n será chamado *grupo simétrico* de n elementos.

O resultado seguinte relaciona propriedades importantes de S_n. Uma dessas propriedades é que a função identidade $\text{id}_{\{1, 2, ..., n\}}$ é uma permutação e, assim, está em S_n. Costuma-se denotar a função identidade pela letra grega minúscula ι.

> O símbolo ι é a letra grega minúscula *iota*. É bastante parecida com o nosso i, mas não tem o pingo. É chamada *permutação identidade*.

▶ **PROPOSIÇÃO 27.4**

Há $n!$ permutações em S_n. O conjunto S_n verifica as propriedades a seguir:

- $\forall \pi, \sigma \in S_n, \pi \circ \sigma \in S_n$.
- $\forall \pi, \sigma, \tau \in S_n, \pi \circ (\sigma \circ \tau) = (\pi \circ \sigma) \circ \tau$.
- $\forall \pi \in S_n, \pi \circ \iota = \iota \circ \pi = \pi$.
- $\forall \pi \in S_n, \pi^{-1} \in S_n$ e $\pi \circ \pi^{-1} = \pi^{-1} \circ \pi = \iota$.

Prova. Já provamos todas as afirmações dessa proposição! O fato de ser $|S_n| = n!$ provém do Teorema 24.26. E o fato de a composição de duas permutações ser uma permutação é uma consequência do Exercício 26.9. A equação $\iota \circ \pi = \pi \circ \iota = \pi$ decorre da Proposição 26.8. O fato de que $\pi \in S_n \Rightarrow \pi^{-1} \in S_n$ decorre do Exercício 24.18, e o fato de ser $\pi \circ \pi^{-1} = \pi^{-1} \circ \pi = \iota$ é demonstrado na Proposição 26.9.

Notação em ciclos

No Exemplo 27.2, consideramos a seguinte permutação em S_5:

$$\pi = \{(1, 2), (2, 4), (3, 1), (4, 3), (5, 5)\}$$

Embora correta, a representação de uma função como uma lista de pares ordenados nem sempre é a mais útil. Vamos considerar aqui maneiras alternativas de expressar permutações.

A permutação do Exemplo 27.2 em forma de tabela:

x	$\pi(x)$
1	2
2	4
3	1
4	3
5	5

Podemos expressar π em forma de uma tabela, conforme figura anterior. Outra forma comum de expressar uma permutação é como um quadro de $2 \times n$ inteiros. A linha superior contém os inteiros 1 a n em sua ordem usual, e a linha de baixo contém:

$$\pi = \begin{bmatrix} 1 & 2 & 3 & 4 & 5 \\ 2 & 4 & 1 & 3 & 5 \end{bmatrix}.$$

Observe que a notação em forma de um quadro $2 \times n$ não é muito diferente da representação por uma tabela.

A linha superior na notação em quadro não é estritamente necessária. Poderíamos expressar a permutação π simplesmente escrevendo a linha de baixo; toda a informação de que necessitamos está ali. Poderíamos escrever $\pi = [2, 4, 1, 3, 5]$. Quando n é pequeno (por exemplo, $n = 5$), essa notação é razoável. Todavia, para maiores valores de n (por exemplo, $n = 200$) é desconfortável para o indivíduo distinguir entre $\pi(83)$ e $\pi(84)$. Em contrapartida, esta é uma forma razoável de armazenarmos uma permutação em um computador.

Uma notação alternativa para expressar permutações é a *notação em ciclos*. A notação em ciclos para a permutação $\pi = \begin{bmatrix} 1 & 2 & 3 & 4 & 5 \\ 2 & 4 & 1 & 3 & 5 \end{bmatrix}$ é a seguinte:

$$\pi = (1, 2, 4, 3)(5)$$

Vamos explicar o que essa notação significa. As duas listas entre parênteses, $(1, 2, 4, 3)$ e (5), são chamadas *ciclos*. O ciclo $(1, 2, 4, 3)$ significa que

$$1 \mapsto 2 \mapsto 4 \mapsto 3 \mapsto 1$$

Em outras palavras,

$$\pi(1) = 2, \quad \pi(2) = 4, \quad \pi(4) = 3 \quad \text{e} \quad \pi(3) = 1$$

Cada número k é seguido por $\pi(k)$. Literalmente, se começássemos o ciclo com 1, caminharíamos indefinidamente: $(1, 2, 4, 3, 1, 2, 4, 3, 1, 2, 4, 3, 1, ...)$. Em lugar disso, quando atingimos o primeiro 3, fechamos o parêntese, o que significa "volte ao início do ciclo". Assim, $(1, ..., 3)$ significa que $\pi(3) = 1$.

O que significa o solitário (5)? Significa que $\pi(5) = 5$.

Prossigamos com um exemplo mais complicado.

◆ **EXEMPLO 27.5**

Seja $\pi = \begin{bmatrix} 1 & 2 & 3 & 4 & 5 & 6 & 7 & 8 & 9 \\ 2 & 7 & 5 & 6 & 3 & 8 & 1 & 4 & 9 \end{bmatrix} \in S_9$. Expresse π em notação de ciclos.

Solução: note que $\pi(1) = 2$, $\pi(2) = 7$ e $\pi(7) = 1$ (voltamos ao começo). Até aqui temos:

$$\pi = (1, 2, 7)...$$

O primeiro elemento que deixamos de considerar é 3. Recomeçando de 3, temos $\pi(3) = 5$ e $\pi(5) = 3$, de forma que o próximo é $(3, 5)$. Até aqui temos $\pi = (1, 2, 7)(3, 5)...$

O próximo elemento que temos ainda a considerar é 4. Temos $\pi(4) = 6$, $\pi(6) = 8$ e $\pi(8) = 4$ para completar o ciclo. O próximo ciclo é $(4, 6, 8)$. Até aqui temos $(1, 2, 7)(3, 5)(4, 6, 8)...$

Por fim, temos $\pi(9) = 9$, de forma que o último ciclo é apenas (9). Em notação de ciclos, a permutação π é:

$$\pi = (1, 2, 7)(3, 5)(4, 6, 8)(9).$$

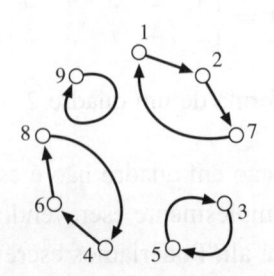

Podemos traçar um gráfico de uma permutação. Seja $\pi \in S_n$. Marcamos um ponto para cada elemento do conjunto $\{1, 2, ..., n\}$. Traçamos uma seta do ponto k até o ponto $\pi(k)$. A figura mostra a permutação $\pi = \begin{bmatrix} 1 & 2 & 3 & 4 & 5 & 6 & 7 & 8 & 9 \\ 2 & 7 & 5 & 6 & 3 & 8 & 1 & 4 & 9 \end{bmatrix}$. Note que cada ciclo em $(1, 2, 7)(3, 5)(4, 6, 8)(9)$ corresponde a um ciclo de setas no diagrama.

O método da notação em ciclos funciona para todas as permutações? É possível que comecemos fazendo um ciclo $(1, 5, 2, 9,...)$ e a primeira repetição não seja para o primeiro elemento do ciclo. Em outras palavras, poderíamos chegar a uma situação como:

$$\pi(1) = 5 \quad \pi(5) = 2 \quad \pi(2) = 9 \quad \pi(9) = 5?$$

No diagrama, teríamos uma cadeia de setas começando em 1, caminhando até 5, em seguida a 2, depois a 9, mas então de volta a 1. Isso poderia acontecer? Não. Note que, em tal caso, teríamos $\pi(1) = \pi(9) = 5$, contradizendo o fato de π ser um para um.

Mais formalmente, seja $\pi \in S_n$. Consideremos a sequência:

$$1, \pi(1), (\pi \circ \pi)(1), (\pi \circ \pi \circ \pi)(1), ...$$

que podemos escrever:

$$1, \pi(1), \pi^{(2)}(1), \pi^{(3)}(1), ...$$

(ver Exercício 26.13). Essa é uma sequência de inteiros no conjunto finito $\{1, 2, ..., n\}$, de modo que, eventualmente, essa sequência deve-se repetir. Digamos que a *primeira* repetição se dê em $\pi^{(k)}(1)$ (é possível que a primeira repetição ocorra em $k = 1$, isto é, $\pi(1) = 1$). Queremos concluir que $\pi^{(k)}(1) = 1$. Suponhamos, por contradição, que $\pi^{(k)}(1) \neq 1$. Em tal caso, temos:

$$\pi^{(k)}(1) = \pi^{(j)}(1) \tag{36}$$

em que $0 < j < k$. Como essa é a primeira repetição, temos:

$$\pi^{(k-1)}(1) \neq \pi^{(j-1)}(1) \tag{37}$$

Como π é um para um, a aplicação de π a ambos os membros da Equação (25) dá:

$$\pi^{(k)}(1) \neq \pi^{(j)}(1)$$

contradizendo (36). Portanto, a primeira repetição deve remontar ao elemento 1.

O ciclo que começa no elemento 1 pode não incluir todos os elementos de $\{1, 2, ..., n\}$. Nesse caso, podemos recomeçar com um elemento ainda não considerado e partir para a construção de um novo ciclo.

É possível que esse novo ciclo "atinja" um ciclo existente? Para que isso aconteça, teríamos duas setas apontando para o mesmo ponto – uma violação do fato de π ser um para um. Mais formalmente, se o elemento s não for um elemento do ciclo $(t, \pi(t), \pi^{(2)}(t), ...)$, é possível que $\pi^{(k)}(s)$ seja um elemento do ciclo? Em caso afirmativo, existe um elemento c no ciclo com a propriedade de que há dois elementos diferentes a e b com $\pi(a) = \pi(b) = c$, o que contradiz o fato de π ser um para um.

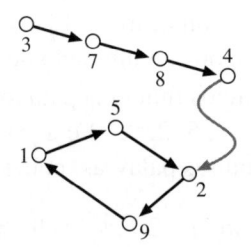

Portanto, podemos escrever π como uma coleção de ciclos *disjuntos dois a dois*; isto é, não há dois ciclos quaisquer que tenham um elemento comum.

Além disso, é possível escrever a mesma permutação como uma coleção de ciclos disjuntos, de duas maneiras diferentes? À primeira vista, a resposta é *sim*. Por exemplo,

$$\pi = (1, 2, 7)(3, 5)(4, 6, 8)(9) = (5, 3)(6, 8, 4)(9)(7, 1, 2);$$

ambas representam a permutação $\pi = \begin{bmatrix} 1 & 2 & 3 & 4 & 5 & 6 & 7 & 8 & 9 \\ 2 & 7 & 5 & 6 & 3 & 8 & 1 & 4 & 9 \end{bmatrix}$. Todavia, uma observação mais detalhada mostra que as duas representações de π têm os mesmos ciclos; os ciclos $(1, 2, 7)$ e $(7, 1, 2)$ dizem a mesma coisa, a saber, $\pi(1) = 2$, $\pi(2) = 7$, $\pi(7) = 1$.

Há apenas uma maneira de escrever π como uma coleção de ciclos disjuntos. Suponhamos, por contradição, que fosse possível escrever π de duas maneiras. Então, um elemento, digamos o elemento 1, seria listado em um ciclo na primeira representação e em um ciclo diferente na segunda representação. Entretanto, se considerarmos a sequência:

$$1, \pi(1), \pi^{(2)}(1), \pi^{(3)}(1) \ldots$$

os dois ciclos diferentes predizem duas sequências distintas. E isso não faz sentido, porque a sequência depende exclusivamente de π e não da notação em que a escrevemos!

Resumimos nossa discussão no resultado a seguir.

❖ TEOREMA 27.6

Toda permutação de um conjunto finito pode expressar-se como uma coleção de ciclos disjuntos dois a dois. Além disso, essa representação é única, a menos do rearranjo dos ciclos e da ordem cíclica dos elementos dentro dos ciclos.

Cálculos com permutações

A notação em ciclos é conveniente para fazer cálculos de permutações com lápis e papel.

Vamos mostrar como calcular a inversa de uma permutação e a composição de duas permutações. Comecemos calculando π^{-1}.

Se π aplica $a \mapsto b$, então π^{-1} aplica $b \mapsto a$. Assim, se $(a, b, c, \ldots)$ é um ciclo de π, então $(\ldots, c, b, a)$ é um ciclo de π^{-1}.

EXEMPLO 27.7

(Invertendo π) Seja $\pi = (1, 2, 7, 9, 8)(5, 6, 3)(4) \in S_9$. Calcule π^{-1}.

Solução: $\pi^{-1} = (8, 9, 7, 2, 1)(3, 6, 5)(4)$

Para verificar se esse resultado é correto, seja k um elemento arbitrário de $\{1, 2, ..., 9\}$. Se $\pi(k) = j$ (se j segue k em um ciclo em π), verifique que $\pi^{-1}(j) = k$ (então k segue j em um ciclo de π^{-1}).

Vejamos como calcular a composição de duas permutações. Por exemplo, sejam π, $\sigma \in S_9$ dadas por

$$\pi = (1, 3, 5)(4, 6)(2, 7, 8, 9), \quad e$$
$$\sigma = (1, 4, 7, 9)(2, 3)(5)(6, 8).$$

Calculemos $\pi \circ \sigma$. Para tanto, calculamos $(\pi \circ \sigma)(k)$ para todo $k \in \{1, 2, ..., 9\}$
Começamos com $(\pi \circ \sigma)(1)$, o que pode ser escrito como:

$$[\underbrace{(1, 3, 5)(4, 6)(2, 7, 8, 9)}_{\pi}] \circ [\underbrace{(1, 4, 7, 9)(2, 3)(5)(6, 8)}_{\sigma}](1).$$

Note que σ atua primeiro sobre 1 e leva $1 \mapsto 4$.

O problema reduz-se a calcular $\pi(4)$; isto é,

$$[(1, 3, 5)(4, 6)(2, 7, 8, 9)])(4)$$

e vemos que π aplica $4 \mapsto 6$. Assim, $(\pi \circ \sigma)(1) = \pi(4) = 6$. Até aqui, podemos escrever:

$$\pi \circ \sigma = (1, 6, ...$$

Para continuar o ciclo, calculamos $(\pi \circ \sigma)(6)$. Temos:

$$[\underbrace{(1, 3, 5)(4, 6)(2, 7, 8, 9)}_{\pi}] \circ [\underbrace{(1, 4, 7, 9)(2, 3)(5)(6, 8)}_{\sigma}](6)$$
$$= [\underbrace{(1, 3, 5)(4, 6)(2, 7, 8, 9)}_{\pi}](8) = 9.$$

Assim, $\pi \circ \sigma$ aplica $6 \mapsto 9$. Temos agora:

$$\pi \circ \sigma = (1, 6, 9, ...$$

Em seguida, calculamos $(\pi \circ \sigma)(9) = \pi(1) = 3$, de forma que $\pi \circ \sigma = (1, 6, 9, 3, ...$
Prosseguindo dessa maneira, obtemos:

$$1 \mapsto 6 \mapsto 9 \mapsto 3 \mapsto 7 \mapsto 2 \mapsto 5 \mapsto 1$$

e completamos um ciclo! Assim, $(1, 6, 9, 3, 7, 2, 5)$ é um ciclo de $\pi \circ \sigma$. Note que, como 4 não está nesse ciclo, começamos de novo, calculando $(\pi \circ \sigma)(4)$. Obtemos:

$$[\underbrace{(1, 3, 5)(4, 6)(2, 7, 8, 9)}_{\pi}] \circ [\underbrace{(1, 4, 7, 9)(2, 3)(5)(6, 8)}_{\sigma}](4) = 8$$

e assim $4 \mapsto 8$. O segundo ciclo em $\pi \circ \sigma$ começa como (4, 8, ... Calculamos então $(\pi \circ \sigma)$ (8) = 4, de forma que o ciclo completo é simplesmente (4, 8). Os dois ciclos (1, 6, 9, 3, 7, 2, 5) e (4, 8) exaurem todos os elementos de (1, 2, ..., 9), e estamos terminados. Obtivemos:

$$\pi \sigma = (1, 6, 9, 3, 7, 2, 5)(4, 8)$$

Transposições

A permutação mais simples é a permutação identidade ι; ela satisfaz $\iota(x) = x$ para todo x em seu domínio. A permutação identidade aplica todo elemento em si mesmo.

O próximo tipo mais simples de permutação é chamado *transposição*. As transposições aplicam quase todos os elementos em si mesmos, com a diferença que permutam um par de elementos. Por exemplo,

$$\tau = (1)(2)(3, 6)(4)(5)(7)(8)(9) \in S_9$$

é uma transposição. Eis uma definição formal.

● DEFINIÇÃO 27.8

(Transposição) Uma permutação $\tau \in S_n$ é chamada uma *transposição* desde que:

- existam $i, j \in \{1, 2, ..., n\}$ com $i \neq j$, de modo que $\tau(i) = j$ e $\tau(j) = i$, e
- para todo $k \in \{1, 2, ..., n\}$ com $k \neq i$ e $k \neq j$, temos $\tau(k) = k$

Quando escrita em notação de ciclos, a grande maioria dos ciclos é de elementos únicos. É mais conveniente não escrever todos os 1-ciclos, e sim apenas $\tau = (3, 6)$, em lugar do extenso $\tau = (1)(2)(3, 6)(4)(5)(7)(8)(9)$.

Há um truque interessante para converter um ciclo em uma composição de transposições.

◆ EXEMPLO 27.9

Seja $\pi = (1, 2, 3, 4, 5)$. Escreva π como uma composição de transposições.

Solução: $(1, 2, 3, 4, 5) = (1, 5) \circ (1, 4) \circ (1, 3) \circ (1, 2)$

Para vermos que essa expressão está correta, seja $\pi = (1, 5) \circ (1, 4) \circ (1, 3) \circ (1, 2)$. Calculemos $\pi(1), \pi(2), \pi(3), \pi(4)$ e $\pi(5)$. Observe como os elementos 1 a 5 passam (da direita para a esquerda) pelas transposições. Por exemplo, $1 \mapsto 2$ por (1, 2), em seguida $2 \mapsto 2$ por (1, 3), e $2 \mapsto 2$ por (1, 4), e, por último, $2 \mapsto 2$ por (1, 5). Assim, globalmente, $1 \mapsto 2$. Eis como lidar com todos os elementos à medida que eles percorrem $(1,5) \circ (1,4) \circ (1,3) \circ (1,2)$:

$$1 \mapsto 2 \mapsto 2 \mapsto 2 \mapsto 2$$
$$2 \mapsto 1 \mapsto 3 \mapsto 3 \mapsto 3$$
$$3 \mapsto 3 \mapsto 1 \mapsto 4 \mapsto 4$$
$$4 \mapsto 4 \mapsto 4 \mapsto 1 \mapsto 5$$
$$5 \mapsto 5 \mapsto 5 \mapsto 5 \mapsto 1$$

de forma que, globalmente, $\pi = (1, 2, 3, 4, 5)$.

◆ EXEMPLO 27.10

Seja $\pi = (1, 2, 3, 4, 5)(6, 7, 8)(9)(10, 11)$. Escreva π como uma composição de transposições.

Solução: $\pi = [(1, 5) \circ (1, 4) \circ (1, 3) \circ (1, 2)] \circ [(6, 8) \circ (6, 7)] \circ (10, 11)$. (Os colchetes são desnecessários; sua finalidade é mostrar como se obteve a resposta.)

Seja π uma permutação arbitrária. Escreva π como uma coleção de ciclos disjuntos. Utilizando as técnicas do Exemplo 27.9, podemos reescrever cada um de seus ciclos como uma composição de transposições. Como os ciclos são disjuntos, não há efeito de um ciclo sobre outro. Podemos, pois, simplesmente enfileirar as transposições para os vários ciclos em uma longa composição de ciclos.

E quanto à permutação identidade ι? Pode ela também ser representada como uma composição de transposições? Sim. Podemos escrever $\iota = (1, 2) \circ (1, 2)$. Ou também podemos dizer que ι é o resultado da composição de uma lista de zero permutações (isto é, análogo a um produto vazio; veja Seção 9).

Façamos um resumo do que mostramos até aqui.

❖ TEOREMA 27.11

Seja π uma permutação arbitrária em um conjunto finito. Então, π pode expressar-se como a composição de transposições definidas naquele conjunto.

A decomposição (que ótima palavra!) de uma permutação em transposições não é única. Por exemplo, podemos escrever:

$$\begin{aligned} (1, 2, 3, 4) &= (1, 4) \circ (1, 3) \circ (1, 2) \\ &= (1, 2) \circ (2, 3) \circ (3, 4) \\ &= (1, 2) \circ (1, 4) \circ (2, 3) \circ (1, 4) \circ (3, 4) \end{aligned}$$

Essas maneiras de escrever $(1, 2, 3, 4)$ não são simples rearranjos uma da outra. Vê-se que elas não têm sequer o mesmo tamanho. Todavia, elas têm algo em comum: em todos os três casos, foi utilizado um número ímpar de transposições.

❖ TEOREMA 27.12

Seja $\pi \in S_n$. Decomponhamos π em transposições como:

$$\pi = \tau_1 \circ \tau_2 \circ \ldots \circ \tau_a \quad \text{e}$$
$$\pi = \sigma_1 \circ \sigma_2 \circ \ldots \circ \sigma_b$$

Então, a e b têm a mesma paridade, ou seja, são ambos ímpares ou ambos pares.

A chave da demonstração desse teorema consiste em provar primeiro um caso especial.

▣ LEMA 27.13

Se a permutação identidade é escrita como uma composição de transposições, então essa composição deve utilizar um número par de transposições. Isto é, se:

$$\iota = \tau_1 \circ \tau_2 \circ \ldots \circ \tau_a$$

em que os τ são transposições, então a deve ser par.

Antes de provar esse lema, vamos mostrar como utilizá-lo para provar o Teorema 27.12.

Prova (do Teorema 27.12).

Seja π uma permutação decomposta em transposições como:

$$\pi = \tau_1 \circ \tau_2 \circ \ldots \circ \tau_a \text{ e}$$
$$\pi = \sigma_1 \circ \sigma_2 \circ \ldots \circ \sigma_b$$

Note que podemos escrever π^{-1} como (ver Exercício 27.11):

$$\pi^{-1} = \sigma_b \circ \sigma_{b-1} \circ \ldots \circ \sigma_2 \circ \sigma_1$$

e, assim,

$$\iota = \pi \circ \pi^{-1} = \tau_1 \circ \tau_2 \circ \ldots \circ \tau_a \circ \sigma_b \circ \sigma_{b-1} \circ \ldots \circ \sigma_2 \circ \sigma_1$$

Essa é uma decomposição de ι em $a + b$ transposições, logo, $a + b$ é par, e assim a e b têm a mesma paridade.

Nosso trabalho se reduz agora a provar o Lema 27.13. Para tanto, vamos introduzir o conceito de *inversão* em uma permutação.

● DEFINIÇÃO 27.14

(Inversão em uma permutação) Seja $\pi \in S_n$ e sejam $i, j \in \{1, 2, \ldots, n\}$ com $i < j$. O par i, j é chamado uma *inversão* em π se $\pi(i) > \pi(j)$.

É mais fácil entendermos inversões quando a permutação é escrita como uma tabela $2 \times n$. Seja:

$$\pi = \begin{bmatrix} 1 & 2 & 3 & 4 & 5 \\ 4 & 2 & 1 & 5 & 3 \end{bmatrix}.$$

Há $\binom{5}{2} = 10$ maneiras de escolher um par de elementos $1 \leq i < j \leq 5$. Na tabela seguinte, listamos todos esses pares i, j e verificamos se $\pi(i) > \pi(j)$.

i	j	$\pi(i)$	$\pi(j)$	Inversão?
1	2	4	2	SIM
1	3	4	1	SIM
1	4	4	5	não
1	5	4	3	SIM
2	3	2	1	SIM
2	4	2	5	não
2	5	2	3	não
3	4	1	5	não
3	5	1	3	não
4	5	5	3	SIM

Eis outra maneira de encarar as inversões. Tracemos duas coleções de pontos, rotulados de 1 a n, à esquerda e à direita. Para cada elemento i à esquerda, trace uma seta de i a $\pi(i)$ à direita. O número de intersecções é o número de inversões.

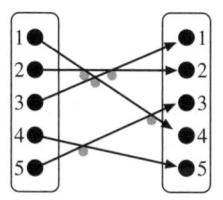

Assim, π tem cinco inversões. Podemos também escrever π como a composição de transposições:

$$\pi = \begin{bmatrix} 1 & 2 & 3 & 4 & 5 \\ 4 & 2 & 1 & 5 & 3 \end{bmatrix} = (1, 4, 5, 3)(2) = (1, 4)(4, 5)(5, 3).$$

Nessa decomposição, há três transposições (número ímpar), e a permutação π tem cinco inversões (também um número ímpar).

Como segundo exemplo, mais abstrato, vamos calcular o número de inversões em uma transposição $(a, b) \in S_n$. Suponhamos $a < b$, de forma que podemos escrever a expressão como:

$$(a, b) = \begin{bmatrix} 1 & 2 & \cdots & a-1 & a & a+1 & \cdots & b-1 & b & b+1 & \cdots & n \\ 1 & 2 & \cdots & a-1 & b & a+1 & \cdots & b-1 & a & b+1 & \cdots & n \end{bmatrix}.$$

Contemos as inversões. Para começar, as únicas inversões possíveis são as que envolvem a ou b. Para i, j arbitrários (com a condição de nem i nem j serem iguais a a ou b), a transposição (a, b) não inverte a ordem de i e j; não há inversões desse tipo.

Contamos agora três tipos de inversão: as que envolvem somente a, as que envolvem somente b, e as que envolvem ambos, a e b.

- Inversões que envolvem a, mas não b.

    O elemento a avançou da coluna a para a coluna b, saltando os elementos $a + 1$, $a + 2, \ldots, b - 1$ e cria inversões com esses elementos. Ainda está em sua ordem adequada em relação a todas as outras colunas. O número de inversões desse tipo é $(b-1)-(a+1) + 1 = b - a - 1$.

- Inversões que envolvem b, mas não a.

    O elemento b retrocedeu da coluna b para a coluna a, passando pelos elementos $a + 1, a + 2, \ldots, b - 1$, criando inversões com esses elementos. Ainda está na sua própria ordem em relação a todas as outras colunas. O número de inversões desse tipo é novamente $(b - 1) - (a + 1) + 1 = b - a - 1$.

- Inversões que envolvem tanto a como b.

    Trata-se apenas de uma inversão.

Portanto, o número total de inversões é $2(b - a - 1) + 1$, um número ímpar. O número de inversões que envolvem a, mas não b, é igual ao número de inversões que envolvem b mas não a. Além disso, todas essas inversões envolvem os elementos que aparecem entre a e b.

Naturalmente, a permutação identidade tem 0 (par) inversões. Voltemos agora ao objetivo de mostrar que qualquer decomposição de ι em transposições utiliza um número par de transposições.

Prova (do Lema 27.13).

Escrevamos ι como uma composição de transposições:

$$\iota = \tau_a \circ \tau_{a-1} \circ \ldots \circ \tau_2 \circ \tau_1.$$

(Escrevemos as τ em ordem inversa porque tencionamos fazer τ_1 em primeiro lugar, τ_2 em segundo lugar, e assim por diante.)

Nosso objetivo é provar que a é par. Imaginemos a aplicação de transposições τi, uma de cada vez. Começamos com $\begin{bmatrix} 1 & 2 & \cdots & n \\ 1 & 2 & \cdots & n \end{bmatrix}$.

Aplicamos, agora, τ_1. Conforme já analisamos, o número resultante de inversões é agora ímpar. Mostraremos a seguir que, quando aplicamos cada τ_j, a variação do número de inversões é um número ímpar. Como o número de inversões no começo e no fim é zero, e como cada transposição aumenta ou reduz o número de inversões em uma quantidade ímpar, o número de transposições deve ser par.

Suponhamos $\tau_k = (a, b)$ e:

$$\tau_{k-1} \circ \cdots \circ \tau_1 = \begin{bmatrix} \cdots & i & \cdots & m & \cdots & j & \cdots \\ \cdots & a & \cdots & x & \cdots & b & \cdots \end{bmatrix}.$$

Quando aplicamos $\tau_k = (a, b)$, o efeito é:

$$\tau_k \circ \tau_{k-1} \circ \cdots \circ \tau_1 = \begin{bmatrix} \cdots & i & \cdots & m & \cdots & j & \cdots \\ \cdots & b & \cdots & x & \cdots & a & \cdots \end{bmatrix}.$$

A única alteração é que a e b se permutam na linha de baixo. O que aconteceu com o número de inversões?

A primeira coisa a notar é que, para um par de colunas que não inclua nenhuma das colunas i ou j, não há qualquer mudança. Todas as mudanças envolvem as colunas i, ou, j, ou ambas.

O segundo ponto a notar é que as colunas à esquerda da coluna i e as colunas à direita da coluna j não são afetadas pela permuta de a e b; esses elementos não mudam sua ordem em relação a essas colunas exteriores.

Assim, devemos atentar apenas para as colunas entre i e j. Suponhamos que a coluna m esteja entre elas ($i < m < j$) e que o valor na coluna m seja x. Quando permutamos a e b, a linha de baixo varia de [... a ... x ... b ...] para [... b ... x ... a ...].

Separamos os casos que dependem do tamanho dos x comparado com a e b; x pode ser maior que ambos, a e b, menor que ambos, a e b, ou situar-se entre a e b.

- Se $x > a$ e $x > b$, então não há alteração no número de inversões envolvendo x e a ou b. Antes de aplicar τ_k, a e x estavam invertidos, mas x e b estavam na ordem natural. Após aplicar τ_k, temos x e b invertidos, mas x e a em sua ordem natural.
- Se $x < a$ e $x < b$, então não há alteração no número de inversões envolvendo x e a ou b; o argumento é análogo ao do caso em que x é maior que ambos.
- Se $a < x < b$, então, invertendo as posições de a e b, ganhamos duas inversões envolvendo a e x e envolvendo b e x.
- Se $a > x > b$, então, permutando a e b, perdemos duas inversões.

Em qualquer caso, o número de inversões permanece o mesmo ou sofre uma variação de dois. Assim, o número de inversões envolvendo a coluna i ou j e uma coluna diferente de i e j sofre uma alteração par.

Por fim, a troca de a e b ou aumenta em um o número de inversões (se $a < b$), ou reduz em um o número de inversões (se $a > b$).

Assim, o efeito acumulado de τ_k é causar uma mudança ímpar no número de inversões.

Em conclusão, como começamos e terminamos com zero inversões, o número de transposições em:

$$\iota = \tau_a \circ \tau_{a-1} \circ \ldots \circ \tau_2 \circ \tau_1$$

deve ser par.

O Teorema 27.12 permite-nos separar as permutações em duas categorias disjuntas: as que podem ser expressas como a composição de um número par de transposições e as que podem ser expressas como a composição de um número ímpar de transposições.

• DEFINIÇÃO 27.15

(**Permutações pares e ímpares**) Seja π uma permutação em um conjunto finito. Dizemos que π é *par* se puder ser escrita como a composição de um número par de transposições. Caso contrário, se puder ser escrita como a composição de um número ímpar de permutações, π é chamada *ímpar*.

O *sinal* de uma permutação é ± 1, dependendo de a permutação ser ímpar ou par. O sinal de π é 1 se π for par, e -1 se π for ímpar. O sinal de π pode ser escrito como sgn π.

▶ PROPOSIÇÃO 27.16

Seja $\pi, \sigma \in S_n$. Então:

$$\operatorname{sgn}(\pi \circ \sigma) = (\operatorname{sgn} \pi)(\operatorname{sgn} \sigma).$$

Prova. Escreva π e σ como a composição de transposições; digamos que π seja a composição de p transposições e σ a composição de s transposições. Então sgn $\pi = (-1)^p$ e sgn $\sigma = (-1)^S$. Como $\pi \circ \sigma$ é a composição de $p + s$ transposições temos:

$$\text{sgn}(\pi \circ \sigma) = (-1)^{p+S} = (-1)^p(-1)^S = (\text{sgn } \pi)(\sigma\gamma\nu \; \sigma).$$

Uma abordagem gráfica

Fechamos com uma abordagem alternativa sobre o entendimento das permutações pares e ímpares. As ideias que apresentamos aqui resultam em outra prova do Teorema 27.12. Utilizamos o Teorema 27.6, que afirma que cada permutação $\pi \in S_n$ pode ser expressa como uma coleção de ciclos desconexos, essencialmente de uma única forma.

Começamos desenhando uma figura da permutação. Dado $\pi \in S_n$, criamos uma figura em que os números 1, 2, ..., n sejam representados pelos pontos e, se $\pi(a) = b$, desenhamos uma seta de a a b. Uma figura para a permutação $\pi = (1, 2, 3, 4, 5, 6)(7, 8, 9)$ é mostrada abaixo. No caso $\pi(a) = a$, desenhamos uma seta em laço de a até o próprio ponto de partida. Cada ciclo de π corresponde precisamente a um caminho fechado no diagrama.

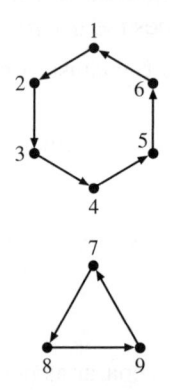

Suponha que componhamos uma permutação π com uma transposição τ. Qual é o efeito sobre o diagrama? Suponha que $\pi, \tau, \in S_n$ e $\tau = (a, b)$, em que $a \neq b$ e nem $a, b \in \{1, 2, ..., n\}$. Quando expressamos τ como ciclos desconexos, ciclos que não contêm nem a nem b são os mesmos em π e $\pi \circ \tau$. Os únicos ciclos afetados são os que contêm a ou b (ou os dois juntos).

Se a e b estão no mesmo ciclo, então π é a forma:

$$\pi = (p, a, q, ..., s, b, t, ..., z)(...).$$

Então, $\pi \circ (a, b)$ será da forma:

$$\begin{aligned} \pi \circ (a, b) &= (p, a, q, ..., s, b, t, ..., z)(...) \circ (a, b) \\ &= (p, a, t, ..., z)(q, ..., s, b)(...). \end{aligned}$$

Em outras palavras, o ciclo contendo a e b em π é dividido em dois ciclos em $\pi \circ (a, b)$: um contendo a e o outro contendo b.

O efeito oposto ocorre quando a e b estão em ciclos diferentes. Nesse caso, π é da forma:

$$\pi = (p, a, q, ...)(s, b, t, ...)(...)$$

e, portanto, $\pi \circ (a, b)$ apresenta a forma:

$$\begin{aligned}\pi &= (p, a, q, ...)(s, b, t, ...)(...) \circ (a, b) \\ &= (p, a, t, ..., s, b, q, ...)(...).\end{aligned}$$

Os ciclos contendo a e b em π se fundem em um único ciclo em $\pi \circ (a, b)$.

Por exemplo, suponha que $\pi = (1, 2, 3, 4, 5)(6, 7, 8, 9)$ e seja $\sigma = \pi \circ (4, 7)$. Observe que $\sigma = (1, 2, 3, 4, 8, 9, 6, 7, 5)$. Como 4 e 7 estão em ciclos separados de π, encontram-se em um ciclo comum de $\pi \circ (4, 7)$. Inversamente, 4 e 7 estão no mesmo ciclo de σ, mas estão divididos em ciclos separados em $\sigma \circ (4, 7)$. Ver a figura.

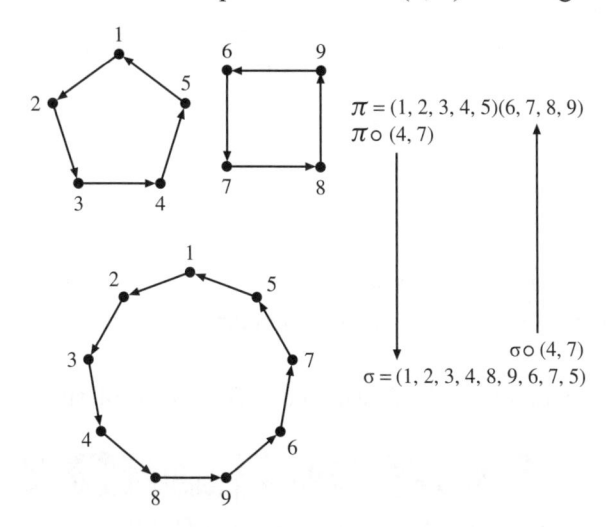

Com apenas um pouco mais de cautela, essas observações podem ser feitas em uma prova rigorosa do seguinte resultado.

▶ **PROPOSIÇÃO 27.17**

Seja n um inteiro positivo e $\pi, \tau \in S_n$, e suponha que τ seja uma transposição. Então, o número de ciclos nas representações de ciclos desconexos de π e $\pi \circ \tau$ diferem exatamente em um.

Durante o restante desta seção, seria conveniente escrever $c(\pi)$ para indicar o número de ciclos na representação de ciclo desconexo exclusiva de π. A Proposição 27.16 pode ser expressa como $c(\pi \circ \tau) = c(\pi) \pm 1$.

Aplicamos agora a Proposição 27.17 para fornecer outra prova do Teorema 27.12.

> Observe que, para a transposição $\tau \in S_n$, temos $n - c(\tau) = 1$. Lembre-se de que $\tau = (a, b)$ é uma forma abreviada da permutação em que os ciclos 1 não são escritos. Por exemplo, em S_6, a transposição $\tau = (3, 5)$ é, quando escrita por completo, $(1)(2)(3, 5)(4)(6)$. Portanto, $n - c(\tau) = 6 - 5 = 1$.

Prova (do Teorema 27.12).

Suponhamos que $\pi \in S_n$ e:

$$\pi = \tau_1 \circ \tau_2 \circ ... \circ \tau_a \tag{38}$$

em que os τ são transposições. Afirmamos que $a \equiv n - c(\pi) \pmod 2$. Em outras palavras, a paridade do número de transposições na Equação (38) é igual à paridade de $n - c(\pi)$ e, desse modo, duas decomposições diferentes de π nas transposições terão as duas um número par ou as duas um número ímpar de termos.

Considere a sequência $\iota, \tau_1, \tau_1 \circ \tau_2, \tau_1 \circ \tau_2 \circ \tau_3, \ldots, \pi$. Cada termo é formado a partir do anterior, anexando $\circ \, \tau_j$ apropriado. Calculamos $n - c(\cdot)$ para cada uma dessas permutações; ver a tabela a seguir.

Permutação σ	$n - c(\sigma)$
ι	0
τ_1	1
$\tau_1 \circ \tau_2$	1 ± 1
$\tau_1 \circ \tau_2 \circ \tau_3$	$1 \pm 1 \pm 1$
...	
$p = \tau_1 \circ \ldots \circ \tau_a$	$\underbrace{1 \pm 1 \pm 1 \pm \cdots \pm 1}_{a \text{ termos}}$

Observe que a paridade da expressão $1 \pm 1 \pm 1 \pm \ldots \pm 1$ (com a termos) é exatamente da mesma paridade que a, e o resultado encontra-se a seguir.

Essa prova do Teorema 27.12 resulta no seguinte corolário.

COROLÁRIO 27.18

Seja n um inteiro positivo e $\pi \in S_n$. Então, sgn $\pi = (-1)^{n-c(\pi)}$

Recapitulando

Nesta seção, lidamos com permutações: bijeções de um conjunto em si mesmo. Estudamos propriedades da composição em relação ao conjunto S_n de todas as permutações em $\{1, 2, \ldots, n\}$. Mostramos como representar permutações de várias formas, mas interessamo-nos especialmente em estudar permutações em forma de ciclos disjuntos. Mostramos também de que maneira representar permutações como composições de transposições e discutimos as permutações pares e ímpares.

27 Exercícios

27.1. Considere a permutação $\pi = \begin{bmatrix} 1 & 2 & 3 & 4 & 5 & 6 & 7 & 8 & 9 \\ 2 & 4 & 1 & 6 & 5 & 3 & 8 & 9 & 7 \end{bmatrix}$. Expresse π em tantas formas quantas for possível, incluindo as seguintes:
   a. Como um conjunto de pares ordenados (nunca se esqueça: uma permutação é uma função, e as funções são conjuntos de pares ordenados).
   b. Como uma tabela de duas colunas.
   c. Em notação de ciclo (ciclo disjunto).
   d. Como a composição de transposições.
   e. Como um diagrama com duas coleções de pontos para os números 1 a 9 (uma coleção à esquerda e uma coleção à direita) com setas da esquerda para a direita.
   f. Como um diagrama com uma coleção de pontos para os números 1 a 9 com setas de i para $\pi(i)$ para cada $i = 1, 2, \ldots, 9$.

27.2. Expresse as permutações a seguir em forma de ciclo disjunto.

 a. $\sigma = \begin{bmatrix} 1 & 2 & 3 & 4 & 5 & 6 \\ 2 & 4 & 6 & 1 & 3 & 5 \end{bmatrix}$.

 b. $\pi = \begin{bmatrix} 1 & 2 & 3 & 4 & 5 & 6 \\ 2 & 3 & 4 & 5 & 6 & 1 \end{bmatrix}$.

 c. $\pi \circ \pi$, em que π é a permutação da parte (b) anterior.

 d. π^{-1}, em que π é a permutação da parte (b) anterior.

 e. $\iota \in S_5$

 f. $(1, 2) \circ (2, 3) \circ (3, 4) \circ (4, 5) \circ (5, 1)$

 g. $\{(1, 2), (2, 6), (3, 5), (4, 4), (5, 3), (6, 1)\}$.

27.3. Quantas permutações em S_n têm exatamente um ciclo?

27.4. Quantas permutações em S_n não têm ciclo de comprimento 1 em sua notação em ciclos disjuntos?

27.5. Sejam $\pi, \sigma, \tau \in S_9$ dadas por:

$$\pi = (1)(2, 3, 4, 5)(6, 7, 8, 9)$$
$$\sigma = (1, 3, 5, 7, 9, 2, 4, 6, 8), \text{ e}$$
$$\tau = (1, 9)(2, 8)(3, 5)(4, 6)(7)$$

Calcule:

 a. $\pi \circ \sigma$

 b. $\sigma \circ \pi$

 c. $\pi \circ \pi$

 d. π^{-1}

 e. σ^{-1}

 f. $\tau \circ \tau$

 g. τ^{-1}

27.6. Prove ou refute: para todo $\pi, \sigma \in S_n$, $\pi \circ \sigma = \sigma \circ \pi$

27.7. Prove ou refute: se τ e σ são transposições, então $\tau \circ \sigma = \sigma \_ \tau$

27.8. Prove ou refute: para todo $\pi, \sigma \in S_n$, $(\pi \circ \sigma)^{-1} = \sigma^{-1} \circ \pi^{-1}$

27.9. Prove ou refute: para todo $\pi, \sigma \in S_n$, $(\pi \circ \sigma)^{-1} = \pi^{-1} \circ \sigma^{-1}$

27.10. Prove ou refute: uma permutação τ é uma transposição se e somente se $\tau \neq \iota$ e $\tau = \tau^{-1}$.

27.11. Sejam $\tau_1, \tau_2, ..., \tau_a$ transposições, e suponhamos:

$$\pi = \tau_1 \circ \tau_2 \circ ... \circ \tau_a$$

Prove:

$$\pi_{-1} = \tau_a \circ \tau_{a-1} \circ ... \circ \tau_1$$

27.12. Seja $\pi \in S_{101}$ (ou seja, π é uma permutação dos números inteiros de 1 a 101). Prove que, quando escrito em notação de ciclo disjuntos, π tem pelo menos 11 ciclos, ou π tem um ciclo com pelo menos 11 entradas.

27.13. Seja $\pi = (1, 2)(3, 4, 5, 6, 7)(8, 9, 10, 11)(12) \in S_{12}$. Determine o menor inteiro positivo k de modo:

$$\pi^{(k)} = \underbrace{\pi \circ \pi \circ \cdots \circ \pi}_{k \text{ vezes}} = \iota.$$

Generalize. Se os ciclos disjuntos de π têm comprimentos $n_1, n_2, ..., n_t$, qual é o menor inteiro k de modo $\pi^{(k)} = \iota$?

27.14. Embora as permutações se expressem de maneira única como permutações disjuntas, há certa escolha da maneira em que as permutações podem ser escritas. Por exemplo,

$$(1, 3, 9, 2)(7)(4, 6, 5, 8) = (7)(2, 1, 3, 9)(5, 8, 4, 6)$$
$$= (6, 5, 8, 4)(3, 9, 2, 1)(7).$$

Delineie uma forma-padrão para escrever permutações como ciclos disjuntos que facilite a verificação se duas permutações forem a mesma.

27.15. Prove: se $\pi, \sigma \in S_n$ e $\pi \circ \sigma = \sigma$, então $\pi = \iota$

27.16. Sejam $\pi, \sigma, \tau \in S_n$ e suponhamos $\pi \circ \sigma = \pi \circ \tau$. Prove que $\sigma = \tau$

27.17. Para cada uma das permutações a seguir:

(1) Escreva a permutação como uma composição de transposições.

(2) Ache o número de inversões.

(3) Determine se a permutação é par ou ímpar.

  a. $(1, 2, 3, 4, 5)$
  b. $(1, 3)(2, 4, 5)$
  c. $[(1, 3)(2, 4, 5)]^{-1}$
  d. $\begin{bmatrix} 1 & 2 & 3 & 4 & 5 \\ 2 & 4 & 1 & 3 & 5 \end{bmatrix}$

27.18. Prove: o número de inversões em uma permutação é igual ao número de inversões em sua inversa.

27.19. Prove:
  a. A composição de duas permutações pares é par.
  b. A composição de duas permutações ímpares é par.
  c. A composição de uma permutação par e uma permutação ímpar é ímpar.
  d. A inversa de uma permutação par é par.
  e. A inversa de uma permutação ímpar é ímpar.
  f. Para $n > 1$, o número de permutações ímpares em S_n é igual ao número de permutações pares em S_n.

27.20. Suponha que uma permutação π seja escrita como uma coleção disjunta de ciclos de comprimentos $n_1, n_2, ..., n_t$. Com base apenas nesses números, pode-se determinar se π é par ou ímpar?

Para responder sim, você deve elaborar e provar uma fórmula para a paridade de uma permutação, com base apenas nos comprimentos de seus ciclos disjuntos.

Para responder não, é preciso achar duas permutações – uma par e uma ímpar – cujos ciclos disjuntos tenham o mesmo comprimento.

27.21. O Jogo dos Quinze consiste em um quadro de 4×4 peças numeradas de 1 a 15, com um espaço vazio. Movem-se as peças nesse tabuleiro deslocando-se uma peça com número para a posição vaga. O diagrama na página seguinte mostra a configuração inicial do jogo. Para jogá-lo, você mistura as peças aleatoriamente e procura então restaurar a configuração inicial.

Prove que é impossível mover as peças da posição inicial para uma nova posição em que todos os números estejam em suas posições originais, mas as peças 14 e 15 apareçam trocadas (ver a figura inferior).

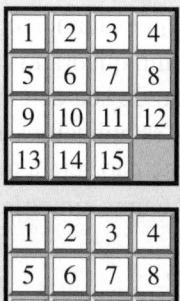

27.22. *Este problema é para aqueles que estudaram álgebra linear.*

Para uma permutação π do conjunto $\{1, 2, \ldots, n\}$ (isso é, $\pi \in S_n$) define-se a *matriz de permutação* P_π como uma matriz $n \times n$ em que as entradas $i, \pi(i)$ são iguais a 1, e todas as outras entradas são 0s.

Por exemplo, se $\pi = (1, 2, 4)(3, 5)(6)$, então P_π tem 1 nestas localizações: $(1, 2), (2, 4), (3, 5), (4, 1), (5, 3)$ e $(6, 6)$; todas as outras entradas são 0:

$$P_\pi = \begin{bmatrix} 0 & 1 & 0 & 0 & 0 & 0 \\ 0 & 0 & 0 & 1 & 0 & 0 \\ 0 & 0 & 0 & 0 & 1 & 0 \\ 1 & 0 & 0 & 0 & 0 & 0 \\ 0 & 0 & 1 & 0 & 0 & 0 \\ 0 & 0 & 0 & 0 & 0 & 1 \end{bmatrix}.$$

Por favor, responda o seguinte:

a. O que é P_π em que $\pi = (1; 3; 5; 2; 4)$?
b. Seja ι a permutação de identidade S_n. O que é P_ι?
c. Encontre a permutação π de modo que:

$$P_\pi = \begin{bmatrix} 0 & 1 & 0 & 0 & 0 \\ 0 & 0 & 1 & 0 & 0 \\ 0 & 0 & 0 & 1 & 0 \\ 0 & 0 & 0 & 0 & 1 \\ 1 & 0 & 0 & 0 & 0 \end{bmatrix}.$$

d. Dadas as permutações π e σ em S_n, encontre uma relação entre as matrizes P_π, P_σ, and $P_{\pi \circ \sigma}$.
e. Mostre que $P_\pi^T = P_\pi^{-1} = P_{\pi^{-1}}$.
f. Expresse $\det P_\pi$ em termos de π.

■ 28 Simetria

Nesta seção, vamos considerar cuidadosamente o conceito de *simetria*. O que significa dizer que um objeto é *simétrico*? Uma face humana é simétrica porque a metade esquerda e a metade direita são imagens espelhadas uma da outra. Entretanto, uma mão humana não é simétrica.

Em matemática, a palavra simetria refere-se a figuras geométricas. Damos aqui uma definição informal de *simetria*; adiante, daremos uma definição precisa.

S*imetria* de uma figura é um movimento que, quando aplicado a um objeto, tem como resultado uma figura que seja exatamente a mesma que a original.

Consideremos, por exemplo, um quadrado situado no plano. Se girarmos o quadrado em um ângulo de 90° em torno de seu centro, a figura resultante será exatamente a mesma que a original. Entretanto, se aplicamos ao quadrado uma rotação de um ângulo, digamos, de 30°, a figura resultante não será a mesma que a original.

Portanto, uma rotação de 90° é uma simetria, mas uma rotação de 30° não o é.

Simetrias de um quadrado

Se submetermos um quadrado a um giro de 90°, no sentido anti-horário, em torno de seu centro, o quadrado permanecerá inalterado. Quais são os outros movimentos que podemos aplicar a um quadrado deixando-o inalterado? Para auxiliar-nos em nossa análise, imagine os números 1 a 4 escritos nos vértices do quadrado. Como o quadrado se apresenta exatamente o mesmo antes e depois de ser movido, os rótulos permitem-nos ver como o quadrado foi realmente movido. A figura mostra uma rotação de 90° em sentido anti-horário; nós a chamamos uma simetria R_{90}.

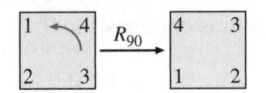

Podemos também submeter o quadrado a uma rotação de 180° em sentido anti-horário. Após essa rotação, o quadrado se apresenta exatamente como antes. Essa rotação é chamada simetria R_{180}. Poderíamos também submeter o quadrado a um giro de 180° em sentido horário. Mesmo que o movimento físico do quadrado possa ser diferente (rotação horária *versus* anti-horária), os resultados finais serão idênticos. Observando os rótulos dos vértices, podemos dizer que o quadrado sofreu uma rotação de 180°, mas não temos condição de afirmar se a rotação foi horária ou anti-horária.

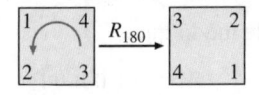

Consideramos essas duas rotações como exatamente a mesma; elas dão a mesma simetria do quadrado.

Em seguida, podemos girar o quadrado em 270°, o que deixa a imagem inalterada. É o que chamamos uma simetria R_{270}.

Por fim, é possível girarmos o quadrado em 360°; o resultado permanece inalterado. Deveríamos chamar essa rotação R_{360}? Embora não seja má ideia, note que uma rotação de 360° não tem qualquer efeito sobre os rótulos. É como se não tivéssemos aplicado movimento nenhum ao quadrado. Portanto, chamamos essa simetria de I (de identidade).

Se submetermos o quadrado a uma rotação de 450° (note que: 450 = 360 + 90), seria como se girássemos o quadrado em apenas 90°. Uma rotação de 450° é simplesmente R_{90}.

Até aqui, encontramos quatro simetrias: $I, R_{90}, R_{180}, R_{270}$. Existirão mais simetrias?

Além disso, podemos tomar o quadrado, virá-lo do outro lado e colocá-lo novamente no plano. Por exemplo, podemos pegar o quadrado e fazê-lo girar em torno de um eixo horizontal. A figura a seguir mostra o resultado desse movimento, após o qual o quadrado se apresenta exatamente como quando começou. Chamamos essa simetria de F_H (do inglês "*flip-horizontal*").

Podemos também girar o quadrado ao longo de seu eixo vertical; representamos esse movimento por F_V. Você deve fazer uma ilustração dessa simetria.

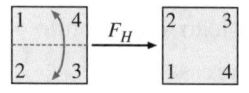

Podemos também segurar o quadrado por dois vértices opostos e fazê-lo girar em torno de sua diagonal. Se mantivermos fixos os vértices superior direito e inferior esquerdo, o resultado será o que aparece na figura. Representamos essa simetria por $F_/$ (de "*flip*" ao longo da / diagonal").

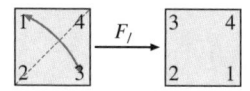

Por último, podemos segurar os vértices superior esquerdo e inferior direito e girar o quadrado em torno da diagonal \ correspondente. Representamos essa simetria por $F_\backslash$.

As oito simetrias encontradas até aqui são I, R_{90}, R_{180}, R_{270}, F_H, F_V, $F_/$ e $F_\backslash$. A figura exibe todas.

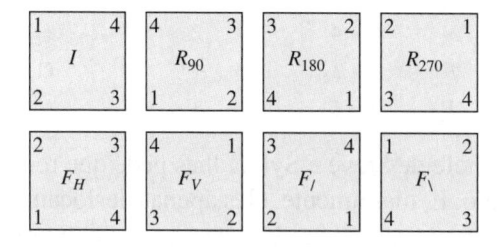

Surgem dois problemas.

- Primeiro, por acaso nos repetimos? Assim como uma rotação de 360° e a identidade são a mesma simetria, haverá (talvez) duas simetrias anteriores que coincidam?
  A resposta é não. Se atentarmos para os rótulos, veremos que não há dois quadrados com a mesma rotulação. As oito simetrias encontradas são todas diferentes.
- Segundo, haverá outras simetrias que não cogitamos?
  Os rótulos mostram que a resposta a essa questão também é não. Imagine que tomemos o quadrado e o coloquemos em seu lugar original (mas talvez após ter sido sujeito a alguma simetria). Onde ficará o vértice rotulado 1? Temos quatro escolhas: ele poderá acabar na direção nordeste, noroeste, sudeste ou sudoeste. Uma vez decidido aonde o vértice 1 vai, consideremos o lugar final do vértice 2. Temos agora apenas duas escolhas, porque o vértice 2 deverá ficar próximo do vértice 1 (e não em oposição a ele). Uma vez fixados os vértices 1 e 2, os vértices restantes são forçados para suas posições. Portanto, há $4 \times 2 = 8$ escolhas (quatro escolhas para o vértice 1, e, para cada uma dessas escolhas, duas opções para o vértice 2). Estão definidas todas as simetrias.

Simetrias como permutações

Sylvia e Steve trabalham em uma fábrica de simetrias. Certo dia, seu chefe pede-lhes que girem em 90° uma grande pedra quadrada que se encontra no vestíbulo da companhia. Naturalmente, a única maneira como o chefe pode saber se o quadrado foi realmente movido é pelos rótulos nos vértices do quadrado. Assim, em lugar de mover a pesada pedra, eles descolam os rótulos dos vértices do quadrado e tornam a colá-los em suas novas posições.

Para realizar a rotação R_{90}, basta mover o rótulo 1 para a posição 2, o rótulo 2 para a posição 3, o rótulo 3 para a posição 4, e o rótulo 4 para a posição 1.

A simetria R_{90} pode ser expressa como $\begin{bmatrix} 1 & 2 & 3 & 4 \\ 2 & 3 & 4 & 1 \end{bmatrix}$. A primeira coluna significa que o rótulo 1 passa para a posição 2, a segunda coluna significa que o rótulo 2 passa à posição 3, e assim por diante.

Mas $\begin{bmatrix} 1 & 2 & 3 & 4 \\ 2 & 3 & 4 & 1 \end{bmatrix}$ é uma permutação! Podemos expressar essa permutação em forma de ciclo como (1, 2, 3, 4). Na verdade, todas as oito simetrias do quadrado podem ser expressas com essa notação.

Nome da simetria	1	2	3	4	Forma do ciclo
	vão para as posições				
I	1	2	3	4	(1)(2)(3)(4)
R_{90}	2	3	4	1	(1, 2, 3, 4)
R_{180}	3	1	4	2	(1, 3)(2, 4)
R_{270}	4	1	2	3	(1, 4, 3, 2)
F_H	2	1	4	3	(1, 2)(3, 4)
F_V	4	3	2	1	(1, 4)(2, 3)
$F_/$	3	2	1	4	(1, 3)(2)(4)
$F_\backslash$	1	4	3	2	(1)(2, 4)(3)

Diariamente, o chefe de Steve e Sylvia lhes pede que remanejem o grande e pesado quadrado no vestíbulo. E, diariamente, eles apenas deslocam as etiquetas em ordem circular. Certo dia, eles permutaram as etiquetas 1 e 2 e fizeram uma pausa para o lanche. Nesse meio tempo, seu chefe observa que a "simetria" executada é (1, 2)(3)(4); e não há tal simetria no quadrado. Nem todas as permutações em S_4 correspondem a simetrias do quadrado – apenas as oito relacionadas. Sylvia e Steve foram sumariamente demitidos em razão de sua impostura no estratagema da simetria do quadrado!

Combinação de simetrias

O que acontece se, primeiro, movemos o quadrado horizontalmente e, em seguida, o submetemos a uma rotação de 90°? O movimento combinado se apresenta assim:

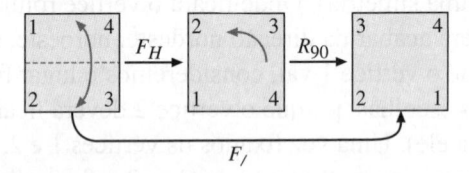

O efeito líquido da combinação dessas duas simetrias é uma rotação ao longo da / diagonal (isto é, $F_/$), o que escrevemos como:

$$R_{90} \circ F_H = F_/$$

Não se trata de um erro de impressão! Fizemos o deslocamento horizontal F_H primeiro e, em seguida, uma rotação R_{90} de 90°. Por que escrevemos R_{90} primeiro? Estamos usando novamente, nesse contexto, o símbolo $\circ$ de composição de funções. Recordemo-nos

(Seção 26) que, quando escrevemos $g \circ f$, isso significa que tomamos primeiro a função f e, em seguida, a função g.

Suponha que queiramos calcular o resultado de:

$$F_H \circ R_{270} \circ F_V$$

Poderíamos traçar vários gráficos ou trabalhar com um modelo físico, mas há um caminho melhor. Vimos que as simetrias do quadrado podem ser encaradas como permutações de rerrotulação de seus vértices. Observe:

$$\begin{aligned} R_{90} \circ F_H &= (1,2,3,4) \circ (1,2)(3,4) \\ &= (1,3)(2)(4) \\ &= F_/. \end{aligned}$$

O primeiro $\circ$ representa a combinação de simetrias, e o segundo $\circ$ é uma composição permutação. Note, entretanto, que o cálculo com permutações dá a resposta correta para as simetrias.

Vejamos por que isso funciona. Primeiro, efetuamos F_H, que podemos expressar como $\pi = (1,2)(3,4)$. O efeito é levar para a posição 1 o que estiver na posição 2 (rótulo 1). Então $\sigma = (1,2,3,4)$ leva o que estiver na posição 2 (rótulo 1) para a posição 3. Assim, o efeito líquido é $1 \mapsto 2 \mapsto 3$. Os outros vértices funcionam da mesma maneira.

É um trabalho cansativo, mas que vale a pena fazer uma tabela 8×8 mostrando o efeito combinado de cada par de simetrias. Eis o resultado:

$\circ$	I	R_{90}	R_{180}	R_{270}	F_H	F_V	$F_/$	$F_\backslash$
I	I	R_{90}	R_{180}	R_{270}	F_H	F_V	$F_/$	$F_\backslash$
R_{90}	R_{90}	R_{180}	R_{270}	I	$F_/$	$F_\backslash$	F_V	F_H
R_{180}	R_{180}	R_{270}	I	R_{90}	F_V	F_H	$F_\backslash$	$F_/$
R_{270}	R_{270}	I	R_{90}	R_{180}	$F_\backslash$	$F_/$	F_H	F_V
F_H	F_H	$F_\backslash$	F_V	$F_/$	I	R_{180}	R_{270}	R_{90}
F_V	F_V	$F_/$	F_H	$F_\backslash$	R_{180}	I	R_{90}	R_{270}
$F_/$	$F_/$	F_H	$F_\backslash$	F_V	R_{90}	R_{270}	I	R_{180}
$F_\backslash$	$F_\backslash$	F_V	$F_/$	F_H	R_{270}	R_{90}	R_{270}	I

Alguns comentários:

- A operação $\circ$ não é comutativa. Note que $R_{90} \circ F_H = F_/$, mas $F_H \circ R_{90} = F_\backslash$.
- O elemento I é um elemento identidade para $\circ$.
- Todo elemento tem um inverso. Por exemplo, $R_{90}^{-1} = R_{270} = R_{270}$, porque $R_{90} \circ R_{270} = R_{270} \circ R_{90} = I$.

   É interessante notar também que os elementos, em sua maioria, são seus próprios inversos.

- A operação $\circ$ é associativa. Isso não é fácil de ver só com observação da tabela. Decorre, todavia, do fato de que podemos substituir simetrias por permutações e então interpretar $\circ$ como uma composição. Como a composição é associativa, também o é o para simetrias.

- Compare essas observações com a Proposição 26.4. Se ligamos por ∘ duas simetrias do quadrado, obtemos uma simetria do quadrado. A operação ∘ é associativa, tem um elemento identidade, e toda simetria tem uma inversa. A operação de composição no conjunto de todas as permutações de n elementos, S_n, também goza dessas mesmas propriedades.

Definição formal de simetria

Uma figura geométrica, tal como um quadrado, é um conjunto de pontos no plano ($\mathbb{R}^2$). Por exemplo, o conjunto a seguir é um quadrado:

$$S = \{(x, y) \in \mathbb{R}^2 : -1 \leq x \leq 1, \text{ e } -1 \leq y \leq 1\} \tag{39}$$

A distância entre os pontos (a, b) e (c, d) é (pelo teorema de Pitágoras)

$$\text{dist}\,[(a, b), (c, d)] = (a - c)^2 + (b - d)^2$$

em que dist $[(a, b), (c, d)]$ representa a distância entre os pontos (a, b) e (c, d).

> Denota-se o plano pelo símbolo $\mathbb{R}^2$. Por quê? A notação $\mathbb{R}^2$ é um modo abreviado de escrever $\mathbb{R} \times \mathbb{R}$, isto é, o conjunto de todos os pares ordenados (x, y) em que x e y são números reais. Isso corresponde à representação de pontos no plano por duas coordenadas.

● DEFINIÇÃO 28.1

(**Isometria**) Seja $f: \mathbb{R}^2 \to \mathbb{R}^2$. F é uma *isometria* se e somente se:

$$\forall (a, b), (c, d) \in \mathbb{R}^2, \text{dist}\,[(a, b), (c, d)] = \text{dist}\,[f(a, b), f(c, d)]$$

Um sinônimo de isometria é função que *conserva a distância*.

Seja $X \subseteq \mathbb{R}^2$ (isto é, X é uma figura geométrica). Seja $f: \mathbb{R}^2 \to \mathbb{R}^2$. Escrever $f(X)$ não faz sentido, porque X é um conjunto de pontos, e o domínio de f é o conjunto de pontos do plano. Não obstante, $f(X)$ é uma notação útil. Significa:

$$f(X) = \{f(a, b): (a, b) \in X\}$$

Ou seja, $f(X)$ é o conjunto que obtemos calculando f em todos os pontos de X. Podemos agora dizer com precisão o que é uma simetria.

● DEFINIÇÃO 28.2

(**Simetria**) Seja $X \subseteq \mathbb{R}^2$. Uma *simetria* de X é uma isometria $f: \mathbb{R}^2 \to \mathbb{R}^2$ de modo $f(X) = X$.

Seja S o quadrado no plano definido pela Equação (39). As simetrias de S são as seguintes:

$$\begin{aligned}
I(a, b) &= (a, b) & F_H(a, b) &= (a, -b) \\
R_{90}(a, b) &= (-b, a) & F_V(a, b) &= (-a, b) \\
R_{180}(a, b) &= (-a, -b) & F_{/}(a, b) &= (b, a) \\
R_{270}(a, b) &= (b, -a) & F_{\backslash}(a, b) &= (-a, -b)
\end{aligned}$$

Essa discussão se limitou a figuras geométricas no plano. Podemos estender todas essas ideias ao espaço tridimensional ou além.

Recapitulando

Nesta seção, introduzimos o conceito de simetria, relacionamos a simetria com as permutações de rótulos e exploramos a operação de combinação de simetrias. Por fim, demos uma definição técnica de simetria.

28 Exercícios

28.1. Verifique, por ilustrações e por cálculo de permutações, que $F_H \bigcirc R_{90} = F_\backslash$.

28.2. Seja R um retângulo que não seja um quadrado. Descreva o conjunto de simetrias de R e escreva a tabela de $\bigcirc$ para esse conjunto.

28.3. Quais as simetrias de um quadrado que são representadas por permutações pares?

Compare sua resposta a esse exercício com a do exercício anterior.

28.4. Seja T um triângulo equilátero. Ache todas as simetrias de T e represente-as como permutações dos vértices. Compare com S_3.

28.5. Quais são as simetrias de um triângulo que seja isósceles, mas não equilátero?

28.6. Quais são as simetrias de um triângulo que não seja isósceles (todos os três lados tenham comprimentos diferentes)?

28.7. Seja P um pentágono regular. Ache todas as simetrias de P (atribua-lhes nomes razoáveis) e represente-as como permutações dos vértices.

28.8. As simetrias de um quadrado incluem permutações com exatamente dois pontos fixos (tais como $F_/$), mas como você deve ter aprendido no Exercício 28.7, não há simetrias de um pentágono regular com exatamente dois pontos fixos.

Para quais valores de $n \geq 3$, um pentágono regular n têm simetria com exatamente dois pontos fixos?

28.9. Crie uma imagem com cinco pontos marcados (nomeados de 1 a 5), que tenha apenas duas simetrias: (1)(2)(3)(4)(5) e (1)(2)(3)(4, 5).

28.10. Seja Q um cubo no espaço. Quantas simetrias tem Q?
  a. Mostre que uma resposta correta dessa questão é 24.
  b. Mostre que outra resposta correta dessa questão é 48.
  c. Pelo Esquema de prova 9, como 24 e 48 são respostas da mesma questão, deveríamos ter $24 = 48$.

   Na realidade, a questão "quantas simetrias tem Q?" é um tanto ambígua.

   O que é diferente quanto ao segundo conjunto de 24 simetrias?
  d. Represente as 48 simetrias do cubo como permutações de seus vértices.

28.11. *Este problema destina-se apenas aos que estudaram álgebra linear.*

   Seja C um círculo no plano.
  a. Descreva o conjunto de todas as simetrias de C.
  b. Mostre como as simetrias do círculo podem ser representadas por matrizes A 2×2 com $\det A = \pm 1$.
  c. Qual é a diferença entre simetrias cuja matriz tenha determinante 1 e as simetrias cujo determinante seja -1?
  d. Toda matriz com determinante ± 1 corresponde a uma simetria do círculo?

29 Tipos de notação

Há uma coisa que me deixa louco: produtos cujos preços são fixados em $ 9,99.

Seria melhor se os comerciantes fixassem o preço em $ 10, não procurando dar ao cliente a impressão de que o produto custa "cerca de" $ 9. É muito mais fácil para as pessoas lidarem com números inteiros, arredondados, e essa é a razão pela qual o arredondamento é um recurso valioso.

Assim como a aproximação de números é um recurso útil, é também interessante expressar funções de forma aproximada. Consideremos uma função complicada f (definida no conjunto dos números naturais) dada por:

$$f(n) = 4n^5 - \frac{n(n+1)(n+2)}{3} + 3n^2 - 12.$$

Quando n é grande, a parcela mais "importante" é n^5. Nesta seção, vamos desenvolver uma notação que expressa com precisão essa ideia.

A notação "O Grande"

"O Grande" expressa a ideia de que uma função é limitada por outra. Eis a definição.

● **DEFINIÇÃO 29.1**

(**O Grande**) Sejam f e g funções reais definidas no conjunto dos números naturais (isto é, $f : \mathbb{N} \to \mathbb{R}$ e $g : \mathbb{N} \to \mathbb{R}$). Dizemos que $f(n)$ é $O(g(n))$ se existe um número positivo M de modo, a menos de um número finito de exceções,

$$|f(n)| \leq M|g(n)|$$

Em outras palavras, dizer que $f(n)$ é $O(g(n))$ significa que $|f(n)|$ não supera um múltiplo constante de $|g(n)|$ (com algumas exceções eventuais).

◆ **EXEMPLO 29.2**

Seja $f(n) = \binom{n}{2}$. Afirmamos que $f(n)$ é $O(n^2)$. Recordemos que $\binom{n}{2} = n(n-1)/2$; assim,

$$f(n) = \frac{n(n-1)}{2} \leq \frac{n^2}{2}$$

e $f(n) \leq \frac{1}{2} n^2$ para todo n. Podemos, pois, tomar $M = \frac{1}{2}$ na definição de O Grande e concluir que $f(n)$ é $O(n^2)$.

◆ **EXEMPLO 29.3**

Seja $f(n) = n(n+5)/2$. Afirmamos que $f(n)$ é $O(n^2)$. Note que, exceto por $n = 0$, temos:

$$\frac{|f(n)|}{|n^2|} = \frac{f(n)}{n^2} \quad \text{porque } f(n) \geq 0 \text{ para todo } n \in \mathbb{N}$$
$$= \frac{n(n+5)}{2n^2}$$
$$= \frac{n+5}{2n}$$
$$= \frac{1}{2} + \frac{5}{2n}$$
$$\leq \frac{1}{2} + \frac{5}{2} \leq 3.$$

Assim, $|f(n)| \leq 3|n^2|$ e $f(n)$ é $O(n^2)$.

Vamos considerar um exemplo mais complicado. Recordemo-nos da função que mencionamos no início desta seção:

$$f(n) = 4n^5 - \frac{n(n+1)(n+2)}{3} + 3n^2 - 12$$

Mostremos que essa função é $O(n^5)$. Para tanto, devemos comparar $|f(n)|$ e $|n^5|$, em que $n \in \mathbb{N}$. Como n é não negativo, $|n^5| = n^5$. Entretanto, como o polinômio que define $f(n)$ tem coeficientes negativos, devemos arranjar uma forma para lidar com $|f(n)|$.

▶ **PROPOSIÇÃO 29.4**

(Desigualdade triangular) Sejam a, b números reais. Então:

$$|a+b| \leq |a| + |b|$$

Prova. Vamos considerar quatro casos, segundo cada um dos valores de a ou b seja negativo.

- Se nem a nem b for negativo, temos $|a+b| = a+b = |a| + |b|$
- Se $a \geq 0$ mas $b < 0$, temos $|a| + |b| = a - b$
   Se $|a+b| = a+b$ (quando $a+b \geq 0$), temos $|a+b| = a+b < a < a-b = |a| + |b|$.
   Caso contrário, $|a+b| = -(a+b)$ (quando $a+b < 0$) e temos $|a+b| = -a-b = -|a| + |b| < |a| + |b|$
   Em ambos os casos, $|a+b| < |a| + |b|$
- O caso $a < 0$ e $b \geq 0$ é análogo ao precedente.
- Em último, se a e b forem ambos negativos, temos $|a+b| = -(a+b) = (-a) + (-b) = |a| + |b|$.

Em todos os casos, temos que $|a+b|$ é, no máximo, igual a $|a| + |b|$.

Voltemos à análise de $f(n)$. Multiplicando-se os termos em f, obtemos uma expressão da forma:

$$f(n) = 4n^5 + ?n^3 + ?n^2 + ?n + ?$$

em que os pontos de interrogação representam números que deixamos de calcular. Portanto,

$$|f(n)| = |4n^5 + ?n^3 + ?n^2 + ?n + ?|$$
$$\leq 4n^5 + |?|n^3 + |?|n^2 + |?|n + |?|$$

Dividindo-se a expressão por n^5, obtemos:

$$\frac{|f(n)|}{|n^5|} = 4 + \frac{|?|}{n^2} + \frac{|?|}{n^3} + \frac{|?|}{n^4} + \frac{|?|}{n^5}$$

Note que, como n é maior que $|?|$ para todos os termos que deixamos de calcular, cada um dos termos com um ponto de interrogação é menor que 1. Podemos, pois, concluir que, a menos de um número finito de valores de n, temos:

$$\frac{|f(n)|}{|n^5|} < 4 + 1 + 1 + 1 + 1 = 8$$

Isto é, a menos de um número finito de exceções, $|f(n)| \leq 8|n^5|$ e, assim, $f(n)$ é $O(n^5)$.

◆ EXEMPLO 29.5

n^2 é $O(n^3)$ mas n^3 não é $O(n^2)$.

É claro que $|n^2| \leq |n^3|$ para todo $n \in \mathbb{N}$ e, assim, n^2 é $O(n^3)$.

Suponhamos, todavia, por contradição, que n^3 seja $O(n^2)$. Isso significa que existe uma constante M de modo, a menos de um número finito de valores de $n \in \mathbb{N}$, temos $|n^3| \leq M|n^2|$. Como $n \in \mathbb{N}$, podemos eliminar as barras do valor absoluto e dividir por n^2, obtendo $n \leq M$ para quase todos os valores de $n \in \mathbb{N}$, mas isso é obviamente falso. Portanto, n^3 não é $O(n^2)$.

Quando dizemos que $f(n)$ é $O(g(n))$, a função $g(n)$ atua como uma cota para $|f(n)|$. Isto é, $|f(n)|$ não cresce mais rapidamente do que um múltiplo de $|g(n)|$. Assim, a função n^2 não cresce mais rapidamente do que a função n^3, mas não vice-versa.

> A notação feia, mas útil e comum, $f(n) = O(g(n))$.

Pelo bem ou pelo mal, os matemáticos empregam a notação O Grande de uma maneira não muito precisa. É correto escrevermos "$f(n)$ é $O(g(n))$". Isso significa que a função f goza de determinada propriedade – a saber, seu valor absoluto é cotado por um múltiplo constante de g. Ora, é natural empregarmos o verbo *ser* quando vemos um sinal de igualdade (=). Como resultado, os matemáticos costumam escrever a detestável igualdade $f(n) = O(g(n))$.

> Por que usamos essa terrível notação? É como na velha anedota:
> A: Meu tio está doido. Ele se julga uma galinha!
> B: Por que então não o leva a um psiquiatra para tratamento?
> A: É que precisamos dos ovos!

Deploro essa notação terrível, mas a utilizo continuamente. O problema é que $f(n)$ não é igual a $O(g(n))$. Apenas $f(n)$ tem certa propriedade que chamamos $O(g(n))$.

Além disso, frequentemente escrevemos "equações" como:

$$\binom{n}{3} = \frac{n^3}{6} + O(n^2).$$

Isso significa que a função $\binom{n}{3}$ é igual à função $\frac{n^3}{6}$ mais outra função que é $O\,(n^2)$. Essa é uma forma cômoda de concentrar todas as informações de menor importância sobre $\binom{n}{3}$ em um termo "resto". A maneira adequada de expressar a "equação" precedente é $\binom{n}{3} - \frac{n^3}{6}$ é $O\,(n^2)$.

Embora toleremos a notação $f(n) = O\,(g(n))$, definitivamente recusamos escrever $O\,(g(n)) = f(n)$.

No outro lado do espectro, alguns matemáticos escrevem $f(n) \in O\,(g(n))$. Trata-se, de fato, de uma boa notação. Muitos matemáticos definem a notação $O\,(g(n))$ como o conjunto de todas as funções cujos valores absolutos são cotados por um múltiplo constante de $|g(n)|$ (a menos de um número finito de exceções). Quando escrevemos $f(n) \in O\,(g(n))$, afirmamos que f é uma dessas funções.

Ω e Θ

A notação "O Grande" estabelece uma cota superior para o crescimento de $|f(n)|$. Reciprocamente, a notação Ω (ômega grande) define uma cota inferior para esse crescimento.

● DEFINIÇÃO 29.6

(Ω) Sejam f e g funções com valores reais definidas no conjunto dos números naturais (isto é, $f: \mathbb{N} \to \mathbb{R}$ e $g: \mathbb{N} \to \mathbb{R}$). Dizemos que $f(n)$ é $\Omega\,(g(n))$ se existe um número positivo M de modo, a menos de um número finito de exceções,

$$|f(n)| \geq M|g(n)|$$

Existe uma relação simples entre as notações O e Ω.

▶ PROPOSIÇÃO 29.7

Sejam f e g funções de $\mathbb{N}$ para $\mathbb{R}$. Então $f(n)$ é $O\,(g(n))$ se e somente se $g(n)$ é $\Omega\,(f(n))$.

Prova. ($\Rightarrow$) Suponhamos que $f(n)$ seja $O\,(g(n))$. Então, existe uma constante positiva M de modo $|f(n)| \leq M|g(n)|$ para todos os valores de n (a menos de um número finito deles). Portanto, $|g(n)| \geq \frac{1}{m}|f(n)|$ para todos os valores de n (a menos de um número finito deles), e assim $g(n) = \Omega\,(f(n))$.

($\Leftarrow$) Análogo ao argumento anterior.

◆ EXEMPLO 29.8

Seja $f(n) = n^2 - 3n + 2$. Então, $f(n)$ é $\Omega(n^2)$ e $f(n)$ é também $\Omega(n)$, mas $f(n)$ não é $\Omega(n^3)$.

A notação O é uma cota superior e Ω é uma cota inferior. A notação a seguir combina as duas. O símbolo Θ é a letra grega maiúscula "teta".

● DEFINIÇÃO 29.9

(Θ) Sejam f e g funções com valores reais definidas no conjunto dos números naturais (isto é, $f: \mathbb{N} \to \mathbb{R}$ e $g: \mathbb{N} \to \mathbb{R}$). Dizemos que $f(n)$ é $\Theta(g(n))$ se existem números positivos A e B de modo, a menos de um número finito de exceções,

$$A|g(n)| \leq |f(n)| \leq B|g(n)|$$

◆ **EXEMPLO 29.10**

Seja $f(n) = \binom{n}{3}$. Então, $f(n)$ é $\Theta(n^3)$, mas não é $\Theta(n^2)$ nem $\Theta(n^4)$.

▶ **PROPOSIÇÃO 29.11**

Sejam f e g funções de $\mathbb{N}$ em $\mathbb{R}$. Então, $f(n)$ é $\Theta(g(n))$ se e somente se $f(n)$ for $O(g(n))$ e $f(n)$ é $\Omega(g(n))$.

A demonstração fica a seu cargo (leitor) (ver o Exercício 29.8).

A afirmação de que $f(n)$ é $\Theta(g(n))$ nos diz, com efeito, que, quando n cresce, $f(n)$ e $g(n)$ crescem aproximadamente à mesma taxa.

Como no caso da notação O, os matemáticos costumam usar mal as notações Ω e Θ, escrevendo "equações" da forma $f(n) = \Omega(g(n))$ e $f(n) = \Theta(g(n))$.

"O" Pequeno

Esta seção destina-se apenas aos que estudaram cálculo.

A afirmação de que $f(n)$ é $O(g(n))$ nos diz que $f(n)$ não cresce mais depressa que $g(n)$, quando n se torna grande. Às vezes, convém dizer que $f(n)$ cresce "muito" mais devagar que $g(n)$. Para isso, dispomos da notação "o" ("o" pequeno).

● **DEFINIÇÃO 29.12**

("o" pequeno) Sejam f e g funções com valores reais definidas no conjunto dos números naturais (isto é, $f: \mathbb{N} \to \mathbb{R}$ e $g: \mathbb{N} \to \mathbb{R}$). Dizemos que $f(n)$ é $o(g(n))$ se e somente se:

$$\lim_{n \to \infty} \frac{f(n)}{g(n)} = 0.$$

◆ **EXEMPLO 29.13**

Seja $f(n) = \sqrt{n}$. Então $f(n) = o(n)$. Para vermos por que, calculamos:

$$\lim_{n \to \infty} \frac{\sqrt{n}}{n} = \lim_{n \to \infty} \frac{1}{\sqrt{n}} = 0.$$

Os matemáticos usam incorretamente a notação "o pequeno" com o mesmo descuido com que utilizam as notações O, Ω e Θ. É mais provável encontrarmos a "equação" $f(n) = o(n^2)$ do que a expressão "$f(n)$ é $o(n^2)$".

Solo e teto

Tenho n bolas de gude para dar a duas crianças. Como dividi-las equitativamente? A resposta é: dar a cada criança $n/2$ bolas – a menos que n seja ímpar. Meia-bola de nada serve para as crianças; assim, poderia muito bem dar $(n-1)/2$ bolas a uma das crianças e $(n+1)/2$ bolas à outra (para ser justo, jogaria uma moeda para decidir qual das crianças receberia a bola extra).

A resposta "dar a cada criança $n/2$ bolinhas" é mais fácil de ser expressa do que a resposta mais elaborada no caso de n ser ímpar. Às vezes, a única resposta razoável a um problema é um número inteiro, mas a expressão algébrica que deduzimos não calcula necessariamente respostas inteiras. Em muitas circunstâncias, é conveniente dispormos de uma notação para arredondar para um número inteiro uma resposta representada por um número não inteiro.

Há diversas maneiras diferentes de arredondar números não inteiros. O processo-padrão consiste em arredondar o valor para o próximo inteiro (para cima, se estivermos no meio deles). Há, entretanto, duas outras alternativas naturais: podemos sempre arredondar para cima, ou sempre arredondar para baixo. Essas funções têm nomes e notações especiais.

> Há uma notação alternativa para solo e teto. Alguns matemáticos escrevem [x] para representar o solo de x e {x} para representar o teto de x. O problema com essa notação é que os colchetes [ ] são usados como parênteses grandes, e as chaves { } são usadas para conjuntos. Em alguns livros mais antigos de matemática, você poderá encontrar [x]; apenas, não esqueça que significa $\lfloor x \rfloor$.

● DEFINIÇÃO 29.14

(Solo e teto) Seja x um número real.

O *solo* de x, denotado por $\lfloor x \rfloor$, é o maior inteiro n de modo $n \leq x$.

O *teto* de x, denotado por $\lceil x \rceil$, é o menor inteiro n de modo $n \geq x$.

Em outras palavras, $\lfloor x \rfloor$ é o inteiro que formamos a partir de x arredondando para baixo (a menos que x já seja um inteiro) e $\lceil x \rceil$ é o inteiro formado a partir de x por um arredondamento para cima.

◆ EXEMPLO 29.15

Os valores a seguir ilustram as funções solo e teto.

$$\lfloor 3,2 \rfloor = 3 \quad \lfloor -3,2 \rfloor = -4 \quad \lfloor 5 \rfloor = 5$$
$$\lceil 3,2 \rceil = 4 \quad \lceil -3,2 \rceil = -3 \quad \lceil 5 \rceil = 5$$

f, $f(x)$, e $f(\cdot)$

Um erro comum, mas compreensível, é escrever "considere a função $f(x)$... ". O problema é que $f(x)$ não é uma função! É uma função avaliada no valor x. A maneira correta de escrever esta frase é "considere a função f...".

Alguns escritores gostam de enfatizar que f é uma função, e o fazem escrevendo $f(\cdot)$, e o ponto indica que um argumento para a função é esperado. Nossa sentença hipotética, então, torna-se "considere a função $f(\cdot)$...". No entanto, esta notação adicionada não é necessária, e a notação mais simples (apenas escrever f) é preferível.

Existem alguns casos em que a notação de ponto entre parênteses é útil. Por exemplo, no solo de um número real x é denotado $\lfloor x \rfloor$, mas como podemos referir à função solo como uma função? Claro, poderíamos (e talvez devêssemos) simplesmente nos referirmos a ela por seu nome: solo. Mas uma alternativa aceitável é escrever $\lfloor \cdot \rfloor$.

Aqui está outro exemplo da utilidade da notação de ponto. Suponha que tenhamos uma função g que leve dois argumentos. Por exemplo, seja:

$$g(x, y) = x^2 + 3xy^2 - 2y.$$

Agora suponha que desejamos considerar uma situação em que sabemos que, digamos, $x = 17$ e queremos pensar em g apenas como uma função de seu segundo argumento. Podemos ser tentados a escrever "considere a função $g(17, y)$...". Mas isso é cometer o mesmo erro de referir $f(x)$ como uma função. Uma maneira de lidar com isso é escrever "defina a função h por $h(y) = g(17, y)$...". Mas nós nunca nos poderíamos referir a h pelo nome de novo, então, isso adiciona complexidade indesejada à nossa redação. A solução mais simples é escrever "considere a função $g(17, .)$...".

Recapitulando

Nesta seção, introduzimos a seguinte notação para aproximar funções: O, Ω, Θ e o. Introduzimos, também, as funções solo e teto para arredondar números reais para valores inteiros. Finalmente, distinguimos entre as funções, f, e funções de avaliação em um argumento, $f(x)$; isso nos levou a introduzir a notação $f(\cdot)$.

29 Exercícios

29.1. Prove o seguinte:
   a. n^2 é $O(n^4)$
   b. n^2 é $O(1,1^n)$
   c. $(n)_k$ é $O(n^k)$, em que k é um inteiro positivo fixo.
   d. $\left(\frac{n+1}{n}\right) n$ é $O(1)$.
   e. 2^n é $O(3^{n-1})$
   f. $n \operatorname{sen} n$ é $O(n)$.

29.2. *Verdadeiro ou falso.* Determine se as afirmações a seguir são verdadeiras ou falsas.
   a. Seja $x \in \mathbb{Q}$. Então $x \in \mathbb{Z}$ se e somente se $\lceil x \rceil = x$.
   b. Seja $x \in \mathbb{Q}$. Então $x \in \mathbb{Z}$ se e somente se $\lceil x \rceil = \lfloor x \rfloor$.
   c. Sejam $x, y \in \mathbb{Q}$. Então $\lfloor x + y \rfloor = \lfloor x \rfloor + \lfloor y \rfloor$.
   d. Sejam $x, y \in \mathbb{Q}$. Então $\lfloor xy \rfloor = \lfloor x \rfloor \times \lfloor y \rfloor$.
   e. Sejam $x \in \mathbb{Z}$ e $y \in \mathbb{Q}$. Então $\lfloor x + y \rfloor = x + \lfloor y \rfloor$.
   f. Seja $x \in \mathbb{Q}$. Então $\lfloor x \rfloor$ pode ser calculado como segue: escreva x como um decimal e elimine todos os algarismos à direita da vírgula.

29.3. Suponhamos que $f(n)$ seja $O(g(n))$ e que $g(n)$ seja $O(h(n))$. Prove que $f(n)$ é $O(h(n))$.

29.4. Suponha que $f : \mathbb{N} \to \mathbb{R}$ seja $O(1)$. Mostre que há um número M tal que $\forall n \in \mathbb{N}, |f(n)| \leq M$.

29.5. Suponha que $f : \mathbb{N} \to \mathbb{R}$ seja $O(0)$ (o grande o de zero). O que isso implica sobre os valores de f?

29.6. Suponha que $f(n)$ seja $O(g(n))$. $10 f(n)$ também é $O(g(n))$? Justifique sua resposta.

29.7. Suponha que $f_1(n)$ seja $O(g_1(n))$ e $f_2(n)$ seja $O(g_2(n))$ em que $g_1(n)$ e $g_2(n)$ são positivos para todo n. Mostre que $f_1(n) + f_2(n)$ é $O(g_1(n) + g_2(n))$ e $f_1(n)f_2(n)$ é $O(g_1(n)g_2(n))$.

Podemos omitir a hipótese de que $g_1(n)$ e $g_2(n)$ sejam positivos para todos os n?

29.8. Prove a Proposição 29.11.

29.9. Sejam a e b números reais com $a, b > 1$. Prove que $\log_a n = O(\log_b n)$.

Conclua que $\log_a n = \Theta(\log_b)$.

29.10. Seja $p(n)$ um polinômio de grau d em n. Prove que $p(n)$ é $\Theta(n^d)$.

29.11. Desenvolva uma expressão (usando a notação de piso ou teto) para o sentido comum de arredondamento de um número real x para o número inteiro mais próximo. Certifique-se de que sua fórmula lida adequadamente com arredondamento de 3,49 a 3, mas 3,5 a 4.

29.12. Desenvolva uma expressão (usando a notação de solo ou teto) para os dígitos um de um número inteiro positivo. Ou seja, se $n = 326$, então sua expressão deve avaliar a 6.

29.13. Para um número real x, prove

$$\left| \lceil x \rceil + \lfloor x \rfloor - 2x \right| < 1.$$

Os seguintes exercícios são para aqueles que estudaram cálculo.

29.14. Prove que, para cada inteiro positivo n aquele x^n é $o(e^x)$.

29.15. Mostre que $\frac{1}{1} + \frac{1}{2} + \frac{1}{3} + \cdots + \frac{1}{n} = \ln n + O(1)$.

Autoteste

1. Seja $f = \{(1, 2), (2, 3), (3, 4)\}$ e $g = \{(2, 1), (3, 1), (4, 2)\}$. Responda às seguintes perguntas:
   a. O que é $f(2)$?
   b. O que é $f(4)$?
   c. O que é dom f?
   d. O que é im f?
   e. O que é f^{-1}?
   f. Observe que g^{-1} não é uma função. Por quê?
   g. O que é $g \circ f$?
   h. O que é $f \circ g$?

2. Seja $f(x) = ax + b$ em que $a \neq 0$. Encontre $f^{-1}(x)$.

3. Encontre todas as funções da forma $f(x) = ax + b$ tal que $(f \circ f)(x) = 4x - 2$.

4. Suponha que A e B sejam conjuntos de f com uma função com $f : A \to B$. Suponha também que $f(a) = b$. Marque cada uma das seguintes afirmações como verdadeira ou falsa.
   a. $a \in A$
   b. $b \in A$
   c. dom $f = A$
   d. im $f = B$

5. Seja $A = \{1, 2, 3\}$ e seja $B = \{3, 4, 5, 6\}$
   a. Quantas funções $f : A \to B$ existem?
   b. Quantas funções um para um $f : A \to B$ existem?
   c. Quantas funções sobrejetivas $f : A \to B$ existem?

6. Sejam A e B conjuntos de n elementos. Quantas funções existem do conjunto de todos os subconjuntos de A para o conjunto de todos os subconjuntos de B?

7. Suponha que $f : A \to B$ seja um para um e que $g : B \to A$ seja um para um. Poderia ser esse o caso de f ser uma sobrejetiva? Justifique sua resposta.

8. Seja $f : \mathbb{Z} \to \mathbb{N}$ por $f(x) = |x|$. (a) f é um para um? (b) f é sobrejetiva? Prove suas respostas.

9. Seja $f : \mathbb{Z} \to \mathbb{Z}$ por $f(x) = x^3$. (a) f é um para um? (b) f é sobrejetiva? Prove suas respostas.

10. Funções são relações, embora não seja usual considerar se elas exibem propriedades, como reflexivas ou antissimétricas. Entretanto, encontre uma função que também seja uma relação de equivalência sobre o conjunto $\{1, 2, 3, 4, 5\}$.

11. Os quadrados de um tabuleiro de xadrez 9×9 são arbitrariamente pintados em preto e branco. Ao examinarmos blocos de quadrados de 2×2, devemos ver padrões repetidos (prove isso). Prove que algum padrão deve ser repetido pelo menos quatro vezes, conforme ilustrado na figura.

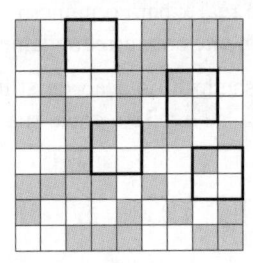

12. Seja $A = \{1, 2, 3, 4, 5\}$ com $f: A \to A$, $g: A \to A$ e $h: A \to A$. Recebemos os seguintes valores:
    - $f = \{(1, 2), (2, 3), (3, 1), (4, 3), (5, 5)\}$
    - $h = \{(1, 3), (2, 3), (3, 2), (4, 5), (5, 3)\}$ e
    - $h = f \bigcirc g$

    Encontre todas as funções possíveis g que satisfaçam a essas condições.

13. Suponha que $f, g: \mathbb{R} \to \mathbb{R}$ sejam definidas por:
    $$f(x) = x^2 + x - 1 \quad \text{e} \quad g(x) = 3x + 2$$
    Expresse, nos termos mais simples, $(f \bigcirc g)(x) - (g \bigcirc f)(x)$.

14. Seja $f, g, h: \mathbb{R} \to \mathbb{R}$ definidos por $f(x) = 3x - 4$, $g(x) = ax + b$ e $h(x) = 2x + 1$, em que a e b sejam números reais. Suponha que $(f \bigcirc g \bigcirc h)(x) = 6x + 5$. Encontre $(h \bigcirc g \bigcirc f)(x)$.

15. No Exercício 9.14 pede-se para avaliar 0^0 (a resposta é $0^0 = 1$). Explique essa resposta a partir da perspectiva das funções de contagem.

16. Seja A um conjunto. Suponha que f e g sejam funções $f: A \to A$ e $g: A \to A$ com a propriedade que $f \bigcirc g = \text{id}_A$.

    Prove ou refute: $f = g^{-1}$.

17. Seja π uma permutação de $\{1, 2, 3, ..., 9\}$ definida pela seta 2×9 $\pi = \begin{bmatrix} 1 & 2 & 3 & 4 & 5 & 6 & 7 & 8 & 9 \\ 3 & 9 & 2 & 6 & 5 & 7 & 4 & 1 & 8 \end{bmatrix}$. Faça o seguinte:
    a. Expresse π como um conjunto de pares ordenados.
    b. Expresse π em uma notação cíclica.
    c. Expresse π^{-1} em uma notação cíclica.
    d. Expresse $\pi \bigcirc \pi$ em uma notação cíclica.
    e. Expresse π como o produto de transposições e determine se π é uma permutação par ou ímpar.

18. Seja n um inteiro positivo e seja $\pi \in S_n$. Prove que existe um inteiro positivo k, de forma que $\pi^{(k)} = \pi^{-1}$.

    Observação: $\pi^{(k)} = \pi \bigcirc \pi \bigcirc ... \bigcirc \pi$, em que π aparece à direita k vezes.

19. Seja n um inteiro positivo e $\pi, \sigma \in S_n$. Avalie:
    $$\sum_{k=1}^{n} (\pi(k) - \sigma(k))$$
    e explique sua resposta.

20. Seja n um inteiro positivo e seja $\pi \in S_n$.

a. Prove que π pode ser escrito da seguinte forma:

$$\pi = (1, x_1) \circ (1, x_2) \circ \ldots \circ (1, x_a)$$

em que $1 < x_i \leq n$ para todos os n.

b. Se a permutação de identidade ι for escrita na forma apresentada na parte (a) deste problema, sabemos que a deve ser par. Forneça essa representação de ι em que algumas das transposições $(1, x)$ aparecem um número ímpar de vezes (o número total de transposições deve ser par, mas algumas das transposições particulares aparecem um número ímpar de vezes.)

21. Seja n um inteiro positivo e $\pi \in S_n$. Sejam $x_1, x_2, \ldots, x_n$ números reais. Prove que:

$$\prod_{1 \leq i < j \leq n} (x_j - x_i) = (\text{sgn } \pi) \cdot \prod_{1 \leq i < j \leq n} \left(x_{\pi(j)} - x_{\pi(i)}\right).$$

Observação: Os produtos estão acima de todos os pares dos inteiros i, j, entre 1 e n, em que $i < j$. Por exemplo, com $n = 3$, os produtos são:

$$(x_2 - x_1)(x_3 - x_1)(x_3 - x_2) \quad \text{e}$$
$$(x_{\pi(2)} - x_{\pi(1)})(x_{\pi(3)} - x_{\pi(1)})(x_{\pi(3)} - x_{\pi(2)}).$$

22. Seja T um tetraedro (uma figura sólida com quatro faces triangulares), de que todos os lados apresentam o mesmo comprimento.

a. Descreva o conjunto de simetrias de T, supondo que as reflexões do tetraedro sejam consideradas as mesmas.

b. Descreva o conjunto de simetrias de T, supondo que as reflexões do tetraedro sejam consideradas diferentes.

Em ambos os casos, as simetrias devem ser descritas como permutações de quatro vértices (ângulos) de T, o que pode ser designado como 1, 2, 3 e 4.

23. Seja x um número real e suponha que $\lfloor x \rfloor = \lceil x \rceil$. O que podemos concluir sobre x?

24. Demonstre que 2^n é $O(3^n)$, mas que 3^n não é $O(2^n)$.

CAPÍTULO 6

Probabilidade

Poucas coisas na vida são dadas com certeza absoluta. A teoria das probabilidades nos proporciona meios para analisar situações em que os eventos ocorrem aleatoriamente. É aplicada em amplo âmbito de disciplinas, inclusive sociologia, física nuclear, genética e finanças.

É importante distinguir entre teoria matemática da probabilidade e suas aplicações em problemas do mundo real. Em matemática, uma probabilidade é simplesmente um número associado a um objeto. Nas aplicações, o objeto é um evento ou ação incerta, e o número é uma medida de quão frequente ou quão viável é o evento. Imagine que um médico lhe tenha receitado um remédio para certo mal. O médico poderia dizer que a probabilidade de o remédio surtir efeito é de 94%. Isso significa que, se um grande número de pacientes tomar o remédio contra aquele mal, esperaríamos que 94% deles ficassem curados, mas não os 6% restantes. Nas aplicações, probabilidade é frequentemente sinônimo de frequência.

> Há várias maneiras de escrevermos um número. O número 94% é exatamente o mesmo que 0,94, ou $\frac{94}{100}$ ou $\frac{47}{50}$. As porcentagens são formas convenientes de expressarmos números entre 0 e 1, mas, essencialmente, não são diferentes das frações ou dos números decimais.

As probabilidades são números reais entre 0 e 1. Um evento com probabilidade 1 é um evento cuja ocorrência é certa, e um evento com probabilidade 0 é um evento impossível. As probabilidades entre 0 e 1 refletem a plausibilidade relativa entre esses dois extremos. Eventos improváveis têm probabilidades próximas de 0, e eventos altamente prováveis têm probabilidades próximas de 1.

Neste capítulo vamos introduzir as ideias fundamentais da teoria da probabilidade discreta. Os problemas de probabilidade discreta são, em geral, problemas de contagem reformulados na linguagem da teoria das probabilidades.

30 Espaço amostral

Consideremos a jogada de um dado. Não podemos dizer antecipadamente qual das seis faces vai aparecer; o resultado desse experimento é imprevisível. Entretanto, se o dado for equilibrado, podemos dizer que todos os seis resultados são igualmente prováveis. Assim, embora não possamos predizer qual das seis faces ficará voltada para cima, podemos descrever a viabilidade de vermos, por exemplo, um 4 quando jogamos um dado.

> Existem duas partes para um espaço amostral: uma lista de resultados e uma atribuição de probabilidades para esses resultados.

Os matemáticos modelam a jogada de um dado utilizando um conceito chamado *espaço amostral*. Um espaço amostral tem dois elementos. Primeiro, contém uma lista dos *resultados* de um experimento. Em nosso caso, há seis resultados: qualquer uma das faces de 1 a 6 pode aparecer. Segundo, um espaço amostral quantifica a viabilidade de cada um desses resultados. Nesse caso, como todos os seis resultados são igualmente viáveis, atribuímos o mesmo valor numérico a cada resultado; designamos esse valor da viabilidade como a *probabilidade* do resultado. Por convenção, exige-se que a soma das probabilidades dos vários resultados possíveis seja 1. Assim, atribuímos a probabilidade $\frac{1}{6}$ a cada um dos seis resultados do experimento da jogada de um dado.

Mais precisamente, um espaço amostral consiste em um conjunto e uma função. O *conjunto* é a lista de todos os resultados possíveis de um experimento. A *função* atribui um valor numérico a cada resultado; esse valor numérico – denominado *probabilidade* do resultado – nada mais é que um número real entre 0 e 1 (inclusive). Exige-se, também, que a soma das probabilidades de todos os resultados seja exatamente 1. É costume empregar a letra S para representar o conjunto de todos os resultados, e a letra P para a função que atribui a cada $s \in S$ a probabilidade daquele resultado, $P(s)$.

◆ **EXEMPLO 30.1**

(**Jogada de um dado**) Seja S o conjunto de resultados da jogada de um dado. A maneira mais simples de designar os resultados é com os inteiros 1, 2, 3, 4, 5 e 6; assim,

$$S = \{1, 2, 3, 4, 5, 6\}.$$

Temos também uma função $P : S \to \mathbb{R}$ definida por

$$P(1) = \frac{1}{6} \quad P(2) = \frac{1}{6} \quad P(3) = \frac{1}{6}$$
$$P(4) = \frac{1}{6} \quad P(5) = \frac{1}{6} \quad P(6) = \frac{1}{6}.$$

Note que as probabilidades são números reais não negativos e que a soma das probabilidades de todos os elementos em S é 1.

Com esse exemplo em mente, apresentamos formalmente a definição de espaço amostral.

● **DEFINIÇÃO 30.2**

(Espaço amostral) Um *espaço amostral* é um par (S, P), em que S é um conjunto não vazio, finito, e P é uma função $P : S \to \mathbb{R}$, de modo que $P(s) \geq 0$ para todo $s \in S$ e

$$\sum_{s \in S} P(s) = 1.$$

A condição $\sum_{s \in S} P(s) = 1$ significa que a soma das probabilidades de todos os elementos de S deve ser exatamente 1.

◆ **EXEMPLO 30.3**

(Ponteiro giratório) Consideremos o ponteiro mostrado na figura a seguir. A seta representa uma agulha que pode girar em torno de um ponto até atingir uma das quatro regiões 1, 2, 3 ou 4.

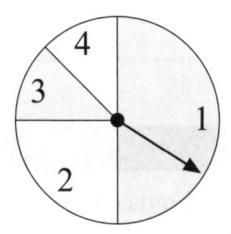

Vamos modelar esse dispositivo físico com um espaço amostral. O conjunto de resultados S contém os nomes das quatro regiões, a saber:

$$S = \{1, 2, 3, 4\}.$$

A função de probabilidade $P : S \to \mathbb{R}$ mede a viabilidade de o ponteiro parar em cada uma das regiões. Essa viabilidade é proporcional à área da região. Temos, assim,

$$P(1) = \frac{1}{2}, \quad P(2) = \frac{1}{4}, \quad P(3) = \frac{1}{8}, \quad P(4) = \frac{1}{8}.$$

Podemos verificar que

$$\sum_{s \in S} P(S) = P(1) + P(2) + P(3) + P(4) = \frac{1}{2} + \frac{1}{4} + \frac{1}{8} + \frac{1}{8} = 1.$$

◆ **EXEMPLO 30.4**

(Par de dados) Jogam-se dois dados. O dado 1 pode apresentar qualquer uma das seis faces igualmente viáveis; o mesmo ocorre com o dado 2. Podemos expressar o resultado desse experimento como um par ordenado (a, b), em que a e b são inteiros entre 1 e 6. Assim, há $6 \times 6 = 36$ resultados possíveis para esse experimento. Façamos

$$\begin{aligned} S &= \{1, 2, 3, 4, 5, 6\} \times \{1, 2, 3, 4, 5, 6\} \\ &= \{(1, 1), (1, 2), (1, 3), ..., (6, 5), (6, 6)\}. \end{aligned}$$

Cada um dos 36 resultados desse experimento é igualmente provável, isto é, $P(s) \frac{1}{36}$ para todo $s \in S$.

Note que os resultados fundamentais da jogada de um par de dados são as 36 maneiras diferentes como o par pode apresentar-se. Na próxima seção, vamos considerar eventos como "a soma dos números nos dados são oito". Aparecer 6 no primeiro dado e 2 no segundo é um resultado do experimento da jogada de dois dados. Há vários resultados diferentes em que os valores dos dois dados têm por soma 8.

◆ EXEMPLO 30.5

(**Mão de pôquer**) Uma *mão* de pôquer é um subconjunto de cinco elementos de um baralho padrão de 52 cartas. Há $\binom{52}{5}$ subconjuntos diferentes de cinco elementos em um conjunto de 52 elementos. O conjunto S consiste em todos esses subconjuntos diferentes de cinco elementos. Como eles são igualmente prováveis, temos

$$P(s) = \frac{1}{\binom{52}{5}}$$

para todo $s \in S$

◆ EXEMPLO 30.6

(Cara ou coroa) Uma moeda equilibrada é jogada cinco vezes seguidas, e a sequência de CARAS e COROAS é registrada. Modelamos isto como um espaço amostral. O conjunto S contém todos os resultados possíveis deste experimento. Denotamos um resultado como uma lista de comprimento cinco de HS e TS (em que H é CARA e T é COROA). Há $2^5 = 32$ nessa lista, e todos eles são igualmente prováveis.

Portanto,

$$S = \{TTTTT, TTTTH, TTTHT, ..., HHHHT, HHHHH\}$$

e $P(s) = \frac{1}{32}$ para todo $s \in S$

As sequências HHHHT e HHHHH são igualmente prováveis? Após ver uma moeda virar com CARA várias vezes em seguida, algumas pessoas têm a intuição de que a próxima sequência provavelmente dará mais COROAS. Elas sentem que a moeda está "pronta" para virar com COROA.

Essa intuição é incorreta, mas a razão é física, não matemática. Essa moeda não é capaz de "lembrar" os resultados que deu durante as últimas diversas sequências: da perspectiva da moeda, cada sequência é uma nova tentativa que nada tem a ver com as experiências anteriores.

Talvez um engenheiro mecânico brilhante pudesse projetar uma moeda que pudesse acompanhar como esta cai; se a moeda acumulou uma série de CARA, ela silenciosamente mudaria componentes internos para tornar COROA mais prováveis na próxima sequência. Então, nosso modelo de que HHHHT e HHHHH apresentam uma probabilidade igual não refletiria precisamente a realidade física.

Como podemos afirmar se nosso modelo está correto? Em última análise, por se tratar de uma questão física e não matemática, em algum momento precisamos confiar nas medidas físicas. Recordaríamos a cada grupo de cinco apostadores de cara e coroa de averiguar se todas as listas de comprimento 5 possíveis surgiram em aproximadamente 1/32 do tempo.

Um espaço amostral (S, P) é um modelo matemático de um experimento físico. Em sua forma pura, o espaço amostral (S, P) nada mais é que um conjunto e uma função com certas propriedades. A interpretação de S como um conjunto de resultados e $P(s)$ como a verossimilhança de s é uma ampliação de significado. É ela que torna útil a teoria das probabilidades. Entretanto, podemos criar espaços amostrais destituídos de qualquer interpretação física específica. Eis um exemplo.

◆ EXEMPLO 30.7

Seja $S = \{1, 2, 3, 4, 5, 6\}$ e definamos $P: S \to \mathbb{R}$ como

$$P(1) = 0{,}1 \quad P(2) = 0{,}4 \quad P(3) = 0{,}1$$
$$P(4) = 0 \quad P(5) = 0{,}2 \quad P(6) = 0{,}2.$$

Note que $\sum_{s \in S} P(s) = 1$

Nesse exemplo, $P(4) = 0$, o que é perfeitamente aceitável. A interpretação é que o resultado 4 é impossível. Assim, o conjunto S de resultados pode incluir resultados que não ocorrem.

Recapitulando

Introduzimos o conceito de espaço amostral, um par (S, P) em que S é um conjunto e P uma função que atribui a cada elemento em S um número não negativo denominado sua probabilidade. A soma de todas as probabilidades sobre todos os resultados em S deve ser exatamente 1. Nas aplicações, os elementos de S representam os resultados fundamentais de algum experimento.

30 Exercícios

30.1. Seja (S, P) o espaço amostral em que $S = \{1, 2, 3, 4\}$ e $P(1) = 0{,}1$; $P(2) = 0{,}1$; $P(3) = 0{,}2$ e $P(4) = x$. Determine x.

30.2. Seja (S, P) o espaço amostral em que $S = \{1, 2, 3, 4\}$. Suponhamos que $P(1) = x$; $P(2) = 2x$; $P(3) = 3x$ e $P(4) = 4x$. Determine x.

30.3. Seja (S, P) o espaço amostral no qual $S = \{1, 2, 3\}$, $P(1) = x$, $P(2) = Y$ e $P(3) = z$. Suponha que $x + y = z$ e $z + y = x$. Encontre x, y e z.

30.4. Seja (S, P) o espaço amostral no qual $S = \{1, 2, 3, 4\}$ e, para $k = 1, 2, 3, 4$, temos $P(k) = c/k^2$ em que c é algum número. Encontre c.

30.5. Suponha que (S, P_1) e (S, P_2) sejam dois espaços amostrais que têm o mesmo conjunto de resultados, S. É possível que cada resultado seja menos provável no primeiro espaço do que no segundo? Ou seja, podemos ter $\forall s \in S, P_1(s) < P_2(s)$?

30.6. Suponha que desejamos modelar a frequência de letras usando um espaço amostral. Ou seja, seja (S, P) um espaço amostral em que S consista em 26 letras de A a Z como resultados básicos. Este espaço amostral pretende modelar o processo de escolher uma letra aleatoriamente de uma palavra em português. Seria razoável definir $P(A) = P(B) = P(C) = \ldots = P(Z) = 1/26$?
Se não, qual seria a melhor maneira de escolher essas probabilidades?

30.7. Faz-se um experimento que consiste na jogada de uma moeda e de um dado. Descreva esse experimento como um espaço amostral. Explicitamente, relacione todos os elementos do conjunto S e o valor de $P(s)$ para cada elemento de S.

30.8. *Dados tetraédricos.* Um *tetraedro* é uma figura sólida com quatro faces, cada uma das quais é um triângulo equilátero. Podemos construir dados em forma de tetraedro e rotular as faces com os números 1 a 4. Quando se joga esse dado, o resultado é o número que figura na face sobre a mesa.
  a. Crie um espaço amostral que represente a jogada de um dado tetraédrico.
  b. Crie um espaço amostral que represente a jogada de um par de dados tetraédricos.

30.9. Um saco contém 20 fichas, todas idênticas, a menos do fato de serem rotuladas com os inteiros de 1 a 20. Extraem-se aleatoriamente cinco fichas. Há algumas maneiras diferentes de encarar o problema.
  a. *As fichas são extraídas uma a uma, sem reposição.* Uma vez extraída uma ficha, ela não é reposta no saco. Consideremos todas as listas de fichas que podemos criar.(Nesse caso, extrair as fichas 1, 2, 3, 4, 5 nessa ordem é diferente de extraí-las na ordem 5, 4, 3, 2, 1.)
  b. *As fichas são extraídas todas de uma vez, sem reposição.* Extraem-se cinco fichas de uma vez. (Nesse caso, extrair as fichas 1, 2, 3, 4, 5, ou extrair as fichas 5, 4, 3, 2, 1, são considerados os mesmos resultados.)
  c. *As fichas são extraídas uma de cada vez, com reposição.* Extraída uma ficha, ela é devolvida ao saco (onde é misturada com as que ainda estão lá). Extrai-se, então, a segunda ficha, que é também devolvida ao saco e assim por diante. (Nesse caso, as extrações 1, 1, 2, 3, 5 e 1, 2, 1, 3, 5 são resultados diferentes.)

Para cada uma dessas interpretações, descreva o espaço amostral que serve de modelo para esses experimentos.

30.10. Atira-se cegamente um dardo contra um alvo, conforme a figura. A probabilidade de o dardo atingir uma das quatro regiões concêntricas é proporcional à área da região. Os raios dos círculos da figura têm 1, 2, 3 e 4 unidades, respectivamente. Note que a região 2 consiste apenas na região anular do raio 1 para o raio 2, e não em toda a região circular que inclui a região 1.

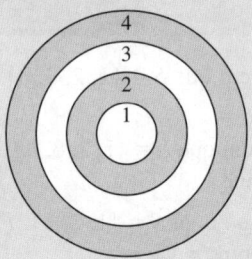

Seja (S, P) um espaço amostral que serve de modelo para essa situação. O conjunto S consiste nos quatro resultados: atingir a região 1, 2, 3 ou 4, o que podemos abreviar como $S = \{1, 2, 3, 4\}$.

Determine $P(1)$, $P(2)$, $P(3)$ e $P(4)$.

30.11. Dê um exemplo de um espaço amostral com três elementos, em que um dos elementos tem probabilidade igual a 1.

30.12. Dê um exemplo de um espaço amostral em que todos os elementos têm probabilidade 1.

30.13. A Definição 30.2 exige que o conjunto S seja não vazio. Na realidade, essa exigência é redundante. Mostre que, se a omitirmos da definição, ainda assim é impossível termos um espaço amostral em que o conjunto S é vazio.

30.14. De acordo com a definição 30.2, em um espaço amostral (S, P) o conjunto S deve ser finito. No entanto, podemos considerar casos em que S é infinito, digamos, $S = \mathbb{N}$, os números naturais. Podemos fazer isso permitindo que apenas um número finito de membros de $\mathbb{N}$ tenha probabilidade diferente de zero, mas também podemos considerar o outro extremo em que *todo* elemento em $\mathbb{N}$ tenha probabilidade positiva.

a. Explique por que não pode ser o caso em que todos os elementos de $\mathbb{N}$ têm a mesma probabilidade que o outro.

Podemos atribuir as probabilidades aos elementos de $\mathbb{N}$ em uma sequência geométrica. Ou seja, colocamos $P(0) = a$, $P(1) = ar$, $P(2) = ar^2$, e assim por diante, com $P(k) = ar^k$ em que a e r são números específicos.

b. Se aos elementos de $\mathbb{N}$ são dadas probabilidades numa sequência geométrica, tal como descrita, qual é a relação entre a e r para $(\mathbb{N}, P)$ ser um espaço amostral legítimo?

Este método de atribuir probabilidades é chamado de *distribuição geométrica* para os números naturais.

■ 31 Eventos

Nesta seção, vamos ampliar o âmbito da função de probabilidade P de um espaço amostral.

Voltemos ao exemplo da jogada de um dado (Exemplo 30.1). Nesse espaço amostral (S, P), a função de probabilidade P dá a probabilidade de cada um dos seis resultados possíveis da jogada de um dado.

O aparecimento de 2 é um resultado do experimento "jogada de um dado". É um resultado fundamental do experimento. O aparecimento de um número par é um evento; um evento é uma coleção de resultados.

Poderia interessar-nos, por exemplo, a probabilidade de o dado apresentar um número par. Há três maneiras como isso pode ocorrer: face 2, face 4 ou face 6. Na realidade, desejamos saber qual a probabilidade de o dado apresentar um resultado no conjunto $\{2, 4, 6\}$. Determinado conjunto é chamado um *evento*. A probabilidade desse evento é $\frac{1}{2}$. Cada um dos três resultados apresentados tem probabilidade $\frac{1}{6}$. Só resta somá-los.

Denotamos a probabilidade do evento $\{2, 4, 6\}$ por $P(\{2, 4, 6\})$. Trata-se de um abuso de notação perdoável. A função P é uma função definida nos elementos do conjunto S de um espaço amostral. Empregamos o mesmo símbolo aplicado a um subconjunto de S. Definimos esse uso ampliado do símbolo P de modo que

$$P(\{2, 4, 6\}) = P(2) + P(4) + P(6).$$

● DEFINIÇÃO 31.1

(Evento) Seja (S, P) um espaço amostral. Um evento A é um subconjunto de S (isto é, $A \subseteq S$).

A probabilidade de um evento A, denotada por $P(A)$, é

$$P(A) = \sum_{a \in A} P(a).$$

◆ EXEMPLO 31.2

(**Par de dados**) Seja (S, P) o espaço amostral que representa a jogada de um par de dados (ver Exemplo 30.4). Qual é a probabilidade de os números dos dois dados terem soma 7?

Denotemos por A o evento "os números nos dados têm por soma 7". Em outras palavras,

$$A = \{(a, b) \in S : a + b = 7\} = \{(1, 6), (2, 5), (3, 4), (4, 3), (5, 2), (6, 1)\}.$$

A probabilidade desse evento é

$$P(A) = P[(1,6)] + P[(2,5)] + P[(3,4)] + P[(4,3)] + P[(5,2)] + P[(6,1)]$$
$$= \frac{1}{36} + \frac{1}{36} + \frac{1}{36} + \frac{1}{36} + \frac{1}{36} + \frac{1}{36} = \frac{6}{36} = \frac{1}{6}.$$

◆ EXEMPLO 31.3

(**Jogada de uma moeda**) Seja (S, P) o espaço amostral que serve de modelo para cinco jogadas seguidas de uma moeda (ver Exemplo 30.6). Qual é a probabilidade de aparecer exatamente uma CARA (H)?

Seja A o evento que consiste em aparecer exatamente uma CARA. Explicitando A, temos:

$$A = \{HTTTT, THTTT, TTHTT, TTTHT, TTTTH\}$$

Ora, A contém cinco resultados, cada um dos quais tem probabilidade $\frac{1}{32}$. Portanto, $P(A) = \frac{5}{32}$.

Qual é a probabilidade de aparecerem exatamente duas CARAS? Seja B o evento "exatamente duas jogadas da moeda dão CARA (H)". Podemos explicitar os elementos de B, mas tudo quanto precisamos saber é quantos elementos há em B (porque todos os elementos de S têm a mesma probabilidade). O tamanho de B é $|B| = \binom{5}{2} = 10$ porque estamos escolhendo um subconjunto de dois elementos (as posições dos K) de um conjunto de cinco elementos (as cinco posições na lista). Assim, $P(B) = \frac{10}{32} = \frac{5}{16}$.

◆ EXEMPLO 31.4

(**Dez dados**) Jogam-se dez dados. Qual é a probabilidade de nenhum deles mostrar o número 1?

Começamos construindo um espaço amostral (S, P). Seja S o conjunto de todos os resultados possíveis desse experimento. Um resultado pode ser expresso como uma lista de comprimento dez formado com os símbolos 1, 2, 3, 4, 5 e 6. Há 6^{10} dessas listas e todas elas são igualmente prováveis, de forma que $P(S) = 6^{-10}$ para todo $s \in S$.

Seja A o evento "nenhum dos dados mostra o número 1". Como todos os elementos de S têm a mesma probabilidade, esse problema se reduz a determinar o número de elementos em A.

O número de resultados que não têm o número 1 é o número de listas de comprimento dez cujos elementos são escolhidos entre os símbolos 2, 3, 4, 5 e 6. O número dessas listas é 5^{10}. Assim, há 5^{10} elementos em A, todos com probabilidade 6^{-10}. Portanto,

$$P(A) = 5^{10} \times 6^{-10} = \left(\frac{5}{6}\right)^{10} \approx 0{,}1615.$$

◆ EXEMPLO 31.5

(Quatro de um tipo) Recordemos o espaço amostral de uma mão de pôquer do Exemplo 30.5. Uma mão de pôquer é chamada *quatro de um tipo* (*four*), se quatro das cinco cartas tiverem o mesmo valor (por exemplo, quatro 7 ou quatro reis). Qual é a probabilidade de uma mão de pôquer ser um *four*?

Seja A o evento "a mão de pôquer é um *four*". Como toda mão de pôquer tem probabilidade $1/\binom{52}{5}$, temos apenas de calcular $|A|$. Há 13 escolhas para o valor que vai ser repetido quatro vezes. Dado esse valor, há 48 escolhas para a quinta carta. Assim,

$$P(A) = \frac{13 \times 48}{\binom{52}{5}} = \frac{1}{4165} \approx 0{,}00024.$$

◆ EXEMPLO 31.6

(Quatro crianças) Um casal tem quatro filhos. Qual é o evento mais provável: terem dois meninos e duas meninas ou terem três de um sexo e um do outro?

Seja S o conjunto de todas as listas possíveis de sexos dos filhos que o casal pode ter. Podemos representar os sexos das crianças como uma lista de comprimento quatro extraída dos símbolos b (de *boy*, menino) e g (de *girl*, menina). Há $2^4 = 16$ dessas listas e todas são igualmente prováveis.

Seja A o evento "o casal tem dois meninos e duas meninas". Então

$$A = \{ggbb, gbgb, gbbg, bbgg, bgbg, bggb\}$$

e, assim, $P(A) = \frac{6}{16} = \frac{3}{8} = 0{,}375$

Seja B o evento "o casal tem três filhos de um mesmo sexo e um filho do outro". Dessa forma,

$$B = \{gggb, ggbg, gbgg, bggg, bbbg, bbgb, bgbb, gbbb\}$$

de forma que $P(B) = \frac{8}{16} = \frac{1}{2} = 0{,}5$

Como $P(B) > P(A)$, concluímos que é mais provável o casal ter três filhos de um sexo e um do outro do que ter dois meninos e duas meninas.

Combinação de eventos

Eventos são subconjuntos de um espaço de probabilidades. Podemos aplicar as operações usuais da teoria dos conjuntos (por exemplo, união e intersecção) para combinar eventos.

> União de eventos.

Seja (S, P) um espaço amostral. Se A e B são eventos, $A \cup B$ também o é. Podemos encarar $A \cup B$ como o evento correspondente à ocorrência de A ou de B. Suponhamos, por exemplo, que A seja o evento "um dado apresenta um número par" e B o evento "o dado apresenta um número primo". Então, $A \cup B$ é o evento "o dado apresenta um número par ou primo" (ou ambos); assim, $A \cup B = \{2, 4, 6\} \cup \{2, 3, 5\} = \{2, 3, 4, 5, 6\}$. A probabilidade do evento $A \cup B$ é $\frac{5}{6}$.

> Intersecção de eventos.

Analogamente, $A \cap B$ é o evento que representa a ocorrência de ambos A e B. Se A é o evento "um dado apresenta um número par", e B é o evento "um dado apresenta um número primo", então $A \cap B = \{2, 4, 6\} \cap \{2, 3, 5\} = \{2\}$. A probabilidade desse evento é $P(A \cap B) = \frac{1}{6}$.

> Diferença de eventos.

O conjunto $A - B$ é o evento "A ocorre mas B não ocorre". Para a jogada de um dado, $A - B = \{2, 4, 6\} - \{2, 3, 5\} = \{4, 6\}$. A probabilidade de aparecer um número par mas não primo é $P(A - B) - \frac{2}{6}$.

> Complemento de um evento.

Como o conjunto S de um espaço amostral é o "universo" de todos os resultados, é razoável representarmos por $\overline{A}$ o conjunto $S - A$. O conjunto $\overline{A}$ representa o evento "não ocorrência de A". Para o exemplo da jogada de um dado, $\overline{A}$ é o evento "Não aparece um número par"; assim, $P(\overline{A}) = P\{(1, 3, 5)\} = \frac{3}{6}$.

É possível calcularmos $P(A \cup B)$ conhecendo apenas $P(A)$ e $P(B)$? A resposta é *não*. Consideremos os dois exemplos seguintes (da jogada de um dado).

- Sejam $A = \{2, 4, 6\}$ e $B = \{2, 3, 5\}$. (O evento A consiste no aparecimento de um número par e o evento B consiste no aparecimento de um número primo.) Note que $P(A) = P(B) = \frac{1}{2}$ e $P(A \cup B) = \frac{5}{6}$.
- Sejam $A = \{2, 4, 6\}$ e $B = \{1, 3, 5\}$. (O evento A é o aparecimento de um número par e o evento B é o aparecimento de um número ímpar.) Note que $P(A) = P(B) = \frac{1}{2}$ e $P(A \cup B) = 1$.

Esses exemplos mostram que o conhecimento de que $P(A) = P(B) = \frac{1}{2}$ não é suficiente para determinar o valor de $P(A \cup B)$.

Podemos, entretanto, relacionar os valores $P(A)$, $P(B)$, $P(A \cup B)$ e $P(A \cap B)$.

▶ **PROPOSIÇÃO 31.7**

Sejam A e B eventos em um espaço amostral (S, P). Então

$$P(A) + P(B) = P(A \cup B) + P(A \cap B).$$

É interessante comparar esse resultado com a Proposição 12.4, que afirma que

$$|A| + |B| = |A \cup B| + |A \cap B|.$$

Em ambos os casos, os resultados relacionam os "tamanhos" de conjuntos. No caso da Proposição 12.4, estamos relacionando os números de elementos nos vários conjuntos. Na Proposição 31.7, encontramos uma relação análoga entre as probabilidades dos eventos.

Prova (da Proposição 31.7).
Consideremos os dois membros da equação

$$P(A) + P(B) \quad \text{e} \quad P(A \cup B) + P(A \cap B).$$

Podemos desenvolver esses dois membros como somas de $P(s)$ para vários membros de S. O membro esquerdo é

$$P(A) + P(B) = \sum_{s \in A} P(s) + \sum_{s \in B} P(s)$$

e o membro direito é

$$P(A \cup B) + P(A \cap B) = \sum_{s \in A \cup B} P(s) + \sum_{s \in A \cap B} P(s).$$

Consideremos um elemento arbitrário $s \in S$. Há quatro possibilidades:

- s não está nem em A nem em B. Nesse caso, o termo $P(s)$ não comparece em nenhum dos membros da equação.
- s está em A mas não está em B. Nesse caso, $P(s)$ comparece exatamente uma vez em cada um dos membros da equação [uma vez em $P(A)$, uma vez em $P(A \cup B)$ mas não em $P(B)$ ou $P(A \cap B)$].
- s está em B mas não em A. Como anteriormente, $P(s)$ comparece exatamente uma vez em ambos os membros da equação.
- s está em A e em B. Nesse caso, $P(s)$ comparece duas vezes em cada membro da equação: uma vez em cada um, $P(A)$ e $P(B)$, e uma vez em cada um, $P(A \cup B)$ e $P(A \cap B)$.

Portanto, os dois membros da equação, $P(A) + P(B)$ e $P(A \cup B) + P(A \cap B)$, são, cada um, a soma dos mesmos termos, sendo, portanto, iguais.

▶ PROPOSIÇÃO 31.8

Sejam o espaço amostral (S, P) e os eventos A e B. Temos o seguinte:

- Se $A \cap B = \emptyset$, então $P(A \cup B) = P(A) + P(B)$
- $P(A \cup B) \leq P(A) + P(B)$
- $P(S) = 1$
- $P(\emptyset) = 0$
- $P(\overline{A}) = 1 - P(A)$

A demonstração fica como exercício (Exercício 31.14). No primeiro item, os eventos cuja intersecção é o conjunto vazio são chamados eventos *mutuamente excludentes*.

O problema dos aniversários

Escolhem-se aleatoriamente quatro pessoas. Qual é a probabilidade de duas (ou mais) delas terem a mesma data de aniversário?

Para facilitar, fazemos duas hipóteses simplificadoras. Primeiro, desprezamos a possibilidade de uma pessoa ter nascido no dia 29 de fevereiro. Segundo, admitimos igualmente provável o nascimento de uma pessoa em qualquer dia do ano; ou seja, a probabilidade de uma pessoa ter nascido em determinado dia é $\frac{1}{365}$.

Modelamos esse problema com um espaço amostral (S, P). O espaço amostral consiste em todas as listas, de comprimento quatro, de dias do ano; podemos representar essas listas como (d_1, d_2, d_3, d_4), em que os d_i são inteiros de 1 a 365. Todas essas listas são igualmente prováveis, com probabilidade 365^{-4}.

Seja A o evento "duas (ou mais) pessoas têm a mesma data de aniversário". É mais fácil calcular $\overline{A}$, a probabilidade de todas as pessoas terem aniversário em dias diferentes do que para calcular $P(\overline{A})$ diretamente. Assim que estabelecermos o valor de $P(\overline{A})$, este é fácil de obter já que $P(A) = 1 - P[\overline{A}]$.

Como os quatro aniversários devem ser diferentes, podemos escolher a primeira data de 365 maneiras, a segunda de 364 maneiras, a terceira de 363 maneiras e a última de 362 maneiras. Portanto

$$P(\overline{A}) = \frac{365 \cdot 364 \cdot 363 \cdot 362}{365^4} = \frac{47831784}{48627125}$$

logo

$$P(A) = 1 - P(\overline{A}) = \frac{795341}{48627125} \approx 1,64\%.$$

Assim, de forma que é bastante improvável que as duas pessoas tenham aniversário no mesmo dia.

Suponhamos, agora, 23 pessoas escolhidas aleatoriamente. Qual é a probabilidade de algumas delas terem aniversário no mesmo dia? Como 23 é muito menor que 365, poderia parecer que se trata também de um evento muito pouco provável. Vamos, entretanto, analisar cuidadosamente essa situação.

Consideremos o espaço amostral (S, P) em que S contém todas as listas de comprimento 23 $(d_1, d_2, ..., d_{23})$, em que cada um dos d_i é um inteiro de 1 a 365. Atribuímos a probabilidade 365^{-23} a cada uma dessas listas.

Seja A o evento "dois (ou mais) dos d_i são iguais". Como anteriormente, é mais fácil calcular a probabilidade de $\overline{A}$. O número de listas de comprimento 23, sem repetição, que podemos formar com 365 símbolos diferentes é $(365)_{23}$. Portanto,

$$P(\overline{A}) = \frac{(365)_{23}}{365^{23}} = \frac{365 \cdot 364 \cdots 343}{365^{23}}$$

e, assim,

$$P(A) = 1 - P(\overline{A}) = 1 - \frac{(365)_{23}}{365^{23}}.$$

Com o auxílio de um computador, não é difícil calcular $P(A) = 50,73\%$, de forma que é mais provável duas (ou mais) pessoas terem aniversários coincidentes do que não haver nenhuma coincidência de aniversários!

Recapitulando

Seja (S, P) um espaço amostral. Um *evento* é um subconjunto A de S. A probabilidade do evento A é a soma das probabilidades dos elementos de A; isto é, $P(A) = \sum_{s \in A} P(s)$. Podemos combinar eventos com auxílio das operações usuais com conjuntos, tais como união ($A \cup B$ representa o evento que consiste na ocorrência de A ou de B) e intersecção ($A \cap B$ é o evento que consiste na ocorrência de A e de B). Abordamos, também, o problema dos aniversários.

31 Exercícios

31.1. Seja (S, P) o espaço amostral em que $S = \{1, 2, 3, ..., 10\}$ e $P(k) = \frac{1}{10}$ para todos $k \in S$. Para cada um dos seguintes eventos, escreva-os como um conjunto (lista de elementos entre chaves) e encontre a probabilidade desses eventos.
   a. Seja A o evento em que um número par é selecionado.
   b. Seja B o evento em que um número ímpar é selecionado.
   c. Seja C o caso em que um número primo é selecionado.
   d. Seja D o caso em que um número negativo é selecionado.

31.2. Voltando aos dados tetraédricos do Exercício 30.8, suponha que joguemos um par desses dados. A soma dos valores que obtemos (na face inferior) pode variar de $2 = 1 + 1$ a $8 = 4 + 4$. Seja A_k o evento "A soma dos valores dos dados é k". Faça o seguinte, para cada valor de k de 2 a 8:
   a. Represente o evento A_k escrevendo explicitamente seus elementos entre chaves.
   b. Calcule $P(A_k)$.

31.3. Joga-se uma moeda quatro vezes. Seja A o evento "Observamos um número igual de CARAS e COROAS".
   a. Represente o evento A escrevendo explicitamente seus elementos entre chaves.
   b. Calcule $P(A)$.

31.4. Joga-se uma moeda dez vezes. Qual é a probabilidade de observarmos o mesmo número de CARAS e COROAS?

31.5. Joga-se uma moeda n vezes. Qual é a probabilidade de aparecerem exatamente k CARAS?

31.6. Denotemos por (S, P) o espaço amostral de dez jogadas de uma moeda. Denotemos por A o evento "Os resultados se alternam entre CARA e COROA".
   a. Represente explicitamente o conjunto A.
   b. Calcule $P(A)$.

31.7. Joga-se um par de dados. Seja A o evento "a soma dos números que aparecem é 8".
   a. Represente explicitamente o conjunto A (como um conjunto de pares ordenados).
   b. Calcule $P(A)$.

31.8. Jogam-se três dados. Qual é a probabilidade de todos os três dados apresentarem números pares?

31.9. Jogam-se três dados. Qual é a probabilidade de a soma dos números apresentados ser par?

31.10. Jogam-se dois dados. Denotemos por A o evento "o número no primeiro dado é maior que o número no segundo dado".
   a. Represente A explicitamente como um conjunto.
   b. Calcule $P(A)$.

31.11. Uma sacola contém dez caixas embrulhadas identicamente, mas os conteúdos das caixas têm valores diferentes (por exemplo, cada uma contém uma quantia diferente em dinheiro). Alice e Bob vão escolher, cada um, uma caixa da sacola.

Suponhamos que Alice tire aleatoriamente uma das dez caixas e que Bob faça o mesmo com as caixas restantes.

Qual é a probabilidade de o conteúdo da caixa de Alice ter valor superior ao da caixa de Bob? Há alguma vantagem para quem faz a extração em primeiro lugar?

31.12. *Dados não transitivos*. Nesse problema, vamos considerar três dados com uma numeração diferente da usual. Designemos os três dados por 1, 2 e 3. Os pontos nos três dados constam da tabela a seguir:

Dado 1	5	6	7	8	9	18
Dado 2	2	3	4	15	16	17
Dado 3	1	10	11	12	13	14

Joga-se um jogo com esses dados. Cada jogador fica com um dos dados (os dois jogadores têm dados diferentes). Cada um deles joga seu dado, ganhando aquele cujo dado apresentar o maior número.

   a. Jogando-se os dados 1 e 2, qual é a probabilidade de o dado 1 ganhar do dado 2?
   b. Jogando-se os dados 2 e 3, qual é a probabilidade de o dado 2 ganhar do dado 3?
   c. Jogando-se os dados 3 e 1, qual é a probabilidade de o dado 3 ganhar do dado 1?
   d. Qual dado é melhor?

31.13. *Mais mãos de pôquer*.
   a. Qual é a probabilidade de uma mão de pôquer apresentar três de um mesmo tipo? (*Três de um mesmo tipo* significam três cartas de um mesmo valor e duas outras cartas de diferentes valores; por exemplo, três 10, um 7 e um valete.)
   b. Qual é a probabilidade de uma mão de pôquer ser um *full house*? (Um *full house* consiste em três cartas de um mesmo valor e duas outras cartas com um valor comum; por exemplo, três damas e dois 4.)
   c. Qual é a probabilidade de uma mão de pôquer apresentar *um par*? (*Um par* significa duas cartas com o mesmo valor e três outras cartas com três outros valores; por exemplo, dois 9, um rei, um 8 e um 5.)
   d. Qual é a probabilidade de uma mão de pôquer apresentar *dois pares*? (*Dois pares* significam duas cartas com o mesmo valor, duas outras cartas com outro valor comum e uma quinta carta de outro valor; por exemplo, dois valetes, dois 8 e um 3.)
   e. Qual é a probabilidade de uma mão de pôquer ser um *flush*? (Um *flush* significa cinco cartas do mesmo naipe.)

31.14. Prove a Proposição 31.8.

31.15. Joga-se uma moeda dez vezes.
   a. Qual é a probabilidade de aparecer o mesmo número de CARAS e de COROAS?
   b. Qual é a probabilidade de aparecer CARA nas três primeiras jogadas?
   c. Qual é a probabilidade de aparecer o mesmo número de CARAS e de COROAS e de as três primeiras jogadas darem CARA?
   d. Qual é a probabilidade de aparecer o mesmo número de CARAS e COROAS ou de as três primeiras jogadas darem CARA (ou ambos)?

31.16. Jogam-se três dados.
   a. Qual é a probabilidade de nenhum deles mostrar a face 1?
   b. Qual é a probabilidade de ao menos um dado mostrar a face 1?
   c. Qual é a probabilidade de ao menos um dado mostrar a face 2?
   d. Qual é a probabilidade de nenhum dos dados mostrar a face 1 ou 2?
   e. Qual é a probabilidade de ao menos um dado mostrar 1 ou ao menos um dado mostrar 2 (ou ambos)?
   f. Qual é a probabilidade de ao menos um dado mostrar a face 1 e ao menos um dado mostrar a face 2?

31.17. Sejam A e B eventos de um espaço amostral. Prove:

$$P(A \cap B) + P(A \cap \overline{B}) = P(A)$$

31.18. Sejam A e B eventos em um espaço amostral. Prove que, se $A \subseteq B$, então $P(A) \leq P(B)$

31.19. Suponha que A e B sejam eventos em um espaço amostral com $A \subseteq B$ e $A \neq B$. Prove ou refute: $P(A) < P(B)$

31.20. Suponhamos que A e B sejam eventos em um espaço amostral e que $P(A) > \frac{1}{2}$ e $P(B) > \frac{1}{2}$. Prove que $P(A \cap B) \neq 0$

31.21. Sejam $A_1, A_2, \ldots, A_n$ eventos em um espaço amostral. Prove:

$$P(A_1 \cup A_2 \cup \ldots \cup A_n) \leq P(A_1) + P(A_2) + \ldots + P(A_n)$$

31.22. Seja A um evento em um espaço amostral. Determine $P(A \cap A)$ e dê uma interpretação satisfatória.

31.23. Considere o exercício 30.14 em que temos o espaço amostral $(\mathbb{N}, P)$ no qual $P(k) = ar^k$ para os números reais a e r. Naquele problema você deve ter encontrado que $r = 1 - a$ (ou, equivalentemente, $a + r = 1$).

  a. Para este espaço amostral, seja A o evento em que um número par é escolhido. Encontre $P(A)$.
  b. Existe um valor para a tal que $P(A) = P(\overline{A})$

31.24. Escreva um programa de computador que tenha como entrada um inteiro n entre 1 e 365, e como resultado a probabilidade de que, entre n pessoas escolhidas aleatoriamente, duas (ou mais) tenham o mesmo dia de aniversário.

Use seu programa para achar o menor inteiro positivo k de modo que a probabilidade seja maior que 99%.

■ 32 Probabilidade condicional e independência

Um evento é um subconjunto de um espaço amostral. Como tal, podemos aplicar as operações da teoria dos conjuntos para criar novos eventos. Por exemplo, se A e B são eventos, então $A \cap B$ é o evento que corresponde à ocorrência de ambos (A e B).

Nesta seção, vamos introduzir o conceito de *condicionamento* de um evento a outro. Ilustraremos esse conceito com um exemplo não matemático.

Sejam A o evento "um estudante perde o ônibus escolar" e B o evento "o despertador do estudante está com defeito". Ambos os eventos têm probabilidade baixa; $P(A)$ e $P(B)$ são números pequenos. Perguntemos, entretanto: qual é a probabilidade de o estudante perder o ônibus escolar, dado que seu despertador não funcionou? Agora, é perfeitamente provável que o estudante perca o ônibus! Denotamos por $P(A|B)$: a probabilidade de ocorrência do evento A, dado que o evento B ocorreu.

Podemos encarar $P(A)$ como a frequência (porcentagem de dias) com que o estudante perde o ônibus escolar. Analogamente, $P(B)$ é a frequência com que o despertador falha. A probabilidade condicional $P(A|B)$ é a frequência com que o estudante perde o ônibus escolar, mas considerando apenas as manhãs em que o despertador falha.

Podemos ilustrar esse ponto com um diagrama de Venn. Como os eventos são conjuntos, vamos ilustrá-los como regiões no diagrama. A caixa S representa todo o espaço amostral. As regiões A e B representam dois eventos (perder o ônibus e o despertador não funcionar). Desenhamos A e B em tamanho relativamente pequeno para ilustrar o fato de que se trata de eventos infrequentes.

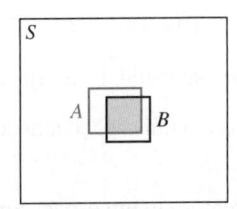

A caixa "universo" S tem área 1, e os retângulos menores, para os eventos A e B, têm áreas iguais às suas probabilidades, $P(A)$ e $P(B)$.

Olhe atentamente para a caixa B — o evento "o despertador não funciona". Uma grande porção da área de B é superposta pela caixa A. Essa região de superposição representa os dias em que o estudante perde o ônibus e o despertador não funciona. Dado que o despertador não funcionou, o estudante perde o ônibus em uma grande proporção das vezes. A região de superposição tem área $P(A \cap B)$. Que proporção da caixa B essa região de superposição abrange? Ela abrange $P(A \cap B)/P(B)$. Essa razão, $P(A \cap B)/P(B)$, é bastante próxima de 1 e representa a frequência com que o estudante perde o ônibus em dias em que o despertador não funciona. A *probabilidade condicional* do evento A dado o evento B é $P(A|B) = P(A \cap B)/P(B)$.

Consideremos outro exemplo. Seja (S, P) o espaço amostral do par de dados (Exemplo 30.4). Consideremos os eventos A e B definidos por

- Evento A: Os números nos dados têm soma 8.
- Evento B: Os números nos dados são ambos pares.

Como conjuntos, esses eventos podem escrever-se:

$A = \{(2, 6), (3, 5), (4, 4), (5, 3), (6, 2)\}$, e
$B = \{(2, 2), (2, 4), (2, 6), (4, 2), (4, 4), (4, 6), (6, 2), (6, 4), (6, 6)\}$.

Temos, portanto, $P(A) = \frac{5}{36}$ e $P(B) = \frac{9}{36} = \frac{1}{4}$.

Consideremos agora o problema: qual é a probabilidade de a soma dos pontos nos dados ser 8, dado que ambos os dados exibem números pares? Das nove jogadas igualmente prováveis do conjunto B, três delas (salientadas em negrito) têm soma 8. Portanto, $P(A|B) = \frac{3}{9} = \frac{1}{3}$. Note que $P(A \cap B) = \frac{3}{36}$ e temos:

$$P(A|B) = \frac{P(A \cap B)}{P(B)} = \frac{3/36}{9/36} = \frac{3}{9} = \frac{1}{3}.$$

A probabilidade condicional $P(A|B)$, quando $P(B) = 0$, não tem sentido para nós, pois pede a probabilidade de ocorrência de A dada a ocorrência de um evento impossível B.

A equação $P(A|B) = P(A \cap B)/P(B)$ é a definição de $P(A|B)$; nós a interpretamos como a probabilidade do evento A dado que o evento B ocorreu. A única instância em que essa definição não tem sentido ocorre quando $P(B) = 0$.

• DEFINIÇÃO 32.1

(**Probabilidade Condicional**) Sejam A e B eventos em um espaço amostral (S, P) e suponhamos $P(B) \neq 0$. A *probabilidade condicional* $P(A|B)$, isto é, a probabilidade de A dado B, é

$$P(A|B) = \frac{P(A \cap B)}{P(B)}.$$

◆ EXEMPLO 32.2

(**Novamente o ponteiro giratório**) Consideremos o ponteiro giratório do Exemplo 30.3 (ver figura). Sejam A o evento "o ponteiro para em 1" (isto é, $A = \{1\}$) e B o evento "o ponteiro para em uma região em retícula cinza-claro" (isto é, $B = \{1, 3\}$). Qual é a probabilidade de o ponteiro parar em 1, dado que parou em uma região cinza-claro?

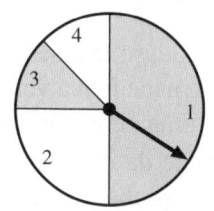

Note que a região 1 corresponde a da porção cinza-claro do diagrama. Podemos também calcular:

$$P(A|B) = \frac{P(A \cap B)}{P(B)} = \frac{P(\{1\})}{P(\{1, 3\})} = \frac{1/2}{5/8} = \frac{4}{5}.$$

◆ EXEMPLO 32.3

Joga-se uma moeda cinco vezes. Qual é a probabilidade de a primeira jogada dar COROA, sabendo-se que apareceram exatamente três CARAS?

Seja A o evento "a primeira jogada deu COROA", e seja B o evento "apareceram exatamente três CARAS". Calculamos:

$$P(A) = \frac{2^4}{2^5} = \frac{1}{2}, \quad \text{e} \quad P(B) = \frac{\binom{5}{3}}{2^5} = \frac{10}{32} = \frac{5}{16}.$$

Para calcular $P(A|B)$, precisamos conhecer $P(A \cap B)$. O conjunto $(A \cap B)$ contém exatamente $\binom{4}{3} = 4$ sequências, pois a primeira jogada deve dar coroa e exatamente três das quatro restantes devem dar CARA. Logo,

$$P(A \cap B) = \frac{4}{32} = \frac{1}{8}.$$

Assim,

$$P(A|B) = \frac{P(A \cap B)}{P(B)} = \frac{1/8}{5/16} = \frac{2}{5}.$$

Independência

Joga-se uma moeda cinco vezes. Qual é a probabilidade de a primeira jogada dar CARA, sabendo-se que a última jogada deu CARA?

Sejam A o evento "a primeira jogada dá CARA" e B o evento "a última jogada dá CARA". Temos

$$P(A) = \frac{2^4}{2^5} = \frac{1}{2} \quad P(B) = \frac{2^4}{2^5} = \frac{1}{2} \text{ e } P(A \cap B) = \frac{2^3}{2^5} = \frac{1}{4}$$

e, portanto,

$$P(A|B) = \frac{P(A \cap B)}{P(B)} = \frac{1/4}{1/2} = \frac{1}{2}.$$

Note que $P(A|B)$ e $P(A)$ são iguais. Isso tem sentido intuitivamente. A probabilidade de a primeira jogada dar CARA é $\frac{1}{2}$ e nada tem a ver com a última jogada. Tais eventos são chamados *independentes* (segue uma definição formal).

Essa situação é muito diferente da do Exemplo 32.3. Ali, o fato de sabermos que apareceram três CARAS diminui a probabilidade de a primeira jogada ter sido COROA. Na verdade, para aquele exemplo, $P(A|B) = \frac{2}{5} < \frac{1}{2} = P(A)$.

Vamos trabalhar com as consequências da equação $P(A|B) = P(A)$, que pode ser escrita como

$$P(A|B) = \frac{P(A \cap B)}{P(B)} = P(A)$$

e, multiplicando por $P(B)$, obtemos

$$P(A \cap B) = P(A)P(B).$$

Ora, se $P(A) \neq 0$, podemos dividir ambos os membros por $P(A)$, obtendo

$$P(B|A) = \frac{P(A \cap B)}{P(A)} = P(B).$$

Podemos resumir o que aprendemos na proposição seguinte.

▶ **PROPOSIÇÃO 32.4**

Sejam A, B eventos em um espaço amostral (S, P) e suponhamos que $P(A)$ e $P(B)$ ambas diferentes de zero. Então, as afirmações seguintes são equivalentes:

1. $P(A|B) = P(A)$.
2. $P(B|A) = P(B)$.
3. $P(A \cap B) = P(A)P(B)$.

A expressão "as afirmações seguintes são equivalentes" significa que cada uma implica a outra. Em outras palavras:

(1) ⇔ (2),
(1) ⇔ (3) e
(2) ⇔ (3)

Já apresentamos quase todas as ideias para a prova. Deixamos o preenchimento dos detalhes aos seus cuidados (Exercício 32.6).

Lançamos mão da condição (3) para definir o conceito de eventos *independentes*.

● DEFINIÇÃO 32.5

(**Eventos independentes**) Sejam A e B eventos de um espaço amostral. Dizemos que esses eventos são *independentes* se

$$P(A \cap B) = P(A)P(B).$$

Eventos que não são independentes são chamados *dependentes*.

Consideremos outro exemplo. Uma sacola contém vinte bolas; dez delas são vermelhas e dez são azuis. Extraem-se aleatoriamente duas bolas da sacola. Seja A o evento "a primeira bola extraída é vermelha" e B o evento "a segunda bola extraída é vermelha". Esses eventos são independentes?

O problema é vago porque não especificamos se repomos, ou não, a primeira bola antes de extrairmos a segunda. Vamos considerar ambas as possibilidades.

Suponhamos que a primeira bola extraída seja reposta na sacola antes da segunda extração. Há, então, 20×20 maneiras de extrair as duas bolas; 10×20 têm a propriedade de que a primeira bola é vermelha. Assim, $P(A) = \frac{200}{400} = \frac{1}{2}$. Da mesma forma, $P(B) = \frac{1}{2}$. Por fim, há 10×10 maneiras de extrair as bolas de maneira que a primeira e a segunda sejam vermelhas. Por conseguinte, $P(A \cap B) = \frac{100}{400} = \frac{1}{4}$. Como

$$P(A \cap B) = \frac{1}{4} = \frac{1}{2} \times \frac{1}{2} = P(A)P(B)$$

concluímos que A e B são independentes. Isso tem sentido, porque a cor da segunda bola extraída não depende, de forma alguma, da cor da primeira.

Suponhamos, agora, que *não* reponhamos a primeira bola extraída. A situação é um pouco mais complicada. Há $20 \times 19 = 380$ maneiras diferentes de extrair uma bola e, em seguida, extrair outra bola das que restaram. Há 10×19 maneiras de extrair uma bola de modo que a primeira seja vermelha; daí, $P(A) = \frac{190}{380} = \frac{1}{2}$. Analogamente, há 190 maneiras de extrair uma bola de forma que a segunda seja vermelha; temos $P(B) = \frac{1}{2}$. Entretanto, há 10×9 maneiras de extrair as bolas de forma que ambas sejam vermelhas. Portanto,

$$P(A \cap B) = \frac{90}{380} = \frac{9}{38} \neq \frac{1}{4} = P(A)P(B)$$

assim, os eventos são dependentes.

É interessante calcularmos as probabilidades condicionais nessa conjuntura de não reposição. Temos

$$P(B|A) = \frac{P(A \cap B)}{P(A)} = \frac{9/38}{1/2} = \frac{9}{19} \approx 47,4\%$$

e vemos que a probabilidade de a segunda bola ser vermelha, dado que a primeira foi vermelha, é ligeiramente inferior à probabilidade incondicional. Isso tem sentido porque, uma vez extraída a primeira bola (que é vermelha), a proporção de bolas vermelhas que restam na sacola é inferior à metade. Na verdade, exatamente nove das bolas remanescentes são vermelhas, e temos $P(B|A) = \frac{9}{19}$, conforme observado anteriormente.

Provas repetidas independentes

Recorde-se do ponteiro giratório dos Exemplos 30.3 e 32.2 e suponha que façamos girar o ponteiro duas vezes. Agora, no lugar de quatro resultados possíveis (1, 2, 3, 4), há 16 [de (1,1) a (4, 4)]. Qual é a probabilidade de obtermos um 3 e em seguida um 2?

Não podemos expressar essa questão no contexto limitado do espaço amostral do ponteiro giratório (S, P) (em que $S = \{1, 2, 3, 4\}$). Não obstante, é possível respondermos à questão. A primeira e a segunda giradas do ponteiro são mutuamente independentes – o número que aparece na segunda rodada não depende de forma alguma do primeiro número que aparece. Se encaramos "a primeira rodada dá 3" e "a próxima rodada dá 2" como eventos independentes com probabilidades $\frac{1}{4}$ e $\frac{1}{8}$, respectivamente, então a probabilidade de obtermos um 3 e, em seguida, um 2 deve ser $\frac{1}{4} \times \frac{1}{8} = \frac{1}{32}$.

Este é um exemplo de *provas repetidas independentes*. Temos um espaço amostral (S, P). Em vez de tomarmos aleatoriamente um elemento isolado $s \in S$ com probabilidade $P(s)$, tomamos uma sequência de eventos $s_1, s_2, ..., s_n$ extraídos aleatoriamente de S. Construímos um novo espaço amostral para lidar com essa situação.

Nota técnica sobre a Definição 32.6: Usamos e abusamos do símbolo P nessa definição. Temos aqui dois espaços amostrais em jogo: (S, P) e (S^n, P). Seria mais preciso utilizarmos símbolos diferentes para as duas funções de probabilidade. Uma escolha razoável seria escrevermos $P^n(.)$ para a segunda função de probabilidade.

● **DEFINIÇÃO 32.6**

(Provas repetidas) Sejam (S, P) um espaço amostral e n um inteiro positivo. Denotemos por S^n o conjunto de todas as listas de comprimento n de elementos de S. Então, (S^n, P) é o *espaço amostral de provas repetidas n vezes* no qual

$$P[(s_1, s_2, ..., s_n)] = P(s_1)P(s_2) ... P(s_n).$$

◆ **EXEMPLO 32.7**

(Novamente o par de dados) O espaço amostral do par de dados (Exemplo 30.4) pode ser considerado uma prova repetida com um único dado. Seja (S, P) o espaço amostral com $S = \{1, 2, 3, 4, 5, 6\}$ e $P\frac{1}{6}$ para todo $s \in S$. Então, (S^2, P) representa o espaço amostral da jogada de dois dados. Os elementos de S são todos os resultados possíveis da jogada de um par de dados, de (1, 1) a (6, 6), todos com probabilidade $\frac{1}{36}$.

◆ EXEMPLO 32.8

(Novamente a jogada de uma moeda) No Exemplo 30.6, consideramos o espaço amostral que representa cinco jogadas de uma moeda equilibrada. Vamos reformular essa situação como segue. Seja (S, P) o espaço amostral em que $S = \{CARA, COROA\}$ e $P(s) = \frac{1}{2}$ para ambos os $s \in S$.

O espaço amostral das cinco jogadas é simplesmente (S^5, P). O conjunto S^5 contém todas as listas de comprimento cinco dos símbolos CARA e COROA. Todas essas listas são igualmente prováveis, com probabilidade $\frac{1}{32}$.

◆ EXEMPLO 32.9

(Jogada de uma moeda não equilibrada) Imaginemos uma moeda que não seja perfeitamente equilibrada, isto é, não apresenta CARAS e COROAS com as mesmas frequências. Modelamos essa situação com um espaço amostral (S, P), em que $S = \{CARA, COROA\}$, mas

$$P(CARA) = p \text{ e } P(COROA) = 1 - p$$

em que p é um número de modo que $0 \le p \le 1$.

Se jogarmos essa moeda cinco vezes, qual é a probabilidade de observarmos (nesta ordem), CARA, CARA, COROA, COROA, CARA?

A resposta é:

$$P(KKCCK) = P(K)P(K)P(C)P(C)P(K) = p \cdot p \cdot (1-p) \cdot (1-p) \cdot p.$$

A generalização da jogada de uma moeda, em que a moeda pode não apresentar CARA ou COROA com a mesma frequência, é conhecida como *prova de Bernoulli*. A expressão *prova de Bernoulli* se refere a uma situação em que há dois resultados possíveis, geralmente chamados SUCESSO e FALHA. A probabilidade de SUCESSO é p e a probabilidade de FALHA é $1 - p$.

O problema de Monty Hall

O problema a seguir se inspira no velho jogo de TV conhecido como *Let's make a deal* [Vamos fazer um negócio]. Nesse show, dá-se a um concorrente a chance de escolher uma entre três portas. Atrás de exatamente uma das portas está um vultoso prêmio; as outras duas portas ocultam prêmios de valor consideravelmente menor. Pede-se ao concorrente que escolha uma porta. A esta altura, o apresentador do show, Monty Hall, mostra ao concorrente um dos prêmios de menor valor atrás de uma das outras portas. Além disso, oferece-se ao concorrente a oportunidade de optar pela outra porta fechada. O problema é o seguinte: é interessante optar pela outra porta, ou isso não interessa?

Uma análise informal – e incorreta! – desse problema é a seguinte. A probabilidade de o prêmio estar atrás da porta escolhida originalmente pelo concorrente é de $\frac{1}{3}$. Mas agora que uma porta das outras portas foi aberta, a probabilidade de o prêmio estar atrás de uma delas é de $\frac{1}{2}$, de modo que não importa se o concorrente opta pela outra porta. O erro nesse argumento é que o concorrente sabe *mais* que o simples fato de que o prêmio não está atrás de certa porta. A porta que o apresentador abre depende de qual porta o concorrente escolheu originalmente, e essa escolha não é arbitrária.

Vamos modelar essa situação com um espaço amostral. Suponhamos, sem perda de generalidade, que o concorrente escolha a porta 1. O prêmio pode estar atrás da porta 1, e, nesse caso, o apresentador indicará a porta 2 ou a 3. Suponhamos que o apresentador tenha a mesma chance de escolher uma ou outra. Se o prêmio estiver atrás da porta 2, então o apresentador certamente mostrará a porta 3, e se o prêmio estiver atrás da porta 3, o apresentador certamente indicará a porta 2.

Representemos por "P1:S2" o fato "o prêmio está atrás da porta 1 e o apresentador mostra a porta 2". Com essa notação, as quatro ocorrências possíveis são P1:S2, P1:S3, P2:S3 e P3:S2. Modelemos essa situação com um espaço amostral atribuindo as seguintes probabilidades:

$$P(\text{P1:S2}) = \frac{1}{6}, \quad P(\text{P1:S3}) = \frac{1}{6}, \quad P(\text{P2:S3}) = \frac{1}{3}, \quad P(\text{P3:S2}) = \frac{1}{3}.$$

Suponha que, após o concorrente ter escolhido a porta 1, o apresentador mostre um prêmio de menor valor atrás da porta 2. O concorrente deve mudar sua escolha para a porta 3?

Considere os seguintes três eventos:

- A: o prêmio está atrás da porta 1; isto é, $A = \{\text{P1:S2, P1:S3}\}$.
- B: o prêmio está atrás da porta 3; isto é, $B = \{\text{P3:S2}\}$.
- C: o apresentador mostra a porta 2; isto é, $C = \{\text{P1:S2, P3:S2}\}$.

Note que $P(A) = P(B) = \frac{1}{3}$. Se o apresentador não revela uma porta, não há razão para trocar.

Entretanto, vamos calcular $P(A|C)$ e $P(B|C)$. Temos:

$$P(A \cap C) = P(\{\text{P1:S2}\}) = \frac{1}{6}$$

$$P(C) = P(\{\text{P1:S2, P3:S2}\}) = \frac{1}{6} + \frac{1}{3} = \frac{1}{2}$$

e $\quad P(A|C) = \dfrac{P(A \cap C)}{P(C)} = \dfrac{1/6}{1/2} = \dfrac{1}{3}.$

Temos também:

$$P(B \cap C) = P(\{\text{P3:S2}\}) = \frac{1}{3}$$

$$P(C) = P(\{\text{P1:S2, P3:S2}\}) = \frac{1}{6} + \frac{1}{3} = \frac{1}{2}$$

e $\quad P(B|C) = \dfrac{P(B \cap C)}{P(C)} = \dfrac{1/3}{1/2} = \dfrac{2}{3}.$

É, portanto, duas vezes mais provável o concorrente ganhar o grande prêmio trocando de portas do que permanecendo com a escolha original.

Recapitulando

Introduzimos a noção de *probabilidade condicional*. Se A e B são eventos [com $P(B) > 0$], então $P(A|B)$ é a probabilidade de A ocorrer, dado que B ocorreu. Definimos $P(A|B) = P(A \cap B)/P(B)$. Discutimos os eventos independentes. Dizemos que A e B são independentes se $P(A \cap B) = P(A)P(B)$. Se $P(B)$ tem probabilidade diferente de zero, isso implica $P(A|B) = P(A)$. Mostramos como ampliar um espaço amostral (S, P) para um espaço amostral de provas repetidas (S^n, P). Concluímos com uma análise do problema de Monty Hall.

32 Exercícios

32.1. Seja (S, P) um espaço amostral com $S = \{1, 2, 3, 4, 5\}$ e

$$P(1) = 0{,}1;\ P(2) = 0{,}1;\ P(3) = 0{,}2;\ P(4) = 0{,}2 \text{ e } P(5) = 0{,}4$$

Relacionamos, a seguir, vários pares de eventos A e B. Em cada caso, calcule $P(A|B)$.
  a. $A = \{1, 2, 3\}$ e $B = \{2, 3, 4\}$.
  b. $A = \{2, 3, 4\}$ e $B = \{1, 2, 3\}$.
  c. $A = \{1, 5\}$ e $B = \{1, 2, 5\}$.
  d. $A = \{1, 2, 5\}$ e $B = \{1, 5\}$.
  e. $A = \{1, 2, 3\}$ e $B = \{1, 2, 3\}$.
  f. $A = \{1, 2, 3\}$ e $B = \{4, 5\}$.
  g. $A = \emptyset$ e $B = \{1, 3, 5\}$.
  h. $A = \{1, 3, 5\}$ e $B = \emptyset$.
  i. $A = \{1, 2, 3, 4, 5\}$ e $B = \{1, 3\}$.
  j. $A = \{1, 3\}$ e $B = \{1, 2, 3, 4, 5\}$.

32.2. Seja (S, P) o espaço amostral com $S = \{1, 2, ..., 10\}$ e $P(x) = \frac{1}{10}$ para todos $x \in S$. Seja A o evento "é ímpar" e seja B o evento "é par". Por favor, calcule o seguinte:
  a. $P(A)$.
  b. $P(B)$.
  c. $P(A|B)$.
  d. $P(B|A)$.
  e. $P(\overline{B}|A)$.
  f. $P(B|\overline{A})$.
  g. $P(B|A)$.

32.3. Joga-se um par de dados. Qual é a probabilidade de nenhum deles apresentar a face 2, dado que sua soma é 7?

32.4. Joga-se um par de dados. Qual é a probabilidade de a soma de os pontos ser 7 quando nenhum deles apresenta a face 2?

32.5. Joga-se uma moeda dez vezes. Qual é a probabilidade de as três primeiras jogadas serem todas CARA, sabendo-se que apareceram números iguais de CARAS e COROAS?

Como se compara essa probabilidade condicional com a probabilidade simples de as três primeiras jogadas darem CARA?

32.6. Prove a Proposição 32.4.

32.7. Eventos disjuntos são independentes? Prove ou dê um contraexemplo.

32.8. Considere um tabuleiro de xadrez de 8×8, em que as linhas estão numeradas de 1 a 8, e do mesmo modo para as colunas. E, como é usual para um tabuleiro de xadrez, os quadrados são alternadamente coloridos de preto e branco.

Os quadrados deste tabuleiro de xadrez formam os elementos de um espaço amostral em que todas os 64 quadrados no tabuleiro de xadrez são igualmente prováveis; ou seja, todos têm probabilidade 1/64.

Para cada um dos seguintes pares de eventos A e B, determine se os dois são independentes.

a. A é o evento em que um quadrado branco é escolhido e B é o evento em que um quadrado preto é escolhido.

b. A é o evento em que um quadrado de uma linha número par é escolhido e B é o evento em que um quadrado de uma coluna par é escolhida.

c. A é o evento em que um quadrado branco é escolhido e B é o evento em que um quadrado de uma coluna par é escolhido.

32.9. Sejam A e B eventos em um espaço amostral com $P(A \cap B) \neq 0$. Prove que $P(A|B) = P(B|A)$ se e somente se $P(A) = P(B)$.

32.10. Sejam A e B eventos de um espaço amostral em que $P(A) > 0$, $P(B) > 0$, mas $P(A \cap B) = 0$. Prove que $P(A|B) = P(B|A)$.

Dê um exemplo de dois desses eventos em que $P(A) \neq P(B)$.

32.11. Sejam A e B eventos em um espaço amostral (S, P) e suponhamos $P(B) > 0$. Prove:
$$P(A|B)P(B) + P(A|\overline{B})P(\overline{B}) = P(A).$$

32.12. Sejam A e B eventos com probabilidade diferente de zero em um espaço amostral.

(a) Suponhamos $P(A|B) > P(A)$. Deve ser $P(B|A) > P(B)$?

(b) Suponhamos $P(A|B) < P(A)$. Deve ser $P(B|A) < P(B)$?

Prove suas respostas.

32.13. Sejam A e B eventos em um espaço amostral, com $P(B) \neq 0$. Suponhamos $P(A|B) > 0$. Deve ser $P(A) > 0$? (Prove sua resposta.)

32.14. Seja A e B eventos em um espaço amostral (S, P) com $P(B) \neq 0$. Suponha também que $P(x) \neq 0$ para todos $x \in S$.

a. Prove que $P(A|B) = 1$, se e somente se $B \subseteq A$.

b. Mostre que $P(A|B) = 1$ não implica $B \subseteq A$, se omitirmos a hipótese $\forall x \in S$; $P(x) \neq 0$.

32.15. Sejam A, B e C eventos de um espaço amostral, e suponhamos $P(A \cap B) \neq 0$. Prove que:
$$P(A \cap B \cap C) = P(A)P(B|A)P(C|A \cap B).$$

Este problema mostra a propriedade *sem memória* da distribuição geométrica em $\mathbb{N}$. Se pensarmos em $P(k)$ como a probabilidade de, digamos, um desastre acontecer no k^{th} intervalo de tempo, então $P(A_k)$ é a probabilidade de que o desastre ocorra no momento k ou mais tarde. A condicional $P(A_{k+j}|A_j)$ pergunta: dado que o desastre não ocorreu antes do tempo j, qual é a probabilidade que ocorra k unidades de tempo ou mais após o tempo j. O resultado é que estas duas probabilidades são as mesmas. Ou seja, nós "esquecemos" que o desastre ainda não ocorreu e reiniciamos a contagem regressiva para ele novamente.

32.16. No Exercício 30.14 (e novamente no Exercício 31.23) consideramos o espaço amostral $(\mathbb{N}, P)$, em que $P(k) = ar^k$ (em que $r = 1 - a$). Neste espaço amostral, defina o evento $A_k = \{n \in \mathbb{N} : n \geq k\}$. Ou seja, A_k é o evento em que o número natural aleatoriamente escolhido é k ou mais. Por favor faça:

a. Calcule $P(A_k)$.

b. Calcule $P(A_{k+j}|A_j)$.

c. Você deve observar que suas respostas para (a) e (b) são as mesmas. Esta é uma característica especial da distribuição de probabilidade geométrica para $\mathbb{N}$. Prove que se

($\mathbb{N}$, P) tem a propriedade que $P(A_k) = P(A_{k+j}|A_j)$ para todo $k, j \in \mathbb{N}$, então P deve ser uma distribuição geométrica. Ou seja, demonstre que existe um número real a tal que $P(k) = a(1-a)^k$ para todos $k \in \mathbb{N}$.

32.17. Extrai-se uma carta de um baralho-padrão de 52 cartas, bem misturado.
   a. Qual é a probabilidade de ser uma carta de espadas (♠)?
   b. Qual é a probabilidade de ser um rei?
   c. Qual é a probabilidade de ser o rei de espadas?
   d. Os eventos das partes (a) e (b) são independentes?

32.18. Extraem-se, em sequência, duas cartas (sem reposição) de um baralho-padrão de 52 cartas. Seja A o evento "as duas cartas têm o mesmo valor" (por exemplo, ambas são 4) e seja B o evento "a primeira carta extraída é um ás". Esses eventos são independentes?

32.19. Extraem-se, em sequência (sem reposição), duas cartas de um baralho-padrão de 52 cartas, bem misturado. Seja A o evento "as duas cartas têm o mesmo valor" (por exemplo, ambas são 4) e seja B o evento "as duas cartas são do mesmo naipe" (por exemplo, ambas são ouros [♦]). Esses eventos são independentes?

32.20. Extraem-se, em sequência (sem reposição), duas cartas de um baralho-padrão de 52 cartas, bem misturado. Seja A o evento "a primeira carta extraída é de paus (♣)" e seja B o evento "a segunda carta extraída é também de paus". Esses eventos são independentes?

32.21. Em um espaço amostral (S, P) seja A um evento.
   a. Prove que A e $\emptyset$; são eventos independentes.
   b. Prove que A e S são eventos independentes.

32.22. Seja $S = \{1, 2, 3, 4, 5, 6\}$ e $P(x) = \frac{1}{6}$ para todos $x \in S$. Para este espaço amostral, encontre um par de eventos A e B de modo que (a) $0 < P(A) < 1$, (b) $0 < P(B) < 1$, e (c) A e B são independentes.

Em seguida, mostre que, se fosse para mudar o espaço amostral para (S, P) com $S = \{1, 2, 3, 4, 5\}$ e $P(x) = \frac{1}{5}$ para todos x, então nenhum par de tais eventos pode ser encontrado.

32.23. Sejam A e B eventos em um espaço amostral. Prove ou refute as seguintes afirmações:
   a. Se A e B são independentes, então também o são A e $\overline{B}$.
   b. Se A e B são independentes, então também o são $\overline{A}$ e $\overline{B}$.

32.24. Sejam A e B eventos em um espaço amostral. Prove ou refute:
   a. Se $P(A) = 0$, então A e B são independentes.
   b. Se $P(A) = 1$, então A e B são independentes.

32.25. Sejam A, B, C eventos em um espaço amostral. Prove ou refute:
   a. Se A e B são independentes, e B e C são independentes, então A e C são independentes.
   b. Se $P(A \cap B \cap C) = P(A)P(B)P(C)$, então A e B são independentes, A e C são independentes e B e C são independentes.
   c. Se A e B são independentes, A e C são independentes e B e C são independentes, então $P(A \cap B \cap C) = P(A)P(B)P(C)$.

32.26. Voltemos ao espaço amostral do ponteiro giratório dos Exemplos 30.3 e 32.2. Escreva todos os elementos em (S^2, P) e o valor de $P(.)$ para cada membro de S^2.

32.27. O ponteiro dos Exemplos 30.3 e 32.2 é girado duas vezes. Qual é a probabilidade de a soma dos dois números ser 6?

32.28. O ponteiro dos Exemplos 30.3 e 32.2 é girado cinco vezes. Qual é a probabilidade de ele nunca parar no número 4?

32.29. Uma moeda viciada apresenta CARA com probabilidade p e COROA com probabilidade $1-p$ (ver Exemplo 32.9). Suponhamos que essa moeda seja jogada cinco vezes. Seja A o evento "aparece CARA exatamente duas vezes".

a. Represente A como um conjunto.
b. Determine $P(A)$.

32.30. Uma moeda viciada apresenta CARA com probabilidade p e COROA com probabilidade $1-p$ (ver Exemplo 32.9). Suponhamos que essa moeda seja jogada n vezes. Seja A o evento "CARA aparece exatamente k vezes". Determine $P(A)$.

32.31. Uma moeda viciada apresenta CARA com probabilidade p e COROA com probabilidade $1-p$ (ver Exemplo 32.9). Suponha que essa moeda seja jogada duas vezes. Seja A o evento "a moeda apresenta primeiro CARA e, em seguida, COROA"; e seja B o evento "a moeda apresenta primeiro COROA e, em seguida, CARA".
a. Calcule $P(A)$.
b. Calcule $P(B)$.
c. Calcule $P(A|A \cup B)$
d. Calcule $P(B|A \cup B)$.
e. Explique como utilizar uma moeda viciada para tomar uma decisão correta (escolha entre duas alternativas com a mesma probabilidade).

32.32. Penélope, a pessimista, e Olívia, a otimista, são duas entre as dez finalistas em um confronto. Uma dessas dez finalistas será escolhida aleatoriamente para receber o grande prêmio (todas as finalistas têm a mesma chance de ganhar). Logo antes da entrega do grande prêmio, um juiz diz a oito das finalistas que elas não ganharam o grande prêmio, permanecendo apenas Penélope e Olívia.

Penélope pensa: "Mesmo antes de o juiz eliminar oito concorrentes, eu sabia que ao menos oito das outras concorrentes eram perdedoras. O fato de eu saber agora que essas oito eram perdedoras nada me diz de novo. Minha chance de ganhar é ainda de apenas 10%. Que sorte inútil!"

Olívia pensa: "Agora que as oito foram eliminadas, restam apenas duas de nós no confronto. Assim, tenho uma chance de 50% de ganhar! Que sorte!"

Qual das duas análises é correta?

32.33. Alice e Bob apostam o seguinte jogo. Ambos os jogadores iniciam com uma pilha de n fichas. Alternadamente, eles tiram cara ou coroa. Com probabilidade p, Alice vence a partida e Bob lhe dá uma ficha; reciprocamente, com probabilidade $1-p$, Bob ganha a partida e Alice lhe dá uma ficha. O jogo acaba quando um jogador (o vencedor) tiver todas as $2n$ fichas.

Qual é a probabilidade de Alice ganhar o jogo?

Para ajudá-lo a desenvolver este exercício, faça o seguinte:
a. Que a_k denote a probabilidade de Alice ganhar o jogo quando ela tiver k fichas e quando Bob tiver $2n - k$. Quais são os valores de a_0 e a_{2n}?
b. Encontre uma expressão para a_k em termos de a_{k-1} e a_{k+1}. Essa expressão é válida quando $0 < k < 2n$.
c. Utilizando as técnicas da Seção 23, resolva essa relação de recorrência da parte (b) utilizando as condições de fronteira que você desenvolveu na parte (a).
(Se você não estudou a Seção 23, ver as dicas no Apêndice A, disponível no site do livro, www.cengage.com.br).
d. Sua resposta para a parte (c) deve ser a fórmula para a_k. Substitua $k = n$ na fórmula para encontrar a probabilidade de que Alice ganhe.

Ao expressar suas respostas para (b), (c) e (d), é útil valer-se de $q = 1 - p$.

33 Variáveis aleatórias

Seja (S, P) um espaço amostral. Embora possam nos interessar os resultados individuais listados em S, em geral temos maior interesse em eventos. Por exemplo, no espaço amostral do par de dados, podemos querer saber a probabilidade de os números nos dois dados serem diferentes. Ou se jogamos uma moeda dez vezes, pode nos interessar a probabilidade de aparecer o mesmo número de CARAS e de COROAS. Já estudamos tais "resultados compostos" – eles são chamados *eventos*.

Eventualmente, podemos não estar interessados nos resultados específicos em um espaço amostral, e sim em alguma grandeza derivada do resultado. Por exemplo, podemos querer saber a soma dos números nos dois dados ou o número de CARAS observado em dez jogadas de uma moeda.

Nesta seção, vamos estudar o conceito de *variável aleatória*. Uma variável aleatória típica associa um número a cada resultado em um espaço amostral (S, P). Ou seja, $X(s)$ é um número que depende de $s \in S$. Por exemplo, X pode representar o número de CARAS observadas em dez jogadas de uma moeda, e se s = HHTHTTTTHT, então $X(s) = 4$.

> A expressão *variável aleatória* é, talvez, uma das mais inadequadas em toda a matemática. Uma variável aleatória não é aleatória nem uma variável! É uma função definida em um espaço amostral. As variáveis aleatórias são utilizadas para modelar grandezas cujo valor é aleatório.

A maneira adequada de expressar essa ideia é dizermos que X é uma *função*. O domínio de X é o conjunto S ou um espaço amostral (S, P). Cada resultado $s \in S$ tem um valor $X(s)$ que é, geralmente (mas nem sempre), um número real. Nesse caso, temos $X: S \to \mathbb{R}$. De modo mais geral, uma variável aleatória é qualquer função definida em um espaço amostral.

● DEFINIÇÃO 33.1

(**Variável aleatória**) Uma *variável aleatória* é uma função definida em um espaço de probabilidade; ou seja, se (S, P) é um espaço amostral, então uma variável aleatória é uma função $X: S \to V$ (para algum conjunto V).

◆ EXEMPLO 33.2

(**Par de dados**) Seja (S, P) o espaço amostral de um par de dados (Exemplo 30.4). Seja $X : S \to \mathbb{N}$ a variável aleatória que dá a soma dos números nos dois dados. Por exemplo,

$$X[(1, 2)] = 3, \quad X[(5, 5)] = 10, \quad \text{e} \quad X[(6, 2)] = 8.$$

◆ EXEMPLO 33.3

(**Caras menos coroas**) Seja (S, P) o espaço amostral que representa dez jogadas de uma moeda equilibrada. Seja $X : S \to \mathbb{Z}$ a variável aleatória que dá o número de CARAS menos o número de COROAS. Por exemplo,

$$X(\text{HHTHTTTTHT}) = -2.$$

Podemos também definir variáveis aleatórias X_K e X_C como o número de CARAS e o número de COROAS em um resultado. Por exemplo,

$$X_K(\text{HHTHTTTTHT}) = 4 \quad \text{e} \quad X_C(\text{HHTHTTTTHT}) = 6.$$

Note que $X = X_K - X_C$. Isso significa que, para qualquer $s \in S$, $X(s) = X_K(s) - X_C(s)$.

◆ EXEMPLO 33.4

Eis um exemplo de uma variável aleatória cujos valores não são números. Seja (S, P) o espaço amostral que representa dez jogadas de uma moeda equilibrada. Para $s \in S$, denotemos por $Z(s)$ o *conjunto* de posições em que CARA é observada. Por exemplo,

$$Z(\text{HHTHTTTTHT}) = \{1, 2, 4, 9\}$$

porque as CARAS (K) estão nas posições 1, 2, 4 e 9. Chamamos Z uma variável aleatória *com valores-conjunto*, porque $Z(s)$ é um conjunto.

A variável aleatória X_K do exemplo anterior está estreitamente relacionada com Z. Temos $X_K = |Z|$. Isso significa que, para todo $s \in S$, $X_K(s) = |Z(s)|$.

Variáveis aleatórias como eventos

Seja X uma variável aleatória definida em um espaço amostral (S, P). Poderíamos perguntar qual a probabilidade de X tomar um valor particular v. Por exemplo, jogando-se um par de dados, qual é a probabilidade de a soma dos números ser 8? Podemos expressar essa pergunta de duas maneiras. Primeiro, podemos chamar A o evento "os dois dados apresentam soma 8"; isto é, $A = \{(2, 6), (3, 5), (4, 4), (5, 3), (6, 2)\}$. Depois, perguntamos, então, quanto é $P(A)$. Alternativamente, podemos definir uma variável aleatória X como a soma dos números nos dados, e perguntar: qual é a probabilidade de $X = 8$? Traduzimos essa situação como $P(X = 8)$.

Ao escrevermos $P(X = 8)$, estendemos a notação $P(.)$ além do seu âmbito anterior. Até aqui, admitimos que dois tipos de objeto sigam o P. Podemos escrever $P(s)$, em que s é um elemento de um espaço amostral, ou podemos escrever $P(A)$, em que A é um evento (isto é, um subconjunto de um espaço amostral).

A maneira de ler a expressão $P(X = 8)$ é interpretar o "$X = 8$" como um evento. $X = 8$ é uma abreviatura para o evento

$$\{s \in S : X(s) = 8\}.$$

Nesse caso,

$$P(X = 8) = P(\{s \in S : X(s) = 8\})$$
$$= P(\{(2,6), (3,5), (4,4), (5,3), (6,2)\}) = \frac{5}{36}.$$

O que significa $P(X \geq 8)$? "$X \geq 8$" é uma abreviatura para o evento $\{s \in S : X(s) \geq 8\}$. Assim,

$$P(X \geq 8) = P(\{s \in S : X(s) \geq 8\}) = \frac{5+4+3+2+1}{36} = \frac{15}{36} = \frac{5}{12}.$$

Podemos mesmo inserir na notação $P(.)$ expressões algébricas mais complicadas envolvendo variáveis aleatórias. A notação pede a probabilidade de um evento implícito; o evento é o conjunto de todos os s que satisfazem a expressão dada. Por exemplo, recordemos as variáveis aleatórias X_K e X_C do Exemplo 32.9. (Essas variáveis contam o número de CARAS e o número de COROAS, respectivamente, em dez jogadas de uma moeda equilibrada.) Poderíamos perguntar: qual é a probabilidade de aparecerem ao menos quatro CARAS e ao menos quatro COROAS em dez jogadas da moeda? A questão pode expressar-se de várias maneiras:

$$P(X_K \geq 4 \text{ e } X_C \geq 4)$$
$$P(X_K \geq 4 \wedge X_C \geq 4)$$
$$P(X_K \geq 4 \cap X_C \geq 4)$$
$$P(4 \leq X_K \leq 6).$$

Em qualquer hipótese, procuramos a probabilidade do seguinte evento:

$$\{s \in S: X_K(s) \geq 4 \text{ e } X_C(s) \geq 4\}.$$

Incidentalmente, a resposta dessa questão é:

$$P(X_H \geq 4 \wedge X_T \geq 4) = \frac{\binom{10}{4} + \binom{10}{5} + \binom{10}{6}}{2^{10}} = \frac{672}{1024} = \frac{21}{32}.$$

◆ EXEMPLO 33.5

(Variável aleatória binomial) Recordemo-nos da moeda viciada do Exemplo 32.9 e suponhamos que tal moeda dê CARA com probabilidade p e COROA com probabilidade $1-p$. Joga-se a moeda n vezes. Denotemos por X o número de vezes em que aparece CARA.

Seja k um inteiro. Quanto é $P(X=k)$?

Se $k<0$ ou $k>n$, é impossível termos $X(s) = k$ e, assim, $P(X=k) = 0$. Isso limita nossa atenção ao caso $0 \leq k \leq n$.

Há exatamente $\binom{n}{h}$ sequências de n jogadas com exatamente k CARAS. Todas essas sequências têm a mesma probabilidade: $p^k(1-p)^{n-k}$. Portanto,

$$P(X = h) = \binom{n}{h} p^h (1-p)^{n-h}.$$

Chamamos X uma variável aleatória *binomial* pela razão seguinte: desenvolvamos $(p+q)^n$ pelo teorema binomial. Um dos termos no desenvolvimento é $\binom{n}{h} p^h q^{n-h}$. Fazendo $q = 1-p$, isso é exatamente $P(X=h)$. Como uma abreviação, dizemos que X é uma variável aleatória $B(N, p)$. Ver também os Exercícios 32.30 e 33.10-15.

Variáveis aleatórias independentes

Recordemo-nos do espaço amostral do par de dados (Exemplo 30.4). Para esse espaço amostral, definimos duas variáveis aleatórias, X_1 e X_2. O valor de $X_1(s)$ é o número no primeiro dado e $X_2(s)$ é o número no segundo dado. Por exemplo,

$$X_1[(5, 3)] = 5 \quad \text{e} \quad X_2[(5, 3)] = 3.$$

Por fim, seja $X = X_1 + X_2$. Isso significa que $X(s) = X_1(s) + X_2(s)$; isto é, X é a soma dos números que aparecem nos dados. Por exemplo, $X[(5, 3)] = 8$. O conhecimento de X_2 nos dá alguma informação sobre X. Por exemplo, se sabemos que $X_2(s) = 4$, então $X(s) = 4$ é impossível. Se sabemos que $X_2(s) = 4$, então a probabilidade de $X(s) = 5$ é $\frac{1}{6}$ (em oposição a $\frac{4}{36}$). Podemos expressar esse fato como $P(X = 5 | X_2 = 4) = \frac{1}{6}$. O significado de $P(X = 5 | X_2 = 4)$ é o significado usual da probabilidade condicional. Os eventos, nesse caso, são $X = 5$ e $X_2 = 4$. O cálculo pode ser feito da maneira usual.

$$P(X = 5 | X_2 = 4) = \frac{P(X = 5 \text{ e } X_2 = 4)}{P(X_2 = 4)} = \frac{1/36}{1/6} = \frac{1}{6}.$$

Todavia, o conhecimento de X_2 nada nos diz sobre X_1. Na verdade, se a e b são inteiros de 1 a 6, temos:

$$P(X_1 = a | X_2 = b) = \frac{P(X_1 = a \text{ e } X_2 = b)}{P(X_2 = b)} = \frac{1/36}{1/6} = \frac{1}{6} = P(X_1 = a).$$

Podemos dizer algo mais. Como

$$P(X_1 = a \text{ e } X_2 = b) = \frac{1}{36} = \frac{1}{6} \cdot \frac{1}{6} = P(X_1 = a) P(X_2 = b) \tag{40}$$

os eventos "$X_1 = a$" e "$X_2 = b$" são independentes. Além disso, se a ou b não é um inteiro de 1 a 6, então ambos os membros da Equação (40) são zero. Temos, portanto,

$$\forall a, b \in \mathbb{Z}, P(X_1 = a \text{ e } X_2 = b) = P(X_1 = a) P(X_2 = b).$$

Os eventos $X_1 = a$ e $X_2 = b$ são independentes para todos os valores de a e b. Isso é precisamente o que significa dizermos que X_1 e X_2 são variáveis aleatórias *independentes*.

● **DEFINIÇÃO 33.6**

(**Variáveis aleatórias independentes**) Sejam (S, P) um espaço amostral e X e Y variáveis aleatórias definidas em (S, P). Dizemos que X e Y são *independentes* se, para todos os valores de a e b,

$$P(X = a \text{ e } Y = b) = P(X = a) P(X = b).$$

Vamos nos concentrar na expressão "para todos os valores de a e b" nessa definição. As variáveis aleatórias X e Y são funções definidas em (S, P). Podemos, portanto, escrever $X: S \to A$ e $Y: S \to B$ para conjuntos arbitrários A e B. Não é possível X assumir um valor fora de A nem Y assumir um valor fora de B. Assim, a expressão "para todo a, b" pode ser escrita mais explicitamente como "para todo $a \in A$ e todo $b \in B$". A condição na definição pode ser reescrita como

$$\forall a \in A, \forall b \in B, P(X = a \text{ e } Y = b) = P(X = a) P(Y = b).$$

Recapitulando

Uma variável aleatória não é aleatória nem variável. É uma função definida em um espaço amostral (S, P). Ou seja, para todo $s \in S$, a variável aleatória X gera um valor $X(s)$. Esse valor em geral é um número. Ampliamos a notação $P(.)$ de forma a incluir eventos descritos por variáveis aleatórias, tais como $P(X = 3)$ é a probabilidade do evento $\{s \in S : X(s) = 3\}$. As variáveis aleatórias X e Y são independentes se os eventos $X = a$ e $Y = b$ são independentes para todos os valores de a e b.

33 Exercícios

33.1. Seja (S, P) um espaço amostral com $S = \{a, b, c, d\}$ e

$$P(a) = 0{,}1, \qquad P(b) = 0{,}2, \qquad P(c) = 0{,}3, \qquad \text{e } P(d) = 0{,}4$$

Defina variáveis aleatórias X e Y nesse espaço amostral de acordo com a tabela a seguir.

s	X(s)	Y(s)
a	1	−1
b	3	3
c	5	6
d	8	10

Responda às questões a seguir:
a. Escreva o evento "$X > 3$" como um conjunto de resultados (isto é, um subconjunto de S) e calcule $P(X > 3)$.
b. Escreva o evento "Y é ímpar" como um conjunto de resultados e calcule $P(Y$ é ímpar$)$.
c. Escreva o evento "$X > Y$" como um conjunto de resultados e calcule $P(X > Y)$.
d. Escreva o evento "$X = Y$" como um conjunto de resultados e calcule $P(X = Y)$.
e. Calcule $P(X = m$ e $Y = n)$ para todos os inteiros m e n.

Note que, para todas as escolhas de s e t (a menos de um número finito delas), essa probabilidade é zero.

f. X e Y são independentes?
g. Defina uma variável aleatória $Z = X + Y$. Calcule $P(Z = n)$ para todos os inteiros n.

Note que, para todos os valores de s (a menos de um número finito), essa probabilidade é zero.

33.2. Seja (S, P) o espaço amostral com $S = \{1, 2, 3, \ldots, 10\}$ e $P(a) = \frac{1}{10}$ para todos $a \in S$. Para este espaço amostral, defina as variáveis aleatórias X e Y por

$$X(s) = 2s \quad \text{e} \quad Y(s) = s^2$$

para todos os $s \in S$.

Por favor faça:
a. Avalie $P(X < 10)$.
b. Avalie $P(Y < 10)$.
c. Avalie $(X + Y)(s)$.
d. Avalie $P(X + Y < 10)$.
e. Avalie $P(X > Y)$.
f. Avalie $P(X = Y)$.
g. X e Y são independentes? Justifique sua resposta.

33.3. Recorde-se do ponteiro giratório dos Exemplos 30.3 e 32.2. Suponha que se atribua um prêmio de \$ 10 se o ponteiro, ao parar, apontar para um número ímpar, e um prêmio de \$ 20 se o ponteiro apontar para um número par.
a. Seja X a variável aleatória que representa a quantia ganha nesse jogo. Represente X explicitamente como uma função definida em um espaço amostral.
b. Represente o evento "$X = 10$" como um conjunto.

c. Calcule $P(X = a)$ para todos os inteiros positivos a.

33.4. Jogam-se três vezes uma moeda equilibrada. Esse experimento é modelado por um espaço amostral (S, P), em que S contém as oito listas, de KKK a CCC, todas com probabilidade $\frac{1}{8}$. Seja X o número de vezes em que aparece COROA.

a. Escreva X explicitamente como uma função definida em S.
b. Escreva o evento "X é ímpar" como um conjunto.
c. Calcule $P(X$ é ímpar).

33.5. Joga-se um par de dados. Seja X a (o valor absoluto da) diferença entre os números apresentados pelos dados.

a. Quanto é $X[(2, 5)]$?
b. Calcule $P(X = a)$ para todos os inteiros a.

33.6. Jogam-se duas moedas viciadas. A primeira apresenta CARA com probabilidade p_1 e a segunda apresenta CARA com probabilidade p_2. Seja X a variável aleatória que dá o número de CARAS que aparecem quando essas duas moedas são jogadas.

Calcule $P(X = a)$ para $a = 0, 1, 2$.

33.7. Joga-se um dado dez vezes. Seja X o número de vezes que aparece o número 1. Determine $P(X = a)$ para todos os inteiros a.

33.8. Joga-se uma moeda dez vezes. Seja X_K o número de vezes que aparece CARA e X_C o número de vezes que aparece COROA. X_K e X_C são variáveis aleatórias independentes?

33.9. Joga-se uma moeda dez vezes. Seja X_1 o número de CARAS (K) que aparecem imediatamente antes de COROA (C) e X_2 o número de COROAS que aparecem imediatamente antes de CARAS.

Por exemplo, se obtemos CKKCCKKCKK, então $X_1 = 2$ e $X_2 = 3$, porque temos K–C duas vezes e C–K três vezes em CKKCCKKCKK.

X_1 e X_2 são variáveis aleatórias independentes?

33.10. Seja X uma variável aleatória $B(10, \frac{1}{2})$. Qual é a probabilidade de que $X = 5$?

> Quando escrevemos que X é uma variável aleatória $B(n,p)$, queremos dizer que X é uma variável aleatória binomial que representa a quantidade obtida de CARAS quando uma moeda, cuja probabilidade de CARA é p, for jogada n vezes. Veja o Exemplo 33.5.

33.11. Seja X uma variável aleatória $B(10, \frac{1}{2})$. Crie um gráfico de barras que mostre os valores de $P(X = a)$ para $\leq a \leq 10$.

33.12. Escreva um programa de computador que tenha como entrada um inteiro positivo n e um número real p (com $0 \leq p \leq 1$) e produza como saída um valor aleatório que se comporta exatamente como uma variável aleatória $B(n, p)$. Ou seja, a probabilidade de saída do programa ser k deveria ser $\binom{n}{k} p^k (1-p)^{n-k}$.

Depois, use o seu programa para gerar um milhão de valores aleatórios de $B(100, \frac{1}{2})$. Trace um histograma que mostre quantas vezes cada valor (entre 0 e 100) ocorreu.

33.13. Seja X uma variável aleatória $B(9, \frac{1}{2})$. Mostre que $P(X = a) = P(X = 9 - a)$.

Qual é a probabilidade de que X seja par?

33.14. Seja X uma variável aleatória $B(5, \frac{1}{3})$. Qual é a probabilidade de que X seja ímpar?

33.15. Sejam X e Y variáveis aleatórias independentes $B(n, p)$. Mostre que $X + Y$ é também uma variável aleatória $B(?, ?)$. Quais valores devem substituir os pontos de interrogação?

33.16. Extraem-se aleatoriamente uma carta de um baralho padrão de 52 cartas. Seja X o valor da carta (de 2 a ás) e seja Y o naipe da carta. X e Y são variáveis aleatórias independentes?

33.17. Extraem-se aleatoriamente duas cartas (sem reposição) de um baralho-padrão de 52 cartas. Seja X o valor (de 2 a ás) da primeira carta e seja Y o valor da segunda carta. X e Y são variáveis aleatórias independentes?

33.18. Seja X uma variável aleatória definida em um espaço amostral (S, P). É possível X ser independente de si mesma?

■ 34 Valor esperado

A maioria das variáveis aleatórias que temos considerado dão resultados numéricos, como o número de CARAS em uma série de jogadas de uma moeda ou a soma dos valores em um par de dados. Quando uma variável aleatória produz resultados numéricos, podemos perguntar: qual é o valor médio que essa variável pode tomar? Ou: quão dispersos são seus valores?

> Nem todas as variáveis aleatórias dão resultados que são números. Por exemplo, se extraímos aleatoriamente uma carta de um baralho, podemos definir uma variável aleatória X como o naipe da carta. Nesse caso, a variável aleatória não tem um valor real; seus valores fazem parte do conjunto {♣, ♦, ♥, ♠}.

Nesta seção, vamos considerar o *valor esperado* de variáveis aleatórias com valores reais. O valor esperado pode ser interpretado como o valor médio de uma variável aleatória.

Recordemo-nos do ponteiro giratório dos Exemplos 30.3 e 32.2. Definamos a variável aleatória X simplesmente como o número da região em que o ponteiro para. Assim,

$$P(X=1) = \frac{1}{2}, \quad P(X=2) = \frac{1}{4}, \quad P(X=3) = \frac{1}{8}, \quad \text{e} \quad P(X=4) = \frac{1}{8}.$$

Qual é o valor médio de X?

Uma resposta plausível (mas incorreta) seria a seguinte. A variável aleatória X só pode tomar quatro valores: 1, 2, 3 e 4. A média desses valores é $\frac{1+2+3+4}{4} = \frac{10}{4} = \frac{5}{2}$. Assim, o valor médio de X é $\frac{5}{2}$.

Todavia, o ponteiro para na região 1 muito mais vezes do que na região 4. Assim, se fizéssemos o ponteiro girar muitas vezes e tomássemos a média dos resultados, estaríamos calculando a média de muito mais os 1 e 2 do que dos 3 e 4. Obteríamos, portanto, um valor médio inferior a 2,5.

Se fizéssemos o ponteiro girar um grande número N de vezes, esperaríamos observar (aproximadamente) um $\frac{N}{2}$, dois $\frac{N}{4}$, três $\frac{N}{8}$ e quatro $\frac{N}{8}$. Somando e dividindo por N, obtemos

$$\frac{\frac{N}{2} \times 1 + \frac{N}{4} \times 2 + \frac{N}{8} \times 3 + \frac{N}{8} \times 4}{N} = \frac{1}{2} + \frac{1}{2} + \frac{3}{8} + \frac{1}{2} = \frac{15}{8} = 1{,}875$$

que é inferior a 2,5.

Uma média direta (simples) dos valores de X não é o que queremos. O que calculamos é uma *média ponderada* dos valores de X. O valor a é contado na proporção do número de vezes que ocorre. Chamamos essa média ponderada dos valores de X o *valor esperado* de X.

DEFINIÇÃO 34.1

(**Valor esperado**) Seja X uma variável aleatória com valores reais definida em um espaço amostral (S, P). O *valor esperado* de X é

$$E(X) = \sum_{s \in S} X(s)P(s).$$

O valor esperado de X também é chamado valor *médio* de X. Costuma-se usar a letra grega μ para denotar o valor esperado de uma variável aleatória.

EXEMPLO 34.2

(**Valor esperado do ponteiro giratório**) Seja X o número que aparece no ponteiro giratório do Exemplo 30.3. Seu valor esperado é

$$\begin{aligned} E(X) &= \sum_{a=1}^{4} X(a)P(a) \\ &= X(1)P(1) + X(2)P(2) + X(3)P(3) + X(4)P(4) \\ &= 1 \cdot \frac{1}{2} + 2 \cdot \frac{1}{4} + 3 \cdot \frac{1}{8} + 4 \cdot \frac{1}{8} \\ &= \frac{15}{8}. \end{aligned}$$

EXEMPLO 34.3

(**Valor esperado em um dado**) Joga-se um dado. Denotemos por X o número que aparece. Qual é o valor esperado de X?

O valor esperado é

$$\begin{aligned} E(X) &= \sum_{a=1}^{6} X(a)P(a) \\ &= X(1)P(1) + X(2)P(2) + X(3)P(3) \\ &\quad + X(4)P(4) + X(5)P(5) + X(6)P(6) \\ &= 1 \cdot \frac{1}{6} + 2 \cdot \frac{1}{6} + 3 \cdot \frac{1}{6} + 4 \cdot \frac{1}{6} + 5 \cdot \frac{1}{6} + 6 \cdot \frac{1}{6} \\ &= \frac{1+2+3+4+5+6}{6} = \frac{21}{6} = \frac{7}{2} = 3{,}5. \end{aligned}$$

Suponha que joguemos um par de dados. Seja X a soma dos números nos dois dados. Qual é o valor esperado de X? Em princípio, para calcular $E(X)$, devemos calcular

$$E(X) = \sum_{s \in S} X(s)P(s).$$

Entretanto, nesse caso, há 36 resultados diferentes no conjunto S, o que torna o cálculo bastante desagradável. Felizmente, há métodos alternativos para calcular o valor esperado. Damos dois métodos, que mostram que $E(X) = 7$.

Imagine que escrevamos todos os 36 termos da soma $\sum_{s \in S} X(s)P(s)$. Para simplificar, podemos agrupar os termos semelhantes. Por exemplo, podemos agrupar todos os termos para os quais $X(s) = 10$. Há três desses termos:

$$\ldots + 10P[(4, 6)] + 10P[(5, 5)] + 10P[(4, 6)] + \ldots$$

Como todas as três probabilidades são iguais a $\frac{1}{36}$, a expressão é igual a $10 \cdot \frac{3}{36}$. Note que os resultados nesses três termos são exatamente os $s \in S$ para os quais $X(s) = 10$. Podemos, pois, reescrever esses termos como

$$\ldots + 10P(X = 10) + \ldots$$

Agrupando todos os termos semelhantes, obtemos

$$E(X) = 2P(X = 2) + 3P(X = 3) + \ldots + 11P(X = 11) + 12P(X = 12)$$

Podemos usar essa simplificação para completar o cálculo de $E(X)$. Temos

$$E(X) = 2P(X = 2) + 3P(X = 3) + \cdots + 11P(X = 11) + 12P(X = 12)$$
$$= 2 \cdot \frac{1}{36} + 3 \cdot \frac{2}{36} + 4 \cdot \frac{3}{36} + 5 \cdot \frac{4}{36} + 6 \cdot \frac{5}{36} +$$
$$+ 7 \cdot \frac{6}{36} + 8 \cdot \frac{5}{36} + 9 \cdot \frac{4}{36} + 10 \cdot \frac{3}{36} + 11 \cdot \frac{2}{36} + 12 \cdot \frac{1}{36}$$
$$= \frac{2 + 6 + 12 + 20 + 30 + 42 + 40 + 36 + 30 + 22 + 12}{36}$$
$$= \frac{252}{36} = 7.$$

Foi ainda um grande volume de trabalho, porém melhor do que desenvolver 36 termos no somatório $\sum X(s)P(s)$. Apresentaremos uma técnica ainda mais eficiente para calcular $E(X)$, mas primeiro vamos generalizar o que acabamos de aprender.

▶ **PROPOSIÇÃO 34.4**

Sejam *(S, P)* um espaço amostral e *X* uma variável aleatória com valores reais definida em *S*. Então

$$E(X) = \sum_{a \in \mathbb{R}} aP(X = a).$$

Note que o somatório na Proposição 34.4 se estende sobre todos os números reais *a*. Naturalmente, isso é ridículo. É como se trocássemos uma soma finita, razoável $\sum_{s \in S} X(s)P(s)$, por uma soma infinita, sem muito propósito. Todavia, como *S* é finito, há apenas um número finito de valores diferentes que $X(s)$ pode tomar efetivamente. Para todos os outros números *a*, $P(X = a)$ é zero e, assim, não precisamos incluí-los na soma. Logo, a soma aparentemente infinita da Proposição 34.4 é, na realidade, apenas uma soma finita sobre os números reais *a* para os quais $P(X = a) > 0$.

Prova (da Proposição 34.4).
Seja *X* uma variável aleatória com valores reais definida em um espaço amostral *(S, P)*. O valor esperado de *X* é

$$E(X) = \sum_{s \in S} X(s)P(s).$$

Podemos reordenar os termos desse somatório, agrupando os termos com um valor comum de $X(s)$. Temos

$$E(X) = \sum_{a \in \mathbb{R}} \left[\sum_{s \in S: X(s)=a} X(s)P(s) \right].$$

O somatório interior abrange apenas os valores de s para os quais $X(s)$ é a. Há apenas um número finito de valores a para os quais a soma interior não é vazia.

A soma interior pode ser escrita de outra maneira. Como $X(s) = a$ para todo s do somatório interior, podemos substituir $X(s)$ por a. Vem:

$$E(X) = \sum_{a \in \mathbb{R}} \left[\sum_{s \in S: X(s)=a} aP(s) \right] = \sum_{a \in \mathbb{R}} \left[a \sum_{s \in S: X(s)=a} P(s) \right].$$

Note que colocamos a em evidência no somatório interior (pela propriedade distributiva).

O somatório interior é, agora, simplesmente

$$\sum_{s \in S: X(s)=a} P(s)$$

que é precisamente $P(X = a)$. Fazemos essa substituição final, obtendo

$$E(X) = \sum_{a \in \mathbb{R}} \left[a \sum_{s \in S: X(s)=a} P(s) \right] = \sum_{a \in \mathbb{R}} aP(X = a). \qquad \blacksquare$$

◆ EXEMPLO 34.5

No Exercício 33.3, abordamos um jogo em que se fazia girar o ponteiro do Exemplo 30.3, recebendo-se $ 10 se o ponteiro parasse em um número ímpar e $20 se parasse em um número par. Seja X o ganho nesse jogo. Qual é o valor esperado de X? Em outras palavras, quanto esperamos receber em uma rodada, se jogamos o jogo um grande número de vezes?

Vamos calcular a resposta de duas maneiras. Pela Definição 34.1, temos

$$\begin{aligned} E(X) &= \sum_{s \in S} X(s)P(s) \\ &= X(1)P(1) + X(2)P(2) + X(3)P(3) + X(4)P(4) \\ &= 10 \cdot \frac{1}{2} + 20 \cdot \frac{1}{4} + 10 \cdot \frac{1}{8} + 20 \cdot \frac{1}{8} \\ &= \frac{110}{8} = 13.75. \end{aligned}$$

Alternativamente, podemos utilizar a Proposição 34.4. Nesse caso, temos

$$E(X) = \sum_{a \in \mathbb{R}} a P(X = a)$$
$$= 10 \cdot P(X = 10) + 20 \cdot P(X = 20)$$
$$= 10 \cdot \frac{5}{8} + 20 \cdot \frac{3}{8}$$
$$= \frac{110}{8} = 13{,}75.$$

Se jogarmos esse jogo repetidas vezes, esperamos receber uma média de $ 13,75 por rodada.

◆ EXEMPLO 34.6

No Exercício 33.5, definimos uma variável aleatória X para o espaço amostral do par de dados. O valor de X é o valor absoluto da diferença entre os números dos dados. Qual é o valor esperado de X?

Usamos a Proposição 34.4:

$$E(X) = \sum_{a \in \mathbb{R}} a P(X = a)$$
$$= 0 \cdot P(X = 0) + 1 \cdot P(X = 1) + 2 \cdot P(X = 2)$$
$$+ 3 \cdot P(X = 3) + 4 \cdot P(X = 4) + 5 \cdot P(X = 5)$$
$$= 0 \cdot \frac{6}{36} + 1 \cdot \frac{10}{36} + 2 \cdot \frac{8}{36} + 3 \cdot \frac{6}{36} + 4 \cdot \frac{4}{36} + 5 \cdot \frac{2}{36}$$
$$= \frac{10 + 16 + 18 + 16 + 10}{36} = \frac{70}{36} = \frac{35}{18} \approx 1{,}944.$$

Linearidade do valor esperado

Sejam X e Y variáveis aleatórias com valores reais definidas em um espaço amostral (S, P). Podemos formar uma nova variável aleatória Z adicionando X e Y, isto é, $Z = X + Y$. Como X e Y são funções, devemos ser precisos sobre o que isso significa. O significado é que o valor de Z calculado em s nada mais é que a soma dos valores $X(s)$ e $Y(s)$.

Suponhamos, por exemplo, que (S, P) seja o espaço amostral do par de dados. Chamemos X_1 o número no primeiro dado e X_2 o número no segundo dado. Seja $Z = X_1 + X_2$. Então, Z é simplesmente a soma dos números nos dois dados. Por exemplo, se $s = (3, 4)$, então $X_1(s) = 3$, $X_2(s) = 4$, e $Z(s) = X_1(s) + X_2(s) = 3 + 4 = 7$.

Podemos efetuar outras operações com variáveis aleatórias. Se X e Y são variáveis aleatórias com valores reais em um espaço amostral (S, P), então XY é a variável aleatória cujo valor em s é $X(s)Y(s)$. Definimos analogamente $X - Y$ e assim por diante.

Se c é um número e X é uma variável aleatória com valores reais, então cX é a variável aleatória cujo valor em s é $cX(s)$.

Abordamos agora a questão: se conhecemos os valores esperados de X e Y, é possível determinarmos o valor esperado de $X + Y$, de XY, ou de outra combinação algébrica de X e Y?

Comecemos com o caso mais simples: a adição. Sejam (S, P) o espaço amostral do par de dados, $X_1(s)$ o número no primeiro dado, $X_2(s)$ o número no segundo dado, e $Z = X_1 + X_2$. Já calculamos $E(X_1) = E(X_2) = \frac{7}{2}$ e $E(Z) = 7$. Notemos que $E(Z) = E(X_1) + E(X_2)$. Isso não é uma coincidência.

▶ **PROPOSIÇÃO 34.7**

Sejam X e Y variáveis aleatórias com valores reais definidas em um espaço amostral (S, P). Então:

$$E(X + Y) = E(X) + E(Y).$$

Prova. Seja $Z = X + Y$. Temos:

$$\begin{aligned}
E(Z) &= \sum_{s \in S} Z(s) P(s) \\
&= \sum_{s \in S} [X(s) + Y(s)] P(s) \\
&= \sum_{s \in S} [X(s) P(s) + Y(s) P(s)] \\
&= \sum_{s \in S} X(s) P(s) + \sum_{s \in S} Y(s) P(s) \\
&= E(X) + E(Y).
\end{aligned}$$
∎

◆ **EXEMPLO 34.8**

Seja (S, P) o espaço amostral do par de dados e seja Z a variável aleatória que dá a soma dos pontos nos dois dados. Quanto é $E(X)$?

Sejam X_1 o valor no primeiro dado e X_2 o valor no segundo dado. Note que $Z = X_1 + X_2$. Sabemos que $E(X_1) = E(X_2) = \frac{7}{2}$; assim,

$$E(Z) = E(X_1) + E(X_2) = \frac{7}{2} + \frac{7}{2} = 7.$$

Vamos aplicar em seguida a Proposição 34.7 a um problema mais complicado.

Uma cesta contém 100 fichas numeradas de 1 a 100. Extraem-se aleatoriamente duas fichas (sem reposição). Qual é o valor esperado de sua soma, X?

Há três maneiras de abordar esse problema.

Primeira: podemos aplicar a definição de valor esperado para achar $E(X) = \sum_{s \in S} X(s) P(s)$. Esse somatório envolve 9.900 termos (há 100 escolhas para a primeira ficha e 99 escolhas para a segunda).

Segunda: podemos aplicar a Proposição 34.4 e calcular $E(X) = \sum_{a \in \mathbb{R}} a\, P(X = a)$. As somas possíveis variam de 3 a 199; assim, essa soma tem quase 200 termos.

Terceira: podemos utilizar a Proposição 34.7. Seja X_1 o número na primeira ficha e X_2 o número na segunda ficha. Note que X_1 pode ter qualquer valor de 1 a 100, todos igualmente prováveis. Além disso, X_2 também pode ter qualquer valor de 1 a 100 – estes também igualmente prováveis. Portanto,

$$E(X_1) = E(X_2) = \frac{1 + 2 + \cdots + 100}{100} = \frac{5050}{100} = 50{,}5.$$

A soma dos inteiros de 1 a 100 é $\binom{101}{2} = \frac{101 \cdot 100}{2} = 5050$. Ver Proposição 17.5.

Como $X = X_1 + X_2$, temos $E(X) = E(X_1 + X_2) = E(X_1) + E(X_2) = 50{,}5 + 50{,}5 = 101$.

É importante notarmos que X_1 e X_2 são variáveis aleatórias *dependentes*. Isso não impede que apliquemos a Proposição 34.7, que não exige que as variáveis aleatórias em causa sejam independentes.

É também interessante considerarmos o valor esperado da soma de duas fichas, quando repomos a primeira na sacola antes de extrairmos a segunda (ver Exercício 34.5).

Vimos que o valor esperado de uma soma é igual à soma dos valores esperados. O que ocorre no caso da multiplicação? Começamos com um caso especial. Seja X uma variável aleatória com valores reais em um espaço amostral (S, P) e suponhamos que c seja um número real. Vejamos o que podemos dizer sobre $E(cX)$. Primeiro, que significa cX? Os símbolos cX representam a variável aleatória cujo valor em s é $c \cdot X(s)$. Podemos expressar isso como $(cX)(s) = c[X(s)]$. Calculemos agora o valor esperado de cX. É

$$\begin{aligned}
E(cX) &= \sum_{s \in S} (cX)(s) P(s) \\
&= \sum_{s \in S} c[X(s)] P(s) \\
&= c \sum_{s \in S} X(s) P(s) \\
&= c E(X).
\end{aligned}$$

Acabamos de provar o seguinte:

▶ **PROPOSIÇÃO 34.9**

Seja X uma variável aleatória com valores reais em um espaço amostral (S, P) e seja c um número real. Então,

$$E(cX) = cE(X).$$

A Proposição 34.9 pode ser reformulada como segue: se o valor médio de X é um número a, então o valor médio de cX é ca.

Combinamos, a seguir, as Proposições 34.7 e 34.9 em um único resultado.

❖ **TEOREMA 34.10**

(**Linearidade do Valor esperado**) Sejam X e Y variáveis aleatórias com valores reais em um espaço amostral (S, P) e suponhamos a e b números reais. Então

$$E(aX + bY) = aE(X) + bE(Y).$$

Prova. Temos:

$$E(aX + bY) = E(aX) + E(bY) \quad \text{pela Proposição 34.7 e}$$
$$= aE(X) + bE(Y) \quad \text{pela Proposição 34.9 (duas vezes).} \quad \blacksquare$$

O Teorema 34.10 pode ser estendido a uma sequência mais longa de variáveis aleatórias. Sejam $X_1, X_2, \ldots, X_n$ variáveis aleatórias definidas em um espaço amostral (S, P) e $c_1, c_2, \ldots, c_n$ números reais. Então, é fácil provar por indução que

$$E[c_1X_1 + c_2X_2 + \ldots c_nX_n] = c_1E[X_1] + c_2E[X_2] + \ldots c_nE[X_n].$$

Apliquemos esse resultado ao problema seguinte. Joga-se uma moeda 10 vezes. Seja X o número de vezes que observamos COROA imediatamente após observarmos CARA. Qual é a valor esperado de X?

Para calcular $E(X)$, expressamos X como a soma de outras variáveis aleatórias cujos valores esperados são mais fáceis de calcular. Seja X_1 a variável aleatória cujo valor é um se as duas primeiras jogadas dão CARA-COROA, e zero, caso contrário. A variável aleatória X_1 é chamada *variável aleatória indicadora*; ela indica se determinado evento ocorreu ou não, tomando o valor um no caso de ocorrência, e zero, caso contrário. Analogamente, seja X_2 a variável aleatória que é um se a segunda e a terceira jogadas dão CARA-COROA, e zero, caso contrário. De modo mais geral, seja X_k a variável aleatória definida como segue:

$$X_k = \begin{cases} 1 & \text{se a jogada } k \text{ dá CARA e a jogada } k+1 \text{ dá COROA, e} \\ 0 & \text{caso contrário.} \end{cases}$$

Então,

$$X = X_1 + X_2 + \ldots + X_9.$$

Assim, para calcularmos $E(X)$, basta calcular $E(X_k)$ para $k = 1, \ldots, 9$. A vantagem é que $E(X_k)$ é fácil de calcular.

A variável aleatória X_k pode tomar apenas dois valores, um e zero; assim,

$$E(X_k) = 0 \cdot P(X = 0) + 1 \cdot P(X = 1)$$
$$= P(X = 1).$$

e a probabilidade de observarmos CARA-COROA nas posições k e $k + 1$ é exatamente $\frac{1}{4}$. Logo, $E(X_k) = \frac{1}{4}$ para cada k, com $1 \leq k \leq 9$. Portanto,

$$E(X) = E(X_1) + E(X_2) + \cdots + E(X_9) = \frac{9}{4}.$$

As variáveis aleatórias indicadoras tomam somente dois valores: zero e um. Tais variáveis costumam ser chamadas *variáveis aleatórias zero-um*.

▶ **PROPOSIÇÃO 34.11**

Seja X uma variável aleatória zero-um. Então, $E(X) = P(X = 1)$.

EXEMPLO 34.12

(Pontos fixos de uma permutação aleatória) Seja π uma permutação aleatória dos números $\{1, 2, ..., n\}$. Em outras palavras, o espaço amostral é (S_n, P), em que todas as permutações $\pi \in S_n$ têm probabilidade $P(\pi) = \frac{1}{n!}$. Seja $X(\pi)$ o número de valores $\pi(k) = k$. (Determinado valor k é chamado *ponto fixo* da permutação.) Qual é o valor esperado de X?

Para k com $1 \leq k \leq n$, seja $X_k(\pi) = 1$ se $\pi(k) = k$ e $X_k(\pi) = 0$, caso contrário. Note que $X = X_1 + X_2 + \ldots + X_n$.

Como X_k é uma variável zero-um $E(X_k) = P(X_k = 1) = \frac{1}{n}$. Portanto,

$$E(X) = E(X_1) + \cdots + E(X_n) = n \cdot \frac{1}{n} = 1.$$

Em média, uma permutação aleatória tem exatamente um ponto fixo.

Se os valores esperados de X e de Y são conhecidos, podemos facilmente achar o valor esperado de $X + Y$. A seguir, vamos considerar o valor esperado de XY.

Produto de variáveis aleatórias

Joga-se um par de dados. Seja X o produto dos números nos dois dados. Qual é o valor esperado de X?

Podemos expressar X como o produto de X_1 (número no primeiro dado) e X_2 (número no segundo dado). Sabemos que $E(X_1) = E(X_2) = \frac{7}{2}$. Parece razoável supormos que $E(X_1 X_2) = E(X_1)E(X_2) = \left(\frac{7}{2}\right)^2$.

Determinamos $E(X)$ calculando $\sum_{a \in \mathbb{R}} aP(X = a)$. Os cálculos de que necessitamos estão resumidos na tabela a seguir.

a	$P(X = a)$	$aP(X = a)$
1	1/36	1/36
2	2/36	4/36
3	2/36	6/36
4	3/36	12/36
5	2/36	10/36
6	4/36	24/36
8	2/36	16/36
9	1/36	9/36
10	2/36	20/36
12	4/36	48/36
15	2/36	30/36
16	1/36	16/36
18	2/36	36/36
20	2/36	40/36
24	2/36	48/36
25	1/36	25/36
30	2/36	60/36
36	1/36	36/36
	Total:	441/36

Portanto, $E(X) = \frac{441}{36} = \frac{21}{6} \cdot \frac{21}{6} = \left(\frac{7}{2}\right)^2$. Isso confirma nossa suposição de que $E(X) = E(X_1 X_2) = E(X_1)E(X_2)$.

Esse exemplo nos leva a conjecturar que $E(XY) = E(X)E(Y)$. Infelizmente, essa conjectura não é correta, como mostra o exemplo a seguir.

◆ EXEMPLO 34.13

Jogam-se duas vezes uma moeda equilibrada. Seja X_K o número de CARAS e X_C o número de COROAS. Seja $Z = X_K X_C$. Quanto é $E(Z)$?

Notemos que $E(X_K) = E(X_C) = 1$, de forma que poderíamos supor que fosse $E(Z) = 1$. Entretanto,

$$E(Z) = \sum_{a \in \mathbb{R}} a P(Z = a)$$
$$= 0 \cdot P(Z = 0) + 1 \cdot P(Z = 1)$$
$$= 0 \cdot \frac{2}{4} + 1 \cdot \frac{2}{4}$$
$$= \frac{1}{2}.$$

Portanto, $E(X_K X_C) \neq E(X_K)E(X_C)$.

O Exemplo 34.13 mostra que a conjectura $E(XY) = E(X)E(Y)$ é incorreta. É, pois, de surpreender que, para o exemplo da jogada dos dados, tenhamos $E(X_1 X_2) = E(X_1)E(X_2)$. Poderia nos intrigar o fato de essa equação funcionar para os números nos dois dados, mas uma equação análoga não valer para X_K e X_C (números de CARAS e COROAS). Note que X_1 e X_2 são variáveis aleatórias *independentes*, mas X_K e X_C são *dependentes*. Talvez a relação conjecturada $E(XY) = E(X)E(Y)$ seja válida para variáveis aleatórias independentes. Essa conjectura revisada é correta.

❖ TEOREMA 34.14

Sejam X e Y variáveis aleatórias independentes, com valores reais, definidas em um espaço amostral (S, P). Então,

$$E(XY) = E(X)E(Y).$$

Prova. Seja $Z = XY$. Então,

$$E(Z) = \sum_{a \in \mathbb{R}} a P(Z = a). \tag{41}$$

Focalizemos o termo $aP(Z = a)$. Como $Z = XY$, então a única maneira de termos $Z = a$ é termos $X = b$ e $Y = c$ com $bc = a$. Podemos, assim, decompor, escrevendo $P(Z = a)$ como

$$P(Z = a) = \sum_{b,c \in \mathbb{R}: bc = a} P(X = b \wedge Y = c). \tag{42}$$

A soma se estende a todos os números b e c de modo que $bc = a$. Como X e Y tomam no máximo um número finito de valores, essa soma tem apenas um número finito de termos não zero. E como X e Y são independentes, podemos substituir $P(X = b \wedge Y = c)$ por $P(X = b)P(X = c)$ na Equação (42), vindo

$$P(Z = a) = \sum_{b,c \in \mathbb{R}: bc=a} P(X = b)P(Y = c).$$

Levamos essa expressão de $P(Z = a)$ na Equação (41) e calculamos:

$$\begin{aligned}
E(Z) &= \sum_{a \in \mathbb{R}} a \left[\sum_{b,c \in \mathbb{R}: bc=a} P(X = b)P(Y = c) \right] \\
&= \sum_{a \in \mathbb{R}} \left[\sum_{b,c \in \mathbb{R}: bc=a} aP(X = b)P(Y = c) \right] \\
&= \sum_{a \in \mathbb{R}} \left[\sum_{b,c \in \mathbb{R}: bc=a} bcP(X = b)P(Y = c) \right] \\
&= \sum_{b,c \in \mathbb{R}: bc} bcP(X = b)P(Y = c) \\
&= \sum_{b \in \mathbb{R}} \left[\sum_{c \in \mathbb{R}} bP(X = b)cP(Y = c) \right] \\
&= \sum_{b \in \mathbb{R}} bP(X = b) \left[\sum_{c \in \mathbb{R}} cP(Y = c) \right] \\
&= \left[\sum_{b \in \mathbb{R}} bP(X = b) \right] \left[\sum_{c \in \mathbb{R}} cP(Y = c) \right] \\
&= E(X)E(Y).
\end{aligned}$$

Se X e Y são independentes, então $E(XY) = E(X)E(Y)$. A recíproca dessa afirmação será verdadeira? Se X e Y satisfazem $E(XY) = E(X)E(Y)$, podemos concluir que X e Y sejam independentes? Surpreendentemente, a resposta é *não*, conforme mostra o exemplo a seguir.

◆ EXEMPLO 34.15

Seja (S, P) o espaço amostral com $S = \{a, b, c\}$, em que todos os três elementos têm probabilidade $\frac{1}{3}$. Definamos as variáveis aleatórias X e Y de acordo com a tabela seguinte:

s	X(s)	Y(s)
a	1	0
b	0	1
c	−1	0

Observe que X e Y não são independentes porque

$$P(X = 0) = \frac{1}{3},$$
$$P(Y = 0) = \frac{2}{3}, \quad \text{e}$$
$$P(X = 0 \wedge Y = 0) = 0 \neq \frac{2}{9} = P(X = 0)P(Y = 0).$$

Note também que, para todo $s \in S$, temos $X(s)Y(s) = 0$. Portanto,

$$E(X) = 0$$
$$E(Y) = \frac{1}{3}$$
$$E(XY) = 0 = E(X)E(Y).$$

Valor esperado como medida de centralidade

O valor esperado de uma variável aleatória com valores reais está no "meio" de todos os valores $X(s)$. Consideremos, por exemplo, o espaço amostral (S, P) em que $S = \{1, 2, ..., 10\}$ e $P(s) = \frac{1}{10}$ para todo $s \in S$. Definamos uma variável aleatória X pela tabela a seguir:

s	X(s)	s	Y(s)
1	1	6	2
2	1	7	8
3	1	8	8
4	1	9	8
5	2	10	8

Note que

$$E(X) = \sum_{a \in \mathbb{R}} aP(X = a) = 1 \times 0{,}4 + 2 \times 0{,}2 + 8 \times 0{,}4 = 4.$$

Vamos ilustrar essa situação com um modelo físico. Imaginemos uma gangorra – uma longa prancha horizontal – ao longo da qual colocamos pesos. Colocamos um peso na posição a se $P(X = a) > 0$. O peso que colocamos em a é $P(X = a)$ quilogramas. Para a variável aleatória X descrita na tabela anterior, colocamos um total de 0,4 kg em 1 porque $P(X = 1) = 0{,}4$, conforme ilustrado na figura, em que cada círculo representa uma massa de 100 g.

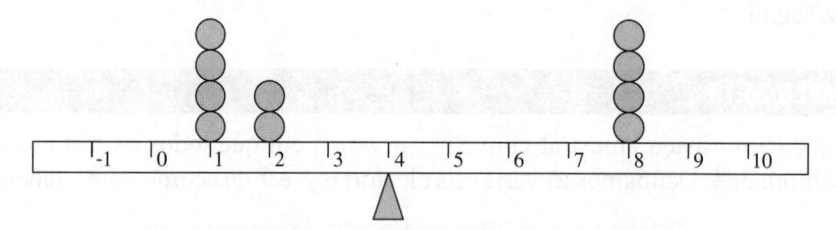

Em que ponto esse dispositivo se equilibra (ignoramos a massa da gangorra)? Suponhamos que a gangorra se equilibre em um ponto ℓ. As massas à direita de ℓ torcem a gangorra no sentido horário, e as massas à esquerda torcem-na no sentido anti-horário. Quanto maior a distância de uma massa ao centro, maior quantidade de torção – torque – é aplicada à gangorra. Mais precisamente, se existe uma massa m localizada em x, a quantidade de torque que ela aplica à prancha é $m(x - \ell)$. A gangorra está em equilíbrio quando a soma de todos os torques é zero. Isso significa que devemos resolver a seguinte equação:

$$\sum_{a \in \mathbb{R}} P(X = a)(a - \ell) = 0.$$

Pode-se reescrever essa equação como

$$\sum_{a\in\mathbb{R}} aP(X = a) = \ell \sum_{a\in\mathbb{R}} P(X = a)$$

e como $\sum_a P(X = a)$ é 1, temos

$$\ell = \sum_{a\in\mathbb{R}} aP(X = a) = E(X).$$

Na figura, o ponto de equilíbrio está em $\ell = 4$, o valor esperado de X.

Variância

O valor esperado de uma variável aleatória com valores reais é uma medida da centralização dos valores de $X(s)$. Consideremos três variáveis aleatórias X, Y e Z, que tomam valores reais como segue:

$$X = \begin{cases} -2 & \text{com probabilidade } \frac{1}{2} \\ 2 & \text{com probabilidade } \frac{1}{2} \end{cases}$$

$$Y = \begin{cases} -10 & \text{com probabilidade } 0{,}001 \\ 0 & \text{com probabilidade } 0{,}998 \\ 10 & \text{com probabilidade } 0{,}001 \end{cases}$$

$$Z = \begin{cases} -5 & \text{com probabilidade } \frac{1}{3} \\ 0 & \text{com probabilidade } \frac{1}{3} \\ 5 & \text{com probabilidade } \frac{1}{3}. \end{cases}$$

Observe que todas essas três variáveis aleatórias têm valor esperado igual a zero; os "centros" dessas variáveis aleatórias são todos o mesmo. Não obstante, as variáveis aleatórias são bastante diferentes. Qual destas se afigura mais "dispersa"? À primeira vista, parece que Y é a mais dispersa, porque seus valores variam de -10 a $+10$, enquanto X é a mais compacta, porque seus valores estão restritos ao menor intervalo (de -2 a $+2$).

Entretanto, os valores extremos de Y em ± 10 são extremamente raros. Pode-se argumentar que Y é mais concentrado na vizinhança de zero do que X, porque Y é quase sempre igual a zero, enquanto X só pode estar em ± 2.

Para descrever melhor o grau de dispersão dos valores de uma variável aleatória, necessitamos de uma definição matemática precisa. Eis uma ideia: seja $\mu = E(X)$. Calculemos a distância de cada valor de X em relação à média, mas contemos apenas na proporção de sua probabilidade. Isto é, somamos $[X(s) - \mu]P(s)$. Infelizmente, o que acontece é o seguinte:

$$\sum_{s\in S}[X(s) - \mu]P(s) = \left[\sum_{s\in S} X(s)P(s)\right] - \left[\sum_{s\in S}\mu P(S)\right] = E(X) - \mu = 0.$$

A expressão $\sum[X(s) - \mu]\,P(s)$ mede o afastamento de X em relação à sua média, μ. É uma média ponderada da distância de X a μ. À primeira vista, poderia parecer que, se os valores de X apresentam grande dispersão, então sua média ponderada deveria ser grande. Entretanto, em todos os casos, sua soma é zero.

O problema é que os valores à direita de μ são exatamente cancelados pelos valores à esquerda. Para evitar esse cancelamento, podemos tomar o quadrado das distâncias entre X e μ, proporcionalmente às respectivas probabilidades. Ou seja, somamos $[X(s) - \mu]^2 P(s)$. Podemos cogitar da soma

$$\sum_{s \in S} [X(s) - \mu]^2 P(s)$$

como o valor esperado de uma variável aleatória $Z = (X - \mu)^2$. Isto é, $Z(s) = [X(s) - \mu]2$, e o valor esperado de Z é exatamente a medida de "dispersão" que estamos criando. Esse valor é chamado *variância* de X.

● DEFINIÇÃO 34.16

(**Variância**) Seja X uma variável aleatória com valores reais em um espaço amostral (S, P). Seja $\mu = E(X)$. A *variância* de X é

$$\mathrm{Var}(X) = E[(X - \mu)^2].$$

◆ EXEMPLO 34.17

Sejam X, Y e Z as três variáveis aleatórias introduzidas no início do presente estudo da variância. Todas essas três variáveis aleatórias têm valor esperado $\mu = 0$. Calculemos suas variâncias:

$$\begin{aligned}
\mathrm{Var}(X) &= E[(X - \mu)^2] = E(X^2) \\
&= (-2)^2 \cdot 0{,}5 + 2^2 \cdot 0{,}5 \\
&= 4,
\end{aligned}$$

$$\begin{aligned}
\mathrm{Var}(Y) &= E[(Y - \mu)^2] = E(Y^2) \\
&= (-10)^2 \cdot 0{,}001 + 0^2 \cdot 0{,}998 + 10^2 \cdot 0{,}001 \\
&= 0{,}2, \quad \text{e}
\end{aligned}$$

$$\begin{aligned}
\mathrm{Var}(Z) &= E[(Z - \mu)^2] = E(Z^2) \\
&= (-5)^2 \cdot \frac{1}{3} + 0^2 \cdot \frac{1}{3} + 5^2 \cdot \frac{1}{3} \\
&= \frac{50}{3} \approx 16{,}67.
\end{aligned}$$

Por esta medida, Z é a mais dispersa, e Y é a mais concentrada.

◆ EXEMPLO 34.18

Joga-se um dado. Denotemos por X o número que aparece. Qual é a variância de X?

Seja $\mu = E(X) = \frac{7}{2}$. Então,

$$\text{Var}(X) = E[(X-\mu)^2] = E\left[\left(X-\frac{7}{2}\right)^2\right]$$

$$= \left(1-\frac{7}{2}\right)^2 \cdot \frac{1}{6} + \left(2-\frac{7}{2}\right)^2 \cdot \frac{1}{6} + \left(3-\frac{7}{2}\right)^2 \cdot \frac{1}{6}$$

$$+ \left(4-\frac{7}{2}\right)^2 \cdot \frac{1}{6} + \left(5-\frac{7}{2}\right)^2 \cdot \frac{1}{6} + \left(6-\frac{7}{2}\right)^2 \cdot \frac{1}{6}$$

$$= \frac{25}{24} + \frac{3}{8} + \frac{1}{24} + \frac{1}{24} + \frac{3}{8} + \frac{25}{24}$$

$$= \frac{35}{12} \approx 2{,}9167.$$

O resultado a seguir nos dá um método alternativo para o cálculo da variância de uma variável aleatória.

▶ **PROPOSIÇÃO 34.19**

Seja X uma variável aleatória com valores reais. Então

$$\text{Var}(X) = E[X^2] - E[X]^2.$$

Note que $E[X^2]$ é bastante diferente de $E[X]^2$. O primeiro é o valor esperado da variável aleatória X^2, e o segundo é o quadrado do valor esperado de X. Essas grandezas não são necessariamente as mesmas.

Prova. Seja $\mu = E(X)$. Por definição, Var$(X) = E[(X-\mu)^2]$. Podemos escrever $(X-\mu)^2 = X^2 - 2\mu X + \mu^2$. Encaramos essa expressão como a soma de três variáveis aleatórias: X^2, $-2\mu X$ e μ^2. Calculando esses valores para um elemento s do espaço amostral, obtemos $[X(s)]^2$, $-2\mu X(s)$ e μ^2, respectivamente. Aqui, estamos encarando μ^2 como um número e como uma variável aleatória. Como variável aleatória, seu valor para qualquer s é simplesmente μ^2. Portanto, $E(\mu^2) = \mu^2$. Calculamos:

$$\begin{aligned}
\text{Var}(X) &= E[(X-\mu)^2] \\
&= E[X^2 - 2\mu X + \mu^2] \\
&= E[X^2] - 2\mu E[X] + E[\mu^2] \quad \text{pelo Teorema 34.10} \\
&= E[X^2] - 2\mu^2 + \mu^2 \\
&= E[X^2] - \mu^2 \\
&= E[X^2] - E[X^2].
\end{aligned}$$ ∎

◆ EXEMPLO 34.20

Seja X o número que aparece na jogada aleatória de um dado. Quanto é Var(X)? Aplicando a Proposição 34.19, Var(X) = $E[X^2] - E[X]^2$. Note que $E[X]^2 = \left(\frac{7}{2}\right)^2 = \frac{49}{4}$. Também,

$$E[X^2] = 1^2 \cdot \frac{1}{6} + 2^2 \cdot \frac{1}{6} + 3^2 \cdot \frac{1}{6} + 4^2 \cdot \frac{1}{6} + 5^2 \cdot \frac{1}{6} + 6^2 \cdot \frac{1}{6}$$
$$= \frac{1^2 + 2^2 + 3^2 + 4^2 + 5^2 + 6^2}{6}$$
$$= \frac{91}{6}.$$

Portanto,
$$\text{Var}(X) = E[X^2] - E[X]^2 = \frac{91}{6} - \frac{49}{4} = \frac{35}{12}.$$

o que concorda com o Exemplo 34.18.

Variância de uma variável aleatória binomial.

Recordemo-nos o Exemplo 33.5, em que se joga n vezes uma moeda viciada. A moeda da CARA (K) com probabilidade p e COROA (C) com probabilidade $1-p$. Denotemos por X o número de vezes em que aparece CARA. Temos $E(X) = np$ (ver Exercício 34.11). Qual é a variância de X?

Podemos expressar X como a soma de variáveis aleatórias indicadoras zero-um. Seja $X_j = 1$ se a j-ésima jogada dá CARA e $X_j = 0$ se a j-ésima jogada dá COROA. Então $X = X_1 + X_2 + ... + X_n$.

Pela Proposição 34.19, Var(X) = $E[X^2] - E[X]^2$. O termo $E[X]^2$ é simples para calcular. Como $E[X] = np$, temos $E[X]^2 = n^2p^2$. O cálculo de $E[X^2]$ é mais complicado. Como

$$X = X_1 + X_2 + ... + X_n,$$

temos:
$$X^2 = [X_1 + X_2 + ... + X_n]^2$$
$$= X_1X_1 + X_1X_2 + ... + X_1X_n + X_2X_1 + ... + X_nX_n.$$

Há dois tipos de termos nesse desenvolvimento. Há n termos em que os índices são os mesmos (por exemplo, X_1X_1) e há $n(n-1)$ termos em que os índices são diferentes (por exemplo, X_1X_2). Podemos expressar esse fato como:

$$X^2 = \sum_{i=1}^{n} X_i^2 + \sum_{i \neq j} X_i X_j.$$

Para calcular $E[X^2]$, aplicamos a linearidade do valor esperado. Notemos que $E[X_j^2] = E[X_j] = p$ (ver a Proposição 34.11 e o Exercício 34.10). Se $i \neq j$, então X_i e X_j são variáveis aleatórias independentes. Portanto, $E[X_i X_j] = E[X_i]E[X_j] = p^2$ (ver Proposição 34.14). Portanto,

$$E[X^2] = E\left[\sum_{i=1}^{n} X_i^2 + \sum_{i \neq j} X_i X_j\right]$$

$$= \sum_{i=1}^{n} E\left[X_i^2\right] + \sum_{i \neq j} E[X_i X_j]$$

$$= np + n(n-1)p^2.$$

Temos agora que $E[X^2] = np + n(n-1)p^2$ e $E[X^2] = n^2p^2$. Portanto,

$$\begin{aligned}\text{Var}[X] &= E[X^2] - E[X]^2 \\ &= np + n(n-1)p^2 - n^2p^2 \\ &= np + n^2p^2 - np^2 - n^2p^2 \\ &= np - np^2 \\ &= np(1-p).\end{aligned}$$

Recapitulando

O valor esperado de uma variável aleatória X com valores reais é o valor médio de X sobre um grande número de provas. Especificamente, $E(X) = \sum_{s \in S} X(s)P(s)$. Rearranjando os termos, podemos escrever essa última expressão como $\sum_{a \in \mathbb{R}} aP(X = a)$. Se X e Y são variáveis aleatórias com valores reais, então $E(X + Y) = E(X) + E(Y)$. Se a e b são números reais, essa última propriedade pode ser estendida para $E(aX + bY) = aE(X) + bE(Y)$. Esse resultado é conhecido como linearidade do valor esperado – que pode, em geral, ser usada para simplificar o cálculo de valores esperados. Se X representa o número de vezes que algo ocorre, podemos, em geral, expressar X como a soma de variáveis aleatórias indicadoras cujos valores esperados são fáceis de calcular. Isso permite-nos calcular $E(X)$. Se X e Y são variáveis aleatórias independentes, temos $E(XY) = E(X)E(Y)$. Mostramos como o valor esperado de X está no "centro" dos valores de X e introduzimos a variância como medida da dispersão dos valores de X.

34 Exercícios

34.1. Determine o valor esperado das variáveis aleatórias X, Y, Z do Exercício 33.1.

34.2. Sejam (S, P) o espaço amostral com $S = \{a, b, c\}$ e $P(S) = \frac{1}{3}$ para todo $s \in S$. Ache o valor esperado de cada uma das seguintes variáveis aleatórias:
   a. X, em que $X(a) = 1$, $X(b) = 2$ e $X(c) = 10$.
   b. Y, em que $Y(a) = Y(b) = -1$ e $Y(c) = 2$.
   c. Z, em que $Z = X + Y$.

34.3. Joga-se um par de dados tetraédricos (ver Exercício 30.8). Seja X a soma dos dois números e seja Y seu produto.

   Determine $E(X)$ e $E(Y)$.

34.4. Um jogo consiste em rolar um dado e ganhar (em dólares) uma quantia igual ao quadrado do número que aparece no dado. Por exemplo, aparecendo 5, ganha-se $ 25. Em média, quanto esperaríamos ganhar por jogada?

34.5. Uma cesta contém 100 fichas marcadas com os números de 1 a 100. Uma ficha é extraída aleatoriamente e reposta na cesta; extrai-se aleatoriamente uma segunda ficha (que pode ser a mesma). Seja X a soma dos números nas duas fichas. Qual é o valor esperado de X?

34.6. Joga-se uma moeda 100 vezes. Sejam X_K o número de CARAS e X_C o número de COROAS. Pede-se o seguinte:

a. Seja $Z = X_K + X_C$. Quanto é $Z(s)$? Aqui, s representa um elemento do espaço amostral de 100 jogadas de uma moeda.
b. Calcule $E(Z)$.
c. É verdade que $X_K = X_C$?
d. É verdade que $E(X_K) = E(X_C)$?
e. Calcule $E(X_K)$ e $E(X_C)$ utilizando o que aprendeu nas partes (b) e (d).
f. Calcule $E(X_K)$ expressando X_K como a soma de 100 variáveis aleatórias indicadoras.

34.7. *Skeeball* é um jogo arcade no qual um jogador rola uma bola por uma rampa que se curva para cima no final e impulsiona a bola até um alvo, como mostrado na figura. Quando a bola para em uma das regiões, o jogador recebe muitos pontos. (A linha pontilhada não faz parte do alvo; nós a desenhamos apenas para ilustrar que a região alvo é um retângulo e um semicírculo unidos.)

Vamos considerar um modelo simplista deste jogo em que a bola é um ponto e seja igualmente provável que pare em qualquer lugar na região alvo.

Qual é o número esperado de pontos que o jogador ganha em cada lance?

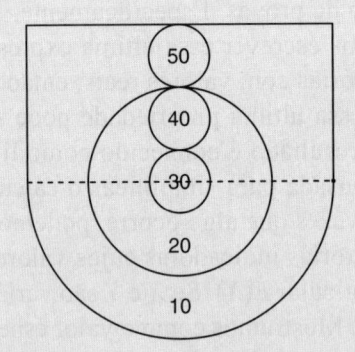

34.8. O termo *valor esperado* pode ser um pouco enganador. As seguintes perguntas pedem para você encontrar variáveis aleatórias cujo valor esperado não seja o que alguém esperaria!

a. Dê um exemplo de uma variável aleatória X cujo valor esperado seja 1, mas a probabilidade de que $X = 1$ seja zero.
b. Dê um exemplo de uma variável aleatória X cujo valor esperado seja negativo, mas a probabilidade de que X seja positiva é quase 100%.

34.9. Prove a Proposição 34.11

34.10. Suponha que X seja uma variável zero-um. Prove que $E(X) = E(X^2)$.

34.11. Seja X uma variável aleatória binomial como no Exemplo 33.5. Prove que $E(X) = np$.

34.12. Seja n um inteiro positivo. Um número inteiro aleatório N entre 0 e $2^n - 1$ (inclusive) é gerado; cada número possível tem probabilidade 2^{-n}. Imagine N escrito como um número binário de n bit (entre 00... 0 e 11. . . 1).

a. Seja X_i a variável aleatória dando o i^{th} dígito de N. O que é $E(X_i)$?
b. Seja X o número de 1s na representação binária de N. O que é $E(X)$?
c. Usando a parte (b), determine o número de 1s em todos os números binários de 0 a $2^n - 1$.

34.13. Seja X uma variável aleatória cujo valor nunca é zero. Prove ou refute: $E(1/X) = 1/E(X)$.

34.14. No Teorema 34.14 aprendemos que, se X e Y são variáveis aleatórias independentes definidas em um espaço amostral comum, então, devemos ter $E(XY) = E(X)E(Y)$. Para essas variáveis aleatórias, qual das seguintes identidades adicionais são verdadeiras:

  a. $E(X + Y) = E(X) + E(Y)$.
  b. $E(X - Y) = E(X) - E(Y)$.
  c. $E(X/Y) = E(X)/E(Y)$.
  d. $E(X^Y) = E(X)^{E(Y)}$.

  Para (c) você pode assumir que o valor de Y nunca é zero e para (d) você pode assumir que o valor de x é sempre positivo.

34.15. Sejam X e Y variáveis aleatórias de valor real definidas em um espaço amostral (S, P). Suponha que $X(s) \leq Y(s)$ para todo $s \in S$. Prove que $E(X) \leq E(Y)$.

34.16. Seja (S, P) um espaço amostral e seja $A \subseteq S$ um evento. Defina uma variável aleatória I_A cujo valor em s $2 \in S$ seja

$$I_A(s) = \begin{cases} 1 & \text{se } s \in A, \text{ e} \\ 0 & \text{do contrário.} \end{cases}$$

A variável aleatória I_A é chamada de um *indicador* variável aleatório porque seu valor indica se um evento ocorreu ou não.

Prove: $E(I_A) = P(A)$.

34.17. *Desigualdade de Markov*: Sejam (S, P) um espaço amostral e $X: S \to \mathbb{N}$ uma variável aleatória com valores reais inteiros não negativos. Seja a um inteiro positivo.

Prove que

$$P(X \geq a) \leq \frac{E(X)}{a}.$$

Um caso especial desse resultado é que $P(X > 0) \leq E(X)$.

34.18. Ache a variância das variáveis aleatórias X, Y e Z do Exercício 33.1

34.19. Seja (S,P) o espaço amostral em que $S = \{1, 2, 3, 4\}$ e P é dada por $P(1) = 0{,}1$, $P(2) = 0{,}2$, $P(3) = 0{,}3$ e $P(4) = 0{,}4$. Determine a variância das seguintes variáveis aleatórias:

  a. X é a variável aleatória definida por $X(1) = X(2) = 1$, $X(3) = 2$ e $X(4) = 10$.
  b. Y é a variável aleatória definida por $Y(k) = 2^k$ (para $k = 1, 2, 3, 4$).
  c. Z é a variável aleatória definida por $Z(k) = k^2$ (para $k = 1, 2, 3, 4$).

34.20. Seja X o número apresentado na jogada de um dado tetraédrico. Calcule Var(X).

34.21. Seja X definido em um espaço amostral (S, P) e suponha que $P(s) \neq 0$ para todo $s \in S$. Prove que $E(X^2) = E(X)^2$ se e somente se X for uma variável aleatória constante.

34.22. Sejam X e Y variáveis aleatórias independentes definidas em um espaço amostral (S, P). Prove que Var$(X + Y) = $ Var$(X) + $ Var(Y).

Dê um exemplo para mostrar a necessidade da hipótese de independência das variáveis aleatórias.

34.23. Joga-se um par de dados. Seja X a soma dos números que aparecem nos dois dados. Calcule Var(X).

34.24. *Desigualdade de Chebyshev*. Seja X uma variável aleatória com valores inteiros não negativos. Suponhamos $E(X) = \mu$ e Var$(X) = \sigma^2$. Se a é um inteiro positivo, prove que

$$P[|X - \mu| \geq a] \leq \frac{\sigma^2}{a^2}.$$

34.25. Sejam X e Y variáveis aleatórias definidas em um espaço amostral comum. A covariância de X e Y é definida como sendo $(X, Y) = E(X Y) - E(X)E(Y)$.

Por favor, prove o seguinte:

a. Se X e Y são independentes, então, $\text{Cov}(X, Y) = 0$.
b. Seja $\bar{x} = E(X)$ e $\bar{y} = E(Y)$. Então, $\text{Cov}(X, Y) = E[(X - \bar{x})(Y - \bar{y})]$.
c. $\text{Var}(X) = \text{Cov}(X, X)$.
d. $\text{Var}(X + Y) = \text{Var}(X) + \text{Var}(Y) + 2 \text{Cov}(X, Y)$.

Variáveis aleatórias X e Y das quais $\text{Cov}(X, Y) = 0$ são chamados de não correlacionadas. A parte (a) deste problema afirma que variáveis aleatórias independentes não estão correlacionadas, o que nos leva à seguinte pergunta:

e. As variáveis aleatórias não correlacionadas são independentes? Isto é, se $\text{Cov}(X, Y) = 0$, X e Y devem ser independentes?

Autoteste

1. Sejam (S, P) um espaço amostral com $S = \{1, 2, 3, ..., 10\}$. Para $a \in S$, suponha que tenhamos

$$P(a) = \begin{cases} x & \text{se } a \text{ for par e} \\ 2x & \text{se } a \text{ for ímpar.} \end{cases}$$

Encontre x.

2. Três dados são jogados aleatoriamente em um plano, em que se encaixam confortavelmente em uma fileira (veja a figura). Desejamos modelar esse experimento utilizando o espaço amostral (S, P).

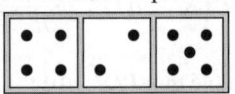

a. Quantos ganhos ocorrem em S, se pensarmos que os dados são idênticos?
b. Quantos ganhos ocorrem em S, se pensarmos que os dados são diferentes? (por exemplo, cada um dos três dados é de uma cor diferente).

3. Sejam (S, P) um espaço amostral onde $S = \{1, 2, 3, ..., 10\}$ e $P(j) = j/55$ para $1 \leq j \leq 10$. Seja A o caso $A = 1, 4, 7, 9$ e seja B o evento $B = \{1, 2, 3, 4, 5\}$.

a. Qual é a probabilidade de A?
b. Qual é a probabilidade de B?
c. O que é $P(A|B)$?
d. O que é $P(B|A)$?

4. Dez crianças (cinco meninos e cinco meninas) estão em uma fila. Suponha que todas as formas possíveis em que eles podem formar a fila sejam igualmente prováveis.

a. Qual é a probabilidade de eles aparecerem enfileirados pelo nome em ordem alfabética? Suponha que não haja duas crianças com o mesmo nome.
b. Qual é a probabilidade de todas as meninas precederem todos os meninos?
c. Qual é a probabilidade de que, entre quaisquer umas das duas meninas, não haja nenhum menino (por exemplo, as meninas permanecem juntas em um bloco ininterrupto)?
d. Qual é a probabilidade de que elas se alternem de acordo com o gênero na linha?
e. Qual é a probabilidade de que nem os meninos nem as meninas permaneçam juntos em um bloco ininterrupto?

5. Tiram-se treze cartas (sem substituição) de um jogo-padrão de cartas.

a. Qual é a probabilidade de que sejam todas espadas (♠)]?
b. Qual é a probabilidade de que sejam todas pretas?

c. Qual é a probabilidade de que nem todas sejam da mesma cor?
d. Qual é a probabilidade de que nenhuma das cartas seja um ás?
e. Qual é a probabilidade de que nenhuma das cartas seja um ás e nenhuma seja uma copa (♥)?

6. No jogo de cartas *blackjack*, cada carta no jogo possui um valor numérico. Cartas de números (2 a 10) apresentam o valor impresso na carta. As cartas de figura (valetes, rainhas e reis) apresentam valor 10, e ases têm valor 11.

> De fato, os ases podem ser tirados tendo o valor 1 ou 11, mas, para este problema, simplificamos as coisas considerando apenas o valor 11.

Duas cartas são tiradas (sem substituição) de um jogo bem embaralhado.
a. Qual é a probabilidade de que a soma dos valores nas cartas seja 21?
b. Qual é a probabilidade de que a soma dos valores nas cartas seja 16 ou mais?
c. Qual é a probabilidade de que a segunda carta seja uma carta de figura, dado que a primeira carta é um ás?

7. Um jogo de cartas-padrão é embaralhado. Qual é a probabilidade de que a cor da última carta seja vermelha, dado que a cor da primeira carta é preta? As cores das primeiras e últimas cartas são independentes; ou seja, os casos "primeira carta preta" e "última carta vermelha" são independentes?

8. Seja A um caso para o espaço amostral (S, P). Sob certas circunstâncias, é possível que os casos A e $[\overline{A}]$ sejam independentes. Formule e prove um teorema se e somente se para que um caso e seu complemento sejam independentes.

> Sua resposta para o problema 8 deve começar assim: "Seja A um caso em um espaço amostral (S, P). Os casos A e $[A]$ são independentes, se e somente se...".

9. Dois quadrados são escolhidos (com substituição) entre 64 quadrados de um tabuleiro de xadrez-padrão; todas essas escolhas são igualmente prováveis. Consideramos os seguintes casos:

- R é o caso em que os dois quadrados estão na mesma fileira de um tabuleiro de xadrez.
- C é o caso em que dois quadrados estão na mesma coluna do tabuleiro de xadrez e
- B é o caso em que ambos os quadrados são pretos.

Que pares desses casos são independentes?

10. Repita o problema anterior, desta vez considerando que os quadrados sejam escolhidos sem substituição, em que todas as possíveis sequências de escolhas 64×63 sejam igualmente prováveis.

11. Uma moeda desleal é jogada duas vezes em sequência. Qual é a probabilidade de que o resultado seja CARA e, em seguida, COROA, dado que as duas jogadas deem resultados diferentes (ou seja, nem CARA-CARA nem COROA-COROA)?

12. Sejam A e B casos para o espaço amostral (S, P). Suponha que $A\ [A]\ B$ e $P(A) \neq 0$. Prove que $P(A) = P(A|B)P(B)$.

13. Considere o espaço amostral $(S, P$, em que $S = \{a, b, c\}$ e $P(a) = 0{,}4$, $P(b) = 0{,}4$ e $P(c) = 0{,}2$. Seja X uma variável aleatória de valor real e suponha que $X(a) = 1$, $X(b) = 2$ e $E(X) = 0$. Encontre $X(c)$.

14. Tira-se uma carta de um jogo bem embaralhado. Seja X o valor de *blackjack* da primeira carta no jogo e seja Y o valor da segunda carta. (Lembre-se de que as cartas de figuras valem 10 e os ases valem 11; ver o Problema 6).

Siga as instruções a seguir:
a. Calcule $P(X$ é par$)$.
b. Calcule $E(X)$.
c. Calcule $E(Y)$.
d. X e Y são diferentes? Justifique sua resposta.
e. Calcule $E(X + Y)$.
f. Calcule $P(X = Y)$.
g. Calcule $\text{Var}(X)$.

15. Seja X e Y variáveis aleatórias independentes definidas em um espaço amostral comum. Prove ou refute: $E[(X+Y)^2] = [E(X) + E(Y)]^2$.

16. *Mercado de ações simplificado.* Suponha que haja três tipos de dias: BONS, ÓTIMOS e PÉSSIMOS. O seguinte quadro informa sobre a frequência de cada um desses tipos de dias e o efeito sobre o preço de determinada ação nesse dia.

Tipo de dia	Frequência	Alteração no valor da ação
BOM	60%	+2
ÓTIMO	10%	+5
PÉSSIMO	30%	−4

O tipo de determinado dia é independente do tipo de qualquer outro dia. Seja X uma variável aleatória fornecendo a alteração no valor da ação após cinco dias consecutivos.

Responda:

a. Qual é a alteração esperada no preço da ação? (ou seja, encontre $E(X)$).
b. Calcule Var(X).

CAPÍTULO 7

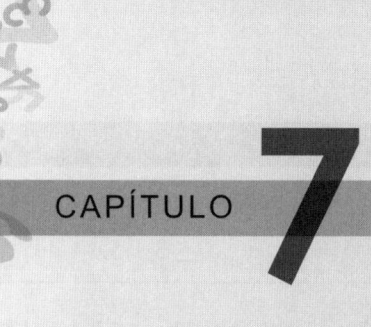

Teoria dos números

A teoria dos números é um dos ramos mais antigos da matemática e continua a ser uma área vibrante de pesquisa. Por algum tempo, foi considerada essencialmente matemática pura – um assunto fascinante por si próprio, sem quaisquer aplicações. Recentemente, a teoria dos números tornou-se central no mundo da criptografia (ver Seções 44-46) e da segurança dos computadores.

■ 35 Divisão

Seis crianças encontram uma sacola contendo 25 bolas de gude. Como dividir as bolas entre elas?

Isso parece sugerir que você esteja de volta à escola primária? Desculpe!

A resposta é que cada uma deve receber quatro bolas, sobrando uma. O problema consiste em dividir 25 por 6. O quociente é 4 e o resto é 1. Eis um enunciado formal desse processo.

❖ TEOREMA 35.1

(**Divisão**) Sejam $a, b \in \mathbb{Z}$ com $b > 0$. Então, existem inteiros q e r de modo que

$$a = qb + r \quad \text{e} \quad 0 \leq r < b.$$

Além disso, existe um único par de tais inteiros (q, r) que satisfaz essas condições.

O inteiro q é chamado *quociente* e o inteiro r é o *resto*.

◆ EXEMPLO 35.2

Sejam $a = 23$ e $b = 10$. Então o quociente é $q = 2$ e o resto é $r = 3$, porque

$$23 = 2 \times 10 + 3 \quad \text{e} \quad 0 \leq 3 < 10.$$

◆ EXEMPLO 35.3

Sejam $a = -37$ e $b = 5$. Então, $q = -8$ e $r = 3$, porque

$$-37 = -8 \times 5 + 3 \quad \text{e} \quad 0 \leq 3 < 5.$$

O resto é o menor número natural que podemos obter subtraindo de a múltiplos de b. Esta observação nos dá a ideia-chave da prova. Consideremos todos os números naturais da forma $a - kb$ e seja r o menor desses números naturais. Vamos aplicar o Princípio da Boa Ordenação.

> Lembrete: O Princípio da Boa Ordenação estabelece que qualquer subconjunto não vazio de $\mathbb{N}$ contém um elemento mínimo.

Prova (do Teorema 35.1).

Sejam a e b inteiros, com $b > 0$. O primeiro objetivo é mostrar que existem o quociente e o resto; ou seja, existem inteiros q e r que satisfazem as três condições:

- $a = qb + r$
- $r \geq 0$ e
- $r < b$

Seja

$$A = \{a - bk : k \in \mathbb{Z}\}.$$

Como o resto deve ser não negativo, vamos considerar apenas os elementos não negativos de A. Seja

$$B = A \cap \mathbb{N} = \{a - bk : k \in \mathbb{Z}, a - bk \geq 0\}.$$

> Por exemplo, se $a = 11$ e $b = 3$, então $A = \{..., -4, -1, 2, 5, 8, 11, ...\}$ e $B = A \cap \mathbb{N} = \{2, 5, 8, 11, 14, ...\}$.

Devemos selecionar o menor elemento de B. Note que o Princípio da Boa Ordenação se aplica a subconjuntos não vazios de $\mathbb{N}$. Devemos, pois, verificar que $B \neq \emptyset$.

O mais simples é escolhermos $k = 0$ na expressão $a - bk$. Isso mostra que $a \in A$ e, se a é não negativo, então $a \in B$, de modo que $B \neq \emptyset$. Poderia, entretanto, ocorrer o caso $a < 0$. Sabemos, entretanto, que $b > 0$ e, assim, se tomarmos para k um valor acentuadamente negativo, certamente podemos tornar $a - bk$ positivo. (Desde que escolhamos k como qualquer inteiro inferior a $\frac{a}{b}$, sabemos que $a - bk \geq 0$.)

> Em nosso exemplo, $a = 11 > 0$, de modo que $a \in B = \{2, 5, 8, 11, 14, ...\}$.

Portanto, independentemente de a ser positivo, negativo ou zero, o conjunto B é não vazio.

Como $B \neq \emptyset$, pelo Princípio da Boa Ordenação (Afirmação 21.6), podemos escolher r como o menor elemento de B. E como

$$r \in B \subseteq A = \{a - bk : k \in \mathbb{Z}\}$$

sabemos que existe um inteiro – nós o chamamos q, de modo que $r = a - bq$. Essa expressão pode ser reescrita como

$$a = qb + r.$$

> O menor elemento de $B = \{2, 5, 8, 11, ...\}$ é $r = 2$. Como $r \in A$, podemos escrever $r = 11 - 3q$ (isto é, quando $q = 3$).

Como $r \in B \subseteq \mathbb{N}$, sabemos também que

$$r \geq 0.$$

Devemos, ainda, mostrar que $r < b$. Para tanto, suponhamos, por contradição, que $r \geq b$.

Detenhamo-nos por um momento. Estamos subtraindo de a múltiplos de b até chegarmos a r e $r \geq b$. Isso significa que podemos ainda subtrair outro b de r sem que o resultado se torne negativo. Temos:

$$r = a - qb \geq b.$$

Seja $r' = (a - qb) - b = r - b \geq 0$, então

$$r' = a - (q + 1)b \geq 0.$$

Portanto, $r' \in B$ e $r' = r - b < r$. Isso contradiz o fato de que r é o menor elemento de B. $\Rightarrow\Leftarrow$ Logo, $r < b$.

Provamos a existência dos inteiros q e r. Devemos agora mostrar que eles são únicos. A unicidade é provada por contradição (ver Esquema de prova 14).

Suponhamos, por contradição, que haja dois pares diferentes de números (q, r) e (q', r') que verifiquem as condições do teorema, isto é,

$$a = qb + r \qquad 0 \leq r < b \quad \text{e}$$
$$a = q'b + r' \qquad 0 \leq r' < b.$$

Combinando as duas equações da esquerda, vem:

$$qb + r = q'b + r' \quad \Rightarrow \quad r - r' = (q' - q)b.$$

Isso significa que $r - r'$ é múltiplo de b. Tenhamos em mente, entretanto, que $0 \leq r, r' < b$. A diferença entre dois números em $\{0, 1, ..., b - 1\}$ pode ser, no máximo, $b - 1$. Assim, a única maneira como $r - r'$ pode ser um múltiplo de b é se $r - r' = 0$ (isto é, $r = r'$).

Agora que sabemos que $r = r'$, voltemos nossa atenção para q e q'. Como

$$qb + r = a = q'b + r' = q'b + r.$$

podemos subtrair r de ambos os membros, obtendo

$$qb = q'b$$

e como $b \neq 0$, podemos cancelar b em ambos os membros, obtendo

$$q = q'.$$

Mostramos que esses dois pares diferentes de números (q, r) e (q', r') têm $q = q'$ e $r = r'$, uma contradição. $\Rightarrow\Leftarrow$ Portanto, o quociente e o resto são únicos.

Munidos do Teorema 35.1, podemos provar o seguinte:

> **COROLÁRIO 35.4**

Todo inteiro é par ou ímpar, mas não os dois.

Prova. Demonstramos anteriormente (Proposição 20.3) que nenhum inteiro pode ser par e ímpar. Com isso, resta mostrar que todo inteiro é um ou outro (ou seja, não existe inteiro que não seja nem um nem outro).

Seja n qualquer inteiro. De acordo com o Teorema 35.1, podemos encontrar os inteiros q e r, de forma que $n = 2q + r$, em que $0 \leq r < 2$. Observe que, se $r = 0$, então n é par, e se $r = 1$, então n é ímpar.

> **COROLÁRIO 35.5**

Dois inteiros são congruentes módulo 2 se e somente se eles forem ambos pares ou ambos ímpares.

Prova. ($\Rightarrow$) Sejam a e b inteiros e suponha que $a \equiv b \pmod{2}$. Isso significa que $a - b$ é divisível por 2, por exemplo, $a - b = 2n$, para algum inteiro n. Conforme o Corolário 35.4, a é par ou ímpar.

- Se a é par, então $a = 2k$, para algum inteiro k. Como $a - b = 2n$, temos $b = a - 2n = 2k - 2n = 2(k - n)$ e, portanto, b é par.
- Se a é ímpar, então $a = 2k + 1$ para algum inteiro k. Como $a - b = 2n$, temos $b = a - 2n = 2k + 1 - 2n = 2(k - n) + 1$; desse modo, b é ímpar.

Em qualquer um desses casos, a e b são ambos pares ou ambos ímpares.

($\Leftarrow$) Suponha que a e b sejam inteiros e que ambos sejam pares ou ambos sejam ímpares.

Se a e b são ambos pares, então $a = 2n$ e $b = 2m$ para alguns inteiros n e m. Então, $a - b = 2n - 2m = 2(n - m)$ e, portanto, $a \equiv b \pmod{2}$.

Se a e b forem ambos ímpares, então $a = 2n + 1$ e $b = 2m + 1$ para alguns inteiros n e m. Então, $a - b = (2n + 1) - (2m + 1) = 2(n - m)$ e, portanto, $a \equiv b \pmod{2}$.

Dessa forma, se a e b forem ambos pares ou ambos ímpares, então $a \equiv b \pmod{2}$.

Div e Mod

Vamos definir duas operações associadas ao processo de divisão. Dados a e b, essas operações dão o quociente e o resto no problema da divisão. Seria conveniente se os matemáticos definissem essas operações por meio de palavras como *quoc* e *res*, mas elas podem causar confusão; vamos chamá-las *div* e *mod*. Assim, não somente podemos ser acusados de criar novos nomes em que os velhos nomes são plenamente satisfatórios, como usamos a palavra *mod* de duas maneiras diferentes: como uma operação e como uma relação.

> **DEFINIÇÃO 35.6**

(div e mod) Sejam $a, b \in \mathbb{Z}$, com $b > 0$. Pelo Teorema 35.1, existe um único par de números q e r, de modo que $a = qb + r$ e $0 \leq r < b$. Definimos as operações div e mod como

$$a \text{ div } b = q \quad \text{e} \quad a \text{ mod } b = r.$$

◆ EXEMPLO 35.7

Os cálculos a seguir ilustram as operações div e mod.

$$11 \text{ div } 3 = 3 \qquad 11 \bmod 3 = 2$$
$$23 \text{ div } 10 = 2 \qquad 23 \bmod 10 = 3$$
$$-37 \text{ div } 5 = -8 \qquad -37 \bmod 5 = 3$$

Preste atenção no último exemplo. O resto nunca é negativo. Assim, embora $-37 \div 5 = -7{,}4$, temos $-37 \text{ div } 5 = -8$ e $-37 \bmod 5 = 3$, porque $-37 = -8 \times 5 + 3$ e $0 \le 3 < 5$.

Um segundo significado de mod.

Devemos, agora, dar atenção especial à superutilizada palavra *mod*. Empregamos essa palavra de duas maneiras diferentes. Os dois significados de *mod* são estreitamente relacionados, porém diferentes.

Quando pela primeira vez introduzimos a palavra *mod* (ver Definição 15.3), ela foi utilizada como o nome de uma relação de equivalência. Por exemplo,

$$53 \equiv 23 \pmod{10}.$$

O significado de $a \equiv b \pmod{n}$ é que $a - b$ é múltiplo de n. Temos $53 \equiv 23 \pmod{10}$ porque $53 - 23 = 30$, um múltiplo de 10.

De acordo com o novo significado desta seção, *mod* é uma operação binária. Por exemplo,

$$53 \bmod 10 = 3.$$

Nesse contexto, *mod* significa "dividir e tomar o resto".

Qual é a ligação entre esses dois significados da palavra *mod*? Temos o seguinte resultado.

▶ PROPOSIÇÃO 35.8

Sejam $a, b, n \in \mathbb{Z}$, com $n > 0$. Então,

$$a \equiv b \pmod{n} \quad \Leftrightarrow \quad a \bmod n = b \bmod n.$$

O *mod* à esquerda é uma relação e o *mod* à direita é uma *operação binária*. Note, no exemplo, que $53 \bmod 10 = 3$ e $23 \bmod 10 = 3$.

Este resultado se e somente se não é muito difícil de provar. Ele é definido a seguir:

Sejam $a, b, n \in \mathbb{Z}$, com $n > 0$.
($\Rightarrow$) Suponhamos $a \equiv b \pmod{n}$... Portanto, $a \bmod n = b \bmod n$.
($\Leftarrow$) Suponhamos $a \bmod n = b \bmod n$... Portanto, $a \equiv b \pmod{n}$.

Deixamos a você o desdobramento da definição e o resto da prova (Exercício 35.8).

Recapitulando

Formalmente, desenvolvemos o processo de divisão de inteiros tendo como resultado quocientes e restos e introduzimos as operações binárias div e mod.

35 Exercícios

35.1. Para os pares de inteiros a, b a seguir, determine inteiros q e r de modo que $a = qb + r$ e $0 \leq r < b$
  a. $a = 100, b = 3$.
  b. $a = -100, b = 3$.
  c. $a = 99, b = 3$.
  d. $a = -99, b = 3$.
  e. $a = 0, b = 3$.

35.2. Para cada par de inteiros a e b do problema anterior, calcule a div b e a mod b.

35.3. Para cada um dos seguintes, encontre todos os inteiros positivos N que tornam cada uma das equações verdade.
  a. 100 div $N = 5$.
  b. N div $10 = 5$.
  c. 100 mod $N = 5$.
  d. N mod $10 = 5$.
  Para estes dois últimos, os inteiros N que fazem as equações verdadeiras são negativos, encontre-os.
  e. 100 div $N = -5$.
  f. N div $10 = -5$.

35.4. Sejam a e b inteiros positivos.
  a. Podemos afirmar que se a mod b = b mod a então necessariamente a=b?
  b. Podemos afirmar que se a div b = b div a então a=b?
  Por favor, demonstre suas respostas.

35.5. Sejam a, b e c inteiros positivos.
  a. Podemos afirmar que se a < b então a div c < b div c?
  b. Podemos afirmar que se a < b então a mod b < b mod c?
  Por favor, demonstre suas respostas.

35.6. Explique por que o Teorema 35.1 não tem sentido para $b = 0$ ou para $b < 0$.
  O caso $b = 0$ está fora de questão. Elabore (e prove) uma alternativa para o Teorema 35.1 que possibilite $b < 0$.

35.7. O que está errado com as seguintes afirmações? Corrija-as e prove sua versão revista.
  a. Para todos os inteiros a, b, temos $b|a$ se e somente se a div $b = \frac{a}{b}$.
  b. Para todos os inteiros a, b, temos $b|a$ se e somente se a mod $b = 0$.

35.8. Prove a Proposição 35.8.

35.9. Prove que a soma de três inteiros consecutivos arbitrários é divisível por 3.

35.10. Muitas linguagens de programação de computador têm a operação mod como uma característica embutida. Por exemplo, o sinal % em C é a operação mod. Em C, o resultado de x = 53%10; consiste em atribuir o valor 3 à variável x.

Descubra como diversas linguagens lidam com a operação mod no caso de o segundo número ser zero ou negativo.

35.11. As linguagens de programação de computador permitem dividirmos dois números tipo `inteiro`, gerando sempre um `inteiro` como resposta. Por exemplo, em C o resultado de x = 11/5; consiste em atribuir o valor 2 à variável x. (Aqui, x é do tipo `int`.)

Investigue como as várias linguagens lidam com a divisão de inteiros. Em particular, sua implementação da divisão de inteiros é a mesma que a operação div?

35.12. *Divisão de polinômios.* O *grau* de um polinômio é o expoente da maior potência de x. Por exemplo, $x^{10} - 5x^2 + 6$ tem grau 10, e o grau de $3x - \frac{1}{2}$ é 1. No caso de o polinômio ser apenas um número (não há termos em x), dizemos que o grau é 0. O polinômio 0 é uma exceção; dizemos que seu grau é ∞. Se p é um polinômio, representamos seu grau por gr p.

Você pode admitir que os coeficientes dos polinômios considerados nesse problema sejam números racionais.

  a. Suponhamos p e q polinômios. Formule uma definição cuidadosa do que significa p dividir q (isto é, $p|q$).

  Verifique que

  $$(2x - 6)|(x^3 - 3x^2 + 3x - 9)$$

  seja verdadeira em sua definição.

  b. Dê um exemplo de dois polinômios p e q, com $p \neq q$, mas $p|q$ e $q|p$.
  c. Qual é a relação entre polinômios que dividem um ao outro?
  d. Prove o seguinte análogo do Teorema 35.1:

  Sejam a e b polinômios, com b não zero. Então, existem polinômios q e r de modo que $a = qb + r$ com gr $r <$ gr b.

  Por exemplo, se $a = x^5 - 3x^2 + 2x + 1$ e $b = x^2 + 1$, então podemos tomar $q = x^3 - x - 3$ e $r = 3x + 4$.

  e. Nessa versão generalizada do Teorema 35.1, os polinômios q e r são determinados de maneira única por a e b?

■ 36 Máximo divisor comum

Nesta seção, abordamos o conceito de máximo divisor comum. A expressão é, praticamente, autodefinidora.

● **DEFINIÇÃO 36.1**

(Divisor comum) Sejam $a, b \in \mathbb{Z}$. Dizemos que um inteiro d é um *divisor comum* de a e b se $d|a$ e $d|b$.

Por exemplo, os divisores comuns de 30 e 24 são $-6, -3, -2, -1, 1, 2, 3$ e 6.

● **DEFINIÇÃO 36.2**

(Máximo divisor comum) Sejam $a, b \in \mathbb{Z}$. Dizemos que um inteiro d é o *máximo divisor comum* de a e b se

1. d é um divisor comum de a e b, e
2. se e é um divisor comum de a e b, então $e \leq d$.

O máximo divisor comum de a e b é denotado por mdc(a, b).

Por exemplo, o máximo divisor comum de 30 e 24 é 6; escrevemos mdc$(30, 24) = 6$. Também, mdc$(-30, -24) = 6$.

Quase todo par de inteiros admite um máximo divisor comum (ver Exercício 36.4), e se a e b têm um mdc, ele é único (Exercício 36.6). Isso justifica o uso do artigo definido quando dizemos que mdc(a, b) é *o* máximo divisor comum de a e b.

Nesta seção, vamos explorar as diversas propriedades de um máximo divisor comum.

Cálculo do mdc

No exemplo precedente, calculamos o máximo divisor comum de 30 e 24 relacionando explicitamente todos os seus fatores comuns e escolhendo o maior. Isso sugere um *algoritmo* para calcular o mdc. O algoritmo é o seguinte:

- Sejam a e b inteiros positivos.
- Para todo o inteiro positivo k, de 1 até o menor entre a e b, ver se $k|a$ e $k|b$. Em caso afirmativo, salve o número k em uma lista.
- Escolha o maior número da lista. Esse número é o mdc(a, b).

> Um *algoritmo* é um processo de cálculo definido com precisão.

Esse processo funciona assim: dados dois números positivos arbitrários a e b, ele permite achar seu mdc. Entretanto, trata-se de um algoritmo extremamente incômodo porque, mesmo para números moderadamente grandes (por exemplo, $a = 34902$ e $b = 34299883$), o algoritmo deve fazer muitas e muitas divisões. Assim, embora correto, esse algoritmo é terrivelmente lento.

Há um processo engenhoso para calcular o máximo divisor comum de dois números positivos; esse processo foi criado por Euclides. Não só é bastante rápido, como também não é difícil de implementar como um programa de computador.

A ideia central do algoritmo de Euclides é o resultado seguinte.

▶ PROPOSIÇÃO 36.3

Sejam a e b inteiros positivos e $c = a \bmod b$. Então,

$$\text{mdc}(a, b) = \text{mdc}(b, c).$$

Em outras palavras, para inteiros positivos a e b, temos

$$\text{mdc}(a, b) = \text{mdc}(b, a \bmod b).$$

Prova. Temos que $c = a \bmod b$. Isso significa que $a = qb + c$, em que $0 \leq c < b$.

Sejam $d = \text{mdc}(a, b)$ e $e = \text{mdc}(b, c)$. Nosso objetivo é provar que $d = e$. Para tanto, provamos que $d \leq e$ e $d \geq e$.

Primeiro, mostramos que $d \leq e$. Como $d = \text{mdc}(a, b)$, sabemos que $d|a$ e $d|b$. Podemos escrever $c = a - qb$. Como a e b são múltiplos de d, c também o é. Assim, d é um divisor comum de b e c. Entretanto, e é o máximo divisor comum de b e c, de forma que $d \leq e$.

Em seguida, mostramos que $d \geq e$. Como $e = \text{mdc}(b, c)$, sabemos que $e|b$ e $e|c$. Mas $a = qb + c$, de forma que a é também um múltiplo de e. Portanto, $e|a$ também. Como $e|a$ e $e|b$, vemos que e é um divisor comum de a e b. Mas d é o máximo divisor comum de a e b; assim, $d \geq e$.

Mostramos que $d \leq e$ e $d \geq e$. Portanto, $d = e$; isto é, $\text{mdc}(a, b) = \text{mdc}(b, c)$.

Para ilustrar como a Proposição 36.3 permite-nos calcular máximos divisores comuns com eficiência, calcularemos mdc(689, 234). O algoritmo simples, mas ineficiente de dividir e verificar considerado inicialmente levar-nos-ia a tentar todos os divisores possíveis de 1 a 234, escolhendo o maior. Isso implicaria resolvermos 234 × 2 = 468 problemas de divisão!

$$689 \to 234 \to 221 \to 13 \to 0$$

Em vez disso, utilizamos a Proposição 36.3. Para acharmos mdc(689, 234), sejam $a = 689$ e $b = 234$. Obtemos $c = 689 \bmod 234$, o que exige que efetuemos uma divisão. O resultado é $c = 221$. Para determinar mdc(689, 234), basta acharmos mdc(234, 221), porque esses dois valores são o mesmo. Registremos este passo aqui:

$$689 \bmod 234 = 221 \quad \Rightarrow \quad \mathrm{mdc}(689, 234) = \mathrm{mdc}(234, 221).$$

Agora, tudo o que temos a fazer é calcular mdc(234, 221). Utilizemos a mesma ideia. Aplicamos a Proposição 36.3 como segue. Para achar mdc(234, 221), calculamos 234 mod 221 = 13. Assim, mdc(234, 221) = mdc(221, 13). Registremos esse passo (divisão #2).

$$234 \bmod 221 = 13 \quad \Rightarrow \quad \mathrm{mdc}(234, 221) = \mathrm{mdc}(221, 13).$$

Desta vez, o problema está reduzido a mdc(221, 13). Os números são significativamente menores que os números originais 689 e 234. Utilizamos novamente a Proposição 36.3 e calculamos 221 mod 13 = 0. O que significa isso? Significa que, quando dividimos 221 por 13, não há resto. Em outras palavras, 13|221. Assim, o máximo divisor comum de 221 e 13 é 13. Registremos esse passo (divisão #3).

$$221 \bmod 13 = 0 \quad \Rightarrow \quad \mathrm{mdc}(221, 13) = 13.$$

Estamos terminados! Efetuamos três divisões (e não 468 ☺) e obtivemos

$$\mathrm{mdc}(689, 234) = \mathrm{mdc}(234, 221) = \mathrm{mdc}(221, 13) = 13.$$

As diversas etapas dos cálculos que acabamos de fazer constituem precisamente o algoritmo de Euclides. Eis uma descrição formal.

O Algoritmo de Euclides para o máximo divisor comum
Entrada: Inteiros positivos a e b.
Saída: mdc(a, b).
- Seja $c = a \bmod b$.
- Se $c = 0$, retornamos à resposta b e paramos.
- Caso contrário, ($c \neq 0$), calculamos mdc(b, c) e consideramos isso como a resposta.

Esse algoritmo para o mdc se define em termos de si mesmo. É um exemplo de um algoritmo definido mediante *recorrência* (ver Exercício 22.16, no qual se aborda a recorrência). Vejamos como o algoritmo funciona para os inteiros $a = 63$ e $b = 75$.

- O primeiro passo consiste em calcular $c = a \bmod b$; obtemos $c = 63 \bmod 75 = 63$.

- Em seguida, verificamos se $c = 0$. Não é, e assim prosseguimos calculando mdc(b, c) = mdc(75, 63).

  Até aqui, não se fez grande progresso. Tudo quanto o algoritmo fez foi reverter os números. O próximo passo, entretanto, é mais interessante.

- Recomeçamos agora o processo com $a' = 75$ e $b' = 63$. Calculamos $c' = 75$ mod $63 = 12$. Como $12 \neq 0$, devemos calcular mdc(b', c') = mdc(63, 12).
- Recomeçamos novamente com $a'' = 63$ e $b'' = 12$. Calculamos $c'' = 63$ mod $12 = 3$. Como esse valor não é zero, devemos prosseguir e calcular mdc(b'', c'') = mdc(12, 3).
- Recomeçamos ainda uma vez com $a''' = 12$ e $b''' = 3$. Devemos agora calcular $c''' = 12$ mod $3 = 0$. Como $c''' = 0$, obtemos a resposta $b''' = 3$ e estamos terminados.

A resposta final é que mdc(63, 75) = 3.

Eis um resumo dos cálculos em forma de tabela.

a	b	c
63	75	63
75	63	12
63	12	3
12	3	0

Com apenas quatro divisões, obtém-se a resposta.

Eis outra maneira de encararmos esses cálculos. Criamos uma lista cujos dois primeiros elementos são a e b. Em seguida, ampliamos a lista calculando mod dos dois últimos valores. Quando chegamos a 0, paramos. O penúltimo valor é o mdc de a e b. Nesse exemplo, a lista seria:

$$(63, 75, 63, 12, 3, 0).$$

Correção

Apenas porque alguém elabora um processo para calcular o mdc não significa que ele seja correto. O ponto em matemática é provar suas asserções; a correção de um algoritmo não constitui exceção.

▶ **PROPOSIÇÃO 36.4**

(Correção do algoritmo de Euclides para o mdc) O algoritmo de Euclides calcula corretamente o mdc(a, b) para quaisquer inteiros positivos a e b.

Prova. Suponhamos, por contradição, que o algoritmo de Euclides não calcule corretamente o mdc. Então, existe um par de inteiros positivos a e b para o qual ele falha. Escolhamos a e b de modo que $a + b$ seja o menor possível. (Estamos aplicando aqui o método do contraexemplo mais simples.)

Poderia ocorrer o caso $a < b$. Então, o primeiro passo no algoritmo de Euclides simplesmente permutaria os valores de a e b [como vimos quando calculamos mdc(63, 75)], porque se $a < b$ então $c = a$ mod $b = a$ e o algoritmo nos manda calcular mdc(b, c) = mdc(b, a).

Assim, podemos admitir que $a \geq b$.

O primeiro passo do algoritmo consiste em calcularmos c = mdc(a, b). São possíveis dois resultados: ou $c = 0$, ou $c \neq 0$.

No caso $c = 0$, então $a \bmod b = 0$, o que implica $b|a$. Como b é o maior divisor de b (pois $b > 0$ por hipótese) e como $b|a$, temos que b é o máximo divisor comum de a e b. Em outras palavras, o algoritmo produz o resultado correto, contradizendo nossa suposição de que ele falha para a e b.

Então, deve ser $c \neq 0$. Para obtermos c, calculamos o resto ao dividirmos a por b. Pelo Teorema 35.1, temos $a = qb + c$, com $0 < c < b$. Sabemos também que $b \leq a$. Somamos as desigualdades:

$$\begin{aligned} & c < b \\ + \; & b \leq a \\ \Rightarrow \; & b + c < a + b \end{aligned}$$

Assim, b, c são inteiros positivos com $b + c < a + b$.

Isso significa que b e c não constituem um contraexemplo da correção do algoritmo de Euclides porque $b + c < a + b$ e, entre todos os contraexemplos, a e b são o contraexemplo com a menor soma. Assim, o algoritmo calcula corretamente mdc(b, c) e apresenta o seu valor como resposta. Entretanto, pela Proposição 36.3, esta é a resposta correta! Isso contradiz a suposição de que o algoritmo de Euclides falha com a, b. ⇒⇐ Logo, o algoritmo de Euclides sempre produz o máximo divisor comum dos inteiros positivos dados.

Quão Rápido?

Quantas divisões devemos fazer para calcular o máximo divisor comum de dois inteiros positivos? Afirmamos que, após duas aplicações do algoritmo de Euclides, os inteiros com que estamos trabalhando diminuíram de, ao menos, 50%. A proposição a seguir é o instrumento principal.

▶ **PROPOSIÇÃO 36.5**

Sejam $a, b \in \mathbb{Z}$, com $a \geq b > 0$. Seja $c = a \bmod b$. Então, $c < \frac{a}{2}$.

Prova. Consideremos dois casos: (1) $a < 2b$ e (2) $a \geq 2b$.

- **Caso (1):** $a < 2b$.

    Sabemos que $2b > a > 0$, de modo que $a > 0$ e $a - b \geq 0$, mas $a - 2b < 0$. Logo, quando a é dividido por b, o quociente é 1. Assim, o resto da divisão de a por b é $c = a - b$.

    Podemos, agora, reescrever $a < 2b$ como $b > \frac{a}{2}$, e, assim,

$$c = a - b < a - \frac{a}{2} = \frac{a}{2}$$

que é o que desejávamos.

- **Caso (2):** $a \geq 2b$, que pode escrever-se como $b \leq \frac{a}{2}$.

    O resto da divisão de a por b é inferior a b. Assim, $c < b$ e temos $b \leq \frac{a}{2}$, então $c < \frac{a}{2}$.

Em ambos os casos, obtivemos $c < \frac{a}{2}$.

Podemos admitir que iniciamos o algoritmo de Euclides com $a \geq b$; caso contrário, o algoritmo reverte a e b em seu primeiro passo e, daí em diante, os números aparecem em ordem decrescente. Isto é, se os números gerados pelo algoritmo de Euclides são relacionados como

$$(a, b, c, d, e, f, ..., 0)$$

então, supondo $a \geq b$, temos:

$$a \geq b \geq c \geq d \geq e \geq f \geq \ldots \geq 0.$$

Pela Proposição 36.5, os números c e d são, cada um, menores que a metade de a e b, respectivamente. De forma análoga, dois passos adiante, os números e e f são inferiores à metade de c e d, respectivamente, e, consequentemente, inferiores a um quarto de a e b, respectivamente. Assim,

Cada dois passos do algoritmo de Euclides reduzem os inteiros com que estamos trabalhando a menos da metade de seu valor corrente.

Se começamos com (a, b), então, dois passos adiante os números são inferiores a $(\frac{1}{2} a, \frac{1}{2} b)$, quatro passos adiante inferiores a $(\frac{1}{4} a, \frac{1}{4} b)$ e seis passos adiante, inferiores a $(\frac{1}{8} a, \frac{1}{8} b)$. Qual será o tamanho dos números após $2t$ passos do algoritmo de Euclides? Como cada dois passos reduzem os números por mais de um fator de 2, sabemos que, após $2t$ passos, o número fica reduzido por mais de um fator de 2^t; isto é, os números ficam inferiores a $(2^{-t} a, 2^{-t} b)$.

O algoritmo de Euclides cessa quando o segundo número atinge zero. Como os números no algoritmo de Euclides são inteiros, isso equivale a dizermos que o algoritmo cessa quando o segundo número é inferior a 1. E isso significa que, tão logo tenhamos

$$2^{-t} b \leq 1,$$

o segundo número deve ter atingido zero. Tomando logs base 2 de ambos os membros, temos:

$$\begin{aligned} \log_2 [2^{-t} b] &\leq \log_2 1 \\ -t + \log_2 b &\leq 0 \\ \log_2 b &\leq t. \end{aligned}$$

Em outras palavras, tão logo tenhamos $t \geq \log_2 b$, o algoritmo deve estar terminado. Assim, após $2\log_2 b$ passos, o algoritmo completou seu trabalho.

Quantas divisões haveria se, digamos, a e b fossem números enormes (por exemplo, com 1.000 algarismos cada um)? Se $b \approx 10^{1.000}$, então o número de passos é limitado por

$$2\log_2(10^{1.000}) = 2\,000 \log_2 10 < 2\,000 \times 3{,}4 = 6\,800.$$

(*Nota*: $\log_2 10 \approx 3{,}3219 < 3{,}4$.) Assim, em menos de 7000 passos, temos nossa resposta. Compare com a realização de $10^{1.000}$ divisões (ver Exercício 36.9)!

Esperamos que você não fique com a impressão de que estamos testando sua paciência ao considerarmos um exemplo tão ridículo. Por que alguém iria querer calcular o mdc de dois números de 1000 algarismos? A surpresa é que se trata de um importante problema prático com aplicações tanto industriais como militares. Voltaremos ao assunto adiante.

Um teorema importante

O teorema seguinte ocupa uma posição central no estudo do máximo divisor comum (e além).

❖ TEOREMA 36.6

Sejam a e b inteiros, não simultaneamente nulos. O menor inteiro positivo da forma $ax + by$, em que x e y são inteiros, é mdc(a, b).

> Sejam a e b inteiros. Uma *combinação linear de inteiros* de a e b é qualquer número com a forma $ax + by$, onde x e y também sejam inteiros. O Teorema 36.6 nos garante que a combinação linear de inteiros mínima de a e b é mdc(a, b).

Suponhamos, por exemplo, $a = 30$ e $b = 24$. Podemos fazer uma tabela dos valores $ax + by$ para os inteiros x e y entre –4 e 4. Obtemos:

						y				
		–4	–3	–2	–1	0	1	2	3	4
	–4	–216	–192	–168	–144	–120	–96	–72	–48	–24
	–3	–186	–162	–138	–114	–90	–66	–42	–18	6
	–2	–156	–132	–108	–84	–60	–36	–12	12	36
	–1	–126	–102	–78	–54	–30	–6	18	42	66
x	0	–96	–72	–48	–24	0	24	48	72	96
	1	–66	–42	–18	6	30	54	78	102	126
	2	–36	–12	12	36	60	84	108	132	156
	3	–6	18	42	66	90	114	138	162	186
	4	24	48	72	96	120	144	168	192	216

Qual é o menor valor positivo nesta tabela? Vemos o número 6 em $x = -3$, $y = 4$ (porque $30 \times -3 + 24 \times 4 = -90 + 96 = 6$), e novamente em $x = 1$, $y = -1$ (porque $30 \times 1 + 24 \times -1 = 30 - 24 = 6$).

Mostramos apenas uma parcela relativamente pequena de todos os valores possíveis de $ax + by$. Se prolongássemos essa tabela, seria possível encontrarmos um valor positivo menor para $30x + 24y$? A resposta é *não*. Note que, tanto 30 como 24 são divisíveis por 6. Portanto, qualquer inteiro da forma $30x + 24y$ é também divisível por 6 (ver Exercício 5.11). Assim, mesmo que prolongássemos indefinidamente a tabela anterior, 6 é o menor inteiro positivo que iríamos encontrar.

Sejam a e b inteiros arbitrários (não simultaneamente nulos). É impossível acharmos inteiros x e y com

$$0 < ax + by < \text{mdc}(a, b)$$

porque $ax + by$ é divisível por mdc(a, b). O ponto central do Teorema 36.6 é que podemos achar inteiros x e y de modo que $ax + by = $ mdc(a, b). Eis a prova.

Prova (do Teorema 36.6).

Sejam a e b inteiros (não simultaneamente nulos) e seja

$$D = \{ax + by : x, y \in \mathbb{Z}, ax + by > 0\}.$$

> O conjunto *D* é o conjunto de todos os inteiros positivos da forma *ax* + *by* (isto é, o conjunto de todos os números positivos da tabela considerada anteriormente).

Vamos examinar o menor membro de D (isto é, estamos em vias de invocar o Princípio da Boa Ordenação). Primeiro, devemos nos certificar de que D é não vazio.

Para vermos que $D \neq \emptyset$, temos apenas que provar que existe ao menos um inteiro em D. Podemos escolher inteiros x e y que tornem $ax + by$ positivo? Se tomarmos $x = a$ e $y = b$, constataremos que $ax + by = a^2 + b^2$, que é positivo (a menos que $a = b = 0$, o que não é permitido pela hipótese). Portanto, $D \neq \emptyset$.

Aplicando o Princípio da Boa Ordenação a D, um conjunto não vazio de números naturais, sabemos que D contém um elemento mínimo; nós o chamemos d.

Nosso objetivo é mostrar que $d = \mathrm{mdc}(a, b)$. Como vamos provar que d é o máximo divisor comum de a e b? Consultemos a Definição 36.2. Devemos mostrar três coisas: (1) $d|a$, (2) $d|b$ e (3) se $e|a$ e $e|b$, então $e \leq d$. Mostraremos cada uma por sua vez.

- **Afirmação (1):** $d|a$.

Suponhamos, por contradição, que a não seja divisível por d. Então, ao dividirmos a por d, obtemos um resto não zero:

$$a = qd + r \quad \text{com} \quad 0 < r < d.$$

Mas $d = ax + by$ e, assim, podemos resolver em relação a r em termos de a e b como segue:

$$r = a - qd = a - q(ax + by) = a(1 - qx) + b(-qy) = aX + bY$$

em que $X = 1 - qx$ e $Y = -qy$. Note que $0 < r < d$ e $r = aX + bY$. Isso significa que $r \in D$ e $r < d$, o que contradiz o fato de que d é o menor elemento de D. $\Rightarrow\Leftarrow$ Portanto, $d|a$.

- **Afirmação (2):** $d|b$.

A prova é análoga à do caso $d|a$.

- **Afirmação (3):** Se $e|a$ e $e|b$, então $e \leq d$.

Suponhamos que $e|a$ e $e|b$. Então $e|(ax + by)$ (Exercício 5.11). Portanto, $e|d$, de forma que $e \leq d$ (porque d é positivo).

Portanto, d é o máximo divisor comum de a e b.

◆ EXEMPLO 36.7

Já vimos anteriormente que $\mathrm{mdc}(689, 234) = 13$. Note que

$$689 \times -1 + 234 \times 3 = -689 + 702 = 13 = \mathrm{mdc}(689, 234).$$

Eis outro exemplo. Note que $\mathrm{mdc}(431, 29) = 1$, e que

$$431 \times 7 + 29 \times -104 = 3017 - 3016 = 1.$$

Dados a e b, como podemos achar inteiros x e y de modo que $ax + by = \mathrm{mdc}(a, b)$? Talvez não seja difícil tentarmos alguns valores para vermos que $689 \times -1 + 234 \times 3 = 13 = \mathrm{mdc}(689, 234)$; mas parece difícil achar os valores x e y que nos deem $431x + 29y = 1$ (tente achá-los!).

A prova do Teorema 36.6 não traz qualquer ajuda. A etapa que prova que os números x e y existem é *não construtiva* – o Princípio da Boa Ordenação mostra que tais inteiros existem, mas não nos dá qualquer indicação sobre como achá-los. A chave para encontrarmos x e y em $ax + by = \text{mdc}(a, b)$ é estender o algoritmo de Euclides.

Anteriormente, já utilizamos o algoritmo de Euclides para calcular $\text{mdc}(a, b)$. Cada vez que fazíamos uma divisão, a única informação que retínhamos era o resto (o passo computacional central é $c = a \bmod b$). Não perdendo de vista também o quociente, poderemos achar os inteiros x e y. Eis como isso funciona.

Vamos ilustrar esse método achando x e y de modo que $431x + 29y = \text{mdc}(431, 29) = 1$.

Eis as etapas do cálculo de $\text{mdc}(431, 29)$ pelo algoritmo de Euclides:

$$\begin{aligned} 431 &= 14 \times 29 + 25 \\ 29 &= 1 \times 25 + 4 \\ 25 &= 6 \times 4 + 1 \\ 4 &= 4 \times 1 + 0. \end{aligned}$$

Em todas estas equações (exceto a última) resolvemos em relação ao resto (escrevemos o resto à esquerda).

$$\begin{aligned} 25 &= 431 - 14 \times 29 \\ 4 &= 29 - 1 \times 25 \\ 1 &= 25 - 6 \times 4. \end{aligned}$$

Passamos a trabalhar a partir da base. Note que a última equação tem 1 na forma $25x + 4y$. Substituímos o 4 utilizando a equação anterior:

$$\begin{aligned} 1 &= 25 - 6 \times 4 \\ &= 25 - 6 \times (29 - 1 \times 25) \\ &= -6 \times 29 + 7 \times 25. \end{aligned}$$

Agora, tomamos $25 = 431 - 14 \times 29$ para substituir o 25 em $1 = -6 \times 29 + 7 \times 25$:

$$\begin{aligned} 1 &= -6 \times 29 + 7 \times 25 \\ &= -6 \times 29 + 7 \times (431 - 14 \times 29) \\ &= 7 \times 431 + [-6 + 7 \times (-14)]29 \\ &= 7 \times 431 + (-104) \times 29. \end{aligned}$$

Assim é que achamos $x = 7$ e $y = -104$ para obter $431x + 29y = \text{mdc}(431, 19) = 1$.

Os pares de números cujo máximo divisor comum é 1 têm um nome especial.

• DEFINIÇÃO 36.8

Sejam a e b inteiros. Dizemos que a e b são *relativamente primos* (ou primos entre si) se e somente se $\text{mdc}(a, b) = 1$.

Em outras palavras, dois inteiros são relativamente primos se os únicos divisores que eles têm em comum são 1 e –1.

> **COROLÁRIO 36.9**

Sejam a e b inteiros. Existem inteiros x e y de modo que $ax + by = 1$ se e somente se a e b são relativamente primos.

O Teorema 36.6 e sua consequência, o Corolário 36.9, são recursos extremamente úteis para provar resultados sobre mdc e números relativamente primos. Eis um exemplo. Tente provar isso sem utilizar o Teorema 36.6 e então você poderá apreciar sua utilidade.

▶ **PROPOSIÇÃO 36.10**

Sejam a, b inteiros não simultaneamente nulos e seja $d = \mathrm{mdc}(a, b)$. Se e for um divisor comum de a e b, então $e|d$.

Como $d = \mathrm{mdc}(a, b)$, sabemos que $e \leq d$, mas isso não implica imediatamente que $e|d$. Eis a prova.

Prova. Sejam a, b inteiros não simultaneamente nulos e $d = \mathrm{mdc}(a, b)$. Suponhamos que $e|a$ e $e|b$. Ora, pelo Teorema 36.6, existem inteiros x e y de modo que $d = ax + by$. Como $e|a$ e $e|b$, temos $e|(ax + by)$ (ver Exercício 5.11) e, assim, $e|d$.

Recapitulando

Nesta seção, estudamos o máximo divisor comum de um par de inteiros. Vimos como calcular o mdc de dois inteiros utilizando o algoritmo de Euclides cuja eficiência analisamos. Mostramos que, para inteiros a, b (não simultaneamente nulos), o menor valor positivo de $ax + by$ (com $x, y \in \mathbb{Z}$) é $\mathrm{mdc}(a, b)$. Quando o mdc de dois inteiros é 1, os inteiros dizem-se relativamente primos.

36 Exercícios

36.1. Calcule:
   a. mdc(20, 25).
   b. mdc(0, 10).
   c. mdc(123, −123).
   d. mdc(−89, −98).
   e. mdc(54321, 50).
   f. mdc(1739, 29341).

36.2. Para cada par de inteiros a, b do problema anterior, determine inteiros x e y de modo que $ax + by = \mathrm{mdc}(a, b)$.

36.3. Escreva um programa de computador que calcula o máximo divisor comum de dois inteiros usando o Algoritmo de Euclides. Faça o seu programa controlar o número de vezes que ele é chamado para executar o cálculo (ou seja, com que "profundidade" ele chama a recursão). Por exemplo, a nossa ilustração do algoritmo de Euclides para encontrar mdc (63, 75) levou quatro passos.

Use seu programa para verificar as respostas do Exercício 36.1 e informe o número de passos que cada cálculo leva.

36.4. Encontre inteiros a e b que não tenham um máximo divisor comum. Prove que o par que você encontrou é o único par de inteiros que não têm um mdc.

36.5. Sejam a e b inteiros positivos. Encontre a soma de todos os divisores comuns de a e b.

36.6. Prove que, se a e b têm um máximo divisor comum, ele é único (isto é, a e b não podem ter dois máximos divisores comuns).

36.7. Na Proposição 36.3 não exigimos $c \neq 0$. A Proposição 36.3 e sua demonstração ainda são corretas no caso $c = 0$?

36.8. Suponhamos $a \geq b$ e apliquemos o algoritmo de Euclides para produzir os números (em forma de lista)

$$(a, b, c, d, e, f, ..., 0).$$

Prove que

$$a \geq b \geq c \geq d \geq e \geq f \geq ... \geq 0.$$

36.9. Suponha que queiramos calcular o máximo divisor comum de dois números de 1000 algarismos, em um computador que pode efetuar 1 bilhão de divisões por segundo. Aproximadamente, quanto tempo seria necessário para calcular o mdc pelo método das divisões? (Escolha uma unidade de tempo apropriada como minutos, horas, dias, anos, séculos ou milênios.)

36.10. Podemos estender a definição de mdc de dois números para o mdc de três ou mais números.
  a. Dê uma definição cuidadosa de mdc(a, b, c), com a, b, c inteiros.
  b. Prove ou refute: dados os inteiros a, b, c, temos mdc$(a, b, c) = 1$ se e somente se a, b, c são, dois a dois, relativamente primos.
  c. Prove ou refute: para inteiros a, b, c, temos

$$\text{mdc}(a, b, c) = \text{mdc}(a, \text{mdc}(b, c)).$$

  d. Prove que mdc$(a, b, c) = d$ é o menor inteiro positivo da forma $ax + by + cz$, em que $x, y, z \in \mathbb{Z}$.
  e. Determine inteiros x, y, z de modo que $6x + 10y + 15z = 1$.
  f. Há solução para a parte anterior desse problema em que um dos elementos x, y ou z é zero? Prove sua resposta.

36.11. Prove que inteiros consecutivos devem ser relativamente primos.

36.12. Seja a um inteiro. Prove que $2a + 1$ e $4a^2 + 1$ são relativamente primos.

36.13. Sejam a e b inteiros positivos. Prove que 2^a e $2^b - 1$ são relativamente primos, mostrando que existem inteiros X e Y de modo que $2^a X + (2^b - 1)Y = 1$.

36.14. Suponhamos n e m relativamente primos. Prove que n e $m + jn$ são relativamente primos para todo inteiro j.

Conclua que, se n e m são relativamente primos e $m' \equiv m \bmod n$, então n e m' são relativamente primos.

36.15. Suponhamos que a e b sejam relativamente primos, e que $a|c$ e $b|c$. Prove que $(ab)|c$.

36.16. Suponhamos $a, b, n \in \mathbb{Z}$, com $n > 1$, e que $ab \equiv 1 \pmod{n}$. Prove que a e b são relativamente primos com n.

36.17. Suponhamos $a, n \in \mathbb{Z}$ com $n > 1$. Suponhamos também que a e n sejam relativamente primos. Prove que existe um inteiro b de modo que $ab \equiv 1 \pmod{n}$.

36.18. Suponhamos que $a, b \in \mathbb{Z}$ sejam relativamente primos. O Corolário 36.9 implica que existem inteiros x, y de modo que $ax + by = 1$. Prove que esses inteiros x e y devem ser relativamente primos.

36.19. Seja x um número racional. Isso significa que existem inteiros a e $b \neq 0$ de modo que $x = \frac{a}{b}$. Prove que é possível escolhermos a e b relativamente primos.

36.20. Uma turma de n crianças está sentada em um círculo. O professor percorre o círculo pelo lado de fora e afaga a cabeça de cada k-ésima criança. Estabeleça e prove uma condição necessária e suficiente sobre n e k para que toda criança receba um afago.

36.21. Você tem duas taças para medida. Uma tem capacidade de 8 onças e a outra, de 13 onças. Essas taças não apresentam qualquer indicação de onças individuais. Tudo quanto podemos medir são 13 onças ou 8 onças. Se a pessoa quiser medir, digamos, 5 onças, pode encher a taça de 13 onças, usá-la para encher a taça de 8 onças, ficando com 5 onças na taça maior.

  a. Mostre como utilizar as taças de 13 e de 8 onças para medir exatamente 1 onça. Você pode admitir que disponha de uma grande taça para líquido, mas esta não possui qualquer indicação de medida. No final, a taça deve conter exatamente 1 onça.

  b. Generalize esse problema. Suponha que as taças de medida tenham a e b onças, com a e b inteiros positivos. Estabeleça e prove condições necessárias e suficientes sobre a e b para que seja possível medir exatamente 1 onça utilizando essas taças.

36.22. No Exercício 35.12, consideramos a divisão polinomial. Nesse problema, pede-se que desenvolva o conceito de mdc polinomial. Você pode supor que os polinômios nesse problema tenham coeficientes racionais.

  a. Sejam p e q polinômios diferentes de zero. Formule uma definição cuidadosa para *divisor comum* e *máximo divisor comum* de p e q. Nesse contexto, *máximo* se refere ao grau do polinômio.

  b. Mostre, por meio de um exemplo, que o mdc de dois polinômios diferentes de zero não é necessariamente único.

  c. Seja d o máximo divisor comum de polinômios não zero p e q. Prove que existem polinômios a e b de modo que $ap + bq = d$.

  d. Dê uma definição precisa de *relativamente primos* para polinômios diferentes de zero.

  e. Prove que dois polinômios diferentes de zero, p e q, são relativamente primos se e somente se existirem polinômios a e b de modo que $ap + bq = 1$.

  f. Sejam $p = x^4 - 3x^2 - 1$ e $q = x^2 + 1$. Mostre que p e q são relativamente primos determinando polinômios a e b de modo que $ap + bq = 1$.

37 Aritmética modular

Um novo contexto para operações básicas

A aritmética é o estudo das operações básicas: adição, subtração, multiplicação e divisão. O contexto geral para o estudo dessas operações são os sistemas numéricos como os inteiros $\mathbb{Z}$ ou os racionais $\mathbb{Q}$.

A divisão é, talvez, o exemplo mais interessante. No contexto dos números racionais, podemos calcular $x \div y$ para quaisquer $x, y \in \mathbb{Q}$, exceto quando $y = 0$. No contexto dos inteiros, entretanto, $x \div y$ só é definido quando $y \neq 0$ e $y|x$.

O ponto a salientar é que, nos dois contextos diferentes $\mathbb{Q}$ ou $\mathbb{Z}$, a operação $\div$ tem sentidos ligeiramente diferentes. Nesta seção, vamos introduzir um novo contexto para os símbolos $+, -, \times$ e $\div$, em que seus significados são bastante diferentes do contexto tradicional. A diferença é tão significativa que adotamos símbolos alternativos para essas operações. Usamos os símbolos $\oplus, \ominus, \otimes$ e $\oslash$.

Em vez de fazermos aritmética sobre inteiros ou racionais, o novo conjunto em que vamos trabalhar é denotado por $\mathbb{Z}_n$, em que n é um inteiro positivo. Define-se o conjunto $\mathbb{Z}_n$ como

$$\mathbb{Z}_n = \{0, 1, 2, ..., n-1\};$$

ou seja, $\mathbb{Z}_n$ contém todos os números naturais de 0 a $n - 1$, inclusive.
Chamamos esse sistema de números *inteiros mod n*.

> **Linguagem matemática!**
> Trata-se de um terceiro uso da expressão *mod*! Temos *mod* como uma relação (como $13 \equiv 8 \pmod 5$), e temos *mod* como uma operação, tal como em 13 mod 5 = 3. Agora, temos os inteiros *mod n*. As três maneiras de usar são diferentes, mas estreitamente relacionadas.

Para distinguir $\oplus$, $\ominus$, $\otimes$ e $\oslash$ de seus primos sem círculo, vamos nos referir a essas operações como *adição mod n, subtração mod n, multiplicação mod n* e *divisão mod n*.

Adição e multiplicação modulares

Como se definem as operações modulares? Começamos com $\oplus$ e $\otimes$.

● DEFINIÇÃO 37.1

(**Adição e multiplicação modulares**) Sejam n um inteiro positivo e $a, b \in \mathbb{Z}_n$. Definimos

$$a \oplus b = (a + b) \bmod n \quad \text{e}$$
$$a \otimes b = (ab) \bmod n.$$

As operações à esquerda são operações definidas para $\mathbb{Z}_n$. As operações à direita são operações ordinárias com inteiros.

◆ EXEMPLO 37.2

Seja $n = 10$. Temos o seguinte:

$$5 \oplus 5 = 0 \qquad 9 \oplus 8 = 7$$
$$5 \otimes 5 = 5 \qquad 9 \otimes 8 = 2.$$

Note que os símbolos $\oplus$ e $\otimes$ dependem do contexto. Se estamos trabalhando em $\mathbb{Z}_{10}$, então $5 \oplus 5 = 0$, mas, se estamos trabalhando em $\mathbb{Z}_9$, então $5 \oplus 5 = 1$. Seria melhor criarmos um símbolo mais barroco, como $\underset{n}{\oplus}$, para denotar a adição mod n, mas, em quase todas as situações, o módulo (n) não varia. Simplesmente devemos permanecer atentos ao contexto corrente.

Note que, se $a, b \in \mathbb{Z}_n$, os resultados das operações $a \oplus b$ e $a \otimes b$ são bem definidos, e são elementos de $\mathbb{Z}_n$.

▶ PROPOSIÇÃO 37.3

Sejam $a, b \in \mathbb{Z}_n$. Então, $a \oplus b$ e $a \otimes b \in \mathbb{Z}_n$. (Fechamento.)

Prova. No Exercício 37.7

As operações $\oplus$ e $\otimes$ gozam das propriedades algébricas usuais.

▶ **PROPOSIÇÃO 37.4**

Seja n inteiro com $n \geq 2$.

- Para todos $a, b \in \mathbb{Z}_n$, $a \oplus b = b \oplus a$ e $a \otimes b = b \otimes a$. (Comutativa.)
- Para todos $a, b, c \in \mathbb{Z}_n$, $a \oplus (b \oplus c) = (a \oplus b) \oplus c$ e $a \otimes (b \otimes c) = (a \otimes b) \otimes c$. (Associativa.)
- Para todo $a \in \mathbb{Z}_n$, $a \oplus 0 = a$, $a \otimes 1 = a$ e $a \otimes 0 = 0$. (Elementos identidade: 0 para adição e 1 para multiplicação. Note que 0 não é um elemento identidade para multiplicação.)
- Para todos $a, b, c \in \mathbb{Z}_n$, $a \otimes (b \oplus c) = (a \otimes b) \oplus (a \otimes c)$. (Distributiva.)

Como as demonstrações de todos esses itens são bastante semelhantes, provamos apenas um, a título de exemplo. Como $a \oplus b = (a + b) \bmod n$ e $a \otimes b = (ab) \bmod n$, o passo básico em todas essas provas consiste em escrevermos

$$a \oplus b = a + b + kn \quad \text{ou} \quad a \otimes b = ab + kn$$

em que k é um inteiro.

Prova. Vamos mostrar que $\oplus$ é associativa. Dados $a, b, c \in \mathbb{Z}_n$. Vamos mostrar que $a \oplus (b \oplus c) = (a \oplus b) \oplus c$.

Ora,

$$a \oplus (b \oplus c) \in \mathbb{Z}_n \quad \text{(pela Proposição 37.3)}$$

e
$$\begin{aligned} a \oplus (b \oplus c) &= a \oplus (b + c + kn) \\ &= [a + (b + c + kn)] + jn \\ &= (a + b + c) + sn \end{aligned}$$

em que $k, j, s \in \mathbb{Z}_n$. Como, obviamente,

$$a + b + c + sn \equiv a + b + c \pmod{n}$$

temos $(a + b + c) \bmod n = (a + b + c + sn) \bmod n = (a + b + c + sn)$, porque $a + b + c + sn \in \mathbb{Z}_n$. (Aplicamos a Proposição 35.8.)

Em resumo, $a \oplus (b \oplus c) = (a + b + c) \bmod n$.

Por um argumento análogo, $(a \oplus b) \oplus c = (a + b + c) \bmod n$. Assim, $a \oplus (b \oplus c) = (a + b + c) \bmod n = (a \oplus b) \oplus c$.

Deixamos a você o restante da prova (Exercício 37.8).

Subtração modular

O que é subtração? Podemos definir a subtração ordinária de várias maneiras diferentes. Eis uma delas, baseada na adição. Sejam $a, b \in \mathbb{Z}$. Definimos $a - b$ como a solução da equação $a = b + x$. Provamos, então, duas coisas: (1) a equação $a = b + x$ tem uma solução e (2) a equação $a = b + x$ tem apenas uma solução.

Utilizamos a mesma abordagem para definir a subtração modular. Começamos provando que uma equação da forma $a = b \oplus x$ tem apenas uma solução.

Capítulo 7   Teoria dos números

▶ **PROPOSIÇÃO 37.5**

Seja n um inteiro positivo e sejam $a, b \in \mathbb{Z}_n$. Então, existe um e um só $x \in \mathbb{Z}_n$ de modo que $a = b \oplus x$.

Prova. Para provarmos que x existe, seja $x = (a - b) \bmod n$. Devemos verificar que $x \in \mathbb{Z}_n$ e que x satisfaz a equação $a = b + x$.

Por definição de (a operação binária) mod, x é o resto quando dividimos $a - b$ por n, de modo que $0 \leq x < n$ (isto é, $x \in \mathbb{Z}_n$). Note que $x = (a - b) + kn$ para algum inteiro k.

Calculamos:

$$b \oplus x = (b + x) \bmod n = [b + (a - b + kn)] \bmod n = (a + kn) \bmod n = a$$

porque $0 \leq a < n$. Portanto, x satisfaz a equação $a = b \oplus x$.

Vamos, agora, mostrar a unicidade (veja Esquema de prova 14). Suponha, por contradição, que haja duas soluções; isto é, existem $x, y \in \mathbb{Z}_n$ (com $x \neq y$) para os quais $a = b \oplus x$ e $a = b \oplus y$. Isso significa que

$$b \oplus x = (b + x) \bmod n = b + x + kn = a \quad \text{e}$$
$$b \oplus y = (b + y) \bmod n = b + y + jn = a$$

para inteiros k, j. Combinando as equações anteriores, temos

$$b + x + kn = b + y + jn \Rightarrow x = y + (k - j)n$$
$$\Rightarrow x \equiv y \pmod{n}$$
$$\Rightarrow x \bmod n = y \bmod n$$
$$\Rightarrow x = y$$

porque $0 \leq x, y < n$. Mostramos que $x = y$, mas $x \neq y.\Rightarrow\Leftarrow$

Sabemos, agora, que a equação $a = b \oplus x$ tem solução única; podemos utilizar esse fato para definir $a \ominus b$.

● **DEFINIÇÃO 37.6**

(**Subtração modular**) Seja n um inteiro positivo e sejam $a, b \in \mathbb{Z}_n$. Definimos $a \ominus b$ como o único valor $x \in \mathbb{Z}_n$ de modo que $a = b \oplus x$.

Alternativamente, poderíamos ter definido $a \ominus b$ como $(a - b) \bmod n$. Vamos provar que obteríamos o mesmo resultado.

▶ **PROPOSIÇÃO 37.7**

Seja n um inteiro positivo e sejam $a, b \in \mathbb{Z}_n$. Então, $a \ominus b = (a - b) \bmod n$.

Prova. Para provarmos que $a \ominus b = (a - b) \bmod n$, consultamos a definição. Devemos mostrar (1) que $[(a - b) \bmod n] \in \mathbb{Z}_n$ e (2) que, se $x = (a - b) \bmod n$, então $a = b \oplus x$.

Notemos que (1) é óbvio, porque $(a - b) \bmod n$ é um inteiro em $\mathbb{Z}_n$.

Para provarmos (2), notamos primeiro que $x = a - b + kn$ para algum inteiro k. Então

$$b \oplus x = [b + (a - b + kn)] \bmod n = (a + kn) \bmod n = a.$$

De forma alternativa, poderíamos ter aplicado a Proposição 37.7 como a *definição* de $\ominus$, provando, então, como um teorema, a asserção na Definição 37.6 (ver Exercício 37.9).

Divisão modular

A aritmética modular é $\frac{3}{4}$ fácil. Chegamos agora à parte difícil $\frac{1}{4}$. A divisão modular é significativamente diferente de quaisquer outras operações modulares. Por exemplo, na aritmética comum dos inteiros, temos as leis do corte (ou do cancelamento). Se a, b, c são inteiros com $a \neq 0$, então

$$ab = ac \quad \Rightarrow \quad b = c.$$

Porém, em $\mathbb{Z}_{10}$,

$$5 \otimes 2 = 5 \otimes 4 \text{ mas } 2 \neq 4.$$

A despeito do fato de ser $5 \neq 0$, não podemos cancelá-lo ou dividir ambos os membros por 5.

Motivados pela definição de $\ominus$, seria interessante podermos definir $a \oslash b$ como o valor único $x \in \mathbb{Z}_n$ de modo que $a = b \otimes x$. Isso é problemático. Consideremos $6 \oslash 2$ em $\mathbb{Z}_{10}$. Este deveria ser o único $x \in \mathbb{Z}_{10}$ de modo que $2 \otimes x = 6$. Será $x = 3$? Isso seria realmente interessante. E somos encorajados pelo fato de que $2 \otimes 3 = 6$. Entretanto, notemos que $2 \otimes 8 = 6$. Seria o caso de termos $6 \oslash 2 = 8$? O problema é que poderia não haver uma solução única para $6 = 2 \otimes x$.

◆ **EXEMPLO 37.8**

Dados $a, b \in \mathbb{Z}_{10}$ (com $b \neq 0$), deve haver uma solução para $a = b \otimes x$? Em caso afirmativo, a solução é única?

Consideremos os três casos seguintes:

- Sejam $a = 6$ e $b = 2$. Há duas soluções para $6 = 2 \otimes x$, a saber, $x = 3$ e $x = 8$.
- Sejam $a = 7$ e $b = 2$. Não há solução para $7 = 2 \otimes x$.
- Sejam $a = 7$ e $b = 3$. Há uma e uma só solução para $7 = 3 \otimes x$, a saber, $x = 9$. Nesse caso, faz sentido escrevermos $7 \oslash 3 = 9$.

Podemos verificar cada uma dessas asserções simplesmente considerando todos os valores possíveis de x; e como há apenas dez desses valores possíveis, o trabalho não exige um tempo excessivo.

A situação parece irremediavelmente confusa. Tentemos outra abordagem. Em $\mathbb{Q}$, podemos definir $a \div b$ como $a \cdot b^{-1}$ (isto é, a divisão por b se *define* como a multiplicação pelo inverso dos b). Isso explica por que a divisão por 0 não é definida; zero não tem um inverso. Procuremos ser precisos sobre o que queremos dizer por inverso. O *inverso* de um número racional x é um número racional y de modo que $xy = 1$.

Capítulo 7 Teoria dos números 371

Podemos utilizar esse fato como base para nossa definição de divisão em $\mathbb{Z}_n$. Começamos definindo inversos.

● DEFINIÇÃO 37.9

(Inverso modular) Sejam n um inteiro positivo e $a \in \mathbb{Z}_n$. O *inverso* de a é um elemento $b \in \mathbb{Z}_n$ de modo que $a \otimes b = 1$. Um elemento de $\mathbb{Z}_n$ que tenha um inverso é chamado *inversível*.

Investiguemos os inversos em $\mathbb{Z}_{10}$. Eis uma tabela de multiplicação para $\mathbb{Z}_{10}$.

$\otimes$	0	1	2	3	4	5	6	7	8	9
0	0	0	0	0	0	0	0	0	0	0
1	0	1	2	3	4	5	6	7	8	9
2	0	2	4	6	8	0	2	4	6	8
3	0	3	6	9	2	5	8	1	4	7
4	0	4	8	2	6	0	4	8	2	6
5	0	5	0	5	0	5	0	5	0	5
6	0	6	2	8	4	0	6	2	8	4
7	0	7	4	1	8	5	2	9	6	3
8	0	8	6	4	2	0	8	6	4	2
9	0	9	8	7	6	5	4	3	2	1

Cabem aqui diversos comentários.

- O elemento 0 não tem inverso (o que não é de surpreender).
- Os elementos 2, 4, 5, 6 e 8 não têm inversos. Isso explica por que nossas tentativas de dividir por 2 podem ter parecido estranhas.
- Os elementos 1, 3, 7 e 9 são inversíveis (têm inversos). Além disso, têm apenas um inverso cada um.
- Note que os elementos de $\mathbb{Z}_{10}$ que têm inverso são precisamente os inteiros em $\mathbb{Z}_{10}$ que são relativamente primos com 10.
- O inverso de 3 é 7 e o inverso de 7 é 3; 1 e 9 são seus próprios inversos.

Essas observações nos dão algumas ideias que podem ser desenvolvidas em teoremas.

Vimos que nem todo elemento tem inverso. Entretanto, para os que o têm, o inverso é único. Note que, na Definição 37.9, empregamos o artigo indefinido. Escrevemos "*Um* inverso de ..." e não "*O* inverso de ...", pois ainda não tínhamos estabelecido a unidade. Façamo-lo agora.

▶ PROPOSIÇÃO 37.10

Seja n um inteiro positivo e seja $a \in \mathbb{Z}_n$. Se a tem um inverso em $\mathbb{Z}_n$, então tem apenas um inverso.

Prova. Suponhamos que a tenha dois inversos, $b, c \in \mathbb{Z}_n$ com $b \neq c$. Considere $b \otimes a \otimes c$. Pela propriedade associativa (ver Proposição 37.4) para $\otimes$,

$$b = b \otimes 1 = b \otimes (a \otimes c) = (b \otimes a) c = 1 \otimes c = c$$

o que contradiz $b \neq c$. $\Rightarrow \Leftarrow$

Assim, tem sentido falarmos *do inverso* de a (também chamado *recíproco* de a). A notação para o inverso de a é a^{-1}. Estamos sobrecarregando o expoente -1 e testando a sua paciência. O símbolo a^{-1} tem três significados diferentes, conforme o contexto. É preciso termos cuidado!

O sobrecarregado expoente −1.

Os três significados são:

- No contexto dos inteiros ou dos racionais, a^{-1} se refere ao número racional $\frac{1}{a}$.
- No contexto das relações ou funções, R^{-1} representa a relação formada mediante inversão de todos os pares ordenados de R (ver Seção 14).
- No contexto de $\mathbb{Z}_n$, a^{-1} é o inverso de a. Não é (e *nunca* devemos escrever) $\frac{1}{a}$. Por exemplo, no contexto de $\mathbb{Z}_{10}$, temos $3^{-1} = 7$.

Note que 3 e 7 são inversos um do outro em $\mathbb{Z}_{10}$. Temos o seguinte:

▶ **PROPOSIÇÃO 37.11**

Seja n um inteiro positivo e seja $a \in \mathbb{Z}_n$. Suponhamos que a seja inversível. Se $b = a^{-1}$, então b é inversível e $a = b^{-1}$. Em outras palavras, $(a^{-1})^{-1} = a$.

Deixamos a você a demonstração (Exercício 37.11).
Podemos lançar mão de inversos para definir a divisão modular.

● **DEFINIÇÃO 37.12**

(Divisão modular) Seja n um inteiro positivo e seja b um elemento inversível de $\mathbb{Z}_n$. Seja $a \in \mathbb{Z}_n$ arbitrário. Então, $a \oslash b$ se define como $a \otimes b^{-1}$.

Notemos que $a \oslash b$ só é definido quando b é inversível; isso é análogo ao fato de que, para números racionais, $a \div b$ só é definido quando b é inversível (isto é, diferente de zero).

◆ **EXEMPLO 37.13**

Em $\mathbb{Z}_{10}$, calcule $2 \oslash 7$. Note que $7^{-1} = 3$; assim, $2 \oslash 7 = 2 \otimes 3 = 6$.

Temos ainda algo a fazer. Precisamos abordar os seguintes problemas:

- Em $\mathbb{Z}_n$, que elementos são inversíveis?
- Em $\mathbb{Z}_n$, dado que a é inversível, como calculamos a^{-1}?

Resolvemos esses problemas para $\mathbb{Z}_{10}$ escrevendo a tabela completa de $\otimes$ para $\mathbb{Z}_{10}$. Naturalmente, não pretenderíamos fazer o mesmo para $\mathbb{Z}_{1000}$!

Vimos que os únicos elementos inversíveis em $\mathbb{Z}_{10}$ são 1, 3, 7 e 9 – precisamente os elementos relativamente primos com 10. Esse padrão continua? Examinemos $\mathbb{Z}_9$. Eis a tabela de $\otimes$ para $\mathbb{Z}_9$:

$\otimes$	0	1	2	3	4	5	6	7	8
0	0	0	0	0	0	0	0	0	0
1	0	1	2	3	4	5	6	7	8
2	0	2	4	6	8	1	3	5	7
3	0	3	6	0	3	6	0	3	6
4	0	4	8	3	7	2	6	1	5
5	0	5	1	6	2	7	3	8	4
6	0	6	3	0	6	3	0	6	3
7	0	7	5	3	1	8	6	4	2
8	0	8	7	6	5	4	3	2	1

Os elementos inversíveis de $\mathbb{Z}_9$ são 1, 2, 4, 5, 7 e 8 (todos relativamente primos com 9) e os elementos não inversíveis são 0, 3 e 6 (nenhum deles relativamente primo com 9). Isso sugere o seguinte.

❖ TEOREMA 37.14

(**Elementos inversíveis de $\mathbb{Z}_n$**) Seja n um inteiro positivo e seja $a \in \mathbb{Z}_n$. Então, a é inversível se e somente se a e n são relativamente primos.

À primeira vista, parece um teorema difícil de ser provado. E, se você tentar prová-lo simplesmente desdobrando definições, é realmente difícil. Entretanto, dispomos de um instrumento poderoso para lidar com pares de números que são relativamente primos. O Corolário 36.9 afirma que a e b são relativamente primos se e somente se existe uma solução inteira para $ax + by = 1$. Aparelhados com esse instrumento, a prova do Teorema 37.14 quase decorre por si mesma.

Eis um esboço da prova.

Sejam n um inteiro positivo e $a \in \mathbb{Z}_n$.

($\Rightarrow$) Suponhamos a inversível... Portanto, a e n são relativamente primos.

($\Leftarrow$) Suponhamos a e n relativamente primos... Portanto, a é um elemento inversível de $\mathbb{Z}_n$.

Para a direção ($\Rightarrow$), desenredamos a definição de inversível e mantemos o desenredamento.

Sejam n um inteiro positivo e $a \in \mathbb{Z}_n$.

($\Rightarrow$) Suponhamos a inversível. Isso significa que existe um elemento $b \in \mathbb{Z}_n$ de modo que $a \otimes b = 1$. Em outras palavras, $(ab) \bmod n = 1$. Assim, $ab + kn = 1$ para algum inteiro k. ... Portanto, a e n são relativamente primos.

($\Leftarrow$) Suponhamos a e n relativamente primos... Portanto, a é um elemento inversível de $\mathbb{Z}_n$.

A primeira parte da prova está 99% completa! Temos $ab + kn = 1$. Aplicamos o Corolário 36.9 a a e a n e concluímos que $\text{mdc}(a, n) = 1$. Isso encerra a primeira parte da prova.

Seja n um inteiro positivo e seja $a \in \mathbb{Z}_n$.

($\Rightarrow$) Suponhamos a inversível. Isso significa que existe um elemento $b \in \mathbb{Z}_n$ de modo que $a \otimes b = 1$. Em outras palavras, $(ab) \bmod n = 1$. Assim, $ab + kn = 1$ para algum inteiro k. Pelo Corolário 36.9, a e n são relativamente primos.

($\Leftarrow$) Suponhamos a e n relativamente primos... Portanto, a é um elemento inversível de $\mathbb{Z}_n$.

Para a segunda parte ($\Leftarrow$) da prova, começamos com o Corolário 36.9.

Sejam n um inteiro positivo e $a \in \mathbb{Z}_n$.

($\Rightarrow$) Suponhamos a inversível. Isso significa que existe um elemento $b \in \mathbb{Z}_n$ de modo que $a \otimes b = 1$. Em outras palavras, $(ab) \bmod n = 1$. Assim, $ab + kn = 1$ para algum inteiro k. Pelo Corolário 36.9, a e n são relativamente primos.

($\Leftarrow$) Suponhamos a e n relativamente primos. Pelo Corolário 36.9, existem inteiros x e y de modo que $ax + ny = 1$. ... Portanto, a é um elemento inversível de $\mathbb{Z}_n$.

Temos $ax + ny = 1$, o que se pode escrever como $ax = 1 - ny$. Desejamos determinar b de modo que $a \otimes b = 1$. O inteiro x é um candidato provável, mas talvez $x \notin \mathbb{Z}_n$. Naturalmente, podemos ajustar x, para mais ou para menos, por um múltiplo de n, sem alterar coisa alguma de importante. Podemos fazer $b = x \bmod n$. Introduzamos isso na prova.

Sejam n um inteiro positivo e $a \in \mathbb{Z}_n$.

($\Rightarrow$) Suponhamos a inversível. Isso significa que existe um elemento $b \in \mathbb{Z}_n$ de modo que $a \otimes b = 1$. Em outras palavras, $(ab) \bmod n = 1$. Assim, $ab + kn = 1$ para algum inteiro k. Pelo Corolário 36.9, a e n são relativamente primos.

($\Leftarrow$) Suponhamos a e n relativamente primos. Pelo Corolário 36.9, existem inteiros x e y de modo que $ax + ny = 1$. Seja $b = x \bmod n$. Assim, $b = x + kn$ para algum inteiro k. Levando em $ax + ny = 1$, temos

$$1 = ax + ny = a(b - kn) + ny = ab + (y - ka)n.$$

Portanto, $a \otimes b = ab \pmod{n} = 1$. Assim, b é o inverso de a e, por conseguinte, a é um elemento inversível de $\mathbb{Z}_n$.

Sabemos, agora, que os elementos inversíveis de $\mathbb{Z}_n$ são exatamente os que são relativamente primos com n. Outrossim, a prova do Teorema 37.14 nos dá um método para calcular inversos.

Seja $a \in \mathbb{Z}_n$, e suponhamos $\text{mdc}(a, n) = 1$. Então, existem inteiros x e y de modo que $ax + ny = 1$. Para determinar os números x e y, utilizamos a retrossubstituição no algoritmo de Euclides (ver Seção 36).

◆ EXEMPLO 37.15

Em $\mathbb{Z}_{431}$, calcule 29^{-1}.
Solução. Na Seção 36, achamos inteiros x e y de modo que $431x + 29y = 1$, a saber, $x = 7$ e $y = -104$. Por conseguinte, $(-104 \cdot 29) \bmod 431 = 1$.

Entretanto, $-104 \notin \mathbb{Z}_{431}$. Assim, podemos tomar

$$b = -104 \bmod 431 = 327.$$

Mas $29 \otimes 327 = (29 \cdot 327) \bmod 431 = 9483 \bmod 431 = 1$. Portanto, $29^{-1} = 327$.

◆ EXEMPLO 37.16

Em $\mathbb{Z}_{431}$, calcule $30 \oslash 29$.
Solução. No exemplo anterior, vimos que $29^{-1} = 327$. Portanto,

$$30 \oslash 29 = 30 \otimes 327 = (30 \cdot 327) \bmod 431 = 9810 \bmod 431 = 328.$$

Uma observação sobre a notação

Neste livro, utilizamos símbolos diferentes para a adição de inteiros + e para a adição modular $\oplus$. Isso é importante porque, ao provarmos teoremas sobre $\oplus$, frequentemente encontramos $a + b$ e $a \oplus b$ na mesma equação. Poderia causar grande confusão se fôssemos representar ambos por $a + b$.

A boa nova é que, em todo este livro, manteremos coerência, usando $\oplus$ para a adição em $\mathbb{Z}_n$ e + para a adição em $\mathbb{Z}$ ou $\mathbb{Q}$. Você deve ficar atento quanto ao módulo (n) em causa.

A má notícia é que esta notação $\oplus$ não é padrão. Quando os matemáticos trabalham em $\mathbb{Z}_n$, escrevem simplesmente $a + b$ ou ab no lugar de $a \oplus b$ e $a \otimes b$, respectivamente.

Os matemáticos tipicamente escrevem frases como "trabalhando em $\mathbb{Z}_n$" ou "trabalhando no módulo n", passando, então, a usar os símbolos operacionais convencionais.

Recapitulando

Introduzimos o sistema de números $\mathbb{Z}_n$. Este é o conjunto $\{0, 1, ..., n-1\}$ juntamente com as operações $\oplus, \ominus, \otimes$ e $\oslash$.

As operações $\oplus, \ominus,$ e $\otimes$ são muito semelhantes a $+, -$ e $\times$, respectivamente; simplesmente operamos sobre os inteiros na forma usual e, em seguida, efetuamos a redução mod n.

A operação $\oslash$ é mais sutil. Definimos inversos em $\mathbb{Z}_n$ e mostramos que um elemento de $\mathbb{Z}_n$ é inversível se e somente se for relativamente primo com n. Podemos aplicar o algoritmo de Euclides para calcular inversos em $\mathbb{Z}_n$. Definimos, então, $a \oslash b = a \otimes b^{-1}$ apenas quando b é inversível. Se b não for inversível, então $a \oslash b$ não será definido.

37 Exercícios

37.1. Calcule o seguinte, no contexto de $\mathbb{Z}_{10}$:
   a. $3 \oplus 3$.
   b. $6 \oplus 6$.
   c. $7 \oplus 3$.
   d. $9 \oplus 8$.
   e. $12 \oplus 4$ (Seja cuidadoso. A resposta *não* é 6.).
   f. $3 \otimes 3$.
   g. $4 \otimes 4$.
   h. $7 \otimes 3$.
   i. $5 \otimes 2$.
   j. $6 \otimes 6$.
   k. $4 \otimes 6$.
   l. $4 \otimes 1$.
   m. $12 \otimes 5$.
   n. $5 \ominus 8$.
   o. $8 \ominus 5$.
   p. $8 \oslash 7$.
   q. $5 \oslash 9$.

37.2. Resolva as equações seguintes em relação a x no $\mathbb{Z}_n$ indicado.
   a. $3 \otimes x = 4$ em $\mathbb{Z}_{11}$.
   b. $4 \otimes x \ominus 8 = 9$ em $\mathbb{Z}_{11}$.
   c. $3 \otimes x \oplus 8 = 1$ em $\mathbb{Z}_{10}$.
   d. $342 \otimes x \oplus 448 = 73$ em $\mathbb{Z}_{1003}$.

37.3. Resolva as equações seguintes em relação a x no $\mathbb{Z}_n$ especificado. *Nota*: Trata-se de questões bastante diferentes das do conjunto anterior de problemas. Por quê? Certifique-se de que achou *todas* as soluções.
   a. $2 \otimes x = 4$ em $\mathbb{Z}_{10}$.
   b. $2 \otimes x = 3$ em $\mathbb{Z}_{10}$.
   c. $9 \otimes x = 4$ em $\mathbb{Z}_{12}$.
   d. $9 \otimes x = 6$ em $\mathbb{Z}_{12}$.

37.4. Eis mais algumas equações para serem resolvidas em $\mathbb{Z}_n$. Certifique-se de que achou todas as soluções.
   a. $x \otimes x = 1$ em $\mathbb{Z}_{13}$.
   b. $x \otimes x = 11$ em $\mathbb{Z}_{13}$.
   c. $x \otimes x = 12$ em $\mathbb{Z}_{13}$.
   d. $x \otimes x = 4$ em $\mathbb{Z}_{15}$.
   e. $x \otimes x = 10$ em $\mathbb{Z}_{15}$.
   f. $x \otimes x = 14$ em $\mathbb{Z}_{15}$.

37.5. Para alguns números primos p, a equação $x \otimes x \oplus 1 = 0$ tem solução em $\mathbb{Z}_p$; para outros primos, não tem. Por exemplo, em $\mathbb{Z}_{17}$, temos $4 \otimes 4 \oplus 1 = 0$, mas em $\mathbb{Z}_{19}$ não há solução. A equação tem solução para $p = 2$, mas este não é um exemplo particularmente interessante.

> A ordem de operações em $\mathbb{Z}_n$ é a mesma que na aritmética comum. A expressão $x \otimes x \oplus 1$ deve ser entendida como $(x \otimes x) \oplus 1$. Essencialmente, esse problema pede determinarmos se existe, ou não, $\sqrt{-1}$ em $\mathbb{Z}_p$ para vários números primos p.

Investigue os primeiros (digamos, até 103) números primos ímpares p e categorize-os segundo aqueles para os quais $x \otimes x \oplus 1 = 0$ tem solução em $\mathbb{Z}_p$ e aqueles para os quais não há solução. Recomendo a você que elabore um programa de computador para fazer isso.

Formule uma conjectura com base em sua evidência.

37.6. Prove: para todo $a, b \in \mathbb{Z}_n$, $(a \ominus b) \oplus (b \ominus a) = 0$.

37.7. Prove que as operações $\oplus$, $\otimes$, e $\ominus$ são *fechadas*, o que significa que, se $a, b \in \mathbb{Z}_n$, então $a \oplus b$, $a \otimes b$, $a \ominus b$, são todos elementos de $\mathbb{Z}_n$.

37.8. Prove a Proposição 37.4. Por que essa proposição é restrita a $n \geq 2$?

37.9. Use a Proposição 37.7 como a *definição* de $\ominus$ e prove, então, como um teorema, a asserção contida na Definição 37.6.

37.10. Para inteiros comuns, vale o seguinte: se $ab = 0$, então $a = 0$ ou $b = 0$. Para $\mathbb{Z}_n$, a afirmação análoga não é necessariamente verdadeira. Por exemplo, em $\mathbb{Z}_{10}$, $2 \otimes 5 = 0$, mas $2 \neq 0$ e $5 \neq 0$. Entretanto, para alguns valores de n (por exemplo, $n = 5$), é verdade que $a \otimes b = 0$ acarreta $a = 0$ ou $b = 0$.

Para que valores de $n \geq 2$ a implicação

$$a \otimes b = 0 \quad \Leftrightarrow \quad a = 0 \text{ ou } b = 0$$

é verdadeira em $\mathbb{Z}_n$?

Prove sua resposta.

37.11. Prove a Proposição 37.11.

37.12. Seja n um inteiro positivo e sejam $a, b \in \mathbb{Z}_n$ inversíveis. Prove ou refute cada uma das seguintes afirmações:

  a. $a \oplus b$ é inversível.
  b. $a \ominus b$ é inversível.
  c. $a \otimes b$ é inversível.
  d. $a \oslash b$ é inversível.

37.13. Seja n um inteiro, com $n \geq 2$. Prove que, em $\mathbb{Z}_n$, o elemento $n - 1$ é seu próprio inverso.

37.14. *Exponenciação modular*. Seja b um inteiro positivo. A notação a^b significa multiplicar repetidamente a por si mesmo, com um total de b fatores iguais a a; isto é,

$$a^b = \underbrace{a \times a \times \cdots \times a}_{b \text{ vezes}}.$$

A notação para $\mathbb{Z}_n$ é a mesma. Se $a \in \mathbb{Z}_n$, e b é um inteiro positivo, no contexto de $\mathbb{Z}_n$, Definimos

$$a^b = \underbrace{a \otimes a \otimes \cdots \otimes a}_{b \text{ vezes}}.$$

Faça o seguinte:

  a. No contexto de $\mathbb{Z}_n$, prove ou refute $a^b = a^{b \bmod n}$.

b. Sem recorrer a um computador ou a uma calculadora, ache, em $\mathbb{Z}_{100}$, o valor de 3^{64}.

A pior maneira de resolver esse problema é calcular efetivamente 3^{64} e fazer a redução mod 100 (embora isso dê a resposta correta – por quê?).

Uma forma um pouco melhor consiste em multiplicar 3 por si mesmo 64 vezes, fazendo a redução mod 100 em cada estágio. Isso exige 63 problemas de multiplicação.

Tente fazer esse cálculo com apenas seis multiplicações, incluindo a primeira: $3 \times 3 = 9$.

c. Estime quantas multiplicações serão necessárias para calcular a^b em $\mathbb{Z}_n$.

d. Dê uma definição satisfatória para a^0 em $\mathbb{Z}_n$.

e. Dê uma definição satisfatória para a^b em $\mathbb{Z}_n$ quando $b < 0$. Seria de estranhar o fato de a^{-1} já ter um sentido?

37.15. Escreva um programa de computador para calcular $a^b \bmod c$ em que a, b, c sejam inteiros positivos dados pelo usuário.

Use seu programa para verificar sua resposta da parte (b) do Exercício 37.14 e para calcular $2^{1000} \bmod 99$.

■ 38 O teorema do resto chinês

Nesta seção, vamos estudar como resolver equações que envolvem equivalências modulares.

Resolução de uma equação

Vamos começar com um exemplo fácil.

◆ **EXEMPLO 38.1**

Resolver a equação

$$x \equiv 4 \pmod{11}.$$

Solução. Devemos determinar todos os inteiros x de modo que $x - 4$ seja múltiplo de 11 (isto é, $x - 4 = 11k$ para algum inteiro k). Podemos reescrever essa expressão como $x = 4 + 11k$, em que k é um inteiro arbitrário.

Assim, as soluções são: ..., –18, –7, 4, 15, 26, ...

Passemos, agora, a um exemplo mais complicado.

◆ **EXEMPLO 38.2**

Resolver a equação

$$3x \equiv 4 \pmod{11}. \tag{43}$$

Suponhamos, apenas por um momento, que tivéssemos uma solução, x_0, da equação $3x \equiv 4\,(11)$. Consideremos o inteiro $x_1 = x_0 + 11$. Substituindo x por x_1 na Equação (43), obtemos:

$$3x_1 = 3(x_0 + 11) = 3x_0 + 33 \equiv 3x_0 \equiv 4 \pmod{11}$$

de modo que x_1 também é uma solução. Assim, se somarmos ou subtrairmos um múltiplo arbitrário de 11 a uma solução da Equação (43), obteremos outra solução da Equação (43). Portanto, se há uma solução, existe uma solução em $\{0, 1, 2, \ldots, 10\} = \mathbb{Z}_{11}$. Uma vez achadas todas as soluções em $\mathbb{Z}_{11}$, teremos achado todas as soluções da equação.

Agora há somente 11 valores possíveis de x que devemos tentar; poderia ser mais simples tentar todas as possibilidades para achar a resposta. Entretanto, queremos generalizar esse método para problemas em que o módulo é muito maior que 11.

Procuramos um número $x \in \mathbb{Z}_{11}$ para o qual $3x \equiv 4\,(11)$. Note, entretanto:

$$3x \equiv 4\,(11) \quad \Leftrightarrow \quad (3x)\bmod 11 = 4 \quad \Leftrightarrow \quad 3 \otimes x = 4$$

em que $\otimes$ é a multiplicação modular em $\mathbb{Z}_{11}$. Como resolvemos a equação $3 \otimes x = 4$ em $\mathbb{Z}_{11}$? Seria interessante dividirmos ambos os membros por 3. Obteremos $x = \frac{4}{3}$? Absurdo! Não é assim que se divide em $\mathbb{Z}_{11}$. Multiplicamos ambos os membros de $3 \otimes x = 4$ por 3^{-1}. Podemos agora, pelos métodos da Seção 37, calcular $3^{-1} = 4$ e, assim,

$$3 \otimes x = 4 \quad \Rightarrow \quad 4 \otimes 3 \otimes x = 4 \otimes 4 \quad \Rightarrow \quad 1 \otimes x = 5 \quad \Rightarrow \quad x = 5$$

(porque 12 mod 11 = 1 e 16 mod 11 = 5).

Verifiquemos essa resposta na Equação (43). Fazemos $x = 5$ e calculamos

$$3x = 15 \equiv 4 \quad (\bmod\,11)$$

e 5 é, pois, uma solução. Além disso, não há outras soluções em $\mathbb{Z}_{11}$. Se $x' \in \mathbb{Z}_{11}$ fosse outra solução, teríamos $3 \otimes x' = 4$, e quando $\otimes$ ambos os membros da equação por 4, acharíamos $x' = 5$.

Embora 5 seja a única solução em $\mathbb{Z}_{11}$, não é a única solução da Equação (43). Se adicionarmos a 5 um múltiplo arbitrário de 11, obteremos outra solução. O conjunto completo de soluções é $\{5 + 11k : k \in \mathbb{Z}\} = \{\ldots, -17, -6, 5, 16, 27, \ldots\}$. Isso completa a solução do Exemplo 38.2.

Vamos resumir, no resultado seguinte, o que acabamos de aprender.

▶ **PROPOSIÇÃO 38.3**

Sejam $a, b, n \in \mathbb{Z}$ com $n > 0$. Suponhamos a e n relativamente primos e consideremos a equação:

$$ax \equiv b\,(\bmod\,n)$$

O conjunto de soluções desta equação é

$$\{x_0 + kn : k \in \mathbb{Z}\}$$

em que $x_0 = a_0^{-1} \otimes b_0$, $a_0 = a \bmod n$, $b_0 = b \bmod n$, e $\otimes$ é a multiplicação modular em $\mathbb{Z}_n$. O inteiro x_0 é a única solução dessa equação em $\mathbb{Z}_n$.

Em essência, elaboramos a prova resolvendo a Equação (43). Você deve elaborar sua própria prova utilizando como guia nossa solução da Equação (43).

Não é difícil ampliar o âmbito da Proposição 38.3 para resolver equações da forma

$$ax + b \equiv c\,(\bmod\,n)$$

em que a e n são relativamente primos.

Resolução de duas equações

Vamos, agora, resolver um par de equações de congruência em módulos diferentes. O tipo de problema a ser resolvido é

$$x \equiv a \pmod{m}, \quad \text{e}$$
$$x \equiv b \pmod{n}.$$

Elaboremos a solução do problema seguinte.

◆ EXEMPLO 38.4

Resolva o par de equações

$$x \equiv 1 \pmod{7}, \quad \text{e}$$
$$x \equiv 4 \pmod{11}.$$

Em outras palavras, devemos achar todos os inteiros x que satisfazem ambas as equações.

Comecemos com a primeira equação. Como $x \equiv 1 \, (7)$, podemos escrever

$$x = 1 + 7k$$

para algum inteiro k. Podemos substituir x por $1 + 7k$ na segunda equação: $x \equiv 4 \, (11)$, o que dá

$$1 + 7k \equiv 4 \pmod{11} \qquad 7k \equiv 3 \pmod{11}.$$

> Podemos conferir que $7^{-1} = 8$ calculando $7 \times 8 = (7 \cdot 8) \bmod 11 = 56 \bmod 11 = 1$

O problema reduz-se, agora, a uma única equação em k. Apliquemos a Proposição 38.3. Para resolver essa equação, devemos ⊗ ambos os membros por 7^{-1} trabalhando em $\mathbb{Z}_{11}$. Em $\mathbb{Z}_{11}$, obtemos $7^{-1} = 8$. Calculamos em $\mathbb{Z}_{11}$:

$$7 \otimes k \equiv 3 \quad \Rightarrow \quad 8 \otimes 7 \otimes k = 8 \otimes 3 \quad \Rightarrow \quad k = 2.$$

Além disso, se aumentamos ou diminuímos $k = 2$ por um múltiplo de 11, novamente temos uma solução de $1 + 7k \equiv 4 \, (11)$.

Estamos quase terminados. Coloquemos por escrito o que temos. Sabemos que nos interessam todos os valores de x com

$$x = 1 + 7k$$

k podendo ser qualquer inteiro da forma

$$k = 2 + 11j$$

em que j é um inteiro arbitrário. Combinando essas duas equações, temos

$$x = 1 + 7k = 1 + 7(2 + 11j) = 15 + 77j \quad (\forall j \in \mathbb{Z}).$$

Em outras palavras, o conjunto solução das equações no Exemplo 38.4 é $\{x \in \mathbb{Z} : x \equiv 15\,(77)\}$.
Para verificar que esse resultado está correto, notemos que:

$$15 \equiv 1 \pmod 7 \quad \text{e} \quad 15 \equiv 4 \pmod{11}.$$

Além disso, se x é aumentado ou diminuído de um múltiplo de 77, ambas as equações permanecem válidas, porque 77 é múltiplo tanto de 7 como de 11.

❖ TEOREMA 38.5

(**O resto chinês**) Sejam a, b, m, n inteiros com m e n positivos e relativamente primos. Existe um único inteiro x_0, com $0 \le x_0 < mn$ que é solução do par de equações

$$x \equiv a \pmod m, \quad \text{e}$$
$$x \equiv b \pmod n.$$

Além disso, toda solução dessas equações difere de x_0 por um múltiplo de mn.

Vimos todos os passos para provar o teorema do resto chinês quando resolvemos o sistema no Exemplo 38.4. A prova geral segue o método daquele exemplo.

Prova. Pela equação $x \equiv a\,(m)$, sabemos que $x = a + km$, em que $k \in \mathbb{Z}$. Levando na segunda equação $x \equiv b\,(n)$, obtemos

$$a + km \equiv b\,(n) \quad \Rightarrow \quad km \equiv b - a\,(n)$$

que queremos resolver em relação a k. Notemos que, somando ou subtraindo um múltiplo de n a $b - a$ ou a m, não alteramos a equação. Assim, fazemos

$$m' = m \bmod n, \quad \text{e}$$
$$c = (b - a) \bmod n.$$

Como m e n são relativamente primos, m' e n também são (ver Exercício 36.14). Assim, resolver $km \equiv b - a\,(n)$ equivale a resolver $km' \equiv c\,(n)$. Para acharmos uma solução em $\mathbb{Z}_n$, resolvemos, em $\mathbb{Z}_n$,

$$k \otimes m' = c.$$

Como m' é relativamente primo com n, podemos $\otimes$ ambos os membros por seu inverso, obtendo

$$k = (m')^{-1} \otimes c.$$

Seja $d = (m')^{-1} \otimes c$, de forma que os valores de k que nos interessam são $k = d + jn$ para todos os inteiros j.

Por fim, levamos $k = d + jn$ em $x = a + km$, obtendo

$$x = a + km = a + (d + jn)m = a + dm + jnm$$

em que $j \in \mathbb{Z}$ é arbitrário. Mostramos que o sistema original de duas equações se reduz à única equação

$$x \equiv a + dm \pmod{mn}$$

de onde decorre a conclusão.

EXEMPLO 38.6

Suponha que queiramos resolver um sistema de três equações. Por exemplo, resolvamos para todo x:

$$x \equiv 3 \pmod 9$$
$$x \equiv 5 \pmod{10}, \quad \text{e}$$
$$x \equiv 2 \pmod{11}.$$

Solução: Podemos resolver as duas primeiras equações pelo método usual

$$\left. \begin{array}{l} x \equiv 3 \ (9) \\ x \equiv 5 \ (10) \end{array} \right\} \Rightarrow x \equiv 75 \ (90).$$

Em seguida, combinamos esse resultado com a última equação e novamente resolvemos pelo método usual.

$$\left. \begin{array}{l} x \equiv 75 \ (90) \\ x \equiv 2 \ (11) \end{array} \right\} \Rightarrow x \equiv 255 \ (990).$$

Recapitulando

Estudamos como resolver não só equações da forma $ax + b \equiv c \ (n)$, como também sistemas de equações da forma $x \equiv a \ (m)$ e $x \equiv b \ (n)$, em que m e n são relativamente primos.

38 Exercícios

38.1. Resolva para todos os inteiros x:

a. $3x \equiv 17 \pmod{20}$.
b. $2x + 5 \equiv 7 \pmod{15}$.
c. $10 - 3x \equiv 2 \pmod{23}$.
d. $100x \equiv 74 \pmod{127}$.

38.2. Prove a proposição 38.3.

38.3. Resolva os seguintes sistemas de equações:

a. $x \equiv 4 \ (5)$ e $x \equiv 7 \ (11)$.
b. $x \equiv 34 \ (100)$ e $x \equiv -1 \ (51)$.
c. $x \equiv 3 \ (7)$, $x \equiv 0 \ (4)$, e $x \equiv 8 \ (25)$.
d. $3x \equiv 8 \ (10)$ e $2x + 4 \equiv 9 \ (11)$.

38.4. Dez piratas encontram um saco de moedas de ouro. Quando eles tentam dividir o ouro (em partes iguais para todos), descobrem que há uma moeda sobrando. Chateado, um dos piratas reclama "Arg!" e sai (sem ouro). Os piratas que ficaram novamente tentam dividir o ouro e desta vez descobrem, para seu horror, que há duas moedas sobrando. Então, mais dois piratas reclamam "Arg!" e saem (sem ouro). Os piratas que sobraram dividem o ouro e descobrem que, para seu deleite, cada um recebe uma parte igual e nenhuma moeda sobra.

O que podemos dizer sobre o número de moedas de ouro no saco? Em particular, qual é o menor número de moedas que torna a história correta?

38.5. Explique por que é importante que a e n sejam relativamente primos na equação $ax \equiv b(n)$. Especificamente, você deve:

  a. criar uma equação da forma $ax \equiv b(n)$ que não tenha solução;
  b. criar uma equação da forma $ax \equiv b(n)$ que tenha mais de uma em solução em $\mathbb{Z}_n$.

38.6. Para o par de equações $x \equiv a\,(m)$ e $x \equiv b\,(n)$, explique por que é importante que m e n sejam relativamente primos. Onde utilizamos esse fato na prova do Teorema 38.5?

Dê um exemplo de um par de equações $x \equiv a\,(m)$ e $x \equiv b\,(n)$ que não tenha solução.

Dê um exemplo de um par de equações $x \equiv a\,(m)$ e $x \equiv b\,(n)$ que tenha mais de uma solução em $\mathbb{Z}_{nm}$.

38.7. Considere o sistema de congruências

$$x \equiv a_1 \quad (\text{mod } m_1)$$
$$x \equiv a_2 \quad (\text{mod } m_2)$$

em que m_1 e m_2 são relativamente primos. Sejam b_1 e b_2 inteiros em que

$$b_1 = m_1^{-1} \quad \text{in } \mathbb{Z}_{m_2}$$
$$b_2 = m_2^{-1} \quad \text{in } \mathbb{Z}_{m_1}.$$

Esses inversos existem porque m_1 e m_2 são relativamente primos.

Por último, seja

$$x_0 = m_1 b_1 a_2 + m_2 b_2 a_1.$$

Prove que x_0 é uma solução do sistema de congruências.

38.8. Aplique a técnica do problema anterior para resolver os seguintes sistemas de congruências:

  a. $x \equiv 3 \pmod 8$ e $x \equiv 2 \pmod{19}$.
  b. $x \equiv 1 \pmod{10}$ e $x \equiv 3 \pmod{21}$.

39 Fatoração

Nesta seção, provaremos o seguinte fato bastante conhecido. Todo inteiro positivo pode ser fatorado em números primos (essencialmente) de maneira única. Por exemplo, o inteiro 60 pode ser fatorado em números primos como $60 = 2 \times 2 \times 3 \times 5$. Mas pode ser fatorado também como $60 = 5 \times 2 \times 3 \times 2$; notemos, no entanto, que os primos nas duas fatorações são exatamente os mesmos; a única diferença é a ordem em que são escritos. Isso é válido para todos os inteiros positivos (podemos considerar 1 como o produto vazio de primos – ver Seção 9). Podemos considerar os números primos já fatorados em primos: um número primo, digamos, 17, é o produto de apenas um primo: 17. Os números compostos são o produto de dois ou mais números primos.

❖ **TEOREMA 39.1**

(**Teorema fundamental da aritmética**) Seja n um inteiro positivo. Então, n se fatora em um produto de números primos. Além disso, a fatoração de n em primos é única, a menos da ordem dos primos.

A expressão "a menos da ordem dos primos" significa que consideramos $2 \times 3 \times 5$ o mesmo que $5 \times 2 \times 3$.

Um instrumento-chave na demonstração desse teorema é o resultado a seguir.

◇ LEMA 39.2

Sejam $a, b, p \in \mathbb{Z}$ e p primo. Se $p|ab$, então $p|a$ ou $p|b$.

Nota: Se já tivéssemos uma prova do Teorema 39.1, seria simples provar esse lema (ver Exercício 39.5).

Prova. Sejam a, b, p inteiros com p primo, e suponhamos que $p|ab$. Suponhamos ainda, por contradição, que p não divida nem a nem b.

Como p é primo, os únicos divisores de p são ± 1 e $\pm p$. Como p não é divisor de a, o máximo divisor que eles têm em comum é 1. Portanto, mdc$(a, p) = 1$ (isto é, a e p são relativamente primos). Assim, pelo Corolário 36.9, existem inteiros x e y de modo que $ax + py = 1$.

De forma análoga, b e p são relativamente primos. Pelo Corolário 36.9, existem inteiros w e z de modo que $bz + pw = 1$.

Verificamos que $ax + py = 1$ e que $bz + pw = 1$. Multiplicando essas duas equações membro a membro, obtemos:

$$1 = (ax + py)(bz + pw) = abxz + pybz + paxw + p^2yw.$$

Note que todos esses quatro termos são divisíveis por p (o primeiro termo é múltiplo de ab, que, por seu turno, é múltiplo de p por hipótese). Mostramos que $p|1$, mas isso é obviamente falso.$\Rightarrow \Leftarrow$

◇ LEMA 39.3

Suponhamos que $p, q_1, q_2, ..., q_t$ sejam números primos. Se

$$p|(q_1 q_2 \cdots q_t).$$

então $p = q_i$, para algum $1 \leq i \leq t$.

Pode-se provar o Lema 39.3 por indução sobre t (ou pelo Princípio da Boa Ordenação) (ver Exercício 39.6).

Prova (do Teorema 39.1). Suponhamos, por contradição, que nem todo inteiro positivo se fatore em primos. Seja X o conjunto de todos os inteiros positivos que não se fatoram em números primos. Observe que $1 \notin X$ porque podemos fatorar 1 em um produto vazio de primos. Também $2 \notin X$, pois 2 é um número primo (e se fatora como $2 = 2$).

Pelo Princípio da Boa Ordenação, existe um elemento mínimo de X; nós o chamamos x. O inteiro x é o menor inteiro positivo que não se fatora em números primos. Note que $x \neq 1$ (discutido no parágrafo anterior). Além disso, x não é primo, pois todo primo é o produto de apenas um número (ele próprio). Portanto, x é composto.

Como x é composto, existe um inteiro a, com $1 < a < x$ e $a|x$. Isso significa que existe um inteiro b com $ab = x$. Como $a < x$, podemos dividir ambos os membros de $ab = x$ por a, obtendo $1 < \frac{x}{a} = b$. Como $1 < a$, podemos multiplicar ambos os membros por b, obtendo

$b < ab = x$. Assim, $1 < b < x$. Portanto, a e b são ambos inteiros positivos menores do que x. Como x é o menor elemento de X, sabemos que nem a nem b estão em X, e assim ambos, a e b, podem fatorar-se em números primos. Suponhamos que as fatorações de a e b sejam

$$a = p_1 p_2 \ldots p_s \text{ e } b = q_1 q_2 \ldots q_t$$

em que os p e os q são primos. Então

$$x = ab = (p_1 p_2 \ldots p_s)(q_1 q_2 \ldots q_t)$$

é uma fatoração de x em números primos, o que contradiz $x \in X$. ⇒⇐ Por conseguinte, todo inteiro positivo pode ser fatorado em números primos.

Vamos, agora, mostrar a unicidade. Suponhamos, por contradição, que alguns inteiros positivos possam ser fatorados em primos de duas maneiras distintas. Seja Y o conjunto de todos esses inteiros com duas (ou mais) fatorações distintas. Note que $1 \notin Y$ porque 1 só pode ser fatorado como o produto vazio de primos. A suposição é que $Y \neq \emptyset$ e, assim, Y contém um elemento mínimo y. Dessa forma, y pode ser fatorado em números primos de duas maneiras distintas:

$$y = p_1 p_2 \ldots p_s \text{ e}$$
$$y = q_1 q_2 \ldots q_t$$

em que os p e q são primos e as duas listas de números primos não são reagrupamentos uma da outra.

Afirmação: *A lista $(p_1, p_2, \ldots, p_s)$ e a lista $(q_1, q_2, \ldots, q_t)$ não têm elementos em comum (isto é, $p_i \neq q_j$ para todos i e j).* Se as duas listas tivessem um número primo em comum, digamos, r, então y/r seria um inteiro menor (do que y) que se fatoraria em primos de duas maneiras distintas, contradizendo o fato de ser y o elemento mínimo em Y.

Consideremos agora p_1. Notemos que $p_1 | y$, de forma que $p_1 | (q_1 q_2 \ldots q_t)$. Entretanto, pelo Lema 39.3, p_1 deve ser igual a um dos q, contradizendo a afirmação que acabamos de provar. ⇒⇐

Infinitos números primos

Quantos números primos existem? No começo, é muito fácil achar números primos; quase todo número é primo: 2, 3, 5, 7, 11, 13, 17, 19, 23, 29, e assim por diante. Isso sugere a possibilidade de existir uma quantidade infinita de números primos. Entretanto, esse padrão não continua. No Exercício 9.11, encontramos uma sequência de 1.001 números compostos consecutivos. Talvez, após determinado ponto, não existam mais números primos.

Embora os números primos se distanciem à medida que avançamos nos inteiros positivos, eles nunca se exaurem completamente. Há infinitos números primos.

❖ TEOREMA 39.4

(**Infinitude dos números primos**) Há infinitos números primos.

Prova. Suponhamos, por contradição, que haja apenas uma quantidade finita de números primos. Em tal caso, podemos (em princípio) relacioná-los todos:

$$2, 3, 5, 7, \ldots, p$$

em que p é o (alegado) último número primo. Seja

$$n = (2 \times 3 \times 5 \times \ldots \times p) + 1.$$

Isto é, n é o inteiro positivo formado pela multiplicação entre si de todos os números primos, adicionando-se 1 ao resultado.

Seria n primo?

A resposta é *não*. Obviamente, n é maior que o último primo p, de forma que n não seja primo. E, como n não é primo, n deve ser composto.

Seja q um número primo arbitrário e consideremos que

$$n = (2 \times 3 \times \ldots \times q \times \ldots \times p) + 1$$

de modo que, quando dividimos n por q, ficamos com um resto 1. Vemos que não existe número primo q com $q|n$, contradizendo o Teorema 39.1. $\Rightarrow \Leftarrow$

> Essa prova também pode ser considerada um algoritmo para a geração de números primos. Dado que tenhamos gerado números primos de 2 a p, os fatores primos de $n = 2 \cdot 3 \cdot 5 \ldots p + 1$ devem ser novos números primos que não foram construídos anteriormente. Assim, podemos construir tantos números primos quantos queiramos.

Uma fórmula para o máximo divisor comum

Sejam a e b inteiros positivos. Pelo Teorema 39.1, podemos fatorá-los em números primos como

$$a = 2^{e_2} 3^{e_3} 5^{e_5} 7^{e_7} \ldots \quad \text{e} \quad b = 2^{f_2} 3^{f_3} 5^{f_5} 7^{f_7} \ldots \quad (44)$$

Por exemplo, se $a = 24$, temos

$$24 = 2^3 3^1 5^0 7^0 \ldots$$

Suponhamos que $a|b$. Seja p um número primo e suponhamos que ele compareça e_p vezes na fatoração de a em números primos. Como $p^{e_p}|a$ e $a|b$, temos (pela Proposição 5.3) $p^{e_p}|b$, e, portanto, $p^{e_p}|p^{f_p}$. Assim, $e_p \leq f_p$. Em outras palavras, se $a|b$, então o número de fatores iguais a p na fatoração de a em primos é, no máximo, igual ao número de fatores iguais a p na fatoração de b em primos.

Assim, se a e b são como na Equação (44), e se $d = \text{mdc}(a, b)$, então

$$d = 2^{x_2} 3^{x_3} 5^{x_5} 7^{x_7} \ldots$$

em que $x_2 = \min\{e_2, f_2\}$, $x_3 = \min\{e_3, f_3\}$, $x_5 = \min\{e_5, f_5\}$ e assim por diante. Por exemplo,

$$24 = 2^3 3^1 5^0 7^0 \ldots \quad \text{e} \quad 30 = 2^1 3^1 5^1 7^0 \ldots$$

e, assim,

$$\text{mdc}(24, 30) = 2^{\min\{3, 1\}} 3^{\min\{1, 1\}} 5^{\min\{0, 1\}} 7^{\min\{0, 0\}} \ldots = 2^1 3^1 5^0 7^0 \ldots = 6.$$

> A notação mín$\{a, b\}$ representa o menor entre a e b. Ou seja, se $a \leq b$, então mín$\{a, b\} = a$; em caso contrário, mín$\{a, b\} = b$.

Vamos resumir, no resultado a seguir, as nossas observações.

❖ TEOREMA 39.5

(**Fórmula do mdc**) Sejam a e b inteiros positivos com

$$a = 2^{e_2}\, 3^{e_3}\, 5^{e_5}\, 7^{e_7} \ldots \quad \text{e} \quad b = 2^{f_2}\, 3^{f_3}\, 5^{f_5}\, 7^{f_7} \ldots$$

Então

$$\mathrm{mdc}(a, b) = 2^{\min\{e_2, f_2\}}\, 3^{\min\{e_3, f_3\}}\, 5^{\min\{e_5, f_5\}}\, 7^{\min\{e_7, f_7\}} \ldots$$

Irracionalidade de $\sqrt{2}$

Existe uma raiz quadrada de 2? Em outras palavras, existe um número x de modo que $x_2 = 2$? Trata-se efetivamente de uma questão sutil. Mostraremos, nesta seção, que não existe qualquer número racional x de modo que $x^2 = 2$.

▶ PROPOSIÇÃO 39.6

Não existe número racional x de modo que $x^2 = 2$.

Isso equivale a mostrar que o conjunto $\{x \in \mathbb{Q} : x^2 = 2\}$ é vazio. Para mostrar que algo não existe, aplicamos o Esquema de prova 13.

Prova. Suponhamos, por contradição, que exista um racional x de modo que $x^2 = 2$. Isso significa que existem inteiros a e b de modo que $x = \frac{a}{b}$.

Temos, portanto, $\left(\frac{a}{b}\right)^2 = 2$. Isso pode reescrever-se como

$$a^2 = 2b^2.$$

Consideremos a fatoração, em número primos, do inteiro $n = a^2 = 2b^2$. Por um lado, como $n = a^2$, o número primo 2 aparece um número par (eventualmente zero) de vezes na fatoração de n em números primos. Por outro lado, como $n = 2b^2$, o número primo 2 aparece um número ímpar de vezes na fatoração de n em primos. ⇒⇐ Portanto, não existe número racional x de modo que $x^2 = 2$.

Existe um número real x que satisfaz $x^2 = 2$, mas a demonstração desse fato é complicada. Primeiro, precisamos definir *número real*. Segundo, devemos definir o que significa multiplicar dois números reais. Por fim, temos de mostrar que $x^2 = 2$ tem uma solução. Todos esses problemas pertencem à área da *matemática contínua*, em que não vamos penetrar.

Há muitas provas interessantes de que $\sqrt{2}$ é irracional. Eis outra.

Prova (da Proposição 39.6).

Suponhamos que exista um número racional x de modo que $x^2 = 2$. Escrevamos $x = \frac{b}{a}$. De acordo com o Exercício 36.19, podemos escolher a e b relativamente primos.

Como a e b são relativamente primos, não há número primo que divida ambos. Como $\frac{b^2}{a^2} = 2$, temos

$$b^2 = 2a^2.$$

Fatoremos em primos ambos os membros desta equação; esses dois membros são inteiros no mínimo iguais a 2. Seja p um dos números primos na fatoração. Atentando para o membro esquerdo, vemos que a fatoração de b^2 em números primos é simplesmente a fatoração de b em números primos, com cada um deles aparecendo o dobro do número de vezes. Assim, se $p|b^2$, claramente p é um divisor de b e não é divisor de a. Observando o membro direito, vemos que p deve ser um divisor de 2, de modo que $p = 2$. Mostramos que o único divisor primo de $b^2 = 2a^2$ é 2. Como $2|b$ e $\mathrm{mdc}(a, b) = 1$, vemos que a não tem divisores primos! Assim, $a = \pm 1$, e temos

$$b^2 = 2.$$

Em outras palavras, existe um inteiro b com $b^2 = 2$ e, obviamente, não existe tal inteiro.

Eis mais uma prova que utiliza a geometria.

Prova (da Proposição 39.6).
Suponhamos, por contradição, que exista um número racional x de modo que $x^2 = 2$. Podemos admitir que x seja positivo, pois, em caso contrário, simplesmente tomaríamos $-x$ no lugar de x [pois $(-x)^2 = x^2 = 2$].

Como x é racional, escrevamos $x = \frac{b}{a}$ em que a e b são ambos positivos e tão pequenos quanto possível.

Escrevamos $x^2 = 2$ como $a^2 + a^2 = b^2$. Construamos um triângulo retângulo isósceles XYZ (com o ângulo reto em Y) cujos catetos tenham comprimento a e cuja hipotenusa tenha comprimento b. Ver a figura.

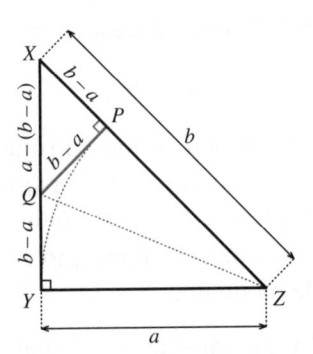

Tracemos um arco centrado em Z a partir de y que encontre a hipotenusa em P. Como o segmento ZP tem comprimento a (é um raio do arco), o segmento XP tem comprimento $b - a$.

Levantemos uma perpendicular por P que encontre o cateto XY no ponto Q. Notemos que XPQ é também um triângulo retângulo isósceles (o ângulo X tem 45°) e, assim, o segmento PQ tem comprimento $b - a$.

Ora, os triângulos ZPQ e ZYQ são congruentes porque são triângulos retângulos com mesma hipotenusa (QZ) e catetos YZ e PZ congruentes (aplique o teorema cateto-hipotenusa da geometria). Portanto, por PCTCC, PQ e YQ são congruentes. Como o comprimento de PQ é $b - a$, o comprimento de YQ é o mesmo.

> Abreviações para a geometria: o teorema HL afirma que dados dois triângulos retângulos, se a hipotenusa e um cateto de um triângulo forem congruentes à hipotenusa e um cateto do outro triângulo, então os triângulos serão congruentes. A abreviação PCTCC significa que partes correspondentes de triângulos congruentes são congruentes.

Assim, como o comprimento de YQ é $b - a$ e o comprimento de XY é a, o comprimento de XQ é $a - (b - a) = 2a - b$.

- **Afirmação:** $b > a$, logo, $b - a > 0$.

Isso porque $\left(\frac{b}{a}\right)^2 = 2$ e se $b \leq a$, teríamos $\left(\frac{b}{a}\right)^2 \leq 1$. (Também, o comprimento da hipotenusa de um triângulo retângulo é maior do que o de seus catetos.)

- **Afirmação:** $2a - b > 0$.

Em caso contrário, teríamos

$$b \geq 2a \quad \Rightarrow \quad b^2 \geq 4a^2 \quad \Rightarrow \quad \frac{b^2}{a^2} \geq 4$$

o que contradiz $\frac{b^2}{a^2} = 2$.

- **Afirmação:** $(b - a)^2 + (b - a)^2 = (2a - b)^2$.

Decorre do teorema de Pitágoras aplicado ao triângulo XPQ.

Portanto,

$$\left(\frac{b'}{a'}\right)^2 = \left(\frac{2a-b}{b-a}\right)^2 = 2$$

em que $b' = 2a - b$ e $a' = b - a$. Como o triângulo XQP é estritamente interior ao triângulo XYZ, temos $a' < a$ e $b' < b$, o que contradiz a escolha de a e b tão pequenos quanto possível.

Apenas por diversão

Aqui está um problema com uma solução divertida. Existem números irracionais x e y com a propriedade de que x^y seja racional?

Bom, sabemos que $\sqrt{2}$ é irracional, por isso, considere $a = \sqrt{2}^{\sqrt{2}}$. Se a é racional, então a resposta à pergunta é "sim".

Mas se a é irracional, então deixe $b = \sqrt{2}$ e observe que

$$a^b = \left(\sqrt{2}^{\sqrt{2}}\right)^{\sqrt{2}} = \left(\sqrt{2}\right)^2 = 2$$

que é racional, então, novamente a resposta é "sim".

Em ambos os casos *(a é racional ou irracional)*, vemos que existem números irracionais x e y dos quais x^y é racional.

Recapitulando

Provamos que todo inteiro positivo se fatora de maneira única em um produto de números primos. Provamos que existem infinitos números primos e utilizamos a fatoração em números primos para estabelecer uma fórmula para o máximo divisor comum de dois inteiros positivos. Provamos que não existe qualquer número racional cujo quadrado seja 2.

39 Exercícios

39.1. Suponha-se que queiramos fatorar um inteiro positivo n. Poderíamos escrever um programa de computador que tente dividir n por todos os divisores possíveis entre 1 e n. Se n for da ordem de 1 milhão, isso significa que teríamos de fazer cerca de 1 milhão de divisões. Explique por que isso não é necessário, sendo suficiente verificar todos os divisores possíveis de 2 até (talvez inclusive) $\sqrt{n}$.

Se n é da ordem de 1 milhão, então $\sqrt{n}$ é aproximadamente 1.000.

39.2. Fatore em números primos os seguintes inteiros positivos:
   a. 25.
   b. 4.200.
   c. 10^{10}.
   d. 19.
   e. 1.

39.3. Seja x um inteiro. Prove que $2|x$ e $3|x$ se e somente se $6|x$.

Generalize e prove.

39.4. Suponha que a seja um inteiro positivo e que p seja um número primo. Prove que $p|a$ se e somente se a fatoração de a em primos contém p.

39.5. Prove o Lema 39.2 utilizando o Teorema 39.1

39.6. Prove o Lema 39.3 por indução (ou pelo Princípio da Boa Ordenação) usando o Lema 39.2.

39.7. Suponha que queiramos calcular o máximo divisor comum de dois números de 1.000 algarismos utilizando o Teorema 39.5. Quantas divisões seriam necessárias? (Suponha que fatoremos por meio de divisões por tentativas até as raízes quadradas dos números.) Compare com o processo do algoritmo de Euclides.

39.8. Sejam a e b inteiros positivos. Prove que a e b são relativamente primos se e somente se não houver primo p de modo que $p|a$ e $p|b$.

39.9. Sejam a e b inteiros positivos. Prove que 2^a e $2^b - 1$ são relativamente primos, considerando suas fatorações primas.

39.10. Sejam a e b inteiros. Um *múltiplo comum* de a e b é um inteiro n de modo que $a|n$ e $b|n$. Dizemos que um inteiro m é o *mínimo múltiplo comum* de a e b se e somente se (1) m é positivo, (2) m é um múltiplo comum de a e b, e (3) se n é qualquer outro múltiplo comum positivo de a e b, então $n \geq m$.

A notação para o mínimo múltiplo comum de a e b é mmc (a, b). Por exemplo, mmc $(24, 30) = 120$.

Faça o seguinte:
   a. Estabeleça uma fórmula para o mínimo múltiplo comum de dois inteiros positivos em termos de suas fatorações em primos; sua fórmula deve ser análoga à do Teorema 39.5.
   b. Aplique sua fórmula para mostrar que, se a e b são inteiros positivos, então

$$ab = \mathrm{mdc}(a, b)\, \mathrm{mmc}(a, b).$$

39.11. Seja $a \in \mathbb{Z}$ e suponhamos a^2 par. Prove que a é par.

39.12. Generalize o exercício anterior. Prove: Sejam $a, p \in \mathbb{Z}$ com p primo e $p|a^2$. Prove que $p|a$.

39.13. Prove que quadrados perfeitos consecutivos são relativamente primos.

39.14. Seja n um inteiro positivo e suponha que fatoremos n em primos, da seguinte maneira:

$$n = p_1^{e_1} p_2^{e_2} \cdots p_t^{e_t}$$

em que os p_j são primos distintos e os e_j são números naturais.

Encontre uma fórmula para o número de divisores positivos de n. Por exemplo, se $n = 18$, então n possui seis divisores positivos: 1, 2, 3, 6, 9 e 18.

39.15. Recorde (ver Exercício 3.13) que um inteiro n é chamado *perfeito* se é igual à soma de todos os seus divisores d com $1 \le d < n$. Por exemplo, 28 é perfeito porque $1 + 2 + 4 + 7 + 14 = 28$.

Seja a um inteiro positivo. Prove que, se $2^a - 1$ é primo, então $n = 2^{a-1}(2^a - 1)$ é perfeito.

39.16. Neste problema, vamos considerar a questão: quantos inteiros, de 1 a n inclusive, são relativamente primos com n? Suponhamos, por exemplo, $n = 10$. Há dez números em $\{1, 2, ..., 10\}$. Entre eles, os seguintes são relativamente primos com 10: $\{1, 3, 7, 9\}$. Há, pois, quatro números de 1 a 10 que são relativamente primos com 10.

Função $\varphi(n)$ de Euler

A notação $\varphi(n)$ representa a resposta desse problema de contagem, isto é, $\varphi(n)$ é o número de inteiros de 1 a n, inclusive, que são relativamente primos com n. Pelo nosso exemplo, $\varphi(10) = 4$. O símbolo φ é a letra grega minúscula *phi*. A função φ é conhecida como *função φ de Euler*.

Calcule:

a. $\varphi(14)$.
b. $\varphi(15)$.
c. $\varphi(16)$.
d. $\varphi(17)$.
e. $\varphi(25)$.
f. $\varphi(5.041)$. Note que $5.041 = 71^2$ e 71 é primo.
g. $\varphi(2^{10})$.

Nota: Provavelmente você poderia fazer todos esses exercícios relacionando todas as possibilidades, mas, para os dois últimos, seria extremamente trabalhoso. Procure elaborar métodos gerais (ou veja o próximo problema).

39.17. A *função φ de Euler, continuação*. Suponhamos que p e q sejam primos diferentes um do outro. Prove:

a. $\varphi(p) = p - 1$.
b. $\varphi(p^2) = p^2 - p$.
c. $\varphi(p^n) = p^n - p^{n-1}$ em que n é um inteiro positivo.
d. $\varphi(pq) = pq - q - p + 1 = (p-1)(q-1)$.

39.18. A *função φ de Euler, continuação*. Seja $n = p_1 p_2 \cdots p_t$, em que os p_i são números primos distintos (isto é, não há dois deles que sejam o mesmo). Por exemplo, $n = 2 \times 3 \times 11 = 66$ é um deles. Prove que

$$\varphi(n) = n - \frac{n}{p_1} - \frac{n}{p_2} - \cdots - \frac{n}{p_t}$$
$$+ \frac{n}{p_1 p_2} + \frac{n}{p_1 p_3} + \cdots + \frac{n}{p_{t-1} p_t}$$
$$- \frac{n}{p_1 p_2 p_3} - \frac{n}{p_1 p_2 p_4} - \cdots - \frac{n}{p_{t-2} p_{t-1} p_t}$$
$$+ \cdots \cdots \pm \frac{n}{p_1 p_2 p_3 \cdots p_t}.$$

Por exemplo,

$$\varphi(66) = 66 - \frac{66}{2} - \frac{66}{3} - \frac{66}{11} + \frac{66}{2 \cdot 3} + \frac{66}{2 \cdot 11} + \frac{66}{3 \cdot 11} - \frac{66}{2 \cdot 3 \cdot 11}$$
$$= 66 - 33 - 22 - 6 + 11 + 3 + 2 - 1$$
$$= 20.$$

Note que essa fórmula se simplifica para

$$\varphi(n) = n\left(1 - \frac{1}{p_1}\right)\left(1 - \frac{1}{p_2}\right)\cdots\left(1 - \frac{1}{p_t}\right).$$

Por exemplo, $\varphi(66) = 66(1 - \frac{1}{2})(1 - \frac{1}{3})(1 - \frac{1}{11}) = 20$.

39.19. *Novamente a função φ de Euler.* Suponhamos agora que n seja um inteiro positivo arbitrário. Fatoremos n em primos como

$$n = p_1^{a_1} p_2^{a_2} \cdots p_t^{a_t}$$

em que os p_i são primos distintos e os expoentes a_i são todos inteiros positivos.

Prove que as fórmulas do problema anterior são válidas para esse n geral.

39.20. Reformule a segunda prova da Proposição 39.6 para mostrar o seguinte: seja n um inteiro. Se $\sqrt{n}$ não é um inteiro, então não há número racional x de modo que $x^2 = n$.

39.21. Explique por que podemos supor a e b ambos positivos na terceira prova da Proposição 39.6.

39.22. Prove que $\log_2 3$ é irracional.

39.23. *Crivo de Eratóstenes.* Eis um método para achar muitos números primos. Escrevamos todos os números de 2 até, digamos, 1.000. O menor número dessa lista (2) é primo. Cancelemos todos os múltiplos de 2 (exceto o próprio 2). O próximo menor número na lista é um primo (3). Cancelemos todos os múltiplos de 3 (exceto o próprio 3). O próximo número na lista é 4, mas já foi cancelado. O próximo menor número da lista que não foi cancelado é 5. Cancele todos os múltiplos de 5 (exceto o próprio 5).

    a. Prove que esse algoritmo cancela todos os números compostos da lista, mas retém todos os primos.

    b. Implemente esse algoritmo em um computador.

    c. Denotemos por $\pi(n)$ o número de primos que não superam n. Por exemplo, $\pi(19) = 8$, porque há oito primos não superiores a 19, a saber, 2, 3, 5, 7, 11, 13, 17 e 19.

    Utilize seu programa da parte (b) para calcular $\pi(1.000.000)$.

    d. O teorema dos números primos afirma que $\pi(n) \approx n/\ln n$. Quão boa é esta aproximação quando $n = 1.000.000$?

39.24. Neste e nos problemas subsequentes, vamos trabalhar com um sistema diferente de números. O objetivo é ilustrar que a fatoração única dos números primos é uma característica especial dos inteiros.

Consideremos todos os números da forma

$$a + b\sqrt{-3}$$

em que a e b são inteiros. Por exemplo, $5 - 2\sqrt{-3}$ é um número nesse sistema, mas $\frac{1}{2}$ não o é.

Esse sistema de números é denotado por $\mathbb{Z}[\sqrt{-3}]$. Ou seja, $\mathbb{Z}[\sqrt{-3}]$ é o conjunto

$$\mathbb{Z}[\sqrt{-3}] = \{a + b : a, b \in \mathbb{Z}\}.$$

Faça o seguinte:

    a. Prove que se $w, z \in \mathbb{Z}[\sqrt{-3}]$, então $w + z \in \mathbb{Z}[\sqrt{-3}]$.

    b. Prove que se $w, z \in \mathbb{Z}[\sqrt{-3}]$, então $w - z \in \mathbb{Z}[\sqrt{-3}]$.

    c. Prove que se $w, z \in \mathbb{Z}[\sqrt{-3}]$, então $wz \in \mathbb{Z}[\sqrt{-3}]$.

    d. Determine os números w de modo que w e w^{-1} estejam em $\mathbb{Z}[\sqrt{-3}]$.

39.25. Seja $w = a + b\sqrt{-3} \in \mathbb{Z}[\sqrt{-3}]$. Definamos a *norma* de w como

$$N(w) = a^2 + 3b^2.$$

Faça o seguinte:

a. Prove: Se $w, z \in \mathbb{Z}[\sqrt{-3}]$, então $N(wz) = N(w)N(z)$.

b. Ache todos os $w \in \mathbb{Z}[\sqrt{-3}]$ com $N(w) = 0$, com $N(w) = 1$, com $N(w) = 2$, com $N(w) = 3$, e com $N(w) = 4$.

39.26. Sejam $w, z \in \mathbb{Z}[\sqrt{-3}]$. Dizemos que w *divide* z se e somente se existe um $q \in \mathbb{Z}[\sqrt{-3}]$ com $wq = z$. Nesse caso, dizemos que w é um *fator* de z.

Dizemos que $p \in \mathbb{Z}[\sqrt{-3}]$ é *irredutível* se e somente se (1) $p \neq 1$ e $p \neq -1$ e (2) os únicos fatores de p são ± 1 e $\pm p$. Os elementos irredutíveis de $\mathbb{Z}[\sqrt{-3}]$ são muito semelhantes aos números primos em $\mathbb{Z}$ (apenas não consideramos primos os inteiros negativos).

Determine quais dos seguintes elementos de $\mathbb{Z}[\sqrt{-3}]$ são irredutíveis:

a. $1 + 2\sqrt{-3}$.
b. $2 + \sqrt{-3}$.
c. 2.
d. $1 + \sqrt{-3}$.
e. 3.
f. 7.
g. -1.
h. 0.

39.27. Seja $w \in \mathbb{Z}[\sqrt{-3}]$, com $w \neq 0, \pm 1$. Prove que w pode ser fatorado em elementos irredutíveis de $\mathbb{Z}[\sqrt{-3}]$, isto é, podemos achar elementos irredutíveis $p_1, p_2, \ldots, p_t$ com $w = p_1 p_2 \cdots p_t$.

39.28. Chegamos ao termo desta série de problemas sobre $\mathbb{Z}[\sqrt{-3}]$. Nosso objetivo é fazer uma afirmação sobre a unicidade da fatoração em $\mathbb{Z}[\sqrt{-3}]$.

Suponha que fatoremos a em irredutíveis como

$$a = (p_1)(p_2)(p_3) \cdots (p_t)$$

e considere a fatoração

$$a = (-p_2)(-p_1)(p_3) \cdots (p_t).$$

Consideramos essas fatorações como a mesma. Não nos interessa a ordem dos fatores (é o mesmo que ocorre com a fatoração de inteiros positivos em números primos); não nos interessam, também, fatores que diferem por uma multiplicação por -1. Por exemplo, consideramos a mesma as duas fatorações seguintes de 6 em irredutíveis:

$$6 = (2)(\sqrt{-3})(\sqrt{-3}) \quad \text{e}$$
$$6 = (-2)(\sqrt{-3})(\sqrt{-3}).$$

Essas fatorações são a mesma, apesar de utilizarmos 2 na primeira e -2 na segunda, não nos interessam as mudanças de sinal nos fatores.

Assim, as duas fatorações seguintes de 4 em irredutíveis são a mesma:

$$4 = (2)(2) = (-2)(-2).$$

Eis a surpresa e seu trabalho para esse problema: achar outra fatoração de 4 em irredutíveis.

Por conseguinte, no sistema de números $\mathbb{Z}[\sqrt{-3}]$, podemos fatorar números em irredutíveis, mas a fatoração não é necessariamente única!

Autoteste

1. Encontre os inteiros q e r, de forma que $23 = 5q + r$, com $0 \leq r < 5$, e calcule 23 div 5 e 23 mod 5.
2. Sejam a e b positivos inteiros. Prove que, se $b|a$, então a div $b = \frac{a}{b}$.
3. Sejam $a \geq 2$ e b inteiros positivos e suponha que $a|(b! + 1)$. Prove que $a > b$.
4. Suponha que a seja par e b seja ímpar. Isso implica que a e b são relativamente primos?
5. Sejam p e q números primos. Prove que mdc $(p, q) = 1$, se e somente se $p \neq q$.
6. Encontre os inteiros x e y, de modo que $100x + 57y =$ mdc(100, 57).
7. Encontre o inverso de 57 em $\mathbb{Z}_{100}$.
8. Prove que os números de Fibonacci consecutivos devem ser relativamente primos: ou seja, mdc($F_n + F_{n+1}$) = 1 para todos os inteiros positivos n.
9. Sejam p um número primo e n um inteiro positivo. Prove que, se n não é divisível por p, então mdc($n, n + p$) = 1.
10. Sejam p um número primo e n um inteiro positivo. Encontre, nos termos mais simples possíveis, a soma dos divisores positivos de p^n.
11. Em $\mathbb{Z}_{101}$, calcule o seguinte:
    a. 55 [⊕] 66.
    b. 55 [⊖] 66.
    c. 55 [⊗] 66.
    d. 55 [⊘] 66.
12. Seja n um inteiro positivo, com $n \geq 2$. Prove que n é primo, se e somente se todos os elementos não nulos de $\mathbb{Z}_n$ forem inversíveis.
13. Encontre todos os inteiros x que satisfazem o seguinte par de congruências:

    $$x \equiv 21 \pmod{64} \quad \text{e}$$
    $$x \equiv 12 \pmod{51}.$$

14. Sejam a e b inteiros positivos. Prove que $a = b$ se e somente se mdc(a, b) = mmc(a, b).
15. Seja n = 10^{10}.
    a. Quantos divisores positivos n possui?
    b. O que é $\varphi(n)$?
16. Seja n um inteiro, positivo. Prove que n tem um número ímpar de divisores positivos se e somente se n for um quadrado perfeito.

    Nota: Este é o mesmo que o Exercício 24.19 (b). Nesse caso, você deve encontrar uma bijeção entre o conjunto de divisores positivos menores que $\sqrt{n}$ e o conjunto de divisores maiores que $\sqrt{n}$. Para este problema, você deve usar seu conhecimento de fatoração de um inteiro n em números primos e como isso pode ser usado para determinar o número de divisores positivos de n diretamente.
17. Sejam a, b, c inteiros positivos. Prove que, se $a|bc$ e mdc(a, b) = 1, então $a|c$.
18. Seja a um inteiro positivo. Prove que a soma de a inteiros consecutivos é divisível por a, se e somente se a for ímpar.

CAPÍTULO 8

Álgebra

A palavra *álgebra* tem diversos significados para diferentes pessoas. *Álgebra* é, por um lado, uma disciplina do curso secundário, em geral estudada em conjunto com a trigonometria, em que o estudante aprende a lidar com variáveis e expressões algébricas. Um enfoque importante de um curso como este consiste na resolução de vários tipos de equações.

A palavra *álgebra* também se refere a uma disciplina mais avançada, teórica – que os matemáticos costumam chamar *álgebra abstrata*, para distingui-la de sua prima mais elementar.

Este capítulo constitui uma introdução às ideias da álgebra abstrata. Interessam-nos especialmente sistemas algébricos chamados *grupos*, mas a álgebra abstrata aborda outros sistemas exóticos conhecidos como anéis, corpos, espaços vetoriais etc.

A álgebra abstrata tem um lado prático: nela, combinamos ideias da teoria dos números e da teoria dos grupos para nosso estudo da criptografia de chave pública.

■ 40 Grupos

Operações

A primeira operação que aprendemos na infância é a adição. Posteriormente, passamos para operações mais complexas como a divisão, e neste livro investigamos exemplos mais exóticos, incluindo $\wedge$ e $\vee$, definidas no conjunto {VERDADEIRO, FALSO}, $\oplus$ e $\otimes$, definidos em $\mathbb{Z}_n$, e $\circ$, definida em S_n.

Nesta seção, observamos com maior profundidade as operações definidas sobre conjuntos e suas propriedades algébricas. Apresentamos, inicialmente, uma definição formal de *operação*.

Lembre-se que S_n é o conjunto de todas as permutações do conjunto {1, 2,. . ., n} e $\circ$ é a composição; veja Definição 27.3.

● **DEFINIÇÃO 40.1**

(**Operação**) Seja A um conjunto. Uma *operação* em A é uma função cujo domínio é $A \times A$.

Recorde-se de que $A \times A$ é o conjunto de todos os pares ordenados (listas de dois elementos) cujos elementos estão em A. Assim, uma operação é uma função cuja entrada é um par de elementos de A.

Por exemplo, considere a seguinte função $f: \mathbb{Z} \times \mathbb{Z} \to \mathbb{Z}$ definida por

$$f(a, b) = |a - b|.$$

> Note que escrevemos $f(a, b)$, embora fosse mais adequado escrever $f[(a, b)]$ porque estamos aplicando a função f ao objeto (a, b). Os colchetes extras, entretanto, tendem a ser uma perturbação.
> Podemos considerar uma função definida em $A \times A$ como uma função de duas variáveis.

Em palavras, $f(a, b)$ dá a distância entre a e b em uma reta numérica.

Embora a notação $f(a, b)$ seja formalmente correta, raramente escrevemos o símbolo da operação na frente dos dois elementos sobre os quais estamos operando. Ao contrário, escrevemos um símbolo da operação entre os dois elementos da lista. Em lugar de $f(a, b)$, escrevemos $a f b$.

Além disso, em geral não empregamos uma letra para denotar uma operação. Ao contrário, utilizamos um símbolo especial tal como $+$ ou $\otimes$ ou $\circ$. Os símbolos $+$ e $\times$ têm significados predefinidos. Um símbolo comum para uma operação genérica é $*$. Assim, em vez de escrevermos $f(a, b) = |a - b|$, poderíamos escrever $a * b = |a - b|$.

◆ **EXEMPLO 40.2**

Quais das seguintes são operações em $\mathbb{N}$: $+$, $-$, $\times$ e $\div$?

Solução. Certamente, a adição $+$ é uma operação definida em $\mathbb{N}$. Embora $+$ seja definido mais amplamente sobre dois números racionais quaisquer (ou mesmo reais ou complexos), é uma função cujo domínio inclui qualquer par de números naturais. Da mesma forma, a multiplicação $\times$ é uma operação em $\mathbb{N}$.

Além do mais, $-$ é uma operação definida em $\mathbb{N}$. Note, entretanto, que o resultado de $-$ pode não ser um elemento de $\mathbb{N}$. Por exemplo, $3, 7 \in \mathbb{N}$, mas $3 - 7 \notin \mathbb{N}$.

Por fim, a divisão $\div$ não define uma operação em $\mathbb{N}$, porque a divisão por zero não é definida. Todavia, $\div$ é uma operação definida no conjunto dos inteiros *positivos*.

Propriedades de operações

As operações podem gozar de várias propriedades. Por exemplo, uma operação $*$ sobre um conjunto A se diz *comutativa* em A se $a * b = b * a$ para todos $a, b \in A$. A adição de inteiros é comutativa, mas a subtração não o é. Apresentamos, aqui, definições formais de algumas propriedades importantes das operações.

● **DEFINIÇÃO 40.3**

(**Propriedade comutativa**) Seja $*$ uma operação sobre um conjunto A. Dizemos que $*$ é *comutativa* sobre A se e somente se

$$\forall a, b \in A, a * b = b * a.$$

● **DEFINIÇÃO 40.4**

(**Propriedade de fechamento**) Seja $*$ uma operação em um conjunto A. Dizemos que $*$ é *fechada* em A se e somente se

$$\forall a, b \in A, a * b \in A.$$

Seja $*$ uma operação definida em um conjunto A. Observe que a Definição 40.1 não exige que o resultado de $*$ seja um elemento de A. Por exemplo, $-$ é uma operação definida em $\mathbb{N}$, mas o resultado da subtração de dois números naturais pode não ser um número natural. A subtração não é fechada em $\mathbb{N}$, mas sim em $\mathbb{Z}$.

● **DEFINIÇÃO 40.5**

(**Propriedade associativa**) Seja $*$ uma operação em um conjunto A. Dizemos que $*$ é *associativa* em A se e somente se

$$\forall a, b, c \in A, (a * b) * c = a * (b * c).$$

Por exemplo, as operações $+$ e $\times$ em $\mathbb{Z}$ são associativas, mas $-$ não o é. Com efeito, $(3 - 4) - 7 = -8$, mas $3 - (4 - 7) = 6$.

● **DEFINIÇÃO 40.6**

(**Elemento identidade**) Seja $*$ uma operação em um conjunto A. Um elemento $e \in A$ é chamado *elemento identidade* (ou, abreviadamente, *identidade*) para $*$ desde que

$$\forall a \in A, a * e = e * a = a.$$

Por exemplo, 0 é um elemento identidade para $+$ e 1 é um elemento identidade $\times$. Um elemento identidade para $\circ$ em S_n é a permutação identidade ι.

Os elementos identidade devem funcionar em ambos os lados da operação.

Nem todas as operações têm elementos identidade. Por exemplo, a subtração de inteiros não tem esse elemento. É verdade que $a - 0 = a$ para todos os inteiros a, de modo que 0 satisfaz parcialmente as exigências para ser um *elemento identidade da subtração*. Entretanto, para que 0 mereça o nome de *elemento identidade para a subtração*, seria necessário que $0 - a = a$ para todos os inteiros, o que é falso. A subtração não tem um elemento identidade.

É possível uma operação em um conjunto ter mais de um elemento identidade?

▶ **PROPOSIÇÃO 40.7**

Seja ∗ uma operação definida em um conjunto A. Então, ∗ pode ter, no máximo, um elemento identidade.

Prova. Aplicamos o Esquema de prova 14 para provar a unicidade.

Suponhamos, por contradição, que haja dois elementos identidade, e e e', em A, com $e \neq e'$.

Consideremos $e * e'$. Por um lado, como e é um elemento identidade, $e * e' = e'$. Por outro lado, como e' é um elemento identidade, $e * e' = e$. Mostramos, assim, que $e' = e * e' = e$, uma contradição a $e \neq e'$. $\Rightarrow \Leftarrow$

● **DEFINIÇÃO 40.8**

(Inversos) Seja ∗ uma operação em um conjunto A e suponhamos que A tenha um elemento identidade e. Seja $a \in A$. Dizemos que o elemento b é um *inverso* de a se e somente se $a * b = b * a = e$.

Podemos referir a $-a$ como o inverso aditivo de a para distingui-lo do significado mais habitual de inverso: $1/a$.

Vamos levar em conta, por exemplo, a operação + sobre os inteiros. O elemento identidade para + é 0. Todo inteiro a tem um inverso: o inverso de a é simplesmente $-a$, porque $a + (-a) = (-a) + a = 0$.

Agora, consideremos a operação × sobre os números racionais. O elemento identidade para a multiplicação é 1. Quase todos os números racionais têm inversos. Se $x \in \mathbb{Q}$, então $\frac{1}{x}$ é o inverso de x, exceto, naturalmente, quando $x = 0$.

Note que exigimos que o inverso de um elemento funcione em ambos os lados da operação.

Os inversos devem ser únicos? Consideremos o exemplo a seguir.

◆ **EXEMPLO 40.9**

Consideremos a operação ∗ definida no conjunto $\{e, a, b, c\}$ dada na tabela a seguir:

∗	e	a	b	c
e	e	a	b	c
a	a	a	e	e
b	b	e	b	e
c	c	e	e	c

Observe que e é um elemento identidade. Note, ainda, que tanto b como c são inversos de a porque

$$a * b = b * a = e \quad \text{e} \quad a * c = c * a = e.$$

Grupos

O Exemplo 40.9 é estranho. Sabemos que, se uma operação tem um elemento identidade, ele deve ser único. Seria natural esperarmos que "o" inverso de um elemento fosse único. Entretanto, não podemos dizer *o* inverso, porque, como vimos, um elemento pode ter mais de um inverso. Para a maioria das operações com que lidamos, os elementos têm, no máximo, um inverso. Eis alguns exemplos:

- Se $a \in \mathbb{Z}$, existe um único inteiro b de modo que $a + b = 0$.
- Se $a \in \mathbb{Q}$, existe no máximo um número racional b de modo que $ab = 1$.
- Se $\pi \in S_n$, existe exatamente uma permutação $\sigma \in S_n$ de modo que $\pi \circ \sigma = \sigma \circ \pi = \iota$ (cf. Exercício 27.16).

As operações que encontramos em matemática são, em sua maior parte, associativas e, como mostraremos, a associatividade acarreta unicidade de inversos. Note que a operação do Exemplo 40.9 não é associativa (ver Exercício 40.8).

Isso nos leva à noção de *grupo*. Um grupo é uma generalização comum das seguintes operações e conjuntos:

- $+$ em $\mathbb{Z}$;
- $\times$ nos racionais positivos;
- $\oplus$ em $\mathbb{Z}n$;
- $\circ$ em S^n; e
- $\circ$ em simetrias de um objeto geométrico.

Em cada um desses casos, temos uma operação que se comporta satisfatoriamente; por exemplo, em todos esses casos, os elementos têm inversos únicos. Eis a definição de *grupo*.

> **Linguagem matemática!**
> A palavra *grupo* é um termo técnico matemático. Seu significado em matemática é totalmente diferente do significado na linguagem usual.

● DEFINIÇÃO 40.10

(Grupo) Seja $*$ uma operação definida em um conjunto G. Dizemos que o par $(G, *)$ é um *grupo* se e somente se:

(1) O conjunto G é fechado sob a operação $*$, isto é, $\forall g, h \in G, g * h \in G$.
(2) A operação $*$ é associativa, isto é, $\forall g, h, k \in G, (g * h) * k = g * (h * k)$.
(3) Existe um elemento identidade $e \in G$ para $*$, isto é, $\exists e \in G, \forall g \in G, g * e = e * g = g$.
(4) Para todo elemento $g \in G$ existe um elemento inverso $h \in G$, isto é, $\forall g \in G, \exists h \in G$, $g * h = h * g = e$.

Notemos que um grupo é um *par* de objetos: um conjunto G e uma operação $*$. Por exemplo, $(\mathbb{Z}, +)$ é um grupo, que pode ser referido como "inteiros com adição".

Às vezes, entretanto, a operação em causa é óbvia. Por exemplo, $(S_n, \circ)$ é um grupo (nós o provamos na Proposição 27.4). A única operação em S_n que consideramos neste livro (e praticamente a única operação que qualquer matemático considera em S_n) é a composição ∘. Podemos, assim, nos referir a S_n como um grupo, ficando entendido que se trata de uma abreviatura para o par $(S_n, \circ)$.

Analogamente, se escrevemos "Seja G um grupo...", entendemos que G é dotado de uma operação de grupo que, neste livro, é denotada por ∗. Tenha em mente que o símbolo ∗ não é usual como uma operação genérica de grupo. Os matemáticos utilizam "." ou mesmo não utilizam qualquer símbolo para denotar uma operação geral de grupo. É a mesma convenção que utilizamos para a multiplicação. Para evitar confusão, neste livro usamos ∗ ou ⋆ como o símbolo de operação de um grupo genérico. Mas, quando você encontrar grupos daqui por diante, pode ser usada uma notação diferente.

A operação de grupo ∗ não é necessariamente comutativa. Por exemplo, na Seção 27 vimos que ∘ não é uma operação comutativa em S_n. Os grupos em que a operação ∗ é comutativa têm um nome especial.

Linguagem matemática!
A expressão *Abeliano* foi introduzida em honra ao matemático norueguês Niels Henrik Abel (1802--1829). Os grupos abelianos costumam ser chamados, também, *aditivos* ou *comutativos*.

● DEFINIÇÃO 40.11

(Grupos abelianos) Seja $(G, *)$ um grupo. Dizemos que esse grupo é *abeliano* se ∗ for uma operação comutativa em G (isto é, $\forall g, h \in G, g * h = h * g$).

Por exemplo, $(\mathbb{Z}, +)$ e $(\mathbb{Z}_{10}, \oplus)$ são abelianos, mas $(S_n, \circ)$ não o é.

No Exemplo 40.9, consideramos uma operação em que os inversos não são únicos. Isso não ocorre em um grupo, onde todo elemento tem um inverso, e esse inverso é único.

▶ PROPOSIÇÃO 40.12

Seja $(G, *)$ um grupo. Todo elemento de G tem um inverso único em G.

Prova. Sabemos, por definição, que todo elemento em G tem um inverso. A questão é se é ou não possível um elemento de G ter dois (ou mais) inversos.

Suponhamos, por contradição, que $g \in G$ tenha dois (ou mais) inversos distintos. Sejam $h, k \in G$ inversos de g, com $h \neq k$. Isso significa

$$g * h = h * g = g * k = k * g = e$$

em que $e \in G$ é o elemento identidade para ∗. Pela propriedade associativa,

$$h * (g * k) = (h * g) * k.$$

Além disso,

$$h * (g * k) = h * e = h \quad \text{e}$$
$$(h * g) * k = e * k = k.$$

Note que estamos levando em conta que k e h são inversos de g, e que e é um elemento identidade.

Logo, $h = k$, contradizendo o fato que $h \neq k$. $\Rightarrow\Leftarrow$

A proposição 40.12 estabelece que, se g é um elemento de um grupo, então g tem um inverso único. Podemos falar *do* inverso de g. A notação para o inverso dos g é g^{-1}. A notação com o "expoente" -1 está de acordo com a tomada de inversos no grupo dos números racionais positivos (com multiplicação), ou permutações inversas em S_n. Não é uma boa notação para $(\mathbb{Z}, +)$.

> Denota-se por g^{-1} o inverso de g em um grupo $(G, *)$.

Exemplos

O conceito de grupo é bastante abstrato. É conveniente termos vários exemplos específicos. Consideramos alguns dos exemplos já apresentados aqui; outros são novos.

- $(\mathbb{Z}, +)$: os inteiros com a adição formam um grupo.
- $(\mathbb{Q}, +)$: os números racionais com a adição formam um grupo.
- $(\mathbb{Q}, \times)$: os números racionais com a multiplicação não constituem um grupo. Quase satisfazem a Definição 40.10; apenas $0 \in \mathbb{Q}$ não tem inverso. Podemos corrigir esse exemplo de duas maneiras. Primeiro, podemos considerar apenas os números racionais positivos: $(\mathbb{Q}^+, \times)$ formam um grupo.
  Outra maneira de corrigir esse exemplo consiste simplesmente em eliminar o número 0. $(\mathbb{Q} - \{0\}, \times)$ é um grupo.
- $(S_n, \circ)$ é um grupo denominado *grupo simétrico*.
- Seja A_n o conjunto de todas as permutações pares em Sn. Então, $(A_n, \circ)$ é um grupo chamado *grupo alternante*. Ver Exercício 40.7.
- O conjunto de simetrias de um quadrado com $\circ$ é um grupo. Esse grupo é conhecido como *grupo diedral*.
  Em geral, se n é um inteiro com $n \geq 3$, o grupo diedral D_{2n} é o conjunto de simetrias de um polígono regular de n lados com a operação $\circ$ (ver Seção 28).
- $(\mathbb{Z}_n, \oplus)$ é um grupo para todos os inteiros positivos n.
- Seja $G = \{(0, 0), (0, 1), (1, 0), (1, 1)\}$. Definamos uma operação $*$ em G por

$$(a, b) * (c, d) = (a \oplus c, b \oplus d)$$

em que $\oplus$ é a adição mod 2 (isto é, $\oplus$ em $\mathbb{Z}_2$).

A tabela de $*$ para esse grupo é a seguinte:

$*$	(0, 0)	(0, 1)	(1, 0)	(1, 1)
(0, 0)	(0, 0)	(0, 1)	(1, 0)	(1, 1)
(0, 1)	(0, 1)	(0, 0)	(1, 1)	(1, 0)
(1, 0)	(1, 0)	(1, 1)	(0, 0)	(0, 1)
(1, 1)	(1, 1)	(1, 0)	(0, 1)	(0, 0)

Esse grupo é conhecido como *grupo-4 de Klein*. Observe que $(0, 0)$ é o elemento identidade e que cada elemento é seu próprio inverso.

> Δ representa *diferença simétrica* de conjuntos.

- Seja A um conjunto. Então, $(2^A, \triangle)$ é um grupo (Exercício 40.13).
- $(\mathbb{Z}_{10}, \otimes)$ não é um grupo. O problema é análogo a $(\mathbb{Q}, \times)$: zero não tem inverso. O remédio, nesse caso, é um pouco mais complicado. Não podemos simplesmente descartar o elemento 0. Note que, em $(\mathbb{Z}_{10} - \{0\}, \otimes)$, a operação $\otimes$ não é mais fechada. Por exemplo, $2, 5 \in \mathbb{Z}_{10} - \{0\}$, mas $2 \otimes 5 = 0 \notin \mathbb{Z}_{10} - \{0\}$.

Outrossim, os elementos 2 e 5 não têm inversos.

Além de eliminarmos o elemento 0, podemos descartar os elementos que não têm inverso. Pelo Teorema 37.14, ficamos com os elementos em $\mathbb{Z}_{10}$ que são relativamente primos com 10; ficamos com $\{1, 3, 7, 9\}$.

Esses quatro elementos, juntamente com $\otimes$, formam um grupo. A tabela de $\otimes$ para eles é a seguinte:

$\otimes$	1	3	7	9
1	1	3	7	9
3	3	9	1	7
7	7	1	9	3
9	9	7	3	1

O último exemplo merece ser explorado com um pouco mais de profundidade. Observamos que $(\mathbb{Z}_{10}, \otimes)$ não é um grupo, e eliminamos, então, de $\mathbb{Z}_{10}$ os elementos que não têm um inverso. Vimos, no Teorema 37.14, que os elementos invertíveis de $(\mathbb{Z}_n, \otimes)$ são precisamente aqueles relativamente primos com n.

● **DEFINIÇÃO 40.13**

($\mathbb{Z}_n^*$) Seja n um inteiro positivo. Definimos

$$\mathbb{Z}_n^* = \{a \in \mathbb{Z}_n : \mathrm{mdc}(a, n) = 1\}.$$

◆ **EXEMPLO 40.14**

Consideremos $\mathbb{Z}_{14}^*$. Os elementos invertíveis em $\mathbb{Z}_{14}^*$ (isto é, os elementos relativamente primos com 14) são: 1, 3, 5, 9, 11 e 13. Assim,

$$\mathbb{Z}_{14}^* = \{1, 3, 5, 9, 11, 13\}.$$

A tabela de $\otimes$ para $\mathbb{Z}_{14}^*$ é a seguinte:

$\otimes$	1	3	5	9	11	13
1	1	3	5	9	11	13
3	3	9	1	13	5	11
5	5	1	11	3	13	9
9	9	13	3	11	1	5
11	11	5	13	1	9	3
13	13	11	9	5	3	1

Os inversos dos elementos neste $\mathbb{Z}_{14}^*$ podem ser achados nessa tabela. Temos:

$$1^{-1} = 1 \quad 3^{-1} = 5 \quad 5^{-1} = 3$$
$$9^{-1} = 11 \quad 11^{-1} = 9 \quad 13^{-1} = 13.$$

▶ **PROPOSIÇÃO 40.15**

Seja n um inteiro positivo. Então, $(\mathbb{Z}_n^*, \otimes)$ é um grupo.

Para provarmos que $(G, *)$ é um grupo, precisamos verificar a Definição 40.10. Vamos resumir esse problema no Esquema de prova 23.

Esquema de prova 23	Prova que $(G, *)$ é um grupo
	Para provar que $(G, *)$ é um grupo: • Prove que G é fechado sob $*$: sejam $g, h \in G$,..., portanto, $g * h \in G$. • Prove que $*$ é associativa: sejam $g, h, k \in G$, ..., portanto, $g * (h * k) = (g * h) * k$. • Prove que G contém um elemento identidade para $*$: seja e um elemento específico de G. Seja $g \in G$ arbitrário,... Portanto, $g * e = e * g = g$. • Prove que todo elemento de G tem um $*$-inverso em G: seja $g \in G$. Construa um elemento h de modo que $g * h = h * g = e$. Portanto, $(G, *)$ é um grupo.

Prova (da Proposição 40.15).

Primeiro, provamos que $\mathbb{Z}_n^*$ é fechado sob $\otimes$. Sejam $a, b \in \mathbb{Z}_n^*$. Devemos provar que $a \otimes b \in \mathbb{Z}_n^*$. Recorde-se de que $a \otimes b = (ab) \bmod n$.

Sabemos que $a, b \in \mathbb{Z}_n^*$. Isso significa que a e b são relativamente primos com n. Portanto, pelo Corolário 36.9, é possível acharmos inteiros x, y, z, w de modo que

$$ax + ny = 1 \quad \text{e} \quad bw + nz = 1.$$

Multiplicando essas equações uma pela outra, vem

$$\begin{aligned} 1 = (ax + ny)(bw + nz) &= (ax)(bw) + (ax)(nz) + (ny)(bw) + (ny)(nz) \\ &= (ab)(wx) + (n)[axz + ybw + ynz] \\ &= (ab)(X) + (n)(Y) \end{aligned}$$

para inteiros arbitrários X e Y. Portanto, ab é relativamente primo com n. Pelo Exercício 36.14, podemos aumentar ou diminuir ab de um múltiplo de n, e o resultado é ainda relativamente primo com n. Portanto, mdc$(a \otimes b, n) = 1$ e, assim, $a \otimes b \in \mathbb{Z}_n^*$.

Segundo, mostramos que $\otimes$ é associativa, o que já foi provado na Proposição 37.4.

Terceiro, mostramos que $(\mathbb{Z}_n^*, \otimes)$ tem um elemento identidade. Obviamente, mdc$(1, n) = 1$, de modo que $1 \in \mathbb{Z}_n^*$. Além disso, para qualquer $a \in \mathbb{Z}_n^*$, temos

$$a \otimes 1 = 1 \otimes a = (a \cdot 1) \bmod n = a$$

e, portanto, 1 é um elemento identidade para $\otimes$.

Quarto, mostramos que todo elemento em $\mathbb{Z}_n^*$ tem um inverso em $\mathbb{Z}_n^*$. Seja $a \in \mathbb{Z}_n^*$. Sabemos, pelo Teorema 37.14, que a tem um inverso $a^{-1} \in \mathbb{Z}_n$. A questão é: a^{-1} está em $\mathbb{Z}_n^*$? Como a^{-1} é, ele próprio, invertível, novamente pelo Teorema 37.14, a^{-1} é relativamente primo com n e, assim, $a^{-1} \in \mathbb{Z}_n^*$.

Portanto, $(\mathbb{Z}_n^*, \otimes)$ é um grupo.

Quantos elementos diferentes há em $\mathbb{Z}_n^*$? Trata-se de um problema já resolvido (ver Exercícios 39.16-19). Recordamos e registramos a resposta aqui para referência futura.

▶ **PROPOSIÇÃO 40.16**

Seja n um inteiro com $n \geq 2$. Então,

$$|\mathbb{Z}_n^*| = \varphi(n)$$

em que $\varphi(n)$ é a função φ de Euler.

Recapitulando

Começamos com uma descrição formal de uma operação sobre um conjunto e relacionamos várias propriedades que uma operação pode ter. Enfocamos, então, quatro propriedades em particular: fechamento, associatividade, identidade e inversos. Desenvolvemos o conceito de grupo e discutimos vários exemplos.

40 Exercícios

40.1. No início desta seção, consideramos a seguinte operação definida em inteiros por $x \star y = |x - y|$. Por favor, responda às seguintes perguntas (e explique a sua resposta):

a. $\star$ está fechado nos inteiros?
b. $\star$ é comutativa?
c. $\star$ é associativa?
d. $\star$ tem um elemento de identidade? Se assim, cada inteiro tem um inverso?
e. $(\mathbb{Z}, \star)$ é um grupo?

Por exemplo, $2 \star 3 = 2 + 3 - 2 \cdot 3 = -1$

40.2. Seja $\star$ uma operação definida sobre os números reais $\mathbb{R}$ por $x \star y = x + y - xy$. Por favor, responda às seguintes perguntas (e explique sua resposta):

a. $\star$ é fechado nos números reais?
b. $\star$ é comutativa?
c. $\star$ é associativa?
d. $\star$ tem um elemento de identidade? Se sim, cada número real tem um inverso?
e. $(\mathbb{R}, \star)$ é um grupo?

Por exemplo, $2 \star 3 = 2 \cdot 3/(2+3) = \frac{6}{5}$

40.3. Considere a operação ⋆ para números reais x e y definidos por $x \star y = xy/(x+y)$. Notamos que ([S], [S]) não é um grupo por uma variedade de razões, o menos importante não é que $x \star y$ pode não ser definido (podemos dividir por 0).

A situação, no entanto, não é sem esperança; vamos fazer alguns reparos. Primeiro, vamos lidar com a questão da divisão por zero, estendendo os números reais para incluir também o "número" ∞. Com esta extensão, podemos ter $(-3) \star 3 = (-3) \cdot 3/(-3+3) = -\infty$

Isso é aceitável, mas $0 = 0$ é um problema pior, então vamos simplesmente banir 0 do conjunto de valores permitidos para ⋆. Isto é, nós definimos

$$\tilde{\mathbb{R}} = \mathbb{R} - \{0\} \cup \{\infty\}.$$

Ou seja, $\tilde{\mathbb{R}}$ consiste de todos os números reais diferentes de zero e o "número" adicional ∞.

Dê significados sensatos para $x \star \infty$, $\infty \star x$ e $\infty \star \infty$ (em que x é um número real diferente de zero) e mostre que $(\tilde{\mathbb{R}}, \star)$ é um grupo abeliano.

40.4. Seja $(G, *)$ um grupo com $G = \{a, b, c\}$. Eis uma tabela incompleta de operação para $*$.

*	a	b	c
a	a	b	c
b	?	?	?
c	?	?	?

Determine os valores que faltam.

40.5. Explique por que $(\mathbb{Z}_5, \ominus)$ não é um grupo. Dê, pelo menos, duas razões.

40.6. Consideremos as operações ∧, ∨, e ⊻ definidas no conjunto {VERDADEIRO, FALSO}. Quais, entre as várias propriedades de operações, essas operações possuem? (Considere as propriedades: fechamento, comutatividade, associatividade, identidade e inversos).

Quais dessas operações (se existirem) definem um grupo em {VERDADEIRO, FALSO}?

> Veja a Definição 27.15 em que apresentamos o conceito de uma permutação par.

40.7. O conjunto de permutações pares de $\{1, 2, \ldots, n\}$ é denotado A_n. Prove que $(A_n, \circ)$ é um grupo. Este grupo chama-se um grupo alternante.

40.8. Mostre que a operação no Exemplo 40.9 não é associativa.

40.9. Mostre que, se $(G, *)$ é um grupo e $g \in G$, então $(g^{-1})^{-1} = g$.

40.10. Mostre que, se $(G, *)$ é um grupo, então $e^{-1} = e$.

40.11. Vimos que $(\mathbb{Q}^+, \times)$ é um grupo (números racionais positivos com multiplicação). $(\mathbb{Q}^-, \times)$ (racionais negativos com multiplicação) também formam um grupo? Prove sua resposta.

40.12. *Este problema destina-se apenas aos que estudaram álgebra linear.* Seja G o conjunto de matrizes reais 2×2 $\begin{bmatrix} a & b \\ c & d \end{bmatrix}$ com $ad - bc \neq 0$. Prove que G, juntamente com a operação de multiplicação de matrizes, constitui um grupo.

Note que o conjunto de todas as matrizes reais 2×2 não constitui um grupo, porque algumas matrizes, como $\begin{bmatrix} 1 & 1 \\ 1 & 1 \end{bmatrix}$, não são invertíveis. Descartando as matrizes não invertíveis, o que resta constitui um grupo. Esse fato é análogo à transformação de $\mathbb{Z}_n$ para $\mathbb{Z}_n^*$.

40.13. Seja A um conjunto. Prove que $(2^A, \Delta)$ é um grupo.

40.14. Seja G um grupo e seja $a \in G$. Definamos uma função $f: G \to G$ por $f(g) = a * g$. Prove que f é uma permutação de G.

40.15. Seja G um grupo. Defina uma função $f: G \to G$ por $f(g) = g^{-1}$. Prove que f é uma permutação de G.

40.16. Seja $*$ uma operação em um conjunto finito G. Forme a tabela da operação $*$. Prove que, se $(G, *)$ é um grupo, então, em cada linha e em cada coluna, cada elemento de G aparece exatamente uma vez.

Mostre que a recíproca dessa afirmação é falsa; isto é, construa uma operação $*$ em um conjunto finito G de modo que, em cada linha e em cada coluna, cada elemento de G figure apenas uma vez e, no entanto, $(G, *)$ não é um grupo.

40.17. Sejam $(G, *)$ um grupo e $g, h \in G$. Prove que $(g * h)^{-1} = h^{-1} * g^{-1}$.

40.18. Seja $(G, *)$ um grupo. Prove que G é abeliano se e somente se $(g * h)^{-1} = g^{-1} * h^{-1}$ para todos $g, h \in G$.

40.19. Seja $(G, *)$ um grupo. Defina uma nova operação $\star$ em G como

$$g \star h = h * g.$$

Prove que $(G, \star)$ é um grupo.

40.20. Seja $(G, *)$ um grupo. Note que $e^{-1} = e$. Prove que, se $|G|$ é finito e par, então existe outro elemento $g \in G$ com $g^{-1} = g$.

Dê um exemplo de um grupo finito com cinco ou mais elementos, no qual nenhum elemento (diferente da identidade) é seu próprio inverso.

40.21. Seja $*$ uma operação definida em um conjunto A. Dizemos que $*$ tem a *propriedade do corte* (*cancelamento*) *à esquerda* em A se e somente

$$\forall a, b, c \in A, a * b = a * c \Rightarrow b = c.$$

a. Prove que, se $(G, *)$ é um grupo, então $*$ tem a propriedade do corte à esquerda em G.

b. Dê um exemplo de um conjunto A com uma operação $*$ dotada da propriedade do corte à esquerda, mas que não é um grupo.

40.22. *Notação Polonesa Reversa.* Observamos, no início desta seção, que os matemáticos em geral colocam o símbolo de operação entre os dois objetos (operandos) aos quais se aplica a operação. Existe, entretanto, uma notação alternativa, em que o símbolo de operação vem após os dois operandos. Essa notação é chamada *notação polonesa reversa* (abreviadamente NPR), ou *notação pós-fixada*. Por exemplo, em vez de escrevermos $2 + 3$, em NPR escrevemos 2 3 +.

Consideremos a expressão em NPR 2, 3, 4, +, ×. Há dois símbolos de operação, cada um atuando sobre os dois operandos à sua esquerda. Sobre que operam o + e o ×? O sinal + segue imediatamente 3 4, o que significa que devemos somar esses dois números. Isso reduz o problema a 2, 7, ×. Mas o × atua sobre o 2 e o 7, dando 14. Globalmente, a expressão 2, 3, 4, +, × em notação padrão é $2 \times (3 + 4)$.

Por outro lado, a expressão em NPR 2, 3, +, 4, × representa $(2 + 3) \times 4$, que é igual a 20.

Calcule cada uma das expressões a seguir:

a. 1, 1, 1, 1, +, +, +.
b. 1, 2, 3, 4, ×, +, +.

c. 1, 2, +, 3, 4, ×, +.
   d. 1, 2, +, 3, 4, +, ×.
   e. 1, 2, +, 3, +, 4, ×.

40.23. *NPR – continuação.* Transforme as expressões seguintes da notação-padrão para a notação NPR. Não calcule.
   a. $(2 + 3) \times (4 + 5)$.
   b. $(2 + (3 \times 4)) + 5$.
   c. $((2 + 3) \times 4) + 5$.

40.24. *NPR – continuação.* Suponha que tenhamos uma lista de números e símbolos de operação (+ e ×) representando uma expressão NPR. Algumas dessas expressões não são válidas, como 2, +, + ou +, 3, ×, 4, 4, ou 2, 3, +, 4.

Formule e prove um teorema descrevendo quando uma lista de números e símbolos de operações forma uma expressão NPR válida.

40.25. *NPR – continuação.* Escreva um programa de computador para calcular expressões NPR.

■ 41 Isomorfismo de grupos

O mesmo?

O que significa dois grupos serem *o mesmo*?

Uma resposta simples a essa pergunta é que $(G, *) = (H, \star)$ se e somente se $G = H$ e $* = \star$ (isto é, $*$ e $\star$ são a mesma operação). Esta seria, certamente, uma definição apropriada para a *igualdade* de dois grupos, mas a pergunta formulada foi mais vaga.

Consideremos esses três grupos: $(\mathbb{Z}_4, \oplus)$, $(\mathbb{Z}_5^*, \otimes)$ e o grupo-4 de Klein. Suas tabelas de operação são as seguintes:

$\oplus$	0	1	2	3
0	0	1	2	3
1	1	2	3	0
2	2	3	0	1
3	3	0	1	2

$\otimes$	1	2	3	4
1	1	2	3	4
2	2	4	1	3
3	3	1	4	2
4	4	3	2	1

$*$	(0, 0)	(0, 1)	(1, 0)	(1, 1)
(0, 0)	(0, 0)	(0, 1)	(1, 0)	(1, 1)
(0, 1)	(0, 1)	(0, 0)	(1, 1)	(1, 0)
(1, 0)	(1, 0)	(1, 1)	(0, 0)	(0, 1)
(1, 1)	(1, 1)	(1, 0)	(0, 1)	(0, 0)

Esses três grupos são diferentes porque são definidos em diferentes conjuntos. Entretanto, dois deles são, essencialmente, o mesmo grupo. Observe cuidadosamente as três tabelas de operação e procure distinguir uma delas das outras duas.

> A *diagonal principal* dessas tabelas é a diagonal que vai do canto superior esquerdo ao canto inferior direito.

O grupo-4 de Klein tem uma propriedade que os outros dois não têm. Observe que todo elemento do grupo-4 de Klein é seu próprio inverso; basta notar as identidades ao longo da diagonal principal. Entretanto, nos outros dois grupos, há elementos que não são seus próprios inversos. Por exemplo, 1 e 3 são inversos um do outro em $(\mathbb{Z}_4, \oplus)$, enquanto 2 e 3 são inversos um do outro em $(\mathbb{Z}_5^*, \otimes)$. Afora a identidade, somente 2 é seu próprio inverso em $(\mathbb{Z}_4, \oplus)$, e somente 4 é seu próprio inverso em $(\mathbb{Z}_5^*, \otimes)$.

Podemos superpor as tabelas de operação para os dois grupos $(\mathbb{Z}_4, \oplus)$ e $(\mathbb{Z}_5^*, \otimes)$ uma em cima da outra de modo que elas pareçam a mesma. Emparelhamos um com o outro os elementos identidade nos dois grupos. Emparelhamos também os outros elementos ($2 \in \mathbb{Z}_4$ e $4 \in \mathbb{Z}_5^*$) que são seus próprios inversos. Temos, então, uma escolha para os outros dois pares de elementos. Eis um emparelhamento.

$(\mathbb{Z}_4, \oplus)$		$(\mathbb{Z}_5^*, \otimes)$
0	↔	1
1	↔	2
2	↔	4
3	↔	3

Em seguida, superponhamos suas tabelas de operação:

$\oplus$	$\otimes$	0	1	1	2	2	4	3	3
0	1	0	1	1	2	2	4	3	3
1	2	1	2	2	4	3	3	0	1
2	4	2	4	3	3	0	1	1	2
3	3	3	3	0	1	1	2	2	4

As tabelas, tanto para $(\mathbb{Z}_4, \oplus)$ como para $(\mathbb{Z}_5^*, \otimes)$, estão corretas [embora a tabela para $(\mathbb{Z}_5^*, \otimes)$ esteja um pouco torcida pelo fato de termos trocado as linhas e as colunas para os elementos 3 e 4]. O importante é que todo elemento de $(\mathbb{Z}_4, \oplus)$ (em preto) está próximo de seu correspondente $(\mathbb{Z}_5^*, \otimes)$ (em cinza).

Mais formalmente, seja $f: \mathbb{Z}_4 \to \mathbb{Z}_5^*$ definida por

$$f(0) = 1 \quad\quad f(2) = 4$$
$$f(1) = 2 \quad\quad f(3) = 3.$$

Obviamente, f é uma bijeção e

$$f(x \oplus y) = f(x) \otimes f(y)$$

em que $\oplus$ é a adição mod 4 e $\otimes$ é a multiplicação mod 5.

Em outras palavras, se rebatizamos os elementos de $\mathbb{Z}_4$ utilizando a regra f, obtemos elementos em $\mathbb{Z}_5^*$. As operações $\oplus$ para $\mathbb{Z}_4$ e $\otimes$ para $\mathbb{Z}_5^*$ dão exatamente os mesmos resultados desde que rebatizemos os elementos.

Dito de outra maneira, imaginemos um grupo de quatro elementos $\{e, a, b, c\}$ com a seguinte tabela de operações:

*	e	a	b	c
e	e	a	b	c
a	a	b	c	e
b	b	c	e	a
c	c	e	a	b

Dizemos então que, na verdade, esses quatro elementos $\{e, a, b, c\}$ são ou (1) "apelidos" para elementos de $\mathbb{Z}_4$ com a operação $\oplus$ ou (2) "apelidos" para elementos de $\mathbb{Z}_5^*$ com a operação $\otimes$. Seria possível distinguir o caso (1) do caso (2)? Não. O rotulamento através de f mostra que qualquer um dos grupos se adapta ao padrão dessa tabela. Os grupos $(\mathbb{Z}_4, \oplus)$ e $(\mathbb{Z}_5^*, \otimes)$ são, essencialmente, o mesmo grupo. Esses grupos chamam-se *isomorfos*.

DEFINIÇÃO 41.1

(Isomorfismo de grupos) Sejam os grupos $(G, *)$ e $(H, \star)$. Uma função $f\colon G \to H$ é um *isomorfismo* (*de grupo*) se e somente se f é um a um e sobre e verifica

$$\forall g, h \in G, f(g * h) = f(g) \star f(h).$$

Se existe um isomorfismo de G para H, dizemos que G *é isomorfo a* H e escrevemos $G \cong H$.

A relação é *isomorfa para grupos* é uma relação de equivalência (ver Seção 14); isto é,

- para qualquer grupo G, $G \cong G$,
- para dois grupos quaisquer G e H, se $G \cong H$ então $H \cong G$ e
- para três grupos quaisquer G, H e K, se $G \cong H$ e $H \cong K$, então $G \cong K$.

Grupos cíclicos

Os grupos $(\mathbb{Z}_4, \oplus)$ e $(\mathbb{Z}_5^*, \otimes)$ têm tudo em comum, exceto os nomes de seus elementos. O elemento 1 de $(\mathbb{Z}_4, \oplus)$ tem uma característica especial; ele gera todos os elementos do grupo $(\mathbb{Z}_4, \oplus)$ como segue:

$$1 = 1$$
$$1 \oplus 1 = 2$$
$$1 \oplus 1 \oplus 1 = 3$$
$$1 \oplus 1 \oplus 1 \oplus 1 = 0.$$

O elemento 3 também gera todos os elementos de $(\mathbb{Z}_4, \oplus)$; faça você mesmo esses cálculos.

Naturalmente, como $(\mathbb{Z}_5^*, \otimes)$ é isomorfo a $(\mathbb{Z}_4, \oplus)$, deve também ter um gerador. Como $1 \in \mathbb{Z}_4$ corresponde (de acordo com o isomorfismo previamente encontrado) a $2 \in \mathbb{Z}_5^*$ calculamos:

$$2 = 2$$
$$2 \otimes 2 = 4$$
$$2 \otimes 2 \otimes 2 = 3$$
$$2 \otimes 2 \otimes 2 \otimes 2 = 1.$$

Assim, o elemento $2 \in \mathbb{Z}_5^*$ gera o grupo.

O grupo-4 de Klein não possui um elemento que gere todo o grupo. Nesse grupo, todo elemento g tem a propriedade de que $g * g = e = (0, 0)$, de modo que não há maneira como $g, g * g, g * g * g, \ldots$ possa gerar todos os elementos do grupo.

Por esse padrão, não há elemento de $\mathbb{Z}$ que gere $(\mathbb{Z}, +)$. Mas ainda não definimos formalmente o que é um *gerador*; por isso, vamos estender as regras nesse caso. O elemento 1 gera todos os elementos positivos de $\mathbb{Z}$: 1, 1 + 1, 1 + 1 + 1 e assim por diante. Por esse sistema, nunca chegaremos a 0 ou aos inteiros negativos. Se, entretanto, admitirmos que o inverso de 1, –1, participe do processo de geração, então podemos obter 0 [como 1 + (–1)] e todos os números negativos –1, (–1) + (–1), (–1) + (–1) + (–1) e assim por diante.

● DEFINIÇÃO 41.2

(Gerador, grupo cíclico) Seja $(G, *)$ um grupo. Um elemento $g \in G$ é chamado um *gerador* de G se e somente se todo elemento de G pode ser expresso em termos de g e g^{-1} utilizando apenas a operação $*$.

Um grupo que contém um gerador é chamado *cíclico*.

A provisão especial para g^{-1} só é necessária para grupos com um número infinito de elementos. Se $(G, *)$ é um grupo finito e $g \in G$, então é sempre possível acharmos uma forma de escrever $g^{-1} = g * g * \ldots * g$.

▶ PROPOSIÇÃO 41.3

Sejam $(G, *)$ um grupo finito e $g \in G$. Então, para algum inteiro positivo n, temos

$$g^{-1} = \underbrace{g * g * \cdots * g}_{n \text{ vezes}}.$$

Não é conveniente escrevermos

$$\underbrace{g * g * \cdots * g}_{n \text{ vezes}}.$$

Em vez disso, podemos escrever g^n; essa notação significa que $*$ (operamos) juntas n cópias de g.

Prova. Sejam $(G, *)$ um grupo finito e $g \in G$. Consideremos a sequência

$$g^1 = g, \quad g^2, \quad g^3, \quad g^4, \quad \ldots$$

Como o grupo é finito, em algum ponto a sequência deve se repetir. Suponhamos que a primeira repetição ocorra em $g^a = g^b$, com $a < b$.
Afirmação: $a = 1$.

Suponhamos, por contradição, $a > 1$. Temos então

$$g^a = g^b$$
$$\underbrace{g * g * \cdots * g}_{a \text{ vezes}} = \underbrace{g * g * \cdots * g}_{b \text{ vezes}}.$$

Operando à esquerda com g^{-1}, obtemos

$$g^{-1} * g^a = g^{-1} * g^b$$
$$g^{-1} * (\underbrace{g * g * \cdots * g}_{a \text{ vezes}}) = g^{-1} * (\underbrace{g * g * \cdots * g}_{b \text{ vezes}})$$
$$(g^{-1} * g) * (\underbrace{g * g * \cdots * g}_{a-1 \text{ vezes}}) = (g^{-1} * g) * (\underbrace{g * g * \cdots * g}_{b-1 \text{ vezes}})$$
$$e * (\underbrace{g * g * \cdots * g}_{a-1 \text{ vezes}}) = e * (\underbrace{g * g * \cdots * g}_{b-1 \text{ vezes}})$$
$$\underbrace{g * g * \cdots * g}_{a-1 \text{ vezes}} = \underbrace{g * g * \cdots * g}_{b-1 \text{ vezes}}$$
$$g^{a-1} = g^{b-1}$$

o que mostra que a primeira repetição ocorre antes de $g^a = g^b$, uma contradição. Portanto, $a = 1$.

Sabemos agora que, se pararmos na primeira repetição, a sequência será

$$g^1, \quad g^2, \quad g^3, \quad \ldots, \quad g^b = g$$

Observe que, como $g = g^b$, se operarmos à esquerda com g^{-1}, obteremos $e = g^{b-1}$.

Pode ocorrer que $b = 2$; então, $g^2 = g$. Nesse caso, $g = e$ e, assim, $g^1 = g^{-1}$, o que prova o resultado.

Caso contrário, $b > 2$, e podemos escrever

$$e = g^{b-1} = g^{b-2} * g$$

e, portanto, $g^{b-2} = g^{-1}$.

❖ TEOREMA 41.4

Seja $(G, *)$ um grupo cíclico finito. Então, $(G, *)$ é isomorfo a $(\mathbb{Z}_n, \oplus)$, em que $n = |G|$.

Prova. Seja $(G, *)$ um grupo cíclico finito. Suponhamos que $|G| = n$ e que $g \in G$ seja um gerador. Afirmamos que $(G, *) \cong (\mathbb{Z}_n, \oplus)$. Para tanto, definimos $f : \mathbb{Z}_n \to G$ como

$$f(k) = g^k$$

em que g^k significa $g * g * \ldots * g$ (com k cópias de g e $g^0 = e$).

Para provarmos que f é um isomorfismo, devemos mostrar que f é um a um e sobre, e que $f(j \oplus k) = f(j) * f(k)$.

- f é um a um.

    Suponhamos $f(j) = f(k)$. Isso significa que $g^j = g^k$. Queremos provar que $j = k$. Suponhamos $j \neq k$. Sem perda de generalidade, $0 \leq j < k < n$ (com $<$ no sentido usual dos inteiros). Podemos $*$ a equação $g^j = g^k$ à esquerda com $(g^{-1})^j$, obtendo

$$(g^{-1})^j * g^j = (g^{-1})^j * g^k$$
$$e = g^{k-j}.$$

Como $k-j < n$, isso significa que a sequência

$$g, \quad g^2, \quad g^3, \quad \ldots$$

se repete após $k-j$ etapas, e assim g não gera todo o grupo (mas apenas $k-j$ de seus elementos). Entretanto, g é um gerador.$\Rightarrow\Leftarrow$ Portanto, f é um a um.

- f é sobre.

Seja $h \in G$. Devemos determinar $k \in \mathbb{Z}_n$ de modo que $f(k) = h$. Sabemos que a sequência

$$e = g^0, \quad g = g^1, \quad g^2, \quad g^3, \quad \ldots$$

deve conter todos os elementos de G. Assim, h está em algum lugar na lista – digamos, na posição k (isto é, $h = g^k$). Portanto, $f(k) = h$, conforme desejávamos. Logo, f é sobre.

- Para todos $j, k \in \mathbb{Z}_n$, temos $f(j \oplus k) = f(j) * f(k)$.

Lembremo-nos de que $j \oplus k = (j+k) \bmod n = j + k + tn$ para algum inteiro t. Portanto,

$$\begin{aligned} f(j \oplus k) &= g^{j+k+tn} = g^j * g^k * g^{tn} \\ &= g^j * g^k * g^{tn} = g^j * g^k * (g^n)^t \\ &= g^j * g^k * e^t = g^j * g^k \\ &= f(j) * f(k) \end{aligned}$$

conforme desejávamos.

> Nesse cálculo, tn pode ser zero (nesse caso, $g^0 = e$ é interessante) ou tn pode ser negativo. O significado de, digamos, g^{-n} é simplesmente $(g^{-1})^n = (g^n)^{-1}$.

Assim, $f: \mathbb{Z}_n \to G$ é um isomorfismo, e $(\mathbb{Z}_n, \oplus) \cong (G, *)$.

Recapitulando

Nesta seção, desenvolvemos a noção de isomorfismo de grupo. Aproximadamente, dois grupos são isomorfos se são exatamente o mesmo, exceto os nomes de seus elementos. Discutimos, também, os conceitos de gerador de grupo e grupo cíclico.

41 Exercícios

41.1. Determine um isomorfismo de $(\mathbb{Z}_{10}, \oplus) \to (\mathbb{Z}*_{11}, \otimes)$.

41.2. Seja $(G, *)$ o grupo a seguir. O conjunto G é $\{0, 1\} \times \{0, 1, 2\}$; isto é,

$$G = \{(0, 0), (0, 1), (0, 2), (1, 0), (1, 1), (1, 2)\}.$$

A operação $*$ é definida por

$$(a, b) * (c, d) = (a + c \bmod 2, b + d \bmod 3).$$

Por exemplo, $(1, 2) * (1, 2) = (0, 1)$.

Ache um isomorfismo de $(G, *)$ para $(\mathbb{Z}_6, \oplus)$.

41.3. Seja $(G, *)$ o seguinte grupo. O conjunto G é $\{0, 1, 2\} \times \{0, 1, 2\}$; isto é,

$$G = \{(0, 0), (0, 1), (0, 2), (1, 0), (1, 1), (1, 2), (2, 0), (2, 1), (2, 2)\}.$$

A operação $*$ é definida como

$$(a, b) * (c, d) = (a + c \bmod 3, b + d \bmod 3).$$

Por exemplo, $(1, 2) * (1, 2) = (2, 1)$.

Mostre que $(G, *)$ não é isomorfo a $(\mathbb{Z}_9, \oplus)$.

41.4. Este exercício generaliza os dois anteriores. Sejam $(G, \star)$ e $(H, \star)$ grupos. Seus produtos diretos são um novo grupo $(G, \star) \times (H, \star)$, cujos elementos são todos pares ordenados (g, h) em que $g \in G$ e $h \in H$. A operação para este grupo (vamos usar o símbolo $\cdot$) é definida por

$$(g_1, h_1) \cdot (g_2, h_2) = (g_1 * g_2, h_1 \star h_2).$$

Por exemplo, $(\mathbb{Z}_5^*, \otimes) \times (\mathbb{Z}_3, \oplus)$. Temos

$$\mathbb{Z}_5^* = \{1, 2, 3, 4\} \quad \text{e} \quad \mathbb{Z}_3 = \{0, 1, 2\}$$

e, portanto, os elementos de $(\mathbb{Z}_5^*, \otimes) \times (\mathbb{Z}_3, \oplus)$ são

$$\{(1, 0), (1, 1), (1, 2), (2, 0), (2, 1), (2, 2), (3, 0), (3, 1), (3, 2), (4, 0), (4, 1), (4, 2)\}.$$

A operação $(g_1, h_1) \cdot (g_2, h_2)$ produz o valor (g, h) em que $g = g_1 \otimes g_2$ (operando em $\mathbb{Z}_5^*$) e $h = g_1 \otimes g_2$ (operando em $\mathbb{Z}_5$). Por exemplo,

$$(2, 1) \cdot (3, 2) = (2 \otimes 3, 1 \otimes 2) = (1, 0).$$

Você deve se convencer de que, se $(G, *)$ e $(H, \star)$ são grupos, então $(G, \star) \times (H, \star)$ também é um grupo. [Opcional: escreva uma prova formal disso.]

Chegamos agora ao ponto deste problema: se $(G, *)$ e $(H, \star)$ são grupos cíclicos finitos, então, às vezes $(G, *) \times (H, \star)$ é cíclico e às vezes não. A questão é: em qual(ais) condição(ões) o produto direto de dois grupos cíclicos finitos também é cíclico?

41.5. Suponhamos que $(G, *)$ e $(H, \star)$ sejam grupos isomorfos. Sejam e o elemento identidade para $(G, *)$ e e' o elemento identidade para $(H, \star)$. Seja $f: G \to H$ um isomorfismo.

Prove que $f(e) = e'$.

41.6. Suponhamos que $(G, *)$ e $(H, \star)$ sejam grupos isomorfos. Seja $f: G \to H$ um isomorfismo e $g \in G$.

Prove que $f(g^{-1}) = f(g)^{-1}$.

41.7. Já mostramos que $(\mathbb{Z}_4, \oplus)$ e $(\mathbb{Z}_5, \otimes)$ são isomorfos. O isomorfismo encontrado foi $f(0) = 1, f(1) = 2, f(2) = 4$ e $f(3) = 3$. Existe outro isomorfismo (uma função diferente) de $(\mathbb{Z}_4, \oplus)$ para $(\mathbb{Z}_5^*, \otimes)$. Determine-o.

41.8. Sejam $(G, *)$ e $(H, \star)$ grupos isomorfos. Prove que $(G, *)$ é abeliano se e somente se $(H, \star)$ também for abeliano.

41.9. No Exercício 40.3, nós criamos um grupo $(\tilde{\mathbb{R}}, \star)$ em que $\tilde{\mathbb{R}} = \mathbb{R} - \{0\} \cup \{\infty\}$(números reais diferentes de zero mais o elemento ∞) e para os quais $x \star y = xy/(x + y)$ (para números reais x, y) e $x \star \infty = \infty \star x = x$.

Prove que $(\tilde{\mathbb{R}}, \star)$ é isomorfo para $(\mathbb{R}, +)$.

41.10. O grupo S_4 (permutações dos números $\{1, 2, 3, 4\}$ com a operação $\bigcirc$) tem 24 elementos. Ele é isomorfo a $(\mathbb{Z}_{24}, \oplus)$? Prove sua resposta.

> Ver Exercício 40.7.

41.11. O grupo A_4 (permutações pares de $\{1, 2, 3, 4\}$) com a operação $\bigcirc$ tem 12 elementos. Ele é isomorfo para $(\mathbb{Z}_{12}, \oplus)$?

Podemos afirmar que $(A_3, \bigcirc) \cong (\mathbb{Z}_3, \oplus)$?

41.12. Ache um isomorfismo do grupo-4 de Klein para o grupo $(2^{\{1,2\}}, \triangle)$.

41.13. Seja $(G, *)$ um grupo e seja $a \in G$. Definamos uma função $f_a : G \to G$ por $f_a(x) = a * x$. No Exercício 40.14, mostramos que as funções f_a são permutações.

Seja $H = \{f_a : a \in G\}$. Prove que $(G, *) \cong (H, \bigcirc)$, em que $\bigcirc$ é a composição.

41.14. Que elementos de $\mathbb{Z}_{10}$ são geradores do grupo cíclico $(\mathbb{Z}_{10}, \oplus)$?

Generalize e prove sua resposta.

41.15. Quando o elemento identidade e é o gerador de um grupo cíclico?

41.16. Sejam $(G, *)$ e $(H, \star)$ grupos cíclicos finitos e seja $f: G \to H$ um isomorfismo. Prove que g é um gerador de $(G, *)$ se e somente se $f(g)$ é um gerador de $(H, \star)$.

41.17. Um teorema da matemática avançada afirma que o grupo $\mathbb{Z}_p^*$ é um grupo cíclico para todos os primos p. Verifique esse fato para $p = 5, 7, 11, 13$ e 17 encontrando um gerador para esses $\mathbb{Z}_p^*$.

42 Subgrupos

Um subgrupo é um grupo dentro de um grupo. Consideremos os inteiros como um grupo: $(\mathbb{Z}, +)$. Dentro do conjunto dos inteiros, temos o conjunto de inteiros pares, $E = \{x \in \mathbb{Z}: 2|x\}$. Notemos que $(E, +)$ também é um grupo, pois satisfaz as quatro propriedades exigidas. A operação $+$ é fechada em E (a soma de dois inteiros pares ainda é um inteiro par), a adição é associativa, E contém o elemento identidade 0, e se x é um inteiro par, então $-x$ também o é, de modo que todo elemento de E tem um inverso em E. Chamamos $(E, +)$ um *subgrupo* de $(\mathbb{Z}, +)$.

● **DEFINIÇÃO 42.1**

(Subgrupo) Seja $(G, *)$ um grupo, e seja $H \subseteq G$. Se $(H, *)$ for também um grupo, nós o chamaremos *subgrupo* de $(G, *)$.

Notemos que a operação para o grupo e seu subgrupo deve ser a mesma. É incorreto dizermos que $(\mathbb{Z}_{10}, \oplus)$ é um subgrupo de $(\mathbb{Z}, +)$; é verdade que $\mathbb{Z}_{10} \subseteq \mathbb{Z}$, mas as operações $\oplus$ e $+$ são diferentes.

◆ **EXEMPLO 42.2**

(Subgrupos de $(\mathbb{Z}_{10}, \oplus)$)
Relacione todos os subgrupos de $(\mathbb{Z}_{10}, \oplus.)$

Solução: São os seguintes:

$$\{0\} \qquad \{0, 1, 2, 3, 4, 5, 6, 7, 8, 9\}$$
$$\{0, 5\} \qquad \{0, 2, 4, 6, 8\}.$$

Em todos os quatro casos a operação é $\oplus$.

A solução do Exemplo 42.2 está correta? Há dois pontos a considerar:

- Para cada um dos quatro subconjuntos H que relacionamos, $(H, \oplus)$ é um grupo?
- Há outros subconjuntos $H \subseteq \mathbb{Z}_{10}$ que tenhamos deixado de incluir?

Consideremos essas duas questões, uma de cada vez.

Se $(G, *)$ é um grupo e $H \subseteq G$, como podemos determinar se $(H, *)$ for um subgrupo?

A Definição 42.1 nos diz o que fazer. Primeiro, devemos nos certificar de que $H \subseteq G$. Segundo, devemos ter a certeza de que $(H, *)$ é um grupo. Para tanto, a maneira mais direta consiste em verificar que $(H, *)$ satisfaz as quatro condições listadas na Definição 40.10: fechamento, associatividade, identidade e inversos.

Para verificar o fechamento, devemos provar que, se $g, h \in H$, então $g * h \in H$. Por exemplo, os inteiros pares formam um subgrupo de $(\mathbb{Z}, +)$, mas os inteiros ímpares não, pois não verificam a propriedade do fechamento; se g e h são inteiros ímpares, $g + h$ não é ímpar.

Em seguida, não precisamos verificar a associatividade. Releia a sentença! Escrevemos: *não* precisamos verificar a associatividade. Sabemos que $(G, *)$ é um grupo e que, portanto, $*$ é associativa em G; isto é, $\forall g, h, k \in G, g * (h * k) = (g * h) * k$. Como $H \subseteq G$, devemos ter que $*$ já é associativa em H. Obtemos de graça a associatividade!

Em seguida, verificamos se o elemento identidade está em H. Essa etapa é fácil, em geral.

Por fim, sabemos que todo elemento de H tem um inverso (porque todo elemento de $G \supseteq H$ tem um inverso). O problema consiste em, se $g \in H$, mostrar que $g^{-1} \in H$.

Essas etapas para provar que um subconjunto de um grupo é um subgrupo estão relacionadas no Esquema de prova 24.

Esquema de prova 24 | **Provar que um subconjunto de um grupo é um subgrupo.**

Seja $(G, *)$ um grupo e seja $H \subseteq G$. Para provar que $(H, *)$ é um subgrupo de $(G, *)$:

- Prove que H é fechado sob $*$ (isto é, $\forall g, h \in H, g * h \in H$).

"Sejam $g, h \in H$... Portanto, $g * h \in H$."

- Prove que e (o elemento identidade para $*$) está em H.
- Prove que o inverso de todo elemento de H está em H (isto é, $\forall h \in H, h^{-1} \in H$).

"Seja $h \in H$... Portanto, $h^{-1} \in H$."

Reconsideremos agora a questão: os quatro subconjuntos do Exemplo 42.2 são realmente subgrupos de $(\mathbb{Z}_{10}, \oplus)$? Vamos verificá-los todos.

- $H = \{0\}$ é um subgrupo de $(\mathbb{Z}_{10}, \oplus)$.

  O único elemento desse conjunto é o elemento identidade para $\oplus$. Como $0 \oplus 0 = 0$, vemos que H é fechado sob $\oplus$, contém a identidade, e como o inverso de 0 é 0, o inverso de todo elemento em H está também em H. Portanto, $\{0\}$ é um subgrupo.

  De modo geral, se $(G, *)$ é um grupo arbitrário, então $H = \{e\}$ é um subgrupo (em que e é o elemento $*$-identidade).

- $H = \mathbb{Z}_{10} = \{0, 1, 2, 3, 4, 5, 6, 7, 8, 9\}$ é um subgrupo de $(\mathbb{Z}_{10}, \oplus)$.

  Como $(\mathbb{Z}_{10}, \oplus)$ é um grupo, ele é um subgrupo de si mesmo.

  De modo geral, se $(G, *)$ é um grupo arbitrário, então G é um subgrupo de si mesmo.

- $H = \{0, 5\}$ é um subgrupo de $(\mathbb{Z}_{10}, \oplus)$.

  É imediato verificar que H é fechado sob $\oplus$, pois

  $$0 \oplus 0 = 5 \oplus 5 = 0 \text{ e } 0 \oplus 5 = 5 \oplus 0 = 5.$$

  Obviamente, $0 \in H$, e, por fim, 0 e 5 são seus próprios inversos. Portanto, H é um subgrupo de $(\mathbb{Z}_{10}, \oplus)$.

- $H = \{0, 2, 4, 6, 8\}$ é um subgrupo de $(\mathbb{Z}_{10}, \oplus)$.

  Note que H contém os elementos pares de $\mathbb{Z}_{10}$. Se somarmos dois números pares arbitrários, o resultado é par, e quando reduzimos o resultado mod 10, a resposta ainda é par (Exercício 42.8). Vemos que $0 \in H$ e que os inversos de 0, 2, 4, 6, 8 são 0, 8, 6, 4, 2, respectivamente. Portanto, H é um subgrupo de $(\mathbb{Z}_{10}, \oplus)$.

Isso mostra que os quatro subconjuntos do Exemplo 42.2 são subgrupos de $(\mathbb{Z}_{10}, \oplus)$.

Passamos agora ao outro problema. Existem outros subgrupos de $(\mathbb{Z}_{10}, \oplus)$? Há $2^{10} = 1.024$ subconjuntos de $\mathbb{Z}_{10}$; poderíamos relacioná-los e conferi-los todos, mas há um processo mais rápido.

Seja $H \subseteq \mathbb{Z}_{10}$ e suponhamos que $(H, \oplus)$ seja um subgrupo de $(\mathbb{Z}_{10}, \oplus)$. Como $(H, \oplus)$ é um grupo, devemos ter o elemento identidade 0 em H. Se o único elemento de H for 0, teremos $H = \{0\}$. Caso contrário, deve haver um ou mais elementos adicionais. Vamos considerar cada um por seu vez.

- Suponhamos $1 \in H$.

  Então, pelo fechamento, devemos ter também $1 \oplus 1 = 2$ em H. Novamente, pelo fechamento, devemos ter também $1 \oplus 2 = 3$ em H. Continuando dessa forma, vemos que $H = \mathbb{Z}_{10}$.

  Mostramos que $1 \in H$ implica $H = \mathbb{Z}_{10}$; assim, vamos considerar agora os casos com $1 \notin H$.

- Suponhamos $3 \in H$.

  Então, $3 \oplus 3 = 6 \in H$ e $3 \oplus 6 = 9 \in H$. Como $9 \in H$, o mesmo ocorre com seu inverso $1 \in H$. E sabemos que, se $1 \in H$, então $H = \mathbb{Z}_{10}$.

  Podemos, pois, admitir que $3 \notin H$.

- Analogamente, se $7 \in H$ ou se $9 \in H$, então podemos mostrar que $1 \in H$ e que $H = \mathbb{Z}_{10}$. (Verifique-o!)

  Podemos, pois, admitir que nenhum dos elementos 1, 3, 7 ou 9 esteja em H.

- Suponhamos que $5 \in H$.

    Temos $H \supseteq \{0, 5\}$. Sabemos que $1, 3, 7, 9 \notin H$. Um inteiro par pode estar em H? Se $2 \in H$, então $2 \oplus 5 = 7 \in H$ e isso conduz a $H = \mathbb{Z}_{10}$. Da mesma forma, se qualquer outro número par estiver também em H, então $H = \mathbb{Z}_{10}$.

    Assim, se $5 \in H$, então ou $H = \{0, 5\}$, ou $H = \mathbb{Z}_{10}$.

    Exaurimos todos os casos possíveis em que um inteiro ímpar está em H. Daqui por diante, podemos admitir que todos os elementos de H sejam pares.

- Suponhamos que $2 \in H$. Pelo fechamento, temos que 4, 6 e 8 também estão em H; assim, $H = \{0, 2, 4, 6, 8\}$.

- Se $4 \in H$, então $4 \oplus 4 \oplus 4 = 2 \in H$, e estamos de volta a $H = \{0, 2, 4, 6, 8\}$.

    Por um argumento análogo, se 6 ou 8 está em H, novamente chegamos a $H = \{0, 2, 4, 6, 8\}$.

    Em suma, nossa análise mostra o seguinte. Sabemos que $0 \in H$. Se qualquer dos elementos 1, 3, 7 ou 9 está em H, então $H = \mathbb{Z}_{10}$. Se $5 \in H$, então ou $H = \{0, 5\}$ ou $H = \mathbb{Z}_{10}$. Se H contém qualquer um dos elementos 2, 4, 6 ou 8, então $H = \{0, 2, 4, 6, 8\}$ ou $H = \mathbb{Z}_{10}$. Em todos os casos, temos que H é um entre $\{0\}$, $\mathbb{Z}_{10}$, $\{0, 5\}$ ou $\{0, 2, 4, 6, 8\}$, o que mostra que a lista do Exemplo 42.2 exaure todas as possibilidades.

O teorema de Lagrange

No Exemplo 42.2, encontramos quatro subgrupos de $(\mathbb{Z}_{10}, \oplus)$. As cardinalidades desses quatro subgrupos são 1, 2, 5 e 10. Note que esses quatro números são divisores de 10. Eis outro exemplo.

◆ EXEMPLO 42.3

(**Subgrupos de S_3**) Relacione todos os subgrupos de $(S_3, \circ)$.

Solução: Tenha em mente que S_3 é o conjunto de todas as permutações de $\{1, 2, 3\}$; isto é,

$$S_3 = \{(1)(2)(3), (12)(3), (13)(2), (1)(23), (123), (132)\}.$$

Seus subgrupos são os seguintes:

$$\{(1)(2)(3)\}$$
$$\{(1)(2)(3), (12)(3)\} \quad \{(1)(2)(3), (13)(2)\} \quad \{(1)(2)(3), (1)(23)\}$$
$$\{(1)(2)(3), (123), (132)\}$$
$$\{(1)(2)(3), (12)(3), (13)(2), (1)(23), (123), (132)\}.$$

As cardinalidades desses subgrupos são 1, 2, 3 e 6 – todas elas divisores de 6.

Os Exemplos 42.2 e 42.3 sugerem que, se $(H, *)$ é um subgrupo de $(G, *)$ (e ambos são finitos), então $|H|$ é um divisor de $|G|$.

❖ TEOREMA 42.4

(**Lagrange**) Seja $(H, *)$ um subgrupo de um grupo finito $(G, *)$, e sejam $a = |H|$ e $b = |G|$. Então $a|b$.

A ideia central da prova é *particionar* G em subconjuntos, todos do mesmo tamanho que H. Como as partes de uma partição são disjuntas duas a duas, dividimos G em partes de tamanho $|H|$ que não se superpõem. Isso implica que $|H|$ divide $|G|$. (Essa abordagem é análoga à aplicação do Teorema 16.6.)

A partição que criamos consiste em classes de equivalência de uma relação de equivalência definida como segue.

● DEFINIÇÃO 42.5

(**Congruência módulo um subgrupo**) Sejam $(G, *)$ um grupo, $(H, *)$ um subgrupo e $a, b \in G$. Dizemos que *a é congruente com b módulo H* se $a * b^{-1} \in H$, e escrevemos

$$a \equiv b \pmod{H}.$$

Este é ainda outro significado para a usadíssima expressão *mod*! Consideremos um exemplo.

Considere o grupo $(\mathbb{Z}_{25}^*, \otimes)$. Os elementos de $\mathbb{Z}_{25}^*$ são

$$\mathbb{Z}_{25}^* = \{1, 2, 3, 4, 6, 7, 8, 9, 11, 12, 13, 14, 16, 17, 18, 19, 21, 22, 23, 24\}.$$

Seja $H = \{1, 7, 18, 24\}$. A tabela de operações para $\otimes$ restrita a H é

$\otimes$	1	7	18	24
1	1	7	18	24
7	7	24	1	18
18	18	1	24	7
24	24	18	7	1

Observe que H é fechado sob $\otimes$, o elemento identidade $1 \in H$, e, como

$$1^{-1} = 1, \quad 7^{-1} = 18 \quad 18^{-1} = 7 \quad 24^{-1} = 24$$

o inverso de todo elemento de H é ainda um membro de H. Portanto, H é um subgrupo de $\mathbb{Z}_{25}^*$.

Para esses grupo e subgrupo, temos $2 \equiv 3 \pmod{H}$? A resposta é não. Para vermos por que, calculamos:

$$2 \otimes 3^{-1} = 2 \otimes 17 = 9 \notin H$$

de forma que $2 \not\equiv 3 \pmod{H}$. (Note que $3^{-1} = 17$ porque $3 \otimes 17 = 1$.)

Em contrapartida, temos efetivamente $2 \equiv 11 \pmod{H}$. Para vermos por que, calculamos

$$2 \otimes 11^{-1} = 2 \otimes 16 = 7 \in H$$

e, assim, $2 \equiv 11 \pmod{H}$. (Note que $11^{-1} = 16$, porque $11 \otimes 16 = 176 \bmod 25 = 1$.)

A congruência módulo um subgrupo é uma relação de equivalência no grupo.

◈ **LEMA 42.6**

Sejam $(G, *)$ um grupo e $(H, *)$ um subgrupo. Então, a congruência módulo H é uma relação de equivalência em G.

Prova. Para verificarmos que a congruência módulo H é uma relação de equivalência em G, devemos mostrar que ela é reflexiva, simétrica e transitiva.

> É interessante notar que as três partes dessa prova correspondem precisamente às três condições que devemos verificar para provar que um subconjunto de um grupo é um subgrupo (Esquema de prova 24). A propriedade reflexiva decorre do fato que $e \in H$. A propriedade de simetria decorre do fato de que o inverso de um elemento de H também deve estar em H. E a transitividade decorre do fato de que H é fechado sob $*$.

- *A congruência módulo H é reflexiva.*

    Seja $g \in G$. Devemos mostrar que $g \equiv g \pmod{H}$. Para tanto, vamos mostrar que $g * g^{-1} \in H$. Como $g * g^{-1} = e$ e como $e \in H$, temos que $g \equiv g \pmod{H}$.

- *A congruência módulo H é simétrica.*

    Suponhamos $a \equiv b \pmod{H}$. Isso significa que $a * b^{-1} \in H$. Por conseguinte, $(a * b^{-1})^{-1} \in H$. Note que

    $$(a * b^{-1})^{-1} = (b^{-1})^{-1} * a^{-1} = b * a^{-1}$$

    e, portanto, $b * a^{-1} \in H$. Logo, temos $b \equiv a \pmod{H}$.

- *A congruência módulo H é transitiva.*

    Seja $a \equiv b \pmod{H}$ e $b \equiv c \pmod{H}$. Assim, $a * b^{-1}, b * c^{-1} \in H$. Decorre que

    $$(a * b^{-1}) * (b * c^{-1}) \in H$$

    porque H é um subgrupo e, assim, é fechado sob $*$. Note que

    $$(a * b^{-1}) * (b * c^{-1}) = a * (b^{-1} * b) * c^{-1} = a * c^{-1}$$

    e, assim, $a * c^{-1} \in H$. Portanto, $a \equiv c \pmod{H}$.

A congruência modulo H é, pois, uma relação de equivalência em G.

Como a congruência mod H é uma relação de equivalência, podemos considerar as classes de equivalência dessa relação. Recordemo-nos do grupo $(\mathbb{Z}_{25}^*, \otimes)$ e seu subgrupo $H = \{1, 7, 18, 24\}$ que consideramos anteriormente. Para a relação de congruência mod H, qual é a classe de equivalência $[2]$? É o conjunto de todos os elementos de $\mathbb{Z}_{25}^*$ que estão relacionados com 2, isto é,

$$[2] = \{a \in \mathbb{Z}_{25}^* : a \equiv 2 \pmod{H}\}.$$

Podemos testar todos os 20 elementos de $\mathbb{Z}_{25}^*$ para ver quais são e quais não são congruentes com 2 mod H. Encontramos

$$[2] = \{2, 11, 14, 23\}.$$

Dessa forma, podemos achar todas as classes de equivalência, que são

$$[1] = \{1, 7, 18, 24\},$$
$$[2] = \{2, 11, 14, 23\},$$
$$[3] = \{3, 4, 21, 22\},$$
$$[6] = \{6, 8, 17, 19\}, \quad e$$
$$[9] = \{9, 12, 13, 16\}.$$

Cabem aqui alguns comentários.

Primeiro, estas são todas as classes de equivalência da congruência mod H. Todo elemento de $\mathbb{Z}_{25}^*$ está em exatamente uma dessas classes. Poderíamos perguntar: desprezamos a classe [4]? A classe de equivalência [4] é exatamente a mesma que [3] porque $4 \equiv 3 \pmod{H}$ (porque $3 \otimes 4^{-1} = 3 \otimes 19 = 7 \in H$).

Segundo, como essas classes são classes de equivalência, sabemos (pelo Corolário 15.13) que elas formam uma partição do grupo (nesse caso, de $\mathbb{Z}_{25}^*$).

Terceiro, a classe [1] é igual ao subgrupo $H = \{1, 7, 18, 24\}$. Isso não é uma coincidência. Sejam $(G, *)$ um grupo arbitrário e $(H, *)$ um subgrupo. A classe de equivalência do elemento identidade, $[e]$, deve ser igual a H. Eis a prova:

$$a \in [e] \iff a \equiv e \pmod{H} \iff a * e^{-1} \in H \iff a \in H.$$

Quarto, as classes de equivalência têm todas o mesmo tamanho (nesse exemplo, todas possuem quatro elementos). Essa observação é a etapa-chave para provar o Teorema 41.4, e assim nós o provamos aqui como um lema.

◇ LEMA 42.7

Sejam $(G, *)$ um grupo e $(H, *)$ um subgrupo finito. Então, duas classes de equivalência quaisquer da relação de congruência mod H têm o mesmo tamanho.

Prova. Seja $g \in G$, arbitrário. Basta mostrarmos que $[g]$ e $[e]$ têm o mesmo tamanho. Como já notamos, $[e] = H$. Para mostrar que $[g]$ e H têm o mesmo tamanho, definimos uma função $f: H \to [g]$ e provamos que f é um a um e sobre. Daí, decorre que $|H| = |[g]|$.

Para $h \in H$, definamos $f(h) = h * g$. Obviamente, trata-se de uma função definida em H, mas é $f: H \to [g]$? Devemos mostrar que $f(h) \in [g]$. Em outras palavras, devemos provar que $f(h) \equiv g \pmod{H}$. E isto é verdadeiro porque

$$f(h) * g^{-1} = (h * g) * g^{-1} = h * (g * g^{-1}) = h \in H.$$

Portanto, f é uma função de H para $[g]$.

Em seguida, mostramos que f é um a um. Suponhamos que $f(h) = f(h')$. Então, $h * g = h' * g$. Operando à direita com g^{-1}, vem

$$\begin{aligned}(h * g) * g^{-1} &= (h' * g) * g^{-1} \\ h * (g * g^{-1}) &= h' * (g * g^{-1}) \\ h &= h'\end{aligned}$$

e, assim, f é um a um.

Por fim, mostramos que f é sobre. Seja $b \in [g]$. Isso significa que $b \equiv g \pmod{H}$ e assim $b * g^{-1} \in H$. Seja $h = b * g^{-1}$. Então,

$$f(h) = f(b * g^{-1}) = (b * g^{-1}) * g = b * (g * g^{-1}) = b$$

e, assim, f é sobre $[g]$.

Portanto, H e $[g]$ têm a mesma cardinalidade, e o resultado está provado.

Temos, agora, os recursos necessários para provar o teorema de Lagrange.

Prova (do Teorema 42.4).

Sejam $(G, *)$ um grupo finito e $(H, *)$ um subgrupo. As classes de equivalência da relação *é congruente com mod H* têm todas a mesma cardinalidade que H. Como as classes de equivalência formam uma partição de G, sabemos que $|H|$ é um divisor de $|G|$.

Recapitulando

Nesta seção, introduzimos a noção de subgrupo de um grupo, e provamos que, se H é um subgrupo finito, então $|H|$ é um divisor de $|G|$.

42 Exercícios

42.1. Ache todos os subgrupos de $(\mathbb{Z}_6, \oplus)$.

42.2. Encontre todos os subgrupos de $(\mathbb{Z}_9, \oplus)$.

42.3. Ache todos os subgrupos do grupo-4 de Klein.

42.4. Seja $(G, *)$ um grupo e suponhamos que H seja um subconjunto não vazio de G.

Prove que $(H, *)$ é um subgrupo de $(G, *)$ desde que H seja fechado sob $*$ e que, para todo $g \in H$, tenhamos $g^{-1} \in H$.

Isso nos dá uma estratégia alternativa de prova do Esquema de prova 24. Não é preciso provar que $e \in H$. Basta provar que H é não vazio.

42.5. Seja $(G, *)$ um grupo e suponhamos que H seja um subconjunto não vazio de G.

Prove que $(H, *)$ é um subgrupo de $(G, *)$ se e somente se, para todos $g, h \in H$, tivermos $g * h^{-1} \in H$.

Isso nos dá mais outra alternativa para o Esquema de prova 24, embora de utilidade limitada.

42.6. Ache, com prova, todos os subgrupos de $(\mathbb{Z}, +)$.

42.7. Prove que todos os subgrupos de um grupo cíclico também são cíclicos. Então, dê um exemplo de um grupo que não é cíclico, mas todos de seu próprio grupo são.

42.8. Prove que, se x e y são pares, então $[(x + y) \bmod 10]$ também o é. Conclua que $\{0, 2, 4, 6, 8\}$ é fechado sob a adição mod 10.

42.9. Seja $(G, *)$ um grupo. O centro do grupo, denotado Z, são os elementos de G que comutam com todos os elementos no grupo. Em símbolos,

$$Z = \{z \in G : \forall g \in G, g * z = z * g\}.$$

Prove que $(Z, *)$ é um subgrupo de $(G, *)$.

42.10. Em $(\mathbb{Z}_{25}^*, \oplus)$, o conjunto $H = \{1, 6, 11, 16, 21\}$ é um subgrupo. Ache as classes de equivalência da relação de congruência mod H.

42.11. Considere no grupo $(S_3, \bigcirc)$ e o subgrupo $H = \{(1)(2)(3), (12)(3)\}$. Ache as classes de equivalência da relação mod H.

42.12. Sejam $(G, *)$ um grupo finito e $g \in G$.

a. Prove que existe um inteiro positivo k de modo que

$$g^k = \underbrace{g * g * \cdots * g}_{k \text{ vezes}} = e.$$

Pelo Princípio da Boa Ordenação, existe um inteiro positivo mínimo k tal que $g^k = e$. Definimos a *ordem* do elemento g como o menor desses inteiros positivos.

b. Prove que $\{e, g, g^2, g^3, \ldots\}$ é um subgrupo de G, cuja cardinalidade é a ordem de g.
c. Prove que a ordem de g divide $|G|$.
d. Conclua que $g^{|G|} = e$.

42.13. Sejam $(G, *)$ um grupo, e $(H, *)$ e $(K, *)$ subgrupos. Prove ou refute cada uma das seguintes suposições:

a. $H \cap K$ é subgrupo de $(G, *)$.
b. $H \cup K$ é subgrupo de $(G, *)$.
c. $H - K$ é subgrupo de $(G, *)$.
d. $H \triangle K$ é subgrupo de $(G, *)$.

42.14. A prova do Lema 42.7 afirma que para mostrar que as classes de equivalência mod H têm todas o mesmo tamanho que só precisamos mostrar que $|[g]| = |[e]|$ em que g é um elemento arbitrário de G. Por que isso é suficiente?

42.15. Por que reutilizamos a palavra *mod* para a nova relação de equivalência nesta seção? As novas relações são uma generalização da relação mais familiar $x \equiv y \pmod{n}$ para inteiros. Eis a conexão.

Consideremos o grupo $(\mathbb{Z}, +)$ e seja n um inteiro positivo. Seja H o subgrupo que consiste em todos os múltiplos de n, isto é,

$$H = \{a \in \mathbb{Z} : n | a\}.$$

Prove que, para todos os inteiros x e y,

$$x \equiv y \pmod{H} \iff x \equiv y \pmod{n}.$$

42.16. Sejam $(G, *)$ um grupo e $(H, *)$ um subgrupo. Sejam $a, b, c, d \in G$. Seria interessante que

se $\quad a \equiv b \pmod H$ e
$\quad c \equiv d \pmod H$,

então $\quad a * c \equiv b * d \pmod H$

mas isso não é verdade. Dê um contraexemplo.

42.17. Seja $(G, *)$ um grupo. Embora a operação $*$ atue sobre dois elementos de G, neste e no próximo problema, vamos estender o uso do símbolo operacional $*$ como segue.

Sejam $g \in G$ e $(H, *)$ um subgrupo de G. Definamos, como segue, os conjuntos $H * g$ e $g * H$:

> Nesse problema temos a apresentação do conceito de *co-conjunto*. Dado um subgrupo $(G,*)$, um subgrupo H e um elemento $g \in G$, os conjuntos $g * H$ e $H * g$ são denominados *co-conjuntos* de H. Mais especificamente, $g * H$ é denominado um *co-conjunto à esquerda* e $H*g$ é denominado um *co-conjunto à direita*.

$$H * g = \{h * g : h \in H\}, \text{ e}$$
$$g * H = \{g * h : h \in H\}.$$

Em outras palavras, $H * g$ é o conjunto de todos os elementos de G que podem ser formados combinando-se com g um elemento de H (chamado h), para formar $h * g$. Se $H = \{h_1, h_2, h_3, \ldots\}$, então

$$H * g = \{h_1 * g, h_2 * g, h_3 * g, \ldots\} \text{ e}$$
$$g * H = \{g * h_1, g * h_2, g * h_3, \ldots\}.$$

Suponhamos, por exemplo, que o grupo G seja S_3 e que o subgrupo seja $H = \{(1), (2), (3), (1, 2, 3), (1, 3, 2)\}$. Seja $g = (1, 2)(3)$. Então,

$$H \circ g = H \circ (1, 2)(3)$$
$$= \{(1)(2)(3) \circ (1, 2)(3), (1, 2, 3) \circ (1, 2)(3), (1, 3, 2) \circ (1, 2)(3)\}$$
$$= \{(1, 2)(3), (1, 3)(2), (1)(2, 3)\}.$$

Faça o seguinte:

a. Prove que $g \in H * g$ e $g \in g * H$.
b. Prove que $g * H = H \Leftrightarrow H * g = H \Leftrightarrow g \in H$.
c. Prove que se $(G, *)$ é abeliano, então $g * H = H * g$.
d. Dê um exemplo de um grupo G, um subgrupo H, e um elemento g, de modo que $g * H \neq H * g$.

42.18. Dizemos que um subgrupo $(H, *)$ de $(G, *)$ é *normal* se e somente se, para todo $g \in G$, temos $g * H = H * g$.

> Para a definição de $g * H$ e $H * g$, veja o problema anterior.

Prove que, se H é normal e $a, b, c, d \in G$, a implicação

$$\text{se} \quad a \equiv b \pmod{H} \text{ e}$$
$$c \equiv d \pmod{H}$$

$$\text{então,} \quad a * c \equiv b * d \pmod{H}$$

é verdadeira.

■ 43 O pequeno teorema de Fermat

Esta seção tem por objetivo provar o resultado a seguir.

❖ TEOREMA 43.1

(**O pequeno teorema de Fermat**) Seja p um número primo e seja a um inteiro. Então,

$$a^p \equiv a \pmod{p}.$$

Por exemplo, se $p = 23$, então as potências de 5 módulo 23 são

$5^1 \equiv 5$	$5^2 \equiv 2$	$5^3 \equiv 10$	$5^4 \equiv 4$	$5^5 \equiv 20$
$5^6 \equiv 8$	$5^7 \equiv 17$	$5^8 \equiv 16$	$5^9 \equiv 11$	$5^{10} \equiv 9$
$5^{11} \equiv 22$	$5^{12} \equiv 18$	$5^{13} \equiv 21$	$5^{14} \equiv 13$	$5^{15} \equiv 19$
$5^{16} \equiv 3$	$5^{17} \equiv 15$	$5^{18} \equiv 6$	$5^{19} \equiv 7$	$5^{20} \equiv 12$
$5^{21} \equiv 14$	$5^{22} \equiv 1$	$5^{23} \equiv 5$	$5^{24} \equiv 2$	$5^{25} \equiv 10$

em que todas as congruências são mod 23.

Daremos três provas bastante diferentes desse interessante resultado.

Primeira prova

Prova (do Teorema 43.1).

Provaremos primeiro (utilizando a indução) o resultado no caso especial $a \geq 0$. Terminamos mostrando que o caso especial implica o teorema pleno.

Provamos, por indução sobre a, que, se p é primo e $a \in \mathbb{N}$, então $a^p \equiv a\ (p)$.

Caso-base: se $a = 0$, temos $a^p = 0^p = 0 = a$, de forma que $a^p \equiv a\ (p)$ é válida para $a = 0$.

Hipótese de indução: suponhamos que o resultado seja válido para $a = k$, isto é, $k^p \equiv k(p)$. Devemos provar que $(k + 1)^p \equiv k + 1\ (p)$.

Pelo teorema binomial (Teorema 17.8), temos

$$(k+1)^p = k^p + \binom{p}{1}k^{p-1} + \binom{p}{2}k^{p-2} + \cdots + \binom{p}{p-1}k + 1. \tag{45}$$

Observe que os termos intermediários (todos, menos o primeiro e o último) no membro direito da Equação (45) são da forma $\binom{p}{j} k^{p-j}$, em que $0 < j < p$. O coeficiente binomial $\binom{p}{j}$ é um inteiro que podemos escrever como (Teorema 17.12)

$$\binom{p}{j} = \frac{p!}{j!(p-j)!} = \frac{p(p-1)!}{j!(p-j)!}. \tag{46}$$

A fração na Equação (46) é um inteiro. Imagine que fatoremos em primos o numerador e o denominador desta fração (pelo Teorema 39.1). Como essa fração se reduz a um inteiro, todo fator primo no denominador se cancela com um fator primo igual no numerador. Note, entretanto, que p é um fator primo do numerador, mas p não é um fator primo do denominador; tanto j como $p - j$ são inferiores a p (porque $0 < j < p$) e, assim, os fatores primos em $j!$ e $(p - j)!$ não podem incluir p. Portanto, após reduzirmos a um inteiro a fração na Equação (46), o inteiro deve ser um múltiplo de p.

Dessa forma, os termos do meio na Equação (45) são todos múltiplos de p, de modo que podemos escrever

$$k^p + \binom{p}{1}k^{p-1} + \binom{p}{2}k^{p-2} + \cdots + \binom{p}{p-1}k + 1 \equiv k^p + 1 \pmod{p}. \tag{47}$$

Por fim, por indução, sabemos que $k^p \equiv k\ (p)$, de forma que, combinando as Equações (45) e (47), temos

$$(k+1)^p \equiv k^p + 1 \equiv k + 1 \pmod{p}$$

completando a indução.

Provamos, assim, o Teorema 43.1 para todo $a \in \mathbb{N}$; concluímos mostrando que o resultado também é válido para inteiros negativos; isto é, precisamos provar que

$$(-a)^p \equiv (-a) \pmod{p}$$

em que $a > 0$. O caso $p = 2$ é diferente daquele que se refere a primos ímpares.

No caso $p = 2$, temos

$$(-a)^2 \equiv a^2 \equiv a \equiv -a \pmod{2}$$

porque $-a \equiv a\ (2)$ para todos os inteiros a.

> Observe que $a \equiv -a \pmod{2}$; ver Exercício 15.5.

No caso $p > 2$ (e, portanto, p ímpar), temos

$$(-a)^p = (-1)^p a^p = -(a^p) \equiv -a \pmod{p}$$

completando a demonstração.

Segunda prova

Prova (do Teorema 43.1).
Tal como na prova anterior, provamos primeiro um caso especial restrito. Nessa prova, admitimos que a seja um inteiro positivo. O caso $a = 0$ é trivial, e o caso $a < 0$ é tratado como na prova anterior.

Admitimos, pois, que p seja primo e a um inteiro positivo. Consideremos o seguinte problema de contagem:

Quantas listas de comprimento p podemos formar com os elementos escolhidos em $\{1, 2, \ldots, a\}$?

A resposta a essa pergunta é, naturalmente, a^p (ver Teorema 8.6).

Em seguida, definimos uma relação de equivalência R sobre essas listas. Dizemos que duas listas são equivalentes se uma pode ser obtida da outra mediante troca cíclica de seus elementos. Em uma *troca cíclica*, passamos o último elemento para a primeira posição na lista. Duas listas estão relacionadas por R se uma pode ser formada a partir da outra mediante uma (ou mais) transformação cíclica. Por exemplo, as listas a seguir são todas equivalentes:

$$12334 \quad 41233 \quad 34123 \quad 33412 \quad 23341.$$

Consideremos um novo problema:

Quantas listas não equivalentes de comprimento p podemos formar com os elementos escolhidos em $\{1, 2, \ldots, a\}$?

Não equivalente significa não relacionada por R. Em outras palavras, desejamos contar o número de classes de equivalência R.

◆ EXEMPLO 43.2

Consideremos o caso $a = 2$ e $p = 3$. Podemos formar oito listas: 111, 112, 121, 122, 211, 212, 221, 222, que se enquadram em quatro classes de equivalência:

$$\{111\}, \quad \{222\}, \quad \{112, 121, 211\} \quad \text{e} \quad \{122, 212, 221\}.$$

◆ EXEMPLO 43.3

Seja o caso $a = 3$ e $p = 5$. Há $3^5 = 243$ listas possíveis (de 11111 a 33333). Há três classes de equivalência que contêm apenas uma lista, a saber:

$$\{11111\}, \quad \{22222\} \quad \text{e} \quad \{33333\}.$$

As listas restantes se enquadram em classes de equivalência que contêm mais de um elemento. Por exemplo, a lista 12113 está na seguinte classe de equivalência:

$$[12113] = \{12113, 31211, 13121, 11312, 21131\}.$$

Experimentando com outras listas, note que todas as classes de equivalência com mais de uma lista contêm exatamente cinco listas. (Provaremos esse fato a seguir.)

Temos, assim, três classes de equivalência que contêm apenas uma lista. As restantes $3^5 - 3$ listas se enquadram em classes que contêm exatamente cinco listas cada uma; há $(3^5 - 3)/5$ dessas listas. Assim, globalmente, há

$$3 + \frac{3^5 - 3}{5} = 51$$

classes de equivalência diferentes.

O ponto principal é: o número $(3^5 - 3)/5$ é um inteiro. Portanto, $3^5 - 3$ é divisível por 5; isto é, $3^5 \equiv 3 \ (5)$.

De modo geral, como contamos o número de classes de equivalência? Se as classes de equivalência tivessem todas o mesmo tamanho, poderíamos aplicar o Teorema 16.6 – bastaria dividirmos o número de listas pelo número (supostamente) comum de listas em cada classe. Todavia, como mostram os exemplos, as classes podem conter números diferentes de listas.

Exploremos quantos elementos uma classe de equivalência pode conter. Começamos com o caso especial simples de listas cujos elementos são todos os mesmos (por exemplo, 222 . . . 2 ou $aaa \ldots a$); tais listas são apenas equivalentes a si próprias. Há a classes de equivalência que contêm exatamente uma lista, a saber, $\{111 \ldots 1\}$, $\{222 \ldots 2\}, \ldots, \{aaa \ldots a\}$.

Consideremos, agora, uma lista com (ao menos) dois elementos diferentes, tal como 12113. Quantas listas equivalentes a esta existem? Vimos, no Exemplo 43.3, que há cinco listas na classe de equivalência de 12113.

De modo geral, consideremos a lista

$$x_1 x_2 x_3 \ldots x_{p-1} x_p$$

em que os elementos da lista são extraídos do conjunto $\{1, 2, \ldots, a\}$. A classe de equivalência dessa lista contém as seguintes listas:

Lista 1: $x_1 x_2 x_3 \ldots x_{p-1} x_p$ (original)
Lista 2: $x_2 x_3 \ldots x_{p-1} x_p x_1$
Lista 3: $x_3 \ldots x_{p-1} x_p x_1 x_2$
$\vdots$
Lista p: $x_p x_1 x_2 x_3 \ldots x_{p-1}$.

Aparentemente, há p listas nessa classe de equivalência, mas sabemos que isso não é correto; se todos os x_i são os mesmos, essas p listas "diferentes" são todas a mesma. Devemos ter presente o fato de que, mesmo que os x_i não sejam todos o mesmo, ainda pode haver uma repetição.

Afirmamos: se os elementos da lista $x_1 x_2 x_3 \ldots x_{p-1} x_p$ não são todos o mesmo, então as p listas citadas são todas diferentes. Suponhamos, por contradição, que duas das listas sejam a mesma; isto é, há duas listas, digamos, Lista i e Lista j (com $1 \le i < j \le p$) em que

$$x_i x_{i+1} \ldots x_{i-1} = x_j x_{j+1} \ldots x_{j-1}.$$

O que significa essas listas serem *iguais*? Significa simplesmente que elas são iguais, elemento por elemento; isto é,

$$\begin{aligned} x_i &= x_j \\ x_{i+1} &= x_{j+1} \\ &\vdots \\ x_{i-1} &= x_{j-1}. \end{aligned}$$

Essas equações implicam o seguinte. Se submetemos a lista $x_1 x_2 x_3 \ldots x_{p-1} x_p$ a um deslocamento cíclico de $j - i$ passos, a sequência resultante é idêntica à original. Em particular, isso significa que

$$x_1 = x_{1+(j-i)}.$$

Se submetemos a lista a outros $j - i$ passos, voltamos novamente à original; assim,

$$x_1 = x_{1+(j-i)} = x_{1+2(j-i)}.$$

É preciso cuidado. O índice $1 + 2(j - i)$ é maior que p. Embora não haja qualquer elemento, digamos, x_{p+1} (ultrapassaria o fim da lista), como estamos fazendo um deslocamento cíclico, podemos considerar o elemento x_{p+1} o mesmo elemento x_1. Em geral, podemos sempre adicionar ou subtrair um múltiplo de p de modo que o índice em x esteja no conjunto $\{1, 2, \ldots, p\}$. Em outras palavras, consideramos dois índices o mesmo, se eles são congruentes mod p. Assim, a equação $x_1 = x_{1+(j-i)} = x_{1+2(j-i)}$ agora tem sentido.

Prossigamos com a análise. Temos a equação $x_1 = x_{1+(j-i)} = x_{1+2(j-i)}$ considerando-se dois deslocamentos cíclicos, de $j - i$ passos, da lista $x_1 x_2 x_3 \ldots x_{p-1} x_p$. Se fizermos outro deslocamento de $j - i$ passos, teremos

$$x_1 = x_{1+(j-i)} = x_{1+2(j-i)} = x_{1+3(j-i)}.$$

Obviamente, temos

$$x_1 = x_{1+(j-i)} = x_{1+2(j-i)} = x_{1+3(j-i)} = \ldots = x_{1+(p-1)(j-i)} \tag{48}$$

com os índices considerados mod p. A Equação (48) nos diz que

$$x_1 = x_2 = \ldots = x_p.$$

Para vermos por que, notemos que, na Equação (48), aparecem todos os índices (de 1 a p). Isso já foi mostrado no Exercício 36.20.

Já é oportuno unificar todas essas ideias. Estamos considerando o conjunto de listas equivalente a $x_1 x_2 x_3 \ldots x_{p-1} x_p$. Sabemos que, se todos os x são o mesmo, há apenas uma lista equivalente a $x_1 x_2 x_3 \ldots x_{p-1} x_p$ (a saber, ela própria). Em caso contrário, se há ao menos dois elementos diferentes nessa lista, então há exatamente p listas diferentes equivalentes a $x_1 x_2 x_3 \ldots x_{p-1} x_p$ (se houvesse menos, $x_1 = x_2 = \ldots = x_p$ pela análise anterior).

Assim, há a classes de equivalência de tamanho 1, correspondentes às listas 111 ... 1 a $aaa \ldots a$. As $a^p - a$ listas restantes formam classes de equivalência de tamanho p. Assim, globalmente, há

$$a + \frac{a^p - a}{p}$$

classes diferentes de equivalência. Como esse número deve ser um inteiro, sabemos que $(a^p - a)/p$ deve ser um inteiro (isto é, $a^p - a$ é divisível por p) – o que pode ser escrito como $a^p \equiv a \pmod{p}$.

Terceira prova

Prova (do Teorema 43.1).

Para essa terceira prova, vamos trabalhar no grupo $(\mathbb{Z}_p^*, \otimes)$. Começamos fazendo algumas simplificações.

Pretendemos provar que $a^p \equiv a \pmod{p}$, em que p é primo e a é um inteiro arbitrário. Nas provas anteriores, vimos que basta provar esse resultado para $a > 0$; o caso $a = 0$ é trivial, e o caso $a < 0$ decorre daquele em que a é positivo.

Restrinjamos ainda mais o âmbito de valores de a que devemos levar em conta. Primeiro, não somente o caso $a = 0$ é trivial, mas também é fácil provar que $ap \equiv a\ (p)$ quando a é um múltiplo de p (Exercício 43.8).

Segundo, se aumentamos (ou diminuímos) a de um múltiplo de p, não há alteração (módulo p) no valor de a^p:

$$(a+kp)^p = a^p + \binom{p}{1}a^{p-1}(kp)^1 + \binom{p}{2}a^{p-2}(kp)^2 + \cdots + \binom{p}{p}a^0(kp)^p$$
$$\equiv a^p \pmod{p}$$

porque todos os $\binom{p}{j} ap-j\ (kp)j$ (com $j > 0$) são múltiplos de p.

Podemos, pois, supor que a é um inteiro no conjunto $\{1, 2, \ldots, p-1\} = \mathbb{Z}_p^*$.

Além disso, a equação $a^p \equiv a\ (p)$ é equivalente a

$$\underbrace{a \otimes a \otimes \cdots \otimes a}_{p \text{ vezes}} = a$$

em que os cálculos são feitos em $\mathbb{Z}_p^*$. Isso pode ser reescrito como $a^p = a$, em que, novamente, os cálculos são feitos em $\mathbb{Z}_p^*$. Se $\otimes$ ambos os membros por a^{-1}, temos $a^{p-1} = 1$ (em $\mathbb{Z}_p^*$).

Reciprocamente, se pudermos provar que $a^{p-1} = 1$ em $\mathbb{Z}_p^*$, então nossa prova do Teorema 43.1 estará completa.

A boa notícia é: trata-se de um problema que já foi resolvido! No Exercício 42.12(d), afirma-se que, para qualquer grupo G e para qualquer elemento $g \in G$, temos $g^{|G|} = e$. Em nosso caso, o grupo é $\mathbb{Z}_p^*$, o elemento é a e $|\mathbb{Z}_p^*| = p - 1$. Portanto, $a^{p-1} = 1$, e estamos terminados.

O teorema de Euler

Podemos estender a terceira prova do pequeno teorema de Fermat a um contexto mais amplo. O resultado é válido para módulos não primos? Talvez possamos provar que $a^n \equiv a\ (\text{mod}\ n)$ para qualquer inteiro positivo n. Um exemplo mostra que esta não é a extensão correta do pequeno teorema de Fermat.

◆ EXEMPLO 43.4

$a^n \equiv a\ (\text{mod}\ n)$ para valores não primos de n? Seja $n = 9$. Temos

$1^9 \equiv 1$ $2^9 \equiv 8 \not\equiv 2$ $3^9 \equiv 0 \not\equiv 3$

$4^9 \equiv 1 \not\equiv 4$ $5^9 \equiv 8 \not\equiv 5$ $6^9 \equiv 0 \not\equiv 6$

$7^9 \equiv 1 \not\equiv 7$ $8^9 \equiv 8$ $9^9 \equiv 0 \equiv 9$

em que todas as congruências são modulo 9. A fórmula $a^p \equiv a\ (p)$ não é extensiva a valores não primos de p.

Voltemos aos detalhes da terceira prova. O ponto-chave consistia em provar que $a^{p-1} = 1$ em $\mathbb{Z}_p^*$. Há duas razões para que essa equação seja válida.

Primeira, $a \in \mathbb{Z}_p^*$; se a fosse um múltiplo de p, então qualquer potência de a também seria um múltiplo de p e não haveria potência de a que nos desse 1 módulo p.

Segunda, o expoente $p - 1$ é o número de elementos em $\mathbb{Z}_p^*$ e esse número, em geral, não é $n - 1$. Ao contrário, $|\mathbb{Z}_n^*| = \varphi(n)$, a função φ de Euler (ver Exercícios 39.16-19).

Voltemos ao Exemplo 43.4, agora substituindo o expoente 9 pelo expoente $\varphi(9) = 6$.

◆ EXEMPLO 43.5

Note que $\mathbb{Z}_9^* = \{1, 2, 4, 5, 7, 8\}$ e $\varphi(9) = 6$. Elevando os inteiros 1 a 9 à potência 6 (mod 9), vem

$1^6 \equiv 1$ $2^6 \equiv 1$ $3^6 \equiv 0$

$4^6 \equiv 1$ $5^6 \equiv 1$ $6^6 \equiv 0$

$7^6 \equiv 1$ $8^6 \equiv 1$ $9^6 \equiv 0$

Isso é muito melhor! Para aqueles valores de $a \in \mathbb{Z}_9^*$, temos $a^6 = 1$. Naturalmente, se a é aumentado ou diminuído de um múltiplo de 9, os resultados no Exemplo 43.5 permanecem os mesmos.

Pelo Exercício 42.12(d), sabemos que, se $a \in \mathbb{Z}_n^*$, então

$$a^{|\mathbb{Z}_n^*|} = 1$$

e como $|\mathbb{Z}_n^*| = \varphi(n)$, a expressão anterior pode ser reescrita como

$$a^{\varphi(n)} = 1$$

em que os cálculos são feitos em $\mathbb{Z}_n^*$ (isto é, utilizando $\otimes$). Reformulado, isso nos diz que

$$a^{\varphi(n)} \equiv 1 \pmod{n}$$

com a multiplicação usual de inteiros. A generalização do pequeno teorema de Fermat consiste no resultado a seguir devido a Euler.

❖ TEOREMA 43.6

(**Teorema de Euler**) Sejam n um inteiro positivo e a um inteiro relativamente primo com n. Então,

$$a^{\varphi(n)} \equiv 1 \pmod{n}.$$

Prova. Já vimos as etapas principais dessa prova. Seja a relativamente primo com n. Dividindo a por n temos:

$$a = qn + r$$

em que $0 \leq r < n$. Como a é relativamente primo com n, r também o é (ver Exercício 36.14). Assim, podemos supor que $a \in \mathbb{Z}_n^*$.

Mostrarmos que $a^{\varphi(n)} \equiv 1 \pmod{n}$ equivale a mostrarmos que $a^{\varphi(n)} = 1$ em $\mathbb{Z}_n^*$ e isso decorre imediatamente do Exercício 42.12(d). ∎

Teste de primalidade

O pequeno teorema de Fermat afirma que, se p é primo, então $a^p \equiv a \pmod{p}$ para qualquer inteiro a. Simbolicamente, podemos escrever

$$p \text{ é primo} \Rightarrow a \in \mathbb{Z}, a^p \equiv a \pmod{p}.$$

O contrapositivo dessa afirmação é

$$\neg[\forall a \in \mathbb{Z}, a^p \equiv a \pmod{p}] \Rightarrow p \text{ não é primo}$$

que pode ser reescrito como

$$\exists a \in \mathbb{Z}, a^p \not\equiv a \pmod{p} \Rightarrow p \text{ não é primo}.$$

Em outras palavras, se existe algum inteiro a de modo que $a^p \not\equiv a \pmod{p}$, então p não é primo. Temos:

❖ TEOREMA 43.7

Sejam a e n inteiros positivos. Se $a^n \not\equiv a \pmod{n}$, então n não é primo.

◆ EXEMPLO 43.8

Seja $n = 3007$. Será n primo? Calculamos $2^{3007} \pmod{3007}$ e o resultado é 66. Se 3007 fosse primo, teríamos $2^{3007} \equiv 2 \pmod{3007}$. Assim, 3007 não é primo.

Observe que mostramos que 3007 não é primo sem fatorá-lo, o que pode parecer uma forma bastante complicada para verificar se um número é primo. O número 3007 se fatora simplesmente como 31×97. Não seria mais simples e mais rápido apenas fatorar 3007 do que calcular 2^{3007} mod 3007?

Quanto esforço está em jogo ao fatorarmos 3007? O método mais simples é uma divisão por tentativa. Podemos testar divisores de 3007 partindo de 2 até que ultrapassemos $\sqrt{3007} \approx 54,8$. Esse método pode, na pior hipótese, envolver cerca de 50 divisões.

Em contrapartida, o cálculo de 2^{3007} parece exigir milhares de multiplicações.

Entretanto, como vimos no Exercício 37.14, o cálculo de a^b mod c pode ser feito com bastante eficiência. O cálculo de $2^{3007} \pmod{3007}$ se faz com cerca de 20 multiplicações e 20 reduções mod 3007 (isto é, 20 divisões).

O trabalho de cálculo exigido pelos dois métodos é aproximadamente o mesmo.

Suponhamos, entretanto, que apliquemos a divisão por tentativas para ver se um número de 1.000 algarismos é primo. Como $n \approx 10^{1000}$, temos $\sqrt{n} \approx 10^{500}$. Seríamos levados, assim, a fazer cerca de 10^{500} divisões – o que exigiria um tempo excepcionalmente longo (ver Exercício 43.10).

No entanto, o cálculo de a^n mod n exige apenas alguns milhares de multiplicações e divisões, o que pode ser feito em menos de um minuto em um microcomputador.

O Teorema 43.7 é um formidável instrumento para mostrar que um número não é primo. Suponhamos, entretanto, que tenhamos inteiros positivos a e n com $a^n \equiv a \pmod{n}$; isso implica que n seja primo? Não. O Teorema 43.7 garante apenas que certos números não são primos.

Assim, $a^n \equiv a \pmod{n}$ não implica que n seja primo. Calcular, digamos, 2^n mod n não é uma maneira infalível de verificar se n é primo. Pode-se argumentar: suponhamos que 2^n mod $n = 2$, e 3^n mod $n = 3$, e 4^n mod $n = 4$. Tudo isso implica que n seja primo? Não. No Exercício 43.12 vamos explorar esse aspecto.

Recapitulando

Apresentamos o pequeno teorema de Fermat [se p é primo, então, $a^p \equiv a \pmod{p}$] e demos três provas diferentes. Provamos, também, uma generalização desse resultado, conhecida como teorema de Euler. Por fim, mostramos como o pequeno teorema de Fermat pode ser usado como teste da primalidade.

▼ 43 Exercícios

43.1. Para todo $a \in \mathbb{Z}_{13}$, calcule a^{12} e a^{13}.

43.2. Para todo $a \in \mathbb{Z}_{15}^*$, calcule a^{14}, a^{15} e $a^{\varphi(15)}$.

43.3. Sem usar um computador ou calculadora, avalie $3^{102} \bmod 101$. Nota: 101 é primo.

43.4. Sem usar um computador ou calculadora, avalie $2^g \bmod 101$, em que $g = 10^{100}$.

43.5. Seja p um primo e seja $1 \le a \ge p$. Seja x um inteiro positivo e seja $x' = x \bmod (p-1)$. Prove que $a^x \equiv a^{x'} \pmod{p}$.

43.6. Sejam a, n e x inteiros positivos com mdc$(a, n) = 1$. Seja $x' = x \bmod [S](n)$. Prove que $a^x \equiv a^{x'} \pmod{n}$.

43.7. Com a ajuda de um computador ou calculadora, avalie $2^g \bmod 901$, em que $g = 10^{100}$.

Por favor, pense sobre a eficiência. Você certamente não pode fazer um multiplicações googol e depois reduzir o módulo 901 nem pode fazer uma multiplicação googol reduzindo o módulo 901 em cada passo. Você poderia empregar o método do Exercício 37.14, mas ainda seriam necessárias centenas de multiplicações. Vamos imaginar que custa $1 para executar um passo básico de multiplicar dois números e reduzir o resultado módulo 901. Estime o custo para calcular sua resposta (e tente manter seu custo o mais baixo possível).

Nota: $901 = 17 \times 53$.

43.8. Sem utilizar o Teorema 43.1, prove que, se p é primo e a é um múltiplo de p, então $a^p \equiv a \pmod{p}$.

43.9. Seja p um primo ímpar e seja a um número inteiro com $1 < a < p$. Para qual potência *positiva* podemos elevar a para encontrar o seu inverso multiplicativo em $\mathbb{Z}_p$? Explique por que sua solução está correta.

43.10. Estime quanto tempo seria necessário para fatorar um número de 1.000 algarismos, utilizando divisões por tentativa. Suponha que tenhamos todos os divisores até a raiz quadrada do número, e que possamos efetuar 10 bilhões de divisões por segundo.

Escolha uma unidade de tempo razoável para sua resposta.

43.11. Um dos dois inteiros a seguir é primo: 332.461.561 e 332.462.561. Qual deles seria?

43.12. Ache um inteiro positivo n com as seguintes propriedades:
- n é composto, mas
- para todo inteiro a com $1 < a < n$, $a^n \equiv a \pmod{n}$.

Um tal inteiro é chamado número de *Carmichael*. Sempre passa pelo nosso teste de primalidade, mas não é primo.

O ponto é o seguinte: se um inteiro passa pelo teste de primalidade, isso não quer dizer que ele seja primo. Todavia, se ele não passa no teste, então deve ser composto.

44 Criptografia de chave pública I: introdução

O problema: comunicação privada em público

Este problema não é inventado. Imagine que deseje comprar um produto pela internet. Para tanto, visita o *site* da companhia e coloca ali seu pedido. Para pagar o pedido, introduz o número de seu cartão de crédito. Você não quer que ninguém mais na internet conheça o número de seu cartão – apenas o fornecedor deve receber essa informação confidencial. Quando aciona o botão SEND, a informação contida em seu cartão de crédito é despachada via internet. Em seu trajeto até o comerciante, ela passa por vários outros computadores (por exemplo, do computador em sua casa, a informação passa primeiro para o computador do seu provedor de serviços de internet). Você quer ter a certeza de que um operador sem escrúpulos (entre você e o comerciante) não possa interceptar o número de seu cartão de crédito. Nesta conjuntura, você (o cliente) corresponde a Alice; o comerciante é Bob, e o operador sem escrúpulo corresponde a Eva.

Alice quer contar um segredo a Bob. O problema é que tudo o que eles dizem entre si é ouvido por uma bisbilhoteira chamada Eva. Alice pode contar o segredo a Bob? Eles podem manter uma conversa particular? Talvez eles possam criar um código secreto e comunicar-se somente nesse código. O problema é que Eva pode casualmente ouvir tudo o que eles dizem entre si – inclusive todos os detalhes de seu código secreto! Uma opção é que Alice e Bob possam construir seu próprio código em segredo (onde Eva não possa ouvir). Essa opção, além de não ser prática, é lenta e dispendiosa (por exemplo, se Alice e Bob moram distantes um do outro). Parece impossível Alice e Bob manterem uma conversa particular enquanto Eva ouve tudo o que eles dizem. Sua tentativa de transmitir mensagens privadas pode ser frustrada pelo fato de que Eva conhece seu sistema de código.

É, portanto, surpreendente o fato de ser possível uma comunicação privada em um foro público! A chave consiste em elaborar um código secreto com a seguinte propriedade: a revelação do processo de criptografia não prejudica o segredo do processo de decifração. A ideia é achar um processo que seja relativamente fácil de ser executado, mas extraordinariamente difícil de ser desfeito. Por exemplo, não é difícil (ao menos em um computador) multiplicar dois números primos enormes. Todavia, fatorar o produto resultante (se não conhecemos os fatores primos) é extremamente difícil.

Fatoração

Suponhamos que p e q sejam dois números primos extremamente grandes – por exemplo, com cerca de 500 algarismos cada um. Não é difícil multiplicar esses números. O resultado, $n = pq$, é um número composto por 1.000 algarismos. Em um computador, esse cálculo leva menos de um segundo. Se tivesse de multiplicar dois números de 500 algarismos dispondo apenas de lápis e papel (inúmeras folhas!), poderia fazer isso em uma questão de horas ou dias.

Suponha que, em vez dos números primos p e q, fosse-lhe apresentado seu produto $n = pq$. Pede-se que fatore n de modo a recobrar os fatores primos p e q. Você não conhece p e q – conhece apenas n. Se procurasse fatorar n usando a divisão por tentativas, seriam necessárias cerca de 10^{500} divisões, o que exigiria um período inimaginavelmente longo, mesmo no mais rápido dos computadores (ver Exercício 43.10).

Há algoritmos mais sofisticados para fatoração, muito mais rápidos que a divisão por tentativas. Não abordaremos neste livro tais métodos, mais complicados, porém mais rápidos. O importante é que, embora essas técnicas sejam muito mais rápidas que a divisão por tentativas, elas não se processam de modo tão extraordinariamente rápido a ponto de permitir fatorar um número de 1.000 algarismos em um tempo razoável (por exemplo, menos de um século).

Além disso, o fato de processarmos essas técnicas em computadores mais rápidos não facilita significativamente a fatoração. Em vez de trabalharmos com números primos p e q de 500 algarismos, podemos trabalhar com primos de 1.000 algarismos (de modo que $n = pq$ aumenta de 1.000 para 2.000 algarismos). O tempo para multiplicar p e q aumenta de forma modesta (cerca de quatro vezes). Mas o tempo necessário para fatorar $n = pq$ aumenta enormemente. O número n não é duas vezes maior que antes – e sim 10^{1000} vezes maior!

O objetivo principal desta discussão é esclarecer a você de que é extremamente difícil fatorar inteiros muito grandes. Entretanto, isso pode não ser verdadeiro. Tudo quanto se pode dizer, até o momento, é que não se conhecem algoritmos eficientes de fatoração. Os matemáticos e os cientistas da computação acreditam que não haja algoritmos eficientes de fatoração, mas, até agora, também não existem provas de que um tal algoritmo não possa vir a ser criado.

> **CONJECTURA 44.1**

Não há processo computacionalmente eficiente para fatorar inteiros positivos.

(Não definimos a expressão *processo computacionalmente eficiente*, de modo que o significado preciso dessa conjectura não ficou claro. Mas o significado impreciso dessa conjectura – "Fatorar é difícil!" – basta para nossos objetivos.)

Isso traz à baila o segundo fato surpreendente nesta seção. As duas técnicas que apresentamos para enviar mensagens particulares por meio de canais públicos se baseiam nesta conjectura não provada!

A expressão *chave pública* se refere ao fato de que o processo de criptografia é conhecido por todos, inclusive pelo bisbilhoteiro.

A segurança dos sistemas de criptografia de chave pública se baseia na ignorância, e não no conhecimento. Ambos os sistemas de chave pública que apresentamos (o sistema de Rabin – Seção 45 – e o sistema RSA – Seção 46) podem ser decifrados por um algoritmo eficiente de fatoração. Seguem detalhes.

De palavras para números

A mensagem de Alice para Bob será um número inteiro grande. As pessoas normalmente se comunicam por meio de palavras; por isso, precisamos de um sistema para converter uma mensagem em um número. Suponha que a mensagem seja

```
Dear Bob, Do you want to go to the movies tonight? Alice
```

Se quiserem conversar em uma linguagem que usa outro alfabeto, eles podem fazer sua mensagem usando Unicode.

Primeiro, Alice converte essa mensagem em um inteiro positivo. Há uma forma-padrão para converter em números o alfabeto romano; essa codificação é chamada código ASCII. Não há nada secreto quanto a esse código. Trata-se de uma forma padronizada de representar as letras de A a Z (minúsculas e maiúsculas), os números, a pontuação etc., utilizando números do conjunto $\{0, 1, 2, \ldots, 255\}$. Por exemplo, a letra D em ASCII é o número 68. A letra e é 101. O espaço é 32. A mensagem de Alice, transformada em números, é

```
D    e    a    r    spc  B    o    b    ,    spc  D    o    spc  y    o    u    ...
068  101  097  114  032  066  111  098  044  032  068  111  032  121  111  117  ...
```

Em seguida, Alice combina esses números de três algarismos em um único grande inteiro M:

$$M = 68{,}101{,}097{,}114{,}032{,}066{,}111{,}098, \ldots, 099{,}101$$

Como a mensagem original de Alice possui cerca de 50 caracteres de comprimento, essa mensagem tem um comprimento da ordem de 150 algarismos. Eis como Alice envia sua mensagem a Bob:

- Na privacidade de sua casa, Bob cria um par de funções, D e E; essas funções são inversas uma da outra, isto é, $D[E(M)] = M$.

- Bob revela a Alice a função E. A esta altura, Eva consegue ver a função E. Essa função é muito fácil de calcular, mas é muito difícil para Eva imaginar qual seja D, conhecendo apenas E.
- Alice usa a função E de criptografia pública de Bob. Na privacidade de sua casa, ela calcula $N = E(M)$ (em que M é a mensagem que ela quer enviar). Ela envia, então, o inteiro N para Bob. Eva também consegue ver esse inteiro.
- Bob usa então sua função particular de decodificação D para calcular $D(N)$. O resultado é

$$D(N) = D[E(M)] = M$$

Bob conhece, agora, a mensagem M. Como Eva não conhece D, ela não pode avaliar qual seja M.

O desafio é criar funções E e D que funcionem para esse protocolo. Nas duas próximas seções, apresentamos dois métodos para realizar isso.

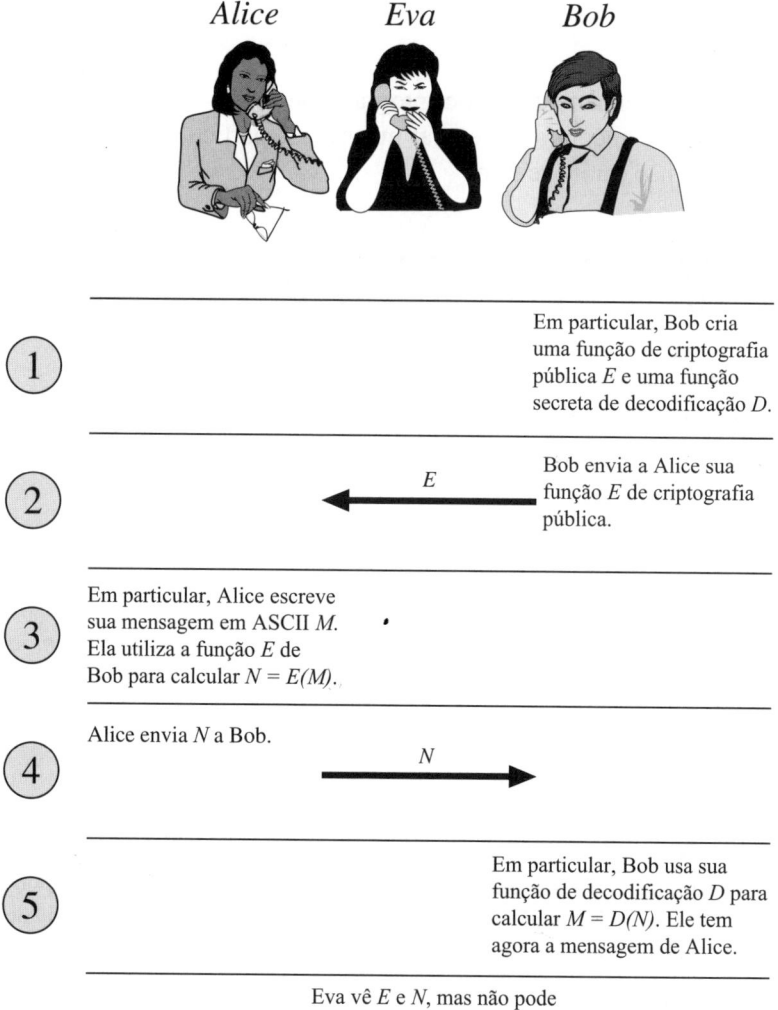

Alice   *Eva*   *Bob*

① Em particular, Bob cria uma função de criptografia pública E e uma função secreta de decodificação D.

② ←─── E ─── Bob envia a Alice sua função E de criptografia pública.

③ Em particular, Alice escreve sua mensagem em ASCII M. Ela utiliza a função E de Bob para calcular $N = E(M)$.

④ Alice envia N a Bob. ─── N ───→

⑤ Em particular, Bob usa sua função de decodificação D para calcular $M = D(N)$. Ele tem agora a mensagem de Alice.

Eva vê E e N, mas não pode calcular M a partir desses elementos.

A criptografia e a lei

Certamente, não sou perito em leis. Não obstante, compartilharei alguma orientação sobre o material das duas próximas seções.

As técnicas nas duas seções seguintes não são difíceis de implementar em um computador. Suponhamos que você resida nos Estados Unidos e escreva um programa de computador que implemente esses métodos criptográficos. Na verdade, seria um pacote de *software* que inúmeras pessoas gostariam de usar. Você pode imaginar que, como as pessoas valorizam seu trabalho, estariam dispostas a pagar por esse programa. Assim, vende seu programa a várias pessoas, até mesmo fora dos Estados Unidos.

A esta altura, será interessante que tenha um bom advogado, pois pode se ver envolvido em sérios problemas. Você pode ter violado não só as leis de direitos autorais e de patentes (o sistema RSA é muito bem protegido), como as leis de controle de exportação (como a criptografia tem valor militar, há controles de exportação que restringem sua venda).

O importante é que você deve ter cuidado se decidir implementar as técnicas que vamos apresentar. Antes de começar, obtenha uma orientação legal confiável.

Recapitulando

Introduzimos o problema central da criptografia de chave pública: como podem duas pessoas que nunca se encontraram enviar mensagens particulares uma para a outra por meio de um canal não muito seguro?

44 Exercícios

44.1. Escreva um programa de computador para transformar um texto comum em um texto ASCII, e uma sequência de números ASCII em um texto comum.

44.2. Uma mensagem, após convertida para ASCII, é

    71 111 111 100 32 119 111 114 107

Qual é a mensagem?

> Nenhum algoritmo eficiente é conhecido por fatorar grandes inteiros. Isso não significa que um algoritmo não pode "ter sorte" e com êxito encontrar os fatores rapidamente. Neste exercício especulamos se ter sorte é uma estratégia razoável.

44.3. Fatorar inteiros grandes é difícil, mas talvez possamos ter sorte. Suponha que $N = pq$ em que p e q são grandes números primos desconhecidos.
   a. Se escolhermos um número inteiro aleatório d estritamente compreendido entre 1 e N, com todos os valores igualmente prováveis, qual é a probabilidade de que d seja um divisor de N?
   Você deve achar que se p e q estão entre 10^{50}, então a probabilidade de que você pode encontrar um divisor de N "por sorte" é muito pequena. Você tem muito mais probabilidade de ganhar na loteria várias vezes em sequência. Então, vamos tentar uma abordagem diferente.
   b. Escolha um número inteiro aleatório k estritamente entre 1 e N. Se mdc(k, N) não é 1, mostre que o mdc(k, N) deve ser ou p ou q. Nota: Podemos calcular mdc(k, N) eficientemente.
   c. Qual é a probabilidade de que o método descrito em (b) terá sucesso na procura de um fator de N? Como é que esta probabilidade se compara com (a)? Ela é prática?

> **Assinaturas digitais.**
>
> **44.4.** Neste exercício exploramos o conceito de assinatura digital. Vamos assumir que Alice e Bob tenham, os dois, funções de encriptação públicas E_A e E_B, respectivamente, e funções bem guardadas de decifração privadas D_A e D_B. Alice e Bob conhecem as funções públicas um do outro, e possivelmente Eva também conhece E_A e E_B.
>
> Normalmente, quando Alice quer enviar uma mensagem M ao Bob, ela a criptografa com a função pública de Bob E_B, transmite $E_B(M)$ para Bob, e ele decifra com sua função particular D_B computando $D_B[E_B(M)] = M$.
>
> Mas aqui está outro procedimento que Alice pode seguir. Ela primeiro "encripta" a mensagem M computando $D_A(M)$ e, em seguida, envia o resultado para o Bob. Vamos explorar as implicações dela seguir este protocolo alternativo.
>
> **a.** Alice envia $D_A(M)$ para Bob. Como ele recupera a mensagem original M?
> **b.** Eva intercepta a transmissão $D_A(M)$. Ela é capaz de decifrar essa mensagem?
> **c.** A mensagem enviada por Alice a Bob era rude e ela tenta argumentar que Eva enviou a mensagem. Que argumentos Eva pode utilizar para se defender?
>
> O problema de (c) é que Alice não pode negar ter enviado a mensagem; nesse sentido, ela põe sua assinatura digital na mensagem.

■ 45 Criptografia de chave pública II: o método de Rabin

O desafio na criptografia de chave pública é criar boas funções de codificação e de decodificação. A função deve ser relativamente fácil de calcular, e (este é o ponto central) a revelação de E não deve proporcionar informação suficiente sobre D para que Eva possa avaliar qual seja D.

Nesta seção, apresentamos um criptossistema de chave pública de autoria de Michael Rabin. A função criptográfica é muito simples! Seja n um inteiro grande (por exemplo, com 200 algarismos). A função criptográfica é

$$E(M) = M^2 \bmod n.$$

A decodificação envolve a tomada de uma raiz quadrada (em $\mathbb{Z}_n$). O inteiro n deve ser escolhido de uma forma especial (descrita a seguir). Para entender como decodificar mensagens e por que o método de Rabin é seguro, precisamos entender como tomar raízes quadradas em $\mathbb{Z}_n$.

Raízes quadradas módulo n

A maioria das calculadoras manuais tem uma tecla de raiz quadrada. Em um piscar de olhos, sua calculadora informa que $\sqrt{17} \approx 4{,}1231056$. A maioria das calculadoras, entretanto, não pode dar $\sqrt{17}$ em $\mathbb{Z}_{59}$. O que significa isso? Quando afirmamos que 3 é a raiz quadrada de 9, queremos dizer que 3 é a raiz da equação $x^2 = 9$. Mas o uso do artigo *a* é impróprio, porque 9 tem duas raízes quadradas diferentes: +3 e –3. Todavia, a raiz positiva em geral goza de tratamento preferencial.

Em $\mathbb{Z}_{59}$, a situação é análoga. Quando procuramos as raízes quadradas de 17, temos em vista os elementos $x \in \mathbb{Z}_{59}$ para os quais $x^2 = x \otimes x = 17$. O valor apresentado pela calculadora, 4,1231056... não ajuda muito aqui.

Há apenas 59 elementos diferentes em $\mathbb{Z}_{59}$. Podemos simplesmente elevá-los todos ao quadrado e ver qual deles (se houver) dá o resultado 17. Isso é trabalhoso para ser feito à mão, mas é rápido em um computador. Constatamos que 17 tem duas raízes quadradas em $\mathbb{Z}_{59}$: 28 e 31.

Quanto é $\sqrt{18}$ em $\mathbb{Z}_{59}$? Após tentarmos todos os valores possíveis, constatamos que 18 não tem raiz quadrada em $\mathbb{Z}_{59}$.

Mais estranho ainda, quando procuramos as raízes quadradas de 17 em $\mathbb{Z}_{1121}$, encontramos quatro respostas: 146, 500, 621 e 975.

Para essa aplicação, devemos tomar raízes quadradas no módulo de números que têm centenas de algarismos. Tentar todas as possibilidades não é prático! Precisamos entender melhor as raízes quadradas em $\mathbb{Z}_n$.

Os inteiros cujas raízes quadradas são, elas próprias, números inteiros recebem o nome de *quadrados perfeitos*. Em $\mathbb{Z}_n$ há uma expressão diferente.

• DEFINIÇÃO 45.1

(Resíduo quadrático) Seja n um inteiro positivo e seja $a \in \mathbb{Z}_n$. Se existe um elemento $b \in \mathbb{Z}_n$ de modo que $a = b \otimes b = b^2$, dizemos que a é um *resíduo quadrático módulo n*. Caso contrário (quando não existe um tal b), a é um *não resíduo quadrático*.

Não vamos fazer aqui um estudo aprofundado dos resíduos quadráticos. Limitamos nossa pesquisa apenas aos fatos necessários para a compreensão do criptossistema de Rabin. Começamos pelo estudo de raízes quadradas em $\mathbb{Z}_p$, em que p é primo.

▶ PROPOSIÇÃO 45.2

Sejam p um número primo e $a \in \mathbb{Z}_p$. Então, a tem no máximo duas raízes quadradas em $\mathbb{Z}_p$.

Prova. Suponhamos, por contradição, que a tenha três (ou mais) raízes quadradas em $\mathbb{Z}_p$. Note que, se x é uma raiz quadrada de a, então também o é $-x \equiv p - x$, porque

$$(p - x)^2 = p^2 - 2px + x^2 \equiv x^2 \pmod{p}.$$

Como a tem três (ou mais) raízes quadradas, podemos escolher duas delas, $x, y \in \mathbb{Z}_p$, de modo que $x \neq \pm y$. Calculemos agora $(x - y)(x + y)$. Obtemos

$$(x - y)(x + y) = x^2 - y^2 \equiv a - a = 0 \pmod{p}.$$

Mas a condição $x \neq \pm y$ significa que $x + y \in 0 \, (p)$ e $x - y \not\equiv 0 \, (p)$ (isto é, nem $x + y$ nem $x - y$ é múltiplo de p). Isso significa que p não é fator nem de $x + y$ nem de $x - y$. No entanto, p é um fator de $(x + y)(x - y)$, contradizendo o Lema 39.2.$\Rightarrow\Leftarrow$. Portanto, a tem, no máximo, duas raízes quadradas em $\mathbb{Z}_p$.

O Lema 39.2 afirma que, se p é primo e $p \mid ab$, então $p \mid a$ ou $p \mid b$.

Capítulo 8 Álgebra

▶ **PROPOSIÇÃO 45.3**

Seja p um número primo, com $p \equiv 3 \pmod 4$. Seja $a \in \mathbb{Z}_p$ um resíduo quadrático. Então, as raízes quadradas de a em $\mathbb{Z}_p$ são

$$[\pm a^{(p+1)/4}] \mod p.$$

Prova. Seja $b = a^{(p+1)/4} \mod p$. Devemos provar que $b^2 = a$.

Por hipótese, a é um resíduo quadrático em $\mathbb{Z}_p$ e, assim, existe um $x \in \mathbb{Z}_p$ de modo que $a = x \in x = x^2$. Calculamos, então:

$$\begin{aligned} b2 &\equiv [a^{(p+1)/4}]^2 \\ &\equiv [(x^2)^{(p+1)/4}]^2 \quad \text{(substitua } a \to x^2) \\ &\equiv [x^{(p+1)/2}]^2 \\ &\equiv x^{p+1} \\ &\equiv x^p x^1 \\ &\equiv x^2 \\ &\equiv a \pmod p. \end{aligned}$$

O passo $x^p x^1 \equiv x^2$ decorre do Teorema 43.1, porque $x^p \equiv x \,(p)$ para um número primo p.

Naturalmente, se $b^2 \equiv a \pmod p$, então também $(-b)^2 \equiv a \pmod p$. Pela prova da Proposição 45.2, não pode haver outras raízes quadradas em $\mathbb{Z}_p$.

Ao ler atentamente essa prova, você terá notado que não usamos explicitamente a hipótese $p \equiv 3 \pmod 4$. Não obstante, essa hipótese é importante, e é utilizada implicitamente na prova (ver Exercício 45.2).

◆ **EXEMPLO 45.4**

Note que 59 é primo e $59 \equiv 3 \pmod 4$. Em $\mathbb{Z}_{59}$, temos

$$17^{(p+1)/4} = 17^{15} = 28$$

e note que $28^2 = 28 \otimes 28 = 17$. Também, $-28 \equiv 31$, e temos $31^2 = 31 \otimes 31 = 17$.

Como já vimos (Exercício 37.14), o cálculo de $a^b \mod c$ pode ser feito rapidamente em um computador, de modo que a Proposição 45.3 nos dá uma forma eficiente para achar raízes quadradas em $\mathbb{Z}_p$ (para os primos congruentes com 3 mod 4).

Já mencionamos antes que 17 tem quatro raízes quadradas em $\mathbb{Z}_{1121}$. Isso não é uma contradição com a Proposição 45.2 porque 1121 não é primo; fatora-se como $1121 = 19 \times 59$.

Vamos descrever como achar as quatro raízes quadradas de 17. Antes, porém, façamos uma análise. Suponhamos que x seja uma raiz quadrada de 17 em $\mathbb{Z}_{1121}$. Isso significa que

$$x \otimes x = 17$$

que se pode escrever como

$$x^2 \equiv 17 \pmod{1121}$$

o que é o mesmo que

$$x^2 = 17 + 1121k$$

para algum inteiro k. Podemos escrever isto (ainda uma vez!) das duas maneiras a seguir:

$$x^2 = 17 + 19(59k) \quad \text{e} \quad x^2 = 17 + 59(19k)$$

e, assim,

$$x^2 \equiv 17 \pmod{19} \quad \text{e} \quad x^2 \equiv 17 \pmod{59}.$$

Isso sugere que, para resolvermos $x^2 \equiv 17$ (1121), devemos primeiro resolver as duas equações

$$x^2 \equiv 17 \ (19) \quad \text{e} \quad x^2 \equiv 17 \ (59).$$

Já resolvemos a segunda equação: em $\mathbb{Z}_{59}$, as raízes quadradas de 17 são 28 e 31.

Felizmente, $19 \equiv 3 \pmod 4$, de modo que podemos aplicar a fórmula da Proposição 45.3:

$$17^{(19+1)/4} = 17^5 \equiv 6 \pmod{19}.$$

A outra raiz quadrada é $-6 \equiv 13$.

Vamos resumir o que aprendemos até agora:

- Queremos achar $\sqrt{17}$ em $\mathbb{Z}_{1121}$.
- Temos $1121 = 19 \times 59$.
- Em $\mathbb{Z}_{19}$, as raízes quadradas de 17 são 6 e 13.
- Em $\mathbb{Z}_{59}$, as raízes quadradas de 17 são 28 e 31.

Além disso, se x é uma raiz quadrada de 17 em $\mathbb{Z}_{1121}$, então (após a redução de x módulo 59) é também uma raiz quadrada de 17 em $\mathbb{Z}_{59}$; e (após redução de x módulo 19) é também uma raiz quadrada de 17 em $\mathbb{Z}_{19}$. Assim, x deve satisfazer:

$$x \equiv 6 \text{ ou } 13 \pmod{19} \quad \text{e} \quad x \equiv 28 \text{ ou } 31 \pmod{59}.$$

Isso nos dá quatro problemas para resolver:

$$\begin{aligned} x &\equiv 6 \pmod{19} & x &\equiv 6 \pmod{19} \\ x &\equiv 28 \pmod{59} & x &\equiv 31 \pmod{59} \end{aligned}$$

$$\begin{aligned} x &\equiv 13 \pmod{19} & x &\equiv 13 \pmod{19} \\ x &\equiv 28 \pmod{59} & x &\equiv 31 \pmod{59}. \end{aligned}$$

Podemos resolver cada um desses quatro problemas pelo teorema do resto chinês (Teorema 38.5). Faremos aqui um dos cálculos. Resolvamos o primeiro sistema de congruências:

$$\begin{aligned} x &\equiv 6 \pmod{19} \\ x &\equiv 28 \pmod{59}. \end{aligned}$$

Como $x \equiv 6$ (19), podemos escrever $x = 6 + 19k$ para algum inteiro k. Levando na segunda congruência $x \equiv 28$ (59), obtemos:

$$6 + 19k \equiv 28 \ (59) \quad \Rightarrow \quad 19k \equiv 22 \tag{59}$$

Multiplicando ambos os membros da última equação por $19^{-1} = 28$ (em $\mathbb{Z}_{59}$), obtemos:

$$28 \times 19k \equiv 28 \times 22 \ (59) \quad \Rightarrow \quad k \equiv 26 \tag{59}$$

Assim, podemos escrever $k = 26 + 59j$. Levando esse valor de k em $x = 6 + 19k$, temos

$$x = 6 + 19k = 6 + 19(26 + 59j) = 500 + 1121j$$

constatando que $x = 500$ é uma das quatro raízes quadradas de 17 (em $\mathbb{Z}_{1121}$).

As outras três raízes quadradas de 17 são 621, 146 e 975.

Recapitulemos as etapas para achar as raízes quadradas de 17 em $\mathbb{Z}_{1121}$.

- Fatoramos $1121 = 19 \times 59$.
- Achamos as duas raízes quadradas de 17 em $\mathbb{Z}_{19}$ (são 6 e 13) e as raízes quadradas de 17 em $\mathbb{Z}_{59}$ (são 28 e 31).

  Como 19 e 59 são congruentes com 3 mod 4, podemos aplicar a fórmula da Proposição 45.3 para calcular essas raízes quadradas.
- Resolvemos quatro problemas do teorema do resto chinês correspondentes aos quatro pares possíveis de valores que pode tomar $\sqrt{17}$ em $\mathbb{Z}_{19}$ e $\mathbb{Z}_{59}$.
- As quatro respostas desses problemas do teorema do resto chinês são as quatro raízes quadradas de 17 módulo 1121.

Apenas uma dessas quatro etapas é difícil computacionalmente: a etapa da fatoração. As outras etapas (achar raízes quadradas em $\mathbb{Z}_p$ e aplicar o teorema do resto chinês) podem ser novas para você, mas podem ser desenvolvidas eficientemente em um computador.

Esse processo pode ser usado para achar raízes quadradas de números em $\mathbb{Z}_n$, desde que o inteiro n seja da forma $n = pq$, com p e q primos de modo que $p \equiv q \equiv 3 \pmod 4$. Todavia, se p e q são, digamos, primos com 100 algarismos, então a etapa da fatoração torna o processo totalmente impraticável.

Isso implica que não existe outro processo para achar raízes quadradas? Não. Mostremos, entretanto, que achar raízes quadradas neste contexto é tão difícil quanto fatorar.

❖ TEOREMA 45.5

Seja $n = pq$, com p e q primos. Suponhamos que $x \in \mathbb{Z}_n$ tenha quatro raízes quadradas distintas, a, b, c, d. Se essas quatro raízes quadradas são conhecidas, então existe um processo computacional eficiente para fatorar n.

Prova. Suponhamos $x \in \mathbb{Z}_n$, em que $n = pq$, com p, q primos; suponhamos, ainda, que x tenha quatro raízes quadradas distintas. Por exemplo,

$$x = a^2 = b^2 = c^2 = d^2$$

em $\mathbb{Z}_n$. Naturalmente, como a é uma raiz quadrada de x, assim também é $-a$. E, como há quatro raízes quadradas distintas, podemos supor que $b = -a$, mas $c \neq \pm a$. Note que

$$(a - c)(a + c) = a^2 - c^2 \equiv x - x \equiv 0 \pmod{n}.$$

Isso significa que $(a - c)(a + c) = kpq = kn$, em que k é um inteiro arbitrário. Além disso, como $c \neq \pm a$ (em $\mathbb{Z}_n$), sabemos que $a - c \not\equiv 0$ e $a + c \not\equiv 0 \ (n)$.

Portanto, mdc $(a - c, n) \neq n$, porque $a - c$ não é múltiplo de n. É possível que mdc $(a - c, n) = 1$? Em caso afirmativo, nem p nem q é divisor de $a - c$, e como $(a - c)(a + c) = kpq = kn$, vemos que p e q devem ser fatores de $(a + c)$, mas isso é uma contradição, porque $a + c$ não é múltiplo de n. Se mdc$(a - c, n) \neq n$, e mdc$(a - c, n) \neq 1$, que valores possíveis restam para mdc$(a - c, n)$? Os outros únicos divisores de n são p e q e, assim, devemos ter mdc$(a - c, n) = p$ ou mdc$(a - c, n) = q$.

Como o mdc pode ser calculado, uma vez dadas as quatro raízes quadradas de x em $\mathbb{Z}_n$, podemos achar um dos fatores de $n = pq$ e, então, obter o outro fator por divisão de n.

◆ EXEMPLO 45.6

Seja $n = 38989$. As quatro raízes quadradas de 25 em $\mathbb{Z}_n$ são $a = 5$, $b = -5 = 38984$, $c = 2154$ e $d = -2154 = 36835$. [Verifique em um computador, por exemplo, que $2154^2 \equiv 25$ (38989).] Calculamos, então,

$$\text{mdc}(a - c, n) = \text{mdc}(-2149, 38989) = 307$$
$$\text{mdc}(a + c, n) = \text{mdc}(2159, 38989) = 127$$

e, de fato, $127 \times 307 = 38989$.

Assim, embora possa haver outros processos para achar raízes quadradas em $\mathbb{Z}_{pq}$, um processo eficiente seria uma contradição com a Conjectura 44.1. Portanto, acreditamos que não haja processo computacionalmente eficiente para achar raízes quadradas em $\mathbb{Z}_{pq}$.

Os processos de criptografia e decifração

Alice deseja enviar uma mensagem a Bob. Para se preparar para isso, Bob, na privacidade de sua casa, acha dois grandes números primos (digamos com 100 algarismos cada um) p e q, com $p \equiv q \equiv 3 \pmod 4$. Ele calcula $n = pq$ e envia então o inteiro n para Alice. Naturalmente, Eva agora também conhece n, mas, como a fatoração é difícil, nem Alice nem Eva conhecem os fatores p e q.

Em seguida, Alice, na privacidade de sua casa, forma o inteiro M convertendo suas palavras em ASCII e utilizando os códigos ASCII como algarismos do número M de sua mensagem. Ela calcula $N = M^2 \bmod n$.

Agora, Alice envia N a Bob. Eva recebe igualmente o número N.

Para decifrar (decriptografar), Bob calcula as quatro raízes quadradas de N (em $\mathbb{Z}_n$). Como Bob sabe os fatores de n (a saber, p e q), pode calcular as raízes quadradas. Isso dá quatro raízes quadradas possíveis, das quais apenas uma é a mensagem M que Alice enviou. Presumivelmente, entretanto, apenas uma das quatro raízes quadradas constitui a representação ASCII de palavras; as outras três raízes quadradas dão "palavras" sem sentido.

Eva não pode decriptografar porque não sabe como achar raízes quadradas.

Assim, Alice enviou a Bob uma mensagem que somente ele pode decifrar, e toda sua comunicação ocorreu em público!

Recapitulando

Nesta seção, discutimos o criptossistema de chave pública de Rabin. Nesse sistema, as mensagens são codificadas mediante elevação ao quadrado e decodificadas por meio da extração de raízes quadradas. Esses cálculos se verificam em $\mathbb{Z}^*_{pq}$, em que p e q são primos congruentes com 3 módulo 4. Explicamos como achar raízes quadradas nesse contexto e a relação com a fatoração.

Capítulo 8   Álgebra   443

45 Exercícios

45.1. Suponhamos que leve cerca de 1 segundo para multiplicar, em um computador, dois números de 500 algarismos. Explique por que devemos esperar que sejam precisos cerca de 4 segundos para multiplicar dois números de 1.000 algarismos.

45.2. A Proposição 45.3 inclui a hipótese $p \equiv 3 \pmod 4$. Esse fato não é utilizado explicitamente na prova. Explique por que essa hipótese é necessária e onde é (implicitamente) usada na prova.

45.3. Ache as quatro raízes quadradas de 500 em $\mathbb{Z}_{589}$.

45.4. Ache todos os valores de $\sqrt{17985}$ em $\mathbb{Z}_{34751}$.

45.5. Para primos p com $p \equiv 3 \pmod 4$, a Proposição 45.3 dá um método para encontrar raízes quadradas. Em particular, para tais primos p, há sempre um número inteiro e de modo que a^e avaliado como uma das raízes quadradas de a (supondo que a seja um resíduo quadrático). Será que isso funciona para outros números primos? Em particular, por favor, faça o seguinte:
   a. Liste todos os resíduos quadráticos (quadrados perfeitos) em $\mathbb{Z}_{17}$.
   b. Existe um número inteiro e com a propriedade de que se a é um resíduo quadrático em $\mathbb{Z}_{17}$, então a^e é uma das raízes quadradas de a?

45.6. O primeiro passo em todos os criptossistemas de chave pública consiste em converter a mensagem em língua portuguesa em um número, M. Tipicamente, isso se faz com o código ASCII. Nesse problema, vamos usar um método mais simples.

Escrevemos nossas mensagens usando apenas as 26 letras maiúsculas: `01` para representar A, `02` para representar B etc., e `26` para representar Z. Nesse código, a palavra LOVE seria escrita como `12152205`.

Suponhamos que a chave pública de Bob seja $n = 328419349$. Alice criptografa sua mensagem M utilizando o sistema de Rabin como $M^2 \bmod n$. Por exemplo, se sua mensagem é LOVE, ela é criptografada como

$$12152205^2 \bmod 328419349 = 27148732$$

e, assim, ela transmite `27148732` a Bob.

Alice criptografa mais quatro palavras para Bob. Suas codificações são as seguintes:
   a. `249500293`.
   b. `29883150`.
   c. `232732214`.
   d. `98411064`.

Decriptografe (decifre) estas quatro palavras.

45.7. *Mensagens longas e curtas.* Suponhamos que a chave pública de Bob seja um número n composto por 1.000 algarismos e que Alice codifique sua mensagem M como $E(M) = M^2 \bmod n$. Quando Alice deseja enviar uma mensagem contendo c caracteres, ela cria um inteiro com $3c$ algarismos (utilizando o código ASCII).
   a. Suponhamos $3c > 1.000$; que fará Alice?
   b. Suponhamos $3c < 500$; qual será a preocupação de Alice? Que faria ela em tal situação?

45.8. Seja $n = 171121$; esse número é o produto de dois números primos.

As quatro raízes quadradas de 56248 em $\mathbb{Z}_n$ são 68918, 75406, 95715 e 102203.

Sem utilizar a divisão por tentativas, fatore n.

45.9. Seja $n = 5947529662023524748841$; esse número é o produto de dois números primos.

As quatro raízes quadradas de 5746634461808278371316 em $\mathbb{Z}_n$ são

602161451924,
1909321100318787504165,
4038208561704737244676 e,
5947529661421363296917.

Fatore n.

45.10. Mostre que todo membro de $\mathbb{Z}_{17}$ é um cubo perfeito (módulo 17) e que existe um inteiro e tal que, para todo $a \in \mathbb{Z}_{17}$, a^e é uma raíz cúbica de a.

45.11. Demonstre a seguinte generalização do Exercício 45.10: Seja p um valor primo com $p \equiv 2 \pmod{3}$. Então existe um inteiro positivo e tal que, para qualquer $a \in \mathbb{Z}_p$, a^e é uma raíz cúbica de a. Observe que isso implica que todos os elementos de $\mathbb{Z}_p$ sejam cubos perfeitos.

45.12. Seja $n = 589$. Observe que n é o produto de dois primos. A maioria dos valores em $\mathbb{Z}_n$ tem nove raízes cúbicas distintas. Neste exercício, solicitamos que você desenvolva uma forma de fatorar n assumindo que você, de alguma maneira, conheça todas as raízes cúbicas de algum $a \in \mathbb{Z}_n$. De fato, 201 é um cubo perfeito em $\mathbb{Z}_n$ e aqui estão todas as suas raízes cúbicas: 17, 54, 271, 301, 302, 358, 518, 549 e 575.

Mostre como você pode utilizar esses valores para calcular a raíz cúbica de n.

Nota: Escolhemos um inteiro pequeno n para que você consiga efetuar seus cálculos utilizando uma calculadora. Devido ao fato de n ser tão pequeno, pode ser mais simples utilizar divisões e tentativas exaustivas.

No entanto, o ponto deste exercício é mostrar como é possível fatorar n rapidamente quando se conhecem todas as nove raízes cúbicas de um cubo perfeito.

45.13. O método apresentado nesta seção é uma versão simplificada do método de Rabin. Na versão completa, a função criptográfica é ligeiramente mais complicada.

Tal como no sistema simplificado, Bob escolhe dois números primos p e q com $p \equiv q \equiv 3$ (4) e calcula $n = pq$. Ele escolhe, também, um valor $k \in \mathbb{Z}_n$. A função de criptografia de Bob é

$$E(M) = M(M + k) \bmod n.$$

Assim, na versão simplificada, tomamos $k = 0$.

a. Explique como Bob decifra as mensagens que lhe são enviadas, utilizando essa função criptográfica.
b. Suponhamos $n = 589$ e $k = 321$. Se a mensagem de Alice é $M = 100$, que valor ela deve enviar a Bob? Chamemos N esse número.
c. Bob recebe o valor enviado por Alice [N pela parte (b)]. Quais são as (quatro) mensagens que Alice pode ter enviado?

■ 46 Criptografia de chave pública III: RSA

Outro criptossistema de chave pública é conhecido como criptossistema RSA, assim chamado em homenagem a seus inventores, R. Rivest, A. Shamir e L. Adleman. Esse método se baseia na extensão de Euler (Teorema 43.6) do pequeno teorema de Fermat 43.1; repetimos, aqui, o resultado de Euler.

Sejam n um inteiro positivo e a um inteiro relativamente primo com n. Então,

$$a^{\varphi(n)} \equiv 1 \pmod{n}.$$

Aqui, φ é a função de Euler: $\varphi(n)$ é o número de inteiros de 1 a n relativamente primos com n. Para utilização no sistema RSA, temos especial interesse em $\varphi(n)$ com $n = pq$, em que p e q são números primos distintos. Nesse caso, recorde-se de que

$$\varphi(n) = \varphi(pq) = pq - p - q + 1 = (p-1)(q-1)$$

(ver Exercício 39.17).

As funções RSA de codificação e decodificação

Iniciamos nosso estudo do criptossistema RSA introduzindo suas funções de codificação e decodificação. Na privacidade de sua casa, Bob acha dois números primos grandes (por exemplo, 500 algarismos) p e q e calcula seu produto $n = pq$. Ele acha, também, dois inteiros e e d. Os números e e d gozam de propriedades especiais que passamos a explicar.

As funções de codificação e decodificação são

$$E(M) = M^e \bmod n \quad \text{e} \quad D(N) = N^d \bmod n.$$

Esses cálculos podem ser feitos facilmente em um computador (ver Exercício 37.14).

Bob revela a Alice sua função de codificação E. Ao fazer isso, ele revela os números n e e não só a Alice, mas também a Eva. Mantém em sigilo a função D, isto é, não revela o número d.

Isolada em sua casa, Alice formula sua mensagem M, calcula $N = E(M)$, e envia o resultado a Bob. Eva consegue ver N, mas não M.

Na privacidade de sua casa, Bob calcula

$$D(N) = D(E(M)) \stackrel{?}{=} M.$$

Para que Bob seja capaz de decodificar a mensagem, é importante termos $D(E(M)) = M$. Trabalhando em $\mathbb{Z}_n$, queremos

$$D(E(M)) = D(M^e) = (M^e)^d = M^{ed} \stackrel{?}{=} M.$$

Como podemos fazer isso funcionar? O teorema de Euler ajuda; ele nos diz que, se $M \in \mathbb{Z}_n$, então,

$$M^{\varphi(n)} = 1 \qquad \text{em } \mathbb{Z}_n^*.$$

Elevando ambos os membros dessa equação a uma potência positiva k, vem

$$(M^{\varphi(n)})k = 1k \quad \Rightarrow \quad M^{k\varphi(n)} = 1.$$

Multiplicando por M ambos os membros da última equação, obtemos

$$M^{k\varphi(n)+1} = M$$

de forma que, se $ed = k\varphi(n) + 1$, então temos $D(E(M)) = M^{ed} = M$. Em outras palavras, queremos

$$ed \equiv 1 \pmod{\varphi(n)}.$$

Estamos, agora, em condições de explicar como escolher e e d.

Bob escolhe e como um valor aleatório em $\mathbb{Z}^*_{\varphi(n)}$, isto é, e é um inteiro entre 1 e $\varphi(n)$ que seja relativamente primo com $\varphi(n)$. Note que, como Bob sabe os fatores primos de n, pode calcular $\varphi(n)$.

Em seguida, calcula $d = e^{-1}$ em $\mathbb{Z}^*_{\varphi(n)}$ (ver Seção 37). Temos, agora,

$$D(E(M)) = M^{ed} = M^{k\varphi(n)+1} = (M^{\varphi(n)})^k \otimes M = 1^k \otimes M = M \quad \text{em } \mathbb{Z}^*_n$$

e, portanto, com esta escolha de e e d, Bob pode decifrar a mensagem de Alice.

◆ EXEMPLO 46.1

Bob seleciona os números primos $p = 1231$ e $q = 337$ e calcula $n = pq = 414847$. Calcula também

$$\varphi(n) = (p-1)(q-1) = 1230 \times 336 = 413280.$$

Escolhe e aleatoriamente em $\mathbb{Z}^*_{413280}$, digamos, $e = 211243$. Por fim, calcula (em $\mathbb{Z}^*_{413280}$)

$$d = e^{-1} = 166147.$$

Passemos em revista as etapas desse processo:

- Na privacidade de sua casa, Bob acha dois números primos muito grandes, p e q; calcula $n = pq$ e $\varphi(n) = (p-1)(q-1)$.
- Ainda em sua casa, Bob escolhe um número aleatório $e \in \mathbb{Z}^*_{\varphi(n)}$ e calcula $d = e-1$, em que o inverso é no grupo $\mathbb{Z}^*_{\varphi(n)}$. Para isso, aplica o algoritmo de Euclides.
- Bob revela a Alice os números n e e (mas mantém em sigilo o número d). Eva consegue ver n e e.
- Na privacidade de sua casa, Alice formula sua mensagem M e calcula $N = E(M) = M^e \bmod n$.
- Alice envia a Bob o número N. Eva também consegue ver esse número.
- Isolado em sua casa, Bob calcula $D(N) = N^d = (M^e)^d = M$ e lê a mensagem de Alice.

Nota: A decifração supõe que M seja relativamente primo com n (caso contrário, o teorema de Euler não se aplica). Veja o Exercício 46.7 no caso de M não ser relativamente primo com n.

◆ EXEMPLO 46.2

(Continuação do Exemplo 46.1.) As funções de criptografia/decifração de Bob são

$$E(M) = M^{211243} \bmod 414847 \text{ e } D(N) = N^{166147} \bmod 414847.$$

Suponhamos que a mensagem de Alice seja $M = 224455$. Em sua privacidade, ela calcula

$$E(M) = 224455^{211243} \bmod 414847 = 376682$$

e transmite 376682 a Bob.

Isolado, Bob calcula

$$D(376682) = 376682^{166147} \bmod 414847 = 224455$$

e recupera a mensagem de Alice.

Segurança

Eva poderá decifrar a mensagem de Alice? Consideremos o que ela sabe. Eva conhece a função de criptografia pública $E(M) = M^e \bmod n$, mas não conhece os dois fatores primos de n. Conhece, também, $E(M)$ (a forma criptografada da mensagem de Alice), mas não conhece M.

Se Eva pode supor qual seja a mensagem M, então ela pode verificar sua suposição, porque ela também pode calcular $E(M)$. Se a mensagem de Alice é muito curta (por exemplo, `Yes`), isso pode ser viável.

Caso contrário, Eva pode tentar violar o código de Bob. Uma forma de fazer isso é fatorar n. Uma vez de posse de n, ela pode calcular $\varphi(n)$ e, então, obter $d = e^{-1}$ (em $\mathbb{Z}^*_{\varphi(n)}$). Mas nossa suposição é que a fatoração seja demasiadamente difícil para se tornar viável.

Note que Eva, na verdade, não precisa conhecer os fatores primos de n. Basta conhecer $\varphi(n)$ e, com isso, ela pode calcular d. Mas isso também não é prático.

▶ **PROPOSIÇÃO 46.3**

Sejam p e q números primos e seja $n = pq$. Suponha que n nos seja dado, mas que não conheçamos nem p nem q. Se conhecermos também $\varphi(n)$, poderemos calcular com eficiência os fatores primos de n.

Prova. Sabemos que

$$n = pq \quad \text{e} \quad \varphi(n) = (p-1)(q-1)$$

Isso é um sistema de duas equações em duas incógnitas (p e q) que pode ser resolvido facilmente. Escrevemos $q = n/p$ e levamos na segunda equação, que resolvemos então pela fórmula quadrática.

Assim, se Eva pode calcular corretamente $\varphi(n)$ a partir de n, então ela pode fatorar corretamente n, o que contradiz a Conjectura 44.1.

◆ **EXEMPLO 46.4**

Se $n = 414847$, então $\varphi(n) = 413280$. Queremos resolver

$$pq = 414847 \quad \text{e} \quad (p-1)(q-1) = 413280.$$

Levamos $q = 414847/p$ em

$$(p-1)(q-1) = 413280$$

obtendo

$$(p-1)((414847/p) - 1) = 413280$$

que se desenvolve como

$$414848 - \frac{414847}{p} - p = 413280$$

e se escreve

$$p^2 - 1568p + 414847 = 0$$

cujas raízes são $p = 337$ e 1231 (pela fórmula quadrática). Os fatores primos de 414847 são, na verdade, 337 e 1231.

Mas Eva, na verdade, não precisa de $\varphi(n)$. Tudo quanto ela realmente necessita é d. Haverá um processo eficiente para Eva achar d, dados n e e? Provavelmente não.

▶ **PROPOSIÇÃO 46.5**

Sejam p, q números primos grandes, e $n = pq$. Suponhamos que haja um processo eficaz de modo que, dado e com mdc$(e, \varphi(n)) = 1$, gere d, com $ed \equiv 1 (\bmod \varphi(n))$. Então, existe um processo eficaz para fatorar n.

A prova ultrapassa o nível deste livro, mas pode ser encontrada em livros mais avançados sobre criptologia. A questão é: se achamos que a fatoração não é manejável, então não existe maneira como Eva possa recuperar o expoente d apenas com o conhecimento de e e n.

Isso, entretanto, não resolve completamente o problema. Para violar o código de Bob, Eva precisa resolver a equação

$$M^e \equiv N \pmod{n}$$

em que ela conhece e, N e n. Temos cogitado da possibilidade de Eva recuperar a função de decodificação (especialmente o inteiro d) e calcular M a partir de N, da mesma maneira que Bob faria. Entretanto, pode haver outras maneiras de resolver essa equação, que não tenhamos levado em conta. Trata-se de um problema ainda a resolver, provar que a violação de RSA é tão difícil quanto a fatoração.

Recapitulando

O criptossistema RSA é um sistema de chave pública. Bob (o recebedor) escolhe dois números primos grandes, p e q e calcula $n = pq$. Ele acha, também, e e d, com $ed \equiv 1(\varphi(n))$ e (publicamente) informa a Alice sua função de criptografia $E(M) = M^e \bmod n$, mas mantém em sigilo sua função de decifração $D(N) = N^d \bmod n$. Reservadamente, Alice formula sua mensagem M, calcula $N = E(M)$ e transmite N a Bob. Por fim, Bob toma, sob reserva, o valor N que recebeu e calcula $D(N) = D[E(M)] = M$ para recuperar a mensagem M de Alice.

46 Exercícios

46.1. Suponhamos $n = 589 = 19 \times 31$ e seja $e = 53$. A função de criptografia de Bob é $E(M) = M^e \bmod n$. Qual é sua função de decifração?

46.2. Suponhamos $n = 589 = 19 \times 31$ e seja $d = 53$. A função de decifração de Bob é $D(N) = N^d \bmod n$. Qual é sua função de criptografia?

46.3. Suponhamos que a função de criptografia de Bob seja $E(M) = M^{53} \pmod{589}$. Alice codifica uma mensagem M, calcula $E(M) = 289$ e transmite a Bob o valor 289. Qual foi sua mensagem M?

46.4. O número inteiro $n = 3312997$ é o produto de dois números primos distintos. Utilize o fato que $\varphi(n) = 3309280$ para encontrar os fatores primos de n.

46.5. O primeiro passo em todos os criptossistemas de chave pública é converter a mensagem em língua portuguesa em um número M. Isso é tipicamente feito com o código ASCII. Nesse problema, vamos utilizar um método mais simples.

Escrevemos nossa mensagem utilizando apenas as 26 letras maiúsculas: 01 representa A, 02 representa B etc. e 26 representa Z. A palavra LOVE é escrita como 12152205 nesse código. (Trata-se do mesmo método que o do Exercício 45.6.)

Suponhamos que a chave pública RSA de Bob seja $(n, e) = (328419349, 220037467)$. Assim, para codificar a palavra LOVE, Alice calcula

$$12152205^{220037467} \bmod 328419349 = 76010536$$

e transmite 76010536 a Bob.

Alice criptografa mais quatro palavras para Bob. Seus criptogramas são:
a. 322776966.
b. 43808278.
c. 166318297.
d. 18035306.

Decodifique essas quatro palavras.

46.6. Suponhamos que Bob crie dois algoritmos RSA de criptografia. Primeiro, escolhe dois números primos grandes p e q e calcula $n = pq$. Em seguida, escolhe dois inteiros e_1 e e_2 com $\mathrm{mdc}(e_1, \varphi(n)) = \mathrm{mdc}(e_2, \varphi(n)) = 1$ para formar duas funções de criptografia:

$$E_1(M) = M^{e_1} \bmod n, \text{ e}$$
$$E_2(M) = M^{e_2} \bmod n$$

Quando Alice codifica sua mensagem, ela duplica os criptogramas calculando

$$N = E_1[E_2(M)]$$

e transmite N a Bob.

Responda o seguinte:
a. Como Bob deve decifrar a mensagem que recebe de Alice?
b. Suponhamos que, por um erro, Alice calcule $N' = E_2(E_1(M))$ e, sem o conhecimento de Bob, envie a ele N' em lugar de N. O que acontecerá quando Bob decifrar N'?
c. Utilizando esse método de dupla criptografia, quão mais difícil é, para Eva, decifrar a mensagem de Alice (em comparação com a criptografia simples padronizada)?

46.7. Seja $E(M) = M^e \bmod n$ a função criptográfica de Bob, com $n = pq$ para números primos distintos p e q. Sua função de decodificação é $D(N) = N^d \bmod n$, com $ed \equiv 1 \pmod{\varphi(n)}$.

Suponha que Alice forme uma mensagem M ($1 \leq M < n$) que não seja relativamente prima com n. Você pode supor que M seja um múltiplo de p, mas não de q.

Prove que $D(E(M)) = M$.

Autoteste

1. Para os números reais x e y, defina uma operação $x * y$ por

$$x * y = \sqrt{x^2 + y^2}.$$

   Responda às seguintes questões e justifique suas respostas:
   a. Avalie $3 * 4$.
   b. A operação $*$ é válida para números reais?
   c. A operação $*$ é comutativa?
   d. A operação $*$ é associativa?
   e. A operação $*$ tem um elemento identidade?

2. No Exercício 40.2, consideramos a operação $x \star y = x + y - xy$ para números reais e descobrimos que $(\mathbb{R}, \star)$ não é um grupo. Seja $\mathbb{R}' = \mathbb{R} - \{1\}$ (o conjunto de todos os outros números reais além do 1). Prove que $(\mathbb{R}', \star)$ é um grupo abeliano.

3. No Problema 2 foi solicitado que você mostrasse que $(\mathbb{R}', \star)$ é um grupo abeliano em que $\mathbb{R}' = \{x \in \mathbb{R} : x = 1\}$ e $\star$ é a operação definida por $x \star y = x + y - xy$.

   Mostre que $(\mathbb{R}', \star)$ é isomorfo para $(\mathbb{R}^*, \times)$, em que $\mathbb{R}^*$ é o conjunto dos números reais diferentes de zero e × é a multiplicação ordinária.

4. Liste os elementos em $\mathbb{Z}_{32}^*$ e encontre $\varphi(32)$.

5. Considere o grupo $(\mathbb{Z}_{15}^*, \otimes)$. Encontre os seguintes subgrupos de $\mathbb{Z}_{15}^*$:
   a. $H = \{x \in \mathbb{Z}_{15}^* : x \otimes x = 1\}$, e
   b. $K = \{x \in \mathbb{Z}_{15}^* : x = y \otimes y \text{ para algum } y \in \mathbb{Z}_{15}^*\}$.

6. Suponha que $(G, *)$ seja um grupo abeliano. Defina os seguintes subgrupos de G:
   a. $H = \{x \in G : x * x = e\}$, e
   b. $K = \{x \in G : x = y * y \text{ para algum } y \in G\}$.
   Prove que $(H, *)$ e $(K, *)$ são subgrupos de $(G, *)$.

   Então, dê exemplos para demonstrar que, se a necessidade de que $(G, *)$ seja abeliano for excluída, H e K não necessariamente constituem subgrupos.

7. Suponha que $(G, *)$ é um grupo com exatamente três elementos. Prove que G é isomórfico a $(\mathbb{Z}_3, \otimes)$.

8. Encontre um isomorfismo entre $(\mathbb{Z}_{13}^*, \otimes)$ e $(\mathbb{Z}_{12}, \oplus)$.

9. Suponha que $(G, *)$ é um grupo, e $(H, *)$ e $(K, *)$ sejam subgrupos. Defina o conjunto $H*K$ para ser o conjunto de todos os elementos para a forma $h*k$, em que $h \in H$ e $k \in K$; ou seja,

$$H * K = \{g \in G : g = hk \text{ para algum } h \in H \text{ e } k \in K\}.$$

   a. Em $(\mathbb{Z}_{100}, \oplus)$ suponha que $H = \{0, 25, 50, 75\}$ e $K = \{0, 20, 40, 60, 80\}$. Encontre o conjunto $H \oplus K$.
   b. Prove: se $(G, *)$ é um grupo abeliano e H e K são subgrupos, então $H * K$ também é um subgrupo.
   c. Mostre que o resultado no item (b) torna-se falso se a palavra *abeliano* for excluída.

10. Mostre que, para todos os elementos g de $(\mathbb{Z}_{15}^*, \otimes)$, temos $g^4 = 1$.

    Utilize isso para provar que o grupo $(\mathbb{Z}_{15}^*, \otimes)$ não é cíclico.

11. Sem o auxílio de computadores, calcule $2^{90} \bmod 89$.

12. Suponha que $n = 38168467$. Utilize

$$2^n \equiv 6178104 \pmod{n}$$

    para determinar se n é primo ou composto.

13. Suponha que $n = 38168467$. Dado que $\varphi(n) = 38155320$, calcule (sem o auxílio de computador)

$$2^{38155321} \bmod 38168467.$$

14. Utilizando apenas uma calculadora básica de mão, calcule

$$874^{256} \bmod 9432.$$

15. Encontre todos os valores de $\sqrt{71}$ em $\mathbb{Z}_{883}$.

16. Encontre todos os valores de $\sqrt{1}$ em $\mathbb{Z}_{440617}$. Observe que 440617 fatorado em números primos é 499×883.

17. Suponha que $n = 5460947$. Em $\mathbb{Z}_n$, temos:

$$1235907^2 = 1842412^2 = 3618535^2 = 4225040^2 = 1010120.$$

Utilize essa informação para fatorar n.

Observação: Você deverá descobrir que n é o produto de dois números primos distintos.

18. Alice e Bob se comunicam utilizando o criptossistema de chave pública de Rabin. A chave pública de Bob é $n = 713809$.

Alice envia uma mensagem para Bob. Primeiro ela converte sua mensagem (uma palavra de três letras) para um número tirando A para ser 01, B para ser 02 e assim por diante. Então, ela codifica sua mensagem utilizando a chave pública de Bob e envia o resultado, que é 496410, para Bob.

Dado que $713809 = 787 \times 907$, decodifique a mensagem de Alice.

19. Alice e Bob mudam para o criptossistema de chave pública RSA. A chave pública de Alice é $(n, e) = (453899, 449)$. Dado que $453899 = 541 \times 839$, encontre o expoente de decodificação particular de Alice, d.

20. Bob envia a Alice uma mensagem utilizando a chave pública RSA de Alice (conforme foi dito no problema anterior). Utilizando 01 para A, 02 para B etc., Bob converte sua mensagem (uma palavra de três letras) em um inteiro M, e codifica utilizando a função de codificação de Alice. O resultado é $E_A(M) = 105015$.

Qual era a mensagem de Bob?

21. Dado que $n = 40119451$ é o produto de dois números primos distintos, e $\varphi(n) = 40106592$, fatore n.

CAPÍTULO 9

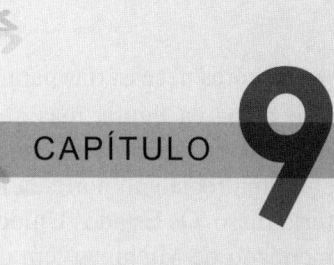

Grafos

A palavra *grafo* ou *gráfico** tem vários significados. Em linguagem não matemática, refere-se a um método de representação de uma ideia ou conceito, por meio de uma ilustração ou por escrito. Tanto em matemática como na linguagem corrente, costuma referir-se a um diagrama usado para exibir o relacionamento entre duas grandezas.

Neste capítulo, vamos introduzir um significado inteiramente diferente para a palavra *grafo*. Para nós, um grafo não é uma figura traçada em um sistema de eixos x e y.

■ 47 Fundamentos da teoria dos grafos

Antes de dizermos precisamente o que é um grafo ou darmos uma definição formal da palavra grafo, vamos considerar alguns problemas interessantes.

Coloração de mapas

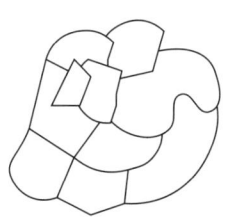

Imagine um mapa de um continente mítico que tenha vários países. Você é um cartógrafo encarregado de elaborar um mapa de seu continente. Para mostrar com clareza os diferentes países, pinta suas regiões utilizando várias cores. Entretanto, se fosse necessário pintar cada país de uma cor diferente, o mapa ficaria com um aspecto berrante.

Para que o mapa seja claro, mas não de mau gosto, você decide usar o mínimo possível de cores diferentes. Entretanto, a bem da clareza, países limítrofes jamais devem ter a mesma cor.

---

* N.R.T.: em inglês, as palavras "grafo" e "gráfico" são grafadas da mesma forma.

A pergunta é: qual é o menor número de cores necessárias para colorir o mapa?

A questão diz respeito não apenas ao mapa da figura, mas a *qualquer* mapa que venha a ser elaborado. Bem, não precisamente qualquer mapa. Não se admitem países desconexos (por exemplo, a Rússia inclui uma região ao norte da Polônia e a oeste da Lituânia desconexa do restante do território russo. Os Estados Unidos se apresentam em múltiplos pedaços. E o estado norte-americano de Michigan tem dois pedaços: as penínsulas superior e inferior.) Além disso, regiões que se tocam apenas em um ponto não precisam ter cores diferentes. (Por exemplo, os estados norte-americanos do Arizona e do Colorado podem ter a mesma cor.)

Podemos colorir o mapa da figura com apenas quatro cores, conforme mostrado. Isso suscita algumas questões.

- Esse mapa pode ser colorido com menos de quatro cores? (Note que temos apenas um país cinzento; talvez consigamos pintar o mapa com apenas três cores.)
- Há algum outro mapa que possa ser pintado com menos de quatro cores?
- Há algum mapa que exija mais de quatro cores?

A resposta à primeira questão é não; esse mapa não pode ser colorido com menos de quatro cores. Você poderá prová-lo? Voltaremos, adiante, a essa questão específica, mas, por ora, deve tentar por si mesmo.

A resposta à segunda questão é sim. Trata-se de uma questão fácil. Procure traçar um mapa que exija apenas duas cores. (*Sugestão*: Para facilitar as coisas, você pode desenhar um continente com apenas dois países!)

A terceira questão, entretanto, é notoriamente difícil. O problema é conhecido como o *problema das quatro cores de um mapa*. Foi proposto pela primeira vez em 1852 por Francis Guthrie e permaneceu sem solução por cerca de um século, até que, em meados da década de 1970, Appel e Haken provaram que todo mapa pode ser colorido usando-se, no máximo, quatro cores. Voltaremos a esse assunto mais à frente, nas Seções 52 e 53.

A coloração de mapa pode parecer um problema frívolo. Vamos, então, considerar a seguinte situação. Imaginemos uma universidade em que haja milhares de estudantes e centenas de cursos. Como na maioria das universidades, ao fim de cada período há uma época de exames. Cada curso tem um exame final de três horas. Para um dia qualquer, a universidade pode programar dois exames finais.

Ora, seria praticamente impossível um estudante, matriculado em dois cursos, fazer ambos os exames finais se eles fossem realizados no mesmo intervalo de tempo. À vista disso, a universidade deseja elaborar um esquema de exames finais com a condição de que, se um estudante estiver matriculado em dois cursos, esses cursos deverão ter períodos de exame distintos.

Uma solução simples para esse problema consiste em realizar apenas um exame durante qualquer período. O problema é que, se o período de exames começa em maio, só terminará no fim de novembro!

A solução que a universidade prefere é ter o menor número possível de períodos de exame. Assim, os estudantes podem ir, logo que possível, para suas férias de verão.

À primeira vista, esse problema de escalonamento de exames parece ter pouco em comum com a coloração de mapas, mas, na realidade, esses problemas são essencialmente o mesmo. Na coloração de mapas, procuramos o número mínimo de cores sujeito a uma condição especial (países que têm uma fronteira comum recebem cores diferentes). No escalonamento de exames, procuramos o menor número de períodos sujeitos a uma condição especial (cursos que têm um aluno em comum recebem intervalos de tempo diferentes).

Problema	Coloração de mapas	Escalonamento de exames
Atribuir	cores	períodos
a	países	cursos
condição	Fronteira comum ⇒ cores diferentes	estudante comum ⇒ períodos diferentes
objetivo	mínimo de cores	mínimo de períodos

Ambos os problemas – coloração de mapas e escalonamento de exames – têm a mesma estrutura básica.

Três serviços

Apresentamos, a seguir, um jogo clássico. Imagine uma "cidade" contendo três casas e três usinas, que fornecem gás, água e eletricidade. Como planejador urbano, você deve estabelecer ligações de cada serviço com cada casa. É preciso ter três fios elétricos (da usina para cada uma das três casas), três canos de água (do reservatório para cada casa) e três linhas de gás (da usina para as casas). As casas e as usinas podem ser colocadas em qualquer lugar que queiramos. Mas dois fios/canos/linhas jamais devem se cruzar! O diagrama mostra uma tentativa fracassada para construir uma disposição conveniente.

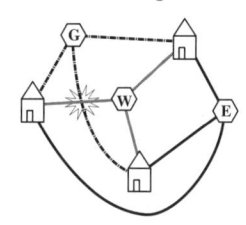

Recomendo a você que procure resolver esse problema por si mesmo. Após muitas tentativas, pode vir a crer que não haja solução possível – o que é correto. É impossível construir um planejamento gás/água/eletricidade para as três casas sem que ao menos um par de linhas se cruze. Provaremos isso adiante.

Esse problema pode parecer um tanto frívolo. Consideremos, entretanto, a seguinte situação. Um painel com um circuito impresso é um pedaço plano de plástico em que estão montados vários dispositivos eletrônicos (resistores, condensadores, circuitos integrados etc.). As ligações entre esses dispositivos são feitas imprimindo-se fios desencapados de metal na superfície do plástico. Se dois desses fios se cruzassem, haveria um curto-circuito. O problema é: podemos imprimir no plástico os vários fios conectores de modo que não haja cruzamentos?

Se não deve haver cruzamentos, então o painel de circuitos pode ser construído em camadas, mas esse processo é mais dispendioso. Encontrar uma disposição sem cruzamentos reduz os custos de produção, merecendo, pois, ser tentado (especialmente para um dispositivo de produção em massa).

O dispositivo gás/água/eletricidade é uma versão simplificada do problema mais complicado do "painel com circuito impresso".

O problema das sete pontes

Eis outro problema clássico. No final do século XVIII, na cidade de Königsburg (hoje chamada Kaliningrado e localizada na já mencionada seção desligada da Rússia), havia sete pontes ligando várias partes da cidade; a configuração é a da figura exposta a seguir.

Os moradores gostavam de passear pela cidade à tarde e cogitaram se não haveria um trajeto em que cada ponte fosse atravessada exatamente uma vez.

Recomendo a você procurar resolver esse problema por si mesmo. Após várias tentativas frustradas, poderá decidir que tal trajeto é impossível – e você está certo.

A demonstração desse fato é atribuída a Euler – que abstraiu o problema em um diagrama como o mostrado na figura a seguir.

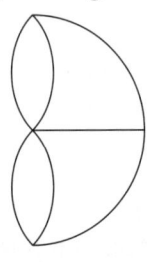

Cada linha no diagrama é uma ponte em Königsburg. O problema de atravessar as sete pontes é agora substituído pelo problema de traçar a figura abstrata sem levantar o lápis do papel e sem retraçar nenhuma linha. Pode-se desenhar dessa maneira a figura em questão? No diagrama, há quatro lugares onde as linhas se cruzam; em cada um desses lugares, o número de linhas é ímpar. Afirmamos: se pudermos traçar essa figura da maneira indicada, o ponto em que se encontra um número ímpar de linhas só pode ser ou o ponto inicial ou o ponto final do desenho. Pense em um ponto intermediário do desenho, isto é, qualquer junção que não seja a junção em que começamos ou aquela em que terminamos. Nessa junção, deve haver um número par de linhas, porque toda vez que chegamos a esse ponto ao longo de uma linha, vamos deixá-lo ao longo de outra (lembre-se de que não se permite retraçar uma linha). Assim, todo ponto de junção no diagrama deve ser ou o primeiro ou o último ponto no desenho. Naturalmente, isso não é possível porque há quatro desses pontos. Portanto, é impossível traçar o diagrama sem retraçar uma linha ou sem levantar o lápis do papel, sendo, pois, impossível fazer o *tour* da cidade de Königsburg e atravessar cada uma das sete pontes exatamente uma vez.

Trata-se de um jogo interessante, embora novamente pareça um tanto frívolo. Eis o mesmo problema novamente, agora em um contexto mais sério. Mais uma vez, ponha seu chapéu de planejador urbano. Agora, em vez de oferecer serviços de utilidades, você está encarregado do trabalho da coleta de lixo. Sua pequena cidade comporta apenas um caminhão de lixo. Seu trabalho é planejar a rota que o caminhão deve seguir. O lixo deve ser coletado ao longo de cada rua de sua cidade. Seria uma perda de tempo se o caminhão fosse atravessar a mesma rua mais de uma vez. Você poderá achar um trajeto para o caminhão de modo que ele passe em cada rua apenas uma vez?

Se sua cidade tem mais de duas intersecções onde se cruza um número ímpar de caminhos, então tal trajeto é impossível.

O que é um grafo?

O melhor modelamento dos três problemas considerados consiste na utilização da noção de *grafo*.

● DEFINIÇÃO 47.1

(Grafo) Um *grafo* é um par $G = (V, E)$, em que V é um conjunto finito e E é um conjunto de subconjuntos de dois elementos de V.

Essa definição é difícil de entender e pode parecer que nada tenha a ver com os problemas motivadores que introduzimos. Vamos estudá-la cuidadosamente, começando com um exemplo.

◆ EXEMPLO 47.2

Seja

$$G = (\{1, 2, 3, 4, 5, 6, 7\}, \{\{1, 2\}, \{1, 3\}, \{2, 3\}, \{3, 4\}, \{5, 6\}\}).$$

Aqui, V é o conjunto finito $\{1, 2, 3, 4, 5, 6, 7\}$ e E é um conjunto que contém cinco subconjuntos de dois elementos de V: $\{1, 2\}$, $\{1, 3\}$, $\{2, 3\}$, $\{3, 4\}$ e $\{5, 6\}$. Portanto, $G = (V, E)$ é um grafo.

Os elementos de V são chamados *vértices* do grafo, e os elementos de E são as *arestas* do grafo. Tenha em mente que os elementos de E são subconjuntos de V, cada um dos quais contém exatamente dois vértices. O grafo do Exemplo 47.2 tem sete vértices e cinco arestas.

Há uma maneira interessante de traçar figuras de grafos. Essas figuras tornam os grafos mais fáceis de serem compreendidos. É importante notar, entretanto, que uma ilustração de um grafo não é a mesma coisa que o grafo em si mesmo!

Para traçarmos a figura de um grafo, marcamos um ponto para cada vértice (elemento de V). Para o grafo do Exemplo 47.2, marcamos sete pontos e os rotulamos com os inteiros de 1 a 7. Cada aresta em E é representada como uma curva no diagrama. Por exemplo, se $e = \{u, v\} \in E$, traçamos a aresta e como uma curva unindo os pontos que representam u e v. As três figuras que seguem ilustram, todas elas, o mesmo grafo do Exemplo 47.2

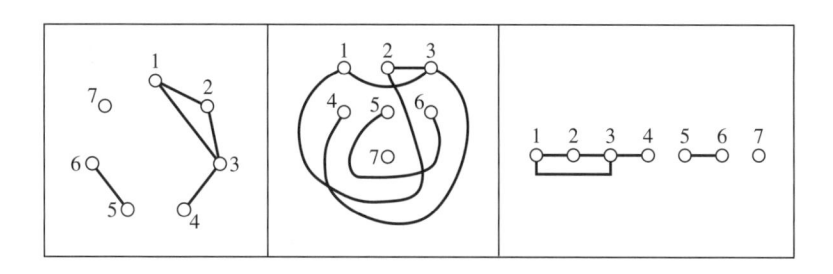

A figura do meio é um traçado perfeitamente válido do grafo. Três pares de arestas se cruzam umas às outras; isso não constitui problema. Os pontos nas figuras representam os vértices e as curvas, as arestas. Podemos "ler" as figuras e, a partir delas, determinar os vértices e as arestas do grafo. Os cruzamentos podem tornar mais difícil o entendimento dos grafos, mas não alteram a informação básica que a figura transmite. A primeira e a terceira figuras são melhores apenas porque são mais claras e mais fáceis de ser entendidas.

Adjacência

● DEFINIÇÃO 47.3

(**Adjacência**) Sejam $G = (V, E)$ um grafo e $u, v \in V$. Dizemos que u é *adjacente* a v se e somente se $\{u, v\} \in E$. A notação $u \sim v$ significa que u é adjacente a v.

Cuidado! Perigo!

Saliente-se que não devemos dizer que u "está conectado a v". A expressão *está conectado a* tem significação inteiramente diferente (discutida adiante). Dizemos que u está *unido* a v.

Ponto terminal.

Se $\{u, v\}$ é uma aresta de G, dizemos que u e v são os *pontos terminais* da aresta. Essa linguagem lembra o traçado de G: os pontos terminais da curva que representa a aresta $\{u, v\}$ são os pontos que representam os vértices u e v. Todavia, é importante ter sempre em mente que uma aresta de um grafo não é um segmento de reta ou curva; é um subconjunto de dois elementos do conjunto de vértices.

Omissão das chaves.

Às vezes, é incômodo escrever as chaves para uma aresta $\{u, v\}$. Desde que não haja risco de confusão, é aceitável escrevermos uv em vez de $\{u, v\}$.

Incidente.

Suponhamos que v seja um vértice e um ponto terminal da aresta e. Podemos expressar essa circunstância como $v \in e$, pois e é um conjunto de dois elementos, um dos quais é v. Dizemos também que v é *incidente a* (ou *incidente com*) e. Note que *é adjacente a* ($\sim$) é uma relação definida no conjunto de vértices de um grafo G. Quais das diversas propriedades das relações são próprias também de *é adjacente a*?
- $\sim$ é reflexiva?

Não.

Isso significaria que $u \sim u$ para todos os vértices em V. O que, por seu turno, quer dizer que $\{u, u\}$ é uma aresta do grafo. Mas, pela Definição 47.1, uma aresta é um subconjunto de dois elementos de V. Note que, embora tenhamos escrito u duas vezes entre chaves, $\{u, u\}$ é um conjunto de um elemento. Um objeto é, ou não é, elemento de um conjunto; não pode ser um elemento "duas vezes".

- ~ é antirreflexiva?

    Sim, mas...

    Pela discussão anterior, jamais ocorre que $\{u, u\}$ seja uma aresta de um grafo. Assim, um vértice nunca é adjacente a si mesmo; portanto, ~ é antirreflexiva.

    Então, você pode perguntar: por que respondemos "Sim, mas" a essa pergunta? Fomos bastante enfáticos (e assim permanecemos) que um vértice nunca pode ser considerado adjacente a si mesmo. O problema recai na palavra *grafo*.

> **Linguagem matemática!**
> A palavra *grafo* não está 100% padronizada. O que chamamos *grafo* é frequentemente designado *grafo simples*. Há outras formas mais exóticas de grafos.

De acordo com a Definição 47.1, uma aresta de um grafo é um subconjunto de dois elementos de V – e fim da história. Todavia, alguns matemáticos usam a palavra *grafo* em um sentido diferente e admitem a possibilidade de um vértice ser adjacente a si mesmo; uma aresta que une um vértice a si mesmo é chamada *laço*. Para nós, grafos não podem ter laços. Alguns autores também admitem mais de uma aresta com as mesmas extremidades; tais arestas são denominadas arestas *paralelas*. Novamente, para nós, grafos não podem ter arestas paralelas. O conjunto $\{u, v\}$ é ou não é uma aresta – não pode ser uma aresta "duas vezes".

Quando desejamos ser perfeitamente claros, usamos a expressão *grafo simples*.

Se queremos nos referir a um "grafo" que pode ter laços e arestas múltiplas, empregamos a palavra *multigrafo*.

- ~ é simétrica?

    Sim.

    Suponhamos que u e v sejam vértices de um grafo G. Se $u \sim v$ em G, isso significa que $\{u, v\}$ é uma aresta de G. Naturalmente, $\{u, v\}$ é precisamente a mesma coisa que $\{v, u\}$ e, assim, $v \sim u$. Portanto, ~ é simétrica.

- ~ é antissimétrica?

    Em geral, não.

    Consideremos o grafo do Exemplo 47.2. Nesse grafo, $1 \sim 2$ e $2 \sim 1$, mas, naturalmente, $1 \neq 2$. Portanto, ~ não é antissimétrica.

    Todavia, é possível construirmos um grafo em que ~ seja antissimétrica (ver Exercício 47.13).

- ~ é transitiva?

    Em geral, não.

    Consideremos o grafo do Exemplo 47.47.2. Notemos que $2 \sim 3$ e $3 \sim 4$, mas 2 não é adjacente a 4.

    Não obstante, é possível construirmos um grafo em que ~ seja transitiva (ver Exercício 47.13).

Uma questão de grau

Seja $G = (V, E)$ um grafo e suponhamos que u e v sejam vértices de G. Se u e v são adjacentes, dizemos também que u e v são *vizinhos*. O conjunto de todos os vizinhos de um vértice v é chamado *vizinhança* de v e se denota por $N(v)$. Isto é,

$$N(v) = \{u \in V : u \sim v\}.$$

Para o grafo do Exemplo 47.2, temos

$N(1) = \{2, 3\}$ $\qquad N(2) = \{1, 3\}$ $\qquad N(3) = \{1, 2, 4\}$ $\qquad N(4) = \{3\}$
$N(5) = \{6\}$ $\qquad N(6) = \{5\}$ $\qquad N(7) = \emptyset$.

O número de vizinhos de um vértice é denominado *grau* do vértice.

● DEFINIÇÃO 47.4

(**Grau**) Seja $G = (V, E)$ e seja $v \in V$. O grau de v é o número de arestas com as quais v é incidente. O grau (*degree*) de v se denota por $d_G(v)$ ou, se não houver risco de confusão, simplesmente por $d(v)$.

Alguns teóricos dos grafos chamam o grau de um vértice sua *valência*. É um termo agradável! A palavra foi escolhida porque os grafos servem de modelos de moléculas orgânicas. A *valência* de um átomo em uma molécula é o número de ligações que ele forma com seus vizinhos.

Em outras palavras,

$$d(v) = |N(v)|.$$

Para o grafo do Exemplo 47.2, temos

$d(1) = 2$ $\qquad d(2) = 2$ $\qquad d(3) = 3$ $\qquad d(4) = 1$
$d(5) = 1$ $\qquad d(6) = 1$ $\qquad d(7) = 0$.

Ocorre algo interessante se somamos os graus dos vértices de um grafo. Para o Exemplo 47.2, temos

$$\sum_{v \in V} d(v) = d(1) + d(2) + d(3) + d(4) + d(5) + d(6) + d(7)$$
$$= 2 + 2 + 3 + 1 + 1 + 1 + 0 = 10.$$

que é exatamente o dobro do número de arestas em G. E isso não é uma simples coincidência.

A notação $\sum_{v \in V} d(v)$ significa que devemos somar (v) à grandeza $d(v)$ para todos os vértices $v \in V$.

❖ TEOREMA 47.5

Seja $G = (V, E)$. A soma dos graus dos vértices em G é o dobro do número de arestas; isto é,

$$\sum_{v \in V} d(v) = 2|E|.$$

Uma matriz é uma ordem retangular de números. Incidentalmente, os termos matriz e grafo foram cunhados por J.J. Sylvester quando ele estava servindo como primeiro professor de matemática na Universidade Johns Hopkins.

Prova. Suponhamos que o conjunto de vértices seja $V = \{v_1, v_2, ..., v_n\}$. Podemos criar uma tabela $n \times n$ como segue. O elemento na linha i e coluna j dessa tabela é 1 se $v_i \sim v_j$ e 0, caso contrário. Para o grafo do Exemplo 47.2, a tabela seria:

$$\begin{bmatrix} 0 & 1 & 1 & 0 & 0 & 0 & 0 \\ 1 & 0 & 1 & 0 & 0 & 0 & 0 \\ 1 & 1 & 0 & 1 & 0 & 0 & 0 \\ 0 & 0 & 1 & 0 & 0 & 0 & 0 \\ 0 & 0 & 0 & 0 & 0 & 1 & 0 \\ 0 & 0 & 0 & 0 & 1 & 0 & 0 \\ 0 & 0 & 0 & 0 & 0 & 0 & 0 \end{bmatrix}.$$

Essa tabela é chamada *matriz de adjacência* do grafo.

Nossa técnica para provar o Teorema 47.5 é uma *prova combinatória* (ver Esquema de prova 9). Perguntamos:

Quantos 1 há nesta tabela?

Damos duas respostas a essa pergunta.

- *Primeira resposta*: Observe que, para cada aresta G, há exatamente dois 1 na tabela. Por exemplo, se $v_i v_j \in E$, então há um 1 na posição i_j (linha i/coluna j) e um 1 na posição j_i. Assim, o número dos 1 nessa tabela é exatamente $2|E|$.
- *Segunda resposta*: Consideremos determinada linha dessa tabela, digamos, a linha correspondente a algum vértice v_i. Há um 1 nessa linha exatamente para os vértices adjacentes a v_i (isto é, há um 1 no j-ésimo ponto desta linha onde existe uma aresta de v_i para v_j). Dessa forma, o número dos 1 nesta linha é exatamente o grau do vértice, isto é, $d(v_i)$.

O número dos 1 em toda a tabela é a soma dos subtotais de linhas. Em outras palavras, o número dos 1 na tabela é igual à soma dos graus dos vértices do grafo.

Como essas respostas são ambas as soluções corretas da questão "Quantos 1 há nesta tabela?", concluímos que a soma dos graus dos vértices de G (resposta 2) é igual a duas vezes o número de arestas (resposta 1).

Notação e vocabulário adicionais

Há um grande número de termos que devemos aprender no estudo dos grafos. Introduzimos, aqui, mais termos e notações que serão usados com frequência na teoria dos grafos.

- *Grau máximo e mínimo*.

    O grau máximo de um vértice em G se denota por $\Delta(G)$, e o grau mínimo de um vértice em G é denotado por $\delta(G)$. As letras Δ e δ são as letras gregas *delta maiúsculo* e *delta minúsculo* (correspondentes aos D (d) latinos). Para o grafo do Exemplo 47.2, temos $\Delta(G) = 3$ e $\delta(G) = 0$.

- *Grafos regulares.*

    Se todos os vértices de G têm o mesmo grau, dizemos que G é *regular*. Se um grafo é regular e todos os vértices têm grau r, o grafo também é chamado r-regular. O grafo da figura é 3-regular.

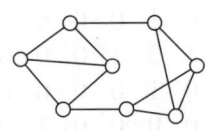

> Os termos *vértice* e *aresta* não são 100% padronizados. Alguns autores se referem aos vértices como *nós*, outros chamam-nos *pontos*. Analogamente, as arestas também são denominadas *arcos*, *conexões* ou *linhas*.

- *Conjuntos de vértices e arestas.*

    Seja G um grafo. Se não quisermos dar um nome aos conjuntos de vértices e arestas de G, podemos simplesmente escrever $V(G)$ e $E(G)$ para os conjuntos de vértices e arestas, respectivamente.

- *Ordem e tamanho.*

    Seja $G = (V, E)$ um grafo. A *ordem* de G é o número de vértices em G, isto é, $|V|$. O *tamanho* de G é o número de arestas, isto é, $|E(G)|$.

    É costume (mas não obrigatório) utilizar as letras n e m para representar $|V|$ e $|E|$, respectivamente.

    Vários autores inventam símbolos especiais para representar os números de vértices e de arestas em um grafo. Minha preferência pessoal é por:

    $$\nu(G) = |V(G)| \quad \text{e} \quad \varepsilon(G) = |E(G)|.$$

    Você deve encarar ν e ε como funções que, dado um grafo, retornam os números de vértices e arestas, respectivamente.

    A letra grega ν (ni) corresponde à letra n romana (o símbolo usual para o número de vértices em um gráfico) e se assemelha a um v (de vértices). A letra grega ε (um epsílon estilizado) corresponde ao e romano (de *edges* = arestas).

- *Grafos completos.*

    Seja G um grafo. Se todos os pares de vértices distintos são adjacentes em G, dizemos que G é *completo*. Um grafo completo em n vértices se denota por K_n. O grafo da figura é um K_5.

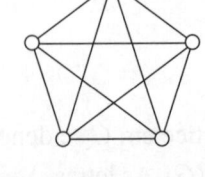

O extremo oposto é um grafo desprovido de arestas, que chamamos grafos *sem arestas*. Um gráfico desprovido de vértices (e, consequentemente, sem arestas) é chamado *grafo vazio*.

Capítulo 9 — Grafos

Recapitulando

Começamos motivando o estudo da teoria dos grafos com três problemas clássicos (e variações não banais destes). Introduzimos, então, formalmente, o conceito de grafo, tendo o cuidado de distinguir entre um grafo e sua imagem pictórica. Estudamos a relação de adjacência, concluindo com o resultado de que a soma dos graus dos vértices em um grafo é igual ao dobro do número de arestas no grafo. Por fim, introduzimos uma terminologia adicional da teoria dos grafos.

47 Exercícios

47.1. As figuras a seguir representam grafos. Escreva cada um deles como um par de conjuntos (V, E).

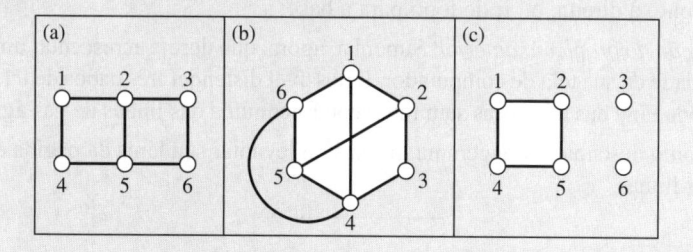

47.2. Trace ilustrações dos seguintes grafos:
   a. $(\{a, b, c, d, e\}, \{\{a, b\}, \{a, c\}, \{a, d\}, \{b, e\}, \{c, d\}\})$.
   b. $(\{a, b, c, d, e\}, \{\{a, b\}, \{a, c\}, \{b, c\}, \{b, d\}, \{c, d\}\})$.
   c. $(\{a, b, c, d, e\}, \{\{a, c\}, \{b, d\}, \{b, e\}\})$.

47.3. Pinte o mapa na figura com quatro cores (para que os países adjacentes tenham cores diferentes) e explique por que não é possível colorir este mapa com apenas três cores.

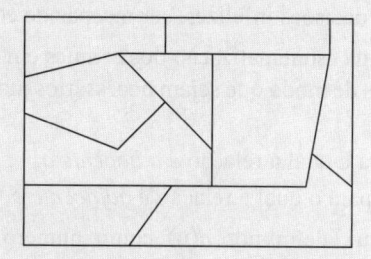

47.4. No problema pinte o mapa, por que exigimos que os países sejam ligados (e não em várias peças como a Rússia ou Michigan)?

   Desenhe um mapa, em que são permitidos países desconectados, que requerem mais de quatro cores.

47.5. No problema da coloração de mapas, por que admitimos que os países que se limitem em apenas um ponto possam ter a mesma cor?

   Trace um mapa que exija mais de quatro cores se os países que se limitam em apenas um ponto devem ter cores distintas.

47.6. Se três países em um mapa se delimitam uns com os outros, então o mapa certamente exige ao menos três cores. (Por exemplo, consideremos o Brasil, a Venezuela e a Colômbia, ou a França, a Alemanha e a Bélgica.)

   Elabore um mapa em que não haja três países que se delimitem uns com os outros e que, no entanto, exija no mínimo três cores.

47.7. Imagine que vai criar um mapa na tela de seu computador. Esse mapa se enrola na tela da maneira seguinte: uma linha que desaparece no lado direito da tela reaparece instantaneamente na posição correspondente à esquerda. Da mesma forma, uma linha que desaparece na base da tela reaparece instantaneamente na posição correspondente na parte de cima. Assim, é possível termos um país nesse mapa com uma pequena parte à esquerda e uma pequena parte à direita da tela, embora seja constituído por uma única parte.

Elabore um mapa com essas características na tela do computador, que exija mais de quatro cores. Procure criar um mapa similar que exija sete cores. (É possível.)

47.8. *Com referência ao problema anterior sobre o desenho na tela de seu computador*, é possível resolver, nessa tela, o problema de gás/água/eletricidade? Isto é, ache uma forma de colocar os três serviços e as três casas de modo que as linhas que os unem não se cruzem. Naturalmente, você pode valer-se do fato de que um cano pode ir do lado esquerdo da tela até exatamente o mesmo ponto à direita, ou ir do topo para a base.

47.9. *Continuação do problema anterior.* Suponha, agora, que deseje acrescentar um serviço de TV a cabo à cidade da sua tela de computador. É possível distender três cabos de televisão da sede da TV até cada uma das três casas sem interceptar nenhuma das linhas de gás/água/eletricidade?

47.10. Mostre como desenhar a imagem na figura sem levantar seu lápis da página e sem redesenhar quaisquer linhas.

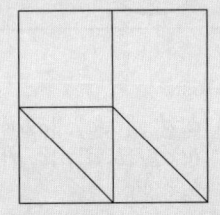

47.11. Se você começar seu desenho da figura no Exercício 47.10 no meio da parte superior, é fácil obter uma solução. Mostre que é possível começar o desenho no ponto médio superior e ainda, por fazer algumas decisões infelizes, ser incapaz de completar o desenho.

47.12. Recorde-se do problema da esquematização dos exames em uma universidade. Elabore uma relação de cursos e alunos de modo que sejam necessários mais de quatro períodos de exames finais.

47.13. Construa um grafo G para o qual a relação *é adjacente a*, ~, seja antissimétrica.

Construa um grafo G para o qual a relação *é adjacente a*, ~, seja transitiva.

47.14. Na Definição 47.4 (grau), definimos $d(v)$ como número de arestas incidentes com v. Entretanto, dissemos também que $d(v) = |N(v)|$. Por que isso é válido?

$d(v) = |N(v)|$ é verdadeira para um multigrafo?

47.15. Seja G um grafo. Prove que deve haver um número par de vértices de grau ímpar. (Por exemplo, o grafo do Exemplo 47.2 tem exatamente dois vértices de grau ímpar.)

47.16. Prove que, em qualquer grafo com dois ou mais vértices, deve haver dois vértices do mesmo grau.

47.17. Seja G um grafo r-regular com n vértices e m arestas. Determine (e prove) uma relação algébrica simples entre r, n e m.

47.18. Ache todos os grafos 3-regulares em nove vértices.

47.19. Quantas arestas há em K_n, um grafo completo em n vértices?

47.20. Quantos grafos diferentes podem ser formados com o conjunto de vértices $V = \{1, 2, 3, \ldots, n\}$?

47.21. O que significa dois grafos serem o mesmo? Sejam G e H grafos. Dizemos que G é *isomorfo* a H se e somente se existe uma bijeção $f : V(G) \to V(H)$ de modo que, para todo $a, b \in V(G)$ tenhamos $a \sim b$ (em G) se e somente se $f(a) \sim f(b)$ (em H). A função f é chamada um *isomorfismo* de G para H.

Podemos imaginar *f* como uma redesignação dos vértices de *G* com os nomes dos vértices em *H*, mas de tal maneira que a adjacência seja preservada. De modo menos formal, os grafos isomorfos têm a mesma figura (exceto quanto aos nomes dos vértices).

Faça o seguinte:

a. Prove que grafos isomorfos têm o mesmo número de vértices.
b. Prove que se $f: V(G) \to V(H)$ é um isomorfismo de grafos G e H e se $v \in V(G)$, então o grau de v em G é igual ao grau de $f(v)$ em H.
c. Prove que grafos isomorfos têm o mesmo número de arestas.
d. Dê um exemplo de dois grafos com o mesmo número de vértices e o mesmo número de arestas, que não sejam isomorfos.
e. Seja G o grafo cujo conjunto de vértices é $\{1, 2, 3, 4, 5, 6\}$. Nesse grafo, existe uma aresta de v a w se e somente se $v - w$ é ímpar. Seja H o grafo da figura. Ache um isomorfismo $f: V(G) \to V(H)$.

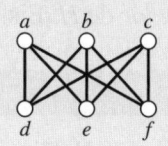

■ 48 Subgrafos

Informalmente, um *subgrafo* é um grafo contido em outro grafo. Eis uma definição precisa.

● DEFINIÇÃO 48.1

(Subgrafo) Sejam os grafos G e H. Dizemos que G é um *subgrafo* de H desde que $V(G) \subseteq V(H)$ e $E(G) \subseteq E(H)$.

◆ EXEMPLO 48.2

Sejam G e H os grafos seguintes:

$V(G) = \{1, 2, 3, 4, 6, 7, 8\}$
$E(G) = \{\{1, 2\}, \{2, 3\}, \{2, 6\}, \{3, 6\},$
$\qquad \{4, 7\}, \{6, 8\}, \{7, 8\}\}$

$V(H) = \{1, 2, 3, 4, 5, 6, 7, 8, 9\}$
$E(H) = \{\{1, 2\}, \{1, 4\}, \{2, 3\}, \{2, 5\},$
$\qquad \{2, 6\}, \{3, 6\}, \{3, 9\}, \{4, 7\},$
$\qquad \{5, 6\}, \{5, 7\}, \{6, 8\}, \{6, 9\},$
$\qquad \{7, 8\}, \{8, 9\}\}$

Note que $V(G) \subseteq V(H)$ e $E(G) \subseteq E(H)$ e, assim, G é um subgrafo de H. Graficamente, esses grafos se apresentam como segue:

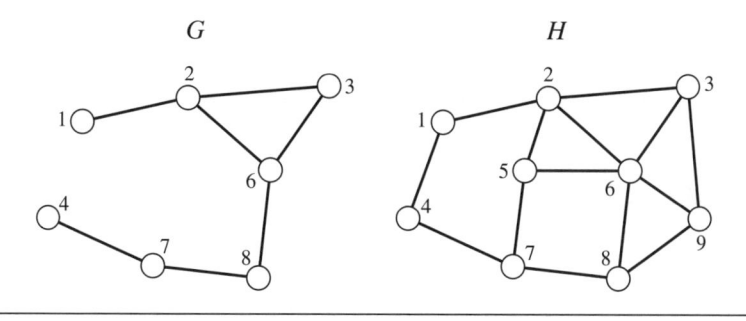

Naturalmente, se *G* é um subgrafo de *H*, dizemos que *H* é um *supergrafo* de *G*.

Subgrafos induzidos e geradores

Supressão de bordas.

Formamos um subgrafo *G* a partir de um grafo *H* eliminando várias partes de *H*. Por exemplo, se *e* é uma aresta de *H*, então a remoção de *e* de *H* resulta em um novo grafo que denotamos por $H - e$. Formalmente, podemos escrever:

$$V(H - e) = V(H) \quad \text{e} \quad E(H - e) = E(H) - \{e\}$$

Se formamos um subgrafo de *H* unicamente por eliminação de arestas, o grafo resultante é chamado subgrafo *gerador* de *H*. Eis outra maneira de expressar esse fato:

● DEFINIÇÃO 48.3

(**Subgrafo gerador**) Sejam os grafos *G* e *H*. Dizemos que *G* é um *subgrafo gerador* de *H* se e somente se *G* é um subgrafo de *H* e $V(G) = V(H)$.

Quando *G* é um subgrafo gerador de *H*, a definição exige que $V(G) = V(H)$, isto é, que *G* e *H* tenham os mesmos vértices. Assim, as únicas remoções permitidas de *H* são as remoções de arestas.

◆ EXEMPLO 48.4

Seja *H* o grafo do Exemplo 48.2 e seja *G* o grafo com

$V(G) = \{1, 2, 3, 4, 5, 6, 7, 8, 9\}$, e
$E(G) = \{\{1, 2\}, \{2, 3\}, \{2, 5\}, \{2, 6\}, \{3, 6\}, \{3, 9\}, \{5, 7\}, \{6, 8\}, \{7, 8\}, \{8, 9\}\}$.

Note que *G* é um subgrafo de *H* e que, além disso, *G* e *H* têm o mesmo conjunto de vértices. Portanto, *G* é um subgrafo gerador de *H*.

Graficamente, esses grafos se apresentam como

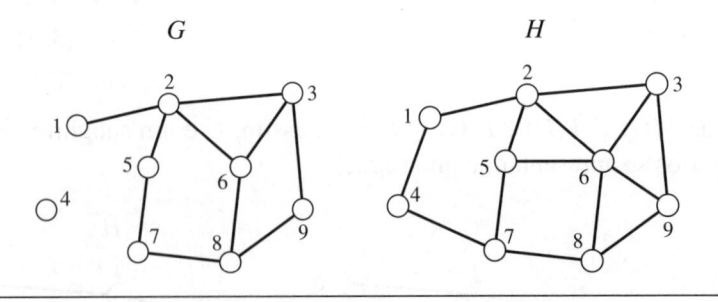

Remoção de vértices.

A remoção de vértices de um grafo é um processo mais sutil do que a remoção de arestas. Suponhamos que v seja um vértice de um grafo H. Como definiremos o grafo de $H - v$? Uma ideia (incorreta) consiste em fazer

$$V(H - v) = V(H) - \{v\} \quad \text{e}$$
$$E(H - v) = E(H) \qquad \leftarrow \text{ADVERTÊNCIA! INCORRETO!!}$$

Isso se assemelha precisamente à definição de $H - e$. Qual é o problema? O problema é que, com essa definição, pode haver arestas de H que sejam incidentes com v. Após removermos v de H, não faz sentido termos "arestas" em $H - v$ que envolvam o vértice v. Recorde que o conjunto de arestas de um grafo consiste em subconjuntos de dois elementos do conjunto de vértices. Assim, não se justifica uma aresta com v como ponto extremo em um grafo que não inclua v como vértice.

Procuremos definir $H - v$ novamente. Quando eliminamos v de H, devemos eliminar todas as arestas incidentes com v; elas não devem ser mantidas, uma vez que v foi eliminado. Em contrapartida, conservamos todas as arestas não incidentes com v. Eis a definição correta:

$$V(H - v) = V(H) - \{v\} \quad \text{e}$$
$$E(H - v) = \{e \in E(H)\, v : \notin e\}$$

Em outras palavras, o conjunto de vértices de $H - v$ contém todos os vértices de H, exceto v. O conjunto de arestas de $H - v$ contém todas as arestas de H não incidentes com v. A notação $v \notin e$ é uma maneira concisa de escrever "v não é incidente a e". Tenha em mente que e é um conjunto de dois elementos, e que $v \notin e$ significa que v não é um elemento de e (isto é, não é um ponto extremo de e).

Se formarmos um subgrupo de H somente por meio de eliminação de vértices, teremos um subgrupo chamado subgrafo *induzido* de H.

● DEFINIÇÃO 48.5

(**Subgrafo induzido**) Sejam H um grafo e A um subconjunto dos vértices de H; isto é, $A \subseteq V(H)$. O *subgrafo de H induzido em A* é o grafo $H[A]$ definido por

$$V(H[A]) = A, \quad \text{e}$$
$$E(H[A]) = \{xy \in E(H) : x \in A \text{ e } y \in A\}.$$

O conjunto A é o conjunto de vértices que conservamos. O subgrafo induzido $H[A]$ é o grafo cujo conjunto de vértices é A e cujas arestas são todas as arestas de H que são legitimamente possíveis (isto é, que têm ambos os pontos extremos em A).

Quando dizemos que G é um subgrafo induzido de H, temos em vista que $G = H[A]$ para algum $A \subseteq V(H)$.

O grafo $H - v$ é um subgrafo induzido de H. Se $A = V(H) - \{v\}$, então $H - v = H[A]$.

◆ EXEMPLO 48.6

Sejam H o grafo do Exemplo 48.2 e G o grafo com

$$V(G) = \{1, 2, 3, 5, 6, 7, 8\}, \quad \text{e}$$
$$E(G) = \{\{1, 2\}, \{2, 3\}, \{2, 5\}, \{2, 6\}, \{3, 6\}, \{5, 6\}, \{5, 7\}, \{6, 8\}, \{7, 8\}\}.$$

Observe que G é um subgrafo de H. De H, retiramos os vértices 4 e 9. Incluímos em G todas as arestas de H, exceto, naturalmente, as arestas incidentes com os vértices 4 ou 9. Assim, G é um subgrafo induzido de H e

$$G = H[A] \quad \text{em que} \quad A = \{1, 2, 3, 5, 6, 7, 8\}.$$

Podemos escrever também $G = (H - 4) - 9 = (H - 9) - 4$.

Graficamente, esses grafos se apresentam como

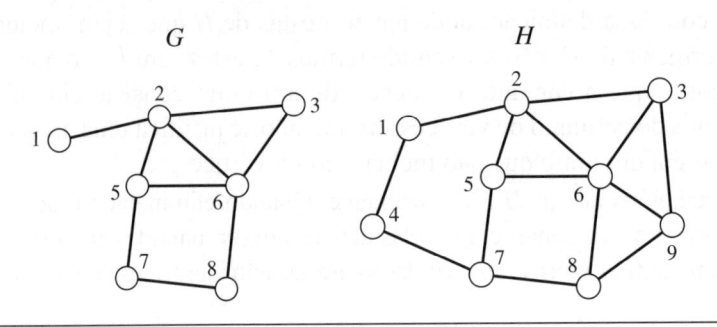

Cliques e conjuntos independentes

● **DEFINIÇÃO 48.7**

(Clique, número de clique) Seja G um grafo. Um subconjunto de vértices $S \subseteq V(G)$ é chamado *clique* se e somente se dois vértices distintos em S são adjacentes.

O *número de clique* de G é o tamanho do maior *clique*; denota-se por $\omega(G)$.

Em outras palavras, um conjunto $S \subseteq V(G)$ é chamado um *clique* se e somente se $G[S]$ é um grafo completo.

◆ **EXEMPLO 48.8**

Seja H o grafo dos exemplos anteriores desta seção, mostrado novamente aqui.

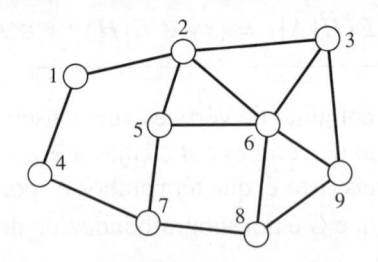

Esse grafo tem vários *cliques*. Eis alguns deles:

$$\{1, 4\} \quad \{2, 5, 6\} \quad \{9\} \quad \{2, 3, 6\} \quad \{6, 8, 9\} \quad \{4\} \quad \emptyset$$

O tamanho máximo de um *clique* em H é 3 e, assim, $\omega(H) = 3$.

> **Linguagem matemática!**
> Em linguagem correta, *máximo* e *maximal* estão estreitamente relacionados, mas não são sinônimos. A diferença é que *máximo* é um substantivo e *maximal*, um adjetivo. Na linguagem corrente, costuma-se usar *máximo* tanto como substantivo quanto como adjetivo. Em matemática, usamos tanto *maximal* como *máximo* com significados ligeiramente diferentes. A diferença é explicada com maiores detalhes na Seção 55.

> Um termo alternativo para um conjunto independente em um grafo é um conjunto *estável*, e α(G) também é conhecido como o *número de estabilidade* de G.

O clique $\{1, 4\}$ nesse exemplo é interessante. Contém apenas dois vértices, de forma que não tem o tamanho máximo possível para um *clique* em H. Entretanto, não pode ser ampliado. É um *clique maximal* que não tem tamanho *máximo*. Para nós, *maximal* significa "que não pode ser ampliado", e *máximo* significa "o maior". Assim, $\{1, 4\}$ é um clique *maximal* que não é um clique de tamanho *máximo*!

● DEFINIÇÃO 48.9

(Conjunto independente, número de independência) Seja G um grafo. Um subconjunto de vértices $S \subseteq V(G)$ é chamado *conjunto independente* desde que não haja dois vértices adjacentes em S.

O *número de independência* de G é o tamanho do maior conjunto independente; denota-se por $\alpha(G)$.

Em outras palavras, um conjunto $S \subseteq V(G)$ é independente se e somente se $G[S]$ for um grafo sem arestas.

◆ EXEMPLO 48.10

Seja H o grafo dos exemplos anteriores desta seção.

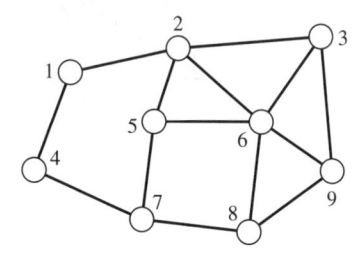

Esse grafo tem vários conjuntos independentes. Eis alguns deles:

$\{1, 3, 5\}$ $\{1, 7, 9\}$ $\{4\}$ $\{1, 3, 5, 8\}$ $\{4, 6\}$ $\{1, 3, 7\}$ $\emptyset$.

O maior tamanho de um conjunto independente em H é 4; assim, $\alpha(H) = 4$.

O conjunto independente $\{4, 6\}$ é interessante. Não é o maior conjunto independente, mas é um conjunto independente *maximal*. Examinando cuidadosamente o grafo H, notamos que cada um dos outros sete vértices é adjacente ao vértice 4 ou ao vértice 6. Assim, $\{4, 6\}$ é independente, porém não pode ser aumentado. É um conjunto independente maximal que não é de tamanho máximo.

Complementos

As duas noções de clique e conjuntos independentes são dois lados da mesma moeda; discutiremos aqui o que significa "virar a moeda".

O *complemento* de um grafo G é um novo grafo obtido pela remoção de todas as arestas de G, substituindo-se estas por todas as arestas possíveis que não estão em G. Segue a definição formal.

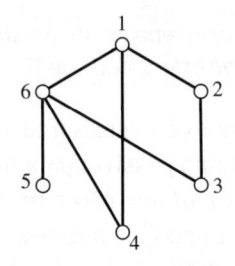

● **DEFINIÇÃO 48.11**

(**Complemento**) Seja G um grafo. O *complemento* de G é o grafo denotado por $\overline{G}$ e definido por

$$V(\overline{G}) = V(G), \quad \text{e}$$
$$E(\overline{G}) = \{xy : x, y \in V(G),\ x \neq y,\ xy \notin E(G)\}.$$

Os dois grafos da figura são complementos um do outro.

O resultado imediato que segue explicita nossa afirmação de que os *cliques* e os conjuntos independentes são dois lados da mesma moeda.

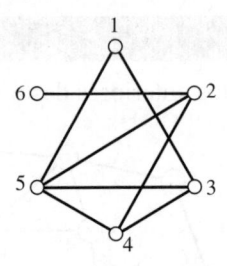

▶ **PROPOSIÇÃO 48.12**

Seja G um grafo. Um subconjunto de $V(G)$ é um clique de G se e somente se é um conjunto independente de $\overline{G}$. Além disso,

$$\omega(G) = \alpha(\overline{G}) \quad \text{e} \quad \alpha(G) = \omega(\overline{G}).$$

Seja G um grafo "muito grande" (isto é, um grafo com um grande número de vértices). Um célebre teorema da teoria dos grafos, conhecido como teorema de Ramsey, implica que ou G ou seu complemento, $\overline{G}$, deve ter um "grande" clique. Provamos, aqui, um caso especial desse resultado; o enunciado pleno e a prova geral do teorema de Ramsey podem ser encontrados em textos mais avançados. (Ver também Exercício 48.14.)

▶ **PROPOSIÇÃO 48.13**

Seja G um grafo com ao menos seis vértices. Então $\omega(G) \geq 3$ ou $\omega(\overline{G}) \geq 3$.

A conclusão também pode escrever-se: então $\omega(G) \geq 3$ ou $\alpha(G) \geq 3$.

Prova. Seja v um vértice arbitrário de G. Consideremos duas possibilidades: ou $d(v) \geq 3$ ou então $d(v) < 3$.

Atentemos para o primeiro caso $d(v) \geq 3$. Isso significa que v tem ao menos três vizinhos: sejam x, y, z três dos vizinhos de v. Ver figura.

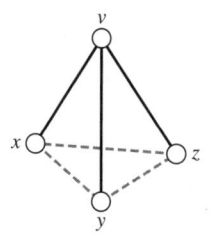

Se uma (ou mais) das arestas possíveis xy, yz ou xz é efetivamente uma aresta de G, então G contém um *clique* de tamanho 3 e, assim, $\omega(G) \geq 3$.

Entretanto, se nenhuma das arestas possíveis xy, yz ou xz está presente em G, então todas as três são arestas de $\overline{G}$, e, assim, $\omega(\overline{G}) \geq 3$.

Por outro lado, suponhamos $d(v) \leq 2$. Como há ao menos cinco outros vértices em G (porque G tem seis ou mais vértices), deve haver três vértices aos quais v não é adjacente. Chamemos x, y e z esses três vértices. Ver figura.

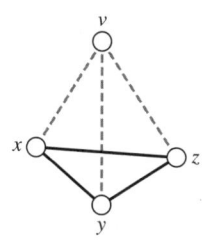

Ora, se xy, yz, xz são todas arestas de G, então obviamente G tem um *clique* de tamanho 3, de forma que $\omega(G) \geq 3$. No entanto, se um (ou mais) entre xy, yz ou xz não está em G, então temos um *clique* de tamanho 3 em $\overline{G}$, e $\omega(\overline{G}) \geq 3$.

Ao todo, estudamos quatro casos, e, em cada caso, concluímos que $\omega(G) \geq 3$ ou $\omega(\overline{G}) \geq 3$.

Recapitulando

Introduzimos o conceito de subgrafo e suas formas especiais: geradora e induzida. Discutimos cliques e conjuntos independentes. Apresentamos o conceito de complemento de um grafo. Por fim, demos uma versão simplificada do teorema de Ramsey.

48 Exercícios

48.1. Seja G o grafo da figura. Trace ilustrações dos seguintes subgrafos:

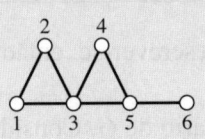

a. $G - 1$.
b. $G - 3$.
c. $G - 6$.
d. $G - \{1, 2\}$.
e. $G - \{3, 5\}$.
f. $G - \{5, 6\}$.
g. $G[\{1, 2, 3, 4\}]$.
h. $G[\{2, 4, 6\}]$.
i. $G[\{1, 2, 4, 5\}]$.

48.2. Quais, dentre as diversas propriedades das relações, são satisfeitas pela relação *é subgrafo de*? É reflexiva? Antirreflexiva? Simétrica? Antissimétrica? Transitiva?

48.3. Seja C um círculo e seja I um conjunto independente em um grafo G. Prove que $|C \cap I| \leq 1$.

48.4. Seja G um grafo completo sobre n vértices. Calcule:
   a. Quantos subgrafos geradores G tem?
   b. Quantos subgrafos induzidos G tem?

48.5. *Sejam* G e H os dois grafos da figura.

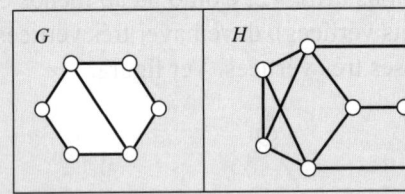

Calcule $\alpha(G)$, $\omega(G)$, $\alpha(H)$ e $\omega(H)$.

48.6. Ache um grafo G com $\alpha(G) = \omega(G) = 5$.

48.7. Suponha que G seja um subgrafo de H. Prove ou refute:
   a. $\alpha(G) \leq \alpha(H)$.
   b. $\alpha(G) \geq \alpha(H)$.
   c. $\omega(G) \leq \omega(H)$.
   d. $\omega(G) \geq \omega(H)$.

> O gráfico neste exercício é um exemplo de um grafo bipartido completo. Este grafo bipartido completo em particular é denotado $K_{3,5}$. Este conceito é introduzido formalmente na Definição 52.10.

48.8. Seja G com $V(G)$ em que $= X \cap Y$, em que $X = \{x_1, x_2, x_3\}$ e $Y = \{y_1, y_2, y_3, y_4, y_5\}$.

Todos os vértices de X são adjacentes a cada vértice em Y, mas não há outras arestas em G.

   Por favor, faça:
   a. Encontre todos os conjuntos independentes maximais de G.
   b. Encontre todos os conjuntos máximos independentes de G.
   c. Encontre todos os cliques maximais de G.
   d. Encontre todos os cliques máximos de G.

> Esse problema envolve um caso especial do Teorema de Turan, que responde à seguinte pergunta: Dados inteiros positivos n e r, qual é o número máximo de arestas num grafo G com n vértices e $\omega(G) < r$? Neste problema, vamos procurar a resposta no caso $n = 100$ e $r = 2$.

48.9. Seja G um grafo com $n = 100$ vértices que não contêm K_3 como um subgrafo; em outras palavras, $\omega(G) \leq 2$. (Tais grafos são chamados livres de triângulos.) O que podemos dizer sobre o número máximo de arestas de tal grafo?

Imagine este problema como uma competição. Seu trabalho é construir um grafo livre de triângulos com o maior número de arestas possível. Para começar a competição, Alex diz: "Se eu pegar um vértice e juntá-lo pelas arestas a todos os outros, posso fazer um grafo livre de triângulos com 99 arestas. E não é possível adicionar uma aresta ao meu grafo sem fazer um triângulo!" Mas, em seguida, Beth conta, "Sim, mas se apenas colocarmos todos os vértices em um grande ciclo, podemos fazer um grafo livre de triângulos com 100 arestas." Eva, que escutou a conversa, acrescenta: "Então eu posso desenhar uma aresta diagonal através do ciclo da Betty e obter 101 arestas." Zeke, que não estava prestando atenção especial, acorda e diz: "Meu grafo tem 4950 arestas, então eu ganhei!" Claro, ele não conta a ninguém como chegou a essa resposta.

Você pode fazer melhor do que as 101 arestas de Eva — muito melhor. Crie um grafo livre de triângulos com 100 vértices e com quantas arestas puder. Se você quiser, tente provar que o seu grafo é o melhor possível.

De qualquer modo, prove que Zeke está errado. (O que ele estava pensando!?)

> Este é um caso especial do problema de reconstrução. No caso geral, suponha que exista um grafo desconhecido G com n vértices em que $n > 2$. Nos são dados n desenhos sem rótulos dos grafos $G - v$; uma para cada $v \in V(G)$. A pergunta é: será que estes n desenhos determinam unicamente o grafo G?

48.10. Seja $G = (V, E)$ um grafo com $V = \{1, 2, 3, 4, 5, 6\}$. Na figura mostramos os grafos $G - 1$, $G - 2$, e assim por diante, mas não mostramos os nomes dos vértices.

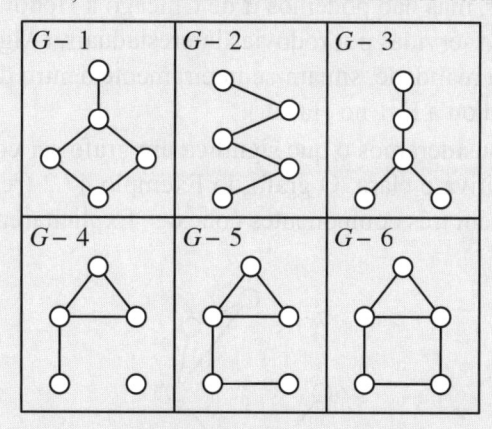

O objetivo deste problema é reconstruir o grafo original G. Por favor, faça:
a. Determine o número de arestas em G.
b. Usando sua resposta para (a), determine os graus de cada um dos seis vértices de G.
c. Determine G.

48.11. *Grafos autocomplementares*. Recorde-se da definição de isomorfismo de grafos do Exercício 47.21. Dizemos que um grafo G é *autocomplementar* se G for isomorfo a $\overline{G}$.
a. Mostre que o grafo $G = (\{a, b, c, d\}, \{ab, bc, cd\})$ é autocomplementar.
b. Ache um grafo autocomplementar com cinco vértices.
c. Prove que, se um grafo autocomplementar tem n vértices, então $n \equiv 0 \pmod 4$ ou $n \equiv 1 \pmod 4$.

48.12. Ache um grafo G em cinco vértices para o qual $\omega(G) < 3$ e $\omega(\overline{G}) < 3$. Isso mostra que o número 6 na Proposição 48.13 é o melhor possível.

48.13. Seja G um grafo com ao menos dois vértices. Prove que $\alpha(G) \geq 2$ ou $w(G) \geq 2$.

48.14. Sejam os inteiros $n, a, b \geq 2$. A notação $n \to (a, b)$ é uma abreviatura para a seguinte sentença:

Todo grafo G sobre n *vértices* tem $\alpha(G) \geq a$ ou $\omega(G) \geq b$.

Por exemplo, a Proposição 48.13 afirma que, se $n \geq 6$, então $n \to (3, 3)$ é verdadeira. Mas o Exercício 48.12 afirma que $5 \to (3, 3)$ é falsa.

Prove:
a. Se $n \geq 2$, então $n \to (2, 2)$.
b. Para qualquer inteiro $n \geq 2$, $n \to (n, 2)$.
c. Se $n \to (a, b)$ e $m \geq n$, então $m \to (a, b)$.
d. Se $n \to (a, b)$, então $n \to (b, a)$.
e. O menor valor de n de modo que $n \to (3, 3)$ é $n = 6$.
f. $10 \to (3, 4)$.
g. Suponhamos $a, b \geq 3$. Se $n \to (a - 1, b)$ e $m \to (a, b - 1)$, então $(n + m) \to (a, b)$.
h. $20 \to (4, 4)$.

49 Conexão

Os grafos são úteis para modelar redes de comunicação e de transporte. Os vértices de um grafo podem representar cidades principais em um país, e as arestas do grafo podem representar rodovias que as ligam. Uma questão fundamental é a seguinte: dado um par de lugares na rede, podemos viajar de um para o outro?

Por exemplo, nos Estados Unidos, podemos viajar em rodovias interestaduais de Baltimore a Denver, mas não podemos ir de Chicago a Honolulu, muito embora ambas as localidades sejam servidas por rodovias interestaduais. (Algumas rodovias chamadas "interestaduais", na realidade, situam-se inteiramente dentro de um único estado, como a I-97 em Maryland ou a H-1 no Havaí.)

Nesta seção, consideramos o que significa um grafo ser conexo e problemas correlatos. A noção intuitiva é clara. O grafo do Exemplo 47.2 (reproduzido na figura) não é conexo, mas contém três componentes conexas. Explicitaremos essas ideias a seguir.

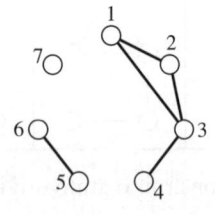

Passeios

● **DEFINIÇÃO 49.1**

(**Passeio**) Seja $G = (V, E)$ um grafo. Um *passeio* em G é uma sequência (ou lista) de vértices, em que cada vértice é adjacente ao seguinte; isto é

$$W = (v_0, v_1, \ldots, v_\ell) \text{ com } v_0 \sim v_1 \sim v_2 \sim \ldots \sim v_\ell.$$

O *comprimento* desse passeio é ℓ. Note que começamos a numerar os índices em zero e que há $\ell + 1$ vértices no passeio.

Consideremos, por exemplo, o grafo na figura. As seguintes sequências de vértices são passeios:

> O comprimento do passeio é o número de arestas atravessadas.

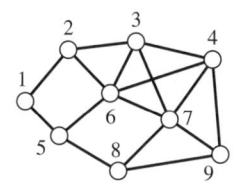

- $1 \sim 2 \sim 3 \sim 4$

  Esse é um passeio de comprimento 3. Começa no vértice 1 e termina no vértice 4; vamos chamá-lo, assim, um passeio (1, 4).

  De modo geral, um *passeio* (u, v) é um passeio em um grafo cujo primeiro vértice é u e em que o último vértice é v.

- $1 \sim 2 \sim 3 \sim 6 \sim 2 \sim 1 \sim 5$

  É um passeio de comprimento 6. Há sete vértices nele (contando duas vezes os vértices 1 e 2, que são visitados duas vezes nesse passeio). É permitido visitarmos mais de uma vez um vértice em um passeio.

- $5 \sim 1 \sim 2 \sim 6 \sim 3 \sim 2 \sim 1$

  Esse é, também, um passeio de comprimento 6. Note que essa sequência é precisamente o inverso da sequência do exemplo anterior.

  Se $W = v_0 \sim v_1 \sim \ldots \sim v_{\ell-1} \sim v_\ell$, então sua inversão é também um passeio (porque $\sim$ é simétrica). A inversão de W é $W^{-1} = v_\ell \sim v_{\ell-1} \sim \ldots \sim v_1 \sim v_0$.

- 9.

  É um passeio de comprimento 0. Um vértice único é considerado um passeio.

- $1 \sim 5 \sim 1 \sim 5 \sim 1$.

  Trata-se de um passeio de comprimento 4. Esse passeio é chamado *fechado*, porque começa e termina no mesmo vértice.

Todavia, a sequência (1, 1, 2, 3, 4) não é um passeio, porque 1 não é adjacente a 1. Igualmente, a sequência (1, 6, 7, 9) não é um passeio, porque 1 não é adjacente a 6.

DEFINIÇÃO 49.2

(**Concatenação**) Seja G um grafo e suponhamos que W_1 e W_2 sejam os passeios seguintes:

$$W_1 = v_0 \sim v_1 \sim \ldots \sim v_\ell$$
$$W_2 = w_0 \sim w_1 \sim \ldots \sim w_k$$

e suponhamos ainda que $v_\ell = w_0$. Sua *concatenação*, denotada por $W_1 + W_2$, é o passeio

$$v_0 \sim v_1 \sim \ldots \sim (v_\ell = w_0) \sim w_1 \sim \ldots \sim w_k.$$

Prosseguindo com o exemplo anterior, a concatenação dos passeios $1 \sim 2 \sim 3 \sim 4$ e $4 \sim 7 \sim 3 \sim 2$ é o passeio $1 \sim 2 \sim 3 \sim 4 \sim 7 \sim 3 \sim 2$.

Caminhos

● **DEFINIÇÃO 49.3**

(Caminho) Um *caminho* em um grafo é um passeio em que nenhum vértice é repetido.

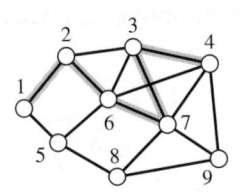

Por exemplo, para o grafo da figura, o passeio $1 \sim 2 \sim 6 \sim 7 \sim 3 \sim 4$ é um caminho. É chamado, também, caminho (1, 4) porque começa no vértice 1 e termina no vértice 4. De modo geral, um *caminho* (u, v) é um caminho cujo primeiro vértice é u e último, v.

Note que a definição de caminho exige explicitamente que nenhum vértice do grafo seja repetido. Implícito nessa condição está o fato de que nenhuma aresta é usada duas vezes no caminho. O que significa a expressão *usar* uma aresta? Se um passeio (ou caminho) é da forma $\ldots \sim u \sim v \sim \ldots$, dizemos que o caminho *usou* ou *atravessou* a aresta uv.

▶ **PROPOSIÇÃO 49.4**

Seja P um caminho em um grafo G. Então, P não cruza qualquer aresta de G mais de uma vez.

Prova. Suponhamos, por contradição, que algum caminho P em um grafo G intercepte a aresta $e = uv$ mais de uma vez. Sem perda de generalidade, temos

$$P = \ldots \sim u \sim v \sim \ldots \sim u \sim v \sim \ldots \quad \text{ou}$$
$$P = \ldots \sim u \sim v \sim \ldots \sim v \sim v \sim \ldots$$

No primeiro caso, claramente repetimos ambos os vértices u e v, contradizendo o fato de que P é um caminho. No segundo caso, é concebível que o primeiro e o segundo v que escrevemos sejam realmente o mesmo; isto é, o caminho é da forma

$$P = \ldots \sim u \sim v \sim u \sim \ldots$$

mas, tal como no caso anterior, repetimos o vértice u, contradizendo o fato de P ser um caminho. Portanto, P não intercepta qualquer aresta mais de uma vez.

Assim, um caminho de comprimento k contém exatamente $k + 1$ vértices (distintos) e intercepta exatamente k arestas (distintas). A palavra *caminho*, na teoria dos grafos, tem um significado alternativo. Propriamente falando, um *caminho* é uma sequência de vértices. Todavia, frequentemente, encaramos um caminho como um grafo ou como um subgrafo de determinado grafo.

● **DEFINIÇÃO 49.5**

(Grafo de um caminho) Um *caminho* é um grafo com um conjunto de vértices $V = \{v_1, v_2, \ldots, v_n\}$ e um conjunto de arestas

$$E = \{v_i\, v_{i+1} : 1 \leq i < n\}.$$

Um grafo P_5:

○—○—○—○—○

Um caminho em n vértices denota-se por P_n.

Dada uma sequência de vértices em G *constituindo um caminho*, podemos também encarar essa sequência como um subgrafo de G; os vértices desse subgrafo são os vértices do caminho, e as arestas desse subgrafo são as arestas atravessadas pelo caminho.

Note que P_n representa um caminho com n vértices. Seu comprimento é $n - 1$.

Utilizamos caminhos para definir o que significa um vértice ser *ligado* a outro.

● DEFINIÇÃO 49.6

(Ligado a) Sejam G um grafo e $u, v \in V(G)$. Dizemos que u é *ligado* a v se existe um caminho (u, v) em G (isto é, um caminho cujo primeiro vértice é u e o último, v).

É ligado a é reflexiva...

Observe que a relação *é ligado a* é diferente da relação *é adjacente a*. Por exemplo, um vértice é sempre ligado a si mesmo: se v é um vértice, então o caminho (v) – sim, um vértice constitui por si mesmo um caminho perfeitamente legítimo – é um caminho (v, v), de modo que v é ligado a v. Todavia, um vértice nunca é adjacente a si mesmo. Na linguagem das relações *é ligado a* é reflexiva, ao passo que *é adjacente a* é não reflexiva.

A relação *é ligado a* é reflexiva. Que outras propriedades ela possui? Não é difícil verificar que *é ligado a* não é (em geral) não reflexiva ou antissimétrica (ver Exercício 49.9).

... e simétrica...

A relação *é ligado a* é simétrica? Suponhamos, em um grafo G, que o vértice u seja ligado ao vértice v. Isso significa que há um caminho (u, v) em G; chamemos P esse caminho. Seu reverso, P^{-1}, é um caminho (v, u) e, assim, v é ligado a u. Assim, a relação *é ligado a* é uma relação simétrica.

... e transitiva.

A relação *é ligado a* é transitiva? Suponhamos que, em um grafo G, saibamos que x seja ligado a y e y seja ligado a z. Vamos provar que x é ligado a z.

Como x é ligado a y, deve existir um caminho (x, y); vamos chamá-lo P. E, como y está ligado a z, deve haver um caminho (y, z). Nós o chamaremos Q. Note que o último vértice de P é o mesmo que o primeiro vértice de Q (é y). Portanto, podemos formar a concatenação $P + Q$ que é um caminho (x, z). Assim, x é ligado a z.

Bela prova, hein? Mas nem tanto. A prova anterior é incorreta! E o que está errado nela? Procure localizar a dificuldade por si mesmo. A figura dá uma boa dica.

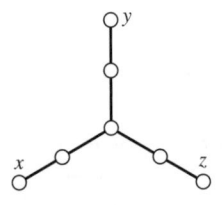

O problema com a prova é que, enquanto P e Q são caminhos, e é verdade que o último vértice de P e o primeiro vértice de Q são o mesmo, não sabemos que $P + Q$ é um caminho. Tudo quanto podemos dizer com certeza é que P + Q é um passeio (x, y).

Para completar nosso argumento de que *é ligado a* é transitiva, precisamos provar que a existência de um passeio (x, y) implica a existência de um caminho (x, y). Enunciemos formalmente esse fato e vamos prová-lo.

◇ LEMA 49.7

Seja G um grafo e sejam $x, y \in V(G)$. Se existe um passeio (x, y) em G, então existe um caminho (x, y) em G.

Não é difícil enxergar a verdade desse lema. Se existe um passeio e, se esse passeio contém um vértice repetido, podemos encurtá-lo, removendo-lhe a parte compreendida entre o vértice e sua repetição. Naturalmente, isso pode não ser um passeio, de modo que poderemos ter de repetir a operação. Essa análise pode levar a uma prova simplória. Eis uma forma objetiva de expressar a mesma ideia básica.

Prova. Suponhamos que haja um passeio (x, y) em um grafo G. Note que o comprimento de um passeio (x, y) é um número natural. Assim, pelo Princípio da Boa Ordenação, existe um caminho (x, y) mais curto, P.

> Pode haver mais de um passeio (x, y) mais curto; seja P um deles.

Afirmamos que P é, de fato, um caminho (x, y). Se P não for um caminho, então deverá haver um vértice u que é repetido no caminho. Em outras palavras,

$$P = x \sim \cdots \sim ? \sim u \underbrace{\sim \cdots \sim u}_{} \sim ?? \sim \cdots \sim y.$$

Nota: Não excluímos a possibilidade de $u = x$ e/ou $u = y$. Supomos, apenas, que o vértice u figure ao menos duas vezes, de modo que o segundo u (negrito) aparece na sequência depois do primeiro. Forme um novo passeio P', eliminando a parte do passeio exibida em negrito. Note que isso tem como resultado um novo passeio. Observe ainda que os vértices ? e ?? são ambos adjacentes a u, de forma que a sequência encurtada P' é ainda um passeio (x, y). Entretanto, por construção, P é um passeio (x, y) mínimo, o que contradiz o fato de que P' seja um passeio (x, y) ainda mais curto. ⇒⇐

Portanto, P é um caminho (x, y).

Voltemos ao ponto em que paramos antes de provar esse lema. Procurávamos mostrar que a relação *é ligado a* é transitiva. Tentemos prová-la novamente. Suponhamos que, em um grafo G, saibamos que x está ligado a y e que y está ligado a z. Por definição, isso significa que existem um caminho (x, y) P e um caminho (y, z) Q. Formemos o passeio $W = P + Q$, que é um passeio (x, z); assim, pelo Lema 49.7, deve existir um caminho (x, z) em G. Por conseguinte, x é ligado a z.

Mostramos que *é ligado a* é uma relação reflexiva, simétrica e transitiva. Em outras palavras, provamos o seguinte:

❖ TEOREMA 49.8

Seja G um grafo. A relação *é ligado a* é uma relação de equivalência em $V(G)$.

Sempre que temos uma relação de equivalência, temos também uma partição – as classes de equivalência da relação. O que podemos dizer sobre as classes de equivalência da relação *é ligado a*?

Sejam u e v vértices de um grafo G. Se u e v estão na mesma classe de equivalência da relação *é ligado a*, então existe um caminho unindo-os (de u a v), assim como seu reverso (de v a u). Em contrapartida, se u e v estão em classes de equivalência diferentes, então u e v não estão ligados pela relação *é ligado a*. Nesse caso, sabemos que não existe qualquer caminho ligando u a v, ou vice-versa.

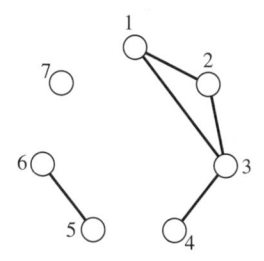

Consideremos o grafo na figura (o mesmo grafo do Exemplo 47.2). As classes de equivalência da relação *é ligado a* nesse grafo são

$$\{1, 2, 3, 4\}, \quad \{5, 6\} \quad e \quad \{7\}.$$

As classes de equivalência de *é ligado a* decompõem o grafo no que chamamos *componentes*.

● DEFINIÇÃO 49.9

(Componente) Uma *componente* de G é um subgrafo de G induzido em uma classe de equivalência da relação *é ligado a* em $V(G)$.

Em outras palavras, particionamos os vértices; dois vértices estão na mesma parte exatamente quando existe um caminho de um para o outro. Para cada parte dessa partição, há uma componente do grafo. A componente é o subgrafo formado tomando-se todos os vértices em uma dessas partes e todas as arestas do grafo que envolvem esses vértices.

O grafo que estamos considerando (do Exemplo 47.2) tem três componentes:

$$G[\{1, 2, 3, 4\}], \quad G[\{5, 6\}] \quad e \quad G[\{7\}].$$

A primeira componente tem quatro vértices e quatro arestas; a segunda, dois vértices e uma aresta; e a terceira, apenas um vértice (não possui arestas).

Se um grafo é desprovido de arestas, então cada um de seus vértices, ele mesmo, constitui uma componente. No extremo oposto, é possível que haja apenas uma componente. Em tal caso, dizemos que o grafo é *conexo*. Eis outra maneira de enunciar esse fato.

• DEFINIÇÃO 49.10

(Conexo) Um grafo é chamado *conexo* se e somente se cada par de vértices no grafo está ligado por um caminho; isto é, para todos $x, y \in V(G)$, existe um caminho (x, y).

Desconexão

• DEFINIÇÃO 49.11

(Vértice de corte, aresta de corte) Seja G um grafo. Um vértice $v \in V(G)$ é chamado um *vértice de corte* de G desde que $G - v$ tenha mais componentes do que G.

Da mesma forma, uma aresta $e \in E(G)$ é denominada *aresta de corte* desde que $G - e$ tenha mais componentes do que G.

Em particular, se G é um grafo conexo, um *vértice de corte* é um vértice de modo que $G - v$ seja desconexo. Da mesma forma, e é uma *aresta de corte* se $G - e$ for desconexo. O grafo na figura tem dois vértices de corte e quatro arestas de corte (realçados).

❖ TEOREMA 49.12

Seja G um grafo conexo e suponhamos que $e \in E(G)$ seja uma aresta de corte de G. Então, $G - e$ tem exatamente duas componentes.

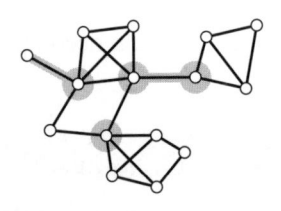

Prova. Seja G um grafo conexo e seja $e \in E(G)$ uma aresta de corte. Como G é conexo, tem exatamente uma componente. E, como e é uma aresta de corte, $G - e$ tem mais componentes do que G (isto é, $G - e$ tem ao menos duas componentes). Nosso propósito é mostrar que não tem mais de duas componentes.

Suponhamos, por contradição, que $G - e$ tenha três (ou mais) componentes. Sejam a, b e c três vértices de $G - e$, cada um em uma componente separada. Isso implica que não há caminho unindo qualquer par deles.

Seja P um caminho (a, b) em G. Como não há qualquer caminho (a, b) em $G - e$, sabemos que P deve interceptar a aresta e. Suponhamos que x e y sejam os pontos extremos da aresta e e, sem perda de generalidade, que P intercepte e na ordem x e, em seguida, y; isto é,

$$P = a \sim \ldots \sim x \sim y \sim \ldots \sim b.$$

Analogamente, como G é conexo, existe um caminho Q de c a a que deve utilizar a aresta $e = xy$. Que vértice, x ou y, aparece primeiro em Q quando vamos de c para a?

- Se x aparece antes de y no caminho (c, a), vê-se que temos, em $G - e$, um passeio de c para a. Utilize a parte (c, x) de Q, concatenada com a parte (x, a) de P^{-1}, o que dá um passeio (c, a) em $G - e$ e, daí, um caminho (c, a) em $G - e$ (pelo Lema 49.7). Isso, entretanto, é uma contradição, porque a e c estão em componentes separadas de $G - e$.

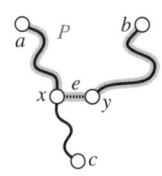

- Se y aparece antes de x no caminho (c, a) Q, temos, então, em $G - e$, um passeio de c a b. Concatene essa seção-(c, y) com a seção (y, b) de P. Esse passeio não utiliza a aresta e. Portanto, existe um passeio (c, a) em $G - e$ e, daí (Lema 49.7), um caminho (c, a) em $G - e$. Isso contradiz o fato de que, em $G - e$, temos c e b em componentes separadas.

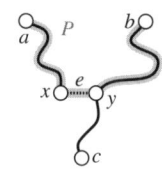

Portanto, $G - e$ tem no máximo duas componentes.

Recapitulando

Começamos com os conceitos de passeio e caminho. A partir daí, definimos o que significa um grafo ser conexo e o que são suas componentes conexas. Discutimos os vértices de corte e as arestas de corte.

49 Exercícios

49.1. Seja G o grafo da figura a seguir.

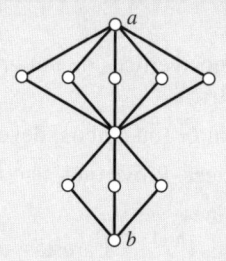

a. Quantos caminhos diferentes há de a a b?
b. Quantos passeios diferentes há de a a b?

49.2. A concatenação é uma operação comutativa?

49.3. Prove que K_n é conexo.

49.4. Seja $n \geq 2$ um inteiro. Forme um grafo G_n cujos vértices sejam todos os subconjuntos de dois elementos de $\{1, 2, ..., n\}$. Nesse grafo, temos uma aresta entre vértices distintos $\{a, b\}$ e $\{c, d\}$ exatamente quando $\{a, b\} \cap \{c, d\} = \emptyset$.

Responda:
a. Quantos vértices tem G_n?
b. Quantas arestas tem G_n?
c. Para quais valores de $n \geq 2$, G_n é conexo? Prove sua resposta.

49.5. Considere a seguinte reformulação (incorreta) da definição de *conexo*: "Um grafo G é conexo desde que haja um caminho que contenha todos os pares de vértices em G".

Onde está o erro nessa sentença?

49.6. Seja G um grafo. Um caminho P em G que contenha todos os vértices de G é chamado *caminho hamiltoniano*. Prove que o grafo a seguir não tem qualquer caminho hamiltoniano.

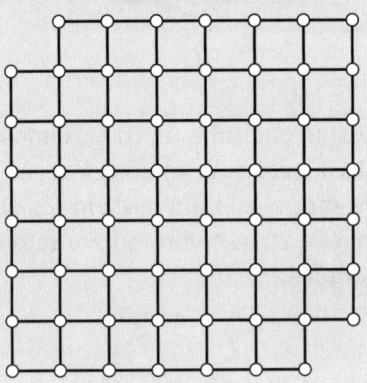

49.7. Quantos caminhos hamiltonianos (ver problema anterior para definição) um gráfico completo com vértices $n \geq 2$ tem?

49.8. *O rato e o queijo*. Um bloco de queijo é constituído por cubos $3 \times 3 \times 3$, conforme figura a seguir.

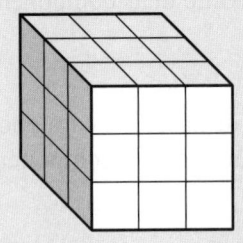

É possível um rato escavar seu caminho através desse bloco de queijo (a) começando em um canto, (b) comendo o queijo em seu caminho de um cubo para o cubo adjacente, (c) jamais passando duas vezes pelo mesmo cubo, e, finalmente, (d) terminando no cubo do centro? Justifique sua resposta.

49.9. Considere a relação *é ligado a* nos vértices de um grafo. Mostre que *é ligado a* não precisa ser não reflexiva nem antissimétrica.

49.10. Seja G um grafo. Prove que G ou $\overline{G}$ (ou ambos) devem ser conexos.

49.11. Seja G um grafo com $n \geq 2$ vértices. Prove que, se $\delta(G) \geq \frac{1}{2}n$, então G é conexo.

49.12. Seja G um grafo com $n \geq 2$ vértices.
a. Prove que, se G tem ao menos $\binom{n-1}{2} + 1$ arestas, então G é conexo.
b. Mostre que o resultado em (a) é o melhor possível; isto é, para cada $n \geq 2$, prove que existe um grafo com $\binom{n-1}{2}$ arestas que não é conexo.

49.13. Seja G um grafo e seja $v, w \in V(G)$. A distância de v a w é o comprimento de um caminho menor (v, w) e denota-se $d(v, w)$. No caso, não há caminho v, w, podemos dizer que $d(v, w)$ é indefinido ou infinito. Para o grafo na figura, existem vários caminhos (x, y); o mais curto entre eles têm comprimento 2. Assim $d(x, y) = 2$.

Prove que a distância do gráfico satisfaz a desigualdade triangular. Ou seja, se x, y, z são vértices de um gráfico G conectado, então

$$d(x, z) \leq d(x, y) + d(y, z).$$

Este exercício desenvolve a noção de *distância* em grafos. Precisaremos desse conceito mais adiante (na Seção 52).

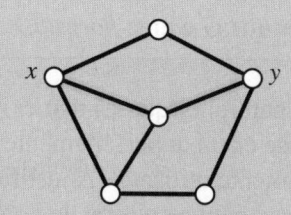

49.14. *Para os que estudaram álgebra linear.* Seja A a matriz de adjacência de um grafo G. Isto é, rotulamos os vértices de G como $v_1, v_2, \ldots, v_n$. A matriz A é uma matriz $n \times n$ cujo elemento de ordem i, j é 1 se $v_i v_j \in E(G)$, e 0 em caso contrário.

Seja $k \in \mathbb{N}$. Prove que o elemento i, j de A^k é o número de passeios de comprimento k de v_i a v_j.

49.15. Sejam n e k inteiros com $1 \leq k < n$. Forme um grafo G cujos vértices sejam os inteiros $\{0, 1, 2, \ldots, n-1\}$. Temos uma aresta unindo os vértices a e b desde que

$$a - b \equiv \pm k \pmod{n}.$$

Por exemplo, se $n = 20$ e $k = 6$, então o vértice 2 seria adjacente aos vértices 8 e 16.

a. Determine as condições necessárias e suficientes sobre n e k para que G seja conexo.
b. Determine uma fórmula envolvendo n e k para o número de componentes conexas de G.

50 Árvores

Talvez a família mais simples de grafos seja constituída pelas *árvores*. Os problemas da teoria dos grafos podem ser difíceis. Frequentemente, uma boa maneira de começarmos a pensar sobre esses problemas é resolvê-los em relação a árvores. As árvores constituem também o grafo conexo mais fundamental. O que são as árvores? São grafos conexos que não têm ciclos. Começamos por definir o termo *ciclo*.

Ciclos

DEFINIÇÃO 50.1

(Ciclo) Um *ciclo* é um passeio de comprimento mínimo três, em que o primeiro e o último vértices coincidem, mas nenhum outro vértice é repetido.

O termo *ciclo* também se refere a um (sub)grafo consistindo nos vértices e arestas de um tal passeio. Em outras palavras, um ciclo é um grafo da forma $G = (V, E)$, em que

$$V = \{v_1, v_2, \ldots, v_n\} \text{ e}$$
$$E = \{v_1 v_2, v_2 v_3, \ldots, v_{n-1} v_n, v_n v_1\}.$$

Um ciclo (grafo) em n vértices denota-se por C_n.

Na figura superior, vemos um ciclo de comprimento 6 como um passeio em um grafo. A figura inferior mostra o grafo de C_6.

Florestas e árvores

● **DEFINIÇÃO 50.2**

(Floresta) Seja G um grafo. Se G não contém ciclos, dizemos que ele é *acíclico*. De forma alternativa, podemos dizer que G é uma *floresta*.

O termo *acíclico* é mais natural e (quase) não exige uma definição – seu emprego-padrão na linguagem usual se encaixa perfeitamente na linguagem matemática. O termo *floresta* também é amplamente utilizado. A justificativa para essa palavra é que, tal como na vida real, uma floresta é uma coleção de árvores.

● **DEFINIÇÃO 50.3**

(Árvore) Uma *árvore* é um grafo conexo, acíclico.

Em outras palavras, uma *árvore* é uma floresta conexa.
A floresta na figura contém quatro componentes conexas. Cada componente de uma floresta é uma árvore.

Note que um vértice simples, isolado (por exemplo, o grafo K_1), é uma árvore; é a árvore mais simples possível.

Há apenas uma estrutura possível para uma árvore em dois vértices. Como uma árvore em dois vértices deve ser conexa, deve haver uma aresta unindo os dois vértices.

Essa é a única aresta possível no grafo, e um grafo em dois vértices não pode ter um ciclo (um ciclo exige pelo menos três vértices distintos). Portanto, qualquer árvore em dois vértices deve ser um K_2.

Há também uma única estrutura possível para uma árvore em três vértices. Como o grafo é conexo, certamente deve haver ao menos uma aresta, digamos, ligando os vértices a e b. Todavia, se houvesse apenas uma aresta, então o terceiro vértice, c, não seria ligado nem a a nem a b e, assim, o grafo não seria conexo. Deve, pois, haver mais uma aresta – sem perda de generalidade, digamos que seja a aresta de b a c. Até aqui temos $a \sim b \sim c$, mas $ac \notin E$. Mas o grafo é conexo. Poderíamos acrescentar também a aresta ac? Se o fizermos, o grafo será conexo, mas não será mais acíclico, pois teríamos o ciclo $a \sim b \sim c \sim a$. Qualquer árvore sobre três vértices deve ser um P_3.

Todavia, em quatro vértices, podemos ter dois tipos diferentes de árvore. Podemos ter o caminho P_4 e podemos ter uma *estrela*: um grafo da forma $G = (V, E)$, com

$$V = \{a, x, y, z\} \text{ e } E = \{ax, ay, az\}.$$

Propriedades das árvores

As árvores gozam de várias propriedades interessantes. Vamos explorar várias delas.

❖ TEOREMA 50.4

Seja T uma árvore. Para dois vértices arbitrários a e b em $V(T)$, existe um único caminho (a, b).

Reciprocamente, se G é um grafo com a propriedade de que, para dois vértices quaisquer u, v, existe exatamente um caminho (u, v), então G deve ser uma árvore.

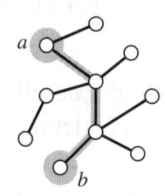

Prova. Trata-se de um teorema do tipo *se e somente se*, que pode ser reformulado como: um grafo é uma árvore se e somente se, entre dois vértices quaisquer, existe um só caminho.

($\Rightarrow$) Suponhamos que T seja uma árvore e sejam $a, b \in V(T)$. Devemos provar que existe um único caminho (a, b) em T. Temos duas coisas para demonstrar:

- *Existência.* O caminho existe.
- *Unicidade.* Só pode haver um tal caminho.

A primeira tarefa é fácil. Existe um caminho (a, b) porque (por definição) as árvores são conexas.

A segunda tarefa é mais complicada. Para provar a unicidade, recorremos ao Esquema de prova 14.

Suponhamos, por contradição, que haja dois (ou mais) caminhos (a, b) diferentes em T; vamos chamá-los P e Q. Seria tentador, a esta altura, raciocinarmos como segue: "Seguir o caminho P de a a b e, em seguida, o caminho Q de b a a; isso nos dá um ciclo – uma contradição! Portanto, só pode haver um caminho (a, b)". Mas o raciocínio é incorreto.

Conforme a figura sugere, os caminhos P e Q podem superpor-se ou cruzar-se mutuamente; não podemos afirmar que $P + Q^{-1}$ seja um ciclo. Devemos ser mais cautelosos.

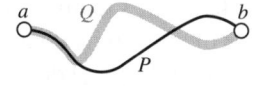

Como P e Q são caminhos diferentes, sabemos que, em algum ponto, um deles atravessa uma aresta diferente do outro. Digamos que, de a a x, os caminhos sejam idênticos (talvez $a = x$), mas, então, interceptam arestas diferentes; isto é,

$$P : a \sim \ldots x \sim y \sim \ldots \sim b$$
$$Q : a \sim \ldots x \sim z \sim \ldots \sim b.$$

Isso implica que xy é uma aresta de P, mas não uma aresta de Q (porque Q não pode repetir vértices – é um caminho! –, o vértice x não aparece novamente em Q e, assim, não há oportunidade de vermos a aresta xy em Q).

Consideremos agora o grafo $T - xy$ (omitindo a aresta xy de T). Afirmamos que existe um caminho (x, y) em $T - xy$. Por quê? Note que existe um passeio (x, y) em $T - xy$: comecemos em x, sigamos P^{-1} de x a a, sigamos Q de a a b e, finalmente, P^{-1} de b a y. Observe que, nesse passeio, nunca interceptamos a aresta xy. Assim, existe um passeio (x, y) em $T - xy$. Portanto, pelo Lema 49.7, existe um caminho (x, y) em $T - xy$; chamemos R esse caminho. O caminho R deve conter ao menos um vértice além de x e y, porque R não utiliza a aresta xy para ir de x a y. Ora, se acrescentamos a aresta xy ao caminho R, temos um ciclo (que atravessa R de x para y e de volta a x ao longo da aresta yx). Esta é a contradição que procurávamos: um ciclo na árvore T. $\Rightarrow\Leftarrow$ Portanto, só pode haver, no máximo, um caminho (a, b).

($\Leftarrow$) Seja G um grafo com a propriedade de que, entre dois vértices arbitrários, existe exatamente um caminho. Devemos provar que G é uma árvore – o que deixamos a seu cargo (Exercício 50.6).

O Teorema 50.4 dá uma *caracterização* alternativa das árvores. Pode-se provar que um grafo é uma árvore diretamente pela definição: basta provar que é conexo e acíclico. De modo alternativo, podemos provar que um grafo é uma árvore mostrando que entre dois vértices arbitrários de G existe um só caminho. O próximo teorema dá mais outra caracterização das árvores.

❖ TEOREMA 50.5

Seja G um grafo conexo. Então, G é uma árvore se e somente se toda aresta de G é uma aresta de corte.

Prova. Seja G um grafo conexo.

($\Rightarrow$) Suponhamos que G seja uma árvore. Seja e uma aresta arbitrária de G. Devemos provar que e é uma aresta de corte. Suponhamos que os pontos extremos de e sejam x e y. Para provar que e é uma aresta de corte, devemos provar que $G - e$ é desconexo.

Note que, em G, há um caminho (x, y), a saber, $x \sim y$ (intercepta apenas a aresta e). Pelo Teorema 50.4, esse caminho é único – não pode haver outros caminhos (x, y). Assim, se eliminamos de G a aresta $e = xy$, não pode haver quaisquer caminhos (x, y) (isto é, $G - e$ é desconexo). Portanto, e é uma aresta de corte.

($\Leftarrow$) Suponhamos que toda aresta de G seja uma aresta de corte. Devemos provar que G é uma árvore. Por hipótese, G é conexo e, assim, devemos provar que G é acíclico.

Suponhamos, por contradição, que G contenha um ciclo C. Seja $e = xy$ uma aresta desse ciclo. Observe que os vértices e outras arestas de C formam um caminho (x, y), que chamamos P.

Como e é uma aresta de corte de G, sabemos que $G - e$ é desconexo. Isso significa que existem vértices a, b para os quais não há qualquer caminho (a, b) em $G - e$. Entretanto, em G há um caminho (a, b), Q; logo, Q deve interceptar a aresta e. Sem perda de generalidade, atravessamos e de x para y como um passo ao longo de Q:

$$Q = a \sim \ldots \sim x \sim y \sim \ldots \sim b.$$

Estamos quase terminando. Note que, em $G - e$, existe um passeio (a, b). Atravessamos Q de a para x, em seguida P de x para y e, finalmente, Q de y para b (ver figura). Pelo Lema 49.7, isso implica que, em $G - e$, há um caminho (a, b), o que contradiz o fato de que não existe tal caminho. $\Rightarrow\Leftarrow$

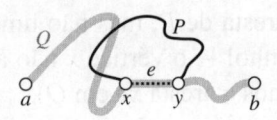

Assim, G não tem ciclos e é, por conseguinte, uma árvore.

Folhas

Em biologia, uma *folha* é uma parte da árvore que pende das extremidades dos galhos. Utilizamos a mesma palavra na teoria dos grafos para transmitir uma ideia análoga.

> **DEFINIÇÃO 50.6**
>
> (Folha) Uma *folha* de um grafo é um vértice de grau 1.

As folhas são chamadas também *vértices terminais* ou *vértices pendentes*. A árvore da figura a seguir tem quatro folhas (assinaladas).

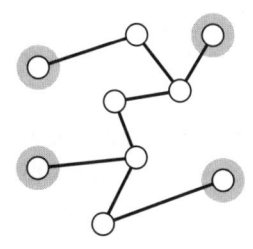

Toda árvore tem realmente folhas? Não. O grafo vazio e o grafo K_1 são árvores e não têm vértices de grau 1. Afora esses, toda árvore tem uma folha.

> **TEOREMA 50.7**
>
> Toda árvore com ao menos dois vértices tem uma folha.

Prova. Seja T uma árvore com ao menos dois vértices. Seja P o caminho mais longo em T (isto é, P é um caminho em T e não há qualquer caminho em T que seja mais longo). Como T é conexo e contém ao menos dois vértices, P tem dois ou mais vértices. Digamos,

$$P = v_0 \sim v_1 \sim \ldots \sim v_\ell$$

em que $\ell \geq 1$.

Afirmamos que o primeiro e o último vértices de P (isto é, v_0 e v_ℓ) são folhas de T.

Suponhamos, por contradição, que v_0 não seja uma folha. Como v_0 tem ao menos um vizinho (v_1), temos que $d(v_0) \geq 2$. Seja x outro vizinho de v_0 (isto é, $x \neq v_1$).

Note que x não é um vértice em P, pois, em caso contrário, teríamos um ciclo:

$$v_0 \sim v_1 \sim \ldots \sim x \sim v_0.$$

Podemos, assim, antepor x ao caminho P para formar o caminho Q:

$$Q = x \sim \underbrace{v_0 \sim v_1 \sim \cdots \sim v_\ell}_{P}.$$

Todavia, ressalte-se que Q é um caminho em T que é mais longo do que P. $\Rightarrow\Leftarrow$ Portanto, v_0 é uma folha.

Da mesma forma, v_ℓ é uma folha. Portanto, T tem ao menos duas folhas.

Na verdade, provamos que uma árvore, com ao menos dois vértices, deve ter duas (ou mais) folhas.

Provaremos em seguida que, removendo-se uma folha de uma árvore, resta uma árvore menor.

▶ **PROPOSIÇÃO 50.8**

Sejam T uma árvore e v uma folha de T. Então, $T - v$ é uma árvore.

Uma recíproca dessa afirmação também é verdadeira; deixamos a prova a seu cargo, como exercício (Exercício 50.7).

Prova. Devemos provar que $T - v$ é uma árvore. Obviamente, $T - v$ é acíclico. Se $T - v$ contivesse um ciclo, esse ciclo também existiria em T. Devemos, pois, mostrar que $T - v$ é conexo.

Seja $a, b \in V(T - v)$. Devemos mostrar que existe um caminho (a, b) em $T - v$. Sabemos que, embora T seja conexo, existe um caminho (a, b) P em T. Afirmamos que P não inclui o vértice v. Em caso contrário, teríamos

$$P = a \sim \ldots \sim v \sim \ldots \sim b$$

e, como v não é o primeiro nem o último vértice nesse caminho, tem dois vizinhos distintos no caminho, o que contradiz o fato de que $d(v) = 1$. Portanto, P é um caminho (a, b) em $T - v$ e, assim, $T - v$ é conexo e é uma árvore.

A Proposição 50.8 constitui a base de uma técnica de prova para árvores. Muitas provas sobre árvores são feitas por indução sobre o número de vértices. O Esquema de prova 25 dá a forma básica de tal prova.

Vamos demonstrar essa técnica de prova para o resultado a seguir.

❖ **TEOREMA 50.9**

Seja T uma árvore com $n \geq 1$ vértices. Então, T tem $n - 1$ arestas.

Esquema de prova 25 — Prova de teoremas sobre árvores por supressão de folhas

Provar: Alguns teoremas sobre árvores.

Prova. Provamos o resultado por indução sobre o número de vértices em T.

Caso básico: Afirmar que o teorema é verdadeiro para todas as árvores com $n = 1$ vértices. Isso deve ser fácil!

Hipótese de indução: Supor que o teorema seja verdadeiro para todas as árvores em $n = k$ vértices.

Seja T uma árvore em $n = k + 1$ vértices. Sejam v uma folha de T e $T' = T - v$. Note que T' é uma árvore com k vértices, de forma que, por indução, T' satisfaz o teorema.

Utilizamos, agora, o fato de que o teorema é verdadeiro para T' para, de alguma forma, provar que a conclusão do teorema é válida para T. Isso pode ser enganoso.

Prova-se o resultado por indução.

Recorremos ao Gabarito de prova 25 para provar esse resultado.

Prova. Provamos o Teorema 50.9 por indução sobre o número de vértices em T.

Caso básico: Afirmar que o teorema é verdadeiro para todas as árvores com $n = 1$ vértice. Se T tem apenas $n = 1$ vértice, então, obviamente, tem $0 = n - 1$ arestas.

Hipótese de indução: Suponhamos que o Teorema 50.9 seja verdadeiro para todas as árvores em $n = k$ vértices.

Seja T uma árvore em $n = k + 1$ vértices. Devemos provar que T tem $n - 1 = k$ arestas.

Seja v uma folha de T e seja $T' = T - v$. Note que T' é uma árvore com k vértices, de forma que, por indução, T' satisfaça o teorema (isto é, T' tem $k - 1$ arestas).

Como v é uma folha de T, temos $d(v) = 1$. Isso significa que, quando eliminamos v de T, eliminamos exatamente uma aresta. Portanto, T tem uma aresta a mais do que T'; isto é, T tem $(k - 1) + 1 = k$ arestas.

Assim, está provado o resultado por indução.

Árvores geradoras

As árvores são, em certo sentido, grafos minimamente conexos. Por definição, são conexas, mas (ver Teorema 50.5) a supressão de qualquer aresta torna a árvore desconexa.

● DEFINIÇÃO 50.10

(**Árvore geradora**) Seja G um grafo. Uma *árvore geradora* de G é um subgrafo gerador de G que é uma árvore.

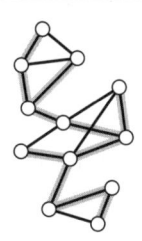

(Recorde-se de que um *subgrafo gerador* de G é um subgrafo que tem os mesmos vértices que G. Ver Definição 48.3.)

Parece que a definição nada acrescenta, porque as palavras *árvore geradora* são perfeitamente descritivas. Uma árvore geradora de G é um subgrafo em árvore de G que inclui todos os vértices de G. No grafo na figura, assinalamos uma de suas muitas árvores geradoras.

❖ TEOREMA 50.11

Um grafo tem uma árvore geradora se e somente se é conexo.

Prova. ($\Leftarrow$) Suponhamos que G tenha uma árvore geradora T. Devemos mostrar que G é conexo. Sejam $u, v \in V(G)$. Como T é gerador, temos $V(T) = V(G)$ e, assim, $u, v \in V(T)$. Como T é conexo, há um caminho (u, v), P em T. Como T é um subgrafo de G, P é um caminho (u, v) de G. Portanto, G é conexo.

($\Rightarrow$) Suponhamos que G seja conexo. Seja T um subgrafo gerador conexo de G com o número mínimo de arestas.

> *Nota:* G é, ele próprio, um subgrafo gerador conexo de G. Assim, há ao menos um tal subgrafo. Entre todos os subgrafos geradores conexos, escolhemos um com o menor número de arestas; nós o chamamos T.

Afirmamos que T é uma árvore. Por construção, T é conexo. Além disso, afirmamos que toda aresta de T é uma aresta de corte. Caso contrário, se $e \in E(T)$ não fosse uma aresta de corte de T, então $T - e$ seria o menor subgrafo gerador conexo de G. $\Rightarrow\Leftarrow$ Portanto, toda aresta de T é uma aresta de corte. Logo (Teorema 50.5), T é uma árvore e, assim, G tem uma árvore geradora.

Podemos lançar mão desse resultado para dar mais uma caracterização das árvores.

❖ TEOREMA 50.12

Seja G um grafo conexo em $n \geq 1$ vértices. Então, G é uma árvore se e somente se G tem exatamente $n - 1$ arestas.

Prova. ($\Rightarrow$) Isso foi mostrado no Teorema 50.9.

($\Leftarrow$) Suponhamos que G seja um grafo conexo com n vértices e $n - 1$ arestas. Pelo Teorema 50.11, sabemos que G tem uma árvore geradora T; isto é, T é uma árvore, $V(T) = V(G)$ e $E(T) \subseteq E(G)$. Note, entretanto, que

$$|E(T)| = |V(T)| - 1 = |V(G)| - 1 = |E(G)|$$

de modo que, efetivamente, temos $E(T) = E(G)$. Portanto, $G = T$ (isto é, G é uma árvore).

Recapitulando

Introduzimos as noções de ciclo, floresta e árvore. Provamos a equivalência das seguintes afirmações sobre um grafo G:

- G é uma árvore.
- G é conexo e acíclico.
- G é conexo e toda aresta de G é uma aresta de corte.
- Entre dois vértices arbitrários de G existe um único caminho.
- G é conexo e $|E(G)| = |V(G)| - 1$.

Introduzimos, também, o conceito de árvore geradora e provamos que um grafo tem uma árvore geradora se e somente se for conexo.

▼ 50 Exercícios

50.1. Seja G um grafo em que todo vértice tem grau 2. G é necessariamente um ciclo?

50.2. Seja T uma árvore. Prove que o grau médio de um vértice em T é inferior a 2.

50.3. Existem exatamente três árvores com conjunto de vértices $\{1, 2, 3\}$. Note que todas essas árvores são caminhos; a única diferença é que vértice tem grau 2.

Quantas árvores têm conjunto de vértices $\{1, 2, 3, 4\}$?

50.4. Sejam $d_1, d_2, \ldots, d_n$, $n \geq 2$, inteiros positivos (não necessariamente distintos). Prove que d_1, $\ldots, d_n$ são os graus dos vértices de uma árvore em n vértices se e somente se $\sum_{i=1}^{n} d_i = 2_n - 2$.

50.5. Seja e uma aresta de um grafo G. Prove que e não é uma aresta de corte se e somente se e estiver em um ciclo de G.

50.6. Complete a prova do Teorema 50.4. Isto é, prove que, se G é um grafo em que dois vértices quaisquer são ligados por um caminho único, então G deve ser uma árvore.

50.7. Prove a seguinte recíproca da Proposição 50.8:

Seja T uma árvore com ao menos dois vértices, e seja $\upsilon \in V(T)$. Se $T - \upsilon$ é uma árvore, então υ é uma folha.

50.8. Seja T uma árvore cujos vértices são os inteiros 1 a n. Dizemos que T *é uma árvore recorrente* se goza da seguinte propriedade especial. Seja P um caminho arbitrário em T partindo do vértice 1. Então, quando percorremos o caminho P, os vértices que encontramos surgem em ordem numérica crescente.

A árvore da figura é um exemplo de árvore recorrente. Observe que todos os caminhos que se originam no vértice 1 encontram os vértices em ordem crescente. Por exemplo, o caminho assinalado encontra os vértices $1 < 4 < 8 < 9$.

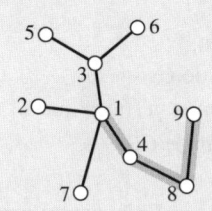

Faça o seguinte:

a. Prove: Se T é uma árvore recorrente em n vértices, então o vértice n é uma folha (desde que $n > 1$).

b. Prove: Se T é uma árvore recorrente em $n > 1$ vértices, então $T - n$ (a árvore T como vértice n suprimido) também é uma árvore (em $n - 1$ vértices).

c. Prove: Se T é uma árvore recorrente em n vértices e se se acrescenta a qualquer vértice de T um novo vértice $n + 1$ como uma folha para formar uma nova árvore T', então T' também é uma árvore recorrente.

d. Quantas árvores recorrentes em n vértices existem? Prove sua resposta.

50.9. Seja G uma floresta com n vértices e c componentes. Ache e prove uma fórmula para o número de arestas em G.

50.10. Prove que um grafo é uma floresta se e somente se todas as suas arestas forem arestas de corte.

50.11. Para este problema, você deve elaborar uma nova prova de que toda árvore com dois ou mais vértices tem uma folha. Eis um esboço da prova.

a. Prove primeiro, por indução forte e pelo fato de que toda aresta de uma árvore é uma aresta de corte (Teorema 50.5), que uma árvore com n vértices tem exatamente $n - 1$ arestas.

Note que nossa prova anterior sobre esse aspecto (Teorema 50.9) lançou mão do fato de que as árvores têm folhas; por isso é que precisamos de uma prova alternativa.

b. Utilize (a) para provar que o grau médio de um vértice em uma árvore é inferior a 2.

c. Recorra a (b) para provar que toda árvore (com ao menos dois vértices) tem uma folha.

50.12. Seja T uma árvore com $u, \upsilon \in V(T)$, $u \neq \upsilon$ e $u\upsilon \notin E(T)$. Prove que, se acrescentarmos a aresta e a T, o grafo resultante tem exatamente um ciclo.

50.13. Seja G um grafo conexo, com $|V(G)| = |E(G)|$. Prove que G contém exatamente um ciclo.

50.14. Prove:
  a. Todo ciclo é conexo.
  b. Todo ciclo é 2-regular.
  c. Reciprocamente, todo grafo conexo, 2-regular, deve ser um ciclo.

50.15. Seja e uma aresta de um grafo G. Prove que e é uma aresta de corte se e somente se e não estiver em qualquer ciclo de G.

50.16. Seja G um grafo. Um ciclo de G que contenha todos os vértices em G é chamado *ciclo hamiltoniano*.
  a. Mostre que, se $n \geq 5$, então $\overline{C}_n$ tem um ciclo hamiltoniano.
  b. Prove que o grafo da figura não tem ciclo hamiltoniano.

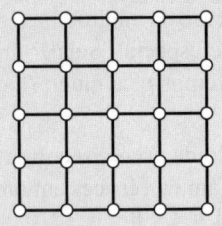

50.17. Considere o algoritmo seguinte:
  - **Entrada:** Um grafo G conexo.
  - **Saída:** Uma árvore geradora de G.
  (1) Seja T um grafo com os mesmos vértices que G, mas sem arestas.
  (2) Sejam $e_1, e_2, \ldots, e_m$ as arestas de G.
  (3) Para $k = 1, 2, \ldots, m$, faça:
   (3a) **Se** o acréscimo da aresta e_k a T não forma um ciclo com arestas já em T, **então** acrescente a aresta e_k a T.
  (4) Saída T.

  Prove que esse algoritmo é correto. Em outras palavras, prove que, sempre que a entrada nesse algoritmo for um grafo conexo, a saída deste será uma árvore geradora de G.

50.18. Considere o algoritmo seguinte:
  - **Entrada:** Um grafo conexo G.
  - **Saída:** Uma árvore geradora de G.
  (1) Seja T uma cópia de G.
  (2) Sejam $e_1, e_2, \ldots, e_m$ as arestas de G.
  (3) Para $k = 1, 2, \ldots, m$, faça:
   (3a) **Se** a aresta e_k não é uma aresta de corte de T, **então** suprima e_k de T.
  (4) Saída T.

  Prove que esse algoritmo é correto. Em outras palavras, prove que, sempre que a entrada nesse algoritmo for um grafo conexo G, a saída desse algoritmo será uma árvore geradora de G.

50.19. Seja G um grafo conectado. O *índice de Weiner de G*, denotado $W(G)$, é a soma das distâncias entre todos os pares de vértices no i. Em outras palavras, se $V(G) = \{1, 2, 3, \ldots, n\}$, então

$$W(G) = \sum_{1 \leq i < j \leq n} d(i, j)$$

em que $d(i,j)$ é a distância entre os vértices i e j (ver Exercício 49.13). Por exemplo, por um caminho com quatro vértices temos

$$W(P_4) = (1 + 2 + 3) + (1 + 2) + 1 = 10.$$

Neste problema, pedimos que você mostre que uma estrela (uma árvore com um vértice adjacente a todos os outros vértices que são, consequentemente, folhas) é a árvore com o

menor índice de Weiner de todas. Apenas para este problema, seja S_n denotando a estrela com n vértices.
a. Calcule $W(S_n)$ em termos mais simples possíveis.
b. Prove que se T é qualquer árvore com n vértices, então $W(T) \geq W(S_n)$.
c. Prove que se T é qualquer árvore com n vértices e $W(T) = W(S_n)$, então T deve ser uma estrela.

51 Grafos eulerianos

Anteriormente (na Seção 47) apresentamos o clássico problema das sete pontes de Koenigsberg. Explicamos que é impossível atravessar todas as pontes sem passar mais de uma vez por uma delas (ou então atravessando o rio a nado) porque o multigrafo que representa as pontes tem mais de dois vértices de grau ímpar.

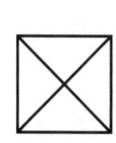

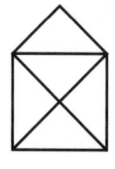

Consideremos as duas figuras anteriores. A figura à esquerda tem quatro cantos onde se cruza um número ímpar de retas. Portanto, é impossível traçar essa figura sem levantar o lápis do papel ou percorrer uma linha mais de uma vez. Os cantos ímpares devem ser o primeiro ou o último ponto de tal traçado.

A figura à direita, entretanto, tem apenas dois cantos com um número ímpar de retas (os dois inferiores). Esses pontos devem ser o primeiro e o último pontos em um desenho. É possível traçar essa figura sem levantar o lápis do papel nem traçar uma reta mais de uma vez? Tente-o! Eis uma sugestão importante. Você deve começar em um dos dois cantos inferiores. Com essa sugestão, é simples traçar essa figura.

Nesta seção, vamos reformular o problema da travessia de pontes/traçado de uma figura como um problema da teoria dos grafos.

DEFINIÇÃO 51.1

(**Trilha euleriana,** *tour* **euleriano**) Seja G um grafo. Um passeio em G que atravessa cada aresta exatamente uma vez é chamado *trilha euleriana*. Se, além disso, a trilha começa e termina no mesmo vértice, o passeio é denominado um *tour euleriano*. Por fim, se G tem um *tour* euleriano, dizemos que G é *euleriano*.

Os problemas que vamos considerar são: que grafos têm trilhas eulerianas? Que grafos têm *tours* eulerianos (isto é, são eulerianos)? Vamos dar uma resposta completa nesta seção.

Condições necessárias

Se um grafo G tem uma trilha euleriana, então é (quase) necessário que G seja conexo. Se o grafo tem duas (ou mais) componentes, seria impossível a trilha visitar mais de uma componente, de modo que não há maneira como atravessarmos todas as arestas do grafo. Impossível, isto é, a menos que essas componentes adicionais não tenham quaisquer arestas para atravessar! Isso pode ocorrer se todas (exceto uma) as componentes consistirem em apenas um único vértice isolado.

> Um vértice *isolado* é um vértice de grau 0.

Uma componente de um grafo que contém apenas um vértice é chamada *trivial*.

Caso contrário, a componente é chamada *não trivial*. Assim, a primeira condição necessária para a existência de uma trilha euleriana é a seguinte:

- Se G é euleriano, então G tem no máximo uma componente não trivial.

Assim, não perdemos generalidade por considerar apenas grafos conexos.

Reexaminemos as condições de grau. Suponhamos que v seja um vértice de um grafo G em que existe uma trilha euleriana W. Se v não é o primeiro nem o último vértice nessa trilha, então vemos que v deve ter grau par:

$$W = \text{primeiro} \sim \ldots \sim ? \sim v \sim ? \sim \ldots \sim ? \sim v \sim ? \sim \ldots \sim ? \sim v \sim ? \sim \ldots \sim \text{último}.$$

Como cada aresta do grafo é atravessada uma única vez e, como para cada aresta que entra em v nesse *tour* há outra saindo de v, $d(v)$ deve ser par.

Temos, pois, o seguinte:

- Se G tem uma trilha euleriana, então tem no máximo dois vértices de grau ímpar.

O que se pode dizer dos graus do primeiro e do último vértices na trilha? Suponhamos que eles sejam diferentes. O grau do primeiro vértice na trilha deve ser ímpar, de acordo com o raciocínio a seguir. Há uma aresta atravessada a partir desse vértice quando a trilha começa. Então, cada vez que visitamos o primeiro vértice, uma aresta que entra é emparelhada com uma aresta que sai. Portanto, seu grau deve ser ímpar. O mesmo é válido para o último vértice na trilha; seu grau deve ser ímpar.

- Se G tem uma trilha euleriana que começa em um vértice a e termina em um vértice b (com $a \neq b$), então os vértices a e b têm grau ímpar.

Se a trilha começa e termina no mesmo vértice a, vemos que $d(a)$ deve ser par. Temos uma aresta saindo de a no começo do *tour*, que emparelha com a aresta final que entra em a no fim do *tour*. Toda vez que visitamos a, as arestas que entram e saem se emparelham, e assim, resumindo, o número de arestas incidentes com a deve ser par. Temos, portanto, o seguinte:

- Se G tem um *tour* euleriano (isto é, se G é euleriano), então todos os vértices em G têm grau par.

> Outra razão por que $d(a)$ é par: se $d(a)$ fosse ímpar, seria o único vértice de grau ímpar, contradizendo o Exercício 47.15.

Temos uma última observação a fazer sobre os *tours* eulerianos, antes de apresentarmos o teorema fundamental para esta seção. Suponha que tenhamos um *tour* euleriano em um grafo conexo que começa e termina em um vértice a; suponha, ainda, que b seja o segundo vértice nesse *tour*:

$$W = a \sim b \sim \ldots \sim a.$$

Podemos, igualmente, começar o *tour* em b, seguir o *tour* original até chegarmos à última visita a a, e terminar em b, isto é,

$$W' = b \sim \ldots \sim a \sim b.$$

também é um *tour* euleriano começando/terminando em b. Se deslocarmos o *tour* repetidamente, vemos que é possível começarmos um *tour* euleriano em qualquer vértice que escolhamos.

- Se G é um grafo euleriano conexo, então G tem um *tour* euleriano que começa/termina em qualquer vértice.

Teoremas fundamentais

As condições necessárias que acabamos de delinear motivam o que estamos procurando provar.

❖ TEOREMA 51.2

Seja G um grafo conexo cujos vértices têm todos grau par. Para cada vértice $v \in V(G)$, existe um *tour* euleriano que começa e termina em v.

❖ TEOREMA 51.3

Seja G um grafo conexo com exatamente dois vértices de grau ímpar: a e b. Então, G tem uma trilha euleriana que começa em a e termina em b.

Uma forma tradicional de provar esses resultados consiste em provar primeiro o Teorema 51.2 e, então, utilizá-lo para provar o Teorema 51.3. Vamos adotar uma abordagem diferente, mais interessante. Estabeleceremos esses dois teoremas com uma única prova! A prova se faz por indução sobre o número de arestas no grafo. Para provar simultaneamente ambos os resultados, torna-se necessária uma hipótese mais elaborada de indução, mas isso facilita a indução – um exemplo de carga por indução.

Prova. Vamos provar ambos os Teoremas 51.2 e 51.3 por indução sobre o número de arestas em G.

Caso básico: Suponhamos que G não tenha arestas. Então, G consiste em apenas um vértice isolado, v. O passeio (v) – lembre-se de que um vértice isolado por si só é um passeio – é uma trilha euleriana de G. (Este é um caso básico perfeitamente válido, mas é tão simples que damos mais um passo básico desnecessário para certificar-nos de que nada de estranho está ocorrendo aqui. Parece, também, nada ter com o Teorema 51.3.)

Outro caso básico: Suponhamos que G tenha uma aresta. Como G é conexo, o grafo deve consistir em apenas dois vértices, a e b, e de uma única aresta unindo-os. Ora, G tem exatamente dois vértices de grau ímpar, e obviamente $a \sim b$ é uma trilha euleriana que começa em um e termina no outro.

Hipótese de indução: Suponhamos que um grafo conexo tenha m arestas. Se todos os seus vértices têm grau par, então existe um *tour* euleriano começando/terminando em qualquer vértice. Se exatamente dois de seus vértices têm grau ímpar, então existe uma trilha euleriana que começa em um desses vértices e termina no outro.

Seja G um grafo conexo com $m + 1$ arestas.

- **Caso 1:** Todos os vértices de G têm grau par.

  Nesse caso, devemos mostrar que é possível formarmos um *tour* euleriano partindo de qualquer vértice de G. Seja v um vértice arbitrário de G.

  Seja w um vizinho arbitrário de v. Consideremos o grafo $G' = G - vw$. Note que, em G', todos os vértices têm exatamente o mesmo grau que tinham em G, à exceção de v e w; seus graus diminuíram exatamente de 1. Assim, G' tem exatamente dois vértices de grau ímpar.

  Afirmamos, também, que G' é conexo. Adiamos esta parte da prova para o Lema 51.4 (ver Seção "Negócio não terminado"), que afirma que, se todos os vértices em um grafo têm grau par, então nenhuma aresta será uma aresta de corte.

  Eis a parte interessante: como G' é conexo e tem exatamente dois vértices grau ímpar, tem (por indução) uma trilha euleriana que começa em w e termina em v.

  Se acrescentamos a aresta vw ao começo de W, o resultado é um *tour euleriano* que começa/termina em v!

- **Caso 2:** Exatamente dois dos vértices de G, a e b, têm grau ímpar.

  Devemos mostrar que existe uma trilha euleriana que começa em a e termina em b.

  - **Subcaso 2a:** Suponhamos $d(a) = 1$.

    Nesse caso, a tem apenas um vizinho, x. É possível que tanto $x = b$ como $x \neq b$. Vamos verificar ambas as possibilidades.

    Seja $G' = G - a$; isto é, eliminemos de G o vértice a (e a única aresta incidente). Observe que $d(x)$ sofre uma redução de 1, enquanto todos os outros vértices têm o mesmo grau que anteriormente. Note, também, que G' tem m arestas e é conexo (ver a prova da Proposição 50.8).

    Se $x = b$, então todos os vértices em G' têm grau par (a saiu e o grau de b sofreu uma variação de 1). Portanto, por indução, G' tem um *tour euleriano* W que começa e termina no vértice b. Se inserirmos a aresta ab no começo de W, teremos construído uma trilha euleriana que começa em a e termina em b.

    Se $x \neq b$, então G' tem exatamente dois vértices de grau ímpar (o grau de x em G' é agora ímpar, e b ainda tem grau ímpar). Portanto, por indução, existe uma trilha euleriana W que começa em x e termina em b. Se anexamos a W a aresta ax, temos uma trilha euleriana em G que começa em a e termina em b.

  - **Subcaso 2b:** Suponhamos $d(a) > 1$.

    Como $d(a)$ é ímpar, temos $d(a) \geq 3$. Afirmamos que ao menos uma das arestas incidentes a a não é uma aresta de corte (prova-se isso no Lema 51.5, em "Negócio inacabado", a seguir).

    Seja ax uma aresta incidente a a que não é uma aresta de corte de G. Seja $G' = G - ax$. Note que, tal como no subcaso 2a, poderíamos ter $x = b$ ou $x \neq b$.

    No caso $x = b$, então, tal como anteriormente, todos os vértices de G' têm grau par, e podemos formar, por indução, um *tour euleriano* em G' que começa/termina em b, e então anexar a aresta ab para formar uma trilha euleriana em G que começa em a e termina em b, como queríamos.

    No caso $x \neq b$, então, tal como anteriormente, temos exatamente dois vértices de grau ímpar em G', a saber, x e b. Por indução, formamos, em G', uma trilha euleriana que começa em x e termina em b. Anexamos a aresta ax para dar a trilha de Euler desejada em G.

Em todos os casos, encontramos a trilha/*tour* desejado em G.

A prova dos Teoremas 51.2 e 51.3, implicitamente, dá um algoritmo para acharmos trilhas eulerianas em grafos. O algoritmo pode, de maneira bastante imprecisa, ser expresso como segue: não cometamos quaisquer erros grosseiros. E o que significa isso?

Primeiro, se o grafo tem dois vértices de grau ímpar, devemos iniciar a trilha em um desses vértices. Segundo, imagine que você já tenha percorrido parte do grafo. Você está, efetivamente, no vértice v e suponhamos que H represente o subgrafo do grafo original, consistindo nas arestas ainda não atravessadas. Que aresta devemos tomar a partir de v? A prova mostra que podemos tomar a aresta que quisermos, desde que não seja uma aresta de corte. Efetivamente, se há apenas uma aresta de H incidente a v, devemos tomá-la, mas isso não constitui problema; nunca precisaremos revisitar novamente aquele vértice.

Negócio inacabado

Na prova dos Teoremas 51.2 e 51.3, recorremos aos dois resultados a seguir.

◇ LEMA 51.4

Seja G um grafo cujos vértices têm todos grau par. Então, nenhuma aresta de G é uma aresta de corte.

Prova. Suponhamos, por contradição, que $e = xy$ seja uma aresta de corte de um tal grafo. Note que $G - e$ tem exatamente duas componentes (pelo Teorema 49.12), e cada uma dessas componentes contém exatamente um vértice de grau ímpar, o que contradiz o Exercício 47.15.

◇ LEMA 51.5

Seja G um grafo conexo com exatamente dois vértices de grau ímpar. Seja a um vértice de grau ímpar e suponhamos $d(a) \neq 1$. Então, ao menos uma das arestas incidentes a a não é uma aresta de corte.

Prova. Suponhamos, por contradição, que todas as arestas incidentes a a fossem arestas de corte. Seja b o outro vértice de grau ímpar em G.

Como G é conexo, existe um caminho (a, b), P, em G. Exatamente uma aresta incidente a a é interceptada por P. Seja e qualquer outra aresta incidente a a.

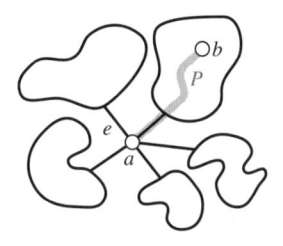

Consideremos agora o grafo $G' = G - e$. Esse grafo tem exatamente duas componentes (Teorema 49.12). Como o caminho P não utiliza a aresta e, os vértices a e b estão na mesma componente. Note ainda que, em G', o vértice a tem grau par, e nenhum dos outros vértices em sua componente mudou de grau. Isso significa que, em G', a componente que contém o vértice a tem exatamente um vértice de grau ímpar, contradizendo o Exercício 47.15.

Recapitulando

Motivados pelo problema das sete pontes de Königsburg, definimos trilhas e *tours* eulerianos em grafos. Mostramos que todo grafo conexo com, no máximo, dois vértices de grau ímpar tem uma trilha euleriana. Se não há vértices de grau ímpar, tem um *tour* euleriano.

51 Exercícios

51.1. Para quais valores de n o grafo completo K_n é euleriano?

51.2. Vimos que um grafo com mais de dois vértices de grau ímpar não pode ter uma trilha euleriana, mas que os grafos conexos com zero ou dois vértices de grau ímpar têm efetivamente trilhas eulerianas. O caso omisso consiste em grafos conexos com exatamente um vértice de grau ímpar. O que se pode dizer sobre esses grafos?

51.3. Um *dominó* é uma peça retangular de madeira, de 2×1. Em cada metade de um dominó há um número denotado por pontos. Na figura, mostramos todos os $\binom{5}{2} = 10$ dominós que podemos formar, em que os números são todos pares de valores escolhidos em $\{1, 2, 3, 4, 5\}$ (não incluímos dominós em que os dois números sejam o mesmo). Note que dispusemos os dez dominós em um anel, de forma que, quando dois deles se encontram, apresentam o mesmo número.

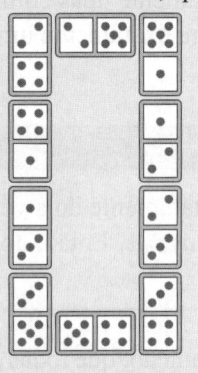

Para quais valores de $n \geq 2$ é possível formar um anel dominó utilizando todos os $\binom{n}{2}$ dominós formados tomando-se todos os pares de valores de $\{1, 2, 3, \ldots, n\}$? Justifique sua resposta.

Nota: Em uma caixa convencional de dominós, há também aqueles em que ambos os quadrados têm o mesmo número de pontos. Podemos ignorar esses "duplos", ou então explicar como eles podem ser facilmente inseridos em um anel formado com os outros dominós.

51.4. Seja G um grafo conexo que não é euleriano. Prove que é possível acrescentar um único vértice a G e algumas arestas desse novo vértice para alguns já existentes de maneira que o novo grafo seja euleriano.

51.5. Seja G um grafo conexo que não é euleriano. Deve haver, em G, um número par de vértices de grau ímpar (ver exercício 47.15). Sejam $a_1, b_1, a_2, b_2, \ldots, a_t, b_t$ os vértices de grau ímpar em G.

Se acrescentamos a G as arestas $a_1 b_1, a_2 b_2, \ldots, a_t b_t$, isso nos dá um grafo euleriano?

51.6. Seja G um grafo euleriano. Prove que é possível particionar o conjunto de arestas de G de modo que as arestas em cada parte da partição formem um ciclo de G.

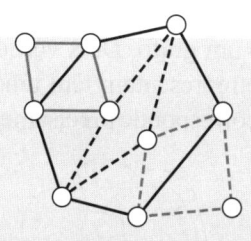

A figura exibe uma tal partição, na qual as arestas de diferentes partes desta são traçadas em cores e estilos diferentes.

51.7. A torre é uma peça de xadrez que pode, de uma única vez, mover-se em qualquer número de casas na horizontal ou vertical no tabuleiro. Isto é, se quadrados A e B estão na mesma linha [ou mesma coluna], então estamos autorizados a deslocar a torre de A para B.

Mas se A e B não estão nem na mesma linha nem mesma coluna, um movimento entre estes quadrados é ilegal. Assim, em cada linha e cada coluna existem $\binom{8}{2}$ pares de quadrados entre as quais a torre pode mover-se. Isso dá um total de $16\binom{8}{2} = 448$ de tais pares.

Suponha que uma torre seja colocada em um tabuleiro de xadrez vazio. Podemos mover repetidamente a torre para que ela se mova exatamente uma vez entre cada par de quadrados na mesma linha e uma vez entre cada par de quadrados na mesma coluna?

Nota: Quando a torre anda entre os quadrados A e B, ela deve atravessar de A para B ou de B para A, mas não ambos.

> Nota: Um tabuleiro de xadrez padrão tem 8×8 quadrados.

51.8. É possível atravessarmos as sete pontes de Königsburg de modo que passemos por cada ponte exatamente duas vezes, uma vez em cada direção?

51.9. Seja G um grafo. O grafo linha de G é um novo gráfico $L(G)$, cujos vértices são as arestas de G; dois vértices de $L(G)$ são adjacentes se, como arestas de G, eles compartilham um ponto final comum. Em símbolos:

$$V[L(G)] = E(G) \quad \text{e} \quad E[L(G)] = \{e_1 e_2 : |e_1 \cap e_2| = 1\}.$$

Prove ou refute as seguintes afirmações sobre a relação entre um grafo G e seu gráfico linha $L(G)$:
  a. Se G é euleriano, o $L(G)$ também é euleriano.
  b. Se G tem um ciclo hamiltoniano, então $L(G)$ é euleriano. (Ver Exercício 50.16 para definição de um ciclo hamiltoniano.)
  c. Se $L(G)$ é euleriano, então, G é também euleriano.
  d. Se $L(G)$ é euleriano, então, G tem um ciclo hamiltoniano.

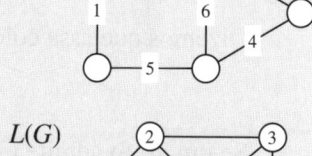

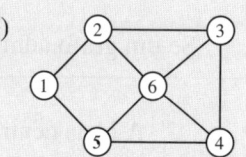

■ 52 Coloração

Tanto o problema das quatro cores em um mapa como o problema do escalonamento de exames constituem exemplos de *coloração de grafos*. O problema geral é o seguinte. Seja G um grafo. Queremos atribuir uma cor a cada vértice de G. A restrição é de que vértices adjacentes devem ter cores diferentes. Naturalmente, poderíamos atribuir a cada vértice uma cor diferente, mas isso não é particularmente interessante nem relevante para aplicações. O objetivo é utilizar o número mínimo possível de cores.

Consideremos, por exemplo, o problema da coloração de mapas da Seção 47. Podemos transformar esse problema em um problema de coloração de um grafo, representando cada país como um vértice de um grafo. Dois vértices nesse grafo são adjacentes precisamente quando os países que representam têm uma fronteira comum. Assim, o fato de colorirmos os países no mapa corresponde precisamente à coloração dos vértices no grafo.

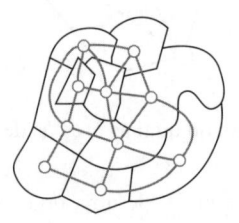

Podemos, também, converter o problema do escalonamento de exames finais em um problema de coloração de um grafo. Os vértices em tal grafo representam os cursos na universidade. Dois vértices são adjacentes quando os cursos que representam têm um estudante matriculado em comum. As cores nos vértices representam os diferentes intervalos de tempo dos exames. A minimização do número de cores atribuídas aos vértices corresponde à minimização do número de períodos de exame.

Conceitos fundamentais

As cores são fenômenos do mundo físico, e os grafos são objetos matemáticos. Não parece lógico falarmos de aplicar cores (pigmentos físicos) a vértices (elementos abstratos).

A maneira precisa de definirmos a coloração de um grafo consiste em dar uma definição matemática de *coloração*.

● DEFINIÇÃO 52.1

(Coloração de um grafo) Sejam G um grafo e k um inteiro positivo. Uma *coloração-k* de G é uma função

$$f : V(G) \to \{1, 2, \ldots, k\}.$$

Dizemos que essa coloração é *própria* desde que

$$\forall xy \in E(G), f(x) \neq f(y).$$

Se um grafo admite uma coloração-k própria, nós o chamamos *k-colorizável*.

A ideia central na definição é a função f. A cada vértice $v \in V(G)$, a função f associa um valor $f(v)$. O valor $f(v)$ é a cor de v. A palheta de cores que utilizamos é o conjunto $\{1, 2, \ldots, k\}$; estamos utilizando os inteiros positivos como "cores". Assim, $f(v) = 3$ significa que atribuímos ao vértice v a cor 3 pela coloração de f.

A condição $\forall xy \in E(G), f(x) \neq f(y)$ significa que, sempre que os vértices x e y são adjacentes (formam uma aresta de G), então $f(x) \neq f(y)$ (os vértices devem ter cores diferentes). Em uma coloração própria, não se atribui a mesma cor a vértices adjacentes.

Observe que a definição não exige que todas as cores devam ser utilizadas, isto é, não requer que f seja sobre. O número k se refere ao tamanho da palheta de cores disponível – não se exige que todas as cores sejam usadas. Se um grafo é 5-colorizável, é também 6-colorizável. Podemos simplesmente acrescentar a cor 6 à palheta, mas não a utilizar.

Embora a definição formal de coloração especifique que as cores que utilizamos sejam inteiras, frequentemente referimo-nos a cores reais quando descrevemos a coloração de um grafo.

O objetivo na coloração de um grafo é utilizar o mínimo possível de cores.

● DEFINIÇÃO 52.2

(Número cromático) Seja G um grafo. O menor inteiro positivo k para o qual G é k-colorizável é chamado *número cromático* de G. O número cromático de G é denotado por $\chi(G)$.

O símbolo χ não é um x; é a letra grega minúscula *qui*.

◆ EXEMPLO 52.3

Consideremos o grafo completo K_n. Podemos colorir K_n com n cores, dando a cada vértice uma cor diferente. É possível fazermos melhor? Não. Como todo vértice é adjacente a todo outro vértice, dois vértices jamais podem receber a mesma cor e, assim, são necessárias n cores. Portanto, $\chi(_{Kn}) = n$.

Note que, para qualquer grafo G com n vértices, temos $\chi(G) \leq n$ porque podemos sempre colorir cada vértice com uma cor diferente. Isso significa que, entre todos os grafos com n vértices, K_n tem o maior número cromático. Podemos dizer um pouco mais.

▶ PROPOSIÇÃO 52.4

Seja G um subgrafo de H. Então, $\chi(G) \leq \chi(H)$.

Prova. Dada uma coloração própria de H, podemos simplesmente copiar essas cores nos vértices de G para obter uma coloração própria de G. Assim, se utilizamos apenas $\chi(H)$ cores para colorir os vértices de H, utilizamos no máximo $\chi(H)$ cores em uma coloração própria de G.

▶ PROPOSIÇÃO 52.5

Seja G um grafo com grau máximo Δ. Então, $\chi(G) \leq \Delta + 1$.

Prova. Suponha que os vértices de G sejam $\{v_1, v_2, \ldots, v_n\}$ e que tenhamos uma palheta de $\Delta + 1$ cores. Colorimos os vértices de G como segue.

Para começar, não se associa cor alguma a qualquer vértice de G. Atribuamos qualquer cor da palheta ao vértice v_1. Em seguida, colorimos o vértice v_2. Tomamos uma cor arbitrária da palheta, desde que a coloração seja própria. Em outras palavras, se $v_1 v_2$ é uma aresta, não podemos atribuir a v_2 a mesma cor associada a v_1. Prosseguimos exatamente dessa maneira em todos os vértices. Isto é, quando chegamos ao vértice v_j, associamos ao vértice v_j qualquer cor da palheta que quisermos; apenas a cor no vértice v_j não deve ser a mesma que a de qualquer de seus vizinhos já coloridos.

A questão é: há um número suficiente de cores na palheta para que esse processo jamais seja impedido de prosseguir (isto é, jamais atingiremos um vértice onde não haja uma cor legítima a ser escolhida)? Como todo vértice tem no máximo Δ vizinhos, e como há $\Delta + 1$ cores na palheta, jamais ficaremos impedidos. Assim, o processo gera uma coloração-$\Delta + 1$ do grafo. Logo, $\chi(G) \leq \Delta + 1$.

◆ EXEMPLO 52.6

Qual é o número cromático do ciclo C_n? Se n é par, podemos alternar as cores (preto, branco, preto, branco etc.) em torno do ciclo. Quando n é par, isso gera uma coloração válida. Todavia, se n é ímpar, então o vértice 1 e o vértice n seriam ambos pretos se alternássemos as cores em torno do ciclo. Ver figura.

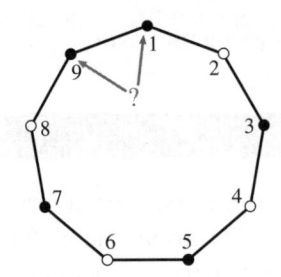

Assim, para n ímpar, C_n não é 2-colorizável. Mas é 3-colorizável. Podemos colorir os vértices 1 a $n-1$ com preto e branco e, então, colorir o vértice n, digamos, com cinza. Isso nos dá uma coloração-3 própria de C_n. [De outro modo, pela Proposição 52.5, temos $\chi(Cn) \le \Delta(C_n) + 1 = 2 + 1 = 3$.] Dessa forma,

$$\chi(C_n) = \begin{cases} 2 & \text{se } n \text{ é par e} \\ 3 & \text{se } n \text{ é ímpar.} \end{cases}$$

Observe o seguinte ponto interessante sobre esse exemplo: o número cromático de C_9 é 3, mas C_9 não contém K_3 como subgrafo.

Grafos bipartidos

Que grafos são 1-colorizáveis? Isto é, podemos descrever a classe de todos os grafos G para os quais $\chi(G) = 1$?

Note que $\chi(G) = 1$ significa que podemos colorir propriamente o grafo G com uma cor. Isso significa que, se associarmos a todos os vértices a mesma cor, teremos uma coloração própria. Como pode ser isso? Isso implica que ambos os pontos extremos de qualquer aresta em G têm a mesma cor, o que é uma violação flagrante! A resposta é: não pode haver arestas em G. Em outras palavras, temos o seguinte.

▶ PROPOSIÇÃO 52.7

Um grafo G é 1-colorizável se e somente se não tem arestas.

Até aqui, tudo fácil. Passemos à caracterização de grafos 2-colorizáveis, isto é, grafos G para os quais $\chi(G) \le 2$. Esses grafos têm um nome especial.

● DEFINIÇÃO 52.8

(Grafos bipartidos) Um grafo G é chamado *bipartido* se e somente se é 2-colorizável.

Eis outra maneira útil de descrever grafos bipartidos. Seja $G = (V, E)$ um grafo bipartido e selecionemos uma 2-coloração própria. Seja X o conjunto de todos os vértices que recebem uma das duas cores e seja Y o conjunto de todos os vértices que recebem a outra cor. Note que $\{X, Y\}$ constitui uma partição do conjunto V de vértices. Além disso, se e é uma aresta arbitrária de G, então e tem uma de suas extremidades em X e a outra em Y.

A partição de V nos conjuntos X e Y de modo que toda aresta de G tenha uma extremidade em X e outra extremidade em Y é chamada uma *bipartição* do grafo bipartido. Ao escrever sobre grafos bipartidos, é costume formular as sentenças como: seja G um grafo bipartido com bipartição $V = X \cup Y$... Isso significa que X e Y são as duas partes da bipartição. Alguns autores (mas não o autor deste livro) chamam os conjuntos X e Y conjuntos *partite* do grafo bipartido.

O problema que apresentamos aqui é: que grafos são bipartidos? Por exemplo, com base no Exemplo 52.6, vemos que os ciclos pares são bipartidos, mas os ciclos ímpares não o são. O resultado seguinte dá outra ampla classe de exemplos.

▶ **PROPOSIÇÃO 52.9**

As árvores são bipartidas.

Vamos prová-lo aplicando o método do Esquema de prova 25.

Prova. A prova se faz por indução sobre o número de vértices na árvore.

Caso básico: Obviamente, uma árvore com apenas um vértice é bipartida. Na verdade, $\chi(K_1) = 1 \leq 2$.

Hipótese de indução: Toda árvore com n vértices é bipartida.

Seja T uma árvore com $n + 1$ vértices. Sejam v uma folha de T e $T' = T - v$. Como T é uma árvore com n vértices, por indução, T' é bipartida. Vamos colorir T' propriamente utilizando as duas cores preto e branco.

Consideremos, agora, o vizinho de v – nós o chamamos ω. Qualquer que seja a cor de ω, podemos dar a v a outra cor (isto é, se ω é branco, colorimos v de preto).

Como v tem apenas um vizinho, isso nos dá uma 2-coloração própria de T.

As árvores e os ciclos pares são bipartidos. Quais outros gráficos são bipartidos? Eis outra classe importante de grafos bipartidos.

● **DEFINIÇÃO 52.10**

(**Grafos bipartidos completos**) Sejam n, m inteiros positivos. O *grafo bipartido completo* $K_{n,m}$ é um grafo cujos vértices podem ser particionados $V = X \cup Y$ de modo que
- $|X| = n$;
- $|Y| = m$;
- para todo $x \in X$ e para todo $y \in Y$, xy é uma aresta; e
- nenhuma aresta tem ambas as extremidades em X nem ambas as extremidades em Y.

O grafo da figura é $K_{4,3}$.

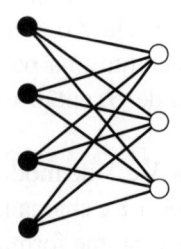

O teorema que segue descreve com precisão os gráficos que são bipartidos.

❖ TEOREMA 52.11

Um grafo é bipartido se e somente se não contém qualquer ciclo ímpar.

A prova desse resultado é um tanto complicada. Vamos apresentá-la em breve, mas antes vamos explicar por que se trata de um teorema admirável.

Eis um exemplo de um *teorema de caracterização*.

Suponha que tenhamos um grafo e que procuremos convencê-lo de que se trata de um grafo bipartido. Podemos conseguir isso colorindo os vértices e exibindo a coloração. Podemos inspecionar pacientemente cada aresta e notar que os dois pontos extremos de cada uma delas têm cores diferentes. Estaremos, então, certos de que o grafo é bipartido.

No entanto, suponhamos que apresentemos a você um grafo complicado que não é bipartido. O argumento seguinte não é totalmente persuasivo: "Durante dias, tentei 2-colorir propriamente esse grafo, e o trabalho foi árduo. Confie em mim! Não há maneira como esse grafo possa ser 2-colorido".

O Teorema 52.11 garante que sempre será possível apresentarmos um argumento muito melhor e mais simples. Podemos achar um ciclo ímpar no grafo, exibi-lo, e então você se convencerá de que o grafo não é bipartido.

A prova do Teorema 52.11 exige o conceito de *distância* em um grafo; este foi desenvolvido no Exercício 49.13.

Prova (do Teorema 52.11).

($\Rightarrow$) Seja G um grafo bipartido. Suponhamos, por contradição, que G contenha um ciclo ímpar C como subgrafo. Pela Proposição 52.4, temos

$$3 = \chi(C) \leq \chi(G) \leq 2,$$

uma contradição. Portanto, G não contém nenhum ciclo ímpar.

($\Leftarrow$) Mostramos, em seguida, que, se G não contém um ciclo ímpar, então G é bipartido. Começamos provando um caso especial desse resultado. Mostramos que, se G é conexo e não contém um ciclo ímpar, então G é bipartido.

Suponhamos que G seja conexo e não contenha um ciclo ímpar. Seja u um vértice arbitrário em $V(G)$. Definamos, como segue, dois subconjuntos de $V(G)$:

$$X = \{x \in V(G) : d(u, x) \text{ é impar}\}, \quad \text{e } Y = \{y \in V(G) : d(u, y) \text{ é par}\}.$$

Em palavras, X e Y contêm os vértices em G que estão, respectivamente, a uma distância ímpar e a uma distância par de u, respectivamente. Observe que $u \in Y$, porque $d(u, u) = 0$. Note, também, que $V(G) = X \cup Y$ (todo vértice está a uma distância finita de u porque, por hipótese, G é conexo) e $X \cap Y = \emptyset$ (porque a distância de dado vértice a u não pode ser simultaneamente ímpar e par).

Colorimos de preto os vértices em X e de branco os vértices em Y. Afirmamos que isso nos dá uma 2-coloração adequada de G. Para prová-lo, devemos mostrar que não há dois vértices em X que sejam adjacentes, e que também não há dois vértices em Y que sejam adjacentes.

Suponhamos, por contradição, que haja dois vértices $x_1, x_2 \in X$ com $x_1 \sim x_2$. Seja P_1 um caminho mínimo de u a x_1. Como $x_1 \in X$, sabemos que $d(u, x_1)$ é ímpar e, assim, o comprimento de P_1 é ímpar. Da mesma forma, seja um caminho (u, x_2) mínimo; seu comprimento também é ímpar.

É tentador (mas incorreto!) concluirmos como segue. Concatenemos

$$P_1 + (x_1 \sim x_2) + P_2^{-1}.$$

Ou seja, atravessemos P_1 de u a x_1 (distância ímpar), caminhemos de x_1 a x_2 (distância ímpar) e, finalmente, voltemos a u ao longo de P_2 (novamente ímpar). A distância total é ímpar; temos, assim, um ciclo ímpar.

O erro é que $P_1 + (x_1 \sim x_2) + P_2^{-1}$ pode não ser um ciclo (ver figura). Os caminhos P_1 e P_2 podem ter vértices e arestas em comum.

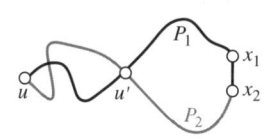

Para fixarmos esse problema, denotemos por u' o último vértice que P_1 e P_2 têm em comum. Ou seja, quando atravessamos P_1 de u para x_1, sabemos que P_1 e P_2 têm ao menos um vértice em comum, a saber, u. Talvez eles tenham outros vértices em comum. De qualquer forma, como P_1 termina em x_1 e P_2 termina em x_2, pode ser que ao longo de P_1 alcancemos o último vértice que esses dois caminhos tenham em comum. Depois de u', não há mais vértices de P_2 em P_1. Assim, atravessamos P_1 de u' a x_1, atravessamos a aresta $x_1 x_2$, e, finalmente, retornamos a u' ao longo de P_2^{-1} e temos um ciclo. A questão é: trata-se de um ciclo ímpar?

Note que a seção de P_1 de u a u' é a mais curta possível. De outra forma, se existisse um caminho Q mais curto de u a u', então poderíamos concatenar Q com a seção (u', x_1) de P_1 e conseguir um passeio (u, x_1) mais curto do que P_1, de onde seria possível construirmos um caminho (u, x_1) mais curto do que P_1 – uma contradição. A seção-(u, u') de P_1 é, pois, tão pequena quanto possível. Da mesma forma, a seção (u, u') de P_2 é a mais curta possível. Logo, as seções (u, u') de P_1 e P_2 devem ter o mesmo comprimento.

Consideremos, agora, as seções (u, x_1) e (u, x_2) de P_1 e P_2, respectivamente. Sabemos que P_1 e P_2 têm, ambos, comprimento ímpar. Suprimamos de ambos o mesmo comprimento: suas seções (u, u'). Assim, as duas seções que restam são ou ambas ímpares ou ambas pares – elas têm a mesma paridade.

Concluímos, agora, que o ciclo C é um ciclo ímpar. O ciclo consiste na aresta $x_1 x_2$ (comprimento 1) e das duas seções de u' de P_1 e P_2 (mesma paridade). Como 1 + ímpar + ímpar e 1 + par + par são ambos ímpares, concluímos que C é um ciclo ímpar. Mas, por hipótese, G não tem ciclos ímpares. ⇒⇐ Portanto, não existe aresta em G cujos pontos extremos estejam ambos em X.

Pode haver uma aresta com ambas as extremidades em Y? Não. O argumento é exatamente o mesmo que o anterior. O único fato utilizado sobre os caminhos P_1 e P_2 é que seus comprimentos têm a mesma paridade; na realidade, não importa se eles são ambos ímpares. Se fossem ambos pares, aplicar-se-ia precisamente o mesmo argumento. Não existem arestas entre quaisquer partes de vértices de Y.

Portanto, temos uma 2-coloração própria de G e, assim, G é bipartido.

Para concluir a prova, devemos considerar o caso em que G é desconexo. Suponhamos que G seja um gráfico desconexo que não contenha ciclos ímpares. Sejam H_1, H_2, ..., H_c suas componentes conexas. Note que, como G não contém um ciclo ímpar, o mesmo ocorre com qualquer de suas componentes. Logo, pelo argumento anterior, elas são bipartidas. Seja $X_i \cup Y_i$ uma bipartição de $V(H_i)$ (com $1 \leq i \leq c$). Por fim, seja

$$X = X_1 \cup X_2 \cup \ldots \cup X_c \text{ e}$$
$$Y = Y_1 \cup Y_2 \cup \ldots \cup Y_c.$$

Afirmamos que $X \cup Y$ é uma bipartição de $V(G)$.

Observe que X e Y são disjuntos dois a dois e que sua união é $V(G)$. Não pode haver aresta entre dois vértices em X_i porque $X_i \cup Y_i$ é uma bipartição, e não pode haver aresta entre vértices de X_i e X_j (com $i \neq j$) porque esses vértices estão em componentes separadas de G. Portanto, nenhuma aresta tem ambas as extremidades em X. Analogamente, nenhuma aresta tem ambas as extremidades em Y. Portanto, $X \cup Y$ é uma bipartição de $V(G)$ e, assim, G é bipartido.

A facilidade de colorir com duas cores e a dificuldade de colorir com três cores

A prova do Teorema 52.11 nos dá um método para determinarmos se um grafo é, ou não, bipartido, e a própria afirmação nos dá uma maneira eficiente de convencermos outros de que determinamos corretamente se um grafo é, ou não, bipartido.

Começamos com um grafo cujos vértices são todos não coloridos. Colorimos de branco um vértice arbitrário e, então, colorimos de preto todos os seus vizinhos. Colorimos, então, de branco, todos os vizinhos dos vértices pretos, e de preto todos os vizinhos de vértices brancos.

Em algum ponto nesse processo, é possível que coloramos com a mesma cor dois vértices adjacentes. Se isso ocorrer, podemos refazer nossos passos e encontrar um ciclo ímpar, provando que o grafo não é bipartido.

Podemos, também, constatar que esse processo de coloração não encontra novos vértices a serem coloridos, mas, ainda assim, restam vértices não coloridos. Em tal caso, concluímos que o grafo não é conexo, e recomeçamos o processo em outra componente.

Se, após aplicarmos esse procedimento em todas as componentes, nunca encontramos vértices adjacentes com a mesma cor, então chegamos a uma bipartição do grafo.

Esse processo é simples e eficaz. Sabemos que, se colorirmos um vértice, digamos, de preto, todos os seus vizinhos deverão ser brancos. Não há possibilidade de escolha, porque temos apenas duas cores.

A situação na coloração de um grafo com três cores é mais complicada. Suponhamos que as três cores sejam vermelho, azul e verde. Colorimos um vértice de vermelho.

Qual será, então, a cor de seus vizinhos? Temos escolhas e, nesse caso, as escolhas complicam nossas vidas.

Não temos um processo similar ao do Teorema 52.11 para grafos colorizáveis com três cores. Se temos uma 3-coloração para um grafo G, podemos convencê-lo de que G é 3-colorizável simplesmente exibindo a coloração. Todavia, se G não é 3-colorizável, como podemos convencê-lo de que tal coloração não é possível? Não se conhece resposta para esse problema.

Perguntamos:

É difícil colorir os grafos com três cores?

A questão é difícil em si mesma! A maioria dos cientistas da computação e dos matemáticos considera difícil colorir um grafo com três cores propriamente ou mostrar que não existe tal coloração. Entretanto, não há prova de que se trate de um problema difícil.

Os cientistas da computação identificaram ampla coleção de problemas que estão ligados à coloração de grafos. Isto é, mostraram que, se um problema qualquer nesta coleção especial tem uma solução eficaz, então todos os outros problemas a têm. Os problemas nessa categoria são conhecidos como *NP-completos*. Uma descrição completa do que significa um problema enquadrar-se nessa categoria ultrapassa o âmbito deste livro. O ponto é o de que não há processos eficazes conhecidos para determinar se um grafo é, ou não, colorizável com três cores (ou k-colorizável para qualquer valor fixo $k > 2$), e, assim, não há processo eficaz conhecido para calcularmos $\chi(G)$. Há, entretanto, métodos heurísticos e aproximados que costumam dar bons resultados.

Recapitulando

Introduzimos os conceitos de coloração própria de um grafo e de número cromático. Analisamos a classe de grafos bipartidos (2-colorizáveis) e caracterizamos tais grafos pelo fato de eles não conterem ciclos ímpares.

52 Exercícios

52.1. Sejam G e H os grafos da figura seguinte.

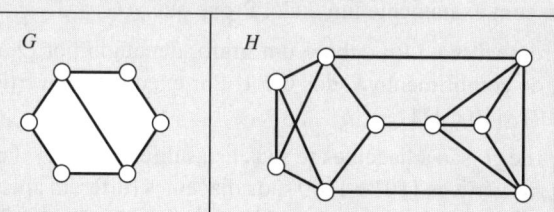

Determine $\chi(G)$ e $\chi(H)$.

52.2. Seja $n > 3$ um número inteiro. O grafo escada de Möbius, denotado M_{2n}, tem vértices $2n$ rotulados de 1 a $2n$. As arestas de M_{2n} consistem de um ciclo através dos vértices $2n$, bem como as arestas que unem os vértices diametralmente opostos a este ciclo. Ou seja, o ciclo é $1 \sim 2 \sim 3 \sim \cdots \sim 2n \sim 1$ e as arestas adicionais são $\{t, t+n\}$ por $1 \leq t \leq n$. Este grafo é 3-regular. O grafo na figura é M_8.

Determine $\chi(M_{2n})$.

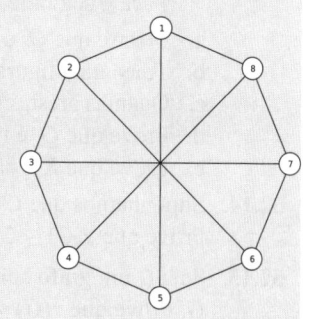

52.3. Seja G um grafo e v um vértice de G. Prove que

$$\chi(G-v) \leq \chi(G) \leq \chi(G-v) + 1.$$

52.4. Seja a, b inteiros com $a, b \geq 3$. O grafo toroidal $T_{a,b}$ tem conjunto de vértices

$$V = \{(x, y) : 0 \leq x < a \text{ e } 0 \leq y < b\}.$$

Cada vértice (x, y) em $T_{a,b}$ tem exatamente quatro vizinhos: $(x+1, y), (x-1, y), (x+1, y)$ e $(x-1, y)$ em que a aritmética na primeira posição é modular a e a aritmética na segunda posição é modular b.

O grafo na figura é $T_{4,3}$. Note que o vértice $(3, 0)$ tem quatro vizinhos: $(0, 0), (2, 0), (3, 1)$ e $(3, 2)$.

Determine $\chi(T_{a,b})$.

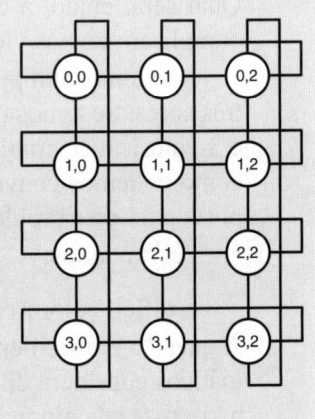

52.5. Seja G um grafo com apenas um vértice. É correto dizermos que G é 3-colorizável. Como isso é possível, se G tem apenas um vértice?

52.6. Seja G um grafo propriamente colorido e suponhamos que uma das cores utilizadas seja o vermelho. O conjunto de todos os vértices coloridos de vermelho goza de uma propriedade especial. Qual é essa propriedade?

A coloração de grafos pode ser encarada como um particionamento de $V(G)$ em subconjuntos com essa propriedade especial.

52.7. Seja G um grafo com n vértices, que não é um grafo completo. Prove que $\chi(G) < n$.

52.8. Seja G um grafo com n vértices. Prove que $\chi(G) \geq \omega(G)$ e $\chi(G) \geq n/\alpha(G)$.

52.9. Seja $G = K_{n,m}$. Determine $|V(G)|$ e $|E(G)|$.

52.10. Seja G um grafo com n vértices. Prove que $\chi(G)\overline{\chi}(G) \geq n$.

52.11. Seja G o grafo da figura. Prove que $\chi(G) = 4$.

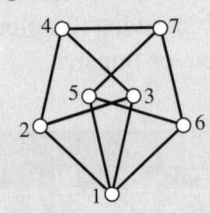

52.12. Seja G um grafo com exatamente um ciclo. Prove que $\chi(G) \leq 3$.

52.13. Seja n um inteiro positivo. O n-cubo é um grafo, denotado por Q_n cujos vértices são as 2^n listas possíveis, de comprimento n, dos 0 e 1. Por exemplo, os vértices de Q_3 são 000, 001, 010, 011, 100, 101, 110 e 111.

Dois vértices de Q_n são adjacentes se suas listas diferem em exatamente uma posição. Por exemplo, em Q_4, os vértices 1101 e 1100 são adjacentes (diferem apenas no quarto elemento), mas 1100 e 0110 não são adjacentes, pois diferem nas posições 1 e 3).

Faça o seguinte:
a. Mostre que Q_2 é um ciclo-quatro.
b. Trace uma figura de Q_3 e explique por que esse grafo é chamado *cubo*.
c. Quantas arestas Q_n tem?
d. Prove que Q_n é bipartido.
e. Prove que $K_{2,3}$ não é um subgrafo de Q_n para qualquer n.

52.14. Suponhamos que G tenha grau máximo $\Delta > 1$, mas que tenha apenas um vértice de grau Δ. Prove que $\chi(G) \leq \Delta$.

52.15. Seja G um grafo com a propriedade de que $\delta(H) \leq d$ para todos os subgrafos induzidos, H, de G. Prove que $\chi(G) \leq d + 1$.

52.16. Considere o grafo da figura. Note que ele não contém K_3 como subgrafo. Faça o seguinte:

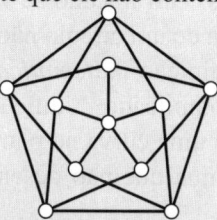

  a. Mostre que esse grafo é 4-colorizável.
  b. Mostre que esse grafo tem número cromático igual a 4.
  c. Mostre que, se eliminarmos qualquer aresta desse grafo, o grafo resultante tem número cromático 3.

52.17. Seja G um grafo com 100 vértices. Uma forma de determinarmos se G é 3-colorizável consiste em examinar todas as 3-colorações possíveis de G. Se um computador pode verificar um milhão de colorações por segundo, quanto tempo seria necessário para verificar todas as 3-colorações possíveis?

52.18. Além de colorir os vértices de um grafo, matemáticos estão interessados na coloração das arestas. Em uma coloração de vértice, os que estão em uma aresta comum devem ser de cores diferentes. Em uma coloração de arestas, as que compartilham um vértice comum devem ser de cores diferentes.

Mais precisamente, uma coloração adequada k-arestas de um gráfico G é uma função $f: E(G) \to \{1, 2, \ldots, k\}$ com a propriedade se e e e' são arestas distintas que têm um ponto final comum, então $f(e) \neq f(e')$.

A aresta do *número cromático de G*, denominada $\chi'(G)$, é o menor k de modo que G tem uma aresta k colorida própria.|

Por favor, faça:

  a. Mostre que o número cromático da aresta do grafo na figura é 4.
  b. Prove que se T é uma árvore, então $\chi'T = \Delta(T)$.
  c. Dê um exemplo de um grafo G do qual $\chi'(G) > \Delta(G)$.

■ 53 Grafos planares

Nesta seção, vamos estudar *desenhos*, ou traçados, de grafos. Estamos particularmente interessados em grafos que podem ser traçados sem atravessar arestas.

Curvas perigosas

Um gráfico e seu traçado são objetos muito diferentes. Um *grafo* é, conforme a Definição 47.1, um par de conjuntos finitos (V, E) que satisfazem certas propriedades. Seu *traçado* se faz à tinta em papel; é uma abreviatura notacional que, em geral, é mais fácil de assimilar do que a representação escrita completa dos dois conjuntos V e E.

Nesta seção, vamos adotar uma abordagem diferente. Estudamos não somente grafos, mas também seus traçados. Um traçado se faz com tinta sobre papel – não é um objeto matemático. (Uma figura de um círculo não é um círculo.) Assim, nossa primeira preocupação deve ser uma definição *matemática* cuidadosa de traçado de um grafo. Infelizmente, isso é bastante complicado. A dificuldade consiste principalmente em definir o que queremos dizer com uma curva no plano. A definição precisa de *curva* exige conceitos de matemática contínua que não desenvolvemos e que ultrapassam o nível deste livro.

Em vez disso, continuamos a viver perigosamente. Procedemos com nosso entendimento intuitivo do que é uma curva. Note que uma curva pode ter cantos e seções retilíneas. Na verdade, um segmento de reta é uma curva. Entretanto, deve consistir um único trecho ou pedaço. A figura anterior mostra três curvas separadas. Uma *curva simples* uma curva que liga dois pontos distintos no plano, e não se intercepta.

A curva superior da figura é simples; as outras duas não o são.

Se uma curva volta ao seu ponto de partida, nós a chamamos *fechada*. Se o primeiro/último ponto da curva é o único ponto desta que é repetido, dizemos que a curva é *fechada simples*. A curva do meio no diagrama é uma curva fechada simples. A terceira curva não é simples nem fechada.

Antes de começarmos a trabalhar com grafos planares, é necessário fazermos uma advertência. Algumas demonstrações desta seção não são rigorosas. Seremos honestos com você quando não estivermos trabalhando com todo rigor. O problema é que a demonstração completa desses resultados exige uma compreensão profunda de curvas, quando nem sequer demos ainda uma definição adequada de curva. Por exemplo, utilizamos (implicitamente) o teorema a seguir.

❖ TEOREMA 53.1

(**Curva de Jordan**) Uma curva fechada simples no plano divide-o em duas regiões: o interior da curva e o exterior da curva.

A reação de muitos estudantes ao teorema da curva de Jordan é que ele é tão óbvio que não exige demonstração. Ironicamente, essa afirmação "simples" e "óbvia" é que é difícil de provar. Não obstante, vamos aceitá-la e utilizá-la.

Inclusão

Um *desenho* é um diagrama feito com tinta em um papel. A abstração matemática de um desenho é chamada *inclusão*. Uma inclusão de um grafo é uma coleção de pontos e curvas em um plano que verifica as seguintes condições:

- A cada vértice do grafo é associado um ponto no plano; a vértices distintos são associados pontos distintos (isto é, não há dois vértices ao qual seja associado o mesmo ponto).
- A cada aresta do grafo é associada uma curva no plano. Se a aresta é $e = xy$, então os pontos extremos da curva para e são exatamente os pontos associados a x e a y. Além disso, nenhum outro vértice se situa sobre essa curva.

Se todas as curvas são simples (não se cruzam a si mesmas) e se as curvas de duas arestas não se interceptam (exceto em uma extremidade, se ambas são incidentes com o mesmo vértice), então dizemos que a inclusão é *livre de cruzamentos*.

A figura mostra duas inclusões do grafo K_4. Note que exageramos os pontos, representando-os como pequenos círculos. A figura a seguir exibe uma inclusão em K_4 livre de cruzamentos.

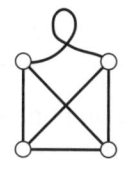

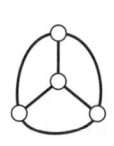

Nem todos os grafos têm inclusões livres de cruzamento no plano. Os que os têm recebem um nome especial.

• DEFINIÇÃO 53.2

(**Grafo planar**) Um *grafo planar* é um grafo que tem uma inclusão livre de cruzamento no plano.

Por exemplo, o grafo K_4 é planar, mas o gráfico K_5 não o é. Como podemos saber? Podemos procurar achar um desenho de K_5 livre de cruzamentos e não conseguir, mas isso não constitui propriamente uma prova. De forma alternativa, estudamos propriedades de grafos planares e utilizamos esse conhecimento para provar que K_5 não é planar. O primeiro passo em direção a esse objetivo é um resultado clássico devido a Euler.

Fórmula de Euler

Seja G um grafo planar e consideremos uma inclusão de G livre de cruzamentos, tal como na figura. Nesse desenho, vemos os pontos e curvas da inclusão. Vemos, também, outra característica: *faces*. Uma *face* é uma porção do plano recortada pelo desenho. Imaginemos o grafo traçado em um pedaço material de papel. Se cortamos o papel ao longo das curvas que representam as arestas de G, o papel se separa em vários pedaços. Cada um desses pedaços é chamado uma *face* (ou *região*) da inclusão.

Essa definição de *face* não é rigorosa.

O desenho do grafo na figura tem cinco faces. Sim, cinco é o número correto. Há quatro faces *limitadas* (faces apenas com área finita) e uma face *não limitada* que circunda o grafo.

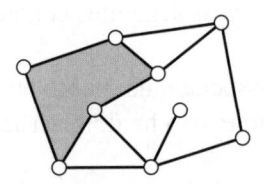

O grafo desta figura tem $n = 9$ vértices, $m = 12$ arestas e $f = 5$ faces. Sugiro-lhe que elabore vários outros desenhos, livres de cruzamento, de grafos planares conexos e, para cada um, registre quantos vértices, arestas e faces cada desenho tem. Observe seus números e veja se descobre o resultado seguinte (evite dar uma olhadela).

❖ TEOREMA 53.3

(**Fórmula de Euler**) Seja G um grafo planar conexo com n vértices e m arestas. Escolhamos uma inclusão sem cruzamentos para G e seja f o número de faces na inclusão. Então

$$n - m + f = 2.$$

Ressalte-se que a hipótese *conexo* é importante. Uma extensão desse resultado abrange os casos em que o grafo não é conexo (ver Exercício 53.3).

> Esta prova não é 100% rigorosa. Não há afirmações inverídicas, mas algumas de nossas afirmações não têm suporte. Em particular, quando eliminamos do grafo uma aresta não de corte, afirmamos – mas não provamos – que duas faces se confundem em uma única face.

Prova. Essa prova se faz por indução sobre o número de arestas no grafo planar G.

Suponhamos que G tenha n vértices. O caso básico para essa prova ocorre quando o número de arestas é $n - 1$, pois um grafo conexo com n vértices deve ter ao menos $n - 1$ arestas (ver Seção 50).

Caso básico: Como G é conexo e tem $m = n - 1$ arestas, sabemos que G é uma árvore. No desenho de uma árvore, há apenas uma face (a face não limitada), pois não há ciclos para incluir faces adicionais. Assim, $f = 1$. Temos, portanto,

$$n - m + f = n - (n - 1) + 1 = 2$$

conforme exigido.

Hipótese de indução: Suponhamos que todos os grafos planares conexos com n vértices e m arestas satisfaçam a fórmula de Euler.

Seja G um grafo planar com n vértices e $m + 1$ arestas. Escolhamos uma inclusão sem cruzamentos de G e seja f o número de faces nessa inclusão. Devemos provar que $n - (m + 1) + f = 2$.

Seja e uma aresta de G que não é uma aresta de corte. Como G tem mais de $n - 1$ arestas, não é uma árvore, e, portanto (Teorema 50.5), nem todas as suas arestas são arestas de corte. Portanto, $G - e$ é conexo.

Se eliminamos e do desenho de G, temos uma inclusão sem cruzamentos de $G - e$, e assim $G - e$ é planar. Ressalte-se que $G - e$ tem n vértices e $(m + 1) - 1 = m$ arestas.

Afirmamos que o desenho tem $f - 1$ faces. A aresta que deletamos faz que as duas faces de qualquer dos lados se incorporem em uma única face, de forma que o desenho de $G - e$ tenha menos uma face que o desenho de G.

Ora, por indução, temos

$$n - m + (f - 1) = 2$$

que se redispõe como

$$n - (m + 1) + f = 2$$

que é o que devíamos provar.

Seja G um grafo planar conexo com n vértices e m arestas. Podemos resolver a equação $n - m + f = 2$ em relação a f, obtendo $f = 2 - n + m$. Isso tem uma consequência importante. O número de vértices e arestas são grandezas que dependem apenas do grafo G – nada têm a ver com a maneira como o grafo é traçado no plano. Em contrapartida, f é o número de faces em determinado desenho de G sem cruzamentos. Pode haver diferentes maneiras de traçar G sem cruzamentos. A implicação da fórmula de Euler é que, independentemente de como traçamos o grafo, o número de faces é sempre o mesmo.

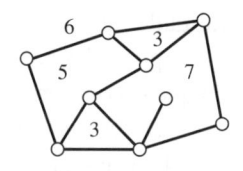

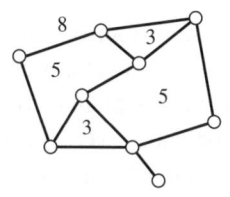

Consideremos, por exemplo, os dois desenhos do grafo na figura. Em ambos os casos, os grafos têm $f = 2 - n + m = 2 - 9 + 12 = 5$ faces.

Note que escrevemos um número no interior de cada face. Esse número, que indica o número de arestas que estão na fronteira daquela face, é chamado *grau* da face. Na figura superior, é digna de nota a face com grau igual a 7. Observe que há apenas seis arestas que tocam aquela face. Por que, então, dizemos que essa face é de grau 7? A aresta da folha tem ambos os lados na fronteira da face; portanto, essa aresta conta duas vezes quando calculamos o grau. O conceito de *lado* de uma aresta não tem qualquer sentido quando estamos considerando apenas grafos. Todavia, tem sentido quando consideramos a inclusão de um grafo.

Como cada aresta tem dois lados, ela contribui com um valor total de 2 para os graus das faces que ela toca. Se uma aresta toca apenas uma face, então conta duas vezes para o grau da face. Se toca duas faces, conta uma vez para o grau de cada uma das duas faces. Portanto, se adicionamos os graus de todas as faces na inclusão, obtemos o dobro do número de arestas no grafo. Acabamos de mostrar o seguinte.

▶ PROPOSIÇÃO 53.4

Seja G um grafo planar. A soma dos graus das faces em uma inclusão de G sem cruzamentos no plano é igual a $2|E(G)|$.

Quão pequeno pode ser o grau de uma face? Se o grafo é simplesmente K_1, então a inclusão consiste em apenas um ponto, e há apenas uma face (todo o plano menos um ponto). Essa face é delimitada por zero arestas e tem, assim, grau 0.

Se o grafo tem apenas uma aresta, então, como anteriormente, há apenas uma face. A "fronteira" dessa face é apenas a aresta única – que conta em dobro para o grau; assim, essa face tem grau 2.

Desde que um grafo planar tenha duas (ou mais) arestas, então todas as faces têm grau no mínimo 3. (Tecnicamente, deveríamos provar esse fato, mas estamos adotando uma abordagem não muito rigorosa para os grafos planares apenas nesta seção. Você deve traçar figuras para se convencer desse fato.)

Lançamos mão do conceito de grau-face para provar o seguinte corolário do Teorema de Euler.

> **COROLÁRIO 53.5**

Seja G um grafo planar com ao menos duas arestas. Então,

$$|E(G)| \leq 3|V(G)| - 6.$$

Além disso, se G não contém K_3 como subgrafo, então

$$|E(G)| \leq 2|V(G)| - 4.$$

Prova. Ressalte-se primeiro, sem perda de generalidade, que G é conexo. Se G não for conexo, podemos acrescentar arestas únicas entre componentes para torná-lo conexo, e o grafo resultante ainda é planar, com mais arestas do que o grafo original. Se o grafo maior satisfaz a desigualdade $|E(G)| \leq 3|V(G)| - 6$, então o grafo original também a satisfaz.

Seja G um grafo planar conexo com, ao menos, duas arestas. Escolha uma inclusão de G sem cruzamento; essa inclusão tem f faces. Pela fórmula de Euler, $f = 2 - |V(G)| + |E(G)|$.

Calculemos a soma dos graus das faces nessa inclusão.

Por um lado (pela Proposição 53.4), a soma dos graus das faces é $2|E(G)|$; por outro, toda face tem grau 3, no mínimo, de modo que a soma dos graus das faces é, no mínimo, $3f$. Temos, portanto,

$$2|E(G)| \geq 3f$$

que podemos reescrever como $f \leq \frac{2}{3}|E(G)|$.

Levando esse resultado na fórmula de Euler, obtemos

$$2 - |V(G)| + |E(G)| = f \leq \frac{2}{3}|E(G)|$$

que se escreve como $2 - |V(G)| + \frac{1}{3}|E(G)| \leq 0$, que, por sua vez, dá

$$|E(G)| \leq 3|V(G)| - 6.$$

Deixamos como exercício a prova da segunda desigualdade (Exercício 53.4).

Eis outra consequência da fórmula de Euler.

> **COROLÁRIO 53.6**

Seja G um grafo planar com grau mínimo δ. Então, $\delta \leq 5$.

Prova. Seja G um grafo planar. Se G tem menos de duas arestas, então é claro que $\delta \leq 5$. Podemos, pois, supor que G tenha, no mínimo, duas arestas.

Assim, pelo Corolário 53.5, temos $|E(G)| \leq 3|V(G)| - 6$.

O grau mínimo δ não pode superar o grau médio. Denotemos por $\overline{d}$. o grau médio em G. Assim, $\delta \leq \overline{d}$.

Podemos agora calcular

$$\delta \leq \overline{d} = \frac{\sum_{v \in V(G)} d(v)}{|V(G)|} = \frac{2|E(G)|}{|V(G)|} \leq \frac{2(3|V(G)| - 6)}{|V(G)|} = 6 - \frac{12}{|V(G)|} < 6$$

mas, como δ é um inteiro, temos $\delta \leq 5$.

Grafos não planares

Um grafo que não é planar recebe o nome de *não planar*. Podemos aplicar o Corolário 53.5 para provar que certos grafos são não planares.

▶ **PROPOSIÇÃO 53.7**

O grafo K_5 é não planar.

Prova. Suponhamos, por contradição, que K_5 fosse planar. Pelo Corolário 53.5, teríamos

$$10 = |E(G)| \leq 3|V(G)| - 6 = 3 \times 5 - 6 = 9,$$

uma contradição. ⇒⇐ Portanto, K_5 é não planar.

> O corolário 53.5 não é um resultado do tipo se e somente se. O grafo na figura satisfaz a desigualdade $|E| \leq 3|V| - 6$, mas é não planar.

Considere o grafo da figura: ele é planar? Observe que ele possui sete vértices e doze arestas. Ele satisfaz a fórmula $|E(G)| \leq 3|V(G)| - 6$? Sim: note que $12 \leq 15 = 3 \times 7 - 6$.

Afirmamos que o grafo da figura é não planar. Suponhamos que o fosse. Então haveria uma inclusão sem cruzamento. Dada tal inclusão, podemos ignorar os dois vértices de grau 2. O caminho entre o vértice inferior esquerdo e o vértice inferior direito é representado por uma curva em três seções, que podemos encarar como uma curva única. Assim, se o grafo da figura tem uma inclusão planar sem cruzamentos, também o tem K_5. Entretanto, como K_5 não apresenta tal inclusão, também não o tem o grafo na figura.

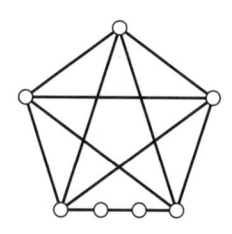

O grafo da figura é um exemplo de *subdivisão* de K_5. Uma *subdivisão* de G é formada a partir de G substituindo-se arestas por caminhos. Obviamente, se um grafo é planar, suas subdivisões também o são. E a recíproca dessa afirmação também é verdadeira: se um grafo é não planar, então também o são todas as suas subdivisões.

Portanto, qualquer subdivisão de K_5 é não planar. Além disso, qualquer grafo que contenha uma subdivisão de K_5 como subgrafo deve também ser não planar.

Consideremos, em seguida, o grafo bipartido completo $K_{3,3}$. Esse grafo tem seis vértices e nove arestas, satisfazendo, assim, a desigualdade $9 = |E(G)| \leq 3|V(G)| - 6 = 3 \times 6 - 6 = 12$. Todavia, como $K_{3,3}$ é bipartido, não contém ciclos ímpares. Em particular, não contém K_3 como subgrafo. Podemos, pois, considerar a desigualdade mais forte $|E(G)| \leq 2|V(G)| - 4$ no Corolário 53.5.

▶ **PROPOSIÇÃO 53.8**

O grafo $K_{3,3}$ é não planar.

Prova. Suponhamos, por contradição, que $K_{3,3}$ fosse planar. Como ele não contém K_3 como subgrafo, temos (aplicando a segunda parte do corolário 53.5)

$$9 = |E(G)| \leq 2|V(G)| - 4 = 2 \times 6 - 4 = 8$$

o que é uma contradição. ⇒⇐ Portanto, $K_{3,3}$ é não planar.

Isso resolve o problema do gás-água-eletricidade da Seção 47. Não se pode fazer passar linhas de serviços entre os três serviços e as três casas – se tal fosse possível, teríamos uma inclusão de $K_{3,3}$ sem cruzamentos, mas isso é impossível!

Não só $K_{3,3}$ é não planar, como também é qualquer grafo subdivisão que possamos formar a partir de $K_{3,3}$. Além disso, qualquer grafo que contenha como subgrafo uma subdivisão de $K_{3,3}$ deve igualmente ser não planar.

O notável resultado de Kuratowski que segue afirma que K_5 e $K_{3,3}$ são os "únicos" grafos não planares. Eis o que queremos dizer.

❖ **TEOREMA 53.9**

(Kuratowski) Um grafo é planar se e somente se não contém como subgrafo qualquer subdivisão de K_5 ou de $K_{3,3}$.

Mostramos a parte mais fácil do teorema de Kuratowski. Se G contém, como subgrafo, uma subdivisão de K_5 ou de $K_{3,3}$, então G não pode ser planar – se G o fosse, poderíamos criar uma inclusão de K_5 ou de $K_{3,3}$ sem cruzamentos – o que é impossível.

A parte mais difícil desse resultado consiste em provar que, se um grafo não contém, como subgrafo, uma subdivisão de K_5 ou de $K_{3,3}$, então o grafo deve ser planar. Para demonstração, você deve consultar qualquer texto avançado sobre a teoria dos grafos.

O teorema de Kuratowski é uma caracterização admirável de planaridade. Se um grafo é planar, é possível convencê-lo desse fato, exibindo um desenho sem cruzamentos. No entanto, se um grafo for não planar, pode-se convencê-lo, encontrando uma subdivisão de K_5 ou de $K_{3,3}$ como subgrafo de nosso grafo.

Coloração de grafos planares

Voltemos ao problema da coloração dos mapas da Seção 47. Conforme discutimos na Seção 52, o problema da coloração de um mapa equivale ao problema de colorir um grafo. O que não levamos em conta anteriormente foi que o grafo que se origina de um mapa goza de uma propriedade especial: deve ser planar. Para vermos por que, começamos com um mapa. Localizamos um vértice para cada país na respectiva capital. A partir dessa capital, traçamos curvas até as suas várias fronteiras. Essas curvas se desdobram em padrão com forma de estrela e não se interceptam mutuamente. Mandamos cada curva para o ponto médio da fronteira onde ela se liga à curva que emana da capital de seu vizinho.

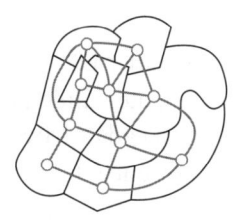

Dessa maneira, construímos uma inclusão planar do grafo que pretendemos colorir. Assim, o problema da coloração dos mapas se torna: todo grafo planar é 4-colorizável? A resposta é *sim* – o que foi demonstrado por Appel e Haken na década de 1970.

❖ TEOREMA 53.10

(**Quatro cores**) Se G é um grafo planar, então $\chi(G) \leq 4$.

Esse teorema é o melhor possível, no sentido de que o número 4 não pode ser substituído por um valor menor. O grafo K_4 é planar, e $\chi(K_4) = 4$ (Exemplo 52.3).

A prova do teorema das quatro cores é longa e complicada. Um dos aspectos interessantes da prova é que exige grande volume de cálculo. Aproximadamente, Appel e Haken mostraram como reduzir o problema das quatro cores a cerca de 2 mil casos. Provaram, também, como cada caso pode ser verificado por um programa de computador. Criaram, então, e puseram em funcionamento, os programas necessários para verificar cada um desses casos.

Nesta seção, vamos provar uma versão mais simples do teorema das quatro cores. Mostraremos que todo grafo planar é 5-colorizável. Começamos mostrando que todo grafo planar é 6-colorizável.

▶ PROPOSIÇÃO 53.11

(**Seis cores**) Se G é um grafo planar, então $\chi(G) \leq 6$.

Prova. A prova se faz por indução sobre o número de vértices no grafo.

Caso básico: O teorema é obviamente verdadeiro para todos os grafos com seis ou menos vértices, pois podemos atribuir a cada vértice uma cor diferente.

Hipótese de indução: Suponhamos que o teorema seja válido para todos os grafos em n vértices (isto é, todos os grafos planares com n vértices são 6-colorizáveis).

Seja G um grafo planar com $n + 1$ vértices. Pelo Corolário 53.6, G contém um vértice, v, com $d(v) \leq 5$. Seja $G' = G - v$. Ressalte-se que G' é planar e tem n vértices. Por indução, G' é 6-colorizável. Vamos colorir adequadamente os vértices de G' usando apenas seis cores. Podemos estender essa coloração a G atribuindo uma cor a v. Ressalte-se que v tem, no máximo, cinco vizinhos, havendo, assim, alguma outra cor que possamos atribuir a v e que seja diferente das cores de seus vizinhos. Isso nos dá uma 6-coloração própria de G e, assim, $\chi(G) \leq 6$.

A lógica global para provar que χ(G) ≤ 5 para grafos planares é análoga. A dificuldade ocorre quando há cinco vizinhos do vértice v e todos eles têm cores diferentes.

❖ **TEOREMA 53.12**

(**Cinco cores**) Se G é um grafo planar, então χ(G) ≤ 5.

Prova. Faz-se por indução sobre o número de vértices no grafo.

Caso básico: o teorema é obviamente válido para todos os grafos com cinco ou menos vértices, pois podemos associar a cada vértice uma cor diferente.

Hipótese de indução: suponhamos que o teorema seja válido para todos os grafos em n vértices (isto é, todos os grafos planares com n vértices são 5-colorizáveis).

Seja G um grafo planar com $n + 1$ vértices. Pelo Corolário 53.6, G contém um vértice, v, com $d(v) \leq 5$. Seja $G' = G - v$. Ressalte-se que G' é planar e tem n vértices. Por indução, G' é 5-colorizável. Vamos colorir propriamente os vértices de G' utilizando apenas cinco cores.

Desejamos estender essa coloração a G, associando uma cor a v. Consideremos os vizinhos de v. Se, entre os vizinhos de v, há apenas quatro cores diferentes, então há uma cor sobrando, que podemos associar a v. Isso nos dá uma 5-coloração própria de G.

O problema foi reduzido ao caso em que $d(v) = 5$ e todos os seus cinco vizinhos têm cores diferentes. Não há maneira de estender essa coloração a v; qualquer que seja a cor que escolhamos para v, ela seria a mesma que a de um de seus vizinhos. Assim, para estendermos a coloração ao vértice v, precisamos recolorir alguns vértices.

Como G é planar, escolhamos uma inclusão de G livre de cruzamentos. Todo vértice de v, exceto v, foi colorido com cores do conjunto $\{1, 2, 3, 4, 5\}$. Sejam $u_1, u_2, \ldots, u_5$ os cinco vizinhos de v em ordem horária e, sem perda de generalidade, suponhamos que u_i tenha cor i (para $i = 1, 2, \ldots, 5$).

A ideia básica é trocar a cor em um dos vizinhos de v. Mudemos a cor de u_1 de 1 para 3. Podemos agora simplesmente colorir v com a cor 1 e comemorar. O problema é, entretanto, que u_1 pode ter um vizinho que tenha a cor 3; nesse caso, a mudança de u_1 para a cor 3 cria uma aresta cujas extremidades têm ambas a mesma cor e, assim, a coloração não seria própria (ver figura).

Mudar simplesmente a cor de u_1 de 1 para 3 não resolve esse problema. Precisamos ser mais agressivos!

Seja $H_{1,3}$ o subgrafo de G induzido por todos os vértices com cores 1 ou 3. Em outras palavras, tomamos apenas os vértices com cor 1 ou 3, e todas as arestas que unem tais vértices; chamamos $H_{1,3}$ esse subgrafo. Note que, se em uma componente de $H_{1,3}$ permutamos as cores 1 e 3, ainda teremos uma coloração própria de G' (tenha em mente que v ainda não foi colorido).

Permutamos, pois, as cores 1 e 3 na componente de $H_{1,3}$ que contém o vértice u_1.

Essa permuta de cores resulta em uma coloração própria de G' em que o vértice u_1 tem cor 3. Estamos prontos para colorir o vértice v com a cor 1. O problema, entretanto, é que o vértice u_3 também pode estar na mesma componente de $H_{1,3}$ que o vértice u_1. Então, a despeito da troca de cor 1 por 3, v ainda tem todas as cinco cores presentes em seus vizinhos.

Se u_1 e u_3 estão em componentes separadas de $H_{1,3}$, então a permuta de cores 1 por 3 funciona perfeitamente. Permutamos as cores 1 e 3 na componente de $H_{1,3}$ que inclui u_1 (mas não u_3). Isso nos dá uma coloração modificada (porém própria) de G', em que a cor 3 não está presente em qualquer dos vizinhos de v e, assim, podemos colorir v com a cor 1.

Resta considerarmos o caso em que u_1 e u_3 estão na mesma componente de $H_{1,3}$ (isto é, há um caminho P em $H_{1,3}$ de u_1 a u_3, conforme a figura).

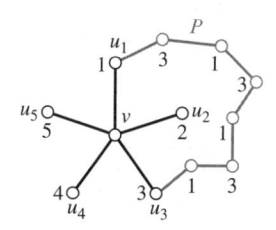

Se u_1 e u_3 estão na mesma componente de $H_{1,3}$, procedemos como segue. Argumentamos como anteriormente, mas agora procuramos recolorir o vértice u_2 com a cor 4. Denotemos por $H_{2,4}$ o subgrafo de G induzido nos vértices de cor 2 ou cor 4. Se u_2 e u_4 estão em componentes separadas de $H_{2,4}$, então podemos recolorir a componente de u_2 permutando as cores 2 e 4. A coloração modificada resultante é uma 5-coloração própria de G' em que nenhum vizinho de v tem a cor 2. Nesse caso, associamos simplesmente ao vértice v a cor 2 e obtemos uma 5-coloração própria de G.

Como anteriormente, o problema é que talvez u_2 e u_4 estejam na mesma componente de $H_{2,4}$. Afirmamos, entretanto, que isso não pode ocorrer. Suponhamos que haja um caminho, Q, de u_2 para u_4. Observe que os vértices ao longo de Q são coloridos com as cores 2 e 4, enquanto os vértices em P são coloridos com as cores 1 e 3. Assim, P e Q não têm vértices em comum. Além disso, o caminho P, juntamente com o vértice v, forma um ciclo. Esse ciclo se transforma em uma curva simples fechada no plano. Note que os vértices u_2 e u_4 estão situados sobre lados diferentes dessa curva! Portanto, o caminho Q de u_2 a u_4 deve passar do interior dessa curva fechada simples para seu exterior, e onde isso ocorre, há um cruzamento de arestas.

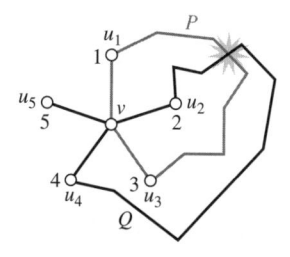

Todavia, por construção, essa inclusão não tem cruzamentos de arestas! Portanto, os vértices u_2 e u_4 devem estar em componentes separadas de $H_{2,4}$, podendo-se usar a técnica 2-para-4 de recoloração. Por fim, colorimos o vértice v com a cor 2, associando a G uma 5-coloração apropriada.

Recapitulando

Introduzimos o conceito de grafo planar: grafos que podem ser traçados no plano sem cruzamento de arestas. Apresentamos a fórmula de Euler, que relaciona os números de vértices, arestas e faces de um grafo planar conexo, e a utilizamos para achar cotas para o número de arestas em um grafo planar. Mostramos que K_5 e $K_{3,3}$ são não planares e discutimos o teorema de Kuratowski, que afirma, em essência, que esses dois grafos são os únicos grafos não planares "fundamentais". Discutimos, então, o teorema das quatro cores e provamos o resultado mais simples – todos os grafos planares são 5-colorizáveis.

53 Exercícios

53.1. Dê um exemplo de uma curva fechada, mas não simples.

53.2. Cada um dos grafos da figura é planar. Redesenhe esses grafos eliminando os cruzamentos.

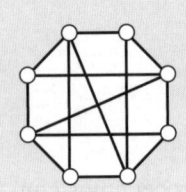

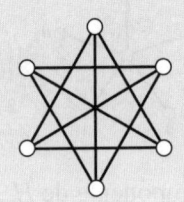

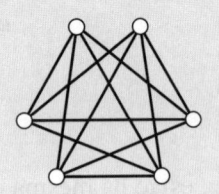

53.3. Seja G um grafo planar com n vértices, m arestas e c componentes. Seja f o número de faces em uma inclusão de G sem cruzamentos. Prove que

$$n - m + f - c = 1.$$

53.4. Complete a prova do Corolário 53.5. Isto é, prove que, se G é planar, possui ao menos duas arestas e não contém K_3 como subgrafo, então $|E(G)| \leq 2|V(G)| - 4$.

53.5. Seja G um grafo com 11 vértices. Prove que ou G ou $\overline{G}$ deve ser não planar.

53.6. Seja G um grafo 5-regular com dez vértices. Prove que G é não planar.

53.7. Para quais valores de n o n-cubo Q_n é planar? (Ver Exercício 52.13.) Prove sua resposta.

53.8. O grafo da figura a seguir é conhecido como *grafo de Petersen*. Prove que ele é não planar, determinando seja uma subdivisão de K_5, ou uma subdivisão de $K_{3,3}$ como subgrafo.

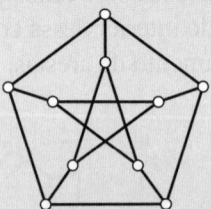

53.9. Dê uma pequena prova que $\chi(G) \leq 6$ para grafos planares (Proposição 53.11), aplicando o resultado do Exercício 52.15 e Corolário 53.6.

53.10. Seja $G = (V, E)$ um grafo planar em que cada ciclo tem comprimento no mínimo 8.
  a. Prove que $|E| \leq \frac{4}{3}|V| - \frac{8}{3}$. (Você pode supor que o grafo tenha, ao menos, um ciclo.)
  b. Prove que $\delta(G) \leq 2$.
  c. Prove que $\chi(G) \leq 3$.

53.11. Um grafo é chamado *periplanar* se ele pode ser traçado no plano para que todos os vértices sejam incidentes com uma face comum (que pode demorar para ser a face ilimitada). Exemplos de gráficos periplanares incluem árvores e ciclos. Além disso, se traçarmos um ciclo e adicionarmos arestas diagonais não cruzadas, o grafo resultante é também periplanar.

  a. Seja G um grafo que contém um vértice v, que é adjacente a todos os outros vértices em G. Mostre que G é planar se e somente se $G - v$ é periplanar.
  b. Mostre que K_4 não é periplanar.
  c. Mostre que $K_{2,3}$ não é periplanar.
  d. Mostre que G é um grafo periplanar com $n \geq 3$ vértices, então G tem no máximo $2n - 3$ arestas.
  e. Note que se G é periplanar, então $\chi(G) \leq 3$.

53.12. Um *grafo platônico* é um grafo planar conexo em que todos os vértices têm o mesmo grau r ($3 \leq r \leq 5$) e em cuja inclusão sem cruzamentos todas as faces têm o mesmo grau s (com $3 \leq s \leq 5$). Seja G um grafo platônico com v vértices, e arestas e f faces.

  a. Prove que $vr = fs$. Qual é a relação dessa grandeza com e?
  b. Prove que, se $r = s = 3$, então $v = f = 4$. Conclua que K_4 é o único grafo platônico com $r = s = 3$.
  c. Prove que

  $$e = \frac{2}{\frac{2}{r} + \frac{2}{s} - 1}.$$

  d. Ao todo, há nove pares ordenados (r, s) com $3 \leq r, s \leq 5$. Aplique a equação da parte (c) para excluir a existência de grafos platônicos com alguns desses valores.
  e. Para os pares (r, s) que não foram excluídos na parte (d), determine um grafo platônico com grau de vértice r e grau de face s.

53.13. Forma-se uma bola de futebol unindo-se pentágonos e hexágonos regulares. Os comprimentos dos lados desses polígonos são todos iguais, de forma que as arestas se ajustam exatamente. Cada canto de um polígono é o local de encontro de exatamente 3 polígonos. Prove que deve haver exatamente 12 pentágonos.

Autoteste

1. Trace a figura do grafo a seguir:

$$(\{1, 2, 3, 4, 5\}, \{\{1, 2\}, \{1, 3\}, \{3, 4\}\}).$$

2. Encontre um grafo em dez vértices cujos graus sejam 6, 5, 5, 5, 4, 4, 4, 4, 3 e 3, ou então prove que tal grafo não existe.

3. Seja G um grafo com 100 vértices. O conjunto de vértices de G pode ser particionado em dez conjuntos, cada qual com dez vértices; sendo assim,

$$V(G) = W_1 \cup W_2 \cup \ldots \cup W_{10}.$$

Os W_i estão divididos em pares e todos possuem cardinalidade 10.

Em G, não há arestas entre os vértices no mesmo W_i, mas entre W_i e W_j (com $i \neq j$) estão presentes todas as arestas possíveis.

Quantas arestas G possui?

4. Seja G um grafo com dez vértices e 15 arestas.
   a. Quantos subgrafos induzidos G possui?
   b. Quantos subgrafos geradores G possui?

5. Sejam a e b vértices distintos em um grafo completo de dez vértices, K_{10}. Quantos caminhos de comprimento 5 existem partindo de a para b?

6. Sejam a e b vértices distintos em um grafo completo de dez vértices, K_{10}. Quantos passeios de comprimento 5 existem partindo de a para b?

    Em comparação com a que foi proposta no exercício 5, essa questão é mais difícil. Como forma de auxílio para responder a essa questão, utilize as etapas seguintes:

    a. Defina $f(k)$ como o número de passeios com comprimento-k entre vértices distintos em K_{10} e $g(k)$ como o número de passeios com comprimento-k em K_{10} a partir de um vetor e de volta a ele mesmo.

        Encontre os valores de $f(0)$, $g(0)$, $f(1)$ e $g(1)$.
    b. Suponhamos que $k > 1$. Expresse $f(k)$ em termos de $f(k-1)$ e $g(k-1)$.
    c. Suponhamos que $k > 1$. Expresse $g(k)$ em termos de $f(k-1)$ e $g(k-1)$.
    d. Utilize as respostas encontradas para resolver $f(5)$.

7. Seja G um grafo com n vértices. Suponhamos que $\delta(G) \geq n/2$. Prove que G é conexo.

8. Entre os vários subgrafos de K_5, quantos são ciclos?

    Nota: Já que se faz necessário contar subgrafos, não considere o sentido ou o vértice inicial do ciclo.

9. Seja G um grafo conexo no qual o grau médio de um vértice é menor que 2. Prove que G é uma árvore.

    Nota: Essa situação é o oposto do Exercício 50.2.

10. Suponhamos que T_1 e T_2 sejam árvores em um conjunto comum de vértices; isto é, $V(T_1) = V.(T_2)$. Suponhamos também que, para qualquer vértice υ, o grau de υ nas duas árvores seja o mesmo (por exemplo, $d_{T_1}(\upsilon) = d_{T_2}(\upsilon)$).

    Agora, responda e prove a seguinte pergunta: T_1 e T_2 devem ser, nessa situação, grafos isomorfos?

11. Qual é o número máximo de arestas que pode apresentar um grafo desconexo em dez vértices?

12. Lembrando que um caminho hamiltoniano de um grafo é aquele que inclui todos os vértices de um grafo, demonstre que é possível particionar as arestas de K_8 em caminhos hamiltonianos, e que as arestas de K_9 não podem ser particionadas dessa maneira.

    Nota: Uma partição de $E(K_8)$ em caminhos hamiltonianos é uma coleção de caminhos que inclui cada uma das arestas de K_8 exatamente uma vez.

13. Seja T uma árvore contendo três vértices distintos a, b e c. De acordo com o Teorema 50.4, há um caminho único partindo de a para b (definido como P), outro também único de b para c (definido como Q) e mais um igualmente único de a para c (definido como R).

    Prove que P, Q e R possuem exatamente um vértice em comum.

14. Seja G um grafo. Prove que G é Euleriano se, e somente se, para cada particionamento de $V(G) = A \cup B$ (com $A \cap B = \emptyset$ e A e B não sendo vazios), o número de arestas com uma extremidade em A e a outra em B seja igual, mas diferente de zero.

15. Seja G um grafo bipartido com bipartição $X \cup Y$. Prove ou refute: $\alpha(G)$ é igual ao maior de $|X|$ ou $|Y|$.

16. Um matemático está tentando descobrir se existe uma relação entre o número de vértices, n, em um grafo e o produto da independência do grafo e dos números de cliques. (Sabemos do Exercício 52.8 que $\chi(G) \geq n/\alpha(G)$, então talvez possamos mostrar que $\omega(G) \geq n/\alpha(G)$.) Infelizmente, não existe uma boa relação. Demonstre isso encontrando três grafos com as seguintes propriedades:

    a. G tem n vértices e $n > \alpha(G)\omega(G)$.
    b. G tem n vértices e $n = \alpha(G)\omega(G)$.
    c. G tem n vértices e $n < \alpha(G)\omega(G)$.

    Elogios extra se seus três exemplos tiverem o mesmo número de vértices.

17. Seja G o grafo na figura a seguir:

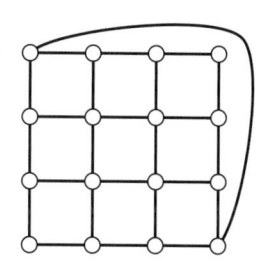

Encontre, com provas, $\chi(G)$.

18. Chama-se de *roda* um grafo formado, a partir de um ciclo, pela adição de um novo vértice adjacente a todos os outros vértices no ciclo. A notação de um grafo *roda* com n vértices é W_n; o grafo W_6 está demonstrado na figura. Observe que W_6 foi feito com base em um ciclo de cinco vértices mais um vértice adicional.

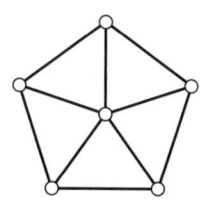

Para $n \geq 3$ encontre, com provas, $\chi(W_n)$.

19. Seja n um número inteiro com $n \geq 4$. Encontre, com provas, $\chi(\overline{C_n})$.

20. Seja G um grafo e k um número inteiro positivo. Escrevemos $\chi(G, k)$ para representar o número apropriado de k-colorações de G. Por exemplo: se $G = K_3$, então $\chi(G, k) = k(k-1)(k-2)$, porquanto há k opções para colorir o vértice 1 e, para cada uma dessas opções, $k-1$ escolhas para o vértice 2 e, finalmente, para cada opção de cores para os vértices 1 e 2, há $k-2$ escolhas para o vértice 3.
    a. Prove que $\chi(G) \geq k$ se, e somente se, $\chi(G, k) > 0$.
    b. Prove que, sendo T uma árvore com n vértices, então $\chi(T, k) = k(k-1)^{n-1}$.

21. Elimine do grafo K_6 três arestas que não possuem extremidades em comum. Isto é, se $V(K_6) = \{1, 2, 3, 4, 5, 6\}$, elimine as arestas 12, 34 e 56. Demonstre que o grafo resultante é planar.

22. Prove que os grafos $\overline{C}_7$ e $\overline{C}_8$ não são planares.

23. Um grafo planar possui apenas vértices de grau 5 e 7. Havendo dez vértices de grau 7, prove que há no mínimo 22 vértices de grau 5.

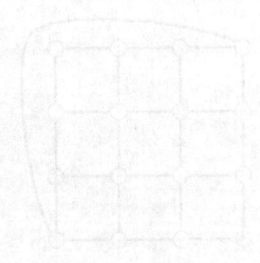

CAPÍTULO 10

Conjuntos parcialmente ordenados

Neste livro, estudamos vários tipos de relações: relações de equivalência, de funções e de adjacência (para grafos). Neste capítulo final, vamos estudar outra classe importante de relação: ordens parciais.

Uma relação de equivalência R em um conjunto A é uma relação que satisfaz três condições: é reflexiva, simétrica e transitiva (ver Seção 15). Na teoria dos grafos, a relação de adjacência (~) no conjunto de vértices de um grafo é antirreflexiva e simétrica (ver Seção 47). Abordaremos, agora, uma nova classe de relações que satisfazem um conjunto diferente de propriedades. Vamos estudar relações que são reflexivas, antissimétricas e transitivas.

■ 54 Fundamentos dos conjuntos parcialmente ordenados

O que é um conjunto PO?

Consideremos as seguintes relações definidas sobre conjuntos:
- a relação *menor do que ou igual a*, $\leq$, definida nos inteiros, $\mathbb{Z}$;
- a relação divide, $|$, definida nos números naturais, $\mathbb{N}$; e
- a relação *é subconjunto de*, $\subseteq$, definida em 2^A para algum conjunto A.

Em todos os três casos, a relação R sugere a ideia de *menor do que* para os elementos do conjunto X em que é definida. Note, também, que todas as três relações são reflexivas, antissimétricas e transitivas nos conjuntos em que são definidas. Um *conjunto parcialmente ordenado* é um conjunto com uma relação que verifica essas três condições.

Você deve rever a Seção 14, na qual se introduzem os conceitos de relação reflexiva, antissimétrica e transitiva.

● **DEFINIÇÃO 54.1**

(**Conjunto parcialmente ordenado, conjunto PO**) Um *conjunto parcialmente ordenado* é um par $P = (X, R)$ em que X é um conjunto e R é uma relação em X que satisfaz da seguinte forma:

- R é reflexiva: $\forall x \in X, x\,R\,x$,
- R é antissimétrica: $\forall x, y \in X$, se $x\,R\,y$ e $y\,R\,x$, então $x = y$; e
- R é transitiva: $\forall x, y, z \in X$, se $x\,R\,y$ e $y\,R\,z$, então $x\,R\,z$.

O conjunto X é chamado *conjunto básico* de P. Os elementos de X chamam-se, simplesmente, *elementos* do conjunto parcialmente ordenado. A relação R é chamada relação de *ordem parcial*.

O termo *conjunto PO* é uma abreviatura de *conjunto parcialmente ordenado*.

◆ **EXEMPLO 54.2**

Seja $P = (X, R)$, em que $X = \{1, 2, 3, 4\}$ e

$$R = \{(1, 1), (1, 2), (1, 3), (1, 4), (2, 2), (3, 3), (3, 4), (4, 4)\}.$$

Não é difícil vermos que R é reflexiva [todos, desde $(1, 1)$ até $(4, 4)$, estão em R] e antissimétrica [a única vez que temos tanto (x, y) como (y, x) em R é quando $x = y$]. A verificação da transitividade é maçante. O único caso interessante é que temos tanto $1\,R\,3$ como $3\,R\,4$, mas notamos, também, que $(1, 4) \in R$.

Assim, P é um conjunto PO.

O conjunto PO do Exemplo 54.2 é quase incompreensível. Torna-se difícil compreendermos relações quando elas são escritas como uma lista de pares ordenados. Em geral, é mais fácil entendermos os conceitos matemáticos quando podemos traçar as suas figuras.

Este é um diagrama que ilustra o conjunto PO do Exemplo 54.2.
Embora os diagramas de conjuntos PO (chamados *diagramas de Hasse*) se assemelhem bastante a desenhos de grafos, representam objetos matemáticos bastante diferentes.

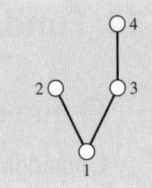

A figura anterior exibe um diagrama para o conjunto PO do Exemplo 54.2. Cada elemento de X, o conjunto básico do conjunto PO, é representado por um ponto no diagrama. Se $x\,R\,y$ no conjunto PO, então marcamos o ponto de x abaixo do ponto de y e traçamos um segmento de reta (ou de curva) de x a y. Por exemplo, na figura, posicionamos o ponto correspondente a 1 abaixo do ponto correspondente a 2 e traçamos uma reta entre eles, porque $1\,R\,2$.

Não é preciso traçarmos uma curva de um ponto para si próprio. Sabemos que as relações de ordem parcial são reflexivas; não precisamos do diagrama para nos lembrar disso.

Observando atentamente a figura, parece que deixamos de traçar uma das linhas de conexão. Ressalte-se que $(1, 4) \in R$, mas não traçamos um segmento de reta do ponto 1 ao ponto 4.

As relações (1, 3) e (3, 4) estão explícitas na figura, enquanto a relação (1, 4) está implícita. Como as relações de ordem parcial são transitivas, podemos inferir 1 R 4 do diagrama.

Podemos ler isso no diagrama, seguindo um caminho para cima, de 1 através de 3 até 4. Se não traçarmos uma curva de 1 a 4, o diagrama se torna menos confuso e mais fácil de ser lido.

Esses diagramas de conjuntos PO são conhecidos como *diagramas de Hasse*.

Os diagramas de Hasse se afiguram exatamente como (ilustrações de) grafos. É importante termos em mente, entretanto, que os conjuntos PO e os grafos são objetos matemáticos diferentes. Suas ilustrações são semelhantes, mas não são mais que notações abreviadas para as verdadeiras estruturas matemáticas subjacentes. Também, em um desenho de grafo, as posições geométricas dos vértices são irrelevantes. Mas, em um diagrama de Hasse, o posicionamento vertical dos pontos é importante.

◆ EXEMPLO 54.3

Problema: Trace o diagrama de Hasse do conjunto PO cujo conjunto básico é {1, 2, 3, 4, 5, 6} e cuja relação é | (divide).

Solução:

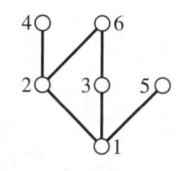

◆ EXEMPLO 54.4

Problema: Trace o diagrama de Hasse para o conjunto PO cujo conjunto básico é $2^{\{1,2,3\}}$ e cuja relação é $\subseteq$.

Solução:

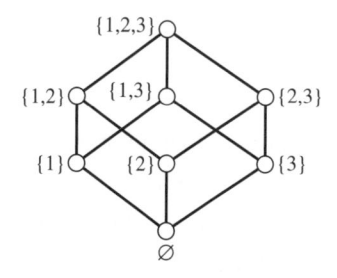

Existe uma forma natural de ordenarmos parcialmente as partições de um conjunto (ver Seção 16).

● DEFINIÇÃO 54.5

(Refinamento) Sejam $\mathcal{P}$ e $\mathcal{Q}$ partições de um conjunto A. Dizemos que $\mathcal{P}$ *refina* $\mathcal{Q}$ se toda parte em $\mathcal{P}$ é subconjunto de alguma parte em $\mathcal{Q}$. Dizemos, também, que $\mathcal{P}$ é *mais fina* que $\mathcal{Q}$.

Por exemplo, seja $A = \{1, 2, 3, 4, 5, 6, 7\}$ e sejam

$$\mathcal{P} = \{\{1, 2\}, \{3\}, \{4\}, \{5, 6\}, \{7\}\}, \text{ e } \mathcal{Q} = \{\{1, 2, 3, 4\}, \{5, 6, 7\}\}.$$

Note que toda parte de $\mathcal{P}$ é um subconjunto de uma parte em $\mathcal{Q}$. Assim, $\mathcal{P}$ é um refinamento de $\mathcal{Q}$; dizemos, também, que $\mathcal{P}$ é mais fina do que $\mathcal{Q}$.

Não é difícil vermos que toda partição de um conjunto é mais fina do que ela própria (pois toda parte de $\mathcal{P}$ é um subconjunto de si mesma). Assim, o *refinamento* é reflexivo. Além disso, o *refinamento* é antissimétrico, porque, se toda parte de P está contida em uma parte de $\mathcal{Q}$ e vice-versa, podemos provar (Exercício 54.6) que elas devem conter exatamente as mesmas partes (isto é, $\mathcal{P} = \mathcal{Q}$). Além disso, o *refinamento* é transitivo. Por conseguinte, o *refinamento* é uma ordem parcial no conjunto de todas as partições de A.

◆ **EXEMPLO 54.6**

(Conjunto PO de partições) **Problema:** Trace o diagrama de Hasse da ordem parcial de refinamento em todas as partições de $\{1, 2, 3, 4\}$.

Solução: É conveniente escrever 1/2/34 em vez de $\{\{1\}, \{2\}, \{3, 4\}\}$. Eis o diagrama de Hasse.

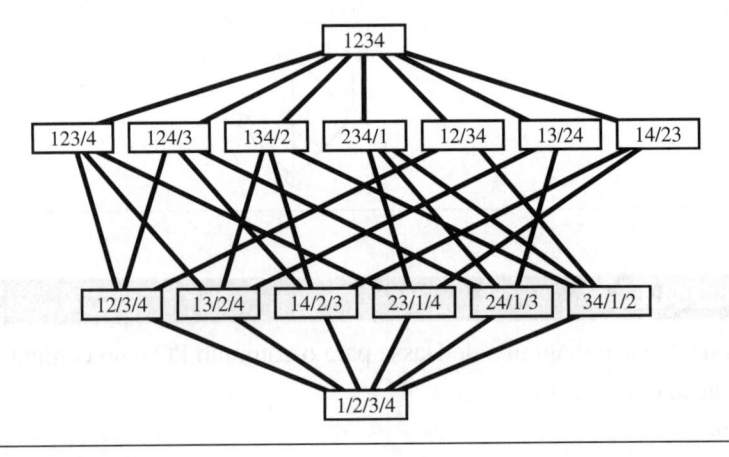

Notação e linguagem

Um conjunto parcialmente ordenado é um par $P = (X, R)$ em que X é um conjunto e R é uma relação. Os matemáticos raramente utilizam a letra R para representar uma relação de conjunto PO. Para alguns conjuntos PO, pode-se usar um símbolo natural. Para o conjunto PO do Exemplo 54.4, é natural utilizarmos o símbolo $\subseteq$ para denotar a relação de ordem parcial.

Entretanto, para um conjunto PO geral como o do Exemplo 54.2, o símbolo mais usado para a relação de ordem parcial é $\leq$. O emprego desse símbolo tanto pode ser bom como mau. É mau porque o símbolo $\leq$ já tem um significado: menor que ou igual a. Devemos inferir do contexto qual o significado de $\leq$: o significado comum ou alguma relação de ordem parcial. Todavia, há algumas boas características que justificam essa notação. Uma relação de ordem parcial é uma generalização da relação comum $\leq$. Podemos, também, empregar os símbolos $<$, $\geq$ e $>$ como segue. Seja $P = (X, \leq)$ um conjunto parcialmente ordenado (estamos utilizando agora $\leq$ para representar uma relação de ordem parcial genérica). Definimos:

- $x < y$ significa $x \leq y$ e $x \neq y$;
- $x \geq y$ significa $y \leq x$; e
- x > y significa $y \leq x$ e $y \neq x$.

Podemos também cortar qualquer um desses símbolos com um traço para mostrar que a relação indicada não é válida. Por exemplo, $x \not\geq y$ significa que $y \leq x$ é falsa.

Quando lemos em voz alta símbolos como $\leq$, é estranho pronunciarmos $\leq$ como "menor que ou igual a". Além disso, queremos distinguir o conjunto PO $\leq$ do símbolo ordinário $\leq$. Uma forma cômoda de pronunciarmos o símbolo $\leq$ é lê-lo como "está abaixo de". Para os outros símbolos, lemos < como "está estritamente abaixo", $\geq$ como "está acima", e > como "está estritamente acima".

Alguns matemáticos empregam uma forma diferente do símbolo $\leq$ para ordens parciais, como $\underline{\leq}$. É uma notação razoável para trabalhos impressos, mas pode ser trabalhoso na escrita manual.

Há apenas um símbolo $\leq$, e podemos ter necessidade de discutir dois conjuntos PO simultaneamente. Não podemos usar o mesmo símbolo para ambas as ordens parciais! Uma solução consiste em anexar vários subsímbolos ao símbolo $\leq$, tais como uma linha, $\leq'$, ou índices $\leq_2$.

Por que precisamos de símbolos separados para < e para $\not\geq$? Eles não significam a mesma coisa?

Para o usual "menor que ou igual a", $x < y$ é verdadeira se e somente se $x \not\geq y$ o for. Assim, nesse contexto, os símbolos < e $\not\geq$ têm o mesmo significado.

Entretanto, para um conjunto PO, < e $\not\geq$ têm significados diferentes. Para o conjunto PO do Exemplo 54.2 (ver figura aqui),

temos $2 \not\geq 4$ é verdadeiro (pois 2 não está acima de 4), mas 2 < 4 é falso (pois 2 não está estritamente abaixo de 4).

Para o conjunto PO neste exemplo, todas as três relações seguintes são falsas: 2 < 4, 2 = 4 e 2 > 4. Isso não pode ocorrer com o símbolo usual $\leq$. Os elementos 2 e 4 não podem ser comparados pela relação $\leq$. Nem $2 \leq 4$ nem $4 \leq 2$ são verdadeiras.

Os elementos de um tal par dizem-se *não comparáveis*.

● **DEFINIÇÃO 54.7**

(**Comparável, não comparável**) Seja $P = (X, \leq)$ um conjunto PO. Sejam $x, y \in X$. Dizemos que os elementos x e y são *comparáveis* se e somente se $x \leq Y$ ou $y \leq x$. Os elementos x e y dizem-se *não comparáveis* se $x \not\leq y$ e $y \not\leq x$.

No conjunto PO do exemplo, os elementos 2 e 4 são não comparáveis, mas os elementos 1 e 4 são comparáveis.

DEFINIÇÃO 54.8

(Cadeia, anticadeia) Seja $P = (X, \leq)$ um conjunto PO e seja $C \subseteq X$. Dizemos que C é uma *cadeia* de P se os elementos de todo par em C forem comparáveis.

Seja $A \subseteq X$. Dizemos que A é uma *anticadeia* de P se, para todos os pares de elementos distintos em A, os elementos são não comparáveis.

Consideremos o conjunto PO P do Exemplo 54.2. Os conjuntos seguintes são algumas das cadeias de P:

$$\{1\}, \{1, 2\}, \{1, 4\}, \{1, 3, 4\}, \emptyset.$$

Note que, no diagrama de Hasse para esse conjunto PO, os elementos 1 e 4 não estão unidos por um segmento. Não obstante, $\{1, 4\}$ é uma cadeia, porque 1 e 4 são comparáveis.

Os conjuntos seguintes são algumas das anticadeias de P:

$$\{3\}, \{2, 3\}, \{2, 4\}, \emptyset.$$

DEFINIÇÃO 54.9

(Altura, largura) Seja P um conjunto PO. A *altura* de P é o tamanho máximo de uma cadeia. A *largura* de P é o tamanho máximo de uma anticadeia.

A maior cadeia no conjunto PO do Exemplo 54.2 é $\{1, 3, 4\}$; esse conjunto PO tem, pois, altura igual a 3.

As maiores anticadeias nesse conjunto PO são $\{2, 3\}$ e $\{2, 4\}$; o conjunto tem, assim, largura igual a 2.

Recapitulando

Introduzimos o conceito de conjunto parcialmente ordenado (ou, abreviadamente, conjunto PO) e demos diversos exemplos. Empregamos, com frequência, o símbolo $\leq$ para a relação de ordem parcial, a despeito do fato de ele representar o usual "menor que ou igual a".

Mostramos como traçar o diagrama de um conjunto PO. Introduzimos diversos termos, inclusive comparável/não comparável, cadeia/anticadeia e altura/largura.

54 Exercícios

54.1. Seja P o conjunto PO da figura. Para cada par de elementos x, y relacionados a seguir, determine se $x < y$, $y < x$ ou se x e y são não comparáveis.
   a. a, b.
   b. a, c.
   c. c, g.
   d. b, h.
   e. c, i.
   f. h, d.

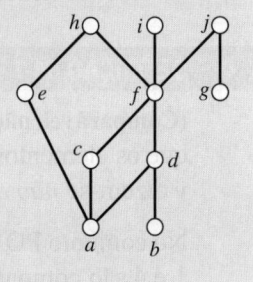

54.2. Para o conjunto PO do exemplo anterior, determine:
  a. A altura do conjunto PO e uma cadeia de tamanho máximo.
  b. A largura do conjunto PO e uma anticadeia de tamanho máximo.
  c. Uma cadeia contendo três elementos e que não pode ser estendida para uma cadeia maior.
  d. Uma cadeia contendo dois elementos e que não pode ser estendida para uma cadeia maior.
  e. Uma anticadeia contendo três elementos e que não pode ser estendida para uma anticadeia maior.

54.3. Denotemos por Pn o conjunto de todos os divisores positivos do inteiro positivo n, ordenados por divisibilidade. Em outras palavras, | é a relação de ordem parcial.

Trace o diagrama de Hasse de Pn para os seguintes valores de n:
  a. $n = 6$.
  b. $n = 10$.
  c. $n = 12$.
  d. $n = 16$.
  e. $n = 18$.

> Ver Definição 14.4 para a definição de inversa de uma relação.

54.4. Para cada um dos conjuntos PO do problema anterior, determine uma cadeia máxima, uma anticadeia máxima, a altura e a largura do conjunto PO.

54.5. Suponhamos que $P = (X, R)$ seja um conjunto parcialmente ordenado. Prove que $\hat{P} = (X, R^{-1})$ também é um conjunto PO. Dizemos que $\hat{P}$ é o *dual* de P.

Se denotamos por $\leq$ a relação de ordem parcial, qual é a melhor maneira de escrevermos $\leq^{-1}$?

54.6. Prove que *refina* é uma relação de ordem parcial no conjunto de todas as partições de um conjunto A.

54.7. Qual é a altura do conjunto PO de partições (ordenados por refinamento) de um conjunto de n-elementos? Quantas correntes deste comprimento esse conjunto PO tem?

Ver Exemplo 54.6 A resposta a estas perguntas, quando $n = 4$ é que o conjunto PO tem altura 4 e existem 4 cadeias com comprimento 18.

54.8. Sejam x e y elementos de um conjunto PO. Prove que não podemos ter simultaneamente $x < y$ e $y < x$.

54.9. *Verdadeiro ou Falso.* Assinale como VERDADEIRA ou FALSA cada uma das seguintes afirmações. Justifique.
  a. Sejam x e y elementos de um conjunto PO. Exatamente um dos seguintes casos deve ser verdadeiro: $x < y$, $x = y$ ou $x > y$.
  b. Sejam x e y elementos de um conjunto PO e suponhamos que exista uma cadeia que contenha tanto x como y. Então, exatamente um dos casos seguintes é verdadeiro: $x < y$, $x = y$ ou $x > y$.
  c. Sejam C e D cadeias em um conjunto PO. Então, $C \cup D$ também é uma cadeia.
  d. Sejam C e D cadeias em um conjunto PO. Então, $C \cap D$ também é uma cadeia.
  e. Sejam A e B anticadeias em um conjunto PO. Então, $A \cup B$ também é uma anticadeia.
  f. Sejam A e B anticadeias em um conjunto PO. Então, $A \cap B$ também é uma anticadeia.
  g. Sejam A uma anticadeia e C uma cadeia em um conjunto PO. Então, $A \cap C$ deve ser vazio.
  h. Dois pontos em um diagrama de Hasse (representando dois elementos de um conjunto PO) nunca podem ser unidos por um segmento horizontal.
  i. Seja A um conjunto de elementos em um conjunto PO. Se dois elementos quaisquer de A nunca são unidos por uma curva no diagrama de Hasse, então A é uma anticadeia.
  j. Seja A um conjunto de elementos em um conjunto PO. Se A é uma anticadeia, então dois elementos quaisquer de A nunca são ligados por uma curva no diagrama de Hasse.

54.10. Quais, entre as diversas propriedades de relações, a relação *é comparável* apresenta? Isto é, determine (justificando), se é, ou não, sempre reflexiva, antirreflexiva, simétrica, antissimétrica e/ou transitiva.

54.11. Quais das várias propriedades das relações, a relação *é não comparável* apresenta? Isto é, determine (justificando) se é, ou não, sempre reflexiva, antirreflexiva, simétrica, antissimétrica e/ou transitiva.

54.12. Que significa eliminar um elemento de um conjunto PO? Seja $P = (X, \leq)$ e seja $x \in X$. Estabeleça uma definição razoável para $P - x$.

Seja P o conjunto PO da figura. Trace o diagrama de Hasse de $P - x$.

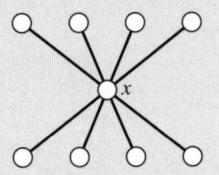

54.13. Seja $(X_1, \leq_1)$ e $(X_2, \leq_2)$ dois conjuntos PO. Definir uma nova relação denotada $\leq$ no conjunto $X_1 \times X_2$ (O conjunto de todos os pares ordenados, ver Definição 12.13) por

$$(x, y) \leq (x', y') \quad \text{se e apenas se} \quad x \leq_1 x' \text{ e } y \leq_2 y'.$$

Prove que $(X_1 \times X_2, \leq)$ também é um conjunto parcialmente ordenado.

Este novo conjunto parcialmente ordenado é chamado de produto dos conjuntos PO $(X_1, \leq_1)$ e $(X_2, \leq_2)$.

55 Max e min

Nesta seção, discutiremos várias noções de *maior* e *menor* em conjuntos parcialmente ordenados.

● DEFINIÇÃO 55.1

(Máximo, mínimo) Seja $P = (X, \leq)$ um conjunto parcialmente ordenado. Dizemos que $x \in$ é *máximo* se, para todo $a \in X$, temos $a \leq x$.

Dizemos que x é *mínimo* se, para todo $b \in X$, temos $x \leq b$.

Em outras palavras, x é máximo se todos os outros elementos do conjunto PO estiverem abaixo de x, e x é mínimo se todos os outros elementos do conjunto PO estiverem acima de x.

Vamos considerar, por exemplo, o conjunto PO que consiste nos divisores positivos de 36, ordenados por divisibilidade (ver figura). Nesse conjunto PO, o elemento 1 é mínimo porque está estritamente abaixo de todos os outros elementos do conjunto PO. O elemento 36 é máximo porque está estritamente acima de todos os outros elementos.

Consideremos, entretanto, o conjunto PO que consiste nos inteiros de 1 a 6 ordenados por divisibilidade (ver figura). Nesse conjunto PO, o elemento 1 é mínimo, mas não há elemento máximo.

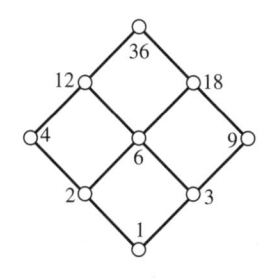

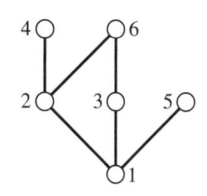

Não é difícil construirmos um exemplo de um conjunto PO que não tenha nem elemento máximo nem elemento mínimo (Exercício 55.4).

Na próxima definição, apresentaremos um conceito alternativo de *maior* e *menor*.

● DEFINIÇÃO 55.2

(Maximal, minimal) Seja $P = (X, \leq)$ um conjunto parcialmente ordenado. Dizemos que um elemento $x \in X$ é *maximal* se não existe qualquer $b \in X$ com $x < b$.

O elemento x é chamado *minimal* se não existe qualquer $a \in X$ com $a < x$.

Em outras palavras, x é maximal se não existe qualquer elemento estritamente acima de x, e minimal se não existe qualquer elemento estritamente abaixo dele. No conjunto PO que consiste nos inteiros de 1 a 6 ordenados por divisibilidade (figura acima), os elementos 4, 5 e 6 são maximais, e o elemento 1 é minimal.

Os conceitos de máxim*o* e mínim*o* são análogos, mas não idênticos, a minimal e maximal. Você deve recorrer à tabela a seguir para rememorar as definições.

Termo	Significado
máximo	todos os outros elementos estão abaixo
maximal	nenhum outro elemento está acima
mínimo	todos os outros elementos estão acima
minimal	nenhum outro elemento está abaixo

Convém, também, termos uma interpretação de *não maximal e não minimal*. O elemento x é *não maximal* se existe algum outro elemento y com $y > x$. De forma análoga, x é *não minimal* se existe outro elemento *estritamente abaixo* de x.

Vimos um exemplo de um conjunto PO que não possui elemento máximo; mas tem três elementos maximais. É possível um conjunto PO não ter elementos maximais? Sim! Consideremos o conjunto PO $(\mathbb{Z}, \leq)$ – os inteiros ordenados pela relação usual "menor que ou igual a". Esse conjunto não tem elementos maximais nem minimais. Todavia, os conjuntos PO finitos devem ter elementos maximais (e minimais).

▶ PROPOSIÇÃO 55.3

Seja $P = (X, \leq)$ um conjunto PO finito, não vazio. Então, P tem elementos maximal e minimal.

Quando dizemos que P é *finito* e *não vazio*, queremos dizer que X é um conjunto finito e que $X \neq \emptyset$.

Prova. Seja x um elemento arbitrário de P. Representemos por $u(x)$ o número de elementos de P que estão estritamente acima de x; isto é,

$$u(x) = |\{a \in X : a > x\}|.$$

Como P é finito, $u(x)$ é um número natural (isto é, finito).

> O valor $u(x)$ é chamado *grau-acima* de x.

Escolhamos um elemento m de modo que $u(m)$ seja tão pequeno quanto possível (como P é não vazio, deve existir tal elemento). Afirmamos que m é um elemento maximal de P.

Suponhamos, por contradição, que m não seja maximal. Isso significa que existe um elemento a com $m < a$. Por transitividade, todo elemento que está estritamente acima de a está também estritamente acima de m. Além disso, a está estritamente acima de m, de forma que $u(m) \geq u(a) + 1$, ou seja, $u(m) > u(a)$. Mas m foi escolhido de modo a ter o menor *grau-acima*. $\Rightarrow\Leftarrow$ Logo, m é maximal.

Um argumento análogo mostra que todo conjunto PO finito, não vazio, tem um elemento minimal.

Recapitulando

Introduzimos os conceitos de elemento máximo, maximal, mínimo e minimal em um conjunto PO. Provamos que todo conjunto PO finito, não vazio, deve ter elementos maximal e minimal.

55 Exercícios

55.1. Seja P o conjunto PO da figura. Determine os elementos maximal, máximo, minimal e mínimo.

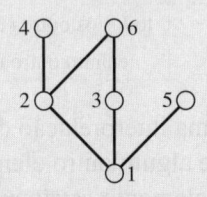

55.2. Para cada um dos seguintes conjuntos PO, determine os elementos máximo, maximal, mínimo e minimal.
   a. Os inteiros $\{1, 2, 3, 4, 5\}$ ordenados pela relação usual "menor que ou igual a", $\leq$.
   b. Os inteiros $\{1, 2, 3, 4, 5\}$ ordenados por divisibilidade, $|$.
   c. $(2^{\{1,2,3\}}, \subseteq)$, isto é, o conjunto de todos os subconjuntos de $\{1, 2, 3\}$ ordenados pela relação "é um subconjunto de" (ver Exemplo 54.4).
   d. Seja $X = \{n \in \mathbb{Z} : n \geq 2\}$. Seja $P = (X, |)$; isto é, P é o conjunto PO de todos os inteiros maiores que 1, ordenados por divisibilidade.
   e. Seja X o conjunto de todas as pessoas vivas atualmente. Estabeleça uma ordem parcial em X com $a < b$ se a é descendente de b. (Em outras palavras, a é o filho, o neto ou o bisneto etc. de b.)

55.3. O conjunto PO $(\mathbb{N}, |)$ números naturais ordenados por divisibilidade) tem tanto um elemento máximo quanto mínimo. Quais são eles? Justifique sua resposta.

55.4. Ache um conjunto PO que não tenha elemento máximo nem mínimo.

55.5. Considere o conjunto PO consistindo de todos os subconjuntos do conjunto de n elementos {1, 2, . . . , n} ordenados por confinamento. (Tal conjunto PO é ilustrado no Exemplo 54.4 no caso $n = 3$.)
  a. Este conjunto PO tem um elemento máximo e um mínimo. Quais são eles?
  b. Se eliminarmos os elementos mínimos e máximos deste conjunto PO – os elementos que encontramos na parte (a) – o conjunto PO resultante menor não tem um máximo nem um mínimo. Mas tem vários elementos máximos e mínimos. Quais são eles?

55.6. Considere o conjunto PO que consiste em todas as partições do conjunto de n elementos {1, 2, . . . , n} ordenados por refinamento (como no Exemplo 54.6).
  a. Este conjunto PO tem um elemento máximo e um mínimo. Quais são eles?
  b. Se eliminarmos os elementos mínimos e máximos deste conjunto PO – os elementos que encontramos na parte (a) – o conjunto PO resultante menor não tem um máximo nem um mínimo. Mas tem vários elementos máximos e mínimos. Quais são eles?

55.7. Prove ou refute cada uma das seguintes afirmações.
  a. Se um conjunto PO tem um elemento máximo, este deve ser único.
  b. É possível um conjunto PO ter um elemento que é, simultaneamente, máximo e mínimo.
  c. É possível um conjunto PO ter um elemento que é, simultaneamente, maximal e minimal, mas não é máximo nem mínimo.
  d. Se um conjunto PO tem exatamente um elemento maximal, então este deve ser um máximo.
  e. Se x é um elemento minimal em um conjunto PO e y é um elemento maximal em um conjunto PO, então $x \leq y$.
  f. Se x e y são não comparáveis, então nenhum deles é um mínimo.
  g. Elementos maximais distintos (isto é, diferentes) devem ser não comparáveis.

55.8. Seja P um conjunto PO finito, não vazio. Sabemos (Proposição 55.3) que P deve ter um elemento minimal e um elemento maximal. Prove a seguinte afirmação mais forte.

Seja P um conjunto PO finito, não vazio. Prove que P deve conter um elemento minimal x e um elemento maximal y, com $x \leq y$.

■ 56 Ordens lineares

Os conjuntos parcialmente ordenados podem conter elementos *não comparáveis*. Essa é a característica que torna *parcial* a relação de ordem $\leq$. Somente alguns dos elementos podem ser comparados usando-se $\leq$.

> Há duas maneiras de encararmos elementos não comparáveis. Por um lado, pode não ter sentido dizermos qual deles é "maior" para determinado par de objetos. Por exemplo, em termos de divisibilidade, não podemos comparar 10 e 12: nenhum é divisor do outro. Outro exemplo provém da psicologia, no estudo de preferências. Podemos dizer que preferimos ir ao cinema a ir ao dentista, mas pode haver pares de atividades (digamos, ir ao cinema *versus* comer uma barra de doce) em que não podemos claramente ter uma preferência.
> Por outro lado, dois objetos podem ser não comparáveis porque não podemos determinar qual deles é maior. Podemos pretender ordenar times esportivos e, a certa altura, perguntar: qual time é melhor: o Baltimore Orioles (beisebol) ou o Baltimore Ravens (futebol)? Uma resposta razoável é que eles não podem ser comparados porque praticam esportes diferentes. Ou, também, podemos não ser capazes de comparar certos objetos simplesmente porque não dispomos de informação suficiente.

Nesta seção, consideramos ordens *totais* (ou *lineares*): estes são os conjuntos parcialmente ordenados que não possuem elementos não comparáveis.

DEFINIÇÃO 56.1

(**Ordem linear/total**) Seja $P = (X, \leq)$ um conjunto parcialmente ordenado. Dizemos que P é uma ordem *total* ou *linear* desde que P não contenha elementos não comparáveis.

Por exemplo, $(\mathbb{Z}, \leq)$ é uma ordem total.

Se x e y são elementos de uma ordem total, então devemos ter ou $x \leq y$ ou $y \leq x$.

Outra maneira de dizer isso é que as ordens totais satisfazem a regra de *tricotomia*: para todos x e y no conjunto PO, exatamente uma das seguintes possibilidades é verdadeira:

- $x < y$
- $x = y$ ou
- $x > y$

EXEMPLO 56.2

Seja P o conjunto PO $(\{1, 2, 3, 4, 5\}, \leq)$; isto é, os inteiros de 1 a 5 ordenados pela relação comum menor que ou igual a. Essa é uma ordem total, cujo diagrama de Hasse é como segue.

Seja Q o conjunto parcialmente ordenado que consiste nos divisores de 81 ordenados por divisibilidade. Em outras palavras, os elementos de Q são 1, 3, 9, 27 e 81, e são totalmente ordenados $1|3|9|27|81$. Note que esse conjunto PO tem o mesmo diagrama que P.

Esse exemplo é interessante porque temos duas ordens totais diferentes que são essencialmente "a mesma". Um rápido raciocínio o convencerá de que todas as ordens totais em cinco elementos são "a mesma". E isso está correto. Façamos uma pausa para considerar o significado preciso de "a mesma". O termo adequado para esses conjuntos PO corresponde a *isomorfos*.

DEFINIÇÃO 56.3

(**Isomorfismo de conjuntos PO**) Sejam os conjuntos PO $P = (X, \leq)$ e $Q = (Y, \leq')$. Uma função $f: X \rightarrow Y$ é chamada um *isomorfismo* (de conjuntos PO) se f for uma bijeção e

Compare esta com as definições de isomorfismo de grupo (Definição 41.1) e isomorfismo de grafo (Exercício 47.21).

$$\forall a, b \in X, a \leq b \Leftrightarrow f(a) \leq' f(b).$$

No caso de haver um isomorfismo de P para Q, dizemos que P é *isomorfo* a Q e escrevemos $P \cong Q$.

A condição

$$a \leq b \Leftrightarrow f(a) \leq' f(b)$$

significa que a função *f conserva a ordem*; isto é, qualquer que seja a relação de ordem entre *a* e *b* em *P*, devemos ter a relação correspondente entre *f(a)* e *f(b)* em *Q* (ver Exercício 56.4).

Mostraremos, a seguir, que duas ordens totais finitas quaisquer, com o mesmo número de elementos, são isomorfas. Para tanto, mostraremos que elas são isomorfas a um conjunto PO de referência.

❖ TEOREMA 56.4

Seja $P = (X, \preceq)$ uma ordem total finita contendo n elementos. Seja $Q = (\{1, 2, \ldots, n\}, \leq)$ (os inteiros de 1 a n em sua ordem-padrão). Então, $P \cong Q$.

Prova. A prova se faz por indução sobre n. O caso básico $n = 0$ é trivial (assim como é o caso básico $n = 1$, na hipótese de você não gostar de conjuntos PO vazios).

Admitimos o resultado válido para $n = k$ e supomos que $P = (X, \preceq)$ seja uma ordem total sobre $k + 1$ elementos. Seja $Q = (\{1, 2, \ldots, k+1\}, \leq)$. Devemos mostrar que P é isomorfo a Q.

Pela Proposição 55.3, sabemos que P tem um elemento maximal x. Seja P' o conjunto PO $P - x$, isto é, o conjunto PO formado pela eliminação de x de P (ver Exercício 54.12). Seja Q' o conjunto PO $(\{1, 2, \ldots, k\}, \leq)$.

Por indução, P' é isomorfo a Q' e, assim, podemos achar uma bijeção f', entre os conjuntos fundamentais, que conserva a ordem.

Definimos $f: X \to \{1, 2, \ldots, k+1\}$ por

$$f(a) = \begin{cases} f'(a) & \text{if } a \neq x, \\ k+1 & \text{if } a = x. \end{cases}$$

Devemos mostrar que f é uma bijeção e que conserva a ordem.

Para mostrar que f é uma bijeção, verificamos primeiro que f é um a um. Suponhamos $f(a) = f(b)$.

- Se nem a nem b são iguais a x, então $f(a) = f'(a)$ e $f(b) = f'(b)$, de modo que $f'(a) = f'(b)$. Como f' é um a um, temos $a = b$.
- Se a e b são ambos x, então obviamente $a = b$.
- Por fim, note que, se $f(a) = f(b)$, é impossível a ou b ser x e o outro não o ser; em tal caso, $f(a)$ ou $f(b)$ toma o valor $k + 1$, e o outro não.

Portanto, f é um a um.

Em seguida, verificamos que f é sobre. Seja $b \in \{1, 2, \ldots, k+1\}$, o conjunto básico de Q.

- Se $b = k + 1$, então $f(x) = b$.
- Se $b \neq k + 1$, então (como f' é sobre $\{1, \ldots, k\}$, podemos achar $a \in X - \{x\}$ com $f'(a) = b$. Mas então $f(a) = f'(a) = b$, como queríamos.

Assim, f é sobre.

Por conseguinte, f é uma bijeção.

Em seguida, devemos mostrar que f conserva a ordem (isto é, para todos $a, b \in X$)

$$a \preceq b \iff f(a) \leq f(b).$$

($\Rightarrow$) Suponhamos $a, b \in X$ e $a \preceq b$. Devemos mostrar que $f(a) \leq f(b)$.

- Se nem a nem b é igual a x, então $f(a) = f'(a)$ e $f(b) = f'(b)$. Como $f'(a) \leq f'(b)$ (porque f' conserva a ordem), temos $f(a) \leq f(b)$.
- Se a e b são ambos iguais a x, então $f(a) = f(b) = k + 1$, de modo que, obviamente, $f(a) \leq f(b)$.
- Se $a \neq x$ e $b = x$, então $f(a) = f'(a) \leq k < k + 1 = f(b)$, de modo que $f(a) \leq f(b)$.
- Por fim, não podemos ter $a = x$ e $b \neq x$, porque isso acarretaria $x \prec b$ e x é maximal em P.

Assim, em todos os casos possíveis, temos $a \preceq b \Rightarrow f(a) \leq f(b)$.

($\Leftarrow$) Suponhamos que $f(a) \leq f(b)$. Devemos mostrar que $a \preceq b$.

- Se nem a nem b é x, então $f(a) = f'(a)$ e $f(b) = f'(b)$. Assim, $f'(a) \leq f'(b)$ e, assim, $a \preceq b$ (porque f' conserva a ordem).
- Se a e b são ambos x, então $a \preceq b$.
- Note que não podemos ter $a = x$ e $b \neq x$, porque, então, $k + 1 = f(a) \leq f(b) \leq k$, que é uma contradição.
- Assim, o único caso remanescente é $a \neq x$ e $b = x$. Como $b = x$ é maximal, sabemos que $a \not\succ b$. Como P é uma ordem total, devemos ter $a \preceq b$.

> Observe que este é o primeiro (e único) lugar na prova em que recorremos ao fato de P ser uma ordem total.

Assim, em qualquer caso, temos $a \Leftarrow b$.

Portanto, f é uma bijeção entre P e Q que conserva a ordem; f é, portanto, um isomorfismo, e P e Q são isomorfos.

Recapitulando

Definimos as noções de ordem (linear) total e isomorfismos de conjuntos PO. Mostramos que duas ordens totais finitas quaisquer sobre n elementos devem ser isomorfas; na verdade, são isomorfas ao conjunto PO $(\{1, 2, \ldots, n\}, \leq)$.

56 Exercícios

56.1. Qual é a largura de uma ordem total não vazia?

56.2. Seja n um inteiro positivo.
   a. Quantas ordens lineares diferentes (desiguais) podem ser formadas sobre os elementos $\{1, 2, 3, \ldots, n\}$?
   b. Quantas ordens lineares diferentes (não isomorfas) podem ser formadas sobre os elementos $\{1, 2, \ldots, n\}$?

56.3. Prove que um elemento minimal de uma ordem total é um elemento mínimo. (Analogamente, um elemento maximal de uma ordem total é máximo.)

56.4. Suponhamos que f seja um isomorfismo entre os conjuntos PO P e Q, e sejam x e y elementos de P. Prove que x e y são não comparáveis (em P) se e somente se $f(x)$ e $f(y)$ são não comparáveis (em Q).

56.5. Sejam P e Q conjuntos PO isomorfos e seja f um isomorfismo. Seja x um elemento do conjunto básico de P. Prove:
   a. x é mínimo em P se e somente se $f(x)$ é mínimo em Q.
   b. x é máximo em P se e somente se $f(x)$ é máximo em Q.
   c. x é minimal em P se e somente se $f(x)$ é minimal em Q.
   d. x é maximal em P se e somente se $f(x)$ é maximal em Q.

56.6. Prove que $(\mathbb{N}, \leq)$ e $(\mathbb{Z}, \leq)$ não são isomorfos.

   Nota: Esse exercício mostra que as ordens totais infinitas não precisam ser isomorfas; pode não haver um teorema análogo ao Teorema 56.4 se os conjuntos PO não são finitos. Além disso, esses dois conjuntos PO têm o mesmo tamanho (cardinalidade transfinita): $\aleph_0$.

56.7. Seja $(X, \leq)$ um conjunto totalmente ordenado. Defina uma nova relação $\preceq$ em $X \times X$ como se segue. Se (x_1, y_1) e (x_2, y_2) são elementos de $X \times X$, então temos $(x_1, y_1) \preceq (x_2, y_2)$ fornecidos por (a) $x_1 < x_2$ ou então (b) $x_1 = x_2$ e $y_1 \leq y_2$.

   Prove que $(X \times X, \preceq)$ é uma ordem total.

> Esta nova relação definida em $X \times X$ é chamada de uma *ordem lexicográfica* já que ela precisamente imita a ordem alfabética. Dada a ordem habitual nas 26 letras do alfabeto, obtemos uma ordem para as palavras de duas letras em que 'AS' precede 'AT' que precede 'BE'.

56.8. Para uma ordem linear $(X, \leq)$ dizemos que o elemento x está entre os elementos a e b fornecidos por $a < x < b$ ou $b < x < a$. Dizemos que $(X, \leq)$ é denso fornecido para todos os elementos distintos $a, b \in X$ existe um $x \in X$ que está entre a e b.

   Determine qual das seguintes ordens lineares é densa (e explique porquê):
   a. $(\mathbb{Z}, \leq)$.
   b. $(\mathbb{Q}, \leq)$.
   c. $(\mathbb{R}, \leq)$.

57 Extensões lineares

Há duas maneiras de encararmos um conjunto parcialmente ordenado. De um lado, pode haver uma verdadeira incomparabilidade entre os elementos do conjunto – não podemos comparar 8 e 11 em relação à divisibilidade. Do outro lado, podemos cogitar de um conjunto parcialmente ordenado como representante de uma informação *parcial* sobre um conjunto *ordenado*.

Consideremos, por exemplo, o conjunto PO da parte esquerda da figura. Vemos que a é um elemento mínimo, e é um elemento máximo, e temos $a < b < c < e$ e $a < d < e$. Todavia, d é – até agora – não comparável com b e c. Podemos imaginar que, simplesmente, ainda não conhecemos a relação de ordem entre b e d (ou c e d).

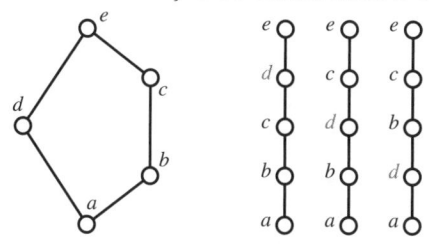

Dado que os elementos $\{a, b, c, d, e\}$ são parcialmente ordenados, podemos perguntar: que ordens lineares são consistentes com a ordenação parcial já dada sobre esses elementos?

Por consistência, devemos ter a abaixo de todos os outros elementos e e acima de todos os outros elementos. Devemos ter, também, $b < c$. A figura à direita mostra as três possibilidades: d pode estar acima tanto de b como de c, d pode estar entre b e c, ou d pode estar abaixo tanto de b como de c. As três ordenações lineares à direita são chamadas *extensões lineares* do conjunto PO.

● DEFINIÇÃO 57.1

(Extensão linear) Seja $P = (X, \preceq)$ um conjunto parcialmente ordenado. Uma *extensão linear* de P é uma ordem linear $L = (X, \leq)$ com a propriedade

$$\forall x, y \in X, x \preceq y \Rightarrow x \leq y.$$

É importante que se ressaltem três aspectos sobre uma extensão linear L de um conjunto PO P:

- Os conjuntos PO P e L têm o mesmo conjunto básico, X. Isto é, são ambos ordens parciais sobre o mesmo conjunto de elementos.
- O conjunto PO L é uma ordem linear (total).
- O conjunto PO L é uma *extensão* de P. Isso significa que, se $x \preceq y$ em P (se x e y estiverem relacionados em P), então $x \leq y$ (eles devem, pois, estar relacionados também em L).

Nenhuma afirmação se faz sobre elementos não comparáveis de P. Se x e y forem não comparáveis em P, podemos ter $x < y$ ou $x > y$ em L. (Não é possível x e y serem não comparáveis em L porque L é uma ordem total.)

A condição $x \preceq y \Rightarrow x \leq y$ pode ser escrita da seguinte maneira:

$$\preceq \, \subseteq \, \leq.$$

Lembre-se: As relações $\preceq$ e $\leq$ são relações e, como tal, são conjuntos de pares ordenados. A condição "$\preceq \, \subseteq \, \preceq$" significa "se $(x, y) \in \preceq$, então $(x, y) \in \leq$", que se escreve mais razoavelmente como "se $x \preceq y$, então $x \leq y$".

◆ EXEMPLO 57.2

Seja $P = (X, \leq)$ uma anticadeia que contém n elementos. Então, todas as ordens lineares possíveis sobre esses n elementos são extensões lineares de P. Assim, há $n!$ extensões lineares possíveis de P.

Consideremos agora o problema: todo conjunto PO admite uma extensão linear?

Provaremos que todo conjunto PO finito tem uma extensão linear. Na realidade, provaremos um resultado mais forte.

Se P é uma ordem linear, então já é sua própria extensão linear. Caso contrário, suponhamos que x e y sejam não comparáveis em um conjunto PO finito P. Podemos, então, achar uma extensão linear L em que $x < y$ (e outra extensão linear L' em que $y <' x$)

Capítulo 10 Conjuntos parcialmente ordenados 541

❖ TEOREMA 57.3

Seja P um conjunto finito parcialmente ordenado. Então, P tem uma extensão linear. Além disso, se x e y são elementos não comparáveis de P, então existe uma extensão linear L de P em que $x < y$.

Prova. Seja $P = (X, \preceq)$ em que X é um conjunto finito. Se P é uma ordem total, então P é sua própria extensão linear.

Assim, supomos que P não seja uma ordem total.

Suponhamos que x e y sejam elementos não comparáveis de P. Definimos uma nova relação, $\preceq'$, em X como segue. A ideia básica é "adicionar" a relação (x, y) a $\preceq$.

Por exemplo, consideremos o conjunto PO da esquerda na figura. Observe que os elementos x e y são não comparáveis. Queremos agora prolongar $\preceq$ de modo que x esteja abaixo de y.

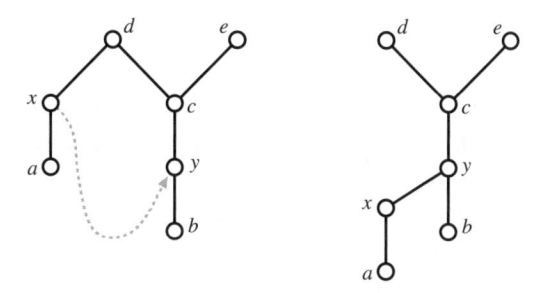

Não podemos simplesmente adicionar o par (x, y) a $\preceq$, porque a relação resultante poderia não ser uma ordem parcial. Em particular, como $a \preceq x$, se adicionarmos o par (x, y), devemos também adicionar o par (a, y). Assim, pretendemos que $\preceq'$ desempenhe as três seguintes funções:

- $\preceq'$ deve prolongar $\preceq$, isto é, se $u \preceq v$, então $u \preceq' v$;
- (x, y) deve estar em $\preceq'$ (isto e, $x \preceq' y$); e
- $\preceq'$ deve ser uma ordem parcial em X.

Para tanto, definimos $\preceq'$ como segue: sejam $s, t \in X$. Temos $s \preceq' t$ desde que uma das condições seguintes se verifique:

(A) $s \preceq t$; ou
(B) $s \preceq x$ e $y \preceq t$.

O conjunto PO à direita da figura anterior mostra a relação $\preceq'$ formada a partir de $\preceq$ (à esquerda).

A condição (A) assegura que $\preceq'$ estende $\preceq$. Se dois elementos de P estão relacionados por $\preceq$, então estão também relacionados por $\preceq'$. A condição (B) assegura que $x \preceq' y$, porque podemos tomar $s = x$ e $t = y$ na definição; como $x \preceq x$ e $y \preceq y$, temos $x \preceq' y$.

Verificamos, agora, que $\preceq'$ é uma ordem parcial. Para tanto, devemos mostrar que $\preceq'$ é reflexiva, antissimétrica e transitiva.

- $\preceq'$ é reflexiva.

    Seja $a \in X$ um elemento arbitrário do conjunto PO P. Como $a \preceq a$ (porque $\preceq$ é reflexiva), temos, pela condição (A), $a \preceq' a$. Portanto, $\preceq'$ é reflexiva.

- $\preceq'$ é antissimétrica.

    Suponhamos $a \preceq' b$ e $b \preceq' a$. Devemos provar que $a = b$. Há duas maneiras possíveis de termos $a \preceq' b$, seja pela condição (A) ou pela condição (B). Da mesma forma, há duas maneiras como podemos ter $b \preceq' a$. Isso dá quatro casos.
    - Suponhamos $a \preceq' b$ porque $a \preceq b$ (A) e $b \preceq' a$ porque $b \preceq a$ (A). Como $\preceq$ é antissimétrica, e como temos $a \in b$ e $b \in a$, temos $a = b$.
    - Suponhamos $a \preceq' b$ porque $a \in b$ (A) e $b \preceq' a$ porque $b \in x$ e $y \in a$ (B).
      Afirmamos que esse caso não pode ocorrer! Note que temos $y \in a \in b \in x$, o que implica $y \in x$. Mas x e y são não comparáveis em P. $\Rightarrow\Leftarrow$ Portanto, esse caso não pode ocorrer.
    - Suponhamos $a \preceq' b$ porque $a \preceq x$ e $y \preceq b$ (B) e $b \preceq' a$ porque $b \preceq a$. Esse caso é precisamente como o caso anterior e não pode ocorrer.
    - Por fim, suponhamos $a \preceq' b$ porque $a \preceq x$ e $y \preceq b$ (B) e $b \preceq' a$ porque $b \preceq x$ e $y \preceq a$ (B).
      Nesse caso, temos $y \preceq b \preceq x$, o que contradiz o fato de x e y serem não comparáveis.$\Rightarrow\Leftarrow$ Logo, esse caso não pode ocorrer.

    Portanto, em todos os casos possíveis, temos que $a \preceq' b$ e $b \preceq' a$ implica $a = b$. Assim, $\preceq'$ é antissimétrica.

- $\preceq'$ é transitiva.

    Suponhamos $a \preceq' b$ e $b \preceq' c$. Devemos mostrar que $a \preceq' c$. Como na demonstração da antissimetria, há dois casos possíveis para $a \preceq' b$ e dois casos possíveis para $b \preceq' c$. Isso nos dá quatro casos a considerar.
    - Suponhamos $a \preceq' b$ porque $a \preceq b$ (A) e $b \preceq' c$ porque $b \preceq c$ (A). Então, $a \preceq c$ (pois $\preceq$ é transitiva) e assim $a \preceq' c$ por (A).
    - Suponhamos $a \preceq' b$ porque $a \preceq b$ (A) e $b \preceq' c$ porque $b \preceq x$ e $y \preceq c$ (B).
      Nesse caso, temos $a \preceq b \preceq x$, de modo que $a \preceq x$. Temos, também, $y \preceq c$, de modo que $a \preceq' c$, por (B).
    - Suponhamos $a \preceq' b$ porque $a \preceq x$ e $y \preceq b$ (B) e $b \preceq' c$ porque $b \preceq c$ (A).
      Nesse caso, temos $y \preceq b \preceq c$, de modo que $y \preceq c$. Como $a \preceq x$, temos $a \preceq' c$ por (B).
    - Por último, suponhamos $a \preceq' b$ porque $a \preceq x$ e $y \preceq b$ (B) e $b \preceq' c$, porque $b \preceq x$ e $y \preceq c$ (B).
      Afirmamos que esse caso não pode ocorrer. Note que $y \preceq b \preceq x$ e, assim, $y \preceq x$. Todavia, x e y são não comparáveis.$\Rightarrow\Leftarrow$ Assim, esse caso não pode ocorrer.

    Em todos os casos, temos $a \preceq' c$ e, assim, $\preceq'$ é transitiva.

Portanto, $P' = (X, \preceq')$ é um conjunto PO. Goza das seguintes propriedades. Primeira, $a \preceq b \Rightarrow a \preceq' b$ para todos $a, b \in X$. Segunda, $x \preceq' y$, mas x e y são não comparáveis em P.

Dessa forma, o número de pares de elementos relacionados por $\preceq'$ é *estritamente maior* do que o número de pares de elementos relacionados por $\preceq$.

É concebível que $\preceq'$ seja uma ordem linear. Nesse caso, P' é a extensão linear desejada de P. Todavia, se P' não é uma ordem linear, então contém elementos não comparáveis x' e y'. Podemos estender $\preceq'$ para formar $\preceq''$ precisamente da mesma maneira como feito anteriormente. A relação $\preceq''$ incluirá todas as relações em $\preceq'$ e terá, também, a relação $x' \preceq'' y'$.

Assim, criamos uma sequência de relações de ordem parcial, cada uma contendo maior número de pares do que a anterior $\preceq, \preceq', \preceq'', \preceq''', \ldots$.

Como X é finito, esse processo não pode continuar indefinidamente. Acabaremos por chegar a uma relação nessa sequência que é uma ordem total. Seja ela a relação $\leq$. Como $x \preceq' y$ e todas as relações subsequentes são extensões de $\preceq'$, constatamos que $x \leq y$ (ver a figura).

Construímos, assim, uma extensão linear de P em que $x \leq y$.

Ordenação

O termo *ordenação* designa o processo de tomada de uma coleção de dados e colocação destes em ordem numérica ou alfabética. Imaginemos, por exemplo, uma companhia com um grande número de trabalhadores. Podemos criar várias listas desses funcionários. Uma lista telefônica pode relacionar todos os colaboradores em ordem alfabética pelo nome. Um contador pode ordenar todos os funcionários em ordem numérica pelo número de cadastro de pessoa física ou pelo salário. O departamento de telecomunicações pode querer uma lista ordenada pelos números dos telefones dos funcionários. E, ainda, o departamento de segurança pode precisar de uma lista organizada pelo número do escritório.

> Um *registro* de dados é uma coleção de dados sobre um objeto. Nos registros do pessoal de uma companhia, um registro de dados pode incluir o nome do funcionário, seu número de inscrição no seguro social, salário, número de telefone, idade etc. Cada uma dessas categorias é chamada *campo*. O objetivo do algoritmo de ordenação é dispor os registros na ordem natural de um de seus campos (por exemplo, numericamente por idade).

Há uma grande diversidade de técnicas para ordenar dados. Os métodos típicos envolvem comparações entre os vários registros de dados e, daí, a colocação dos registros em sua ordem adequada.

Quando tal algoritmo começa, o computador não tem qualquer informação sobre a ordem de qualquer dos registros. Começa comparando dois registros. Compara, então, outro par de registros, e então outro, mais outro e assim por diante. Com base nessas comparações, o computador coloca os registros em sua ordem apropriada.

A pergunta que se coloca aqui é: quantas comparações são necessárias para classificar os dados?

Podemos, por exemplo, comparar cada registro com todos os outros. Se há n registros de dados, esse método exige $\binom{n}{2}$ comparações. Mas isso não significa que sejam necessárias $\binom{n}{2}$ comparações. Na realidade, existe toda uma diversidade de algoritmos de ordenação que exigem apenas $n \log_2 n$ comparações.

> Como podemos comparar $\binom{n}{2}$ com $n \log_2 n$? Quando $n = 1.000$ (uma coleção de dados de tamanho modesto), $\binom{n}{2}$ vale cerca de 500.000, enquanto $n \log_2 n$ é cerca de 10.000, ou cerca de $\frac{1}{50}$ daquele valor.

Podemos imaginar se seria possível elaborar um algoritmo de ordenação que utilizasse menos que $n \log_2 n$ comparações. Por exemplo, um algoritmo de ordenação pode começar por verificar se os n registros já estiverem classificados. Em caso afirmativo, o algoritmo termina após $n - 1$ comparações, apenas (verificar o registro 1 *versus* o registro 2, o registro 2 *versus* o registro 3 etc.). Entretanto, não se pode garantir que tal algoritmo complete seu trabalho com apenas $n - 1$ comparações. O que desejamos saber é: há algum algoritmo de ordenação que possa selecionar n registros com menos que $n \log_2 n$ comparações em todos os casos? A resposta é *não*. Eis a análise.

No início (quando o algoritmo começa), o computador não tem qualquer informação sobre a ordem dos registros. Podemos representar esse estágio de conhecimento como um conjunto PO cujos elementos são todos não comparáveis entre eles. A primeira coisa que um computador faz é comparar dois registros para ver qual deles é maior. Compara, então, outro par, mais outro e assim por diante. Em cada estágio do algoritmo, o conhecimento que o computador tem da ordem do registro é parcial. Podemos representar essa informação como um conjunto PO! Em cada estágio do processo de ordenação existe um conjunto PO P que representa tudo quanto sabemos sobre a ordem relativa dos registros. As extensões lineares de P são todas as maneiras possíveis como os registros podem ser ordenados com base no que sabemos até agora.

> O estado de um algoritmo de escolha pode ser modelado como um conjunto parcialmente ordenado. Os elementos do conjunto PO correspondem aos registros de dados. A ordem parcial contém todas as relações de ordem entre os registros que testamos ou que podemos deduzir de nossos testes.

No início do algoritmo, todas as $n!$ extensões lineares são viáveis. Não temos (ainda) qualquer informação sobre a ordem dos registros e, assim, não podemos descartar qualquer das $n!$ extensões lineares.

Em cada estágio do algoritmo, temos um conjunto PO P baseado em nosso conhecimento parcial da ordem, e todas as extensões lineares de P são resultados possíveis do algoritmo de ordenação. No próximo passo do algoritmo de ordenação, o computador compara dois registros x e y. Esses registros correspondem a elementos não comparáveis de P. Quando comparamos x e y, podemos saber que, ou $x < y$ ou se $x > y$. Se $x < y$, algumas das extensões lineares de P permanecerão viáveis (aquelas em que $x < y$), e as outras se tornarão inviáveis (aquelas em que $x > y$). Reciprocamente, se $x > y$, então a situação se inverte – as extensões lineares com $x > y$ são viáveis, e as outras não o são.

> Não há razão para comparar elementos comparáveis, pois já conhecemos sua ordem relativa.

Em resumo, há extensões lineares de P com $x < y$ e extensões lineares com $x > y$; ambas são consistentes com o que sabemos até agora. Se P tem k extensões lineares, então há ao menos $k/2$ dela com uma ordem para x e y (e no máximo $k/2$ com a outra ordem). Se tomarmos um caso extremo (pior), a comparação de x e y dá um novo conjunto PO, que ainda tem ao menos $k/2$ extensões lineares.

Em outras palavras, cada comparação do algoritmo de escolha pode eliminar apenas a metade (ou menos) das extensões lineares possíveis. Como partimos de $n!$ ordens lineares possíveis no início do algoritmo, após c comparações, ainda pode haver $n!/2^c$ (ou mais) ordens lineares viáveis. Note que, se $n!/2^c > 1$, então o algoritmo de ordenação não completou seu trabalho – há mais de uma ordem possível e, assim, ainda não sabemos a ordem efetiva dos registros. Não podemos, pois, garantir que o algoritmo termine, a menos que tenhamos $n!/2^c \leq 1$.

Podemos resolver a desigualdade $n!/2^c \leq 1$ em relação a c como segue. Primeiro, reescrevemos a desigualdade como

$$2^c \geq n!$$

e tomamos logaritmos na base 2 de ambos os membros, obtendo

$$c \geq \log_2(n!).$$

Em seguida, introduzimos a fórmula de Stirling (ver Exercício 9.7) $n! \approx \sqrt{2\pi n}\, n^n e^{-n}$ para o termo $n!$, obtendo

$$c \geq \log_2\left[\sqrt{2\pi n}\, n^n e^{-n}\right]$$

que, pelas regras do logaritmo, dá

$$c \geq \log_2\left(\sqrt{2\pi}\right) + \frac{1}{2}\log_2 n + n\log_2 n - n\log_2 e.$$

O termo dominante nessa expressão é $n \log_2 n$. Na realidade, podemos escrever a expressão como

$$c \geq n \log_2 n + O(n).$$

[Ver Seção 29 para uma explicação do termo $O(n)$.]

Como c é o número de comparações que precisamos fazer a fim de achar a verdadeira ordem dos registros, vemos que precisamos de $n \log_2 n$ comparações para ordenar os dados.

Extensões lineares de conjuntos PO infinitos

Provamos que todo conjunto finito parcialmente ordenado tem uma extensão linear. Vamos agora considerar o mesmo problema para conjuntos PO infinitos. Eles devem também ter extensões lineares? A resposta bizarra a essa pergunta é sim e não.

Como é possível isso? Certamente, a afirmação "Todo conjunto PO tem uma extensão linear" ou é verdadeira ou é falsa. Não pode ser ambos!

Recordemo-nos do teorema de Pitágoras (Teorema 4.1). No Exercício 4.8, vimos que triângulos retângulos na superfície de uma esfera não verificam o teorema de Pitágoras. Isso não compromete a verdade do teorema pitagórico, porque triângulos retângulos na superfície de uma esfera não são o tipo de triângulo retângulo ao qual se aplica o teorema de Pitágoras.

Assim, o teorema de Pitágoras é verdadeiro para alguns tipos de triângulos retângulos (os triângulos retângulos "reais" no plano) e não para outros (os "falsos" triângulos retângulos na esfera). O teorema de Pitágoras é definitivo, desde que sejamos precisos quanto ao termo *triângulo retângulo*.

A situação para extensões lineares de conjuntos PO infinitos é análoga. A veracidade da afirmação "Todo conjunto PO tem uma extensão linear" depende do significado preciso da palavra *conjunto*. Neste livro, temos sido deliberadamente vagos quanto ao que é um conjunto. Confiamos na intuição dos nossos leitores de que um conjunto é uma "coleção de objetos ou coisas". Não é necessário, entretanto, trabalharmos com uma noção vaga de conjunto. Um ramo da matemática, conhecido como teoria dos conjuntos, aborda diretamente a questão do que um conjunto é. A teoria dos conjuntos proporciona o fundamento para toda a matemática.

Surpreendentemente, não há um conceito único, inequívoco, de conjunto. Ao estabelecermos as propriedades definidoras dos conjuntos, há várias condições, chamadas *axiomas*, que devem ser satisfeitas pelos conjuntos. Por exemplo, um axioma afirma que, se X e Y são conjuntos, então existe um conjunto que contém todos os elementos de X e todos os elementos de Y. Essencialmente, esse axioma afirma que, se X e Y são conjuntos, também o é $X \cup Y$.

Um axioma mais exótico é o conhecido como axioma da escolha. Há inúmeras maneiras de formular esse axioma. Uma delas é: dada uma coleção de conjuntos disjuntos dois a dois, há outro conjunto X que contém exatamente um elemento de cada conjunto na coleção.

Se aceitamos esse axioma como parte da definição de conjunto, então podemos provar que todo conjunto PO (finito ou infinito) admite uma extensão linear. Entretanto, se negamos o axioma da escolha, então há conjuntos PO que não admitem extensões lineares.

Isso significa que a afirmação "Todo conjunto PO tem uma extensão linear" é ao mesmo tempo verdadeira e falsa? Não. Pode ser verdadeira ou falsa, dependendo do que significa conjunto para nós. O que é estranho é que haja mais de uma maneira de definir conjunto e, dependendo da definição escolhida, decorrem diferentes resultados matemáticos.

O axioma da escolha (quase sempre) não constitui problema na matemática discreta. Os resultados sobre coleções finitas de conjuntos finitos não dependem dele. Assim, todos os teoremas neste livro são verdadeiros, independentemente de que conceito de conjunto adotemos. Só quando consideramos conjuntos infinitos, ou coleções infinitas de conjuntos, é que esses problemas se apresentam.

Recapitulando

Provamos que todo conjunto finito parcialmente ordenado tem uma extensão linear. Na realidade, mostramos que, se P tem elementos não comparáveis x e y, então P tem uma extensão linear em que x está abaixo de y e outra extensão linear em que x está acima de y. Utilizamos, então, extensões lineares para discutir o número de comparações necessárias para ordenar n registros de dados. Por fim, consideramos o problema de os conjuntos PO infinitos terem ou não extensões lineares e discutimos o fato de que a resposta a essa questão depende de nossa noção fundamental do que, precisamente, um conjunto é.

57 Exercícios

57.1. Seja P o conjunto PO da figura. Quais, entre as seguintes, são extensões lineares de P?
a. $a < b < c < d < e < f < g < h < i < j$.
b. $b < a < e < g < d < c < f < j < i < h$.
c. $a < c < f < j$.
d. $a < b < c < e < f < h < i < j < h < g$.

57.2. Determine o número de extensões lineares de cada um dos três conjuntos PO:

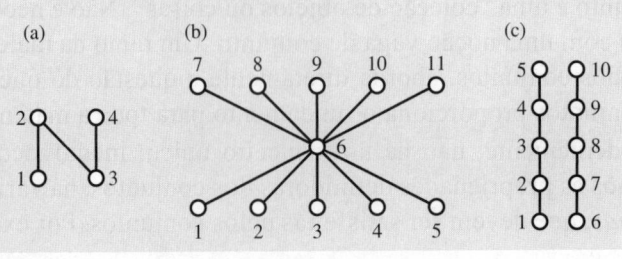

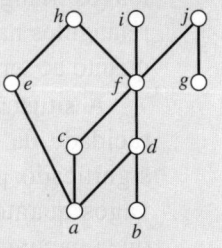

57.3. Seja $P = (X, \leq)$ um conjunto PO com elementos x e y não comparáveis. Mostre que a relação $\leq'$ definida por

$$\leq' = \leq \in \{(x, y)\}$$

deve ser reflexiva e antissimétrica.

Dê exemplo de um conjunto PO $P = (X, \leq)$ com elementos x e y não comparáveis, em que $\leq'$ (conforme definida anteriormente) não é uma relação de ordem parcial.

57.4. Seja $P = (X, \leq)$ um conjunto PO finito que não é uma ordem total. Prove que P contém elementos não comparáveis x e y de modo que

$$\leq' = \leq \in \{(x, y)\}$$

é uma relação de ordem parcial.

Um tal par de elementos é chamado *par crítico*.

57.5. Ache todos os pares críticos no conjunto PO do Exercício 57.1 que incluem o elemento g.

57.6. Seja $(X, \leq)$ a ordem linear natural sobre o conjunto $X = \{1, 2, \ldots, n\}$ em que n é um número inteiro positivo. Agora, considere duas ordens sobre o conjunto $X \times X$:

- Seja $\leq$ a ordem do produto parcial em $X \times X$. Veja Exercício 54.13; a relação $\leq$ é definida por $(x_1, y_1) \leq (x_2, y_2)$ se e somente se $x_1 \leq x_2$ e $y_1 \leq y_2$.
- Seja $\preceq$ a ordem parcial lexicográfica em $X \times X$. Veja o Exercício 56.7; a relação $\preceq$ é definida por $(x_1, y_1) \preceq (x_2, y_2)$ se e somente se $x_1 < x_2$ ou então $x_1 = x_2$ e $y_1 \leq y_2$. Observe que $\preceq$ é uma ordem linear (e esse foi o ponto desse exercício). Mostre que a ordem lexicográfica $\preceq$ é uma extensão linear da ordem do produto $\leq$ em $X \times X$.

■ 58 Dimensão

Caracterizadores

Voltemos ao exemplo do início da seção anterior. Examinamos o seguinte conjunto parcialmente ordenado e suas extensões lineares.

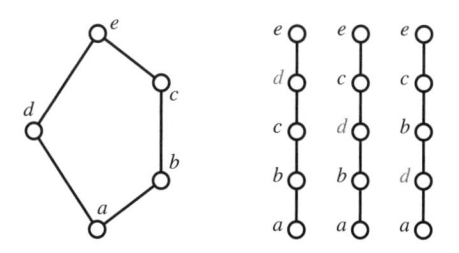

Afirmamos: as três extensões lineares do conjunto PO P contêm informação suficiente para reconstruirmos o conjunto PO. Consideremos os elementos b e c. Notamos que $b < c$ em todas as três extensões lineares. Pelo Teorema 57.3, isso só pode acontecer se $b < c$ no próprio P. No entanto, consideremos os elementos b e d. Na primeira extensão linear, temos $b < d$, mas, na terceira, temos $b > d$. Se ocorresse o caso $b < d$ em P, teríamos $b < d$ em todas as extensões lineares. Podemos, pois, deduzir que b e d são não comparáveis em P.

Formalizamos, como segue, essas observações.

COROLÁRIO 58.1

Seja P um conjunto finito parcialmente ordenado e sejam x e y elementos distintos de P. Se $x < y$ em todas as extensões lineares de P, então $x < y$ em P. Reciprocamente, se $x < y$ em uma extensão linear, mas $x > y$ em outra, então x e y são não comparáveis em P.

Deixamos a prova a seu cargo (Exercício 58.2).

Essa observação abre o caminho para armazenarmos, em um computador, um conjunto parcialmente ordenado. Podemos salvar, como listas, as extensões lineares de P. Para vermos se $x < y$ em P, basta verificarmos que x está abaixo de y em todas as extensões lineares.

Entretanto, alguns conjuntos parcialmente ordenados têm um grande número de extensões lineares. Consideremos, por exemplo, uma anticadeia sobre dez elementos (ver Exemplo 57.2). Ela contém 10! (mais de 3 milhões) extensões lineares. Todavia, não precisamos de todas as 10! extensões lineares para representar essa anticadeia em nosso computador. Ao contrário, utilizamos as duas ordens lineares:

$$1 < 2 < 3 < 4 < 5 < 6 < 7 < 8 < 9 < 10 \quad \text{e}$$
$$10 < 9 < 8 < 7 < 6 < 5 < 4 < 3 < 2 < 1.$$

Notemos que, para dois elementos quaisquer x e y da anticadeia, temos $x < y$ em uma das ordens e $x > y$ na outra.

A mesma ideia funciona para o conjunto PO de cinco elementos considerado anteriormente. Não precisamos de todas as suas três extensões lineares para servir como representação. Consideremos apenas a primeira e a terceira extensões lineares:

$$a < b < c < d < e \quad \text{e} \quad a < d < b < c < e.$$

Note que, se $x < y$ no conjunto PO, então temos $x < y$ em ambas essas extensões lineares, mas se x e y são não comparáveis (por exemplo, $x = b$ e $y = d$), então temos $x < y$ em uma extensão e $x > y$ em outra. Basta, pois, mantermos no computador essas duas extensões lineares.

Sejamos mais precisos. Um conjunto de extensões lineares que capta toda a informação contida em um conjunto PO é chamado um *caracterizador* e esta é a definição adequada.

DEFINIÇÃO 58.2

(**Caracterizador**) Seja $P = (X, \leq)$ um conjunto parcialmente ordenado. Seja $\mathcal{R}$ um conjunto de extensões lineares de P. Dizemos que $\mathcal{R}$ é um *caracterizador* de P, desde que, para todos $x, y \in X$, tenhamos $x \leq y$ em P se e somente se $x \leq y$ em todas as extensões lineares em $\mathcal{R}$.

Dizemos que $\mathcal{R}$ *caracteriza* P.

Eis outra maneira de expressar o Corolário 58.1: *seja P um conjunto finito parcialmente ordenado e seja $\mathcal{R}$ o conjunto de todas as extensões lineares de P. Então, $\mathcal{R}$ é um caracterizador de P.*

Se $\mathcal{R} = \{L_1, L_2, \ldots, L_t\}$ é um caracterizador para um conjunto PO P, então sabemos que $x \leq y \Leftrightarrow x \leq_i y$ para todo $i = 1, 2, \ldots, t$. Metade dessa afirmação (a implicação $\Rightarrow$) sempre se verifica, em virtude de as L_i serem extensões lineares de P. Se $x \leq y$ em P, então, pelo fato de as L_i serem extensões lineares de P, devemos ter $x \leq_i y$ para todo i.

Aqui, a notação $x \leq_i y$ significa $x \leq y$ em L_i.

A outra implicação (a metade ⇐) é a característica importante. Ela nos diz que, se $x \nleq y$, então não temos $x \leq_i y$ para todo i. Naturalmente, se $y < x$, isso é óbvio, porque então $y <_i x$ para todo i. O caso interessante ocorre quando x e y são não comparáveis.

Como $x \nleq y$, existe um i com $x >_i y$. E, como $y \nleq x$, existe um j com $x <_j y$.

Temos o seguinte:

▶ **PROPOSIÇÃO 58.3**

Seja P um conjunto PO e seja $\mathcal{R} = \{L_1, L_2, \ldots, L_t\}$ um conjunto de extensões lineares de P. Então $\mathcal{R}$ é um caracterizador de P se e somente se, para todos os pares x, y de elementos não comparáveis de P, existem índices i e j de modo que $x <_i y$ e $x >_j y$.

Demos, praticamente, toda a prova na discussão precedente, e deixamos a você a tarefa de colocá-la cuidadosamente por escrito (Exercício 58.3).

◆ **EXEMPLO 58.4**

Seja P um conjunto PO cujo diagrama de Hasse é:

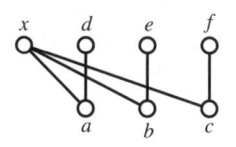

Sejam L_1, L_2 e L_3 as seguintes extensões lineares de P:

$$L_1 : b < c < e < f < a < x < d,$$
$$L_2 : a < c < d < f < b < x < e, \text{ e}$$
$$L_3 : a < b < d < e < c < x < f,$$

Seja $R = \{L_1, L_2, L_3\}$. Afirmamos que $\mathcal{R}$ é um caracterizador de P.

A verificação de que $\mathcal{R}$ é um caracterizador para o conjunto PO no Exemplo 58.4 é trabalhosa.

Primeiro, devemos nos certificar de que todas as três L_i são extensões lineares de P (isto é, se $u < v$ em P, então devemos ter $u < v$ em todas as três L_j). Note que $a < x$ e $a < d$ em todas as três L_i. Então, verificamos que $b < x$ e $b < e$ em todas as três. Por fim, observa-se que $c < x$ e $c < f$ em todos os três.

Segundo, verificamos que, se u e v são não comparáveis em P, então $u < v$ em uma extensão linear e $u > v$ em outra. Há diversos casos, mas podemos verificá-los sistematicamente. Consideremos primeiro as não comparabilidades entre a, b e c. Observe que temos $a < b$ em L_3 e $a > b$ em L_1. As incomparabilidades entre a e c e entre b e c se verificam da mesma maneira.

Vemos, também, que $d < e$ em L_2 e $d > e$ em L_1. Verificam-se, da mesma maneira, as outras incomparabilidades entre $\{d, e, f\}$.

Em seguida, $x < d$ em L_1 e $x > d$ em L_2. Verificam-se, da mesma maneira, as outras incomparabilidades que envolvem x.

Por último, observe-se que $a < e$ em L_2 e $a > e$ em L_1. As incomparabilidades a-f, b-d, b-f, c-d e c-e se verificam de maneira análoga.

Portanto, $\mathcal{R}$ é um caracterizador.

Dimensão

Seja P uma anticadeia sobre dez elementos. Podemos formar um caracterizador de P utilizando todas as 10! extensões lineares, mas podemos, também, formar um caracterizador de P utilizando-se apenas duas extensões lineares. Obviamente, a última é mais eficiente (especialmente se pretendemos usar extensões lineares para armazenar um conjunto PO em um computador).

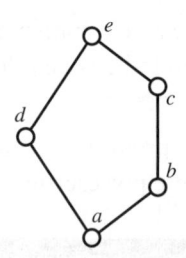

Não é difícil caracterizarmos um conjunto PO quando utilizamos todas as suas extensões lineares. O problema desafiador (e interessante) consiste em caracterizar um conjunto PO com o mínimo possível de extensões. Por exemplo, o conjunto PO no início desta seção (ver figura) pode ser caracterizado utilizando-se todas suas três extensões lineares ou com apenas duas.

Podemos caracterizar esse conjunto PO com apenas uma extensão linear? Não. Como esse conjunto PO tem elementos não comparáveis (nós o chamamos x e y), precisamos de, ao menos, duas extensões lineares: uma em que $x < y$ e outra em que $x > y$. Esse conjunto PO pode ser caracterizado com duas extensões, no mínimo.

O termo técnico aplicável aqui é que o conjunto PO tem *dimensão* igual a 2.

● DEFINIÇÃO 58.5

(Dimensão) Seja P um conjunto PO finito. O menor tamanho de um caracterizador de P é chamado *dimensão* de P. A dimensão de P se denota por dim P.

Uma anticadeia sobre dez elementos e o conjunto PO da figura têm, ambos, dimensão igual a 2.

Recordemo-nos do conjunto PO P do Exemplo 58.4. Mostramos que esse conjunto PO tem um caracterizador contendo três extensões lineares. Como P não é uma ordem linear, não pode ser caracterizado por uma única extensão linear. A questão se torna: P pode ser caracterizado utilizando-se apenas duas extensões lineares? Afirmamos que não.

Suponhamos, por contradição, que P (o conjunto PO do Exemplo 58.4) possa ser caracterizado com apenas duas extensões lineares L' e L''. Consideremos os elementos não comparáveis dois a dois a, b e c. Por simetria, e sem perda de generalidade, temos $a < b < c$ em L' e $a > b > c$ em L''. Como x está acima de todos a, b, c, sabemos também que x está acima deles em L' e L''. Até aqui temos

$$a < b < c < x \quad \text{em } L' \text{ e}$$
$$c < b < a < x \quad \text{em } L''.$$

Consideremos, agora, o elemento e. Sabemos que e e x são não comparáveis, de modo que $e < x$ em L' ou em L'' e $e > x$ no outro. Como a situação ainda é simétrica, supomos $e > x$ em L' (de forma que, em L', temos $a < b < c < x < e$). Em L'', sabemos que $e < x$, mas sabemos, também, que $e > b$ (porque $e > b$ em P). Assim, em L'', temos $c < b < e < x$. O ponto é que, tanto em L' como em L'', temos $c < e$, a despeito do fato de c e e serem não comparáveis. Portanto, $\{L', L''\}$ não é um caracterizador para P e, assim, não pode haver caracterizador de tamanho 2. No Exemplo 58.4, apresentamos um caracterizador de tamanho 3. Portanto, dim $P = 3$.

Eis outra família de conjuntos PO cuja dimensão vamos calcular.

◆ EXEMPLO 58.6

(Exemplo-padrão) Seja n um inteiro, $n \geq 2$, e denotemos por P_n o seguinte conjunto PO. O conjunto básico de P_n consiste em $2n$ elementos $\{a_1, a_2, \ldots, a_n, b_1, b_2, \ldots, b_n\}$. As únicas relações de ordem estrita em P_n são as da forma $a_i < b_j$ com $i \neq j$. A figura exibe o conjunto PO P_4.

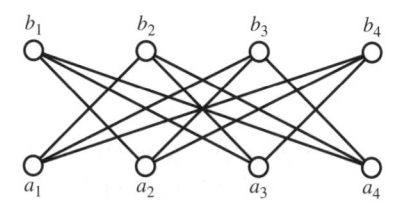

▶ PROPOSIÇÃO 58.7

Seja n um inteiro, $n \geq 2$ e seja P_n o conjunto PO definido no Exemplo 58.6. A dimensão de P_n é n.

A prova consiste em duas partes. Primeiro, mostramos que P_n tem um caracterizador de tamanho n. Em seguida, provamos que P_n não pode ter um caracterizador com menos de n extensões lineares.

Prova. Seja i um inteiro, $1 \leq i \leq n$. Seja L_i uma ordem linear no conjunto básico de P_n, da seguinte forma:

$$(\text{outros } a) < b_i < a_i < (\text{outros } b).$$

A expressão "Outros a" significa que colocamos todos os a_j (exceto a_i) antes de b_i nessa ordem linear. Analogamente, a expressão "outros b" significa que colocamos todos os b_j (exceto b_i) após a_i. Afirmamos que, independentemente de como dispomos os "outros a" e os "outros b", L_i é uma extensão linear de P_n. Precisamos, apenas, verificar que $a_j < b_k$ sempre que $j \neq k$. Na realidade, temos $a_j < b_k$ para todos j e k, exceto para $j = k = i$. Assim, L_i é uma extensão *linear* (para cada $i = 1, 2, \ldots, n$).

Seja $\mathcal{R} = \{L_1, L_2, \ldots, L_n\}$. Afirmamos que $\mathcal{R}$ é um caracterizador para P_n. Há três tipos de pares não comparáveis em P_n: dois a, dois b e a_i-b_i para algum i.

- Pares não comparáveis da forma a_i-a_j: Observe-se que $a_i < a_j$ em L_j e $a_i > a_j$ em L_i.
- Pares não comparáveis da forma b_i-b_j: Ressalte-se que $b_i < b_j$ em L_i e $b_i > b_j$ em L_j.

- Pares não comparáveis da forma a_i-b_i: Ressalte-se que $a_i > b_i$ em L_i, mas $a_i < b_i$ em qualquer outro L_k ($k \neq i$).

Portanto, $\mathcal{R}$ é um caracterizador de P_n.

Mostraremos, agora, que P_n não pode ter um caracterizador com menos de n extensões lineares. Suponhamos, por contradição, que haja um caracterizador $\mathcal{R}$ de P_n com $|R| < n$. Para cada k ($1 \leq k \leq n$), deve haver uma extensão linear $L \in R$ em que $a_k > b_k$ (porque a_k e b_k são não comparáveis). Há n desses pares não comparáveis, mas, no máximo, $n - 1$ extensões lineares em $\mathcal{R}$. Portanto (pelo princípio da casa do pombo – ver Seção 25), deve haver uma extensão linear L e dois índices distintos i e j de modo que $a_i > b_i$ e $a_j > b_j$ em L. Como $b_j > a_i$ e $b_i > b_j$ em P_n, devemos ter essas relações também em L. Assim, em L, temos

$$b_j > a_i > b_i > a_j > b_j \Rightarrow b_j > b_j$$

o que é impossível.⇒⇐ Portanto, $\mathcal{R}$ não é um caracterizador de P_n e, dessa forma, não podemos caracterizar P_n com menos de n extensões lineares.

Logo, dim $P_n = n$.

Imersão

Os diagramas de Hasse são representações geométricas úteis de conjuntos parcialmente ordenados. Nesta seção, vamos considerar uma representação geométrica alternativa.

Todo ponto no plano pode ser representado por um par de números reais: as coordenadas (x, y) do ponto. Por essa razão é que o plano costuma ser designado por $\mathbb{R}^2$. De forma análoga, todo ponto no espaço tridimensional pode ser descrito como um terno ordenado (x, y, z). Representamos por $\mathbb{R}^3$ o espaço tridimensional. Não precisamos deter-nos em três dimensões. O espaço quadridimensional nada mais é que o conjunto de todos os pontos da forma (x, y, z, w). Vamos denotá-lo por $\mathbb{R}^4$. De modo geral, $\mathbb{R}^n$ é o conjunto de todas as ênuplas ordenadas de números reais e representa o espaço n--dimensional.

> O símbolo R^n representa o espaço n-dimensional.

O objetivo desta seção é mostrar a conexão entre os dois empregos (geometria e conjuntos PO) da palavra *dimensão*.

Sejam **p** e **q** dois pontos no espaço n-dimensional R^n. Dizemos que **p** *domina* **q** se e somente se cada coordenada de **p** é, no mínimo, igual à correspondente coordenada de **q**. Em outras palavras, se as coordenadas de **p** e **q** são

$$p = (p_1, p_2, \ldots, p_n)$$
$$q = (q_1, q_2, \ldots, q_n)$$

então $p_1 \geq q_1, p_2 \geq q_2, \ldots, p_n \geq q_n$. Escrevamos p $\succeq$ q no caso de p dominar q. Escrevemos, também, q $\preceq$ p e dizemos que q é dominado por p.

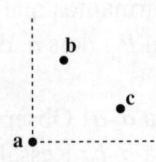

Por exemplo, suponhamos que p e q sejam pontos no plano. Se p ⪰ q, então ambas as coordenadas de p são, no mínimo, tão grandes quanto as de q. Assim, p deve estar a "nordeste" de q. Na figura, a é dominado tanto por b como por c (isto é, a ⪯ b e a ⪯ c), mas b e c são não comparáveis.

• DEFINIÇÃO 58.8

(Imersão em $\mathbb{R}^n$) Sejam $P = (X, \leq)$ um conjunto PO e n um inteiro positivo. Uma *imersão* de P em $\mathbb{R}^n$ é uma função f um a um $f: X \to \mathbb{R}^n$ de modo que $x \leq y$ (em P) se e somente se $f(x) \preceq f(y)$ (em $\mathbb{R}^n$).

◆ EXEMPLO 58.9

A figura a seguir mostra um conjunto PO, à esquerda, e uma imersão em $\mathbb{R}^2$, à direita.

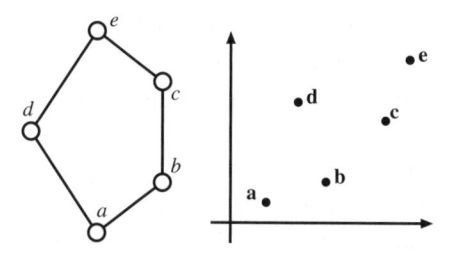

A imersão é $a \mapsto \mathbf{a}$, $b \mapsto \mathbf{b}$, $c \mapsto \mathbf{c}$, $d \mapsto \mathbf{d}$ e $e \mapsto \mathbf{e}$. Observe que a cadeia $a < b < c < e$ corresponde à sequência de pontos **a**, **b**, **c**, **e**, em que cada ponto está a nordeste do ponto imediatamente anterior. Note, ainda, que, como **b** e **d** são não comparáveis, também o são seus pontos b e d na ordem de dominância ($\preceq$).

❖ TEOREMA 58.10

Sejam P um conjunto PO finito e n um inteiro positivo. Então P tem um caracterizador de tamanho n se e somente se P está imerso em $\mathbb{R}^n$. Assim, dim P é o menor inteiro positivo n de modo que P fica imerso em $\mathbb{R}^n$.

Prova. ($\Rightarrow$) Suponhamos que $P = (X, \leq)$ tenha um caracterizador de tamanho n, digamos, $\mathcal{R} = \{L_1, L_2, \ldots, L_n\}$. Para $x \in X$, seja $h_i(x)$ a *altura* de x em L_i; isto é, $h_i(x)$ é o número de elementos não superiores a x em L_i. Assim, $h_i(x) = 1$ se x é o menor elemento de L_i, $h_i(x) = 2$ se é o mais próximo da base, e assim por diante.

Definamos $f: P \to \mathbb{R}^n$ por

$$f(x) = (h_1(x), h_2(x), \ldots, h_n(x)).$$

Equivalentemente, sabemos que L_i é uma ordem linear finita e, assim, é isomorfa a $\{1, 2, \ldots, |X|\}$ ordenada pela relação usual $\leq$ (ver Teorema 56.4). A função h_i nada mais é que o isomorfismo de conjunto PO de L_i para $\{1, 2, 3, \ldots, |X|\}$.

Obviamente, f é um a um: Se $x \neq y$, então $h_1(x) \neq h_1(y)$ (porque x e y estão em alturas diferentes em L_1) e, assim, $f(x) \neq f(y)$.

Devemos mostrar que $x \leq y$ (em P) se e somente se $f(x) \preceq f(y)$.

- Suponhamos $x \leq y$ em P. Então, $h_i(x) \leq h_i(y)$ (porque $x \leq y$ em todas as extensões lineares, L_i). Logo, $f(x)$ é, coordenada por coordenada, no máximo igual a $f(y)$ e, assim, $f(x) \preceq f(y)$.
- Suponhamos $f(x) \preceq f(y)$. Isso significa que $h_i(x) \leq h_i(y)$ para todo i. Assim, $x \leq y$ em todas as extensões lineares L_i e (pela definição de caracterizador), $x \leq y$ em P.

($\Leftarrow$) Suponhamos que $P = (X, \leq)$ possa ser imerso em $\mathbb{R}^n$. Isso significa que existe uma aplicação um a um $f: X \to \mathbb{R}^n$ de modo que, para todos $x, y \in X$, temos $x \leq y \Longleftrightarrow f(x) \preceq f(y)$.

Seja i um inteiro de modo que $1 \leq i \leq n$. Definimos, como segue, uma extensão linear L_i em P. Seja $f_i(x)$ a i-ésima coordenada de $f(x)$. Formamos L_i dispondo os elementos de X em ordem crescente de f_i. Isto é, temos $x \leq_i y$ desde que $f_i(x) \leq f_i(y)$. Isso daria uma ordem total sobre os elementos X, não fosse o problema incômodo de elementos com coordenadas i iguais. Rompemos esses vínculos como segue. Suponhamos $f_i(x) = f_i(y)$ para algum $x \neq y$. Como f é uma função um a um, deve haver alguma outra coordenada j para a qual $f_j(x) \neq f_j(y)$. Em tal caso, determinamos a ordem de x e y em L_i pelo menor índice j, em que $f_j(x) \neq f_j(y)$ (ver Exemplo 58.11).

Afirmamos que L_i é uma extensão linear de P. Obviamente, L_i é uma ordem linear. Suponhamos $x < y$ em P. Então, $f(x) \prec f(y)$ e, assim, $f_i(x) \leq f_i(y)$. No caso de ser $f_i(x) = f_i(y)$ e $x < y$, note que para todo j, $f_j(x) \leq f_j(y)$ e, para alguns índices j, a desigualdade é estrita. Assim, $x < y$ em P implica $x <_i y$ e, assim, L_i é uma extensão linear de P.

Afirmamos, agora, que $R = \{L_1, \ldots, L_n\}$ é um caracterizador. Devemos mostrar que, se x e y são não comparáveis, então existem índices i e j com $x <_i y$ e $x >_j y$. Como $f(x)$ é não comparável com $f(y)$ (pela definição de mergulho em $\mathbb{R}^n$), sabemos que existem índices i e j com $f_i(x) < f_i(y)$ e $f_j(x) > f_j(y)$, e isso dá $x <_i y$ e $x >_j y$.

◆ EXEMPLO 58.11

Seja P o conjunto PO da figura (à esquerda) e seja $a \mapsto \mathbf{a}, b \mapsto \mathbf{b}, \ldots, f \mapsto \mathbf{f}$ (à direita) uma imersão de P em $\mathbb{R}^2$.

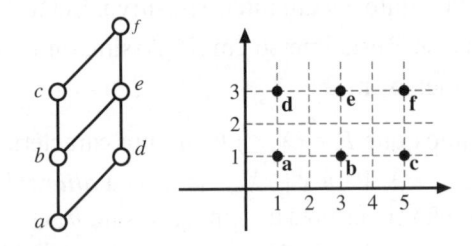

Por exemplo, d está imerso em $\mathbf{d} = (1, 3)$.

As duas extensões lineares que extraímos desse mergulho são:

$$L_1 : a < d < b < e < c < f$$
$$L_2 : a < b < c < d < e < f.$$

Encontramos L_1 selecionando os seis pontos por sua primeira coordenada (e rompendo empates utilizando a segunda coordenada). Da mesma forma, encontramos L_2 selecionando os pontos por sua segunda coordenada (e rompendo empates utilizando sua primeira coordenada).

Note que $R = \{L_1, L_2\}$ é um caracterizador para P.

Recapitulando

Introduzimos a noção de caracterizador de um conjunto parcialmente ordenado. Definimos a dimensão de um conjunto PO como o tamanho de um caracterizador mínimo. Mostramos que o conceito de dimensão de um conjunto PO está estreitamente ligado ao conceito geométrico de dimensão, pelo estudo de imersão de conjuntos PO em $\mathbb{R}^n$.

58 Exercícios

58.1. Seja P o conjunto PO da figura.

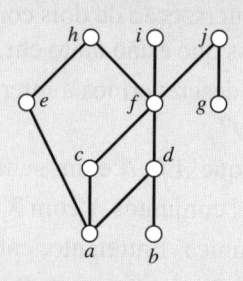

a. Determine $d = \dim P$.
b. Ache um caracterizador de P contendo d extensões lineares.
c. Dê uma imersão de P em $\mathbb{R}^d$ (seja por meio de uma figura, seja especificando suas coordenadas).

58.2. Prove o Corolário 58.1.

58.3. Prove a Proposição 58.3.

58.4. Seja P um subconjunto PO de Q. Isso significa que os elementos de P são um subconjunto dos elementos de Q, e que a relação entre elementos de P é exatamente a mesma que sua relação em Q (isto é, $x \leq y$ em P se e somente se $x \leq y$ em Q).

Prove que $\dim P \leq \dim Q$.

58.5. Mostre que a dimensão do elemento sete do conjunto PO na figura do meio é 3.

58.6. Prove que o produto de uma ordem linear finita com dois ou mais elementos com ela mesma dá um conjunto PO cuja dimensão é dois.

Veja o Exercício 54.13 para a definição do produto dos conjuntos PO. Veja também os Exercícios 56.7 e 57.6.

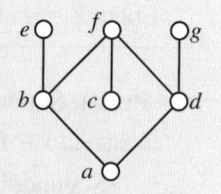

58.7. Seja n um inteiro de modo que $n \geq 3$. Uma *cerca* é um conjunto PO sobre $2n$ elementos a_0, $a_1, \ldots, a_{n-1}, b_0, b_1, \ldots, b_{n-1}$ em que as únicas relações estritas são da forma $a_i < b_i$ e $a_i < b_{i+1}$ (em que a adição de índices é módulo n, de forma que $a_{n-1} < b_0$). A figura mostra uma cerca com $n = 5$.

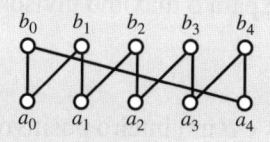

Prove que as cercas têm dimensão igual a 3.

59 Reticulados

Vimos que subconjunto ($\subseteq$), a usual menor que ou igual a ($\leq$) e divide ($|$), compartilham três características essenciais: são reflexivas, antissimétricas e transitivas e, assim, são relações de ordem parcial.

Nesta seção, vamos mostrar que as operações $\cap$ (intersecção), $\wedge$ (nand booleana) e mdc (máximo divisor comum) estão relacionadas de maneira análoga.

Inf e sup

A maneira usual de definir a intersecção de dois conjuntos A e B é afirmar que $A \cap B$ é o conjunto de todos os elementos que estão tanto em A como em B. Consideremos, agora, o seguinte desafio: é possível descrevermos a intersecção de dois conjuntos $A \cap B$ sem utilizarmos a palavra *elemento*?

Note, em primeiro lugar, que $A \cap B$ é um subconjunto tanto de A como de B. Naturalmente, pode haver muitos conjuntos X com $X \subseteq A$ e $X \subseteq B$, de modo que isso não especifica $A \cap B$ de maneira única. Entretanto, entre todos esses conjuntos X (subconjuntos tanto de A como de B) sabemos que $A \cap B$ é "o maior", o que significa que, se $X \subseteq A$ e $X \subseteq B$, então devemos ter $X \subseteq A \cap B$.

Vamos mostrar isso rigorosamente.

▶ **PROPOSIÇÃO 59.1**

Sejam A e B conjuntos, e Z um conjunto com as seguintes propriedades:

- $Z \subseteq A$ e $Z \subseteq B$ e
- Se $X \subseteq A$ e $X \subseteq B$, então $X \subseteq Z$.

Então $Z = A \cap B$.

Prova. Suponhamos, primeiro, $x \in Z$. Como $Z \subseteq A$, temos $x \in A$. Analogamente, $Z \subseteq B$ acarreta $x \in B$. Portanto, $x \in A \cap B$.

Segundo: suponhamos $x \in A \cap B$. Isso significa que $x \in A$ e $x \in B$; assim, $X = \{x\}$ é um subconjunto tanto de A como de B. Portanto, $X = \{x\}$ é um subconjunto de Z (pela segunda propriedade). Assim, $x \in Z$.

Mostramos que $x \in Z \Leftrightarrow x \in A \cap B$ e, assim, $Z = A \cap B$.

O resultado análogo vale para o máximo divisor comum de dois inteiros positivos.

▶ **PROPOSIÇÃO 59.2**

Sejam a e b inteiros positivos e d um inteiro positivo com as seguintes propriedades:

- $d|a$ e $d|b$ e
- se e é um inteiro positivo com $e|a$ e $e|b$, então, $e|d$.

Então $d = \text{mdc}(a, b)$.

Deixamos a prova a seu cargo (Exercício 59.4).

Essas proposições sugerem uma forma alternativa de definirmos intersecção e máximo divisor comum. Podemos definir $A \cap B$ como o maior conjunto que está abaixo tanto de A como de B, em que *o maior* e *abaixo* se expressam em termos da ordem parcial de subconjuntos ($\subseteq$). Analogamente, podemos definir mdc(a, b) como o maior inteiro positivo que está abaixo tanto de a como de b, em que *o maior* e *abaixo* se expressam em termos da ordem de divisibilidade ($|$).

Podemos estender essas ideias a outros conjuntos PO.

• DEFINIÇÃO 59.3

(Cota inferior e cota superior) Seja $P = (X, \leq)$ um conjunto PO e sejam $a, b \in X$.

Dizemos que $x \in X$ é uma *cota inferior* para a e b se $x \leq a$ e $x \leq b$. De maneira análoga, dizemos que $x \in X$ é uma *cota superior* para a e b se $a \leq x$ e $b \leq x$.

O conceito de cota inferior é uma extensão do conceito de divisor comum. Sejam $a, b \in \mathbb{N}$. No conjunto PO $(\mathbb{N}, |)$, as cotas inferiores de a e b são, precisamente, os divisores comuns de a e b.

Definimos, a seguir, as noções de *maior cota inferior* e *menor cota superior*.

• DEFINIÇÃO 59.4

(Maior cota inferior/menor cota superior) Seja $P = (X, \leq)$ um conjunto PO e sejam $a, b \in X$.

Alguns autores costumam abreviar *maior cota inferior* como inf e *menor cota superior* como sup.

Dizemos que $x \in X$ é a *maior cota inferior* para a e b se (1) x é cota inferior para a e b e (2) se y é cota inferior para a e b, então $y \leq x$. De maneira semelhante, dizemos que $x \in X$ é a *menor cota superior* para a e b se (1) x é cota superior para a e b e (2) se y é cota superior para a e b, então $y \geq x$.

• EXEMPLO 59.5

Seja P o seguinte conjunto PO:

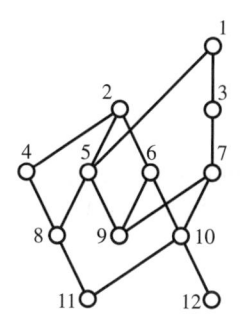

- Consideremos os elementos 8 e 9. Observe que 1, 2 e 5 são cotas superiores para 8 e 9. Como 5 < 1 e 5 < 2, temos que 5 é a menor cota superior de 8 e 9. Em contrapartida, 8 e 9 não possuem cotas inferiores e, consequentemente, não têm inf.
- Os elementos 4 e 7 têm 11 como única cota inferior; desse modo, 11 é a maior cota inferior de 4 e 7. Os elementos 4 e 7 não possuem cota superior, portanto, não têm menor cota superior.
- Os elementos 5 e 6 têm 2 como menor (e única) cota superior. Possuem cotas inferiores não comparáveis 9 e 11, de forma que não têm a maior cota inferior.
- Os elementos 9 e 10 não têm a maior cota inferior nem a menor cota superior.
- Os elementos 4 e 5 têm 2 como sua menor cota superior e 8 como sua maior cota inferior.

A maior cota inferior e a menor cota superior, se existirem, serão únicas.

Se um par de elementos de um conjunto PO tem uma cota inferior máxima, esta deve ser única. Suponhamos que x e y fossem ambos cotas inferiores máximas de a e b.

Temos $x \leq y$ porque y é o maior e temos $y \leq x$ porque x é o maior. Portanto, $x = y$. Da mesma forma, se a e b tem a menor cota superior, ela deve ser única.

Existem termos alternativos para menor cota superior e maior cota inferior, assim como uma notação especial para elas.

● DEFINIÇÃO 59.6

(Inf e sup) Seja $P = (X, \leq)$ um conjunto PO e sejam $a, b \in X$.

Se a e b têm uma cota inferior máxima, ela é chamada *inf* de a e b e se denota por $a \wedge b$.

Se a e b têm a cota superior mínima, ela é denominada *sup* de a e b e se denota por $a \vee b$.

Empregamos os símbolos $\wedge$ e $\vee$ para as operações de inf e sup porque ' é uma abstração de $\cap$ e $\vee$ é uma abstração de $\cup$. Infelizmente, temos empregado os símbolos ' e $\vee$ de duas maneiras diferentes. Na Seção 7, esses símbolos representam as operações booleanas de *e* e *ou*. Aqui, eles representam as operações de conjuntos PO *inf* e *sup*. Felizmente, podemos chegar a uma resolução pacífica para essa crise. Consideremos o conjunto PO P cujo conjunto básico é {VERDADEIRO, FALSO}. Tomamos a decisão matemática (e ética) de colocar a verdade acima da falsidade, ou seja, temos FALSO < VERDADEIRO no conjunto PO – ver figura.

$$\begin{array}{c} \circ\, T \\ | \\ \circ\, F \end{array}$$

Note que, nesse conjunto PO, temos $V \wedge F = F$ porque FALSO é a maior (e única) cota inferior para VERDADEIRO e FALSO. Na realidade, todas as igualdades seguintes são verdadeiras:

$$V \wedge V = V \qquad V \wedge F = F \qquad F \wedge V = F \qquad F \wedge F = F$$
$$V \vee V = V \qquad V \vee F = V \qquad F \vee V = V \qquad F \vee F = F$$

Portanto, as operações ∧ e ∨ em {V, F} são exatamente as mesmas, quer as interpretemos como *e* e *ou* ou como *inf* e *sup*.

◆ EXEMPLO 59.7

Os resultados do Exemplo 59.5 podem expressar-se como segue:

- 8 ∧ 9 não são definidos e 8 ∨ 9 = 5.
- 4 ∧ 7 = 11 e 4 ∧ 7 são indefinidos.
- 5 ∧ 6 não são definidos e 5 ∨ 6 = 2.
- 9 ∧ 10 e 9 ∨ 10 são, ambos, indefinidos.
- 4 ∧ 5 = 8 e 4 ∨ 5 = 2.

Reticulados

Observe que, para alguns pares de elementos, inf e sup podem não ser definidos. Entretanto, em alguns conjuntos PO, inf e sup são definidos para todos os pares de elementos. Há um nome especial para tais conjuntos PO.

● DEFINIÇÃO 59.8

(**Reticulado**) Seja P um conjunto PO. Dizemos que P é um *reticulado* se $x \wedge y$ e $x \vee y$ são definidos para todos os elementos x e y de P.

Consideremos alguns exemplos de reticulados.

◆ EXEMPLO 59.9

Seja P o conjunto PO da figura. Dão-se também as tabelas de operação ∧ e ∨.

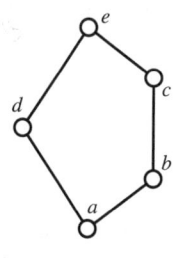

∧	a	b	c	d	e
a	a	a	a	a	a
b	a	b	b	a	b
c	a	b	c	a	c
d	a	a	a	d	d
e	a	b	c	d	e

∨	a	b	c	d	e
a	a	b	c	d	e
b	b	b	c	e	e
c	c	c	c	e	e
d	d	e	e	d	e
e	e	e	e	e	e

Como ∧ e ∨ são definidos para todo par de elementos, esse conjunto PO é um reticulado.

◆ EXEMPLO 59.10

(**Subconjuntos de um conjunto**) Sejam A um conjunto e $P = (2^A, \subseteq)$, isto é, P é o conjunto PO de todos os subconjuntos de A ordenados por inclusão. Nesse conjunto PO, temos, para todos $x, y \in 2^A$,

$$x \wedge y = x \cap y \quad \text{e} \quad x \vee y = x \cup y.$$

Portanto, P é um reticulado.

◆ EXEMPLO 59.11

(**Números naturais/inteiros positivos ordenados por divisibilidade**) Consideremos o conjunto PO $(\mathbb{N}, |)$ (isto é, o conjunto dos números naturais ordenados por divisibilidade). Sejam $x, y \in \mathbb{N}$. Então, $x \wedge y$ é o máximo divisor comum de x e y, e $x \vee y$ é seu mínimo múltiplo comum. Entretanto, $(\mathbb{N}, |)$ não é um reticulado porque $0 \wedge 0 = \text{mdc}(0, 0)$ não é definido.

Todavia, o conjunto PO $(\mathbb{Z}^+, |)$ é um reticulado. Aqui, $\mathbb{Z}^+$ representa o conjunto de inteiros positivos que ordenamos por divisibilidade. Nesse caso, $\wedge$ e $\vee$ (mdc e mmc) são definidos para todos os pares de inteiros positivos, e, assim, $(\mathbb{Z}^+, |)$ é um reticulado.

◆ EXEMPLO 59.12

(**Ordens lineares**) Seja $P = (X, \leq)$ uma ordem linear (total). Observe que, para quaisquer $x, y \in X$,

$$x \wedge y = \begin{cases} x & \text{if } x \leq y \\ y & \text{if } x \geq y. \end{cases}$$

Podemos reescrever isso como $x \wedge y = \text{mín}\{x, y\}$, em que $\text{mín}\{x, y\}$ representa o menor dentre x e y.

Analogamente, $x \vee y = \text{máx}\{x, y\}$ (isto é, o maior do par). Assim, todas as ordens lineares são reticuladas.

De que propriedades algébricas gozam $\wedge$ e $\vee$? Por exemplo, é fácil ver que $x \wedge x = x$. Vamos provar esse fato. Primeiro, x é uma cota inferior tanto de x como de x porque $x \leq x$ e $x \leq x$. Segundo, se y é outra cota inferior de x e x, temos $y \leq x$ (porque y é uma cota inferior!). Portanto, x é a maior cota inferior de x e x. De forma semelhante, $x \vee x = x$.

> Atente para as tabelas de $\wedge$ e $\vee$ no Exemplo 59.9, e para os elementos da diagonal, que vai do canto superior esquerdo para o canto inferior direito.

Também, $\wedge$ e $\vee$ são operações comutativas: $x \wedge y = y \wedge x$ e $x \vee y = y \vee x$. O resultado que segue abrange as propriedades algébricas significativas compartilhadas por inf e sup.

❖ TEOREMA 59.13

Seja $P = (X, \leq)$ um reticulado. Para todos $x, y, z \in X$ se verifica:

- $x \wedge x = x \vee x = x$.
- $x \wedge y = y \wedge x$ e $x \vee y = y \vee x$ (Comutativa).
- $(x \wedge y) \wedge z = x \wedge (y \wedge z)$ e $(x \vee y) \vee z = x \vee (y \vee z)$ (Associativa).
- $x \wedge y = x \iff x \vee y = y \iff x \leq y$.

Prova. A primeira propriedade já foi demonstrada anteriormente, e a segunda e a quarta são fáceis de provar; vamos deixá-las a seu cargo.

Vamos provar que $\wedge$ é associativa. A prova de que $\vee$ é associativa é análoga.

Sejam $a = (x \wedge y) \wedge z$ e $b = x \wedge (y \wedge z)$. Devemos mostrar que $a = b$. Para tanto, provamos primeiro que $a \leq b$.

Como $a = (x \wedge y) \wedge z$, sabemos que a é uma cota inferior para $x \wedge y$ e para z. Assim, $a \leq x \wedge y$ e $a \leq z$. Como $a \leq x \wedge y$ e como $x \wedge y \leq x$ e $x \wedge y \leq y$, temos que $a \leq x$ e $a \leq y$. Assim, a está abaixo de x, y e z.

Simbolicamente, o argumento do parágrafo precedente pode ser escrito como segue:

$$a = (x \wedge y) \wedge z \implies a \leq x \wedge y \quad \text{e} \quad a \leq z$$
$$\Downarrow$$
$$a < x \quad \text{e} \quad a < y.$$

Como $a \leq y$ e $a \leq z$, vemos que a é uma cota inferior para y e z. Portanto, $a \leq y \wedge z$, pois $y \wedge z$ é a maior cota inferior de y e z.

Como $a \leq x$ e $a \leq y \wedge z$, vemos que a é uma cota inferior para x e $y \wedge z$. Mas b é a maior cota inferior para x e $y \wedge z$, de forma que $a \leq b$.

Por argumento idêntico, temos $b \leq a$ e, assim, $a = b$, isto é, $(x \wedge y) \wedge z = x \wedge (y \wedge z)$.

Recapitulando

Introduzimos os conceitos de cota inferior, maior cota inferior, cota superior e menor cota superior. A maior cota inferior de dois elementos é chamada inf ($\wedge$) e a menor cota superior é chamada sup ($\vee$). Inf e sup são versões abstratas de intersecção e união (e de mdc e mmc). Por fim, apresentamos a noção de reticulado e discutimos algumas propriedades algébricas de inf e sup.

59 Exercícios

59.1. Seja P o conjunto PO da figura a seguir. Calcule:

a. $a \wedge b$.
b. $a \vee b$.
c. $c \wedge i$.
d. $c \vee i$.

e. $e \wedge d$.
f. $e \vee d$.
g. $(c \wedge d) \vee g$.
h. $c \wedge (d \vee g)$.

Esse conjunto PO é um reticulado?

59.2. Consideremos o conjunto PO $(\mathbb{Z}, \leq)$ (o usual "menor que ou igual a"). Para $x, y \in \mathbb{Z}$, explique, em linguagem simples, o que são $x \wedge y$ e $x \vee y$.

59.3. Seja $P = (X, \leq)$ um reticulado. Prove que P é uma ordem linear se e somente se $\{x \wedge y, x \vee y\} = \{x, y\}$ para todo $x, y \in X$.

> *Nota*: Pela Definição 54.1, todos os conjuntos PO (e, portanto, todos os reticulados) são não vazios.

59.4. Prove a Proposição 59.2.

59.5. A afirmação que segue é falsa. Todo reticulado tem um elemento máximo e um elemento mínimo. Mostre, mediante um contraexemplo, que essa afirmação é falsa. Entretanto, introduzindo uma palavra na afirmação, ela se torna verdadeira. Mostre como corrigir a afirmação e prove a versão verdadeira.

59.6. Seja $P = (X, \leq)$ um reticulado e seja m um elemento do mesmo. Prove que m é máximo em P se e somente se $\forall x \in X, x \vee m = m$ se e somente se $\forall x \, X, x \wedge m = x$.

Qual é a afirmação análoga para um elemento mínimo?

59.7. No Teorema 12.3, mostramos que $\cup$ e $\cap$ satisfazem as propriedades distributivas:

$$A \cup (B \cap C) = (A \cup B) \cap (A \cup C) \quad \text{e}$$
$$A \cap (B \cup C) = (A \cap B) \cup (A \cap C).$$

Essas equações podem ser escritas com $\wedge$ em vez de $\cap$ e $\vee$ no lugar de $\cup$:

$$a \vee (b \wedge c) = (a \vee b) \wedge (a \vee c) \quad \text{e}$$
$$a \wedge (b \vee c) = (a \wedge b) \vee (a \wedge c).$$

Dê exemplo de um reticulado para o qual as leis distributivas são falsas.

59.8. Considere o conjunto PO $(\mathbb{Z} \times \mathbb{Z}, \leq)$ em que $\leq$ é a ordem do produto; ou seja, $(x, y) \wedge (x', y')$ se e somente se $x' \leq y'$ e $y \leq y'$. Veja Exercício 54.13.
   a. Neste conjunto PO, calcule $(1, 2) \wedge (4, 0)$ e $(1, 2) \wedge (4, 0)$.
   b. Para (x, y) e (x', y') arbitrários em $\mathbb{Z} \times \mathbb{Z}$, dê uma fórmula para $(x, y) \wedge (x', y')$ e para $(x, y) \vee (x', y')$. Verifique se a sua fórmula é válida e conclua que este conjunto PO é um reticulado.
   c. Mostre que esta estrutura satisfaz as propriedades distributivas (apresentadas no exercício anterior).

59.9. Consideremos o seguinte conjunto PO infinito P. Os elementos de P são diversos subconjuntos do plano. Esses subconjuntos são (a) todo o plano, (b) todas as retas no plano, (c) todos os pontos do plano e (d) o conjunto vazio. A ordem parcial é a inclusão. Esse conjunto PO é um reticulado. Explique, em termos geométricos, o efeito de inf e sup no reticulado.

59.10. Seja P um reticulado com elemento mínimo b e elemento máximo t.
   a. Qual é o elemento identidade para $\wedge$?
   b. Qual é o elemento identidade para $\vee$?
   c. Mostre, por meio de um exemplo, que os elementos de P não precisam ter inversos, nem para $\wedge$ nem para $\vee$.

Autoteste

1. Seja $P = (\{1, 2, 3,\ldots, 20\}, |)$; isto é, P é o conjunto PO cujos elementos consistem nos inteiros de 1 a 20 ordenados por divisibilidade.
   a. Trace um diagrama de Hasse de P.
   b. Ache uma cadeia máxima em P.
   c. Encontre uma anticadeia máxima em P.
   d. Ache o conjunto de todos os elementos maximais de P.
   e. Encontre o conjunto de todos os elementos minimais de P.
   f. Ache o conjunto de todos os elementos máximos de P.
   g. Encontre o conjunto de todos os elementos mínimos de P.

2. Seja C uma cadeia e A uma anticadeia de um conjunto PO $P = (X, \leq)$. Prove que $|C \cap A| \leq 1$.

3. Seja $P = (X, \leq)$ um conjunto PO. Suponhamos que existam cadeias C_1 e C_2 em P, de modo que $X = C_1 \cup C_2$. Prove que a largura máxima de P são 2.

4. Seja $P = (X, \leq)$ um conjunto PO. Prove que P é uma anticadeia se, e somente se, todos os elementos de X forem tanto maximal quanto minimal.

5. Seja $P = (X, \leq)$ um conjunto PO finito. Afirmamos que P é uma *ordem fraca* se pudermos particionar X em anticadeias disjuntas

   $$X = A_1 \cup A_2 \cup \ldots \cup A_h$$

   de modo que, para todos $x \in A_i$ e $y \in A_j$, se $i < j$ então $x < y$. Os A_i podem ser considerados "níveis" na ordem fraca; dois elementos no mesmo nível podem ser incomparáveis, porém um elemento em um nível numerado mais baixo deve ser inferior a um elemento em nível numerado mais alto.
   a. Demonstre que cadeias e anticadeias (finitas) são ordens fracas.
   b. Prove que um conjunto PO é uma ordem fraca se e somente se ele não contiver o subconjunto PO exibido na figura.

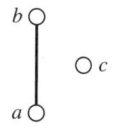

   c. Suponhamos que $P = (X, \leq)$ é uma ordem fraca na qual $X = A_1 \cup \ldots \cup A_h$, em que todas as anticadeias A_i tenham elementos k. Assim, X tem elementos hk no total. Qual é a quantidade de extensões lineares de P?
   d. Prove que, se P é uma ordem fraca, a dimensão máxima de P será pelo menos de 2.

6. Seja $P = (X, \leq)$ um conjunto PO. Dizemos que P é uma semiordem se é que podemos atribuir a cada elemento de x um rótulo de número real $l(x)$ de modo que a seguinte condição seja atendida:

   $$8x, y\ 2\ X, x < y \iff l(x) < l(y) - 1.$$

   Em outras palavras, x está abaixo de y apenas quando seu rótulo, $l(x)$ está "bem abaixo" do rótulo de y. Elementos de X cujos rótulos estão muito perto (dentro 1 do outro) são incomparáveis.

   Por exemplo, o conjunto PO mostrado no Problema 5(b) é uma semiordem já que podemos atribuir os seguintes rótulos: $l(a) = 1$, $l(b) = 2{,}5$, e $l(c) = 1{,}7$. Observe que $a < b$ e, de fato, $l(a)$ é mais que 1 menos que $l(b)$. Mas $l(c)$ está dentro de 1 de ambos $l(a)$ e $l(b)$, como exigido pelo fato de que c é incomparável para ambos a e b.
   a. Prove que todas as ordens lineares finitas são semiordens.
   b. Prove que todas as ordens fracas finitas são semiordens.
   c. Prove que nenhum dos conjuntos PO na figura abaixo são semiordens.

7. Seja $P = (X, \leq)$ um conjunto PO. Afirmamos que P é uma *ordem de intervalo* se pudermos atribuir a cada elemento $x \in X$ um intervalo real $[a_x, b_x]$, de modo que $x < y$ em P, se e somente se o intervalo $[a_x, b_x]$ estiver completamente à esquerda de $[a_y, b_y]$ (ou seja, $b_x < a_y$). Note que isso implica que, se x e y forem incomparáveis, então $[a_x, b_x]$ e $[a_y, b_y]$ deverão sobrepor-se (não há nenhuma intersecção vazia).

> Para os números reais $a < b$, o intervalo $[a, b]$ corresponde ao conjunto de todos os números reais localizados, inclusive, entre a e b. Ou seja, $[a, b] = \{x \in \mathbb{R} : a \leq x \leq b\}$.

   a. Demonstre que cadeias e anticadeias finitas são ordens de intervalo.
   b. Prove que ordens fracas são ordens de intervalo (ver Problema 5 sobre definição de uma ordem fraca).
   c. Prove que as semiordens são intervalos de ordens (ver Problema 6 para a definição de uma ordem fraca).
   d. Quais dos dois conjuntos PO na parte (c) do Problema 6 são ordens de intervalo?

8. Seja P o conjunto PO cujo diagrama de Hasse é exibido na figura.

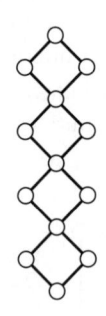

   Qual é a quantidade de extensões lineares de P?

9. Seja P o conjunto PO cujo diagrama de Hasse é exibido na figura.

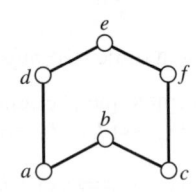

   Faça o seguinte:
   a. Relacione todos os pares de elementos que são incomparáveis em P.
   b. Encontre três extensões lineares de P que formem um caracterizador de P.
      Confirme se sua resposta está correta encontrando, para cada par incomparável $\{x, y\}$, uma extensão em que $x < y$ e outra em que $y < x$.
   c. Prove que não pode haver extensão linear de P em que $f < a$ e $d < c$.
      Prove que não pode haver extensão linear de P em que $b < f$ e $f < a$.
      Prove que não pode haver extensão linear de P em que $b < d$ e $d < c$.
      Prove que não pode haver extensão linear de P em que $e < b$ e $b < d$.
      Prove que não pode haver extensão linear de P em que $e < b$ e $b < f$.

d. Em um caracterizador de P, deve haver extensões lineares em que $f < a$, $d < c$, $b < d$, $e < b$, e $b < f$. Mostre que não mais que dois desses valores podem pertencer a uma extensão linear única.

e. Demonstre que dim $P = 3$, isto é, demonstre que P não tem um caracterizador de tamanho 2.

10. Seja $P = (X, \leq)$ um reticulado e suponhamos que, para todos os $x, y \in X$, teremos $x \wedge y = x \vee y$. Prove que P contém no máximo um elemento.

11. Voltemos à Definição 54.5 e ao Exemplo 54.6, no qual mencionamos que o conjunto de todas as partições de dado conjunto, juntamente com o refinamento, forma um conjunto PO. Responda o seguinte:

a. Seja $P = \{\{1,2,3,4\}, \{5,6,7,8,9\}\}$ e $Q = \{\{1,3,5,7,9\}, \{2,4,6,8\}\}$. Calcule $P \wedge Q$ e $P \vee Q$.

b. Sejam P, Q e R partições de um conjunto de n-elemento, no qual

$$\mathcal{P} = \{X_1 X_2, \ldots, X_p\}$$

$$\mathcal{Q} = \{Y_1 Y_2, \ldots, Y_q\} \text{ e}$$

$$\mathcal{R} = \mathcal{P} \wedge \mathcal{Q} = \{Z_1 Z_2, \ldots, Z_r\}.$$

Mostre que cada Z_k em $\mathcal{R}$ é da forma $X_i \cap Y_j$.

12. Seja $P = (X, \leq)$ um reticulado. Seja $a, x_1, x_2, \ldots, x_n \in X$, e suponhamos que $a \leq x_i$ para todo $1 \leq i \leq n$. Prove que $a \leq x_1 \wedge x_2 \wedge \cdots \wedge x_n$.

13. Seja $P = (X, \leq)$ um conjunto PO finito. Seja $a, b \in X$ e defina $U(a, b) = \{x \in X : a \leq y\}$; ou seja, $U(a, b)$ é o conjunto de todos os elementos acima de a e b.

Prove o seguinte: se $a \vee b$ é definido e $U(a, b)$ não é vazio com $U(a, b) = \{u_1, u_2, \ldots, u_n\}$, então $a \vee b = u_1 \wedge u_2 \wedge \ldots \wedge u_n$.

Glossário

Este glossário fornece breves definições de conceitos apresentados no texto principal. Por favor, consulte o índice para localizar as páginas do texto principal que contêm uma apresentação mais completa e rigorosa.

A

Acíclico – Que não tem ciclos. Veja floresta.

Adjacente – v e w são adjacentes se vw for uma borda. Notação: $v \sim w$.

Afirmações equivalentes – Duas (ou mais) afirmações são equivalentes desde que cada uma implique a(s) outra(s).

Álgebra booleana – Cálculos e expressões que envolvem os valores VERDADEIRO e FALSO e as operações $\wedge, \vee, \neg$ etc.

Algoritmo – Sequência de cálculos definida precisamente.

Algoritmo de Euclides – Método para encontrar o máximo divisor comum de dois inteiros. A versão estendida é útil para encontrar recíprocos modulares.

Altura – Tamanho de uma cadeia.

Anticadeia – Subconjunto de uma ordem parcial cujos elementos totais são não comparáveis uns com os outros.

Antissimétrica – Relação R antissimétrica significa que para todo a e b, se $a\,R\,b$ e $b\,R\,a$, então $a = b$.

Aplicação – Um sinônimo para função.

Aritmética modular – Aritmética no sistema de número $\mathbb{Z}_n$.

Arbitrária – Sem quaisquer restrições, completamente geral, genérica.

Aresta de corte – Uma aresta e de G de modo que $G - e$ tenha mais componentes que G.

Argumento – Uma prova.

Artigo definido – sugere singularidade. Use um(a) quando houver mais de uma possibilidade. "Deixe x ser a solução para..." implica que há uma e apenas uma solução. "Deixe x ser uma solução para..." permite a possibilidade de múltiplas soluções.

Árvore – Um grafo conexo acíclico.

Árvore geradora – Um subgrafo que é gerador e uma árvore.

Asserção – Afirmação comprovada no decorrer de uma prova.

B

Bijeção – Função um para um e sobre.

Bipartido – 2-colorizável.

C

$\mathbb{C}$ – Os números complexos.

Cadeia – Subconjunto de uma ordem parcial em que todos os elementos são comparáveis entre si.

Caminho – Passeio em que nenhum vértice é repetido. Além disso, um grafo desta forma, P_n.

Caminho, ciclo, grafo hamiltoniano – Um caminho [ciclo] de um grafo que contém todos os vértices no grafo. Grafo hamiltoniano é um grafo com um ciclo hamiltoniano.

Caracterizador – Um conjunto de extensões lineares $\{L_1,\ldots,L_t\}$ é um caracterizador de uma ordem parcial $P = (X, \leq)$, desde que, para todo $x, y \in X$, $x \leq y$ se e apenas se $x \leq_i y$ para todos $i = 1,\ldots,t$.

Cardinalidade – O tamanho de um conjunto; isto é, o número de elementos desse conjunto. A cardinalidade de A é denotada por $|A|$.

Ciclo – Um passeio com pelo menos três vértices em que o único vértice repetido é o primeiro/último. Também, um grafo desta forma, C_n.

Classe de equivalência – $[a] = \{x : x \: R \: a\}$, onde R é uma relação de equivalência. Isto é, $[a]$ é o conjunto de todos os elementos relacionados com a pela relação R.

Clique – Conjunto de vértices adjacentes em pares.

Coeficiente binomial – O número de subconjuntos de k elementos de um conjunto de n elementos; denotado $\binom{n}{k}$.

Coloração – Uma coloração-k de G é uma função $f: V(G) \to \{1, 2,\ldots, n\}$, que é *própria* se $xy \in E(G) \Rightarrow f(x) \neq f(y)$.

Coloração apropriada – Uma coloração em que vértices adjacentes recebem cores diferentes. Veja coloração.

Colorizável – Um grafo é k-colorizável se ele tem uma coloração-k adequada.

Comparáveis – Elementos x e y em uma ordem parcial para os quais $x \leq y$ ou $y \leq x$.

Complemento (conjunto) – $\overline{A}$ é o conjunto de elementos que não estão em A.

Complemento (grafo) – $\overline{G}$ é o grafo com os mesmos vértices que G no qual os vértices distintos serão adjacentes se não forem adjacentes em G.

Componente – Um subgrafo ligado ao maximal.

Composição – $(g \circ f)(x) = g[f(x)]$.

Composto – Um número inteiro positivo igual ao produto de dois inteiros positivos menores.

Concatenação – Mesclagem de duas listas para formar uma lista mais longa. Em particular, a concatenação de passeios em um grafo é um novo passeio formado pela combinação dos dois passeios.

Conclusão – A parte *então* de uma declaração se-então.

Conexo – Vértice u ligado ao vértice v significa que existe um (u, v)-trajeto no grafo. O grafo está conexo significa que cada par de vértices está conectado.

Congruente (mod n) – $a \equiv b \pmod{n}$ significa que $a - b$ é divisível por n.

Conjectura – Uma declaração que se acredita ser verdadeira, mas para a qual não foi encontrada nenhuma prova ou contraexemplo.

Conjunto – Uma coleção desordenada de objetos.

Conjunto independente – Conjunto de vértices desde que não haja dois vértices adjacentes. Também chamado de conjunto estável.

Conjunto parcialmente ordenado – $(X, \leq)$, onde X é um conjunto e $\leq$ é uma relação em X, que é reflexiva, antissimétrica e transitiva. Também chamada **ordem parcial**.

Conjunto PO – Conjunto parcialmente ordenado.

Conjunto potência – O conjunto de todos os subconjuntos de um dado conjunto; geralmente designado 2^A, mas também $\mathcal{P}(A)$.

Conjunto vazio – O conjunto sem elementos; designado . Também conhecido como conjunto *nulo*.

Contradição – Um par de declarações que afirmam conclusões opostas ou uma declaração que é flagrantemente falsa. Uma expressão booleana que resulta FALSA para todos os valores de suas variáveis.

Contraexemplo – Exemplo que demonstra que uma declaração é falsa.

Contrapositivo – O contrapositivo de "Se A, então B" é "Se não B, então não A."

Corolário – Uma declaração que pode ser provada facilmente a partir de outro teorema.

Criptografia – A arte de esconder mensagens em códigos secretos.

Criptografia de chave pública – Criptografia na qual o método para colocar mensagens em código é completamente revelado, mas o método de decodificação é mantido em segredo.

Cubo – Um grafo cujos vértices são listas de comprimento-n de 0s e 1s em que dois vértices são adjacentes se suas listas discordam em exatamente uma localização. Também chamado de **hipercubo**.

D

Definição – Declaração precisa que cria um novo conceito matemático.

Desigualdade triangular – $|a + b| \leq |a| + |b|$.

Desordenação – Uma permutação π com a propriedade de que $\pi(x) \neq x$ para todos os x.

Diagrama de Hasse – Diagrama que representa uma ordem parcial.

Diagrama de Venn – Representação pictórica em que conjuntos são representados por círculos ou outras formas.

Diferença (conjunto) – $A - B$ é o conjunto de todos os elementos de A que não estão em B.

Diferença simétrica – $A \Delta B$ é o conjunto de todos os elementos em A ou B, mas não ambos.

Dimensão – A dimensão de uma ordem parcial é o menor tamanho de um caracterizador para essa ordem parcial.

Dimensão (conjunto) – O número de elementos no conjunto; designado $|A|$. Veja **cardinalidade**.

Dimensão (grafo) – O número de vértices em um grafo.

Disjunto – Que não tem nada em comum; isto é, $A \cap B = $. Veja também **disjuntos aos pares**.

Disjuntos aos pares – Coleção de conjuntos em que dois deles não têm um elemento comum.

Distância – O comprimento de um caminho mais curto entre um par de vértices especificado.

Distinto (Desigual). Quando dizemos "Deixe x, y e z ser números distintos", queremos dizer que $x \neq y$, $x \neq z$ e $y \neq z$.

Div – a div b é o quociente quando dividimos a por b.

Divisível – $a|b$ significa que há um número inteiro c com $b = ac$.

Divisor comum – Um divisor comum de a, $b \in \mathbb{Z}$ é um inteiro d com $d|a$ e $d|b$.

Domínio – O conjunto dos primeiros elementos dos pares ordenados em uma função; designado dom f.

E

E – A afirmação "A e B" é verdadeira exatamente quando ambos, A e B, são *verdadeiros*. Na álgebra booleana, $a \wedge b$.

Elemento – Um membro de um conjunto. $x \in A$ significa que x é um elemento de A.

Elemento de identidade (grupo) – Um elemento e de um grupo $(G, *)$ com a propriedade que $g * e = e * g = g$ para todo $g \in G$.

Espaço amostral – Um par (S, P), onde S é um conjunto finito e P é uma função que fornece a probabilidade de cada elemento S.

Estável – Veja **independentes**.

Etapa básica – Parte de uma prova por indução em que a verdade do resultado é estabelecida no menor caso permitido.

Euleriana – Uma *trilha* euleriana é um passeio em um grafo que atravessa cada aresta exatamente uma vez. Um *tour* euleriano é como um passeio que começa e termina no mesmo vértice. Um grafo euleriano é um *grafo* no qual há um tour euleriano.

Evento – Um subconjunto de um espaço amostral.

Exatamente – Compare as seguintes frases:
- Existem três números com propriedade X.
- Existem *exatamente* três números com propriedade X.

A primeira frase pode ser (e muitas vezes é) interpretada como significando que há três ou mais diferentes números com propriedade X. No entanto, a segunda frase significa que existem três (nem mais, nem menos) números diferentes que satisfazem a propriedade X.

Extensão linear – Uma ordem total $L = (X, \leq)$ é uma extensão linear de uma ordem parcial $P = (X, \preceq)$ fornecida para todos $x, y \in X, x \preceq y \Rightarrow x \leq y$.

F

Fato – Um teorema simples.

Fatorial – $n! = n(n-1)(n-2) \cdots 3 \cdot 2 \cdot 1$. Também: $0! = 1$.

Floresta – Um grafo acíclico.

Folha – Um vértice de grau 1.

Fórmula de Euler (teoria dos grafos) – Se um grafo planar com n vértices, m bordas e c componentes é desenhado no plano com f faces, então $n - m + f - c = 1$.

Fórmula de Stirling – Uma aproximação para os fatores: $n! \approx \sqrt{2\pi n}\, n^n e^{-n}$.

Função – Uma função é um conjunto de pares ordenados f com a propriedade que, se $(x,y) \in f$ e $(x, z) \in f$, então $y = z$. $(x,y) \in f$ é usualmente escrito $y = f(x)$.

Função de Euler – O número de inteiros de 1 a n, que são relativamente primos de n, designado $\varphi(n)$.

Função identidade, permutação – Uma função $f : A \rightarrow A$ dada por $f(x) = x$ para todo $x \in A$; designado id_A em geral e ι no contexto das permutações.

G

Grafo – Um par (V, E), onde V é um conjunto finito e E é um conjunto de subconjuntos de dois elementos de V.

Grafo bipartido completo – Um grafo $V(G) = A \cup B$, com $A \cap B = $ e $E(G) = \{ab : a \in A, b \in B\}$. Designado $K_{a,b}$, onde $a = |A|$ e $b = |B|$.

Grafo completo – Um grafo no qual cada par de vértices distintos é adjacente; designado K_n.

Grafo regular – Grafo em que todos os vértices têm o mesmo grau. Em um grafo regular k, todos os vértices têm grau k.

Grau (face) – O número de arestas que limitam uma face em uma incorporação planar de um grafo; se ambos os lados de uma aresta estão sobre a face, esta face é contada duas vezes.

Grau (polinomial) – A maior potência na variável.

Grau (vértice) – $d(v)$ é o número de arestas incidentes com v.

Grupo – Conjunto com uma operação que é fechada, associativa, tem identidade e cada um de seus elementos tem um inverso.

Grupo Abeliano – Grupo cuja operação é comutativa; isto é, $g * h = h * g$ para todo g e h no grupo.

Grupo cíclico – Grupo gerado por um único elemento.

Grupo simétrico – S_n contém todas as permutações de $\{1, 2,..., n\}$ em conjunto com a operação do grupo $\circ$, composição.

H

Hipercubo – Veja **cubo**.

Hipótese – A parte *se* de uma declaração *se, então*.

Hipótese de indução – Uma suposição em uma prova por indução de que o resultado é verdadeiro para determinado caso; ela é usada para estabelecer o resultado para o caso seguinte.

I

Imagem – O conjunto de todas as saídas possíveis de uma função; se $f : A \rightarrow B$, a imagem de f é $\{f(a) : a \in A\} \subseteq B$.

Ímpar (inteiro) – Um inteiro da forma $2a + 1$, onde a é um inteiro.

Ímpar (permutação) – Uma permutação igual para a composição de um número ímpar de transposições.

Incidente – O vértice v e a aresta e são incidentes desde que $v \in e$; isso é, v é um ponto terminal de e.

Inclusão-exclusão – Uma técnica de contagem para encontrar a cardinalidade de uma união de conjuntos com base nos tamanhos das várias intersecções desses conjuntos.

Independentes – Os eventos A e B são independentes quando $P(A \cap B) = P(A)P(B)$. As variáveis aleatórias X e Y são independentes quando os eventos $X = a$ e $Y = b$ são independentes para todo a, b.

Indução – Uma técnica de prova descrita na Seção 22. Veja os Modelos de Prova 17 e 18.

Indução forte – Forma variante de indução que usa uma hipótese de indução mais ampla, que assume o resultado de todos os casos possíveis até determinado tamanho.

Inf – Maior cota inferior.

Injeção – Uma função de um para um.

Inteiros – $\mathbb{Z} = \{..., -3, -2, -1, 0, 1, 2, 3,...\}$.

Intersecção – $A \cap B$ é o conjunto de todos os elementos em ambos, A e B.

Inversa (função) – Se $f: A \to B$ é uma bijeção, então a relação inversa f^{-1} é também função, $f^{-1}: B \to A$. Veja **inverso (relação)**.

Inversa (Recíproca) – A recíproca de "Se A, então B" é "Se B, então A".

Inversão – Dada uma permutação π de $\{1, 2,..., n\}$, uma inversão é um par de valores $i < j$ para a qual $\pi(i) > \pi(j)$.

Inversível – Tem um inverso.

Inverso (declaração) – O inverso de "Se A, então B" é "Se não A, então não B".

Inverso (elemento de grupo) – Se $(G, *)$ é um grupo e $g \in G$, então h é o inverso de G, desde que $g * h = h * g = e$, onde e é o elemento de identidade. O inverso é designado g^{-1}.

Inverso (permutação) – Se π é uma permutação, ele é uma bijeção de algum conjunto para ele mesmo. Assim, a função inversa π^{-1} também é uma permutação neste conjunto. Além disso, π^{-1} é o inverso do grupo de n no grupo simétrico. Assim, $\pi \circ \pi^{-1} = \pi^{-1} \circ \pi = \iota$.

Inverso (relação) – R^{-1} é a relação formada de R pela substituição de cada par ordenado (x, y) com (y, x); isto é, $R^{-1} = \{(y,x) : (x,y) \in R\}$.

Inverso (teoria dos números) – Veja **recíproco**.

Irracional – Um número que não é um número racional.

Irreflexiva – Uma relação R é irreflexiva se $x\,R\,x$ é sempre falso.

Isometria – Uma função de preservação da distância.

Isomorfismo (ordens parciais) – Uma bijeção f entre duas ordens parciais de modo que $x < y$ sse $f(x) < f(y)$.

Isomorfismo (grafos) – Uma bijeção f entre os conjuntos de vértices de dois grafos de modo que xy é uma borda se $f(x)f(y)$ for uma borda.

Isomorfismo (grupo) – Uma bijeção f entre dois grupos de modo que $f(g * h) = f(g) * f(h)$.

L

Largura – Tamanho máximo de uma anticadeia.

Lema – Um teorema usado principalmente para provar outro teorema, mais "importante".

LHS – O lado esquerdo.

Linearidade do valor esperado – Se X, Y são variáveis aleatórias de valor real definido em um espaço amostral e se $a, b \in \mathbb{R}$, então $E(aX + bY) = aE(X) + bE(Y)$.

Lista – Uma sequência ordenada de objetos.

Logicamente equivalente – Duas declarações, A e B, de modo que $A \Leftrightarrow B$ é verdadeiro. Duas expressões booleanas cujos valores são os mesmos para cada substituição possível de suas variáveis.

M

Maior cota inferior – $a \wedge b$ é a maior cota inferior de a e b.

Mais fina (relação) – Veja **refinamento**.

Máximas (ordens parciais) – x é máximo significa para todos $y, y \leq x$.

Maximal (geral) – Inextensível; não pode ser feito maior.

Maximais (ordens parciais) – x é maximal significa que não existe y com $x < y$.

Máximo (geral) – De maior tamanho possível.

Máximo divisor comum – O maior divisor comum (fator) de um par de números inteiros. Abreviatura: **MDC**.

MDC – Máximo divisor comum.

Menor cota superior – $a \vee b$ é a menor cota superior de a e b.

Minimais (ordens parciais) – x é minimal significa que não existe y com $y < x$.

Minimal (geral) – Irreduzível; não pode ser feito menor.

Mínimas (ordens parciais) – x é mínimo significa para todos y, $x \leq y$.

Mínimo (geral) – De menor tamanho possível.

MMC – Mínimo múltiplo comum.

Mod (operação) – $a \bmod b$ é o resto quando dividimos a por b.

Mod (relação com inteiros) – Veja **congruente (mod n)**.

Mod (relação com um grupo) – Se $(H, *)$ é um subgrupo de $(G, *)$, então $a \equiv b \pmod{H}$ significa $a * b^{-1} \in H$.

Multiconjunto – Uma generalização de um conjunto no qual um objeto pode estar presente na coleção mais de uma vez.

Multiescolha – $\left(\binom{n}{k}\right)$ é o número de multiconjuntos do elemento k que podemos formar, cujos elementos são tomados de um conjunto de n elementos.

Multiplicidade – O número de vezes que um elemento está presente em um multiconjunto.

N

$\mathbb{N}$ Os números naturais.

Número de independência – O tamanho do maior conjunto independente; designado por $\alpha(G)$.

Nand – Uma operação de álgebra booleana $a \overline{\wedge} b$ equivalente $a \neg(a \wedge b)$.

Não comparável – Incomparável; isto é, elementos x e y para os quais $x \not\leq y$ e $y \not\leq x$.

Número complexo – Um número da forma $a + bi$, onde $a, b \in \mathbb{R}$ e $i^2 = -1$.

Notação Polonesa Reversa – Notação em que as operações aparecem após seus operandos. Abreviatura: NPR.

Número de clique – Dimensão máxima de um clique; designada $\omega(G)$.

Número cromático – O menor k de modo que G é k-colorizável; designado $\chi(G)$.

Necessária – A condição A é necessária para a condição B significa que $B \Rightarrow A$.

Não A – A afirmação "não A" é verdadeira exatamente quando A é falso. Na álgebra booleana, $\neg a$.

Número de *Carmichael* – Um inteiro positivo n que não é primo, mas $a^n \equiv a \pmod{n}$ para todos os inteiros a com $1 \leq a < n$.

Notação em ciclos – Notação para escrever permutações como coleções de elementos entre parênteses.

Número perfeito – Um inteiro positivo igual à soma de seus divisores positivos (outro que o próprio).

Números naturais – $\mathbb{N} = \{0, 1, 2, 3,...\}$. Alguns autores não consideram 0 um número natural.

Números de Fibonacci – Uma sequência 1, 1, 2, 3, 5, 8, 13,... na qual cada termo é igual à soma dos dois termos anteriores.

O

Ordem (grafo) – O número de vértices em um grafo.

Ordem linear – Uma ordem parcial em que todos os pares de elementos são comparáveis. Também chamada **ordem total**.

Ordem parcial – Relação reflexiva, antissimétrica e transitiva.

Ordem total – Uma ordem parcial em que todos os pares de elementos são comparáveis. Também chamada de **ordem linear**.

Ordenação – Colocar em ordem, tal como em ordem numérica crescente ou em ordem alfabética.

Ou – A afirmação "*A* ou *B*" é verdadeira exatamente quando um ou ambos de *A* e *B* são verdadeiros. Na álgebra booleana, $a \vee b$. Veja também **ou exclusivo**.

Ou exclusivo – $a \underline{\vee} b$, que é verdadeiro exatamente quando *a* ou *b*, mas não ambos, é verdadeiro. Também escrito **xor**.

P

Par (inteiro) – Um inteiro divisível por 2.

Par (permutação) – Uma permutação igual para a composição de um número par de transposições.

Para – Função $f: A \to B$ está para *B* significa que para todo $b \in B$ existe um $a \in A$ com $f(a) = b$. Equivalentemente, im $f = B$.

Paridade – Par ou ímpar. Por exemplo, a paridade de 3 é ímpar e a paridade de 0 é par. Dois inteiros com a mesma paridade são ambos pares ou ambos ímpares.

Parte – Membro do conjunto de uma partição.

Partição – Uma partição de *A* é um conjunto de subconjuntos disjuntos aos pares não vazios de *A* cuja união é *A*.

Passeio – Sequência de vértices em que cada vértice é adjacente ao outro.

Pequeno teorema de Fermat – Se *p* é um primo, então $a^p \equiv a \pmod{p}$.

Permutação – Uma bijeção de um conjunto para si mesmo.

Planar – Pode ser traçado no plano, sem cruzar arestas.

Porquinho-da-índia – Roedor do gênero Cavia que não tem cauda.

Primo – Um inteiro, maior que 1, cujos únicos divisores positivos são 1 e ele mesmo.

Princípio da Boa Ordenação – Cada subconjunto não vazio de N contém um elemento mínimo.

Princípio da casa do pombo – Se $f: A \to B$ com $|A| > |B|$, então *f* não é um para um.

Princípio da multiplicação – Um teorema de contagem que afirma que o número de listas de dois elementos que podemos formar, nos quais existem as escolhas para o primeiro elemento da lista e, para cada tal escolha, *b* escolhas para o segundo elemento da lista, é *ab*.

Probabilidade – Uma medida de probabilidade, especificamente a função *P* em um espaço amostral (*S*, *P*) e suas extensão para os eventos.

Probabilidade condicional – A probabilidade de um evento dado outro; $P(A|B) = P(A \cap B)/P(B)$.

Problema dos aniversários – Qual é a probabilidade de que, entre *n* pessoas escolhidas aleatoriamente, duas delas tenham a mesma data de aniversário?

Produto cartesiano – $A \times B$ é o conjunto de todos os pares ordenados de forma (a, b), onde $a \in A$ e $b \in B$.

Proposição – Um teorema de menor generalidade ou importância.

Propriedade associativa – $a * (b * c) = (a * b) * c$ para todos *a*, *b*, *c*.

Propriedade comutativa – $a * b = b * a$ para todos *a*, *b*.

Prova – Um ensaio preciso, incontestável, que estabelece uma verdade matemática.

Prova combinatória – Uma prova por contagem.

Prova de Bernoulli – Espaço amostral com exatamente dois resultados, muitas vezes chamados sucesso e falha.

Prova direta – Técnica de prova que prossegue da hipótese à conclusão.

Prova indireta – Veja **prova por contradição**.

Prova por contradição – Uma prova que começa com a hipótese e a negação da conclusão e prossegue para uma contradição. Também conhecida como prova indireta e *reductio ad absurdum*.

Q

$\mathbb{Q}$ – Os números racionais.

Quadrado perfeito – Um inteiro da forma n^2, onde *n* é um inteiro. Veja também resíduo quadrático.

Quantificador – Os símbolos $\forall$ (universal) e $\exists$ (existencial).

Quantificador existencial – ∃, significa *há* ou *existe*.

Quantificador universal – ∀, que significa *para todo* ou *qualquer que seja*.

Quod erat demonstrandum – Literalmente, "o que está para ser provado". Escrito no final de provas para afirmar que a prova está completa. Muitas vezes abreviado como QED.

R

$\mathbb{R}$ – Os números reais.

Racional – Um número da forma a/b, onde $a, b \in \mathbb{Z}$ e $b \neq 0$. $\mathbb{Q}$ é o conjunto de todos os números racionais.

Recíproco – Um inverso multiplicativo. Para $a \in \mathbb{Z}_n$, seus recíprocos b satisfazem $a \otimes b = 1$; designado a^{-1}.

Reductio ad absurdum – Prova por contradição.

Refinamento – Se $\mathcal{P}$ e $\mathcal{Q}$ são partições de um conjunto, dizemos que $\mathcal{P}$ refina (ou é mais refinado que) $\mathcal{Q}$, se todas as partes de $\mathcal{P}$ forem um subconjunto de alguma parte em $\mathcal{Q}$.

Reflexiva – Quando uma relação R em um conjunto A é reflexiva significa que $\forall a \in A$, $a\,R\,a$.

Relação – Conjunto de pares ordenados.

Relação de equivalência – Uma relação que é reflexiva, simétrica e transitiva.

Relação de recorrência – Dada uma sequência de números, $a_0, a_1, a_2, \ldots$, a relação de recorrência é uma regra que mostra como calcular a_n em termos de membros anteriores da sequência.

Relativamente primos – Um par de números inteiros cujo maior divisor comum é 1.

Resíduo quadrático – O quadrado de um elemento de $\mathbb{Z}_n$. Veja também *quadrado perfeito*.

Resultado (outcome) – Um elemento de um espaço amostral.

Resultado (*result*) – Um teorema.

Reticulado – A ordem parcial em que *inf* e *sup* de cada par de elementos estão definidos.

RHS – O lado direito.

S

Sem aresta – Que não tem aresta.

Sem perda de generalidade – Quando existe mais de um caso em uma prova, mas todos são os mesmos, podemos eleger, para provar, apenas um dos casos. Nós anunciamos isto declarando que a escolha desse caso é "sem perda de generalidade". Por exemplo, se uma prova envolve dois números diferentes, x e y, e não há mais restrições sobre x e y, podemos querer quebrar a prova nos casos $x < y$ e $x > y$. Desde que x e y sejam, até agora, arbitrários, podemos assumir, sem perda de generalidade, que $x < y$. Às vezes abreviado vlog ou blog.

Sequência – Uma lista tipicamente de números.

Simetria – Movimento de um objeto geométrico que não altera a aparência do objeto.

Simétrica – Relação R é simétrica significa $aRb \Rightarrow bRa$.

Sinal (permutação) – O sinal de π é 1 se π está em permutação par e -1 se π está em permutação ímpar. Designado sgn π.

Sobrejeção – Uma função *sobre*.

Solo – O piso de x é o maior número inteiro inferior ou igual a x; designado $\lfloor x \rfloor$. Veja também **teto**.

Sse – Se e somente se.

Subconjunto – $A \subseteq B$ significa que cada elemento de A é também um elemento de B.

Subgrafo – Um grafo contido em outro grafo.

Subgrafo gerador – Um subgrafo formado por eliminação de arestas.

Subgrafo induzido – Um subgrafo formado por eliminação de vértices.

Subgrupo – Um grupo contido em outro grupo.

Suficiente – A condição A é suficiente para a condição B significa $A \Rightarrow B$.

Sup – Menor cota superior.

Superconjunto – $A \supseteq B$ significa que cada elemento de B é também um elemento de A.

T

Tautologia – Expressão booleana que avalia sempre como VERDADEIROS todos os valores possíveis de suas variáveis. Informalmente, algo que é verdadeiro apenas por definição.

Teorema – Uma declaração provável sobre matemática.

Teorema binomial – Para $n \in \mathbb{N}$,

Teorema das quatro cores – Se G é planar, então $\chi(G) \leq 4$.

Teorema de caracterização – Um teorema se e apenas se que fornece a descrição alternativa de um conceito matemático.

Teorema de Euler (teoria dos números) – $a^{\varphi(n)} = 1 \pmod{n}$. Veja também *Pequeno teorema de Fermat* e *Função de Euler* (φ).

Teorema de Kuratowski – Um grafo é planar se ele não contiver uma subdivisão de K_5 ou $K_{3,3}$ como um subgrafo.

Teorema de Lagrange – O tamanho de um grupo finito é divisível pelo tamanho de qualquer dos seus subgrupos.

Teorema do resto chinês– Técnica para resolver um par de congruências modulares.

Teorema Fundamental da Aritmética – Todo inteiro positivo pode ser representado exclusivamente como um produto de números primos.

Teto – O limite de x é o mínimo número inteiro maior que ou igual a x; designado $\lceil x \rceil$. Veja também **solo**.

Transitiva – Relação R transitiva significa que para todo x, y, z se $x\,R\,y$ e $y\,R\,z$, então $x\,R\,z$.

Transposição – Uma permutação τ para a qual $\tau(a) = b$, $\tau(b) = a$, $a \neq b$, e para todos os outros elementos c, $\tau(c) = c$.

Triângulo de Pascal – Um grafo triangular de números cuja entrada na enésima linha e enésima diagonal é $\binom{n}{k}$.

$$(x+y)^n = \sum_{k=0}^{n} = \binom{n}{k} x^k y^{n-k}$$

U

Um(a) – Veja artigo definido.

União – $A \cup B$ é o conjunto de todos os elementos que estão em A ou B (ou ambos).

Único – Exatamente um.

Um e apenas um – Exatamente um. Veja **exatamente**.

Um para um – Função um para um significa que $f(a) = f(b) \Rightarrow a = b$.

Upla – Uma lista de números; por exemplo, $(1, 1, 3, 7)$ é um 4-uplo.

V

Valor esperado – A média ponderada de uma variável aleatória; $E(X) = \Sigma_s X(s)P(s)$.

Valor médio – Um sinônimo para **valor esperado**.

Variável aleatória – Uma função cujo domínio é o conjunto de resultados de um espaço amostral.

Variável aleatória binomial – O número de sucessos em uma sequência finita de provas de Bernoulli independentes;

$$P(X=a) = \binom{n}{a} p^a (1-p)^{n-a}$$

onde $n, a \in \mathbb{N}$ e $0 \leq p \leq 1$. Dizemos que X é $B(n, p)$ variável aleatória.

Variável aleatória indicadora – Variável aleatória cujo valor é 1 se determinado evento ocorre, e é 0, caso contrário.

Vazia – Uma afirmação se, então cuja hipótese (se cláusula) é sempre falsa. Essas afirmações são consideradas verdadeiras.

Vértice de corte – Um vértice v de G de modo que $G - v$ tenha mais componentes que G.

Vértice isolado – Um vértice de grau 0.

Vizinhos – Vértices adjacentes.

X

Xor – Veja **ou exclusivo**.

Z

Z – Os inteiros.

Índice remissivo

∀, 70

A
Abeliano, 400
absurdo, 11, 19
acíclico, 484
acima, 529
adição
   modular, 367
   princípio da, 79, 171
adjacente, 458
afirmação
   contrapositiva, 19
   declarativa, 10
   equivalente, 13, 313
   inversa, 18
alef zero, 251
alegação/asserção, 13, 17, 106
álgebra, 395
   booleana, 34
algoritmo, 356, 386
   árvore geradora, 492
   de Euclides, 357
   ordenação, 543
   recorrência, 357
   trilha/*tour* euleriano, 496
altura, 530
anagrama, 112, 116, 117
anel dominó, 498
anticadeia, 530
antirreflexiva (não reflexiva), 100, 459, 477
antissimétrico(a), 100, 459, 477, 525
aplicação, 230, 232
arbitrária, 71
aresta, 457
   de corte, 480, 486, 489, 492
   paralela, 459
argumento, 21
árvore, 483
   geradora, 489
      algoritmo de, 492
   recorrente, 491
ASCII, 434
assinatura digital, 437
associativa, 37, 75, 256, 281, 282, 368, 397, 399, 561
atravessar (cruzar, interceptar), 476, 477
axioma, 179
   da escolha, 546

B
bijeção, 240
binomial
   coeficiente, 121, 125
   fórmula, 131
   teorema, 125
      negativo, 142-144
   variável aleatória, 322
bipartição, 502, 503

blackjack, 347
bloco, 114
bola de futebol, 521

C

C_n, 483
cadeia, 530
   de bits, 52
caminho, 476
   hamiltoniano, 482
   (u, v), 477
caracterizador, 548
cardinal transfinito, 251, 539
cardinalidade
   conjunto, 67
   multiconjuntos, 141
   transfinita, 251, 539
centro do grupo, 421
cerca, 555
ciclo, 483
   hamiltoniano, 492
   notação em, 261
clique, 468
   número de, 468
coeficiente multinomial, 135
colchetes em ângulo, 137
coleta de lixo, 456
coloração, 499
   de arestas, 509
   -k, 500
colorizável, 500
combinação linear de inteiros, 361
combinatória, 121
comparável, 529
complemento
   de conjunto, 87, 123, 124
   de evento, 304
   grafo, 470
   NP-completos, 507
componente, 479
   não trivial, 494
   trivial, 494
composição, 253, 280
composto, número, 8
comprimento
   de passeio, 474
   lista de, 45
comutativa, 37, 75, 256, 281, 368, 397, 400, 561
concatenação, 475
   de lista, 49, 50
conclusão, 13
conexo, 480
congruente
   mód., 105
   mod H, 418
conjectura, 11, 19
   de Goldbach, 21
   fatoração é difícil, 442
conjunto(s), 59
   cardinalidade do, 59-60
   complemento de, 87, 123
   diferença de, 80
   diferença simétrica de, 80
   elemento do, 59
   estável, 469
   finito, 59
   igualdade de, 60, 61
   independente, 469
   infinito, 59
   intersecção de, 75
   notação de, 60
   nulo, *ver* conjunto vazio
   parcialmente ordenado, 525
   partite, 503
   potência, 66
   tamanho do, 59
   teoria de, 467
   união de, 75
   vazio, 59, 60
conjunto parcialmente ordenado (PO), 525
   dimensão, 550
   dual, 531
   diagrama de Hasse de, 526, 527
   intervalo de, 564
   produto do, 532, 555
   exemplo-padrão, 551
   sub, 555
   fraco, 463
contradição, 40, 165

contraexemplo, 31
    mínimo, 172
contrapositiva, 19, 39, 163
corolário, 17
corte
    aresta de, 480, 486, 490, 491, 492
    vértice de, 480
cota inferior, 557
    maior (inf), 557
cota superior, 557
    menor (sup), 557
criptografia, 432
    chave pública, 434
crivo de Eratóstenes, 392
cubo, 508
curva, 510
    fechada simples, 510
    simples, 510

D

Δ, 80, 215-216
$\Delta(G), \delta(G)$, 461
dados, 297
    não transitivos, 308
    tetraédricos, 300
definição, 5
    por recorrência, 202, 357
    expansão da, 22
desigualdade
    Bonferroni, 158
    de Chebyshev, 345
    de Markov, 345, 285
desordenações, 154
diagonal principal, 407
diagrama
    de Hasse, 526, 527
    de Venn, 75, 309
diferença, 80
    operador de, 215
    simétrica, 80, 401
dimensão, 550
disjuntos, 79
    aos pares, 79
distância, 282, 482
distinto, 169

distribuição
    geométrica, 301, 318, 319
    uniforme,
distributiva, 37, 75, 368, 562
div, 352
divide, 6, 393
divisão
    modular, 372
    teorema, 349
divisível, 6
divisor, 6
    comum, 355
    máximo comum, 355
dominância, 553
domínio, 230
dominó, 185, 200, 498
dual (conjunto PO), 531

E

$E(G)$, 462
$\exists$, 69
e, 15, 16, 34
elemento, 59
eliminação de aresta, 466
Enciclopédia On-Line de Sequências de Inteiros, 225
equivalência
    classe de, 108, 479
        número de, 118
    lógica, 36
    relação, 104, 479
Eratóstenes, crivo de 392
erro, 11
escada de Möbius, 507
escalonamento de exames, 499
escolha, 46
espaço amostral, 297 provas repetidas, 314
estranho (elemento), 128, 129, 134
estrela, 484
estritamente acima/abaixo, 529
Euler
    fórmula de, 512
    função phi de, 391-392, 404, 429-430
    teorema de, 430
evento, 301

complemento de, 304
dependente, 313
implícito, 323
independente, 313
mutuamente excludentes, 306
exatamente, 15
exemplo-padrão, 551
expansão das definições, 22
extensão linear, 539, 540

F

fábrica
   de número, 55
   de simetria, 279
face, 511
   grau da, 513
falso, 12
fato, 17
fator, 6, 393
fatorador, 58
fatorial, 54
   de ½, 58, 59
   de inteiros negativos, 58
   de zero, 55
   duplo, 58
   incompleto, 52
fechado(a), 397, 399
   passeio, 474, 475
fechamento, 367, 397, 397
finito, 59
floresta, 484
flush, 136, 308
folha, 487
fórmula
   de Euler, 512
   de Stirling, 57, 466
   do coeficiente binomial, 121
   do ponto médio, 246, 247
full house, 136, 308
função, 230
   composição de, 253
   conserva a ordem, 537
   gráfico de, 233
   identidade, 257
   igual, 256

   inversa, 236
   máquina de, 229
   notação de 230
   phi de Euler, 445
   que conserva a distância, 282
   sobre, 238
   sobrejeção, 238
   um a um, 237
   zeta de Riemann, 201
   zeta, 201

G

gangorra, 338
gerador(a)
   árvore, 489
      algoritmo de, 492
   subgrafo, 466
gráficos de funções, 233
grafo, 453, 457
   autocomplementar, 473
   bipartido, 502
   bipartido completo, 503
   coloração, 499
   complemento, 403
   completo, 462
   componente, 479
   conexo, 480
   de Petersen, 520
   escada de Möbius, 507
   euleriano, 493
   isomorfo, 464
   linha, 499
   livre de triângulo, 473
   multi-, 459
   ordem de, 462
   periplanar, 521
   planar, 511
   platônico, 521
   regular, 462
   sem arestas, 462
   simples, 459
   tamanho de, 462
   toroidal, 508
   tour, trilha euleriana, 493
   vazio, 462

grau
  acima, 534
  da face, 513
  de vértice, 460
  máximo e mínimo, 461
  polinômio de, 216, 355
grupo
  -4 de Klein, 401, 407, 409, 421
  Abeliano, 400, 413
  aditivo, 400
  alternante, 401
  centro do, 421
  cíclico, 410
  diedral, 401
  isomorfismo de, 409
  produtos diretos, 413
  simétrico, 260, 401
  subgrupo, 414

H

Hamiltoniano
  ciclo, 492
  caminho, 482
  grafo, 482
Hanoi, Torre de, 201, 202
hipótese, 13
  da indução, 188
    forte, 194

I

identidade
  elemento, 37, 281, 368, 397, 401
  função, 257
  permutação, 260
igual
  conjuntos, 60
  funções, 256
  listas, 45
  números racionais
imagem, 231
imersão
  n-dimensional, 552
ímpar, 7
  permutação, 271
implica, 14

incidente, 458
inclusão, 511
  de conjunto PO em espaço
  livre de cruzamento, 511
inclusão-exclusão, 78, 88, 148
independente(s)
  conjunto, 469
  eventos, 301
  variáveis aleatórias, 321
indução, 185-201
  carga, 204, 495
  forte, 194
  hipótese de, 188, 189
    forte, 194
  máquina da, 185-187
  matemática, 185-201
    forte, 194
inf, 556
infinito, 59
injeção (um a um), 237
inteiros, 5
interessante, 184
interseção, 75
intervalo de respostas, 232
inversão, 268
inversível, 371
inverso(a), 281, 371, 398, 401
  aditivo, 398
  função, 236
  notação para, 371, 372
  permutação, 264
  relação, 99
irracional, 387
irredutível, 393
isometria, 282
isomorfo, 409, 536
  conjunto PO, 536
  grafos, 464
  grupo, 409

J

Jogo dos Quinze, 276
Jeopardy, 78

K

K_n, 462

K_{nm}, 503
Königsburg, 456, 493

L

laço, 459
largura, 530
LATEX, 4
lei de DeMorgan, 37, 85
lema, 17, 28
ligado, 477
linear(es)
   combinação, inteiros, 361
   extensão, 462
   ordem, 458, 462
linearidade do valor esperado, 331
linguagem matemática (matematiquês), 13
lista, 45
   comprimento, 45
   vazia, 45, 51, 55
livre de cruzamento, 511

M

maior cota inferior, 557
máquina
   de função, 229, 255
   de indução, 185-187
matriz de adjacência, 461
máx, 560
maximal, 469, 532
máximo, 469, 532
máximo divisor comum, 355, 560
   de polinômios, 366
mdc, 355
média, 237
   ponderada, 327
menor cota superior, 557
mercado de ações, 348
minimal, 532
mínimo, 532
   múltiplo comum (mmc), 390, 560
mód., 105, 352, 367
modular
   adição, 367
   aritmética, 366
   divisão, 370
   inverso, 371
   multiplicação, 367
   subtração, 368, 369
módulo, 105, 418
multiconjunto, 137
   cardinalidade, 137
multiescolha, 138
multigrafo, 459
multiplicação
   modular, 367
   princípio da, 47
multiplicidade, 137
múltiplo comum, 390
   mínimo, 390
mutuamente excludentes, 306

N

N, 9
nand, 41
não, 15, 35
   comparável, 529
   construtiva, 363
   correlacionadas, 346
   planar, 515
necessário(a), 14, 15
notação
   polonesa reversa, 406
   pós-fixada, 406
número
   complexo 212,
   cromático, 501
   de Carmichael, 432
   de Catalan, 225
   de estabilidade, 469
   de Fibonacci, 182, 196, 197, 200, 202, 203, 394
   de independência, 469
   naturais, 9
   racional, 9, 178

O

Ω, 287
   grande, 284
   pequeno, 288
operação, 395
ordem, 462
   de intervalo de, 564

de um elemento em um grupo, 422
densa, 539
fraca, 563
lexicográfica, 539
linear, 539
parcial, 526
que preserva
total, 536
ou, 15, 38
exclusivo, 40

P

palíndromo, 9, 33
par, 5
   crítico, 547
   ordenado, 45
   permutação, 271
paridade/equivalência, 102, 105
parte, 98
partição, 114
   bloco de, 114
   parte de, 114
   relação *mais fina que*, 527
Pascal
   identidade de, 128
   triângulo de, 126, 127
passeio, 474
   comprimento de, 475
   concatenação de, 475
   fechado, 475
   (u, v), 475
Passo/etapa
   básica, 176-, 188, 189, 191 194
   indutiva, 188, 194
pequeno teorema de Fermat, 424
perfeito
   número, 10, 390
   quadrado, 9, 438
perímetro, 9
permutação, 51, 260
   aleatória, 335
   identidade, 260
   ímpar, 271, 283
   inversa de, 264
   inversão em, 268
   notação em ciclo de, 261
   notação em quadra de, 261
   par, 271, 283
   ponto fixo de, 335
   sinal de, 271
Pitágoras/Pitagórico
   teorema, 12, 19, 389, 545
   terno, 63
P_n, 477
polinômio(s)
   grau de, 216, 355
   mdc de, 366
ponteiro giratório, 297, 311
ponto
   extremo (terminal), 467
   fixo, 335
   médio, 9, 246
pôquer, 135, 298, 308
porquinho da índia, 19
primo(s), 7
   relativamente (entre si), 363
   teorema dos números, 392
   teste, 430, 431
princípio
   da adição, 79, 171
   da boa ordenação, 178
   da Casa do Pombo, 241, 245, 246, 249
   da indução matemática, 187, 194, 202
      de versão forte, 194
   da multiplicação, 48, 52
probabilidade, 295
   condicional, 311
problema
   da verificação dos chapéus, 154
   das quatro cores em um mapa, 454, 499
   das sete pontes, 456, 493
   de gás/água/eletricidade, 464, 516
   de Monty Hall, 315
   dos aniversários, 306
   dos três serviços, 455, 464, 516
produto
   cartesiano, 85
   notação de, 56
   vazio, 57-58, 383
proposição, 17

propriedade sem memória, 318
próprio(a)
  coloração, 499
  coloração de aresta, 509
  subconjunto, 62
prova, 20
  bijetiva, 66, 133, 142
  combinatória, 77, 89-93, 140, 336
  de Bernoulli, 215
  direta, 23
    forte, 194
  indireta, 165
  indução de, 185
  não construtiva, 363
  por contradição, 163, 165
  por contraexemplo menor, 163

Q

Q, 9
Q_n, 435
quadrado(a)
  amigo, 43
  perfeito, 9, 438
  raízes, 438-442
quantificador, 68
  existencial, 69
  universal, 70
quatro
  crianças, 303
  de um tipo, 303
quociente, 349

R

Ramsey
  notação em seta de, 344
  teorema de, 460
rato e queijo, 482
recíproco, *ver* inverso, inversível
recorrente
  algoritmo, 357
  árvore, 491
  definição, 202, 357
reductio ad absurdum, 165
refinamento, 527
reflexivo(a), 100, 101, 458, 477, 525

região, 510
registro de dados, 543
relação, 97, 229
  "mais fina que", 527
  antirreflexiva, 100, 459, 477
  antissimétrica, 100, 101, 459, 477, 525
  de equivalência, 104, 479
  de recorrência, 205-225
  entre conjuntos, 98
  inversa, 99
  na mesma parte que, 116
  reflexiva, 100, 101, 458, 477, 525
  restrita, 99
  simétrica, 100, 101, 459, 477
  sobre um conjunto, 97, 98
  transitiva, 100, 101, 459, 477, 525
relação de recorrência, 205-225
  de primeira ordem, 205
  de segunda ordem, 209
relativamente primos, 363
  para polinômios, 366
remoção de vértice, 466
resíduo quadrático, 438
resto, 349
resultado (*result*), 16
resultado (*outcome*), 296
  versus evento, 301
reticulado, 559
  caminho, 131, 158, 202
  ponto, 246
roda, 523

S

S_n, 260, 401
se-então, 12
  fraseados alternativos, 14, 15
se e somente se, 14
sem aresta, 462
sequência, 247
  monótona, 252
sgn, 271, 272, 518, 550
simetria, 277, 278, 282
  fábrica de, 279
simétrico(a), 100, 459, 477
  diferença, 80, 401

grupo, 260, 401
sinal(is)
    de permutação, 271
sistema de criptografia
    de Rabin, 437
    RSA, 444
sobre, 238
sobrejeção, 238
solo, 289
somente se, 14
"sse", 15
straight, 136
straightflush, 136
subconjunto, 62,
    estrito, 62
    PO, 555
    próprio, 62
subdivisão, 515, 516
subgrafo, 465
    gerador, 466
    induzido, 467
subgrupo, 414
    co-conjunto do, 423
    normal, 423
subsequência, 247
subtração
    modular, 368, 369
Sudoku, 169
suficiente, 14, 15
superconjunto, 65
supergrafo, 466
suposição, 165-166, 170
supressão/remoção
    de borda, 466
    de vértice, 466

T
Θ, 287, 288
tabela-verdade, 36
tamanho
    do conjunto, 59
    de grafo, 461
tautologia, 39
teorema, 10
    binomial, 125

    para potência negativa, 142-144
    da curva de Jordan, 510
    da divisão, 349
    da identidade de Pascal, 128
    das cinco cores, 518
    das quatro cores, 517
    de Cantor, 249, 250
    de caracterização, 486, 490, 504,
    de Erdös-Szekeres, 248
    de Euler, 430
    de Lagrange, 417
    de Pitágoras (Pitagórico), 12, 19, 389, 545
    de Ramsey, 460
    de Turan, 473
    do resto chinês, 378, 440
    dos números primos, 392
    fundamental da aritmética, 383
    pequeno, de Fermat, 424
teoria, 17
teste da linha vertical, 252
teste de primalidade, 430, 431, 432
teto, 288, 289
tetraedro, 300
tio doido, 286
torque, 338
torre, 53
    de Hanoi, 201
tour euleriano, 493
transitivo(a), 100, 459, 477, 525
transposição, 266
três de um tipo/trinca, 136, 308
triangulado, 195
tricotomia, 536
trilha euleriana, 493
trilha/*tour*/grafo euleriano, 493
triominó em L, 193
triplo, 145
troca cíclica, 425

U
um para um, 237
união, 75
unicidade, 168
Unicode, 434
unidade, 8

unido a, 458
-upla, expressão, 45

V

$V(G)$, 462
vacuidade (vazia), 17
valência, 460
valor esperado, 328
   linearidade do, 331
variável
   aleatória, 321
   de referência, 56, 60, 69, 112
variável aleatória, 321
   binomial, 323
   variância, 342
   com valor esperado, 328
   com valores-conjunto, 267
   independente, 324
   indicadora, 334, 342
   não correlacionadas, 346
   variância, 340
   zero-um, 334
vazio(a), 17, 18
conjunto, 59
grafo, 462
lista, 45, 55
produto, 56-58, 383
verdade
   natureza da, 11
   por vacuidade, 17
   tabela, 34
vértice, 457
   de corte, 480,
   isolado, 493, 494
   pendente, 487
   remoção de, 466
   terminal, 487
vizinhança, 459
vizinho, 459

X-Z

xor, 40
Z, 6
Z_n, 366
Z^*_n, 403